Grenztragfähigkeits-Theorie der Platten

Von

Antoni Sawczuk und **Thomas Jaeger**

Dr. techn. habil.
Polnische Akademie der
Wissenschaften, Warschau

Dipl.-Ing., Berlin

Mit einem Geleitwort von

Werner Koepcke

Professor Dr.-Ing.
Technische Universität Berlin

Mit 305 Abbildungen

Springer-Verlag Berlin Heidelberg GmbH

1963

Ursprünglich erschienen bei Springer-Verlag OHG., Berlin/Göttingen/Heidelberg 1963

Library of Congress Catalog Card Number: 62-21 823

ISBN 978-3-662-11906-8 ISBN 978-3-662-11905-1 (eBook)
DOI 10.1007/978-3-662-11905-1

Geleitwort

Als GALILEI die natürliche Frage nach der Tragfähigkeit eines Kragbalkens, der am freien Ende mit einem Gewicht belastet ist, in seinen „Discorsi e dimostrazioni matematiche" aus dem Jahre 1638 als erster quantitativ zu beantworten versucht, nimmt er an, daß sich der „Widerstand" des Materials gleichmäßig über die von ihm angenommene Zugzone verteilt und daß dieser Widerstand mit der Zugfestigkeit übereinstimmt. Offenbar erkannte der große Italiener intuitiv, daß in einem Balken alle Reserven des Tragwerks mobilisiert werden müssen, bevor es endgültig zerstört werden kann. Fast zweihundert Jahre bewegte das Problem der Bruchfestigkeit der Tragwerke das Denken der Mathematiker und Ingenieure, bis unabhängig voneinander YOUNG und mit absoluter Klarheit NAVIER den elastischen und den plastischen Verformungsbereich eines Balkens voneinander trennen. NAVIER stellt fest, daß in demjenigen Bereich, in welchem die Verformungen proportional der Belastung sind, verhältnismäßig einfache mathematische Beziehungen formuliert werden können, daß aber jenseits dieses Bereiches die entsprechenden Zusammenhänge recht kompliziert werden. Insbesondere sei es sehr schwierig, mit mathematischen Mitteln die Tragfähigkeit eines Balkens beim Bruch anzugeben.

Die Elastizitätstheorie beherrschte seitdem die Forschung und wurde auf eine hohe Entwicklungsstufe gebracht. Sie wird zur Zeit nicht nur auf die wenigen Materialien angewendet, bei denen die Dehnungen tatsächlich eine lineare Funktion der Spannungen sind, sondern meist auch auf viele andere technische Baustoffe, die einem solchen Verformungsgesetz nicht folgen. Die Erfahrung hat gelehrt, daß letzteres bei Beachtung bestimmter Vorsichtsmaßnahmen im allgemeinen nicht zu Unzuträglichkeiten in Hinblick auf die Gebrauchsfähigkeit der Konstruktionen führt.

Unabhängig von der sich mächtig entwickelnden Elastizitätstheorie haben aber Forscher wie TRESCA und DE SAINT VENANT in der zweiten

Hälfte des vorigen Jahrhunderts grundlegende Untersuchungen zur Plastizitätstheorie fester Stoffe angestellt, auf denen dann die moderne Entwicklung dieses Zweiges der Ingenieurwissenschaften vor etwa fünfzig Jahren aufbauen konnte.

Im plastischen Bereich sind die physikalischen Voraussetzungen der Theorie tatsächlich wesentlich verwickelter als im elastischen Bereich. Entsprechend aufwendiger sind auch die zugehörigen mathematischen Formulierungen. Dies dürfte der Grund sein, daß bisher die Plastizitätstheorie als Ergänzung und gleichberechtigter Partner der Elastizitätstheorie nur beschränkt Anwendung gefunden hat, obwohl viele vorzügliche Arbeiten den Zugang zu diesem modernen Zweig der Mechanik ebnen.

In dem vorliegenden Werk wird erstmalig die Grenztragfähigkeit der Platten umfassend behandelt. Eine Darstellung der theoretischen Grundlagen mit Anwendungen, die im Stahlbetonbau als gültig anerkannte Fließgelenklinientheorie mit vielen Beispielen und die Beschreibung und Deutung zahlreicher Bruchversuche an Stahlbetonplatten, die mit weichem und hartem Stahl bewehrt waren, bilden die drei Hauptteile. Die Bruchversuche wurden von der Deutschen Forschungsgemeinschaft finanziert und im Institut für Baukonstruktionen und Festigkeit der Technischen Universität Berlin ausgeführt. Daß zwei junge Wissenschaftler, ein Deutscher und ein Pole, die Autoren dieser Gemeinschaftsarbeit sind, möge ein gutes Omen sein. Das Werk wird ohne Zweifel dazu beitragen, im Bauingenieurwesen und im Maschinenbau der Plastizitätstheorie dort diejenige Anerkennung zu erringen, wo sie als notwendige Ergänzung der Elastizitätstheorie noch nicht den ihr gebührenden Platz in Theorie und Praxis gefunden hat.

Professor Dr.-Ing. Werner Koepcke
Ordinarius für Stahlbetonbau an der Technischen Universität Berlin
Direktor des Institutes für Baukonstruktionen und Festigkeit

Vorwort

Die der Entstehung dieses Buches zugrunde liegende Idee ist unabhängig von beiden Verfassern im Hinblick auf das wachsende Interesse an der Grenztragfähigkeitstheorie und ihren technischen Anwendungen entwickelt worden. Anläßlich eines meiner Besuche der Technischen Universität Berlin entschieden wir uns für eine gemeinsame Arbeit an einer vereinheitlichten Darstellung der verschiedenen Theorien der Grenztragfähigkeit von Platten. Wir setzten uns zum Ziel, Ingenieuren des konstruktiven Ingenieurbaus sowohl die theoretischen Grundlagen und Lösungsmethoden der Grenztragfähigkeitsprobleme von Platten zu erläutern als auch eine zusammenfassende kritische Darstellung der in der Literatur verstreuten speziellen Lösungen zu geben, die durch Ergebnisse von für zahlreiche Fälle durchgeführten experimentellen Untersuchungen bestätigt wurden.

Das Buch sollte als Ganzes betrachtet werden, ungeachtet der Tatsache, daß wir uns für eine Dreiteilung mit Angabe des jeweiligen Verfassers entschieden haben. Eine Konformität der Darstellungsweise wurde von mir zunächst angestrebt. Da aber einige der abgehandelten Theorien ihre eigenen Wesensmerkmale haben, stellte es sich als zweckmäßiger heraus, eine gewisse Uneinheitlichkeit in der Darstellung der verschiedenartigen Methoden zu akzeptieren.

Teil I des Buches behandelt die exakte Theorie der Grenztragfähigkeit entsprechend den grundlegenden Konzeptionen der Herren Professoren A. A. Gwosdew und W. Prager. Die Beiträge dieser beiden Autoren zu der in den letzten Jahrzehnten einsetzenden Renaissance der Idee der Grenztragfähigkeitsberechnung und -bemessung von Tragwerken haben den Charakter meiner Abhandlung in starkem Maße geprägt. In meiner Darstellung bin ich im wesentlichen den entsprechenden Teilen meiner an der Technischen Hochschule Warschau gehaltenen Vorlesungen über die plastische Grenztragfähigkeitstheorie gefolgt.

Es ist mit ein Bedürfnis, an dieser Stelle allen Personen meinen Dank auszudrücken, die mich bei meinem Vorhaben ermutigt haben, insbesondere Herrn Professor W. Olszak von der Polnischen Akademie der Wissenschaften. Herr Th. Jaeger, der als Übersetzer genannt ist, hat bedeutend mehr Arbeit beigesteuert, als die bloße Erwähnung der Übersetzerfunktion anzeigt. Meine Arbeit wurde indirekt auch durch Diskussionen über Grenztragfähigkeitsprobleme mit Herrn Professor P. G. Hodge jr. vom Illinois Institute of Technology beeinflußt; dafür schulde ich ihm meinen besten Dank.

Warschau, im September 1962 **Antoni Sawczuk**
Institut für grundlegende Probleme der Technik
Polnische Akademie der Wissenschaften

In Teil II des Buches wird eine in sich geschlossene, vereinheitlichte Darstellung der Fließgelenklinientheorie unter weitgehender Vermeidung von Überschneidungen mit den auf diesem Gebiet bereits vorliegenden Buchveröffentlichungen von K. W. Johansen, A. M. Dubinsky, S. Chamecki, R. H. Wood, H. Haase und L. L. Jones gegeben. Es erschien zweckmäßig, der Haupteinteilung die Belastungsart (anstelle der Plattenform) zugrunde zu legen. Die aus dem weit verstreuten Schrifttum zusammengetragenen Lösungen wurden in mehreren Fällen berichtigt oder ergänzt. Bei der Abfassung dieses Teiles wurde eine ausführliche Wiedergabe der Ableitungen dem Streben nach Konformität mit der im ersten Teil verwendeten gestrafften Darstellungsweise vorgezogen.

In Teil III wird eine kleine Auswahl der Ergebnisse der experimentellen Untersuchungen zur Grenztragfähigkeit von Stahlbetonplatten behandelt, die von mir in den Jahren 1960/61 im Institut für Baukonstruktionen und Festigkeit der Technischen Universität Berlin durchgeführt worden sind. Der Vergleich der Versuchsresultate mit den Lösungen der Fließgelenklinientheorie zeigt eine ausgezeichnete Übereinstimmung.

Das Inhaltsverzeichnis des Buches wurde sehr ausführlich gehalten, so daß von der Aufnahme eines Sachverzeichnisses abgesehen werden konnte.

Die Arbeit wurde durch eine Sachbeihilfe der Deutschen Forschungsgemeinschaft ermöglicht, der ich hiermit meinen Dank sage, insbesondere Herrn Dipl.-Ing. W. HEITZ, der mir stets in liebenswürdiger Weise geholfen hat. Meinen herzlichen Dank möchte ich Herrn Professor Dr.-Ing. W. KOEPCKE für seine wohlwollende Förderung und wissenschaftliche Betreuung und Herrn Professor Dr.-Ing. F. PILNY für seine wertvolle Beratung und Unterstützung bei der Durchführung der Versuche zum Ausdruck bringen. Herrn W. ZOTENBERG danke ich für seine tatkräftige und zuverlässige technische Mitarbeit.

Dem Springer-Verlag bin ich für sein stetes Entgegenkommen und das Eingehen auf alle unsere Wünsche sowie für die gute Ausstattung des Buches sehr verbunden.

Berlin-Zehlendorf, im September 1962 **Thomas Jaeger**

jetzt: Kernforschungsanlage Jülich

Inhaltsverzeichnis

Bezeichnungen

1. *Koordinatensysteme*

x_i $(i = 1, 2, 3)$ x_α $(\alpha = 1, 2)$ x, y	kartesische Koordinatenachsen; dimensionslose kartesische Koordinaten: ξ, η
r, ϑ	Polarkoordinaten; dimensionslose Koordinaten: ϱ, ϑ
O	Koordinatenursprung; Pol
u_α	gekrümmtes orthogonales Koordinatensystem
A_α, A_β	LAMÉsche Konstanten für gekrümmte Koordinatensysteme

2. *Symbole*

Φ	Fließfunktion, plastisches Potential
f, F g, G	Funktionssymbole
A, B, C	Konstanten

3. *Körperbezeichnungen*

T	Tragwerk
V	Volumen des Kontinuums
S	Oberfläche des Kontinuums
Δ	infinitesimaler Teil

4. *Spannungen und plastische Formänderungsgeschwindigkeiten*

Q_i	verallgemeinerter Spannungsvektor
$\dot{Q}_i$	verallgemeinerter Spannungsgeschwindigkeitsvektor
$\dot{q}_i$	verallgemeinerter Verformungsgeschwindigkeitsvektor
σ_{ij}	Spannungstensor
$\dot{\sigma}_{ij}$	Spannungsgeschwindigkeitstensor
ν	Fließparameter
$K(x_i)$	allgemeiner Plastizitätsmodul
$\dot{\varepsilon}_{ij}$	Dehnungsgeschwindigkeitstensor
$\dot{K}_{\alpha\beta}$	Krümmungsgeschwindigkeitstensor
$\dot{\varkappa}_x$, $\dot{\varkappa}_y$, $\dot{\varkappa}_{xy}$ — $\dot{\varkappa}_n$, $\dot{\varkappa}_s$, $\dot{\varkappa}_{ns}$ — $\dot{\varkappa}_r$, $\dot{\varkappa}_\varphi$	dimensionslose Krümmungsgeschwindigkeiten
Q_i^0	statisch zulässiger verallgemeinerter Spannungsvektor
Q_i^*	Spannungsvektor entsprechend dem vorgeschriebenen kinematischen Geschwindigkeitsvektor v_i^*

5. *Kinematische Größen*

		dimensionslose Form
U_i	Verschiebungsvektor	u_i
$\dot{U}_i$	Verschiebungsgeschwindigkeitsvektor	$\dot{u}_i$
$\dot{W}$	Durchbiegungsgeschwindigkeitsvektor	$\dot{w}$

$\dot{\theta}_i$	Verdrehungsgeschwindigkeitsvektor
$\dot{w}_0$	maximale Durchbiegungsgeschwindigkeit einer Platte
W_0, w_0	Bezeichnungen für die maximale Durchbiegung einer Platte

6. *Belastung*

P_m $(m = 1, 2, 3)$	Vektor der äußeren Kraft	$\bar{P} = \sum_k^n P_k$
P, Q	Einzellast, bzw. dimensionslose Kräfte	
p	verteilte Belastung	$\bar{p} = \int_S p$
$k = \frac{P}{p\,S}$	Belastungsverhältniswert	
μ	Belastungsmultiplikator	
μ_s	statisch zulässiger Lastmultiplikator	
μ_k	kinematisch zulässiger Lastmultiplikator	
μ_G	Grenzlastmultiplikator	
s	Sicherheitsgrad	
$P_G = \mu_G\,P_m$	Grenzlast	

7. *Plattenabmessungen*

a, b	Plattenseiten; Ellipsenhalbachsen
$\beta = b/a$	Seitenverhältnis bei Rechteckplatten
ϑ	Polarkoordinatenwinkel
$R(\vartheta)$	Plattenrand
$Z(\vartheta)$	Plattenstützungslinie
α, γ, ω	Winkel zwischen angrenzenden Plattenrändern
S	Plattenfläche

8. *Fließgelenklinien*

l_i	Länge der Fließgelenklinie i
$\bar{l}_i = \sum_i^n l_i$	
x_1, x_2, y_1, y_2	Parameter der Fließgelenklinienfigur (Strecken)
s, t	speziell: „Wippen"-Parameter
φ, ψ	Winkel zwischen Fließgelenklinien untereinander oder mit dem Plattenrand

9. *Energie*

L	Leistung der äußeren Kräfte
$d = \sigma_{ij}\,\dot{\varepsilon}_{ij}$	spezifische Dissipationsleistung
D	Gesamtdissipationsleistung
D_l	Dissipationsleistung in positiver Fließgelenklinie
D_l'	Dissipationsleistung in negativer Fließgelenklinie
$D_S = \int d\,D_l$	Dissipationsleistung in positivem Fließgelenklinienfeld
$D_S' = \int d\,D_l'$	Dissipationsleistung in negativem Fließgelenklinienfeld

10. *Innere Kräfte und Momente*

		dimensionslose Form
$N_{\alpha\beta}$	Normalkrafttensor	$n_{\alpha\beta}$
N_x, N_y, N_{xy}	Normalkräfte	n_x, n_x, n_{xy}

		dimensionslose Form
Q_α	Querkraftvektor	q_α
Q_x, Q_y, Q_r, Q_φ	Querkräfte	q_x, q_y, q_r, q_φ
Q_D	Knotenkraft	
$M_{\alpha\beta}$	Momententensor	$m_{\alpha\beta}$
M_x, M_y M_r, M_ϑ	Momente	$m_x, m_y\ (m_\xi, m_\eta)$ $m_r, m_\vartheta\ (m_\varrho, m_\vartheta)$
M_B	Biegemoment	
M_D	Drillmoment	

11. *Modul der plastischen Biegung*

M_0 spezifisches plastisches Grenzmoment eines Plattenquerschnittes in der Fließgelenklinientheorie; im kartesischen Koordinatensystem: M_{0x}, M_{0y} oder in üblicher abgekürzter Schreibweise M_x, M_y

$M_y = M_0$ Bezugswert für Grenzmomente orthogonal anisotroper Platten

$\frac{M_x}{M_y} = \Lambda$ Orthotropiekoeffizient der unteren Schicht

$\frac{|M'_y|}{M_y} = \Lambda'_y$; $\frac{|M'_x|}{M_x} = \Lambda'_x$ Schichtenkoeffizienten

$\frac{M'_x}{M'_y} = \Lambda'$ Orthotropiekoeffizient der oberen Schicht

$$\frac{M'_x}{M_y} = \frac{M'_x}{M_x}\frac{M_x}{M_y} = \Lambda'_x \Lambda$$

M_a, M_b Randträgergrenzmomente

12. *Abkürzungssymbole*

𝔄, 𝔅, ℭ, 𝔉, 𝔊, 𝔐, 𝔑 Abkürzungssymbole

13. *Verschiedenes*

i, j, k α, β	zählende Indizes
n	Anzahl (z. B. Polygonseitenzahl)
I	Spannungsinvariante
J	Integral
σ_0	Streckgrenze
Y_i, σ_{0i}	Fließgrenzen für orthotrope Materialien
τ	Schubspannung
δ	Variationssymbol

I. Allgemeine Grenztragfähigkeits-Theorie von Platten

Von Dr. techn. habil. **Antoni Sawczuk**
(Aus dem Englischen übersetzt von Dipl.-Ing. **Thomas Jaeger**)

1. Grundlagen der Theorie der Grenzzustände von Tragwerken

1.1 Begriff des Grenzzustandes der Tragwerke

1.1.1 Definition

Das Verhalten von Tragwerken unter der Einwirkung langsam anwachsender Belastungsvektoren $P_m (dP/dt > 0,\ \ m = 1, 2, 3)$, die kleine Veränderungen in der Geometrie der Tragwerke verursachen, kann in zwei Hauptphasen eingeteilt werden:

a) *Gebrauchslastzustand*, damit wird der stabile Gleichgewichtszustand bezeichnet, bei dem jedem beendeten Belastungszuwachs ein entsprechender beendeter Zuwachs der inneren Kräfte und der Verformungen zugeordnet ist. Diese Phase wird durch eine von der Zustandsgleichung des verwendeten Materials und der Art des Tragwerkes abhängige Funktion beschrieben.

b) *Zerstörungszustand*, bei dem die Konstruktion die Fähigkeit zur Aufnahme von Belastungen verliert und bei gleichbleibender oder nicht wachsender Belastungsintensität $\mu_G P_m = P_G$ in ein geometrisch veränderliches System überführt wird. Der so definierte Zustand wird im folgenden als Grenzzustand des Tragwerkes bezeichnet.

1.1.2 Lösung des Grenztragfähigkeitsproblems

Die Auswertung der Beziehungen, die in einem Tragwerk im Grenzzustand auftreten, d. h. die Lösung des Problems der Grenztragfähigkeit, setzt sich zusammen aus:

a) Ermittlung der Grenzlastintensität $\mu_G P_m$.

b) Ermittlung des Vektorfeldes der inneren Kräfte, bezeichnet durch die Komponenten Q_i, $(i = 1, 2 \ldots n)$, das der Grenzlastintensität $\mu_G P_m$

zugeordnet ist und die vorgeschriebenen statischen Randbedingungen erfüllt.

c) Ermittlung eines entsprechenden Zerstörungsmechanismus, der durch die Komponenten $\dot{q}_i$, $(i = 1, 2 \ldots n)$, beschrieben wird und mit der Grenzlastintensität $\mu_G P_m$ durch die Bedingung der Energiedissipation verbunden ist.

Diese Erfordernisse definieren in eindeutiger Weise den Gegenstand der Grenzzustandstheorie. Für die so formulierte Lösung des Problems müssen entsprechende Abhängigkeiten existieren, die die statischen und geometrischen (kinematischen) Bedingungen des gegebenen Tragwerkes verknüpfen und die Materialeigenschaften der Konstruktion berücksichtigen. Es ist offenbar, daß der Begriff des oben definierten Grenzzustandes seinen Sinn für eine ideal-elastische Konstruktion verliert. Entsprechend der verwendeten Klassifizierung der Zustände befindet sich eine elastische Konstruktion immer im Gebrauchslastzustand, was jedoch nicht bedeutet, daß für die Konstruktion anders definierte kritische Zustände nicht existieren können, wie z. B. der Grenzverformungszustand.

1.1.3 Benötigte Beziehungen

Außer den allgemein gültigen Bedingungen des statischen (oder kinematischen) Gleichgewichtes für die Analyse des Grenzzustandes der Tragwerke ist die Formulierung der folgenden Gruppen von Beziehungen notwendig:

a) Die Bedingung der Grenzspannung $F(Q_i, S) = \text{const}$, d. h., die Formulierung der Beziehung zwischen den Festigkeitseigenschaften des Materials, bezeichnet durch die Werte der Moduli $S_1, S_2, \ldots, S_n$, und den kritischen Kombinationen der Spannungen (innere Kräfte) Q_i, $(i = 1, 2 \ldots m)$.

b) Das Gesetz, das die Bewegung des entstehenden Zerstörungsmechanismus bezeichnet, d. h. eine Beziehung zwischen dem kritischen Zustand der inneren Kräfte im betrachteten Punkt der Konstruktion und dem örtlichen Bewegungsmechanismus (Verformungsmechanismus) in diesem Punkt, also die Funktion $\dot{q}_k = G_k(Q_i)$, $(i, k = 1, 2 \ldots m)$.

Diese zwei Gruppen von Beziehungen gestatten die Berechnung des augenblicklichen Betrages der Energiedissipation $d = \dot{q}_k Q_k$ in den betrachteten Punkten des Tragwerkes im Augenblick des Versagens.

Sie sind auf Grund der Synthese der Ergebnisse von entsprechend durchgeführten experimentellen Untersuchungen aufgestellt, gründen sich auf die Materialeigenschaften und stellen somit physikalische Gesetze des Grenzzustandes dar. Sie müssen vorgeschriebene physikalische Erscheinungen in einer formal richtigen Weise und zugleich auf eine mathematisch einfache Art, die die Lösung der konkreten Ingenieurprobleme ermöglicht, beschreiben. Die Verbindung von formeller Korrektheit und mathematischer Einfachheit ist für die wirklichen Materialien schwer zu erhalten, und sehr oft werden gewisse Schemata idealer Körper eingeführt, welche die jeweils behandelten physikalischen Beziehungen vereinfachen. In der Theorie der Grenzzustände ist das Modell eines starr-plastischen Körpers ein hauptsächlich verwendetes Schema der Verformung, ähnlich wie in den Berechnungen für den Gebrauchslastzustand die tatsächlichen Eigenschaften der Werkstoffe durch das Modell eines ideal linear elastischen Körpers vertreten werden.

1.1.4 Starr-plastisches Schema der Verformung

Das starr-plastische Schema der Verformung ist besonders geeignet für die Analyse der Zerstörungszustände der Tragwerke. Das bedeutet, daß ein Tragwerk, das im Gleichgewicht mit den eingetragenen äußeren Belastungen ist, bis zu einer gewissen Belastungsintensität $\mu_G P_m$ starr bleibt, d. h. $q_k = G_k(Q_i) = 0$, wenn $F(Q_i, S) < 0$. Im Augenblick des Erreichens dieser Intensität μ_G beginnt der Prozeß der Verformung des Tragwerkes, d. h. $q_k \neq 0$, $\dot{q}_k \neq 0$. Der Zerstörungszustand gemäß der vorher angegebenen Definition ist also gleichbedeutend mit dem Beginn des unbegrenzten Verformungszuwachses bei einem stationären Wert der Belastung $\mu_G P_m$, bei dem das Tragwerk in einen Mechanismus umgewandelt wird. Das Schema eines starr-plastischen Tragwerkes kann als ein natürliches Schema der Theorie der Grenzlastzustände angesehen werden. Die Frage der Richtigkeit dieses Modells für die aus tatsächlichen Materialien hergestellten Tragwerke kann auf dem Wege experimenteller Untersuchungen entschieden werden. Für die im folgenden behandelten Plattenkonstruktionen werden die entsprechenden experimentellen Fakten an geeigneter Stelle angegeben werden.

Die beiden grundlegenden Gruppen von Beziehungen des Grenzlastzustandes für das starr-plastische Material nehmen entsprechend die Form der *Plastizitätsbedingung* und des *Fließgesetzes* an. Es ist klar, daß die Annahme eines starr-plastischen Schemas, anstatt eines elastisch-plastischen, keine Einschränkung bedeutet, wenn es sich um eine Grenzbelastung handelt, unter der Annahme, daß die Geometrieänderungen des Tragwerkes vernachlässigbar sind. Das starr-plastische Material kann man aus einem elastisch-plastischen Material durch Vergrößerung des Elastizitätsmoduls $E \to \infty$ erhalten.

Im weiteren Verlaufe wird vorausgesetzt, daß die Abhängigkeit zwischen den Spannungen und den Verformungen eine stabile Form aufweist, soweit es die hier betrachteten Tragwerke angeht. Diese

Annahme erlaubt den Ausschluß von Instabilitätsproblemen aus der Analyse des Grenzzustandes der Tragwerke sowie die Versicherung der Einzigkeit der Lösung des Problems der Grenztragfähigkeit.

1.1.5 Historische Bemerkungen

Die Ursprünge der Grenztragfähigkeitstheorie der Tragwerke gehen in die „vorelastische" Periode der Tragwerksberechnung zurück, wovon hier nur GALILEIS Methode der Berechnung der Tragfähigkeit von Trägern und COULOMBS Theorie der Gewölbe und des Erddruckes erwähnt seien. Das Bestreben, die Grenzlast als das Maß der Sicherheit eines Tragwerkes anzunehmen, ist bis zur Entwicklung der Plastizitätstheorie von der eleganten und formal folgerichtigen Elastizitätstheorie unterdrückt worden. Aber diese beiden Bestrebungen in der Theorie der Tragwerke sind auf keinen Fall einander widersprechend, da sie zwei verschiedene Stadien des Verhaltens von Tragwerken beschreiben.

Die Entwicklung der auf bildsame Tragwerke angewendeten Grenztragfähigkeitstheorie scheint mit den Arbeiten von KAZINCZY [*1*] und KIST [*2*] über plastische statisch unbestimmte Träger ihren Anfang zu nehmen. Die allmähliche Entfaltung der Plastizitätstheorie lieferte eine gesunde Basis für die Grenztragfähigkeitstheorie plastischer Tragwerke, obgleich die fundamentalen Sätze noch nicht präzise formuliert waren. Die vereinfachte Theorie der Grenztragfähigkeit von Platten von INGERSLEV [*3*], JOHANSEN [*4, 5*] und GWOSDEW [*6, 7*] und die experimentelle und theoretische Arbeit über plastische Rahmentragwerke der Gruppe von BAKER [*8, 9*] stellen einige wichtige Schritte in der Entwicklung der ingenieurtechnischen Grenztragfähigkeitstheorie dar.

Die präzise Feststellung der grundlegenden Sätze der Grenztragfähigkeitstheorie elastisch-plastischer Tragwerke ist von GWOSDEW [*10*] und FEJNBERG [*11*] gegeben worden, und unabhängig von DRUCKER, PRAGER und GREENBERG [*12, 13*]. Wichtige Beiträge von HILL [*14, 15*] zur Theorie des Fließpunktes eines starr-plastischen Körpers beeinflußten die weitere Klärung und formale Folgerichtigkeit der Grenztragfähigkeitstheorie.

Die vereinheitlichte Theorie der Grenztragfähigkeitsberechnung und -bemessung für bildsame Materialien ist von PRAGER [*16*] unabhängig von dem heuristischen Wege von GWOSDEW [*7*] formuliert worden.

Der Begriff der stückweisen Linearität der Bedingung des Versagens, von HODGE [*17*] auf die Theorie plastischer Tragwerke angewandt, ermöglichte Lösungen in geschlossener Form für zahlreiche praktische Probleme. Die Erweiterung der Theorie auf nichthomogene Körper von OLSZAK [*18, 19*] und ihre Anwendung auf anisotrope Körper machte die Anwendung für die breite Klasse plastischer Tragwerke möglich.

Eine neuere Bestrebung in der Grenztragfähigkeitstheorie ist die Erfassung von Tragwerken, die nicht nur aus bildsamen Materialien bestehen. Ein solcher Weg hat seine Reflektion in der Formulierung der Grenztragfähigkeitsprobleme, wie sie in den vorhergehenden Abschnitten gegeben wurde.

1.2 Plastizitätsbedingung und Fließgesetz

1.2.1 Fließbedingung

Der Spannungszustand in einem Punkt eines Materialkontinuums wird durch den Spannungstensor σ_{ij}, $(i, j = 1, 2, 3)$, beschrieben, der gewisse invariante Merkmale besitzt, unabhängig von dem jeweils angenommenen Koordinatensystem. Diese unveränderlichen Größen (Spannungsinvarianten I_1, I_2, I_3) sind geeignete Größen, auf die gestützt sämtliche Grenzabhängigkeiten, die den Übergang des Materials aus einem Zustand (z. B. elastischer Spannungszustand) in einen anderen Zustand (z. B. plastischer Zustand) unter dem Einfluß der eingetragenen Belastungen beschreiben, zu formulieren sind.

Die plastischen Eigenschaften eines starr-plastischen Materials werden durch eine gewisse Anzahl von Plastizitätsmoduli beschrieben. Die Anzahl dieser Moduli ist von der inneren Struktur des Materials abhängig. Für das plastisch isotrope Material wird der Übergang in den plastischen Zustand durch einen Modul bezeichnet, wie z. B. die Streckgrenze σ_0. Im allgemeineren Falle eines plastisch anisotropen Materials, dessen plastische Eigenschaften von der Richtung abhängig sind, ist die Anzahl der Plastizitätsmoduli entsprechend größer, in Abhängigkeit von der Art der Anisotropie.

Es ist klar, daß bei einer gewissen Kombination der Komponenten des Spannungszustandes — d. h. bei einer gewissen Kombination der Spannungsinvarianten — in einem starr-plastischen Material die Möglichkeit von Verformungserscheinungen gegeben ist, die nach der Definition einen nicht umkehrbaren Verformungscharakter tragen. Im allgemeinen schließt man den Einfluß der Invariante I_1, die einen hydrostatischen Druck darstellt, aus; das ist gleichbedeutend mit der Inkompressibilitätsbedingung. Die Funktion $\Phi(I_1, I_2, I_3) = \Phi(\sigma_{ij}) = K = \text{const}$, die die Möglichkeit des Erreichens des Grenzzustandes in einem Punkte eines starr-plastischen Materials bezeichnet, ist als Plastizitätsbedingung für kompressibles und homogenes, plastisch isotropes Material definiert. Die plastischen Eigenschaften des Materials sind durch den Modul K bezeichnet. Im allgemeinen Falle eines inhomogenen Materials ist $K = K(x_i)$, $(i = 1, 2, 3)$. Die Plastizitätsbedingung ist eine physikalische Beziehung, die die plastischen Eigenschaften eines starr-plastischen Materials oder eines elastisch-plastischen Materials wiedergibt. Plastische Verformungen in einem Punkt des Kontinuums sind nicht möglich für Spannungszustände, die $\Phi(\sigma_{ij}) < K$ erfüllen. Die Spannungszustände $\Phi(\sigma_{ij}) > K$ sind in einem ideal plastischen Material nicht möglich, da der Zustand $\Phi = K$ für den betrachteten Punkt des Kontinuums nach der Definition ein Grenzspannungszustand ist.

1.2.2 Fließhyperfläche

Die Plastizitätsbedingung kann geometrisch als Hyperfläche im neundimensionalen kartesischen Spannungsraum dargestellt werden, in dem der Spannungszustand durch einen Punkt, dessen Koordinaten die Komponenten des Spannungstensors σ_{ij} sind, wiedergegeben wird. Die Plastizitätshyperfläche im Spannungsraum umschließt den Koordinatenursprung, da die spannungslosen Zustände dem vorher definierten Grenzzustand nicht entsprechen können. Es ist klar, daß sämtliche bisher formulierten Postulate, die die Hyperfläche der Plastizität für ein starr-plastisches Material betreffen, ihre Gültigkeit auch für Hyperflächen anderer Grenzzustände behalten.

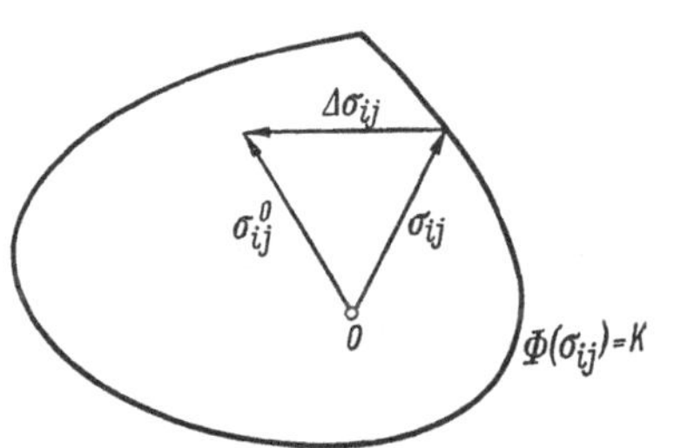

Abb. 1.1 Fließhyperfläche

Die Hyperfläche der Plastizität ist konvex (Abb. 1.1), da in einem anderen Falle der Übergang von einem bestimmten Zustand σ_{ij}, für den die Gleichung $\Phi(\sigma_{ij}) = K$ gilt, in einen anderen Zustand σ_{ij}^0, für den $\Phi(\sigma_{ij}^0) \leqq K$, verursachen würde, daß der Vektor $\Delta\sigma_{ij} = \sigma_{ij}^0 - \sigma_{ij}$ die Hyperfläche durchstößt. Das ist jedoch voraussetzungsgemäß ausgeschlossen, da in diesem Falle bei einem Entlastungsprozeß die Erreichung eines Grenzzustandes möglich wäre. Die Konvexheit der Grenzhyperfläche für das starr-plastische Material kann auch auf dem Wege energetischer Betrachtungen in exakter Weise bewiesen werden (siehe z. B. DRUCKER [*20*], und [*21, 22, 23*]).

Die Voraussetzung, daß Φ nur von σ_{ij} abhängt, bedeutet, daß die Plastizitätsbedingung von der Belastungsgeschichte unabhängig ist, d. h., die Hyperfläche der Plastizität unterliegt in einem Belastungsprozeß des Tragwerkes keiner Veränderung, das bedeutet $\Phi = K$ während des ganzen Prozesses der plastischen Verformung. Die die Grenzhyperfläche für den ideal-plastischen Körper betreffenden Bemerkungen, der seine Eigenschaften — da sie zeitunabhängig sind — während des Verformungsprozesses nicht verändert, werden analytisch in folgender Form dargestellt:

$$\Phi(\sigma_{ij}) = K, \quad \dot{\Phi} = 0; \tag{1.2/1}$$

$$\Phi(\sigma_{ij}) < K, \quad \dot{\Phi} < 0, \tag{1.2/2}$$

wo Gl. (1.2/2) bedeutet, daß sich das Tragwerk bei der Entlastung nur in nichtplastischer Weise verhalten kann. Der Punkt über Φ bedeutet Differentiation nach einem zeitabhängigen Parameter.

1.2.3 Fließgesetz und plastisches Potential

Die Erfüllung der Gl. (1.2/1) durch die Spannung in einem gegebenen Punkt des Kontinuums bedeutet die Möglichkeit der Entstehung plastischer Verformung in diesem Punkt, sagt aber nichts darüber aus, auf welche Weise sich das Material verformt. Daraus geht hervor, daß für die Beschreibung der Bewegung des gegebenen Punktes des Tragwerkes im Zerstörungszustand eine zusätzliche Gruppe von Beziehungen notwendig ist.

Für das ideal-plastische Material ist die Beschreibung des Verformungsprozesses durch unmittelbare Beziehungen zwischen dem Spannungstensor σ_{ij} und dem plastischen Verformungstensor ε_{ij} nicht möglich, da die plastischen Verformungen bei einer bestimmten Spannungskombination Gl. (1.2/1) fortlaufend anwachsen. Man kann aber die Beziehungen zwischen dem Spannungstensor σ_{ij} und dem Tensor des Verformungszuwachses $d\varepsilon_{ij}$ (oder den Verformungsgeschwindigkeiten $\dot{\varepsilon}_{ij}$) im Augenblick des Erreichens des Grenzzustandes im betrachteten Punkt formulieren. Diese Beziehungen werden als Fließgesetz bezeichnet. Im weiteren Verlauf werden nur die plastischen Verformungen behandelt, die durch den Tensor der plastischen Verformungsgeschwindigkeiten $\dot{\varepsilon}_{ij}$ dargestellt werden.

Für plastische Körper ist das auf den Begriff des plastischen Potentials gestützte Fließgesetz von von Mises [*24*] angegeben worden. Zum Verständnis dieses Begriffes ist es notwendig, Probleme, die den Prozeß des plastischen Verformungszuwachses betreffen, zu betrachten. Plastische Verformungen sind nicht umkehrbar, also muß für die Erzeugung plastischer Formänderungen eine bestimmte Arbeit aufgewendet werden, die nicht zurückerhalten werden kann. Das bedeutet, daß die Arbeit, die in einem bestimmten Belastungs-Entlastungs-Zyklus geleistet worden ist, nicht negativ sein muß. Dieses Postulat bildet einen wichtigen Ausgangspunkt bei der Ableitung der Spannungs-Dehnungsgeschwindigkeits-Beziehungen im plastischen Bereich (siehe Gwosdew [*10*], Drucker [*20*]). Die Energie, die in dem plastischen Verformungsprozeß in der Volumen- und Zeiteinheit aufgezehrt ist, wird durch die Beziehung

$$d = \sigma_{ij}\dot{\varepsilon}_{ij} > 0 \quad (i, j = 1, 2, 3) \tag{1.2/3}$$

bezeichnet[1]. Somit ist die Energiedissipation ein Zeichen des fortschreitenden plastischen Fließens und kann als ein physikalisches Gesetz der plastischen Deformation angesehen werden.

Wenn Gl. (1.2/3) zutreffend ist, dann ist gleichzeitig die Bedingung des Grenzzustandes Gl. (1.2/1) erfüllt. Differenziert man $\Phi(\sigma_{ij}) = K$ nach dem Zeitparameter, so folgt aus dem Postulat $\dot{\Phi} = 0$

$$\dot{\Phi} = \frac{\partial \Phi}{\partial \sigma_{ij}} \dot{\sigma}_{ij} = 0 \qquad (i, j = 1, 2, 3), \tag{1.2/4}$$

was bedeutet, daß der Spannungsgeschwindigkeitsvektor $\dot{\sigma}_{ij}$ und der Vektor $\partial \Phi / \partial \sigma_{ij}$ orthogonal sind, da Gl. (1.2/4) ein skalares Produkt darstellt. Da der Spannungsgeschwindigkeitsvektor tangential zur Plastizitätshyperfläche ist (wegen ihrer Regularität), geht aus Gl. (1.2/4) hervor, daß der Vektor mit den Komponenten $\partial \Phi / \partial \sigma_{ij}$ zu der Hyperfläche normal ist. Im Sinne der Gl. (1.2/2) ist dieser Vektor von der Plastizitätshyperfläche nach außen gerichtet.

Wenn wir als Postulat annehmen, daß die Spannungsgeschwindigkeit $\dot{\sigma}_{ij}$ keine Arbeit auf den Geschwindigkeiten der plastischen Verformung leistet, d. h., daß

$$\dot{\sigma}_{ij} \dot{\varepsilon}_{ij} = 0, \quad \text{wenn} \quad \dot{\varepsilon}_{ij} \neq 0, \tag{1.2/5}$$

so ergibt sich, daß der Verformungsgeschwindigkeitsvektor $\dot{\varepsilon}_{ij}$ senkrecht zu der Hyperfläche der Plastizität ist. Das bedeutet, daß der Vektor $\dot{\varepsilon}_{ij}$ sowie $\partial \Phi / \partial \sigma_{ij}$ koaxial sind. Daher kann geschrieben werden:

$$\dot{\varepsilon}_{ij} = \nu \frac{\partial \Phi}{\partial \sigma_{ij}}, \tag{1.2/6}$$

wobei $\nu = \nu(x_i)$, $(i = 1, 2, 3)$, ein skalarer Koeffizient ist. Der Vektor der plastischen Verformungsgeschwindigkeit $\dot{\varepsilon}_{ij}$ ist von der Plastizitätshyperfläche nach außen gerichtet, also muß der skalare Koeffizient ν in Gl. (1.2/6) positiv sein. Das wird ersichtlich, wenn die Gl. (1.2/6) in den Ausdruck für die Energiedissipation, Gl. (1.2/3), eingesetzt wird, was ergibt

$$d = \nu \frac{\partial \Phi}{\partial \sigma_{ij}} \sigma_{ij} > 0. \tag{1.2/7}$$

Da σ_{ij} ein vom Ursprung des Koordinatensystems gemessener Spannungsvektor ist und $\partial \Phi / \partial \sigma_{ij}$ die Richtung der äußeren Normalen hat, und da die Plastizitätshyperfläche nicht konkav ist, ist $\frac{\partial \Phi}{\partial \sigma_{ij}} \sigma_{ij} > 0$, und somit muß ν positiv sein: $\nu(x_i) \geqq 0$.

---

[1] Die Wiederholung der Indizes in Gl. (1.2/3) bedeutet Summierung. Dieses Summationsübereinkommen wird im folgenden ohne weitere Erläuterung angewendet.

Die Gl. (1.2/3) könnte man in der Form $d = \sum_{i=1}^{3} \sum_{j=1}^{3} \sigma_{ij} \dot{\varepsilon}_{ij}$ darstellen. Analog bedeutet Gl. (1.2/4): $\frac{\partial \Phi}{\partial \sigma_{11}} \dot{\sigma}_{11} + \frac{\partial \Phi}{\partial \sigma_{12}} \dot{\sigma}_{12} + \cdots$

Die Gl. (1.2/6) stellt das *Fließgesetz* dar, das aus dem Begriff des plastischen Potentials hervorgeht, unter der Voraussetzung, daß Φ differenzierbar ist und daß die Ableitung in der Richtung der Normalen eindeutig bestimmt ist. Die Fließhyperfläche und die Beziehungen, die das Fließgesetz beschreiben, sind in Abb. 1.2 dargestellt. Der Vektor σ_{ij}^0 zeigt den statisch zulässigen Spannungszustand, dessen Definition im folgenden angegeben wird.

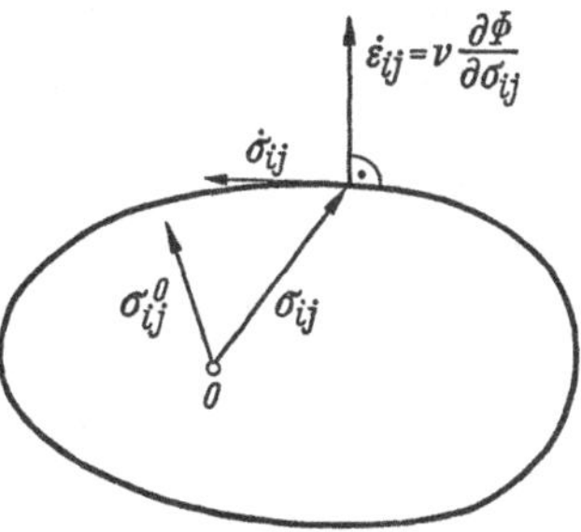

Abb. 1.2 Reguläre Fließhyperfläche und Fließmechanismus

Das Innere der Grenzhyperfläche enthält sämtliche elastischen Spannungszustände. Für die Zerstörung des Tragwerkes ist es notwendig, daß die Spannungen in einer genügenden Anzahl von Bereichen die Gl. (1.2/1) erfüllen, so daß sich die durch Gl. (1.2/6) definierten Verformungsgeschwindigkeiten in diesen Bereichen realisieren können. Die Richtigkeit der Gl. (1.2/5), die der Ausgangspunkt zur Formulierung des Begriffes des plastischen Potentials war, kann nur experimentell bewiesen werden. Dieses Postulat ist in der Theorie des plastischen Fließens elastisch-plastischer Körper, sowie in der Theorie des Gleichgewichtes loser Medien, allgemein angenommen, und wird in dieser Arbeit ebenfalls der Analyse der Grenztragfähigkeit der Platten zugrunde gelegt.

1.2.4 Verallgemeinertes plastisches Potential

Der Begriff des plastischen Potentials, der die Beziehung zwischen der Plastizitätsbedingung Gl. (1.2/1) und dem Fließgesetz Gl. (1.2/6) bezeichnet, wurde von Reuss [*25*, *26*] und Koiter [*27*] erweitert für den Fall, daß die Plastizitätsbedingung nicht durch eine Funktion $\Phi(\sigma_{ij}) = \text{const}$ angegeben ist, sondern durch mehrere Funktionen $\Phi_1, \Phi_2, \ldots, \Phi_n$. Jede dieser Funktionen ist für einen bestimmten Bereich des Spannungsraumes gültig. Die geometrischen Gebilde (Hyperflächen), die diese Plastizitätsfunktionen im Spannungsraum darstellen, können sich durchschneiden, und in diesen Durchdringungsstellen ist der Vektor, der die Richtung des plastischen Fließens bezeichnet, nicht eindeutig bestimmt. Der Vektor ist im Inneren der Figur enthalten, die durch normale Richtungen zu den sich durchschneidenden Hyperflächen gekennzeichnet ist. Mit anderen Worten: Der Vektor des plastischen Fließens ist dann eine lineare Kombination der Vektoren, die sich auf die n Hyperflächen beziehen, die sich für den bestimmten Spannungszustand σ_{ij}^* durchschneiden. Die analytische

Darstellung dieser Formulierung ist

$$\dot{\varepsilon}_{ij} = \nu_k \frac{\partial \Phi_k}{\partial \sigma_{ij}} \qquad (k = 1, 2, \ldots, n), \tag{1.2/8}$$

und gilt für $\sigma_{ij} = \sigma_{ij}^*$. Die graphische Darstellung der obigen Beziehung ist in Abb. 1.3 im Punkt A gezeigt. Für plastisches Fließen sind die skalaren Koeffizienten ν_k beliebig, müssen aber positiv sein. Es ist festzustellen, daß auch Spannungszustände σ'_{ij}, $\sigma''_{ij} \ldots \sigma^{(n)}_{ij}$ existieren können, die die Gleichung der Grenzhyperfläche erfüllen und einen gemeinsamen Verformungsmechanismus besitzen. Beispielsweise ist den Spannungszuständen, die $\Phi(\sigma'_{ij}) = K$ auf dem Abschnitt BC (Abb. 1.3) erfüllen, der gleiche Formänderungsmechanismus zugeordnet, d. h.

$$\dot{\varepsilon}_{ij} = \nu \frac{\partial \Phi(\sigma'_{ij})}{\partial \sigma_{ij}} = \nu \frac{\partial \Phi(\sigma''_{ij})}{\partial \sigma_{ij}} = \cdots = \nu \frac{\partial \Phi(\sigma^{(n)}_{ij})}{\partial \sigma_{ij}}. \tag{1.2/9}$$

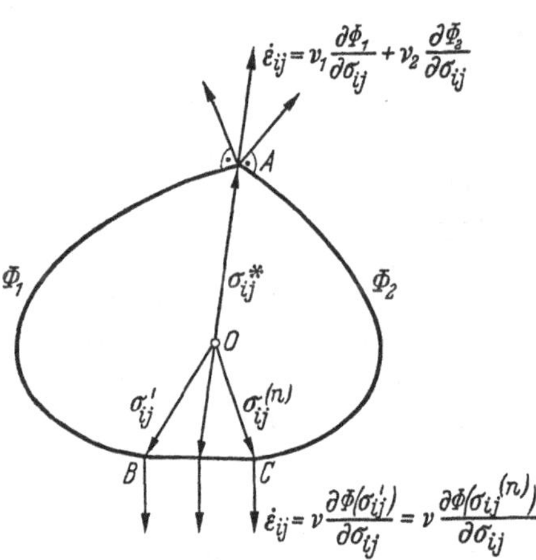

Abb. 1.3 Fließhyperfläche mit Singularitäten und den entsprechenden Fließmechanismen

Der Begriff der Fließbedingung von unstetigen Ableitungen und das daraus hervorgehende Fließgesetz Gl. (1.2/8) ist in der Theorie der Grenztragfähigkeit der Platten von großer Bedeutung. Es erlaubt, Lösungen in geschlossener Form zu erhalten. Diese Tatsache wird in den nächsten Kapiteln ersichtlich.

Im Falle, wenn der Vektor $\dot{\varepsilon}_{ij}$ durch Gl. (1.2/8) bezeichnet ist, bleibt die spezifische Leistung, die im Prozeß des plastischen Fließens aufgezehrt wird (spezifische Dissipationsleistung), eindeutig bestimmt. Aus Gl. (1.2/3) geht hervor, daß die Dissipationsfunktion d ein Skalarprodukt des Spannungsvektors σ^*_{ij} und des Verformungsgeschwindigkeitsvektors $\dot{\varepsilon}_{ij}$ ist. Das bedeutet, daß die Dissipationsleistung d durch die Projektion des Vektors σ^*_{ij} auf die Richtung des Vektors $\dot{\varepsilon}_{ij}$ ausgedrückt wird, multipliziert mit dem Betrag des Vektors der Verformungsgeschwindigkeiten. Es folgt, daß die Funktion d für den jeweiligen (momentanen) Formänderungsmechanismus eindeutig bestimmt ist und in der Funktionsform

$$d = d(\dot{\varepsilon}_{ij}) \tag{1.2/10}$$

ausgedrückt werden kann.

Die spezifische Dissipationsleistung d, die den momentanen Zuwachs der in dem Prozeß der irreversiblen Verformungen aufgezehrten Energie bezeichnet, spielt, wie gezeigt werden wird, eine wichtige Rolle in der Theorie der Grenzzustände der Tragwerke.

1.3 Verallgemeinerte Spannungen und verallgemeinerte Verformungen

1.3.1 Einführung

Die Theorie der Stabwerke, Platten und Schalen bedient sich — vorzugsweise vor den Spannungen — der inneren Kräfte (Spannungsresultierende), die an der betrachteten Stelle des Tragwerkes auftreten. Man erreicht dadurch, daß die Analyse des Gleichgewichtes und der Verformungen des Tragwerkes übersichtlicher und einfacher wird, als wenn sie unmittelbar in den Spannungen und Verformungen durchgeführt würde. Infolge der Tatsache, daß die vorher angegebenen Beziehungen des Grenzzustandes komplizierter sind als die Beziehungen für einen ideal elastischen Körper, wäre die Durchführung der Analyse des Grenzzustandes des Tragwerkes in Spannungen und Verformungsgeschwindigkeiten undurchsichtig. Um die Analyse so allgemein wie möglich zu machen, ist es zweckmäßig, die Begriffe der verallgemeinerten Spannung und der verallgemeinerten Verformung, gemäß dem Vorschlag von PRAGER [*16*], einzuführen. Der Begriff der verallgemeinerten Spannungen ist besonders zweckmäßig, da die auf der Grundlage dieses Begriffes formulierte Theorie der Grenztragfähigkeit ohne weiteres Tragwerke aus plastisch anisotropen und inhomogenen Materialien umfassen kann.

1.3.2 Verallgemeinerte Spannungen

Als verallgemeinerte Spannungen $Q_1, Q_2, \ldots, Q_n$ werden in dieser Arbeit diejenigen der den Spannungszustand beschreibenden inneren Kräfte definiert, die in die Grenzspannungsgleichungen eingehen. Die in verallgemeinerten Spannungen ausgedrückte Bedingung des Grenzzustandes (Plastizitätsbedingung) heißt

$$\Phi(Q_i) = K \qquad (i = 1, 2, \ldots, n). \tag{1.3/1}$$

Beispielsweise ist das Biegemoment in einem Träger, in dem der Einfluß der Querkräfte auf die Plastizierung der Querschnitte vernachlässigt wird, definitionsgemäß die verallgemeinerte Spannung. Verallgemeinerte Spannungen können also sämtliche oder auch nur ein Teil der resultierenden Kräfte sein, die in den Gleichungen des Gleichgewichtes des Tragwerkes vorkommen. Verallgemeinerte Spannungen können auch Komponenten des Spannungszustandes im physikalischen

Raum sein (eine andere Definition der verallgemeinerten Kräfte findet sich in [*16*]).

Die Gl. (1.3/1) stellt im n-dimensionalen Raum der verallgemeinerten Spannungen eine Plastizitätshyperfläche dar. Die Fließhyperfläche in einem verallgemeinerten Spannungsraum unterscheidet sich natürlich von der durch die Gl. (1.2/1) im physikalischen Spannungsraum gegebenen Hyperfläche, obwohl sie den gleichen physikalischen Inhalt ausdrückt. Der Raum der verallgemeinerten Spannungen Q_i und der Raum der physikalischen Spannungen σ_{ij} sind durch bestimmte funktionale Transformationen verknüpft. Die funktionale Transformation für die Theorie der Platten wird in Kap. 2 spezifiziert.

1.3.3 Verallgemeinerte Verformungen und Verformungsgeschwindigkeiten

Als verallgemeinerte Verformungen $q_1, q_2, \ldots, q_n$ werden solche Größen angenommen, die es gestatten, die Energie in der Form $U = \frac{1}{2} Q_i q_i$ und die spezifische Dissipationsfunktion in der Form

$$d = C\, Q_i\, \dot{q}_i = d(\dot{q}_i) \tag{1.3/2}$$

darzustellen, wobei C eine Konstante ist.

Mit Hilfe der Definition der verallgemeinerten Spannungen und der Gl. (1.3/2) können für das jeweilige betrachtete Tragwerk zugeordnete verallgemeinerte Verformungsgeschwindigkeiten $\dot{q}_i$ ermittelt werden. Beispielsweise ist die mit dem Biegemoment $Q_1 = M$ verbundene verallgemeinerte Verformungsgeschwindigkeit die Krümmungsgeschwindigkeit $\dot{q}_1 = \dot{\varkappa}$. Bei Verwendung des Begriffes des verallgemeinerten plastischen Potentials nimmt das durch Gl. (1.2/8) ausgedrückte Fließgesetz die folgende Form an:

$$\dot{q}_i = \nu_k \frac{\partial \Phi_k}{\partial Q_i} \qquad (i = 1, 2, \ldots, n). \tag{1.3/3}$$

Der Index i durchläuft sämtliche verallgemeinerten Spannungen und der Summierungsindex k alle Hyperflächen, die sich für den Spannungszustand $Q_i = Q_i^*$ durchschneiden. Die Größen ν_k sind positiv, und wenigstens eine ist nicht gleich Null. Der Vektor $\dot{q}_i$ bezeichnet den Fließmechanismus und ist im Falle der durch eine einzelne Gleichung gegebenen Plastizitätshyperfläche normal zu dieser, auf Grund der Voraussetzung $\dot{Q}_i\, \dot{q}_i = 0$; vgl. Gl. (1.2/5).

1.3.4 Bemerkung

Die graphische Darstellung der in den Abb. 1.2 und 1.3 für den Spannungsraum angegebenen Beziehungen Gl. (1.2/1), (1.2/6) und (1.2/8) kann zu einer schematischen Darstellung der Beziehungen

Gl. (1.3/1) und (1.3/3) in einem n-dimensionalen Raum der verallgemeinerten Spannungen dienen. Der einer verallgemeinerten Spannungskomponente Q_a (d. h., die a-te Komponente des Kraftvektors Q_i) zugeordnete Zuwachs der verallgemeinerten Verformung $\dot{q}_a$ ist eine Projektion des Vektors $\dot{q}_i$, Gl. (1.3/3), auf die Richtung Q_a. Die Gl. (1.3/3) definiert den Zerstörungsmechanismus (Fließgesetz), da sie die Beziehungen angibt, die zwischen verallgemeinerten Verformungsgeschwindigkeiten und verallgemeinerten Spannungen für den jeweiligen Zustand Q_i bestehen, der die Gleichung des Grenzzustandes $\Phi(Q_i) = \text{const}$ erfüllt.

In gewissen Fällen der Belastung und der Verformung von Tragwerken ist es bequemer, sich der entsprechenden Projektionen und Durchschnitte der Hyperflächen, Gl. (1.3/1), zu bedienen; anstatt die n-dimensionale Darstellung der Plastizitätsbedingung zu verwenden. Fragen dieser Art sind in [*28*] behandelt. Der die Plattentheorie betreffende Sonderfall wird in Kap. 2 ausführlicher erläutert.

1.4 Zulässige Spannungszustände und zulässige Verformungsgeschwindigkeitszustände

1.4.1 Statisch zulässige Spannungsfelder

Bei der Analyse der Grenztragfähigkeitsprobleme von Tragwerken ist es von Nutzen, gewisse Begriffe, die die Spannungs- und Verformungszustände klassifizieren, einzuführen. Diese Klassifizierung wird für die verallgemeinerten Spannungen und verallgemeinerten Verformungen angegeben.

Der jedem Punkt des physikalischen Raumes (x, y, z) zugeordnete Satz von Funktionen $Q_i = Q_i(x, y, z)$ wird als verallgemeinertes Spannungsfeld bezeichnet (oder als Feld der inneren Kräfte). Aus der Definition der verallgemeinerten Spannungen geht hervor, daß das Feld Q_i ein Vektorfeld ist. Für das betrachtete Tragwerk T, das ein gewisses Volumen V im physikalischen Raum ausfüllt und der Einwirkung der Belastungen P unterworfen ist, und für das bestimmte Randbedingungen gelten, wird eine gewisse Gruppe von Spannungszuständen Q_i^0 ausgesondert und als statisch zulässiges Spannungsfeld bezeichnet.

Das statisch zulässige Feld der verallgemeinerten Spannungen erfüllt folgende Bedingungen:

a) Das Tragwerk T befindet sich im Gleichgewicht unter den gegebenen Oberflächenbelastungen P_k, $(k = 1, 2, 3)$, die in einer langsamen Weise anwachsen (aber nicht unbedingt lineare Funktionen eines zeitabhängigen Parameters sind).

b) Die Komponenten des Vektorfeldes Q_i^0 befriedigen die Gleichung des inneren Gleichgewichtes der Elemente des Tragwerkes T sowie die Randbedingungen der Spannungen. Das bedeutet, daß die Komponenten des Feldes Q_i^0 nicht beliebig sein können, sondern bestimmte Differentialbeziehungen, die aus dem Postulat des Gleichgewichtes im physikalischen Raum hervorgehen, erfüllen müssen.

c) Die Grenzspannungsungleichungen werden nicht verletzt, d. h. $\Phi(Q_i^0) \leqq \Phi(Q_i) = K$, wobei K eine Konstante im physikalischen Raum für das homogene Tragwerk ist und für das inhomogene Tragwerk durch eine bestimmte Funktion des physikalischen Raumes $K = K(x_j)$ $(j = 1, 2, 3)$ gegeben wird.

In Abb. 1.4a werden für einen gegebenen Punkt des Tragwerkes T Spannungsvektoren schematisch angegeben, die die Gleichgewichtsgleichungen (für bestimmte Spannungsrandbedingungen) erfüllen. Aus Abb. 1.4b ist zu ersehen, daß sie innerhalb der Oberfläche Φ liegen und somit im Sinne der vorstehenden Definition statisch zulässig sind.

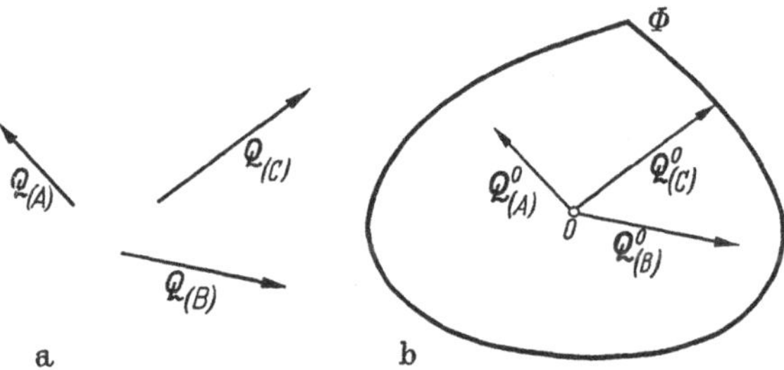

Abb. 1.4 Statisch zulässige Spannungsfelder
a) das Gleichgewicht befriedigende Spannungsvektoren; b) zulässige Spannungsfelder

Im allgemeinsten Falle können Spannungsfelder Q_i^0 auftreten, die im Volumen V des Tragwerkes T kontinuierlich oder auch diskontinuierlich (aber kontinuierlich in gewissen Bereichen) sein können. Die nichtkontinuierlichen Felder werden durch Flächen getrennt, die sich in besonderen Fällen auf Linien oder Punkte reduzieren können. Aus physikalischen Gründen können dagegen keine nichtkontinuierlichen räumlichen Bereiche entstehen. Die Bedingungen, denen nichtkontinuierliche Felder entsprechen müssen, sind für die jeweilige Tragwerksart (z. B. Träger, Platten, Schalen) hinsichtlich der verschiedenen Differentialbeziehungen, die das Gleichgewicht beschreiben, zu untersuchen.

Wenn für die Belastung $\mu_s P_k$ irgendein Feld Q_i^0 erhalten werden kann, dann wird der Parameter μ_s als *statisch zulässiger Multiplikator der Belastung* bezeichnet.

1.4.2 Kinematisch zulässige Verformungsgeschwindigkeitsfelder

Für die Beschreibung einer momentanen Formänderung des Tragwerkes ist die Kenntnis des Verformungsgeschwindigkeitsfeldes notwendig. Von den Vektorfeldern $\dot{U}_k$ $(k = 1, 2, 3)$ der Verschiebungsgeschwindigkeiten sind nur die kinematisch zulässigen Felder $\dot{U}_m^*$ $(m = 1, 2, 3)$ von Interesse. Wenn das Feld $\dot{U}_m$ bekannt ist, kann man auf Grund der Beziehungen zwischen Verschiebungen U_m und Verformungen q_i oder deren Geschwindigkeiten ein Vektorfeld von kinematisch zulässigen Verformungen q_i^* $(i = 1, 2, \ldots, n)$ oder ihrer Geschwindigkeiten $\dot{q}_i^*$ auswerten.

Das kinematisch zulässige Verschiebungsgeschwindigkeitsfeld $\dot{U}_m^*$ aus der Definition erfüllt die folgenden Erfordernisse:

a) Die vorgeschriebenen kinematischen Randbedingungen des Tragwerkes.

b) Die Komponenten der kinematisch zulässigen Verformungsgeschwindigkeitsfelder $\dot{q}_i^*$, die aus dem Feld $\dot{U}_m^*$ erhalten werden, müssen bestimmte Bedingungen der Kontinuität erfüllen, um die erforderliche Kontinuität des Tragwerkes T zu gewährleisten.

c) Für das Tragwerk ist der Gesamtzuwachs der Arbeit, die durch die Belastung infolge der Bildung des Feldes $\dot{U}_m^*$ geleistet wird, positiv.

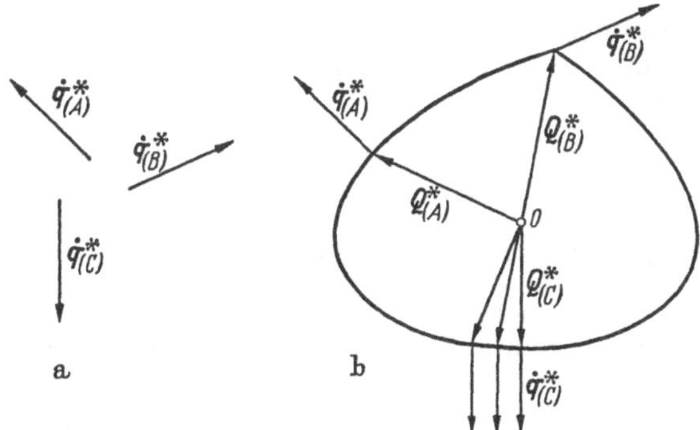

Abb. 1.5 Kinematisch zulässige Geschwindigkeitsfelder
a) Formänderungsgeschwindigkeitsvektoren, die die Kontinuitäts- und kinematischen Beziehungen befriedigen; b) den gegebenen Geschwindigkeitsvektoren entsprechende Spannungsfelder

In Abb. 1.5a werden für einen gegebenen Punkt des Tragwerkes T aus dem Verschiebungsgeschwindigkeitsfeld $\dot{U}_m$ erhaltene kinematisch zulässige verallgemeinerte Verformungsgeschwindigkeitsvektoren $\dot{q}^*_{(A)}$, $\dot{q}^*_{(B)} \ldots$ schematisch dargestellt [21]. Aus Abb. 1.5b geht hervor, daß die Spannungen Q_i^* die Fließbedingung erfüllen.

Aus der Konvexheit der Hyperfläche $\Phi(Q_i) = K$ und dem Fließgesetz Gl. (1.3/3) kann gefolgert werden, daß jedem Feld $\dot{q}_i^*$ solche Felder der verallgemeinerten Spannungen Q_i^* entsprechen müssen, die $\Phi(Q_i^*) = K$ erfüllen; das wird in Abb. 1.5b gezeigt. An die betreffenden Q_i^* werden keine Anforderungen bezüglich der Erfüllung der Gleichungen des inneren Gleichgewichtes und der Spannungsrandbedingungen gestellt. Die verallgemeinerten Spannungen Q_i^* sind so, daß die Gesamt-Gleichgewichtsgleichungen für das Tragwerk unter den äußeren Belastungen erfüllt werden.

Jedem kinematischen zulässigen Verformungsgeschwindigkeitsfeld $\dot{q}_i^*$ ist ein bestimmter Wert der Dissipationsfunktion $d(\dot{q}_i^*)$ zugeordnet, sowie der Wert des Zuwachses der Arbeit, die durch die äußere Belastung $\mu_k P_m (m = 1, 2, 3)$ auf dem Verschiebungsgeschwindigkeitsfeld $\dot{U}_m^*$ geleistet wird. Als *kinematisch zulässigen Wert des Belastungsmultiplikators* μ_k definiert man

$$\mu_k = \frac{\int\limits_V d(\dot{q}_i^*)\,dV}{\int\limits_S P_m \dot{U}_m^*\,dS}, \tag{1.4/1}$$

wobei das Integral im Zähler sich auf das Volumen des Körpers bezieht und das Integral im Nenner auf seine Oberfläche. Die Begriffe der so definierten Spannungs- und Verformungsgeschwindigkeitsfelder sowie der Belastungsmultiplikatoren sind beim Aufsuchen von näherungsweisen Lösungen der Probleme der Grenztragfähigkeitstheorie von großem Wert [*29, 30*].

1.5 Grundlegende Sätze der Theorie der Grenzzustände

1.5.1 Vollständige Lösung des Grenztragfähigkeitsproblems

Die Lösung des Grenztragfähigkeitsproblems für das Tragwerk T, das der Einwirkung monoton anwachsender Belastungen μP_m unterliegt, gründet sich auf die Ermittlung des Wertes des Multiplikators μ_G, der die Grenzlastintensität bezeichnet. Durch Ermittlung der Belastungsintensität $\mu_G P_m$ kann der Sicherheitsgrad des jeweiligen betrachteten Tragwerkes unter der Belastung μP_m erfaßt werden. Dieser Sicherheitsgrad s wird durch folgendes Verhältnis bezeichnet:

$$s = \frac{\mu_G}{\mu}. \tag{1.5/1}$$

Für eine vollständige Lösung des Problems müssen gewisse Erfordernisse, die die verallgemeinerten Spannungs- und Verformungsgeschwindigkeitsfelder betreffen, erfüllt werden, und zwar:

a) Der Belastungsintensität $\mu_G P_m$ ist das statisch zulässige Spannungsfeld $Q_i^0 = Q_i(\mu_G P_m)$ zugeordnet, so daß $\Phi(Q_i^0) = K(x_j)$ in einer zur Ermöglichung von Formänderungszuwachs hinreichenden Anzahl von Bereichen erfüllt wird, und $\Phi(Q_i^0) \leqq K$ in den übrigen Teilen des Tragwerkes.

b) Das kinematisch zulässige Verschiebungsgeschwindigkeitsfeld $\dot{U}_m^*$ und das aus diesem hervorgehende Feld $\dot{q}_i^*$ erfüllen unter der Belastung $\mu_G P_m$ die Bedingungen der Gleichheit der Dissipationsleistungen der verallgemeinerten Spannungen Q_i^* und der äußeren Belastungen $\mu_G P_m$.

1.5.2 Formulierung der Grundprinzipe

Die vollständige Lösung des Problems in der obigen Formulierung, also die gleichzeitige Erfüllung der statischen sowie der kinematischen Bedingungen im Volumen des Körpers und auf seiner Oberfläche, ist praktisch nur für in Form und Belastung einfachere Tragwerke möglich. Aus diesem Grunde haben zwei Sätze für praktische Berechnungen eine sehr große Bedeutung, die als Grundprinzipe der Theorie der Grenztragfähigkeit bezeichnet werden. Sie gestatten, die Eingrenzung des Bereiches, in dem die wirkliche Grenzlastintensität enthalten ist, abzuschätzen, und ermöglichen so die Erlangung von näherungsweisen Lösungen [*10*, *13*]. Aus diesem Grunde werden diese Prinzipe auch Sätze der Belastungseingrenzung genannt. Ihre Formulierung ist wie folgt:

I. Prinzip der unteren Eingrenzung der Grenzlastintensität (d. h. Prinzip der sicheren Belastungen): *Ein Tragwerk, das sich unter der Einwirkung der Belastungsintensität $\mu_s P_m$ befindet, für die ein beliebiges statisch zulässiges Spannungsfeld Q_i^0 gefunden werden kann, unterliegt nicht der Zerstörung bzw. befindet sich im Zustand des Grenzgleichgewichtes.*

II. Prinzip der oberen Eingrenzung der Grenzlastintensität (Prinzip der nichtsicheren Belastungen): *Ein Tragwerk unterliegt der Zerstörung, wenn ein solches kinematisch zulässiges Verschiebungsgeschwindigkeitsfeld $\dot{U}_m^*$ existiert, für das die Leistung der äußeren Belastung $\mu_k P_m$ nicht geringer ist als die Dissipationsleistung im Inneren des Tragwerkes.*

Die physikalische Bedeutung des Prinzips der unteren Eingrenzung der Grenzbelastung bedeutet nichts anderes als die Feststellung der Tendenz statisch unbestimmter Tragwerke zur größtmöglichen Anpassung an die in das Tragwerk eingetragenen Belastungen. Eine solche Anpassung kann natürlich nur bei nichtelastischen Materialien vorkommen. Jede Belastung $\mu_s P_m$, die entsprechend dem ersten Prinzip ermittelt wurde, führt zu einem statischen Sicherheitsfaktor

$$s_s = \frac{\mu_G}{\mu_s} \geqq 1\,, \tag{1.5/2}$$

wobei μ_G der Grenzlastmultiplikator der vollständigen Lösung ist.

Daraus ergibt sich die Folgerung, daß der höchste Wert der Belastungsintensität $\mu_s P_m$ von allen statisch zulässigen Belastungsintensitäten die tatsächliche Grenzlastintensität $\mu_G P_m$ ist.

Eine analoge Betrachtung des Inhaltes des Prinzips der oberen Eingrenzung der Grenzlastintensität führt zu folgender Feststellung: Die niedrigste aller kinematisch zulässigen Lastintensitäten $\mu_k P_m$ ist die tatsächliche Grenzlastintensität $\mu_G P_m$. Das bedeutet, daß der auf diesem Wege ermittelte kinematische Sicherheitsfaktor s_k des Tragwerkes, bezogen auf den wirklichen Wert der Grenzlastintensität, die folgende Ungleichung befriedigt

$$s_k = \frac{\mu_G}{\mu_k} \leqq 1. \tag{1.5/3}$$

Die Ungleichungen (1.5/2) und (1.5/3) sind zu berücksichtigen, wenn der Sicherheitsfaktor für das Tragwerk allein auf der Grundlage der oberen oder unteren Eingrenzung der Grenzlastintensität ermittelt wird. Die eingeführten Prinzipe, die die Eingrenzung des Bereiches der Grenzlastintensität betreffen, sind in exakter Form nichts anderes, als das heuristisch erkannte Gesetz für das Verhalten von nichtelastischen Tragwerken unmittelbar vor der Erschöpfung der Tragfähigkeit. Die Richtigkeit dieser Prinzipe wurde für elastisch-plastische Materialien von Drucker, Greenberg und Prager [*12*, *13*] und für starr-plastisches Material von Hill [*14*, *15*] bewiesen. Ähnliche Formulierungen wie die vorstehenden sind bereits von Gwosdew [*6*, *10*] aufgestellt worden. Der formale Beweis des als Prinzip der extremen Spannung festgestellten statischen Satzes geht auf Fejnberg [*11*, *34*] zurück. Diese Sätze werden auch in [*23*, *30*, *31*, *33* bis *36*] erörtert.

1.5.3 Beweis des Prinzips der unteren Eingrenzung der Grenzlastintensität

In den Beweisen der behandelten Prinzipe werden die vorher definierten Begriffe verwendet, d. h., der Begriff des plastischen Potentials Gl. (1.3/1), der Begriff der Dissipationsfunktion Gl. (1.3/2) und die Beziehung Gl. (1.2/5), die die Orthogonalität des Vektors des Spannungszuwachses und der Verformungsgeschwindigkeit ausdrückt. Diese letzte Beziehung wird in verallgemeinerten dynamischen und kinematischen Größen wiedergegeben durch $\dot{Q}_i \dot{q}_i = 0$.

Wenn wie vorher Q_i^0 das statisch zulässige Spannungsfeld bezeichnet und $\dot{q}_i$ das wirkliche Verformungsgeschwindigkeitsfeld, dann wird die Ungleichung

$$Q_i \dot{q}_i \geqq Q_i^0 \dot{q}_i \tag{1.5/4}$$

befriedigt, wobei Q_i die Gleichung der Plastizitätshyperfläche (1.3/1) erfüllt und $\dot{q}_i$ aus dem Fließgesetz Gl. (1.3/3) hervorgeht. Die Richtigkeit der Ungleichung (1.5/4) für konvexes Φ (Schwartzsche Ungleichung) wird offenbar (Abb. 1.6), wenn man die Vektorfelder Q_i, Q_i^0, und $\dot{q}_i$ betrachtet (siehe Drucker [*20*]).

Bei der Durchführung der Beweise der grundlegenden Prinzipe wird das Prinzip der virtuellen Arbeiten angewendet. Entsprechend diesem allgemeingültigen Grundbegriff der Mechanik ist die vorherige Formulierung der Beziehungen zwischen den verallgemeinerten Spannungen und den verallgemeinerten Verformungen nicht erforderlich. Als notwendige Bedingung für die Anwendung des Prinzips der virtuellen Arbeiten ist einzig das Gleichgewichtspostulat für das als Ganzes betrachtete System notwendig. Die Erfordernisse bezüglich eines momentanen Gleichgewichtes des Tragwerkes im Grenzzustand sind erfüllt, sowohl durch Kräfte Q_i^0 als auch Q_i^*, die aus dem betrachteten Mechanismus $\dot{q}_i^*$ ermittelt worden sind. Da in der Theorie der Grenzzustände die Verformungszunahmen (Verformungsgeschwindigkeiten) betrachtet werden, nimmt das Prinzip der virtuellen Arbeiten die Form des Prinzips der virtuellen Leistungen an (oder in anderen Worten, die Form des Prinzips der virtuellen Geschwindigkeiten).

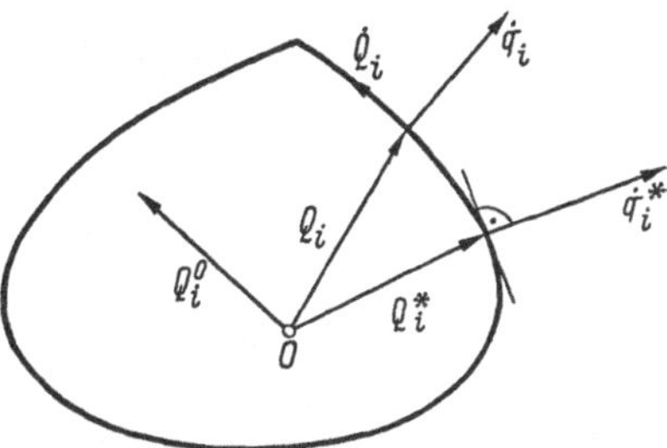

Abb. 1.6 Wirkliche $(Q_i, \dot{q}_i)$ und zulässige $(Q_i^0, Q_i^*, \dot{q}_i^*)$ Zustände der Spannung und der Formänderungsgeschwindigkeiten

Mit V wird das Volumen des Tragwerkes T, mit S seine Fläche und mit dem Vektor μP_m, $(m = 1, 2, 3)$, die Belastungsintensität bezeichnet, die auf einen bestimmten Bereich der Fläche S einwirkt. Wenn Q_i, $(i = 1, 2, \ldots, n)$, das Spannungsfeld bezeichnet und $\dot{U}_m$ das kinematisch zulässige virtuelle Verschiebungsgeschwindigkeitsfeld, dem das Verformungsgeschwindigkeitsfeld $\dot{q}_i$ entspricht, dann wird das Prinzip der virtuellen Leistungen durch folgende Gleichung wiedergegeben:

$$\int_V Q_i \dot{q}_i \, dV = \int_S \mu P_m \dot{U}_m \, dS. \qquad (1.5/5)$$

Wenn die Belastungen μP_m ein diskretes System bilden, wird die Integration durch eine entsprechende Summierung ersetzt.

Die weitere Betrachtung beschränkt sich auf ein starr-plastisches Tragwerk, für das das Feld $\dot{q}_i$ einen nicht umkehrbaren Verformungsprozeß darstellt, und auf kontinuierliche Felder der verallgemeinerten Spannungen und der verallgemeinerten Verformungsgeschwindigkeiten. Die Sätze treffen ebenfalls für solche nichtkontinuierlichen Felder zu, die die Erfordernisse, die den zulässigen Feldern auferlegt sind, erfüllen (vergleiche Hodge [*21, 30*]).

Mit Q_i wird wie im Vorhergehenden das tatsächlich im Grenzzustand auftretende Spannungsfeld bezeichnet und mit $\dot{q}_i$ das tatsächliche Verformungsgeschwindigkeitsfeld, das aus dem wirklichen Verschiebungsgeschwindigkeitsfeld $\dot{U}_m$ hervorgeht. Diese Felder entsprechen der tatsächlichen Grenzlastintensität $\mu_G P_m$.

Es folgt nun der Beweis der Richtigkeit der Grundprinzipe, beginnend mit dem Prinzip der sicheren Belastungen [*29*]. Für die Zustände Q_i, $\dot{q}_i$, die unter der Belastung $\mu_G P_m$ eintreten, sowie für den Zustand Q_i^0 (siehe Abb. 1.6), der sich unter der Belastung $\mu_s P_m$ ausbildet, ergibt das Prinzip der virtuellen Leistungen, angewandt auf das tatsächliche (deshalb auch virtuelle) Feld $\dot{U}_m$, die Beziehungen:

$$\begin{aligned} \int_V Q_i \dot{q}_i \, dV &= \int_S \mu_G P_m \dot{U}_m \, dS \\ \int_V Q_i^0 \dot{q}_i \, dV &= \int_S \mu_s P_m \dot{U}_m \, dS . \end{aligned} \tag{1.5/6}$$

Diese Gleichungen gestatten die Bildung des Ausdruckes

$$\int_V (Q_i - Q_i^0) \dot{q}_i \, dV = (\mu_G - \mu_s) \int_S P_m \dot{U}_m \, dS . \tag{1.5/7}$$

In jedem Volumenelement ist der Integrand $(Q_i - Q_i^0) \geqq 0$, was aus Gl. (1.5/4) hervorgeht. Da die Leistung der äußeren Belastungen im Verlauf des Prozesses der Zunahmen der nicht umkehrbaren Verformungen positiv ist, folgt $\int_S P_m \dot{U}_m \, dS > 0$. Auf dieser Grundlage erhält man

$$\mu_G - \mu_s \geqq 0 , \tag{1.5/8}$$

was bedeutet, daß $\mu_s P_m \leqq \mu_G P_m$, und somit die Richtigkeit des statischen Prinzips der Grenztragfähigkeitstheorie beweist. Dieses Prinzip besagt, daß das Tragwerk unter der Einwirkung der Belastung $\mu_s P_m$ sicher ist; also ist die Beziehung Gl. (1.5/2) erfüllt.

1.5.4 Folgerungen des Prinzips der unteren Eingrenzungen

Aus dem Prinzip der sicheren Zustände folgen eine Reihe von ergänzenden Prinzipen, deren Wichtigste im folgenden angegeben sind:

Ia) Die Hinzufügung (Wegnahme) von gewichtslosem Material kann den Wert der Grenzlast nicht vermindern (vergrößern) (was für elastische Tragwerke nicht unbedingt zutrifft).

Ib) Die Erhöhung der Plastizitätsgrenze des Materials kann keine Herabsetzung der Intensität der Grenzbelastung verursachen.

Bei Einführung des Begriffes der plastischen Inhomogenität können diese zwei Postulate in einem einzigen enthalten sein, wenn vorausgesetzt wird, daß der Plastizitätsmodul $K^*(x_i)$ in jedem Punkt x_i des Tragwerkes im Verhältnis zum Modul K des homogenen Tragwerkes folgende Beziehung erfüllt

$$K^*(x_i) \geqq K \qquad (i = 1, 2, 3) . \tag{1.5/9}$$

Dieses Postulat kann wie folgt formuliert werden: Die Grenzlastintensität für das Tragwerk T von inhomogenen Eigenschaften $K^*(x_i)$ kann nicht kleiner sein als die Grenzlastintensität desselben Tragwerkes von homogenen Eigenschaften K, wenn die Beziehung Gl. (1.5/9) befriedigt wird. Der entsprechende Satz für $K^0(x_i) \leqq K$ leitet sich automatisch ab. Da $K^*(x_i)$ die Größe der Plastizitätshyperfläche in jedem Punkte des Kontinuums bezeichnet, ergibt sich aus der Beziehung Gl. (1.5/9) folgender Satz:

Ic) Die Grenzbelastung, die aus der der wirklichen Fließhyperfläche umschriebenen Hyperfläche hervorgeht, ist eine der oberen Eingrenzungen der tatsächlichen Grenzlastintensität. In analoger Weise ergibt die aus einer eingeschriebenen Fließhyperfläche hervorgehende Lastintensität eine untere Eingrenzung für die tatsächliche Grenzlastintensität. Die obigen Formulierungen spielen bei der Lösung von Ingenieurproblemen für die näherungsweise Berechnung der Grenzlasteingrenzungen eine bedeutende Rolle.

Aus dem Satz über die statisch zulässigen Zustände geht außerdem hervor:

Id) Eigenspannungen und Wärmespannungen in den Tragwerken beeinflussen die Größe der Grenzbelastungsintensität nicht, vorausgesetzt, daß diese Spannungen keine Änderungen in der Geometrie des Tragwerkes verursachen und daß die Fließbedingung temperaturunabhängig ist. — Die Richtigkeit dieser Folgerung geht aus der Annahme hervor, daß Eigenspannungen ein statisch zulässiges System bilden, dem ein Nullfeld der Verschiebungsgeschwindigkeiten zugeordnet ist.

1.5.5 Beweis des Prinzips der oberen Eingrenzung der Grenzlastintensität

Im folgenden wird der Beweis des Prinzips betreffend die oberen Eingrenzungen der Grenzlastintensität geführt. Mit $\dot{U}_m^*$ wird das kinematisch zulässige Feld der Verschiebungsgeschwindigkeiten und mit $\dot{q}_i^*$ die entsprechenden Komponenten des Vektors der verallgemeinerten Verformungsgeschwindigkeiten bezeichnet. Q_i^* ist ein Spannungsfeld, das die Gleichung $\Phi(Q_i^*) = K$ erfüllt (s. Abb. 1.6). Die Größen $\dot{q}_i^*$, Q_i^* sind durch das Fließgesetz miteinander verknüpft und realisieren sich unter der Belastungsintensität $\mu_k P_m$. Bei Verwendung des Prinzips der virtuellen Geschwindigkeiten für das durch den Stern bezeichnete virtuelle Geschwindigkeitsfeld und für das tatsächliche Feld Q_i und das Feld Q_i^* erhält man

$$\int_V (Q_i^* - Q_i)\, \dot{q}_i^* \, dV = (\mu_k - \mu_G) \int_S P_m \, \dot{U}_m^* \, dS. \tag{1.5/10}$$

In entsprechender Weise wie vorher gilt $\int\limits_S P_m \dot{U}_m^* \, dS > 0$, was aus der Definition des Feldes $\dot{U}_m^*$ folgt. Aus der Konvexheit der Plastizitätshyperfläche sowie auf Grund der Bedingung $\Phi(Q_i^*) = K$ (s. Abb. 1.6) geht hervor: $(Q_i^* - Q_i) \geqq 0$, was festzustellen gestattet, daß

$$\mu_k - \mu_G \geqq 0. \tag{1.5/11}$$

Damit ist der Satz bewiesen, daß der kinematisch zulässige Multiplikator der Belastung μ_k höchstens gleich und niemals kleiner als der Multiplikator μ_G sein kann, der der tatsächlich eintretenden Grenzlastintensität $\mu_G P_m$ entspricht. Bei Annahme der Realisierung irgendeines kinematisch zulässigen Verschiebungsgeschwindigkeitsfeldes $\dot{U}_m^*$ erhält man obere Eingrenzungen der Grenzlastintensität. Diese Aussage ist in der Beziehung Gl. (1.5/3) enthalten, somit ist die Belastung $\mu_k P_m$ unsicher.

1.5.6 Folgerungen des Prinzips der oberen Eingrenzungen

Aus dem kinematischen Prinzip gehen folgende Folgerungen hervor:

IIa) Anfängliche Verformungszustände haben auf die Größe der Grenzlastintensität für ein Tragwerk keinen Einfluß, vorausgesetzt, daß die Geometrie des Tragwerkes durch diese Verformungen um nicht mehr als um Größen 2. Ordnung verändert worden ist.

IIb) Verschiebungen des spannungsfreien oder bewegungslosen Randes eines gewichtlosen Tragwerkes nach außen können den Wert der Grenzlastintensität nicht heraufsetzen (vgl. [*37*]).

1.5.7 Näherungsweise Lösungen unter Verwendung der statischen und kinematischen Methoden

Aus den angeführten Prinzipen und ihrer Beweise ergibt sich folgende Beziehung, die den Bereich, in dem die wirkliche Grenzlastintensität enthalten ist, bestimmt:

$$\mu_s P_m \leqq \mu_G P_m \leqq \mu_k P_m. \tag{1.5/12}$$

Die angegebenen Prinzipe für das Auffinden näherungsweiser Lösungen in der Theorie der Grenztragfähigkeit entsprechen in gewissem Sinne den Extremalprinzipen, die in der Theorie der linear-elastischen Tragwerke verwendet werden. Diese dort verwendeten Prinzipe betreffen das Minimum der elastischen Energie und das Maximum der Komplementärenergie. In der Theorie der Grenzzustände betreffen sie die statisch und kinematisch zulässigen Multiplikatoren. Die die obere und untere Eingrenzung betreffenden Sätze stellen den Inhalt der Extremalprinzipe der Theorie der plastischen Grenzzustände dar (s. [*14*, *35*, *38*]).

Diese Prinzipe sind gültig für den Fall des verallgemeinerten plastischen Potentials und ebenfalls für elastisch-plastische Materialien. Die Probleme der Gültigkeit der Extremalprinzipe für elastisch-plastische Körper sind in [*38* bis *53*] behandelt. Die Prinzipe können unmittelbar auf Tragwerke, bei denen Massenkräfte zu berücksichtigen sind, erweitert werden.

1.5.8 Näherungsweise Ermittlung der Grenzlast unter Verwendung des Prinzips der Grenzspannung

Das Auffinden von Eingrenzungen für die Grenzlast eines Tragwerkes ist auch ohne direkte Verwendung der beiden fundamentalen Sätze der Grenztragfähigkeitstheorie möglich. Die Methode der Grenzspannung von Gwosdew-Fejnberg [*10, 11*] bietet eine Möglichkeit der Eingrenzung der Grenzlast eines inelastischen Tragwerkes auf rein statische Weise. Wenn keine Information über den Formänderungszustand des Tragwerkes benötigt wird, kann der näherungsweise Wert der Grenzlast lediglich durch Betrachtung der Bedingung der Grenzspannung und der Gleichgewichtsbeziehungen gefunden werden. Das folgt tatsächlich auch direkt aus dem Korrolat Ic. Das Prinzip der Grenzspannung von Fejnberg wird hier in Termen der verallgemeinerten Kräfte $Q_i (i = 1, 2, \ldots, n)$, wie in Abschn. 1.3 definiert, erläutert.

Das Tragwerk T werde einer Gruppe von Kräften μP_m $(m = 1, 2, 3)$ unterworfen. Die Bedingung der Grenzspannung $F(Q_i) = K(x_m)$ (die Konstante des Materialversagens K ist eine vorgeschriebene Funktion im physikalischen Raum) darf nicht verletzt werden, wenn ein statisch zulässiges Spannungsfeld Q_i^0 gefunden werden soll. F ist als eine homogene Funktion der Ordnung α der Spannungskomponenten definiert, d. h. $F(Q_i^0) = F(\mu Q_i) = \mu^\alpha f(Q_i) = K$, wobei μ der Multiplikator der Last P_m ist. Es wird angenommen, daß F eine konvexe Hyperfläche im verallgemeinerten Spannungsraum bildet. Es sind eine unendlich große Anzahl von $Q_{i(1)}^0, Q_{i(2)}^0, \ldots$ möglich, die das Gleichgewicht und die Spannungsrandbedingungen befriedigen und nicht die Bedingung des Versagens verletzen, d. h. $F(Q_i^0) \leq K$. Für ein als eine Funktion von n Parametern $\varphi_i, (i = 1, 2, \ldots, n)$, angenommenes beliebiges $Q_{i(1)}^0$ folgt, daß die größtmögliche Intensität μ_0 der Belastung μP_m auf $\mu(\varphi_1, \varphi_2, \ldots, \varphi_n)$ so bezogen ist, daß

$$\mu_0 = \max \mu (\varphi_1, \varphi_2, \ldots, \varphi_n) \tag{1.5/13}$$

oder

$$\mu_0 = \min \frac{K}{F[Q_{i(1)}^0, \varphi_i]}. \tag{1.5/14}$$

Mit der wirklichen Spannungsverteilung Q_i ist der tatsächliche Multiplikator μ so verbunden, daß

$$\mu = \sup \left[\min \frac{K}{F(Q_i^0)} \right]. \tag{1.5/15}$$

Somit ist μ eine obere Grenze von allen μ_0, Gl. (1.5/14), für sämtliche statisch zulässigen Q_i^0. Das ist in der Tat eine andere Formulierung des in Abschn. 1.5.2 behandelten ersten fundamentalen Satzes. Zur Ermittlung von $\max\mu$, wie in Gl. (1.5/13) gegeben, muß offensichtlich die geeignete Extremalmethode zur Eliminierung der Parameter φ_n angewandt werden.

Zur Bestimmung einer oberen Eingrenzung μ^* für μ, so daß $\mu_* \geqq \mu$, ist es hinreichend, ein solches Funktional G zu formulieren, daß überall im Spannungsraum $G(Q_i) \geqq F(Q_i)$ ist. Dann bestehen solche Spannungsfelder Q_i^*, daß $G(Q_i^*) \leqq K$, und daher existiert für ein n-parametrisches Spannungsfeld $Q_{i(1)}^*$

$$\mu_* = \min \frac{K}{G[Q_{i(1)}^*, \psi_i]}, \tag{1.5/16}$$

so daß

$$\mu_0 \leqq \mu \leqq \mu_*. \tag{1.5/17}$$

Die physikalische Bedeutung der Beziehung Gl. (1.5/16) ist, daß der Multiplikator μ_* für eine F umschriebene Hyperfläche G gebildet wird.

Die Bedeutung der obigen Beziehungen liegt in der Tatsache, daß sie nicht den Begriff des Fließgesetzes verwenden. Das Prinzip der Grenzspannung kann jedoch nicht zu vollständigen Lösungen des Grenztragfähigkeitsproblems führen, und nicht notwendig ist $\mu_* \geqq \mu_k$, wenn μ_k durch Gl. (1.4/1) definiert ist.

1.6 Einzigkeit der Lösung des Problems der Grenztragfähigkeit

1.6.1 Einführung

Die Frage der Einzigkeit der Lösung des Grenztragfähigkeitsproblems ist sowohl vom formalen als auch vom ingenieurtechnischen Gesichtspunkt interessant. Wie erwähnt, besteht in der Theorie idealplastischer Körper keine eindeutige Beziehung zwischen Spannungen und Formänderungen. Wenn das Material einen exakt definierten Plastizitätsmodul (Fließgrenze) hat, der während des Formänderungsprozesses nicht abnimmt, dann ist das Problem der Einzigkeit der Grenzlast bereits in den Grundprinzipen der Theorie der Grenztragfähigkeit enthalten. Diese Einzigkeit der Grenzlastlösung ist in Gl. (1.5/12) festgestellt.

Es erhebt sich die Frage, bis zu welchem Ausmaß die mit der Grenzlastintensität $\mu_G P_m$ verbundenen Spannungs- und Verformungsgeschwindigkeitsfelder eindeutig bestimmt werden können. Für die Beantwortung dieser Frage ist es zweckmäßig, zwei unterschiedliche Fälle zu betrachten: Erstens die Hyperfläche, die in jedem Punkt eine eindeutig bestimmte normale Ableitung hat (d. h., daß für jeden Vektor Q_i, der die Beziehung $\Phi(Q_i) = K$ erfüllt, der Fließmechanismus eindeutig ist; (dieses Problem ist von DRUCKER [*55*] und HILL [*56*] untersucht worden; s. auch [*29, 30*]). Der zweite Fall betrifft die Hyperfläche mit Singularitäten, die durch die Gleichung $\Phi_k(Q_i) = K$ gegeben wird. Das Problem der Einzigkeit des Spannungsfeldes in einem elastisch-plastischen Medium für festgelegte plastische Formänderungsverteilung ist teilweise von COLONETTI [*57, 58*], REISSNER [*59*] und MELAN [*60*] untersucht worden.

1.6.2 Einzigkeit des Spannungsfeldes

Betrachtet werde der Fall, bei dem für eine reguläre Fließhyperfläche zwei Zustände von verallgemeinerten Spannungen und verallgemeinerten Verformungsgeschwindigkeiten existieren, die der exakten Grenzlastintensität $\mu_G P_m$ zugeordnet sind. Eine dieser Lösungen (vollständige Lösung) wird beschrieben durch Q_i, $\dot{q}_i$ $(i = 1, 2, \ldots, n)$, $\dot{U}_m$ $(m = 1, 2, 3)$.

Zum Zwecke der Beweisführung wird angenommen, daß eine unterschiedliche zweite Lösung Q_i', $\dot{q}_i'$ und $\dot{U}_m'$ existiert. In beiden Fällen müssen Kräfte und Verformungen das Postulat der Zulässigkeit erfüllen. Eine Methode des Beweises der Einzigkeit des Feldes der verallgemeinerten Spannungen besteht in der Anwendung des Prinzips der virtuellen Geschwindigkeiten [*29*]. Bei Verwendung dieses Prinzips hinsichtlich beider Felder der Spannungen und des Geschwindigkeitsfeldes $\dot{U}_m$ erhält man:

$$\mu_G \int_S P_m \dot{U}_m \, dS = \int_V Q_i \dot{q}_i \, dV = \int_V Q_i' \dot{q}_i \, dV . \tag{1.6/1}$$

In ähnlicher Weise ergibt die Anwendung des Prinzips der virtuellen Geschwindigkeiten auf das Feld $\dot{U}_m'$

$$\mu_G \int_S P_m \dot{U}_m' \, dS = \int_V Q_i \dot{q}_i' \, dV = \int_V Q_i' \dot{q}_i' \, dV . \tag{1.6/2}$$

Die Subtraktion der ersten und zweiten Teile der Gln. (1.6/1) und (1.6/2) liefert

$$\mu_G \int_S P_m (\dot{U}_m - \dot{U}_m') \, dS = \int_V Q_i (\dot{q}_i - \dot{q}_i') \, dV . \tag{1.6/3}$$

Aus der an den ersten und dritten Teilen durchgeführten entsprechenden Operation folgt

$$\mu_G \int_S P_m (\dot{U}_m - \dot{U}_m') \, dS = \int_V Q_i' (\dot{q}_i - \dot{q}_i') \, dV . \tag{1.6/4}$$

Aus diesen beiden Beziehungen ergibt sich

$$\int_V (Q_i - Q_i') (\dot{q}_i - \dot{q}_i') \, dV = 0 , \tag{1.6/5}$$

Für eine konvexe Fließhyperfläche Φ ist ersichtlich, daß $(Q_i - Q'_i)\dot{q}_i > 0$, wenn $\dot{q}_i \neq 0$, und $(Q_i - Q'_i)\dot{q}'_i > 0$, wenn $\dot{q}'_i \neq 0$. Um die Gl. (1.6/5) überall zu erfüllen, muß der Integrand gleich Null sein, und es folgt daraus, daß die beiden folgenden Fälle auftreten können:

$$Q_i = Q'_i, \quad \text{wenn} \quad \dot{q}_i \neq 0, \quad \dot{q}'_i \neq 0, \tag{1.6/6}$$

$$Q_i = Q'_i \quad \text{oder} \quad Q_i \neq Q'_i, \quad \text{wenn} \quad \dot{q}_i = 0, \quad \dot{q}'_i = 0. \tag{1.6/7}$$

Aus der Beziehung Gl. (1.6/6) folgt, daß das Feld der verallgemeinerten Spannungen im Zustand der Zerstörung eines Tragwerkes, das das Postulat der Stabilität, (d. h. $\dot{Q}_i\,\dot{q}_i \geqq 0$ [*60*]) erfüllt, in dem Bereich, in dem Verformungen auftreten können, eindeutig bestimmt ist. Der Inhalt der Beziehungen Gl. (1.6/7) kann in folgender Weise ausgedrückt werden: Wenn im Prozeß der Zerstörung eines Tragwerkes gewisse Bereiche starr bleiben, dann kann das Spannungsfeld in diesen Bereichen nicht eindeutig bestimmt werden, selbst bei eindeutig bestimmter Grenzlastintensität. Es ist klar, daß hinsichtlich der Spannungsfelder in den starren Bereichen nur die statische Zulässigkeit erforderlich ist, sowie die Erfüllung der Spannungsrandbedingungen an den Grenzen der deformierbaren Bereiche, die sich gemäß des gegebenen Fließgesetzes verformen ([*29, 55, 56*]).

1.6.3 Kinematische Zulässigkeit des Geschwindigkeitsfeldes

Aus den Gln. (1.6/3) und (1.6/4) ist ersichtlich, daß sie für jedes beliebige kinematisch zulässige Geschwindigkeitsfeld $\dot{U}_m$ und $\dot{U}'_m$ gelten. Die Einzigkeit des Spannungsfeldes erfordert nicht die Einzigkeit des Geschwindigkeitsfeldes. Daher können die Verformungsgeschwindigkeiten in dem deformierbaren Bereich beliebig sein, sie müssen nur kinematisch zulässig und übereinstimmend mit dem Fließgesetz sein.

1.6.4 Singuläre Hyperflächen

Soweit es sich um Hyperflächen mit Singularitäten handelt (an denen mehrere Hyperflächen $\Phi_k(Q_i) = K$ einander durchschneiden), ist der Beweis der Einzigkeit des Spannungsfeldes durch die Gl. (1.6/6) ausgedrückt.

Für Plastizitätshyperflächen, die in gewissen Bereichen aus Ebenen bestehen, auf denen die Gln. (1.2/9) befriedigt werden, folgt, daß $\dot{q}_i = \dot{q}'_i$ auf solchen Hyperebenen (s. Abb. 1.2). Es folgt, daß Gl. (1.6/5) auch erfüllt werden könnte, wenn $Q_i \neq Q'_i$ unter der Bedingung, daß beide Q_i und Q'_i die Gleichungen der Hyperebene erfüllen. Andererseits folgt aus den Gln. (1.6/1) und (1.6/2):

$$\int_V (Q_i - Q_i')\dot{q}_i \, dV = \int_V (Q_i - Q_i')\dot{q}_i' \, dV = 0,$$

und wegen $\dot{q}_i \neq 0$, $\dot{q}_i' \neq 0$ wird $Q_i = Q_i'$ erhalten. Das bedeutet Einzigkeit der Spannungsfelder mit eventueller Ausnahme der starren Bereiche. Wenn das zutrifft, dann ist Gl. (1.6/6) erfüllt. Aus diesen singuläre Hyperflächen betreffenden Sätzen können folgende Postulate bewiesen werden:

Wenn ein Teil des Tragwerkes in einer der vollständigen Lösungen des Grenztragfähigkeitsproblems starr ist, dann bleibt er auch in jedem beliebigen anderen kinematisch zulässigen Verschiebungsgeschwindigkeitsfeld, das der vollständigen Lösung entspricht, starr. Dieses Lemma hat wegen der möglichen Nichteindeutigkeit der Verschiebungsgeschwindigkeitsfelder in vollständigen Lösungen eine wichtige Bedeutung (siehe z. B. [*49*, *62* bis *64*]).

Was das Problem der Einzigkeit der Lösungen der Grenztragfähigkeit für elastisch-plastische Materialien anbelangt, so existiert eine umfassende Literatur, in welcher detailliertere Abhandlungen des Problems gefunden werden können. Zu dieser Gruppe gehören die grundlegenden Arbeiten von Hill [*15*, *56*, *65*], Drucker [*55*], Prager [*16*] und Koiter [*66*]. Weitere Literaturhinweise sind in [*21*, *23*, *36*, *67*] zu finden. Ingenieurtechnische Aspekte der Grenztragfähigkeitstheorie sind beispielsweise in [*9*, *29*, *30*, *67* bis *74*] behandelt.

1.6.5 Schlußfolgerungen

Schlußfolgerungen betreffend die Einzigkeit der Lösungen der Grenztragfähigkeitsprobleme können in folgender kurzer Form dargelegt werden:

a) Die Grenzlastintensität des starr-plastischen (stabilen Tragwerkes) ist eindeutig bestimmt durch die geometrischen und statischen Bedingungen des Tragwerkes, die Gleichung der Hyperfläche und das zugehörige Fließgesetz.

b) Die vollständige Lösung des Grenztragfähigkeitsproblems ist charakterisiert durch eindeutig bestimmte verallgemeinerte Spannungsfelder in deformierbaren Bereichen. Die Spannungsfelder in starren Teilen können beliebige statisch zulässige Felder sein.

c) Verformungsgeschwindigkeitsfelder in den vollständigen Lösungen brauchen nicht eindeutig bestimmt zu sein, aber sie müssen kinematisch zulässig sein.

d) Der Teil des Tragwerkes, der in irgendeiner vollständigen Lösung starr ist, bleibt in jeder anderen vollständigen Lösung starr, unter der Voraussetzung, daß die gleiche Fließbedingung verwendet worden ist.

Literatur zu 1

[1] KAZINCZY, G.: Bemessung von statisch unbestimmten Konstruktionen unter Berücksichtigung der bleibenden Formänderungen (ungarisch). Betonszemle 1, 2 (1914) Nr. 4, 5, 6.

[2] KIST, N. C.: Führt eine auf das Hookesche Gesetz gegründete Spannungsberechnung zu einer befriedigenden Bemessung von Stahlbrücken und Gebäuden (holländisch). Inaugural-Vortrag, T. H. Delft 1917.

[3] INGERSLEV, A.: Om en elementaer Beregningsmaade of krydsarmerede Plader. Ingeniøren 30 (1921) S. 507—515.

[4] JOHANSEN, K. W.: Beregning of krydsarmerede Jaernbetonpladers Brudmoment. Bygningsstatiske Meddelelser 3 (1931) S. 1—18.

[5] JOHANSEN, K. W.: Brudlinieteorier. Kopenhagen: Jul. Gjellerup 1943.

[6] GWOSDEW, A. A.: Bestimmung des Wertes der Grenzlast für statisch unbestimmte Tragwerke (russisch). Projekt i Standart 3 (1934) No. 8, S. 10—16.

[7] GWOSDEW, A. A.: Theorie des Grenzgleichgewichtes (russisch). Moskau: Strojizdat 1949.

[8] BAKER, J. F.: A review of recent investigations into the behaviour of steel frames in the plastic range. J. Instn. Civ. Engrs. 31 (1949) S. 188—240.

[9] BAKER, J. F., H. R. HORNE u. J. HEYMAN: The Steel Skeleton, Vol. 2. Cambridge: Univ. Press 1956.

[10] GWOSDEW, A. A.: Bestimmung der Grenzlast für statisch unbestimmte Tragwerke, die plastischer Deformation unterliegen (russisch). Trudy Konfierencji po plasticzeskim deformacjam. Izdat. Akad. Nauk SSSR, Moskau 1938, S. 19—30.

[11] FEJNBERG, S. M.: Das Prinzip der Grenzspannung (russisch). Dissertation, Inst. Mechaniki Akad. Nauk SSSR, Moskau 1946.

[12] DRUCKER, D. C., H. J. GREENBERG u. W. PRAGER: The safety factor of an elastic-plastic body in plane strain. J. Appl. Mech. 18 (1951) S. 371—378.

[13] DRUCKER, D. C., W. PRAGER u. H. J. GREENBERG: Extended limit design theorems for continuous media. Quart. Appl. Math. 9 (1952) S. 381—389.

[14] HILL, R.: A variational principle of maximum plastic work in classical plasticity. Quart. J. Mech. Appl. Math. 1 (1948) S. 18—28.

[15] HILL, R.: On the state of stress in a rigid plastic body at the yield point. Phil. Mag. 42 (1951) S. 868—875.

[16] PRAGER, W.: General theory of limit design. Proc. 8th Int. Congr. Appl. Mech. (Istambul 1952) 2, Istambul, 1956, S. 65—72.

[17] HODGE, P. G.: The theory of piecewise linear isotropic plasticity. Proc. Colloquium on Deformation and Flow of Solids (Madrid 1955). Berlin/Göttingen/Heidelberg: Springer 1956, S. 147—169.

[18] OLSZAK, W.: Über die Grundlagen der Theorie von nichthomogenen elastisch-plastischen Körpern (polnisch). Arch. Mech. Stosow. 6 (1954) S. 493—532, S. 639—656.

[19] OLSZAK, W.: Plane problems of plastic flow of nonhomogeneous bodies. Bull. Acad. Pol. Sci. Cl. IV, 3 (1955).

[20] DRUCKER, D. C.: A more fundamental approach to plastic stress-strain relations. Proc. 1st. U. S. Nat. Congr. Appl. Mech. (Chicago 1951). New York 1952, S. 487—491.

[21] HODGE, P. G.: The mathematical theory of plasticity. Surveys in Applied Mathematics, Elasticity, and Plasticity. New York: Wiley 1958, S. 49—144.

[22] NAGHDI, P. M.: Stress-strain relations in plasticity and thermoplasticity. Proc. 2nd Symposium on Naval Structural Mechanics (Providence 1960). Oxford: Pergamon Press 1960, S. 121—167.

[23] KOITER, W. T.: General theorems for elastic plastic solids. Progress in Solid Mechanics. Amsterdam: North-Holland Publishing 1960, S. 165—221.
[24] VON MISES, R.: Mechanik der festen Körper in plastisch deformablem Zustand. Göttinger Nachr., math.-phys. Kl., 1913, S. 582—592.
[25] REUSS, A.: Fließpotential oder Gleitebenen? Z. angew. Math. Mech. 12 (1932) S. 15–24.
[26] REUSS, A.: Vereinfachte Berechnung der plastischen Formänderungsgeschwindigkeiten bei Voraussetzung der Schubspannungsfließbedingung. Z. angew. Math. Mech. 13 (1933) S. 356–360.
[27] KOITER, W. T.: Stress-strain relations, uniqueness and variational theorems for elastic-plastic materials with a singular yield surface. Quart. Appl. Math. 11 (1953) S. 350—354.
[28] SAWCZUK, A., u. J. RYCHLEWSKI: On yield surfaces for plastic shells. Arch. Mech. Stosow. 12 (1960) S. 29—53.
[29] PRAGER, W.: An Introduction to Plasticity. Reading, Mass.: Addison-Wesley 1959.
[30] HODGE, P. G.: Plastic Analysis of Structures. New York: McGraw-Hill 1959.
[31] HILL, R.: A note on estimating the yield point loads in a plastic-rigid body. Phil. Mag. 47 (1952) S. 353—355.
[32] HORNE, H. R.: Fundamental propositions in the plastic theory of structures. J. Instn. Civ. Engrs. 34 (1949—1950) S. 174—177.
[33] HILL, R.: The Mathematical Theory of Plasticity. Oxford: University Press 1950.
[34] FEJNBERG, S. M.: Das Prinzip der Grenzspannung (russisch). Izvestija Akad. Nauk SSSR, Otd. Tech. Nauk, Mechanika i Masinostr. 1959, No 4, S. 101—111.
[35] DRUCKER, D. C.: Variational principles in the mathematical theory of plasticity. Proc. Symp. Appl. Math. 8 (1956). New York: McGraw-Hill 1958, S. 7—22.
[36] DRUCKER, D. C.: Plasticity. Proc. 1st Symp. on Naval Structural Mechanics, Stratford University 1958. Oxford: Pergamon Press 1960, S. 407—448.
[37] ROSS, E.: On the effect of boundary and loading conditions in the limit analysis of plastic structures. J. Appl. Mech. 24 (1957) S. 314/15.
[38] HILL, R.: A comparative study of some variational principles in the theory of plasticity. J. Appl. Mech. 17 (1950) S. 64—66.
[39] SADOWSKY, H. A.: A principle of maximum plastic resistance. J. Appl. Mech. 10 (1943) S. A 65—A 68.
[40] GREENBERG, H. J.: Complementary minimum principles for an elastic-plastic material. Quart. Appl. Math. 7 (1949) S. 85—95.
[41] GREENBERG, H. J.: On the variational principles of plasticity. GDMM Report A 11—54, Brown University, Providence 1949.
[42] KACHANOV, L. M.: Variationsprinzipe für elastisch-plastische Körper (russisch). Prikl. Mat. Mech. 6 (1942) No. 2—3, S. 187—196.
[43] MARKOV, A. A.: Über Variationsprinzipe in der Plastizitätstheorie (russisch). Prikl. Mat. Mech. 11 (1947) No. 3, S. 339—350.
[44] CHRISTIANOVITCH, S. A.: Ebenes Problem der mathematischen Plastizitätstheorie für auf einer geschlossenen Berandung vorgeschriebene äußere Kräfte (russisch). Matematiczeskij sbornik, Nov. Ser. 1, 43 (1936) No. 4, S. 511—534.
[45] HODGE, P. G., u. W. PRAGER: A variational principle for plastic materials with strain hardening. J. Math. Phys. 27 (1948) S. 1—10.
[46] HODGE, P. G.: Minimum principles of piece-wise linear isotropic plasticity. J. Rat. Mech. Anal. 5 (1956) S. 917—938.

[47] OLSZAK, W., u. P. PERZYNA: Extremum theorems in the theory of plasticity of nonhomogeneous and anisotropic bodies. Arch. Mech. Stosow. 9 (1957) S. 695—712.

[48] LEE, E. H.: On the significance of the limit load theorems for an elastic-plastic body. Phil. Mag. 43 (1952) S. 549—560.

[49] BISHOP, J. F. W.: On the complete solution to problems of deformation of a plastic-rigid material. J. Mech. Phys. Solids 2 (1953) S. 43—53.

[50] DRUCKER, D. C., H. J. GREENBERG, E. H. LEE u. W. PRAGER: On plastic-rigid solutions and limit design theorems for elastic-plastic bodies. Proc. 1st. U. S. Nat. Congr. Appl. Mech. (Chicago 1951) New York 1952, S. 533—538.

[51] SOKOLOVSKY, V. V.: Theorie der Plastizität. Berlin: VEB-Verlag Technik 1955 (Russische Ausgabe, Moskau: Gostechizdat 1950).

[52] ILIUSCHIN, A. A.: Die Plastizität (russisch). Moskau: Gostechizdat 1948.

[53] PRAGER, W., u. P. G. HODGE: Theory of Perfectly Plastic Solids. New York: Wiley 1951.

[54] KACHANOV, L. H.: Einführung in die Plastizitätstheorie (russisch). Moskau: Gostechizdat 1956.

[55] DRUCKER, D. C.: On uniqueness in the theory of plasticity. Quart. Appl. Math. 14 (1953) S. 35—42.

[56] HILL, R.: On the problem of uniqueness in the theory of a rigid-plastic solid. J. Mech. Phys. Solids 4 (1956) S. 247—255; 5 (1956) S. 1—8; 5 (1957) S. 153—161.

[57] COLONETTI, G.: Sul problema delle coazioni elastiche. Rend. Accad. Linzei 27, ser. 5a, 1918.

[58] COLONETTI, G.: L'équilibre des corps déformables. Paris: Dunod 1955.

[59] REISSNER, H.: Eigenspannungen und Eigenspannungsquellen. Z. angew. Math. Mech. 11 (1931) S. 1—8.

[60] MELAN, E.: Zur Plastizität des räumlichen Kontinuums. Ing.-Arch. 9 (1938) S. 116.

[61] DRUCKER, D. C.: A definition of stable inelastic material. J. Appl. Mech. 26 (1959) S. 101—106.

[62] BISHOP, J. F. W., A. P. GREEN u. R. HILL: A note on the deformable region in a rigid plastic body. J. Mech. Phys. Solids 4 (1956) S. 256—258.

[63] HAYTHORNTHWAITE, R. M., u. R. T. SHIELD: A note on the deformable region in a rigid plastic structure. J. Mech. Phys. Solids 6 (1958) S. 127—131.

[64] SHAPIRO, G. S.: Über die Einzigkeit des Biegungsproblems einer starr-plastischen Platte (russisch). Izv. Akad. Nauk SSSR, Otd. Tech. Nauk, Mechanika i Masinostr. 1959, No. 2, S. 138/39.

[65] HILL, R.: A general theory of uniqueness and stability in elastic plastic solids. J. Mech. Phys. Solids 6 (1958) S. 236—249.

[66] KOITER, W. T.: Stress strain relations, uniqueness and variational theorems for elastic-plastic materials with a singular yield surface. Quart. Appl. Math. 11 (1953) S. 350—354.

[67] FREUDENTHAL, A. M., u. H. GEIRINGER: The mathematical theories of the inelastic continuum. Handbuch der Physik Bd. 6, Berlin/Göttingen/Heidelberg: Springer 1958, S. 229—433.

[68] DRUCKER, D. C.: Limit analysis and design. Appl. Mech. Rev. 7 (1954) S. 421—425.

[69] DRUCKER, D. C.: Plastic design methods, Advantages and limitations. Trans. Soc. Naval Arch. Mar. Engrs. 65 (1958) S. 172—190.

[70] NEAL, B. G.: The Plastic Methods of Structural Analysis. London: Chapman & Hall 1956; Die Verfahren der plastischen Berechnung biegesteifer Stahlstab-

werke (Übersetzung von TH. JAEGER). Berlin/Göttingen/Heidelberg: Springer 1958.

[71] BEEDLE, L. S.: Plastic Design of Steel Frames. New York: Wiley 1958.

[72] HEYMAN, J.: Progress in plastic design. Proc. 2nd Symp. on Naval Structural Mechanics, Plasticity (Providence 1960), Oxford: Pergamon Press 1960, S. 511—537.

[73] BEEDLE, L. S.: On the application of plastic design. Proc. 2nd Symp. on Naval Structural Mechanics, Plasticity (Providence 1960), Oxford: Pergamon Press 1960, S. 538—567.

[74] MUTERMILCH, J., E. OLSZEWSKI u. M. ŁUBINSKI: Wymiarowanie konstrukcji stalowych. Nowe metody, Budownictwo i Architektura, Warszawa 1956.

2. Gleichungen für den Grenzzustand von Platten

2.1 Allgemeine Beziehungen der Plattentheorie für kleine Verformungen

2.1.1 Annahmen

Die Theorie der Platten behandelt das Gleichgewicht und die Verformungen von ebenen Flächentragwerken unter der Einwirkung von Lasten, die Krümmungen der Mittelfläche erzeugen. Die technische Theorie der Platten (Theorie der Platten bei kleinen Verformungen) gründet sich auf bestimmte Annahmen, die den Bereich ihrer Anwendbarkeit definieren. Die hauptsächlichen Annahmen dieser Theorie können in folgende Punkte eingeteilt werden:

a) Die Plattendicke ist klein im Vergleich mit den anderen Plattenabmessungen.

b) Die Plattendurchbiegungen sind klein im Vergleich mit der Plattendicke.

c) Eine Senkrechte zur Mittelebene der unverformten Platte bleibt während des Formänderungsprozesses senkrecht zur Mittelfläche.

d) Normalspannungen in Richtung der Plattendicke sind klein im Vergleich zu den Normalspannungen in den anderen Plattenrichtungen.

e) Schubspannungen, die normal zur Mittelfläche der Platte wirken, haben keinen Einfluß auf die Durchbiegungen. — In der Theorie des plastischen Fließens von Platten resultiert aus diesem Postulat folgender Schluß, der auch als eine unabhängige Annahme formuliert werden kann:

f) Schubspannungen, die in zur Mittelfläche normaler Richtung wirken, haben keinen Einfluß auf die Plastizierung der Platte und können somit nicht den Grenzzustand herbeiführen.

Vom formalen Standpunkt aus gesehen, sind nicht alle oben angegebenen Annahmen voneinander unabhängig. Das bedeutet, daß einige von ihnen als Folgerungen aus den allgemeineren Annahmen

b) und c) zu betrachten sind. Nichtsdestoweniger werden für die klare Definition des Bereiches der Anwendbarkeit der später angegebenen Lösungen alle Postulate a) bis f) als unabhängige Annahmen der technischen Plattentheorie angesehen.

2.1.2 Gleichgewichtsgleichungen

Als Ergebnis der oben angegebenen Annahmen ist es möglich, den Spannungszustand in normal zur Plattenfläche belasteten Platten durch Biegemomente und Querkräfte zu beschreiben, die auf die Mittelfläche der Platte bezogen werden und die in dem Koordinatensystem definiert sind, das auf die unverformte Platte bezogen ist:

Im rechtwinkligen Koordinatensystem (x_1, x_2, z) — wo die Achsen x_1, x_2 in der Mittelebene der Platte liegen und z in Richtung der Plattendicke gerichtet ist — wird ein Spannungszustand in der Platte durch den Momententensor $M_{\alpha\beta}$ und den Querkraftvektor Q_α beschrieben. Diese Größen werden in folgender Weise definiert:

$$M_{\alpha\beta} = \int_{-H}^{H} \sigma_{\alpha\beta}\, z\, dz \quad (\alpha, \beta = 1,2), \tag{2.1/1}$$

$$Q_\alpha = \int_{-H}^{H} \sigma_{\alpha z}\, dz, \tag{2.1/2}$$

wobei $2H$ die Dicke der Platte bedeutet. Infolge der Symmetrie des Spannungstensors $\sigma_{\alpha\beta}$ ist der Tensor $M_{\alpha\beta}$ ebenfalls symmetrisch, und

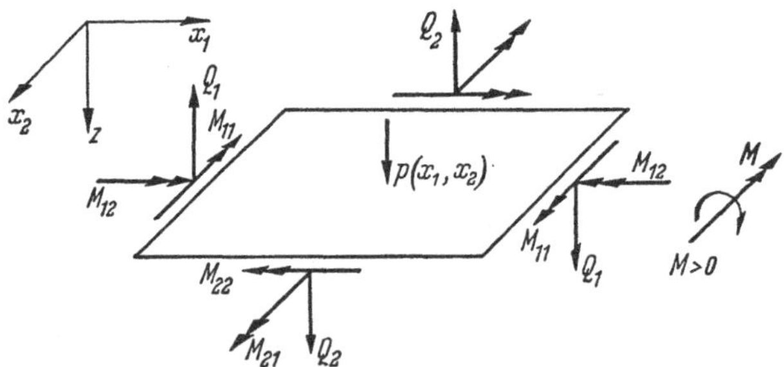

Abb. 2.1 Spannungsresultierende in Platten

es folgt, daß der Spannungszustand in der Platte im allgemeinsten Falle durch fünf unabhängige innere Kräfte beschrieben wird; zwei von diesen sind Biegemomente, eines ist das Drillmoment, und die übrigen beiden sind Querkräfte. Was die Definition der positiven Spannungsresultierenden in Platten anbelangt (innere Kräfte), so wird das übliche Vorzeichenübereinkommen verwendet (vgl. [*1*]). Dieses Vorzeichenübereinkommen ist aus Abb. 2.1 zu ersehen, wo die Komponenten des Momententensors als Vektoren bezeichnet sind.

Die Gleichgewichtsgleichungen, die die Beziehungen zwischen den inneren Kräften ausdrücken, lauten

$$Q_{\alpha,\alpha} + p = 0, \tag{2.1/3}$$

$$M_{\alpha\beta,\beta} - Q_\alpha = 0 \qquad (\alpha, \beta = 1{,}2), \tag{2.1/4}$$

wobei die Bezeichnung $,\alpha$ partielle Differentiation nach α bedeutet. Aus diesem Satz von drei Gleichungen, Gln. (2.1/3) und (2.1/4), kann man die Querkräfte eliminieren, so daß eine Gleichung für die Beziehungen zwischen den Momenten erhalten wird: $M_{\alpha\beta,\beta\alpha} + p = 0$. Für die spätere Anwendung schreiben wir diese Gleichung in der Form

$$\frac{\partial^2 M_{11}}{\partial x_1^2} + 2\frac{\partial^2 M_{12}}{\partial x_1 \partial x_2} + \frac{\partial^2 M_{22}}{\partial x_2^2} + p = 0, \tag{2.1/5}$$

die für die Durchführung praktischer Berechnungen geeignet ist.

2.1.3 Grenzzustandsbedingungen

Aus den oben angegebenen Gleichgewichtsgleichungen für das Plattenelement kann man gewisse Folgerungen ziehen, die mit dem Problem der Lösbarkeit „in Spannungen" des Grenztragfähigkeitsproblems verbunden sind. Aus der Definition der inneren Kräfte, Gl. (2.1/1), folgt, daß, wenn die Fließbedingung (Grenzzustandsbedingung $\Phi(\sigma_{ij}) = K$) durch eine Gleichung im Spannungsraum gegeben wird, die Beziehung im Raum der inneren Kräfte durch die folgende Gleichung ausgedrückt wird:

$$\Phi(M_{\alpha\beta}) = M_0, \tag{2.1/6}$$

wobei angenommen wird, daß Querkräfte keinen Einfluß auf die Plastizierung der Platte haben. M_0 bezeichnet den Plastizierungsmodul der Plattenbiegung, dessen Wert in Abschn. 2.2.2 definiert wird.

Die Gln. (2.1/5) und (2.1/6) stellen einen Satz von Gleichungen dar, die drei unbekannte Funktionen aufeinander beziehen. Aber selbst in dieser Weise, wenn die Randbedingungen in Spannungen gegeben sind, ist das Problem der Ermittlung des Feldes der inneren Kräfte, das die Gleichungen des Fließzustandes und des Gleichgewichtes erfüllt, statisch unbestimmt. Es ist klar, daß das Problem bei bestimmten speziellen Belastungsfällen und Randbedingungen auf das statisch bestimmte Problem reduziert werden kann. Beispiele dieser Art werden in Kap. 3 behandelt.

2.1.4 Kinematische Beziehungen

Aus den geometrischen Annahmen b) und c) folgt, daß der Verformungszustand der Platte durch die Durchbiegungsgleichung $W(x_1, x_2)$ der Mittelfläche vollständig beschrieben ist; das gleiche trifft auf die

Durchbiegungsgeschwindigkeit $\dot{W}(x_1, x_2)$ zu. Wenn die z-Richtung mit der positiven äußeren Belastung übereinstimmt, dann werden die Komponenten der Geschwindigkeit der Formänderung eines beliebigen Punktes, dessen Abstand von der Mittelfläche z ist, durch die Komponenten des folgenden Vektors gegeben:

$$\dot{U}_\alpha = -z\,\dot{W}_{,\alpha}. \tag{2.1/7}$$

Die Komponenten des Tensors der Formänderungsgeschwindigkeit werden üblicherweise durch die Beziehung

$$\dot{\varepsilon}_{\alpha\beta} = \frac{1}{2}(\dot{U}_{\alpha,\beta} + \dot{U}_{\beta,\alpha}) \tag{2.1/8}$$

ausgedrückt. Nach Substitution von $\dot{U}_\alpha$ aus der Gl. (2.1/7) ergibt sich:

$$\dot{\varepsilon}_{\alpha\beta} = -z\,\dot{W}_{,\alpha\beta} \quad (\alpha, \beta = 1, 2). \tag{2.1/9}$$

Diese Gleichung sagt aus, daß die Geschwindigkeiten der Formänderung einer beliebigen Plattenschicht durch den Krümmungsgeschwindigkeitstensor $\dot{K}_{\alpha\beta} = -\dot{W}_{,\alpha\beta}$ der Mittelfläche der Platte vollständig beschrieben werden. Die Komponenten dieses Krümmungsgeschwindigkeitstensors heißen in technischer Bezeichnungsweise

$$\dot{K}_{11} = -\frac{\partial^2 \dot{W}}{\partial x_1^2}, \quad \dot{K}_{12} = \dot{K}_{21} = -\frac{\partial^2 \dot{W}}{\partial x_1 \partial x_2}, \quad \dot{K}_{22} = -\frac{\partial^2 \dot{W}}{\partial x_2^2}. \tag{2.1/10}$$

2.1.5 Inkompressibilitätsbedingung

Eine der Annahmen, die gewöhnlich in der Beschreibung des plastischen Formänderungsvorganges verwendet wird, ist die Bedingung der Inkompressibilität des Materials. Die Bedingung der Inkompressibilität sagt aus, daß sich das Volumen des Materials während der plastischen Formänderung nicht verändert. Sie kann als die lineare Invariante des Verformungsgeschwindigkeitszustandes $\dot{\varepsilon}_{ij}$ ausgedrückt werden:

$$\dot{\varepsilon}_{ii} = 0 \quad (i = 1, 2, 3). \tag{2.1/11}$$

Nach Einsetzen der Komponenten des zweidimensionalen Tensors $\dot{\varepsilon}_{\alpha\beta}$ erhalten wir die Beziehung $\dot{\varepsilon}_{33} = -\varepsilon_{\alpha\alpha}$ $(\alpha = 1, 2)$, d. h. die Gleichung

$$\dot{\varepsilon}_{33} = z\,\dot{W}_{,\alpha\alpha}, \tag{2.1/12}$$

die nach Integration die Veränderung der Plattendicke während des plastischen Formänderungsprozesses beschreibt. Wie aus Gl. (2.1/12) zu ersehen ist, beeinflußt die Bedingung der Inkompressibilität nicht in direkter Weise die Beziehungen, die die Deformation der Mittelfläche betreffen. Das bedeutet, daß die Inkompressibilitätsbedingung bei der Lösung von Problemen der Grenztragfähigkeit nicht in direkter Weise verwendet wird.

2.1.6 Dissipationsfunktion

Die für die Flächeneinheit der Plattenmittelfläche ausgedrückte Dissipationsfunktion Gl. (1.2/10) wird durch die Beziehung

$$d = \int_{-H}^{H} \sigma_{\alpha\beta}\, \dot{\varepsilon}_{\alpha\beta}\, dz \tag{2.1/13}$$

gegeben.

Nach Einsetzen der betreffenden Ausdrücke aus der Gl. (2.1/9) erhält man

$$d = \int_{-H}^{H} - z\, \sigma_{\alpha\beta}\, \dot{W}_{,\alpha\beta}\, dz = -M_{\alpha\beta}\, \dot{W}_{,\alpha\beta} = M_{\alpha\beta}\, \dot{K}_{\alpha\beta}. \tag{2.1/14}$$

Diese Gleichung bedeutet, daß die Dissipationsleistung durch symmetrische Tensoren des Momentes $M_{\alpha\beta}$ und der Krümmungsgeschwindigkeit $\dot{K}_{\alpha\beta}$ vollständig beschrieben wird.

Gemäß dem Postulat f) und der Grenztragfähigkeitsbedingung Gl. (2.1/6) zeigt die Gl. (2.1/14), daß die Momente bei der Biegung von Platten verallgemeinerte Spannungen und die Krümmungen verallgemeinerte Formänderungen sind (s. Abschn. 1.3). Diese Schlußfolgerungen ergeben sich auch durch direkten Vergleich der Gln. (1.3/2) und (2.1/14).

Die Gl. (2.1/14) hat eine wichtige Bedeutung, soweit es die Suche nach Näherungslösungen (obere Eingrenzungen) anbelangt, die sich auf den zweiten fundamentalen Satz der Theorie der Grenztragfähigkeit gründen. Diese Beziehung stellt einen Ausgangspunkt für die Theorie der Fließgelenklinien dar.

2.1.7 Formänderungsmechanismus

Wenn die Grenzzustandsbedingung durch die Gl. (2.1/6) gegeben wird, d. h., daß sie nur eine Funktion der Momente ist, und wenn die verallgemeinerten Formänderungen Krümmungen sind, dann wird die augenblickliche Bewegung des Zerstörungsmechanismus durch die folgende Beziehung gegeben:

$$\dot{K}_{\alpha\beta} = \nu_k \frac{\partial \Phi_k}{\partial M_{\alpha\beta}} \qquad (k = 1, 2, \ldots n). \tag{2.1/15}$$

Diese Beziehung stellt ebenfalls fest, daß die Gleichung der Grenzhyperfläche im Momentenraum das verallgemeinerte plastische Potential darstellt (s. Abschn. 1.2.4). Die im vorhergehenden angegebenen Sätze von Beziehungen, die sich auf den Grenzzustand von Platten beziehen, nämlich die Gleichgewichtsgleichungen (2.1/3) und (2.1/4), die kinematischen Beziehungen Gl. (2.1/10) und (2.1/12), die Grenzzustandsbedingung Gl. (2.1/6) und das Formänderungsgesetz Gl. (2.1/15), gestatten vom formalen Gesichtspunkt, das Randwertproblem in der Theorie der Grenztragfähigkeit als ein kombiniertes kinematisch-statisches Problem zu lösen. Die entsprechenden Randbedingungen eines solchen Problems müssen sowohl in Spannungen als auch in Formänderungsgeschwindigkeiten gegeben werden. Die Möglichkeit des Erhaltens von Lösungen in geschlossener Form wird größtenteils von der Art der Funktion, die die Grenztragfähigkeitshyperfläche beschreibt, abhängen. Besondere Formen der Grenzzustandsgleichung (2.1/6), die von den tatsächlichen Eigenschaften der verwendeten Materialien abhängig sind, werden im nächsten Kapitel behandelt. Bevor wir weiter fortschreiten, ist es notwendig, eine der Schwierigkeiten hervorzuheben, der wir im Verlaufe der Suche nach vollständigen statisch-kinematischen Lösungen begegnen werden. Diese Schwierigkeit entsteht aus der Tatsache, daß die die Spannungsfelder und Formänderungsgeschwindigkeitsfelder betreffenden Lösungen Unstetigkeiten in bestimmten Größen aufweisen können. Diese Probleme werden in Abschn. 2.3 erörtert.

2.2 Fließbedingungen für isotrope Platten

2.2.1 Einführung

Die Grenzlastintensität für eine Platte hängt von den Eigenschaften des Plattenmaterials ab. Die Lösung eines technischen Problems erfordert die Formulierung der Funktion Gl. (2.1/6), die die Erfüllung des Grenzspannungszustandes (Fließbedingung) durch die verallgemeinerten Spannungen darstellt.

Zunächst werden die Fragen der Fließbedingungen mit der Erörterung plastisch-isotroper Materialien begonnen. Die plastischen Eigenschaften derartiger Materialien sind unabhängig von der Richtung im Raum und werden z. B. durch die Fließgrenze σ_0 beschrieben. Im folgenden werden die Kriterien des Grenzzustandes für die Bedingung des ebenen Spannungszustandes betrachtet. Die Erläuterung der Fließbedingungen wird von komplizierteren zu einfacheren Fällen fortschreiten:

a) Bedingung der maximalen konstanten Gestaltänderungsarbeit (Fließbedingung von Huber-von Mises-Hencky);

b) Bedingung der maximalen konstanten Schubspannung (Fließbedingung von Coulomb-Tresca);

c) Bedingung der maximalen konstanten Normalspannung (Anstrengungshypothese von Galilei), und daraus folgend die Grenzzustandsbedingung für mit Seilen oder Stäben aus plastischem Material bewehrte Platten (beispielsweise Stahlbetonplatten).

2.2.2 Fließbedingung von Huber-von Mises

Die Fließbedingung von HUBER-VON MISES (vgl. HUBER [3], VON MISES [4] und auch [5 bis 8]) für den ebenen Spannungszustand und inkompressible Materialien wird durch die Beziehung

$$3\sigma_{\alpha\beta}\,\sigma_{\alpha\beta} - \sigma_{\alpha\alpha}\,\sigma_{\beta\beta} = 2\sigma_0^2 \quad (\alpha, \beta = 1, 2), \tag{2.2/1}$$

dargestellt, wobei σ_0 die Fließgrenze für den Fall des einachsigen Zuges ist. Bei Verwendung der Definition des Momententensors, Gl. (2.1/1), kann die angegebene Beziehung im Raum der verallgemei-

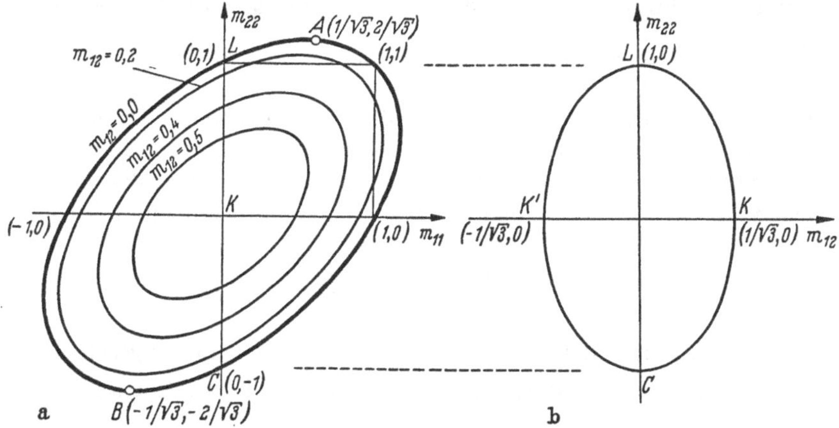

Abb. 2.2 Fließhyperfläche für plastische Platten aus HUBER-VON MISES-Material

nerten Spannungen $M_{\alpha\beta}$ ausgedrückt werden. In technischer Bezeichnungsweise erhält man die folgende Form der Gleichung der Fließhyperfläche:

$$M_{11}^2 - M_{11}M_{22} + M_{22}^2 + 3M_{12}^2 = M_0^2, \tag{2.2/2}$$

wobei

$$M_0 = 2\int_0^H \sigma_0 z\, dz = \sigma_0 H^2. \tag{2.2/3}$$

Es ist bequem, die Gl. (2.2/2) in normierter Form darzustellen, indem man sie in dem Raum der dimensionslosen Momente $m_{\alpha\beta}$, die als

$$m_{\alpha\beta} = \frac{M_{\alpha\beta}}{M_0} \tag{2.2/4}$$

definiert sind, schreibt. Dann nimmt die Gleichung für den Fließzustand für die Bedingung von HUBER-VON MISES die Form

$$\Phi(m_{\alpha\beta}) = m_{11}^2 - m_{11}m_{22} + m_{22}^2 + 3m_{12}^2 = 1, \tag{2.2/5}$$

an und stellt ein Ellipsoid im Raum von m_{11}, m_{22}, m_{12} dar. Seine Querschnitte und Höhenlinien sind in der Abb. 2.2 angegeben.

Der Fließmechanismus wird durch Gl. (2.1/15) beschrieben, und nach Durchführung der erforderlichen Differentiationsoperation ergibt sich

$$\dot{\varkappa}_{11} = -\frac{\partial^2 \dot{W}}{\partial x_1^2} H = \nu(2m_{11} - m_{22}), \quad \dot{\varkappa}_{22} = -\frac{\partial^2 \dot{W}}{\partial x_2^2} H = \nu(2m_{22} - m_{11}),$$

$$\dot{\varkappa}_{12} = -\frac{2\partial^2 \dot{W}}{\partial x_1 \partial x_2} H = 6\nu m_{12}, \tag{2.2/6}$$

worin $\dot{\varkappa}_{11} = H\dot{K}_{11}$, $\dot{\varkappa}_{22} = H\dot{K}_{22}$, $\dot{\varkappa}_{12} = H(\dot{K}_{12} + \dot{K}_{21})$ dimensionslose Krümmungsgeschwindigkeiten sind. Die Dissipationsfunktion Gl. (2.1/14) nimmt bei Einführung dimensionsloser Spannungen die folgende Form an:

$$d = M_0(m_{11}\dot{\varkappa}_{11} + m_{22}\dot{\varkappa}_{22} + m_{12}\dot{\varkappa}_{12})H^{-1}. \tag{2.2/7}$$

Wenn in diese Beziehung die durch Gl. (2.2/6) gegebenen Krümmungen eingesetzt werden, ergibt sich, daß die Dissipationsfunktion vom Koeffizienten ν in der Weise $Hd = 2\nu M_0$ abhängt. Der skalare Koeffizient ν kann aus den Gln. (2.2/5) und (2.2/6) ermittelt werden zu

$$\nu = \frac{1}{\sqrt{3}}\left[\dot{\varkappa}_{22}^2 + \dot{\varkappa}_{11}\dot{\varkappa}_{22} + \dot{\varkappa}_{11}^2 + \left(\frac{\dot{\varkappa}_{12}}{2}\right)^2\right]^{\frac{1}{2}}. \tag{2.2/8}$$

Nach Einführung der Beziehung zwischen Krümmungsgeschwindigkeiten $\dot{K}_{\alpha\beta}$ und Durchbiegungsgeschwindigkeit $\dot{W}$ erhält man

$$d = \frac{2}{\sqrt{3}} M_0\left[\left(\frac{\partial^2 \dot{W}}{\partial x_1^2}\right)^2 + \left(\frac{\partial^2 \dot{W}}{\partial x_2^2}\right)^2 + \left(\frac{\partial^2 \dot{W}}{\partial x_1^2}\right)\left(\frac{\partial^2 \dot{W}}{\partial x_2^2}\right) + \left(\frac{\partial^2 \dot{W}}{\partial x_1 \partial x_2}\right)^2\right]^{\frac{1}{2}}. \tag{2.2/9}$$

Die Gl. (2.2/9) stellt die Dissipationsfunktion für die Flächeneinheit der Mittelfläche einer Platte dar, deren Material der Huber-von Mises-Fließbedingung unterliegt. Diese Gleichung ist gültig für solche Flächen von $\dot{W}$, die stetige zweite Ableitungen haben. Für unstetige Felder wird das Problem getrennt behandelt.

Aus den oben angegebenen Beziehungen folgen zusammen mit den Gleichungen für das Gleichgewicht der Platten im rechtwinkligen Koordinatensystem einige Schlußfolgerungen von praktischer Bedeutung. Zuerst sei bemerkt, daß der Satz von Gln. (2.1/5) und (2.2/2) zu einer partiellen, nichtlinearen Differentialgleichung führt — ein wesentlicher Unterschied zwischen plastischem und elastischem Plattenproblem kleiner Deformationen, was die mathematische Behandlung anbelangt. Aus Gl. (2.2/6) folgt, daß, wenn eine der Krümmungen der durchbogenen Fläche verschwindet und sich der plastizierte Bereich daher zu einer abwickelbaren Fläche verformt, im rechtwinkligen Koordinatensystem die folgenden Beziehungen für die plastizierten

Bereiche gültig sind:

$$m_{11} = \frac{m_{22}}{2}, \quad \text{wenn} \quad \dot{\varkappa}_{11} = 0, \tag{2.2/10}$$

$$m_{22} = \frac{m_{11}}{2}, \quad \text{wenn} \quad \dot{\varkappa}_{22} = 0. \tag{2.2/11}$$

Die entsprechende Form für die Fließbedingung für einen solchen Bereich wird durch die Begrenzung der Projektion der Fläche nach Gl. (2.2/5) auf die Ebene m_{11}, m_{12} angegeben

$$m_{11}^2 + 4m_{12}^2 = \frac{4}{3}, \quad \dot{\varkappa}_{22} = 0. \tag{2.2/12}$$

Wenn der plastische Bereich zu einer Linie reduziert wird, wo sich zwei abwickelbare Flächen der verformten Platte treffen, und wenn entlang dieser Linie $\varkappa_{12} = 0$ erfüllt wird, dann sind die Werte der Momente entlang dieser Linie

$$m_1 = \frac{2}{\sqrt{3}}, \quad m_2 = \frac{1}{\sqrt{3}}. \tag{2.2/13}$$

Diese Werte sind für näherungsweise Lösungen (obere Eingrenzungen) zu berücksichtigen, wenn die Huber-von Mises-Fließbedingung und das zugehörige Fließgesetz verwendet wird.

Die vollständige Lösung des Grenztragfähigkeitsproblems für die Huber-von Mises-Fließbedingung besteht in der Lösung des Satzes von Gln. (2.1/5), (2.2/5) und (2.2/6) für geeignete Randbedingungen. Es ist nur in bestimmten besonderen Fällen möglich, eine solche vollständige Lösung zu erhalten, und die Gruppe der bekannten Lösungen in geschlossener Form ist sehr eng. Die mit der Lösung von Grenztragfähigkeitsproblemen verbundenen Schwierigkeiten für die Huber-von Mises-Fließbedingung werden in Abschn. 3.3 anhand von Beispielen erläutert.

2.2.3 Plattengleichungen für die Coulomb-Tresca-Fließbedingung

Das Erhalten von vollständigen Lösungen in der Theorie der plastischen Platten ist möglich, wenn die von Coulomb *[9]* formulierte und von Tresca *[10]* und St. Venant *[11]* auf Plastizitätsprobleme angewendete Anstrengungshypothese verwendet wird.

Die Bedingung der maximalen Schubspannung nimmt in dem Hauptspannungskoordinatensystem eine besonders einfache Form an. Diese Form wird durch die Gruppe der folgenden Ungleichungen dargestellt

$$|\sigma_1| \leqq \sigma_0, \quad |\sigma_2| \leqq \sigma_0, \quad |\sigma_1 - \sigma_2| \leqq \sigma_0. \tag{2.2/14}$$

Die Grenzzustandsgleichung für Platten kann bei Verwendung der dimensionslosen Momente Gl. (2.2/4) wie folgt geschrieben werden

$$\max(|m_1|, |m_2|, |m_1 - m_2|) = 1. \tag{2.2/15}$$

Zur Darstellung der Fließhyperfläche im Raum der verallgemeinerten Spannungen m_{11}, m_{22}, m_{12} ist es erforderlich, die Gl. (2.2/15) in dem mit den Hauptrichtungen des Biegemomententensors verknüpften Koordinatensystem anzuschreiben. Dafür ist es notwendig, die Beziehungen zwischen den Komponenten des Tensors $m_{\alpha\beta}$ in einem beliebigen orthogonalen Koordinatensystem und seinen Koordinaten m_1, m_2 in dem Hauptmomentenkoordinatensystem zu verwenden.

Diese Beziehung lautet (vgl. [*1*, *2*]):

$$2m_1 = m_{11} + m_{22} + [(m_{11} - m_{22})^2 + 4m_{12}^2]^{\frac{1}{2}}, \qquad (2.2/16)$$

$$2m_2 = m_{11} + m_{22} - [(m_{11} - m_{22})^2 + 4m_{12}^2]^{\frac{1}{2}}. \qquad (2.2/17)$$

Einsetzen der Gln. (2.2.16) und (2.2/17) in Gl. (2.2/15) liefert die Gleichungen der Fließhyperfläche

$$\Phi_1 = m_{11} + m_{22} - m_{11}m_{22} + m_{12}^2 = 1, \qquad (2.2/18)$$

$$\Phi_2 = -m_{11} - m_{22} - m_{11}m_{22} + m_{12}^2 = 1, \qquad (2.2/19)$$

$$\Phi_3 = m_{11}^2 + m_{22}^2 - 2m_{11}m_{22} + 4m_{12}^2 = 1. \qquad (2.2/20)$$

Gl. (2.2/20) stellt einen elliptischen Zylinder dar, dessen Achse durch den Schnitt der Ebenen $m_{12} = 0$ und $m_{11} - m_{22} = 0$ gegeben wird.

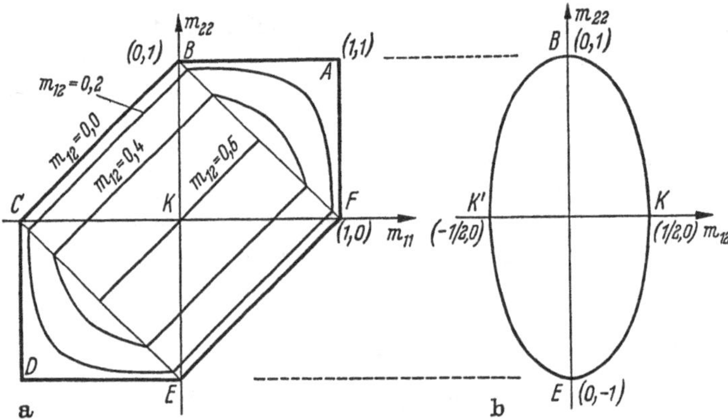

Abb. 2.3 Fließhyperfläche für plastische Platten aus COULOMB-TRESCA-Material

Die Gln. (2.2/18) und (2.2/19) sind degenerierte Hyperboloide (Kegel). Es ist leicht ersichtlich, daß diese Kegel sich mit dem elliptischen Zylinder auf Ebenen $m_{11} + m_{22} = \pm 1$ durchschneiden. Die Ansicht dieses Teiles der Flächen nach den Gln. (2.2/18) bis (2.2/20), die dem Ursprung des Koordinatensystems am nächsten liegen, und die stückweise kontinuierliche Fließhyperflächen darstellen, sind in Abb. 2.3 gezeigt. Abb. 2.3a gibt auch die Höhenlinien von m_{12} an, und in Abb. 2.3b ist der Schnitt der Fließhyperfläche mit der Ebene $m_{11} = 0$ gegeben.

Die Fließhyperfläche hat entlang der beiden Ellipsen Singularitäten, die durch den Schnitt des Zylinders Gl. (2.2/20) mit den Ebenen $m_{11} + m_{22} = \pm 1$ gegeben werden. Der Vektor der Verformungsgeschwindigkeit $\dot{q}_i = \nu(\dot{K}_{11}, \dot{K}_{22}, \dot{K}_{12})$ ist nicht eindeutig bestimmt. Er folgt aus der linearen Kombination der benachbarten Fließmechanismen, wie sich aus dem verallgemeinerten plastischen Potential ergibt (s. Abb. 1.3, Punkt A). Die singulären Punkte dieser Fließhyperfläche sind ebenfalls Punkte, deren Koordinaten $m_{11} = m_{22} = \pm 1$, $m_{12} = 0$ sind. Diese Form der Fließhyperfläche ist von HOPKINS [*12*] untersucht worden.

Der das Fließgesetz darstellende Satz von Gleichungen kann in der Form

$$\dot{\varkappa}_{11} = \nu_1(1 - m_{22}) + \nu_2(-1 - m_{22}) + 2\nu_3(m_{11} - m_{22}), \tag{2.2/21}$$

$$\dot{\varkappa}_{22} = \nu_1(1 - m_{11}) + \nu_2(-1 - m_{22}) + 2\nu_3(m_{22} - m_{11}), \tag{2.2/22}$$

$$\dot{\varkappa}_{12} = 2\nu_1 m_{12} + 2\nu_2 m_{12} + 8\nu_3 m_{12} \tag{2.2/23}$$

geschrieben werden, wobei einige der Koeffizienten $\nu_k = 0$, $(k = 1, 2, 3)$, in entsprechenden Bereichen des Spannungsraumes. Die folgenden Beziehungen werden befriedigt:

$$\nu_1 = \nu_2 = 0, \quad \text{wenn} \quad -1 < m_{11} \pm m_{22} < 1 \tag{2.2/24}$$

$$\nu_2 = \nu_3 = 0, \quad \text{wenn} \quad \left.\begin{array}{l} m_{11} + m_{22} - 1 < m_{11} < 1 \\ m_{11} + m_{22} - 1 < m_{22} < 1 \end{array}\right\} \tag{2.2/25}$$

$$\nu_1 = \nu_3 = 0, \quad \text{wenn} \quad \left.\begin{array}{l} -1 < m_{11} < m_{11} + m_{22} + 1 \\ -1 < m_{22} < m_{11} + m_{22} + 1 \end{array}\right\}, \tag{2.2/26}$$

wenn in einem bestimmten Punkt der Platte die plastische Verformung eintritt, d. h. wenigstens ein $\nu \neq 0$ und positiv gemäß Definition.

Für jeden der Bereiche der Gültigkeit der Gln. (2.2/18) bis (2.2/20) kann die Dissipationsfunktion Gl. (2.2/7) ausgewertet werden, und aus der Fließbedingung ergibt sich der entsprechende Wert des Koeffizienten ν_k $(k = 1, 2, 3)$. Die Dissipationsfunktion hat in dem Hauptmomentenkoordinatensystem, d. h. $m_{12} \equiv 0$, eine besonders einfache Form. Aus der Durchführung der durch Gl. (1.3/3) definierten Operation auf den Funktionen der Gln. (2.2/18) bis (2.2/20) geht hervor, daß das Fließgesetz folgende Form annimmt:

$$\left.\begin{array}{llll} \dot{\varkappa}_{11} = \nu_1, & \dot{\varkappa}_{22} = \dot{\varkappa}_{12} = 0, & & m_{11} = 1, \\ \dot{\varkappa}_{11} = -\nu_2, & \dot{\varkappa}_{22} = \dot{\varkappa}_{12} = 0, & & m_{11} = -1, \\ \dot{\varkappa}_{22} = \nu_1, & \dot{\varkappa}_{11} = \dot{\varkappa}_{12} = 0, & & m_{22} = 1, \\ \dot{\varkappa}_{22} = -\nu_2, & \dot{\varkappa}_{11} = \dot{\varkappa}_{12} = 0, & & m_{22} = -1, \\ \dot{\varkappa}_{11} = -\nu_3, & \dot{\varkappa}_{22} = \nu_3, & \dot{\varkappa}_{12} = 0, & -m_{11} + m_{22} = 1, \\ \dot{\varkappa}_{11} = \nu_3, & \dot{\varkappa}_{22} = -\nu_3, & \dot{\varkappa}_{12} = 0, & m_{11} - m_{22} = 1. \end{array}\right\} \tag{2.2/27}$$

Einsetzen dieser Beziehungen in die Dissipationsgleichung ergibt

$$d = \frac{M_0}{H}(\nu_1 + \nu_2 + \nu_3) = \frac{1}{2} M_0(|\dot{K}_1| + |\dot{K}_2| + |\dot{K}_1 + \dot{K}_2|), \qquad (2.2/28)$$

wobei $\dot{K}_1$, $\dot{K}_2$ die Hauptkrümmungen der Durchbiegungsgeschwindigkeitsfläche $\dot{W}$ bezeichnen. Diese Form der Dissipationsfunktion für ein ebenes Spannungsproblem ist von PRAGER [*13*] angegeben worden. Wenn die Hauptkrümmungen der Fläche $\dot{W}$ bekannt sind, kann eine der Gl. (2.2/9) ähnliche Gleichung angeschrieben werden.

Im Hauptmomentenkoordinatensystem nehmen die Plastizitätsgleichungen eine lineare Form an, und das entsprechende Fließpolygon ist in Abb. 2.3a durch $ABCDEF$ bezeichnet. Diese Form der COULOMB-TRESCA-Fließbedingung führt zu geschlossenen Lösungen; in Tab. 2.1 sind die Gleichungen des Fließzustandes und die entsprechenden Fließgesetze zusammengestellt. In dieser Tabelle bezeichnen m_1, m_2 die Hauptmomente.

Tabelle 2.1 *Fließgesetz für die Seiten des Coulomb-Tresca-Fließpolygons im Hauptmomentenkoordinatensystem*

Spannungsprofil	Grenzzustandsbedingung $\Phi = (m_1, m_2) = 1$		Fließvektor $(\dot{\varkappa}_1, \dot{\varkappa}_2)$
AB	$m_2 = 1$,	$0 \leqq m_1 \leqq 1$	$\nu(0, 1)$
BC	$m_2 - m_1 = 1$,		$\nu(-1, 1)$
CD	$-m_1 = 1$,	$-1 \leqq m_2 \leqq 0$	$\nu(-1, 0)$
DE	$-m_2 = 1$,	$-1 \leqq m_1 \leqq 0$	$\nu(0, -1)$
EF	$m_1 - m_2 = 1$,		$\nu(1, -1)$
FA	$m_1 = 1$,	$0 \leqq m_2 \leqq 1$	$\nu(1, 0)$

In den Ecken des Polygons sind die Spannungen festgelegt, aber der Fließvektor gemäß Gln. (2.2/21) bis (2.2/23) hat einen bestimmten Freiheitsgrad. Die entsprechenden Werte sind in Tab. 2.2 angegeben.

Tabelle 2.2 *Fließgesetz für die Ecken des Coulomb-Tresca-Fließpolygons im Hauptmomentenkoordinatensystem*

Spannungsprofil	Grenzzustandsbedingung $\Phi(m_1, m_2) = 1$		Fließvektor $(\dot{\varkappa}_1, \dot{\varkappa}_2)$
A	$m_1 = 1$,	$m_2 = 1$	$\nu(\mu, 1 - \mu)$
B	$m_1 = 0$,	$m_2 = 1$	$\nu(-1 + \mu, \mu)$
C	$m_1 = -1$,	$m_2 = 0$	$\nu(-\mu, 1 + \mu)$
D	$m_1 = -1$,	$m_2 = -1$	$\nu(-\mu, -1 + \mu)$
E	$m_1 = 0$,	$m_2 = -1$	$\nu(\mu, -1 - \mu)$
F	$m_1 = 1$,	$m_2 = 0$	$\nu(\mu, -1 - \mu)$

Wenn die Fließhyperfläche Singularitäten aufweist, können dort bestimmte Diskontinuitäten (Unstetigkeiten) der Komponenten des verallgemeinerten Verformungsgeschwindigkeitsfeldes auftreten. Die Analyse der zulässigen Unstetigkeiten wird in Abschn. 2.4 behandelt.

2.2.4 Anwendung der Bedingung der maximalen Normalspannung und ihre Beziehung zur Theorie der Fließgelenklinien

Das Kriterium der maximalen Normalspannung spielt in der technischen Theorie der Grenztragfähigkeit der Platten eine bedeutende Rolle, da aus ihm die Theorie der Fließgelenklinien hergeleitet werden kann, deren Verwendung für die Berechnung von Stahlbetonplatten weit verbreitet ist. Diese Theorie wird in den Kap. 6 bis 8 detailliert behandelt, jedoch werden an dieser Stelle die Konsequenzen systematisch untersucht, die aus den Fließungleichungen

$$|\sigma_1| \leqq \sigma_0, \quad |\sigma_2| \leqq \sigma_0 \tag{2.2/29}$$

hervorgehen. Der Satz von Ungleichungen (2.2/29) stellt das Kriterium der maximalen Normalspannungen dar. Die Beziehungen sagen aus, daß der Grenzzustand erreicht wird, wenn eine der Hauptspannungen den Wert des Moduls des Zerstörungszustandes (Plastizitätsmodul) erreicht. Bei Verwendung der Definition der verallgemeinerten Spannungen Gl. (2.2/3) kann diese Bedingung in der Form

$$\max(|m_1|, |m_2|) = 1 \tag{2.2/30}$$

dargestellt werden. Aus dem Vergleich der Gln. (2.2/30) und (2.2/16—17) ist zu ersehen, daß die Bedingung der maximalen Normalspannung durch einen Teil der im vorhergehenden Abschnitt betrachteten Beziehungen dargestellt wird. Wenn man Gl. (2.2/30) in die Gln. (2.2/16—17) einsetzt, so resultiert die Gleichung der Fließhyperfläche, die durch die Beziehungen Gl. (2.2/18) und (2.2/19)

$$\Phi_1 = m_{11} + m_{22} - m_{11} m_{22} + m_{12}^2 = 1$$

$$\Phi_2 = -m_{11} - m_{22} - m_{11} m_{22} + m_{12}^2 = 1$$

gegeben wurde. Diese Beziehungen stellen zwei elliptische Kegel dar, die sich in der Ebene $m_{11} + m_{22} = 0$ durchschneiden und die hinsichtlich der Ebenen $m_{12} = 0$ und $m_{11} - m_{22} = 0$ symmetrisch sind. Die Fließhyperfläche, die von den Gln. (2.2/18) und (2.2/19) angegeben wird, ist in Abb. 2.4 dargestellt, wo die Höhenlinien des Drillmomentes und die Durchschnitte durch die Ebenen $m_{22} = 0$ und $m_{11} - m_{22} = 0$ gezeigt sind. Der Schnitt von Φ_1 und Φ_2 ist ein singulärer Bereich für den Fließvektor, in gleicher Weise wie Punkt A und C.

Das Fließgesetz für die Fließhyperflächen, die in Abb. 2.4 dargestellt sind, wird durch die folgenden Beziehungen ausgedrückt

$$\dot{\varkappa}_{11} = \nu_1(1 - m_{22}), \quad \dot{\varkappa}_{22} = \nu_1(1 - m_{11}), \quad \dot{\varkappa}_{12} = 2\nu_1 m_{12}, \qquad (2.2/31)$$

wenn $0 < m_{11} + m_{22} \leqq 1$ und

$$\dot{\varkappa}_{11} = \nu_2(-1 - m_{22}), \; \dot{\varkappa}_{22} = \nu_2(-1 - m_{11}), \; \dot{\varkappa}_{12} = 2\nu_2 m_{12}, \qquad (2.2/32)$$

wenn $-1 \leqq +m_{11} + m_{22} < 0$,

und die Dissipationsfunktion wird wie für die Coulomb-Tresca-Fließbedingung durch Gl. (2.2/7) gegeben. Im Hauptmomentenkoordinaten-

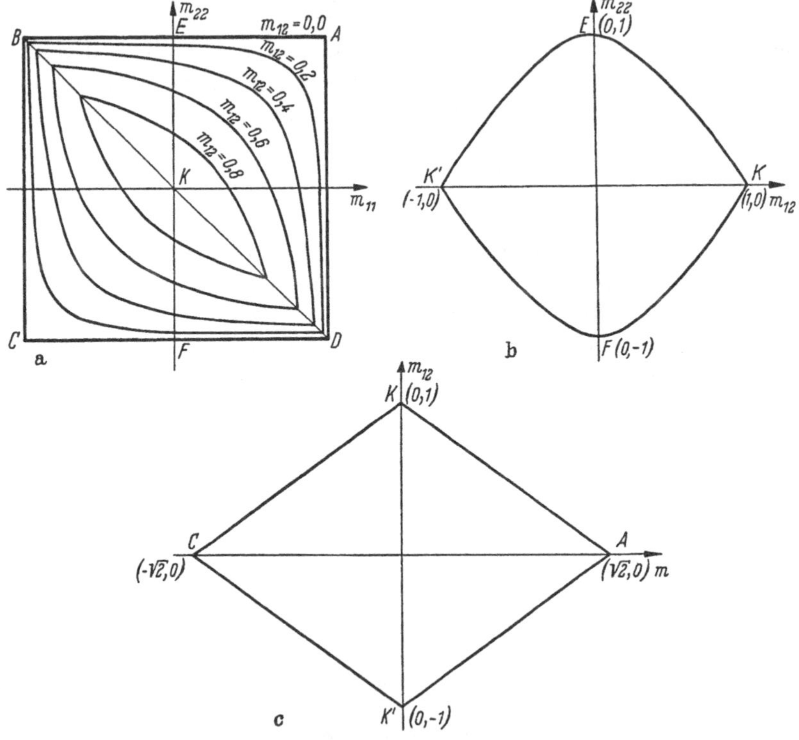

Abb. 2.4 Fließhyperfläche für die Maximal-Hauptmomenten-Fließbedingung
a) Niveaukurven für m_{12}; b) Schnitt der Fließhyperfläche durch die $m_{11} = 0$-Ebene; c) Schnitt der Fließhyperfläche durch die $m_{11} = m_{12}$-Ebene

system reduziert sich die Fließhyperfläche auf das Rechteck $ABCD$ in der Ebene m_1, m_2. Die entsprechenden Gleichungen des Spannungszustandes und des Verformungsgeschwindigkeitszustandes werden in Tab. 2.3 gegeben.

Die Fließhyperfläche, die gemäß der maximalen Normalspannungsbedingung konstruiert worden ist, umschließt die durch die Gln. (2.2/18)

Tabelle 2.3 *Die Bedingung der maximalen Normalspannung im Hauptmomentenkoordinatensystem*

Spannungsprofil	Grenzzustandsbedingung $\Phi(m_1, m_2) = 1$		Fließvektor $(\dot{\varkappa}_1, \dot{\varkappa}_2)$, $0 \leqq \mu \leqq 1$
A	$m_1 = 1,$	$m_2 = 1$	$\nu(\mu, 1 - \mu)$
AB	$-1 \leqq m_1 \leqq 1,$	$m_2 = 1$	$\nu(0, 1)$
B	$m_1 = -1,$	$m_2 = 1$	$\nu(-\mu, 1 + \mu)$
BC	$m_1 = -1,$	$-1 \leqq m_2 \leqq 1$	$\nu(-1, 0)$
C	$m_1 = -1,$	$m_2 = -1$	$\nu(-\mu, -1 + \mu)$
CD	$-1 \leqq m_1 \leqq 1,$	$m_2 = -1$	$\nu(0, -1)$
D	$m_1 = 1,$	$m_2 = -1$	$\nu(\mu, 1 - \mu)$
DA	$m_1 = 1,$	$-1 \leqq m_2 \leqq 1$	$\nu(1, 0)$

bis (2.2/20) gegebenen Fließbedingungen. Aus dieser Tatsache ergibt sich die Schlußfolgerung, daß die für die hier betrachtete Fließbedingung erhaltenen Lösungen obere Grenzen für die Grenzlast darstellen, die für Platten aus Coulomb-Tresca-Materialien erhalten werden. Das kann im Hinblick auf die Huber-von Mises-Fließbedingung, Gl. (2.2/5), nicht gesagt werden. Aus den Abb. 2.2 bis 2.4 ist ersichtlich, daß die Hyperfläche der Gl. (2.2/5) für bestimmte Spannungszustände die Hyperflächen der maximalen Normalspannung Gl. (2.2/30) und der maximalen Schubspannung Gl. (2.2/15) durchschneidet. Es folgt, daß die für Huber-von Mises-Materialien erhaltenen Lösungen im Vergleich zum Kriterium der maximalen Normalspannung für die Spannungszustände $(m_\alpha - 1) > 0$, $0 \leqq m_\beta \leqq 1$ und $(m_\alpha - 1) < 0$, $-1 \leqq m_\beta \leqq 0$ $(\alpha, \beta = 1, 2)$ zu einer größeren Grenzlastintensität führen.

Betrachtet wird die spezifische Form der Grenzzustandsgleichungen, die sich auf mit plastischen Seilen oder Stäben bewehrte isotrope Platten bezieht. Es wird sich zeigen, daß das Grenzzustandskriterium für derartige Tragwerke in einem gewissen Ausmaß die Beziehungen für das Kriterium der maximalen Normalspannung annähert.

Wenn angenommen wird, daß das Drillmoment nicht den Charakter einer verallgemeinerten Spannung hat, d. h., daß es nicht in die Grenzzustandsgleichungen eingeht, lauten die Gleichungen, die die Fließhyperfläche beschreiben,

$$m_{11} = \pm 1, \quad m_{22} = \pm 1, \tag{2.2/33}$$

wobei die Indizes 1, 2 die Richtungen der Koordinatenachsen angeben, die in diesem Falle mit den Richtungen der Bewehrungen der Betonplatten übereinstimmen. Die Gl. (2.2/33) ist unter Verwendung der technischen Bezeichnungsweise der dimensionslosen Momente, nämlich $m_{11} = m_x$, $m_{22} = m_y$, $m_{12} = m_{xy}$ in Abb. 2.5 dargestellt. In dieser Abbildung ist außerdem eine zusätzliche Einschränkung ausgedrückt, die die Drillmomente betrifft, nämlich $-1 \leqq m_{xy} \leqq 1$. Wenn diese Einschränkung nicht vorausgesetzt würde, dann wäre das Versagen des Tragwerkes infolge eines beliebigen Drillmomentes möglich. Aus dem Vergleich der Abb. 2.4a und 2.5 geht hervor, welche Vereinfachungen für die Fließhyperfläche durch die Gl. (2.2/33) eingeführt werden; diese Gleichung gibt die Hyperfläche an, die der Bedingung der maximalen Normalspannung umschrieben ist.

Die Gleichung der Seiten dieses Prismas, das die Endflächen $m_{xy} = \pm 1$ hat, und das zugehörige Fließgesetz entsprechen den in Tab. 2.3 angegebenen Beziehungen. Es ist zu bemerken, daß diese nun in dem Koordinatensystem, dessen Achsen mit den Bewehrungsrichtungen zusammenfallen und nicht wie zuvor mit den Richtungen der Hauptmomente, gegeben werden. Damit ist m_1, m_2 durch m_x, m_y zu ersetzen und entsprechend $\dot{\varkappa}_1$, $\dot{\varkappa}_2$ durch $\dot{\varkappa}_x$, $\dot{\varkappa}_y$. Die Komponente $\dot{\varkappa}_{xy}$ der Formänderung ist identisch Null: $\dot{\varkappa}_{xy} \equiv 0$.

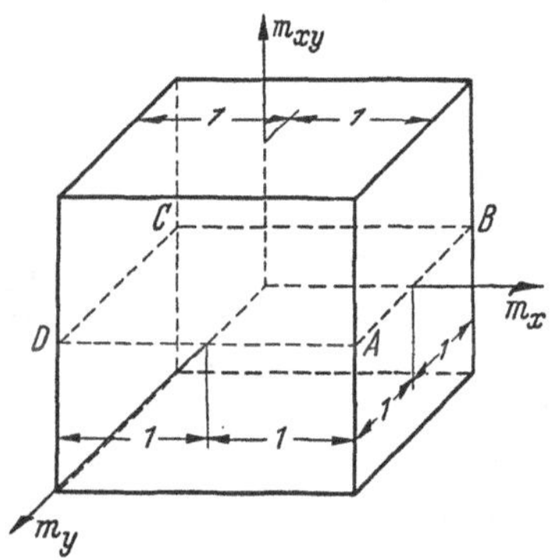

Abb. 2.5 Fließhyperfläche ohne Momentenwechselwirkung

Aus der Gleichung des Fließzustandes Gl. (2.2/33) ergeben sich bestimmte wichtige Folgerungen hinsichtlich des Verformungsgeschwindigkeitsfeldes. Bei Verwendung der Gln. (2.1/10), die Krümmungs- und Durchbiegungsgeschwindigkeiten aufeinander beziehen, erhält man für die Spannungszustände, die den Seiten des Prismas Gl. (2.2/33) entsprechen, folgende Ausdrücke:

$$\dot{K}_x = -\frac{\partial^2 \dot{W}}{\partial x^2} = \nu, \quad \dot{K}_y = -\frac{\partial^2 \dot{W}}{\partial y^2} = 0, \quad \dot{K}_{xy} = 2\frac{\partial^2 \dot{W}}{\partial x\, \partial y} = 0. \quad (2.2/34)$$

Diese besonderen Gleichungen beziehen sich auf die Seite AB (Abb. 2.5). Für die anderen Seiten ergeben sich ähnliche Beziehungen. Da eine der Krümmungen gleich Null ist, muß die Fläche $\dot{W}$ durch eine Gerade erzeugt werden, und da $\dot{K}_{xy} \equiv 0$, muß diese Fläche eine Funktion von nur einer Koordinate sein. Wenn die Gl. (2.2/34) in einem bestimmten Bereich befriedigt würde, dann wären nur zwei Fälle möglich, nämlich:

a) $\nu = 0$, d. h., es treten keine Verformungen, sondern nur Starrkörperbewegungen auf, oder

b) $\nu = \nu(x)$, dann ist es möglich, die Gln. (2.2/34) innerhalb des Bereiches, in dem die Beziehung

$$\frac{\dot{K}_y}{\dot{K}_x} = \frac{\dot{\varkappa}_y}{\dot{\varkappa}_x} = \frac{\partial^2 \dot{W}/\partial y^2}{\partial^2 \dot{W}/\partial x^2} = 0 \qquad (2.2/35)$$

gilt, zu befriedigen, wobei die dimensionslosen Krümmungen $\dot{\varkappa}_x$ und $\dot{\varkappa}_y$ durch die Gl. (2.2/6) definiert sind; das bedeutet, daß entlang jeder $y = \text{const}$ Geraden eine örtliche (konzentrierte) Krümmungsänderung oder eine Starrkörperbewegung eintritt. Bei Eintreten plastischer Verformung bilden diese Linien ein Fließgelenklinienfeld. Diese Fließgelenklinienfelder können an der Stelle entstehen, wo $m_x = \pm 1$, $-1 \leqq m_y \leqq 1$. Ähnliche Beziehungen können für den Fall $m_y = \pm 1$, $-1 \leqq m_x \leqq 1$ erhalten werden.

Für die Spannungszustände $|m_x| = |m_y| = \pm 1$, die durch die Kanten des Fließprismas dargestellt werden, kann man in ähnlicher Weise schreiben:

$$\frac{\dot{\varkappa}_x}{\dot{\varkappa}_y} = \frac{\mu}{1-\mu} = \frac{\partial^2 \dot{W}/\partial x^2}{\partial^2 \dot{W}/\partial y^2} \neq 0; \quad \dot{\varkappa}_{xy} \equiv 0, \quad 0 \leqq \mu \leqq 1. \qquad (2.2/36)$$

Diese besondere Gleichung gilt für den durch die Kante A dargestellten Spannungszustand (s. Abb. 2.5). Das Verhältnis der Krümmungen hat einen konstanten Wert, und da im kartesischen Koordinatensystem $\dot{\varkappa}_{xy} = 0$, ist die Befriedigung der Gl. (2.2/36) nur entlang einer Linie möglich, da Gl. (2.2/34), d. h. $\dot{\varkappa}_y/\dot{\varkappa}_x = 0$ für $\dot{\varkappa}_y = 0$ und $\dot{\varkappa}_x/\dot{\varkappa}_y = 0$ für $\dot{\varkappa}_x = 0$, zwei Ebenen darstellen. Das bedeutet, daß die Ebenen sich entlang der Fließgelenklinien durchschneiden, auf denen die Diskontinuität der Krümmung erscheint. Das Problem der Diskontinuitäten in den Feldgrößen wird in Abschn. 2.3 behandelt.

Die durch die Gl. (2.2/36) angegebenen Ergebnisse stellen die Beziehungen analog der Theorie der Fließgelenklinien (Bruchlinien) dar, die von INGERSLEV [*14*], JOHANSEN [*15, 16*] und von GWOSDEW [*17*] formuliert worden sind (s. auch [*18* bis *24*]). Die aus Gl. (2.2/33) folgenden Beziehungen sind in Tab. 2.4 angegeben, da diese vereinfachte Theorie in den Kap. 6 bis 8 umfassend behandelt wird.

Tabelle 2.4 *Fließbedingung und Fließgesetz in der vereinfachten Theorie der Grenztragfähigkeit von Platten*

Spannungsprofil	Grenzzustandsbedingung $\Phi(m_x, m_y) = 1$	Fließvektor $(\dot{\varkappa}_x, \dot{\varkappa}_y, \dot{\varkappa}_{xy})$
AB, CD	$m_y = \pm 1, \quad -1 \leqq m_x \leqq 1$	$\pm \nu(0, 1, 0)$
BC, DA	$m_x = \pm 1, \quad -1 \leqq m_y \leqq 1$	$\pm \nu(1, 0, 0)$
A, C	$m_x = m_y = \pm 1$	$\pm \nu(\mu, 1-\mu, 0)$
B, D	$m_x = -m_y = \pm 1$	$\pm \nu(-\mu, 1+\mu, 0)$

Im rechtwinkligen Koordinatensystem ist die in vollständigen Lösungen erhaltene Durchbiegungsgeschwindigkeit $\dot{W}$ für die Bedingung Gl. (2.2/33) durch Ebenen begrenzt, die sich entlang der Fließgelenklinien durchschneiden.

Für den besprochenen Weg zur Lösung des Grenztragfähigkeitsproblems folgt, daß, wenn die Verhältnisse der Krümmungen konstant und begrenzt sind, beide Momente m_x, m_y die Fließhyperfläche erreichen und die Fließgelenklinie beide Bewehrungsrichtungen der Stahlbetonplatte durchschneidet. Die Fließbedingung wird in beiden Bewehrungsrichtungen befriedigt. Das tritt nicht entlang der Linien ein, die nur eine Bewehrungsrichtung durchschneiden, da dann die Beziehung Gl. (2.2/35) gilt und $m_\alpha = 1$, $-1 \leqq m_\beta \leqq 1$, $(\alpha, \beta = 1, 2)$, ist.

Die Dissipationsfunktion für die Fließbedingung Gl. (2.2/33) nimmt die folgende Form an:

$$d = M_0(m_x \dot{K}_x + m_y \dot{K}_y), \qquad (2.2/37)$$

da $\dot{K}_{xy} \equiv 0$ und das Drillmoment, wenn existierend, an der Energiedissipation nicht teilnimmt. Diese Bedingung ist sowohl für Fließgelenklinien als auch für Fließgelenklinienfelder gültig unter der Annahme, daß das Drillmoment vom Reaktionscharakter ist (d. h. an der Energiedissipation nicht teilnimmt). Wenn plastische Deformation nur entlang der Fließgelenklinie eintritt, dann muß der Ausdruck Gl. (2.2/37), der die auf die Flächeneinheit der Plattenmittelfläche bezogene Dissipationsfunktion darstellt, so abgeändert werden, daß er die Dissipation je Längeneinheit der Fließgelenklinie wiedergibt. Diese Fragen erfordern eine Analyse der zulässigen Diskontinuitäten.

2.3 Zulässige Diskontinuitäten von verallgemeinerten Spannungen und Verformungsgeschwindigkeitsfeldern

2.3.1 Allgemeine Merkmale von Diskontinuitätslösungen

Ein Merkmal der Grenzzustandslösung ist die Möglichkeit der Entstehung von Diskontinuitäten in bestimmten Komponenten von verallgemeinerten Spannungen und verallgemeinerten Verformungsgeschwindigkeiten. Diese Diskontinuitäten können Raum- oder Zeitcharakter haben. Für das Auftreten der Diskontinuitäten gibt es zwei Ursachen:

a) das starr-plastische Modell der Formänderung,

b) die Existenz von singulären Punkten auf der Fließhyperfläche.

Vom formalen Standpunkt aus ist es ohne Bedeutung, die Ursachen der Diskontinuitäten zu unterscheiden. Jedoch ist es der Mühe wert, auf sie einzugehen, sowie auf die Notwendigkeit der Untersuchung der jeweiligen Bedingungen für die tatsächlich verwendete Fließhyperfläche.

Das Problem der Diskontinuitäten in der Theorie plastischer Tragwerke ist von PRAGER [*25*] untersucht worden, der die grundlegende Klassifizierung der Diskontinuitäten angibt. Diskontinuitäten in Spannungen und Formänderungsgeschwindigkeiten in der Theorie des plastischen Fließens sind ein Merkmal und eine Folge der starr-plastischen Theorie. Diese Fragen sind von verschiedenen Verfassern erörtert worden (beispielsweise [*26* bis *33*]). Später analysierte HOPKINS [*12*] im Detail die Probleme für die COULOMB-TRESCA-Fließbedingung (siehe auch HODGE [*34*]). Hinsichtlich spezieller Plattenprobleme sind die Fragen der Diskontinuitäten in den Arbeiten [*35*, *37*] erörtert worden.

Nach PRAGER [*25*] ist es allgemein üblich, zwischen starken und schwachen Diskontinuitäten zu unterscheiden. Wenn eine bestimmte Diskontinuitätslinie Γ existiert und die höchste Ordnung der Ableitungen einer gewissen Funktion, die in die physikalischen Gleichungen eingeht, n ist, dann ist die Diskontinuität in der Ableitung, von der Ordnung n oder höher, eine schwache Diskontinuität. Eine Diskontinuität von einer niedrigeren Ordnung als die höchste Ordnung n der Ableitung, die in die physikalische Gleichung eingeht, ist eine starke Diskontinuität.

Diskontinuitäten können in Komponenten der Verformung und der Spannung auftreten. Gewisse physikalische Größen können nicht unstetig sein. Zum Beispiel kann für Platten die Geschwindigkeit der Verformung der Mittelfläche $\dot{W}$ nicht unstetig sein, da sich andererseits die Platte in einzelne Teile trennen würde, die sich mit verschiedenen Geschwindigkeiten bewegen. Wenn der Wert gewisser physikalischer Größen G auf verschiedenen Seiten einer bestimmten Linie verschieden ist, d. h., wenn die rechten G^- und linken Grenzen G^+ dieser Funktionen bei der Annäherung an diese Linie unterschiedlich sind, dann tritt die Diskontinuität (der Sprung) in diesen Größen auf: $\Delta G = G^- - G^+$. Eine solche Diskontinuität ΔG wird mit $G]$ bezeichnet. So kann z. B. die Bedingung für die Stetigkeit des Durchbiegungsgeschwindigkeitsfeldes $\dot{W}$ in der Weise

$$\dot{W}] = 0 \tag{2.3/1}$$

geschrieben werden. Nachstehend werden die Diskontinuitäten analysiert, denen man bei der Untersuchung von Grenztragfähigkeitsproblemen begegnet, wenn der Zeitparameter nicht berücksichtigt wird und die Diskontinuität sich nicht bewegt (stationäre Diskontinuität).

2.3.2 Diskontinuitäten in Spannungsresultierenden in Platten

Zunächst werde untersucht, welche Diskontinuitäten im Spannungsfeld möglich sind, d. h. Diskontinuitäten, deren Spannungsresultierende aus Gleichgewichtsbetrachtungen zulässig sind. Wenn in der Mittelebene der Platte eine Diskontinuitätslinie Γ die zwei Bereiche I und II voneinander trennt, so kann man mit dieser Linie ein orthogonales Koordinatensystem verbinden, das durch die Normale und die Tangente im laufenden Punkt P gebildet wird (Abb. 2.6). Für eine mit der Intensität $p(s, n)$ quer belastete Platte nehmen die Gleichgewichtsgleichungen (2.1/13) und (2.1/14) in diesem Koordinatensystem n, s die Form

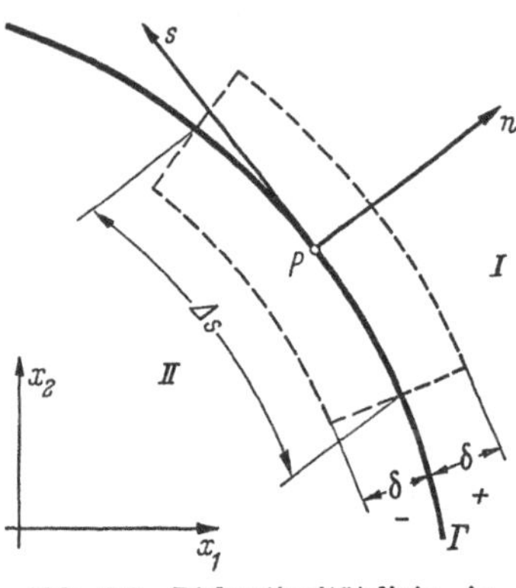

Abb. 2.6 Diskontinuitätslinie in einem Plattenraum

$$\frac{\partial Q_n}{\partial n} + \frac{\partial Q_s}{\partial s} + p = 0, \qquad (2.3/2)$$

$$\left.\begin{aligned} \frac{\partial M_{nn}}{\partial n} + \frac{\partial M_{ns}}{\partial s} - Q_n = 0, \\ \frac{\partial M_{ns}}{\partial n} + \frac{\partial M_{ss}}{\partial s} - Q_s = 0 \end{aligned}\right\} \qquad (2.3/3)$$

an. In diesen Gleichungen bedeutet Q_n die quer zu der Diskontinuitätslinie Γ wirkende Querkraft, und Q_s bedeutet die Querkraft entlang der Diskontinuitätslinie. Für Momente ist die entsprechende Bezeichnungsweise gültig.

Wenn man das Gleichgewicht eines Elementes betrachtet, das der Diskontinuitätslinie Γ im Punkt P benachbart ist, dann erhält man aus der Projektion sämtlicher Kräfte auf die Richtung der Normalen zur Platte die Beziehung

$$(p^- + p^+)\,\delta\,\Delta s + (Q_n^- - Q_n^+)\,\Delta s = 0. \qquad (2.3/4)$$

In dieser Gleichung bedeutet Q_n^- die Querkraft im Bereich II und entsprechend Q_n^+ die Querkraft im Bereich I. In ähnlicher Weise sind die äußeren Belastungen p bezeichnet worden. Wenn $p^+ = p^-$, d. h., wenn die äußere Belastung nicht unstetig entlang Γ ist, dann folgt aus der Gl. (2.3/4):

$$Q_n^- - Q_n^+ = Q_n] = 0, \qquad (2.3/5)$$

d. h., daß die Querkraft Q_n quer zu Γ nicht unstetig sein kann. In ähnlicher Weise folgt aus zwei weiteren Gleichgewichtsgleichungen, daß

$$M_{nn}] = 0, \quad M_{ns}] = 0 \qquad (2.3/6)$$

ist, was bedeutet, daß diese zwei Momente stetig sind, wenn keine konzentrierten Momente entlang Γ eingetragen werden. Die anderen inneren Spannungsresultierenden können, aber brauchen nicht unstetig sein, da sie im Gleichgewicht stehende Sätze bilden; das bedeutet:

$$Q_s] \neq 0\,, \quad M_{ss}] \neq 0\,. \tag{2.3/7}$$

Verwendet man die Gln. (2.3/6) und (2.3/7) in den Gleichgewichtsgleichungen (2.3/2), so kann man folgern, daß auf Γ

$$\left.\frac{\partial Q_n}{\partial n}\right] = 0\,, \quad Q_s(s)] = \text{const} \tag{2.3/8}$$

gilt. Wenn das der Fall ist, dann entscheiden die Belastungsbedingungen, ob die Diskontinuität in der Querkraft Q_s tatsächlich eintreten wird. Wenn $Q_s] \neq 0$, dann würde entlang der gesamten Länge von Γ der Sprung der Querkraft konstant sein.

In entsprechender Weise erhält man aus Gl. (2.3/3) und Gl. (2.3/6)

$$\left.\frac{\partial M_{nn}}{\partial n}\right] = 0\,, \quad \left.\frac{\partial M_{ns}}{\partial s}\right] = 0\,, \tag{2.3/9}$$

aber in den Ableitungen der Momente sind die folgenden Diskontinuitäten möglich:

$$\left.\frac{\partial M_{ns}}{\partial n}\right] \neq 0\,, \quad \left.\frac{\partial M_{ss}}{\partial n}\right] \neq 0\,. \tag{2.3/10}$$

Die Schlußfolgerungen aus den vorstehend angegebenen Beziehungen können wie folgt formuliert werden: Wenn in dem Plattenbereich eine Diskontinuitätslinie des Spannungsfeldes existiert, dann können entlang dieser Linie die starken Diskontinuitäten der Querkraft Q_s und der Momente M_{ss} sowie die schwache Diskontinuität des Momentes M_{ns} eintreten.

2.3.3 Diskontinuitäten des Durchbiegungsgeschwindigkeitsfeldes

Die Annahme, daß die Durchbiegungsgeschwindigkeit infolge der Querkraft Q_α gleich Null ist (Postulat e), Abschn. 2.1.1), führt zu dem Erfordernis der Stetigkeit des Durchbiegungsgeschwindigkeitsfeldes $\dot{W}(x_\alpha) = \dot{W}(n, s) = \dot{W}$. Das ist durch die Beziehung Gl. (2.3/1) ausgedrückt worden. Die Stetigkeit von $\dot{W}$ erfordert nicht die Stetigkeit aller Ableitungen dieser Funktion in der gesamten Platte. Wenn wie vorher Γ die Diskontinuitätslinie bezeichnet, aber diesmal auf das Durchbiegungsgeschwindigkeitsfeld bezogen ist, dann kann für das Element Δs geschrieben werden:

$$\frac{\dot{W}(n, s + \Delta s)] - \dot{W}(n, s)]}{\Delta s} = \frac{\Delta \dot{W}]}{\Delta s} = 0\,, \tag{2.3/11}$$

da $\dot{W}(n, s + \Delta s)] = \dot{W}(n, s)] = 0$. Beim Grenzübergang in der Gleichung (2.3/11) ergibt sich

$$\left.\frac{\partial \dot{W}}{\partial s}\right] = 0\,, \quad \left.\frac{\partial^2 \dot{W}}{\partial s^2}\right] = 0\,. \tag{2.3/12}$$

Wenn Γ eine Diskontinuitätslinie ist, kann sie es nur für die normale Ableitung sein, da sonst eine Trennung der Teile I und II eintreten würde. Es besteht die Möglichkeit $\left.\frac{\partial \dot{W}}{\partial n}\right] \neq 0$, somit $\frac{\partial^2 \dot{W}}{\partial n^2} \to \infty$ in dem engen Bereich 2δ, wenn $2\delta \to 0$ und wenn die anderen Ableitungen nicht verschwinden. In anderen Worten: die rechts- und linksseitigen Ableitungen auf Γ in der normalen Richtung brauchen nicht gleich zu sein, und somit können sich folgende Beziehungen realisieren:

$$\left.\frac{\partial \dot{W}}{\partial n}\right] \neq 0, \quad \frac{\partial^2 \dot{W}}{\partial n^2} \to \infty, \qquad (2.3/13)$$

wenn $\frac{\partial^2 \dot{W}}{\partial s^2} \neq 0$, $\frac{\partial^2 \dot{W}}{\partial s\,\partial n} \neq 0$. Die Linie Γ, auf der die Gl. (2.2/13) befriedigt wird, ist als eine Fließgelenklinie definiert. Das bedeutet, daß entlang der Fließgelenklinie eine begrenzte Änderung in der normalen Ableitung auftritt, d. h., es besteht eine starke Diskontinuität in der normalen Ableitung. Wenn in dem Plattenbereich eine Fließgelenklinie existiert, dann müssen unabhängig von der Fließbedingung die Beziehungen

$$\frac{\partial^2 \dot{W}}{\partial n^2} \to \infty, \quad \left.\frac{\partial^2 \dot{W}}{\partial s^2}\right] = 0, \quad \left.\frac{\partial^2 \dot{W}}{\partial s\,\partial n}\right] = 0, \qquad (2.3/14)$$

erfüllt sein, und $\partial^2 \dot{W}/\partial n\,\partial s$ und $\partial^2 \dot{W}/\partial s^2$ bleiben endlich. Nach den oben angegebenen Beziehungen kann geschrieben werden

$$\frac{\partial^2 \dot{W}}{\partial n^2} \Big/ \frac{\partial^2 \dot{W}}{\partial s^2} \to \infty; \qquad (2.3/15)$$

weiterhin kann man folgern, daß die Krümmungen nur schwachen Diskontinuitäten unterworfen sein können; dies stellt die Definition einer Fließgelenklinie dar. Da $\frac{\partial^2 \dot{W}}{\partial n^2} \to \infty$, während die übrigen Ableitungen endlich sind, folgt ebenfalls, daß die Diskontinuitätslinie der $\dot{W}$ die Hauptrichtungen der Krümmungsgeschwindigkeiten angibt, da die Richtungen n und s zu Hauptrichtungen werden. Somit ist $\frac{\partial^2 \dot{W}}{\partial s\,\partial n} = 0$, und Gl. (2.3/15) kann als die Definition einer Fließgelenklinie angesehen werden.

In jedem Falle von stetigen oder unstetigen Verschiebungsgeschwindigkeitsfeldern muß die Dissipationsfunktion endlich bleiben. Im Falle, daß Diskontinuitätslinien existieren, muß die Dissipationsfunktion Gl. (2.1/14) die Bereiche erfassen, wo die Krümmungen $\dot{\varkappa}_{\alpha\beta}$ begrenzt sind, und die Diskontinuitätslinien, wo $\frac{\partial^2 \dot{W}}{\partial n^2} \Big/ \frac{\partial^2 \dot{W}}{\partial s^2}$ indefinit ist. Der Beitrag der Diskontinuitätslinie in der Dissipationsfunktion kann auf die Einheitslänge dieser Linie bezogen werden. Die spezifische Dissipation d_l entlang Γ ist

$$d_l = \lim_{2\delta \to 0} \int_{n-\delta}^{n+\delta} M_{nn} \dot{K}_{nn} \, dn, \quad \text{(keine Summe über } n) \quad (2.3/16)$$

weil $M_{nn}] = 0$ auf Γ, d. h., daß das Moment in der Normalrichtung gemäß Gl. (2.3/6) stetig ist. Da

$$\lim_{2\delta \to 0} \int_{n-\delta}^{n+\delta} \dot{K}_{nn} \, dn = \frac{\partial \dot{W}}{\partial n}\Big] = \dot{\Theta}_n \quad \text{(keine Summe über } n) \quad (2.3/17)$$

die Diskontinuität der normalen Ableitung (d. h. die gegenseitige Verdrehung der durch Γ verbundenen Bereiche) bezeichnet, kann man den gesamten Beitrag der Diskontinuitätslinie Γ zu der Dissipation erhalten. Diese gesamte Dissipation (Leistung der inneren Energie) für sämtliche Diskontinuitätslinien ist:

$$D_l = \int_l d_l \, dl = \int_l M_{nn} \dot{\Theta}_n \, dl, \quad \text{(keine Summe über } n) \quad (2.3/18)$$

wobei l die Gesamtlänge der Linien Γ bezeichnet, die in dem Plattenbereich existieren. Es folgt, daß die Energiedissipation für die gesamte Platte durch die Gleichung

$$D = D_l + D_c = \int_l M_{nn} \dot{\Theta}_n \, dl + \int_S M_{\alpha\beta} \dot{K}_{\alpha\beta} \, dS \quad \text{(keine Summe über } n) \quad (2.3/19)$$

gegeben wird, wobei D_c auf den Bereich bezogen ist, wo sämtliche Komponenten des Krümmungsgeschwindigkeitstensors $\dot{K}_{\alpha\beta}$ endlich sind, und die Plattenfläche durch S bezeichnet wird.

In dem x, y-Koordinatensystem ist die Tangente an die Diskontinuitätslinie Γ, d. h. die momentane Drehachse im Fließgelenk, eine Funktion des Ortes. In jedem Punkt dieser Kurve kann der Verdrehungsgeschwindigkeitswinkel $\dot{\Theta}_n(x, y)$ zerlegt werden in Verdrehungsgeschwindigkeitskomponenten, die auf die Koordinatenachsen bezogen sind, da

$$\dot{\Theta}_n = (\dot{\Theta}_x^2 + \dot{\Theta}_y^2)^{\frac{1}{2}} \quad (2.3/20)$$

gilt. Weil die Gl. (2.3/16) ein skalares Produkt des Vektors $\boldsymbol{M}$ und der Verdrehungsgeschwindigkeit $\dot{\boldsymbol{\Theta}}$ ist, ergibt sich bei Verwendung von Gl. (2.3/20) der folgende Ausdruck für die in der Fließgelenklinie dissipierte Einheitsenergie

$$d_l = (M_{nn})_x \dot{\Theta}_x + (M_{nn})_y \dot{\Theta}_y. \quad (2.3/21)$$

In dieser Gleichung bezeichnen $(M_{nn})_x$ die Komponenten des Momentes M_{nn} in der Richtung x und $(M_{nn})_y$ entsprechend in der Richtung y.

Da der Vektor M_{nn} tangential zu Γ liegt, ist diese Linie von $\left.\frac{\partial \dot{W}}{\partial n}\right] \neq 0$ eine Vektordarstellung des Momentes M_{nn}.

In technischen Fällen werden sich die Durchbiegungsgeschwindigkeitsfelder, die durch einander durchschneidende Ebenen begrenzt sind, in solcher Weise ausbilden, daß die Bedingung $\dot{W}] = 0$ befriedigt wird. Dann wird in ebenen Bereichen die Beziehung

$$M_{\alpha\beta}\dot{K}_{\alpha\beta} = 0, \quad \text{wenn} \quad \dot{W} = A_x + B_y + C, \tag{2.3/22}$$

befriedigt. Das resultiert aus der Tatsache, daß die Krümmungen $\dot{K}_{\alpha\beta} = 0$ und die Dissipation in Fließgelenklinien konzentriert ist und durch Gl. (2.3/18) gegeben wird. Der Wert des Momentes M_{nn} auf dieser Diskontinuitätslinie hängt von der tatsächlichen Fließbedingung ab und ist

$$M_{nn} = M_0 \quad \text{oder} \quad M_{nn} = \frac{2}{\sqrt{3}} M_0 \tag{2.3/23}$$

für die COULOMB-TRESCA- bzw. die HUBER- VON MISES-Fließbedingung. Eine detaillierte Erläuterung wird im nächsten Abschnitt gegeben.

In ähnlicher Weise kann man das Problem der Unstetigkeiten unter dynamischen Belastungen erörtern. Dabei zeigt sich, daß die Unstetigkeitslinien keine stationäre Lage zu haben brauchen, sondern $\Gamma = \Gamma(x, y, t)$ [*12*].

2.3.4 Beziehungen zwischen Spannungsresultierenden und Verschiebungsgeschwindigkeiten entlang Diskontinuitätslinien in Abhängigkeit von der Grenzzustandsbedingung

Für die HUBER-VON MISES-Fließbedingung, die für Platten durch Gl. (2.2/5) in dimensionsloser Form ausgedrückt wird, beschreibt die Gl. (2.2/6) das Fließgesetz. Zur Untersuchung, welche Diskontinuitäten im Spannungsfeld entlang der Fließgelenklinien möglich sind, werden die Krümmungsgeschwindigkeiten quer zu den Diskontinuitätslinien angeschrieben. Aus dem Fließgesetz Gl. (2.2/6) und bei Einsetzen von entsprechenden Größen für beide Bereiche, die durch die Fließgelenklinie voneinander getrennt sind, erhält man die folgende Gruppe von Gleichungen (in dimensionslosen Momenten und Krümmungsgeschwindigkeiten):

$$\dot{\varkappa}_{nn}] = \nu^-(2m_{nn}^- - m_{ss}^+) - \nu^+(2m_{nn}^+ - m_{ss}^+) \neq 0, \tag{2.3/24}$$

$$\dot{\varkappa}_{ss}] = \nu^-(2m_{ss}^- - m_{nn}^-) + \nu^+(2m_{ss}^+ - m_{nn}^+) = 0, \tag{2.3/25}$$

$$\dot{\varkappa}_{ns}] = \nu^- m_{ns}^- - \nu^+ m_{ns}^+ = 0. \tag{2.3/26}$$

Wenn auf beiden Seiten der Fließgelenklinie plastisches Fließen eintritt, d. h., wenn $\nu^+ \neq 0$, $\nu^- \neq 0$, erhält man aus den oben angegebenen

Gleichungen und aus Gl. (2.3/6) die Beziehungen

$$m_{ns} = 0, \quad m_{ss} = \frac{m_{nn}}{2}, \quad m_{ss}] = 0. \qquad (2.3/27)$$

Das bedeutet, daß entlang der Diskontinuitätslinie $\left.\frac{\partial \dot{W}}{\partial n}\right] \neq 0$ Diskontinuitäten des Momentenfeldes nicht eintreten können, vorausgesetzt, daß die Belastung quer zur Fließgelenklinie stetig ist. Einsetzen der Gln. (2.3/27) in die Gleichungen der Fließhyperfläche Gl. (2.2/5) ergibt

$$m_{nn} = \pm\frac{2}{\sqrt{3}}, \quad m_{ss} = \pm\frac{1}{\sqrt{3}}. \qquad (2.3/28)$$

Diese Gleichungen sagen aus, daß die Momente entlang der Fließgelenklinien in der aus einem HUBER-VON MISES-Material hergestellten Platte stationäre Werte annehmen.

Bei Verwendung der Gl. (2.3/28) im Fließgesetz resultiert die Beziehung

$$\dot{\varkappa}_{ss} = \dot{\varkappa}_{ns} = 0, \qquad (2.3/29)$$

die ausdrückt, daß die Fließgelenklinie die Trajektorie sowohl der Momente als auch der Krümmungen ist. Der Spannungszustand nach Gl. (2.3/28) und das Geschwindigkeitsfeld der Gl. (2.3/29) entspricht den Punkten A und B in der Abb. 2.2. Wegen der Beliebigkeit der Benennung der Hauptrichtungen im allgemeinsten Fall existieren auf der Fließhyperfläche vier Punkte, für die die Bildung von Fließgelenklinien möglich ist. Sämtliche anderen Spannungszustände auf der Fließhyperfläche müssen von stetigen Feldern der Durchbiegungsgeschwindigkeit und ihrer ersten Ableitung begleitet sein.

Wenn die Diskontinuitätslinie eine Grenzlinie zwischen starrem und plastischem Bereich ist, d. h. beispielsweise $v^+ = 0$, sind die vorher angegebenen Beziehungen gültig. Es ist zu bemerken, daß die Gleichgewichtsbedingungen außer der Erfüllung von Gl. (2.3/6) auch die Befriedigung der Gl. (2.3/9) erfordern, d. h. $\left.\frac{\partial m_{nn}}{\partial n}\right] = 0$.

Als Folgerung kann man feststellen, daß die Diskontinuität der Momente m_{ss}, Gl. (2.3/7), die gemäß den Gleichgewichtsgleichungen zulässig ist, für Platten aus HUBER-VON MISES-Material nicht eintreten kann. Unstetigkeiten der normalen Ableitungen werden nicht von Unstetigkeiten der inneren Spannungsresultierenden begleitet. Das Durchbiegungsgeschwindigkeitsfeld bildet in diesem Falle $\left.\frac{\partial \dot{W}}{\partial n}\right] \neq 0$ eine durch Geraden erzeugte Fläche, wie aus den Gln. (2.3/29) folgt.

Es ist notwendig, eine ähnliche Analyse, wie vorstehend angegeben, betreffend die Diskontinuität von Spannungsfeldern entlang Fließgelenklinien, für Diskontinuitäten von Durchbiegungsgeschwindigkeiten durchzuführen entlang Linien von starken Diskontinuitäten in Spannungsfeldern. Da $m_{nn}^{+} = m_{nn}^{-}$ und $m_{ss}^{+} - m_{ss}^{-} = m_{ss}] \neq 0$ für $\nu \geqq 0$, folgt aus Gl. (2.3/25):

$$\nu^{-} = \nu^{+} = 0. \tag{2.3/30}$$

Aus dem Fließgesetz Gl. (2.2/6) geht unmittelbar hervor, daß auf der Linie der starken Unstetigkeit des Momentes m_{ss} die Beziehungen

$$\dot{\varkappa}_{ss} = 0, \quad \dot{\varkappa}_{nn} = 0, \quad \dot{\varkappa}_{ns} = 0 \tag{2.3/31}$$

erfüllt werden müssen. Das bedeutet, daß verallgemeinerte Verformungsgeschwindigkeiten auf Linien von Momentenunstetigkeiten in Platten aus Huber-von Mises-Material verschwinden müssen. Also sind die Diskontinuitäten in den Spannungsfeldern nur in starren Bereichen oder an der Grenze zwischen plastischen und starren Bereichen möglich [*25*].

Im Falle, daß das Plattenmaterial der Coulomb-Tresca-Fließbedingung und dem zugehörigen Fließgesetz gehorcht, ist die Ausführung einer ähnlichen Analyse für die durch die Gln. (2.2/18) bis (2.2/20) beschriebenen Flächen erforderlich. Es ist ebenfalls notwendig, die Singularitäten dieser Flächen zu untersuchen.

Aus der Gl. (2.3/14), die sich auf die Diskontinuitäten der Verformungen bezieht, im Verein mit den Gleichungen der Fließhyperfläche, folgt, daß die Bedingung $\dot{\varkappa}_{ns}] = 0$ stets zu der Beziehung Gl. (2.3/26) führt. Das bedeutet, daß $m_{ns} = 0$ entlang der Linien der Diskontinuitäten der normalen Ableitungen des Durchbiegungsgeschwindigkeitsfeldes (Fließgelenklinien). Wenn die Fließbedingung auch Drillmomententerme enthalten würde, die nicht mit den anderen Komponenten des Momententensors verbunden sind, würde die Drillkrümmungsgeschwindigkeit stets gegeben durch $\dot{\varkappa}_{ns} = \nu\, f(m_{ns})$, wobei $\nu \geqq 0$, und $f(m_{ns})$ die Funktion lediglich des Drillmomentes bezeichnet. Ist infolge der Gleichgewichtsbedingungen $m_{ns}^{+} = m_{ns}^{-}$ entlang der Fließgelenklinie befriedigt, und $\nu^{+} f^{+}(m_{ns}) - \nu^{+} f^{-}(m_{ns}) = 0$, dann folgt $m_{ns} = 0$ entlang dieser Linie. Das tritt sowohl für die Fließbedingungen von Coulomb-Tresca als auch von Huber-von Mises ein. Was die Diskontinuitäten des Verformungsgeschwindigkeitsfeldes anbelangt, so genügt es, den Schnitt der Fließhyperfläche durch die Ebene $m_{ns} = 0$ zu betrachten. Wenn Diskontinuitäten von der betrachteten Art eintreten, dann können sie sich nur für bestimmte Spannungszustände, die durch den Durchschnitt $\Phi(m_{ns}, m_{nn}, m_{ss}) = C$ mit der Ebene $m_{ns} = 0$ gegeben werden, realisieren.

Anschreiben der Bedingungen $\dot{\varkappa}_{nn}] \neq 0, \dot{\varkappa}_{ss}] = 0$ für eine der Coulomb-Tresca-Fließhyperflächen, nämlich für die durch Gl. (2.2/16) gegebene, ergibt den folgenden Satz von Gleichungen:

$$\left.\begin{aligned} \nu_1^{-}(1 - m_{ss}^{-}) - \nu_1^{+}(1 - m_{ss}^{+}) &\neq 0, \\ \nu_1^{-}(1 - m_{nn}) - \nu_1^{+}(1 - m_{nn}) &= 0. \end{aligned}\right\} \tag{2.3/32}$$

Diese Gleichungen sagen aus, daß entlang der Fließgelenklinie die Bedingungen $m_{nn} = 1$, $m_{ns} = 0$ befriedigt werden, und daß diese gleichzeitig eine Linie der Hauptkrümmungen ist. Es ist leicht nachzuprüfen, daß bei Einführung der erhaltenen Momentenwerte in das Fließgesetz der Gln. (2.2/21) bis (2.2/23) entlang dieser Linie die Gln. (2.3/29) erfüllt sind. Die Fläche $\dot{W}$ ist dann eine abwickelbare Fläche im Koordinatensystem der Hauptmomententrajektorien. Die Unstetigkeiten $\left.\frac{\partial \dot{W}}{\partial n}\right] \neq 0$ sind für alle Spannungszustände, die die Gl. (2.2/18) befriedigen, möglich. Das bedeutet, daß die Entstehung von Unstetigkeitsbereichen (Fließgelenklinienfelder) möglich ist.

Ähnliche Schlußfolgerungen können für die Bedingung Gl. (2.2/19) gezogen werden, mit dem Unterschied, daß dann $m_{nn} = -1$. Für die Spannungszustände, die die Gleichungen für den Teil der Fließhyperfläche erfüllen, der durch Gl. (2.2/20) gegeben wird, erhält man

$$\left.\begin{aligned} \dot{\varkappa}_{nn}] &= \nu_3^-(m_{nn} - m_{ss}^-) - \nu_3^+(m_{nn} - m_{ss}^+) \neq 0, \\ \dot{\varkappa}_{ss}] &= \nu_3^-(m_{ss}^- - m_{nn}) - \nu_3^+(m_{ss}^+ - m_{nn}) = 0. \end{aligned}\right\} \qquad (2.3/33)$$

Diese zwei Beziehungen können nicht simultan befriedigt werden. Das zeigt an, daß die starken Diskontinuitäten der normalen Ableitungen nicht zulässig sind für die Spannungszustände, die in Abb. 2.3 durch die Seiten CD und EF dargestellt werden (einschließlich der Endpunkte der Bereiche). Es gelten die folgenden Gleichungen

$$\dot{\varkappa}_{nn}] = 0, \quad \dot{\varkappa}_{ss}] = 0, \quad \dot{\varkappa}_{ns} = 0 \qquad (2.3/34)$$

für die Spannungszustände $m_{nn} - m_{ss} = \pm 1$.

Aus der den Grenzzustand betreffenden Berechnung, der durch Gl. (2.2/18) gegeben wird, ergeben sich gewisse Schlußfolgerungen, die auf die durch die Punkte A, D dargestellten Spannungszustände (Abb. 2.3) bezogen sind. Da der Spannungszustand an diesen Punkten isotrop ist, d. h. $m_{nn} = m_{ss} = \pm 1$, folgt aus den Gln. (2.3/2) und (2.3/3), daß diese Spannungszustände nur in begrenzten Bereichen, und nur wenn $p = 0$ ist, eintreten können. Im entgegengesetzten Falle können sie sich nur in Punkten oder entlang von Linien ausbilden. Weil diese Spannungszustände mit Durchbiegungsgeschwindigkeitsfeldern verbunden sind, die durch geradlinige Flächen begrenzt werden, müssen die Diskontinuitäten der normalen Ableitungen von $\dot{W}$ in den Durchschnitten dieser Flächen auftreten. Diese Diskontinuitäten erscheinen auf Linien, die Bereiche trennen, für die die Gleichungen der Zustände AB und AF befriedigt werden. Der isotrope Spannungszustand in einer Platte aus COULOMB-TRESCA-Material muß begleitet sein von Linien schwacher Diskontinuitäten von verallgemeinerten Verformungsgeschwindigkeitsfeldern. Besondere Formen dieser Beziehungen auf den Momententrajektorien werden im Abschn. 3.1 für konkrete Probleme gegeben. Die allgemeinste Schlußfolgerung, die sich auf den isotropen Spannungszustand für die COULOMB-TRESCA-Fließbedingung bezieht, kann geschrieben werden

$$\frac{\partial^2 \dot{W}}{\partial n^2} \bigg/ \frac{\partial^2 \dot{W}}{\partial s^2} = \frac{\mu}{1-\mu}, \qquad m_{nn} = m_{ss} = \pm 1, \quad 0 \leqq \mu < 1, \tag{2.3/35}$$

was bedeutet, daß das Geschwindigkeitsfeld in diesem Falle nicht eindeutig bestimmt ist.

Die Bedingungen, die durch die Verformungsgeschwindigkeiten entlang von Linien von starken Diskontinuitäten der Spannungsfelder befriedigt werden müssen, bleiben zu erörtern. Gemäß den Beziehungen Gl. (2.3/32) und (2.3/34) gibt es keine kinematisch zulässigen Unstetigkeiten der Verformungsgeschwindigkeitsfelder, wenn der Spannungszustand von dem durch Gl. (2.2/18) gegebenen Spannungszustand in den Zustand übergeht, der durch die Gl. (2.2/20) gegeben wird. Statisch zulässige Diskontinuitäten in den Spannungsfeldern können nur entlang von Linien auftreten, auf denen die Gln. (2.3/32) befriedigt sind. Diskontinuitäten des Spannungsfeldes von der Art, die aus dem Zustand Gl. (2.2/18) in den Zustand Gl. (2.2/19) übergehen, sind nicht zulässig, weil dann ein Übergang vom Zustand AB in den Zustand DE eintreten würde (Abb. 2.3). Gemäß der Gleichgewichtsbedingung, die für das stetige normale Moment $m_{nn}] = 0$ erfordert, kann der Sprung der Momente m_{ss} von dem Wert $+1$ zu dem Wert -1 nicht auftreten, weil vorher der Zustand EF erreicht wird.

Praktische Schlußfolgerungen aus der Analyse der Diskontinuitäten für Platten, die die Fließbedingung von COULOMB-TRESCA erfüllen, können in folgender Weise formuliert werden:

a) Starke Diskontinuitäten des Momentes $m_{ss}] \neq 0$ sind nur im starren Bereich oder auf der Grenze zwischen starren und plastischen Bereichen zulässig.

b) Schwache Diskontinuitäten des Verformungsgeschwindigkeitsfeldes $\dot{\varkappa}_{nn}] \neq 0$ sind für die Spannungszustände zulässig, die die Gleichungen (2.2/18) und (2.2/19) erfüllen, und wo das Auftreten von Diskontinuitätsbereichen möglich ist.

c) Diskontinuitäten der Verformungsgeschwindigkeitsfelder können nur entlang der Trajektorien der Hauptmomente auftreten, nämlich entlang der Linien, wo die Drillmomente gleich Null sind.

Die Beziehungen für Diskontinuitätslinien für den Fall der Fließbedingung der maximalen Normalspannungen werden im folgenden kurz erläutert. Da diese Bedingung durch die Gln. (2.2/18) und (2.2/19) gegeben wird — ohne die Einschränkung Gl. (2.2/20) — gelten in diesem Falle die gleichen Beziehungen wie in Gl. (2.3/32). Ebenfalls haben die Folgerungen betreffend die isotropen Spannungszustände Gültigkeit. Das bedeutet, daß die Diskontinuitäten des Verformungsgeschwindigkeitsfeldes nur entlang von Hauptmomententrajektorien möglich sind. Der Unterschied im Vergleich zur COULOMB-TRESCA-Fließbedingung besteht in der Möglichkeit des Eintretens von starken Diskontinuitäten der Momente m_{ss} im plastischen Bereich. Der Übergang von dem Spannungszustand, der der Gl. (2.2/18) gehorcht, in den durch Gl. (2.2/19) beschriebenen Zustand, ist bei einem stetigen Wert des zur Diskontinuitätslinie normalen Momentes möglich. Das Moment m_{ss} kann unstetig sein, und der Sprung, der die Erfüllung der Fließbedingung auf beiden Seiten gestattet, nimmt den Wert

$$m_{ss}] = \pm 2 \tag{2.3/36}$$

an. Außerdem gilt $\left.\frac{\partial m_{nn}}{\partial n}\right] = 0$, somit muß der Sprung von der Querkraftdiskontinuität quer zu Γ begleitet sein.

An einem solchen Sprung des Momentes, wie durch Gl. (2.3/36) gegeben, muß ein Vorzeichenwechsel der Krümmung des Verformungsgeschwindigkeitsfeldes eintreten. Der Vorzeichenwechsel der Krümmung während des Überganges von einer abwickelbaren Fläche, die die Gl. (2.2/18) erfüllt, zu der zweiten Fläche, die die Gl. (2.2/19) erfüllt, kann nur für die Spannungszustände eintreten, die durch die Ecken des Quadrates *ABCD*, das in Abb. 2.4 gezeigt ist, dargestellt werden. Die endgültigen Schlußfolgerungen betreffend die Diskontinuitäten des Verformungsgeschwindigkeitsfeldes und des Momentenfeldes können in folgender Form ausgedrückt werden:

a) Die schwachen Diskontinuitäten der Durchbiegungsgeschwindigkeiten sind nur entlang von Trajektorien möglich, d. h. nur dort, wo $\left.\frac{\partial \dot{W}}{\partial n}\right] \neq 0$, $m_{ns} \equiv 0$ befriedigt sind.

b) Die starken Diskontinuitäten der Momentenfelder, nämlich $m_{ss}] \neq 0$ im plastischen Bereich können nur entlang von Linien auftreten, die Durchschnitte abwickelbarer Flächen der Verformungsgeschwindigkeiten sind. Außerdem muß auf dieser Linie die Gl. (2.3/36) erfüllt werden. Hier tritt der Vorzeichenwechsel bei nichtverschwindender Krümmung des Durchbiegungsgeschwindigkeitsfeldes ein. Das bedeutet, daß $\frac{\partial \dot{W}}{\partial n} \neq 0$, $\dot{\varkappa}_{nn}^{-}/\dot{\varkappa}_{nn}^{+} < 0$ erfüllt werden müssen.

Gewisse Schlußfolgerungen betreffend Diskontinuitäten werden bei der Lösung besonderer Probleme verwendet. Wie gezeigt werden wird, sind Diskontinuitäten in Spannungsfeldern nur sehr selten möglich, aber die Diskontinuitäten des Durchbiegungsgeschwindigkeitsfeldes können oft auftreten. Weiterhin ist die Möglichkeit des Auftretens von $\dot{W}$ mit unstetigen Neigungen bei der Ermittlung von näherungsweisen Lösungen für das Grenztragfähigkeitsproblem von Wichtigkeit. Eine umfassende Behandlung der Diskontinuitäten in der Mechanik fester Körper findet sich bei HILL [*59*].

2.4 Grenzzustandsgleichungen für orthotrope plastische Platten

2.4.1 Definition eines plastisch anisotropen Materials

Wenn die Materialeigenschaften — im besonderen: die Fließgrenze bei einachsigem Zug — von der Richtung im physikalischen Raum abhängen, dann weist das Material plastische Anisotropie auf. Beispielsweise kann man durch Herausschneiden von Probekörpern aus einem Stahlblech, einmal in der Richtung des Walzens und einmal in einer dazu senkrechten Richtung, und Ermittlung der Fließgrenzen feststellen, ob das Material anisotrop ist. Ein anderes Beispiel für die plastische Anisotropie ist eine Stahlbetonplatte, in der die Bewehrungsdichte in zwei zueinander senkrechten Richtungen nicht gleich ist. Ohne auf den physikalischen Ursprung der strukturellen Anisotropie (Kristall) und auf die technische Anisotropie (mit plastischen Seilen oder Stäben bewehrte Materialien) einzugehen, sind die Fließbeziehungen für plastisch anisotrope Tragwerke zu formulieren, um den Grenzzustand derartiger Tragwerke analysieren zu können. Trotz der Tatsache, daß die Ursachen der strukturellen Anisotropie und die der technischen Anisotropie sich vollständig unterscheiden, kann die mathematische Form der fundamentalen Beziehungen in der Theorie plastischer Tragwerke in einer Weise formuliert werden, die beide erwähnten Fälle der plastischen Anisotropie erfaßt.

Die plastische Anisotropie kann unabhängig von der elastischen Anisotropie sein, d. h., daß sich das Material elastisch isotrop verhalten kann, aber die nichtumkehrbare (plastische) Deformation von einer anisotropen Fließbedingung und anisotropen Fließgesetzen bestimmt wird. Im folgenden werden nur plastisch anisotrope, starrplastische Materialien betrachtet. Wenn die plastischen Moduli mit $K(\varphi_i)$ bezeichnet werden, die im physikalischen Raum bekannte Funktionen der Richtungen φ_i sind, jedoch nicht vom Ort abhängen, wird die Fließbedingung in Termen des Spannungstensors σ_{ij} und $K(\varphi_i)$ gegeben. Komponenten von $K(\varphi_i)$ werden aus experimentellen Werten erhalten. Wenn die Komponenten bekannt sind, nimmt die Fließbedingung die Form

$$f = f[K(\varphi_i),\ \sigma_{jk}] = \text{const} \tag{2.4/1}$$

an. Probleme der strukturellen plastischen Anisotropie sind zuerst von VON MISES [7] untersucht worden. Später formulierte HILL [*27, 38, 39*] das plastische Fließproblem für die orthogonale Anisotropie (Orthotropie). Die Beziehungen für ein anisotropes Medium wurden von OLSZAK und URBANOWSKI [40, 41] zur folgenden, skalaren, in den Spannungskomponenten quadratischen Form verallgemeinert:

$$f = H_{ijkl}\sigma_{ij}\sigma_{kl} = 1 \qquad (i, j, k, l = 1, 2, 3). \tag{2.4/2}$$

In dieser Gleichung steht H_{ijkl} für den Tensor der plastischen Moduli. Die Anzahl der unabhängigen plastischen Moduli hängt von dem Typ der Anisotropie ab. Für ein inkompressibles Material, $\dot{\varepsilon}_{ii} = 0$, reduziert sich die Anzahl der plastischen Moduli von der Form der Gl. (2.4/2) auf 15. Für den Fall von Platten wird in [45] gezeigt, daß die allgemeinste Form der Fließbedingung Gl. (2.4/2) lautet:

$$f = A_{1111}M_{11}^2 + A_{2222}M_{22}^2 + 2A_{1122}M_{11}M_{22} + 4A_{1212}M_{12}^2 = M_0^2. \tag{2.4/3}$$

Somit sind vier Komponenten des plastischen Einheitsmodultensors $A_{\alpha\beta\gamma\delta}$ $(\alpha, \beta, \gamma, \delta = 1, 2)$ hinreichend zur vollständigen Beschreibung der Fließbedingung. Diese Bedingung reduziert sich auf die von HUBER-VON MISES, wenn $A_{\alpha\beta\gamma\delta}$ ein isotroper Tensor ist.

Da Gl. (2.4/2) eine nichtlineare Beziehung in Termen von Spannungsresultierenden ist, ist es außer in einigen Sonderfällen unmöglich, Lösungen von praktischen ingenieurtechnischen Problemen in geschlossener Form zu erhalten. Die Situation ist ähnlich derjenigen, die für die Fließbedingung Gl. (2.2/2) erörtert worden ist. Die Nichtlinearität der Beziehungen des Grenzzustandes kann jedoch vermieden werden, wenn für einen plastisch anisotropen Körper eine stückweise lineare Fließbedingung formuliert wird, ähnlich der von COULOMB-TRESCA für den isotropen Fall (s. [42 bis 44, 46]). Experimentelle Fragen der plastischen Anisotropie werden in [47 bis 53] behandelt.

2.4.2 Stückweise lineare Fließbedingung für orthotrope Platten

Es wird die Annahme getroffen (s. SAWCZUK [43]), daß das orthotrope Medium in den Hauptrichtungen der Orthotropie durch drei Fließgrenzen σ_{0i} $(i = 1, 2, 3)$ definiert wird, die für Druck und Zug gleich groß sind. Wenn an dieser Stelle angenommen wird, daß die Hauptrichtungen von Spannung und Orthotropie übereinstimmen, kann folgende Fließbedingung formuliert werden:

$$A_i\sigma_i = \pm 1, \quad B_i\sigma_i = \pm 1, \quad C_i\sigma_i = \pm 1, \tag{2.4/4}$$

wobei A_i, B_i, C_i $(i = 1, 2, 3)$ von den Fließgrenzen für einachsigen Zug in den Orthotropierichtungen abhängen. Bezeichnet man

$$\sigma_{01}A_1 = 1, \quad \sigma_{02}B_2 = 1, \quad \sigma_{03}C_3 = 1, \tag{2.4/5}$$

wobei σ_{01}, σ_{02}, σ_{03} die Fließgrenzen in den Hauptrichtungen ausdrücken, so wird die verallgemeinerte TRESCAsche Fließbedingung in der Form

$$\left.\begin{aligned} (\sigma_1 - \sigma_3)\sigma_{01}^{-1} - (\sigma_2 - \sigma_3)\sigma_{02}^{-1} &= \pm 1, \\ -(\sigma_2 - \sigma_1)\sigma_{02}^{-1} + (\sigma_3 - \sigma_1)\sigma_{03}^{-1} &= \pm 1, \\ -(\sigma_1 - \sigma_2)\sigma_{01}^{-1} + (\sigma_3 - \sigma_2)\sigma_{03}^{-1} &= \pm 1 \end{aligned}\right\} \tag{2.4/6}$$

geschrieben. Um die Konvexheit der Fließhyperfläche zu gewährleisten, müssen die Fließgrenzen die Ungleichung

$$|\sigma_{01}| > \left|\frac{\sigma_{02}\sigma_{03}}{\sigma_{02} + \sigma_{03}}\right| \tag{2.4/7}$$

befriedigen. In der Ebene $\sigma_1 + \sigma_2 + \sigma_3 = c$ bildet die Bedingung Gl. (2.4/6) das in Abb. 2.7 durch die ausgezogene Linie dargestellte Sechseck. Vergleichsweise ist die maximale Schubspannungsfließbedingung für isotropes Material durch eine strichlierte Linie eingezeichnet.

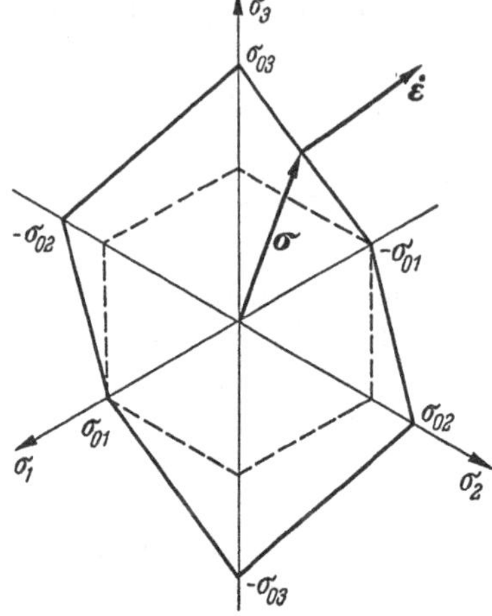

Abb. 2.7 Stückweise lineare Fließbedingung für ein anisotropes Material

Für ein ebenes Spannungsproblem, $\sigma_3 \equiv 0$, nehmen die in Termen der Spannungsresultierenden umgeschriebenen Beziehungen Gl. (2.4/6) in der Hauptbiegemomentenebene die folgende dimensionslose lineare Form an:

$$\left.\begin{aligned} \Phi_1 &= -(\alpha - \beta)\,m_1 + \alpha m_2 &&= \pm 1, \\ \Phi_2 &= m_1 - (1 - \beta)m_2 &&= \pm 1, \\ \Phi_3 &= m_1 - \alpha m_2 &&= \pm 1. \end{aligned}\right\} \tag{2.4/8}$$

In diesen Beziehungen sind m_1, m_2 dimensionslose Momente, definiert durch Gl. (2.2/4), wobei $M_0 = \sigma_{01} H^2$. Auf diese Weise sind die dimensionslosen Spannungsresultierenden auf die Fließgrenze in der gewählten Richtung bezogen. Weiterhin sind

$$\alpha = \frac{\sigma_{01}}{\sigma_{02}}, \quad \beta = \frac{\sigma_{01}}{\sigma_{03}} \tag{2.4/9}$$

als Orthotropiekoeffizienten der Platte definiert. In Abb. 2.8 sind die entsprechenden Fließpolygone in Abhängigkeit von dem Verhältnis der Orthotropiekoeffizienten gezeigt. Durch die strichlierten Linien wird das Coulomb-Tresca-Fließsechseck für den isotropen Fall dargestellt.

Die entsprechenden Gleichungen der Fließhyperfläche im m_{11}, m_{22}, m_{12}-Raum können in ähnlicher Weise wie in Abschn. 2.2.3 niedergeschrieben werden. Das den Gln. (2.4/8) zugehörige Fließgesetz wird aus dem verallgemeinerten plastischen Potentialfließgesetz Gl. (2.1/15)

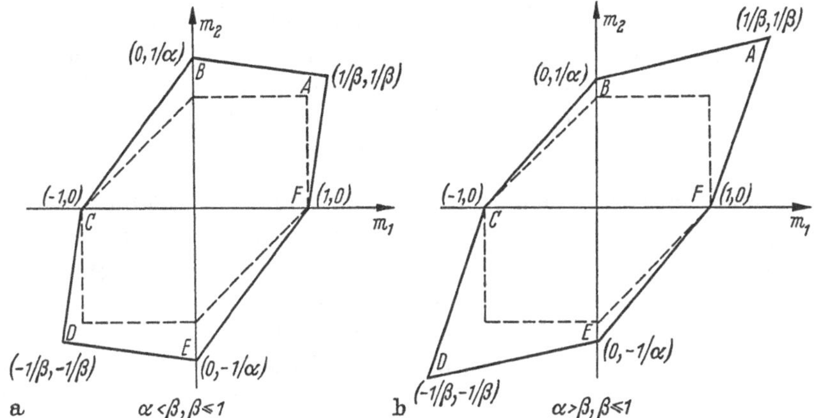

Abb. 2.8 Fließsechsecke für anisotrope Platten

erhalten. Die erhaltenen Beziehungen sind in Tab. 2.5 für die Seiten und Ecken des Fließpolygons angegeben.

Tabelle 2.5 *Fließbedingung und Fließgesetz für orthotrope Platten aus Drei-Fließgrenzen-Material*

Spannungsprofil	Grenzzustandsbedingung $\Phi(m_1, m_2) = \pm 1$	Fließvektor $(\dot{\varkappa}_1, \dot{\varkappa}_2)$, $0 \leq \mu \leq 1$
AB, DE	$(\beta - \alpha)m_1 + \alpha m_2 = \pm 1$	$\pm \nu[\beta - \alpha, \alpha]$
AF, CD	$m_1 + (\beta - 1)m_2 = \pm 1$	$\pm \nu[1, \beta - 1]$
FE, BC	$m_1 - \alpha m_2 = \pm 1$	$\pm \nu[1, -\alpha]$
A, D	$m_1 = m_2 = \pm \frac{1}{\beta}$	$\pm \nu[(\beta - \alpha)\mu + (1 - \mu),\ \alpha \mu + (\beta - 1)(1 - \mu)]$
C, F	$m_1 = \pm 1,\ m_2 = 0$	$\pm \nu[1, (\beta - 1)\mu - \alpha(1 - \mu)]$
B, E	$m_1 = 0,\ m_2 = \pm \frac{1}{\alpha}$	$\pm \nu[(\beta - \alpha)\mu + (1 - \mu), \alpha(1 + 2\mu)]$

Die in Termen dimensionsloser Hauptbiegemomente ausgedrückte Einheitsdissipationsfunktion d lautet

$$d = \frac{M_0}{H}\left(m_1 \dot{\varkappa}_1 + \frac{1}{\alpha} m_2 \dot{\varkappa}_2\right), \tag{2.4/10}$$

wobei $M_0 = \sigma_{01} H^2$ ist, und α durch Gl. (2.4/9) gegeben wird.

Was die zulässigen Unstetigkeiten anbetrifft, so ist in ähnlicher Weise wie in Abschn. 2.3.4 leicht zu ersehen, daß die für Coulomb-

TRESCA-Material formulierten Schlußfolgerungen a) und c) gültig sind. Gewisse Unterschiede, betreffend Unstetigkeiten von Verschiebungsgeschwindigkeitsfeldern, werden für spezielle Probleme behandelt. An dieser Stelle soll nur erwähnt werden, daß außer im Falle $\alpha = \beta = 1$ keine Neigungsunstetigkeitsfelder (Fließgelenklinienfelder) möglich sind. Das rührt aus der Tatsache her, daß die Verschiebungsgeschwindigkeitsfelder für keine Seite des Fließsechseckes abwickelbare Flächen bilden, da das Verhältnis der Hauptmomente überall endlich ist.

2.4.3 Maximal-Hauptmomenten-Fließbedingung für orthotrope Platten

Da die Probleme der Plattenbiegung effektiv zweidimensionale Probleme sind (soweit die Spannungsresultierenden und Durchbiegungen anbelangt), ergibt sich die Frage der ebenen plastischen Anisotropie. In die Fließgleichungen für ein derartiges Problem gehen nur die plastischen Moduli ein, die das plastische Verhalten in der Spannungsebene beschreiben, und nicht die auf die plastischen Eigenschaften entlang der Plattendicke bezogenen Moduli. Eine derartige Formulierung wird durch Gl. (2.4/3) gegeben. Wenn die Orthotropie- und Spannungshauptachsen übereinstimmen, wird jedes plastische Material im Falle der verallgemeinerten HUBER-VON MISES-Fließbedingung durch drei plastische Moduli gekennzeichnet. Wenn jedoch die Maximalspannungsfließbedingung als Fließkriterium zugrunde gelegt wird, dann wird ein plastisch orthotropes Material durch zwei plastische Konstanten vollständig beschrieben. Diese sind beispielsweise die Fließgrenzen für einachsigen Zug in den beiden Orthotropiehauptrichtungen. Die Fließbedingung nimmt damit die Form

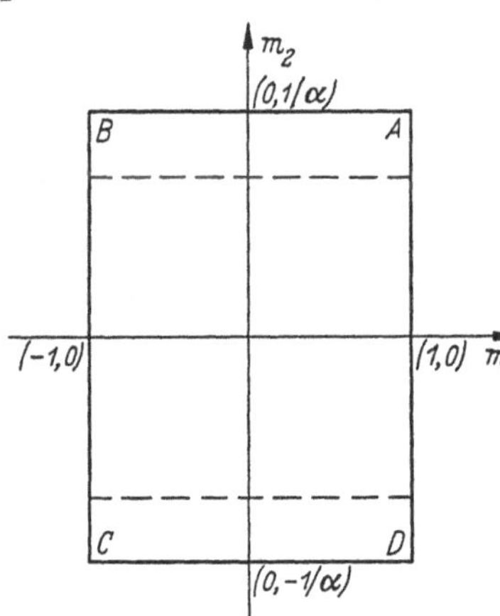

Abb. 2.9 Fließrechteck für die Maximal-Hauptmomenten-Fließbedingung für anisotrope Platten

$$|\sigma_1| \leqq \sigma_{01}, \quad |\sigma_2| \leqq \sigma_{02} \tag{2.4/11}$$

an, die offensichtlich unabhängig von der Fließgrenze in Richtung der Plattendicke ist.

Bei Verwendung der Definition der dimensionslosen Momente $m_{\alpha\beta}$, Gl. (2.2/4), erhält man die folgenden Fließbedingungen in der Hauptmomentenebene:

$$\left.\begin{aligned} m_1 &= \pm 1, \quad -\frac{1}{\alpha} \leqq m_2 \leqq \frac{1}{\alpha}, \\ \alpha m_2 &= \pm 1, \quad -1 \leqq m_1 \leqq 1. \end{aligned}\right\} \tag{2.4/12}$$

Das dementsprechende Fließpolygon ist in Abb. 2.9 dargestellt. Die Beziehungen Gl. (2.2/30) sind strichliert aufgetragen.

Die Beziehungen Gl. (2.4/12) werden oft bei der Ermittlung der Grenztragfähigkeiten von Stahlbetonplatten mit den gleichen oberen und unteren Bewehrungsnetzen verwendet. Die zugehörigen Fließgesetze für die Gln. (2.4/12) gehen auf einfache Weise aus dem plastischen Potentialfließgesetz hervor. Die erhaltenen Beziehungen sind in Tab. 2.6 angegeben.

Tabelle 2.6 *Maximalmomentenfließbedingung und Fließgesetz für orthotrope Platten*

Spannungsprofil	Grenzzustandsbedingung $\Phi(m_1, m_2) = \pm 1$	Fließvektor $(\dot{\varkappa}_1, \dot{\varkappa}_2)$, $0 \leqq \mu \leqq 1$
AB, CD	$\alpha m_2 = \pm 1, \quad -1 \leqq m_1 \leqq 1$	$\pm \nu(0, \alpha)$
BC, AD	$m_1 = \pm 1, \quad -\frac{1}{\alpha} \leqq m_2 \leqq \frac{1}{\alpha}$	$\pm \nu(1, 0)$
A, C	$m_1 = \pm 1, \quad m_2 = \pm \frac{1}{\alpha}$	$\pm \nu(1 - \mu, \alpha \mu)$
B, D	$m_1 = \pm 1, \quad m_2 = \mp \frac{1}{\alpha}$	$\pm \nu(-1 + \mu, \alpha \mu)$

Für den betrachteten Fall wird die Einheitsdissipationsfunktion durch Gl. (2.4/10) gegeben.

2.4.4 Schichtweise Orthotropie

Für Stahlbetonplatten, die an Ober- und Unterseite mit verschiedenen Bewehrungsnetzen bewehrt sind, wird ein spezieller Typ der plastischen Orthotropie erhalten, der als *schichtweise Orthotropie* definiert wird [*54*, *55*]. In praktischen Fällen kann sowohl rechtwinklige als auch zylindrische Orthotropie gegeben sein. Betrachtet wird der Fall einer Bewehrung im kartesischen Koordinatensystem, die Orthotropie der unteren Schicht bewirkt. Das Orthotropieverhältnis ist

$$\lambda = \frac{M_{0y}}{M_{0x}}, \tag{2.4/13}$$

wobei M_{0x} das Fließmoment für Biegung in der x-Richtung bedeutet. Das Fließmoment wird durch Gl. (2.2/4) definiert oder für Stahlbeton — für die betreffenden Koordinaten- und Bewehrungsrichtungen — durch eine ähnliche Beziehung, die die Plattendicke und sowohl Querschnittsfläche als auch Fließgrenze der Bewehrung enthält (s. Abschn. 6.1.1). Die plastischen Moduli M'_{0x}, M'_{0y} der oberen Schicht, die die Fähigkeit der Aufnahme „negativer" Momente beschreiben, können auf folgende Weise auf den Wert M_{0x} bezogen werden:

$$\frac{|M'_{0x}|}{M_{0x}} = \mu_x, \quad \frac{|M'_{0y}|}{M_{0x}} = \mu_y. \qquad (2.4/14)$$

Die Parameter M_{0x}, λ, μ_x, μ_y sind hinreichend zur vollständigen Beschreibung einer in oberen und unteren Schichten bewehrten Stahlbetonplatte.[1] Es ist offensichtlich, daß für polare Orthotropie ähnliche Beziehungen leicht erhalten werden können. Der Übergang eines Plattenelementes in den Fließzustand kann bewirkt werden, wenn wenigstens eines der Biegemomente einen der kritischen Werte M_{0x}, M_{0y}, M'_{0x}, M'_{0y} erreicht. Die auf schichtweise orthotrope Platten angewendete Theorie der Fließgelenklinien erfordert, daß das Spannungsfeld die Ungleichungen

$$\begin{aligned} -\mu_x &\leqq m_x \leqq 1, \\ -\mu_y &\leqq m_y \leqq \lambda \end{aligned} \qquad (2.4/15)$$

befriedigt, wobei $M_x/M_{0x} = m_x$, $M_y/M_{0x} = m_y$. Die angegebene Fließbedingung ist auf die Bewehrungsrichtungen und nicht auf die Hauptmomentenrichtungen bezogen. Das entsprechende Fließrechteck ist in Abb. 2.10 dargestellt. In diese Abbildung sind die Bezeichnungen eingetragen, wie sie in ähnlicher (etwas unterschiedlicher) Form in der in den Kap. 6 bis 8 behandelten Theorie der Fließgelenklinien verwendet werden. Wenn in einigen Bereichen einer Platte keine Bewehrung für „negative“ Momente vorhanden ist, dann ist offensichtlich $\mu_x \to 0$, $\mu_y \to 0$. Der Satz der Grenzzustandsgleichungen für schichtenweise bewehrte Platten wird in Tab. 2.7 angegeben.

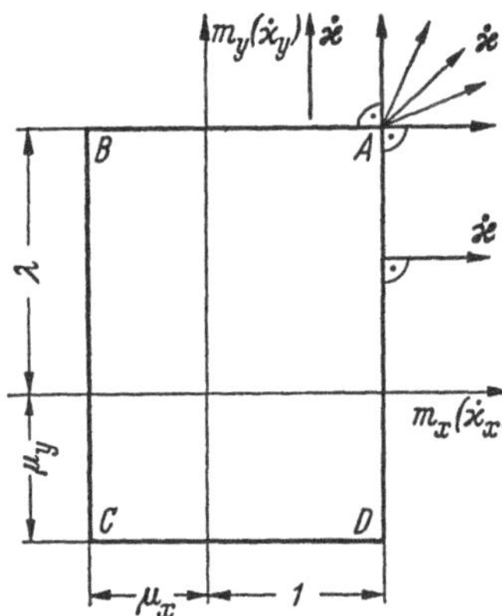

Abb. 2.10 Fließrechteck für eine schichtweise orthotrope Platte gemäß einer vereinfachten Theorie

Da die das Geschwindigkeitsfeld begrenzende Fläche abwickelbar ist ($\dot{\varkappa}_{xy} \equiv 0$), findet die Energiedissipation nur in den Fließgelenklinien statt. Dies entspricht dem in Abschn. 2.2.4 erörterten Fall. Die zugehörigen Verdrehungsgeschwindigkeiten der von Fließgelenklinien begrenzten Plattenteile werden in bezug auf das kartesische Koordinatensystem mit $\dot{\Theta}_x$, $\dot{\Theta}_y$ bezeichnet [s. Gln. (2.3/19) bis (2.3/21)]. Die gesamte innere Energiedissipation ist eine Funktion der Fließgelenklinienlänge und wird gegeben durch

$$D = M_{0x}\dot{\Theta}_x l_y + M_{0y}\dot{\Theta}_y l_x + M'_{0x}\dot{\Theta}_x l'_y + M'_{0y}\dot{\Theta}_y l'_x. \qquad (2.4/16)$$

[1] Die hier verwendeten Definitionen für die Parameter der schichtweisen plastischen Orthotropie weichen von den in den Kap. 6 bis 8 benutzten ab.

Tabelle 2.7 *Fließbedingung und Fließgesetz für schichtweise orthotrope Platten*

Spannungsprofil	Grenzzustandsbedingung $\Phi(m_1, m_2) = 1$		Fließvektor $(\dot{\varkappa}_x, \dot{\varkappa}_y, \dot{\varkappa}_{xy})$, $0 \leqq \xi \leqq 1$
AB	$m_y = \lambda$,	$-\mu_x \leqq m_x \leqq 1$	$\nu(0, 1, 0)$
BC	$m_x = -\mu_x$,	$-\mu_y \leqq m_y \leqq \lambda$	$\nu(-1, 0, 0)$
CD	$m_y = -\mu_y$,	$\mu_x \leqq m_x \leqq 1$	$\nu(0, -1, 0)$
DA	$m_x = 1$,	$-\mu_y \leqq m_y \leqq \lambda$	$\nu(1, 0, 0)$
A	$m_x = 1$,	$m_y = \lambda$	$\nu(\xi, 1-\xi, 0)$
B	$m_x = -\mu_x$,	$m_y = \lambda$	$\nu(\xi, 1-\xi, 0)$
C	$m_x = -\mu_x$,	$m_y = -\mu_y$	$\nu(-\xi, -1+\xi, 0)$
D	$m_x = 1$,	$m_y = -\mu_y$	$\nu(\xi, -1+\xi, 0)$

Unter Verwendung der Beziehungen Gl. (2.4/13) und Gl. (2.4/14) kann diese Gleichung umgeschrieben werden zu:

$$D = M_{0x}[\dot{\Theta}_x(l_y + \mu_x l_y') + \dot{\Theta}_y(\lambda l_x + \mu_y l_x')], \qquad (2.4/17)$$

wobei l_x, l_y die Gesamtlängen der „positiven" Fließgelenklinien bezeichnen, und l_x', l_y' die der „negativen" Fließgelenklinien, in denen das Fließen infolge der M_{0x}', M_{0y}'-Momente eintritt.

2.5 Vollständige und näherungsweise Lösungen in der Theorie der Grenztragfähigkeit der Platten

2.5.1 Bedingungen für eine vollständige Lösung

Nach der Behandlung der allgemeinen Sätze der Grenztragfähigkeit in Kap. 1 und der Darlegung der Beziehungen der technischen Plattentheorie werden nun die Bedingungen für die Vollständigkeit der Lösung eines Platten-Grenztragfähigkeitsproblems für die Querbelastung, d. h. $P_m = (0, 0, P)$, $(m = 1, 2, 3)$, spezifiziert.

Die vollständige Lösung eines Platten-Grenztragfähigkeitsproblems besteht in:

a) Ermittlung der Intensität μ_G der Belastung $\mu_G P$, bei der die Tragfähigkeit der Platte erschöpft ist.

b) Ermittlung eines statisch zulässigen Feldes von Spannungsresultierenden $M^0_{\alpha\beta}$, Q^0_α $(\alpha, \beta = 1, 2)$, die die inneren Gleichgewichtsbedingungen Gln. (2.1/3) bis (2.1/4) in jedem Punkt der Plattenmittelfläche erfüllen, gleichzeitig die vorgeschriebenen Spannungsresultierenden-Randbedingungen befriedigen und die tatsächliche Fließbedingung nicht verletzen. Die Biegemomente $M_{\alpha\beta}$ und Querkräfte Q_α müssen die erforderlichen Stetigkeitsbedingungen im plastischen Bereich der Platte und an der starr-plastischen Grenze erfüllen.

c) Ermittlung des Durchbiegungsgeschwindigkeitsfeldes $\dot{W}$, das das Stetigkeitserfordernis befriedigt und mit den vorgeschriebenen kinematischen Randbedingungen verträglich ist. Das Eintreten eines solchen kinematisch zulässigen verallgemeinerten Verformungsgeschwindigkeitsfeldes $\dot{K}_{\alpha\beta}$, das durch Gl. (2.1/10) auf $\dot{W}$ bezogen ist, erlaubt die Dissipation von Energie, da der plastische Fließprozeß stattfinden kann. Es wird angenommen, daß Änderungen in der Geometrie einer Platte während des plastischen Formänderungsprozesses vernachlässigt werden können, wenn Membraneffekte nicht einzuschließen sind.

Wie aus den festgestellten Bedingungen hervorgeht, hängt jede vollständige Lösung von dem zugrunde gelegten Grenzzustandskriterium ab. Das ist ein sehr wichtiger Punkt, da in Abhängigkeit von der tatsächlich geltenden Fließbedingung für gleiche Tragwerksgestalt und Randbedingungen verschiedene Grenzlastintensitäten erhalten werden können. Beispiele für vollständige Lösungen für die oben erörterten Fließkriterien werden in Kap. 3 gegeben.

2.5.2 Untere Eingrenzung für die Grenzlast — „statische" Lösungen

Eine untere Eingrenzung für die Grenzlast für eine gegebene Fließhyperfläche Φ ist gefunden, wenn

a) das statisch zulässige Spannungsresultierendenfeld $M^0_{\alpha\beta}$, Q^0_α gegeben ist,

b) die Lastintensität μ_s der Last μP erhalten wird,

c) dem Spannungsfeld $M^0_{\alpha\beta}$, Q^0_α und der Last $\mu_s P < P_G$ kein Geschwindigkeitsfeld (außer Starrkörperbewegung) zugeordnet werden kann.

Für die Bestimmung einer unteren Eingrenzung $\mu_s P = P_s$ der Grenzlast P_G wird die folgende Gruppe von Beziehungen verwendet:

a) die Gleichgewichts-Differentialgleichungen (2.1/3), (2.1/4),

b) die Fließbedingung Φ,

c) die vorgeschriebenen Spannungsrandbedingungen.

Die geometrischen (kinematischen) Beziehungen Gl. (2.1/10) und das Fließgesetz werden nicht verwendet.

Nach dem ersten Fundamentalsatz der Grenztragfähigkeitstheorie kann die wirkliche Grenzlast nicht kleiner sein als die, welche die obigen Erfordernisse erfüllt. Somit gilt für eine tatsächlich verwendete Fließbedingung die allgemeine Beziehung:

$$\mu_s P = P_s \leqq \mu_G P = P_G. \tag{2.5/1}$$

Eine statische Lösung für eine Fließhyperfläche Φ kann (aber muß nicht) eine vollständige Lösung für eine Fließbedingung Φ_1 sein, die für jeden Spannungszustand die Beziehung $\Phi_1 \leqq \Phi$ befriedigt und somit in Φ einbeschrieben ist.

2.5.3 Obere Eingrenzung für die Grenzlast — „kinematische“ Lösungen

Eine obere Eingrenzung für die Grenzlast für eine gegebene Fließbedingung Φ kann mittels der „Energiedissipationsmethode“ gefunden werden. Der zweite Fundamentalsatz der Grenztragfähigkeitstheorie gibt die Basis für die „kinematischen“ Lösungen. Um eine obere Eingrenzung $\mu_k P = P_k$ aufzufinden, wird ein beliebiges Durchbiegungsgeschwindigkeitsfeld $\dot{W}^*$, das die vorgeschriebenen kinematischen (geometrischen) Randbedingungen des Problems befriedigt, angenommen. Die folgende Gruppe von Beziehungen wird verwendet:

a) die kinematischen Bedingungen Gl. (2.1/10), die den Krümmungsgeschwindigkeitstensor $\dot{K}^*_{\alpha\beta}$ auf die angenommene Durchbiegungsgeschwindigkeit $\dot{W}^*$ beziehen,

b) die Fließbedingung Φ und das zugehörige Fließgesetz. Diese Beziehungen gestatten die Ermittlung der Momente $M^*_{\alpha\beta}$, die Φ befriedigen, und den $\dot{K}^*_{\alpha\beta}$ gemäß dem Fließgesetz Gl. (2.1/15) entsprechen (s. Abb. 1.5).

c) die Gleichung der äußeren und inneren Energiedissipation.

Es ist festzustellen, daß unter den verwendeten Gleichungen die Gleichungen des inneren Gleichgewichts nicht vertreten sind. Die Bestimmung einer oberen Eingrenzung $\mu_k P$ für die Grenzlast P_G ist gleichbedeutend mit der Ermittlung eines kinematisch zulässigen Multiplikators μ_k, so daß [s. Gl. (1.4/1)]

$$\mu_k = \frac{M_0 \int\limits_S d(\dot{K}^*_{\alpha\beta}, m^*_{\alpha\beta})\, dS}{\int\limits_S P\, \dot{W}^*\, dS}. \tag{2.5/2}$$

Da die Einheitsdissipationsfunktion d von der Fließbedingung abhängt, ist offenbar, daß für gleiches $\dot{W}^*$, aber für verschiedenes Φ erhaltene obere Eingrenzungen außer in speziellen Fällen unterschiedlich sein werden. Das ist beispielsweise aus dem Vergleich der Gln. (2.2/9) und (2.2/28) leicht ersichtlich. In Gl. (2.5/2) wird die Integration über die Fläche der Mittelebene der unverformten Platte ausgeführt. Wenn innerhalb der Plattenfläche zusätzlich Unstetigkeitslinien auftreten, kann die innere Energiedissipation der Bequemlichkeit halber in zwei Teile aufgespalten werden. Gl. (2.5/2) kann daher wie folgt umgeschrieben werden:

$$\mu_k = \frac{M_0 \int\limits_S d(\dot{K}^*_{\alpha\beta}, m^*_{\alpha\beta})\, dS + M_0 \int\limits_l m^*_{nn}\, \dot{\Theta}^*_n\, dl}{\int\limits_S P\, \dot{W}^*\, dS}. \tag{2.5/3}$$

In Gl. (2.5/3) bedeutet l die Länge der Fließgelenklinien, d. h. $l = \sum l_i$, m^*_{nn} bezeichnet das normal zur Fließgelenklinie wirkende Moment, und

$\dot{\Theta}_n = \left.\frac{\partial \dot{W}}{\partial n}\right]$ ist die Unstetigkeit in der zur Fließgelenklinie normalen Ableitung. Der erste Term des Zählers bezieht sich auf das stetige verallgemeinerte Verformungsgeschwindigkeitsfeld zwischen den Fließgelenklinien; der zweite Term betrifft die Energiedissipation entlang der Fließgelenklinien. Bei Zugrundelegung eines stückweise linearen Durchbiegungsgeschwindigkeitsfeldes ist der erste Term identisch Null, da $\dot{K}^*_{\alpha\beta} \equiv 0$, und die einzige innere Energiedissipation tritt an den Fließgelenklinien ein.

Für eine angenommene Fließbedingung Φ gibt die erhaltene Lösung eine obere Eingrenzung für die Grenzlast

$$\mu_k P = P_k \geqq \mu_G P = P_G . \tag{2.5/4}$$

Eine obere Eingrenzungslösung für die Fließbedingung Φ kann die vollständige Lösung für eine andere Fließhyperfläche Φ_2 sein. In diesem Falle ist $\Phi_2 \geqq \Phi$ für jeden Spannungszustand. Somit umschreibt Φ_2 die tatsächliche Fließhyperfläche Φ.

2.5.4 Anwendung des Prinzips der virtuellen Geschwindigkeiten

Für die Bestimmung der Grenzlastintensität für plastische Platten kann das Prinzip der virtuellen Geschwindigkeiten verwendet werden. Dieses Verfahren hat den Vorteil, daß die Spannungs-Verformungsgeschwindigkeits-Beziehungen nicht benötigt werden. Die Anwendung des Prinzips der virtuellen Geschwindigkeiten auf einen starr-plastischen Körper gestattet die Berechnung der mit einem gegebenen virtuellen Verschiebungsgeschwindigkeitsfeld verknüpften äußeren und inneren Energiedissipationsleistung bei Erfüllung der Gleichgewichtsbedingungen. Somit führt es für eine angenommene Fließbedingung zu exakten Lösungen des Grenztragfähigkeitsproblems und bietet Möglichkeiten für näherungsweise Lösungen.

Die Beziehungen des Prinzips der virtuellen Geschwindigkeiten sind ähnlich den in Abschn. 2.5.3 behandelten Gleichungen; jedoch geht keine Spezifizierung von Fließbedingung und Fließgesetz in die Ableitungen ein. Die Frage, unter welchen Umständen dieses Prinzip entweder zur exakten Grenzlast oder nur zu einer oberen Eingrenzungslösung führt, wird im Laufe der folgenden Ableitungen behandelt.

Betrachtet wird eine Platte von der Fläche S unter verteilter Normalbelastung $P = \mu P_0$, wobei P_0 die Einheitslastintensität bedeutet. Die Plattenmittelfläche wird durch eine Kurve C begrenzt, entlang der die kinematischen Randbedingungen vorgeschrieben sind. Weiterhin wird angenommen, daß $\dot{W}(x_\alpha)$, $(\alpha = 1{,}2)$, ein virtuelles Durchbiegungsgeschwindigkeitsfeld ist, das die auf C vorgeschriebenen Randbedingungen erfüllt. Damit gilt für die Leistung der äußeren Kräfte die skalare

Funktion

$$L = \mu \int_S P_0(x_\alpha)\, \dot{W}(x_\alpha)\, dS. \qquad (2.5/5)$$

Die Gleichgewichtsbedingung für die vertikalen Kräfte wird für jedes beliebige Plattenelement durch die Beziehung zwischen der Belastung μP_0 und dem Querkraftvektor Q_α, Gl. (2.1/3), gegeben. Einsetzen dieser Beziehung in Gl. (2.5/5) ergibt

$$L = \mu \int_S P_0\, \dot{W}\, dS = -\int_S Q_{\alpha,\alpha}\, \dot{W}\, dS. \qquad (2.5/6)$$

Für die Formulierung der Beziehungen zwischen der Leistung der äußeren Kräfte L und der inneren Dissipationsleistung D wird der fundamentale Satz über die Transformation eines Flächenintegrals in ein Integral über eine geschlossene Kurve benötigt. Angewendet auf eine innerhalb des ebenen Bereiches S und auf seiner Randkurve C definierte Funktion sagt dieser Satz aus, daß

$$\int_S G_{,\alpha}\, dS \equiv \int_C G\, n_\alpha\, dC, \qquad (2.5/7)$$

wobei n_α, $(\alpha = 1{,}2)$, die nach außen gerichtete Normale an die den ebenen Bereich S begrenzende Randkurve C bedeutet.

Bei Anwendung von Gl. (2.5/7) auf die Funktion $G = -Q_\alpha \dot{W}$ erhält man

$$L = \int_S Q_\alpha\, \dot{W}_{,\alpha}\, dS - \int_C Q_\alpha\, \dot{W}\, n_\alpha\, dC. \qquad (2.5/8)$$

Für eine auf einer geschlossenen Randkurve C gestützte Platte ist $\dot{W} = 0$ entlang C, somit verschwindet das zweite Integral. Bei einem freien Teil des Plattenrandes ist $Q_\alpha = 0$. Daher verschwindet das zweite Integral in jedem Falle, wenn C den Plattenrand bezeichnet. Unter der Voraussetzung, daß keine Diskontinuität in $\dot{W}$ auftritt ($\dot{W}] \equiv 0$, jedoch sind $\dot{W}_{,\alpha}$ keine Kontinuitätsbedingungen auferlegt), ergibt die Auswertung der Linienintegrale für eine einen Teil der Platte begrenzende geschlossene Kurve C_i, daß das zweite Integral in Gl. (2.5/8) nur von Q_α und $\dot{W}$ entlang der Randkurve C abhängt. Da es auf C verschwindet, wird die Leistung der äußeren Kräfte lediglich durch das erste Integral gegeben. Das Verschwinden des Querkraftanteiles in der Energiegleichung zeigt, daß bei Verwendung der Methode der virtuellen Geschwindigkeiten für die Grenztragfähigkeitsberechnung von Platten eine Ermittlung der, aus dem Ersatz der Drillmomente durch entlang des freien oder frei drehbar gestützten Plattenrandes angreifende verteilte Streckenlasten, resultierenden Knotenkräfte nicht notwendig ist (s. auch Abschn. 6.6.1).

Wenn sich die Plattenelemente im Gleichgewicht befinden, dann gelten für jedes Element die Gln. (2.1/4), die die Komponenten des

Momententensors $M_{\alpha\beta}$ und des Querkraftvektors Q_α miteinander verknüpfen, und Gl. (2.5/8) nimmt die Form

$$L = \int_S Q_\alpha \dot{W}_{,\alpha} dS - \int_S M_{\alpha\beta,\beta} \dot{W}_{,\alpha} dS \qquad (2.5/9)$$

an. Anwendung von Gl. (2.5/7) auf den von einer Kurve C_i begrenzten i-ten Plattenteil führt zu der Beziehung

$$L_i = \int_{C_i} M_{\alpha\beta} \dot{W}_{,\alpha} n_\beta dC_i - \int_{S_i} M_{\alpha\beta} \dot{W}_{,\alpha\beta} dS_i. \qquad (2.5/10)$$

Die Leistung der äußeren Kräfte wird also durch zwei Terme ausgedrückt, in denen Ausdrücke für die innere Energiedissipation, Gl. (2.1/4) und (2.3/18), auftreten. Wenn keine Neigungsdiskontinuitätslinien $\dot{W}_{,\alpha}$ auftreten, dann verschwindet das erste Integral in Gl. (2.5/10) innerhalb der Begrenzung C (aber nicht notwendig auf C). Nach den Durchbiegungs-Krümmungsbeziehungen, Gl. (2.1/10), wird der zweite Integrand zu $-M_{\alpha\beta} \dot{K}_{\alpha\beta}$, so daß die Energiedissipationsgleichung für die gesamte Platte gemäß der Definition Gl. (2.3/19) wie folgt geschrieben werden kann:

$$L = \sum_{i=1}^{m} \int_{C_i} M_{\alpha\beta} \dot{W}_{,\alpha}] n_\beta dC_i + \int_S M_{\alpha\beta} \dot{K}_{\alpha\beta} dS = D. \qquad (2.5/11)$$

wobei $\dot{W}_{,\alpha}]$ die Diskontinuität in den partiellen Ableitungen entlang der Kurve C_i bedeutet. Das erste Integral in Gl. (2.5/11) stellt die Dissipationsleistung entlang der Linien von Neigungsdiskontinuitäten $\dot{W}_{,\alpha}] \neq 0$ dar, das zweite die Dissipationsleistung für die durch diese Neigungskontinuitätslinien begrenzten Plattenteile. Da Gl. (2.5/11) sowohl die Gleichgewichtsbedingungen als auch die kinematischen Bedingungen befriedigt, geht aus ihr die exakte Grenzlastintensität hervor.

In Gl. (2.5/11) stellt $M_{\alpha\beta}$ den tatsächlichen Momententensor dar, der eine entsprechende Fließbedingung befriedigt (sonst würde kein plastisches Fließen eintreten). Der aus Gl. (2.5/11) folgende Grenzlastmultiplikator ist daher

$$\mu = \mu_G = \left[\sum_{i=1}^{m} \int_{C_i} M_{nn} \dot{\Theta}_n dC_i + \int_S M_{\alpha\beta} \dot{K}_{\alpha\beta} dS\right] \Big/ \int_S P_0 \dot{W} dS, \qquad (2.5/12)$$

wobei M_{nn} das entlang einer Diskontinuitätslinie wirkende normale Moment ist und $\dot{\Theta}_n$ die normale Neigungsdiskontinuität (keine Summe über n). Im allgemeinen hängt M_{nn} auf einer Diskontinuitätslinie von der Fließbedingung ab (s. Abschn. 2.3.3). Gl. (2.5/12) hat ein wichtiges Merkmal: Sie zeigt die Möglichkeit der Bestimmung näherungsweiser Lösungen für das Grenztragfähigkeitsproblem ohne die Notwendigkeit einer Spezifizierung der Fließhyperfläche. Wenn an Stelle des die Gleichgewichtsbedingungen nicht verletzenden tatsächlichen Momentenfeldes ein solches angenommen wird, bei dem die Hauptmomente an jedem beliebigen Punkt der Platte $M_{11} = M_{22} = M_0$ (M_0 bedeutet den Fließmodul) sind, dann ergibt das offensichtlich eine obere Eingrenzung für die Grenzlastintensität. Gl. (2.5/12) kann daher umgeschrieben werden in der Form

$$\mu_G < \mu_k = M_0 \left[\dot{\Theta}_i l_i + \int_S \dot{K}_{\alpha\beta} \delta_{\alpha\beta} dS\right] \Big/ \int_S P_0 \dot{W} dS, \qquad (2.5/13)$$

wobei l_i die Länge der i-ten Fließgelenklinie mit der Neigungsunstetigkeit $\dot{\Theta}_i = \dot{W}_{,\alpha}]$ entlang C_i bedeutet und $\delta_{\alpha\beta}$ das KRONECKERsche Delta ist. Die Gl. (2.5/13) ähnelt der Gl. (2.5/3). Tatsächlich sind beide Ausdrücke einander gleich, wenn angenommen wird, daß im plastischen Zustand $M_{\alpha\beta} = M_0\, \delta_{\alpha\beta}$. Die Gl. (2.5/3) bezieht sich auf eine *gegebene* Fließhyperfläche Φ, während Gl. (2.5/13) das in Gl. (2.5/12) eingehende tatsächliche Biegemomentenfeld durch die Bedingung der reinen Biegung ersetzt und somit die Gleichgewichtsbedingungen verletzt.

Von den durch Gl. (2.5/13) gegebenen oberen Eingrenzungen ist der niedrigste mögliche Wert zu bestimmen. Wenn das Durchbiegungsgeschwindigkeitsfeld $\dot{W}$ einer kleinen Variation, beispielsweise zum Zustand $\dot{W}^*$, unterworfen wird, so daß der Nenner sich nicht ändert, wird der niedrigste Wert von μ_k erhalten, wenn das zweite Integral im Zähler den kleinstmöglichen Wert annimmt. Das ist beispielsweise der Fall, wenn $\dot{K}_{\alpha\beta}$ verschwindet, so daß das virtuelle Geschwindigkeitsfeld durch sich entlang der Neigungsunstetigkeitslinien durchschneidende Ebenen begrenzt wird [s. Gl. (2.5/11)].

Es kann daher gefolgert werden, daß eine mögliche obere Eingrenzung für die Grenzlast durch Annahme eines durch einen Satz von einander durchschneidenden Ebenen begrenzten virtuellen Geschwindigkeitsfeldes gefunden werden kann. Der kinematisch zulässige Lastmultiplikator wird dann durch die Gleichung

$$M_0 l_i \dot{\Theta}_i = \mu_k \int_S P_0 \dot{W} dS = \int_S P \dot{W} dS \qquad (i = 1, 2, \ldots, m) \qquad (2.5/14)$$

gegeben, wobei M_0 das Grenzmoment, l_i die Länge der i-ten Fließgelenklinie und $\dot{\Theta}_i$ die entsprechende Neigungsdiskontinuität quer zur Fließgelenklinie bedeutet. Der Ausdruck Gl. (2.5/14) stimmt mit den für die Maximal-Hauptmomenten-Fließbedingung Gl. (2.2/33) erhaltenen Beziehungen überein. Tatsächlich werden die zugehörigen Geschwindigkeitsfelder durch abwickelbare Flächen begrenzt, und die innere Energiedissipation nimmt die auf der linken Seite von Gl. (2.5/14) gegebene Form an.

Mit dem erläuterten Verfahren ist eine sehr einfache Methode der Ermittlung oberer Eingrenzungen für die Grenzlast erhalten worden.

Ausgehend von dem Prinzip der virtuellen Geschwindigkeiten kann durch Einschränkung der Klasse der virtuellen Geschwindigkeitsfelder auf die aus einander durchschneidenden Ebenen bestehenden Felder und durch Ersatz das tatsächlichen Momentenfeldes durch ein majorantes Momentenfeld, das die vorgeschriebene Fließbedingung entlang der Neigungsdiskontinuitätslinien befriedigt, die Grenzlastintensität geschätzt werden.

Ein virtueller Formänderungsmechanismus, für den Gl. (2.5/14) die Energiegleichung wiedergibt, wird durch eine bestimmte Anzahl unabhängiger Parameter x_i definiert. Da nach dem niedrigsten möglichen Wert von μ_k gesucht wird, ist die Bedingung $d\mu_k = 0$ (oder $d M_0 = 0$) anzuwenden. Da $\mu_k = \mu_k(x_i)$, verschwindet das totale Differential, wenn sämtliche

$$\frac{\partial \mu_k}{\partial x_i} = 0 \qquad (i = 1, 2, \ldots, m). \tag{2.5/15}$$

Das ergibt einen Satz von m Gleichungen für m unabhängige Parameter x_i, der die Auswertung beider Seiten von Gl. (2.5/14) ermöglicht. Da $M_0 \Theta_i l_i$ ein skalares Produkt des Momentenvektors $\vec{M}_{0i} = M_0 \vec{l}_i$ und des Verdrehungsgeschwindigkeitsvektors $\dot{\Theta}_i$ darstellt, kann Gl. (2.5/14) im kartesischen Koordinatensystem x, y in der Form

$$D = D_n = \sum_{i=1}^{m} (M_{ix} \dot{\Theta}_x + M_{iy} \dot{\Theta}_y) = \mu_k \int\int P_0 \dot{W} \, dx \, dy = L \tag{2.5/16}$$

geschrieben werden, wobei D die gesamte Dissipationsleistung bedeutet. Dieses Ergebnis kann auch aus Gl. (2.3/21) durch entsprechende Integration über die Neigungsdiskontinuitätslinien $\dot{W}_{,\alpha}] \neq 0$ erhalten werden. Die Erweiterung von Gl. (2.5/16) für orthotrope Platten läßt sich ohne weiteres durchführen. — Gl. (2.5/16) stellt die Grundlage für die Anwendung des Prinzips der virtuellen Geschwindigkeiten in der Fließgelenklinientheorie der Platten dar, die in den Kapiteln 6 bis 8 behandelt wird.

Das Prinzip der virtuellen Geschwindigkeiten ist in verschiedenen Formen von Johansen [*18*], Prager und Hodge [*29*], Halasz [*60*] und vielen anderen auf Plattenprobleme angewendet worden. Die vorstehend gegebene Darstellung basiert im wesentlichen auf der Arbeit von Halasz [*60*] (für orthotrope Platten siehe [*61*]).

Literatur zu 2

[*1*] Girkmann, K.: Flächentragwerke. 4. Aufl., Wien: Springer 1956.

[*2*] Timoshenko, S. P., u. S. Woinowsky-Krieger: Theory of Plates and Shells. New York: Mc Graw-Hill 1959.

[*3*] Huber, M. T.: Właściwa praca odkształcenia jako miara wytężenia materiału. Czasopismo Techniczne 22, 1904. Siehe M. T. Huber: Vollständige Werke (polnisch) 2, 1—20. Warszawa: PWN 1956.

[4] VON MISES, R.: Mechanik der festen Körper im plastisch deformablem Zustand. Göttinger Nachr., math.-phys. Kl. 1913, S. 582—592.

[5] HENCKY, H.: Zur Theorie plastischer Deformationen. Z. angew. Math. Mech. 4 (1924) S. 323—334.

[6] HENCKY, H.: Zur Theorie plastischer Deformationen und hierdurch im Material hervorgerufenen Nebenspannungen. Proc. First Intern. Congr. Appl. Mech., Delft 1924, S. 312—317.

[7] VON MISES, R.: Mechanik der plastischen Formänderungen von Kristallen. Z. angew. Math. Mech. 8 (1928) S. 161—185.

[8] BURZYŃSKI, W.: Studium nad hypotezami wytężenia. Akad. Nauk Techn. Lwów 1928.

[9] COULOMB, C. A.: Essai sur un application des règles de Maximis et Minimis à quelques problèmes de statique relatif à l'architecture. Mém. prés. par divers savants 7 (1773) S. 343—382.

[10] TRESCA, H.: Mémoire sur l'éculement des corps solides. Mém. prés. par divers savants 18 (1868) S. 733—799.

[11] DE SAINT-VENANT, B.: Mémoire sur l'établissement des équations différentielles des mouvements intérieurs opérés dans les corps solides ductiles au delà des limites où l'élasticité pourrait les ramener à leur premier état. C. R. Acad. Sci., Paris 70 (1870) S. 473—480.

[12] HOPKINS, H. C.: On the plastic theory of plates. Proc. Roy. Soc., London (A) 241 (1957) S. 153—179.

[13] PRAGER, W.: An Introduction to Plasticity. Reading, Mass.: Addison-Wesley 1959.

[14] INGERSLEV, A.: Om en elementaer Beregningsmaade af krydsarmerede Plader. Ingeniøren 30 (1921) S. 507—515.

[15] JOHANSEN, K. W.: Beregning af krydsarmerede Jaernbetonpladers Brudmoment. Bygningsstatiske Meddelelser 3 (1931) S. 1—18.

[16] JOHANSEN, K. W.: Bruchmomente der kreuzweise bewehrten Platten. Abh. Int. Verein. f. Brückenbau u. Hochbau, Zürich 1 (1932) S. 277—296.

[17] GWOSDEW, A. A.: Bestimmung des Wertes der Grenzlast für statisch unbestimmte Tragwerke (russisch). Projekt i Standart 3 (1934) S. 10—16.

[18] JOHANSEN, K. W.: Brudlinieteorier. Kopenhagen: Jul. Gjellerup 1943.

[19] RZHANITSYN, A. R.: Grenzzustandsberechnung von Platten unter einer Einzellast (russisch). Untersuchungen über die Theorie der Tragwerke 4, Moskau: Gosstrojizdat 1949, S. 79—95.

[20] RZHANITSYN, A. R.: Berechnung der Konstruktionen mit Berücksichtigung der plastischen Eigenschaften der Materialien (russisch). Moskau: Strojizdat 1954.

[21] OLSZAK, W.: Teoria nośności granicznej płyt ortotropowych. Budownictwo Przemysłowe 2 (1953) No 7—8, S. 254—265.

[22] SOBOTKA, Z.: Theorie plasticity a meznich stavu stavebnich konstrukci, 2, Praha: CSAV, 1955.

[23] SAWCZUK, A.: Grenztragfähigkeiten der Platten. Bauplanung-Bautechnik 11 (1957) S. 315—320 u. S. 359—364.

[24] DUBINSKY, A. M.: Berechnung der Grenztragfähigkeiten von Stahlbetonplatten (russisch). Kiew: Gosstrojizdat 1961.

[25] PRAGER, W.: Discontinuous fields of plastic stress and flow. Proc. 2nd U. S. Natl. Congr. Appl. Mech. (Ann Arbor 1954), New York: 1955, S. 21—32.

[26] CHRISTIANOVITSCH, S. A.: Ebenes Problem der mathematischen Plastizitätstheorie für auf einer geschlossenen Berandung vorgeschriebene äußere Kräfte (russisch). Matematiczeskij sbornik, Nov. Ser. 1, 43 (1936) S. 511—534.

[27] HILL, R.: The Mathematical Theory of Plasticity. Oxford: University Press 1950.
[28] PRAGER, W.: Discontinuous solutions in the theory of plasticity. Courant Anniversary Volume, New York: Interscience 1948, S. 289—299.
[29] PRAGER, W., u. P. G. HODGE: Theory of Perfectly Plastic Solids. New York: Wiley 1951.
[30] HILL, R.: On discontinuous plastic states, with special reference to localized necking in thin sheets. J. Mech. Phys. Solids 1 (1952) S. 19—30.
[31] THOMAS, T. Y.: Singular surfaces and flow lines in the theory of plasticity. J. Rat. Mech. Anal. 2 (1953) S. 339—381.
[32] GEIRINGER, H.: Some results in the theory of an ideal plastic body. Advances in Appl. Mechanics 3, New York: Academic Press 1953, S. 197—292.
[33] FREUDENTHAL, A. M., u. H. GEIRINGER: The mathematical theories of inelastic continuum. Handbuch der Physik Bd. 6, Berlin/Göttingen/Heidelberg: Springer 1958, S. 229—433.
[34] HODGE, P. G.: Plastic Analysis of Structures. New York: McGraw-Hill 1959.
[35] MRÓZ, Z.: Nośność graniczna i kształtowanie wytrzymałościowe płyt pierścieniowych. Rozprawy Inżynierskie, CXIV, 4 (1958) S. 603—626.
[36] HODGE, P. G.: Plastic Analysis of Rotationally Symmetric Shells. DOMIT Rep. 1—6, Illinois, Institute of Technology, Chicago 1959.
[37] MRÓZ, Z., u. A. SAWCZUK: Grenztragfähigkeiten von eingespannten Ringplatten (russisch). Izv. Akad. Nauk SSSR, Otd. Tech. Nauk, Mechanika i Masinostr. 1960, Nr. 3, S. 72—78.
[38] HILL, R.: A theory of the yielding and plane flow of anisotropic metals. Proc. Roy. Soc., Lond. (A) 193 (1948) S. 281—287.
[39] HILL, R.: The theory of plane plastic strain for anisotropic metals. Proc. Roy. Soc., Lond. (A) 198 (1949) S. 428—437.
[40] OLSZAK, W., u. W. URBANOWSKI: Ortotropia i niejednorodność w teorii plastyczności. Arch. Mech. Stosow. 8 (1956) S. 85—110.
[41] OLSZAK, W., u. W. URBANOWSKI: The plastic potential and generalized distortion energy in the theory of non-homogeneous anisotropic elastic-plastic bodies. Arch. Mech. Stosow. 8 (1956) S. 671—694.
[42] SAWCZUK, A.: Some problems of load carring capacities of orthotropic and nonhomogeneous plates. Arch. Mech. Stosow. 8 (1956) S. 549—563.
[43] SAWCZUK, A.: Linear theory of plasticity of anisotropic bodies and its application to problems of limit analysis. Arch. Mech. Stosow. 11 (1959) S. 541 bis 558.
[44] BERMAN, I., u. P. G. HODGE: A general theory of piecewise linear plasticity for initially anisotropic materials. Arch. Mech. Stosow. 11 (1959) S. 513 bis 540.
[45] SAWCZUK, A.: Yield condition for anisotropic shells. Bull. Acad. Pol. Sci., Ser. Sci Tech. 8 (1960) S. 273—277.
[46] IVLEV, D. D.: Über die Theorie der plastischen Anisotropie (russisch). Prikl. Mat. Mech. 23 (1959) S. 1107—1114.
[47] FISHER, J. C.: Anisotropic plastic flow. Trans. Amer. Soc. Mech. Engrs. 71 (1949) S. 349—356.
[48] HU, L. W.: Studies in plastic flow of metals. Trans. Amer. Soc. Mech. Engrs. 78 (1956) S. 444—450.
[49] DORN, J. E.: Stress-strain relations for anisotropic plastic flow. J. Appl. Phys. 20 (1949) S. 15—20.
[50] HAZLETT, T. H., A. T. ROBINSON u. J. E. DORN: An evaluation of a theory of plastic flow in anisotropic sheet metals. Trans. ASM 42 (1950) S. 1326—1356.
[51] HU, L. W., u. J. MARIN: Anisotropic loading functions for combined stress in plastic range. J. Appl. Mech. 22 (1955) S. 77—85.

[52] KLINGER, L. J., u. G. SACHS: Dependence of the stress-strain curves of cold worked metals upon the testing direction. J. Aeronaut. Sci. 15 (1948) S. 151—154.

[53] GEOGDZAEV, W. O.: Einige Probleme der Theorie der plastischen Deformation anisotroper Materialien (russisch). Issledovanija po mechanike. Trudy MFTI, 1, Moskau: Oborongiz 1958, S. 69—95.

[54] OLSZAK, W.: Zagadnienia ortotropii w teorii nośności granicznej płyt. Arch. Mech. Stosow. 5 (1953) S. 329—350.

[55] OLSZAK, W.: Probleme der Grenzlasttheorie der orthotropen Platten. Acta Techn. Hung. 16 (1956) S. 3—37.

[56] SOKOLOWSKI, W. W.: Theorie der Plastizität. Berlin: VEB-Verlag Technik 1956 (Russische Ausgabe Moskau: Gostechizdat 1950).

[57] HODGE, P. G.: The mathematical theory of plasticity. Surveys in Applied Mathematics, Elasticity and Plasticity. New York: Wiley 1958, S. 49—144.

[58] WOOD, R. H.: Plastic and Elastic Design of Slabs and Plates. London: Thames and Hudson 1961.

[59] HILL, R.: Discontinuity relations in mechanics of solids. Progress in Solid Mechanics 2, Amsterdam: North-Holland Publishing 1961, S. 245—276.

[60] HALASZ, O.: Über die Grenztragfähigkeit von Stahlbetonplatten, (russisch). Izw. Akad. Nauk SSSR, Otd. Tech. Nauk, Mechanika i Masinostr. 1956, Nr. 8, S. 42—54.

[61] HALASZ, O.: Vasbetonlemezek határegyensúlyáról Magyar Tudományos Akadémia. Közleményei 19 (1956) S. 227—237.

3. Vollständige Lösungen für den Grenzzustand von Platten

3.1 Plattenprobleme für die Coulomb-Tresca-Fließbedingung

3.1.1 Allgemeine Lösung für Kreisplatten

Im Falle der Rotationssymmetrie von Belastung und Randbedingungen einer kreisförmigen Platte sind sowohl die Hauptrichtungen der Biegemomente als auch die Hauptkrümmungen der Biegefläche bekannt. Die Hauptrichtungen bilden ein Netz von konzentrischen Kreisen und sie durchschneidenden Strahlen mit dem Ursprung in Plattenmitte. In einem polaren Koordinatensystem ist die Biegung von Kreisplatten ein mathematisch eindimensionales Problem. Das bedeutet, daß sämtliche in die Gleichungen des Problems eingehenden statischen und kinematischen Größen Funktionen einer einzigen Variablen sind, nämlich des Radiusvektors r. Das Spannungsfeld wird durch drei Komponenten vollständig beschrieben: das Ringbiegemoment M_φ, das radiale Biegemoment M_r und die radiale Querkraft Q_r. Die Durchbiegung $W(r)$ gibt eine vollständige Beschreibung der Deformation der Plattenmittelfläche und ihrer tangentialen K_φ und radialen Krümmungen K_r. M_r, M_φ und K_r, K_φ sind die Hauptmomente bzw. die Hauptkrümmungen (siehe z. B. [1, 2]).

Die positiven Richtungen der Spannungsresultierenden und Durchbiegungsgeschwindigkeiten $\dot{W}$ sind in Abb. 3.1 dargestellt. Der äußere Radius der Platte wird mit R und das Fließmoment für die isotrope

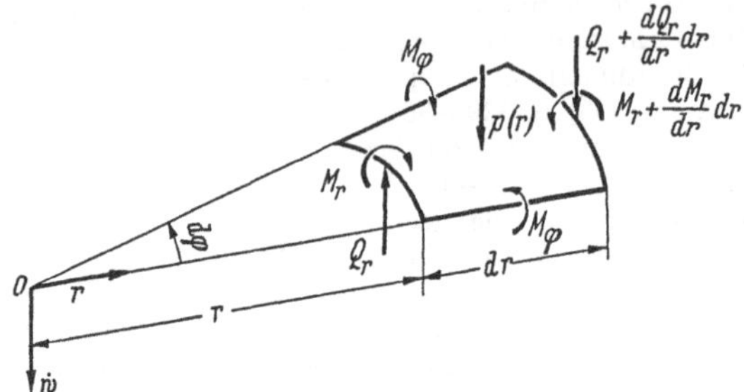

Abb. 3.1 Spannungsresultierende in rotationssymmetrisch belasteten Kreisplatten

Platte wird mit M_0 bezeichnet. Die Fließbedingung hat die Form

$$F(M_r, M_\varphi) = M_0. \tag{3.1/1}$$

Ferner werden die folgenden dimensionslosen Variablen eingeführt:

$$\varrho = \frac{r}{R}, \quad m = \frac{M}{M_0}, \quad q = \frac{Q_r R}{M_0}. \tag{3.1/2}$$

Mit diesen Bezeichnungen nehmen die Gleichgewichtsgleichungen (2.1/3) und (2.1/4) im Polarkoordinatensystem die dimensionslose Form

$$\frac{d}{d\varrho}(\varrho q) + \varrho P = 0, \tag{3.1/3a}$$

$$\frac{d}{d\varrho}(\varrho m_r) - m_\varphi - \varrho q = 0 \tag{3.1/3b}$$

an. In den Gln. (3.1/3) bedeutet P die dimensionslose Last

$$P = \frac{p R^2}{M_0}. \tag{3.1/4}$$

Da m_r und m_φ Hauptmomente sind, folgt, daß die Gln. (3.1/3a) und (3.1/3b) zusammen mit einer Fließbedingung $\Phi(m_r, m_\varphi) = c$ nur drei unbekannte Funktionen enthalten, nämlich m_r, m_φ und q. Somit kann das Spannungsfeld im Grenzzustand — formal gesehen — für Spannungsrandbedingungen gefunden werden. Dieser Weg ist zuerst von Gwosdew [3] verwendet worden. Die auf einem solchen Wege erhaltene Lösung ergibt ein statisch zulässiges Spannungsresultierendenfeld (siehe Abschn. 2.5.2).

Die Durchbiegungs-Krümmungs-Beziehungen nehmen in Polarkoordinaten, wie in Abb. 3.1 gezeigt, die dimensionslose Form

$$\frac{d^2\dot{w}}{d\varrho^2} = -\dot{\varkappa}_r, \quad \frac{1}{\varrho}\frac{d\dot{w}}{d\varrho} = -\dot{\varkappa}_\varphi \tag{3.1/5}$$

an, wobei $\dot{w}$ die dimensionslose vertikale Durchbiegungsgeschwindigkeit $\dot{w} = \dot{W}/R$, $\dot{\varkappa}_r = R\dot{K}_r$, $\dot{\varkappa}_\varphi = R\dot{K}_\varphi$ bedeuten.

Das Problem der Ermittlung der Durchbiegungsgeschwindigkeit $\dot{w}$ kann unabhängig von den Gleichungen des Spannungsfeldes gelöst werden. Das ist aber nur im Falle einer linearen Fließbedingung und dem zugehörigen Fließgesetz möglich, da dann die Spannungs- und Durchbiegungsbeziehungen nicht gekoppelt sind. Aus dem Fließgesetz Gl. (2.1/15) werden die Krümmungsgeschwindigkeiten $\dot{\varkappa}_r$ und $\dot{\varkappa}_\varphi$ gefunden. Die Fließgesetzgleichungen ergeben zusammen mit Gl. (3.1/5) vier Gleichungen für vier Unbekannte. Elimination von $\dot{\varkappa}_r$, $\dot{\varkappa}_\varphi$ und des im Fließgesetz auftretenden skalaren Funktionalkoeffizienten ν liefert eine einzige Differentialgleichung für $\dot{w}$, die für die gegebenen kinematischen Randbedingungen integriert werden muß. Bei einem solchen Verfahren ist es nicht notwendig, die Dissipationsfunktion Gl. (2.1/14) zu verwenden, wenn die zu einem die Gleichgewichts- und Fließgleichungen erfüllenden Spannungsfeld gehörende Geschwindigkeitsverteilung gefunden ist. Die beschriebene Lösungsmethode für ein Durchbiegungsgeschwindigkeitsproblem ist zuerst von HOPKINS und PRAGER [4] auf Platten angewendet worden. Eine detaillierte Behandlung der fundamentalen Probleme in der Theorie der Platten für die Maximalschubspannungs-Fließbedingung wird von HOPKINS [5, 6] gegeben.

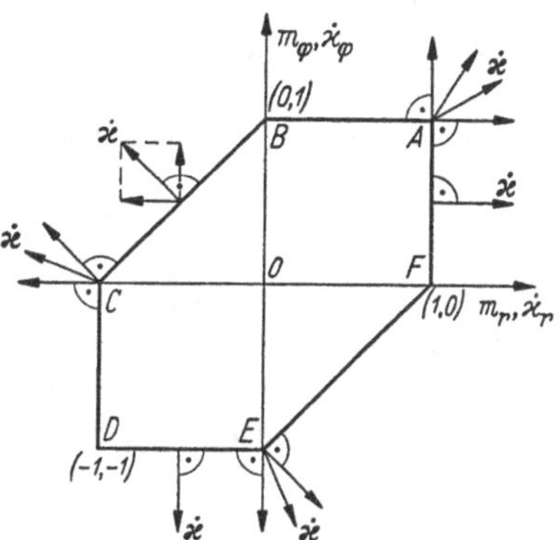

Abb. 3.2 COULOMB-TRESCA-Fließsechseck für Kreisplatten

Das COULOMB-TRESCA-Fließsechseck, dessen Gleichungen in den Tabellen 2.1 und 2.2 angegeben sind, ist in Abb. 3.2 in der m_r, m_φ-Momentenebene graphisch dargestellt. Die verallgemeinerten Verformungsgeschwindigkeitsvektoren, gemäß dem plastischen Potentialfließgesetz Gl. (2.1/15), werden durch Pfeile angezeigt.

Die spezifischen Spannungsresultierendenfelder sind auf die Seiten des Fließsechseckes $ABCDEF$ bezogen. In anderen Worten: die Seiten des in Abb. 3.2 dargestellten Fließsechseckes sind parametrische Gleichungen der Spannungsresultierendenfelder für Kreisplatten. Sie werden als Spannungsprofile bezeichnet. Im folgenden werden die allgemeinen Beziehungen für Spannungs- und Geschwindigkeitsfelder für einen allgemeinen Fall rotationssymmetrischer Belastung $p(r)$ untersucht.

Aus den Gln. (3.1/3a) und (3.1/3b) kann die Querkraft eliminiert werden, was die folgende Beziehung zwischen den Biegemomenten ergibt

$$(\varrho m_r)' - m_\varphi = -\int_0^\varrho \varrho P \, d\varrho = -I(P), \tag{3.1/6}$$

wobei $I(P)$ für das bestimmte Integral der äußeren Belastung steht, wie durch die rechte Seite von Gl. (3.1/6) definiert. Einsetzen der entsprechenden Gleichungen der Seiten des Fließsechseckes (Spannungsprofile) in Gl. (3.1/6) ergibt unmittelbar die Gleichungen des Spannungsfeldes. Da die Fließgleichung für das Spannungsprofil AB einfach

$$m_\varphi = 1, \qquad 0 \leqq m_r \leqq 1 \tag{3.1/7a}$$

ist, wird die folgende lineare Differentialgleichung mit getrennten Variablen erhalten

$$(\varrho m_r)' = -I(P) + 1. \tag{3.1/7b}$$

Integration dieser Differentialgleichung führt zu der Lösung

$$m_r = -\frac{1}{\varrho} \int [I(P) + 1] d\varrho + \frac{C}{\varrho}. \tag{3.1/7c}$$

Die Integrationskonstante C ist aus den tatsächlichen Spannungsrandbedingungen zu ermitteln. Auf ähnlich elementare Weise sind die den übrigen Seiten des Fließsechseckes $ABCDEF$ entsprechenden Spannungsgleichungen zu finden. Die Ergebnisse werden in Tab. 3.1 angegeben.

Tabelle 3.1 *Biegemomentengleichungen für Kreisplatten und die Coulomb-Tresca-Fließbedingung*

Spannungs-profil	Ringmoment m_φ	Radialmoment m_r
AB	1	$1 + \frac{C_1}{\varrho} - \frac{1}{\varrho}\int I(P)\, d\varrho$
BC	$\ln\varrho + C_2 - 1 - \int \frac{I(P)}{\varrho}\, d\varrho$	$\ln\varrho + C_2 - \int \frac{I(P)}{\varrho}\, d\varrho$
CD	$I(P) - 1$	-1
DE	-1	$-1 + \frac{C_3}{\varrho} - \frac{1}{\varrho}\int I(P)\, d\varrho$
EF	$-\ln\varrho + C_1 + 1 - \int \frac{I(P)}{\varrho}\, d\varrho$	$-\ln\varrho + C_4 - \int \frac{I(P)}{\varrho}\, d\varrho$
FA	$I(P) + 1$	1

Durch die Ecken des Polygons dargestellte Spannungszustände können nicht auftreten, wenn nicht in einem endlichen Bereich einer Platte $P = 0$.

Nun sollen die mit den oben angegebenen Spannungsgleichungen verknüpften Durchbiegungsgeschwindigkeitsfelder ermittelt werden. Der in Tab. 2.1 angegebene Fließvektor gestattet für jedes Spannungsprofil die Formulierung einer bestimmten Beziehung zwischen den radialen und tangentialen Krümmungsgeschwindigkeiten. Beispielsweise erhält man für den durch die Strecke AB dargestellten Spannungszustand die Beziehungen:

$$\dot{\varkappa}_r = -\frac{d^2\dot{w}}{d\varrho^2} = 0, \quad \dot{\varkappa}_\varphi = -\frac{1}{\varrho}\frac{d\dot{w}}{d\varrho} = \nu. \tag{3.1/8a}$$

Diese Beziehungen können umgeschrieben werden in die Form

$$\frac{\dot{\varkappa}_r}{\dot{\varkappa}_\varphi} = \varrho\frac{\dot{w}''}{\dot{w}'} = 0, \qquad \nu \neq 0. \tag{3.1/8b}$$

Die Lösung der Differentialgleichung $\dot{w}'' = 0$ ist

$$\dot{w} = A\varrho + B. \tag{3.1/8c}$$

Somit verformt sich der Plattenbereich, in dem der Spannungszustand durch das Spannungsprofil AB dargestellt wird, in eine konische Fläche, Gl. (3.1/8c). In Abschn. 2.3.4 ist bereits angedeutet worden, daß die Verformungsgeschwindigkeit für $m_r m_\varphi > 0$ eine abwickelbare Fläche bildet, da eine der Hauptkrümmungen verschwindet. Bei Kreisplatten erscheint die entsprechende abwickelbare Fläche als Kegelfläche Gl. (3.1/8c). Die Durchbiegungsgeschwindigkeiten für die anderen Spannungsprofile können in ähnlicher Weise gefunden werden. Es ist lediglich erforderlich, die Durchbiegungsgeschwindigkeiten für die Spannungsprofile CD und AF in dem besonderen Fall von Kreisplatten detaillierter zu untersuchen. Aus Tab. 2.1 geht hervor, daß

$$-\frac{d^2\dot{w}}{d\varrho^2} = \nu, \quad \frac{1}{\varrho}\frac{d\dot{w}}{d\varrho} = 0. \tag{3.1/9}$$

Diese Gleichungen können innerhalb des begrenzten Bereiches nur befriedigt werden, wenn

$$\dot{w} = \text{const}. \tag{3.1/10}$$

Das bedeutet einfach, daß die Bereiche einer Platte, wo die Spannungsprofile CD und AF gelten, nur Starrkörperbewegungen ausführen können. Sie sind plastiziert, da die Fließgleichung befriedigt wird, aber sie bleiben flach und verschieben sich als starrer Körper mit konstanter Geschwindigkeit in der Richtung der Belastung. Die durch die Punkte A und D wiedergegebenen Spannungszustände, wo $m_r = m_\varphi = \pm 1$, entsprechen dem Übergang vom Geschwindigkeitsfeld Gl. (3.1/8c) zum Geschwindigkeitsfeld Gl. (3.1/10). Das ist nur möglich, wenn am Übergangskreis eine Unstetigkeit in der Ableitung $d\dot{w}/d\varrho$ auftritt, also $d\dot{w}/d\varrho] \neq 0$. Wie aus Gl. (2.3/35) hervorgeht, ist eine solche Unstetigkeit zulässig. Somit tritt der Übergang vom Spannungszustand AB zum Spannungszustand AF an der Gelenklinie ein.

Das gleiche gilt für den Übergang von CD nach CE. Die für die Coulomb-Tresca-Fließbedingung erhaltenen Geschwindigkeitsfelder $\dot{w}(\varrho)$ sind in Tab. 3.2 zusammengestellt.

Tabelle 3.2 *Allgemeine Lösungen für Durchbiegungsgeschwindigkeitsfelder für Kreisplatten aus Coulomb-Tresca-Material*

Spannungsprofil	Biegemoment	Durchbiegungsgeschwindigkeit
AB, DE	$m_r = f(\varrho), \quad m_\varphi = \pm 1$	$\dot{w} = A_1 \varrho + B_1$
BC, EF	$m_\varphi - m_r = \pm 1$	$\dot{w} = A_2 \ln \varrho + B_2$
DE, FA	$m_r = \pm 1, \quad m_\varphi = f(\varrho)$	$\dot{w} = \text{const}$
A, D	$m_r = m_\varphi = \pm 1$	$\dot{w}'] \neq 0$ Fließgelenklinie
B, E	$m_r = 0, \quad m_\varphi = \pm 1$	$\dot{w}'] = 0$
C, F	$m_r = \pm 1, \quad m_\varphi = 0$	$\dot{w}'] \neq 0$ Fließgelenklinie

Die ersten vollständigen Lösungen (im Sinne, daß sowohl die Spannungs- als auch die Durchbiegungsgeschwindigkeitsfelder gegeben sind), für Kreisplatten wurden von Hopkins und Prager [*4*] erhalten.

3.1.2 Frei drehbar gestützte, gleichförmig belastete Kreisplatte

Die Betrachtung spezifischer Randwertprobleme wird mit der in Abb. 3.3 dargestellten Platte eingeleitet [*3, 4*]. Die Platte ist einer stufenweise ringförmig verteilten Belastung unterworfen:

$$\left.\begin{aligned} p &= 0 \qquad && 0 \leqq \varrho \leqq \alpha \\ p &= \text{const} \qquad && \alpha \leqq \varrho \leqq 1, \end{aligned}\right\} \tag{3.1/11}$$

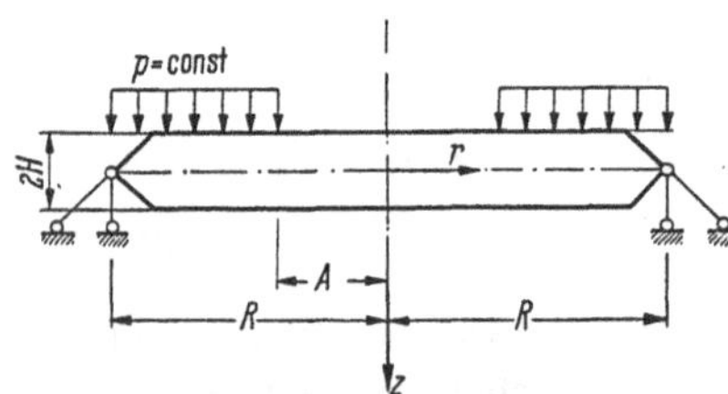

Abb. 3.3 Kreisplatte unter Ringbelastung

wobei $\alpha = A/R$ der dimensionslose Radius der unbelasteten Fläche ist. Die Spannungsresultierenden-Randbedingungen sind

$$m_r(0) = m_\varphi(0) = 1, \qquad m_r(1) = 0. \tag{3.1/12}$$

Da innerhalb des Bereiches $0 \leqq \varrho \leqq \alpha$, $q = 0$, tritt dort der isotrope Spannungszustand ein. Im Bereich $\alpha \leqq \varrho \leqq 1$ wird in Übereinstimmung mit der letzten der Randbedingungen, Gl. (3.1/12), angenommen, daß das Spannungsprofil mit der Seite AB des Fließsechseckes $ABCDEF$ zusammenfällt. Man erhält

$$I(P) = 0, \qquad 0 \leqq \varrho \leqq \alpha \tag{3.1/13}$$

$$I(P) = \frac{P}{2}(\varrho^2 - \alpha^2), \qquad \alpha \leqq \varrho \leqq 1, \tag{3.1/14}$$

und aus Tab. 3.1 folgt, daß

$$m_r = m_\varphi = 1, \qquad 0 \leqq \varrho \leqq \alpha \tag{3.1/15}$$

$$m_r = 1 - \frac{C}{\varrho} - \frac{P}{2}\left(\frac{\varrho^2}{3} - \alpha^2\right), \quad m_\varphi = 1, \quad \alpha \leqq \varrho \leqq 1. \tag{3.1/16}$$

Aus der Stetigkeitsbedingung bei $\varrho = \alpha$, $m_r(\alpha) = 1$, ergibt sich $C = P\,\alpha^3/3$, und aus der ersten Randbedingung in Gl. (3.1/12) erhält man den folgenden Wert der Grenzlastintensität:

$$P = \frac{6}{1 + 2\alpha^3 - 3\alpha^2}. \tag{3.1/17}$$

Einsetzen von Gl. (3.1/17) in Gl. (3.1/16) liefert die radiale Biegemomentengleichung

$$m_r = \frac{1-\varrho}{\varrho}\,\frac{\varrho(1+\varrho) - 2\alpha^3}{1 + 2\alpha^3 - 3\alpha^2}, \qquad \alpha \leqq \varrho \leqq 1. \tag{3.1/18}$$

Im Sonderfall der gleichförmig belasteten Platte, $\alpha = 0$, wird das Spannungsfeld

$$m_r = 1 - \varrho^2, \quad m_\varphi = 1 \tag{3.1/19}$$

erhalten. Die zugehörige dimensionslose Lastintensität ist $P = 6$, und die Grenzlastintensität ist daher

$$p = \frac{6M_0}{R^2}. \tag{3.1/20}$$

Weiterhin folgt aus Tab. 3.2, daß das Spannungsresultierendenfeld, Gl. (3.1/15) und Gl. (3.1/19), von dem Durchbiegungsgeschwindigkeitsfeld

$$\dot{w} = \dot{w}_0 = \text{const}, \qquad 0 \leqq \varrho \leqq \alpha \tag{3.1/21}$$

$$\dot{w} = \dot{w}_0\,\frac{1-\varrho}{1-\alpha}, \qquad \alpha \leqq \varrho \leqq 1 \tag{3.1/22}$$

begleitet wird, das die kinematischen Randbedingungen

$$\dot{w}(0) = \dot{w}_0, \quad \dot{w}(1) = 0 \tag{3.1/23}$$

befriedigt und bei $\varrho = \alpha$ einen Fließgelenkkreis hat. Die Neigungsunstetigkeit ist dort $\dot{w}'] = \dot{w}_0 \frac{\alpha}{1-\alpha}$. Die erhaltene Grenzlast, Gl. (3.1/17), stellt die exakte Lösung dar, da Spannung und Durchbiegungsgeschwindigkeit gefunden sind und sowohl die Spannungs- als auch die Fließbedingungen befriedigt werden. Die Richtigkeit der erhaltenen Lösung kann mittels der Energiedissipationsmethode geprüft werden, d. h. auf dem rein „kinematischen" Wege. Der Vollständigkeit halber wird die entsprechende Berechnung durchgeführt. Die Dissipationsfunktion Gl. (2.2/28) hat die Form $d = \frac{M_0}{R}(m_\varphi \dot{\varkappa}_\varphi)$, $\dot{\varkappa}_\varphi = R\dot{K}_\varphi$, und ergibt innerhalb des Bereiches von stetigen Formänderungsgeschwindigkeiten $\alpha < \varrho \leqq 1$

den Wert

$$D_k = \int_0^1 2\pi\,\varrho d\,d\varrho = 2\pi\,\dot{w}_0 \int_\alpha^1 \frac{\varrho}{1-\alpha}\,d\varrho = \pi\dot{w}_0(1+\alpha). \quad (3.1/24\,\text{a})$$

Der Beitrag zur Dissipation entlang der Neigungsunstetigkeitslinie ist

$$D_g = 2\pi\,\alpha\, m_r \frac{\dot{w}_0\alpha}{1-\alpha} = \frac{2\pi}{1-\alpha}\,\dot{w}_0\alpha^2. \quad (3.1/24\,\text{b})$$

Die Leistung der äußeren Kräfte wird erhalten zu:

$$L = \int_S \mu_k P\,\dot{w}\,dS = \mu_k \frac{P\,\dot{w}_0}{1-\alpha}\int_\alpha^1 (1-\varrho)2\pi\,\varrho\,d\varrho$$

$$= \frac{\mu_k P\pi}{3(1-\alpha)}(1 - 3\alpha^2 + 2\alpha^3)\,\dot{w}_0. \quad (3.1/25)$$

Aus der Gleichsetzung der Leistungen der äußeren und inneren Kräfte erhält man, gemäß Gl. (2.5/3), den folgenden Wert des kinematisch zulässigen Multiplikators:

$$\mu_k = \frac{6}{P(1+2\alpha^3-3\alpha^2)}. \quad (3.1/26)$$

Dies ergibt für den Minimalwert von $\mu_k = 1$ den Wert der Grenzlast, Gl. (3.1/17). Nach der Energiedissipationsmethode ist die gleiche Grenzlastintensität erhalten worden wie bei Verwendung des Geschwindigkeitsfeldes Gl. (3.1/22). Das ist keinesfalls ein Beweis der Richtigkeit der durch die Gln. (3.1/17) bis (3.1/21) gegebenen Lösungen, da diese Beziehungen keines weiteren Beweises bedürfen. Es ist lediglich ein Beispiel für die Anwendung des „kinematischen" Lösungsweges auf das Grenztragfähigkeitsproblem.

Vom Standpunkt des praktischen Ingenieurs ist es von Interesse, das elastische Spannungsfeld mit dem des Grenzzustandes zu ver-

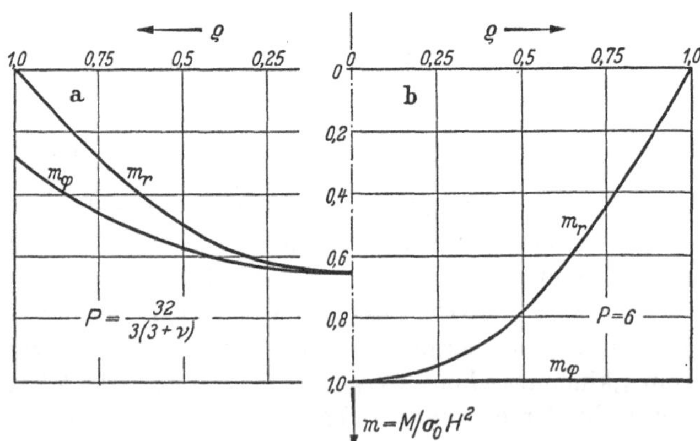

Abb. 3.4 Vergleich der Biegemomentenverteilung
a) in einer frei drehbar gestützten elastischen und b) plastischen Kreisplatte aus COULOMB-TRESCA-Material

gleichen. Das ist in Abb. 3.4 für COULOMB-TRESCA-Material erfolgt. Die linke Seite entspricht der elastischen Lösung für die den Fließbeginn in den äußeren Schichten hervorrufende Belastung $P = 32/3(3+\nu)$, wobei ν die POISSONsche Zahl ist (siehe z. B. [*1*]), im rechten Teil ist die plastische Lösung Gl. (3.1/19) als Funktion des dimensionslosen Radiusvektors aufgetragen.

Als weiteres Beispiel wird der Fall einer auf einem zentralen Bereich belasteten Platte betrachtet:

$$p = \text{const}, \quad 0 \leqq \varrho \leqq \alpha, \quad p = 0, \quad \alpha \leqq \varrho \leqq 1. \tag{3.1/27}$$

Die Randbedingungen und Stetigkeitsbeziehungen quer zu $\varrho = \alpha$ sind

$$m_r(0) = m_\varphi(0) = 1, \quad m_r(\alpha)] = 0, \quad q(\alpha)] = 0, \quad m_r(1) = 0. \tag{3.1/28}$$

Bei Zugrundelegung des Spannungsprofils AB wird der Spannungszustand in Plattenmitte in Abb. 3.2 in die Ecke A eingetragen und der Spannungszustand am Plattenrand in die Ecke B. Unter Verwendung der Fließgleichung $m_\varphi = 1$ für $0 \leqq \varrho \leqq 1$ werden die folgenden Radialmomentengleichungen aus Tab. 3.1 erhalten:

$$m_r = 1 + \frac{C_1}{\varrho} - \frac{P\varrho^2}{6}, \qquad 0 \leqq \varrho \leqq \alpha \tag{3.1/29}$$

$$m_r = 1 + \frac{C_2}{\varrho} - \frac{P\alpha^2}{2}, \qquad \alpha \leqq \varrho \leqq 1. \tag{3.1/30}$$

Da $m_r(0)$ endlich ist, folgt, daß $C_1 = 0$, und aus der Bedingung $m_r(\alpha)] = 0$ erhält man $C_2 = P\alpha^3/3$. Die letzte Bedingung von Gl. (3.1/28) führt zu dem Grenzlastwert

$$P = \frac{6}{3\alpha^2 - 2\alpha^3} \tag{3.1/31}$$

und zu den Gleichungen des Spannungsfeldes

$$\left.\begin{aligned} m_r &= 1 - \frac{\varrho^2}{3\alpha^2 - 2\alpha^3}, \quad m_\varphi = 1, \quad 0 \leqq \varrho \leqq \alpha, \\ m_r &= 1 - \frac{3\varrho\alpha^2 - 2\alpha^3}{\varrho(3\alpha^2 - 2\alpha^3)}, \quad m_\varphi = 1, \quad \alpha \leqq \varrho \leqq 1. \end{aligned}\right\} \tag{3.1/32}$$

Somit ist die Lösung in den beiden Bereichen $0 \leqq m_r \leqq 1$ und $dm_r/dr < 0$ für $0 \leqq \varrho \leqq 1$ statisch zulässig. Da das Durchbiegungsgeschwindigkeitsfeld durch Gl. (3.1/8) gegeben wird, ist die Lösung vollständig. In Abb. 3.5 ist die Variation der Grenzlast als Funktion des Parameters α aufgetragen.

Aus der Lösung Gl. (3.1/31) kann die Intensität einer in Plattenmitte eingetragenen Einzellast Q leicht erhalten werden. Bei Bezeichnung

$$Q = p\pi\alpha^2 R^2 \tag{3.1/33}$$

und Verwendung von Gl. (3.1/31) wird für den Wert von Q erhalten:

$$Q = \frac{6\pi M_0}{3 - 2\alpha}. \tag{3.1/34}$$

Für $\alpha \to 0$ folgt, daß die Grenzintensität der konzentrierten Belastung unabhängig von der Größe der (gewichtslosen) Platte ist:

$$Q = 2\pi M_0 . \tag{3.1/35}$$

Das obige Ergebnis hat lediglich Bedeutung, wenn der Einfluß der Querkraft auf das Fließen vernachlässigt wird.

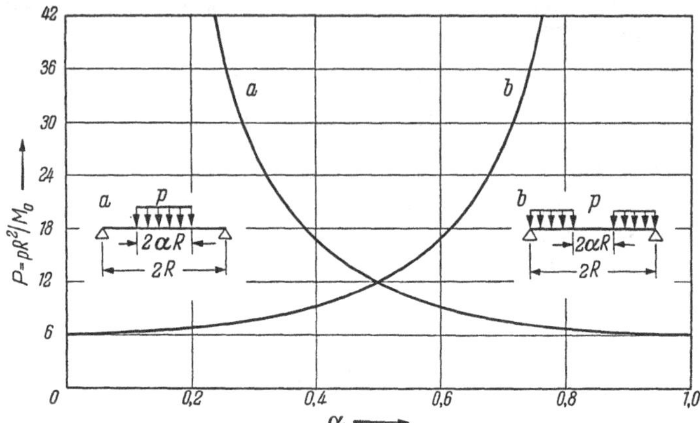

Abb. 3.5 Grenzlast für frei drehbar gestützte Kreisplatten aus COULOMB-TRESCA-Material

3.1.3 Gleichförmig belastete eingespannte Kreisplatte

Die Spannungsrandbedingungen für eine eingespannte Platte lauten:

$$m_r(0) = m_\varphi(0) = 1, \qquad m_r(1) = -1 . \tag{3.1/36}$$

Somit wird das Spannungsfeld für eine gleichförmig belastete Platte durch wenigstens zwei Seiten des Fließsechseckes dargestellt. Nahe der Plattenmitte gilt das Spannungsprofil AB, aber am eingespannten Rand befriedigen das Spannungsprofil CD oder nur der Punkt C die Spannungsrandbedingungen. Die Fließgleichungen werden hypothetisch angenommen zu

$$m_\varphi = 1, \qquad 0 \leqq m_r \leqq 1, \qquad 0 \leqq \varrho \leqq \varrho_* , \tag{3.1/37}$$

$$m_\varphi - m_r = 1, \qquad \varrho_* \leqq \varrho \leqq 1 . \tag{3.1/38}$$

Diese Spannungsprofile führen zu den folgenden Ausdrücken für das Radialmoment

$$m_r = 1 - \frac{\varrho^2}{\varrho_*^2}, \qquad 0 \leqq \varrho \leqq \varrho_* \tag{3.1/39}$$

$$m_r = -1 + \ln \varrho + \frac{3}{2\varrho_*^2}(1 - \varrho^2), \qquad \varrho_* \leqq \varrho \leqq 1; \tag{3.1/40}$$

die Grenzlast wird gegeben durch

$$P = \frac{6}{\varrho_*^2} . \tag{3.1/41}$$

Der Radius $\varrho_* R$ entspricht dem Übergang vom Spannungszustand AB zum Spannungszustand BC. Die Größe dieses Radius wird aus der Bedingung der Radialmomentenstetigkeit $m_r(\varrho_*)] = 0$ erhalten. Das führt zu der Gleichung

$$3 - 5\varrho_*^2 + 2\varrho_*^2 \ln \varrho_* = 0, \tag{3.1/42}$$

deren Wurzel $\varrho_* \cong 0{,}730$ (s. [*4*]) ist. Einsetzen dieses Wertes in Gl. (3.1/41) liefert die Grenzlast $P \cong 11{,}26$.

Der allgemeinere Fall der teilweisen Belastung einer Kreisplatte ist von HOPKINS und PRAGER [*4*] untersucht worden. Für die in Abb. 3.3 dargestellte Platte, wo p durch die Gln. (3.1/11) gegeben wird, ist stets $\varrho_* > \alpha$. Die dimensionslose Form der Radialmomentengleichung ist

$$m_r = 1 - \frac{\varrho_*}{\varrho} \frac{\varrho^3 + 2\alpha^3 - 3\varrho\alpha^2}{\varrho_*^3 + 2\alpha^3 - 3\varrho_*\alpha^2}, \qquad \alpha \leqq \varrho \leqq \varrho_*, \tag{3.1/43}$$

$$m_r = -1 + \ln \varrho + \frac{3}{2}\varrho_* \frac{1 - \varrho^2 + 4\alpha^2 \ln \varrho}{\varrho_*^3 - 3\alpha^2 \varrho_* + 2\alpha^3}, \quad \varrho_* \leqq \varrho \leqq 1, \tag{3.1/44}$$

und die Grenzlastgleichung lautet

$$P = \frac{6\varrho_*}{\varrho_*^3 - 3\alpha^2 \varrho_* + 2\alpha^3}. \tag{3.1/45}$$

Der Radius des Übergangskreises wird aus der Gleichung

$$3 - 5\varrho_*^2 + 2\varrho_*^2 \ln \varrho_* + 6\alpha^2(1 + \ln \varrho_*) = 0 \tag{3.1/46}$$

erhalten. Aus der Lösung dieser transzendenten Gleichung folgt, daß innerhalb des Bereiches $\alpha \leqq \varrho \leqq 1$ gilt $0{,}73 \leqq \varrho_* \leqq 1$ und ferner $\varrho_* > \alpha$.

Eine auf einem zentralen Bereich belastete Platte kann auf ähnliche Weise gemäß Gl. (3.1/27) untersucht werden. Aus der Berechnung folgt, daß für das Spannungsprofil ABC zwei verschiedene Fälle unterschieden werden müssen. Bei einem dieser Fälle tritt der Übergang von der Fließgleichung $m_\varphi = 1$ zur Fließgleichung $-m_r + m_\varphi = 1$ innerhalb des belasteten Bereiches ein, d. h. $\varrho_* < \alpha$. Im zweiten Falle trifft das Umgekehrte zu. Die Grenzlast ist

$$P = \frac{6}{\varrho_*^2}, \qquad \varrho_* < \alpha, \tag{3.1/47}$$

$$P = \frac{2}{\alpha^2}\left(1 - \frac{1}{\ln \varrho_*}\right), \qquad \varrho_* \geqq \alpha. \tag{3.1/48}$$

Bei $\varrho_* = \alpha = e^{-\frac{1}{2}} \cong 0{,}606$ findet der Übergang von Gl. (3.1/47) zu Gl. (3.1/48) statt. In Abb. 3.6 ist ϱ_* als Funktion des dimensionslosen Radius des zentralen Bereiches aufgetragen, gemäß [*4*], wo ebenfalls die Einzelheiten der Berechnung zu finden sind.

In Abb. 3.7 wird die durch die Gln. (3.1/45), (3.1/47) und (3.1/48) gegebene Grenzlastintensität gezeigt. Die Biegemomentenverteilungen für elastische und ideal-plastische Platten, die die COULOMB-TRESCA-Fließbedingung erfüllen, werden in Abb. 3.8 einander gegenübergestellt.

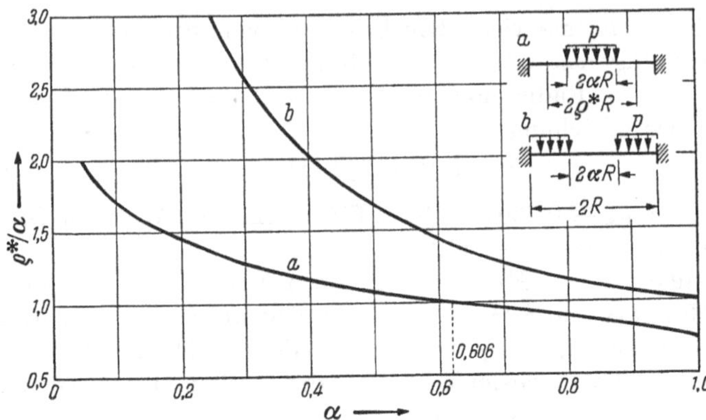

Abb. 3.6 Radius des Spannungsprofil-Übergangskreises für eingespannte Kreisplatten

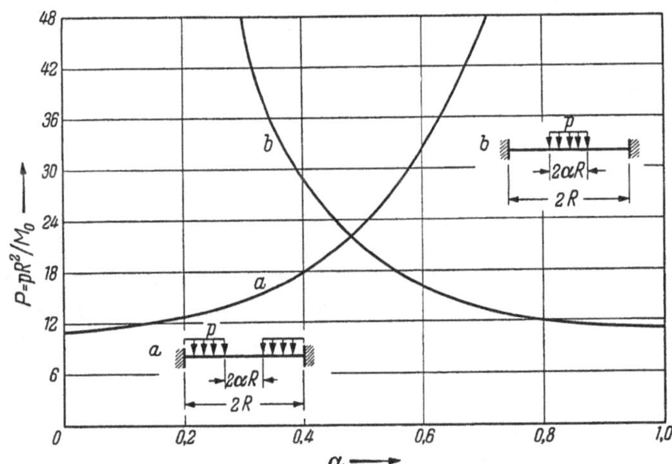

Abb. 3.7 Grenzlast für eingespannte Kreisplatten aus COULOMB-TRESCA-Material

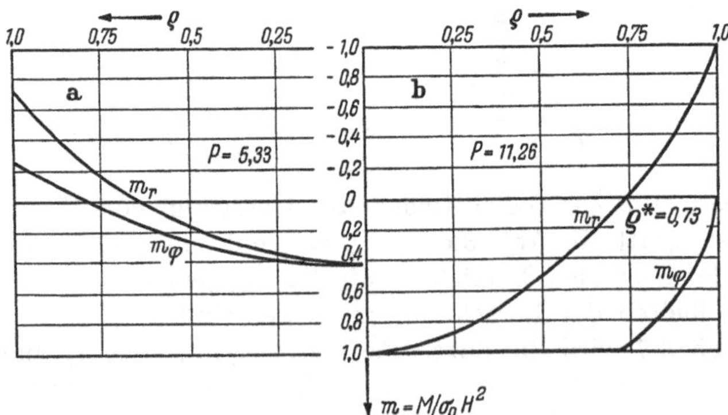

Abb. 3.8 Vergleich der Biegemomentenverteilung
a) in einer eingespannten elastischen und b) plastischen Kreisplatte aus COULOMB-TRESCA-Material

Die Redistribution der Momente ist ohne weiteres zu ersehen. Die elastischen Momente werden auf die Belastung bezogen, die die erste plastische Spannung am Plattenrand hervorruft; sie sind unter der Annahme einer POISSON-Zahl $\nu = 0{,}3$ berechnet.

Wie aus Tab. 3.2 gesehen werden kann, unterscheiden sich die Durchbiegungsgeschwindigkeitsfelder für die Zustände AB und BC. In

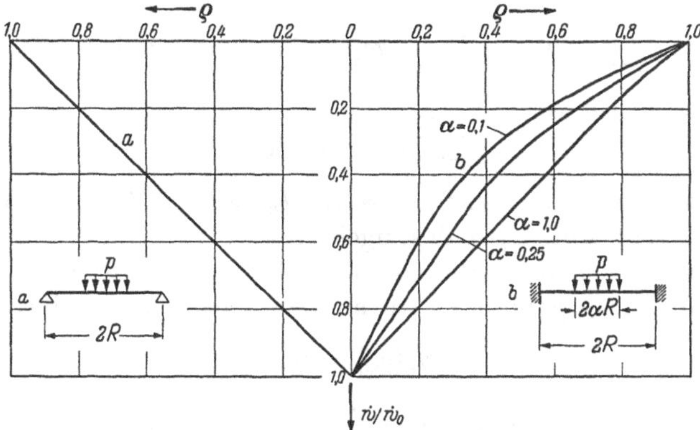

Abb. 3.9 Durchbiegungsgeschwindigkeiten für Kreisplatten aus COULOMB-TRESCA-Material

Abhängigkeit vom Spannungsprofil sind die entsprechenden Geschwindigkeiten

$$\dot{w} = \dot{w}_0 \left[1 - \frac{\varrho}{\varrho_* (1 - \ln \varrho_*)}\right], \qquad 0 \leqq \varrho \leqq \varrho_*, \tag{3.1/49}$$

$$\dot{w} = \dot{w}_0 \frac{\ln \varrho}{\ln \varrho_* - 1}, \qquad \varrho_* \leqq \varrho \leqq 1. \tag{3.1/50}$$

Die angegebenen Gleichungen erfüllen die kinematischen Bedingungen

$$\dot{w}(0) = \dot{w}_0, \qquad \dot{w}'(\varrho_*)] = 0, \qquad \dot{w}(1) = 0. \tag{3.1/51}$$

Entlang des eingespannten Randes tritt eine Unstetigkeit in der radialen Ableitung auf. Ihre Größe ist $\dot{w}'(1)] = \dot{w}'(1) = \dot{w}_0/\ln \varrho_* - 1$. In Abb. 3.9 werden Durchbiegungsgeschwindigkeitsfelder für die frei drehbar gestützte und die eingespannte Platte aus ideal plastischem COULOMB-TRESCA-Material gezeigt [4]. Es ist hervorzuheben, daß für $p = p(\varrho)$ das Geschwindigkeitsfeld vom gleichen Typ bleibt, wenn sich das Spannungsprofil nicht im Vergleich mit der gleichförmig belasteten Platte ändert. Das geht auch aus Tab. 3.2 hervor.

3.1.4 Kreisplatte unter rotationssymmetrischen Streckenlasten

Betrachtet wird eine frei drehbar gestützte Kreisplatte unter einer gleichförmig entlang des Kreises vom Radius αR angreifenden Last von der Gesamtintensität Q. Die Spannungsrandbedingungen des Problems sind

$$m_r(\alpha) = 1, \qquad m_r(0) = 1. \tag{3.1/52}$$

Da eine konzentrierte Belastung von endlicher Intensität eingetragen wird, tritt am Lasteintragungskreis eine Unstetigkeit in der Radialmomentenableitung auf. Ihre Größe ist $m'_r(\alpha)] \neq 0$, sie ist auf den Sprung der Querkraft quer zu αR bezogen. Die Gleichgewichtsgleichungen, die Fließbedingung und Gl. (3.1/52) führen zu folgendem Spannungsfeld

$$m_r = m_\varphi = 1, \qquad 0 \leqq \varrho \leqq \alpha, \tag{3.1/53}$$

$$m_r = \frac{\alpha}{1-\alpha}(\varrho^{-1} - 1), \quad m_\varphi = 1, \quad \alpha \leqq \varrho \leqq 1, \tag{3.1/54}$$

und die Grenzlast ist

$$\frac{Q}{2\pi M_0} = \frac{1}{1-\alpha}. \tag{3.1/55}$$

Offensichtlich geht für $\alpha \to 0$, $Q \to 2\pi M_0$, wie aus Gl. (3.1/35) hervorgeht. Die Randbedingungen des zugehörigen Durchbiegungsgeschwindigkeitsfeldes werden durch die Gln. (3.1/21) und (3.1/22) befriedigt.

Für eine eingespannte Platte mit den Spannungsrandbedingungen

$$m_r(\alpha) = 1, \quad m_r(\varrho_*) = 0, \quad m_r(1) = -1 \tag{3.1/56}$$

erhält man

$$m_r = 1 - \frac{Q}{2\pi M_0} + \frac{C_1}{\varrho}, \qquad 0 \leqq \varrho \leqq \varrho_*, \tag{3.1/57}$$

$$m_r = \left(1 - \frac{Q}{2\pi M_0}\right)\ln\varrho + C_2, \quad \varrho_* \leqq \varrho \leqq 1. \tag{3.1/58}$$

Aus Gl. (3.1/56) folgt, daß der Übergangskreis des Spannungsprofils gegeben wird durch

$$\varrho_* - \alpha(1 - \ln\varrho_*) = 0, \tag{3.1/59}$$

und die Grenzlast hat die Größe

$$Q = 2\pi M_0\left(1 - \frac{1}{\ln\varrho_*}\right). \tag{3.1/60}$$

Der Vollständigkeit halber werden die Ausdrücke für die Biegemomente angegeben:

$$m_r = m_\varphi = 1, \qquad 0 \leqq \varrho \leqq \alpha. \tag{3.1/61}$$

$$m_r = \frac{\alpha}{\varrho}\cdot\frac{\varrho_* - \varrho}{\varrho_* - \alpha}, \quad m_\varphi = 1, \quad \alpha \leqq \varrho \leqq \varrho_*. \tag{3.1/62}$$

$$m_r = -1 + \frac{\ln\varrho}{\ln\varrho_*}, \quad m_\varphi = \frac{\ln\varrho}{\ln\varrho_*}, \quad \varrho_* \leqq \varrho \leqq 1. \tag{3.1/63}$$

Aus Gl. (3.1/59) geht hervor, daß für $\alpha \to 0$, $\varrho_* \to 0$, und folglich $Q \to 2\pi M_0$. Somit wird für eine eingespannte Platte aus Coulomb-Tresca-Material die gleiche Grenzlastintensität erhalten wie für die frei drehbar gestützte Platte. Die Spannungsfelder sind jedoch in beiden Fällen verschieden, wie aus dem Vergleich der Gln. (3.1/53) bis (3.1/54) mit den Gln. (3.1/61) bis (3.1/63) leicht zu ersehen ist.

In Abb. 3.10 ist die Grenzlastintensität als Funktion des dimensionslosen Radius der Belastung aufgetragen. Ebenfalls sind die aus Gl. (3.1/59) erhaltenen Werte $\varrho_*(\alpha)$ dargestellt.

Das zugehörige Durchbiegungsgeschwindigkeitsfeld ist aus Tab. 3.2 zu errechnen; die endgültige Form der Gleichungen lautet

$$\dot{w} = \dot{w}_0, \qquad \dot{w} = \dot{w}_0 \frac{\ln \varrho_* - \varrho_* + \varrho}{\ln \varrho_* - \varrho_* + \alpha}, \qquad \dot{w} = \dot{w}_0 \frac{\ln \varrho}{\ln \varrho_* - \varrho_* + \alpha} \tag{3.1/64}$$

entsprechend den Spannungsgleichungen (3.1/61) bis (3.1/63).

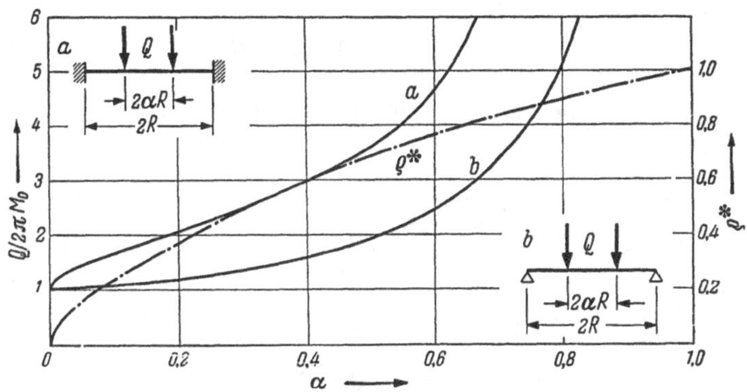

Abb. 3.10 Grenzlast für Platten unter einem Ring von Kräften

3.1.5 Kreisplatte mit Überhang

In Abhängigkeit von der Größe des Überhanges verhält sich eine Kreisplatte vom Radius $r = \beta R$, $(\beta > 1)$, die entlang des Radius $r = R$ frei drehbar gestützt ist, wie eine Platte von variablem Einspannungsgrad bei $r = R$. Dieses Problem ist von DRUCKER und HOPKINS [7] untersucht worden. Wenn eine Platte, wie in Abb. 3.11 dargestellt, innerhalb $0 \leqq \varrho \leqq 1$ belastet wird, ist das Belastungsintegral Gl. (3.1/6)

$$I(P) = \varrho q = -\frac{Q}{2\pi M_0} - \frac{P \varrho^2}{2}, \tag{3.1/65}$$

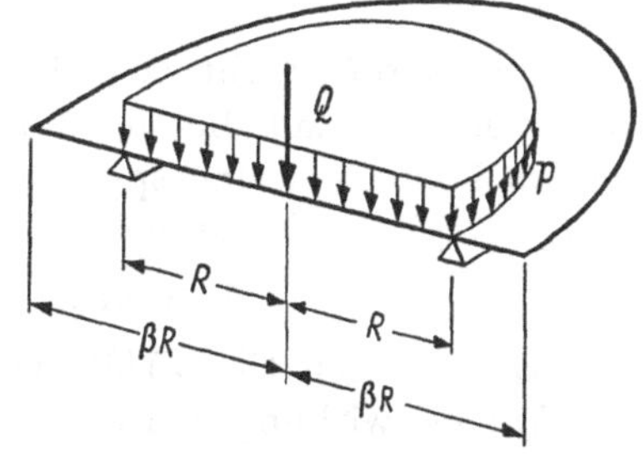

Abb. 3.11 Kreisplatte mit Überhang unter kombinierter Belastung (Schnittdarstellung)

und es ist offensichtlich $I(P) = 0$ für $1 \leqq \varrho \leqq \beta$. Die von dem Biegemomentenfeld zu erfüllenden Bedingungen sind

$$m_r(\varrho_*) = 0, \qquad m_r'(\varrho_*)] = 0, \qquad m_r(1) \geqq -1, \qquad m_r(\beta) = 0, \tag{3.1/66}$$

wobei ϱ_* den Spannungsprofilübergangsradius bedeutet. Somit verläuft das angenommene Spannungsprofil von A nach B und stimmt für $\varrho \geqq \varrho_*$ mit der Seite BC überein. Aus der Lösung der zutreffenden Spannungs- und Fließgleichungen erhält man die folgenden zwei Beziehungen, die die Grenzlast und ϱ_* enthalten:

$$P\varrho_*^2 = 6\left(1 - \frac{Q}{2\pi M_0}\right), \tag{3.1/67}$$

$$\left(1 - \frac{Q}{2\pi M_0}\right)\ln\varrho_* + \frac{P}{4}(1 - \varrho_*^2) - \ln\beta = 0. \tag{3.1/68}$$

Da innerhalb des Bereiches $1 \leqq \varrho \leqq \beta$ das Radialmoment die Bedingung $m(\beta) = 0$ erfüllen muß, ist

$$m_r = \ln\frac{\varrho}{\beta}, \qquad 1 \leqq \varrho \leqq \beta. \tag{3.1/69}$$

Daher kann der Überhang zur Erfüllung des Erfordernisses der statischen Zulässigkeit $0 \leqq m_r \leqq -1$ für $\varrho \geqq 1$ für das angenommene

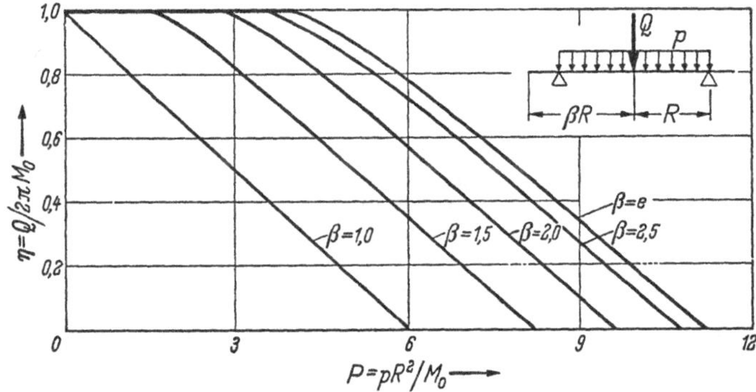

Abb. 3.12
Wechselwirkung zwischen Einzellast und gleichförmig verteilter Belastung bei einer Kreisplatte

Spannungsprofil nicht beliebig sein. Für ein bestimmtes $\beta = \beta_{kr}$ verhält sich das Radialmoment $m_r(1) = -1$ und der Bereich $0 \leqq \varrho \leqq 1$ wie im Falle einer eingespannten Platte. Die kritische Länge des Überhanges ergibt sich aus der Bedingung $m_r(1) = -1$:

$$1 = \ln\beta_{kr}; \qquad \beta_{kr} = e \cong 2{,}718. \tag{3.1/70}$$

Die Beziehungen Gl. (3.1/67) und Gl. (3.1/68) zeigen gleichzeitig auch die Wechselwirkung zwischen der Einzellast Q und der gleichförmig verteilten Last P. Für den Sonderfall $\beta = 1$ wird aus Gl. (3.1/67) die folgende lineare Wechselwirkung erhalten:

$$P + \frac{Q}{3\pi M_0} = 6. \tag{3.1/71}$$

Für eine eingespannte Platte ist die Beziehung nicht mehr linear. In Abb. 3.12 sind Wechselwirkungskurven gemäß [7] wiedergegeben. Aus dieser Abbildung ist ersichtlich, daß für $Q = 2\pi M_0$ und $\beta > 1$ die folgende Singularität auftritt: für einen stationären Wert von Q ist die Belastung P nicht eindeutig bestimmt. Wenn beispielsweise $\beta = e$ und $Q = 2\pi M_0$, so folgt aus Gl. (3.1/67), daß $\varrho_* = 0$, und folglich wird aus Gl. (3.1/68) $P = 4$ erhalten, aber auch $P = 4\ln\beta$ für $Q = 2\pi M_0$ und $\beta \geqq 1$. Daher bleibt für $Q = 2\pi M_0$ die Plattenmitte in der Ecke B des Fließsechseckes bis $P = 4\ln\beta$ erreicht ist. An dieser Stelle tritt am Punkt der Eintragung von Q ein Sprung im Biegemomentenfeld ein.— Singularitäten des Biegemomentenfeldes bei konzentrierten Lasten werden im nächsten Abschnitt detaillierter behandelt.

In Abb. 3.13 sind Kurven betreffend die Beziehung zwischen P und der Überhanglänge dargestellt. In Abhängigkeit von der Größe der Einzellast in Plattenmitte werden verschiedene Kurven erhalten. Der Fall $\beta = 1$ entspricht der frei drehbar gestützten Platte, und $\beta = e$

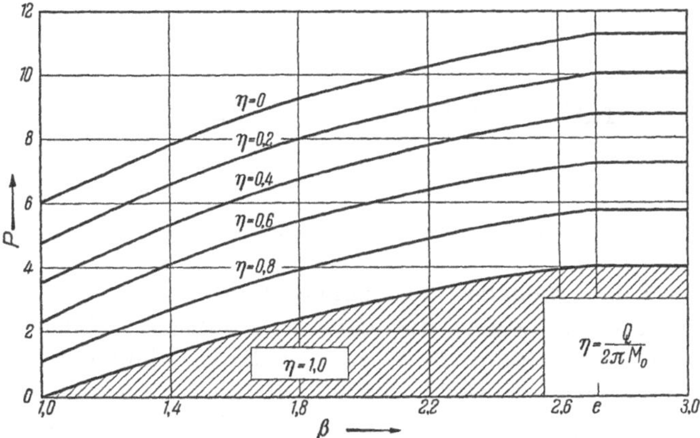

Abb. 3.13 Grenzlast für eine Kreisplatte mit Überhang

bezieht sich auf die eingespannte Platte. Daher zeigt Abb. 3.13 die Beziehung zwischen P und Q für eine teilweise (z. B. elastisch) eingespannte Platte. Da das dimensionslose Radialmoment $m_r(1) = \ln\beta$ ist, kann für bekanntes $m_r(1)$ das entsprechende β berechnet werden, und die Grenzlast ist aus Abb. 3.13 zu entnehmen.

3.1.6 Entlang eines Randes gestützte Ringplatten

In diesem Abschnitt werden Ringplatten mit einem freien und einem frei drehbar gestützten Rand behandelt. An diesen Fällen angestellte Betrachtungen werden bei der weiteren Berechnung komplizierterer Randbedingungen für Kreisplatten von wesentlicher Hilfe sein. Da die Methode der Lösung des Grenztragfähigkeitsproblems für die COULOMB-TRESCA-Fließbedingung in den vorhergehenden Beispielen erklärt worden ist und die allgemeinen Spannungsfeldgleichungen in Tab. 3.1 zusammengestellt sind, werden nur die endgültigen Ergebnisse für die in Abb. 3.14 gezeigten Fälle angegeben. Die Lösungen der im folgenden erörterten Probleme stammen von Mróz [*9*], Sawczuk [*10*] und Hu [*11*].

Für den in Abb. 3.14*a* dargestellten Fall werden die Randbedingungen $m_r(\alpha) = 0$, $m_r(1) = 0$ durch die Fließbedingung $m_\varphi = 1$ unter der Einschränkung $0 \leqq m_r \leqq 1$ befriedigt. Die Biegemomente werden durch Gl. (3.1/16) für alle Werte $0 \leqq \alpha \leqq 1$ gegeben, wobei die Einschränkung $0 \leqq m_r \leqq 1$ nicht verletzt wird. Somit trifft das Spannungsprofil AB zu. Es ist notwendig zu erwähnen, daß die Kontrolle der

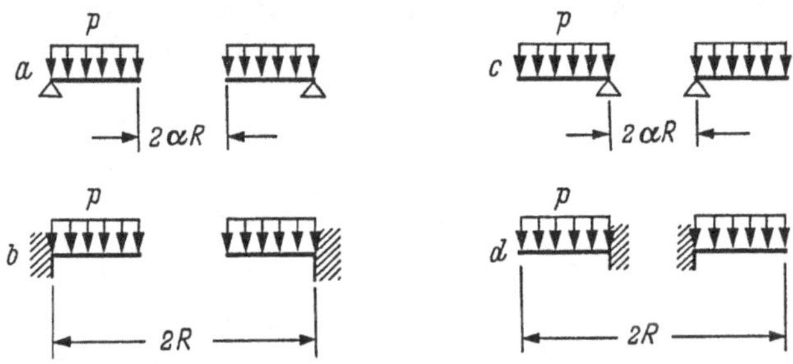

Abb. 3.14 Ringplatten mit einem freien Rand

statischen Zulässigkeit des angenommenen Spannungsprofils ein wichtiger Punkt einer Lösung des Grenztragfähigkeitsproblems ist. Auf keinen Fall kann sich die Lösung nur auf die Erfüllung der Spannungsrandbedingungen beschränken, sondern es müssen auch alle den Spannungsprofilen auferlegten Ungleichungen erfüllt werden.

Für eine entlang des äußeren Radius frei drehbar gestützte Ringplatte ergibt sich die Grenzlast zu

$$P = \frac{6}{1 + \alpha - 2\alpha^2}. \qquad (3.1/72)$$

Bei eingespanntem äußerem Rand, Abb. 3.14*b*, sind die Spannungsrandbedingungen $m_r(\alpha) = 0$, $m_r(1) = -1$. Am Punkt des Versagens bewegt sich das vom Punkt B des Fließsechseckes (Abb. 3.2) ausgehende Spannungsprofil zum Punkt A und kommt dann bei $\varrho = \varrho_*$ zum Punkt B zurück. Der übrige Teil der Platte, nämlich $\varrho_* \leqq \varrho \leqq 1$, befindet sich im Bereich BC. Für die Ermittlung der Grenzlast P und des Radius ϱ_* des Spannungsprofilüberganges werden die folgenden Beziehungen gefunden:

$$P = \frac{6}{\varrho_*^2 + \varrho_* \alpha - 2\alpha^2}, \qquad (3.1/73\,\text{a})$$

$$5\varrho_*^2 - 2\varrho_*^2 \ln \varrho_* + 2\alpha\varrho_*(1 - \ln \varrho_*) - 2\alpha^2 \ln \varrho_* - 4\alpha^2 - 3 = 0. \qquad (3.1/73\,\text{b})$$

Das Spannungsfeld wird durch Gl. (3.1/16) und Gl. (3.1/40) beschrieben, wenn die Integrationskonstanten gemäß den tatsächlichen Randbedingungen bestimmt werden. Bei Annahme, daß das Spannungsprofil im betrachteten Falle vollständig auf BC liegt, wird nur eine obere Eingrenzung für die Grenzlast erhalten. Die Bedingungen der statischen Zulässigkeit, $-1 \leqq m_r \leqq 0$, $0 \leqq m_\varphi \leqq 1$, werden in diesem Falle verletzt.

Für eine entlang des inneren Randes frei drehbar gestützte Ringplatte (Abb. 3.14c) ist das Spannungsprofil $m_r - m_\varphi = 1$; es fällt somit mit der Seite EF des COULOMB-TRESCA-Fließsechseckes zusammen.

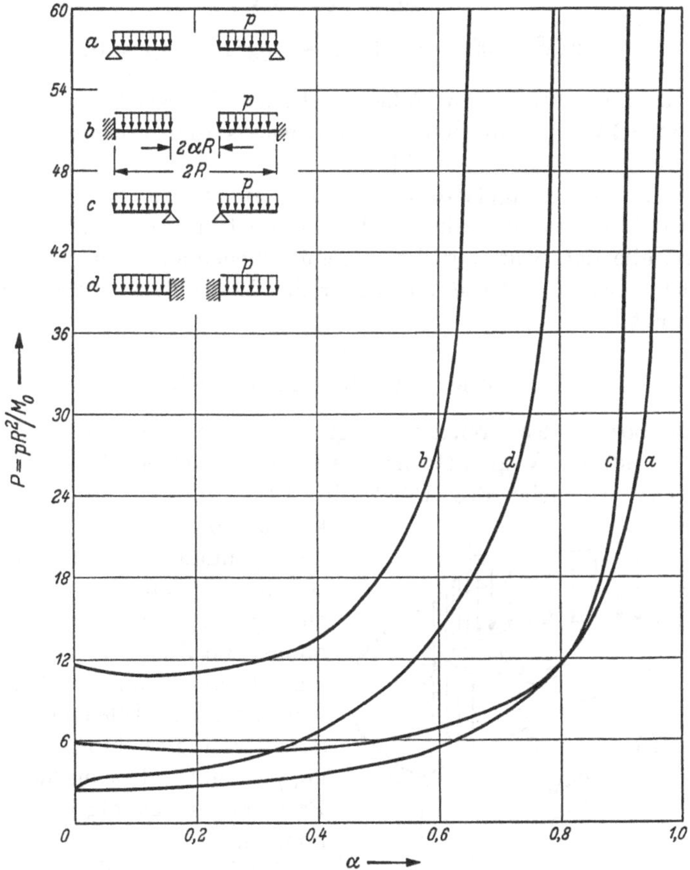

Abb. 3.15 Grenzlasten für Ringplatten mit einem freien Rand

Nur dieses Spannungsprofil ist statisch zulässig. Die Grenzlast ergibt sich zu

$$P = \frac{4 \ln \alpha}{1 + 2 \ln \alpha - \alpha^2}. \tag{3.1/74}$$

Die Betrachtung des in Abb. 3.14*d* dargestellten Falles zeigt, daß die folgenden Fließgleichungen für die Randbedingungen $m_r(\alpha) = -1$, $m_r(1) = 0$, sämtliche Bedingungen erfüllen, nämlich $m_r - m_\varphi = 1$ für $\varrho_* \leqq \varrho \leqq 1$ und $m_\varphi = -1$ für $\alpha \leqq \varrho \leqq \varrho_*$. Das Durchbiegungsgeschwindigkeitsfeld hat innerhalb des Bereiches $\alpha \leqq \varrho \leqq \varrho_*$ die Form eines linearen Kegels $\dot{w} = A\varrho + B$, der bei $\varrho = \varrho_*$ glatt in einen logarithmischen Kegel $\dot{w} = C \ln \varrho + D$ übergeht.

Die entsprechenden Gleichungen für die Grenzlast P und für ϱ_* sind:

$$P = \frac{6\varrho_*}{3\varrho_* - \varrho_*^3 - 3\alpha + \alpha^3}, \tag{3.1/75}$$

$$2(\alpha^3 - \varrho_*^3 - 3\alpha)\ln\varrho_* - 3\varrho_*(1 - \varrho_*^2) = 0. \tag{3.1/76}$$

Die für die betrachteten Fälle erhaltenen Grenzlastintensitäten sind in Abb. 3.15 als Funktion des dimensionslosen Radius des inneren Plattenrandes aufgetragen [*9*].

Wenn eine Ringplatte durch eine am freien Rand angreifende Streckenlast Q belastet wird, ist die Grenzlastintensität für alle betrachteten Fälle der Stützung des gegenüberliegenden Randes die gleiche und ist gleich $Q = 2\pi M_0$. Einige Fälle dieses Typs werden in [*9, 12*] behandelt.

3.1.7 An beiden Rändern gestützte Ringplatten

Die Lösung des Grenztragfähigkeitsproblems einer an beiden Rändern gestützten Ringplatte ist etwas komplizierter. Sie enthält mehr plastische Bereiche des Fließsechseckes (Abb. 3.2), und außerdem können bestimmte Unstetigkeiten des Spannungsfeldes auftreten. Die richtige Lösung kann nur durch gleichzeitige Berechnung von Spannungs- und Durchbiegungsgeschwindigkeits-Beziehungen erhalten werden, trotz der Tatsache, daß diese Sätze von Beziehungen nicht gekoppelt sind und als mathematisches Problem unabhängig gelöst werden können.

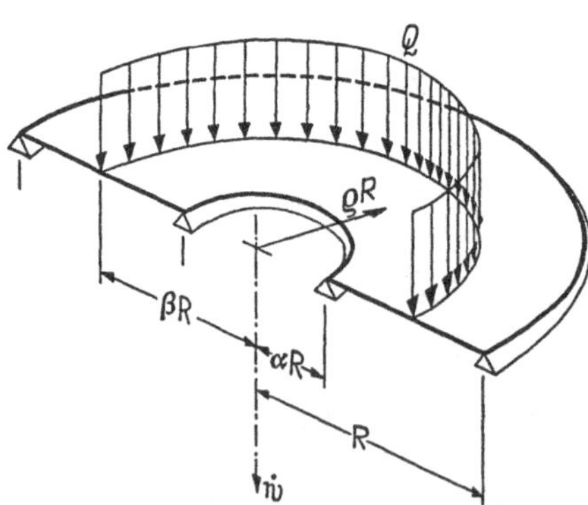

Abb. 3.16 Ringplatte unter einer ringförmigen Streckenlast (Schnittdarstellung)

Zur Veranschaulichung des Problems wird eine Ringplatte betrachtet, die unter der Einwirkung einer ringförmigen Streckenlast steht, wie in Abb. 3.16 für eine Plattenhälfte dargestellt ist. Die Spannungs- und Durchbiegungsgeschwindigkeits-Randbedingungen für den betrachteten Fall lauten

$$m(1) = 0, \qquad m(\alpha) = 0, \tag{3.1/77}$$

$$\dot{w}(1) = 0, \qquad \dot{w}(\alpha) = 0. \tag{3.1/78}$$

Es ist zu erwarten, daß $\dot{w} > 0$ innerhalb des Bereiches $\alpha \leqq \varrho \leqq 1$, d. h. für die ganze Ringplatte. Da, wenn plastisches Fließen eintritt, in diesem ganzen Bereich $\dot{w} \neq 0$ ist, können die kinematischen Randbedingungen Gl. (3.1/78) nur befriedigt werden, wenn $\dot{w}$ ein Extremum hat. Daher muß $d\dot{w}/d\varrho = \dot{w}'$ in $\alpha < \varrho < 1$ das Vorzeichen wechseln, um ein Maximum $\dot{w} = \dot{w}_0$ zu ergeben und die geometrischen Bedingungen

$$\dot{w}'(\alpha) > 0, \qquad \dot{w}'(1) < 0 \tag{3.1/79}$$

zu befriedigen. Im Hinblick auf Gl. (3.1/79) folgt unmittelbar aus den Beziehungen Gl. (3.1/6) zwischen Durchbiegungs- und Krümmungsgeschwindigkeiten, daß die Ringkrümmung $\dot{\varkappa}_\varphi$ im Bereich $\alpha < \varrho \leqq 1$ ihr Vorzeichen wechselt. Wenn man auf das in Abb. 3.2 gegebene Fließsechseck zurückkommt, bedeutet dies folglich, daß das Ringmoment sein Vorzeichen innerhalb $\alpha \leqq \varrho < 1$ wechseln muß. In einem Teil der Ringplatte wird das Spannungsprofil durch einen Teil der $FABC$-Spannungszustände dargestellt; im anderen Teil der Ringplatte durch einen Teil der Spannungszustände $CDEF$ (Abb. 3.2). Weiterhin werden die Randbedingungen Gl. (3.1/77) durch die Punkte B und E auf dem Sechseck dargestellt.

Geführt durch die in Abschn. 3.1.4 gegebene Lösung wird die Hypothese aufgestellt (die zu beweisen ist), daß in der Nähe von $\varrho = 1$ das Spannungsprofil der gesuchten Lösung durch den Zustand AB dargestellt wird. Deshalb ist infolge des Vorzeichenwechsels von m_φ in der Nachbarschaft von $\varrho = \alpha$ der Spannungszustand EF zu erwarten. Eine solche Hypothese ermöglicht es, die Spannungs- und Durchbiegungsgeschwindigkeits-Randbedingungen zu erfüllen. Die angenommenen Fließgleichungen sind:

$$m_\varphi = 1, \qquad 1 \leqq m_r \leqq 0, \qquad \beta < \varrho \leqq 1, \tag{3.1/80}$$

$$m_r - m_\varphi = 1, \qquad 1 \leqq m_r \leqq 0, \qquad \alpha \leqq \varrho < \beta. \tag{3.1/81}$$

Diese Beziehungen enthalten eine Annahme betreffend die Unstetigkeit von m_φ, beispielsweise $m_\varphi(\beta)] \neq 0$. Aus Betrachtungen betreffend zulässige Spannungsunstetigkeiten für die COULOMB-TRESCA-Fließbedingung (Abschn. 2.4) ist bekannt, daß eine solche Unstetigkeit von m_φ mit $m_r'] \neq 0$ verbunden sein muß, sowie mit einem Sprung in den Querkräften quer zur m_φ-Unstetigkeitslinie. Im betrachteten Falle [9] nimmt die dimensionslose Querkraftunstetigkeit den Wert

$$q(\beta)] = q_+ - q_- = \frac{1}{2\pi M_0 \beta}[S - Q - S] = -\frac{Q}{2\pi M_0 \beta} \tag{3.1/82}$$

an, wobei S für die Reaktion bei $\varrho = \alpha$ steht. Da m_r an keinem Punkt von ϱ unstetig sein kann, liefert die Gleichgewichtsgleichung (3.1/4) an der Unstetigkeitslinie die bei $\varrho = \beta$ zu befriedigende Bedingung

$$\beta\, m'_r] - m_\varphi] = -\frac{Q}{2\pi M_0}. \tag{3.1/83}$$

Nach der Untersuchung der Beziehungen an der möglichen Unstetigkeitslinie kann mit der Auswertung des Spannungsfeldes fortgefahren werden. Die Gleichgewichtsgleichungen zusammen mit den Plastizitätsbedingungen Gl. (3.1/80) und Gl. (3.1/81) nehmen die folgende Form an:

$$\varrho\, m'_r = \frac{S}{2\pi M_0} - 1, \quad \alpha \leqq \varrho \leqq \beta, \tag{3.1/84}$$

$$(\varrho\, m_r)' = \frac{S-Q}{2\pi M_0} + 1, \quad \beta \leqq \varrho \leqq 1. \tag{3.1/85}$$

Die Lösung dieser Gleichungen ergibt zwei Ausdrücke, die vier unbekannte Größen enthalten, nämlich S, die Grenzlast Q und zwei Integrationskonstanten. Die Spannungsrandbedingungen Gl. (3.1/77) ergeben zwei Beziehungen, und die anderen sind die Stetigkeitsbedingung des Radialmomentes und die Bedingung des Vorzeichenwechsels von $\dot{\varkappa}_\varphi$. Für $m_r > 0$ kann die letzte Bedingung nur eintreten, wenn $m_r(\beta) = 1$. Somit macht

$$m_r(\beta_-) = 1, \qquad m_r(\beta_+) = 1, \tag{3.1/86}$$

zusammen mit $m_r(\beta)] = 0$ das Spannungsproblem statisch bestimmt. Für die Grenzlast Q und die Reaktion S ergeben sich die Beziehungen:

$$\frac{Q}{2\pi M_0} = \frac{1}{\ln\frac{\beta}{\alpha}} + \frac{\beta-2}{\beta-1}, \tag{3.1/87}$$

$$\frac{S}{2\pi M_0} = \ln\frac{\beta e}{\alpha} \Big/ \ln\frac{\beta}{\alpha}. \tag{3.1/88}$$

Die Spannungsfeldgleichungen sind:

$$m_r = \ln\frac{\varrho}{\alpha} \Big/ \ln\frac{\beta}{\alpha}, \qquad m_r - m_\varphi = 1, \qquad \alpha \leqq \varrho \leqq \beta, \tag{3.1/89}$$

$$m_r = \frac{\beta}{\beta-1}\left(1 - \frac{1}{\varrho}\right), \qquad m_\varphi = 1, \qquad \beta \leqq \varrho \leqq 1. \tag{3.1/90}$$

Aus der Rechnung folgt, daß $m'_r(\beta_-) = \frac{1}{\beta} \ln\frac{\beta}{\alpha} > 0$ und $m'_r(\beta_+) = [\beta(\beta-1)]^{-1} < 0$, so daß die Unstetigkeit von m_φ begleitet wird von einer Unstetigkeit von m'_r, wobei Gl. (3.1/83) befriedigt wird.

Die oben erhaltene Spannungslösung wird von folgendem Geschwindigkeitsfeld begleitet

$$\dot{w} = \dot{w}_0 \frac{\ln\varrho - \ln\alpha}{\ln\beta - \ln\alpha}, \qquad \alpha \leqq \varrho \leqq \beta, \tag{3.1/91}$$

$$\dot{w} = \dot{w}_0 \frac{1-\varrho}{1-\beta}, \qquad \beta \leqq \varrho \leqq 1, \tag{3.1/92}$$

wobei $w_0 = \dot{w}(\beta)$; die Ableitung $d\dot{w}(\beta)/d\varrho$ ist unstetig und $\dot{w}'(\beta_-) > 0$, $\dot{w}'(\beta_+) < 0$. Die Ungleichungen Gl. (3.1/79) werden erfüllt. Somit ist die angegebene Lösung sowohl statisch als auch kinematisch zulässig. Es kann leicht bewiesen werden, daß bei Verwendung des zweiten Fundamentalsatzes der Grenztragfähigkeitstheorie der gleiche Wert der Grenzlast, wie durch Gl. (3.1/87) gegeben, erhalten wird. In Abb. 3.17 werden Spannungs- und Geschwindigkeitsfelder für den speziellen Fall

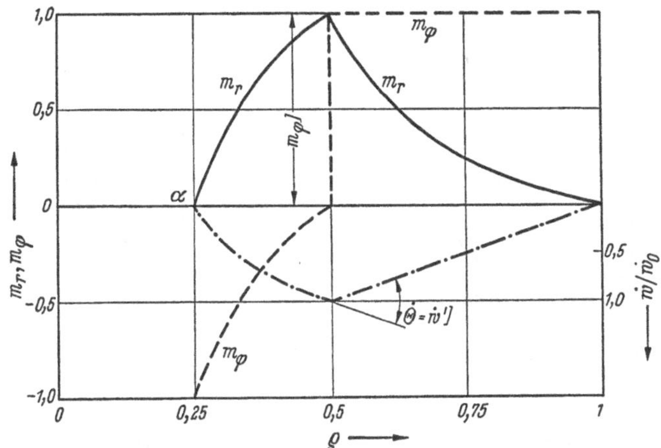

Abb. 3.17 Diskontinuierliches Spannungsfeld in einer frei drehbar gestützten Ringplatte am Punkt des Versagens und zugehöriges Geschwindigkeitsfeld (s. Abb. 3.16)

$\alpha = 0{,}25$, $\beta = 0{,}5$ und den entsprechenden Wert von $Q = 4{,}44 \cdot 2\pi M_0$ dargestellt.

Die Untersuchung des Problems des plastischen Fließens von gleichförmig belasteten Ringplatten ist ebenfalls von Interesse. Es treten gewisse Unterschiede im Vergleich mit den vorhergehenden Fällen auf, die insbesondere die Durchbiegungsgeschwindigkeitsfelder angehen. Auf diese Unterschiede wird im folgenden näher eingegangen. Bei gleichförmig belasteten Ringplatten nimmt die Gleichgewichtsgleichung in dimensionslosen Koordinaten die Form

$$(\varrho\, m_r)' - m_\varphi = \frac{S}{2\pi M_0} - \frac{P}{2}(\varrho^2 - \alpha^2) \qquad (3.1/93)$$

an, wobei S die Gesamtreaktion am Innenrand bezeichnet und P durch Gl. (3.1/5) definiert wird. Wenn innerhalb der Platte irgendeine Unstetigkeit des Spannungsfeldes existiert, gilt entlang des Unstetigkeitskreises vom Radius ϱ_1 die Bedingung

$$\varrho_1\, m_r'] = m_\varphi]. \qquad (3.1/94)$$

Diese Bedingung rührt aus der Unstetigkeit der Querkräfte her und wird unmittelbar aus Gl. (3.1/83) erhalten.

Zunächst wird das Grenztragfähigkeitsproblem einer frei drehbar gestützten Platte betrachtet, wofür die Randbedingungen Gl. (3.1/77) und Gl. (3.1/78) gelten. Die Bedingungen Gl. (3.1/79) bestimmen das Spannungsprofil wie in Abb. 3.18a gezeigt, d. h. dasselbe wie für die durch eine ringförmige Streckenlast belastete Platte. Jedoch folgt aus dem angenommenen Spannungsprofil, daß m_r innerhalb des Bereiches $\varrho_1 \leqq \varrho \leqq 1$ eine abnehmende Funktion ist, d. h. $m_r' < 0$. Entsprechend

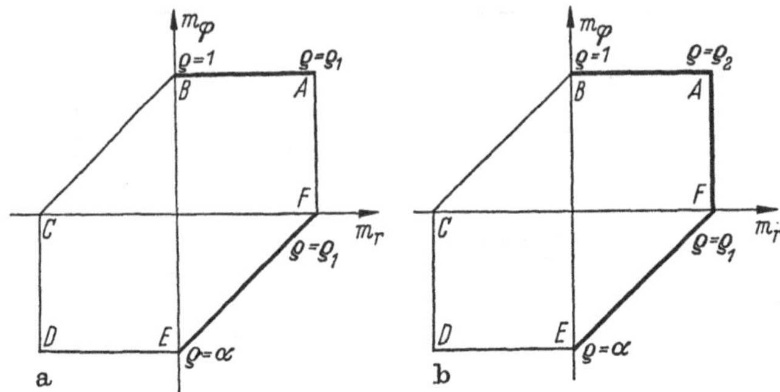

Abb. 3.18 Zulässige Spannungsprofile für die frei drehbar gestützte Ringplatte

ist $m_r' > 0$ für $\alpha \leqq \varrho \leqq \varrho_1$. Andererseits ist $m_r(\varrho_1) = 1$ und $m_r \leqq 1$ für $\alpha \leqslant \varrho \leqslant 1$, $m_r'(\varrho_1^-) \geqq 0$. Wenn daher eine Unstetigkeit in m_r' auftritt, so muß sie

$$m_r'] \leqq 0 \tag{3.1/95}$$

befriedigen. Eine zulässige Unstetigkeit in m_r' muß gemäß Gl. (3.1/94) von einer Unstetigkeit in m_φ begleitet werden. Es folgt, daß die Unstetigkeit im Ringbiegemoment zur Erfüllung der Gln. (3.1/94) und (3.1/95) bei $\varrho = \varrho_1$ negativ sein muß, d. h. $m_\varphi] \leqq 0$, da $m_r'] = \frac{1}{\varrho_1} m_\varphi]$. Das befindet sich im Widerspruch mit dem angenommenen Spannungsprofil; denn bei $\varrho = \varrho_1$ ist $m_\varphi] = 1 > 0$. Deshalb muß m_r' und m_φ bei $\varrho = \varrho_1$ für ringförmige Platten unter verteilter Belastung stetig sein:

$$m_r'] = 0, \quad m_\varphi] = 0, \quad \alpha \leqq \varrho \leqq 1. \tag{3.1/96}$$

Das einfachste mögliche Spannungsprofil zur Erfüllung der Randbedingungen und Gl. (3.1/96) ist wie in Abb. 3.18b dargestellt. Eine frei drehbar gestützte Ringplatte wird dann in drei Bereiche geteilt, und die Fließgleichungen lauten in diesem Falle

$$m_r - m_\varphi = 1, \quad 1 \leqq m_r \leqq 0, \quad \alpha \leqq \varrho \leqq \varrho_1, \tag{3.1/97}$$

$$m_r = 1, \quad 0 \leqq m_\varphi \leqq 1, \quad \varrho_1 \leqq \varrho \leqq \varrho_2, \tag{3.1/98}$$

$$m_\varphi = 1, \quad 0 \leqq m_r \leqq 1, \quad \varrho_2 \leqq \varrho \leqq 1. \tag{3.1/99}$$

Wie aus Tab. 3.2 hervorgeht, wird das zugehörige Durchbiegungsgeschwindigkeitsfeld $\dot{w}$ durch drei Gleichungen, die fünf Konstante enthalten, gegeben. Die Randbedingungen Gl. (3.1/78) gestatten zusammen mit den Stetigkeitsbedingungen

$$\dot{w}(\varrho_1)] = 0, \qquad \dot{w}(\varrho_2)] = 0, \tag{3.1/100}$$

die Ermittlung des auf die virtuelle Geschwindigkeit $\dot{w}_0$ bezogenen Geschwindigkeitsfeldes im Grenzzustand vorzunehmen. Aus Tab. 3.2 folgt, daß für $\varrho_1 \leqq \varrho \leqq \varrho_2$ die Platte einer Starrkörperbewegung mit konstanter Geschwindigkeit unterworfen ist, da die einzig mögliche mit dem Spannungsprofil Gl. (3.1/98) zu verknüpfende Bewegung die Starrkörperbewegung ist.

Die Gleichgewichts- und Fließgleichungen können leicht gelöst werden; das Spannungsfeld ist [*9, 13*]

$$\left.\begin{aligned} m_r &= \left[1 - \frac{P}{4}(\varrho_1^2 - \alpha^2)\right]\frac{\ln(\varrho/\alpha)}{\ln(\varrho_1/\alpha)} - \frac{P}{4}(\varrho^2 - \alpha^2),\\ m_\varphi &= m_r - 1, \end{aligned}\right\} \alpha \leqq \varrho \leqq \varrho_1, \tag{3.1/101}$$

$$m_r = 1, \quad m_\varphi = \frac{P}{2}(\varrho^2 - \varrho_1^2), \quad \varrho_1 \leqq \varrho \leqq \varrho_2, \tag{3.1/102}$$

$$\left.\begin{aligned} m_r &= \left[(1 + \varrho_2 + \varrho_2^2)\frac{P}{6} - \frac{\varrho_2}{1 - \varrho_2}\right]\left[1 - \frac{1}{\varrho}\right] + \frac{P}{6}\left[\frac{1}{\varrho} - \varrho^2\right],\\ m_\varphi &= 1 \qquad\qquad \varrho_2 \leqq \varrho \leqq 1. \end{aligned}\right\} \tag{3.1/103}$$

Die Grenzlastintensität für den Fall der frei drehbar gestützten Ringplatte ist

$$P = \frac{2}{\varrho_2^2 - \varrho_1^2}. \tag{3.1/104}$$

Einsetzen von Gl. (3.1/104) in Gl. (3.1/101) und Gl. (3.1/102) ergibt zusammen mit den Bedingungen $m_r(\varrho_1) = 1$ und $m_\varphi(\varrho_2) = 1$ zwei Gleichungen für die Bestimmung von ϱ_1 und ϱ_2, so daß die Übergangsradien berechnet werden können. In Abb. 3.19 sind die entsprechenden Kurven aufgetragen, und das Durchbiegungsgeschwindigkeitsfeld ist eingezeichnet.

Das der Spannungslösung zugehörige Geschwindigkeitsfeld wird gegeben durch:

$$\dot{w} = \dot{w}_0 \frac{\ln(\varrho/\alpha)}{\ln(\varrho_1/\alpha)}, \quad \alpha \leqq \varrho \leqq \varrho_1, \tag{3.1/105}$$

$$\dot{w} = \dot{w}_0, \quad \varrho_1 \leqq \varrho \leqq \varrho_2, \tag{3.1/106}$$

$$\dot{w} = \dot{w}_0 \frac{1 - \varrho}{1 - \varrho_2}, \quad \varrho_2 \leqq \varrho \leqq 1. \tag{3.1/107}$$

Für die anderen Randbedingungen ändert sich das Spannungsprofil, um sich den Spannungsrandbedingungen und den Erfordernissen der kinematischen Zulässigkeit anzupassen. Lösungen für zwei andere Fälle einer Ringplatte, nämlich für den Fall der Einspannung am äußeren Rande und für den Fall der Einspannung am inneren Rande, werden in [*14*] angegeben.

Für die Randbedingung

$$m(\alpha) = 0, \qquad m(1) = -1 \tag{3.1/108}$$

können die Spannungsgleichungen bei Zugrundelegung des Spannungsprofils $CBAFE$ (Abb. 3.18) erhalten werden. Das Ergebnis ist

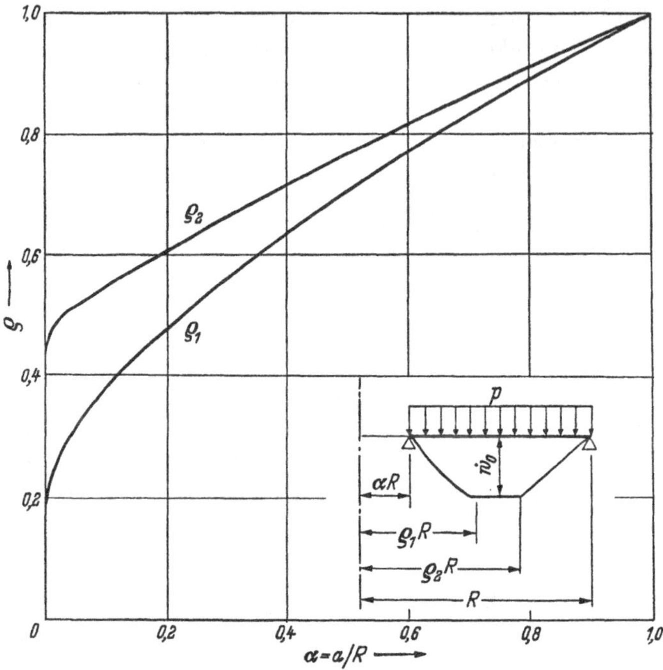

Abb. 3.19 Radien der Spannungsprofil-Übergangskreise für die frei drehbar gestützte Ringplatte

$$m_r = \frac{P}{2}\varrho_1^2 \ln\frac{\varrho_1}{\alpha} - \frac{P}{4}(\varrho^2 - \alpha^2), \; m_\varphi = -1 + m_r, \; \alpha \leqq \varrho \leqq \varrho_1, \tag{3.1/109}$$

$$m_r = \frac{P}{6}\left(\varrho^2 - \frac{\varrho_3^3}{\varrho}\right) - \frac{P}{2}\left(1 - \frac{\varrho_3}{\varrho}\right)(\varrho_1^2 - 2\varrho_3^2), \; m_\varphi = 1, \; \varrho_2 \leqq \varrho \leqq \varrho_3, \tag{3.1/110}$$

$$m_r = \frac{P}{2}\ln\frac{\varrho}{\varrho_3}(2\varrho_2^2 - \varrho_1^2) - \frac{P}{4}(\varrho^2 - \varrho_3^2), \quad m_\varphi = m_r + 1, \quad \varrho_3 \leqq \varrho \leqq 1. \tag{3.1/111}$$

In diesem Falle ergibt sich für die Grenzlast

$$P = \frac{2}{\varrho_2^2 - \varrho_1^2}. \tag{3.1/112}$$

Das ist formal der gleiche Ausdruck wie er im vorigen Falle durch Gl. (3.1/104) gegeben wird.

Die unbekannten Parameter ϱ_1, ϱ_2, ϱ_3 können aus den entsprechenden Stetigkeitsbedingungen an den Übergangskreisen ermittelt werden;

der resultierende Satz von Gleichungen ist

$$\left.\begin{aligned} 2\varrho_2^2 - 2\varrho_1^2 \ln\frac{\varrho_1}{\alpha} - \varrho_1^2 - \alpha^2 &= 0\,,\\ \varrho_3^3 - 3\varrho_3(2\varrho_2^2 - \varrho_1^2) + 2\varrho_2^3 &= 0\,,\\ 2(\varrho_2^2 - \varrho_1^2)\left(1 + \ln\frac{1}{\varrho_3}\right) + 2\varrho_2^2 \ln\frac{1}{\varrho_3} - 1 + \varrho_3^2 &= 0\,. \end{aligned}\right\} \qquad (3.1/113)$$

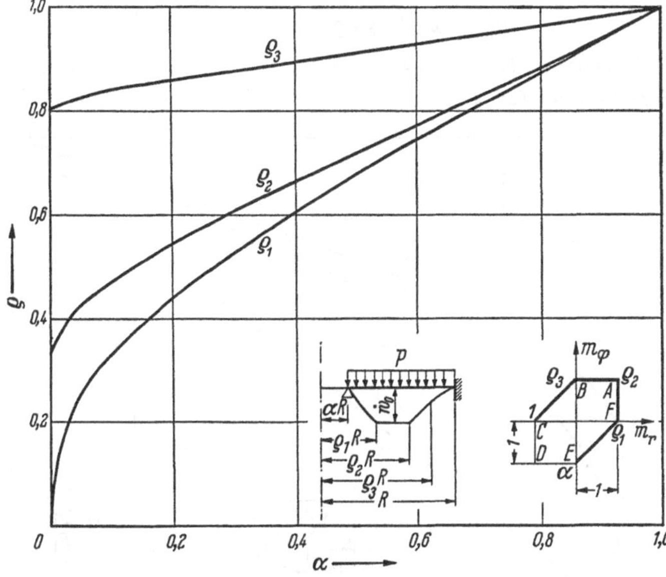

Abb. 3.20
Radien der Spannungsprofil-Übergangskreise für die am äußeren Rand eingespannte Ringplatte

In Abb. 3.20 sind die Ergebnisse in Abhängigkeit von dem Verhältnis des Innen- zum Außenradius der Platte aufgetragen. Das Geschwindigkeitsfeld ist in [*14*] zu finden.

Im Falle der Randbedingungen

$$m_r(\alpha) = -1\,, \qquad m_r(1) = 0 \qquad (3.1/114)$$

nehmen die Spannungsfeldgleichungen, die alle Erfordernisse der Stetigkeit und der kinematischen Zulässigkeit des zugehörigen Geschwindigkeitsfeldes erfüllen, die folgende Form an:

$$m_r = \frac{P}{6}\left(3\varrho_2^2 - \varrho^2 + \frac{\alpha^3}{\varrho} - \frac{3\varrho_2^2}{\varrho}\alpha\right), \quad m_\varphi = -1\,, \quad \alpha \leqq \varrho \leqq \varrho_1\,, \qquad (3.1/115)$$

$$m_r = \frac{P}{4}\left(\varrho_1^2 - \varrho^2 + 2\ln\frac{\varrho}{\varrho_1}\right), \quad m_\varphi = m_r - 1\,, \quad \varrho_1 \leqq \varrho \leqq \varrho_2\,, \qquad (3.1/116)$$

$$m_r = \frac{P}{6}\left(6\varrho_3^2 - \varrho^2 - 3\varrho_2^2 - 2\frac{\varrho_3^3}{\varrho}\right), \quad m_\varphi = 1\,, \quad \varrho_3 \leqq \varrho \leqq 1\,. \qquad (3.1/117)$$

Die Grenzlast hat die Größe
$$P = \frac{2}{\varrho_3^2 - \varrho_2^2}. \tag{3.1/118}$$

Die Radien der Übergangskreise der Spannungsprofile ergeben sich aus dem Gleichungssatz
$$\left.\begin{aligned} 6\varrho_3^2 - 2\varrho_3^3 - 3\varrho_2^2 - 1 &= 0, \\ 2\varrho_3^2 - 2\varrho_2^2 \ln\frac{\varrho_2}{\varrho_1} - \varrho_2^2 - \varrho_1^2 &= 0, \\ \varrho_1^3 - \alpha^3 + 3\alpha\,\varrho_3^2 - 3\varrho_2^2\varrho_1 &= 0. \end{aligned}\right\} \tag{3.1/119}$$

Die resultierenden Kurven sind in Abb. 3.21 aufgetragen. Das Geschwindigkeitsfeld für den betrachteten Fall ist aus Tab. 3.2 zu be-

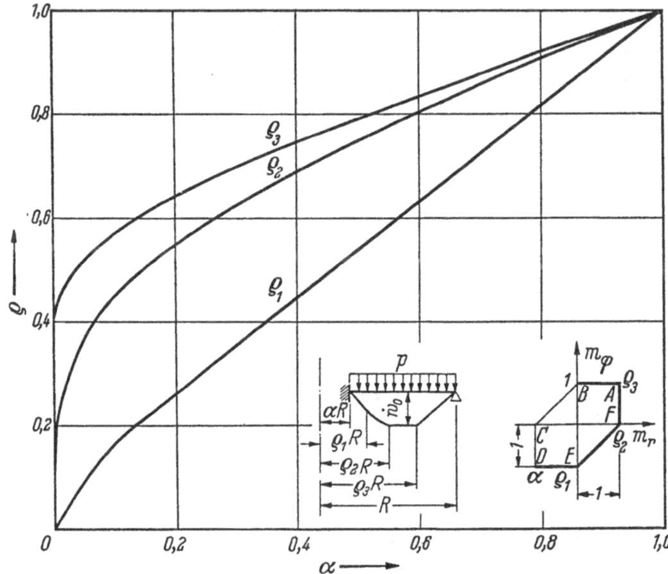

Abb. 3.21 Radien der Spannungsprofil-Übergangskreise für die am inneren Rand eingespannte Ringplatte

stimmen. Bei Verwendung der kinematischen Stetigkeitsbedingungen $\dot{w}(\varrho_1)] = 0$, $\dot{w}'(\varrho_1)] = 0$, $\dot{w}(\varrho_2)] = 0$, $\dot{w}(\varrho_3)] = 0$ und der Randbedingungen $\dot{w}(\alpha) = \dot{w}(1) = 0$ wird der folgende Satz von Gleichungen erhalten:
$$\dot{w} = \frac{\dot{w}_0}{\alpha - \varrho_1 - \varrho_1 \ln\frac{\varrho_1}{\varrho_2}}(\alpha - \varrho), \qquad \alpha \leqq \varrho \leqq \varrho_1, \tag{3.1/120}$$
$$\dot{w} = \frac{\dot{w}_0\,\varrho_1}{\alpha - \varrho_1 - \varrho_1 \ln\frac{\varrho_1}{\varrho_2}} \ln\frac{\varrho}{\varrho_2} - \dot{w}_0, \qquad \varrho_1 \leqq \varrho \leqq \varrho_2, \tag{3.1/121}$$
$$\dot{w} = \dot{w}_0, \qquad \varrho_2 \leqq \varrho \leqq \varrho_3, \tag{3.1/122}$$
$$\dot{w} = \frac{\dot{w}_0}{1 - \varrho_3}(1 - \varrho), \qquad \varrho_3 \leqq \varrho \leqq 1. \tag{3.1/123}$$

Für den Fall einer eingespannten Platte sind Ergebnisse betreffend Spannungen und Geschwindigkeiten in [14] enthalten. Ein Vergleich

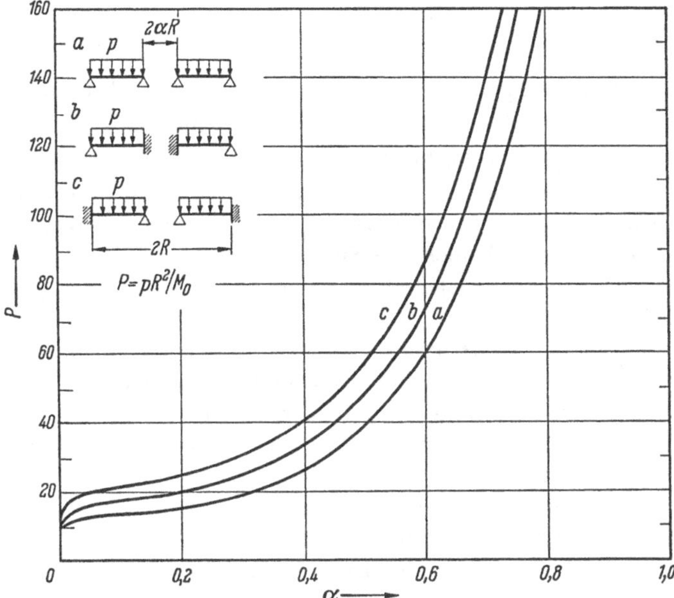

Abb. 3.22 Grenzlast für an beiden Rändern gestützte Ringplatten bei verschiedenen Stützungsbedingungen

der Grenzlasten für gleichförmig belastete Ringplatten in Termen des Verhältnisses der inneren und äußeren Radien wird in Abb. 3.22 gegeben.

3.1.8 Kreisplatten unter kombinierten Belastungen

Im allgemeinen gilt für plastische Platten unter der gleichzeitigen Einwirkung verschiedener Belastungen kein Superpositionsgesetz. Das ist aus Tab. 3.1 zu ersehen, in der Spannungsfeldgleichungen für verschiedene Spannungsprofile, also für verschiedene Seiten des Fließsechseckes, gegeben werden. Wenn das Spannungsprofil für eine Belastung $P_1(\varrho)$ beispielsweise AB ist und für eine Belastung $P_2(\varrho)$ beispielsweise BC, welche die Bedingungen der statischen und kinematischen Zulässigkeit erfüllen, so kann sehr wenig über die Grenzbelastung bei gleichzeitiger Wirkung von P_1 und P_2 ausgesagt werden. Wenn jedoch die Spannungsprofile für P_1 und P_2 die gleichen sind, ergibt sich, daß infolge der Linearität von $I(P)$ [Gl. (3.1/6)] hinsichtlich der Belastungen P_1 und P_2 die Wechselwirkung von P_1 und P_2 linear ist. Als Beispiel wird angenommen, daß das Spannungsprofil AB für die Belastung $P_1(\varrho)$ und $P_2(\varrho)$ gilt und daß die Spannungsrandbedingung für m_r am Radius $\varrho = \alpha$ existiert. Bei Verwendung dieser Bedingung in der Spannungsgleichung (3.1/9) erhält man:

$$m_r(\alpha) = 1 + \frac{C}{\alpha} - \frac{1}{\alpha}\Big[P_1 A_1(\alpha) + P_2 A_2(\alpha)\Big], \qquad (3.1/124)$$

wobei $A_1(\alpha)$ und $A_2(\alpha)$ Konstante sind, die durch Integration von $\int I(P)\, d\varrho = P_1 \int f_1(\varrho)\, d\varrho + P_2 \int f_2(\varrho)\, d\varrho$ und Einsetzen von $\varrho = \alpha$ gegeben werden. Die Wechselwirkung von P_1 und P_2 ist daher linear. Ähnliche Beziehungen können für die anderen Spannungsprofile niedergeschrieben werden, vorausgesetzt, daß sie in gleicher Weise für P_1 und P_2 gelten. Wenn jedoch die Spannungsprofile für P_1 und P_2 verschieden sind, gilt keine solche Regel, und das Problem muß von Grund auf gelöst werden.

Für kombinierte Belastungen können Wechselwirkungskurven erhalten werden, die die kritische Kombination dieser Belastungen am Punkt des Versagens einer Platte zeigen. Bisher ist sehr wenig in dieser Richtung veröffentlicht worden. — Im folgenden wird der Begriff der Wechselwirkungskurve für die Biegung von Platten erläutert.

Als erster Fall wird eine durch eine zentrische Einzellast Q und durch ein entlang des Außenrandes vom Radius R verteiltes Moment M belastete Kreisplatte betrachtet. Die Lösung hängt von den Vorzeichen der eingetragenen Belastungen ab. Die Gleichgewichtsgleichung in dem betrachteten Falle

$$(\varrho\, m_r)' - m_\varphi = -\frac{Q}{2\pi M_0} \qquad (3.1/125)$$

unterliegt den Randbedingungen

$$m_r(1) = \frac{M}{M_0} = m, \qquad -1 \leqq m \leqq 1 \qquad (3.1/126)$$

und der Einschränkung $-1 \leqq m_r \leqq 1$. Für $Q > 0$, $m > 0$ gilt für jede dieser Belastungen das Spannungsprofil $AB: m_\varphi = 1$. Daher wird bei Einsetzen von $m_\varphi = 1$ in Gl. (3.1/125), infolge der Bedingung $0 \leqq m_r \leqq 1$, erhalten:

$$m_r = 1 - \frac{Q}{2\pi M_0}. \qquad (3.1/127)$$

Auf Grund der Randbedingung Gl. (3.1/126) ergibt sich die folgende lineare Wechselwirkung

$$\frac{M}{M_0} + \frac{Q}{2\pi M_0} = 1. \qquad (3.1/128)$$

Für den Fall $Q > 0$, $M < 0$ erhält man bei Annahme der Spannungsgleichung $-m_r + m_\varphi = 1$ für $\varrho_0 \leqq \varrho \leqq 1$ und $m_\varphi = 1$ für $0 \leqq \varrho \leqq \varrho_0$ und $-1 \leqq m \leqq 0$:

$$m_r = \left(1 - \frac{Q}{2\pi M_0}\right) \ln \varrho + m, \qquad \varrho_0 \leqq \varrho \leqq 1. \qquad (3.1/129)$$

Gl. (3.1/127) ist gültig innerhalb des Bereiches $0 \leqq \varrho \leqq \varrho_0$, wo ϱ_0 der Übergangskreisradius des Spannungsprofils ist, an dem

$$m_r(\varrho_0) = 0. \tag{3.1/130}$$

Diese Bedingung bedeutet jedoch $m_r = 0$ im Bereich $0 \leqq \varrho \leqq \varrho_0$ und $m_r = m$ im Bereich $\varrho_0 \leqq \varrho \leqq 1$. Da für $\varrho = \varrho_0$ keine Unstetigkeit in m_r zulässig ist, folgt, daß der einzig mögliche Übergangskreis $\varrho_0 = 0$ ist, d. h., der Punkt der Eintragung von Q ist ein singulärer Punkt des Spannungsfeldes. Aus Gl. (3.1/129) geht hervor, daß

$$\frac{Q}{2\pi M_0} - 1 = 0, \qquad -1 \leqq m_r \leqq 0; \tag{3.1/131}$$

die Fließgrenzenlast ist also nicht von der Größe des negativen m_r abhängig. Die angegebene Gleichung stellt den zweiten Teil der Wechselwirkungskurve für Q und M für $Q > 0$ dar. Ähnliche Ergebnisse können für den Fall $Q < 0$ erhalten werden, bei dem die Spannungsbereiche DE und EF (Abb. 3.2) sind. Die Wechselwirkungskurve für gleichzeitige Biegung durch ein am Plattenrand angreifendes Moment M und eine zentrische Einzellast Q ist in Abb. 3.23 dargestellt.

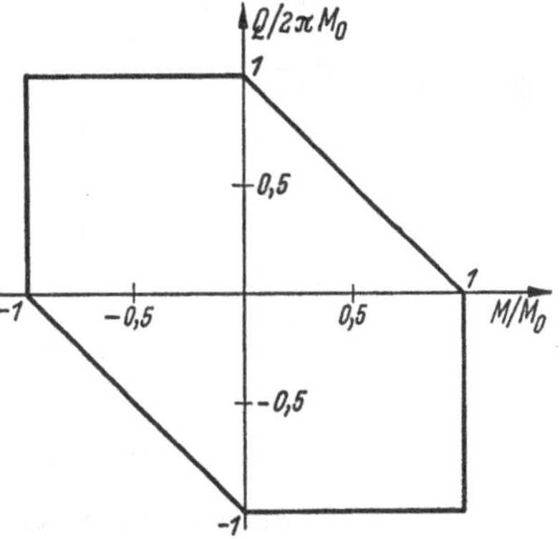

Abb. 3.23 Wechselwirkung zwischen Moment und zentrischer Einzellast für die Kreisplatte

Das mit den Spannungsfeldern für den betrachteten Fall verträgliche Geschwindigkeitsfeld ist

$$\dot{w} = \dot{w}_0(1 - \varrho), \qquad 0 \leqq m \leqq 1, \tag{3.1/132}$$

$$\dot{w} = \dot{w}_0 \ln \varrho, \qquad -1 < m < 0, \tag{3.1/133}$$

außer für $m = -1$, d. h. für volle Einspannung, wobei das Durchbiegungsgeschwindigkeitsfeld nicht eindeutig bestimmt ist, wie in [*15*] gezeigt wird (siehe auch die Erörterungen [*16* bis *18*]). Das Vorzeichen von $\dot{w}_0$ hängt von dem Vorzeichen von Q ab.

Wenn man den Fall einer durch $p(\varrho) = p$ innerhalb $0 \leqq \varrho \leqq 1$ und durch ein ringförmiges Moment $m = M/M_0$ bei $\varrho = 1$, $-1 \leqq m \leqq 1$, belasteten Kreisplatte betrachtet, kann die Wechselwirkungskurve durch eine ähnliche Berechnung erhalten werden. Das Ergebnis für $P > 0$ lautet

$$6m + P - 6 = 0, \qquad 0 \leqq m \leqq 1, \tag{3.1/134}$$

$$4 \ln \sqrt{\frac{6}{P}} + 4m + P - 6 = 0, \qquad -1 \leqq m \leqq 0. \tag{3.1/135}$$

Aus der zweiten dieser Gleichungen ist zu ersehen, daß die Wechselwirkung nicht linear ist. Die Darstellung der Wechselwirkungskurve, die den Bereich des starren Verhaltens der Platte begrenzt, ist in Abb. 3.24 in der P, m-Ebene gegeben. Das Geschwindigkeitsfeld, Gl. (3.1/132), gilt innerhalb des Bereiches $0 \leqq m \leqq 1$ und stimmt in dem Bereich $-1 \leqq m = M/M_0 \leqq 0$ mit dem durch die Gln. (3.1/41) und (3.1/42) für die eingespannte Platte beschriebenen überein. Der einzige Unterschied ist, daß der Übergangsradius $\varrho = \varrho_*$ ist, wobei $m_r(\varrho_*) = 0$ aus der Gleichung

$$(2 \ln \varrho_* + 2m - 3)\, \varrho_*^2 + 3 = 0, \quad -1 \leqq m \leqq 0 \quad (3.1/136)$$

zu bestimmen ist.

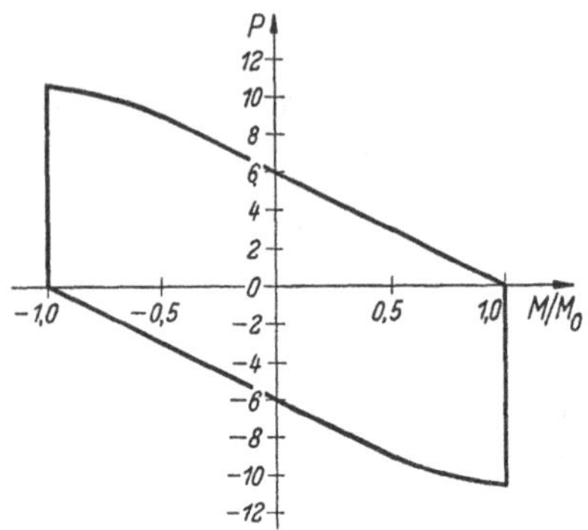

Abb. 3.24 Wechselwirkung zwischen Moment und verteilter Belastung für die Kreisplatte

3.1.9 Platten von beliebiger Form

Für andere Platten als Kreisplatten unter rotationssymmetrischen Belastungen sind bisher noch keine vollständigen Lösungen erhalten worden. Das ist hauptsächlich durch die Tatsache bedingt, daß die Spannungs- und Durchbiegungsgeschwindigkeitsfeld-Gleichungen gekoppelt sind und simultan gelöst werden müssen. Einige Folgerungen betreffend die Grenzlastintensität und zulässige Spannungs- und Geschwindigkeitslösungen können direkt aus dem Satz der verfügbaren Gleichungen gezogen werden. Eine solche Analyse wird in [*6*, *19* bis *21*] gegeben.

Zur Untersuchung der fundamentalen Beziehungen für Platten von beliebiger Gestalt ist es zweckmäßig, die Gleichgewichtsgleichungen in einem gekrümmten orthogonalen Koordinatensystem der Hauptmomententrajektorien u_α $(\alpha = 1, 2)$ anzuschreiben. Die Transformation der Gln. (2.1/3) bis (2.1/4) liefert den Gleichungssatz

$$\frac{1}{A_\alpha A_\beta}\left[\frac{\partial}{\partial u_\alpha}(A_\beta M_\alpha) - \frac{\partial A_\beta}{\partial u_\alpha} M_\beta\right] - Q_\alpha = 0, \quad \alpha \neq \beta \quad \text{(keine Summe)}, \quad (3.1/137)$$

$$\frac{1}{A_1 A_2}\left[\frac{\partial}{\partial u_1}(A_2 Q_1) + \frac{\partial}{\partial u_2}(A_1 Q_2)\right] + p = 0, \quad (3.1/138)$$

wobei A_1, A_2 Koeffizienten der ersten fundamentalen Form des orthogonalen Koordinatensystems u_α

$$ds^2 = A_\alpha^2\, du_\alpha^2, \quad (\alpha = 1, 2) \quad (3.1/139)$$

bedeuten, die in folgender Weise auf das x_α-Koordinatensystem bezogen sind:

$$A_\alpha^2 = \left(\frac{\partial x_1}{\partial u_\alpha}\right)^2 + \left(\frac{\partial x_2}{\partial u_\alpha}\right)^2, \tag{3.1/140}$$

$$ds_\alpha = A_\alpha \, du_\alpha \qquad \text{(keine Summe)}. \tag{3.1/141}$$

Die Koordinatensysteme sind in Abb. 3.25 dargestellt. Im gleichen Koordinatensystem lauten die Beziehungen zwischen Krümmungs- und

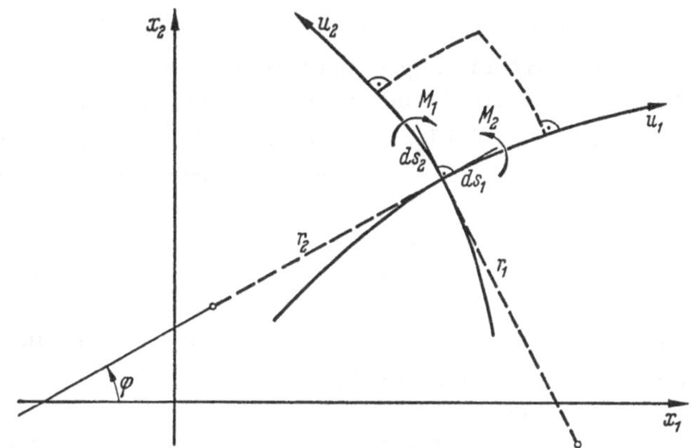

Abb. 3.25 Gekrümmtes orthogonales Netz

Durchbiegungsgeschwindigkeiten:

$$\dot{K}_\alpha = -\frac{1}{A_\alpha}\frac{\partial}{u_\alpha}\left(\frac{1}{A_\alpha}\frac{\partial \dot{W}}{\partial u_\alpha}\right) - \frac{1}{A_\alpha A_\beta}\frac{\partial A_\alpha}{\partial u_\beta}\left(\frac{1}{A_\beta}\frac{\partial \dot{W}}{\partial u_\beta}\right), \quad \alpha \neq \beta \text{ (keine Summe)}, \tag{3.1/142}$$

$$\dot{K}_{12} = \frac{1}{A_1 A_2}\left(\frac{\partial^2 \dot{W}}{\partial u_1 \partial u_2} - \frac{1}{A_1}\frac{\partial A_1}{\partial u_2}\frac{\partial \dot{W}}{\partial u_1}\right) = \frac{1}{A_2 A_1}\left(\frac{\partial^2 \dot{W}}{\partial u_2 \partial u_1} - \frac{1}{A_2}\frac{\partial A_2}{\partial u_1}\frac{\partial \dot{W}}{\partial u_2}\right). \tag{3.1/143}$$

Es wird vorausgesetzt, daß u_α das Netz der Hauptmomententrajektorien ist. Bei Verwendung der Beziehung Gl. (3.1/141) erhält man den folgenden Satz von Gleichgewichtsgleichungen:

$$\frac{\partial M_1}{\partial s_1} + \frac{1}{r_2}(M_1 - M_2) - Q_1 = 0, \tag{3.1/144}$$

$$\frac{\partial M_2}{\partial s_2} + \frac{1}{r_1}(M_2 - M_1) - Q_2 = 0, \tag{3.1/145}$$

$$\frac{\partial Q_1}{\partial s_1} + \frac{\partial Q_2}{\partial s_2} + \frac{Q_1}{r_2} + \frac{Q_2}{r_1} + p = 0, \tag{3.1/146}$$

wobei M_1, M_2, $M_2 \geq M_1$ Hauptmomente sind und

$$\frac{1}{r_\alpha} = \frac{\partial A_\alpha}{A_\alpha \partial s_\beta}, \quad \alpha \neq \beta \text{ (keine Summe)}, \tag{3.1/147}$$

die Krümmungen des Spannungstrajektoriennetzes bezeichnet (siehe Abb. 3.25). In ähnlicher Weise ergeben sich aus Gl. (3.1/142) die Krümmungsgeschwindigkeiten der durchgebogenen Mittelfläche:

$$\left.\begin{aligned} \dot{K}_1 &= -\frac{\partial^2 \dot{W}}{\partial s_1^2} - \frac{1}{r_1}\frac{\partial \dot{W}}{\partial s_2}, \\ \dot{K}_2 &= -\frac{\partial^2 \dot{W}}{\partial s_2^2} - \frac{1}{r_2}\frac{\partial \dot{W}}{\partial s_1}. \end{aligned}\right\} \qquad (3.1/148)$$

Weiterhin folgt aus der Isotropiebedingung, die die Übereinstimmung von Momenten- und Krümmungstrajektorien verlangt, daß $\dot{K}_1$, $\dot{K}_2$ die Hauptkrümmungsgeschwindigkeiten der durchgebogenen Fläche sind. Das bedeutet, daß die Drillgeschwindigkeit $\dot{K}_{12}$ entlang der Biegemomententrajektorien verschwinden muß. In bezug auf diese Bedingung gilt die Beziehung

$$\dot{K}_{12} = -\frac{\partial^2 \dot{W}}{\partial s_1 \partial s_2} + \frac{1}{r_1}\frac{\partial \dot{W}}{\partial s_1} = -\frac{\partial^2 \dot{W}}{\partial s_2 \partial s_1} + \frac{1}{r_2}\frac{\partial \dot{W}}{\partial s_2} = 0 \quad (3.1/149)$$

unter der Voraussetzung, daß die Durchbiegungen klein sind, so daß die Verschiebungen der Mittelfläche lediglich in Termen von $\dot{W}$ angegeben werden können.

Im Koordinatensystem der Hauptmomente sind die Gleichungen der Spannungs- und Geschwindigkeitsfelder nicht gekoppelt. Die Gln. (3.1/144) bis (3.1/146) stellen zusammen mit der Fließbedingung einen Satz von vier Gleichungen dar, die vier Unbekannte enthalten, nämlich M_α, Q_α $(\alpha = 1, 2)$. Diese Gleichungen können für Spannungsrandbedingungen entlang Trajektorien gelöst werden. Zur Ermittlung des zugehörigen Durchbiegungsgeschwindigkeitsfeldes $\dot{W}$ stehen das Fließgesetz Gl. (2.1/15) und die Gln. (3.1/148) zur Verfügung. Diese Gleichungen gestatten die Elimination von $\dot{K}_1, \dot{K}_2$ und eines Funktionalkoeffizienten ν zur Ermittlung einer Gleichung für das unbekannte Durchbiegungsgeschwindigkeitsfeld $\dot{W}$. Wenn die kinematischen Randbedingungen entlang einer Spannungstrajektorie vorgeschrieben sind, kann der Versuch der Lösung des Randwertproblems gemacht werden.

Es ist hervorzuheben, daß die Anzahl der Gleichungen hinreichend zur Lösung des plastischen Plattenproblems für unbekannte Spannungstrajektorien ist. Die Elimination von Q_α aus den Gleichgewichtsgleichungen ergibt die folgende Beziehung:

$$\frac{\partial^2 M_1}{\partial s^2} + \frac{\partial^2 M_2}{\partial s_2^2} + \frac{1}{r_2}\frac{\partial}{\partial s_1}(2M_1 - M_2) + \frac{1}{r_1}\frac{\partial}{\partial s_2}(2M_2 - M_1) +$$
$$+ (M_1 - M_2)\left(\frac{\partial}{\partial s_1}\frac{1}{r_2} - \frac{\partial}{\partial s_2}\frac{1}{r_1} + \frac{1}{r_2^2} - \frac{1}{r_1^2}\right) + p = 0. \quad (3.1/150)$$

Diese Gleichung stellt zusammen mit der Fließbedingung und der aus dem Fließgesetz und den Gln. (3.1/148) erhaltenen Gleichung des Durchbiegungsgeschwindigkeitsfeldes einen Gleichungssatz dar, der M_1, M_2, $\dot{W}$, r_1, r_2 enthält. Zwei zusätzliche Beziehungen sind von geometrischem Charakter. Infolge der Isotropiebedingung werden die Hauptkrümmungs-Geschwindigkeitsbeziehungen im ganzen Plattenbereich erfüllt, d. h. Gl. (3.1/149) gilt. Die zweite Gleichung folgt aus der Tatsache, daß das Trajektoriennetz die GAUSS-Beziehung befriedigt:

$$\frac{\partial}{\partial u_1}\left(\frac{1}{A_1}\frac{\partial A_2}{\partial u_1}\right)+\frac{\partial}{\partial u_2}\left(\frac{1}{A_2}\frac{\partial A_1}{\partial u_2}\right)=\frac{\partial}{\partial s_1}\frac{1}{r_2}+\frac{\partial}{\partial s_2}\frac{1}{r_1}+\frac{1}{r_1^2}+\frac{1}{r_2^2}=0. \tag{3.1/151}$$

Somit ist ein Satz von fünf Gleichungen zur Bestimmung von fünf unbekannten Funktionen, die das plastische Fließen einer Platte beschreiben, nämlich der Spannungstrajektorien, der Momente und der Durchbiegungsgeschwindigkeit, erhalten. Diese Form der Formulierung eines plastischen Plattenproblems geht auf HOPKINS [*5*, *6*] zurück.

Im folgenden werden Spannungs- und Durchbiegungsgeschwindigkeitsfelder für die den Seiten des in Abb. 2.3 dargestellten Fließsechseckes entsprechenden verschiedenen plastischen Bereiche in detaillierterer Weise untersucht. Die erste derartige Berechnung hat SCHUMANN [*19*] angestellt.

Für den Spannungszustand AB gelten die Spannungs- und Krümmungsgeschwindigkeitsbeziehungen

$$M_2 = M_0, \qquad 0 \leqq M_1 \leqq M_0, \tag{3.1/152}$$

$$\dot{K}_2 = \nu, \qquad \dot{K}_1 = 0, \qquad \dot{K}_{12} \equiv 0. \tag{3.1/153}$$

Hinsichtlich Gl. (3.1/152) folgt aus den Gln. (3.1/148) bis (3.1/149), daß in diesem Falle der Deformation (d. h. $\nu \neq 0$) die einzig mögliche nichttriviale Lösung gegeben wird durch

$$\frac{1}{r_1}=0, \qquad \frac{\partial \dot{W}}{\partial s_1}=\text{const}, \qquad \frac{\partial \dot{W}}{\partial s_2}=0, \tag{3.1/154}$$

und die Platte verformt sich in eine Fläche von parabolischer Krümmung. Das bedeutet, daß ein Satz von Hauptkrümmungslinien (u_1-Linien) eine Schar von Geraden ist (s. a. Abschn. 2.4). Infolge der Beziehung $\partial \dot{W}/\partial s_2 = 0$ sind die u_2-Trajektorien Linien von gleicher Durchbiegungsgeschwindigkeit, d. h. $\dot{W}$ hängt nicht von s_2 ab. Bei Verwendung der Gln. (3.1/148), (3.1/153) und (3.1/154) resultiert das folgende Durchbiegungsgeschwindigkeitsfeld:

$$\dot{W} = A(\varphi)\, r_2 + B(\varphi); \tag{3.1/155}$$

$A(\varphi)$, $B(\varphi)$ sind nur Funktionen von φ (s. Abb. 3.25), die aus den kinematischen Randbedingungen an der Grenze des Bereiches der Platte, auf dem die Fließgleichung Gl. (3.1/152) befriedigt wird, zu bestimmen sind.

Für das erhaltene Netz von Hauptmomententrajektorien ergeben sich im Hinblick auf $1/r_1 = 0$, $M_2 = M_0$ und $\varrho_2 = s_1$ die Gleichgewichtsgleichungen

$$\frac{\partial}{\partial r_2}(r_2 Q_1) + p\, r_2 = 0, \qquad Q_2 = 0, \tag{3.1/156}$$

$$\frac{\partial}{\partial r_2}(r_2 M_1) - M_0 - r_2 Q_1 = 0. \tag{3.1/157}$$

Sie sind leicht zu integrieren mit dem Ergebnis

$$Q_1 = \frac{C(\varphi)}{r_2} - \frac{1}{r_2}\int p\, r_2\, d r_2, \tag{3.1/158}$$

$$\left.\begin{aligned} M_2 &= M_0, \\ M_1 &= M_0 + C(\varphi) - \int p\, r_2\, d r_2 + \frac{1}{r_2}\left[D(\varphi) + \int p\, r_2^2\, d r_2\right], \end{aligned}\right\} \tag{3.1/159}$$

wobei $C(\varphi)$, $D(\varphi)$ Funktionen lediglich von φ sind, die aus den Spannungsrandbedingungen bestimmt werden müssen.

Im Falle der durch die Linie BC des Fließsechseckes $ABCDEF$ in Abb. 2.3 dargestellten Fließbedingung gilt die kinematische Bedingung

$$\dot{K}_1 + \dot{K}_2 = 0. \tag{3.1/160}$$

Einsetzen der Gln. (3.1/148) in diese Beziehung ergibt, daß das Durchbiegungsgeschwindigkeitsfeld die harmonische Gleichung

$$\nabla^2 \dot{W} = 0 \tag{3.1/161}$$

befriedigt; die Trajektorien bilden ein isometrisches Netz. Das gilt nur für den plastischen Bereich BC, wo

$$M_2 - M_1 = M_0. \tag{3.1/162}$$

Nach Gl. (3.1/150) hat das Spannungsfeld im Hinblick auf Gl. (3.1/162) die folgende Differentialgleichung zu erfüllen:

$$\nabla^2 M_1 - M_0\left(\frac{\partial}{\partial s_1}\frac{1}{r_2} - \frac{\partial}{\partial s_2}\frac{1}{r_1} + \frac{1}{r_2^2} - \frac{1}{r_1^2}\right) + p = 0. \tag{3.1/163}$$

Diese Gleichung kann in isometrischen Koordinaten, für die $A_1 = A_2 = A$ ist, zusammen mit der Gauss-Bedingung geschrieben werden:

$$\nabla^2 M_1 - 2 M_0 \frac{\partial^2 A}{A\, \partial s_1^2} + p = 0, \qquad \frac{\partial A^2}{\partial s_1^2} = -\frac{\partial A^2}{\partial s_2^2}. \tag{3.1/164}$$

Spezielle Lösungen in Termen komplexer Variabler für $p = 0$ werden in [*19*] gegeben.

Für den durch die Seite CD des Fließsechseckes dargestellten Spannungszustand gilt

$$M_1 = -M_0, \quad -M_0 \leqq M_2 \leqq 0, \tag{3.1/165}$$

$$\dot{K}_1 = \nu, \quad \dot{K}_2 = 0, \quad \dot{K}_{12} = 0. \tag{3.1/166}$$

Ähnliche Beziehungen wie die für den Zustand AB erhaltenen können angeschrieben werden. Die Formänderungsgeschwindigkeitsfläche ist von parabolischer Krümmung, die Beziehungen entlang der Momententrajektorien sind umgekehrt im Vergleich mit dem Falle $M_2 = M_0$.

Die Betrachtung der durch die Ecken des Fließsechseckes dargestellten speziellen Fälle des Spannungszustandes zeigt nach den Gln. (3.1/144) bis (3.1/146), daß sich kein begrenzter Bereich einer Platte im isotropen Spannungszustand $M_1 = M_2 = M_0$ befinden kann, wenn nicht $p = 0$. Das Geschwindigkeitsfeld ist in diesem Falle nicht eindeutig.

Für den Spannungszustand B, d. h. $M_1 = 0$, $M_2 = M_0$, werden aus Gl. (3.1/164) Beziehungen zur Bestimmung des Netzes der Hauptmomententrajektorien erhalten. Wenn zusätzlich $p = 0$, dann bilden die Trajektorien ein Netz, für das

$$\frac{\partial}{\partial s_2}\frac{1}{r_1} + \frac{1}{r_1^2} = \frac{\partial}{\partial s_1}\frac{1}{r_2} + \frac{1}{r_2^2} = 0. \tag{3.1/167}$$

Zur Erläuterung der Anwendung der oben angegebenen Beziehungen wird eine frei drehbar randgestützte Platte von beliebiger Form betrachtet, die durch eine an einem beliebigen Punkte eingetragene Einzellast Q belastet wird (Abb. 3.26). Als zu beweisende Hypothese wird angenommen, daß in der Nachbarschaft des Eintragungspunktes einer Einzellast Q der Spannungszustand B erfüllt wird. Da $p = 0$ ist, müssen die Spannungstrajektorien Gl. (3.1/167) erfüllen. Das ist der Fall, wenn die Trajektorien ein polares Koordinatennetz mit dem Pol im Punkt der Lasteintragung bilden. Dann ist $r_2 = r$, $r_1 = \infty$, $ds_1 = dr$, was Gl. (3.1/167) befriedigt. Bei Bezeichnung des Radius des plastischen Bereiches B mit R und bei Einführung der dimensionslosen Variablen $\varrho = r/R$, $m_r = m_1$, gemäß

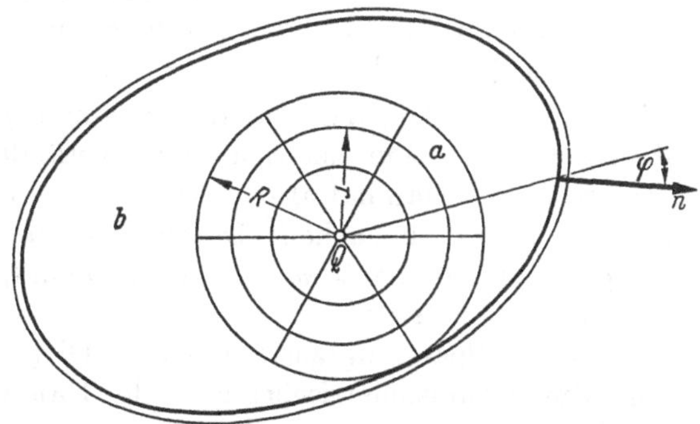

Abb. 3.26 Frei drehbar gestützte Platte von beliebiger Gestalt unter Einwirkung einer Einzellast
a Bereich plastischer Deformation; *b* starrer Bereich

Gl. (3.1/2), erhält man aus Gl. (3.1/4):

$$m_\varphi = m_2 = \frac{Q}{2\pi M_0} = 1. \tag{3.1/168}$$

Dies ergibt den gleichen Wert der Grenzlast wie Gl. (3.1/35) für die rotationssymmetrisch belastete frei drehbar gestützte Kreisplatte. Am Radius $\varrho = 1$ muß die folgende Sprungbedingung erfüllt werden

$$\left. -m_2\right] + \left.\frac{Q}{2\pi M_0}\right] = 0. \tag{3.1/169}$$

Das bedeutet, daß bei stetiger Querkraft $m_2 = m_\varphi$ ebenfalls quer zu $\varrho = 1$ stetig ist. Die Ermittlung eines statisch zulässigen Spannungsfeldes, das die Randbedingung $m_n = 0$ (s. Abb. 3.26) erfüllt und die Fließbedingung nicht verletzt, ist hinreichend.

Wenn die Momententrajektorien im Bereich $\varrho > 1$ Radien und konzentrische Kreise sind, müssen die Momente m_1 und m_2 zur Befriedigung der Randbedingung $m_n = 0$ von entgegengesetztem Vorzeichen sein und am Rand die Werte $m_2 \leqq 1$, $m_1 = -m_2 \tan^2\varphi$ annehmen. Das Erfordernis, daß die Fließbedingung $-m_1 + m_2 = 1$ nicht verletzt wird, ist gleichbedeutend mit der Ungleichung

$$m_2(1 - \tan^2\varphi) \leqq 1, \qquad \varphi \leqq \pi/4, \tag{3.1/170}$$

die offensichtlich selbst für die stärkere Bedingung $m_2 = 1$ erfüllt wird.

Die obere Eingrenzung für die Grenzlast einer frei drehbar gestützten Platte von beliebiger Gestalt kann direkt (SCHUMANN [*19*]) oder durch Untersuchung einer Platte mit beliebiger Einspannung (ZAID [*20*]) unter Ausnutzung des Korrelates IIb (S. 22) bestimmt werden.

Wenn man sich auf die Voraussetzung beschränkt, daß nur der Bereich $\varrho \leqq 1$, in dem um $m_\varphi = 1$, $m_r \leqq 0$, deformiert wird, so ist leicht festzustellen, daß die Randbedingung $\dot{W}'(R) = 0$ durch keine lineare Kombination der Spannungszustände AB und BC befriedigt werden kann. Man hat also nach nicht-rotationssymmetrischen Deformationsfeldern zu suchen. Da aus der statischen Lösung folgt, daß für $\varrho > 1$ die Momente $m_1 > 0$, $m_2 < 0$ sind, kann nur der plastische Zustand BC entstehen.

Für den Spannungszustand BC ist Gl. (3.1/160) gültig, und $\dot{W}(r, \varphi)$ wird durch ein isometrisches Netz der Hauptkrümmungslinien charakterisiert.

Da $\dot{K}_1 + \dot{K}_2 = 0$ und $M_2 - M_1 = M_0$, nimmt die innere Energiedissipation die Form

$$D = \int_S (M_1\dot{K}_1 + M_2\dot{K}_2)\, dS = M_0 \int_S \dot{K}_2\, dS. \tag{3.1/171}$$

an. In dem Polarkoordinatensystem (Abb. 3.26) ist

$$\dot{K}_2 = -\frac{1}{r^2}\frac{\partial^2 \dot{W}}{\partial\varphi^2} - \frac{1}{r}\frac{\partial \dot{W}}{\partial r}, \tag{3.1/172}$$

deswegen kann die Gl. (3.1/171) in der Form

$$D = -M_0 \int\limits_0^{2\pi} \int\limits_{\alpha R}^{\beta R} \left(\frac{1}{r} \frac{\partial^2 \dot{W}}{\partial \varphi^2} + \frac{\partial \dot{W}}{\partial r} \right) dr\, d\varphi$$

$$= 2\pi M_0 \dot{W}(\alpha R) - M_0 \int\limits_0^{2\pi} \int\limits_{\alpha R}^{\beta R} \left(\frac{\partial^2 \dot{W}}{r \partial \varphi^2} \right) dr\, d\varphi \qquad (3.1/173)$$

dargestellt werden, wobei βR den Plattenrand bedeutet, αR der Belastungsradius ist, $\alpha \to 0$, und außerdem $\dot{W}(\beta R) = 0$.

Der Integrationsgrenze zufolge verschwindet der zweite Term der rechten Seite dieser Gleichung, und die innere Energiedissipation liefert einen konstanten Wert, unabhängig von den Plattenabmessungen.

Aus dem Prinzip der virtuellen Geschwindigkeiten ergibt sich, daß

$$Q \dot{W}(\alpha R) = 2\pi M_0 \dot{W}(\alpha R), \qquad (3.1/174)$$

also

$$Q = 2\pi M_0 \qquad (3.1/175)$$

die obere Eingrenzung für die Grenzlast einer frei drehbar gestützten nichtkreisförmigen Platte ist. Für die in Abb. 3.27 dargestellte eingespannte Platte ist die Grenzlast von HAYTHORNTHWAITE und SHIELD [15] gefunden worden. Der Wert für die Einzellast ist $Q = 2\pi M_0$, übereinstimmend mit dem Fall der frei drehbar gestützten Platte. Es ergibt sich, daß das zugehörige Spannungsfeld durch den Punkt C des Fließsechseckes (Abb. 3.2) wiedergegeben wird. In dem in Abb. 3.27 dargestellten Polarkoordinatensystem wird das Spannungsfeld durch die Gleichungen

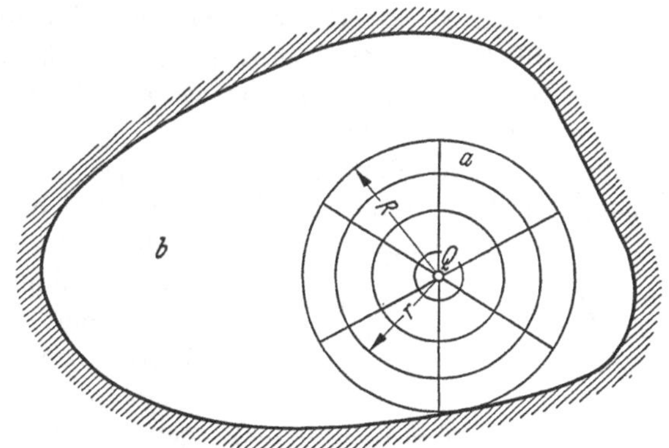

Abb. 3.27 Deformierter Bereich in einer eingespannten Platte von beliebiger Gestalt unter Einwirkung einer Einzellast

$$m_r = m_1 = -1, \qquad m_\varphi = m_2 = 0 \qquad (3.1/176)$$

beschrieben. Die mit diesen Momenten verknüpften Krümmungsgeschwindigkeiten müssen die folgenden Ungleichungen befriedigen:

$$0 \leqq \dot{\varkappa}_\varphi \leqq -\dot{\varkappa}_r. \qquad (3.1/177)$$

Zur Klasse der die Gl. (3.1/177) und die kinematische Randbedingung der Durchbiegung Null am eingespannten Rand erfüllenden möglichen

Lösungen gehört das Durchbiegungsgeschwindigkeitsfeld

$$\dot{w} = \dot{w}_0\left(1 - \frac{1}{\varrho}\right), \quad 0 \leqq \varrho \leqq 1, \quad \dot{w} = 0, \quad \varrho \geqq 1. \tag{3.1/178}$$

Es erfüllt die Bedingung Gl. (3.1/167), was das Trajektoriennetz anbelangt. Somit kann in dem kreisförmigen Bereich vom dimensionslosen Radius $\varrho = 1$ Formänderung eintreten. Bei $\varrho = 1$ ist $\dot{w}'$ unstetig, somit ist auch $\dot{\varkappa}_\varphi$ unstetig, und es ist ein Gelenkkreis vorhanden. Für $\varrho > 1$ ist das Spannungsfeld nach Gl. (3.1/176) möglich, jedoch findet innerhalb dieses Bereiches keine Formänderung statt, und er bleibt für die erhaltene Lösung starr. Aus dem den deformierbaren Bereich eines starrplastischen Tragwerkes betreffenden Satz (s. [*22*] und vgl. Abschn. 1.6.5, Postulat d) folgt, daß der übrige Teil der Platte außerhalb des kreisförmigen Bereiches für jede beliebige andere vollständige Lösung des gleichen Problems notwendig starr ist, — (wenn die andere vollständige Lösung gefunden werden kann). Im betrachteten Falle ist das Spannungsfeld und, wie aus Gl. (3.1/177) hervorgeht, auch das Geschwindigkeitsfeld nicht eindeutig. Die Differentialgleichungen des Gleichgewichtes werden nicht verletzt, wenn das Spannungsfeld durch die Seite CD des Fließsechseckes wiedergegeben wird. Die für das Spannungsfeld Gl. (3.1/176) und das Durchbiegungsgeschwindigkeitsfeld Gl. (3.1/178) berechnete Energiedissipation führt zu dem Grenzlastwert $Q = 2\pi M_0$, was lediglich eine weitere Kontrolle der Richtigkeit der erhaltenen Grenzlast ist.

Bisher ist für Platten von beliebiger Gestalt noch keine weitere Lösung erhalten worden. Jedoch wird von SCHUMANN [*21*] eine wertvolle Information betreffend eine untere Eingrenzung für die Grenzlast einer frei drehbar gestützten Platte von beliebiger Gestalt unter gleichförmig verteilter Belastung angegeben. Unter Verwendung der Begriffe der Theorie der isoperimetrischen Ungleichungen wird in [*21*] gezeigt, daß die folgende Lösung für eine frei drehbar gestützte Platte von beliebiger Gestalt gilt:

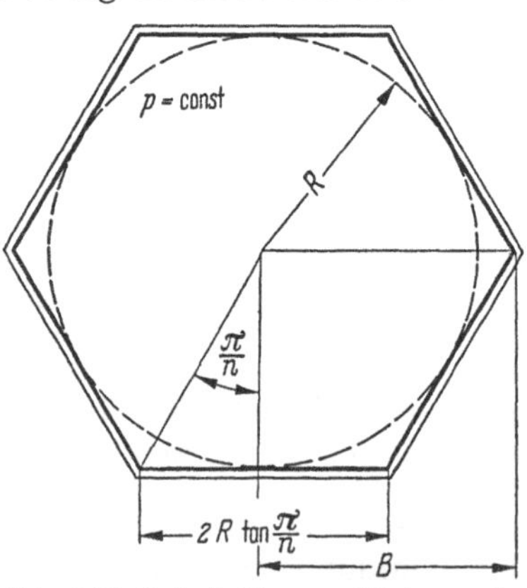

Abb. 3.28 Frei drehbar gestützte regelmäßig vieleckige Platte

$$pS \geqq 6\pi M_0, \tag{3.1/179}$$

wobei p die Intensität der gleichförmig verteilten Belastung und S die Plattenfläche bedeutet. Eine obere Eingrenzung kann stets aus Gl. (1.4/1) gefunden werden, und daher läßt sich eine näherungsweise Lösung für die Grenzlast erhalten.

Als Beispiel wird eine Platte von der Form eines einem Kreis vom Radius R umschriebenen regelmäßigen n-seitigen Vielecks betrachtet, wie in Abb. 3.28 für den Fall des Sechseckes dargestellt. Die obere Eingrenzungslösung kann bei Zugrundelegung eines kinematisch zulässigen Durchbiegungsgeschwindigkeitsfeldes in der Form einer Pyramide gefunden werden. Die Formänderungen der Platte sind dann entlang der Diagonalen der Polygonwinkel konzentriert. Es ergibt sich (Einzelheiten s. Abschn. 3.3), daß der exakte Wert der Grenzlast die Ungleichung

$$p \leqq \frac{6M_0}{R^2} \tag{3.1/180}$$

befriedigen muß. Aus den oben angeführten Ergebnissen [Gl. (3.1/179)] folgt, daß die Grenzlastintensität für ein regelmäßiges Vieleck eingegrenzt wird durch die Werte:

$$\frac{6\pi}{n\tan\dfrac{\pi}{n}} \leqq \frac{pM_0}{R^2} \leqq 6. \tag{3.1/181}$$

Für $n \to \infty$ geht $n\tan\dfrac{\pi}{n} \to \pi$, und somit fallen für eine Kreisplatte beide Eingrenzungen zusammen.

3.2 Plattenprobleme für die Huber-von Mises-Fließbedingung

3.2.1 Allgemeine Beziehungen für Kreisplatten

Wenn eine andere als lineare Fließbedingung verwendet wird, wird selbst für Kreisplatten die maßgebende Differentialgleichung von jedem Grenztragfähigkeitsproblem nichtlinear. Daher müssen für die Ermittlung der Grenztragfähigkeit im allgemeinen numerische Methoden verwendet werden.

Für Huber-von Mises-Material nimmt die Fließbedingung in Termen dimensionsloser radialer und tangentialer Momente im Falle radialer Symmetrie die folgende Form an:

$$m_r^2 - m_r m_\varphi + m_\varphi^2 = 1. \tag{3.2/1}$$

Diese Beziehung ergibt sich aus Gl. (2.2/5) unter Berücksichtigung der Definition der dimensionslosen Momente, Gl. (2.2/4). Das zugehörige Fließgesetz folgt aus dem Fließgesetz des plastischen Potentials. Gemäß der Lösung Gl. (2.2/6) ist

$$\dot{\varkappa}_r = \lambda(2m_r - m_\varphi), \qquad \dot{\varkappa}_\varphi = \lambda(2m_\varphi - m_r). \tag{3.2/2}$$

Fließgleichungen und Fließgesetz sind in Abb. 3.29 dargestellt.

Einsetzen der obigen Beziehungen in die Krümmungs-Durchbiegungs-Geschwindigkeitsbeziehungen Gln. (2.1/10) ergibt eine einzige Gleichung für die dimensionslose Durchbiegungsgeschwindigkeit $\dot{w} = \dot{W}/R$ in Termen der Biegemomente. Diese Gleichung lautet

$$\frac{d^2\dot{w}}{d\varrho^2}(2m_\varphi - m_r) - \frac{1}{\varrho}\frac{d\dot{w}}{d\varrho}(2m_r - m_\varphi) = 0, \tag{3.2/3}$$

wobei $\varrho = r/R$ die dimensionslose unabhängige Variable ist. Sie kann integriert werden, wenn die Spannungslösung bekannt ist.

Zum Auffinden der Spannungsverteilung stehen — wie in den vorherigen Fällen für COULOMB-TRESCA-Material — die Fließbedingung Gl. (3.2/1) und die Gleichgewichtsgleichung (3.1/6) zur Verfügung. Lösung von Gl. (3.2/1) für m_φ und Einsetzen in Gl. (3.1/6) liefert die folgenden Beziehungen, die durch das Spannungsfeld im plastischen Zustand zu erfüllen sind:

$$\frac{dm_r}{d\varrho} = \frac{1}{2\varrho}[-m_r \pm (4 - 3m_r^2)^{\frac{1}{2}}] - - \int_0^\varrho \varrho P(\varrho)\, d\varrho, \qquad (3.2/4)$$

$$m_\varphi = \frac{1}{2}[m_r \pm (4 - 3m_r^2)^{\frac{1}{2}}], \qquad (3.2/5)$$

wobei $P = \frac{pR^2}{M_0}$ die dimensionslose Belastung ist. Für eine gegebene Belastung und gegebene Spannungsrandbedingung kann Gl. (3.2/4) numerisch gelöst werden. Die ersten Lösungen für elastisch-ideal-plastische Platten für die HUBER-VON MISES-Fließbedingung sind von SOKOLOVSKY [23, 24], ILYUSHIN [25], GRIGORYEV [26, 27] (siehe auch [28]) und für starr-plastische Platten von HOPKINS und WANG [29] aufgestellt worden (siehe auch [30 bis 35]). FEJNBERG erläuterte sein Prinzip der Grenzspannung anhand der Schätzung von Eingrenzungen der Grenzlast von Platten aus HUBER-VON MISES-Material. Die in [36] entwickelte Methode besteht in dem Aufsuchen der statischen Lösungen (im Sinne der in Kap. 2 gegebenen Definitionen) für die der tatsächlichen HUBER-VON MISES-Fließhyperfläche Gl. (2.2/2) einbeschriebenen und umschriebenen linearisierten Fließhyperflächen.

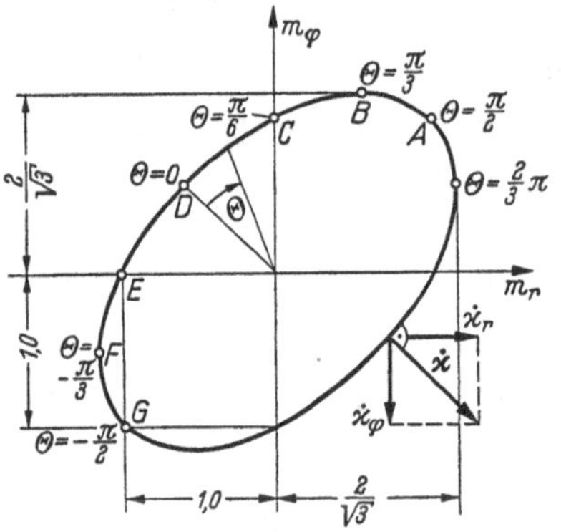

Abb. 3.29 HUBER-VON MISES-Fließellipse für Kreisplatten

Einige Informationen betreffend die allgemeinen Lösungen für ideal-plastische Platten mit der HUBER-VON MISES-Fließbedingung können direkt aus den Differentialgleichungen erhalten werden, wenn sie in einer parametrischen Form dargestellt werden. Für diesen Zweck wird die Fließbedingung Gl. (3.2/1) in Termen eines Parameters Θ ausgedrückt, der die Lage des Spannungspunktes auf der Fließkurve angibt. Die trigonometrische Substitution

$$m_r = -\frac{2}{\sqrt{3}}\sin\left(\frac{\pi}{6} - \Theta\right); \qquad m_\varphi = \frac{2}{\sqrt{3}}\sin\left(\frac{\pi}{6} + \Theta\right) \qquad (3.2/6)$$

liefert die parametrischen Gleichungen der Fließellipse. Durch Einsetzen dieser Beziehungen und der Spannungsisotropiebedingung

$m_r = m_\varphi = 1$ für $\Theta = \pi/2$ in Gl. (3.2/3) und Gl. (3.2/4) werden die folgenden Gleichungen des Spannungsfeldes und des Durchbiegungsgeschwindigkeitsfeldes erhalten:

$$\varrho \cos\left(\frac{\pi}{6} - \Theta\right) \frac{d\Theta}{d\varrho} - \cos\Theta = -\frac{\sqrt{3}}{2} \int_0^\varrho \varrho P(\varrho)\, d\varrho, \qquad (3.2/7)$$

$$\frac{d^2 \dot{w}}{d\varrho^2} \cos\left(\frac{\pi}{6} - \Theta\right) + \frac{1}{\varrho} \frac{d\dot{w}}{d\varrho} \cos\left(\frac{\pi}{6} - \Theta\right) = 0. \qquad (3.2/8)$$

Die erstere Gleichung gibt das Spannungsprofil für vorgeschriebene Spannungsrandbedingungen, ausgedrückt in Termen des Winkels Θ. Die zweite kann bei bekannter Funktion $\Theta(\varrho)$ integriert werden. Die Gln. (3.2/7) und (3.2/8) sind von Eason [32] verwendet worden, und vorher ist eine ähnliche Spannungsbeziehung von Sokolovsky [23] für elastisch-plastische Platten aufgestellt worden.

Für eine gegebene Belastung kann Gl. (3.2/7) wie folgt umgeschrieben werden:

$$\varrho(\sqrt{3} \cos\Theta + \sin\Theta) \frac{d\Theta}{d\varrho} = \cos\Theta - \frac{\sqrt{3}}{2} I, \qquad (3.2/9)$$

wobei

$$I = \int_0^\varrho \varrho P(\varrho)\, d\varrho. \qquad (3.2/10)$$

Wenn I bekannt ist, kann das Integral von Gl. (3.2/9) bestimmt werden. Für ein gegebenes Spannungsprofil, z. B. die Grenzen des Parameters Θ, kann die Grenzlastintensität P gefunden werden.

Wenn $P(\varrho)$ als eine Stufenfunktion gegeben ist, dann ist offenbar, daß die Integration in jedem Bereich getrennt auszuführen ist, wobei eine zusätzliche Konstante aus den Stetigkeitserfordernissen von $\varrho(\Theta)$ am Belastungsübergangskreis zu ermitteln ist.

In der Plattenmitte erfordert die Isotropiebedingung des Spannungszustandes, daß eine Begrenzung des Spannungsprofils durch einen der Punkte A oder G gegeben wird, z. B. $\Theta = \pm\frac{\pi}{2}$, in Abhängigkeit von der Richtung der eingetragenen Belastung. Für $p > 0$ ist das Spannungsprofil $\Theta < \frac{\pi}{2}$ beim Fortschreiten zum Plattenrand; in entsprechender Weise beginnt für $p < 0$ das Spannungsprofil bei $\Theta = -\frac{\pi}{2}$ für $\varrho = 0$ und $\Theta < \frac{\pi}{2}$ für $0 < \varrho \leqq 1$ (s. Abb. 3.29).

Der allgemeine Ausdruck für das Durchbiegungsgeschwindigkeitsfeld kann aus Gl. (3.2/8) erhalten werden. Einfache Integration dieser Gleichung führt zu der Beziehung

$$\dot{w} = C_1 \int_{\varrho_1}^{\varrho} \left[\exp \int_{\Theta_1}^{\Theta} \frac{1}{\varrho} \frac{\cos\left(\frac{\pi}{6} + \Theta\right)}{\cos\left(\frac{\pi}{6} - \Theta\right)} d\Theta\right] d\varrho + C_2, \qquad (3.2/11)$$

wobei $\varrho(\Theta)$ durch Gl. (3.2/9) gegeben wird; deshalb ist die Gleichung für jeden Bereich $p(\varrho)$ unabhängig zu integrieren. Die Stetigkeitserfordernisse für $\dot{w}$ und $\dot{w}'$ an den Übergangsradien müssen erfüllt werden.

Im folgenden wird die Möglichkeit der Bildung eines plastischen Gelenkes in einer Platte aus HUBER-VON MISES-Material betrachtet. Der Fließgelenkkreis bedeutet Unstetigkeit in $\dot{w}'$, somit bedeutet er gemäß Gl. (3.1/8a) Unstetigkeit in $\dot{\varkappa}_\varphi = -\dot{w}'/\varrho$, $(\varrho \neq 0)$. Am Fließgelenkkreis ist daher das Verhältnis der Hauptkrümmungen $\dot{\varkappa}_r/\dot{\varkappa}_\varphi$ unbestimmt. Bei Verwendung der Beziehungen Gl. (3.2/2) kann das Krümmungsverhältnis

$$\frac{\dot{\varkappa}_r}{\dot{\varkappa}_\varphi} = \frac{2m_r - m_\varphi}{2m_\varphi - m_r} \qquad (3.2/12)$$

nur unbestimmt sein, wenn $m_r = 2m_\varphi$, was den Punkten $\Theta = \frac{2}{3}\pi$ und $\Theta = -\frac{\pi}{3}$ in Abb. 3.29 entspricht. Somit sind die Fließgelenkkreise nur für den Spannungszustand $m_r = \pm\frac{2}{\sqrt{3}}$, $m_\varphi = \frac{1}{2}m_r$ zulässig, was jedoch nicht bedeutet, daß sie auftreten müssen.

Im allgemeinen wird die Biegefläche der plastischen Platte veränderliche Krümmungsradien mit der unabhängigen Variablen ϱ haben. Das ist aus der Beziehung

$$\frac{\dot{\varkappa}_r}{\dot{\varkappa}_\varphi} = \frac{\sin\Theta - \sqrt{3}\cos\Theta}{\sin\Theta + \sqrt{3}\cos\Theta} \qquad (3.2/13)$$

zu ersehen. Die durchgebogene Oberfläche bildet eine abwickelbare Fläche, wenn einer der Hauptkrümmungsradien unendlich ist. Der Fall $\dot{\varkappa}_r = 0$ führt zu dem Erfordernis $\dot{w}'' = 0$, $(\nu \neq 0)$, und in diesem Falle verformt sich eine symmetrisch belastete Kreisplatte zu einem Kegel. Das kann jedoch nur eintreten, wenn $\tan\Theta = \sqrt{3}$, so daß $\Theta = \pi/3$, $\Theta = -\frac{2\pi}{3}$, wie aus Gl. (3.2/13) hervorgeht. Das Spannungsfeld muß in diesem Falle innerhalb des kegelförmigen Teils gleichförmig sein, die Werte sind $m_r = \frac{1}{2}m_\varphi$, $m_\varphi = \pm\frac{2}{\sqrt{3}}$. Diese Spannungszustände können sich innerhalb eines begrenzten Plattenbereiches nur für einen sehr speziellen Fall der Platten- und Spannungsrandbedingungen realisieren, nämlich für eine durch ein radiales Moment $m_r = \frac{1}{2}$ und eine entlang des freien Plattenrandes verteilte Querkraft belastete Kreisringplatte [*31*].

Der Fall $\dot{\varkappa}_\varphi = 0$ kann innerhalb eines begrenzten Bereiches nicht auftreten, wenn nicht Starrkörperbewegung eintritt. Es folgt aus den Gln. (3.2/9) — in gleicher Weise wie für die COULOMB-TRESCA-Fließbedingung für $m_r = \pm 1$ —, daß $\dot{\varkappa}_\varphi = 0$ zu $\dot{w}'' \neq 0$, $\dot{w}' = 0$ führt, was nicht kinematisch zulässig ist. Wenn durch die kinematischen Randbedingungen Starrkörperbewegung zugelassen wird, so kann sie nur für die plastischen Spannungszustände $m_r = \pm \frac{2}{\sqrt{3}}$, $m_\varphi = \frac{1}{2} m_r$ eintreten. Aus diesen kurzen Bemerkungen geht hervor, daß wesentliche Unterschiede im Durchbiegungsgeschwindigkeitsfeld für die lineare Coulomb-Tresca-Fließbedingung und für die Huber-von Mises-Fließbedingung bestehen.

3.2.2 Frei drehbar gestützte Kreisplatte

Betrachtet wird eine Platte vom Radius R, die auf einem zentralen Teil vom Radius A gleichförmig belastet wird [*24, 25, 29, 32*], so daß

$$p = \text{const}, \qquad 0 \leqq \varrho \leqq \alpha; \qquad p = 0, \qquad \alpha \leqq \varrho \leqq 1, \tag{3.2/14}$$

wobei

$$\varrho = \frac{r}{R}, \qquad \alpha = \frac{A}{R}.$$

Die tatsächlichen Spannungsrandbedingungen sind

$$m_r(0) = m_\varphi(0) = 1, \qquad m_r(1) = 0 \tag{3.2/15}$$

mit zusätzlichen Stetigkeitserfordernissen quer zum Kreis $\varrho = \alpha$, so daß

$$m_r(\alpha)] = 0, \qquad q(\alpha)] = 0. \tag{3.2/16}$$

Die Anzahl von Gleichungen ist hinreichend zur Ermittlung eines Spannungsfeldes und der Grenzlastintensität.

Den durch die Gln. (3.2/15) und (3.2/16) gegebenen Bedingungen entsprechen die folgenden Werte des Parameters:

$$\Theta = \frac{\pi}{2}, \qquad \varrho = 0; \qquad m_r = m_\varphi = 1, \qquad \dot{w} = \dot{w}_0, \qquad \dot{w}' = 0, \tag{3.2/17}$$

$$\Theta_1 = \frac{\pi}{6}, \qquad \varrho = 1; \qquad m_r = 0, \qquad \dot{w} = 0, \tag{3.2/18}$$

$$\Theta = \Theta(\alpha), \quad \varrho = \alpha; \qquad m_r] = m_\varphi] = 0 \tag{3.2/19}$$

für $\pi/6 \leqq \Theta \leqq \pi/2$, so daß das Spannungsprofil durch den Bogen AC der in Abb. 3.29 dargestellten Ellipse gegeben wird. Wenn die Gesamtlast auf der Platte durch $Q = p\,\pi\,a^2$ bezeichnet wird, wird das Integral Gl. (3.2/10) zu

$$I_1 = \frac{Q}{2\pi M_0} \frac{\varrho^2}{\alpha^2}, \qquad 0 \leqq \varrho \leqq \alpha, \tag{3.2/20}$$

$$I_2 = \frac{Q}{2\pi M_0}, \qquad \alpha \leqq \varrho \leqq 1. \tag{3.2/21}$$

Die Gleichgewichts- und Fließgleichungen nehmen daher die folgende Form an:

$$\varrho\,(\sqrt{3}\cos\Theta + \sin\Theta)\frac{d\Theta}{d\varrho} = \begin{cases} 2\cos\Theta - \sqrt{3}\,\dfrac{Q}{2\pi M_0}\,\dfrac{\varrho^2}{\alpha}, & 0 \leqq \varrho \leqq \alpha, \quad (3.2/22) \\[2ex] 2\cos\Theta - \sqrt{3}\,\dfrac{Q}{2\pi M_0}, & \alpha \leqq \varrho \leqq 1. \quad (3.2/23) \end{cases}$$

Zunächst wird der Fall einer in Plattenmitte eingetragenen Einzellast Q betrachtet. In diesem Falle geht $\alpha \to 0$; deshalb ist Gl. (3.2/23) für die ganze Platte außer für $\varrho = 0$ gültig, wo eine Unstetigkeit in der Querkraft eintritt. Die Gleichung des Problems lautet

$$\frac{2\,d\varrho}{\varrho} = \frac{\sqrt{3}\cos\Theta + \sin\Theta}{\cos\Theta - F}\,d\Theta, \quad 0 < \varrho \leqq 1, \tag{3.2/24}$$

wobei $F = \frac{\sqrt{3}}{4}\,\frac{Q}{\pi M_0}$. In dem Falle $F^2 < 1$ führt die Integration von Gl. (3.2/24) zu dem Ergebnis:

$$2\ln\varrho = \Theta\sqrt{3} + \frac{\sqrt{3}\,F}{\sqrt{1-F^2}}\ln\frac{\tan\frac{\Theta}{2}\sqrt{1-F^2} - F + 1}{\tan\frac{\Theta}{2}\sqrt{1-F^2} + F - 1} + \ln(F - \cos\Theta) + C$$

$$0 < \varrho \leqq 1; \tag{3.2/25}$$

für $\varrho \to 0$ wird diese Gleichung nur befriedigt, wenn $F \to \cos\Theta$, da drei der Terme auf der rechten Gleichungsseite endlich sind. Aus der Bedingung Gl. (3.1/18) folgt, daß $\Theta = \pi/6$, und daher ist die Grenzlastintensität

$$Q = 2\pi M_0. \tag{3.2/26}$$

Das Spannungsfeld ist unstetig, — überall, außer in Plattenmitte, ist $m_r = 0$, $m_\varphi = 1$. Die Isotropiebedingung wird in der Plattenmitte befriedigt. Es ist leicht nachzuprüfen, daß die Bedingung für den Sprung

$$m_r] - m_\varphi] = -\frac{Q}{2\pi M_0} \tag{3.2/27}$$

bei $\varrho = \alpha \to 0$ befriedigt wird, also ist die erhaltene Lösung statisch zulässig. Das Spannungsfeld wird durch den Punkt C der Fließkurve (Abb. 3.29) dargestellt. Die Grenzlastintensität Gl. (3.2/26) ist die gleiche wie für die frei drehbar gestützte Kreisplatte aus Coulomb-Tresca-Material. Der Unterschied liegt in dem entsprechenden Durchbiegungsgeschwindigkeitsfeld. Dieses wird unmittelbar aus Gl. (3.2/13) gefunden; es folgt, daß $\dot{\varkappa}_r/\dot{\varkappa}_\varphi = -\frac{1}{2}$, so daß

$$\dot{w} = \dot{w}_0\left(1 - \sqrt{\varrho}\right), \quad 0 < \varrho \leqq 1 \tag{3.2/28}$$

die Lösung ist, offensichtlich eine Fläche mit negativer Gaussscher Krümmung.

Im zweiten Grenzfall, $\alpha = 1$, ist die Platte über ihre gesamte Fläche belastet, und Gl. (3.2/22) gilt für $0 \leqq \varrho \leqq 1$. Durch die Substitution $P\varrho^2 = t$, wobei P durch Gl. (3.1/4) definiert wird, wird die Gleichung des Problems zu

$$2t\cos\left(\frac{\pi}{6} - \Theta\right) = (\cos\Theta - t)\,\frac{dt}{d\Theta}, \quad \frac{\pi}{6} \leqq \Theta \leqq \frac{\pi}{2}. \tag{3.2/29}$$

Die Ermittlung der Grenzlastintensität für die Randbedingungen Gln. (3.2/18) und (3.2/19) ergibt den Wert (s. [29, 37]):

$$P_0 \approx 6{,}516. \tag{3.2/30}$$

Da die HUBER-VON MISES-Fließbedingung das Fließsechseck der COULOMB-TRESCA-Fließbedingung umschreibt, kann die resultierende Grenzlastintensität nicht kleiner als $P = 6$ sein. Eine numerisch aus-

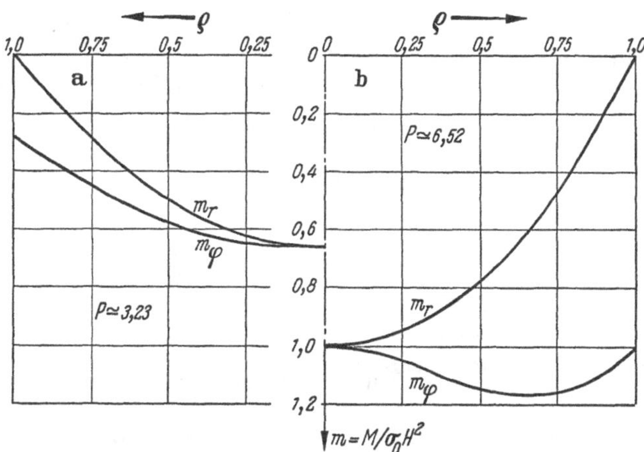

Abb. 3.30 Vergleich der Biegemomentenverteilung a) in frei drehbar gestützten elastischen und b) plastischen Kreisplatten aus HUBER-VON MISES-Material bei gleichförmig verteilter Vollbelastung

gewertete Biegemomentenverteilung ist in Abb. 3.30 dargestellt. Vergleichsweise zeigt die linke Seite des Diagramms die elastischen Momente, für die die Fließgrenzenspannung zuerst in den äußersten Schichten erreicht wird. Der Extremwert von $m_\varphi = 2/\sqrt{3}$ tritt bei $\varrho = 1/\sqrt{2}$ auf.

Die Existenz des zugehörigen Durchbiegungsgeschwindigkeitsfeldes geht aus Gl. (3.2/13) hervor. Das Verhältnis $\dot{\varkappa}_r/\dot{\varkappa}_\varphi$ ist eine stetige Funktion von Θ, und $\dot{w}$ kann für die Randbedingungen $\dot{w}'(0) = 0$ und $\dot{w}(1) = 0$ gefunden werden. Im betrachteten Falle nimmt die Beziehung Gl. (3.2/8) die Form

$$2t\cos\left(\frac{\pi}{6} - \Theta\right)\frac{d^2\dot{w}}{dt^2} + \sqrt{3}\cos\Theta\,\frac{d\dot{w}}{dt} = 0, \qquad 0 < t \leq P_0 \tag{3.2/31}$$

an, deren Integral ist

$$\dot{w} = C_1 \int_0^t \left[\exp - \frac{\sqrt{3}}{2}\int_{\frac{\pi}{6}}^{\Theta} \frac{\cos\Theta}{t\cos\left(\frac{\pi}{6} - \Theta\right)}\,d\Theta\right] dt + C_2. \tag{3.2/32}$$

Für den aus Gl. (3.2/29) ermittelten Wert von t kann das Durchbiegungsgeschwindigkeitsfeld ausgewertet werden. Das ist in [*32*] durchgeführt und mit dem für eine identische Platte aus COULOMB-TRESCA-Material erhaltenen Geschwindigkeitsfeld verglichen worden. In Abb. 3.31 ist das Ergebnis dargestellt. Das Verhältnis von radialer zu Ringkrümmung ist

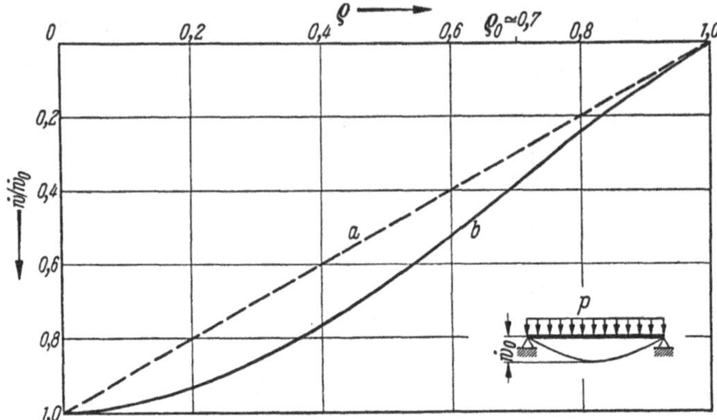

Abb. 3.31 Vergleich von Durchbiegungsgeschwindigkeitsfeldern für Kreisplatten aus TRESCA-Material (Kurve *a*) und HUBER-VON MISES-Material (Kurve *b*)

überall endlich, wechselt aber das Vorzeichen innerhalb des Plattenradius. Die Biegefläche hat einen Wendekreis bei $\varrho_0 = 1/\sqrt{2}$, so daß die Fläche für $0 \leqq \varrho \leqq \varrho_0$ von positiver Krümmung und für $\varrho_0 \leqq \varrho \leqq 1$ von negativer GAUSSscher Krümmung ist, wie aus dem Fließgesetz Gl. (3.2/13) hervorgeht.

Die Variation der Grenzlast als Funktion des Radius des belasteten Bereiches ist nach HOPKINS und WANG [*29*] in Abb. 3.32 dargestellt.

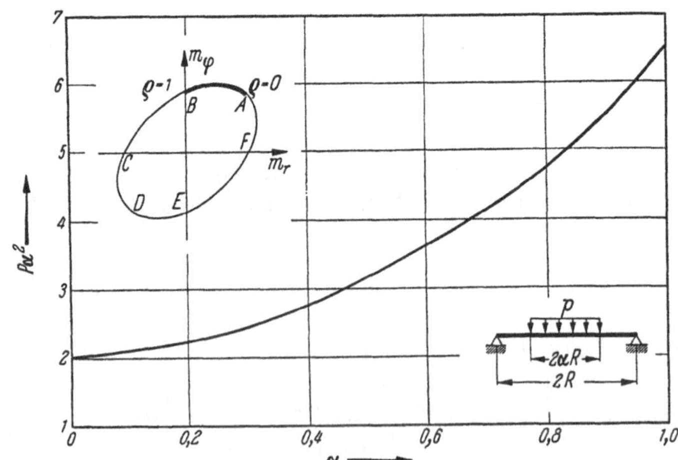

Abb. 3.32 Grenzlast für die frei drehbar gestützte Kreisplatte aus HUBER-VON MISES-Material

Numerisch berechnete Werte der Grenzlast werden in der Tab. 3.3, entnommen von SOKOLOVSKY [*24*], angegeben. Der Unterschied in der Grenzlast für $\alpha = 1$ verglichen mit dem Wert nach Gl. (3.2/30) ist durch die größere Genauigkeit der numerischen Integration in [*29*] bedingt.

Tabelle 3.3 *Grenzlastintensität für frei drehbar gestützte Kreisplatten* [*24*]

α	0,12	0,34	0,52	0,66	0,78	0,87	0,94	1,00
P	164,1	23,58	12,14	8,80	7,40	6,76	6,3	6,45

Die Belastungsintensität, bei der in der Platte zuerst die Fließspannung erreicht wird, kann aus der elastischen Lösung geschätzt werden. Für eine gleichförmig belastete Platte wird auf einfache Weise erhalten, daß $P_{\text{el}} = \frac{32}{3(3+\nu)}$. Somit ist das Verhältnis der plastischen Grenzlast zur elastischen „Grenzlast":

$$\frac{P_0}{P_{\text{el}}} \approx 0{,}61(3+\nu),$$

wobei ν die POISSONsche Konstante ist.

3.2.3 Entlang des Randes eingespannte Kreisplatte

Bei einer gemäß der Beziehung Gl. (3.2/15) belasteten, an der Stützung eingespannten Platte befindet sich die Plattenmitte im Spannungszustand $m_r = m_\varphi = 1$. Am Rande muß der algebraisch kleinste Wert des Radialmomentes erreicht werden, was bei $m_r = -\frac{2}{\sqrt{3}}$ der Fall ist. Somit wird das Spannungsprofil für eine eingespannte Kreisplatte durch den Teil ACF der Fließellipse in Abb. 3.29 angegeben.

Für diesen Teil der Fließkurve ist das Krümmungsverhältnis $\dot{\varkappa}_r/\dot{\varkappa}_\varphi$ an allen Stellen, außer am Punkt $\Theta = -\frac{\pi}{3}$, endlich, folglich kann sich bei F ein Fließgelenkkreis bilden und $\dot{w}'$ kann unstetig sein. Die Randbedingungen des Problems werden durch die Gln. (3.2/18) bis (3.2/20) und eine zusätzliche Beziehung

$$m_r = -\frac{2}{\sqrt{3}}, \quad \dot{w} = 0 \quad \text{bei} \quad \Theta = -\frac{\pi}{3} \tag{3.2/33}$$

gegeben. Durch Berechnung des Integrals Gl. (3.2/10) und Integration von Gl. (3.2/9) für die Randbedingungen Gl. (3.2/17) und die zusätzliche Gl. (3.2/33) kann die Grenzlast gefunden werden.

Für gleichförmig verteilte Vollbelastung $p = \text{const}$, $0 \leqq \varrho \leqq 1$, wird die Grenzlast erhalten zu [*29*]:

$$P \approx 12{,}5. \tag{3.2/34}$$

Für den Fall einer in Plattenmitte angreifenden Einzellast kann die Lösung durch einen Grenzübergang bestimmt werden, wie für frei drehbar gestützte Platten gezeigt worden ist. Es ergibt sich $F \to 1$ und daher $Q \to \frac{4\pi M_0}{\sqrt{3}}$. Zur Ermittlung der Grenzlastintensität nach einer anderen Methode wird die maximal mögliche Last gesucht, die mit einem außer in Plattenmitte und am Plattenrand konstanten Momentenfeld verknüpft ist. In anderen Worten: Es wird nach einer Lösung des Typs $m_r = a$, $m_\varphi = b$ gesucht, die beide Gleichgewichtsgleichungen (3.1/3a), (3.1/3b) und die Fließbedingung Gl. (3.2/1) befriedigt. Es wird gefunden, daß

$$b = \frac{1}{2} a \pm \sqrt{4 - 3a^2}. \tag{3.2/35}$$

Einsetzen dieser Beziehung in die Gleichgewichtsgleichung

$$\frac{d}{d\varrho}(\varrho a) - b = \frac{Q}{2\pi M_0} \tag{3.2/36}$$

liefert für die statisch zulässige Grenzlastintensität:

$$\frac{Q}{2\pi M_0} = \frac{1}{2}\left(a \pm \sqrt{4 - 3a^2}\right). \tag{3.2/37}$$

Der maximal mögliche Wert des Parameters a wird aus der Bedingung $\frac{dQ}{da} = 0$ zu $a = -\frac{1}{\sqrt{3}}$ erhalten, wenn $(4 - 3a^2)^{\frac{1}{2}} \neq 0$. Die zugehörige Grenzlastintensität ist

$$Q = \frac{4\pi M_0}{\sqrt{3}}, \tag{3.2/38}$$

und das Spannungsfeld $m_r = m_\varphi = 1/\sqrt{3}$ entspricht dem Punkt $\Theta = 0$ auf der Fließellipse und verletzt nicht die Spannungsrandbedingungen innerhalb $0 < \varrho \leqq 1$. Mit der Lösung Gl. (3.2/38) kann kein Durchbiegungsgeschwindigkeitsfeld verknüpft werden, wenn sich nicht bei $\varrho = 1$ ein Fließgelenkkreis ausbildet, daher tritt die Unstetigkeit in Θ, nämlich Übergang vom Zustand D zum Zustand F auf. Das Durchbiegungsgeschwindigkeitsfeld

$$\dot{w} = -\dot{w}_0 \ln\varrho, \qquad \dot{w}_0 < 0, \tag{3.2/39}$$

entsprechend dem Spannungsfeld $m_r = -m_\varphi = -\frac{1}{\sqrt{3}}$ für $0 < \varrho < 1$, hat bei $\varrho = 1$ einen Fließgelenkkreis und entspricht daher dem Spannungszustand $m_r = 2m_\varphi = -\frac{2}{\sqrt{3}}$. Für das Durchbiegungsgeschwindigkeitsfeld Gl. (3.2/29) und die Randbedingungen Gl. (3.2/32) folgt unmittelbar aus der Energiedissipation

$$-Q\,\dot{w}_0 = \int_0^1 (m_r\dot{\varkappa}_r + m_\varphi\dot{\varkappa}_\varphi)\,d\varrho + 2\pi m_r(1)\,\frac{d\dot{w}}{d\varrho}\bigg|_{\varrho=1}, \tag{3.2/40}$$

daß die obere Eingrenzung für die Grenzlastintensität der durch Gl. (3.2/38) gegebene Wert ist und somit den exakten Grenzlastwert darstellt. Dieser Wert unterscheidet sich von dem für COULOMB-TRESCA-Material erhaltenen Wert. Die gegebene Lösung ist, was das Spannungsfeld anbetrifft, etwas künstlich, da sie erfordert, daß sowohl Momente als auch die Querkraft in Plattenmitte und am Plattenrand unstetig

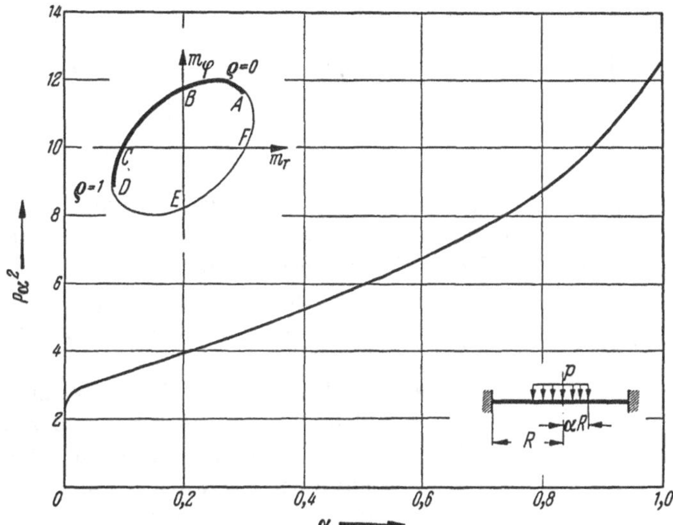

Abb. 3.33 Grenzlast für die eingespannte Kreisplatte aus HUBER-VON MISES-Material

sein müssen. Zur Erfüllung des Unstetigkeitserfordernisses (siehe Abschn. 3.1.7)

$$m_r] - m_\varphi] + \frac{Q - R}{2\pi M_0} = 0 \tag{3.2/41}$$

muß ein mit sich selbst im Gleichgewicht befindlicher Satz von konzentrierten Kräften R am Plattenrande innerhalb der Einspannung eingetragen werden. Das ist dann zulässig, wenn die Schubspannung keinen Einfluß auf die Fließbedingung nimmt.

Die Variation der Grenzlastintensität für eine auf einem zentralen Bereich belastete eingespannte Platte ist in Abb. 3.33 nach [*29*] dargestellt.

3.3 Plattenprobleme für die Maximal-Hauptmomenten-Fließbedingung

3.3.1 Allgemeine Lösung für Kreisplatten

Im zylindrischen Koordinatensystem, das mit den Hauptrichtungen der Momente m_r und m_φ zusammenfällt, werden die Gleichungen der Maximal-Hauptmomenten-Fließbedingung in Tab. 2.3 angegeben. Das

Tabelle 3.4 *Spannungs- und Durchbiegungsgeschwindigkeitsfelder für Kreisplatten und quadratische Fließbedingung*

Spannungsprofil	$-1 \leqq m_r \leqq 1$	$-1 \leqq m_\varphi \leqq 1$	$\dot{w}$
AB	$1 + \frac{C_1}{\varrho} - \frac{1}{\varrho} \int I(P)\, d\varrho$	1	$\dot{w} = A\varrho + B$
BC	-1	$I(P) - 1$	$\dot{w} = \text{const}$
CD	$-1 + \frac{C_3}{\varrho} - \frac{1}{\varrho} \int I(P)\, d\varrho$	-1	$\dot{w} = A\varrho + B$
DE	1	$I(P) + 1$	$\dot{w} = \text{const}$
A, B, C, D	± 1	± 1	$\dot{w}] = 0, \quad \dot{w}'] \neq 0$

Fließquadrat und die zugehörigen Krümmungsgeschwindigkeitsvektoren werden in Abb. 3.34 gezeigt. Die Fließgleichungen führen in Verbindung mit den Krümmungs-Durchbiegungsgeschwindigkeits-Beziehungen zu den in Tab. 3.4 angegebenen Spannungs- und Durchbiegungsgeschwindigkeitsfeldern.

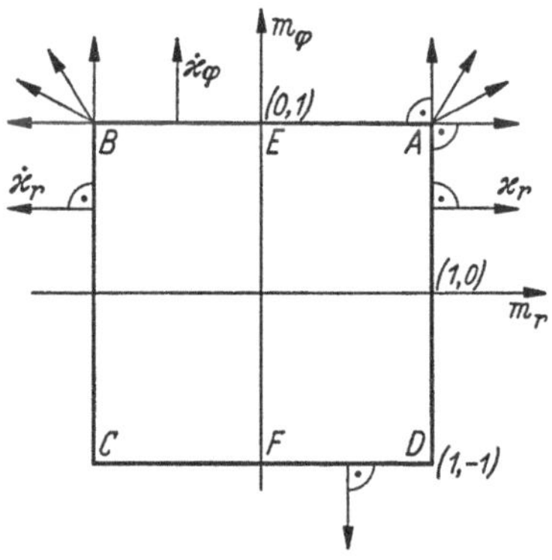

Abb. 3.34
Fließquadrat für Kreisplatten

Die Methode der Ableitung der in Tab. 3.4 angegebenen Beziehungen ist die gleiche wie für das COULOMB-TRESCA-Fließsechseck. Das Integral $I(P)$ wird durch Gl. (3.1/6) definiert und stellt die Belastung der Platte dar. Das Durchbiegungsgeschwindigkeitsfeld $\dot{w}$ wird nach den Gln. (3.1/8a) und (3.1/8c) erhalten; die entsprechenden Werte werden in Tab. 2.3 angegeben. Aus Tab. 3.4 folgt, daß die einzig mögliche Bewegung einer symmetrisch belasteten Kreisplatte die Verformung zu einer Kegelschale oder zu einer Kombination von kegelförmiger Verformung und Starrkörperverschiebung mit konstanter Geschwindigkeit ist. Die Starrkörperbewegung entspricht den Spannungsbereichen, die durch die Linien BC und DA des in Abb. 3.34 dargestellten Fließquadrates dargestellt werden. An den Spannungspunkten A, B, C, D, d. h. an den Ecken des Fließquadrates, können sich Fließgelenke ausbilden, da für diese Spannungsfelder der Übergang des Geschwindigkeitsfeldes von einer Kegelfläche in eine Ebene stattfinden muß. An diesen Punkten geht das Verhältnis $\dot{\varkappa}_r/\dot{\varkappa}_\varphi \to \infty$, was die Bedingung für einen Gelenkkreis $\dot{w}'] \neq 0$ darstellt; das bedeutet einen Sprung in der Neigung der radialen Tangente an die durchgebogene Mittelfläche der Platte. Der Unterschied im Vergleich mit dem COULOMB-TRESCA-Fließsechseck ist, daß Gelenkkreise an jeder Ecke des Fließquadrates vorkommen können, wogegen nur an einigen Ecken des Fließsechseckes, wie in Abschn. 3.1.1 erläutert.

Die Lösung jedes beliebigen Grenztragfähigkeitsproblems für die quadratische Fließbedingung und für Kreisplatten ist besonders einfach. Wie aus Tab. 3.4 ersichtlich ist, erfordert sie nur die Auswertung des Integrals $I(P) = \int \varrho P \, d\varrho$ für die vorgeschriebenen Spannungsrandbedingungen.

Für positiv belastete, frei drehbar gestützte Kreisplatten werden die Spannungsprofile im Grenzzustand durch den Teil AE des Fließquadrates in Abb. 3.34 dargestellt. Die Fließgleichung ist dieselbe wie die für den Teil AB des in Abb. 3.2 dargestellten Coulomb-Tresca-Fließsechseckes. Daher unterscheiden sich die Lösungen für frei drehbar gestützte Kreisplatten, die die Fließbedingung von Coulomb-Tresca oder die quadratische Fließbedingung erfüllen, nicht voneinander, wenn das Spannungsprofil auf gemeinsamen Seiten dieser zwei Fließpolygone bleibt. In anderen Worten, die Lösungen für die beiden Fließbedingungen unterscheiden sich nicht, wenn an allen Punkten der Mittelfläche einer Platte $m_r m_\varphi \geqq 0$ befriedigt wird.

Wenn $m_r m_\varphi \leqq 0$ — d. h. Biegemomente von entgegengesetztem Vorzeichen —, dann unterscheiden sich die Lösungen der plastischen Plattenprobleme gemäß der Coulomb-Tresca- oder der maximalen Normalspannungsfließbedingung. Der Unterschied besteht, wie aus den Tab. 3.1, 3.2 und 3.4 hervorgeht, sowohl in Spannungs- als auch in Geschwindigkeitsfeldern; deshalb sind die Grenzlasten ebenfalls voneinander abweichend.

3.3.2 Eingespannte Kreisplatten

Für eingespannte Platten kann die Bedingung $m_r m_\varphi > 0$ nur innerhalb eines bestimmten Bereiches $\varrho \leqq \varrho_0$ nahe der Plattenmitte erfüllt werden. Um das aufzuzeigen und die Lösung eines Plattenproblems für die quadratische Fließbedingung zu finden, wird eine über einen zentralen Bereich gleichförmig belastete Kreisplatte betrachtet:

$$p = p_0, \qquad 0 \leqq \varrho \leqq \alpha, \tag{3.3/1}$$

$$p = 0, \qquad \alpha \leqq \varrho \leqq 1; \tag{3.3/2}$$

die Randbedingungen sind

$$m_r(0) = m_\varphi(0) = 1, \qquad m_r(1) = -1, \qquad \dot{w}(1) = 0, \tag{3.3/3}$$

daher kann bei $\varrho = 1$ ein Gelenkkreis auftreten.

Die Spannungsisotropiebedingung in der Plattenmitte wird von der Gleichung der Seite AB des Fließquadrates erfüllt, daher wird die Fließgleichung zu

$$m_\varphi = 1, \qquad -1 \leqq m_r \leqq 1 \tag{3.3/4}$$

angenommen. Sie läßt auch die Befriedigung der Spannungsbedingung an dem eingespannten Rande zu. Einsetzen von Gl. (3.3/4) in die Gleichgewichtsgleichung (3.1/6) liefert

$$(\varrho\, m_r)' - 1 = \begin{cases} -P\dfrac{\varrho^2}{2}, & 0 \leqq \varrho \leqq \alpha, \\[2mm] -P\dfrac{\alpha^2}{2}, & \alpha \leqq \varrho \leqq 1, \end{cases} \tag{3.3/5}$$

die Radialmomentenverteilung ist daher

$$m_r = 1 - \frac{P\,\varrho^2}{6}, \qquad 0 \leqq \varrho \leqq \alpha, \tag{3.3/6}$$

$$m_r = 1 - \frac{P\,\alpha^2}{2} + \frac{C}{\varrho}, \qquad \alpha \leqq \varrho \leqq 1. \tag{3.3/7}$$

Bei $\varrho = \alpha$ müssen die Stetigkeitsbedingungen $m_r] = 0$, $m_r'] = 0$ befriedigt werden, so daß $C = \dfrac{P\,\alpha^3}{3}$. Aus der Spannungsbedingung am Plattenrand wird die Grenzlastintensität erhalten [*10*]

$$P = \frac{12}{3\alpha^2 - 2\alpha^3}, \tag{3.3/8}$$

die doppelt so groß ist wie für die frei drehbar gestützte Kreisplatte [siehe Gl. (3.1/31)]. Die Biegemomentenverteilung ist

$$m_r = 1 - \frac{2\varrho^2}{3\alpha^2 - 2\alpha^3}, \qquad m_\varphi = 1, \qquad 0 \leqq \varrho \leqq \alpha, \tag{3.3/9}$$

$$m_r = 1 - 2\,\frac{3\varrho\,\alpha^2 - 2\alpha^3}{\varrho\,(3\alpha^2 - 2\alpha^3)}, \qquad m_\varphi = 1, \qquad \alpha \leqq \varrho \leqq 1. \tag{3.3/10}$$

Für eine auf der gesamten Fläche belastete Platte ist die Grenzlastintensität $P = 12$ (siehe auch [*38*]), im Vergleich mit dem für die Coulomb-Tresca-Fließbedingung erhaltenen Wert von $P \cong 11{,}26$ und $P \cong 12{,}5$ für Huber-von Mises-Material.

In Abb. 3.35 wird die Biegemomentenverteilung für die eingespannte gleichförmig vollbelastete plastizierte Kreisplatte der Biegemomentenverteilung für eine entsprechende elastische Platte gegenübergestellt. Sie kann auch mit den in den Abb. 3.8 und 3.30 dargestellten Spannungsfeldern im Grenzzustand für die anderen Fließbedingungen verglichen werden.

Für den Grenzfall einer in Plattenmitte eingetragenen Einzellast Q wird durch Einsetzen von $Q = p\,\pi\,\alpha^2 R^2$ in Gl. (3.3/8) der folgende Wert für den Grenzübergang $\alpha \to 0$ erhalten:

$$Q = 4\pi\, M_0. \tag{3.3/11}$$

Dieser Wert unterscheidet sich beträchtlich von dem Wert $Q = 2\pi\, M_0$, der für die Coulomb-Tresca-Fließbedingung und beliebige Randbedingungen erhalten wurde (siehe auch [*38* bis *41*]). Es besteht auch ein

Unterschied in den Durchbiegungsgeschwindigkeitsfeldern. Für die betrachtete Fließbedingung und das zugehörige Fließgesetz erfüllt das

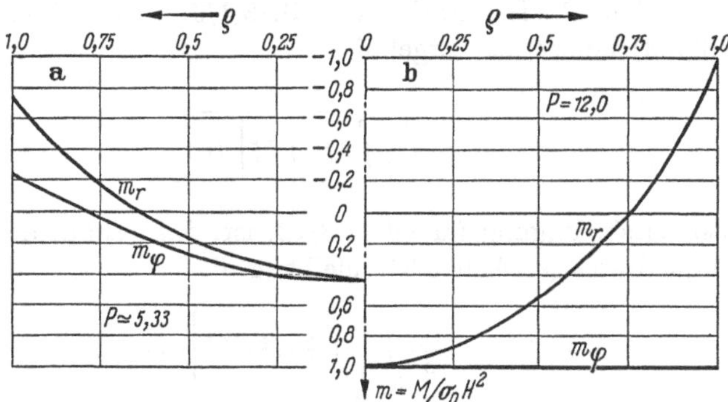

Abb. 3.35 Vergleich der Biegemomentenverteilung a) in eingespannten elastischen und b) plastischen Kreisplatten für die Maximal-Hauptmomenten-Fließbedingung bei gleichförmig verteilter Vollbelastung

Durchbiegungsgeschwindigkeitsfeld in Gestalt eines Kegels

$$\dot{w} = \dot{w}_0(1 - \varrho) \tag{3.3/12}$$

alle kinematischen Bedingungen; es ist deshalb ein zulässiges Geschwindigkeitsfeld für beliebige positive Belastung einer Kreisplatte.

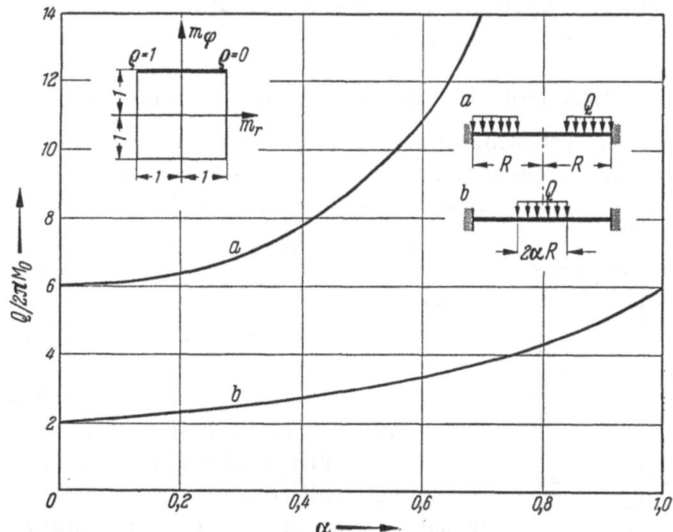

Abb. 3.36 Grenzlast für Kreisplatten und die Maximal-Hauptmomenten-Fließbedingung

In Abb. 3.36 ist die Variation der auf die Platte wirkenden Gesamt-Grenzlast in Abhängigkeit von der Größe der gleichförmig belasteten Fläche dargestellt.

Für eine innerhalb $0 \leqq \varrho \leqq 1$ einer beliebigen Belastung $P = P_0 f(\varrho)$ unterworfene eingespannte Platte kann die Grenzlastintensität leicht ermittelt werden. Die Integration von Gl. (3.1/6) für die Randbedingungen Gl. (3.3/3) liefert das Ergebnis

$$P_0 = \frac{2}{\int\limits_0^1 \left[\int\limits_0^\varrho \xi f(\xi)\, d\xi \right] d\varrho}. \tag{3.3/13}$$

Die Gültigkeitsbedingung für Gl. (3.3/13) ist, daß m_r auf der Seite AB des Fließquadrates (s. Abb. 3.34) bleibt, z. B.

$$-1 \leqq 1 - \frac{P_0}{\varrho} \int\limits_0^\varrho \left[\int\limits_0^\varrho \xi f(\xi)\, d\xi \right] d\varrho \leqq 1. \tag{3.3/14}$$

Wenn eine Platte beispielsweise unter der Einwirkung einer Last steht, deren Intensität nach der Plattenmitte zu parabolisch nach der Funktion $P = P_0(1 - \varrho^n)$ abnimmt, erhält man den Grenzlastparameter

$$P_0 = \frac{12(n+2)(n+3)}{5n + n^2}. \tag{3.3/15}$$

Das ergibt $P_0 = 24$ für eine kegelförmige Belastung $(n = 1)$ und $P_0 \to 12$ für $n \to \infty$, was das Ergebnis für eine gleichförmig belastete Platte ist. Die entsprechenden Werte für die frei drehbar gestützte Kreisplatte sind halb so groß.

3.3.3 Frei drehbar gestützte quadratische Platte

In einem rechtwinkligen Koordinatensystem für eine Platte, wie in Abb. 3.37 dargestellt, lautet die dimensionslose Form der Gleichgewichtsgleichungen (2.1/5)

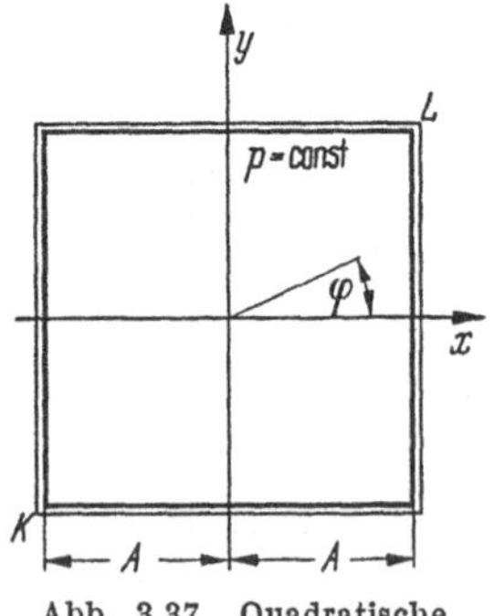

Abb. 3.37 Quadratische Platte unter gleichförmig verteilter Belastung

$$\frac{\partial^2 m_\xi}{\partial \xi^2} + 2\frac{\partial^2 m_{\xi\eta}}{\partial \xi\, \partial \eta} + \frac{\partial^2 m_\eta}{\partial \eta^2} = -P, \tag{3.3/16}$$

wobei

$$\xi = \frac{x}{A}, \quad \eta = \frac{y}{A}, \quad P = \frac{pA}{M_0}. \tag{3.3/17}$$

In dem betrachteten Falle ist $m_{\xi\eta} \neq 0$, außer an bestimmten Punkten; deshalb ist es notwendig, von der Fließhyperfläche im dreidimensionalen Spannungsresultierendenraum Gebrauch zu machen. Für die positive Belastung (s. Abbildung 2.1) ist die Fließgleichung des Problems [vergleiche Gl. (2.2/18)]

$$m_\xi + m_\eta - m_\xi m_\eta + m_{\xi\eta}^2 = 1 \tag{3.3/18}$$

gültig für $m_\eta - m_\xi > 0$.

Die Spannungsrandbedingungen sind

$$m_\xi(\pm 1) = 0, \qquad m_\eta(\pm 1) = 0 \tag{3.3/19}$$

mit zusätzlichen Spannungsbeziehungen in Plattenmitte

$$m_\xi(0) = m_\eta(0) = 1, \qquad m_{\xi\eta}(0) = 0. \tag{3.3/20}$$

Dieses Problem ist von PRAGER [*42*] für eine gleichförmig belastete Platte untersucht worden. Hier wird für allgemeinere Fälle ein Spannungsfeld gesucht, das die Spannungs- und Fließgleichungen des Problems erfüllt. Infolge der Symmetrie des Problems wird angenommen, daß [*43*]

$$m_\xi = [1 - f^2(\xi)], \qquad m_\eta = [1 - f^2(\eta)], \tag{3.3/21}$$

wobei $f(\xi)$, $f(\eta)$ Funktionen von nur einer Variablen sind. Diese Funktionen erfüllen, infolge der Randbedingungen Gl. (3.3/20), die folgenden Bedingungen:

$$f^2(\xi)\big|_0 = f^2(\eta)\big|_0 = 0; \qquad f^2(\xi)\big|_{\pm 1} = f^2(\eta)\big|_{\pm 1} = 1. \tag{3.3/22}$$

Bei Verwendung der Gln. (3.3/21) in der Fließbedingung Gl. (3.3/18) erhält man

$$m_{\xi\eta} = -f(\xi)\, f(\eta). \tag{3.3/23}$$

Einsetzen in die Gleichgewichtsgleichung ergibt die folgende Beziehung:

$$\frac{\partial^2 f^2(\xi)}{\partial \xi^2} + 2\,\frac{\partial f(\xi)\,\partial f(\eta)}{\partial \xi\,\partial \eta} + \frac{\partial^2 f^2(\eta)}{\partial \eta^2} = P. \tag{3.3/24}$$

Wenn für P ein Potenzreihenausdruck angegeben werden kann, dann kann $f(\xi)$ und $f(\eta)$ in der Form

$$f(\xi) = \sum_{i=1}^{\infty} a_i\, \xi^i, \qquad f(\eta) = \sum_{i=1}^{\infty} b_i\, \eta^i \tag{3.3/25}$$

gesucht werden. Durch Differentiation und Substitution in Gl. (3.3/24) erhält man:

$$\begin{aligned} &\sum_{k=1}^{\infty} k\, a_k\, \xi^{k-1} \sum_{k=1}^{\infty} k\, a_k\, \xi^{k-1} + \sum_{k=1}^{\infty} a_k\, \xi^k \sum_{k=2}^{\infty} k(k-1)\, a_k\, \xi^{k-2} + \\ &+ \sum_{k=1}^{\infty} k\, b_k\, \eta^{k-1} \sum_{k=1}^{\infty} k\, b_k\, \eta^{k-1} + \sum_{k=1}^{\infty} b_k\, \eta^k \sum_{k=2}^{\infty} k(k-1)\, b_k\, \eta^{k-2} + \\ &+ \sum_{k=1}^{\infty} k\, a_k\, \xi^{k-1} \sum_{k=1}^{\infty} k\, b_k\, \eta^{k-1} = \frac{P_0}{2}\left(1 + \sum_{k=1}^{\infty} c_k\, \xi^k \sum_{k=1}^{\infty} d_k\, \eta_k\right). \end{aligned} \tag{3.3/26}$$

Für gleichförmig verteilte Belastung P_0 ist $c_k = d_k = 0$ und ferner $a_k = b_k$. Dabei ergeben sich die Beziehungen

$$6 a_1^2 = P_0, \tag{3.3/27}$$

$$\left.\begin{aligned} &a_2(6\xi^2 + 2\xi\eta + 6\eta^2) = 0, \\ &\dots\dots\dots\dots\dots \end{aligned}\right\} \tag{3.3/28}$$

Somit ist die einzige nichtverschwindende Konstante $a_1 \neq 0$. Im Hinblick auf die zweite Bedingung, Gl. (3.3/22), folgt, daß in dem Fall von $P = \text{const}$ gilt: $a_1 = b_1 = 1$, so daß

$$f^2(\xi) = \xi^2, \qquad f^2(\eta) = \eta^2. \tag{3.3/29}$$

Deshalb wird das erhaltene Spannungsfeld wie folgt beschrieben:

$$m_\xi = 1 - \xi^2, \qquad m_\eta = 1 - \eta^2, \qquad m_{\xi\eta} = -\xi\eta; \tag{3.3/30}$$

der zugehörige Wert der Grenzlast ist

$$P_0 = 6, \tag{3.3/31}$$

und die Fließbedingung wird an keiner Stelle innerhalb der Platte verletzt, so daß das erhaltene Spannungsfeld statisch zulässig ist.

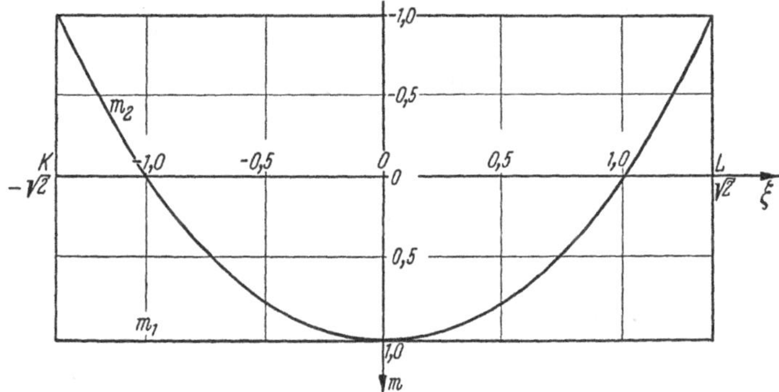

Abb. 3.38 Biegemomentenverteilung in einer quadratischen Platte am Punkt des Versagens für die Maximal-Hauptmomenten-Fließbedingung

Dieses Spannungsfeld für eine gleichförmig belastete quadratische Platte ist von PRAGER [*42*] gefunden worden. Das Problem ist ebenfalls von WOOD [*44, 45*] untersucht worden.

Bei der Ermittlung der Hauptmomente ergibt sich unmittelbar, daß die Extremwerte entlang der Diagonalen des Quadrates auftreten:

$$m_1 = 1, \qquad m_2 = 1 - \xi^2 - \eta^2, \quad \text{entlang} \quad \xi - \eta = 0. \tag{3.3/32}$$

Das resultierende Diagramm entlang der Diagonalen KL (s. Abb. 3.37) ist in Abb. 3.38 dargestellt.

Aus den bekannten Biegemomenten können die Querkräfte und Stützenreaktionen berechnet werden. Die dimensionslosen Reaktionen sind

$$v_\xi = q_\xi + \frac{\partial m_{\xi\eta}(1)}{\partial \eta} = \frac{\partial m_\xi(1)}{\partial \xi} + 2\frac{\partial m_{\xi\eta}(1)}{d\eta} = -4, \tag{3.3/33}$$

wobei $q_\xi = \dfrac{Q_x A}{M_0}$ die dimensionslose Querkraft bedeutet und $v_\xi = \dfrac{R_x A}{M_0}$, wobei R_x die Stützenreaktion entlang $x = \pm A$ ist. Der gleiche Wert wird für R_y erhalten. Aus Gl. (3.3/33) geht hervor, daß die Reaktionen entlang der Stützungslinien gleichförmig verteilt sind. Die in den Plattenecken auftretenden konzentrierten Kräfte sind nach der Näherungslösung des Randwertproblems von Gl. (2.1/5) (siehe z. B. GIRKMANN [*1*])

$$n = 2m_{\xi\,\eta} = 2. \tag{3.3/34}$$

Zur Ermittlung des zugehörigen Durchbiegungsgeschwindigkeitsfeldes ist von dem Fließgesetz Gln. (2.3/31) und (2.3/32) und den Krümmungs-Durchbiegungsbeziehungen Gl. (2.1/10) Gebrauch zu machen. Für das die Bedingung $m_\eta - m_\xi > 0$ erfüllende Spannungsprofil ist der entsprechende Satz von Beziehungen:

$$-\frac{\partial^2 \dot{w}}{\partial \xi^2} = \nu(1 - m_\eta), \qquad -\frac{\partial^2 \dot{w}}{\partial \eta^2} = \nu(1 - m_\xi), \tag{3.3/35}$$

$$-\frac{\partial^2 \dot{w}}{\partial \xi\, \partial \eta} = -\nu\, m_{\xi\,\eta}, \tag{3.3/36}$$

wobei $\dot{w} = \dot{W}/A$ die dimensionslose Durchbiegungsgeschwindigkeit bedeutet.

Einsetzen der Momentenausdrücke liefert die folgende Beziehung:

$$\nu = -\frac{1}{\eta^2}\frac{\partial^2 \dot{w}}{\partial \xi^2} = -\frac{1}{\xi^2}\frac{\partial^2 \dot{w}}{\partial \eta^2} = \frac{1}{\xi\,\eta}\frac{\partial^2 \dot{w}}{\partial \xi\,\partial \eta}. \tag{3.3/37}$$

Dies führt zu der Gleichung

$$\left(\frac{\partial^2 \dot{w}}{\partial \xi\,\partial \eta}\right)^2 = \frac{\partial^2 \dot{w}}{\partial \xi^2}\,\frac{\partial^2 \dot{w}}{\partial \eta^2}, \tag{3.3/38}$$

die eine abwickelbare Fläche darstellt. Zur Erfüllung der Durchbiegungsgeschwindigkeits-Randbedingungen

$$\dot{w}(\pm 1, \eta) = \dot{w}(\xi, \pm 1) = 0 \tag{3.3/39}$$

muß die verformte Fläche die Form einer Pyramide mit Neigungsdiskontinuitäten entlang der Plattendiagonalen haben, was direkt aus Gl. (3.3/37) hervorgeht. Die Bedingung $\nu \neq 0$ kann entlang der Diagonalen erfüllt werden. An anderen Stellen der Platte ist $\nu = 0$, so daß kein plastisches Fließen eintritt. Es ist leicht zu finden, daß die Hauptmomenten- und -krümmungstrajektorien im betrachteten Falle einen Satz von Radien und konzentrischen Kreisen bilden, wobei eine der Hauptrichtungen durch den Winkel φ zwischen der Hauptrichtung und der ξ-Achse festgelegt wird:

$$\tan 2\varphi = \frac{2\,\xi\,\eta}{\xi^2 - \eta^2}, \qquad \tan\varphi = \pm\frac{\eta}{\xi}. \tag{3.3/40}$$

Das die Bedingung Gl. (3.3/39) befriedigende Durchbiegungsgeschwindigkeitsfeld, das die innere Energiedissipation entlang der Diagonalen zuläßt, stellt sich wie folgt dar:

$$\dot{w} = \dot{w}_0(1 - \xi), \qquad 0 \leqq \eta \leqq \xi, \tag{3.3/41}$$

$$\dot{w} = \dot{w}_0(1 - \eta), \qquad 0 \leqq \xi \leqq \eta; \tag{3.3/42}$$

es ist aus Symmetriegründen nur im Quadranten $\xi > 0$, $\eta > 0$ angegeben. In den Gln. (3.3/41) und (3.3/42) bedeutet $\dot{w}_0$ die Durchbiegungsgeschwindigkeit der Plattenmitte.

Für die Leistung der äußeren Kräfte ergibt sich

$$L = \int_S P \dot{W} \, dS = 8 P \dot{w}_0 \int_0^1 \xi (1. - \xi) \, d\xi = \frac{4}{3} P \dot{w}_0. \qquad (3.3/43)$$

Da nur entlang der Diagonalen $\nu > 0$ ist, wird die innere Energie nur entlang dieser Unstetigkeitslinien dissipiert. Die Unstetigkeiten in der Neigung führen zu den Beziehungen

$$\dot{w}_{\xi\xi} \to \dot{\Theta}_{\xi}] = \dot{w}_0, \qquad \dot{w}_{\eta\eta} \to \dot{\Theta}_{\eta}] = \dot{w}_0. \qquad (3.3/44)$$

Der Gesamtverdrehungswinkel an der Fließgelenklinie ist daher

$$\dot{\Theta}] = \dot{w}_0 \sqrt{2}. \qquad (3.3/45)$$

Da das Biegemoment normal zu den Diagonalen den Wert $m_\varphi = 1$ annimmt, ist die Dissipationsleistung der inneren Energie in allen Fließgelenklinien

$$D = m_i \, \Theta_i \, l = 4 \sqrt{2} \, \dot{w}_0 \sqrt{2} = 8 \dot{w}_0. \qquad (3.3/46)$$

Aus den Gln. (3.3/43) und (3.3/46) wird die Grenzlast zu $P = 6$ erhalten, der gleiche Wert, der in Gl. (3.3/31) aus der statischen Berechnung gefunden wurde. Daher ist der Wert $P = 6$ der exakte Grenzlastwert für eine quadratische Platte und die in Abb. 3.34 dargestellte quadratische Fließbedingung.

Die erhaltene Lösung ist ebenfalls für Platten von der Form eines regelmäßigen Vielecks, wie in Abb. 3.28 gezeigt, gültig. Das einzige zu erfüllende Erfordernis ist, daß der Radius B des umgeschriebenen Kreises die Bedingung

$$B \leqq R \sqrt{2} \qquad (3.3/47)$$

erfüllt, wobei R der Radius des eingeschriebenen Kreises ist (s. Abb. 3.28). Im Polarkoordinatensystem ist dann das dimensionslose Spannungsfeld

$$m_r = (1 - \varrho^2), \qquad m_\varphi = 1, \qquad \varrho \leqq \sqrt{2}. \qquad (3.3/48)$$

Das zugehörige Durchbiegungsgeschwindigkeitsfeld ist ebenfalls von pyramidenförmiger Gestalt. Die obere Eingrenzung der Grenzlastintensität stimmt mit $P = 6$ überein, was der Grenztragfähigkeit einer eingeschriebenen Kreisplatte entspricht.

Detaillierte kinematische Berechnungen werden in den Kap. 6 bis 8 gegeben.

3.3.4 Kombinierte Wirkung von Belastungen für Kreisplatten

In den Fällen, in denen eine Platte der gleichzeitigen Wirkung von zwei verschiedenen Belastungstypen unterworfen wird, können die entsprechenden Wechselwirkungskurven gefunden werden. Eine solche Wechselwirkungskurve ist von besonderem Wert, wenn die beiden Belastungstypen nicht proportional zum gleichen Parameter anwachsen.

Betrachtet wird eine eingespannte Kreisplatte, die durch ringförmige Streckenlasten und eine mittige Einzellast belastet wird, wie in Abb. 3.39 für eine Plattenhälfte dargestellt ist. Die Belastungen P und Q sind nicht proportional, somit

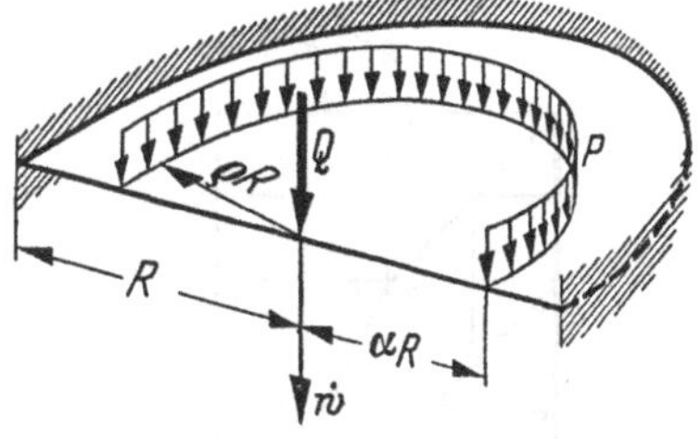

Abb. 3.39 Kreisplatte unter der gleichzeitigen Einwirkung einer ringförmigen Streckenlast und einer Einzellast (Schnittdarstellung)

$$\frac{P}{Q} = f(t), \qquad (3.3/49)$$

wobei $f(t)$ eine beliebige Funktion eines gegebenen Parameters, z. B. der Zeit, ist. In Abhängigkeit von dem Vorzeichen von $f(t)$ werden verschiedene kritische Kombinationen von Belastungen erhalten für die gegebenen Spannungsrandbedingungen

$$m_r(0) = m_\varphi(0) = 1, \quad m_r(1) = -1, \qquad (3.3/50)$$

und für die Stetigkeits- oder Sprungbedingungen bei $\varrho = \alpha$.

Für $P > 0$, $Q > 0$ liegt das Spannungsprofil auf der Seite AB des in Abb. 3.34 dargestellten Fließquadrates. Aus den Gleichgewichtsgleichungen (3.1/3a) und (3.1/3b) folgt unter Berücksichtigung von Gl. (3.3/50), daß die Wechselwirkungskurve die Gleichung

$$2 - \frac{Q}{2\pi M_0} - \frac{P}{2\pi M_0}(1 - \alpha) = 0 \qquad (3.3/51)$$

hat. Im Falle $P > 0$, $Q < 0$ kann das Spannungsprofil entweder auf der Seite AB oder CD des Fließquadrates liegen, mit einem Sprung bei $\varrho = \alpha$, ähnlich wie in Abschn. 3.1.7 im einzelnen dargelegt. Die entsprechenden Gleichungen sind

$$(\varrho\, m_r)' - m_\varphi = \frac{Q}{2\pi M_0} - \frac{P}{2\pi M_0}, \quad m_\varphi = 1, \quad \alpha \leqq \varrho \leqq 1; \qquad (3.3/52)$$

$$(\varrho\, m_r)' - m_\varphi = \frac{Q}{2\pi M_0}, \quad m_\varphi \geqq -1, \quad 0 < \varrho \leqq \alpha. \qquad (3.3/53)$$

Wenn $m_\varphi = -1$ innerhalb $0 \leqq \varrho \leqq \alpha$, dann wird die Spannungsfeldunstetigkeit bei $\varrho = \alpha$, entsprechend dem Sprung des Spannungsprofils vom Punkt D zum Punkt A des Fließquadrates, ausgedrückt durch

$$m_\varphi] = 2 = \frac{P}{2\pi M_0}. \qquad (3.3/54)$$

Die Wechselwirkungskurve ergibt sich zu

$$\frac{Q}{2\pi M_0} + \frac{P}{2\pi M_0} - \frac{2}{1+\alpha} = 0, \qquad Q \leqq 4\pi M_0. \qquad (3.3/55)$$

In Abb. 3.40 ist der Bereich der sicheren Belastungskombinationen für $\alpha = 0$ und $\alpha = \frac{1}{2}$ dargestellt.

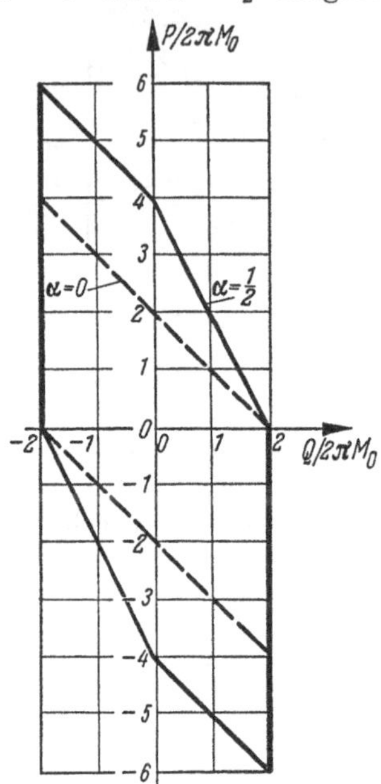

Abb. 3.40 Wechselwirkungspolygon für kombinierte Belastung einer Kreisplatte durch ringförmige Streckenlast und Einzellast für die Maximal-Hauptmomenten-Fließbedingung

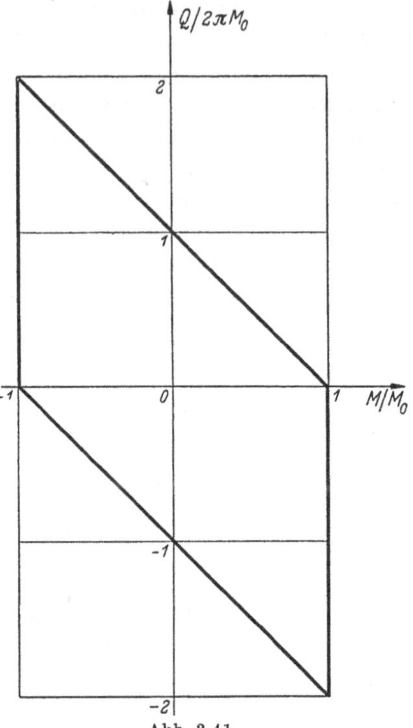

Abb. 3.41 Wechselwirkungspolygon für kombinierte Einzellast-Momenten-Belastung einer Kreisplatte

In ähnlicher Weise, wie es in Abschn. 3.1.8 durchgeführt wurde, kann die Wechselwirkungskurve für gleichzeitige Biegung durch ein ringsum angreifendes Randmoment M und eine mittige Einzellast Q gefunden werden. Die Spannungsrandbedingungen sind in diesem Falle

$$m_r(1) = m = M/M_0, \qquad -1 \leqq m \leqq 1. \qquad (3.3/56)$$

Aus Gl. (3.1/125) wird unter Verwendung der Beziehungen Gl. (3.3/56) erhalten, daß

$$m + \frac{Q}{2\pi M_0} = 1, \qquad \begin{cases} m_r = +1, & \varrho = 0, \\ m_r = -1, & 0 < \varrho \leqq 1. \end{cases} \qquad (3.3/57)$$

Für $Q > 0$ liegt das Spannungsprofil auf der Seite AB des Fließquadrates, und der sichere Bereich für eine kombinierte Belastung der betrachteten Art in der m-Q-Ebene wird in Abb. 3.41 dargestellt.

Aus dem Vergleich mit Abb. 3.23 ist der Unterschied zwischen den Lösungen für eingespannte Kreisplatten für den Fall der COULOMB-TRESCA-Fließbedingung und der quadratischen Fließbedingung offenbar. Für die quadratische Fließbedingung ist die Grenzlast

$$Q = 4\pi M_0. \tag{3.3/58}$$

Für COULOMB-TRESCA-Material hängt die Grenzlast nicht vom Grad der Einspannung ab und ist für Platten von beliebiger Form $Q = 2\pi M_0$, wie in Abschn. 3.1.9 gezeigt worden ist.

Die Platte, deren Wechselwirkungskurve in Abb. 3.41 dargestellt ist, verformt sich in einen Kegel

$$\dot{w} = w_0(1 - \varrho), \qquad -1 < m \leqq 1. \tag{3.3/59}$$

Es ist zu erwähnen, daß die Wechselwirkungskurven für das Fließquadrat stückweise linear sind.

Literatur zu 3

[1] GIRKMANN, K.: Flächentragwerke. 5. Aufl., Wien: Springer 1959.

[2] TIMOSHENKO, S. P., u. S. WOINOWSKY-KRIEGER: Theory of Plates and Shells. New York: Mc Graw-Hill 1959.

[3] GWOSDEW, A. A.: Bestimmung des Wertes der Grenzlast für statisch unbestimmte Tragwerke (russisch). Projekt i Standart 3 (1934) S. 10—16.

[4] HOPKINS, H. G., u. W. PRAGER: The load carrying capacities of circular plates. J. Mech. Phys. Solids 2 (1953) S. 1—13.

[5] HOPKINS, H. G.: The theory of deformation of nonhomogeneous rigid-plastic plates under transverse load. Coll. Verformung und Fließen des Festkörpers (Madrid 1955). Berlin/Göttingen/Heidelberg: Springer 1956, S. 176 bis 183.

[6] HOPKINS, H. G.: On the plastic theory of plates. Proc. Roy. Soc. Lond. (A) 241 (1957) S. 153—179.

[7] DRUCKER, D. C., u. H. G. HOPKINS: Combined concentrated and distributed load on ideally plastic circular plates. Proc. 2nd U.S. Natl. Congr. Appl. Mech. (Ann Arbor 1954) ASME, New York 1955, S. 517—520.

[8] HOPKINS, H. G., u. A. J. WANG: Load carrying capacities for circular plates of perfectly plastic material with arbitrary yield condition. J. Mech. Phys. Solids 3 (1955) S. 117—129.

[9] MRÓZ, Z.: Nośność graniczna i kształtowanie wytrzymałościowe płyt pierścieniowych. Rozprawy Inżynierskie CXIV 4 (1958) S. 603—626.

[10] SAWCZUK, A.: Teoria stanów granicznych płyt plastycznie ortotropowych i niejednorodnych oraz jej zastosowanie techniczne. Politechnika Warszawska, Warszawa 1958.

[11] HU, L. W.: Design of circular plates based on plastic limit load. Proc. Amer. Soc. Civ. Engrs., J. Engng. Mech. Div. 86 (1960) EM 1, S. 91—116.

[12] PAUL, B.: Collapse load of rings and flanges under twisting moments and radial force. J. Appl. Mech. 26 (1959) S. 265—270.

[13] HODGE, P. G.: Yield point of an annular plate. J. Appl. Mech. 26 (1959) S. 454/55.

[14] Mróz, Z., u. A. Sawczuk: Grenztragfähigkeiten von eingespannten Ringplatten (russisch). Izv. Akad. Nauk SSSR, Otd. Tech. Nauk, Mechanika i Masinostr. 1960, Nr. 3, S. 72—78.

[15] Haythornthwaite, R. M., u. R. T. Shield: A note on the deformable region in a rigid plastic structure. J. Mech. Phys. Solids 6 (1958) S. 127—131.

[16] Shapiro, G. S.: Über die Einzigkeit der Lösung eines starr-plastischen Plattenproblems (russisch). Izv. Akad. Nauk SSSR, Otd. Tech. Nauk, Mechanika i Masinostr. 1959, Nr. 2, S. 127—131.

[17] Haythornthwaite, R. M., u. R. T. Shield: Remarks on paper by G. S. Shapiro: Über die Einzigkeit der Lösung eines starren Plattenproblems (russisch). Izv. Akad. Nauk SSSR, Otd. Tech. Nauk, Mechanika i Masinostr. 1960, Nr. 4, S. 159.

[18] Shapiro, G. S.: Elastisch-plastische Biegung einer Kreisplatte und Existenz der Lösung eines starr-plastischen Problems (russisch). Izv. Akad. Nauk SSSR, Otd. Tech. Nauk, Mechanika i Masinostr. 1961, Nr. 2, S. 142—146.

[19] Schumann, W.: On limit analysis of plates. Quart. Appl. Math. 16 (1958) S. 61—71.

[20] Zaid, M.: On the carrying capacity of plates of arbritary shape and variable fixity under a concentrated load. J. Appl. Mech. 25 (1958) S. 598—602.

[21] Schumann, W.: On isoperimetric inequalities in plasticity. Quart. Appl. Math. 16 (1958) S. 309—314.

[22] Bishop, J. F., A. P. Green u. R. Hill: A note on the deformable region in a rigid plastic body. J. Mech. Phys. Solids 4 (1956) S. 256—258.

[23] Sokolovsky, V. V.: Elastisch-plastische Biegung von Kreis- und Ringplatten (russisch). Prikl. Mat. Mech. 8 (1944) Nr. 2, S. 141—146.

[24] Sokolovsky, V. V.: Theorie der Plastizität. Berlin: VEB-Verlag Technik 1955 (Russische Ausgabe, Moskau: Gostechizdat 1950).

[25] Ilyushin, A. A.: Plastizität (russisch). Moskau: Gostechizdat 1948.

[26] Grigoryev, A. S.: Über die Grenztragfähigkeit von Ringplatten (russisch). Inzenernyj Sbornik 16 (1953) S. 177—182.

[27] Grigoryev, A. S.: Biegung von Kreis- und Kreisringplatten mit variabler Dicke (russisch). Inzenernyj Sbornik 20 (1954) S. 59—92.

[28] Dvorak, J.: Kreisringplatte im elastisch-plastischen Zustande. Proc. Symp. Nonhomogeneity in Elasticity and Plasticity (Warsaw 1958). Oxford: Pergamon Press 1959, S. 519—521.

[29] Hopkins, H. C., u. A. J. Wang: Load carrying capacities of perfectly plastic plates with arbitrary yield conditions. J. Mech. Phys. Solids 3 (1959) S. 117 bis 129.

[30] Pell, W. H., u. W. Prager: Limit design of plates. Proc. 1st U.S. Natl. Congr. Appl. Mech., (Chicago 1951), ASME, New York 1952, S. 547—550.

[31] Prager, W.: Discontinuous fields of plastic stress and flow. Proc. 2nd. U. S. Natl. Congress Appl. Mech. (Ann. Arbor 1954) ASME, New York 1954, S. 21—32.

[32] Eason, G.: Velocity fields for circular plates with the von Mises yield condition. J. Mech. Phys. Solids 6 (1958) S. 231—235.

[33] Hopkins, H. C.: Some remarks concerning the dependence of the solution of plastic plate problems upon the yield criterion. Actes IX Congr. Int. Appl. Mech. (Bruxelles 1956), Université de Bruxelles 6 (1957) S. 448—457.

[34] Lerner, S., u. W. Prager: On the flexure of plastic plates. J. Appl. Mech. 27 (1960) S. 353—354.

[35] Hodge, P. G.: Plastic Analysis of Structures. New York: Mc Graw-Hill 1959.

[36] FEJNBERG, S. M.: Das Prinzip der Grenzspannung.(russisch). Dissertation Inst. Mechaniki Akad. Nauk SSSR, Moskau 1946.
[37] CHINTSUN HWANG: Incremental stress-strain law applied to work hardening plastic materials. J. Appl. Mech. 27 (1960) Paper 59 APM 15.
[38] JOHANSEN, K. W.: Brudlinieteorier. Kopenhagen: Jul. Gjellerup 1943.
[39] RZHANITSYN, A. R.: Berechnung der Konstruktionen mit Berücksichtigung der plastischen Eigenschaften der Materialien (russisch). Moskau: Strojizdat 1954.
[40] SAWCZUK, A.: Grenztragfähigkeit der Platten. Bauplanung-Bautechnik 11 (1957) S. 315—320 u. S. 359—364.
[41] MANSFIELD, E. H.: Studies in collapse analysis of rigid-plastic plates. Proc. Roy. Soc., Lond. (A) 241 (1957) S. 311—338.
[42] PRAGER, W.: An Introduction to Plasticity. Reading, Mass.: Addison-Wesley 1959.
[43] SAWCZUK, A.: Studia z zakresu teorii nośności granicznej płyt prostokątnych. Rozprawy Inżynierskie (im Druck).
[44] WOOD, R. H.: Studies in Composite Construction. Part II. Building Research Studies, Paper Nr. 22, London: H. M. Stationery Office 1955.
[45] WOOD, R. H.: Elastic and Plastic Design of Slabs and Plates. London: Thames and Hudson 1961.

4. Orthotrope Kreisplatten

4.1 Stückweise lineare Fließbedingungen für Kreisplatten

4.1.1 Allgemeine Beziehungen für stückweise lineare Fließbedingungen

Bei einem isotropen Material bleibt eine stückweise lineare Fließbedingung im Hauptspannungsraum auch in dem Raum der Hauptbiegemomente stückweise linear. Im Falle der plastischen Anisotropie gilt das im allgemeinen nicht. Unter der Annahme, daß die Hauptmomentenrichtungen und Orthotropieachsen übereinstimmen, ist jedoch die Fließbedingung bei plastischer Orthotropie stückweise linear.

Betrachtet wird eine Kreisplatte von der Dicke $2H$ aus plastisch orthotropem Material, deren Hauptrichtungen der Orthotropie die radiale und die ringförmige Richtung sind. Die allgemeinste Form der Fließbedingung in der Ebene der Hauptmomente wird durch den folgenden Satz von dimensionslosen Beziehungen gegeben:

$$A_i m_r + B_i m_\varphi = 1, \quad (i = 1, 2, \ldots, n), \tag{4.1/1}$$

wobei $m_r = M_r/M_0$, $m_\varphi = M_\varphi/M_0$, $M_0 = \sigma_0 H^2$ und σ_0 eine Materialkonstante von der Dimension der Spannung ist; A_i, B_i sind Materialkonstanten. Da σ_0 beliebig gewählt ist, kann es als Fließgrenze in der radialen Richtung genommen werden. Dann kann das Fließpolygon Gl. (4.1/1) in der einfacheren Form

$$m_r + C_i m_\varphi = 1, \quad (i = 1, 2, \ldots, n) \tag{4.1/2}$$

geschrieben werden, wobei C_i für die Strukturkonstanten steht. Die Beziehungen Gl. (4.1/1) bilden ein konvexes Polygon, das den spannungsfreien Zustand umschließt.

Das plastische Potentialfließgesetz ergibt die Beziehungen

$$\dot{\varkappa}_r = \nu, \qquad \dot{\varkappa}_\varphi = \nu C_i, \qquad \nu \geqq 0, \tag{4.1/3}$$

die zusammen mit den geometrischen Beziehungen Gl. (3.1/5) zur Gleichung des zugehörigen Durchbiegungsgeschwindigkeitsfeldes führen.

Aus den Gln. (4.1/2) geht hervor, daß die einfachste Verallgemeinerung der COULOMB-TRESCA-Fließbedingung für eine anisotrope Platte mit dem gleichen Wert der Fließgrenze für Zug und Druck erhalten wird, wenn die Orthotropie durch zwei Materialkonstanten definiert wird. Diese sind die Grenzmomente in radialer und tangentialer Richtung. Eine solche Form der Fließfunktion ist in [1] eingeführt worden. Das entsprechende Fließsechseck nimmt die in Abb. 4.1 dargestellte Form an, in Abhängigkeit vom Verhältnis der Hauptgrenzmomente:

$$\frac{M_{0\varphi}}{M_{0r}} = \frac{\sigma_{0\varphi}}{\sigma_0} = C_2 = \frac{1}{\alpha}, \qquad \alpha \lesseqgtr 1. \tag{4.1/4}$$

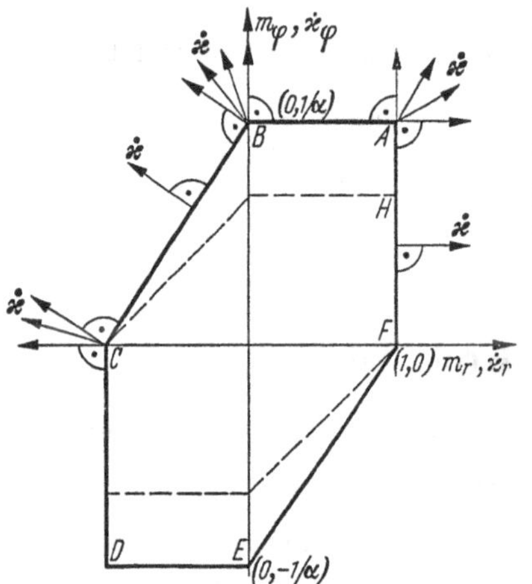

Abb. 4.1 Zwei-Fließgrenzen-Sechseck für orthotrope Platten

In den Gln. (4.1/2) nimmt die Konstante C_i nur zwei Werte an, nämlich $C_1 = 0$, $C_2 = 1/\alpha$, da die plastische Orthotropie als durch zwei Strukturkonstanten definiert angenommen wird. Die strichlierte Linie in Abb. 4.1 deutet das isotrope Fließsechseck an.

Für die durch die Seiten und Ecken des orthotropen Fließsechseckes dargestellten Spannungsprofile kann die Gleichgewichtsgleichung Gl. (3.1/6) leicht integriert werden. Das entsprechende Verfahren ist identisch mit dem in Abschn. 3.1.1 verwendeten. Wenn P die durch Gl. (3.1/4) definierte dimensionslose Last bezeichnet, können die Spannungsfelder am Punkt des Versagens einer orthotropen Kreisplatte nur eine Kombination der in Tab. 4.1 angegebenen Felder sein. Die zugehörigen Durchbiegungsgeschwindigkeitsgleichungen sind ebenfalls angegeben.

Bei der Ermittlung des radialen Biegemomentes für die Fließgleichung $m_r + \alpha\, m_\varphi = 1$ wurde angenommen, daß die Querkraft $\varrho\, q_r = b_i\, \varrho^n$ ist, wobei b_i eine Konstante ist. Das ist für verteilte Lasten

Tabelle 4.1 *Radialmomente und vertikale Durchbiegungsgeschwindigkeiten für orthotrope Kreisplatten*

Spannungs-profil	m_r	$\dot{w}$
AB	$C\varrho^{-1} + \alpha^{-1} - \varrho^{-1}\int I(P)\,d\varrho$	$A\varrho + B$
BC	$C\varrho^{\frac{1-\alpha}{\alpha}} - \dfrac{1}{1-\alpha} + \dfrac{b_i\varrho^n}{n+1-\alpha^{-1}} \quad \alpha \neq 1$	$A + B\varrho^{1/\alpha}$
CD	-1	const

gültig. Die Bestimmung der Lösung für eine gegebene Belastung bereitet keine Schwierigkeiten, da die entsprechende Differentialgleichung linear ist.

Aus dem Vergleich der in den Tab. 3.1 und 3.2 angegebenen Ergebnisse mit Tab. 4.1 sind die Unterschiede in den Spannungs- und Geschwindigkeitsfeldern für isotrope und anisotrope Platten zu ersehen.

Ein allgemeinerer Lösungsweg für die stückweise plastische Orthotropie wird in [*4*] behandelt. Die fundamentalen Beziehungen dieses Lösungsweges, der sich auf die Betrachtung der „dreidimensionalen Orthotropie" eines Plattenmaterials gründet, sind in den Abschn. 2.4.1 und 2.4.2 erörtert worden.

Somit stellt das in den Abb. 2.8a und b gezeigte Fließsechseck mit drei Fließgrenzen die Bedingung des Versagens eines allgemeinen orthotropen Materials im ebenen Spannungszustand dar. In Abb. 4.2 sind drei mögliche Konfigurationen des Drei-Fließgrenzen-Sechseckes für eine Kreisplatte gezeigt, in Abhängigkeit von der Orientierung der Hauptorthotropierichtungen in bezug auf die Hauptmomentenrichtung. Es werden dimensionslose Momente verwendet, die wie folgt definiert sind:

$$m_i = \frac{M_i}{\sigma_0 H^2} = \frac{M_i}{M_0}, \qquad (i = r, \varphi), \tag{4.1/5}$$

wobei σ_0 den kleinsten Wert der Fließgrenze bedeutet. Dieser kleinste Wert der Fließgrenze kann offensichtlich entweder mit der radialen oder mit der tangentialen oder mit der normalen Richtung zusammenfallen, wenn Übereinstimmung der Hauptspannungs- und der Orthotropierichtungen angenommen wird. Die strichlierte Linie in Abb. 4.2 deutet das isotrope Fließsechseck an. Die Verhältnisse der Fließgrenzen sind:

$$\frac{Y_\varphi}{Y_3} = \frac{1}{\alpha}, \quad \frac{Y_r}{Y_3} = \frac{1}{\beta}, \quad \text{wenn} \quad Y_3 < Y_r, \quad Y_3 < Y_\varphi, \tag{4.1/6}$$

$$\frac{Y_\varphi}{Y_r} = \frac{1}{\alpha}, \quad \frac{Y_3}{Y_r} = \frac{1}{\beta}, \quad \text{wenn} \quad Y_r < Y_3, \quad Y_r < Y_\varphi. \tag{4.1/7}$$

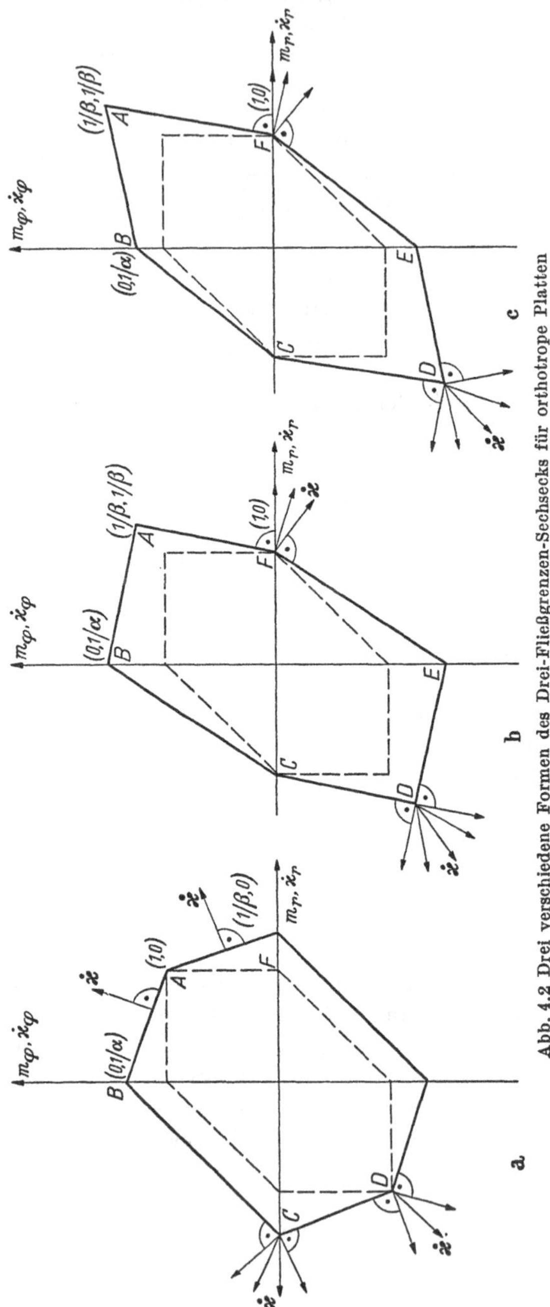

Abb. 4.2 Drei verschiedene Formen des Drei-Fließgrenzen-Sechsecks für orthotrope Platten

Die allgemeinen Fließgleichungen für das Drei-Fließgrenzen-Sechseck nehmen die in Gl. (4.1/1) gegebene Form an. Die Konstanten A_i und B_i sind in Termen der Fließgrenzen Y_r, Y_φ und Y_3 leicht zu ermitteln. Da die Gleichgewichtsgleichung für die Kreisplatte die Form von Gl. (3.1/6) hat, kann die Spannungsgleichung aus den Beziehungen Gl. (4.1/1) und Gl. (3.1/6) gefunden werden. Im allgemeinen hat die Gleichung des Spannungsfeldes die dimensionslose Form

$$(\varrho\, m_r)' - a_i + b_i\, m_r + \int_0^\varrho \varrho\, P\, d\varrho = 0, \quad (i = 1, \ldots, 6), \quad (4.1/8)$$

wobei $a_i = B_i^{-1}$, $b_i = A_i\, B_i^{-1}$, $B_i \neq 0$. Bei Verwendung der Definition des Querkraftintegrals $I(\varrho)$ [s. Gl. (3.1/6)] kann die Gleichung des Problems folgendermaßen umgeschrieben werden:

$$\varrho\, m_r' + m_r(1 + b_i) - a_i + I = 0. \quad (4.1/9)$$

Die Lösung dieser Gleichung ist

$$m_r = C\, \varrho^{-(1+b_i)} - \frac{a_i}{1 + b_i} + \varrho^{-(1+b_i)} \int \varrho^{b_i} I(\varrho)\, d\varrho. \quad (4.1/10)$$

Zusammen mit Gl. (4.1/1) ergibt dies das Spannungsfeld außer im Falle $B_i = 0$. In diesem letzten Falle ist $m_r = \text{const}$, und das Ergebnis ist ähnlich dem in Tab. 4.1 für das Spannungsprofil CD angegebenen. Bei Problemen, bei denen das Spannungsprofil mehr als einen plastischen Bereich enthält, ist das Spannungsprofil eine stückweise Funktion, die aus einer die tatsächlichen Spannungsrandbedingungen erfüllenden entsprechenden Anzahl von Gln. (4.1/10) besteht. Zur Bestimmung des zugehörigen Durchbiegungsgeschwindigkeitsfeldes sind die Durchbiegungs-Krümmungs-Beziehungen und das plastische Potentialfließgesetz zu verwenden. Die den Polygonseiten entsprechenden Krümmungsgeschwindigkeiten sind:

$$\dot{\varkappa}_r = -\frac{d^2 \dot{w}}{d\varrho^2} = \nu\, A_i, \qquad \dot{\varkappa}_\varphi = -\frac{1}{\varrho} \frac{d\dot{w}}{d\varrho} = \nu\, B_i, \quad (4.1/11)$$

wobei $\dot{w} = \dot{W}/R$ die dimensionslose Durchbiegungsgeschwindigkeit der Plattenmittelfläche ist (s. Abschn. 3.1.1). Eliminierung des skalaren Koeffizienten $\nu \geqq 0$ ergibt die Gleichung des Geschwindigkeitsfeldes

$$\varrho\, \dot{w}'' - b_i\, \dot{w}' = 0, \qquad b_i \text{ endlich.} \quad (4.1/12)$$

Das Integral dieser Gleichung heißt

$$\dot{w} = C_1 + C_2\, \varrho^{b_i + 1}. \quad (4.1/13)$$

Bei einer orthotropen Platte kann das Durchbiegungsgeschwindigkeitsfeld Neigungsunstetigkeiten (Fließgelenkkreise) enthalten. Die notwendige Bedingung für die Bildung eines Fließgelenkkreises lautet

$$\dot{\varkappa}_r / \dot{\varkappa}_\varphi = \varrho\, \dot{w}'' / \dot{w}' \to \infty. \quad (4.1/14)$$

Dieser Fall kann in den Spannungsbereichen eintreten, wo das plastische Potentialfließgesetz $\dot{\varkappa}_\varphi = 0$ ergibt. Aus Abb. 4.2 geht hervor, daß sich die Fließgelenkkreise nur an den folgenden Spannungspunkten bilden können:

$$m_r = \pm\frac{1}{\beta}, \quad m_\varphi = 0, \quad Y_3 < Y_r < Y_\varphi, \tag{4.1/15}$$

$$m_r = m_\varphi = \frac{1}{\beta}, \quad Y_r < Y_3 < Y_\varphi \quad \text{und} \quad Y_r < Y_\varphi < Y_3. \tag{4.1/16}$$

Es ist hervorzuheben, daß hierin ein Unterschied zu den entsprechenden Beziehungen für eine isotrope Platte besteht. Wie aus Tab. 3.2 zu ersehen ist, sind die Neigungsunstetigkeiten $\dot{w}'] \neq 0$ (Fließgelenkkreise) für alle Spannungspunkte, an denen $m_r = \text{const}$, zulässig. Für das in Abb. 4.1 dargestellte Zwei-Fließgrenzen-Sechseck ist jedoch die Sachlage die gleiche wie im Falle von isotropen Platten.

4.1.2 Frei drehbar gestützte Platten

Zu Beginn der Lösung bestimmter Probleme wird von der Berechnung des plastischen Fließens einer ringförmig belasteten, frei drehbar randgestützten Kreisplatte ausgegangen (s. Abb. 3.3). Die gleichförmig verteilte Last wird gegeben durch

$$p = 0, \quad 0 \leqq \varrho \leqq \varrho_1, \quad p = \text{const}, \quad \varrho_1 \leqq \varrho \leqq 1;$$

(ϱ_1 entspricht α in Abb. 3.3). Die Spannungsrandbedingungen sind infolge des homogenen Spannungszustandes innerhalb $0 \leqq \varrho \leqq \varrho_1$

$$m_r = m_\varphi, \quad m_r(1) = 0. \tag{4.1/17}$$

Offensichtlich ist das Spannungsfeld am Punkt des Versagens von der Fließbedingung abhängig. Die Betrachtung wird mit dem in Abb. 4.1 dargestellten Zwei-Fließgrenzen-Sechseck begonnen unter der Annahme, daß $\alpha < 1$; infolgedessen ist die Platte in der ringförmigen Richtung stärker als in radialer Richtung.

Da bei $\varrho = 0$ infolge des isotropen Spannungszustandes $m_r(0) = m_\varphi(0)$, wird das Spannungsprofil in der Nähe der Plattenmitte durch die Linie HA der Abb. 4.1 wiedergegeben. Somit widersprechen die folgenden Fließgleichungen nicht den Spannungsrandbedingungen Gl. (4.1/17):

$$m_r = 1, \quad 0 \leqq \varrho \leqq \varrho_A, \tag{4.1/18}$$

$$m_\varphi = \alpha^{-1}, \quad \varrho_A \leqq \varrho \leqq 1. \tag{4.1/19}$$

Der Übergangskreis vom Radius ϱ_A ist ein Fließgelenkkreis, der dem Spannungspunkt A in der Biegemomentenebene entspricht. Für die gegebene Belastung ist das Querkraftintegral

$$I = 0, \quad 0 \leqq \varrho \leqq \varrho_1, \quad I_1 = \frac{P}{2}(\varrho^2 - \varrho_1^2), \quad \varrho_1 \leqq \varrho \leqq 1. \tag{4.1/20}$$

Die Integration ergibt folgende Spannungsfeldgleichungen

$$m_r = m_\varphi = 1, \quad 0 \leqq \varrho \leqq \varrho_1, \tag{4.1/21}$$

$$m_r = 1, \quad m_\varphi = 1 + \frac{P}{2}(\varrho^2 - \varrho_1^2), \quad \varrho_1 \leqq \varrho \leqq \varrho_A, \tag{4.1/22}$$

$$m_r = \alpha^{-1} - \frac{P\varrho^2}{6} + \frac{P\varrho_1^2}{4} + \frac{C}{\varrho}, \quad m_\varphi = \alpha^{-1}, \quad \varrho_A \leqq \varrho \leqq 1 \tag{4.1/23}$$

Zur Bestimmung der Grenzlast $P = p\,R^2/M_0$ und des Spannungsprofilübergangsradius ϱ_A stehen die Randbedingung $m_r(1) = 0$ und die von m_φ innerhalb $0 \leqq \varrho \leqq \varrho_A$ zu erfüllende Ungleichung zur Verfügung. Diese Ungleichung versichert die statische Zulässigkeit des Spannungsfeldes innerhalb des Bereiches $0 \leqq \varrho \leqq \varrho_A$ und hat die Form

$$1 \leqq m_\varphi = 1 + \frac{P}{2}(\varrho^2 - \varrho_1^2) \leqq \alpha^{-1}. \tag{4.1/24}$$

Da für $\varrho = \varrho_A$ gilt $m_\varphi = \alpha^{-1}$, werden schließlich die folgenden Beziehungen erhalten

$$P = \frac{2}{\alpha}\,\frac{(1-\alpha)}{\varrho_A^2 - \varrho_1^2}, \quad \alpha < 1, \tag{4.1/25a}$$

$$2\varrho_A^3(1-\alpha) - 3\varrho_A^2 + 3\varrho_1^2\alpha + (1-\alpha) = 0, \quad 0 < \alpha \leqq 1. \tag{4.1/25b}$$

Aus diesen Gleichungen können ϱ_A und die Grenzlast ermittelt werden.

Die Variation des Spannungsprofilübergangskreises als Funktion des inneren Radius der belasteten Plattenfläche ist in Abb. 4.3 dargestellt ([*1* sowie *6*, *7*]). Für eine über die ganze Fläche belastete Platte, $\varrho_1 = 0$, wird die Grenzlastintensität in Abb. 4.4 mit dem entsprechenden Wert für eine isotrope Platte verglichen. Zu ersehen ist eine Zunahme der Grenzlast mit zunehmendem Wert der Fließgrenze in tangentialer Richtung (abnehmendes α).

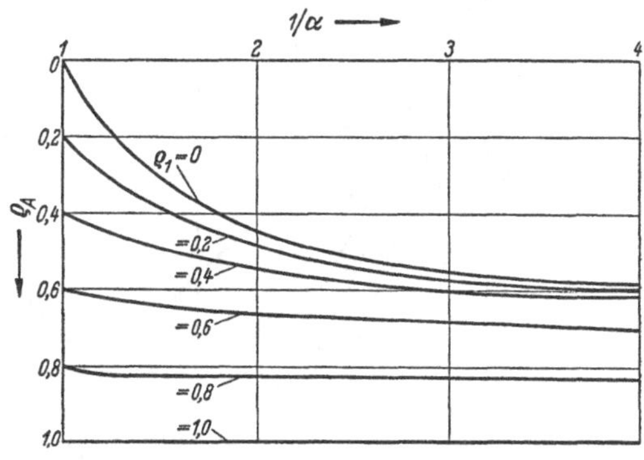

Abb. 4.3 Fließgelenkkreisradius für frei drehbar gestützte orthotrope Platten

Die durch die Gln. (4.1/21) bis (4.1/26) gegebene statische Lösung ist mit dem Durchbiegungsgeschwindigkeitsfeld zu verknüpfen. Da das den erhaltenen Lösungen entsprechende Spannungsprofil durch den *HAB*-Teil des in Abb. 4.1 dargestellten Fließsechseckes gegeben wird, folgt aus der letzten Spalte von Tab. 4.1, daß die Durchbiegungsgeschwindigkeit ist:

$$\dot{w} = \dot{w}_0, \quad 0 \leqq \varrho \leqq \varrho_A, \quad \dot{w} = \frac{\dot{w}_0}{1-\varrho_A}(1-\varrho), \quad \varrho_A \leqq \varrho \leqq 1. \tag{4.1/26}$$

Diese Gleichungen erfüllen die kinematischen Randbedingungen $\dot{w}(0) = \dot{w}_0$ und $\dot{w}(1) = 0$. Aus den Gln. (4.1/26) folgt, daß der Fließgelenkkreis bei $\varrho = \varrho_A$ auftritt und daß sich der zentrale Teil der Platte

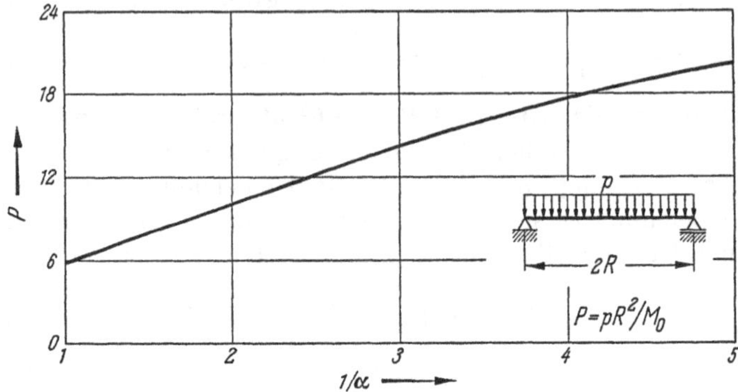

Abb. 4.4 Last-Orthotropie-Beziehung für die frei drehbar gestützte gleichförmig belastete Kreisplatte

mit der konstanten Geschwindigkeit $\dot{w}_0$ abwärts bewegt. Das Geschwindigkeitsfeld hat die Form eines Kegelstumpfes. Die Abmessung des mitt-

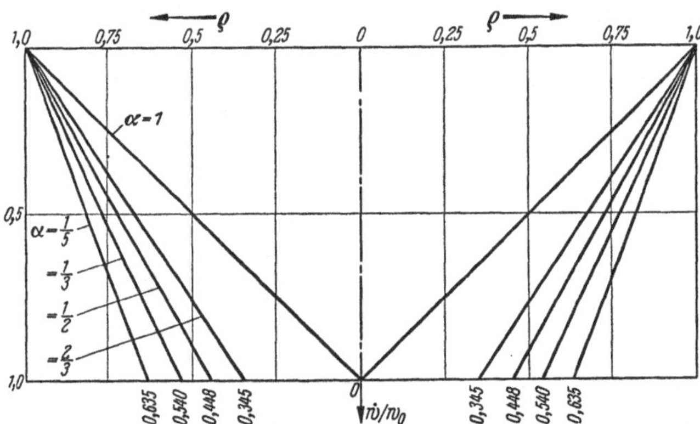

Abb. 4.5 Durchbiegungsgeschwindigkeit-Orthotropie-Beziehungen für die Zwei-Fließgrenzen-Fließkurve

leren Plattenteiles hängt von dem Orthotropieverhältnis $M_{0\varphi}/M_{0r} = \alpha^{-1}$ ab; diese Abhängigkeit wird in Abb. 4.5 für eine innerhalb des Bereiches $0 \leqq \varrho \leqq 1$ belastete Platte gezeigt. Die gegebene Lösung ist für $\alpha \leqq 1$ gültig.

Im Falle der in Abschn. 2.4.2 (s. [4]) behandelten Drei-Fließgrenzen-Orthotropie ergibt sich ein etwas unterschiedliches Bild des Verhaltens einer Platte. Zum Vergleich wird das in Abb. 4.2b dargestellte Fließsechseck betrachtet. Für eine gleichförmig belastete Platte und die

Randbedingungen Gl. (4.1/17) ist das Spannungsprofil AB zutreffend. Daher lautet die Fließgleichung in Termen der Materialfließgrenze

$$(\beta - \alpha)\, m_r + \alpha\, m_\varphi = 1\,, \tag{4.1/27}$$

wobei α, β durch Gl. (4.1/7) definiert sind. Einsetzen von Gl. (4.1/27) in Gl. (3.1/6) ergibt für eine gleichförmig belastete Platte die folgende Spannungsgleichung Gl. (4.1/10):

$$m_r = C_1\, \varrho^{-\beta/\alpha} - \frac{P}{2}\, \frac{\varrho^2}{\beta/\alpha + 2} + \frac{1}{\beta} + C_2\,. \tag{4.1/28}$$

Da in der Plattenmitte $m_r = m_\varphi = 1/\beta$, folgt, daß $C_2 = 0$ und für das $\beta/\alpha > 0$ ebenfalls $C_1 = 0$. Die Grenzlast ist:

$$P = \frac{4}{\beta} + \frac{2}{\alpha}\,. \tag{4.1/29}$$

Einsetzen von Gl. (4.1/29) in die Momentengleichungen ergibt für das Spannungsfeld

$$m_r = \frac{1}{\beta}\,(1 - \varrho^2)\,, \qquad m_\varphi = \frac{1}{\beta} + \varrho^2 \left(\frac{1}{\alpha} - \frac{1}{\beta}\right). \tag{4.1/30}$$

Für den Sonderfall $\beta = 1$ ist die entsprechende Biegemomentenverteilung in Abb. 4.6 dargestellt. Auf der linken Seite ist zum Zwecke des

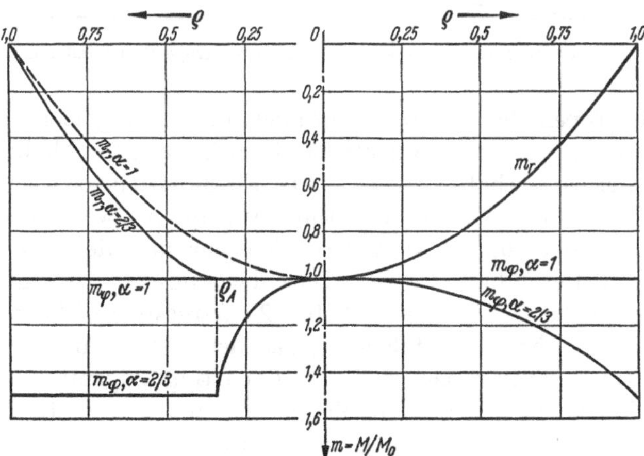

Abb. 4.6 Vergleich von Biegemomentenverteilungen in einer frei drehbar gestützten Kreisplatte in Abhängigkeit von stückweise linearen Fließbedingungen

Vergleiches das für das Zwei-Fließgrenzen-Sechseck erhaltene Spannungsfeld eingezeichnet; es ist nach den Gln. (4.1/21) bis (4.1/23) berechnet. Die rechte Seite entspricht den Gln. (4.1/30).

Aus Gl. (4.1/30) geht hervor, daß das erhaltene Spannungsfeld die Erfordernisse der statischen Zulässigkeit des Spannungsprofils AB erfüllt, nämlich: $0 \leqq m_r \leqq 1$, $1/\beta \leqq m_\varphi \leqq 1/\alpha$ für $0 \leqq \varrho \leqq 1$. Das mit der Grenzlast Gl. (4.1/29) und dem Spannungsfeld Gl. (4.1/30) verbundene Durchbiegungsgeschwindigkeitsfeld für Drei-Fließgrenzen-Orthotropie wird aus Gl. (4.1/12) erhalten. Einsetzen der entsprechenden Materialkonstanten in Gl. (4.1/13) liefert das resultierende Feld:

$$\dot{w} = \dot{w}_0(1 - \varrho^{\beta/\alpha}). \qquad (4.1/31)$$

Aus Gl. (4.1/31) geht hervor, daß sich bei $\varrho = 0$ ergibt: $\dot{w}' = -\frac{1}{\alpha}\,\varrho^{1/(\alpha-1)}$, also Stetigkeit für $\alpha < 1$. Somit bildet sich im Falle $\alpha < 1$ kein Fließgelenk in Plattenmitte. Einige Durchbiegungsgeschwindigkeitsfelder für die orthotrope Drei-Fließgrenzen-Platte sind in Abb. 4.7 gezeigt. Der

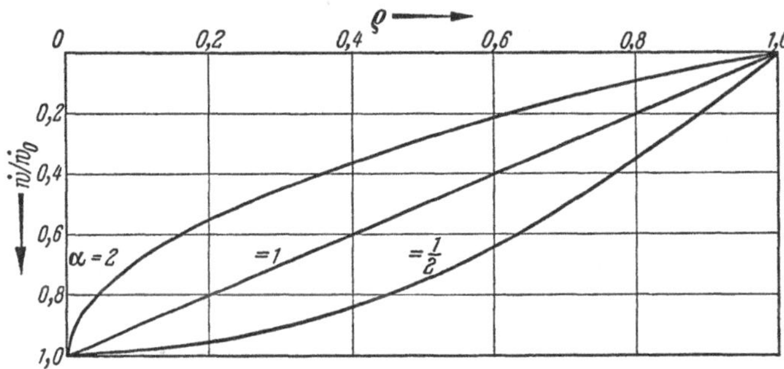

Abb. 4.7 Durchbiegungsgeschwindigkeitsfelder für orthotrope Drei-Fließgrenzen-Platten

Fall der isotropen Platte $\alpha = 1$ folgt auch aus den allgemeineren Beziehungen, die die plastische Anisotropie berücksichtigen. Ähnliche Beziehungen werden erhalten, wenn die Fließgrenzenwerte in radialer, tangentialer und normaler Richtung vertauscht werden. Die entsprechenden Gleichungen verändern sich nur um die Änderung von Parametern. Der Charakter des Durchbiegungsgeschwindigkeitsfeldes bleibt der gleiche wie für die in Abb. 4.2b dargestellte Fließbedingung.

Eine praktische Schlußfolgerung aus der Berechnung frei drehbar randgestützter Platten ist, daß die Grenztragfähigkeit einer Platte mit zunehmendem plastischen Modul in tangentialer Richtung anwächst. Daher kann durch geeignete Anordnung der Hauptrichtungen der Orthotropie in einem Tragwerk eine Erhöhung der Grenzlast erhalten werden. Der Ausdruck „geeignet" ist gewählt worden, da eine solche Erhöhung nicht stets erhalten werden kann (z. B. wenn $\alpha > 1$ in Abbildung 4.1).

Wenn eine orthotrope Platte durch eine in Plattenmitte angreifende Einzellast Q belastet wird, ergibt Einsetzen von $I = \frac{Q}{2\pi M_0}$ in die Gleichgewichtsgleichung das Resultat

$$Q = 2\pi M_0 \alpha^{-1}. \qquad (4.1/32)$$

Das in der Gleichung auftretende M_0 wird durch Gl. (4.1/5) definiert. Der Spannungspunkt B entspricht diesem Wert der Grenzlast. Das Durchbiegungsgeschwindigkeitsfeld ist innerhalb der die folgenden Ungleichungen befriedigenden Felder beliebig:

$$-\frac{\beta}{\alpha} \leqq \frac{\dot{\varkappa}_r}{\dot{\varkappa}_\varphi} \leqq \frac{\beta-\alpha}{\alpha}, \qquad \beta \leqq 1. \tag{4.1/33}$$

Es ist leicht nachprüfbar, daß das Durchbiegungsgeschwindigkeitsfeld Gl. (4.1/31) nicht die Bedingungen Gl. (4.1/33) verletzt, wenn $\beta \leqq 1$, $\alpha \leqq \beta + 1$. Aus Gl. (4.1/32) geht hervor, daß die Größe der Grenzlast von der Fließgrenze in tangentialer Richtung abhängt. Das ist unter der Voraussetzung gültig, daß die Schubspannungen keinen Einfluß auf das Fließen haben.

4.1.3 Eingespannte Platten

Bei Randeinspannung einer orthotropen Platte unterscheidet sich das Spannungsprofil von dem für die frei drehbar randgestützte Platte. Am äußeren Plattenradius R muß das radiale Biegemoment den größtmöglichen Wert annehmen. Für das Zwei-Fließgrenzen-Sechseck erstreckt sich das Spannungsprofil über den Bereich $HABC$ des Fließbedingungs-Sechseckes (s. Abb. 4.1). Somit bestehen in der Platte drei Spannungsbereiche. Zur Bestimmung der Integrationskonstanten, der zwei Radien der Übergangskreise (entsprechend den Spannungspunkten A und B) und der Grenzlast stehen folgende Gleichungen zur Verfügung:

$$\left.\begin{aligned} m_r(0) = m_\varphi(0) = 1, \quad m_r(\varrho_A)] = 0, \quad m_\varphi(\varrho_A)] = 0, \\ m_r(\varrho_B)] = 0, \quad m_\varphi(\varrho_B)] = 0, \quad m_r(1) = -1. \end{aligned}\right\} \tag{4.1/34}$$

Das Spannungsfeld wird daher durch die in Tab. 4.1 angegebene Folge von Beziehungen ausgedrückt. Entsprechende Berechnungen sind in [*8*] durchgeführt. Die auf die in Tab. 4.1 gegebenen Gleichungen angewandten Bedingungen Gl. (4.1/34) führen zu den folgenden Beziehungen für die Übergangsradien ϱ_A und ϱ_B:

$$\alpha(\varrho_B^3 - \varrho_A^3)(1-\alpha) - 3\varrho_A^2(\alpha\varrho_A - \varrho_A + \varrho_B) = 0, \tag{4.1/35}$$

$$(\varrho_B^3 - \varrho_A^3)(3-\alpha^{-1})(\alpha^{-1} - \varrho_B^{(1-\alpha)/\alpha}) - \\ - 3(\varrho_A - \alpha^{-1}\varrho_A + \alpha^{-1}\varrho_B)(\alpha^{-1} - 1)(\varrho_B^{(1-\alpha)/\alpha} - \varrho_B^2) = 0. \tag{4.1/36}$$

Bei bekanntem ϱ_A und ϱ_B wird die Grenzlast aus Gl. (4.1/25) erhalten, indem $\varrho_1 = 0$ gesetzt wird. Die dimensionslose Grenzlast ist

$$P = \frac{2}{\alpha}\,\frac{(1-\alpha)}{\varrho_A^2}. \tag{4.1/37}$$

Für den Sonderfall $\alpha = 1/2$, bei dem die tangentiale Fließgrenze doppelt so groß wie die radiale ist, ergibt die Rechnung $\varrho_A = 0{,}352$, $\varrho_B = 0{,}720$; die Grenzlast ist $P \cong 16{,}1$. Der entsprechende Wert für die frei drehbar gestützte Platte und $\alpha = 1/2$ ist $P \cong 10{,}5$. Innerhalb des Bereiches $\frac{1}{2} \leqq \alpha \leqq 1$ ist die Variation der Grenzlast zwischen den Werten $16{,}1 \geqq P \geqq 10{,}5$ annähernd linear (s. [7]).

Das Durchbiegungsgeschwindigkeitsfeld ist eine Kombination der in der letzten Spalte von Tab. 4.1 gegebenen Gleichungen, nämlich $\dot{w} = \dot{w}_0$ für $0 \leqq \varrho \leqq \varrho_A$, $\dot{w} = A\,\varrho + B$ für $\varrho_A \leqq \varrho \leqq \varrho_B$ und $\dot{w} = C\,\varrho^{1/\alpha} + D$ innerhalb des Bereiches $\varrho_B \leqq \varrho \leqq 1$. Bei $\varrho = 1$ tritt ein Fließgelenkkreis auf, da $\dot{w}'(1) \neq 0$, wenn die Stetigkeitsbedingungen $\dot{w}(\varrho_A)] = 0$, $\dot{w}'(\varrho_A)] = 0$, $\dot{w}(\varrho_B)] = 0$, $\dot{w}'(\varrho_B)] = 0$ erfüllt werden sollen.

Im Falle der Drei-Fließgrenzen-Orthotropie werden etwas abweichende Ergebnisse erhalten. Bei Zugrundelegung des Spannungsprofils ABC (Abb. 4.2) wird die Fließbedingung innerhalb des Bereiches $0 \leqq \varrho \leqq \varrho_B$ durch Gl. (4.1/27) gegeben sowie durch

$$-\beta\, m_r + \alpha\, m_r = 1\,, \qquad \varrho_B \leqq \varrho \leqq 1\,, \tag{4.1/38}$$

wobei ϱ_B den Spannungsprofilübergangsradius bedeutet. Integration der Differentialgleichung des Problems innerhalb des Bereiches $\varrho_B \leqq \varrho \leqq \varrho_C$ ergibt das Radialmoment

$$m_r = C_1\,\varrho^{-(1-\alpha^{-1})} + \frac{1}{\alpha - 1} - \frac{P}{2}\,\frac{\varrho^2}{(3-\alpha^{-1})} + C_2\,, \qquad \alpha \neq 1\,, \tag{4.1/39}$$

und entsprechend

$$m_r = -\frac{P}{2}\,\frac{\varrho^2}{(\beta/\alpha + 2)} + \frac{1}{\beta}\,, \qquad 0 \leqq \varrho \leqq \varrho_B\,. \tag{4.1/40}$$

Zur Bestimmung der Integrationskonstanten können zwei Stetigkeitsbedingungen $m_r(\varrho_B)] = 0$, $m_r'(\varrho_B)] = 0$ verwendet werden. Ferner ergeben die Bedingungen $m_r(\varrho_B) = 0$ und $m_r(\varrho_C) = m_r(1) = -1$ zwei Beziehungen zur Bestimmung des unbekannten Übergangskreisradius und der Grenzlast.

Das Durchbiegungsgeschwindigkeitsfeld im betrachteten Falle ist:

$$\dot{w} = C_1 + C_2\,\varrho^{\beta/\alpha}\,, \qquad 0 \leqq \varrho \leqq \varrho_B\,, \tag{4.1/41}$$

$$\dot{w} = C_3 + C_4\,\varrho^{1-\frac{1}{\alpha}}\,, \qquad \varrho_B \leqq \varrho \leqq \varrho_C\,. \tag{4.1/42}$$

Da $\dot{w}(0) = 0$ und $\dot{w}(\varrho_C) = 0$, $\varrho_C = 1$, ergeben diese Bedingungen zusammen mit den Stetigkeitserfordernissen $\dot{w}(\varrho_B)] = 0$, $\dot{w}'(\varrho_B)] = 0$ das Geschwindigkeitsfeld bis auf die Konstante $\dot{w}_0$. Bei $\varrho_C = 1$ wird jedoch $\dot{w}'(1) = \left(1 - \frac{1}{\alpha}\right) C_4$ erhalten; somit ist die Neigungsunstetigkeit gegeben. Dies steht im Widerspruch mit der Bedingung am Spannungspunkt C (s. Abb. 4.2b und c), wo keine Neigungsunstetigkeit zulässig ist, da $\dot{\varkappa}_r/\dot{\varkappa}_\varphi$ für dieses Spannungsprofil endlich bleibt. Aus der Annahme $C_4 = 0$ folgt unmittelbar aus Gl. (4.1/41) und

Gl. (4.1/42), daß überall $\dot{w} \equiv 0$. Daher ist die angenommene Lösung nicht kinematisch zulässig. Das zeigt, daß sich die Lösungen in der orthotropen Plastizität von den Lösungen für isotrope Platten nicht nur quantitativ, sondern auch qualitativ unterscheiden können.

Zur Bestimmung der richtigen Lösung muß daher der Bereich $\varrho_C \leqq \varrho \leqq 1$ in der Nähe des eingespannten Randes betrachtet werden, in dem die Spannungsgleichung

$$m_r + (\beta - 1)\, m_\varphi = -1 \tag{4.1/43}$$

gilt. Die Integration ergibt für $\beta > 1$:

$$m_r = C_3\, \varrho^{\frac{\beta}{\beta-1}} - \frac{1}{\beta} - \frac{P}{2}\, \frac{\beta - 1}{3\beta - 2}\, \varrho^2 + C_4 . \tag{4.1/44}$$

Zur Bestimmung der Konstanten und des Übergangsradius $\varrho_C < 1$ stehen die Stetigkeitsbedingungen $m_r(\varrho_C)] = 0$, $m_r'(\varrho_C)] = 0$ zur Verfügung. Zusammen mit der Bedingung $m_r(1) = -\frac{1}{\beta}$ gestattet der erhaltene Satz von Beziehungen die Bestimmung von ϱ_A, ϱ_B und der Grenzlast P.

Das durch die Gln. (4.1/41) und (4.1/42) beschriebene Durchbiegungsgeschwindigkeitsfeld für den Bereich $\varrho_C \leqq \varrho \leqq 1$, in dem das Spannungsprofil CD gilt, ist

$$\dot{w} = C_5 + C_6\, \varrho\, \beta, \qquad \beta > 1 . \tag{4.1/45}$$

Die entsprechende Neigungsunstetigkeit bei $\varrho = 1$ ist $\dot{w}'(1)] = \beta\, C_6$. Somit ergibt das Spannungsprofil $ABCD$ und das zugehörige Fließgesetz die zulässige Spannungs- und Durchbiegungsgeschwindigkeitsverteilung im Grenzzustand einer orthotropen Platte. Für den Fall $Y_3 < Y_r < Y_\varphi$ (Abb. 4.2a) gilt das Spannungsprofil ABC, da sich am Spannungspunkt C ein Fließgelenkkreis bildet.

Bei der durch eine Einzellast belasteten eingespannten Kreisplatte können zwei Fälle des Versagens eintreten. Im ersten Falle bleibt das Spannungsprofil im Punkte C des Fließsechseckes, wenn $Y_3 < Y_r < Y_\varphi$, und die Grenzlast ist

$$Q = 2\pi\, M_0\, \beta^{-1} . \qquad 1 \leqq \beta \leqq \alpha , \tag{4.1/46}$$

wobei $M_0 = Y_3\, H^2$. Im zweiten Falle, wenn $Y_3 > Y_r$ oder $Y_3 > Y_\varphi$, ist das Ergebnis $Q = 2\pi\, M_0$, und der Spannungszustand wird ebenfalls durch den Spannungspunkt C dargestellt. Jedoch kann durch ähnliche Beweisführung, wie die von Haythornthwaite und Shield [*9*], gezeigt werden, daß das Spannungsfeld bei Einzelkraftbelastung nicht notwendig eindeutig zu sein braucht, während die Grenzlast stets eindeutig ist.

4.1.4 Lösungen für die Maximal-Hauptmomenten-Fließbedingung

Bei Zugrundelegung der Maximal-Hauptmomenten-Fließbedingung für den Fall rotationssymmetrischer schichtweiser Orthotropie hat das Fließpolygon die Form eines Rechteckes, ähnlich wie in Abb. 2.10 dargestellt. Die Fließgleichungen nehmen bei Übereinstimmung von Hauptmomenten- und Orthotropierichtungen folgende Form an:

$$m_r = 1 \quad \text{oder} \quad = -\frac{1}{\gamma}, \qquad -\frac{1}{\beta} \leqq m_\varphi \leqq \frac{1}{\alpha}, \tag{4.1/47}$$

$$m_\varphi = \frac{1}{\alpha} \quad \text{oder} \quad = -\frac{1}{\beta}, \qquad -\frac{1}{\gamma} \leqq m_r \leqq 1, \tag{4.1/48}$$

wobei $\alpha^{-1} = M_{0\varphi}/M_0$, $\beta^{-1} = M'_{0\varphi}/M_0$, $\gamma^{-1} = M'_{0r}/M_0$, $\alpha \leqq 1$, $\gamma \leqq \alpha$, und $M_0 = M_{0r}$ auf die Fließeigenschaften in der radialen Richtung für positive Biegemomente bezogen ist. Wie in Kap. 3 gemäß Hopkins und Prager [*10*] gezeigt worden ist, ist mit der Fließbedingung $m_r = \text{const}$ die Starrkörperverschiebung verknüpft und mit $m_\varphi = \text{const}$ das kegelförmige Durchbiegungsgeschwindigkeitsfeld. Die Spannungs- und Geschwindigkeitsfelder für Kreisplatten, die die Fließgleichungen (4.1/47) und (4.1/48) befriedigen, sind für rotationssymmetrische Belastungen in Tab. 4.2 angegeben.

Tabelle 4.2 *Spannungs- und Durchbiegungsgeschwindigkeitsfelder für orthotrope Kreisplatten und die Maximal-Hauptmomenten-Fließbedingung*

Spannungsfeld	Geschwindigkeitsfeld
$m_r = A_r, \quad m_\varphi = A_r + I$	$\dot{w} = \text{const}$
$m_\varphi = A_\varphi, \quad m_r = A_\varphi + C\varrho^{-1} - \varrho^{-1}\int I\,d\varrho$	$\dot{w} = A\varrho + B$
$m_r = A_r, \quad m_\varphi = A_\varphi$	$\dot{w}'] \neq 0$

In Tab. 4.2 bedeuten A_r und A_φ die durch die Gln. (4.1/47) und (4.1/48) gegebenen entsprechenden Fließmomente (d. h. $A_r = 1$ oder $A_r = -1/\gamma$, usw.,) und das Integral I ist durch Gl. (3.1/6) definiert.

Für den Sonderfall der frei drehbar randgestützten, gleichförmig belasteten Kreisplatte ist die Lösung offensichtlich die gleiche wie für das in Abschn. 4.1.2 behandelte Zwei-Fließgrenzen-Sechseck; die Grenzlast hat die Form von Gl. (4.1/25). Die Lösung gilt für den homogenen Querschnitt des Plattenelementes, wenn $M'_{0r} = M_{0r}$ und somit $\gamma = 1$ in Gl. (4.1/47).

Für den allgemeineren Fall beliebiger Einspannung am äußeren Radius, $\gamma \neq 1$, wird das Spannungsprofil ebenfalls durch Gl. (4.1/47) gegeben; die Spannungsrandbedingungen des Problems sind

$$q(0) = 0, \qquad m_r(1) = -\frac{1}{\gamma}. \tag{4.1/49}$$

Daher ergibt sich für eine gleichförmig belastete Platte das Spannungsfeld

$$m_r = 1, \qquad m_\varphi = 1 + \frac{P \varrho^2}{2}, \qquad 0 \leqq \varrho \leqq \varrho_A, \tag{4.1/50}$$

$$m_\varphi = \alpha^{-1}, \qquad m_r = \alpha^{-1} - \frac{P \varrho^2}{6} + \frac{C}{\varrho}, \qquad \varrho_A \leqq \varrho \leqq 1. \tag{4.1/51}$$

Die Grenzlast wird durch Gl. (4.1/37) gegeben und der Spannungsprofilübergangsradius ist aus der Beziehung

$$2 \varrho_A^3 - 3 a \varrho_A^2 + 1 = 0 \tag{4.1/52}$$

zu ermitteln, wobei $a = \left(\frac{\alpha}{\gamma} + 1\right) \Big/ (1 - \alpha)$. Der Radius ϱ_A des Fließgelenkkreises im Feld ist innerhalb des Bereiches $(3a)^{-\frac{1}{2}} \leqq \varrho_0 \leqq a^{-\frac{1}{2}}$ eingegrenzt. Für den Sonderfall $\alpha = \frac{1}{2}$, $\gamma = 1$ liefert die Berechnung $\varrho_A \cong 0{,}348$ und die Grenzlast $P \cong 16{,}5$. Das ist das Gegenstück zur Grenzlast $P \cong 10{,}5$, die für die frei drehbar gestützte Platte ($\gamma = \infty$) vom gleichen Orthotropieverhältnis $\alpha = \frac{1}{2}$ erhalten wurde. Demnach wird die Grenzlast für $\frac{1}{2} \leqq \alpha \leqq 1$ und $1 \leqq \gamma \leqq \infty$ in dem Bereich $10{,}5 \leqq P \leqq 16{,}5$ eingegrenzt, im Vergleich zu dem für das Zwei-Fließmomenten-Sechseck (Abb. 4.1) erhaltenen Bereich $10{,}5 \leqq P \leqq 16{,}1$. Aus diesem Vergleich folgt, daß die Zugrundelegung der rechteckigen Fließbedingung für orthotrope Platten die Grenzlast in Fällen von praktischem Interesse nur sehr wenig beeinflußt.

Das zugehörige Geschwindigkeitsfeld wird durch Gl. (4.1/26) beschrieben, in der ϱ_A aus Gl. (4.1/52) zu bestimmen ist. Es ist hervorzuheben, daß das Geschwindigkeitsfeld keine wesentliche Abhängigkeit von der Belastung zeigt, wenn das Spannungsprofil ungeändert bleibt.

Bei der Berechnung von Stahlbetonplatten unter Verwendung der kinematischen Methode wird im allgemeinen unabhängig von dem Orthotropieverhältnis α ein Durchbiegungsgeschwindigkeitsfeld vom Typ $\dot{w} = \dot{w}_0(1 - \varrho)$ angenommen. In einem solchen Falle kann die Grenzlast einfach aus dem Prinzip der virtuellen Geschwindigkeiten $\int_S p \dot{W} \, dS = \int_S M_{\alpha\beta} \dot{K}_{\alpha\beta} \, dS$ ermittelt werden; das Ergebnis ist

$$P = 6\left(\frac{1}{\alpha} + \frac{1}{\gamma}\right). \tag{4.1/53}$$

Diese Lösungsmethode ist von Johansen [*11*, *12*] verwendet worden. Bei Annahme einer linearen Verteilung der virtuellen Durchbiegungsgeschwindigkeit entlang des Plattenradius ist das Superpositionsprinzip gültig, und daher sind die entsprechenden Wechselwirkungsbeziehungen linear. Das trifft jedoch nur für obere Eingrenzungen der Grenzlast zu.

Für Fälle $\alpha > 1$, wenn die Platte in radialer Richtung „stärker“ als in tangentialer Richtung ist, wird die Spannungsisotropie-Bedingung bei $\varrho = 0$ nicht befriedigt.

Einige weitere Lösungen betreffend Kreisringplatten sind in [*8*] enthalten. Für eine entlang des inneren Radius ξR frei drehbar gestützte Ringplatte vom Radius R sind die Spannungsrandbedingungen $m_r(\xi) = 0$, $m_r(1) = 0$, $q(1) = 0$. Der entsprechende Wert der Grenzlast ergibt sich zu

$$P = \frac{6}{\alpha} \frac{1}{(1-\xi)^2 (2+\xi)}. \tag{4.1/54}$$

Das zugehörige Durchbiegungsgeschwindigkeitsfeld ist

$$\dot{w} = \dot{w}_0 (\varrho - \xi)/(1 - \xi), \qquad \xi \leqq \varrho \leqq 1. \tag{4.1/55}$$

4.2 Nichtlineare Fließbedingungen für Kreisplatten

4.2.1 Allgemeine Beziehungen für nichtlineare Fließbedingungen

Wenn ein plastisch anisotropes inkompressibles Material der Fließbedingung Gl. (2.4/2) gehorcht, nimmt die entsprechende Fließgleichung für Platten die Form

$$f = A_{\alpha\beta\gamma\delta} M_{\alpha\beta} M_{\gamma\delta} = H^4 \sigma_0^2 \tag{4.2/1}$$

an, wobei $A_{\alpha\beta\gamma\delta}$ der zweidimensionale Tensor der plastischen Moduli ist. Einführung der dimensionslosen Momente $m_{\alpha\beta} = M_{\alpha\beta}/\sigma_0 H^2$, wobei σ_0 den kleinsten Wert der Fließgrenze bedeutet, führt im Falle von Orthotropie und rotationssymmetrischer Belastung zu folgender Form der Fließbedingung ([*13, 14, 15*])

$$f = A_r m_r^2 + A_{r\varphi} m_r m_\varphi + A_\varphi m_\varphi^2 = 1. \tag{4.2/2}$$

Die Koeffizienten A_r, A_φ, $A_{r\varphi}$ sind auf die Komponenten des Tensors der plastischen Moduli $A_{\alpha\beta\gamma\delta}$ bezogen. Wenn $A_{\alpha\beta\gamma\delta}$ der isotrope Tensor ist, dann gilt für diese Werte: $A_r = A_\varphi = 1$, $A_{r\varphi} = -1$.

Für die Fließbedingung Gl. (4.2/2) ergibt das plastische Potentialfließgesetz die Gleichung:

$$\frac{\partial f/\partial m_r}{\partial f/\partial m_\varphi} = \varrho \frac{\dot{w}''}{\dot{w}'} = \frac{2A_r m_r + A_{r\varphi} m_\varphi}{2A_\varphi m_\varphi + A_{r\varphi} m_r}. \tag{4.2/3}$$

Im allgemeinen sind die Lösungsmethoden für Kreisplattenprobleme für die Fließbedingung Gl. (4.2/2) ähnlich den für die Huber-von Mises-Fließbedingung verwendeten. Außer in Sonderfällen sind numerische Verfahren anzuwenden.

4.2.2 Einfache Beispiele

Als Beispiel wird eine frei drehbar randgestützte Kreisplatte vom Radius R betrachtet, die durch eine mittige Einzellast Q belastet wird. Mittels einer ähnlichen Methode, wie die im Falle des isotropen Spannungsfeldes $m_r = 0$, $m_\varphi = (A_\varphi)^{-\frac{1}{2}}$ verwendete, wird die Grenzlast erhalten zu:

$$Q = \frac{2\pi M_0}{\sqrt{A_\varphi}}, \tag{4.2/4}$$

wobei $M_0 = \sigma_0 H^2$. Aus dem Fließgesetz Gl. (4.1/3) folgt, daß $\varrho \dot{w}''/\dot{w}' = A_{r\varphi}/A_\varphi$, was zu dem Geschwindigkeitsfeld

$$\dot{w} = \dot{w}_0\left(1 - \varrho^{\frac{A_{r\varphi}}{A_\varphi} - 1}\right) \tag{4.2/5}$$

führt. Es ist zu ersehen, daß sich sowohl die Grenzlast als auch das Geschwindigkeitsfeld von der Lösung für die isotrope Platte (siehe Abschn. 3.2) unterscheiden [*16*, *17*].

Bei Belastung einer Kreisplatte durch ein entlang des Plattenrandes angreifendes dimensionsloses-Moment $m = M/M_0$ ist das Spannungsfeld in der ganzen Platte $m_r = m_\varphi = m$. Also kann Fließen nur eintreten, wenn

$$m = (A_r + 2A_{r\varphi} + A_\varphi)^{\frac{1}{2}}. \tag{4.2/6}$$

Das zugehörige Geschwindigkeitsfeld ist

$$\dot{w} = \dot{w}_0\left(1 - \varrho^{\frac{A_r + 2A_{r\varphi} + A_\varphi}{A_r + A_{r\varphi}}}\right), \quad (A_r + A_{r\varphi} \neq 0). \tag{4.2/7}$$

Aus dieser Gleichung geht hervor, daß das Geschwindigkeitsfeld sehr stark von der plastischen Anisotropie abhängig ist. Für eine isotrope Platte, $A_r = A_\varphi = 1$, $A_{r\varphi} = -\frac{1}{2}$, ergibt sich das Durchbiegungsgeschwindigkeitsfeld $\dot{w} = \dot{w}_0(1 - \varrho^2)$. Für $A_r = \frac{3}{2}$, $A_\varphi = 1$, $A_{r\varphi} = -\frac{3}{4}$, $m = 1$, wird das Geschwindigkeitsfeld $\dot{w} = \dot{w}_0(1 - \varrho^4)$ erhalten. Die Abhängigkeit der deformierten Gestalt von der plastischen Orthotropie ist hiermit offenbar.

Literatur zu 4

[*1*] Sawczuk, A.: Some problems of load carrying capacities of orthotropic and nonhomogeneous plates. Arch. Mech. Stosow. 8 (1956) S. 549—563, und IX-e Congrès International de Méchanique Appliquée, Actes 8, Université de Bruxelles, 1957, S. 93—102.

[*2*] Olszak, W., u. J. Murzewski: Elastic-plastic bending of non-homogeneous orthotropic circular plates. Arch. Mech. Stosow. 9 (1957) S. 467—485 u. S. 605—630.

[*3*] Hu, L. W.: Modified Tresca yield condition and associated flow rules for anisotropic materials and applications. J. Franklin Inst. 265 (1958) S. 187 bis 204.

[*4*] Sawczuk, A.: Linear theory of plasticity of anisotropic bodies and its applications to problems of limit analysis. Arch. Mech. Stosow. 11 (1959) S. 541—557.

[*5*] Ivlev, D. D.: Über die Theorie der plastischen Anisotropie (russisch). Prikl. Mat. Mech. 23 (1959) S. 1107—1114.

[*6*] Olszak, W., u. A. Sawczuk: Pouzitie teorie medzńých stavov na nehomogénne a anizotropné dosky a skrupiny. Nové prispevky k teórii stavebnych konstrukcii, Slovenska Akademia Vied, Bratislava 1959, S. 281—306.

[7] OLSZAK, W., u. A. SAWCZUK: Théorie de la capacité portante des constructions non-homogènes et orthotropes. (Analyse et synthèse.) Annales Inst. Techn. Batiment Travaux Publ. 13 (1960) S. 517—535.
[8] SAWCZUK, A.: Teoria nośności granicznej płyt ortotropowych i niejednorodnych i jej zastosowanie techniczne. Politechnika Warszawska, Warszawa 1958.
[9] HAYTHORNTHWAITE, R. M., u. R. T. SHIELD: A note on the deformable region in a rigid plastic structure. J. Mech. Phys. Solids 6 (1958) S. 127—131.
[10] HOPKINS, H. G., u. W. PRAGER: The load carrying capacities of circular plates. J. Mech. Phys. Solids 2 (1953) S. 1—13.
[11] JOHANSEN, K. W.: Brudlieteorier. Kopenhagen: Jul. Gjellerup 1943.
[12] JOHANSEN, K. W.: Pladeformler. 2. Udgave. Kopenhagen: Politeknisk Forening 1949.
[13] SAWCZUK, A.: Yield conditions for anisotropic shells. Bull. Acad. Pol. Sci., Ser. Sci. Tech. 8 (1960) S. 273—277.
[14] MIKELADZE, M. S.: Eine allgemeine Theorie von anisotropen starr-plastischen Schalen (russisch). Izv. Akad. Nauk SSSR, Otd. Tech. Nauk, 1957, No. 1, S. 85—94.
[15] MIKELADZE, M. S.: Über plastisches Fließen von anisotropen Schalen (russisch). Izv. Akad. Nauk SSSR, Otd. Tech. Nauk, 1955, No. 8, S. 67—80.
[16] SAWCZUK, A.: Liniowa teoria powłok plastycznie anisotropowych. Politechnika Warszawska, Warszawa 1960.
[17] SAWCZUK, A.: On the theory of anisotropic plates and shells. Arch. Mech. Stosow. 13 (1961) S. 355—365.

5. Näherungsweise Lösung der Probleme der Grenztragfähigkeitsberechnung

5.1 Eingrenzungen für die Grenzlast bei Biegung

5.1.1 Grundlegende Beziehungen

In Kap. 3 wurde die Methode der Ermittlung des exakten Wertes der Grenzlastintensität für die verschiedenen Fließbedingungen behandelt. Diese Lösungen befriedigen zugleich die Sätze für die obere und untere Eingrenzung der Grenzlasten. Die Klasse der Probleme, für die vollständige Lösungen gefunden werden können, ist sehr begrenzt. Wie bereits dargelegt, ist es zur Lösung des Grenztragfähigkeitsproblems einer Platte im allgemeinen erforderlich, ein gekoppeltes Spannungs-Geschwindigkeits-Randwertproblem zu lösen. Nur wenn diese zwei Gruppen von Beziehungen getrennt werden und die Fließbedingung einen stückweise linearen Charakter hat, ist eine Lösung in geschlossener Form möglich. Somit sind die Grenztragfähigkeitssätze, die die Eingrenzung der Grenzlastintensität betreffen, für ingenieurtechnische Zwecke von großer Bedeutung. Sie gestatten die Schätzung der oberen und unteren Eingrenzungen für die Grenzlast und den Sicherheitsfaktor.

Zur Ermittlung einer oberen Eingrenzung ist es erforderlich, die Dissipationsfunktion, Gl. (1.2/10), zu verwenden. Für eine vorgeschriebenen kinematischen Randbedingungen unterworfene gegebene Platte wird eine beliebige Durchbiegungsgeschwindigkeitsfunktion $\dot{W}$ angenommen, die die kinematischen Randbedingungen des Problems und das Stetigkeitserfordernis $\dot{W}] = 0$ erfüllt; es sind keine Sprünge in der Durchbiegungsgeschwindigkeit zulässig (wenn im Grenzzustand Querkräfte vernachlässigt werden). Gemäß Gl. (1.3/2) kann die Einheitsdissipationsfunktion in Termen der verallgemeinerten Verformungsgeschwindigkeiten ausgedrückt werden. Daher wird die gesamte innere Leistung durch das folgende Integral gegeben:

$$D = \int_S M_{\alpha\beta} \dot{K}_{\alpha\beta}\, dS = \int_S d(\dot{W})\, dS, \tag{5.1/1}$$

wobei S den verformten Anteil der Mittelfläche bezeichnet. Die Leistung der äußeren Kräfte wird durch den folgenden Ausdruck auf das angenommene Durchbiegungsgeschwindigkeitsfeld $\dot{W}$ bezogen:

$$L = \mu_K \int_S p_0 \dot{W}\, dS, \tag{5.1/2}$$

wobei p_0 die Einheitsbelastung bedeutet [*1*, *2*].

Da Gl. (5.1/1) von der zugrunde gelegten Fließbedingung abhängt, werden sich die nach der Energiemethode erhaltenen Grenzlastintensitäten in Abhängigkeit von der Fließbedingung voneinander unterscheiden. Für Huber-von Mises-Material führen die zwischen der Fließbedingung und den durch Gl. (2.2/6) gegebenen Durchbiegungsgeschwindigkeiten bestehenden Beziehungen zu der folgenden Form von Gleichung (5.1/1):

$$\begin{aligned} D &= \int_S M_{\alpha\beta} \dot{K}_{\alpha\beta}\, dS = M_0 \int_S m_{\alpha\beta} \dot{K}_{\alpha\beta}\, dS = 2 M_0 \int_S \nu\, dS \\ &= \frac{2}{\sqrt{3}} M_0 \int_S [\dot{W}_{11}^2 + \dot{W}_{22}^2 + \dot{W}_{11} \dot{W}_{22} + \dot{W}_{12}^2]^{\frac{1}{2}} dS; \end{aligned} \tag{5.1/3}$$

$\dot{W}_{11} = \dfrac{\partial^2 \dot{W}}{\partial x_1^2}$ usw. bedeutet die zweite partielle Ableitung des Durchbiegungsgeschwindigkeitsfeldes in bezug auf das verwendete kartesische Koordinatensystem [vgl. Gl. (2.2/9)].

Die obere Eingrenzung für die Grenzlastintensität einer Platte aus Huber-von Mises-Material, oder in anderen Worten: der kinematisch zulässige Multiplikator, ist

$$\mu_K = \frac{2 M_0}{\sqrt{3}} \frac{\int_S [\dot{W}_{11}^2 + \dot{W}_{22}^2 + \dot{W}_{11} \dot{W}_{22} + \dot{W}_{12}^2]^{\frac{1}{2}} dS}{\int_S p_0 \dot{W}\, dS}. \tag{5.1/4}$$

Gl. (5.1/4) ist für Huber-von Mises-Material und für stetige Durchbiegungsgeschwindigkeitsfelder mit stetigen zweiten Ableitungen gültig.

Wenn in der Platte Fließgelenklinien auftreten, kann die Dissipationsleistung entlang der Unstetigkeitslinien durch einen Grenzübergang [s. Gl. (2.3/16)] berechnet werden, das Ergebnis ist

$$D_l = \frac{2}{\sqrt{3}} M_0 \dot{\Theta}_i l_i. \tag{5.1/5}$$

Somit ist die Dissipationsleistung ein skalares Produkt des Verdrehungsgeschwindigkeitsvektors und der Fließgelenklinienlänge (s. Abschn. 2.3 und [*2* bis *5*]).

Bei Verwendung einer stückweise linearen Fließbedingung ergibt sich eine unterschiedliche Leistung der inneren Kräfte, da die Einheitsdissipationsleistung proportional dem skalaren Multiplikator ν des Fließgesetzes, Gl. (1.3/3), ist. In der Regel werden in oberen Eingrenzungslösungen Durchbiegungsgeschwindigkeitsfelder mit unstetigen Neigungen (Gelenkkurven) angenommen, um die innere Energiedissipation nach Gl. (5.1/5) anstelle von Gl. (5.1/3) zu berechnen. Anwendungen dieser Methode werden in den Kap. 6 bis 8 dargelegt.

Zur Ermittlung einer unteren Eingrenzungslösung für das Grenztragfähigkeitsproblem wird zunächst ein Spannungsfeld $M^0_{\alpha\beta}$ angenommen, das nur die Gleichgewichtsbedingungen Gl. (2.1/5) und die vorgeschriebenen Spannungsrandbedingungen zu erfüllen braucht, in anderer Hinsicht aber beliebig ist. Das Spannungsfeld $M^0_{\alpha\beta}$ ist von bestimmten Parameterwerten c abhängig, die aus der Fließungleichung $f(M_{\alpha\beta}) \leqq M_0$ zu ermitteln sind.

Für $M^0_{\alpha\beta} = \mu_s p_0 f_{\alpha\beta}(x_\alpha, x_\beta, c)$, (wobei $f_{\alpha\beta}$ lediglich Funktionen der Koordinaten und der Parameterwerte c sind), erhält man für die Huber-von Mises-Fließbedingung folgende untere Eingrenzung:

$$\mu_s = \frac{M_0}{p_0} [f_{11}^2 - f_{11} f_{22} + f_{22}^2 + 3 f_{12}^2]^{-\frac{1}{2}}. \tag{5.1/6}$$

In Gl. (5.1/6) erfüllen die f-Werte die vorgeschriebenen Randbedingungen und verletzen die Gleichgewichtsbedingungen nicht.

Aus dem Vergleich von Gl. (5.1/4) und Gl. (5.1/6) ist der Unterschied der kinematischen und der statischen Näherung ersichtlich. Die Eingrenzungen fallen nur dann zusammen, wenn sowohl das angenommene Durchbiegungsgeschwindigkeitsfeld $\dot{W}$ als auch das angenommene Spannungsfeld der exakten Lösung des Grenztragfähigkeitsproblems für die zugrundegelegten Fließfunktion und das zugehörige Fließgesetz (s. Abschn. 1.5, 1.6) entsprechen.

5.1.2 Näherungsweise Lösungen für die Huber-von Mises-Fließbedingung

Zur Erläuterung des Verfahrens der Ermittlung von Eingrenzungen für die Grenzlastintensität wird eine durch $p = \mu p_0$ gleichförmig belastete, frei drehbar randgestützte Kreisplatte betrachtet. Die kinematischen Randbedingungen sind

$$\dot{W}(R) = 0, \qquad \dot{W}'(0) = 0. \tag{5.1/7}$$

Für das kinematisch zulässige Geschwindigkeitsfeld wird die Form

$$\dot{W} = \dot{W}_0\left(1 - \frac{r^2}{R^2}\right) \tag{5.1/8}$$

angenommen. Im zylindrischen Koordinatensystem wird Gl. (5.1/3) zu (s. [6]):

$$D = \frac{2}{\sqrt{3}} M_0 \int\limits_S \left[\dot{W}''^2 + \frac{\dot{W}''\dot{W}'}{r} + \frac{\dot{W}'^2}{r^2}\right]^{\frac{1}{2}} dS, \tag{5.1/9}$$

wobei der Strich d/dr bedeutet. Einsetzen der entsprechenden Ableitungen von Gl. (5.1/8) in Gl. (5.1/9) liefert für die Energiedissipation den Wert

$$D = 4\pi \dot{W}_0 M_0. \tag{5.1/10}$$

Die Leistung der äußeren Kräfte ist

$$L = \frac{1}{2} p \dot{W}_0 \pi = \frac{1}{2} \mu_k p_0 \dot{W}_0 \pi, \tag{5.1/11}$$

und für die obere Eingrenzung ergibt sich [vgl. Gl. (3.2/30)]

$$P_k = \frac{\mu_k p_0 R^2}{M_0} = 8 > 6{,}52. \tag{5.1/12}$$

Zur Ermittlung einer niedrigeren oberen Eingrenzung kann das folgende Variationsproblem formuliert werden: Unter einer einparametrischen Familie von kinematisch zulässigen Geschwindigkeitsfeldern ist dasjenige aufzufinden, das zu der niedrigsten oberen Eingrenzung für die Grenzlastintensität führt. Das ist in [*42*] getan, wo für das „bessere" Durchbiegungsgeschwindigkeitsfeld $P_k = 6{,}67$ erhalten wird. In diesem besonderen Falle besteht das Durchbiegungsgeschwindigkeitsfeld aus einer Kugelkalotte, die ohne eine ringförmige Fließgelenkkurve in eine Kegelfläche übergeht.

Eine untere Eingrenzung wird bei Annahme des folgenden zweiparametrischen Spannungsfeldes erhalten:

$$M_r = C p (R^2 - r^2), \qquad M_\varphi = C p (R_2 - \gamma r^2), \tag{5.1/13}$$

das die Spannungsrandbedingungen

$$M_r(R) = 0, \qquad M_r'(0) = 0 \tag{5.1/14}$$

erfüllt. Einsetzen von Gl. (5.1/13) in Gl. (3.1/3) liefert die Beziehung

$$2C(3 - \gamma) = 1. \tag{5.1/15}$$

Somit ist das Spannungsfeld nach Gl. (5.1/13) zusammen mit Gl. (5.1/15) statisch zulässig. Die einzige Einschränkung besteht darin, daß die

Fließbedingung nicht verletzt werden darf. Das führt zu folgender Beziehung:

$$p_s = \mu_s p_0 = \frac{2(3-\gamma)M_0}{[R^4 - (1+\gamma)R^2 r^2 + (1-\gamma+\gamma^2)r^4]^{\frac{1}{2}}}. \qquad (5.1/16)$$

Der kleinste mögliche Wert des Nenners für $-\infty \leqq \gamma \leqq 3$ und $0 \leqq r \leqq R$ ergibt sich bei $\gamma = 0$, $r = 0$. Somit ist die größtmögliche untere Eingrenzung für das Spannungsfeld nach Gl. (5.1/13):

$$P_s = \frac{p_s R^2}{M_0} = 6 < 6{,}52. \qquad (5.1/17)$$

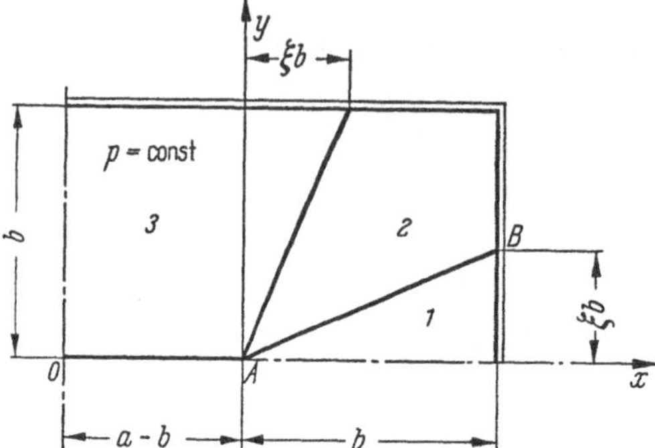

Abb. 5.1 Ein kinematisch zulässiger Fließmechanismus für eine frei drehbar gestützte rechteckige Platte mit abhebbaren Ecken

Als weiteres Beispiel wird eine rechteckige, frei drehbar randgestützte Platte $2a \times 2b$, $a > b$, betrachtet. Die Platte wird einer gleichförmig verteilten Belastung p unterworfen. In Abb. 5.1 ist ein kinematisch zulässiges Geschwindigkeitsfeld für einen Quadranten der Platte dargestellt.

Bei frei abhebbaren Plattenecken sind die kinematischen Randbedingungen für den Plattenquadranten

$$\dot{W}(b, y) = 0, \; 0 \leqq y < \xi b; \; \dot{W}(b, x) = 0, \; -(a-b) \leqq x \leqq \xi b. \qquad (5.1/18)$$

Ein von einem Parameter ξ abhängiges, Gl. (5.1/18) befriedigendes Geschwindigkeitsfeld wird durch die folgenden linearen Beziehungen für die Bereiche 1, 2 und 3 der Platte gegeben:

$$\dot{W}_1 = \dot{W}_0\left(1 - \frac{x}{b}\right), \quad \dot{W}_2 = \dot{W}_0\left(1 - \frac{x+y}{b+b\xi}\right), \quad \dot{W}_3 = \dot{W}_0\left(1 - \frac{y}{b}\right). \qquad (5.1/19)$$

Da das Geschwindigkeitsfeld linear ist, erfolgt nur in den Fließgelenklinien Energiedissipation, wie aus Gl. (5.1/5) hervorgeht. Die Auswertung der Neigungsunstetigkeiten an den Fließgelenklinien ergibt auf der die Bereiche 1 und 2 trennenden Linie:

$$\dot{\Theta}_x = \left.\frac{d\dot{W}}{dx}\right] = \frac{\dot{W}_0}{b}\left[1 - \frac{1}{1+\xi}\right]; \quad \dot{\Theta}_y = \left.\frac{d\dot{W}}{dy}\right] = \frac{\dot{W}_0}{b}\frac{1}{1+\xi}. \qquad (5.1/20\text{a})$$

Die gesamte Verdrehungsgeschwindigkeit in bezug auf die Achse AB ist

$$\dot{\Theta} = \sqrt{\dot{\Theta}_x^2 + \dot{\Theta}_y^2} = \frac{\dot{W}_0}{b}\frac{\sqrt{1+\xi^2}}{1+\xi}, \qquad (5.1/20\text{b})$$

das gleiche gilt für die Linie AC, die die Bereiche 2 und 3 trennt. Da der Verdrehungsgeschwindigkeitswinkel für OA

$$\dot{\Theta} = \frac{\dot{W}_0}{b} \qquad (5.1/21)$$

ist, wird gemäß Gl. (5.1/5) die gesamte Energiedissipation in den Fließgelenklinien

$$D_l = \frac{4}{\sqrt{3}} \dot{W}_0 M_0 \frac{1+\xi^2}{1+\xi} + \frac{2}{\sqrt{3}} \dot{W}_0 M_0 (\alpha - 1). \qquad (5.1/22)$$

Die durch Gl. (5.1/2) definierte Leistung der äußeren Kräfte ist

$$L = \frac{p(a-b)}{2} \dot{W}_0 + \frac{p b^2 \xi}{3} \dot{W}_0 + 2 \dot{W}_0 p \int_0^b \left[\int_{\xi b}^{x} \left(1 - \frac{x+y}{b+b\xi}\right) dy \right] dx$$
$$= \frac{p b^2}{6(1+\xi)} \dot{W}_0 (3\alpha + 3\alpha\xi + 3\xi - 2\xi^2 - 3), \qquad (5.1/23)$$

wobei $\alpha = a/b$.

Für die Grenzlastintensität wird ein einfacher algebraischer Ausdruck erhalten:

$$\frac{p b^2}{6 M_0} = \frac{2}{\sqrt{3}} \frac{2\xi^2 + \alpha\xi - \xi + \alpha + 1}{3\alpha - 3 + 3\alpha\xi + 3\xi - 2\xi^2}. \qquad (5.1/24)$$

Aus der Minimalbedingung für die Grenzlastintensität folgt

$$\xi = \frac{\sqrt{10\alpha^2 - \alpha + 1} + 1 - 2\alpha}{1 + 2\alpha}. \qquad (5.1/25)$$

Für eine quadratische Platte ist $\alpha = 1$ und $\xi = 0{,}721$, was den folgenden Ausdruck für die Grenzlast ergibt:

$$P_k = \frac{p_k b^2}{M_0} = \frac{12}{\sqrt{3}} \frac{1+\xi^2}{\xi(3-\xi)} = 6{,}41. \qquad (5.1/26)$$

Dieses besondere Ergebnis ist in [*2*] erhalten worden.

An dieser Stelle ist zu erwähnen, daß für Coulomb-Tresca-Material die auf das untersuchte Geschwindigkeitsfeld bezogene, auf kinematischem Wege ermittelte Grenzlast um einen Faktor $\frac{\sqrt{3}}{2}$ geringer ist.

Der Ermittlung des statisch zulässigen Spannungsfeldes wird eine Biegemomentenverteilung von der folgenden Form (s. [*8*, *2*]) in dem in Abb. 5.1 dargestellten Quadranten zugrunde gelegt:

$$M_x = M_0 - A x^2, \qquad M_y = M_0 - B y^2, \qquad M_{xy} = C x y. \qquad (5.1/27)$$

Für die Bestimmung der drei Konstanten und der unteren Eingrenzung für die Grenzlastintensität stehen an der Stelle $x = a$, $y = b$ (das Koordinatensystem fällt mit den Symmetrieachsen der Platte zusammen) zwei Randbedingungen zur Verfügung: die Fließbedingung Gl. (2.2/2) und die Gleichgewichtsbedingung Gl. (2.1/5). Bei Verwendung der Randbedingungen erhält man $A = M_0/a^2$, $B = M_0/b^2$, und aus Gl. (2.1/5) folgt, daß

$$C = \frac{M_0}{a^2} + \frac{M_0}{b^2} - \frac{p}{2}. \tag{5.1/28}$$

Einsetzen der Gln. (5.1/27) in die Fließbedingung ergibt

$$\zeta^4 - \zeta^2 + \eta^4 - \eta^2 - \zeta^2\eta^2 + 3\zeta^2\eta^2\left(\frac{1}{\alpha} + \alpha - \frac{p\,a\,b}{2M_0}\right)^2 = 0, \tag{5.1/29}$$

wobei $\zeta = x/a$, $\eta = y/b$, $\alpha = a/b$. Durch Differentiation kann in einfacher Weise nachgeprüft werden, daß die Funktion ihre Maximalwerte für die größtmöglichen Werte der unabhängigen Variablen annimmt, $\zeta^2 = \eta^2 = 1$, was zu folgendem Ausdruck für die Grenzlastintensität führt:

$$3\left(\frac{1}{\alpha} + \alpha - P\alpha\right)^2 - 1 = 0, \tag{5.1/30}$$

dessen Lösung

$$P_s = \frac{p_s b^2}{M_0} = 2\left(1 + \frac{1}{\alpha^2} + \frac{1}{\alpha\sqrt{3}}\right) \tag{5.1/31}$$

ist. Für den speziellen Fall einer quadratischen Platte ergibt Gl. (5.1/31) den Wert $P_s = 5{,}15$.

Den Sätzen der Grenztragfähigkeitstheorie zufolge wird der exakte Wert der Grenzlastintensität für eine rechteckige Platte aus HUBER-VON MISES-Material durch die durch Gl. (5.1/26) und Gl. (5.1/31) gegebenen Werte eingegrenzt. In Abb. 5.2 sind die Kurven für dimensionslose Werte P als Funktion des Plattenseitenverhältnisses aufgetragen.

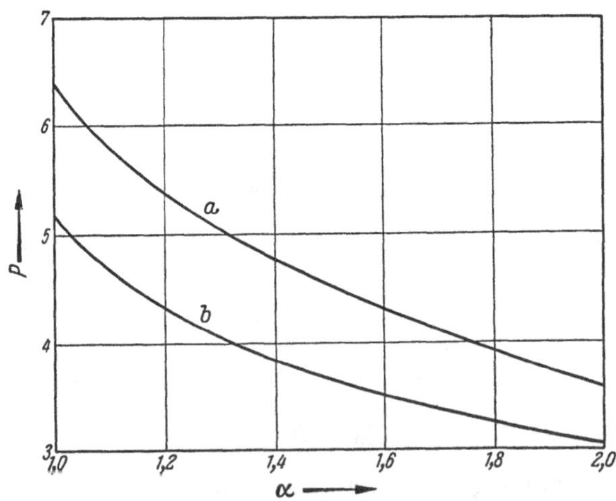

Abb. 5.2 Eingrenzungen der Grenzlast einer frei drehbar gestützten Rechteckplatte aus HUBER-VON MISES-Material

a kinematische Lösung; *b* statische Lösung

Ein anderes Beispiel der Ermittlung der Grenzlast für Platten aus HUBER-VON MISES-Material wird in [*10*] gegeben. Eine rechteckige Platte mit den Abmessungen $2a$ und $2b$ wird durch einen mit sich selbst im Gleichgewicht stehenden Satz von vier an den Plattenecken eingetragenen Einzellasten P belastet. Da entlang der Plattenränder keine kinematischen Bedingungen vorgeschrieben sind, ist die Durchbiegungsgeschwindigkeitsfläche

$$\dot{W} = \frac{C}{2}(x^2 + \beta y^2) \tag{5.1/32}$$

eine mögliche Deformationsart (das kartesische Koordinatensystem hat seinen Ursprung im Schnittpunkt der Plattendiagonalen, und die Koordinatenachsen sind entlang der Diagonalen gerichtet). In Gl. (5.1/32) bedeutet C eine willkürliche Konstante und $\beta = b/a$. Aus den Durchbiegungs-Krümmungs-Beziehungen Gl. (2.1/10) folgt, daß

$$\dot{K}_x = -C, \quad \dot{K}_y = \beta^2 C, \quad \dot{K}_{xy} = 0. \tag{5.1/33}$$

Bei aus dem Fließgesetz Gl. (2.2/6) bekanntem Krümmungsgeschwindigkeitsvektor Gl. (5.1/33) werden die folgenden zugehörigen Spannungsfeldkomponenten erhalten:

$$M_x = -\nu C, \quad M_y = \nu \beta^2 C, \quad M_{xy} = 0, \tag{5.1/34}$$

wobei ν eine positive skalare Funktion ist. Unter Verwendung der Fließbedingung Gl. (2.2/2) sind die Biegemomente

$$M_x = -\psi M_0, \quad M_y = \beta^2 \psi M_0, \tag{5.1/35}$$

wobei $\psi = (1 + \beta^2 + \beta^4)^{-\frac{1}{2}}$. Schließlich folgt aus der Momentengleichgewichtsbedingung, daß $P = -2\beta M_x = 2\beta^{-1} M_y$, und die Grenzlast wird in Termen des Grenzmomentes M_0 und des Plattenseitenverhältnisses β erhalten zu:

$$P = 2\beta M_0 \psi. \tag{5.1/36}$$

5.1.3 Anwendung des Prinzips der Grenzspannung auf die näherungsweise Ermittlung der Grenzlast von Platten

Das Prinzip der Grenzspannung [*11* bis *13*] kann direkt für die Ermittlung eines näherungsweisen Wertes der Grenzlast verwendet werden. Das Berechnungsverfahren ist dem in Abschn. 5.1.2 zur Bestimmung statischer Lösungen verwendeten Verfahren sehr ähnlich. Der Vollständigkeit halber wird die Methode durch ein einfaches Beispiel erläutert. Betrachtet wird eine gleichförmig belastete, frei drehbar gestützte Kreisplatte aus HUBER-VON MISES-Material. Es wird angenommen, daß das Spannungsfeld eine zweiparametrische Funktion der Parameter q und t ist [*12*]. Die Gleichgewichtsgleichungen (3.1/3) und die Spannungsrandbedingungen in Termen dimensionsloser Spannungsresultierender, wie durch Gl. (2.2/4) definiert, werden befriedigt, wenn

$$m_r = A(1 - q\varrho^2 - t\varrho^4), \qquad q + t = 1, \tag{5.1/37}$$

$$m_\varphi = A\left[1 - \left(3a - \frac{P}{2A}\right)\varrho^2 + 5t\,\varrho^4\right]. \tag{5.1/38}$$

Einsetzen der obigen Gleichungen in die Fließbedingung Gl. (3.2/1) ergibt

$$F(A, q, \varrho) \leqq 1. \tag{5.1/39}$$

Da das Problem mathematisch eindimensional ist, ist es zur Ermittlung von μ_s, definiert durch Gl. (1.5/14),

$$P_s = \mu_s = \frac{1}{\max F(A, q, \varrho)} \tag{5.1/40}$$

hinreichend, die Extremwerte von F innerhalb des Bereiches $0 \leqq \varrho \leqq 1$ aufzusuchen. Sie werden aus $dF/d\varrho = 0$ erhalten und ergeben sich bei $\varrho = 0$ und $\varrho = 1$. Unter Berücksichtigung der Definition Gl. (5.1/40) liefert die Berechnung von $F(A, q, \varrho)$

$$A = 9/58, \qquad q = 8/9 \tag{5.1/41}$$

und

$$\mu_s = 6{,}44, \tag{5.1/42}$$

was der exakten Lösung $P = 6{,}52$ (s. Abschn. 3.2.2) sehr nahekommt.

Um die Grenzlast in irgendeiner Weise von oben einzugrenzen, wird die Fließbedingung Gl. (3.2/1) ersetzt durch

$$G = \frac{\sqrt{3}}{2} m_\varphi = 1 \tag{5.1/43}$$

und aus den Gleichgewichtsgleichungen zusammen mit der Beziehung

$$P_* = \mu_* = \frac{1}{\max G(\varrho)} \tag{5.1/44}$$

folgt, daß

$$\mu_* = 6{,}92. \tag{5.1/45}$$

Dieser Wert ist der Grenzlastmultiplikator für das der Gl. (3.2/1) umschriebene Fließquadrat.

5.2 Last-Formänderungs-Beziehungen für Platten bei endlicher Durchbiegung

5.2.1 Formulierung des Problems

Alle in den vorhergehenden Abschnitten analysierten Probleme gründeten sich auf die Annahme, daß die Durchbiegung am Punkt des Versagens klein im Vergleich mit der Plattendicke ist und daß Geometrieänderungen des Tragwerkes vernachlässigt werden können. Dies ist exakt der Gehalt von Gl. (2.1/8). In Experimenten wird jedoch beobachtet, daß die Gesamtdurchbiegung einer Platte am Punkt des

Versagens (d. h., wenn $dp/dW_0 = 0$, $W_0 = \max W$) mit der Plattendicke vergleichbar ist [*14* bis *17*]. Ferner nimmt die Last jenseits der theoretischen Grenzlast weiterhin zu. Dieses Verhalten von Baustahlplatten erklärt sich durch das Auftreten von Membranspannungen. Das Tragwerk wird zu einer Membran, oder zumindest tritt in einigen Teilen der Platte ein Membranspannungszustand auf. Somit muß das zu verwendende Berechnungsverfahren, im Vergleich mit dem für den Fall der membrankraftfreien Biegung verwendeten, abgeändert werden.

Fragen der Geometrieänderungen und ihres Einflusses auf die Grenztragfähigkeit von Tragwerken sind bisher noch nicht hinreichend untersucht worden. Die Probleme der Geometrieänderungen sind mit den Fragen der Stabilität des plastischen Formänderungsprozesses verbunden. Allgemeine Untersuchungen der fundamentalen plastischen Stabilitätskriterien stammen von Hill [*18* bis *20*] und Drucker [*21*] (siehe auch [*22* bis *24*]). Jedoch sind bisher nur sehr wenige spezifische Probleme der Berechnung des plastischen Verhaltens bestimmter Tragwerke gelöst worden [*3, 17, 22, 25, 26*]. Es scheint, daß der Einfluß der Geometrieeffekte die Werte der Grenzlast beträchtlich verändern kann, die nach der Theorie unter Vernachlässigung von Geometrieänderungen des Tragwerkes während des plastischen Deformationsvorganges erhalten werden [*17, 26*].

Für eine Platte mit kleinen Durchbiegungen, die aber mit der Plattendicke vergleichbar sind, verlieren die Beziehungen Gl. (2.1/7) bis Gl. (2.1/9) ihre Gültigkeit. In der Mittelfläche treten Dehnungen auf, die von der Streckung der Platte sowie von der endlichen Durchbiegung herrühren. Der Mittelflächen-Verzerrungs-Tensor für kleine, aber endliche Durchbiegung ist (siehe [*27*])

$$H_{\alpha\beta} = e_{\alpha\beta} + \frac{1}{2} W_{,\alpha} W_{,\beta}, \tag{5.2/1}$$

wobei $e_{\alpha\beta} = \frac{1}{2}(U_{\alpha,\beta} + U_{\beta,\alpha})$; U_α ist eine zweidimensionale Verschiebungsfunktion für das ebene Verzerrungsproblem. Daher beschreiben $U_\alpha(x_\alpha)$, $W(x_\alpha)$, $\alpha = 1, 2$, die Verschiebung der Mittelfläche für kleine, aber endliche Durchbiegung vollständig. Die Komponenten des Verzerrungstensors einer Schicht im Abstand z von der Mittelfläche sind

$$\varepsilon_{\alpha\beta} = e_{\alpha\beta} + \frac{1}{2} W_{,\alpha} W_{,\beta} - z W_{,\alpha\beta}. \tag{5.2/2}$$

Da in der Plastizitätstheorie die Dehnungsgeschwindigkeit anstelle der Dehnung verwendet wird, ergibt sich durch Differentiation von Gl. (5.2/2) nach dem Zeitparameter

$$\dot{\varepsilon}_{\alpha\beta} = \dot{e}_{\alpha\beta} + \frac{1}{2}(\dot{W}_{,\alpha} W_{,\beta} + \dot{W}_{,\beta} W_{,\alpha}) - z\dot{W}_{,\alpha\beta}. \tag{5.2/3}$$

Es ist somit offenbar, daß die innere Dissipationsleistung von der Durchbiegung W selbst abhängt und nicht nur von ihrer Geschwindigkeit $\dot{W}$.

Der Durchbiegungsterm erscheint ebenfalls in der Gleichgewichtsgleichung, die nun die folgende Form hat:

$$M_{\alpha\beta,\alpha\beta} + N_{\alpha\beta} W_{,\alpha\beta} + p = 0. \tag{5.2/4}$$

Da in der Gleichgewichtsgleichung sowohl der Biegemomententensor $M_{\alpha\beta}$ als auch die Membranspannungsresultierenden $N_{\alpha\beta} = \int_{-H}^{H} \sigma_{\alpha\beta}\, dz$ enthalten sind, muß die Fließbedingung die Form

$$f(M_{\alpha\beta}, N_{\alpha\beta}) = \text{const} \tag{5.2/5}$$

haben, wie es bei der Schalenbiegung der Fall ist [*2*, *28*]. Aus dem plastischen Potentialfließgesetz folgt

$$\dot{K}_{\alpha\beta} = \nu \frac{\partial f}{\partial M_{\alpha\beta}}, \qquad \dot{H}_{\alpha\beta} = \nu \frac{\partial f}{\partial N_{\alpha\beta}}. \tag{5.2/6}$$

Da Gl. (5.2/4) im allgemeinen nichtlinear ist und die Spannungsresultierenden mit Verschiebungen gekoppelt sind, kann eine vollständige Lösung des Problems nur in speziellen Fällen erhalten werden. Somit müssen näherungsweise Methoden für die Bestimmung der Last-Formänderungs-Beziehungen für plastische Tragwerke entwickelt werden. Es gibt zwei mögliche Wege der Ermittlung der Last-Formänderungs-Beziehung bei endlicher Durchbiegung. Sie gründen sich auf die beiden fundamentalen Sätze der Grenztragfähigkeitstheorie. Diese Sätze müssen jedoch für den Einschluß von Geometrieeffekten abgeändert werden, oder sie können nur auf einen augenblicklichen Zustand während des Formänderungsprozesses angewendet werden, da der Begriff der Grenztragfähigkeit für einen fortlaufenden Deformationsvorgang keinen Sinn hat und durch das Stabilitätskriterium ersetzt werden muß, oder beispielsweise durch eine Deformationsbedingung. Somit verwendet eine der Näherungsmethoden statisch zulässige Spannungsresultierendenfelder, die andere betrifft die Gleichheit der inneren und äußeren Dissipationsleistung für den vorgeschriebenen Formänderungsmechanismus, in ähnlicher Weise wie sie für die Grenztragfähigkeitsberechnung von Schalen verwendet worden ist [*16*, *25*]; das führt zu Näherungslösungen, aber notwendigerweise zu Eingrenzungen.

Eine mögliche statische Lösung ist die Biegelösung, da $N_{\alpha\beta} = 0$ sich nicht im Widerspruch mit der obigen Gleichung befindet. Deshalb gibt die Biegelösung eine untere Eingrenzung für die Last-Durchbiegungs-Beziehung mit eingeschlossenen Membraneffekten. Offensichtlich wird durch Betrachtung einer plastischen Membran ebenfalls eine untere Eingrenzung erhalten, wenn die kinematischen Randbedingungen eine solche Annahme rechtfertigen. Für vollplastische

Membranen ist die Beziehung zwischen Last und maximaler Durchbiegung linear, wie aus Gl. (5.2/3) für $M_{\alpha\beta} = 0$ und $N_{12} = 0$, $N_{11} = N_{22} = N_0$ hervorgeht.

Ein möglicher Weg der oberen Eingrenzung gründet sich auf die Annahme, daß das beginnende Geschwindigkeitsfeld für eine Platte auch für endliche Deformationen ein kinematisch zulässiges Verschiebungsgeschwindigkeitsfeld ist und seine Gleichung sich für kleine, aber endliche Durchbiegungen nicht ändert. Diese Methode ist von Onat und Haythornthwaite [*16*] für Kreisplatten vorgeschlagen worden. Rzhanitsyn [*3*] verwendete ebenfalls eine kinematische Näherung bei der Berechnung polygonaler Platten unter Einzellastwirkung.

5.2.2 Frei drehbar gestützte Kreisplatte

Bei der Betrachtung der endlichen Durchbiegung einer plastischen Kreisplatte ist es notwendig, zwischen zwei Fällen von Randbedingungen zu unterscheiden, nämlich $\dot{U} = 0$ und $\dot{U} \neq 0$. Die erstere entspricht einem gelenkig gelagerten, aber in der Plattenebene festgehaltenen Rand, die zweite sagt aus, daß die Platte reibungslos auf dem Stützungsring gleiten kann. Es wird angenommen, daß das Plattenmaterial der Coulomb-Tresca-Fließbedingung und dem zugehörigen Fließgesetz gehorcht. Im Polarkoordinatensystem lautet die entsprechende dimensionslose Form der Gleichgewichtsgleichung Gl. (5.2/4):

$$(\varrho\, n_r)' - n_\varphi = 0, \qquad (\varrho\, m_r)' - m_\varphi + 4\varrho\, n_r\, w' + \int_0^\varrho \varrho\, P\, d\varrho = 0, \qquad (5.2/7\text{a})$$

wobei

$$n = \frac{N}{2\sigma_0 H}, \qquad m = \frac{M}{\sigma_0 H^2}, \qquad P = \frac{p R^2}{M_0}, \qquad \varrho = \frac{r}{R} \qquad (5.2/7\text{b})$$

und $2H$ die Plattendicke bedeutet, p die positiv abwärts gerichtete gleichförmig verteilte Belastung und R der Plattenradius ist. In Gl. (5.2/7a) ist $w = \dfrac{W}{2H}$, und der Strich bedeutet Differentiation nach der unabhängigen Variablen ϱ.

Aus der Membranlösung wird eine Last-Durchbiegungs-Beziehung erhalten. In diesem Falle ist $m_r = m_\varphi = 0$ im gesamten Bereich $0 \leq \varrho \leq 1$, und die Fließbedingung führt zu der Beziehung $n_\varphi = n_r = 1$, wenn der Rand in der Plattenebene festgehalten wird. Die Durchbiegungsrandbedingungen sind

$$w(0) = \delta, \qquad \dot{w}(0) = \dot{\delta}, \qquad w(1) = \dot{w}(1) = 0, \qquad (5.2/8)$$

und die Integration der zweiten der Gln. (5.2/7a) ergibt für über die ganze Plattenfläche gleichförmig verteilte Last das Resultat

$$P = 16\,\delta, \qquad (5.2/9)$$

wobei δ das Verhältnis der Mittendurchbiegung zur Plattendicke bedeutet: $\delta = \frac{W_0}{2H}$. Für membrankraftfreie Biegung ist die entsprechende Grenzlastbeziehung (die δ nicht enthält) $P = 6$. Somit sind von $\delta = \frac{3}{8}$ an die Membraneffekte über die Biegefestigkeit der Platte vorherrschend. Daher ist bei unverschieblichem Plattenrand die Biegelösung nur für $\delta \leqq \frac{3}{8}$ maßgebend. Da Gl. (5.2/9) eine untere Eingrenzung ist, wird der Membraneffekt tatsächlich noch früher auftreten. Im folgenden wird die gesamte Last-Durchbiegungs-Beziehung untersucht. Die angegebene Berechnung verwendet den Weg von LEPIK [*29*], der das Problem der Kreisplatte gemäß der Theorie der endlichen Durchbiegung behandelt.

Im Polarkoordinatensystem nehmen die Verzerrungs-Verschiebungs-Beziehungen, Gln. (5.2/1) und (5.2/2), die Form

$$\varepsilon_r = u' + 2\frac{H^2}{R^2}(w')^2, \quad \varepsilon_\varphi = u/\varrho, \quad K_r = -\frac{2H}{R^2}w'', \quad K_\varphi = -\frac{2H}{R^2}\frac{w'}{\varrho} \tag{5.2/10}$$

an, wobei $u = U/R$, $w = W/2H$ die dimensionslosen Verschiebungen bedeuten und K_r, K_φ die dimensionshaften Krümmungen sind. Nach Gl. (5.2/3) sind die durch Differentiation nach einem willkürlichen Zeitparameter (da das Material inviscos ist) erhaltenen entsprechenden Geschwindigkeiten

$$\dot{\varepsilon}_r = \dot{u}' + 4\frac{H^2}{R^2}w'\dot{w}', \quad \dot{\varepsilon}_\varphi = \dot{u}/\varrho, \quad \dot{K}_r = -\frac{2H}{R^2}\dot{w}'', \quad \dot{K}_\varphi = -\frac{2H}{R^2}\frac{\dot{w}'}{\varrho}. \tag{5.2/11}$$

Für die betrachtete Platte gelten die Randbedingungen

$$m_r(1) = 0, \qquad w(1) = \dot{w}(1) = 0, \qquad u(1) = \dot{u}(1) = 0, \tag{5.2/12}$$

und weiterhin werden ihr infolge der Spannungsisotropie im Ursprung des Koordinatensystems die folgenden Bedingungen auferlegt:

$$\sigma_r(0) = \sigma_\varphi(0) = \pm\sigma_0, \qquad m_r(0) = m_\varphi(0), \qquad n_r(0) = n_\varphi(0). \tag{5.2/13}$$

Es wird die Annahme getroffen, daß während des plastischen Fließprozesses die Fließgleichungen für die Platte die Form

$$\sigma_r = \sigma_\varphi = \pm\sigma_0, \qquad 0 \leqq \varrho \leqq \varrho_*, \tag{5.2/14}$$

$$\sigma_\varphi = \pm\sigma_0, \qquad 0 \leqq \sigma_r \leqq \sigma_0, \qquad \varrho_* \leqq \varrho \leqq 1 \tag{5.2/15}$$

haben. Eine solche Annahme gestattet nicht, die Fließbedingung Gl. (5.2/5) in Termen von Spannungsresultierenden zu schreiben, was zu einer Hyperfläche im vierdimensionalen Spannungsresultierendenraum m_r, m_φ, n_r, n_φ führen würde. Diese Transformation ist erforderlich, da die Gleichgewichtsgleichungen (5.2/7) in Termen der Spannungsresultierenden ausgedrückt sind. In den Gln. (5.2/14) und (5.2/15) ist die Voraussetzung enthalten, daß im zentralen Teil $0 \leqq \varrho \leqq \varrho_*$ ein reiner Membranspannungszustand ohne Biegung existiert, und daß außerhalb dieses Bereiches die kombinierte Wirkung von Zug und Biegung eintritt. Bei Anwachsen der Last P werden drei Stadien des Plattenverhaltens unterschieden. Das erste Stadium entspricht Lasten $P \leqq 6$, bei denen kein Membraneffekt auftritt. Dieses Stadium des Plattenverhaltens wurde im Fall der Biegung behandelt. In der zweiten Phase wird die Fließgleichung (5.2/15) für $0 \leqq \varrho \leqq 1$ befriedigt, aber die neutrale Fläche fällt nicht mehr mit der Mittelfläche zusammen (wie es bei der Biegung der Fall ist). Wenn mit z_0 der Abstand der neutralen (unverformten) Fläche von der Mittelfläche bezeichnet wird, und bei Annahme eben bleibender Querschnitte gilt

$$e_r = \varepsilon_r + z_0 K_r, \qquad e_\varphi = \varepsilon_\varphi + z_0 K_\varphi, \tag{5.2/16}$$

und aus der Definition der neutralen Fläche $\dot{e}_\varphi = 0$ folgt, daß Gl. (5.2/15) erfüllt wird, wenn

$$z_0 = -\frac{\dot{\varepsilon}_\varphi}{\dot{K}_\varphi} = \frac{R^2}{2H}\frac{\dot{u}}{\dot{w}'} \leqq -H. \tag{5.2/17}$$

Anderenfalls tritt das dritte Stadium des Verhaltens ein, bei dem sich der zentrale Plattenteil in reinem Membranspannungszustand befindet, wofür Gl. (5.2/14) gültig ist, und wobei Gl. (5.2/15) die Fließbedingung für den ringförmigen Bereich $\varrho_* \leqq \varrho < 1$ ist. Für $0 \leqq \varrho \leqq \varrho_*$ sind die Verzerrungsgeschwindigkeiten nicht eindeutig bestimmt, da der Spannungszustand der Ecke des Fließsechseckes entspricht.

Wenn Gl. (5.2/15) gilt, dann folgt aus dem Fließgesetz, daß $\dot{e}_r \equiv 0$, und da dies für jede Schicht der Platte erfüllt werden muß, ergibt sich die Bedingung

$$\dot{\varepsilon}_r \equiv 0, \qquad \dot{K}_r \equiv 0, \qquad \varrho_* \leqq \varrho \leqq 1. \tag{5.2/18}$$

Die obige Bedingung bewirkt, daß nun jeder Satz von Gleichungen Gl. (5.2/10) und (5.2/11) zwei Beziehungen für zwei unbekannte Funktionen u, w und $\dot{u}$, $\dot{w}$ enthält. Integration für die Randbedingungen Gl. (5.2/8) liefert

$$w = \delta(1-\varrho), \qquad \dot{w} = \dot{\delta}(1-\varrho), \tag{5.2/19}$$

und entsprechend

$$\dot{u} = \dot{e} - 4\frac{H^2}{R^2}\,\delta\,\dot{\delta}\,\varrho. \tag{5.2/20}$$

Wenn eine Platte am Gleiten auf dem Stützungsring gehindert wird, erhält man bei Verwendung der Gln. (5.2/12) zur Bestimmung von $\dot{e}$ aus Gl. (5.2/20) die folgende dimensionslose Verschiebungsgeschwindigkeit:

$$\dot{u} = \frac{4H^2}{R^2}\,\delta\,\dot{\delta}(1-\varrho), \qquad \varrho_* \leqq \varrho \leqq 1. \tag{5.2/21}$$

Gemäß Gl. (5.2/17) ergibt sich die Lage der Ringspannungsdiskontinuität bei $\zeta_0 = z_0/H$

$$\zeta_0 = -2\delta(1-\varrho). \tag{5.2/22}$$

Für $z_0 \geqq -H$ ist $\delta \leqq 1$, und Gl. (5.2/15) trifft zu. Anderenfalls bildet sich dort eine momentenlose Zone, deren Radius $\varrho = \varrho_*$ aus der Bedingung $z_0 = -H$ erhalten wird. Der Radius dieses zentralen Bereiches variiert mit der Durchbiegung und wird gegeben durch

$$\varrho_* = 1 - \frac{1}{2\delta}. \tag{5.2/23}$$

Da das Verschiebungsgeschwindigkeitsfeld in Termen der Durchbiegung δ bekannt ist, können auch die Ringspannungsresultierenden berechnet werden. Aus Abb. 5.3, die die Ringdehnungs-Geschwindig-

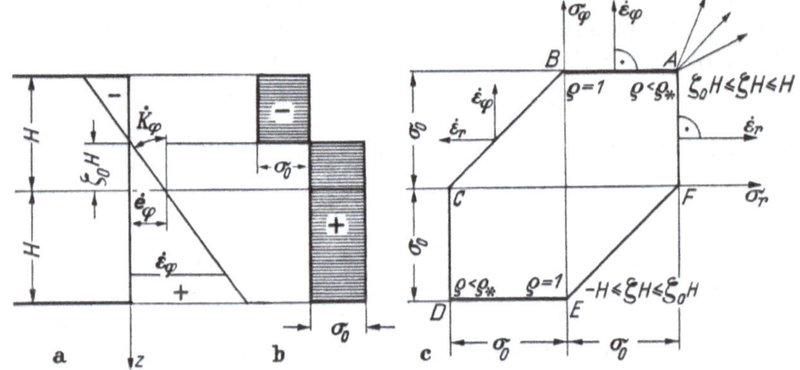

Abb. 5.3 Spannungsprofil für eine Kreisplatte bei endlicher Deformation
a) Verformungsgeschwindigkeitsverteilung; b) Spannungsverteilung; c) Spannungsprofil für eine Plattenschicht

keitsverteilung für die Fließbedingung Gl. (5.2/15) gibt (die Spannungsprofile der Ringspannung in den oberen und unteren Plattenteilen werden in Abb. 5.3c gezeigt), geht hervor, daß das tangentiale Biegemoment M_φ und die tangentiale Membrankraft N_φ in dimensionsloser Form ausgedrückt werden durch

$$n_\varphi = -\zeta_0 = 2\delta(1-\varrho), \quad m_\varphi = 1 - \zeta_0^2 = 1 - 4\delta^2(1-\varrho)^2, \tag{5.2/24}$$

$$-1 \leqq \zeta_0 \leqq 1, \quad \varrho_* \leqq \varrho \leqq 1$$

und

$$n_\varphi = \pm 1, \quad m_\varphi = 0, \quad |\zeta_0| > 1, \quad 0 \leqq \varrho \leqq \varrho_*. \tag{5.2/25}$$

Bei bekannten Werten $\dot{u}$, $\dot{w}$, n_φ, m_φ, für das festgelegte Spannungsprofil, wie es durch Gl. (5.2/14) und Gl. (5.2/15) gegeben wird, verbleiben zwei Gleichungen, Gl. (5.2/7), für die Unbekannten m_r und n_r. Bei der Durchführung der Integration müssen zwei Fälle unterschieden werden, nämlich ob $|\zeta_0| < 1$ für alle ϱ oder nur innerhalb $\varrho_* \leqq \varrho \leqq 1$; das ist die Aussage der Gln. (5.2/24) und (5.2/25). Zur Bestimmung der beiden Integrationskonstanten stehen am Kreis $\varrho = \varrho_*$ zusätzliche Bedingungen zur Verfügung:

$$n_r(\varrho_*) = n_\varphi(\varrho_*) = 1, \quad m_\varphi(\varrho_*) = m_r(\varrho_*) = 0. \tag{5.2/26}$$

Für mittlere Lasten, für die $|\zeta_0| \leqq 1$, ist $\varrho_* = 0$, und es tritt gemäß Gl. (5.2/24) im Bereich $0 \leqq \varrho \leqq 1$ gleichzeitige Biege- und Zugbeanspruchung auf. Die Integration der Gln. (5.2/7) für die Randbedingungen Gl. (5.2/13) ergibt:

$$n_r = \delta(2 - \varrho), \qquad m_r = 1 - \varrho^2 - 4\delta^2(1 - \varrho)^2, \qquad 0 \leqq \varrho \leqq 1. \tag{5.2/27}$$

Die Last-Durchbiegungs-Beziehung, ausgewertet durch Substitution der entsprechenden Größen in die Werte der Gln. 5.2/7a, lautet

$$P = 6 + 8\delta^2, \qquad (0 \leqq \delta \leqq \tfrac{1}{2}), \tag{5.2/28}$$

Die gegebene Lösung gilt für $m_r(0) = m_\varphi(0) \geqq 0$. Somit gibt Gl. (5.2/28) für $0 \leqq \delta \leqq \frac{1}{2}$ den Zuwachs der Tragfähigkeit während der Deformation. Für $\delta > \frac{1}{2}$ und die Coulomb-Tresca-Fließbedingung kann kein eindeutiges Durchbiegungsfeld erhalten werden, da aber bei $\delta = \frac{1}{2}$ die Platte zu einer Membran wird und Gl. (5.2/9) gilt, wird das Durchbiegungsfeld durch

$$w = \delta(1 - \varrho^2), \qquad \delta > \frac{1}{2}, \tag{5.2/29}$$

wiedergegeben. In Abb. 5.4 ist das Spannungsfeld für eine auf ihrer gesamten Fläche gleichförmig belastete Kreisplatte für $\delta = \frac{W}{2H} = \frac{1}{2}$ dargestellt.

Bei Belastung einer Platte auf ihrem zentralen Teil $0 \leqq \varrho \leqq \alpha$ ($p = \text{const}$, $0 \leqq \varrho \leqq \alpha$ und $p = 0$, $\alpha \leqq \varrho \leqq 1$, vgl. Abschn. 3.1.2),

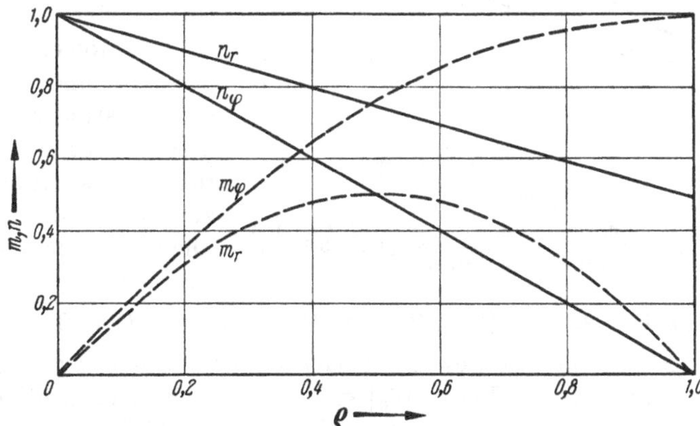

Abb. 5.4 Spannungsfeld für eine gleichförmig vollbelastete, frei drehbar unverschieblich gestützte Kreisplatte bei endlicher Deformation (Mittendurchbiegung $w_0 = H$)

kann die Last-Durchbiegungs-Beziehung nach einem ähnlichen Verfahren erhalten werden. Wenn die Gesamtlast auf der Platte mit $Q = p\pi R^2\alpha^2 = \pi\alpha^2 M_0 P$ bezeichnet wird, erhält man das Resultat

$$\frac{Q}{2\pi M_0} = \frac{3 + 4\delta^2}{3 - 2\alpha}, \qquad \delta < \frac{1}{2}. \tag{5.2/30}$$

Die Asymptote der Last-Durchbiegungs-Kurve für den Fall $\dot{u}(1) = u(1) = 0$ wird durch die Membranlösung gegeben

$$\frac{Q}{2\pi M_0} = \frac{8\delta}{1 - 2\ln\alpha}. \qquad (5.2/31)$$

Es kann leicht bewiesen werden, daß für alle Fälle von teilweiser Belastung ein eindeutig bestimmter Wert ϱ_* existiert, der die Bereiche reiner Membranspannung ($|\zeta_0| > 1$) von dem Zustand trennt, bei dem gleichzeitige Biege- und Zugbeanspruchung eintritt. Die Grenze ϱ_* zwischen diesen Zonen wird durch Gl. (5.2/23) gegeben. Wie aus Gl. (5.2/7) für $m_r = m_\varphi \equiv 0$ hervorgeht, hat die Last-Durchbiegungs-Beziehung innerhalb der Membranzone die Form

$$w = A \ln\varrho, \qquad \varrho_* > \alpha, \qquad (5.2/32)$$

und für $\varrho > \varrho_*$ sind die Gln. (5.2/19) gültig; in solchen Fällen tritt bei $\varrho = \varrho_*$ eine Neigungsdiskontinuität $w']$ auf. A ist ein der Gesamtlast auf der Membran linear proportionaler Parameter.

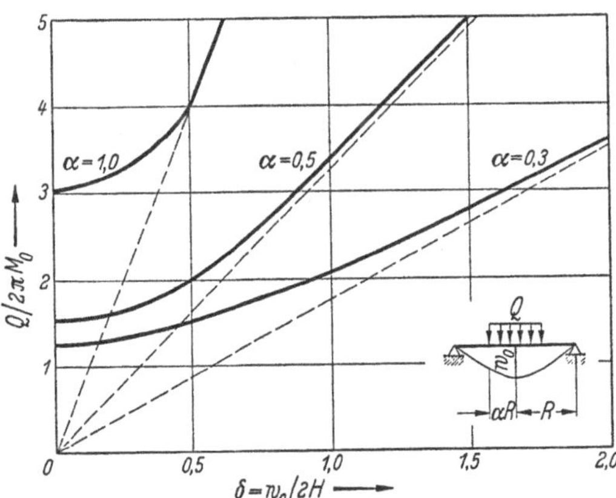

Abb. 5.5 Last-Durchbiegungs-Beziehung für eine frei drehbar unverschieblich gestützte Kreisplatte bei endlicher Deformation

Die für verschiedene Werte des Belastungsradius α berechneten Last-Durchbiegungs-Beziehungen sind in Abb. 5.5 aufgetragen, wobei einige Ergebnisse aus [*29*] verwendet sind.

Im folgenden wird der Fall einer frei drehbar gestützten Kreisplatte betrachtet, die reibungslos auf dem Stützungsring gleiten kann. Die Randbedingungen des Problems sind nun

$$w(1) = \dot{w}(1) = 0, \quad \dot{u}(1) \neq 0, \quad m_r(1) = 0, \quad n_r(1) = 0. \qquad (5.2/33)$$

Im ersten Stadium der Bewegung nach dem Erreichen der Biegegrenzlast ist überall in der Platte $|\zeta_0| < 1$. Somit tritt gleichzeitige Biege- und Zugbeanspruchung auf. Das Deformationsbild wird durch die Gln. (5.2/19) und (5.2/20) gegeben. Da nun

$$\zeta_0 = \frac{R^2}{2H^2}\,\frac{\dot{u}}{\dot{w}'} = 2\delta\varrho - \frac{R^2}{2H^2}\,\frac{\dot{e}}{\dot{\delta}}, \qquad (5.2/34)$$

lautet die Beziehung für die gemäß Abb. 5.3 bestimmte Ringmembrankraft

$$n_\varphi = -\zeta_0 = \frac{R^2}{2H^2}\,\frac{\dot{e}}{\dot{\delta}} - 2\delta\varrho. \qquad (5.2/35)$$

Integration der ersten der Gln. (5.2/7a) für endliches $n_r = n_\varphi$ in Plattenmitte führt zu dem Ausdruck

$$n_r = \frac{R^2}{2H^2}\frac{\dot{e}}{\dot{\delta}} - \delta\varrho, \qquad 0 \leqq \varrho \leqq 1. \tag{5.2/36}$$

Es ist zu ersehen, daß die Spannungsisotropiebedingung bei $\varrho = 0$ erfüllt wird. Für die Bestimmung des noch unbekannten Wertes von $\dot{e}$ wird die letzte der Gln. (5.2/33) verwendet, die ergibt:

$$\dot{e} = \frac{2H^2}{R^2}\delta\dot{\delta}. \tag{5.2/37}$$

Der berechnete Wert $\dot{e}$ gestattet die Bestimmung der Lage der neutralen Fläche ζ_0. Aus Gl. (5.2/34) folgt

$$\zeta_0 = -\delta(1 - 2\varrho). \tag{5.2/38}$$

Die Last-Durchbiegungs-Beziehung hat die Form

$$P = 6 + 2\delta^2, \qquad \delta \leqq 1. \tag{5.2/39}$$

Gl. (5.2/39) ist gültig für $|\zeta_0| \leqq 1$. Da Gl. (5.2/38) ihren Extremwert bei $\varrho = 1$ und $\varrho = 0$ annimmt, ist die Grenzdurchbiegung $\delta = 1$. Die endgültigen Ausdrücke für die Spannungsresultierenden lauten für $\delta \leqq 1$

$$n_\varphi = \delta(1 - 2\varrho), \qquad m_\varphi = 1 - \delta^2(1 - 2\varrho)^2, \tag{5.2/40}$$

$$n_r = \delta(1 - \varrho), \qquad m_r = 1 - \varrho^2 - \delta^2(1 + 3\varrho^2 - 4\varrho). \tag{5.2/41}$$

Aus diesen Gleichungen geht hervor, daß bei $\delta = 1$ Membranzonen sowohl in Plattenmitte als auch am Stützungsring zu erscheinen beginnen, so daß die Berechnung wiederholt werden muß unter Annahme des Spannungszustandes

$$m_r = m_\varphi = 0, \qquad n_r = n_\varphi = 1, \qquad 0 \leqq \varrho \leqq \varrho_* \tag{5.2/42}$$

$$m_r = m_\varphi = 0, \qquad n_r = \varrho^{-1} - 1, \qquad n_\varphi = -1, \qquad \bar{\varrho} \leqq \varrho \leqq 1, \tag{5.2/43}$$

und eines Spannungsfeldes, das innerhalb des Bereiches $\varrho_* \leqq \varrho \leqq \bar{\varrho}$ ähnlich dem durch die Gln. (5.2/40), (5.2/41) gegebenen ist und an den Übergangskreisen die durch die Gln. (5.2/42) und (5.2/43) gegebenen Bedingungen erfüllt. Einige Ergebnisse über diese Probleme werden in [29] angegeben. In Abb. 5.6 wird die Last-

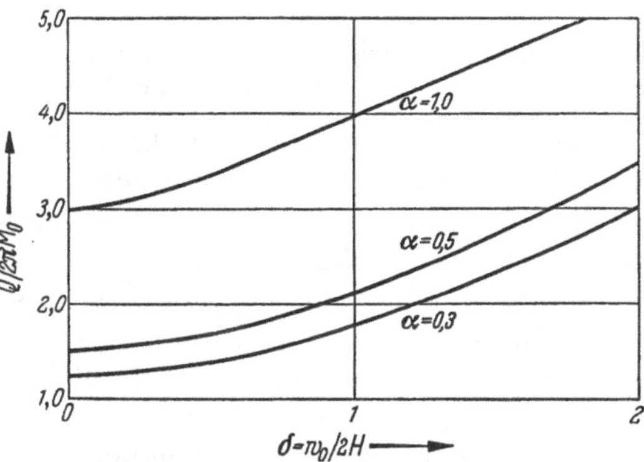

Abb. 5.6 Last-Durchbiegungs-Beziehung für eine frei drehbar verschieblich gestützte Kreisplatte bei endlicher Deformation

Durchbiegungs-Beziehung für die behandelte Lösung für die Gesamtlast $Q = \pi \alpha^2 M_0 P$ dargestellt.

Aus dem Vergleich von Abb. 5.5 und 5.6 ist der Einfluß der Festhaltung des Plattenrandes auf die Tragfähigkeit der Platte zu ersehen.

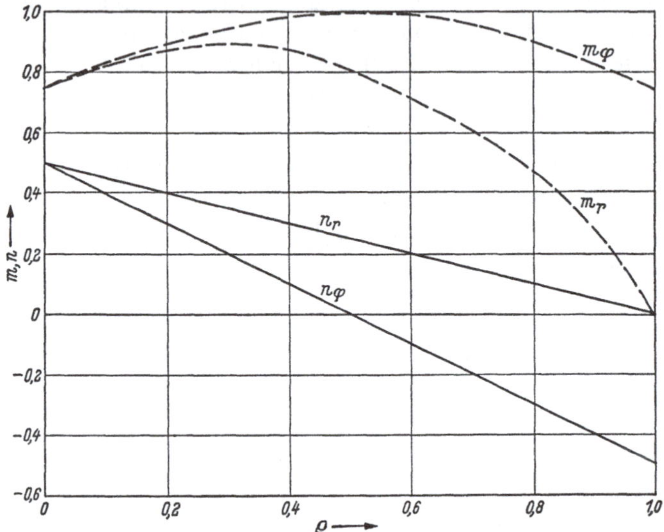

Abb. 5.7 Spannungsfeld für eine gleichförmig vollbelastete, frei drehbar verschieblich gestützte Kreisplatte bei endlicher Deformation (Mittendurchbiegung $w_0 = H$)

In Abb. 5.7 ist die Verteilung der inneren Kräfte für $\delta = \frac{1}{2}$ aufgetragen, um den Unterschied zwischen einer auf starrem Stützungsring frei drehbar unverschieblich gestützten Kreisplatte (Abb. 5.4) und einer frei drehbar verschieblich gelagerten Platte zu zeigen.

5.2.3 Näherungsweise Berechnung von Stahlbetonplatten bei endlicher Durchbiegung

Aus Experimenten mit Stahlbetonplatten (s. Kap. 9) geht hervor, daß die Membraneffekte recht bedeutend sind. Eine exakte theoretische Untersuchung des Problems für rechteckige Platten ist aber bisher noch nicht durchgeführt worden. Im folgenden wird eine Näherungslösung des Stahlbetonplattenproblems unter Verwendung der Methode der virtuellen Geschwindigkeiten angegeben sowie ein näherungsweises Kriterium der Grenzspannung (vgl. [*30*]).

Im Falle gleichförmig belasteter, frei drehbar randgestützter Rechteckplatten sind infolge der kombinierten Wirkung von Biege- und Zugbeanspruchung zwei Arten des Versagens möglich, die in Abb. 5.8 dargestellt sind. Abb. 5.8a betrifft den Fall von gegen Horizontalverschiebung festgehaltenen Rändern, d. h. $U = 0$ am Rand; Abb. 5.8b bezieht sich auf den Fall, bei dem Gleiten auf den Stützungen eintreten kann. Daher ist die Verdrehung des starren trapezförmigen Teils um eine zur Platte rechtwinklige Achse zulässig (d. h. die Verdrehung des Plattenelementes in der Ebene der unverformten Platte). Es wird angenommen, daß die grundlegende Deformationsweise so ist, wie aus der Fließgelenklinientheorie folgt (s. Abschn. 6.6.2.2).

Die gesamte Energiedissipation besteht aus zwei Teilen, einer von ihnen rührt von der Biegung her, der andere von der Membrankraftwirkung. Da die in Abb. 5.8 dargestellten Deformationsschemata diskontinuierlichen Verformungsfeldern entsprechen, ist die gesamte

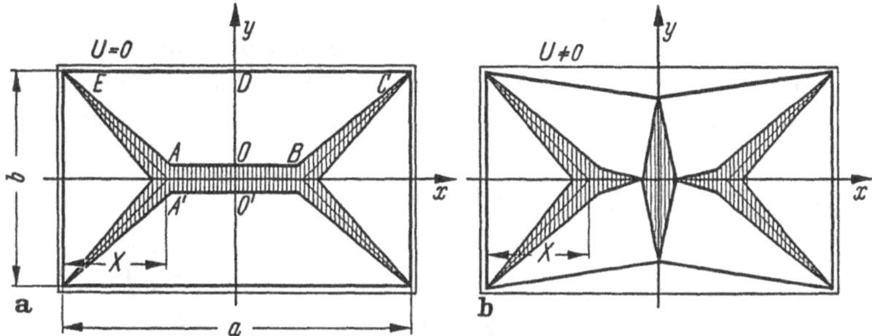

Abb. 5.8 Zwei Arten des Versagens für Rechteckplatten bei großer Durchbiegung
a) frei drehbar unverschieblich gestützter Rand; b) frei drehbar verschieblich gestützter Rand

Energiedissipation infolge der Membrankräfte proportional der schraffierten Fläche. Wenn weiterhin angenommen wird, daß keine Wechselwirkung zwischen dem Moment und der Membrankraft auftritt, wird der Einfluß der Membranspannung auf die Last-Durchbiegungs-Beziehung linear proportional der erwähnten Fläche.

Wenn W_0 die maximale Durchbiegung der Plattenmitte gemäß der in Abb. 5.8 dargestellten Deformationsart ist, und wenn der Teil $AODE$ starr bleibt, dann ist die Gesamtbreite AA' für kleine, aber endliche Durchbiegungen

$$\lambda_0 = \frac{b}{2}\left(1 - \sqrt{1 - \frac{4W_0^2}{b^2}}\right) \simeq \frac{2W_0^2}{b}. \qquad (5.2/44)$$

Somit ist für isotrope Platten die den Einfluß der Membrankräfte darstellende Gesamtfläche der schraffierten Zone

$$A = \frac{W_0^2}{2x}b + \frac{2W_0^2(a-x)}{b}, \qquad U\left(x, \pm\frac{b}{2}\right) = 0 \qquad (5.2/45)$$

und

$$A = \frac{W_0^2}{2x}b + \frac{W_0^2}{b}(a-2x) + \frac{W_0^2}{a}b, \quad U\left(x, \pm\frac{b}{2}\right) \neq 0 \qquad (5.2/46)$$

in Abhängigkeit von dem in Abb. 5.8a oder 5.8b dargestellten Bruchschema.

In entsprechender Weise ist die Gesamtverdrehung in den Fließgelenklinien in Termen von W_0 gleich der Summe der Verdrehungswinkel multipliziert mit der Länge der Fließgelenklinien:

$$\Theta = \Theta_i l_i = 2 W_0 \left(\frac{b}{x} + 2\frac{a}{b}\right). \tag{5.2/47}$$

Die innere Arbeit ist daher

$$D = N_0 A + M_0 \Theta. \tag{5.2/48}$$

Die Arbeit der äußeren Belastung $p = \text{const}$ auf dem Durchbiegungsfeld $W_0(x, y) = W_0 f(x, y)$ ist in dem betrachteten Falle

$$L = \frac{pb}{6}(3a - 2x) W_0. \tag{5.2/49}$$

In jedem Augenblick der plastischen Deformation muß die Arbeit der äußeren Kräfte gleich der inneren Arbeit sein, vorausgesetzt, daß der Deformationsmechanismus sich nicht verändert. Somit gilt die Beziehung

$$\frac{\partial D}{\partial W_0} = \frac{\partial L}{\partial W_0}. \tag{5.2/50}$$

Die Berechnung ergibt

$$\frac{pb}{6}(3a - 2x) = N_0 W_0\left[\frac{b}{x} + \frac{4(a-x)}{b}\right] + 2M_0\left(\frac{b}{x} + 2\frac{a}{b}\right), \tag{5.2/51}$$

$$\frac{pb}{6}(3a - 2x) = N_0 W_0\left[\frac{b}{x} + \frac{2b}{a} + \frac{2}{b}(a - 2x)\right] + 2M_0\left(\frac{b}{x} + 2\frac{a}{b}\right) \tag{5.2/52}$$

für die entsprechenden in Abb. 5.8 dargestellten Deformationsarten. Es ist offenbar, daß für $x = \text{const}$ und $N_0 = \text{const}$ die Last linear mit der Durchbiegung W_0 zunimmt. Das Verhältnis der tatsächlichen Last zu der Grenzlast bei membrankraftfreier Biegung ist im Falle frei drehbar unverschieblicher Randstützung (Abb. 5.8a)

$$\Pi = \frac{p(N_0, M_0)}{p(M_0)} = 1 + \frac{1}{2}\frac{N_0}{M_0} W_0\left(1 + \frac{2ax - 4x^2}{2ax + b^2}\right), \tag{5.2/53}$$

und wenn die Ränder frei gleiten können (Abb. 5.8b)

$$\Pi = 1 + \frac{1}{2}\frac{N_0}{M_0} W_0\left(1 + \frac{2x}{a}\,\frac{b^2 - 2ax}{b^2 + 2ax}\right). \tag{5.2/54}$$

Da N_0/M_0 von der Plattendicke abhängt, folgt, daß Π mit zunehmendem Verhältnis W_0/H anwächst, wobei $2H$ die Plattendicke ist. Die unbekannten Werte des Parameters x müssen aus der in Abschn. 8.5 angegebenen Biegelösung erhalten werden. Für nach der Bruchtheorie bemessene rechteckige Stahlbetonquerschnitte (s. Abb. 6.1/1) gilt das Verhältnis $N_0/M_0 \cong 2/3H = 4/3h$, so daß der Einfluß des W_0/H-Verhältnisses auf die Last-Durchbiegungs-Beziehung offenbar wird. Einsetzen der aus Gl. (6.6.2/14) ermittelten betreffenden x-Werte ergibt die in Tab. 5.1 angegebenen entsprechenden oberen Eingrenzungen für die Last-Durchbiegungs-Beziehung für isotrope Bewehrung.

Tabelle 5.1 *Last-Durchbiegungs-Beziehung für Stahlbetonplatten ohne Wechselwirkung zwischen Moment und Membrankraft*

	a/b \ W_0/H	0	0,5	1	2	3
Π	1	1,00	1,16	1,33	1,66	2,00
s. Gl. (5.2/53)	2	1,00	1,20	1,41	1,82	2,23
	3	1,00	1,23	1,47	1,95	2,42
Π	1	1,00	1,16	1,33	1,66	2,00
s. Gl. (5.2/54)	2	1,00	1,11	1,23	1,47	1,70
	3	1,00	1,12	1,24	1,49	1,74

Für die tatsächliche M-N-Wechselwirkung in Stahlbetonquerschnitten entlang der Diskontinuitätslinien sind die entsprechenden Beziehungen nicht mehr linear, und der Membrankrafteinfluß ist weniger ausgeprägt. Einige Werte für die Π-W_0/H-Beziehung für „wirtschaftliche" Orthotropie sind in Tab. 5.2 angegeben [*31*]. Im allgemeinen hängt die Last-Durchbiegungs-Beziehung von dem Prozentsatz und der Anordnung der Bewehrung ab sowie von der Lage der Drehachsen (in der Plattenmittelfläche oder an der Plattenunterseite).

Tabelle 5.2 *Last-Durchbiegungs-Beziehung für Stahlbetonplatten*

a/b \ $W_0/2H$	0,5	1	2	3	4
1	1,03	1,11	1,39	1,70	2,02
2	1,04	1,16	1,54	1,94	2,35
3	1,05	1,20	1,64	2,11	2,58

Last-Durchbiegungs-Beziehungen für eine durch eine Einzellast belastete, frei drehbar gestützte Vieleckplatte sind von Rzhanitsyn [*3*] angegeben worden. Das entsprechende Verhältnis Π ist für den Fall des unverschieblichen Randes:

$$\Pi = 1 + \frac{W_0^2}{4H^2}, \qquad W_0/H < 1 \tag{5.1/55}$$

und für den verschieblichen Rand:

$$\Pi = 1 + \frac{W_0^2}{16H^2}, \qquad W_0/H < 1. \tag{5.1/56}$$

Für $W_0/H > 2$ tritt die reine Membranwirkung ein, somit sind die entsprechenden Beziehungen linear. Für den Bereich $1 < W_0/H < 2$ ist in [*3*] keine Lösung angegeben. — Der Einfluß der Membraneffekte, sowohl in Zug als auch in Druck (Gewölbeeffekt für $W_0/2H < 1$), auf die Tragfähigkeit von Platten wird von Wood [*32*] behandelt (für Gewölbeeffekt s. auch [*50*]).

5.3 Einfluß der Querkraft auf die Grenztragfähigkeit von Platten

5.3.1 Formulierung des Problems

Wenn bei der Grenztragfähigkeitsberechnung von Platten Querkräfte zu berücksichtigen sind, muß das entsprechende Grenzspannungskriterium die Querkraftkomponenten einschließen. Daher muß bei der Ableitung des Fließkriteriums der dreidimensionale Spannungszustand berücksichtigt werden. Bei Bezeichnung der Spannungskomponenten infolge der Querkräfte mit τ_{xz}, τ_{yz} nimmt die Fließbedingung die Form

$$\sigma_x^2 - \sigma_x \sigma_y + \sigma_y^2 + \alpha(\tau_{zx}^2 + \tau_{zy}^2 + \tau_{xy}^2) = \sigma_0^2 \qquad (5.3/1)$$

an, wobei $\alpha = 4$ für die COULOMB-TRESCA-Fließbedingung, und $\alpha = 3$ für HUBER-VON MISES-Material; σ_0 ist die Fließgrenze für einachsigen Zug. Untersuchungen über den Einfluß der Querkraft auf die Grenztragfähigkeit von Trägern finden sich in Abhandlungen von DRUCKER [*33*], ONAT und SHIELD [*34*], GREEN [*35*], RZHANITSYN [*36*], SOBOTKA [*37*], HODGE [*38*] und anderen [*39*]. Jedoch ist bisher noch keine Untersuchung für Platten verfügbar, mit Ausnahme einer Näherungsmethode für Kreisplatten von BROTCHIE [*40*] und SAWCZUK et al. [*41*]. (Eine Darstellung der allgemeinen Form der Fließbedingung für Schalen unter Berücksichtigung des Querkrafteinflusses hat SHAPIRO [*42*] gegeben.)

Für Kreisplatten unter axialsymmetrischen Belastungen führt die in [*40*] gegebene Berechnung zu den Kriterien

$$k\, M_r = M_0, \qquad M_r M_\varphi > 0, \qquad (5.3/2)$$

$$k\, M_r = M_\varphi - M_0, \qquad M_r M_\varphi < 0, \qquad (5.3/3)$$

wobei k ein von der Größe der Querkraft abhängiger Koeffizient ist; beispielsweise

$$k = \frac{1}{3}\left(\frac{Q_r}{Q_0}\right)^2, \qquad M_r M_\varphi > 0, \qquad (5.3/4)$$

wenn $(Q_r/Q_0)^4 \ll 1$. In Gl. (5.3/4) bedeutet Q_0 die Grenzquerkraft bei reinem Schub. Aus Gl. (5.3/1) geht hervor, daß die Fließbedingung nichtlinear ist, und daß deshalb der entsprechende Satz von Differentialgleichungen des Grenztragfähigkeitszustandes nichtlinear wird. Das schränkt die Möglichkeiten der Gewinnung von Lösungen in geschlossener Form sehr ein.

5.3.2 Näherungsweise Berechnung der Grenztragfähigkeit von Kreisplatten für Querkraft und Biegung

Vorerst wird die Annahme getroffen, daß zwischen senkrecht zur Plattenebene wirkenden Schubspannungen und Biegespannungen keine Wechselwirkung besteht, so daß das Fließkriterium durch zwei getrennte

Beziehungen, die das Hyperprisma beschreiben,

$$\left.\begin{aligned} \Phi(\sigma_{\alpha\beta}) &= \pm\sigma_0 \\ F(\sigma_{\alpha 3}, \sigma_{\beta 3}) &= \pm k\,\sigma_0 \end{aligned}\right\} \tag{5.3/5}$$

gegeben wird, wobei k das Verhältnis der Fließgrenze für reinen Schub zur Zugfließgrenze bedeutet. Offensichtlich ist die Bedingung Gl. (5.3/5) der tatsächlichen Fließhyperfläche umschrieben, so daß jede dafür erhaltene Lösung eine obere Eingrenzung für die Grenzspannung darstellt.

Im Falle symmetrisch belasteter Kreisplatten sind σ_r, σ_φ und $\sigma_{rz} = \tau_r$ die einzigen nichtverschwindenden Spannungskomponenten. Somit wird die Fließhyperfläche im Spannungsresultierenden-Raum M_r, M_φ, Q_r für die COULOMB-TRESCA-Fließbedingung innerhalb des durch die beiden Ebenen

$$\tilde{q} = Q_r/2\,H\,k\,\sigma_0 = \pm 1 \tag{5.3/6}$$

begrenzten Bereiches mit der Plattendicke $2H$ durch Gl. (2.2/15) gegeben. Für COULOMB-TRESCA-Material ist $k = 1/2$. Die entsprechende Fließhyperfläche ist in Abb. 5.9 dargestellt.

Für die Seiten des Fließprismas hat der Fließvektor die in Tab. 2.1 angegebenen Komponenten, und für die Endflächen ($A'B'C'D'E'F'$ in Abb. 5.9) bedingt das zugehörige Fließgesetz, daß der Fließvektor die Komponenten

$$\vec{E} = (\dot{\varkappa}_r, \dot{\varkappa}_\varphi, \dot{\gamma}) = (0, 0, \dot{\gamma}) \tag{5.3/7}$$

hat, wobei $\dot{\gamma} = \dot{\gamma}(r, z)$ die Schubverzerrungsgeschwindigkeit in Richtung der Normalen zur Plattenmittelebene bedeutet. Wenn die Querkraft den höchstzulässigen Wert $\tilde{q} = 1$ erreicht, dann entsteht bei einem bestimmten Radius ϱ_* eine Diskontinuität in der Durchbiegungsgeschwindigkeit $\dot{w} = \dot{W}/R$, nämlich

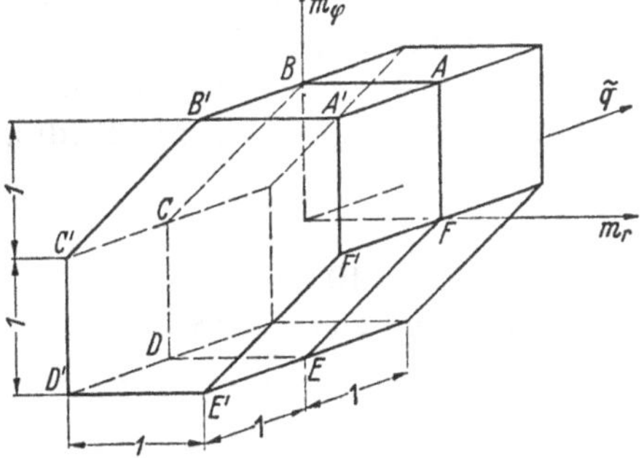

Abb. 5.9 Fließhyperfläche für Kreisplatten für Momente und begrenzte Querkraft

$$\dot{w}] = \lim_{\Delta\varrho\to 0} \int_{\varrho_*}^{\varrho_*+\Delta\varrho} \dot{\gamma}\, d\varrho, \tag{5.3/8}$$

d. h. eine Schub-Fließgelenklinie (für Träger siehe HODGE [*38*]).

Für eine auf einem zentralen Bereich vom Radius $A = \alpha R$ durch $p = \text{const}$ (s. Gl. 3.1/27) belastete, frei drehbar gestützte Kreisplatte ist die dimensionslose Grenzlast

$$Q = p\,\pi\,A^2 = \frac{6\,\pi\,M_0}{3 - 2\alpha}. \tag{5.3/9}$$

Diese Lösung setzt jedoch eine unbegrenzte Querkraft-Tragfähigkeit voraus. Das entsprechende, dem Spannungsfeld Gl. (3.1/32) zugehörige

Spannungsprofil liegt auf der Seite $BAB'A'$ des in Abb. 5.9 dargestellten Fließprismas ($\tilde{q} < 0$). Daher ist die durch Gl. (3.1/3) auf die eingetragene Belastung bezogene dimensionslose Querkraft $q_r = Q_r R/M_0$ in dem betrachteten Falle

$$q_r = -\frac{P\varrho}{2}, \qquad 0 \leqq \varrho \leqq \alpha. \tag{5.3/10}$$

Die maximale Querkraft wird bei $\varrho = \alpha$ erreicht, d. h. an der Grenze des belasteten Bereiches. Für die Querkraft

$$\max q_r = -\frac{P\alpha}{2} > \tilde{q}\frac{R\sigma_0 H}{M_0} = \frac{\tilde{q}R}{H} \tag{5.3/11}$$

liegt das Spannungsprofil auf der Seite $ABB'A'$, und die Lösung Gl. (5.3/9) hat Gültigkeit. Wenn das Spannungsprofil die Linie $B'A'$, d. h. $\tilde{q} = -1$, erreicht, tritt Querkraftversagen ein. In diesem Falle hat die Grenzlast sowohl für frei drehbar gestützte als auch für eingespannte Kreisplatten den Wert

$$P = \frac{2}{\alpha t} \quad \text{oder} \quad Q = 2\pi M_0 \frac{\alpha}{t}, \tag{5.3/12}$$

wobei $t = H/R$. Für $\alpha \to 0$ geht offensichtlich $Q \to 0$, wogegen aus Gl. (5.3/9) folgt $Q \to 2\pi M_0$. Von einem bestimmten Dicke/Radius-Verhältniswert t an ist das Querkraftversagen dominant; die Bedingung dafür lautet unter der Fließbedingung Gl. (5.3/6):

$$t > \alpha\left(1 - \frac{2}{3}\alpha\right). \tag{5.3/13}$$

In Abb. 5.10 sind die Grenzlastbeziehungen Gl. (5.3/9) und (5.3/12) als Funktion von α für verschiedene Parameterwerte t aufgetragen [41].

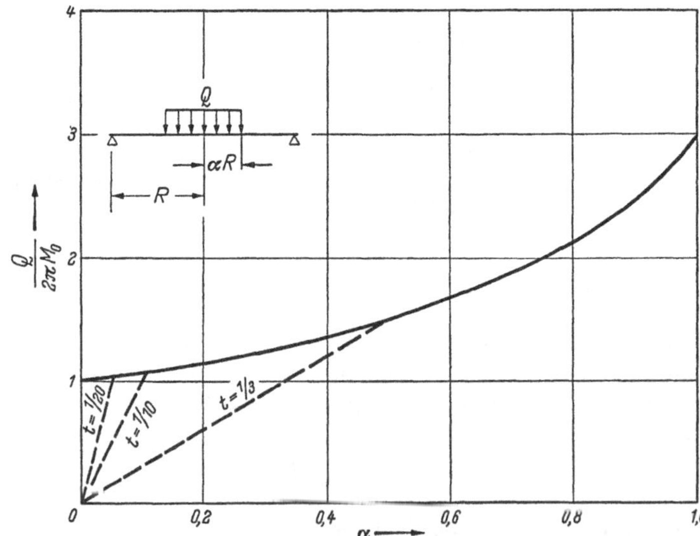

Abb. 5.10 Näherungsweise Querkraft-Biegemoment-Wechselwirkungskurven für frei drehbar randgestützte Kreisplatten

5.3.3 Fließhyperfläche für kombinierte Biege- und Querkraftbeanspruchung von Kreisplatten

Bei Verwendung des zugehörigen Fließgesetzes kann der Fließpunkt für Schub und Biegung für jede beliebige, in Termen von Spannungen gegebene stetige Fließhyperfläche bestimmt werden. Die allgemeine Beziehung für Schalen aus HUBER-VON MISES-Material ist von SHAPIRO [*42*] angegeben worden. Die entsprechende Fließhyperfläche für Kreisplatten kann auf einem ähnlichen einfachen Wege erhalten werden, wie er von HODGE [*38*] bei der Ableitung der Querkraft-Biegemomenten-Wechselwirkungskurven für Träger verwendet wurde [*41*].

Im betrachteten rotationssymmetrischen Falle hat die HUBER-VON MISES-Fließbedingung, Gl. (5.3/1), die Form

$$\sigma_r^2 - \sigma_r \sigma_\varphi + \sigma_\varphi^2 + 3\tau^2 = \sigma_0^2, \tag{5.3/14}$$

wobei τ für σ_{rz} steht. Aus dem Fließgesetz Gl. (1.2/6) werden unter Berücksichtigung der Dehnungs-Verschiebungs-Beziehungen Gl. (2.1/9) die folgenden Gleichungen erhalten:

$$\dot\varepsilon_r = \nu(2\sigma_r - \sigma_\varphi) = x_3 \dot K_r, \qquad \dot\varepsilon_\varphi = \nu(2\sigma_\varphi - \sigma_r) = x_3 \dot K_\varphi, \tag{5.3/15}$$

$$\dot\gamma_{rz} = \dot\gamma = 6\nu\tau, \tag{5.3/16}$$

wobei x_3 die zur Plattenmittelfläche normale Koordinate bedeutet.

Da die Fließhyperfläche Gl. (5.3/14) eine stetige Funktion ist, und das Fließgesetz den zugehörigen Spannungsvektor eindeutig bestimmt, können die Gln. (5.3/15) und (5.3/16) für die Spannungskomponenten gelöst werden. Die Eliminierung des in diesen Beziehungen auftretenden Fließparameters erfolgt unter Verwendung der Gln. (5.3/14) bis (5.3/16), und man erhält für die Spannungen als Funktionen der Formänderungsgeschwindigkeiten die Gleichungen

$$\frac{\sigma_r}{\sigma_0} = \frac{x_3}{A\sqrt{3}}(2\dot K_r + \dot K_\varphi), \qquad \frac{\sigma_\varphi}{\sigma_0} = \frac{x_3}{A\sqrt{3}}(2\dot K_\varphi + \dot K_r), \tag{5.3/17}$$

$$\frac{\tau}{\sigma_0} = \frac{\dot\gamma}{2A\sqrt{3}}, \tag{5.3/18}$$

wobei $A = [x_3^2(\dot K_r^2 + \dot K_\varphi^2 + \dot K_r \dot K_\varphi) + \dot\gamma^2/4]^{\frac{1}{2}}$.

Einsetzen dieser Ausdrücke in die die Spannungsresultierenden definierenden Beziehungen ergibt

$$M_r = \int_{-H}^{H} \sigma_r x_3\, dx_3 = \frac{2\sigma_0}{\sqrt{3}} \int_{-H}^{H} \frac{(2s+t)\, x_3\, dx_3}{\sqrt{4x_3^2(s^2+st+t^2)+1}}, \tag{5.3/19}$$

$$Q_r = \frac{\sigma_0}{\sqrt{3}} \int_{-H}^{H} \frac{dx_3}{\sqrt{4x_3^2(s^2+st+t^2)+1}}, \tag{5.3/20}$$

wobei $s = \dot K_r/\dot\gamma$, $t = \dot K_\varphi/\dot\gamma$ bedeuten. Somit stellen die Gln. (5.3/19) und (5.3/20) die parametrische Form der Fließhyperfläche in Termen von s und t dar. Die Ausführung der Integration liefert

$$M_r = \frac{\sigma_0}{2\,B^2\sqrt{3}}(2\,s + t)\left[H\sqrt{4\,H^2\,B^2 + 1} - \frac{1}{2\,B}\,\mathrm{ar\,sinh}\,2\,H\,B\right], \qquad (5.3/21)$$

$$M_\varphi = \frac{\sigma_0}{2\,B^2\sqrt{3}}(2\,t + s)\left[H\sqrt{4\,H^2\,B^2 + 1} - \frac{1}{2\,B}\,\mathrm{ar\,sinh}\,2\,H\,B\right], \qquad (5.3/22)$$

$$Q_r = \frac{\sigma_0}{B\sqrt{3}}\,\mathrm{ar\,sinh}\,2\,H\,B, \qquad (5.3/23)$$

wobei $B = (s^2 + s\,t + t^2)^{\frac{1}{2}}$. Die Eliminierung der Parameter s und t würde zu einem Ausdruck für die Fließhyperfläche im Spannungsresultierendenraum führen. Für $Q_r = 0$ ergibt sich Gl. (3.2/1) und für $M_r = M_\varphi = 0$, d. h. $s = t = 0$, liefert Reihenentwicklung von Gl. (5.3/23) die Fließgrenze für reinen Schub

$$Q_0 = \lim_{B \to 0} Q_r = \frac{2\,H\,\sigma_0}{\sqrt{3}}. \qquad (5.3/24)$$

Da die analytischen Ausdrücke für die Fließhyperfläche zu unhandlich für eine unmittelbare Anwendung sind, ist zum Zwecke der Ableitung von Lösungen in geschlossener Form eine Linearisierung ihrer Gleichungen notwendig. Eine stückweise lineare Näherung in Form von zwei Sätzen sechseckiger Prismen, die einander bei $\tilde{q} = \pm\sqrt{2}/2$ durchschneiden, führt zu einer aus 24 Ebenen zusammengesetzten Fließhyperfläche (s. Sawczuk und Duszek [*41*]). Die entsprechende einbeschriebene Näherung ist in Abb. 5.11 dargestellt, und die Fließgleichungen werden in Tab. 5.3 angegeben. Als umschriebene Fließhyperfläche kann die gleiche Form der Näherung verwendet werden. Die rechten Seiten der Fließgleichungen sind mit einem geeigneten Faktor $\beta > 1$ zu multiplizieren.

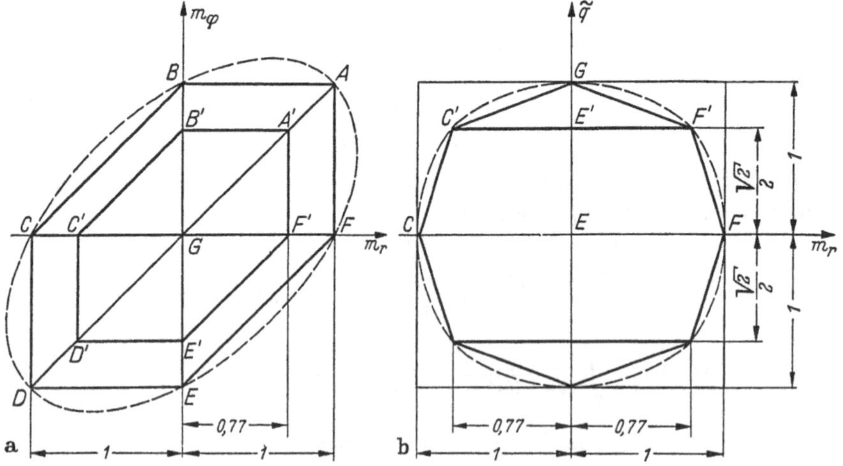

Abb. 5.11 Stückweise lineare Fließhyperfläche für Querkraft und Biegung für Kreisplatten

Tabelle 5.3 *Lineare Näherung für die Querkraft-Biegemomenten-Fließhyperfläche für Kreisplatten*

Ebene	Grenzzustandsbedingung	Fließvektor
$ABA'B'$	$m_\varphi \pm 0{,}326\,\tilde{q} = 1$	$\nu(0,\ 1,\ \pm 0{,}326)$
$A'B'G$	$0{,}380\,m_\varphi \pm \tilde{q} = 1$	$\nu(0,\ 0{,}380,\ \pm 1)$
$BCC'D'$	$-m_r + m_\varphi \pm 0{,}326\,\tilde{q} = 1$	$\nu(-1,\ 1,\ 0{,}326)$
$B'C'G$	$0{,}380(-m_r + m_\varphi) \pm \tilde{q} = 1$	$\nu(-0{,}380,\ 0{,}380,\ 1)$

Als Beispiel für die Anwendung der erhaltenen Gleichungen wird die in Abschn. 5.3.2 behandelte, auf einem Bereich $0 \leqq r \leqq A$ durch $p =$ const belastete Kreisplatte betrachtet. Für die Rand- und Kontinuitätsbedingungen für die Querkraft, $q_r(0) = 0$ und $q_r(\alpha)] = 0$, folgt aus der Gleichgewichtsgleichung (3.1/3) unter Berücksichtigung von Gl. (5.3/24):

$$q_r = -\frac{P\varrho}{2} = \frac{2}{\sqrt{3}}\frac{\tilde{q}}{t}, \qquad 0 \leqq \varrho \leqq \alpha \tag{5.3/25}$$

$$q_r = -\frac{P\alpha^2}{2\varrho} = \frac{2}{\sqrt{3}}\frac{\tilde{q}}{t}, \qquad \alpha \leqq \varrho \leqq 1. \tag{5.3/26}$$

Da $q_r < 0$, $m_r > 0$, $m_\varphi > 0$, gelten die Spannungsgleichungen

$$m_\varphi + a\tilde{q} = 1, \qquad a = 0{,}326, \qquad -\sqrt{2}/2 \leqq \tilde{q} \leqq 0, \tag{5.3/27}$$

$$b\,m_\varphi + \tilde{q} = 1, \qquad b = 0{,}380, \qquad -1 \leqq \tilde{q} \leqq -\sqrt{2}/2. \tag{5.3/28}$$

Bei Beschränkung der Untersuchung auf den Fall $\tilde{q} \geqq -\sqrt{2}/2$, ergibt die Substitution der Gln. (5.3/25) bis (5.3/27) in die Gleichgewichtsgleichung (3.1/4):

$$\frac{d}{d\varrho}(\varrho\, m_r) - 1 - a\frac{\sqrt{3}}{2}q_r t - \varrho\, q_r = 0. \tag{5.3/29}$$

Für die Spannungsrandbedingungen $m_r(1) = 0$ und $m_r(0) = 1$ liefert Integration die Ergebnisse

$$m_r = 1 - \frac{a t\sqrt{3}}{8}P\varrho - \frac{P\varrho^2}{6}, \qquad 0 \leqq \varrho \leqq \alpha, \tag{5.3/30}$$

$$m_r = 1 - \frac{a t\sqrt{3}}{4}P\frac{\ln\varrho}{\varrho} - \frac{1}{\varrho}\left(1 - \frac{P\alpha^2}{2}\right) - \frac{P\alpha^2}{2}, \quad \alpha \leqq \varrho \leqq 1. \tag{5.3/31}$$

Die auf die Fließgleichung (5.3/27) bezogene Grenztragfähigkeit ergibt sich aus der Bedingung $m_r(\alpha)] = 0$ zu

$$P/24 = (12\alpha^2 - 8\alpha^3 + 3a\,t\,\alpha^2\sqrt{3} - 6a\,t\,\alpha^2\sqrt{3}\ln\alpha)^{-1} \tag{5.3/32}$$

unter der Voraussetzung, daß

$$-\sqrt{2}\,(t\sqrt{3})^{-1} \leqq q_r \leqq 0. \tag{5.3/33}$$

Die Ungleichung (5.3/33) drückt die Bedingung aus, daß das Spannungsprofil auf der Seite $ABB'A'$ der in Abb. 5.11 dargestellten Fließhyperfläche bleibt. Wenn die linke Seite nicht erfüllt wird, geht das Spannungsprofil auf die Ebene $B'A'G$ über. Somit ist für einen bestimmten Bereich der Platte Gl. (5.3/28) anzuwenden. Die detaillierte Untersuchung des Problems findet sich in [*41*].

Für eine gleichförmig über die ganze Fläche belastete Platte, $\alpha = 1$, ist die Grenzlastintensität für kombinierte Querkraft- und Biegebeanspruchung:

$$P = \frac{24}{4 + 3\,\alpha\, t\sqrt{3}} = 6 + 14{,}2\,\frac{R}{H}. \tag{5.3/34}$$

Die Beziehung zwischen Grenzlast und Plattendicke ist in Abb. 5.12 für den Fall $\alpha = 1$ aufgetragen, unter der Voraussetzung, daß die Ungleichung (3.3/33) nicht verletzt wird. Die Kurven illustrieren quantitativ

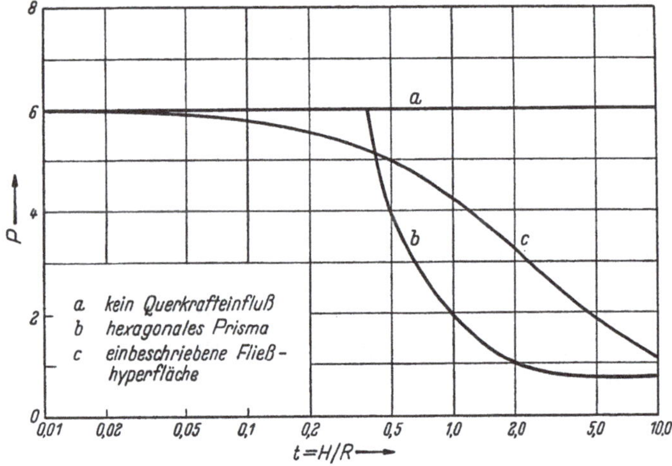

Abb. 5.12 Grenzlast für durch Biegung und Querkraft beanspruchte Kreisplatten

den Einfluß der Querkraft auf die plastische Biegung von Kreisplatten. (Ähnliche Beziehungen für Träger sind von Hodge [*38*] angegeben worden.) Geschwindigkeitsfelder für Platten unter vorherrschender Querkraftbeanspruchung und Probleme betreffend Platten unter zu einer Einzellast zusammenschrumpfender Belastung werden in [*41*] behandelt.

5.4 Platten auf plastischer Bettung

5.4.1 Einführung

Bei kontinuierlicher Stützung einer Platte auf einem deformierbaren Untergrund beeinflußt die Reaktion des Untergrundes die Grenztragfähigkeit der Platte. Das Grenztragfähigkeitsproblem von Platten auf elastischer Bettung ist von Johansen [*43*] vom Standpunkt der Fließgelenklinientheorie aus behandelt worden. Meyerhof [*44*] untersuchte Platten aus Coulomb-Tresca-Material auf einer Bettung vom Winkler-

Typ (siehe auch [*45, 46*]). Grenztragfähigkeitsberechnungen für plastische Träger und Platten auf kontinuierlicher plastischer Bettung wurden von KALISZKY [*47, 48*] für Platten, deren Material der Maximal-Hauptmomenten-Fließbedingung gehorcht, angestellt und von SAWCZUK und KALISZKY [*49*] für COULOMB-TRESCA-Platten auf inhomogener Bettung.

Es wird die Annahme getroffen, daß der Untergrund ideal plastisch ist und nur die Beanspruchung durch einen eindimensionalen Spannungszustand aufnehmen kann, d. h., daß er ähnlich dem WINKLER-Typ ist, aber eine definite Druckfließgrenze hat (s. [*47*]). Bei Bezeichnung der entsprechenden Fließspannung je Flächeneinheit der Platte mit T_0 kann festgestellt werden, daß sich eine kontinuierlich gestützte Platte bei $T < T_0$ nicht bewegt, während für die Bettungsreaktion $T = T_0$ Bewegung eintritt. Dies ist eine notwendige, aber keine hinreichende Bedingung für die plastische Bewegung der Platte, die offensichtlich auch die Erfüllung der für die Platte zutreffenden Fließbedingung zur Voraussetzung hat. Somit sind die beiden folgenden Fälle zu betrachten:

$$T = T_0, \qquad f(M_{\alpha\beta}, M_0) < 0, \qquad \dot{W} = \text{const} \tag{5.4/1}$$

$$T = T_0, \qquad f(M_{\alpha\beta}, M_0) = 0, \qquad \dot{W} \neq \text{const.} \tag{5.4/2}$$

5.4.2 Obere Eingrenzungen der Grenzlastintensität für durch eine Einzellast belastete Platten

Betrachtet wird eine durch eine Einzellast Q abwärts belastete Platte von unendlicher Erstreckung, wobei die Platte als gewichtslos angenommen wird. Wenn der Ursprung eines Polarkoordinatensystems in die Lasteintragungsstelle gelegt wird, gilt für das der Fließbedingung Gl. (2.2/30) zugehörige kinematisch zulässige Geschwindigkeitsfeld:

$$\dot{W} = \dot{W}_0 (1 - r/R_0), \qquad 0 \leqq r \leqq R_0, \tag{5.4/3}$$

wobei $\dot{W} = 0$ außerhalb des Radius $r = R_0$, der den verformten Plattenbereich beschreibt. Da $T = T_0$ für $r \leqq R_0$, führt das auf das betrachtete System angewendete Prinzip der virtuellen Geschwindigkeiten zu der Beziehung

$$(Q - T_0 \pi R_0^2/3)\, \dot{W}_0 = \int_0^{2\pi} (1 + \Lambda_0')\, M_0\, \dot{W}_0\, d\varphi, \tag{5.4/4}$$

wobei $\Lambda_0' = M_0'/M_0$, und M_0, M_0' die Fließmoduli für positive bzw. negative Biegung sind. Aus Gl. (5.4/4) erhält man die Grenzlastintensität

$$Q = 2\pi M_0 (1 + \Lambda_0') + \pi T_0 R_0^2/3, \tag{5.4/5}$$

die ihren kleinsten Wert für $R_0 = 0$ annimmt; dieser Wert stimmt für $\Lambda_0' = 1$ mit dem durch Gl. (3.3/11) gegebenen überein.

Als nächstes Beispiel wird eine durch eine Einzellast Q belastete Kreisplatte vom Radius R behandelt. Für bestimmte Werte des Plattenradius gelten die Beziehungen Gl. (5.4/1), also ist

$$Q = \pi T_0 R^2 \tag{5.4/6}$$

die nur von den plastischen Eigenschaften der Bettung abhängige Grenzlastintensität. Die Platte dringt mit der konstanten Geschwindigkeit $\dot{W} = \dot{W}_0$ in den Untergrund ein.

Wenn R bei konstant bleibendem T zunimmt, dann befindet sich eine Platte innerhalb des Bereiches $R_0 < R$ in Kontakt mit der Bettung, und das entsprechende Geschwindigkeitsfeld wird durch

$$\dot{W} = \dot{W}_0 (1 - r/R_0), \qquad 0 \leqq r \leqq R_0, \qquad R_0 < R, \tag{5.4/7}$$

gegeben. Aus der Gleichsetzung der Dissipationsleistung der äußeren und inneren Kräfte folgt die Gleichung

$$Q - \pi T_0 R_0^2/3 = 2\pi M_0 R/R_0 . \tag{5.4/8}$$

Die Minimalbedingung für die Grenzlast $dQ/dR_0 = 0$ liefert für die Ausdehnung des Kontaktbereiches:

$$R_0 = \sqrt[3]{3 R M_0/T_0} \tag{5.4/9}$$

und für die kinematisch zulässige Grenzlastintensität:

$$Q = 6{,}54\, T_0 \sqrt[3]{R^2 \alpha^2}, \qquad \alpha = M_0/T_0 . \tag{5.4/10}$$

In Abb. 5.13 ist die Beziehung zwischen der Grenzlast und den plastischen Moduli von Platte und Bettung für $\Lambda_0' = M_0'/M_0 = 0$ und $\Lambda_0' = 1$ aufgetragen.

Für eine „schichtweise“ isotrope ($\Lambda_0' = 1$) quadratische Platte mit der Kantenlänge $2A$ unter einer mittig angreifenden Einzellast Q ergibt eine entsprechende Berechnung für die in Abb. 5.14 dargestellten Fälle des Versagens die folgenden Grenzlastwerte [*47*, *48*]:

$$\frac{Q}{2\pi M_0} = \frac{2}{\pi}\frac{A^2}{\alpha}, \qquad 0 \leq A/\sqrt{\alpha} \leq \sqrt{2}, \tag{5.4/11}$$

$$\frac{Q}{2\pi M_0} = k\frac{A^2}{\alpha}, \qquad \sqrt{2} \leq A/\sqrt{\alpha} \leq 2{,}44, \tag{5.4/12}$$

$$\frac{Q}{2\pi M_0} \simeq 1{,}05 \sqrt[3]{A^2/\alpha}, \qquad 2{,}44 \leq A/\sqrt{\alpha} \leq 2{,}62; \tag{5.4/13}$$

einige Werte für den in Gl. (5.4/12) vorkommenden Parameter k sind in Tab. 5.4 angegeben.

Tabelle 5.4 *Numerische Werte für den Grenzlastparameter k für mittlere Lasten*

$A/\sqrt{\alpha}$	$\sqrt{2}$	1,5	1,6	1,7	1,8	1,9	2,0	2,1	2,2	2,3	2,44
k	0,636	0,599	0,550	0,510	0,478	0,447	0,416	0,392	0,353	0,347	0,318

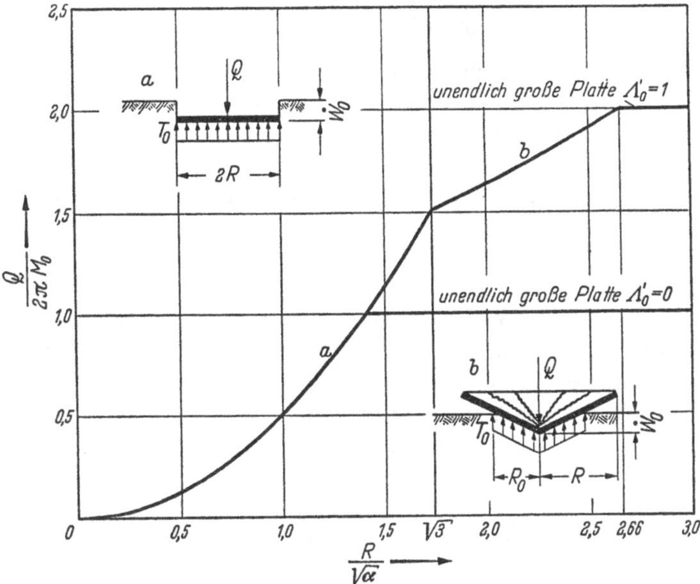

Abb. 5.13 Obere Eingrenzungen für die Grenzlasten von Kreisplatten auf plastischer Bettung

Abb. 5.14 zeigt das Diagramm der Grenzlast mit Bezeichnung der für die einzelnen Abschnitte der Kurve maßgebenden Fälle des Versagens.

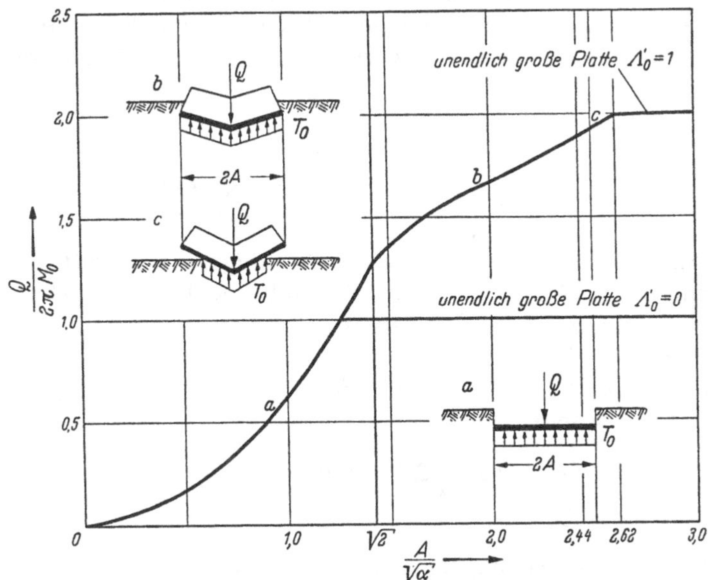

Abb. 5.14
Obere Eingrenzungen für die Grenzlasten von quadratischen Platten auf plastischer Bettung

5.4.3 Kreisplatte aus Coulomb-Tresca-Material auf inhomogener Bettung

Im Falle eines plastischen Untergrundes mit punkt-variabler Fließgrenze, d. h. bei ungleichförmiger Bettungsreaktion, ist das Verfahren der Grenztragfähigkeitsberechnung praktisch das gleiche wie für entlang bestimmter Linien gestützte Platten. Im folgenden wird eine Kreisplatte vom Radius R auf einer plastischen Bettung mit der Fließcharakteristik

$$T(\varrho) = \sum_{k=0}^{n} T_k R^k \varrho^k, \qquad (k = 0, 1, \ldots, n), \tag{5.4/14}$$

behandelt, wobei $\varrho = r/R$ der dimensionslose variable Radius eines Polarkoordinatensystems mit dem Ursprung im Plattenzentrum ist. Die innerhalb des plastizierten Bettungsbereiches geltenden Gleichgewichtsgleichungen haben die Form

$$(\varrho\, q_r)' = \varrho \frac{T R^2}{M_0}, \tag{5.4/15}$$

$$(\varrho\, m_r)' - m_\varphi - \frac{\varrho^2}{2} \frac{T R^2}{M_0} + C = 0, \tag{5.4/16}$$

wobei T aufwärtsgerichtet positiv ist. Das Problem kann für das durch Gl. (5.4/14) definierte T für die Platten-Fließbedingung Gl. (2.2/15) gelöst werden.

Als Beispiel wird eine durch eine mittige Einzellast Q belastete Platte betrachtet. Bei hinreichend „schwachem" Untergrund dringt die Platte als starrer Körper in den Untergrund ein, so daß das Geschwindigkeitsfeld durch Gl. (5.4/1) beschrieben wird. Aus Gl. (5.4/15) wird für die Randbedingung

$$q_r(1) = 0 \tag{5.4/17}$$

der Grenzlastwert

$$Q = 2\pi \int_0^1 \sum_{k=0}^{n} T_k R^{k+2} \varrho^{k+1} d\varrho = 2\pi \sum_{k=0}^{n} \frac{T_k R^{k+2}}{k+2} \tag{5.4/18}$$

erhalten, der unabhängig von der Fließbedingung der Platte ist.

Wenn die Bedingungen Gl. (5.4/2) erfüllt werden, befindet sich die gesamte Platte im plastischen Zustand. Was die Bettung anbetrifft, so kann sie nur innerhalb des Kontaktbereiches mit der Platte $0 \leqq \varrho \leqq \varrho_0$, $\varrho_0 \leqq 1$, plastiziert sein. Daher gilt für die Belastungsbedingungen an der Plattenunterseite

$$T = T_0 = \sum_{k=0}^{n} T_k R^k \varrho^k, \qquad 0 \leqq \varrho \leqq \varrho_0, \tag{5.4/19}$$

$$T = 0, \qquad \varrho_0 \leqq \varrho \leqq 1. \tag{5.4/20}$$

Die Spannungsrandbedingungen des Problems sind

$$m_r(1) = 0, \qquad q_r(\varrho_0) = 0. \tag{5.4/21}$$

Aus Gl. (5.4/15) folgt im Hinblick auf Gl. (5.4/19), daß eine statisch zulässige Eingrenzung für die Grenzlastintensität durch

$$Q_s = 2\pi \int_0^{\varrho_0} \sum_{k=0}^{n} T_k R^{k+2} \varrho^{k+1} d\varrho = 2\pi \sum_{k=0}^{n} \frac{T_k R^{k+2}}{k+2} \varrho^{k+2} \tag{5.4/22}$$

gegeben wird. Zur Prüfung der statischen Zulässigkeit ist es notwendig, aus Gl. (5.4/16) ein Biegemomentenfeld zu ermitteln, das die zutreffende Fließbedingung nicht verletzt. Aus den weiteren Ausführungen wird hervorgehen, daß die der Seite BC des in Abb. 3.2 dargestellten Sechseckes entsprechende Fließgleichung

$$-m_r + m_\varphi = 1 \tag{5.4/23}$$

zumindest für bestimmte Plattenabmessungen das Spannungsprofil darstellen kann. Somit werden aus den Gln. (5.4/16) und (5.4/23) für die tatsächlichen Spannungsrandbedingungen folgende Beziehungen erhalten:

$$m_r = \frac{1}{M_0} \sum_{k=0}^{n} \frac{T_k R^{k+2}}{(k+2)^2} \varrho^{k+2} + \left(1 - \frac{Q_s}{2\pi M_0}\right) \ln\varrho + C, \quad 0 \leqq \varrho \leqq \varrho_0, \tag{5.4/24}$$

$$m_r = \ln\varrho, \qquad 0 \leqq \varrho \leqq 1. \tag{5.4/25}$$

Da m_r für $\varrho \to 0$ endlich bleiben muß, ist

$$Q = 2\pi M_0 \tag{5.4/26}$$

eine untere Eingrenzung für die Grenzlastintensität. Die Kontinuitätsbedingung $m_r(\varrho_0)] = 0$ liefert die Beziehung für C, und aus Gl. (5.4/24) wird

$$m_r = \frac{1}{M_0} \sum_{k=0}^{n} \frac{T_k R^{k+2}}{(k+2)^2} (\varrho^{k+2} - \varrho_0^{k+2}) + \ln\varrho_0. \tag{5.4/27}$$

Diese Lösung ist unter der Voraussetzung gültig, daß Gl. (5.4/23) nicht verletzt wird. Wegen $\varrho_0 < 1$ ist, wie aus Gl. (5.4/27) hervorgeht, $m_r < 0$; deshalb wird der Gültigkeitsbereich für das Spannungsprofil Gl. (5.4/23) durch $m_r \geqq -1$ beschrieben. Da $m_r(0) = \min m_r$, wird die Spannungsgleichung (5.4/27) für $\varrho_1 \leqq 1$ nicht verletzt, wobei ϱ_1 durch

$$\varrho_1 = \varrho_0 \exp\left[1 - \frac{1}{M_0} \sum_{k=0}^{n} \frac{T_k R^{k+2}}{(k+2)^2} \varrho_0^{k+2}\right] \tag{5.4/28}$$

gegeben wird, und ϱ_0 aus den Gln. (5.4/22) und (5.4/26) zu ermitteln ist, daher

$$\sum_{k=0}^{n} \frac{T_k R^{k+2}}{k+2} \varrho^{k+2} - M_0 = 0. \tag{5.4/29}$$

Die obige Lösung ist somit für Platten gültig, deren Radius die Ungleichungen

$$\varrho_0 R \leqq R \leqq \varrho_1 R \qquad (5.4/30)$$

befriedigt.

Da das mit dem Spannungsprofil Gl. (5.4/23) verknüpfte virtuelle Geschwindigkeitsfeld durch

$$\dot{w} = \dot{W}/R = \dot{w}_0 \ln \varrho/\varrho_0 \qquad (5.4/31)$$

beschrieben wird, ist die angegebene Lösung auch kinematisch zulässig, und das Resultat Gl. (5.4/26) stellt — unter den durch Gl. (5.4/30) definierten Einschränkungen — die exakte Grenzlast dar.

Im Sonderfall der homogenen Bettung, d. h. $T = T_0 = \text{const}$, ergibt sich aus den Gln. (5.4/22) und (5.4/23) für den Gültigkeitsbereich der Lösung:

$$\sqrt{2} \leqq \beta \leqq \sqrt{2\,e}, \qquad \beta = R\sqrt{T_0/M_0}. \qquad (5.4/32)$$

Für $R < \sqrt{2e\,M_0/T_0}$ wird die Grenzlast entweder durch Gl. (5.4/6) oder durch Gl. (5.4/26) gegeben.

Das Verhalten einer auf einem endlichen kreisförmigen Bereich belasteten unendlichen Platte sowie einige Fälle mit speziellen Arten der Verteilung des Kontaktdruckes werden in [*49*] untersucht.

Literatur zu 5

[*1*] Prager, W., u. P. G. Hodge: Theory of Perfecty Plastic Solids. New York: Wiley 1951.

[*2*] Hodge, P. G.: Plastic Analysis of Structures. New York: Mc Graw-Hill 1959.

[*3*] Rzhanitsyn, A. R.: The design of plastes and shells by the kinematical method of limit equilibrium. IXe Congr. Mécanique Appliqué, (Bruxelles 1956), Université de Bruxelles, 6, 1957, S. 331—343.

[*4*] Rzhanitsyn, A. R.: Berechnung von Schalen unter Verwendung der Methode des Grenzgleichgewichtes (russisch). Issledovanija po voprosam teorii plasticnosti i procnosti stroitelnych konstrukcji, Moskau: Strojizdat 1958, S. 7—35.

[*5*] Rzhanitsyn, A. R.: Grenzgleichgewicht von Stahlbetonplatten (russisch). Izv. Akad. Nauk SSSR, Otd. Tech. Nauk, Mechanika i Masinostr. 1958, No 12, S. 73—77.

[*6*] Pell, W., u. W. Prager: Limit design of plates. Proc. 1st U. S., Natl. Congr. Appl. Mech. (Chicago 1951), ASME, New York 1952, S. 547—550.

[*7*] Sawczuk, A.: Studia z zakresu teorii nośności granicznej płyt prostokątnych. Rozprawy Inżynierskie 1963 (im Druck).

[*8*] Prager, W.: The general theory of limit design. Proc. 8th Int. Congr. Appl. Mech. (Istambul 1952), 2, Istambul 1956, S. 65—72.

[*9*] Wood, R. H.: Studies in Composite Construction. Part II, Building Studies, Paper No. 22, London: H. M. Stationary Office 1955.

[*10*] Lerner, S., u. W. Prager: On the flexure of plastic plates. J. Appl. Mech. 27 (1960) S. 353/54.

[*11*] Gwosdew, A. A.: Theorie des Grenzgleichgewichtes (russisch). Moskau: Strojizdat 1949.

[12] FEJNBERG, S. M.: Das Prinzip der Grenzspannung (russisch). Dissertation Inst. Mechaniki Akad. Nauk SSSR, Moskau 1946.

[13] FEJNBERG, S. M.: Das Prinzip der Grenzspannung (russisch). Izv. Akad. Nauk SSSR, Otd. Tech. Nauk, Mechaniki i Masinostr. 1959, No 4, S. 101 bis 111 (vgl. auch Prikl. Mat. Mech. 12 (1948) S. 63—68).

[14] HAYTHORNTHWAITE, R. M.: The deflection of plates in the elastic plastic range. Proc. 2nd U. S. Natl. Congr. Appl. Mech. (Ann Arbor 1954), ASME, New York 1955, S. 521—526.

[15] COOPER, R. M., u. G. A. SHIFFIN: An experiment on circular plates in plastic range. Proc. 2nd U. S. Natl. Congr. Appl. Mech. (Ann Arbor 1954) ASME, New York 1955.

[16] HAYTHORNTHWAITE, R. M., u. E. T. ONAT: The load carrying capacity of initially flat circular steel plates under reversed loading. J. Aeronaut. Sci. 22 (1955) S. 867—869.

[17] ONAT, E. T., u. R. M. HAYTHORNTHWAITE: Load carrying capacity of circular plates at large deflection. J. Appl. Mech. 23 (1956) S. 49—55.

[18] HILL, R.: Stability of rigid plastic solids. J. Mech. Phys. Solids 6 (1957) S. 1—8.

[19] HILL, R.: On the problem of uniqueness in the theory of rigid plastic solids. J. Mech. Phys. Solids 4 (1956) S. 247—255; 5 (1956) S. 1—8; 5 (1957) S. 153—161 u. S. 302—308.

[20] HILL, R.: A general theory of uniqueness and stability in elastic-plastic solids. J. Mech. Phys. Solids 6 (1958) S. 236—249.

[21] DRUCKER, D. C.: A definition of stable inelastic material. J. Appl. Mech. 26 (1959) S. 101—106.

[22] ONAT, E. T.: The influence of geometry changes on the load deformation behavior of plastic solids. Proc. 2nd Symposium on Naval Structural Mechanics, Plasticity, (Providence 1960), Oxford: Pergamon Press 1960, S. 225—238.

[23] COWPER, G. R., u. E. T. ONAT: On the stability of rigid plastic solids. Brown University. DE Report No 562 (20)/10, 1958.

[24] COWPER, G. R.: On the continuing deformation of work-hardening plastic solids. Brown University, DE Report No 562 (20)/11, 1959.

[25] ONAT, E. T.: On the plastic analysis of shallow conical shells. Brown University Report DA-4795/3, 1959.

[26] HODGE, P. G.: Boundary value problems in plasticity. Proc. 2nd Symposium on Naval Structural Mechanics, Plasticity (Providence 1960). Oxford: Pergamon Press 1960, S. 297—337.

[27] TIMOSHENKO, S. P., u. S. WOINOWSKY-KRIEGER: Theory of Plates and Shells. New York: Mc Graw-Hill 1959.

[28] SAWCZUK, A., u. J. RYCHLEWSKI: On yield surfaces for plastic shells. Arch. Mech. Stosow. 12 (1960) S. 29—53.

[29] LEPIK, J. P.: Plastisches Fließen einer flexiblen Kreisplatte aus starrplastischem Material (russisch). Izv. Akad. Nauk SSSR, Otd. Tech. Nauk, Mechanika i Masinostr. 1960, Nr. 2, S. 78—87.

[30] SAWCZUK, A.: Load-deformation relations for plastic plates at finite deformation. 6th Yougoslav Congress of Mechanics. Split 1962.

[31] SAWCZUK, A., u. L. WINNICKI: Określenie wpływu sił błonowych na nośność graniczną płyt żelbetowych. Politechn. Warszawska 1961.

[32] WOOD, R. H.: Plastic and Elastic Design of Slabs and Plates. London: Thames and Hudson 1961.

[33] DRUCKER, D. C.: The effect of shear on the plastic bending of beams. J. Appl. Mech. 23 (1956) S. 509—514.

[34] Onat, E. T., u. R. T. Shield: The influence of shearing forces on the plastic bending of wide beams. Proc. 2nd U. S. Natl. Congr. Appl. Mech. (Ann Arbor 1951) ASME, New York 1955, S. 535—537.
[35] Green, A. P.: A theory of plastic yielding due to bending of cantilevers and fixed-ended beams. J. Mech. Phys. Solids 3 (1954) S. 1—15 u. S. 143—155.
[36] Rzhanitsyn, A. R.: Berechnung der Konstruktionen mit Berücksichtigung der plastischen Eigenschaften der Materialien (russisch). Moskau: Strojizdat 1954.
[37] Sobotka, Z.: Theorie plasticity a meznich stavu stavebnych konstrukci. Prag: ČSAV 1955.
[38] Hodge, P. G.: Interaction curves for shear and bending of plastic beams. J. Appl. Mech. 24 (1957) S. 453—456.
[39] Phillips, A.: Introduction to Plasticity. New York: Ronald Press 1956.
[40] Brotchie, J. F.: Elastic plastic analysis of transversely loaded plates. Proc. Amer. Soc. Civ. Engrs., J. Eng. Mech. Div. 86 (1960) No. EM 5, S. 57 bis 90.
[41] Sawczuk, A., u. M. Duszek: A note on interaction of shear and bending in plastic plates [erscheint in Arch. Mech. Stos. 15 (1963)].
[42] Shapiro, G. S.: On yield surfaces for ideally plastic shells. Problems of Continuum Mechanics, Soc. Ind. Appl. Math., Philadelphia, Penn. 1961, S. 414—418.
[43] Johansen, K. W.: Slabs on Soil. Kopenhagen: Teknisk Forlag 1955.
[44] Meyerhof, G. G.: Bearing capacity of floating ice sheets. Proc. Amer. Soc. Civ. Engrs., J. Eng. Mech. Div. 86 (1960) No. EM 5, S. 113—145.
[45] Menyhard, I.: Die Bemessung der Stahlbetonplatten nach der Plastizitätstheorie (ungarisch). A. Mérnöki Tovabképzö Intezet Kiadványa, Budapest 1954.
[46] Niemirowsky, J.: Die Berechnung von Platten auf elastischer Unterlage mit Berücksichtigung der Steifigkeit und des Zerstörungszustandes (russisch). CNIPS, Sbornik Trudov, 14, Moskau: Strojizdat 1957, S. 201—216.
[47] Kaliszky, S.: Die Berechnung von Trägern und Platten auf plastischer Unterlage (ungarisch). Épitoipari és Közlekedési Müszaki Egyetem Tudományos Közlemenyei 5, Hf. 6, Budapest 1959.
[48] Kaliszky, S.: Load carrying capacity of plastic beams and plates on plastic foundation. Arch. Inż. Ladowej 6 (1962) S. 19—38.
[49] Sawczuk, A., u. S. Kaliszky: On the limit analysis of plates supported by a non-homogeneous plastic subgrade. Acta Tech. Hung. (erscheint 1963).
[50] Gwosdew, A. A.: Bestimmung des Wertes der Grenzlast für statisch unbestimmte Tragwerke (russisch). Projekt i Standart 3 (1934) No. 8, S. 10—16.

II. Fließgelenklinientheorie

Von Dipl.-Ing. **Thomas Jaeger**

Mit Beiträgen von Dr. techn. habil. **Antoni Sawczuk**

6. Grundzüge der Fließgelenklinien- (Bruchlinien-) Theorie

6.1 Einführung

6.1.1 Grundlagen der Fließgelenklinientheorie für Stahlbetonplatten

Wegen der bei Stahlbetonplatten verwendeten verhältnismäßig geringen Bewehrungsprozentsätze wird das Biegeversagen im allgemeinen durch Fließen der Zugbewehrung eingeleitet. Bei Erreichen der Streckgrenze des Stahles öffnet sich ein Riß schnell und der Bruch wird durch sekundäre Zerstörung der sich rapide verkleinernden Betondruckzone herbeigeführt, ohne daß bei Stahl mit großem Dehnvermögen die Bewehrung reißt. Es bilden sich große Formänderungen aus, bevor die Querschnittsgrenzlast durch Bruch der Betondruckzone erreicht wird. Die Dehnungen, bei denen Verfestigung der Bewehrung eintritt, liegen etwa um den 10- bis 20fachen Wert oberhalb der Fließgrenzendehnung.

In der Nachbarschaft des sich zum Bruchriß ausbildenden Risses entzieht sich der Stahl durch die mit der Längung verbundene Querkontraktion der Haftung, so daß sich die Längung an Bruchstellen summiert. Während des Versagens tritt bei Stahl mit großem Dehnvermögen nur eine geringfügige Änderung des Momentenhebelarmes ein, so daß das Biegemomenten-Krümmungs-Diagramm des Plattenquerschnittes nahezu ein Ebenbild des Spannungs-Dehnungs-Diagramms der Bewehrung ist.

Die umfangreichen Grenztragfähigkeitsversuche mit Stahlbetonplatten, die vom Deutschen Ausschuß für Stahlbeton in den Materialprüfungsanstalten der Technischen Hochschulen Stuttgart [*1* bis *4*] und Dresden [*5*] durchgeführt worden sind, haben gezeigt, daß bei Belastungssteigerung in den plastischen Bereich hinein entlang bestimmter kritischer Linien Konzentrationen der Krümmung und Rißbildung eintreten (vgl. Abschn. 2.3). Die Formänderungen der zwischen den Bereichen konzentrierter Krümmung im elastischen Zustand verbleibenden Plattenteile sind dabei verglichen mit den plastischen Formänderungen klein von höherer Ordnung. Die vorstehend erläuterten Umstände gestatten die idealisierte Betrachtung von Stahlbetonplatten als Platten aus starr-plastischem Material.

Auf der Grundlage der ersten Versuchsergebnisse entwickelten SUENSON [*6*] und INGERSLEV [*7*, *8*] eine Grenztragfähigkeitstheorie für Stahlbetonplatten, die unter dem Namen *„technische Bruchlinientheorie"* bekannt geworden ist. In dieser Theorie werden die Konzentrationen der Formänderung als Bruchlinien oder richtiger: *Fließgelenklinien* idealisiert verwendet (s. Abschn. 2.3.3). Der plastische Zustand der Platte wird dahingehend idealisiert, daß der Berechnung ein Fließgelenklinienbild zugrunde gelegt wird, das sich mit den Rissen, die am stärksten klaffen, deckt. Die technische Bruchlinientheorie — im folgenden zutreffender als *Fließgelenklinientheorie* bezeichnet — stellt ein kinematisches Verfahren zur Ermittlung oberer Eingrenzungen für die Grenztragfähigkeit bzw. die Grenzlastintensität dar. Die in der Theorie enthaltene grundlegende Annahme ist, daß quer zu den Fließgelenklinien bei freier Verdrehbarkeit der beiderseitigen Plattenteile ein konstantes Moment M_0 übertragen wird (vgl. Abschn. 2.2.4). Die in wirklichen plastischen Zuständen eintretende Materialverfestigung wird vernachlässigt. Das Fließgelenkliniensystem wird in erster Linie durch die Randbedingungen bestimmt, da die einzelnen Plattenteile sich im Grenzzustand um gewisse Achsen drehen, deren Lage von den Stützungen abhängt.

Das Grenzmoment M_0 für einen Stahlbeton- oder Spannbetonbiegequerschnitt wird auf der Grundlage von einem der folgenden fünf möglichen, vom Festigkeitsverhältnis Stahl/Beton und vom Bewehrungsprozentsatz abhängigen Grenzzustände ermittelt:

1. Versagen durch Bruchstauchung des Betons vor dem Erreichen der Streckgrenze der Bewehrung — „Druckversagen".
2. Versagen, eingeleitet durch Fließen der Bewehrung mit resultierender Verschiebung der Nullinie, was zu übermäßiger Betonstauchung führt — „Zugversagen".
3. Versagen durch gleichzeitiges Erreichen der Streckgrenze des Stahles und der Bruchstauchung des Betons — „ausgeglichenes Versagen".
4. Versagen durch Bruchstauchung des Betons bei über der Fließgrenze liegender Stahlspannung.
5. Versagen durch Zerreißen der Zugbewehrung unmittelbar nach der Bildung von Zugrissen im Beton.

Wegen des geringen Bewehrungsprozentsatzes tritt bei Stahlbeton- oder Spannbetonplatten in der Regel der 2. Grenzzustand ein, bei sehr schwacher Bewehrung der 5. Grenzzustand. In diesen Fällen werden für die Berechnung des Grenzmomentes M_0, das auf der Grundlage des einachsigen Spannungszustandes ermittelt wird, nur die beiden Gleichgewichtsbedingungen benötigt. In Abhängigkeit von der angenommenen Form der Spannungsverteilung in der Betondruckzone ergeben sich geringfügige Unterschiede in der Größe des ermittelten Grenzmomentes M_0.

Beispielsweise ergeben sich für die Annahme eines rechteckigen Spannungsblocks in der Betondruckzone (Abb. 6.1/1) für einen rechteckigen Querschnitt von der Breite b die folgenden Beziehungen:

$$\sigma_b a b = F_e \sigma_s, \tag{6.1.1/1}$$

$$M_0 = F_e \sigma_s \left(h - \frac{a}{2}\right), \tag{6.1.1/2}$$

$$M_0 = b h^2 \varphi \sigma_s \left(1 - \frac{\varphi}{2} \frac{\sigma_s}{\sigma_b}\right), \tag{6.1.1/3}$$

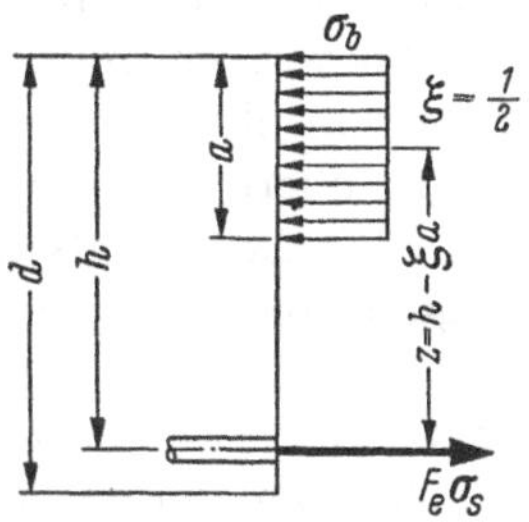

Abb. 6.1/1 Einfachste Annahme für die in einem plastischen Gelenk eines Stahlbetonträgers wirkenden inneren Kräfte

wobei σ_s die Streckgrenze des Stahles, σ_b die Druckfestigkeit des Betons und $\varphi = \frac{F_e}{b h}$ den Bewehrungsprozentsatz bedeutet.

Im Falle der einachsigen Biegung eines Trägers oder einer Platte ist die Querschnittstragfähigkeit erschöpft, wenn das Biegemoment den Wert $M = M_0$ erreicht. Bei zweidimensionaler Plattentragwirkung muß die Grenzzustandsbedingung für ein Plattenelement sämtliche Komponenten des Momententensors berücksichtigen, wie in Kap. 2 dargelegt wurde. Der Fließgelenklinientheorie für Stahlbetonplatten wird jedoch eine vereinfachte Grenzzustandsbedingung zugrunde gelegt, die bei einer orthogonalen Bewehrung, deren Richtungen durch x, y bezeichnet werden, beispielsweise bei gleicher Bewehrungsstärke in beiden Schichten, durch die Beziehungen

$$M_x = \pm M_{0x} \qquad -M_{0y} \leqq M_y \leqq M_{0y} \tag{6.1.1/4a}$$

oder

$$M_y = \pm M_{0y} \qquad -M_{0x} \leqq M_x \leqq M_{0x} \tag{6.1.1/4b}$$

ausgedrückt wird[1]; diese Grenzzustandsbedingung kann auch in Termen der Hauptbiegemomente formuliert werden (s. Abschn. 2.2.4). Es wird also postuliert, daß im plastischen Grenzzustand eines Plattenelementes keine Wechselwirkung zwischen den orthogonalen Biegemomenten besteht (der Einfluß der Querkraft auf das Biegeversagen wird vernachlässigt). Der Grenzzustand der Tragfähigkeit eines ideal-plastischen Plattentragwerkes ist erreicht, wenn die plastizierten Gebiete eine solche Ausdehnung und Anordnung zueinander annehmen, daß sich ein kinematisch zulässiges starr-plastisches Durchbiegungsgeschwindigkeitsfeld realisieren kann.

[1] Von Abschn. 6.4 an werden die orthogonalen Grenzmomente M_{0x}, M_{0y} in üblicher Weise vereinfacht mit M_x, M_y bezeichnet. Diese Bezeichnungsweise ist dann eindeutig, da die Fließgelenklinientheorie ausschließlich mit Grenzmomenten operiert.

Die Bestimmung oberer Eingrenzungslösungen für die Grenztragfähigkeit von Platten erfordert die Bestimmung kinematisch zulässiger Geschwindigkeitsfelder. Die Schwierigkeit, eine gute obere Eingrenzung zu erhalten, besteht darin, daß die sich der Grenztragfähigkeit nähernde Lösung aus unendlich vielen unabhängigen zulässigen kinematischen Lösungen, von denen jede eine obere Eingrenzung bestimmt, ausgewählt werden muß. Die praktische Bedeutung der Fließgelenklinientheorie resultiert jedoch daraus, daß das Auffinden der Minimallösung für die obere Eingrenzung der Grenztragfähigkeit in der Regel wesentlich einfacher ist als das Auffinden der Maximallösung für die untere Eingrenzung aus den unendlich vielen möglichen statisch zulässigen Spannungsfeldern[1]. Die durch diese Umstände einseitig bevorzugte Verwendung der oberen Eingrenzungslösungen birgt Nachteile für das Problem der Bemessung in sich; die damit zusammenhängenden Fragen werden in Abschn. 6.1.2 erörtert.

Die gegen Anfang der 20er Jahre entwickelte Fließgelenklinientheorie wurde in den 30er Jahren von Johansen [*9*, *9a*, *10*] und Gwosdew [*11* bis *12*] berichtigt und erweitert und später von Johansen [*13*, *14*, *14a*], Rzhanitsyn [*15*], Menyhárd [*16*], Chamecki [*17*, *17a*], Sobotka [*18*, *19*], Wood [*20*], Dubinsky [*21*], Haase [*22*], Jones [*23*] und Niepostyn [*24*] in Buch- oder Broschürenform veröffentlicht. Einen wesentlichen Ausbau hat die Fließgelenklinientheorie in den letzten Jahren durch eine Forschergruppe der Technischen Hochschule Warschau erfahren, (s. [*25*]). — Ein umfassendes Versuchsprogramm zur experimentellen Nachprüfung der Lösungen der Fließgelenklinientheorie für zahlreiche unterschiedliche Stützungs- und Belastungsbedingungen (sowie zur Ermittlung der zusätzlichen Tragfähigkeitsreserve von Stahlbetonplatten bei Durchbiegungsamplituden von der Größenordnung der Plattendicke infolge Umlagerung des Tragverhaltens in den kombinierten Biege- und Membranspannungszustand) wurde in den Jahren 1960/61 vom Verfasser im Institut für Baukonstruktionen und Festigkeit der Technischen Universität Berlin durchgeführt.

6.1.2 Bemessungsprobleme

Die Fließgelenklinientheorie gestattet die Berechnung der Grenztragfähigkeit von Platten auch bei komplizierteren Rand- und Be-

[1] Die entsprechenden Fließgelenkverfahren für die Grenztragfähigkeitsberechnung biegesteifer Stabwerke werden in dem vom Verfasser übersetzten Werk von B. G. Neal: Die Verfahren der plastischen Berechnung biegesteifer Stahlstabwerke, Berlin/Göttingen/Heidelberg: Springer 1958, behandelt [siehe auch den Überblick des Verfassers in: Bauingenieur 31 (1956) S. 273—291; Bauplanung-Bautechnik 10 (1956) S. 266—279, 315—324, 361—371].

lastungsbedingungen mit verglichen mit der Elastizitätstheorie verhältnismäßig geringem Aufwand. Ihrer Anwendbarkeit auf Stahlbetonplatten sind nur im Falle von Querkraftkonzentrationen unter Einzellasten und bei Stützung der Platte durch Säulen Einschränkungen auferlegt, die getrennt ausgewertet werden müssen.

Zur Ermittlung wirtschaftlicher Bemessungen ist es erforderlich, in die Gleichungen der Fließgelenklinientheorie zusätzlich Bedingungen einzuführen, mit denen sich eine wirtschaftliche Auswahl der Bewehrungsverhältnisse analytisch erfassen läßt. Diese Bedingungen können jedoch nur die Tragwirkung der Platte im Grenzzustand der Tragfähigkeit erfassen; sie beinhalten keine Aussage über die Plattensteifigkeit im Bereich der elastischen Tragwirkung.

Um den Grenzzustand der Betriebsnutzungsbeeinträchtigung eines Plattentragwerkes möglichst weit gegen den Grenzzustand der Tragfähigkeit hinausschieben zu können, ist eine Kombination der Betrachtungsweise mit den Ergebnissen der Elastizitätstheorie notwendig. Die optimale Steifigkeit einer Stahlbetonplatte im elastischen Bereich wird durch vollständige Anpassung der Bewehrung an das elastische Biegemomentenfeld erhalten. Auf diese Weise kann das Tragwerk bei Laststeigerung solange wie möglich im elastischen Zustand verbleiben. In diesem Falle tritt beim Übergang der Platte in den Grenzzustand keine größere Umlagerung des Feldes der verallgemeinerten Spannungen ein. Eine Bemessung entsprechend der Elastizitätstheorie stellt jedoch im allgemeinen nicht gleichzeitig die wirtschaftlichste Form der Bemessung für den Grenzzustand der Tragfähigkeit dar. Gekoppelte Betrachtungen für den elastischen Zustand und den Grenzzustand der Tragfähigkeit von Stahlbetonplatten, denen Hinweise für die optimale Bemessung entnommen werden können, sind von Nylander [*26*], Sawczuk [*27*], Schellenberger [*28*] und Wood [*20*] angestellt worden (s. auch Abschn. 9.5).

6.2 Statische Lösungen (untere Eingrenzungslösungen)

6.2.1 Gleichförmig belastete quadratische isotrope Platte mit frei drehbar gestützten Rändern

Das für die Bestimmung unterer Eingrenzungen für die Grenztragfähigkeit von Platten verwendete statisch zulässige Spannungsresultierendenfeld (s. Abschn. 1.4.1, 2.5.2 und 5.1.1) braucht keine Verträglichkeitsbedingungen (wie in der Elastizitätstheorie) zu erfüllen. Es wird allein auf der Grundlage der Gleichgewichtsgleichung (2.1/5) und der Spannungsrandbedingungen so ermittelt, daß es die Fließbedingung nicht verletzt. Gegenwärtig sind nur wenige „statische“

Lösungen bekannt, die mit den „kinematischen" Lösungen für das entsprechende Platten-Grenztragfähigkeitsproblem übereinstimmen. Eine solche Lösung für die gleichförmig belastete, frei drehbar randgestützte quadratische isotrope Platte ist von PRAGER [29] für die Maximal-Hauptmomenten-Fließbedingung angegeben worden (vgl. Abschnitt 3.3.3).

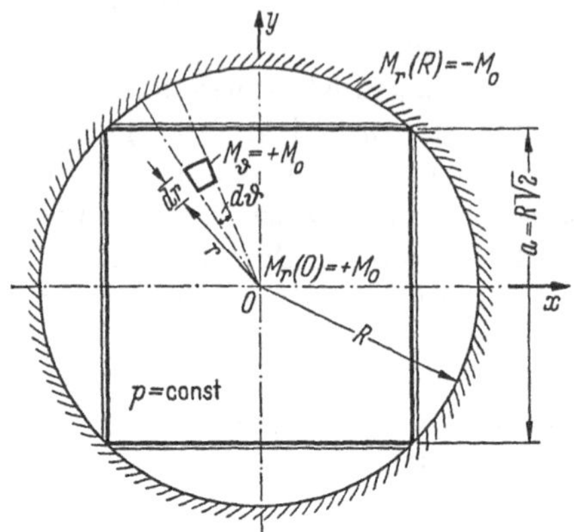

Abb. 6.2/1 Frei drehbar randgestützte quadratische Platte, die einer fiktiven eingespannten Kreisplatte einbeschrieben ist

Der Grenzzustand einer durch $p = \text{const}$ belasteten eingespannten Kreisplatte kann dazu verwendet werden, eine untere Eingrenzung der Grenztragfähigkeit der dem Kreis einbeschriebenen, an den Rändern frei drehbar gestützten quadratischen Platte zu bestimmen (Abb. 6.2/1), wobei sich das statisch zulässige Momentenfeld auf den Fall des unmittelbar bevorstehenden kegelförmigen Versagens der umschriebenen eingespannten Kreisplatte bezieht (s. Abschn. 3.3.2)[1]. Dabei ist das Ringmoment an allen Stellen

$$M_\vartheta = M_0, \tag{6.2.1/1}$$

und das radiale Moment

$$M_r = M_0 - \frac{p\,r^2}{6} \tag{6.2.1/2}$$

variiert von $+M_0$ in Plattenmitte bis $-M_0$ rings um den Randkreis, wobei der Grenzmomentenwert $|M_0|$ durch die Beziehung

$$M_0 = \frac{p\,R^2}{12} = \frac{p\,a^2}{24} \tag{6.2.1/3}$$

gegeben wird. Die Fließbedingung wird an keiner Stelle der Platte überschritten, da das Drillmoment $M_{r\vartheta} = 0$ ist.

Zur Untersuchung dieser (überlagerten) Lösung für eine an den Rändern frei drehbar gestützte quadratische Platte werden kartesische Koordinaten eingeführt. Bei Verwendung der Beziehungen

$$r^2 = x^2 + y^2, \qquad \cos\vartheta = \frac{x}{r}, \qquad \sin\vartheta = \frac{y}{r} \tag{6.2.1/4}$$

[1] Vgl. das in Abb. 9.3/4 wiedergegebene Bruchbild einer durch pneumatische Lasteintragung gleichförmig belasteten, „orthogonal isotrop" bewehrten, frei drehbar randgestützten Gipsplatte.

folgt für das transformierte Spannungsfeld:

$$M_x = M_r \cos^2\vartheta + M_\vartheta \sin^2\vartheta = \left(M_0 - \frac{p\,r^2}{6}\right)\frac{x^2}{r^2} + M_0\frac{y^2}{r^2},$$

$$M_x = M_0\frac{x^2}{r^2} - \frac{p\,r^2\,x^2}{6r^2} + M_0\frac{y^2}{r^2} = M_0 - \frac{p\,x^2}{6};$$

entsprechend:

$$\left.\begin{aligned} M_y &= M_0\frac{y^2}{r^2} - \frac{p\,r^2\,y^2}{6r^2} + M_0\frac{x^2}{r^2} = M_0 - \frac{p\,y^2}{6}, \\ M_{xy} &= \left(M_0 - \frac{p\,r^2}{6} - M_0\right)\frac{x\,y}{r^2} \quad = \quad -\frac{p\,x\,y}{6}. \end{aligned}\right\} \tag{6.2.1/5}$$

Im kartesischen Koordinatensystem gelten für das Gleichgewicht eines differentialen Plattenelementes die folgenden Gleichungen (s. Abschnitt 2.1.2):

$$Q_x = \frac{\partial M_x}{\partial x} + \frac{\partial M_{xy}}{\partial y}; \qquad Q_y = \frac{\partial M_y}{\partial y} + \frac{\partial M_{xy}}{\partial x}, \tag{6.2.1/6}$$

$$\frac{\partial^2 M_x}{\partial x^2} + \frac{\partial^2 M_y}{\partial y^2} + 2\frac{\partial^2 M_{xy}}{\partial x\,\partial y} = -p; \tag{6.2.1/7}$$

das Momentenfeld genügt der Gl. (6.2.1/7):

$$-\frac{p}{3} - \frac{p}{3} - \frac{p}{3} = -p$$

und erfüllt die Spannungsrandbedingungen

$$M_x\left(\pm\frac{a}{2}, y\right) = M_y\left(x, \pm\frac{a}{2}\right) = 0.$$

Somit ist ein Spannungsfeld aufgefunden, das statisch zulässig ist, d. h. das die Gleichgewichts- und Spannungsrandbedingungen befriedigt und an keiner Stelle die Fließbedingung verletzt. Dieses Spannungsfeld entspricht einer unteren Eingrenzung der Grenzlast. Da die aus der Fließgelenklinientheorie hergeleitete obere Eingrenzung der Grenzlast, Gl. (6.6.2/16), in diesem Falle mit der unteren Eingrenzung zusammenfällt, ist $p = 24\,M_0/a^2$ der exakte Wert für die Grenzlast einer frei drehbar randgestützten, gleichförmig belasteten quadratischen Platte mit quadratischer Fließbedingung.

An der Ecke $x = a/2$, $y = a/2$ ist: $M_{xy} = p\,a^2/24$, $M_x = 0$, $M_y = 0$, so daß die entlang der Plattendiagonalen wirkenden Hauptmomente

$$M_{1,2} = \frac{1}{2}(M_x + M_y) \pm \frac{1}{2}\sqrt{(M_x - M_y)^2 + 4M_{xy}^2}$$

den Wert $M_{1,2} = \pm p\,a^2/24$ haben.

Aus Gl. (6.2.1/2) ist noch zu ersehen, daß bei Stahlbetonplatten die an der Plattenoberseite eingelegte Drillbewehrung in den Plattenecken bis zum Radius des einbeschriebenen Kreises $r = a/2$ reichen muß, wo $M_r = 0$ ist. — Das Problem der Bestimmung wirtschaftlicher Bewehrungsverteilungen mit Hilfe statischer Lösungen wird in [*20*] behandelt.

6.2.2 Gleichförmig belastete rechteckige isotrope Platte mit frei drehbar gestützten Rändern

Aus der Kreislösung für die quadratische Platte kann gefolgert werden, daß für frei drehbar randgestützte, gleichförmig belastete rechteckige Platten ein elliptischer Lösungstyp existiert [30]. Daher wird für den isotropen Fall ($\Lambda = 1$) folgender Ansatz gemacht:

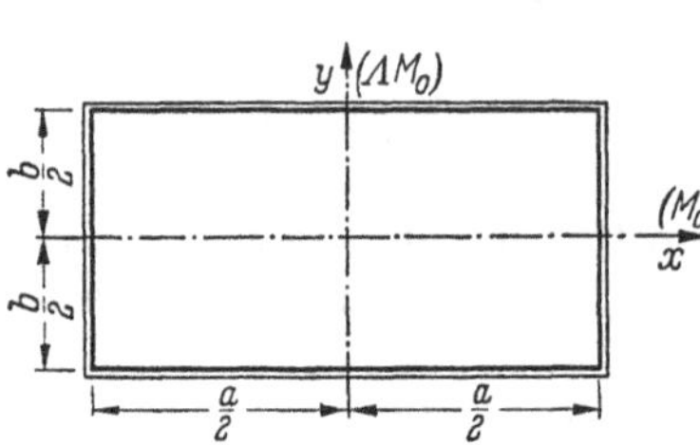

Abb. 6.2/2 Frei drehbar randgestützte rechteckige Platte

$$\left.\begin{aligned} M_x &= M_0 - \alpha x^2, \\ M_y &= M_0 - \beta y^2, \\ M_{xy} &= -\gamma x y. \end{aligned}\right\} \tag{6.2.2/1}$$

Aus den Spannungsrandbedingungen

$$M_x\left(\pm\frac{a}{2}, y\right) = 0, \qquad M_y\left(x, \pm\frac{b}{2}\right) = 0$$

folgt:

$$\alpha = \frac{4M_0}{a^2}, \qquad \beta = \frac{4M_0}{b^2}, \tag{6.2.2/2a}$$

und aus der für das Hauptmoment an den Ecken geltenden Bedingung $M_1\left(\pm\frac{a}{2}, \pm\frac{b}{2}\right) = -M_0$ erhält man:

$$\gamma = \frac{4\,M_0}{a\,b}. \tag{6.2.2/2b}$$

Einsetzen der für die Konstanten gefundenen Werte in die Gleichgewichtsgleichung (6.2.1/7):

$$-\frac{8M_0}{a^2} - \frac{8M_0}{b^2} - \frac{8M_0}{a\,b} = -p$$

und Auflösen dieser Gleichung nach M_0 ergibt eine untere Eingrenzungslösung für die Rechteckplatte mit frei drehbar gestützten Rändern:

$$M_0 = \frac{p\,b^2}{8}\,\frac{1}{1 + \frac{b}{a} + \frac{b^2}{a^2}}, \tag{6.2.2/3}$$

$$M_x = M_0 - \frac{4M_0}{a^2}x^2, \quad M_y = M_0 - \frac{4M_0}{b^2}y^2, \quad M_{xy} = -\frac{4M_0}{a\,b}x\,y. \tag{6.2.2/4}$$

Es bleibt zu zeigen, daß die Fließbedingung an keiner Stelle verletzt wird. Die Hauptmomente werden gegeben durch

$$M_{1,2} = \frac{1}{2}(M_x + M_y) \pm \frac{1}{2}\sqrt{(M_x - M_y)^2 + 4M_{xy}^2},$$

$$M_{1,2} = \frac{1}{2}\left(2M_0 - \frac{4M_0}{a^2}x^2 - \frac{4M_0}{b^2}y^2\right) \pm \frac{1}{2}\left(\frac{4M_0}{a^2}x^2 + \frac{4M_0}{b^2}y^2\right),$$

$$M_1 = M_0, \qquad M_2 = M_0 - 4M_0\left(\frac{x^2}{a^2} + \frac{y^2}{b^2}\right).$$

Der Extremwert für M_2 liegt an der Stelle $\left(x = \frac{a}{2}, y = \frac{b}{2}\right)$: $M_2 = -M_0$. Das bedeutet, daß das Spannungsfeld statisch zulässig ist, da es überall den Gleichgewichtsbedingungen genügt und an keiner Stelle die Fließbedingung überschreitet. — Eine Gegenüberstellung der nach Gl. (6.2.2/3) ermittelten unteren Eingrenzungen für die Grenztragfähigkeit frei drehbar randgestützter rechteckiger isotroper Platten mit den nach der Fließgelenklinientheorie bestimmten oberen Eingrenzungen wird in Tab. 6.2, S. 229, gegeben.

Die Stützenreaktionen je Längeneinheit der Auflagerung für eine an den Rändern $x = \pm \frac{a}{2}$ und $y = \pm \frac{b}{2}$ auf starrer Lagerung frei drehbar gestützte Rechteckplatte sind:

$$V_x = Q_x + \frac{\partial M_{xy}}{\partial y}, \qquad V_y = Q_y + \frac{\partial M_{xy}}{\partial x}. \tag{6.2.2/5}$$

Einsetzen der Gln. (6.2.1/6) in diese Beziehungen liefert:

$$V_x = \left(\frac{\partial M_x}{\partial x} + 2\frac{\partial M_{xy}}{\partial y}\right)_{x=\frac{a}{2}}, \quad V_y = \left(\frac{\partial M_y}{\partial y} + 2\frac{\partial M_{xy}}{\partial x}\right)_{y=\frac{b}{2}}. \tag{6.2.2/6}$$

Die Intensitäten der Auflagerkräfte ergeben sich für das angenommene statisch zulässige Spannungsfeld als konstant und einander gleich. Die an den Plattenecken abwärts auf die Platte wirkende konzentrierte Kraft hat die Größe

$$R = -2(M_{xy})_{x=\frac{a}{2},\ y=\frac{b}{2}} = 2M_0, \tag{6.2.2/7}$$

diese negative Eckstützkraft stellt das Gleichgewicht mit dem durch die entlang der Plattenränder wirkenden Drillmomente aufgenommenen Querkraftanteil her.

Für die quadratische Platte unter gleichförmig verteilter Belastung erhält man $V_x = V_y = -\frac{pa}{3}$ als konstante Stützenreaktionen. Die über dem bei unabhängiger Plattenstreifenwirkung auftretenden Wert von $-\frac{pa}{4}$ liegende Differenz wird durch die mit der Belastung gleichgerichteten, an jeder Ecke auftretenden Reaktionskräfte $R = \frac{pa^2}{12}$ ausgeglichen.

6.2.3 Gleichförmig belastete rechteckige schichtweise orthotrope Platte mit frei drehbar gestützten Rändern[1]

Der Ansatz für die Ermittlung der statisch zulässigen Verteilung der inneren Momente in einer frei drehbar randgestützten rechteckigen schichtweise orthotropen Platte (Abb. 6.2/2) mit dem plastischen

[1] Statische Lösungen für die Grenztragfähigkeit von rechteckigen Platten mit Randträgern sind in [*20, 30, 31*] zu finden.

Orthotropiekoeffizienten

$$\Lambda = \frac{M_{0x}}{M_{0y}} = \frac{M_{0x}}{M_0} \tag{6.2.3/1}$$

und dem Verhältnis der Grenzmomente für negativen und für positiven Biegesinn (Schichtenkoeffizient)

$$\Lambda_0' = \frac{|M_0'|}{M_0} \tag{6.2.3/2}$$

kann entsprechend den Gln. (6.2.2/1) geschrieben werden:

$$M_x = \Lambda M_0 - \alpha x^2, \qquad M_y = M_0 - \beta y^2, \qquad M_{xy} = -\gamma x y. \tag{6.2.3/3}$$

Die Randbedingungen für die Bestimmung der Konstanten in den Gln. (6.2.3/3) sind:

$$M_x\left(\pm\frac{a}{2}, y\right) = 0, \qquad M_y\left(x, \pm\frac{b}{2}\right) = 0, \qquad M_{xy}\left(\pm\frac{a}{2}, \pm\frac{b}{2}\right) = \Lambda_0' M_0. \tag{6.2.3/4}$$

Aus den Bedingungen Gl. (6.2.3/4) folgt:

$$\alpha = \frac{4\Lambda M_0}{a^2}, \qquad \beta = \frac{4M_0}{b^2}, \qquad \gamma = -\frac{4\Lambda_0' M_0}{a b}. \tag{6.2.3/5}$$

Somit nehmen die Gln. (6.2.3/3) folgende Form an:

$$M_x = \Lambda M_0\left(1 - \frac{4x^2}{a^2}\right), \quad M_y = M_0\left(1 - \frac{4y^2}{b^2}\right), \quad M_{xy} = -\frac{4\Lambda_0' M_0}{a b} x y. \tag{6.2.3/6}$$

Für die isotrope Platte ist $\Lambda = \Lambda_0' = 1$, so daß die Gln. (6.2.3/6) auf die Gln. (6.2.2/4) reduziert werden. Partielle Differentiation der Momentenausdrücke und Einsetzen der Differentialquotienten in die Plattengleichung (6.2.1/7) ergibt:

$$-\frac{8\Lambda M_0}{a^2} - \frac{8M_0}{b^2} - \frac{8\Lambda_0' M_0}{a b} = -p.$$

Auflösen dieser Gleichung nach M_0 liefert eine untere Eingrenzungslösung für die Grenzmomenten-Grenzlast-Beziehung für die frei drehbar randgestützte Rechteckplatte mit schichtweiser Orthotropie:

$$M_0 = \frac{p}{8} \frac{a^2 b^2}{a^2 + \Lambda b^2 + \Lambda_0' a b}. \tag{6.2.3/7}$$

Für eine quadratische isotrope Platte ist $a = b$, $\Lambda = 1$ und $\Lambda_0' = 1$, so daß sich Gl. (6.2.3/7) auf den Wert $M_0 = p a^2/24$ reduziert.

Einsetzen der entsprechenden Beziehungen in die Differentialgleichungen für die Stützenreaktionen der Platte Gl. (6.2.2/6) liefert für die Ränder $x = a/2$ bzw. $y = b/2$ die Ausdrücke:

$$V_x = -4M_0\left(\frac{\Lambda}{a} + \frac{\Lambda_0}{b}\right), \quad V_y = -4M_0\left(\frac{1}{b} + \frac{\Lambda_0'}{a}\right). \tag{6.2.3/8}$$

Die Gln. (6.2.3/8) werden unter Verwendung von Gl. (6.2.3/7) in direkte Abhängigkeit zu p gebracht:

$$V_x = -\frac{p\,b}{2}\,\frac{\Lambda\frac{b}{a}+\Lambda_0'}{1+\Lambda\left(\frac{b}{a}\right)^2+\Lambda_0'\frac{b}{a}}\,,\qquad V_y = -\frac{p\,b}{2}\,\frac{1+\Lambda_0\frac{b}{a}}{1+\Lambda\left(\frac{b}{a}\right)^2+\Lambda_0\frac{b}{a}}\,. \tag{6.2.3/9}$$

Die Eckreaktion ergibt sich durch Einsetzen der entsprechenden Gl. (6.2.3/6) für $x = a/2$ und $y = b/2$ in Gl. (6.2.2/7):

$$R = 2\Lambda_0' M_0 = \frac{p\,b^2}{4}\,\frac{\Lambda_0'}{1+\Lambda\left(\frac{b}{a}\right)^2+\Lambda_0\frac{b}{a}}\,. \tag{6.2.3/10}$$

Die Gleichgewichtsgleichung für die ganze Platte

$$2V_x b + 2V_y a + 4R + p\,a\,b = 0 \tag{6.2.3/11}$$

wird durch Gl. (6.2.3/9) und Gl. (6.2.3/10) erfüllt.

6.2.4 Gleichförmig belastete quadratische und rechteckige isotrope Platten mit Eckpunktstützung und freien Rändern

Im Falle der an den Ecken punktgestützten, gleichförmig belasteten, quadratischen isotropen Platte mit freien Rändern wird die gesamte Drillung in der Platte aufgenommen, so daß für die Ecke $x = a/2$, $y = a/2$, geschrieben werden kann [*30*]:

$$R = 2M_{xy} = \frac{p\,a^2}{4}. \tag{6.2.4/1}$$

Es kann also gesetzt werden

$$M_{xy} = \frac{p\,x\,y}{2}\,; \tag{6.2.4/2}$$

der Drillungsterm in der Plattengleichung hat den Wert:

$$2\,\frac{\partial^2 M_{xy}}{\partial x\,\partial y} = p. \tag{6.2.4/3}$$

Es folgt, daß

$$\frac{\partial^2 M_x}{\partial x^2} + \frac{\partial^2 M_y}{\partial y^2} = -2p. \tag{6.2.4/4}$$

Aus Symmetriegründen ist $M_x = -\frac{p\,x^2}{2} + A$ und aus der Bedingung $M_x = 0$ für $x = a/2$ folgt:

$$M_x = \frac{p\,a^2}{8} - \frac{p\,x^2}{2}\,; \tag{6.2.4/5}$$

entsprechend ist:

$$M_y = \frac{p\,a^2}{8} - \frac{p\,y^2}{2}. \tag{6.2.4/6}$$

Eine weitere Bedingung ist, daß entlang der Plattenränder:

$$V_x = \frac{\partial M_x}{\partial x} + 2\frac{\partial M_{xy}}{\partial y} = -p\,x + p\,x \equiv 0, \qquad (6.2.4/7)$$

das gleiche gilt für V_y.

Aus den Gleichungen für die Biegemomente, Gl. (6.2.4/5) und Gl. (6.2.4/6), geht hervor, daß im Grenzzustand der Tragfähigkeit bei $M_0 = \frac{p\,a^2}{8}$ entlang der Plattenmittellinien die Fließbedingung $M = M_0$ erreicht wird, so daß sich Fließgelenklinien bilden können. Da die aus der Fließgelenklinientheorie hergeleitete obere Eingrenzung der Grenzlastintensität, Gl. (6.5.2/2), mit der unteren Eingrenzung zusammenfällt, ist $p = \frac{8M_0}{a^2}$ die tatsächliche Grenzlastintensität für das System.

Für die Hauptmomente gilt:

$$M_{1,2} = \frac{p\,a^2}{8} - \frac{p\,x^2}{4} - \frac{p\,y^2}{4} \pm \sqrt{\frac{1}{4}\left(\frac{p\,y^2}{2} - \frac{p\,x^2}{2}\right)^2 + \frac{p\,x^2\,y^2}{4}},$$

was die Werte

$$M_1 = \frac{p\,a^2}{8} = M_0, \qquad M_2 = \frac{p\,a^2}{8} - \frac{p}{2}(x^2 + y^2)$$

ergibt; das zweite Hauptmoment erreicht den Wert $M_2 = -M_0$ nur an den Plattenecken.

Die Ermittlung eines sicheren statisch zulässigen Spannungsfeldes für den Fall einer punktgestützten, gleichförmig belasteten, rechteckigen isotropen Platte $(a > b)$ mit freien Rändern ist der vorstehend durchgeführten Behandlung ähnlich. Die Eckreaktionen sind

$$R = 2(M_{xy})_{x=\frac{a}{2},\, y=\frac{b}{2}} = \frac{p\,a\,b}{4}, \qquad (6.2.4/8)$$

daraus folgt

$$M_{xy} = \frac{p\,x\,y}{2}. \qquad (6.2.4/9)$$

Als Lösungen der Plattengleichung für die Randbedingungen $M_x = M_y = 0$ und $V_x = V_y = 0$ für die Plattenränder ergeben sich die Momentengleichungen:

$$M_x = \frac{p\,a^2}{8} - \frac{p\,x^2}{2}, \qquad M_y = \frac{p\,b^2}{8} - \frac{p\,y^2}{2}. \qquad (6.2.4/10)$$

Aus Gl. (6.2.4/9) und Gl. (6.2.4/10) ist zu ersehen, daß bei einer isotropen Platte eine Plastizierung nur entlang der kurzen Mittellinie eintreten kann. Die Grenzlastintensität hat in diesem Falle den Wert

$$p = \frac{8M_0}{a^2}, \qquad a > b. \qquad (6.2.4/11)$$

Anm.: Untere Eingrenzungslösungen für dreiseitig frei drehbar gestützte oder eingespannte Rechteckplatten sowie andere Fälle werden in [*39*] angegeben.

6.3 Geschwindigkeitsfelder (Bruchfiguren)

Das Eintreten von Konzentrationen der plastischen Krümmung entlang bestimmter Linien (Fließgelenklinien), die eine Platte in ein kinematisch veränderliches System verwandeln, bewirkt plastische Verformungen der Platte, im Vergleich zu denen die elastischen Formänderungen vernachlässigbar klein sind. Die einzelnen Plattenteile können daher in guter Näherung als eben und ihre Begrenzungen, die Fließgelenklinien, als gerade angesehen werden. (Bei Zugrundelegung eines starr-plastischen Formänderungsschemas ist dies exakt gültig.) Die Formänderungen einer Platte bestehen dann allein in einer gegenseitigen Verdrehung der einzelnen Plattenteile. Die Plattenteile drehen sich dabei um bestimmte Achsen, deren Richtungen von Plattenform und Stützungsbedingungen bestimmt werden. Die Fließgelenklinie zwischen zwei Plattenteilen verläuft durch den Schnittpunkt ihrer Drehachsen.

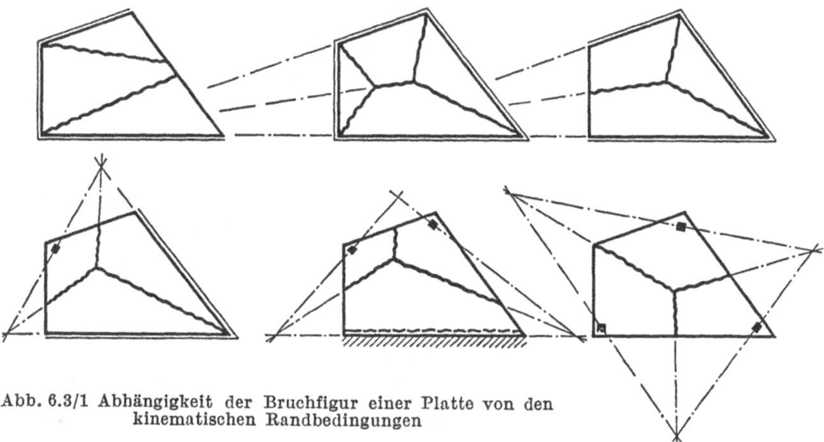

Abb. 6.3/1 Abhängigkeit der Bruchfigur einer Platte von den kinematischen Randbedingungen

Bei einem frei drehbar gestützten nicht abhebbaren Plattenrand fällt die Drehachse mit diesem Rand zusammen, und bei einem durch eine Punktstützung gestützten Plattenteil muß die Drehachse durch den Stützungspunkt verlaufen, kann aber beliebige Richtung haben (Abb. 6.3/1). Ein plastisches Geschwindigkeitsfeld (Bruchfigur) wird durch die Drehachsen der Plattenteile und die Verhältnisse der Verdrehungsgeschwindigkeiten untereinander bestimmt. Da eine Platte im Grenzzustand der Tragfähigkeit zu einer kinematischen Kette mit einem Freiheitsgrad wird, sind sämtliche Verdrehungsgeschwindigkeiten der starren Plattenteile Funktionen eines einzigen Parameters, dessen Größe willkürlich gewählt werden kann. Wenn eine Platte durch die Fließgelenklinien in n Teile geteilt ist, dann hängt das Geschwindigkeitsfeld nur von den $(n-1)$ Verhältnissen der Drehungsgeschwindigkeiten ab.

Bei bekannten Absolutdrehungsgeschwindigkeiten $\dot{\Theta}_A$ und $\dot{\Theta}_B$ der Plattenteile A und B kann die Relativdrehungsgeschwindigkeit der beiden Plattenteile $\dot{\Theta}_{AB}$, und damit die Lage der Fließgelenklinie als Drehachse vektoriell gefunden werden (Abb. 6.3/2). Die Größe der Relativdrehungsgeschwindigkeit in der Fließgelenklinie ist gleich der Differenz zwischen den Drehungsgeschwindigkeiten der Plattenteile. Relative Drehungsgeschwindigkeiten erhalten das gleiche Vorzeichen wie die entsprechenden Momente. Je nach ihren Drehungs- (Momenten-) Vorzeichen werden die Fließgelenklinien als positiv oder negativ bezeichnet. Die Relativdrehungsgeschwindigkeiten zweier sich schneidender Fließgelenklinien können in entsprechender Weise zusammengesetzt bzw. zerlegt werden.

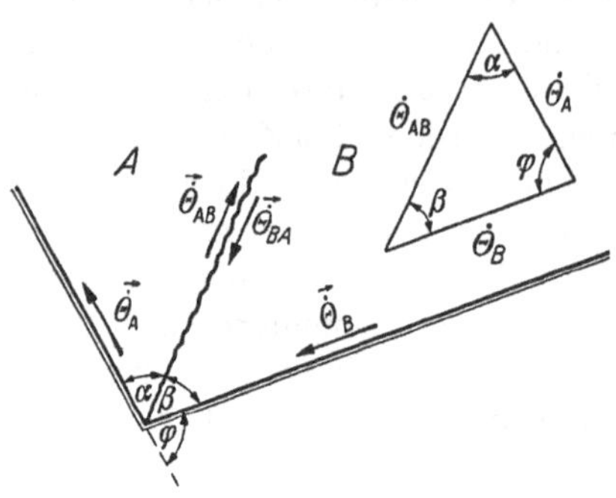

Abb. 6.3/2 Absolut- und Relativdrehungsgeschwindigkeiten von zwei Plattenteilen mit frei drehbar gestützten Rändern

Die vorstehenden Betrachtungen gelten nur für Platten mit geradlinigen Rändern. Der Fall des gekrümmten Randes kann aber ähnlich behandelt werden, indem die Randkurve als Grenzübergang von einem polygonalen Rand angesehen wird [*13*]. In Abb. 6.3/3a ist eine Polygonecke dargestellt, deren Kanten miteinander den Winkel $\Delta\varphi$ bilden. Die Verdrehungsgeschwindigkeiten der beiden Plattenteile betragen $\dot{\Theta}$ und $\dot{\Theta} + \Delta\dot{\Theta}$. Die Fließgelenklinie wird durch den Winkel β festgelegt, in ihr bildet sich eine relative Verdrehungsgeschwindigkeit $\Delta\dot{\omega}$ aus. Aus dem Vektordreieck erhält man nach dem Sinussatz

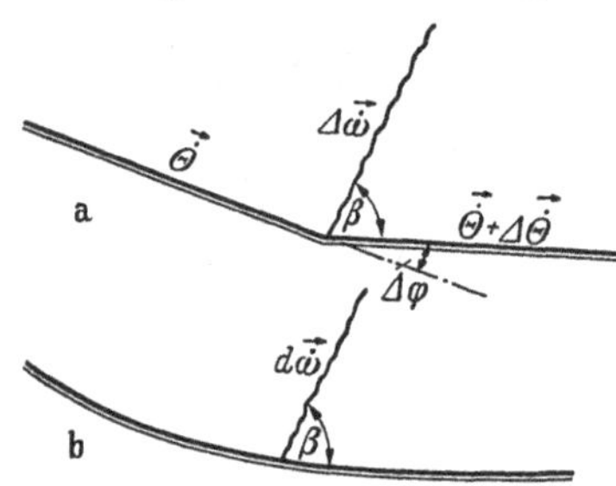

Abb. 6.3/3 Relativdrehung zweier Teile einer Platte mit frei drehbar gestütztem gekrümmten Rand

$$\frac{\dot{\Theta}}{\sin\beta} = \frac{\Delta\dot{\omega}}{\sin\Delta\varphi} = \frac{\dot{\Theta} + \Delta\dot{\Theta}}{\sin(\beta + \Delta\varphi)} = \frac{\Delta\dot{\Theta}}{\sin(\beta + \Delta\varphi) - \sin\beta},$$

was beim Grenzübergang ergibt

$$\frac{\dot{\Theta}}{\sin\beta} = \frac{d\dot{\omega}}{d\varphi} = \frac{d\dot{\Theta}}{\cos\beta\, d\varphi};$$

daraus folgt

$$\cot\beta = \frac{d\dot{\Theta}}{\dot{\Theta}\,d\varphi}, \qquad d\dot{\omega} = \frac{\dot{\Theta}}{\sin\beta}\,d\varphi. \tag{6.3/1}$$

6.4 Schnittkräfte in Fließgelenklinien

An Fließgelenklinien wirken im allgemeinen Biegemomente, Drillmomente und Querkräfte. Die Biegemomentenkomponenten sind bekannt, da sie die Fließbedingung erfüllen müssen. Querkräfte und Drillmomente verschwinden nur, wenn die Fließgelenklinie mit einer Hauptmomententrajektorie zusammenfällt. Da diese letzteren inneren Kräfte nach der zugrunde gelegten Fließbedingung Gl. (6.1.1/4) keine verallgemeinerten Spannungen darstellen (s. Abschn. 1.3.2), nehmen sie nicht an der inneren Energiedissipation teil und gehen demzufolge bei Anwendung des Prinzips der virtuellen Geschwindigkeiten für die Bestimmung oberer Eingrenzungen für die Grenztragfähigkeit nicht in die Energiegleichungen ein (s. Abschn. 2.5.4 und 6.6).

Hingegen müssen Querkräfte und Drillmomente bei der Ermittlung oberer Eingrenzungslösungen nach der Grenzgleichgewichtsmethode, bei der die Gleichgewichtsbedingungen auf jeden einzelnen Plattenteil angewendet werden (s. Abschn. 6.5), berücksichtigt werden. Eine Kenntnis der Verteilung dieser Schnittkräfte entlang der Fließgelenklinien ist jedoch nicht erforderlich, da nur das Gleichgewicht ganzer Plattenteile zu untersuchen ist. Die Integrale der Querkräfte und Drillmomente entlang der Fließgelenklinien können zusammengefaßt und durch äquivalente konzentrierte *Knotenkräfte* an den Enden der einzelnen Fließgelenklinien ersetzt werden. — Im folgenden werden die an den Fließgelenklinien einheitlicher isotroper und anisotroper Platten wirkenden Schnittkräfte betrachtet. Die Darstellung fußt auf den Ableitungen von Johansen [*9, 13*] (vgl. auch [*20, 22*]).

6.4.1 Isotrope Platten

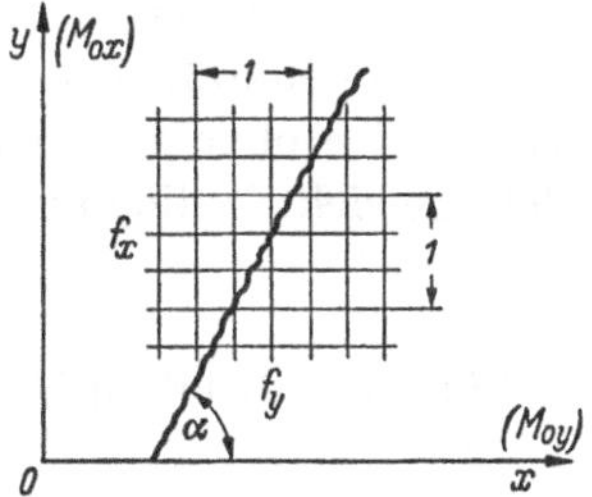

Abb. 6.4/1 Bewehrung und Grenzmomente einer plastisch isotropen Stahlbetonplatte

Betrachtet wird eine Platte mit in zwei zueinander orthogonalen Richtungen x und y gleichem Grenzmoment je Längeneinheit: $M_{0x} = M_{0y} = M_0$. Das Einheitsgrenzmoment entlang einer Fließgelenklinie, die mit den beiden orthogonalen Richtungen die Winkel α und $\left(\frac{\pi}{2} - \alpha\right)$ einschließt (Abb. 6.4/1), wird unter der Annahme ermittelt, daß die Fließgelenklinie normal zu den Bewehrungsrichtungen in

Form kleiner Stufen verläuft und die Bewehrungen somit parallel zu ihren Richtungen (x, y-Koordinatenachsen) beansprucht werden:

$$M_0\left[\cos^2\left(\frac{\pi}{2}-\alpha\right)+\cos^2\alpha\right]=M_0.$$

Da also das Grenzmoment einer orthogonal mit $M_{0x}=M_{0y}$ bewehrten Stahlbetonplatte in allen Richtungen das gleiche ist, kann eine solche Bewehrung als isotrop bezeichnet werden.

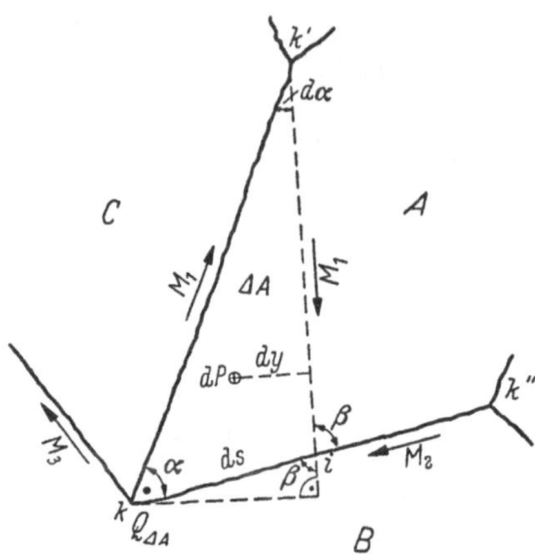

Abb. 6.4/2 Schema zur Ermittlung der Knotenkräfte

Zur Bestimmung der Größe der Knotenkräfte wird das in Abb. 6.4/2 dargestellte unendlich schmale Dreieck ΔA mit den Eckpunkten $k\,k'\,i$ auf dem durch eine verteilte Belastung beanspruchten Plattenteil A betrachtet. Da das Einheitsbiegemoment M_1 in der Fließgelenklinie $k\,k'$ ein Maximalwert ist, und daher $dM_1=0$, ist das Biegemoment im unendlich benachbarten Schnitt $k'i$ gleich dem Grenzmoment M_1. Das resultierende Moment ist $M_1\,ds$, und das in $k\,i$ ist $M_2\,ds$. In k wirkt die Knotenkraft $Q_{\Delta A}$ auf ΔA. Die Gleichgewichtsbedingung für ΔA um $k'i$ liefert:

$$Q_{\Delta A}\,ds\sin\beta-(M_2-M_1)\,ds\cos\beta-dP\,dy=0, \qquad (6.4.1/1)$$

wobei $dP\,dy$ als kleine Größe 2. Ordnung vernachlässigt werden kann. Beim Grenzübergang $\Delta A\to 0$, $\beta\to\alpha$, folgt

$$Q_{\Delta A}=(M_2-M_1)\cot\alpha. \qquad (6.4.1/2)$$

In entsprechender Weise kann $Q_{\Delta B}$ für die Fließgelenklinie $k\,k''$ ermittelt werden, und man erhält für die auf die Ecke des Plattenteiles A wirkende Gesamtknotenkraft: $Q_A=Q_{\Delta A}-Q_{\Delta B}$. An einem Knoten von n Fließgelenklinien ohne äußeren Einzelkraftangriff in diesem Punkte gilt die Gleichgewichtsbedingung:

$$\sum_A^N Q_i=0. \qquad (6.4.1/3)$$

Für einen Knotenpunkt k mit drei positiven Fließgelenklinien, d. h. $M_1=M_2=M_3=M_0$, folgt aus Gl. (6.4.1/2): $Q_{\Delta A}=0$ und entsprechend $Q_{\Delta B}=Q_{\Delta C}=0$; somit ist $Q_A=Q_B=Q_C=0$. Allgemein gilt der Satz: *In einem Knotenpunkt mit Fließgelenklinien gleichen Vorzeichens sind sämtliche Knotenkräfte gleich Null.*

In einem Knotenpunkt mit zwei negativen und einer positiven Fließgelenklinie (Abb. 6.4/3a) erhält man folgende Beziehungen: Für $Q_{\Delta A}$ ist $M_1 = M_2 = -M_0'$, also $Q_{\Delta A} = 0$; für $Q_{\Delta B}$ ist $M_1 = M_0$ und $M_2 = -M_0'$, also $Q_{\Delta B} = -(M_0 + M_0') \cot\beta$; und somit

$$Q_A = (M_0 + M_0') \cot\beta,$$

$$Q_B = (M_0 + M_0') \cot\alpha.$$

Die resultierenden inneren Kräfte sind in Abb. 6.4/3b dargestellt. Für Knotenpunkte mit zwei positiven und einer negativen Fließgelenklinie sind die Vorzeichen zu vertauschen.

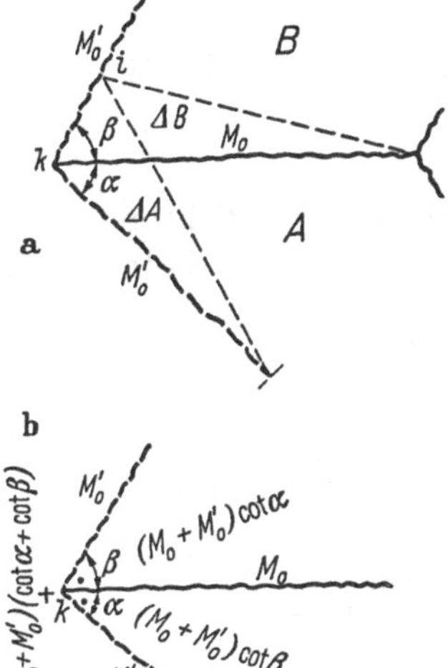

Abb. 6.4/3 Knotenkräfte in einem Knotenpunkt mit Fließgelenklinien verschiedenen Vorzeichens

Aus ähnlichen Untersuchungen über die Knotenkräfte kann der folgende, die kinematische Zulässigkeit von Bruchfiguren betreffende Satz abstrahiert werden: *In einem Knotenpunkt mit Fließgelenklinien verschiedenen Vorzeichens können nur Fließgelenklinien in drei verschiedenen Richtungen auftreten.*

Wenn eine Fließgelenklinie unter einem Winkel φ auf einen freien Plattenrand auftrifft, so tritt am Schnittpunkt ebenfalls eine Knotenkraft $\pm Q_D$ auf. Die Größe von Q_D kann aus der Betrachtung von Abb. 6.4/2 ermittelt werden, wenn darin $k\,k''$ als biegemomentenfreier Rand eingeführt wird, also $M_2 \equiv 0$ in Gl. (6.4.1/2). Da in diesem Falle $Q_D = Q_{\Delta A}$ ist, erhält man

$$Q_D = M_0 \cot\varphi. \tag{6.4.1/4}$$

Im spitzen Winkel ist die Kraft Q_D nach unten und im stumpfen Winkel nach oben gerichtet (vgl. Abb. 6.5/4). Bei eingespanntem oder durch ein Moment $-M_0'$ belastetem Rand hat die Knotenkraft die Größe

$$Q_D = (M_0 + M_0') \cot\varphi. \tag{6.4.1/5}$$

6.4.2 Anisotrope Platten

6.4.2.1 Orthogonal anisotrope (orthotrope) Platten

Orthogonal anisotrope Platten sind in zwei zueinander senkrechten Richtungen im Verhältnis $1/\Lambda$, $(\Lambda \geqq 0)$, bewehrt, so daß die Grenzmomente in den entsprechenden orthogonalen Schnittrichtungen M_0 und ΛM_0 sind. Das in einer in dem M_0, ΛM_0-Koordinatensystem unter dem Winkel α verlaufenden Fließgelenklinie (Abb. 6.4/4) wirkende Einheitsbiegemoment ist (vgl. [*13, 20, 22*])

$$M_B = M_0(\cos^2\alpha + \Lambda \sin^2\alpha) = \frac{M_0 + \Lambda M_0}{2} + \frac{M_0 - \Lambda M_0}{2}\cos 2\alpha; \quad (6.4.2/1)$$

die Beiträge der Grenzmomente zum Drillmoment sind

$$M_D = (1 - \Lambda)\, M_0 \sin\alpha\cos\alpha = \frac{1}{2}(M_0 - \Lambda M_0)\sin 2\alpha, \quad (6.4.2/2)$$

wobei die Richtungen von M_0 und ΛM_0 die Hauptrichtungen der plastischen Orthotropie sind.[1] An der inneren Energiedissipation in der Fließgelenklinie nimmt nur das Moment M_B teil.

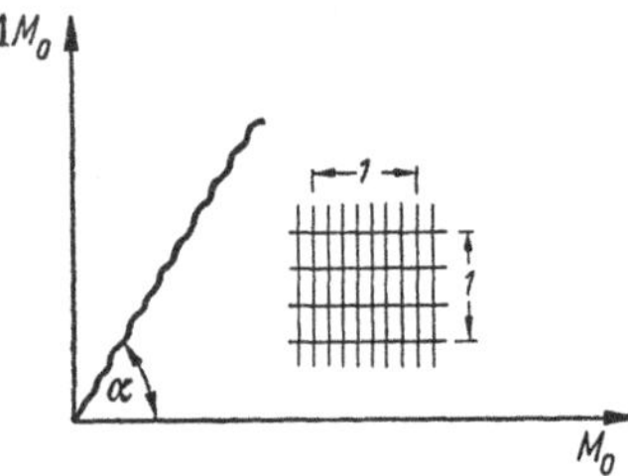

Abb. 6.4/4 Schema der orthotropen Plattenstruktur

Die in Abschn. 6.4.1 aufgestellten Sätze gelten für orthogonal anisotrope Platten in gleicher Weise wie für isotrope Platten. Die Herleitung der Ausdrücke für die Knotenkräfte bedient sich der entsprechenden Argumentation wie in Abschn. 6.4.1. Diese Ableitungen finden sich in ausführlicher Form in [*22*]. Hier wird nur die für praktische Berechnungen wichtigste Formel wiedergegeben: Wenn eine Fließgelenklinie unter einem Winkel φ auf einen freien Plattenrand auftrifft, der mit der Bewehrungsrichtung M_0 den Winkel α bildet, so erhält man für die Randknotenkraft den Ausdruck:

$$Q_D = M_0[(\cos^2\alpha + \Lambda \sin^2\alpha)\cot\varphi - (1 - \Lambda)\sin\alpha\cos\alpha]. \quad (6.4.2/3)$$

6.4.2.2 Schiefwinklig anisotrope Platten

Schiefwinklig anisotrope Platten haben in den Richtungen i ($i = 1, 2, \ldots, n$) in Größe und Richtung verschiedene Bewehrungen. Senkrecht zu jeder Bewehrungsrichtung i hat ein Plattenelement das Grenzmoment M_{0i}. Jedes Grenzmoment M_{0i} kann in gleicher Weise wie bei orthotrop bewehrten Platten in einen Biegemomenten- und einen Drillmomentenvektor zerlegt werden. Wenn die Fließgelenklinien mit den Bewehrungsrichtungen die Winkel $\alpha_i + \frac{\pi}{2}$ bilden bzw. α_i mit M_{0i} (Abb. 6.4/5), so ergibt sich:

$$M_B = \sum_{i=1}^{n} M_{0i}\cos^2\alpha_i, \quad (6.4.2/4)$$

$$M_D = \sum_{i=1}^{n} M_{0i}\sin\alpha_i\cos\alpha_i. \quad (6.4.2/5)$$

[1] Vgl. hierzu die kritischen Betrachtungen in [*20*].

Eine mit der Fließgelenklinie parallel laufende Bewehrung gibt wegen $\alpha_i = \frac{\pi}{2}$ keinen Beitrag zu den in der Fließgelenklinie wirkenden Biege- und Drillmomenten. An der inneren Energiedissipation nehmen nur die Momente M_{Bi} auf der zugehörigen Verdrehungsgeschwindigkeit $\dot{\vec{\Theta}}_{AB}$ teil.

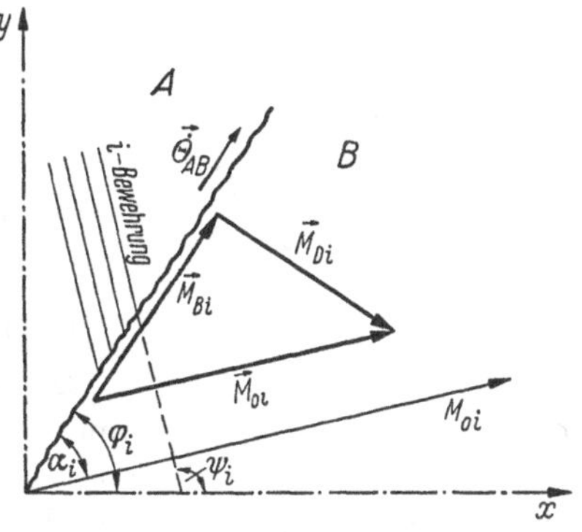

Abb. 6.4/5 Grenzmoment für eine schiefwinklig anisotrope Platte

Bei Bezugnahme auf ein kartesisches Koordinatensystem mit beliebig gewählter Orientierung zu den Bewehrungsrichtungen (Abb. 6.4/5) erhält man aus den Gln. (6.4.2/4) und (6.4.2/5) bei Einführung der Winkelbezeichnungen φ und ψ für die Winkel zwischen Abszisse und Fließgelenklinie bzw. Grenzmomentenrichtung [*13*, *22*],

$$M_B = \frac{1}{2}\left[\sum M_{0i} - \cos 2\varphi \sum M_{0i} \cos 2\psi_i - \sin 2\varphi \sum M_{0i} \sin 2\psi_i\right], \quad (6.4.2/6)$$

$$M_D = \frac{1}{2}\left[\cos 2\varphi \sum M_{0i} \sin 2\psi_i - \sin 2\varphi \sum M_{0i} \cos 2\psi_i\right]. \quad (6.4.2/7)$$

Die Hauptgrenzmomente ergeben sich mit der aus der Bedingung $M_D = 0$ resultierenden Beziehung

$$\tan 2\varphi = \frac{\sum M_{0i} \sin 2\psi_i}{\sum M_{0i} \cos 2\psi_i} \quad (6.4.2/8)$$

zu

$$M_{1,2} = \frac{1}{2}\left[\sum M_{0i} \pm \sqrt{\left(\sum M_{0i} \cos 2\psi_i\right)^2 + \left(\sum M_{0i} \sin 2\psi_i\right)^2}\right]. \quad (6.4.2/9)$$

Gl. (6.4.2/9) zeigt, da $M_1 + M_2 = \sum M_{0i}$, daß eine Plattenbewehrung in mehreren Richtungen bei gleicher Bewehrungsmenge durch eine Bewehrung nur in den den Hauptgrenzmomenten entsprechenden Richtungen äquivalent ersetzt werden kann.

Die abgeleiteten Ausdrücke setzen Momente gleichen Vorzeichens voraus. Bei oberer und unterer Bewehrung sind die beiden Bewehrungsschichten für sich nach den angegebenen Transformationsformeln zu behandeln, da die Anisotropien in beiden Schichten voneinander unabhängig sind.

6.4.3 Gekrümmte Fließgelenklinien

Gekrümmte Fließgelenklinien können als Grenzfall polygonaler Fließgelenklinien angesehen werden (Abb. 6.4/6). In den Polygonwinkelspitzen greifen die Knotenkräfte

$$Q_D = (M_0 + M_0')\left[\cot\alpha + \cot(\pi - \alpha - \Delta\varphi)\right]$$

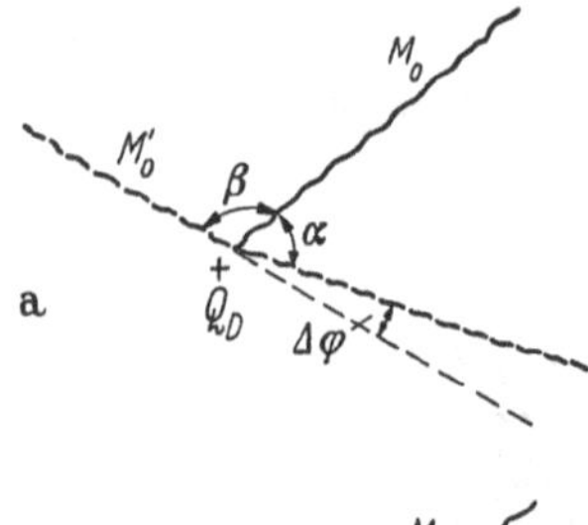

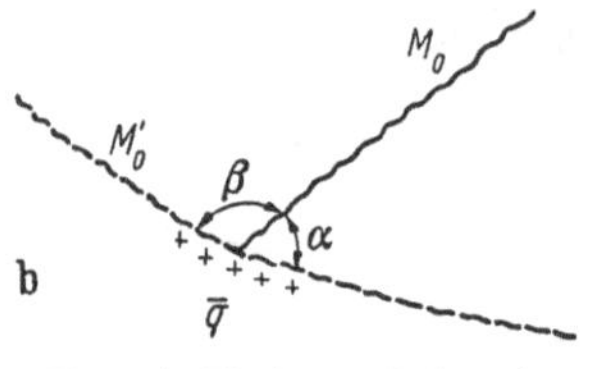

Abb. 6.4/6 Entlang gekrümmter Fließgelenklinien wirkende Knotenkräfte

an, die beim Grenzübergang in eine längs der Fließgelenklinie verteilte Streckenkraft

$$\bar{q}\, ds = (M_0 + M_0') \frac{d\varphi}{\sin^2 \alpha} \tag{6.4.3/1}$$

übergehen, wobei M_0 und M_0' für geradlinige Fließgelenklinien-Schnittrichtungen gelten.

6.5 Grenzgleichgewichtsmethode (obere Eingrenzungslösungen)

6.5.1 Grenzgleichgewichtsbedingungen

Die Grenzgleichgewichtsbedingungen für eine Platte setzen sich aus den Bedingungen zusammen, die für das Gleichgewicht jedes der Plattenteile, in die die Platte durch die kinematisch erforderliche Anzahl von Fließgelenklinien zerlegt wird, aufgestellt werden können. Für jeden quer belasteten Plattenteil können zwei Momentengleichgewichtsgleichungen und eine Kraftgleichgewichtsbedingung formuliert werden. In diese Gleichungen gehen die in Abschn. 6.4 behandelten Knotenkräfte mit ein. Ist die Platte durch die Fließgelenklinien in n einzelne Abschnitte geteilt, so ergeben sich $3n$ Bedingungsgleichungen für die gesamte Platte.

Nach den Ausführungen in Abschn. 6.3 wird eine kinematisch zulässige Fließgelenklinienfigur durch $(n - 1)$ unbekannte Verhältniszahlen der Drehungsgeschwindigkeiten definiert. Je nach der Aufgabenstellung kommt die Grenzlastintensität oder das Grenzmoment als unbekannte Größe hinzu. Im ersteren Falle ist die Lastintensität zu ermitteln, die das Versagen eines gegebenen, durch M_0 und verschiedene Anisotropiefaktoren Λ_i charakterisierten Plattentragwerkes herbeiführt. Im zweiten Falle ist der erforderliche Grenztragfähigkeitsmodul M_0 für eine gegebene Lastintensität zu bestimmen. Somit stehen den $3n$ Bedingungsgleichungen *zunächst* $(n - 1) + 1 = n$ Unbekannte gegenüber.

Wirkt eine Einzelkraft auf eine Platte, so bildet sich im allgemeinen an der Lasteintragungsstelle ein Knotenpunkt mit n Fließgelenklinien aus, so daß der Lastangriffspunkt die Teilung der Platte definiert und die $(n - 1)$ Verhältniswerte der Drehungen bestimmt sind. Dafür ergeben sich aber an einem Knotenpunkt $(n - 1)$ unbekannte Verhältniswerte für die Verteilung der Kraft auf die n angrenzenden Plattenteile.

Zu diesen n Unbekannten für die ganze Platte ergeben sich für jeden einzelnen Plattenteil zwei weitere Unbekannte, nämlich die resultierende Auflagerkraft und ihr Angriffspunkt. Bei n Plattenteilen ergeben sich also $2n$ weitere Unbekannte.

Somit befinden sich die Anzahl der Bedingungsgleichungen und die Anzahl der Unbekannten in Übereinstimmung, d. h., bei der Aufgabe der Ermittlung oberer Eingrenzungslösungen für die Grenztragfähigkeit von Platten mittels der Grenzgleichgewichtsmethode handelt es sich um ein statisch bestimmtes Problem. Die vorhandenen Bedingungsgleichungen sind ausreichend für die Bestimmung von Bruchfigur bzw. Kraftverteilung, Größe und Angriffspunkt der resultierenden Auflagerkräfte und Grenzmoment bzw. Grenzlastintensität.

Historisch ist die Grenzgleichgewichtsmethode das erste für die Grenztragfähigkeitsberechnung von Platten (und biegesteifen Stabwerken) verwendete Verfahren gewesen; innerhalb der in Kap. 1 dargelegten Grenztragfähigkeitstheorie hat diese Methode jedoch keine direkte rationale Basis. Ihre Anwendung bietet zuweilen rechentechnische Vorteile im Vergleich mit der in Abschn. 6.6 erläuterten Energiemethode, hingegen erweist sich letztere im allgemeinen als das leistungsfähigere Verfahren. In den Kap. 7 und 8 wird die Grenzgleichgewichtsmethode nur in vereinzelten Fällen zur Ermittlung oberer Eingrenzungslösungen für die Grenztragfähigkeitsprobleme verwendet. (Eine Kritik der Grenzgleichgewichtsmethode findet sich bei Wood [*20*].)

6.5.2 Beispiele für die Anwendung der Grenzgleichgewichtsmethode

6.5.2.1 Zweiseitig oder an den Ecken frei drehbar gestützte rechteckige Platte unter verteilter Belastung

Als erstes Beispiel zur Ermittlung oberer Eingrenzungslösungen für die Grenztragfähigkeit von Platten mittels der Grenzgleichgewichtsmethode wird die in Abb. 6.5/1 dargestellte rechteckige Platte betrachtet, die an zwei gegenüberliegenden Seiten frei drehbar gestützt ist und durch eine nur von einer Variablen abhängige verteilte Belastung $p = p(x)$ beansprucht wird. Es handelt sich also praktisch um ein eindimensionales System. Im Grenzzustand der Tragfähigkeit wird die Platte durch Entstehung einer Fließgelenklinie mit dem Grenzmoment M_0 in zwei Teile geteilt, für die die Grenzgleichgewichtsgleichungen

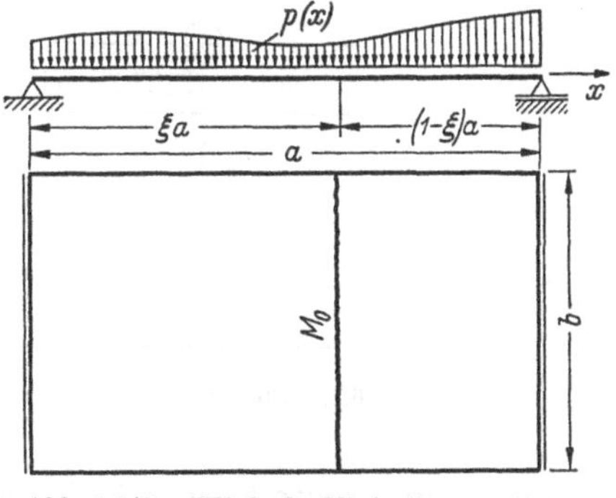

Abb. 6.5/1 Fließgelenklinienfigur einer zweiseitig frei drehbar gestützten rechteckigen Platte

$$\int_0^{\xi a} p(x)\, x\, dx = M_0, \qquad \int_{\xi a}^{a} p(x)\,(a - x)\, dx = M_0 \qquad (6.5.2/1)$$

gelten, aus denen der Parameter ξ und M_0 in Termen von p ermittelt werden können. (Die Stützenreaktionen ergeben sich aus den Gleichgewichtsbedingungen für die vertikalen Kräfte.) Für den Sonderfall $p = \text{const}$ erhält man für die Beziehung zwischen Grenzlastintensität und Grenzmoment:

$$p = \frac{8 M_0}{a^2}. \tag{6.5.2/2}$$

Dieses Ergebnis gilt auch für eine an den Eckpunkten gestützte rechteckige Platte mit $a > b$. Bei einer an den vier Ecken punktweise frei drehbar gestützten isotropen quadratischen Platte können sich drei verschiedene gleichwertige Bruchfiguren ausbilden: 1. eine Fließgelenklinie entlang der x-Achse, 2. eine Fließgelenklinie entlang der y-Achse oder 3. zwei entlang der Plattenachsen verlaufende Fließgelenklinien, die die Platte in vier gleiche quadratische Stücke teilen (Abb. 6.5/2). Die Grenzlastintensität ist in allen drei Fällen: $p = \dfrac{8 M_0}{a^2}$.

Abb. 6.5/2 Fließgelenklinienfigur einer an den Eckpunkten gestützten quadratischen Platte

6.5.2.2 Durchlaufender Plattenstreifen mit freien Rändern unter gleichförmig verteilter Belastung

Im Zustand der Grenztragfähigkeit werden die Einspannmomente einer in einer Richtung durchlaufenden oder an zwei gegenüberliegenden Seiten eingespannten Platte statisch bestimmt. Die Stützen- bzw.

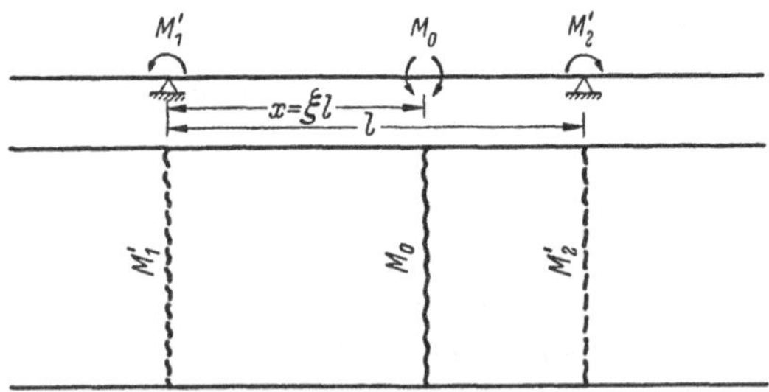

Abb. 6.5/3 Fließgelenklinienfigur eines durchlaufenden Plattenstreifens

Einspannmomente hängen lediglich von den negativen Grenzmomenten der Platte an den Stützungs- bzw. Einspannstellen ab. Die Grenztragfähigkeit eines Plattenfeldes (Abb. 6.5/3) ist erreicht, wenn sich zusätzlich zu den beiden negativen Fließgelenklinien über den Stützungen mit den Grenzmomenten M_1' und M_2' eine positive Fließgelenklinie im Plattenfeld mit dem Grenzmoment M_0 ausbildet. Die Gleichgewichtsgleichungen für die beiden Plattenteile lauten für $p = \text{const}$:

$$M_0 + M_1' = \frac{p\,x^2}{2}, \qquad M_0 + M_2' = \frac{1}{2}\,p\,(l - x)^2. \tag{6.5.2/3}$$

Bei Einführung der Verhältniswerte für die Grenzmomente

$$\Lambda_1' = \frac{|M_1'|}{M_0}, \qquad \Lambda_2' = \frac{|M_2'|}{M_0},$$

ergibt sich auf dem Wege der Eliminierung von x aus den Gln. (6.5.2/3)

$$l = \sqrt{\frac{2M_0}{p}}\left(\sqrt{1+\Lambda_1'} + \sqrt{1+\Lambda_2'}\right)$$

für die Grenzlastintensität bei gegebenem Grenzmoment der Ausdruck

$$p = \frac{2M_0}{l^2}\left(\sqrt{1+\Lambda_1'} + \sqrt{1+\Lambda_2'}\right)^2 \tag{6.5.2/4a}$$

oder für das für eine gegebene Belastung erforderliche Grenzmoment

$$M_0 = \frac{p\,l^2}{2\left(\sqrt{1+\Lambda_1'} + \sqrt{1+\Lambda_2'}\right)^2} \tag{6.5.2/4b}$$

mit einer durch den Parameter ξ definierten Lage der positiven Fließgelenklinie:

$$\xi = \frac{\sqrt{1+\Lambda_1'}}{\sqrt{1+\Lambda_1'} + \sqrt{1+\Lambda_2'}}. \tag{6.5.2/5}$$

Für eine zweiseitig frei drehbar gestützte Einfeldplatte ergibt Einsetzen der Werte $\Lambda_1' = \Lambda_2' = 0$ in Gl. (6.5.3/4a) $p = 8M_0/l^2$ (wie in Abschn. 6.5.2.1 erhalten wurde), oder nach Gl. (6.5.3/4b): $M_0 = p\,l^2/8$ sowie $x = l/2$. Für eine Platte mit $\Lambda_1' = \Lambda_2' = 1$ erhält man: $p = 16M_0/l^2$ oder $M_0 = p\,l^2/16$ sowie $x = l/2$. — Für eine in Übereinstimmung mit den Momentenwerten der Elastizitätstheorie, $M = p\,l^2/24$ und $M' = p\,l^2/12$, bewehrte eingespannte Platte, $\Lambda_1' = \Lambda_2' = 2$, ergibt die Fließgelenklinientheorie die gleichen Momentenwerte.

6.5.2.3 Zweiseitig frei drehbar gestützte Dreieckplatte unter gleichförmig verteilter Belastung

Abb. 6.5/4 zeigt eine an zwei Seiten frei drehbar randgestützte, an dem dritten Rand freie isotrope Dreieckplatte unter der Einwirkung gleichförmig verteilter Belastung. Eine mögliche Annahme für eine kinematisch zulässige Bruchfigur ist eine durch den Schnittpunkt der beiden frei drehbar gestützten Plattenränder verlaufende Fließgelenklinie. Am Schnittpunkt der Fließ-

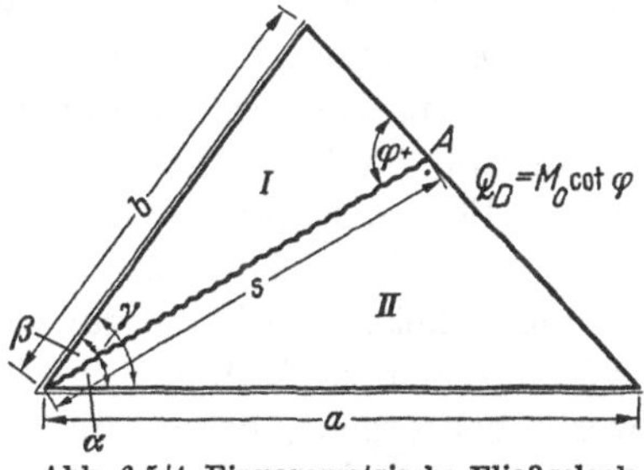

Abb. 6.5/4 Einparametrische Fließgelenklinienfigur einer zweiseitig frei drehbar gestützten Dreieckplatte

gelenklinie mit dem freien Rand wirken die Knotenkräfte $Q_D = \pm M_0 \cot\varphi$. Die Länge der Fließgelenklinie ist

$$s = \frac{b \sin(\varphi + \beta)}{\sin\varphi} = \frac{a \sin(\varphi - \alpha)}{\sin\varphi}. \quad (6.5.2/6)$$

Die Momentengleichgewichtsgleichungen für die beiden Plattenteile in bezug auf die frei drehbar gestützten Ränder lauten:

$$\text{I:} \qquad M_0 \, s \cos\beta = Q_D \, s \sin\beta + \frac{1}{6} p \, b \, (s \sin\beta)^2, \quad (6.5.2/7)$$

$$\text{II:} \qquad M_0 \, s \cos\alpha = -Q_D \, s \sin\alpha + \frac{1}{6} p \, a \, (s \sin\alpha)^2. \quad (6.5.2/8)$$

Die Lösung dieser beiden Gleichungen ergibt für den Winkel, den die Fließgelenklinie mit den Plattenrändern bildet,

$$\alpha = \beta = \frac{\gamma}{2} \quad (6.5.2/9)$$

und für die Grenzlastintensität:

$$p = \frac{6 M_0}{a \, b \sin^2 \frac{\gamma}{2}}. \quad (6.5.2/10)$$

Wie in Abschn. 6.1.1 ausgeführt wurde, besteht die Schwierigkeit, eine dicht an den tatsächlichen Grenzlastwert für eine Platte angenäherte obere Eingrenzungslösung zu erhalten, in der Auswahl der dazu am besten geeigneten Fließgelenklinienfigur, d. h. der Fließgelenklinienfigur, die der Form des tatsächlichen Versagens am nächsten kommt. Denn die Grenzgleichgewichts- oder die Energiemethode kann natürlich nicht mehr leisten, als die ein Minimum für die obere Eingrenzung der Grenzlastintensität bedingenden Werte der Parameter für eine *gegebene* Form der Fließgelenklinienfigur zu ermitteln.

Der einfache Fall der durch $p = \text{const}$ belasteten, zweiseitig frei drehbar gestützten gleichschenkligen Dreieckplatte ist gut geeignet, die unter Umständen empfindliche Abhängigkeit des für die obere Eingrenzung der Grenzlastintensität gefundenen Minimalwertes von der zugrunde gelegten Form der Fließgelenklinienfigur zu demonstrieren. Eine Alternative für die einparametrische Bruchfigur (Abb. 6.5/4) ist die in Abb. 6.5/5a dargestellte, durch die Parameter x und α definierte Figur, die von Johansen [*13*, *14*] und Wood [*20*] untersucht worden ist. Als weitere Möglichkeit ist die ebenfalls zweiparametrische kreissektorförmige Fließgelenklinienfigur (Abb. 6.5/5b) in Betracht zu ziehen [*20*]. Wie aus der in Tab. 6.1 erfolgten Gegenüberstellung der Grenzlastwerte hervorgeht, liefern diese beiden Bruchschemata in Gegenüberstellung mit der einparametrischen Bruchfigur nach Abb. 6.5./4 bedeutend niedrigere oder höchstens gleichgroße Werte für die Grenzlastintensität, wobei die kreissektorförmige Figur für spitze Winkel maßgebend ist.

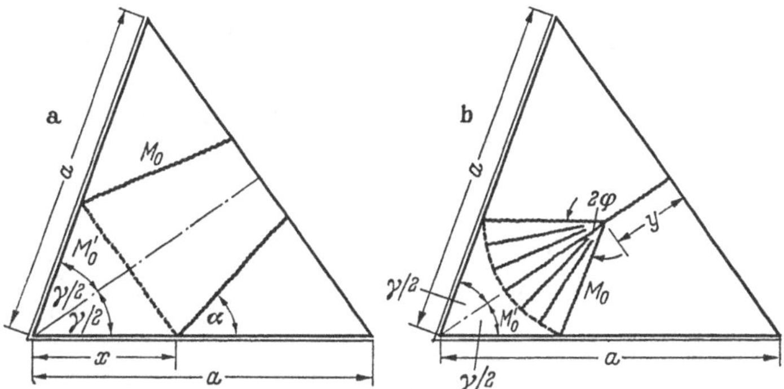

Abb. 6.5/5 Zweiparametrische Fließgelenklinienfiguren einer zweiseitig frei drehbar gestützten gleichschenkligen Dreieckplatte

Tabelle 6.1 *Alternative Bruchfiguren für die zweiseitig frei drehbar gestützte gleichschenklige Dreieckplatte* [20]

γ	$\Lambda_0' = \frac{M_0'}{M_0}$	Abb. 6.5/4	Abb. 6.5/5a			Abb. 6.5/5b			Reduktion
		$\frac{p\,a^2}{M_0}$	$\frac{x}{a}$	α	$\frac{p\,a^2}{M_0}$	$\frac{y}{a}$	2φ	$\frac{p\,a^2}{M_0}$	
45°	0	41	0,4	38°	31,2	0,1	60°	30,1	−26,5%
45°	1	41	—	—	—	0	15°	35,3	−14%
60°	0	24	—	—	19,2	0,1	56°	18,8	−22%
60°	1	24	—	—	—	0	15°	22,4	− 7%
90°	0	12	0,3	56°	10,17	0	45°	10,3	−15%
90°	1	12	0	—	12	0,707	—	12	0
120°	0	8	0,25	65°	7,0	0	45°	7,4	−12,5%
120°	1	8	0	—	8,0	0,5	—	8,0	0

Die Verhältnisse der für die einparametrische Fließgelenklinienfigur (Abb. 6.5/4) und für die zweiparametrische geradlinige Fließgelenklinienfigur (Abb. 6.5/5a) für $\Lambda_0' = M_0'/M_0 = 0$ ermittelten Grenzlastwerte p_1 und p_2 werden durch zwei von JOHANSEN [14] aufgestellte Ausdrücke

$$k = \frac{p_1}{p_2} = \frac{11 - 2\sin\frac{\gamma}{2}}{8}, \qquad \gamma \geqq \frac{\pi}{3}, \qquad (6.5.2/11\,\mathrm{a})$$

$$k' = \frac{p_1}{p_2} = 0{,}9\,\frac{\sin\frac{\gamma}{2} + \frac{1}{3}}{\sin\frac{\gamma}{2} + 0{,}1}, \qquad \gamma \leqq \frac{\pi}{3}, \qquad (6.5.2/11\,\mathrm{b})$$

mit guter Genauigkeit erfaßt. Alle drei vorstehend behandelten Fließgelenklinienfiguren stellen vereinfachte Versionen des in Abb. 6.5/6 dargestellten Bruchschemas dar, bei dem die Form der Randkurve mittels der Variationsrechnung zu bestimmen ist (vgl. Abschn. 8.10). Lösungen für dieses komplexe Problem liegen bisher noch nicht vor.

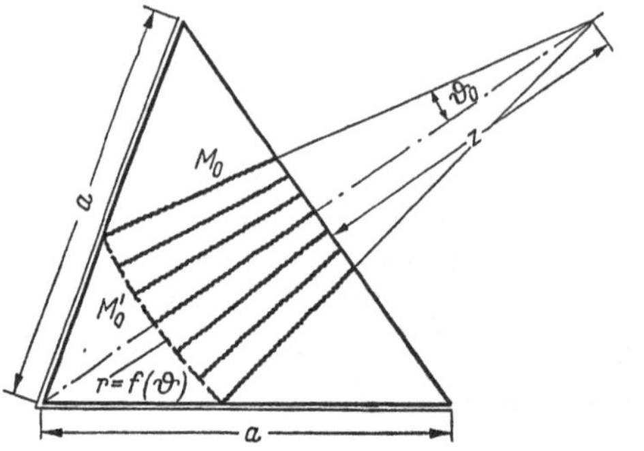

Abb. 6.5/6 Fließgelenklinienfeld-Bruchfigur

6.5.2.4 Allseitig frei drehbar gestützte parallelogrammförmige Platte unter gleichförmig verteilter Belastung

Die Grenztragfähigkeit der in Abb. 6.5/7 dargestellten allseitig frei drehbar gestützten parallelogrammförmigen Platte unter gleichförmig verteilter Belastung wird im folgenden für die Fälle der isotropen, der schiefwinklig anisotropen und der orthogonal anisotropen (orthotropen) Plattenstruktur untersucht [*19*].

Für den isotropen Fall lauten die Grenzgleichgewichtsgleichungen für die angenommene einparametrische Fließgelenklinienfigur für die dreieck- und trapezförmigen Plattenteile:

I: $$M_0\, b = \frac{1}{6}\, p\, b\, x^2 \sin^2\gamma\,, \qquad (6.5.2/12)$$

II: $$M_0\, a = \frac{1}{12}\, p\, b^2\, x \sin^2\gamma + \frac{1}{8}\, p\, b^2 (a - 2x) \sin^2\gamma\,, \qquad (6.5.2/13)$$

aus denen die quadratische Gleichung

$$x^2 + \frac{b^2}{a}\, x - \frac{3\, b^2}{4} = 0$$

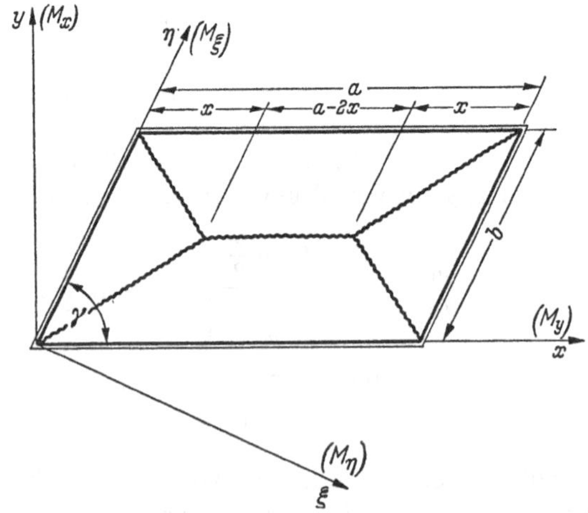

Abb. 6.5/7 Frei drehbar randgestützte parallelogrammförmige Platte

und bei Einführung des Plattenseitenverhältnisses $\beta = b/a < 1$

$$x = \frac{b}{2}\left(-\beta \pm \sqrt{\beta^2 + 3}\right) = \frac{b}{2}\mathfrak{A}_0 \qquad (6.5.2/14)$$

folgt. Einsetzen dieses Wertes für den Parameter der Fließgelenklinienfigur in Gl. (6.5.2/12) ergibt für die Grenzlastintensität die Beziehung

$$p = \frac{24\,M_0}{b^2\,\mathfrak{A}_0^2 \sin^2\gamma}. \qquad (6.5.2/15)$$

Bei schiefwinkliger Anisotropie mit zu den Plattenseiten parallelen oder normalen Bewehrungsrichtungen erhält man:

$$\text{I:} \quad M_\xi\, b = M_x\, b \sin^2\gamma = \frac{1}{6} p\, b\, x^2 \sin^2\gamma, \qquad (6.5.2/16)$$

$$\text{II:} \quad M_y\, a = M_\eta\, a \sin^2\gamma = \frac{1}{12} p\, b^2\, x \sin^2\gamma + \frac{1}{8} p\, b^2 (a - 2x) \sin^2\gamma, \qquad (6.5.2/17)$$

und

$$x = \frac{b}{2}\Lambda_{\#}\left(-\beta + \sqrt{\beta^2 + \frac{3}{\Lambda_{\#}}}\right) = \frac{b}{2}\mathfrak{A}_{\#}, \qquad (6.5.2/18)$$

wobei $\Lambda_{\#} = M_\xi/M_y = M_x/M_\eta$. Damit ist die Grenzlastintensität:

$$p = \frac{24\,M_\xi}{b^2\,\mathfrak{A}_{\#}^2 \sin^2\gamma} = \frac{24\,M_x}{b^2\,\mathfrak{A}_{\#}^2}. \qquad (6.5.2/19)$$

Aus den Grenzgleichgewichtsgleichungen für die im M_x, M_y-System bewehrte orthotrope Platte [vgl. Gl. (6.4.2/1)]

$$\text{I:} \quad (M_y \cos^2\gamma + M_x \sin^2\gamma)\, b = \frac{1}{6} p\, b\, x^2 \sin^2\gamma, \qquad (6.5.2/20)$$

$$\text{II:} \quad M_y\, a = \frac{1}{12} p\, b^2\, x \sin^2\gamma + \frac{1}{8} p\, b^2 (a - 2x) \sin^2\gamma, \qquad (6.5.2/21)$$

folgt

$$x = \frac{b}{2}\Lambda_*\left(-\beta + \sqrt{\beta^2 + \frac{3}{\Lambda_*}}\right) = \frac{b}{2}\mathfrak{A}_*, \qquad (6.5.2/22)$$

wobei

$$\Lambda_* = \cos^2\gamma + \Lambda \sin^2\gamma, \qquad \Lambda = \frac{M_x}{M_y}, \qquad (6.5.2/23)$$

und man erhält:

$$p = \frac{24\,\Lambda_*\, M_y}{b^2\,\mathfrak{A}_*^2 \sin^2\gamma}. \qquad (6.5.2/24)$$

6.5.2.5 Allseitig eingespannte rechteckige Platte unter gleichförmig verteilter Belastung

Die Ermittlung einer oberen Eingrenzungslösung für die Grenztragfähigkeit einer allseitig eingespannten rechteckigen Platte mit ungleichen Einspannungs-Grenzmomenten mittels der Grenzgleichgewichtsmethode gestaltet sich wesentlich einfacher als bei Verwendung der in Abschn. 6.6 erläuterten Energiemethode, die eine Lösung der aus der partiellen Differentiation der Gleichung der virtuellen Leistungen nach drei unabhängigen Parametern [s. Gl. (6.6.1/5)] erhaltenen simultanen Gleichungen erfordern würde. Grenztragfähigkeitsformeln für den Fall einer allseitig eingespannten rechteckigen Platte mit isotropen Feld-Grenzmomenten und verschieden großen Einspannungs-Grenzmomenten unter gleichförmig verteilter Belastung sind von INGERSLEV [8] abgeleitet worden. Der allgemeine Fall einer derartigen Platte mit orthotropen Feld-Grenzmomenten wird in [20] und [32] behandelt.

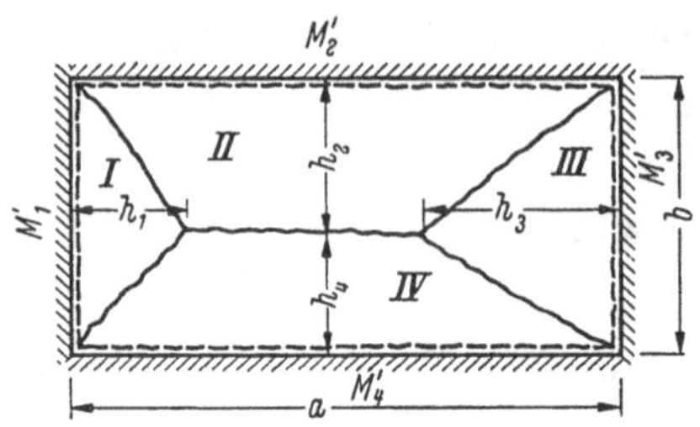

Abb. 6.5/8 Dreiparametrische Fließgelenklinienfigur für eine allseitig eingespannte rechteckige Platte

Abb. 6.5/8 zeigt die Bruchfigur einer an allen vier Rändern eingespannten Rechteckplatte unter gleichförmig verteilter Belastung, die an der Unterseite isotrop bewehrt ist und an der Oberseite an allen vier Rändern eine verschiedene Bewehrung hat. Die negativen Grenzmomente der Platte an den Rändern sind

$$M_1' = \Lambda_1' M_0, \quad M_2' = \Lambda_2' M_0, \quad M_3' = \Lambda_3' M_0, \quad M_4' = \Lambda_4' M_0,$$

wobei M_0 das positive Grenzmoment im Plattenfeld bedeutet. (Einer frei drehbaren Stützung entspricht $\Lambda_i' = 0$.)

Da an den Schnittpunkten der positiven Fließgelenklinien keine Knotenkräfte auftreten, lauten die Momentengleichungen für die einzelnen Plattenteile I, II, III und IV:

$$\text{I:} \quad M_0(1 + \Lambda_1') = \frac{1}{6} p h_1^2, \tag{6.5.2/25}$$

$$\text{II:} \quad M_0(1 + \Lambda_2') = \frac{1}{6} p h_2^2 \left(3 - 2\frac{h_1 + h_3}{a}\right), \tag{6.5.2/26}$$

$$\text{III:} \quad M_0(1 + \Lambda_3') = \frac{1}{6} p h_3^2, \tag{6.5.2/27}$$

$$\text{IV:} \quad M_0(1 + \Lambda_4') = \frac{1}{6} p h_4^2 \left(3 - 2\frac{h_1 + h_3}{a}\right). \tag{6.5.2/28}$$

Als fünfte Beziehung für die Ermittlung der fünf Unbekannten M_0, h_1, h_2, h_3 und h_4 wird die Gleichung

$$h_2 + h_4 = b \tag{6.5.2/29}$$

verwendet. Aus Gl. (6.5.2/25) und Gl. (6.5.2/27) ergibt sich:

$$\frac{h_1}{\sqrt{1 + \Lambda_1'}} = \frac{h_3}{\sqrt{1 + \Lambda_3'}} = h, \qquad M_0 = \frac{1}{6} p h^2;$$

und aus Gl. (6.5.2/26) und Gl. (6.5.2/28) folgt:

$$\frac{h_2}{\sqrt{1+\Lambda_2'}} = \frac{h_4}{\sqrt{1+\Lambda_4'}} = \frac{b}{\sqrt{1+\Lambda_2'}+\sqrt{1+\Lambda_4'}} = \frac{b_r}{2},$$

wobei b_r als „reduzierte Seitenlänge" definiert ist. Es ist

$$b_r = \frac{2b}{\sqrt{1+\Lambda_2'}+\sqrt{1+\Lambda_4'}} \tag{6.5.2/30a}$$

und entsprechend

$$a_r = \frac{2a}{\sqrt{1+\Lambda_1'}+\sqrt{1+\Lambda_3'}}. \tag{6.5.2/30b}$$

Für $\Lambda_i' = 0$ wird $a_r = a$ und $b_r = b$. Einsetzen der vorstehend erhaltenen Beziehungen in Gl. (6.5.2/26) ergibt:

$$M_0 = \frac{1}{24} p b_r^2 \left(3 - 2\frac{2h}{a_r}\right). \tag{6.5.2/31}$$

Nun ist $h^2 = \frac{6M_0}{p}$ und damit

$$\frac{2h}{b_r} = -\frac{b_r}{a_r} \pm \sqrt{\frac{b_r^2}{a_r^2} + 3}.$$

Einsetzen dieses Wertes in Gl. (6.5.2/31) liefert die Beziehung zwischen Grenzmoment M_0 und Grenzlast p:

$$M_0 = \frac{p b_r^2}{24}\left[\sqrt{3 + \frac{b_r^2}{a_r^2}} - \frac{b_r}{a_r}\right]^2. \tag{6.5.2/32}$$

6.5.2.6 *Vieleckplatte mit frei drehbar gestütztem Rand unter einer Einzellast*

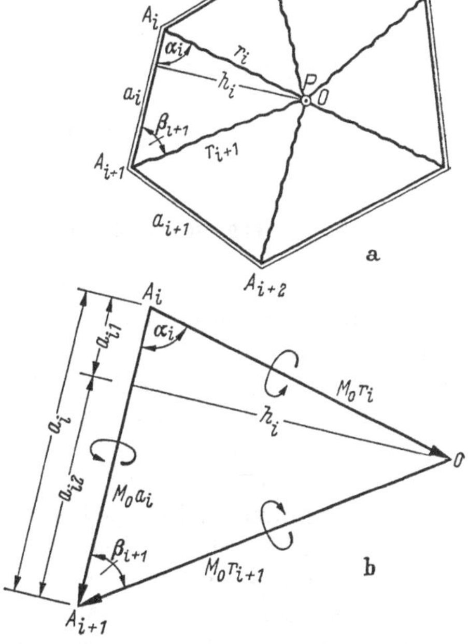

Abb. 6.5/9 Fließgelenklinienfigur und Grenzmomentenvektoren für eine Vieleckplatte mit frei drehbar gestütztem Rand

Im Grenzzustand der Tragfähigkeit wird eine durch eine im Punkte O angreifende Einzellast P belastete, frei drehbar randgestützte n-seitige Vieleckplatte durch die entstehenden Fließgelenklinien in n dreieckige Teilplatten zerlegt, deren Eckpunkte die Ecken des Polygons und der Punkt O sind (Abb. 6.5/9a). Ein einzelner Plattenteil einer isotropen Platte ist in Abb. 6.5/9b herausgezeichnet. Längs der Fließgelenklinien $\overline{OA_i}$ und $\overline{OA_{i+1}}$ von der Länge r_i und r_{i+1} wirken die Gesamtmomente $M_0 r_i$ und $M_0 r_{i+1}$. Vektorielle Addition dieser Momente ergibt ein resultierendes Moment $M_0 a_i$, dessen Vektor in die Richtung des Randes des Plattenteiles fällt.

Von der Kraft P überträgt sich im Grenzzustand der Tragfähigkeit der Anteil P_i auf den i-ten Plattenteil, so daß die äußere Belastung in bezug auf den Randabschnitt a_i das Moment $P_i h_i$ hervorruft, wobei h_i die Dreieckshöhe bedeutet. Die Gleichgewichtsgleichung für die am i-ten Plattenteil angreifenden Momente lautet also:

$$P_i h_i = M_0 a_i . \qquad (6.5.2/33)$$

Daraus ergibt sich unter Verwendung der aus Abb. 6.5/9b hervorgehenden Beziehungen für den auf den i-ten Plattenteil entfallenden Anteil der Grenzlast:

$$P_i = M_0 \frac{a_i}{h_i} = M_0 (\cot\alpha_i + \cot\beta_{i+1}) , \qquad (6.5.2/34)$$

und für die gesamte Grenzlastintensität folgt

$$P = M_0 \sum_{i=1}^{n} (\cot\alpha_i + \cot\beta_i) , \qquad (6.5.2/35)$$

6.6 Energiemethode (obere Eingrenzungslösungen)

6.6.1 Prinzip der virtuellen Geschwindigkeiten[1]

Die Bestimmung einer oberen Eingrenzung für die Grenztragfähigkeit einer starr-plastischen Platte gestaltet sich vielfach bei Verwendung des Prinzips der virtuellen Geschwindigkeiten (s. Abschn. 2.5.3) einfacher als bei Verwendung der Grenzgleichgewichtsbedingungen. Es entfallen die gesonderte Betrachtung jedes einzelnen Plattenteiles sowie die Notwendigkeit der Bestimmung der Knotenkräfte, da diese nicht an der inneren Energiedissipation teilnehmen (s. Abschn. 2.5.4).

Bei Annahme eines durch bestimmte Parameter definierten kinematisch zulässigen virtuellen Geschwindigkeitsfeldes (Bruchfigur) einer Platte aus starr-plastischem Material sind sowohl die Lage der Drehachsen als auch die Verhältnisse zwischen den Verdrehungsgeschwindigkeiten für die einzelnen Plattenteile bekannt. Erteilt man einem beliebigen Punkt des von Fließgelenklinien in kinematisch zulässiger Weise zerlegten Plattentragwerkes eine virtuelle Geschwindigkeit senkrecht zur Plattenebene, so treten nur in den Fließgelenklinien Verdrehungsgeschwindigkeiten auf. Die virtuelle Leistung der inneren Kräfte (Dissipationsleistung) kann vektoriell durch das skalare Produkt aus den Grenzmomentenresultierenden in den Fließgelenklinien $\vec{M}_i = M_0 l_i$ und den Verdrehungsgeschwindigkeiten der ein-

[1] Siehe auch [*33*, *34*].

zelnen Plattenteile $\vec{\dot{\Theta}}_i$ ausgedrückt werden, und es gilt in Komponentenschreibweise im kartesischen Koordinatensystem:

$$D = M_{ix}\dot{\Theta}_{ix} + M_{iy}\dot{\Theta}_{iy}. \tag{6.6.1/1}$$

Für die Leistung der äußeren Belastung $p = \mu p_0$ auf den Verdrehungsgeschwindigkeiten erhält man entsprechend $\mathfrak{M}_i \dot{\Theta}_i$, wobei $\mathfrak{M}_i$ das Moment der äußeren Kräfte in bezug auf die Drehachse bedeutet. Es ist aber zweckmäßiger, die Leistung der äußeren Kräfte auf den Verschiebungsgeschwindigkeiten $\dot{w}(x, y)$ auszudrücken, wobei $\dot{w}(x, y)$ die den virtuellen Verdrehungsgeschwindigkeiten $\dot{\Theta}_i$ entsprechende Verschiebungsgeschwindigkeit des Punktes (x, y) ist:

$$L = \mu_k \iint p_0(x, y)\, \dot{w}(x, y)\, dx\, dy, \tag{6.6.1/2}$$

wobei $\mu_k \geqq \mu_G$ gemäß Gl. (1.5/12). Da die Stützenreaktionen durch die Drehachsen gehen, geben sie keinen Beitrag zu den Leistungen. Nach dem Prinzip der virtuellen Geschwindigkeiten gilt für das Plattentragwerk [entsprechend Gl. (2.5/16)]

$$\sum (M_{ix}\dot{\Theta}_{ix} + M_{iy}\dot{\Theta}_{iy}) = \mu_k \sum \iint p_0(x, y)\, \dot{w}(x, y)\, dx\, dy, \tag{6.6.1/3}$$

wobei sich die Summation über sämtliche Plattenteile erstreckt, so daß die Leistung der Querkräfte gleich Null wird. Aus dieser Gleichung kann entweder das erforderliche Grenzmoment bei gegebener Lastintensität oder die Grenzlastintensität für gegebenes Grenzmoment bestimmt werden.

Ein kinematisch zulässiges virtuelles Geschwindigkeitsfeld, für das Gl. (6.6.1/3) die Energiegleichung wiedergibt, wird durch eine Anzahl unabhängiger Parameter z_i definiert, und Gl. (6.6.1/3) kann geschrieben werden:

$$\mu_G \leqq \mu_k = F(z_i), \quad (i = 1, 2, \ldots, m). \tag{6.6.1/4}$$

Da der niedrigste mögliche Wert von μ_k gesucht wird, ist die Bedingung $d\mu_k = 0$ (oder $dM_0 = 0$) anzuwenden. Die einzelnen Parameterwerte z_i sind aus

$$\frac{\partial F}{\partial z_i} = 0, \quad (i = 1, 2, \ldots, m) \tag{6.6.1/5}$$

zu bestimmen und in Gl. (6.6.1/4) einzusetzen.

6.6.2 Beispiele für die Anwendung des Prinzips der virtuellen Geschwindigkeiten

6.6.2.1 Zweiseitig frei drehbar gestützte orthotrope Dreieckplatte unter gleichförmig verteilter Belastung

Als erstes Beispiel für die Anwendung des Prinzips der virtuellen Geschwindigkeiten, $L = D$, wird eine längs zweier Seiten frei drehbar randgestützte, am dritten Rand freie Dreieckplatte unter der Einwirkung gleichförmig verteilter Belastung p behandelt (Abb. 6.6/1). Das Grenztragfähigkeitsproblem entspricht dem in Abschn. 6.5.2.3 behandelten Beispiel, ist jedoch insofern allgemeiner, als der Fall einer orthogonal anisotropen Platte mit zu den x, y-Koordinatenachsen parallelen Orthotropierichtungen betrachtet wird. Das Orthotropieverhältnis wird durch das Momentenverhältnis $\Lambda = M_x/M_y$, $M_y = M_0$, ausgedrückt [35].

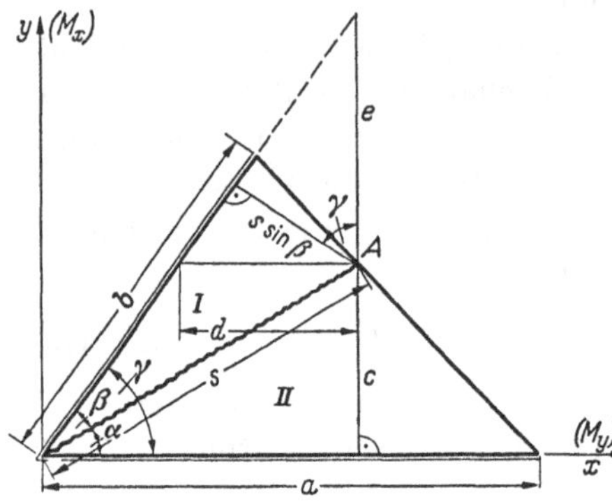

Abb. 6.6/1 Einparametrische Fließgelenklinienfigur einer zweiseitig frei drehbar gestützten Dreieckplatte

Bei Annahme einer von dem Schnittpunkt der frei drehbar gestützten Ränder zu dem auf dem freien Rand gelegenen Punkte A verlaufenden Fließgelenklinie und einer Einsenkungsgeschwindigkeit des Punktes A um den virtuellen Betrag $\dot{w}_0 = 1$ erhält man mit den in Abb. 6.6/1 angegebenen Bezeichnungen für die virtuelle Leistung der äußeren Kräfte die Gleichung

$$L = \frac{ps}{6}(a \sin\alpha + b \sin\beta) = \frac{p\,a\,b}{6} \sin\gamma, \qquad (6.6.2/1)$$

wobei s durch die trigonometrische Beziehung

$$s = \frac{a\,b \sin\gamma}{a \sin\alpha + b \sin\beta} \qquad (6.6.2/2)$$

ausgedrückt wurde.

Bei der Berechnung der Dissipationsleistung in der Fließgelenklinie werden die Projektionen des Grenzmomentes auf die Koordinatenachsen verwendet. Die Leistung des Grenzmomentes ist gleich der Summe der Produkte der Grenzmomentenkomponenten mit den entsprechenden Verdrehungsgeschwindigkeitskomponenten. Die Komponenten der Verdrehungsgeschwindigkeit für den Plattenteil I ergeben sich aus den geometrischen Beziehungen

$${}_I\dot{\Theta}_x = \frac{1}{e} = \frac{\cos\gamma}{s \sin\beta}, \qquad {}_I\dot{\Theta}_y = \frac{1}{d} = \frac{\sin\gamma}{s \sin\beta}. \qquad (6.6.2/3)$$

Für die Dissipationsleistung für die Plattenteile I und II erhält man

$$D_I = M_0 \frac{\cos\alpha \cos\gamma}{\sin\beta} + \Lambda M_0 \frac{\sin\alpha \sin\gamma}{\sin\beta}, \qquad D_{II} = M_0 \cot\alpha,$$

so daß die vollständige Dissipationsleistung ist:

$$D = M_0 \left[\cot\alpha + \frac{1}{\sin\beta}(\cos\alpha \cos\gamma + \Lambda \sin\alpha \sin\gamma)\right] \qquad (6.6.2/4)$$

oder nach Umformung

$$D = M_0 \frac{\sin\gamma(\cos^2\alpha + \Lambda\sin^2\alpha)}{\sin\alpha\sin(\gamma-\alpha)}. \tag{6.6.2/4a}$$

Aus der Gleichsetzung der virtuellen Leistungen der äußeren und inneren Kräfte folgt die Beziehung zwischen Grenzmoment und Grenzlastintensität:

$$M_0 = \frac{p\,a\,b}{6}\,\frac{\sin\alpha\sin(\gamma-\alpha)}{\cos^2\alpha + \Lambda\sin^2\alpha}. \tag{6.6.2/5}$$

Der Wert des Winkels α wird aus der Extremumbedingung $\frac{dM_0}{d\alpha} = 0$ berechnet:

$$\frac{d}{d\alpha}\left[\frac{p\,a\,b}{6}\,\frac{\sin\gamma - \cos\gamma\tan\alpha}{\cot\alpha + \Lambda\tan\alpha}\right] = 0. \tag{6.6.2/6}$$

Differentiation liefert nach einer Reihe trigonometrischer Umformungen die Gleichung

$$\Lambda\tan^2\alpha + 2\cot\gamma\tan\alpha - 1 = 0,$$

woraus folgt

$$\tan\alpha = \frac{1}{\Lambda}\left(-\cot\gamma \pm \sqrt{\cot^2\gamma + \Lambda}\right); \tag{6.6.2/7}$$

Einsetzen dieses Wertes in Gl. (6.6.2/5) liefert M_0 und $M_x = \Lambda M_0$.

Im Falle der isotropen Platte wird der Neigungswinkel der Fließgelenklinie gegen die Abszisse ausgedrückt durch

$$\tan\alpha = -\frac{\cos\gamma}{\sin\gamma} + \sqrt{\frac{\cos^2\gamma}{\sin^2\gamma} + 1} = \frac{1-\cos\gamma}{\sin\gamma} = \tan\frac{\gamma}{2}; \tag{6.6.2/8}$$

die Fließgelenklinie halbiert also den Winkel zwischen den Plattenrändern (Drehachsen). Die Beziehung zwischen Grenzmoment und Grenzlastintensität ist wie in Abschn. 6.5.2.3 ermittelt:

$$M_0 = \frac{p\,a\,b}{6}\sin^2\frac{\gamma}{2}, \qquad p = \frac{6M_0}{a\,b\sin^2\frac{\gamma}{2}}. \tag{6.6.2/9}$$

6.6.2.2 Allseitig frei drehbar gestützte rechteckige Platte unter gleichförmig verteilter Belastung

Abb. 6.6/2 zeigt das Erreichen des Zustandes der Grenztragfähigkeit einer an den vier Rändern frei drehbar gestützten rechteckigen Platte unter gleichförmig verteilter Belastung. Eine im Mittelabschnitt der Platte entlang der längeren Achse verlaufende Fließgelenklinie EF teilt sich in den Endabschnitten in je zwei zu den Plattenecken verlaufende Fließgelenklinien. Es bildet sich ein

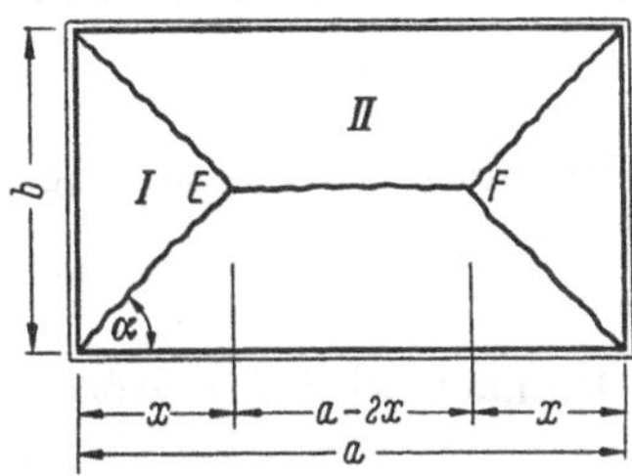

Abb. 6.6/2 Einparametrische Fließgelenklinienfigur für eine allseitig frei drehbar gestützte, gleichförmig belastete rechteckige Platte

symmetrisches „walmdachähnliches“ Geschwindigkeitsfeld aus, das von nur einem Parameter x abhängt.[1]

Bei einer Einsenkungsgeschwindigkeit der Fließgelenklinie $E\,F$ um den virtuellen Betrag $\dot{w}_0 = 1$ ergibt sich nach dem Prinzip der virtuellen Geschwindigkeiten, Gl. (6.6.1/3):

$$\frac{2pbx}{3} + \frac{pb(a-2x)}{2} = 2M_0\left(\frac{b}{x} + \frac{2a}{b}\right), \qquad (6.6.2/10)$$

woraus für die Grenzlastintensität folgt:

$$p = \frac{24M_0\left(\frac{b^2}{2x} + a\right)}{b^2(3a-2x)}. \qquad (6.6.2/11)$$

Der Parameter x der schmalseitigen Plattenabschnitte wird aus der Minimalbedingung für die Grenzlastintensität ermittelt:

$$\frac{dp}{dx} = \frac{24M_0}{b^2}\,\frac{-\frac{b^2}{2x^2}(3a-2x) + 2\left(\frac{b^2}{2x} + a\right)}{(3a-2x)^2} = 0. \qquad (6.6.2/12)$$

Es ergibt sich die quadratische Gleichung

$$x^2 + \frac{b^2}{a}x - \frac{3b^2}{4} = 0,$$

deren Lösung bei Einführung von $\beta = \frac{b}{a} < 1$ ist:

$$x = \frac{b}{2}\left(-\beta \pm \sqrt{\beta^2 + 3}\right) = \frac{b}{2}\mathfrak{A}_0. \qquad (6.6.2/13)$$

Zur Bestimmung der Grenzlastintensität wird der nach Gl. (6.6.2/13) berechnete Wert für den Parameter x in Gl. (6.6.2/11) eingesetzt:

$$p = \frac{24M_0}{b^2\mathfrak{A}_0^2}\,\frac{\beta\mathfrak{A}_0 + \mathfrak{A}_0^2}{3 - \beta\mathfrak{A}_0} = \frac{24M_0}{b^2\mathfrak{A}_0^2}. \qquad (6.6.2/14)$$

Für eine quadratische Platte erhält man[2]

$$x = \frac{b}{2}, \qquad a = b \qquad (6.6.2/15)$$

und die Grenzlastintensität

$$p = \frac{24M_0}{b^2}. \qquad (6.6.2/16)$$

Für einen unendlich langen Plattenstreifen ergibt sich

$$x \to \frac{b}{2}\sqrt{3}, \qquad a \to \infty. \qquad (6.6.2/17)$$

Demnach wird die Größe des Parameters x durch die Ungleichung

$$0{,}5b \leq x < 0{,}866b \qquad (6.6.2/18)$$

[1] Vgl. das in Abb. 9.2/3 wiedergegebene Bruchbild.

[2] Vgl. das in Abb. 9.3/2 wiedergegebene Bruchbild.

eingegrenzt und der Winkel α, den die zu den Plattenecken verlaufenden Fließgelenklinien mit den Längsseiten der Platte einschließen, wird durch die Ungleichung

$$45^\circ \geqq \alpha > 30^\circ \tag{6.6.2/19}$$

eingegrenzt.

In Tab. 6.2 werden die für gleichförmig belastete, frei drehbar randgestützte isotrope rechteckige Platten ermittelten oberen und unteren Eingrenzungslösungen für die Grenzlastintensität einander gegenübergestellt. Wie zu ersehen ist, liegen die Eingrenzungen dicht beieinander.

Tabelle 6.2 *Vergleich der oberen und unteren Eingrenzungen für die Grenzlastintensität von gleichförmig belasteten, frei drehbar randgestützten isotropen rechteckigen Platten*

$\frac{a}{b}$	$p b^2/M_0$		$\frac{a}{b}$	$p b^2/M_0$	
	obere Eingrenzung Gl. (6.6.2/14)	untere Eingrenzung Gl. (6.2.2/3)		obere Eingrenzung Gl. (6.6.2/14)	untere Eingrenzung Gl. (6.2.2/3)
1,0	24	24	1,8	15,036	14,913
1,1	21,893	21,884	1,9	14,559	14,427
1,2	20,244	20,222	2,0	14,140	14,000
1,3	18,927	18,896	2,5	12,645	12,480
1,4	17,856	17,796	3,0	11,727	11,556
1,5	16,977	16,889	4,0	10,667	10,500
1,6	16,223	16,125	5,0	10,072	9,920
1,7	15,583	15,450	∞	8	8

6.6.2.3 Vieleckplatte mit frei drehbar gestütztem Rand unter einer Einzellast

Das virtuelle Geschwindigkeitsfeld einer isotropen Vieleckplatte mit frei drehbar gestütztem Rand, die durch eine im Punkt O angreifende Einzellast P belastet ist, hat die Form einer Pyramide, deren Kanten die Fließgelenklinien sind, die vom Punkt O zu den Ecken des gestützten Randes verlaufen. Die Höhe der Geschwindigkeitspyramide wird mit $\dot{w}_0 = 1$ angesetzt (Abb. 6.6/3).

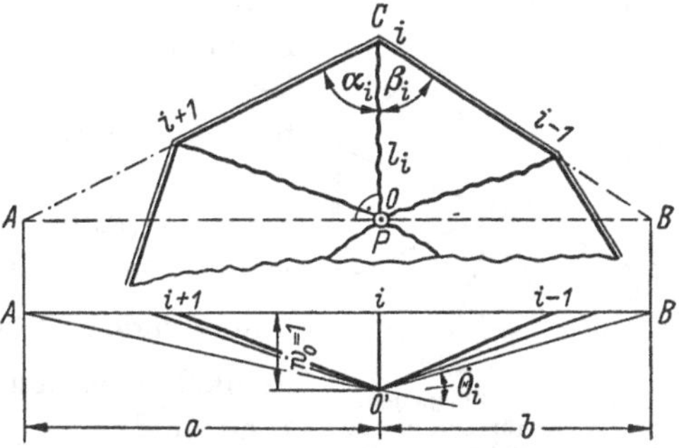

Abb. 6.6/3 Fließgelenklinienfigur und Durchbiegungsgeschwindigkeitsfeld für eine Vieleckplatte mit frei drehbar gestütztem Rand

Unter diesen Voraussetzungen ist die Leistung der äußeren Last P numerisch gleich dieser Last selbst, und die Gesamtleistung der plastischen Momente ist gleich dem plastischen Moment der Platte je Längeneinheit der Fließgelenklinie M_0 multipliziert mit der Summe der Produkte aus Verdrehungsgeschwindigkeit $\dot{\Theta}_i$ und Länge l_i der einzelnen Fließgelenklinien. Somit ergibt sich die Grenzintensität der Last P aus der Gleichung der virtuellen Geschwindigkeit zu

$$P = M_0 \sum_{i=1}^{n} \dot{\Theta}_i \, l_i. \tag{6.6.2/20}$$

Zur Bestimmung des Winkels der gegenseitigen Verdrehungsgeschwindigkeiten $\dot{\Theta}_i$ zweier benachbarter Plattenteile an der Fließgelenklinie wird normal zur Plattenebene und dieser Gelenklinie l_i eine Ebene durch den Punkt O gelegt. Diese vertikale Ebene schneidet die ursprünglich horizontale Plattenebene in einer Linie AB senkrecht zur Projektion der Fließgelenklinie OC. Der Verdrehungsgeschwindigkeitswinkel $\dot{\Theta}_i$ ergibt sich aus Abb. 6.6/3 zu

$$\dot{\Theta}_i = \frac{1}{a} + \frac{1}{b}. \tag{6.6.2/21}$$

Aus $a = l_i \tan\alpha_i$, $b = l_i \tan\beta_i$, folgt

$$\dot{\Theta}_i = \frac{1}{l_i} (\cot\alpha_i + \cot\beta_i), \tag{6.6.2/22}$$

wobei α_i und β_i die Winkel zwischen den Fließgelenklinien und den Plattenrändern sind.

Einsetzen dieses Ausdruckes in Gl. (6.6.2/20) ergibt

$$P = M_0 \sum_{i=1}^{n} (\cot\alpha_i + \cot\beta_i), \tag{6.6.2/23}$$

entsprechend Gl. (6.5.2/35). Dieses Ergebnis zeigt, daß die nach der Fließgelenklinientheorie ermittelte Grenzlastintensität für die durch eine Einzelkraft belastete Vieleckplatte unabhängig von den Plattenabmessungen ist; denn mit zunehmender Länge der Fließgelenklinien nehmen die Werte der Verdrehungsgeschwindigkeiten im gleichen Verhältnis ab. — Im Sonderfall einer durch eine Einzellast mittig belasteten Platte von der Form eines regelmäßigen n-seitigen Vielecks (Abb. 6.6/4) ist die Größe der Zentriwinkel zwischen den zu den Plattenecken hinlaufenden Fließgelenklinien $\frac{2\pi}{n}$, und die Winkel zwischen Fließgelenklinie und Plattenrand sind

$$\alpha_i = \beta_i = \frac{\pi}{2} - \frac{\pi}{n}. \tag{6.6.2/24}$$

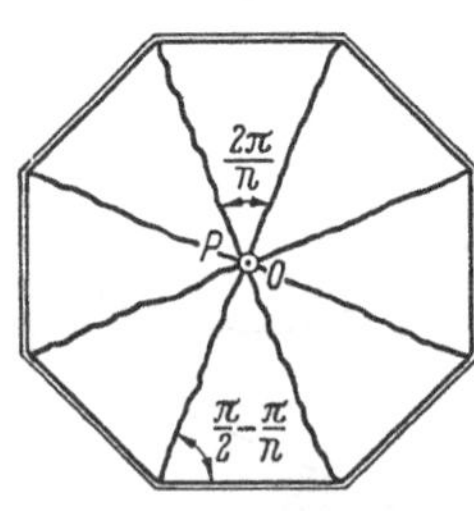

Abb. 6.6/4 Fließgelenklinienfigur für eine mittig belastete regelmäßige Vieleckplatte

Einsetzen der Winkelbeziehung Gl. (6.6.2/24) in Gl. (6.6.2/23) ergibt für die Grenzlastintensität den Wert

$$P = M_0 \left(2n \tan\frac{\pi}{n}\right). \tag{6.6.2/25}$$

Daraus folgt beispielsweise für eine quadratische Platte der Grenzlastwert $P = 8M_0$.

Bei einer mittig belasteten Kreisplatte bildet sich bei Erreichen der Grenztragfähigkeit ein *Fließgelenkfeld* aus unendlich vielen radial verlaufenden Fließgelenklinien aus (Abb. 6.6/5). Für $n \to \infty$ wird Gl. (6.6.2/25) zu einem Grenzwert unbestimmter Formung, dessen Größe mit Hilfe der BERNOULLI-L'HOSPITALschen Regel

$$\lim_{x\to a} \frac{\varphi(x)}{\psi(x)} = \lim_{x\to a} \frac{\varphi'(x)}{\psi'(x)}$$

bestimmt wird:

$$P = 2M_0 \lim_{n\to\infty} \frac{\tan\frac{\pi}{n}}{\frac{1}{n}} = 2M_0 \lim_{n\to\infty} \frac{\frac{1}{\cos^2\frac{\pi}{n}}\left(-\frac{\pi}{n^2}\right)}{-\frac{1}{n^2}} = 2\pi M_0. \quad (6.6.2/26)$$

Für die Grenztragfähigkeit allseitig frei drehbar randgestützter, durch eine mittig angreifende Einzelkraft belasteter regelmäßig vieleckiger Platten ergeben sich in Abhängigkeit von der Seitenzahl n die in Tab. 6.3 angegebenen Werte.

Tabelle 6.3 *Grenzlastwerte für mittig belastete regelmäßig vieleckige Platten mit frei drehbar gestütztem n-seitigem Rand*

n	3	4	5	6	8	10	12	16	24	∞
$\frac{P}{M_0}$	10,39	8	7,27	6,93	6,63	6,50	6,43	6,34	6,32	6,28

Für eine durch eine Einzellast belastete rechteckige Platte mit den Seiten a und b und den Randabständen der Lasteintragungsstelle x

Abb. 6.6/5 Fließgelenklinienfeld für eine mittig belastete Kreisplatte

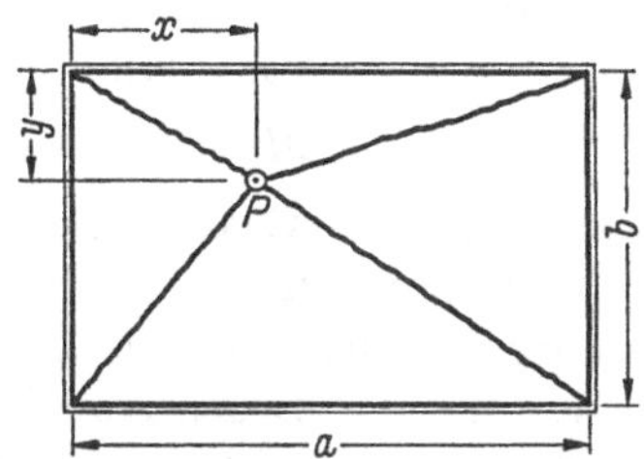

Abb. 6.6/6 Fließgelenklinienfigur für eine rechteckige Platte unter einer Einzellast

und y (Abb. 6.6/6) nimmt Gl. (6.6.2/23) die Form

$$P = M_0\left(\frac{x}{y} + \frac{y}{x} + \frac{a-x}{y} + \frac{y}{a-x} + \frac{b-y}{x} + \frac{x}{b-y} + \frac{b-y}{a-x} + \frac{a-x}{b-y}\right)$$

an, die zu

$$P = M_0 a b \left[\frac{1}{y(b-y)} + \frac{1}{x(a-x)}\right]$$

oder

$$P = M_0 \left(\frac{a}{y} + \frac{a}{b-y} + \frac{b}{x} + \frac{b}{a-x}\right) \qquad (6.6.2/27)$$

umgeformt werden kann. Im Falle mittiger Lasteintragung[1], $x = a/2$, $y = b/2$, vereinfacht sich Gl. (6.6.2/27) zu

$$P = 4 M_0 \left(\frac{a}{b} + \frac{b}{a}\right). \qquad (6.6.2/28)$$

Diese Ergebnisse sind jedoch nur unter Beachtung der in Abschn. 7.3.3.6 behandelten Einschränkungen zu verwenden.

6.7 Praktische Berechnungsmethoden

6.7.1 Superpositionsprinzip

Das in der linearen Elastizitätstheorie gültige Superpositionsgesetz ist in der Fließgelenklinientheorie nicht streng anwendbar. Johansen [*13*] hat jedoch gezeigt, daß die Verwendung des Superpositionsprinzips in der Fließgelenklinientheorie auf der sicheren Seite liegende Resultate ergibt: Die Summe der für eine Anzahl von Einzelbelastungen erforderlichen Grenzmomente ist größer oder gleich dem für die Summe der Belastungen erforderlichen Grenzmoment:

$$\sum M_{0Pi} \geqq M_{0\Sigma Pi}. \qquad (6.7.1/1)$$

Das setzt voraus, daß sämtliche Grenzmomente gleiches Vorzeichen haben, da sie andernfalls nicht addiert werden können.

Der Beweis ist wie folgt: Eine Belastung P_1 ergibt eine Bruchfigur 1 und ein Grenzmoment M_{0P1}, das einen der richtigen Bruchfigur 1 zugehörigen Maximalwert darstellt. In der gleichen Weise ergibt eine Belastung P_n eine Bruchfigur n und ein zugehöriges Grenzmoment M_{0Pn}. Die Summe der den einzelnen Belastungen entsprechenden Grenzmomente ist dann

$$\sum M_{0Pi} = M_{0P1} + M_{0P2} + \cdots M_{0Pn}. \qquad (6.7.1/2)$$

Die kombinierte Gesamtbelastung $P_1 + P_2 + \cdots P_n = \sum P_i$ ergibt eine Bruchfigur S und ein zugehöriges Grenzmoment $M_{0\Sigma Pi}$. Die Bestimmung der den verschiedenen Belastungen entsprechenden Grenzmomente für die Bruchfigur S nach dem Prinzip der virtuellen Geschwindigkeiten liefert die Werte $M_{01}, M_{02}, \ldots, M_{0n}$:

$$M_{0\Sigma Pi} = M_{01} + M_{02} + \cdots M_{0n}. \qquad (6.7.1/3)$$

Da nun das aus der P_i zugehörigen Bruchfigur ermittelte Grenzmoment M_{0Pi} einen Maximalwert darstellt, ist $M_{01} \leqq M_{0P1}$, $M_{02} \leqq M_{0P2}, \ldots, M_{0n}$

[1] Vgl. das in Abb. 9.2/8 wiedergegebene Bruchbild.

$\leqq M_{0Pn}$. Das Gleichheitszeichen gilt nur, wenn eine Bruchfigur 1, 2, ... oder n mit der Bruchfigur S identisch ist. Da jeder Term in Gl. (6.7.1/3) kleiner oder gleich den entsprechenden Termen in Gl. (6.7.1/2) ist, folgt, daß $\sum M_{0Pi} \geqq M_{0\Sigma Pi}$.

6.7.2 Affinitätsgesetze

Aus Abschn. 6.4.2 geht hervor, daß die Bestimmung der Schnittkräfte für anisotrope Platten zu ziemlich komplizierten Ausdrücken führt. Es ist jedoch möglich, den für die Ermittlung der Grenzlastintensität erforderlichen Rechenaufwand durch affine Verzerrung der Plattenabmessungen und der Belastung, wodurch eine anisotrope Platte durch lineare Transformation in eine isotrope Platte überführt wird, zu reduzieren.

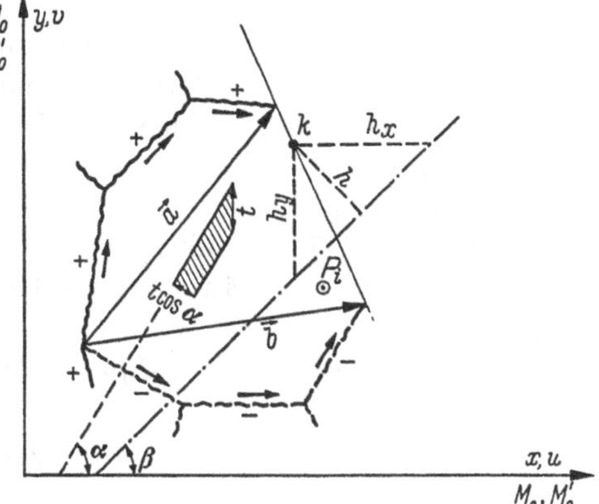

Abb. 6.7/1 Fließgelenklinien und Grenzmomentenresultierende in einer orthotropen Platte. Schema zur Aufstellung der Affinitätsbeziehung (lineare Transformation)

Schichtenweise (doppelt) orthotrope Platten besitzen sowohl an der Plattenunterseite als auch an der Plattenoberseite unterschiedliche Bewehrungen in zwei zueinander senkrechten Richtungen. Der Ableitung der Affinitätsgesetze wird die vereinfachende Annahme zugrunde gelegt, daß die Hauptschnitte der Bewehrung in beiden Schichten zusammenfallen. Lineare Transformationsgleichungen, durch die sich das Problem der Grenztragfähigkeit von Platten mit schichtenweiser Orthotropie auf das Problem der isotropen Platte zurückführen läßt, sind von Johansen [*13*] für zwei Sonderfälle abgeleitet worden (siehe auch [*35*, *36*, *37*]).

Wählt man die Bewehrungsrichtungen zu Koordinatenachsen, so liegen die Hauptgrenzmomente $M_y = M_0$ und M_0' im Schnitt parallel zur x-Achse und ΛM_0 und $\Lambda' M_0'$ im Schnitt parallel zur y-Achse. In Abb. 6.7/1 ist ein beliebiger orthotroper Plattenteil dargestellt, in dem die Resultierende der positiven Grenzmomente durch den Vektor $\vec{a}$ mit dem Komponenten $M_0 a_x$ und $\Lambda M_0 a_y$ gegeben wird. In gleicher Weise wird die Resultierende der negativen Grenzmomente durch den Vektor $\vec{b}$ mit den Komponenten $M_0' b_x$ und $\Lambda' M_0' b_y$ dargestellt.

Bei einer virtuellen Einsenkungsgeschwindigkeit des Punktes k vom Betrage $\dot{w}_k$ senkrecht zur Plattenebene ergibt sich für die Drehachse, die mit der Abszisse den Winkel β einschließt, die Verdrehungsgeschwindigkeit $\dot{\Theta} = \dot{w}_k/h$ mit den Komponenten $\dot{\Theta}_x = \dot{\Theta}\cos\beta = \dot{w}_k/h_y$ und $\dot{\Theta}_y = \dot{\Theta}\sin\beta = \dot{w}_k/h_x$. Aus dem Prinzip der virtuellen Geschwindigkeiten folgt:

$$(M_0 a_x + M_0' b_x)\frac{\dot{w}_k}{h_y} + (\Lambda M_0 a_y + \Lambda' M_0' b_y)\frac{\dot{w}_k}{h_x}$$
$$= \iint p(x, y)\,\dot{w}(x, y)\,dx\,dy + \sum_{i=1}^{n} P_i \dot{w}_i, \qquad (6.7.1/4)$$

wobei $\dot{w}_i$ die Verschiebungsgeschwindigkeit des Angriffspunktes der Einzellast P_i bedeutet. Betrachtet man nun eine schichtweise isotrope Platte mit den Grenzmomenten M_0 und M_0', deren Abmessungen in der x-Richtung durch Multiplikation mit dem Affinitätsfaktor λ verzerrt sind (Platte im neuen Koordinatensystem $u = \lambda x$, $v = y$), deren Belastung je Flächeneinheit jedoch mit der der orthotropen Platte übereinstimmt, so erhält man die Gleichung

$$(M_0 \lambda a_x + M_0' \lambda b_x)\frac{\dot{w}_k}{h_y} + (M_0 a_y + M_0' b_y)\frac{\dot{w}_k}{\lambda h_x}$$
$$= \iint p(\lambda x, y)\,\dot{w}(\lambda x, y)\,\lambda\,dx\,dy + \sum_{i=1}^{n} P_i \dot{w}_i.$$

Division durch λ führt zu einem mit Gl. (6.7.1/4) übereinstimmenden Ausdruck:

$$(M_0 a_x + M_0' b_x)\frac{\dot{w}_k}{h_y} + \left(\frac{1}{\lambda^2} M_0 a_y + \frac{1}{\lambda^2} M_0' b_y\right)\frac{\dot{w}_k}{h_x}$$
$$= \iint p(\lambda x, y)\,\dot{w}(\lambda x, y)\,dx\,dy + \sum_{i=1}^{n} \frac{P_i}{\lambda}\dot{w}_i, \qquad (6.7.1/5)$$

in dem

$$\Lambda = \Lambda' = \frac{1}{\lambda^2}, \quad \text{also} \quad \lambda = \frac{1}{\sqrt{\Lambda}}. \qquad (6.7.1/6)$$

Daraus ergibt sich der Satz: Bei einer orthotropen Platte mit den Hauptgrenzmomenten M_0, M_0' und ΛM_0, $\Lambda' M_0'$ im gleichen Hauptschnitt, wobei $\Lambda' = \Lambda$ ist, können die Grenzmomente wie bei einer isotropen Platte berechnet werden, wenn man die orthotrope Platte in Richtung der M_0-Achse mit dem Affinitätsfaktor $\lambda = 1/\sqrt{\Lambda}$ verzerrt.

Bei Platten, bei denen die obige Voraussetzung $\Lambda' = \Lambda$ nicht erfüllt ist, jedoch die zwei Vektoren $\vec{a}$ und $\vec{b}$ zusammenfallen, so daß $a_x = b_x$ und $a_y = b_y$, können $(M_0 + M_0')$ und $(\Lambda M_0 + \Lambda' M_0')$ bei der Summierung der Termen von Gl. (6.7.1/4) angeklammert werden, und man erhält für den Affinitätsfaktor

$$\lambda = \sqrt{\frac{M_0 + M_0'}{\Lambda M_0 + \Lambda' M_0'}}. \qquad (6.7.1/7)$$

Das erstere der beiden Affinitätsgesetze ist das allgemeinere, da es außer der gemeinsamen Voraussetzung von zusammenfallenden Hauptschnitten nur $\Lambda' = \Lambda$ bedingt; es gilt also stets für einschichtig bewehrte Platten mit $M_0' = \Lambda' M_0' = 0$. Transformationsgleichungen für den allgemeinen Fall der schichtenweisen Orthotropie sind von Olszak [*36, 37*] aufgestellt worden. Diese Gleichungen erscheinen jedoch als für den praktischen Gebrauch etwas schwerfällig, so daß sich der direkte Grenztragfähigkeitsansatz als zweckmäßiger erweisen dürfte.

Aus der Ableitung der Affinitätsgesetze geht hervor, daß die Belastung p je Flächeneinheit bei der affinen Verzerrung unverändert bleibt:

$$p'(u, v) = p(x, y), \quad \text{wenn} \quad u = \lambda x, \quad v = y. \qquad (6.7.1/8)$$

Eine Einzellast P wird bei der affinen Verzerrung nach Gl. (6.7.1/5) wie folgt transformiert:

$$P'(u, v) = \frac{P(x, y)}{\sqrt{\Lambda}}, \quad \text{wenn} \quad u = \lambda x, \quad v = y. \qquad (6.7.1/9)$$

Eine Streckenlast $\bar{p}$ ist entsprechend als auf einem schmalen Streifen von der Breite t in y-Richtung (Abb. 6.7/1) verteilte Belastung anzusehen, so daß $\bar{p} = p\, t \cos\alpha$. Bei der affinen Verzerrung bleiben t und p unverändert, aber der Winkel α geht in den Winkel α' über, wobei

$$\tan\alpha' = \frac{\sin\alpha}{\frac{1}{\sqrt{\Lambda}}\cos\alpha}, \qquad \cos^2\alpha' = \frac{1}{1 + \frac{\Lambda \sin^2\alpha}{\cos^2\alpha}} = \frac{\cos^2\alpha}{\cos^2\alpha + \Lambda \sin^2\alpha},$$

$$\bar{p}' = p\, t \cos\alpha' = \frac{\bar{p}}{\sqrt{\Lambda \sin^2\alpha + \cos^2\alpha}}. \qquad (6.7.1/10)$$

Grundsätzlich muß die Gesamtbelastung Q einer orthotropen Platte bei der affinen Verzerrung in die Gesamtbelastung $Q' = Q/\sqrt{\Lambda}$ übergehen.

6.7.3 Iterationsverfahren

6.7.3.1 Erläuterung

Bei Platten mit unregelmäßiger Form, komplizierteren Stützungsbedingungen und kombinierter Belastung wird die Fließgelenkliniefigur durch eine größere Anzahl unabhängiger Parameter bestimmt;

daher kann es schwierig sein, Fließgelenklinienlösungen in analytischer Form herzuleiten. Da nun die Grenzlastintensität bei dem tatsächlichen Geschwindigkeitsfeld (Bruchfigur) als Minimalwert bestimmt wird, ergeben benachbarte Geschwindigkeitsfelder auf der unsicheren Seite liegende, aber, vom ingenieurtechnischen Standpunkt aus gesehen, nur geringfügige Abweichungen von den dem tatsächlichen Geschwindigkeitsfeld entsprechenden Werten. Die Lösungen der Fließgelenklinientheorie sind im allgemeinen durch ein flaches Extremum gekennzeichnet. Aus diesem Grunde kann die Verwendung eines Iterationsverfahrens bereits bei wenigen Berechnungsschritten Lösungen mit für praktische Zwecke der Grenztragfähigkeitsermittlung ausreichender Genauigkeit ergeben.

Bei dem „Iterationsverfahren" wird zunächst ein kinematisch zulässiges Geschwindigkeitsfeld angenommen, und der zugehörige Wert der Grenzlastintensität bzw. des Grenzmomentes wird aus der Gleichung der virtuellen Leistungen bestimmt. Darauf werden die Gleichgewichtsbedingungen für jeden einzelnen Plattenteil aufgestellt. Wenn die für die einzelnen Plattenteile ermittelten Werte des Grenzmomentes nicht wesentlich voneinander und von dem für die ganze Platte gefundenen Grenzmomentenwert abweichen, so ist die angenommene Bruchfigur und damit das erhaltene zugehörige Grenzmoment nahezu richtig. Treten jedoch wesentliche Unterschiede in den erhaltenen Grenzmomenten auf, so deuten diese Differenzen an, wie das ursprünglich angenommene Geschwindigkeitsfeld zu ändern ist, um zu einer besseren Übereinstimmung zu gelangen. Als Richtschnur für eine möglichst zutreffende erste Annahme der Fließgelenklinienfigur ist folgende Faustregel von Nutzen: Fließgelenklinien werden von eingespannten Rändern, Bereichen mit verhältnismäßig großen Grenzmomentenwerten sowie Bereichen mit verhältnismäßig geringen Lasten „abgestoßen".

Aus der Größe der Abweichungen zu dem mittels des Prinzips der virtuellen Leistungen ermittelten Grenzmoment, das etwa dem Mittelwert der verschiedenen, aus den einzelnen Gleichgewichtsgleichungen bestimmten Grenzmomentenwerten entspricht, ist zu ersehen, wie weit die ursprünglich angenommene Bruchfigur abzuändern ist. Das aus der Gleichung der virtuellen Geschwindigkeiten für die verbesserte Bruchfigur ermittelte Grenzmoment dürfte in der Regel nur um wenige Prozent vom tatsächlichen Wert abweichen. Bei einiger Erfahrung dürften zwei Berechnungsschritte, sonst drei oder vier Schritte für die Bestimmung des Grenzmomentenwertes mit für praktische Zwecke genügender Genauigkeit hinreichen. — Im folgenden wird das Iterationsverfahren anhand von zwei verhältnismäßig einfachen Beispielen erläutert. Weitere Berechnungsbeispiele finden sich in [*13*, *17a*, *20*, *22*, *38*].

6.7.3.2 Beispiel I

Die in Abb. 6.7/2 dargestellte, an zwei angrenzenden Seiten eingespannte, an den gegenüberliegenden Seiten frei drehbar gestützte, plastisch orthotrope, 4,0 · 6,0 m große rechteckige Platte mit den positiven

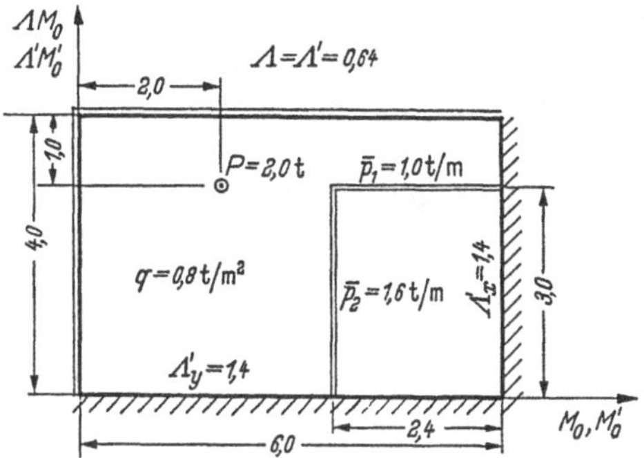

Abb. 6.7/2 Grundrißform, Stützung und Belastung einer orthotropen rechteckigen Platte

Grenzmomenten $M_y = M_0 = 2{,}00$ tm/m, $M_x = \Lambda\, M_0 = 0{,}64 \cdot 2{,}00 = 1{,}28$ tm/m und den Einspannungs-Grenzmomenten $M'_y = \Lambda'_y\, M_0 = 1{,}4 \cdot 2{,}00 = 2{,}80$ tm/m, $M'_x = \Lambda'_x\, \Lambda\, M_0 = 1{,}4 \cdot 0{,}64 \cdot 2{,}00 = 1{,}80$ tm/m wird durch eine gleichförmig verteilte Last $q = 0{,}8$ t/m², zwei Streckenlasten (senkrecht verschieblich, keine starren Wände) $\bar{p}_1 = 1{,}0$ t/m, $\bar{p}_2 = 1{,}6$ t/m, und eine Einzellast $P = 2{,}0$ t belastet. Gesucht wird der Sicherheitsfaktor gegen Versagen des Tragwerkes.

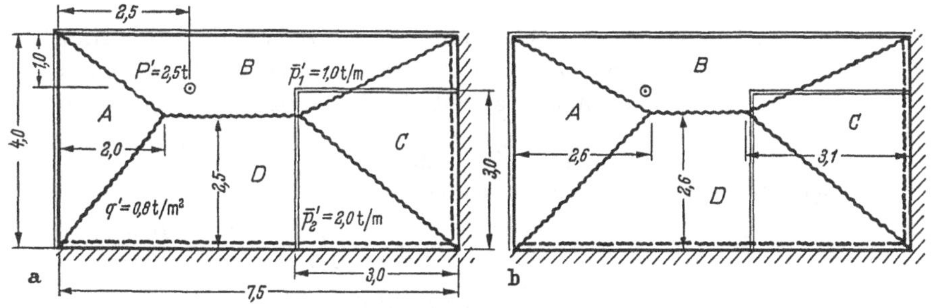

Abb. 6.7/3 Affin verzerrte Platten
a) Ausgangsannahme der Fließgelenklinienfigur; b) verbesserte Fließgelenklinienfigur

Da beide Schichten die gleiche orthotrope Struktur, $\Lambda = \Lambda' = 0{,}64$, aufweisen, kann die Berechnung durch affine Verzerrung von Plattenabmessungen und Belastung vereinfacht werden (Abb. 6.7/3a): Die Abmessung in Richtung der M_0-Achse wird mit dem Faktor $\lambda = 1/\sqrt{\Lambda} = 1/\sqrt{0{,}64} = 1{,}25$ multipliziert, und für die transformierte Belastung erhält man: $q' = q$, $\bar{p}_1' = \bar{p}_1/\sqrt{\cos^2\alpha_1 + \Lambda \sin^2\alpha_1} = \bar{p}_1$, da $\alpha_1 = 0$, $\bar{p}_2' = \bar{p}_2/\sqrt{\cos^2\alpha_2 + \Lambda \sin^2\alpha_2} = \bar{p}_2/\sqrt{\Lambda} = 1{,}6 \cdot 1{,}25 = 2{,}0\,\mathrm{t/m}$, da $\alpha_2 = \frac{\pi}{2}$, und $P' = P/\sqrt{\Lambda} = 2{,}0 \cdot 1{,}25 = 2{,}5\,\mathrm{t}$; (Probe: $Q' = Q/\sqrt{\Lambda}$).

Die erste, von der auf S. 236 angegebenen Faustregel geleitete Schätzung einer kinematisch zulässigen Fließgelenklinienfigur (Abb. 6.7/3a) ergibt für die einzelnen Plattenteile folgende Momentengleichgewichtsgleichungen für die erforderlichen Grenzmomente:

$$A:\quad 4{,}0 M_0 = \frac{1}{6} \cdot 4{,}0 \cdot 2{,}0^2 \cdot 0{,}8 = 2{,}14,$$
$$M_{0A} = 0{,}535\ \mathrm{tm/m}.$$

$$B:\quad 7{,}5 M_0 = \frac{1}{6} \cdot 5{,}0 \cdot 1{,}5^2 \cdot 0{,}8 + \frac{1}{2} \cdot 2{,}5 \cdot 1{,}5^2 \cdot 0{,}8 + 1{,}0 \cdot 1{,}0 \cdot 1{,}0 + {}$$
$$+ 0{,}5 \cdot 1{,}25 \cdot 2{,}0 + 1{,}0 \cdot 2{,}5 = 8{,}5,$$
$$M_{0B} = 1{,}13\ \mathrm{tm/m}.$$

$$C:\quad 4{,}0(M_0 + 1{,}4 M_0) = \frac{1}{6} \cdot 4{,}0 \cdot 3{,}0^2 \cdot 0{,}8 + 2{,}0 \cdot 1{,}0 \cdot 1{,}0 = 6{,}8,$$
$$M_{0C} = 0{,}71\ \mathrm{tm/m}.$$

$$D:\quad 7{,}5(M_0 + 1{,}4 M_0) = \frac{1}{6} \cdot 5{,}0 \cdot 2{,}5^2 \cdot 0{,}8 + \frac{1}{2} \cdot 2{,}5 \cdot 2{,}5^2 \cdot 0{,}8 + {}$$
$$+ 2{,}5 \cdot 1{,}25 \cdot 2{,}0 = 16{,}66,$$
$$M_{0D} = 0{,}925\ \mathrm{tm/m}.$$

Bei einer virtuellen Verschiebungsgeschwindigkeit der „Firstlinie" des „walmdachförmigen" Geschwindigkeitsfeldes vom Betrage $\dot{w}_0 = 1$ ergeben sich für die einzelnen Plattenteile die Verdrehungsgeschwindigkeiten: $\dot{\Theta}_A = \frac{1}{2{,}0}$, $\dot{\Theta}_B = \frac{1}{1{,}5}$, $\dot{\Theta}_C = \frac{1}{3{,}0}$ und $\dot{\Theta}_D = \frac{1}{2{,}5}$. Damit lautet die Gleichung der virtuellen Leistungen:

$$M_0\left(\frac{4{,}0}{2{,}0} + \frac{7{,}5}{1{,}5} + \frac{9{,}6}{3{,}0} + \frac{18{,}0}{2{,}5}\right) = \frac{2{,}14}{2{,}0} + \frac{8{,}5}{1{,}5} + \frac{6{,}8}{3{,}0} + \frac{16{,}66}{2{,}5},$$
$$M_0^{(1)} = 0{,}90\ \mathrm{tm/m}.$$

Der für die Ausgangsannahme der Fließgelenklinienfigur ermittelte Wert für die obere Eingrenzung des tatsächlichen Sicherheits- (oder Last-) Faktors μ_G ist demnach:

$$\mu_k^{(1)} = \frac{2{,}00}{0{,}90} = 2{,}22 > \mu_G.$$

Aus den Abweichungen der für die einzelnen Plattenteile erhaltenen Grenzmomente geht hervor, daß die erste Annahme für die Fließgelenklinienfigur ziemlich unzutreffend ist und zur Ermittlung einer niedrigeren oberen Eingrenzung für den Sicherheitsfaktor so abgeändert werden muß, daß sich der Plattenteil A bedeutend, und der Plattenteil C geringfügig auf Kosten des Plattenteiles B vergrößert. Eine verbesserte Annahme für die Fließgelenklinienfigur ist in Abb. 6.7/3b dargestellt, für die man folgende Momentengleichgewichtsgleichungen erhält:

$$A{:}\quad 4{,}0 M_0 = \frac{1}{6}\cdot 4{,}0\cdot 2{,}6^2\cdot 0{,}8 = 3{,}6,$$

$$M_{0A} = 0{,}90\ \mathrm{tm/m}.$$

$$B{:}\quad 7{,}5 M_0 = \frac{1}{6}\cdot 5{,}7\cdot 1{,}4^2\cdot 0{,}8 + \frac{1}{2}\cdot 1{,}8\cdot 1{,}4^2\cdot 0{,}8 + 0{,}8\cdot 1{,}0\cdot 1{,}0 + {}$$
$$+ 0{,}36\cdot 1{,}18\cdot 2{,}0 + 1{,}0\cdot 2{,}5 = 7{,}05,$$

$$M_{0B} = 0{,}94\ \mathrm{tm/m}.$$

$$C{:}\quad 9{,}6 M_0 = \frac{1}{6}\cdot 4{,}0\cdot 3{,}1^2\cdot 0{,}8 + 2{,}2\cdot 1{,}1\cdot 1{,}0 + 0{,}14\cdot 3{,}0\cdot 2{,}0 = 8{,}35,$$

$$M_{0C} = 0{,}87\ \mathrm{tm/m}.$$

$$D{:}\quad 18{,}0 M_0 = \frac{1}{6}\cdot 5{,}7\cdot 2{,}6^2\cdot 0{,}8 + \frac{1}{2}\cdot 1{,}8\cdot 2{,}6^2\cdot 0{,}8 + 2{,}5\cdot 1{,}25\cdot 2{,}0$$
$$= 16{,}28,$$

$$M_{0D} = 0{,}905\ \mathrm{tm/m}.$$

Aus der Gleichung der virtuellen Leistungen

$$M_0\left(\frac{4{,}0}{2{,}6} + \frac{7{,}5}{1{,}4} + \frac{9{,}6}{3{,}1} + \frac{18{,}0}{2{,}6}\right) = \frac{3{,}6}{2{,}6} + \frac{7{,}05}{1{,}4} + \frac{8{,}35}{3{,}1} + \frac{16{,}28}{2{,}6},$$

$$M_0^{(2)} = 0{,}91\ \mathrm{tm/m},$$

erhält man als verbesserten Wert für die obere Eingrenzung von μ_G:

$$\mu_k^{(2)} = \frac{2{,}00}{0{,}91} = 2{,}20 > \mu_G.$$

Trotz verhältnismäßig großer Abweichungen der Fließgelenklinienparameter unterscheiden sich die ermittelten Sicherheitsfaktoren um nur etwa 1%. Das zeigt, daß es in der Praxis keineswegs notwendig ist, eine sehr enge Übereinstimmung der für die einzelnen Plattenteile ermittelten Grenzmomentenwerte zu erzielen. — Zur Absicherung der Möglichkeit, daß alternative kinematisch zulässige Formen der Fließgelenklinienfigur übersehen werden, die niedrigere obere Eingrenzungen für die Grenztragfähigkeit liefern würden, wird von verschiedenen Verfassern empfohlen, eine Verminderung des erhaltenen Wertes für die Grenzlastintensität (bzw. Erhöhung des erforderlichen Grenzmomentenwertes) um 10% vorzunehmen. Im vorliegenden Falle würde die Berücksichtigung einer Bruchfigur mit Gabelung der zu den Ecken verlaufenden Fließgelenklinien („Wippen“) eine niedrigere obere Eingrenzung für μ_G liefern (vgl. Abschn. 8.9). Mit einem 10%igen Abzug, also $\mu_k^* = 1{,}98$, wird jedoch die Unterlassung einer Untersuchung dieser komplizierteren Fließgelenklinienfigur mehr als ausreichend abgedeckt.

6.7.3.3 Beispiel II

Abb. 6.7/4 zeigt eine 6,0 · 6,0 m große quadratische Platte, die entlang eines mit der x-Achse zusammenfallenden Randabschnittes und längs der y-Achse frei drehbar gestützt ist und gelenkig auf einer Säule

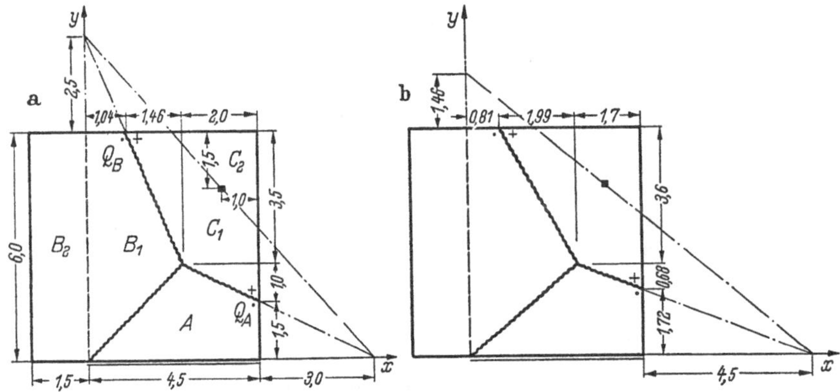

Abb. 6.7/4 Über die Stützungen auskragende quadratische Platte
a) Ausgangsannahme der Fließgelenklinienfigur; b) verbesserte Fließgelenklinienfigur

auflagert, unter gleichförmig verteilter Belastung, die sich aus einem ruhenden Lastanteil g_0 und einem beweglichen Anteil p_0 zusammensetzt. Die der Grenztragfähigkeitsberechnung zugrunde gelegten Lastwerte sind $g = \mu_I\, g_0 = 1{,}0\ \text{t/m}^2$ und $p = \mu_{II}\, p_0 = 3{,}0\ \text{t/m}^2$, wobei μ_I und μ_{II} vorgeschriebene Last- (Sicherheits-) Faktoren bedeuten. Gesucht sind die bei schichtweise isotroper Bewehrung für die ungünstigste Anordnung der beweglichen Last p erforderlichen Grenzmomentenwerte. Die ungünstigste Stellung der beweglichen Belastung ergibt sich — wie man der Gleichung der virtuellen Leistungen unmittelbar entnehmen kann —, wenn die einzelnen, durch Fließgelenklinien getrennten Plattenteile nur auf einer Seite der Drehachse belastet werden. (Wegen der Vorgabe der Bewehrungsstruktur ist dieses Berechnungsbeispiel natürlich kein echtes Grenztragfähigkeits-Bemessungsproblem, denn bei einem solchen ist auch der ein Minimum des Bewehrungsvolumens bestimmende Orthotropiekoeffizient zu ermitteln, vgl. Abschn. 8.5.6.)

Die in Abb. 6.7/4a eingezeichnete Ausgangsannahme für die Fließgelenklinienfigur liefert folgende Momentengleichgewichtsgleichungen für die einzelnen Plattenteile (auf B_2 und C_2 wird $p = 0$ gesetzt), in denen auch die Knotenkräfte Q_A und Q_B auftreten:

$$A: \quad M_0 \cdot 4{,}5 + \frac{1}{2} M_0 \cdot 1{,}5 = \frac{1}{6}(7{,}5 \cdot 2{,}5^2 - 3{,}0 \cdot 1{,}5^2)(g + p),$$

$$M_{0A} = 5{,}1 \text{ tm/m}.$$

$$B: \; M_0 \cdot 6{,}0 + \frac{2{,}5}{6{,}0} M_0 \cdot 1{,}04 = \frac{1}{6}(8{,}5 \cdot 2{,}5^2 - 2{,}5 \cdot 1{,}04^2)(g + p) - \frac{1}{2} \cdot 6{,}0 \cdot 1{,}5^2 g,$$

$$M_{0B} = 4{,}2 \text{ tm/m}.$$

C: Moment um zur y-Achse parallele Drehachse:

$$M_0 \cdot 4{,}5 + \frac{1}{2} M_0 \cdot 1{,}0 - \frac{1{,}46}{3{,}5} M_0 \cdot 2{,}46 = \frac{1}{2} \cdot 3{,}5 \cdot 1{,}46 \left(1{,}0 + \frac{1{,}46}{3}\right)(g + p) - \frac{1}{2} \cdot 2{,}0 \cdot 1{,}0 \left(1{,}0 - \frac{2{,}0}{3}\right)(g + p) + \frac{1}{2} \cdot 2{,}3 \cdot 2{,}6 \left(1{,}0 - \frac{2{,}3}{3}\right) p,$$

$$M_{0Cy} = 4{,}02 \text{ tm/m}.$$

Moment um zur x-Achse parallele Drehachse:

$$M_0 \cdot 3{,}46 + \frac{2{,}5}{6{,}0} M_0 \cdot 1{,}5 - \frac{1}{2} M_0 \cdot 3{,}0 = \frac{1}{2} \cdot 2{,}0 \cdot 1{,}0\,(2{,}0 + 0{,}33)(g + p) - \frac{1}{2} \cdot 3{,}5 \cdot 1{,}46 \left(1{,}5 - \frac{3{,}5}{3}\right)(g + p) + 3{,}5 \cdot 2{,}0 \cdot 0{,}25\,(g + p) + \frac{1}{2} \cdot 2{,}3 \cdot 2{,}6 \left(1{,}5 - \frac{2{,}6}{3}\right) p,$$

$$M_{0Cx} = 7{,}5 \text{ tm/m}.$$

Bedingt durch das Auftreten von Knotenkräften und die unbestimmte Richtung der durch die Punktstütze verlaufenden Drehachse des Plattenteiles *C*, ist es in diesem Falle etwas schwieriger, dem Ergebnis Hinweise für eine Verbesserung der Fließgelenklinienfigur zu entnehmen. Das in Abb. 6.7/4b dargestellte abgeänderte Bruchbild ergibt für die einzelnen Plattenteile Grenzmomentenwerte: $M_{0A} = 4{,}90$ tm/m, $M_{0B} = 4{,}90$ tm/m, $M_{0Cy} = 4{,}85$ tm/m und $M_{0Cx} = 4{,}57$ tm/m. Diese Übereinstimmung dürfte für praktische Zwecke hinreichend sein, um eine Anwendung des Prinzips der virtuellen Leistungen zu erübrigen. Der Grenzmomentenwert wird zu $M_0 = 4{,}8$ tm/m geschätzt, und man erhält mit dem erwähnten 10%igen Sicherheitszuschlag: $M_0^* = 5{,}3$ tm/m.

Über der inneren Linienstützung und im Bereich der Punktstütze sind negative Grenzmomente von der Größe

$$M'_{0Bx} = 1{,}5 \cdot 0{,}75 \cdot 4{,}0 = 4{,}5 \text{ tm/m},$$

$$M'_{0C} = \frac{1}{6}(1{,}0^2 + 1{,}5^2) \cdot 4{,}0 = 2{,}2 \text{ tm/m}$$

erforderlich. Da diese Werte Maximalwerte sind, könnte auf den Sicherheitszuschlag verzichtet werden; man wird ihn jedoch anwenden, um sich einer mindestens ebenso großen Tragsicherheit der auskragenden Plattenteile wie im Feld zu versichern.

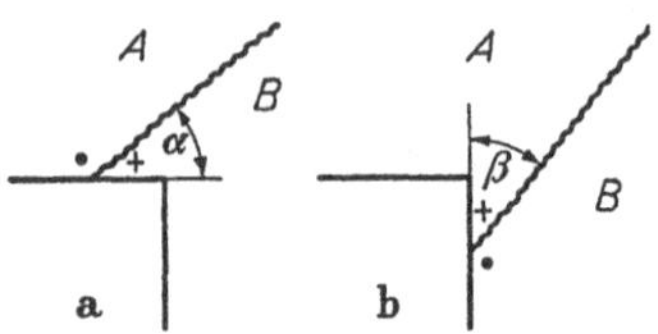

Abb. 6.7/5 Diskontinuität der Knotenkräfte an einer freien einspringenden Ecke

Abschließend sei auf eine Schwierigkeit der im vorstehenden Beispiel erläuterten Methode der sukzessiven Verbesserung einer angenommenen Fließgelenklinienfigur hingewiesen, die auftritt, wenn eine Fließgelenklinie zu einer einspringenden freien Ecke oder einer Plattenöffnung verläuft. Hierbei kann eine kleine Verschiebung der Fließgelenklinie — wie in Abb. 6.7/5 illustriert — einen Sprung der auf einen Plattenteil wirkenden Knotenkraft $Q_D = M_0 \cot\varphi$ in Größe und Vorzeichen ergeben. Bei einer kleinen Öffnung kann sprunghaftes Auftreten oder Verschwinden der Knotenkraft resultieren, in Abhängigkeit davon, ob die Fließgelenklinie auf die Öffnung auftrifft oder daran vorbeiläuft.

Literatur zu 6

[1] Bach, C., u. O. Graf: Versuche mit allseitig aufliegenden, quadratischen und rechteckigen Eisenbetonplatten. Deutscher Ausschuß für Eisenbeton, H. 30. Berlin: Ernst & Sohn 1915.

[2] Bach, C., u. O. Graf: Versuche mit zweiseitig aufliegenden Eisenbetonplatten bei konzentrierter Belastung; Erster Teil. Deutscher Ausschuß für Eisenbeton, H. 44. Berlin: Ernst & Sohn 1920.

[3] Bach, C., u. O. Graf: Versuche mit zweiseitig aufliegenden Eisenbetonplatten bei konzentrierter Belastung; Zweiter Teil. Deutscher Ausschuß für Eisenbeton, H. 52. Berlin: Ernst & Sohn 1923.

[4] Graf, O.: Versuche mit allseitig aufliegenden rechteckigen Eisenbetonplatten unter gleichmäßig verteilter Belastung. Deutscher Ausschuß für Eisenbeton, H. 56. Berlin: Ernst & Sohn 1926.

[5] Gehler, W., u. H. Amos: Versuche mit kreuzweise bewehrten Platten. Deutscher Ausschuß für Eisenbeton, H. 70. Berlin: Ernst & Sohn 1932.

[6] Suenson, E.: Krydsarmerede Jaernbetonpladers Styrke. Ingeniøren 25 (Sept. 1916) No. 76—78, 95, S. 535—551 u. S. 631—632.

[7] Ingerslev, A.: Om en elementaer Beregningsmaade af krydsarmerede Plader. Ingeniøren 30 (Aug. 1921) No. 69, S. 507—515.

[8] Ingerslev, A.: The Strength of Rectangular Slabs. J. Inst. Structural Eng. 1 (Jan. 1923) No. 1, S. 3—14.

[9] Johansen, K. W.: Beregning af krydsarmerede Jaernbetonpladers Brudmoment. Bygningsstatiske Meddelelser, Kopenhagen, 3 (1931) S. 1—18.

[9a] Johansen, K. W.: Bruchmomente der kreuzweise bewehrten Platten. Abh. Int. Verein. Brückenbau u. Hochbau 1 (April 1932) S. 277—296.

[10] Johansen, K. W.: Nogle Pladeformler. Bygningsstatiske Meddelelser, Kopenhagen, 4 (1932) S. 77—84.

[11] Gwosdew, A. A.: Bestimmung des Wertes der Grenzlast für statisch unbestimmte Tragwerke (russisch). Projekt i Standart 1934, Nr. 8.

[11a] GWOSDEW, A. A.: Bestimmung der Grenzlast für statisch unbestimmte Tragwerke, die plastischer Deformation unterliegen (russisch). Trudy konferencji po plasticzeskim deformacjam, Otd. Techn. Nauk, Moskau 1938.

[11b] GWOSDEW, A. A.: Grundlage von § 33 der Normenvorschrift für Stahlbetontragwerke (russisch). Stroitelnaja Promyslennost 17 (1939) No. 3, S. 51—58.

[12] GWOSDEW, A. A.: Berechnung der Tragfähigkeit von Konstruktionen nach der Grenzgleichgewichtsmethode (russisch). Moskau: Strojizdat 1949.

[13] JOHANSEN, K. W.: Brudlinieteorier. Kopenhagen: Jul. Gjellerup 1943.

[14] JOHANSEN, K. W.: Pladeformler, 2. Udgave. Kopenhagen: Polyteknisk Forening 1949, Genoptrykt 1956.

[14a] JOHANSEN, K. W.: Pladerformler, Formelsamling, 2. Udgave. Kopenhagen: Polyteknisk Forening 1949, Genoptrykt 1958.

[15] RZHANITSYN, A. R.: Berechnung von Tragwerken unter Berücksichtigung der plastischen Materialeigenschaften (russisch). Moskau: Stroiwoenmorizdat 1949, Kap. VII (2. Aufl., Moskau: Gosstrojizdat 1954). — The Shape at Collapse of Elastic-Plastic Plates Simply Supported Along the Edges. Technical Report No. 19, Division of Applied Mathematics, Brown University, Providence, R. I., Januar 1957.

[16] MENYHÁRD, I: Kétirányban teherbiró vasbeton lemezek méretezése a képlékenység elvei szerint. Felsöoktatási Jegyzetellátó Vállalat. Budapest 1953.

[17] CHAMECKI, S.: Cálculo, no regime de ruptura das lajes de concreto, armadas em cruz. Curitiba, Paraná: Editôra Guaira 1948.

[17a] CHAMECKI, S.: Cálculo das lajes no regime de ruptura. In: Enciclopédia Técnica Universal, Vol. VI, Cap. I. Rio de Janeiro/Pôrto Alegre/São Paulo: Editôra Globo 1961.

[18] SOBOTKA, Z.: Theory Plasticity a meznich stavů stavebnich konstrukci, Bd. II, Kap. 18. Nakladatelstvi Československé Akademie Věd, Praha 1955.

[19] KOLÁŘ, V., J. BENEŠ u. Z. SOBOTKA: Nosné Stěny a Desky, Teil 5, SNTL-SVTL, Praha 1961.

[20] WOOD, R. H.: Plastic and Elastic Design of Slabs and Plates. London: Thames and Hudson 1961.

[21] DUBINSKY, A. M.: Grenztragfähigkeit von Stahlbetonplatten (russisch). Kiew: Gosstrojizdat USSR 1961.

[22] HAASE, H.: Bruchlinientheorie von Platten. Düsseldorf: Werner-Verlag 1962.

[23] JONES, L. L.: Ultimate Load Analysis of Reinforced and Prestressed Concrete Structures. London: Chatto & Windus 1962.

[24] NIEPOSTYN, D.: Nośność graniczna płyt prostokątnych. Biblioteka Inżynierii i Budownictwa ,Vol. 1, Wydawnictwa Czasopism Technicznych NOT, Warszawa 1962.

[25] SAWCZUK, A.: Grenztragfähigkeit der Platten. Bauplanung-Bautechnik 11 (1957) S. 315—320, 359—364.

[26] NYLANDER, H.: Dimensionering av korsarmerade betongplattor. Betong 40 (1955) Nr. 3.

[27] SAWCZUK, A.: O możliwościach praktycznego korzystania z rozwiazań teorii nośnosci granicznej plyt. Archivum Inzynierii Ladowej, 2 (1956) No. 1—2, S. 139—183.

[28] SCHELLENBERGER, R.: Beitrag zur Bemessung von Platten nach der Bruchtheorie. Dissertation Technische Hochschule Karlsruhe 1958.

[29] PRAGER, W.: General Theory of Limit Design (Sectional address). Proceedings, 8th Internatl. Congr. of Appl. Mechanics, Istanbul 1952, Vol. 2, S. 65.

[30] WOOD, R. H.: Studies in Composite Construction. Part II. The Interaction of Floors and Beams in Multi-Storey Buildings. National Building Studies, Research Paper No. 22, Her Majesty's Stationery Office, London 1955.

[31] SAWCZUK, A., u. M. KWIECIŃSKI: Nośność graniczna ustrojów płytowo-żebrowych. Archivum Inzynierii Ladowej, 3 (1957) No. 3, S. 335—370.

[32] MILLS, G. M.: Slabs Spanning in Two Directions Designed by the Yield-Line Method. Concrete and Constructional Engineering 55 (1960) S. 111.

[33] HALÁSZ, O.: Über das Grenzgleichgewicht der Stahlbetonplatten (russisch). Izv. Akad. Nauk USSR, Otd. Tech. Nauk 1956, Nr. 8, S. 42—54.

[34] RZHANITSYN, A. R.: Grenzgleichgewicht der Stahlbetonplatten (russisch). Izv. Akad. Nauk USSR, Otd. Tech. Nauk 1958, Nr. 12, S. 73—77.

[35] SAWCZUK, A.: Transformacja liniowa w zastosowaniu do teorii nośności granicznej płyt. Zeszyty Nauk. Politechn. Warszawskiej 1955, Budownictwo, Nr. 3, S. 45—57.

[36] OLSZAK, W.: Zagadnienia ortotropii w teorii nośności granicznej plyt. Archivum Mechaniki Stosowanej, 5 (1953) No. 3, S. 329.

[37] OLSZAK, W.: Probleme der Grenzlasttheorie der orthotropen Platten. Acta Techn. Acad. Sci. Hungaricae, Tom. XIV, Fasc. 1—2 (1956) S. 3—37.

[38] HOGNESTAD, E.: Yield-Line Theory for the Ultimate Flexural Strength of Reinforced Concrete Slabs. J. Amer. Concrete Inst. 24 (März 1953) Nr. 7, Proc. 49, S. 637—656. Théorie des lignes de rupture. Ann. Inst. Techn. Bâtiment Travaux Publ. (Jan. 1955) Nr. 85, S. 13—28.

[39] NIELSEN, M. P.: Plasticitetsteorien for Jernbetonplader. Dissertation Technische Hochschule Kopenhagen 1962.

7. Fließgelenklinienlösungen für Platten unter Einzellasten[1]

7.1 Diskrete Fließgelenklinien

7.1.1 Isotrope Kragplatten

7.1.1.1 Rechteckige Kragplatte

Bei Einwirkung einer Einzellast P auf eine freie Ecke einer rechteckigen Kragplatte kann sich eine einparametrische Bruchfigur mit einer Fließgelenklinie ausbilden, die mit dem eingespannten Plattenrand einen Winkel φ einschließt (Abb. 7.1/1). Aus der Gleichsetzung der Momente der äußeren und inneren Kräfte in bezug auf die Fließgelenklinie, so daß das Moment der Knotenkräfte verschwindet,

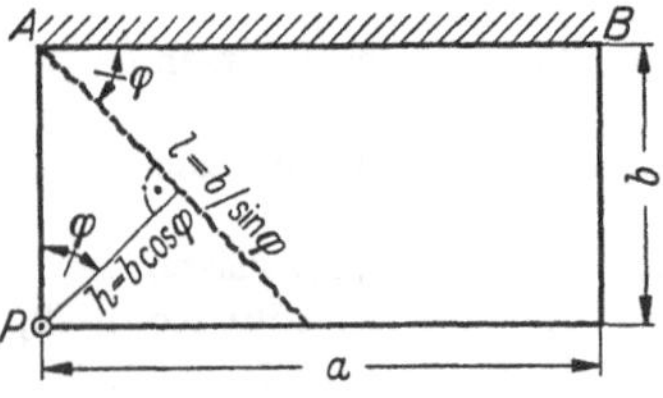

Abb. 7.1/1 Eine Fließgelenklinienfigur für eine rechteckige Kragplatte unter einer Eck-Einzellast

$$P\,b\cos\varphi = M_0'\frac{b}{\sin\varphi} \qquad (7.1.1/1)$$

und aus der Extremumbedingung

$$\frac{dP}{d\varphi} = M_0'\,\frac{\sin^2\varphi - \cos^2\varphi}{\sin^2\varphi\,\cos^2\varphi} = 0\,, \qquad (7.1.1/2)$$

[1] Die Platten werden als gewichtslos betrachtet.

ergibt sich der Wert des Winkels zu $\varphi = \pi/4$, womit man für den Grenzzustand die Beziehung

$$P = 2M_0' \qquad (7.1.1/3)$$

erhält. Die Annahme einer parallel in Richtung auf die Last verschobenen Fließgelenklinie hat keinen Einfluß auf die vorstehenden Beziehungen. Alternativ kann sich aber auch eine Fließgelenklinie entlang des eingespannten Plattenrandes AB ausbilden, für die die Grenzzustandsgleichung

$$P = M_0' \frac{a}{b} \qquad (7.1.1/4)$$

gilt. Somit bestehen zwei Bereiche von Plattenabmessungsverhältnissen, für die unterschiedliche Grenzzustandsbedingungen gelten:

$$P = M_0' \frac{a}{b}, \quad \frac{a}{b} < 2, \qquad (7.1.1/5)$$

$$P = 2M_0', \quad \frac{a}{b} > 2. \qquad (7.1.1/6)$$

Für das Abmessungsverhältnis $a/b = 2$ sind die beiden verschiedenen Fließgelenkmechanismen (Bruchfiguren) einander gleichwertig. — Wie in Abschn. 7.3.3.9 gezeigt wird, liefert eine kreissektorförmige Fließgelenklinienfigur für $M_0 < |M_0'|$ niedrigere obere Eingrenzungen für die Grenzlastintensität.

7.1.1.2 Entlang eines Radius eingespannte Sektorplatte

Betrachtet wird eine entlang eines Radius eingespannte Sektorplatte, die durch eine an der Plattenecke angreifende Einzellast P belastet wird. Für den in Abb. 7.1/2a dargestellten Fall bildet sich eine Fließgelenklinie aus, die von der Sektorspitze zum kreisförmigen Rand verläuft. Aus der Gleichsetzung der Momente der inneren und äußeren Kräfte in bezug auf diese Fließgelenklinie

$$P r \cos\left(\Omega + \varphi - \frac{\pi}{2}\right) = M_0' r \qquad (7.1.1/7)$$

und aus der Extremumbedingung ergibt sich

$$\varphi = \frac{\pi}{2} - \Omega. \qquad (7.1.1/8)$$

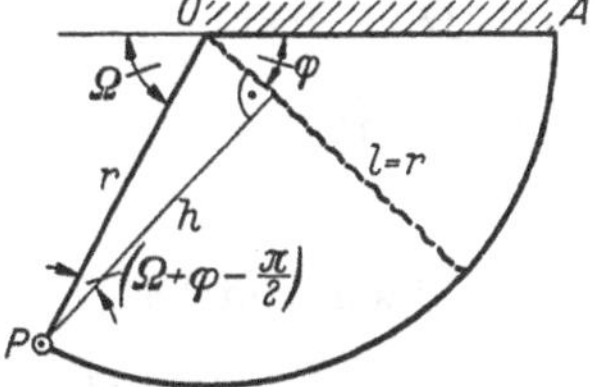

Abb. 7.1/2a Fließgelenklinienfigur für Sektorplatte mit großem Zentriwinkel ($\pi - \Omega$)

Somit verläuft die Fließgelenklinie normal zum freien Plattenrand, und für den Grenzzustand erhält man die Beziehung

$$P = M_0', \quad \Omega \leq \frac{\pi}{2}. \qquad (7.1.1/9)$$

Bei im Bereich $\frac{\pi}{2} < \Omega < \Omega^*$ liegenden Sektorplatten bildet sich eine Fließgelenklinie entlang des eingespannten Randes OA aus. Aus der Gleichgewichtsgleichung

$$P\,r\sin(\pi - \Omega) = M_0'\,r \tag{7.1.1/10}$$

folgt für den Grenzzustand die Beziehung

$$P = \frac{M_0'}{\sin\Omega}, \quad \frac{\pi}{2} \leqq \Omega \leqq \Omega^*. \tag{7.1.1/11}$$

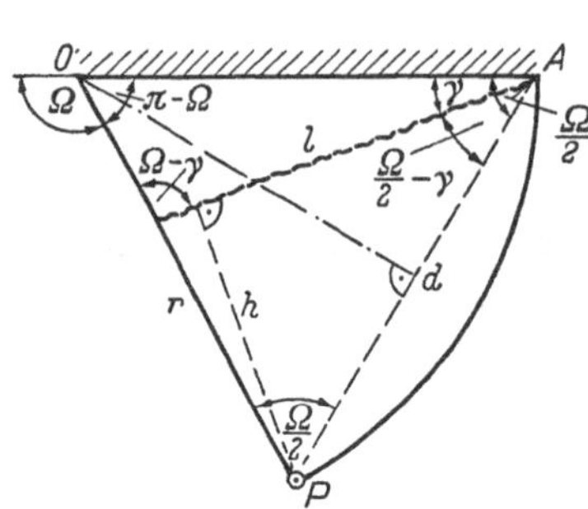

Abb. 7.1/2b Fließgelenklinienfigur für Sektorplatte mit kleinem Zentriwinkel $(\pi - \Omega)$

Im Falle $\Omega > \Omega^*$ bildet sich eine Fließgelenklinie aus, die von der Ecke A zum geraden Plattenrand verläuft (Abbildung 7.1/2b). Die Lage der Fließgelenklinie wird durch den Winkel γ bestimmt. Die Beziehungen zwischen den für die Berechnung des Grenzzustandes benötigten Winkeln und Strecken können aus Abb. 7.1/2b abgeleitet werden:

$$h = 2r\cos\frac{\Omega}{2}\sin\left(\frac{\Omega}{2} - \gamma\right), \quad l = \frac{r\sin\Omega}{\sin(\Omega-\gamma)}.$$

Aus der Momentengleichung um die Fließgelenklinie folgt:

$$\frac{P}{M_0'} = \frac{l}{h} = \frac{r\sin\Omega}{\sin(\Omega-\gamma)\,2r\cos\frac{\Omega}{2}\sin\left(\frac{\Omega}{2}-\gamma\right)} = \frac{\sin\frac{\Omega}{2}}{\sin(\Omega-\gamma)\sin\left(\frac{\Omega}{2}-\gamma\right)}. \tag{7.1.1/12}$$

Für den Winkel γ erhält man aus der Extremumbedingung $\dfrac{d\left(\frac{P}{M_0'}\right)}{d\gamma} = 0$:

$$\cos(\Omega-\gamma)\sin\left(\frac{\Omega}{2}-\gamma\right) + \cos\left(\frac{\Omega}{2}-\gamma\right)\sin(\Omega-\gamma) = 0 \tag{7.1.1/13}$$

den Wert

$$\gamma = \frac{3}{4}\Omega - \frac{\pi}{2}. \tag{7.1.1/14}$$

Einsetzen von Gl. (7.1.1/14) in Gl. (7.1.1/12) ergibt:

$$P = \frac{M_0'\sin 2\left(\frac{\Omega}{4}\right)}{\sin\left(\frac{\Omega}{4}+\frac{\pi}{2}\right)\sin\left(-\frac{\Omega}{4}+\frac{\pi}{2}\right)} = M_0'\,2\tan\frac{\Omega}{4}, \quad \Omega \geqq \Omega^*. \tag{7.1.1/15}$$

Diese Beziehung ist von Mansfield [*1*] angegeben worden. Der Wert des Winkels Ω^* ergibt sich für $\gamma = 0$ in Gl. (6.2/14) zu

$$\Omega^* = \frac{2\pi}{3}. \tag{7.1.1/16}$$

7.1.2 Punktgestützte isotrope Platten

7.1.2.1 Platte allgemeiner Form

Ein allgemeiner Weg für die Ermittlung der Grenzlastintensitäten punktweise am Plattenrand gestützter, durch eine Einzellast P belasteter Platten ist der folgende: Durch die einzelnen Stützungspunkte der Platte mit dem Rand $R(\vartheta)$ sind gerade Linien zu legen, die eine fiktive kontinuierlich frei drehbar gestützte vieleckige Plattenberandung $r_i(\vartheta)$ bilden. Die vom Angriffspunkt der Einzellast ausgehenden radialen Fließgelenklinien verlaufen zu den Eckpunkten der fiktiven Berandung $r_i(\vartheta)$, wie in Abb. 7.1/3 dargestellt. Die Form der Berandung $r_i(\vartheta)$ ist mittels der Minimalbedingung für die Grenzlastintensität P zu ermitteln.

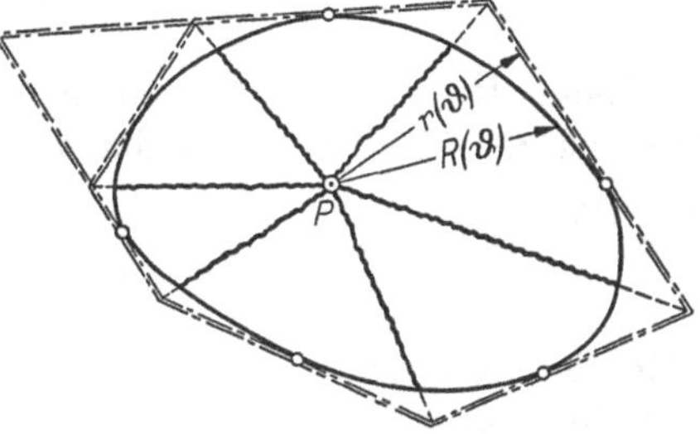

Abb. 7.1/3 Fließgelenklinienfigur für eine punktgestützte Platte

7.1.2.2 Periodisch gestützte Kreisplatte

Bei einer in n Randpunkten periodisch gestützten Kreisplatte unter mittiger Eintragung einer Einzellast bilden sich im Grenzzustand der Tragfähigkeit radiale Fließgelenklinien, die vom Angriffspunkt der Einzellast zu den Mitten der Randbogen zwischen den Punktstützen verlaufen (Abb. 7.1/4) und eine Bruchfigur erzeugen, die der einer der tatsächlichen Platte umschriebenen fiktiven Platte entspricht, deren Rand aus den Tangenten in den Stützungspunkten gebildet wird und die entlang der Berandung frei drehbar gestützt ist (strichpunktiert dargestellt) [2].

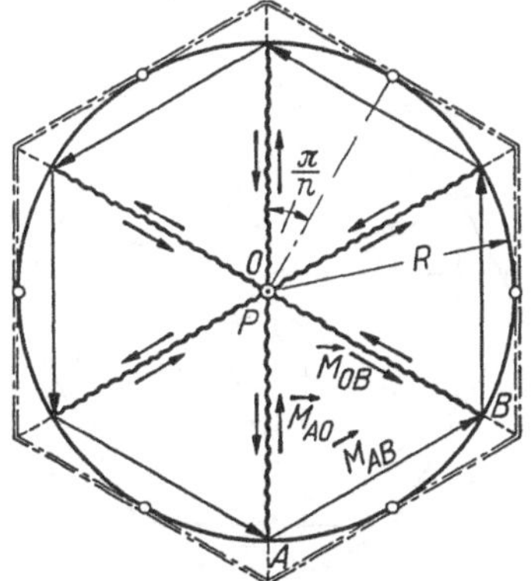

Abb. 7.1/4 Fließgelenklinienfigur und Grenzmomentenvektoren für eine punktgestützte, mittig belastete Kreisplatte

Die entlang der Fließgelenklinien wirkenden Grenzmomente werden vektoriell zu Resultierenden addiert, die ein in den Kreis eingeschriebenes Vektorvieleck bilden, dessen Eckpunkte mit den Schnittpunkten von radialen Fließgelenklinien und Plattenrand zusammenfallen. Die Größe einer solchen Resultierenden, z. B. $\vec{M}_{AB}$, beträgt

$$\vec{M}_{AB} = 2 M_0 R \sin\frac{\pi}{n}. \tag{7.1.2/1}$$

Aus der Momentengleichgewichtsgleichung

$$PR = 2n\,M_0 R \sin\frac{\pi}{n}$$

folgt der Wert der Grenzlast

$$P = 2n\,M_0 \sin\frac{\pi}{n}\,. \tag{7.1.2/2}$$

Dieses Resultat erhält man gemäß Abschn. 7.1.2.1 auch unmittelbar aus Gl. (6.6.2/25) mit der fiktiven Länge der Fließgelenklinien $l = R/\cos\frac{\pi}{n}$:

$$P = 2n\,M_0 \frac{R}{l} \tan\frac{\pi}{n} = 2n\,M_0 \sin\frac{\pi}{n}\,.$$

Für die Stützenzahl $n \to \infty$ ergibt sich der gleiche Grenzlastwert wie für die entlang ihres Randes frei drehbar gestützte, mittig durch eine Einzellast belastete Kreisplatte, Gl. (6.6.2/26):

$$P = 2M_0 \lim_{n\to\infty} \frac{1}{\frac{1}{n}} \sin\frac{\pi}{n} = 2M_0 \lim_{n\to\infty} \frac{1}{-\frac{1}{n^2}} \left(-\frac{\pi}{n^2}\right) \cos\frac{\pi}{n} = 2\pi M_0\,. \tag{7.1.2/3}$$

7.1.2.3 An den Eckpunkten gestützte regelmäßig vieleckige Platte

Im Falle einer regelmäßig vieleckigen Platte mit punktweiser Stützung der n Ecken und Belastung durch eine mittige Einzellast bilden sich im Grenzzustand der Tragfähigkeit vom Angriffspunkt der Einzellast radial zu den Seitenmitten verlaufende Fließgelenklinien aus (Abbildung 7.1/5), die die Platte in der gleichen Art in einzelne Sektoren teilen wie eine der tatsächlichen Platte umschriebene fiktive vieleckige Platte, die entlang ihrer Berandung frei drehbar gestützt ist (strichpunktiert dargestellt).

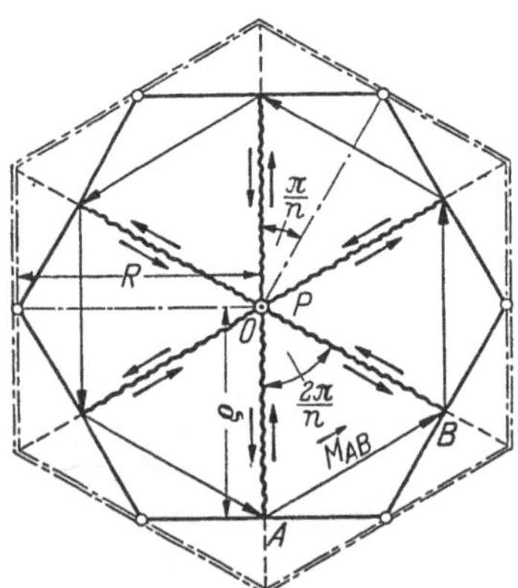

Abb. 7.1/5 Fließgelenklinienfigur und Grenzmomentenvektoren für eine punktgestützte, mittig belastete Vieleckplatte

Die entlang der Fließgelenklinien wirkenden Grenzmomente können vektoriell zu Resultierenden addiert werden, die ein dem Plattenumfang einbeschriebenes Vieleck bilden; diese resultierenden Grenzmomentenvektoren sind in der Abbildung durch Pfeile bezeichnet. Die Größe einer solchen Resultierenden beträgt

$$\vec{M}_{AB} = 2M_0\,\varrho \sin\frac{\pi}{n}\,. \tag{7.1.2/4}$$

Aus der Momentengleichgewichtsgleichung

$$P \frac{\varrho}{\cos\frac{\pi}{n}} = 2n\, M_0\, \varrho \sin\frac{\pi}{n}$$

folgt der Wert der Grenzlast

$$P = 2n\, M_0 \sin\frac{\pi}{n} \cos\frac{\pi}{n}. \qquad (7.1.2/5)$$

Dieses Resultat erhält man gemäß Abschn. 7.1.2.1 auch unmittelbar aus Gl. (6.6.2/25) mit der fiktiven Länge der Fließgelenklinien $l = \varrho/\cos^2\frac{\pi}{n}$:

$$P = 2\,n\, M_0 \frac{\varrho}{l} \tan\frac{\pi}{n} = 2\,n\, M_0 \sin\frac{\pi}{n} \cos\frac{\pi}{n}.$$

Für $n \to \infty$ ergibt sich wie im vorigen Falle $P = 2\pi\, M_0$.

7.1.3 Isotrope randgestützte Platten mit abhebbaren Ecken

7.1.3.1 Allseitig randgestützte regelmäßig vieleckige Platten

Die Grenztragfähigkeit einer frei drehbar randgestützten quadratischen Platte, deren Ränder sich von der Stützung frei abheben können, unter einer in Plattenmitte wirkenden Einzellast P ist von Rzhanitsyn [3] untersucht worden (Abb. 7.1/6). Im Zustand der Grenztragfähigkeit verlaufen die Fließgelenklinien nicht in die Plattenecken, sondern es bilden sich acht radiale Fließgelenklinien aus, die durch einen Parameter φ festgelegt werden[1]. Die Ecksektoren der Platte verdrehen sich dabei um die Verbindungslinie der Schnittpunkte der Fließgelenklinien mit den Plattenrändern, wobei sich die Plattenecken von der Stützung abheben. Die Punkte am Plattenrand, die die Form der Plattensektoren definieren, werden ermittelt, indem P zu einem Minimum gemacht wird.

Abb. 7.1/6 Fließgelenklinienfigur für eine allseitig randgestützte quadratische Platte mit abhebbaren Ecken

Die Beziehung zwischen dem Winkel φ, den eine radiale Fließgelenklinie mit dem Plattenrand einschließt, und dem Winkel ψ zwischen Fließgelenklinie und Drehachse des Ecksektors lautet

$$\psi = \frac{3\pi}{4} - \varphi. \qquad (7.1.3/1)$$

[1] Vgl. die in Abb. 9.3/10 wiedergegebenen Bruchbilder.

Damit ergibt sich die Grenzlastintensität für die Platte nach Gl. (6.6.2/23) zu

$$P = 8 M_0 \left[\cot\varphi + \cot\left(\frac{3\pi}{4} - \varphi\right)\right]. \tag{7.1.3/2}$$

Die Größe des Winkels φ erhält man aus der Minimalbedingung für die Grenzlast:

$$\frac{dP}{d\varphi} = 8 M_0 \left[-\frac{1}{\sin^2\varphi} + \frac{1}{\sin^2\left(\frac{3\pi}{4} - \varphi\right)}\right] = 0, \tag{7.1.3/3}$$

woraus folgt

$$\sin^2\varphi = \sin^2\left(\frac{3\pi}{4} - \varphi\right),$$

$$\varphi = \frac{3\pi}{8}, \tag{7.1.3/4}$$

so daß sich für die Grenzlastintensität nach Gl. (7.1.3/2) ergibt:

$$P = 16 M_0 \cot\frac{3\pi}{8} = 6{,}63\, M_0. \tag{7.1.3/5}$$

Dieser Wert liegt bedeutend unter dem Wert der Grenzlast für die an den Rändern frei drehbar gestützte, mittig durch eine Einzellast belastete, quadratische Platte mit nicht abhebbaren Ecken $P = 8M_0$, Gl. (6.6.2/25). Er stimmt mit dem Grenzlastwert für eine regelmäßige achteckige Platte überein, deren Ecken sich nicht von den Stützungslinien abheben. — Dieses Ergebnis kann für den Fall einer beliebigen regelmäßig vieleckigen Platte mit abhebbaren Ecken und mittiger Einzellast verallgemeinert werden: Die Grenzlast einer regelmäßigen n-seitigen Platte mit abhebbaren Ecken stimmt mit der Grenzlast einer $2n$-seitigen Platte mit nicht abhebbaren Ecken überein.

Im allgemeinen Fall eines regelmäßigen Vielecks gilt die geometrische Beziehung:

$$\psi = \frac{\pi(n-1)}{n} - \varphi, \tag{7.1.3/6}$$

und das Prinzip der virtuellen Geschwindigkeiten ergibt für die Grenzlast den Ausdruck

$$P = 2n M_0 \left\{\cot\varphi + \cot\left[\frac{\pi(n-1)}{n} - \varphi\right]\right\}. \tag{7.1.3/7}$$

Aus der Minimalbedingung für die Grenzlast

$$\frac{dP}{d\varphi} = 2n M_0 \left\{-\frac{1}{\sin^2\varphi} + \frac{1}{\sin^2\left[\frac{\pi(n-1)}{n} - \varphi\right]}\right\} = 0 \tag{7.1.3/8}$$

folgt:

$$\varphi = \frac{\pi(n-1)}{2n}. \tag{7.1.3/9}$$

Einsetzen dieses Wertes in Gl. (7.1.3/7) liefert den Wert der Grenzlastintensität [2]:

$$P = 4n\,M_0 \cot\frac{\pi(n-1)}{2n} = 4n\,M_0 \tan\frac{\pi}{2n}. \qquad (7.1.3/10)$$

Für die Seitenzahl $n \to \infty$ ist:

$$P = 4M_0 \lim_{n\to\infty} n \cot\frac{\pi(n-1)}{2n} = 4M_0 \lim_{n\to\infty} \frac{\frac{\pi}{2}}{\sin^2\frac{\pi}{2}\left(1-\frac{1}{n}\right)} = 2\pi M_0. \qquad (7.1.3/11)$$

Allgemeinere Fälle von durch Einzellasten belasteten Platten mit abhebbaren Rändern sind von RZHANITSYN [3] und DUBINSKY [4] untersucht worden.

7.1.3.2 Allseitig randgestützte lange Rechteckplatte

Die Bruchfigur einer allseitig frei drehbar randgestützten Rechteckplatte mit abhebbaren Rändern und einem Seitenverhältnis $\frac{a}{b} \geqq 2$ unter einer in Plattenmitte angreifenden Einzellast ist in Abb. 7.1/7 dargestellt. Gemäß den von RZHANITSYN [3] abgeleiteten Bedingungen schließen die Fließgelenklinien mit den Drehachsen der Plattensektoren die Winkel φ und $\psi = \frac{\pi}{2} - \varphi$ ein, so daß die Gleichung der virtuellen Leistung entsprechend Gl. (6.6.2/23) lautet:

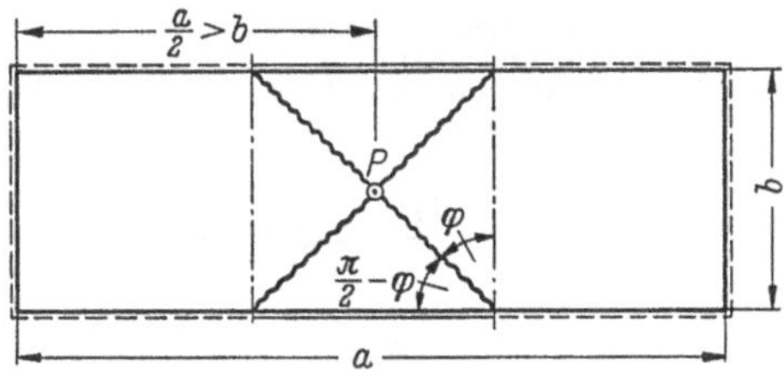

Abb. 7.1/7
Fließgelenklinienfigur für eine allseitig randgestützte rechteckige Platte mit abhebbaren Rändern

$$P = 4M_0(\tan\varphi + \cot\varphi). \qquad (7.1.3/12)$$

Aus der Minimalbedingung für die Grenzlast

$$\frac{dP}{d\varphi} = 4M_0\left(\frac{1}{\cos^2\varphi} - \frac{1}{\sin^2\varphi}\right) = 0 \qquad (7.1.3/13)$$

ergibt sich:

$$\varphi = \frac{\pi}{4}. \qquad (7.1.3/14)$$

Einsetzen dieses Wertes in Gl. (7.1.3/12) liefert für die Grenzlastintensität den Wert

$$P = 8M_0; \qquad (7.1.3/15)$$

dieser Wert stimmt mit dem Grenzlastwert für die frei drehbar randgestützte quadratische Platte mit nicht abhebbaren Ecken und mit einer Seitenlänge gleich der Länge der kürzeren Rechteckseite überein. Beim Versagen heben sich die beiden kurzen Plattenränder vollständig von der Stützung ab. Die Grenzlastintensität wird für sämtliche Werte $\frac{a}{b} > 2$ durch Gl. (7.1.3/15) gegeben.

7.1.3.3 Dreiseitig randgestützte quadratische Platte

Die Bruchfigur einer dreiseitig frei drehbar randgestützten quadratischen Platte mit frei abhebbaren Rändern unter einer in Plattenmitte angreifenden Einzellast ist in Abb. 7.1/8 dargestellt.[1] Die Gleichung der virtuellen Leistung bei einer virtuellen Verschiebungsgeschwindigkeit des Lastangriffspunktes vom Betrage $\dot{w}_0 = 1$ lautet [5]:

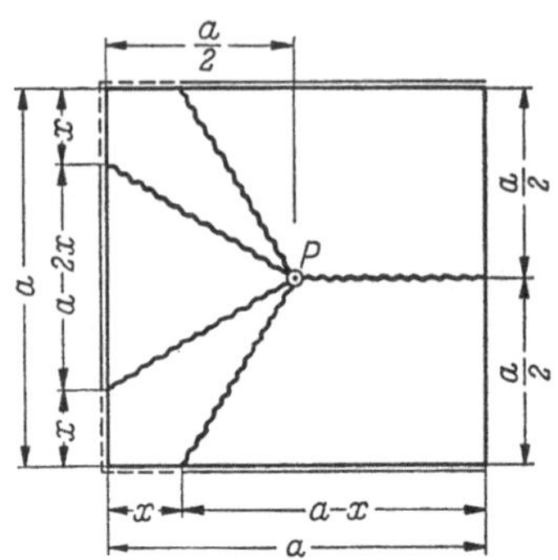

Abb. 7.1/8 Fließgelenklinienfigur für eine dreiseitig randgestützte quadratische Platte mit abhebbaren Ecken

$$P = M_0\left[\frac{2}{a}(a-x)\,2 + \frac{2}{a}(a-2x) + \right.$$

$$\left. + \frac{\sqrt{2}}{a-x}\,x\,\sqrt{2}\cdot 2\right],$$

$$P = 2M_0\left[\frac{3a-4x}{a} + \frac{2x}{a-x}\right]. \qquad (7.1.3/16)$$

Der Abstand x ergibt sich aus der Minimalbedingung:

$$\frac{dP}{dx} = 2M_0\,\frac{-4(a-x)^2 + 2a^2}{a(a-x)^2} = 0, \qquad (7.1.3/17)$$

$$x = \frac{a}{2}\left(2 - \sqrt{2}\right). \qquad (7.1.3/18)$$

Damit ist die Grenzlastintensität:

$$P = 2\,M_0\left(4\sqrt{2} - 3\right). \qquad (7.1.3/19)$$

7.1.4 Einfluß von Wippen in den Plattenecken

7.1.4.1 Allgemeines

Bei einer Plattenecke mit frei drehbar gestützten Rändern liegen die Drehachsen für die Plattenteile A und B (Abb. 7.1/9a) in den Stützungslinien und die Fließgelenklinie muß durch ihren Schnittpunkt, d. h. durch den Platteneckpunkt, verlaufen. Sie bildet mit den Plattenrändern die Winkel α und β. Da bei jedem der beiden frei drehbar gestützten Ränder eine nach unten gerichtete Knotenkraft auftritt (s. Abschn. 6.4), tritt in der Ecke eine abwärts gerichtete Verankerungskraft

$$H = M_0(\cot\alpha + \cot\beta) \qquad (7.1.4/1)$$

auf, mit der die Ecke niedergehalten werden muß.

Ist eine Festhaltung der Ecke nicht vorgesehen, so hebt sich die Plattenecke von den Unterstützungen ab und es bildet sich eine Bruchfigur, wie in Abb. 7.1/9b dargestellt, aus. Der sich um die Achse

[1] Vgl. das in Abb. 9.3/13 wiedergegebene Bruchbild.

1—1 drehende Plattenteil C wird als „Wippe“ bezeichnet. Der Einfluß von Wippen auf die Grenztragfähigkeit geradlinig berandeter Platten ist von JOHANSEN [*6*] und DUBINSKY [*4*] untersucht worden. Bei Berücksichtigung der Wippen in den Plattenecken erhält man im allgemeinen niedrigere obere Eingrenzungen der Grenztragfähigkeit als bei Annahme von in den Eckpunkt hineinlaufenden Fließgelenklinien.

Bei Festhaltung dieser Wippe in der Ecke entsteht im Falle $M_0' = 0$ eine Gelenklinie längs der Achse *1—1*. Ist jedoch im Eckbereich der Platte $M_0' > 0$, so bildet sich eine Fließgelenklinie längs *2—2* aus (Abb. 7.1/9c). Mit zunehmendem Wert von M_0' nähert sich die Achse *2—2* der Plattenecke und fällt von einer bestimmten Größe von M_0' an mit dieser zusammen, so daß das in Abb. 7.1/9a dargestellte Bruchbild eintritt.

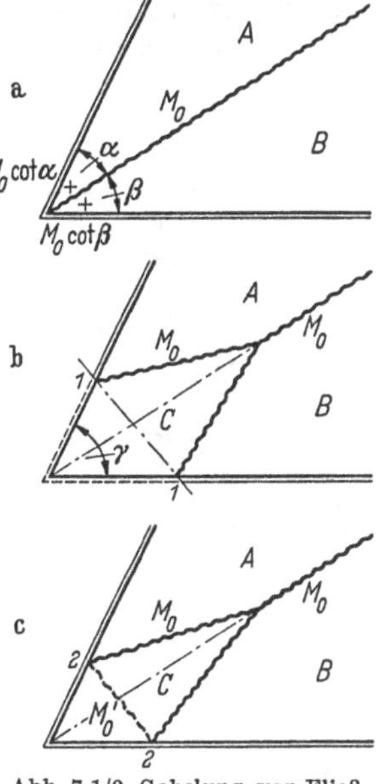

Abb. 7.1/9 Gabelung von Fließgelenklinien in den Ecken von frei drehbar gestützten Platten

Die Annahme der negativen Fließgelenklinie als geradlinig stellt eine Vereinfachung gegenüber den tatsächlichen Verhältnissen dar, die aber für technische Zwecke zulässig ist, da sie nur eine um einen vernachlässigbaren Wert höhere obere Eingrenzung der Grenztragfähigkeit liefert. In Abschn. 7.3.4 werden unter Verwendung der mit Hilfe der Variationsrechnung erhaltenen Gleichung der negativen Fließgelenklinie verbesserte Lösungen erhalten.

In praktischen Berechnungen ist es zweckmäßig, die Gleichung der virtuellen Leistungen für eine Platte zunächst ohne Berücksichtigung von Wippen in den Plattenecken aufzustellen und danach Korrekturglieder einzuführen, die die Abminderung der Grenztragfähigkeit infolge des Einflusses der Wippen erfassen. Diese Korrekturglieder, die die Differenz zwischen den virtuellen Leistungen für den Fall mit und ohne Wippe darstellen, werden im folgenden Abschnitt in Anlehnung an JOHANSEN [*6*] abgeleitet.

7.1.4.2 Einfluß der Wippe bei frei drehbar gestützten oder eingespannten Rändern

Eine im Punkte c der in Abb. 7.1/10 dargestellten Plattenecke angreifende Einzelkraft P führt zur Bildung der Wippe C. Die negative Fließgelenklinie $a\,b$ wird durch die Randabschnitte s und t festgelegt. Bei einer virtuellen Einsenkungsgeschwindigkeit des Lastangriffspunktes c vom Betrage $\dot{w}_0 = 1$ ist die virtuelle Leistung der Belastung sowohl ohne als auch mit Wippe: $L = P$.

Der Beitrag der Wippe zur Dissipationsleistung ist bei einer Länge k der negativen Fließgelenklinie: $D_m = (M_0 + M_0')\, k\, \dot{\Theta}_C$, wobei $\dot{\Theta}_C = 1/h$. Ohne Wippe ist anstatt des Fließgelenkliniendreiecks abc nur die Fließgelenklinie $c\,e$ vorhanden, und die Dissipationsleistung für die Differenzlänge dieser Fließgelenklinie ist

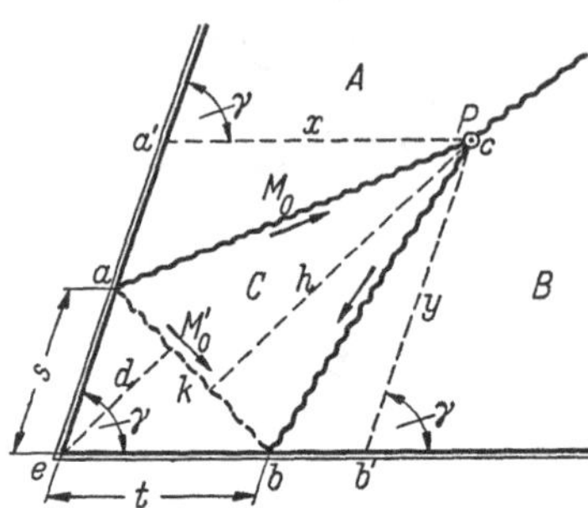

Abb. 7.1/10 Geometrische Beziehungen in einer Plattenecke mit „Wippe"

$$D_0 = M_0\, s\, \dot{\Theta}_A + M_0\, t\, \dot{\Theta}_B,$$

wobei

$$\dot{\Theta}_A = \frac{1}{x \sin\gamma} \quad \text{und} \quad \dot{\Theta}_B = \frac{1}{y \sin\gamma}.$$

Damit ergibt sich für das Korrekturglied

$$\Delta A = \Delta D = \frac{M_0}{\sin\gamma}\left(\frac{s}{x} + \frac{t}{y}\right) - (M_0 + M_0')\,\frac{k}{h}. \qquad (7.1.4/2)$$

Da $k^2 = s^2 + t^2 - 2st\cos\gamma$ und $h\,k = (s\,x + t\,y - s\,t)\sin\gamma$, ergibt sich

$$\Delta D = \frac{M_0}{\sin\gamma}\left[\frac{s}{x} + \frac{t}{y} - \left(1 + \frac{M_0'}{M_0}\right)\frac{s^2 + t^2 - 2st\cos\gamma}{x\,s + y\,t - s\,t}\right], \qquad (7.1.4/3)$$

wobei die unabhängigen Parameter s und t aus den Bedingungen $\frac{\partial \Delta D}{\partial s} = 0$, $\frac{\partial \Delta D}{\partial t} = 0$ bestimmt werden [6].

Bei Einführung der vereinfachenden Annahme $s = t$ und $x = y$ sowie des Grenzmomentenverhältnisses $\Lambda_0' = M_0'/M_0$, lautet Gl. (7.1.4/3):

$$\Delta D = \frac{M_0}{\sin\gamma}\left[2\frac{s}{x} - (1 + \Lambda_0')\,\frac{2s(1 - \cos\gamma)}{2x - s}\right], \qquad (7.1.4/4)$$

und aus der Extremumbedingung

$$\frac{\partial \Delta D}{\partial s} = \frac{M_0}{\sin\gamma}\left[\frac{2}{x} - (1 + \Lambda_0')\,\frac{(2x - s)\,2(1 - \cos\gamma) + 2s(1 - \cos\gamma)}{(2x - s)^2}\right] = 0 \qquad (7.1.4/5)$$

folgt bei Einführung der Bezeichnung

$$K = \frac{1}{2}(1 + \Lambda_0')(1 - \cos\gamma): \qquad (7.1.4/6)$$

$$s = 2x\left(1 - \sqrt{K}\right). \qquad (7.1.4/7)$$

Einsetzen dieser Beziehung in Gl. (7.1.4/4) ergibt für das Korrekturglied:

$$\Delta D = 4\,\frac{M_0}{\sin\gamma}\,(1 - \sqrt{K})^2. \qquad (7.1.4/8)$$

Bei Einspannung beider Plattenränder mit dem Grenzmoment M_0' lautet die Gleichung für das entsprechende Korrekturglied

$$\Delta D = 4\,\frac{M_0 + M_0'}{\sin\gamma}\,(1 - \sqrt{K})^2. \tag{7.1.4/9}$$

Die für das Eintreten der Bruchfigur nach Abb. 7.1/9a erforderliche Stärke der oberen Bewehrung erhält man aus der Bedingung $\Delta D = 0$, also $K = 1$:

$$\Lambda_0' = \frac{2}{1 - \cos\gamma} - 1 = \frac{1 + \cos\gamma}{1 - \cos\gamma} = \cot^2\frac{\gamma}{2}. \tag{7.1.4/10}$$

7.1.5 Verschiedene Fälle

7.1.5.1 Dreiseitig frei drehbar gestützte Platte unter einer Einzellast in der Mitte des freien Randes

Abb. 7.1/11 zeigt ein mögliches kinematisch zulässiges Bruchbild einer dreiseitig frei drehbar gestützten Rechteckplatte unter einer Einzellast P in der Mitte des freien Randes. Bei einer virtuellen Einsenkungsgeschwindigkeit des Lastangriffspunktes vom Betrage $\dot{w}_0 = 1$ sind die Drehungsgeschwindigkeiten der Plattenteile I und II: $\dot{\Theta}_{\mathrm{I}} = 2/a$ und $\dot{\Theta}_{\mathrm{II}} = 1/b$. Damit ergibt sich für die Grenzlastintensität der Wert

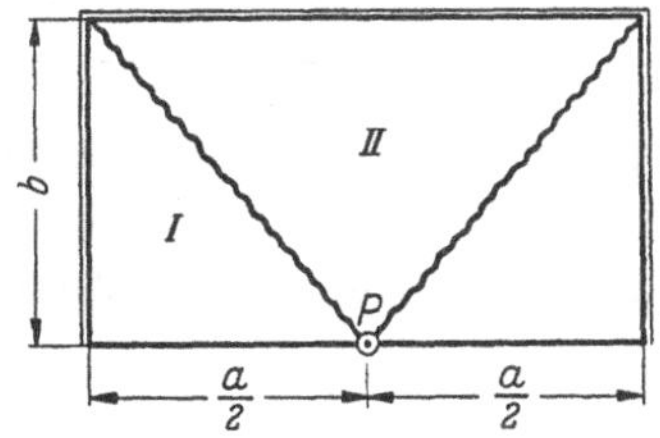

$$P = 2M_0 b\,\frac{2}{a} + M_0 a\,\frac{1}{b} = M_0\left(4\,\frac{b}{a} + \frac{a}{b}\right). \tag{7.1.5/1}$$

Abb. 7.1/11 Eine einfache Fließgelenklinienfigur für eine dreiseitig gestützte, in der Mitte des freien Randes belastete rechteckige Platte

Eine alternative Fließgelenklinienfigur, die niedrigere obere Eingrenzungen für die Grenzlastintensität liefern kann, ist in Abb. 7.1/15c dargestellt.

7.1.5.2 Rechteckplatte mit zwei sich schneidenden eingespannten Rändern unter einer Einzellast in der freien Ecke[1]

Für die in Abb. 7.1/12a dargestellte Fließgelenklinienfigur einer Rechteckplatte mit zwei sich schneidenden eingespannten Rändern unter einer Einzellast in der freien Ecke ergibt sich aus der Momentengleichung für den Plattenteil I mit $\Lambda_x' = M_x'/M_0$:

$$x = b\sqrt{1 + \Lambda_x'}. \tag{7.1.5/2}$$

Die Momentengleichung für den Plattenteil II ist mit $\Lambda_y' = M_y'/M_0$:

$$M_0 \Lambda_y' a + M_0 x = P b - M_0 \frac{x}{b} b, \tag{7.1.5/3}$$

[1] Beitrag von Dr. techn. habil. A. Sawczuk.

und daraus folgt für die Grenzlastintensität:

$$P = M_0 \left(2\sqrt{1 + \Lambda'_x} + \frac{a}{b} \Lambda'_y \right). \tag{7.1.5/4}$$

Die in Abb. 7.1/12b gezeigte Fließgelenklinienfigur liefert die Grenzlast

$$P = 2 M_0 \sqrt{\Lambda'_x \Lambda'_y}\,. \tag{7.1.5/5}$$

Der niedrigere dieser beiden Werte stellt die bessere obere Eingrenzung für die Grenzlastintensität dar. Die Neigung der Fließgelenklinie in

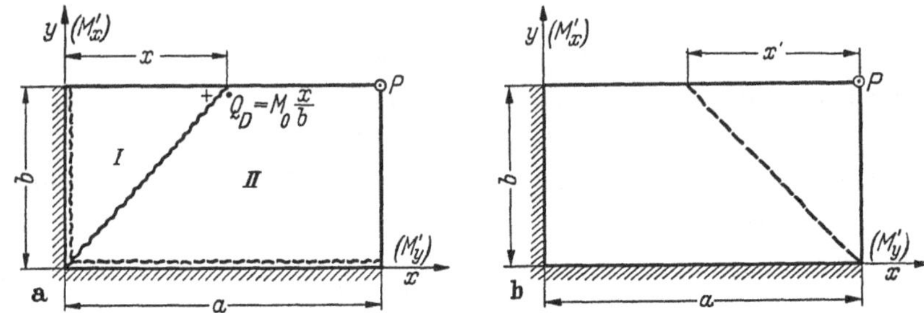

Abb. 7.1/12
Fließgelenklinienfiguren für eine zweiseitig eingespannte Kragplatte unter einer Eck-Einzellast

Abb. 7.1/12b ist eine Funktion der plastischen Grenzmomente:

$$\frac{x'}{b} = \sqrt{\frac{\Lambda'_x}{\Lambda'_y}}\,. \tag{7.1.5/6}$$

Niedrigere Werte für die Grenzlast liefert die in Abschn. 7.3.3.9 behandelte Fließgelenklinienfigur (Abb. 7.3/21). Im Sonderfalle $\Lambda'_x = \Lambda'_y = 1$ erhält man: $P = 2M_0$.

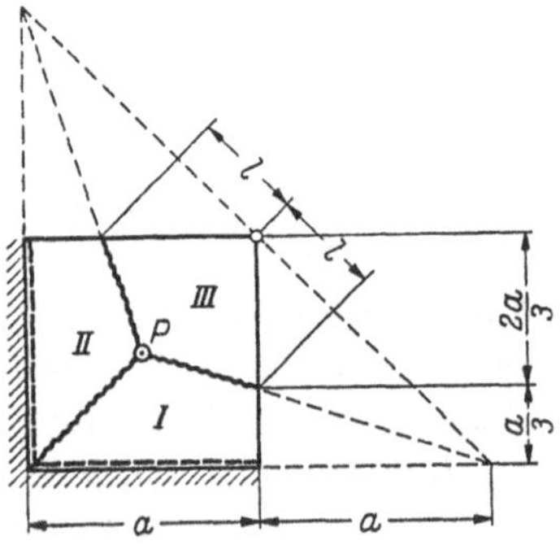

Abb. 7.1/13
Fließgelenklinienfigur für eine zweiseitig eingespannte, an einer Ecke punktgestützte quadratische Platte

7.1.5.3 Schichtweise isotrope quadratische Platte mit zwei eingespannten Rändern und einer punktgestützten Ecke

In Abb. 7.1/13 ist die Bruchfigur einer durch eine Einzellast mittig belasteten schichtweise isotropen quadratischen Platte dargestellt[1], die an zwei sich schneidenden Rändern eingespannt ist und an der gegenüberliegenden Ecke punktartig auflagert [7]. Das positive Grenzmoment wird mit M_0 bezeichnet, das negative Grenzmoment mit

[1] Vgl. das in Abb. 9.3/9 für den frei drehbar gestützten Fall wiedergegebene Bruchbild.

$M_0' = \Lambda_0' M_0$. Die bei einer virtuellen Einsenkungsgeschwindigkeit des Plattenmittelpunktes vom Betrag $\dot{w}_0 = 1$ eintretenden virtuellen Verdrehungsgeschwindigkeiten der Plattenteile sind:

$$\dot{\Theta}_I = \dot{\Theta}_{II} = \frac{2}{a}, \quad \dot{\Theta}_{III} = \frac{\sqrt{2}}{a}. \tag{7.1.5/7}$$

Die Länge jeder der beiden auf die Hypotenuse der fiktiven Dreiecksplatte projizierten Fließgelenklinien ist $l = \frac{2a}{3\sqrt{2}}$.

Mit diesen Werten erhält man aus der Gleichung der virtuellen Leistungen

$$P = 2M_0(1 + \Lambda_0')\, a\frac{2}{a} + M_0\, 2\frac{2a}{3\sqrt{2}}\,\frac{\sqrt{2}}{a} \tag{7.1.5/8}$$

die Grenzlastintensität

$$P = 4M_0\frac{4 + 3\Lambda_0}{3}. \tag{7.1.5/9}$$

Für die Grenzmomente ergeben sich die Gleichungen:

$$M_0 = P\frac{3}{4(4 + 3\Lambda_0')} \quad \text{und} \quad M_0' = P\frac{3\Lambda_0'}{4(4 + 3\Lambda_0')}. \tag{7.1.5/10}$$

Die Grenzlastintensität ist linear von Λ_0' abhängig; für $0 \leqq \Lambda_0' \leqq 1$ ist $\frac{16}{3} \leqq \frac{P}{M_0} \leqq \frac{28}{3}$.

7.1.5.4 Durchlaufende Platte mit zwei quadratischen Feldern

Eine kinematisch zulässige Fließgelenklinienfigur für eine frei drehbar gestützte, über eine mittlere Stützungslinie BB' durchlaufende Platte mit zwei quadratischen Feldern unter in den Feldmitten angreifenden Einzellasten P ist in Abb. 7.1/14 dargestellt — im linken Teil mit abhebbaren Ecken A und A', im rechten Teil mit festgehaltenen Ecken C und C'. — Für die Grenztragfähigkeit einer Platte mit abhebbaren Ecken ergibt sich die Beziehung:

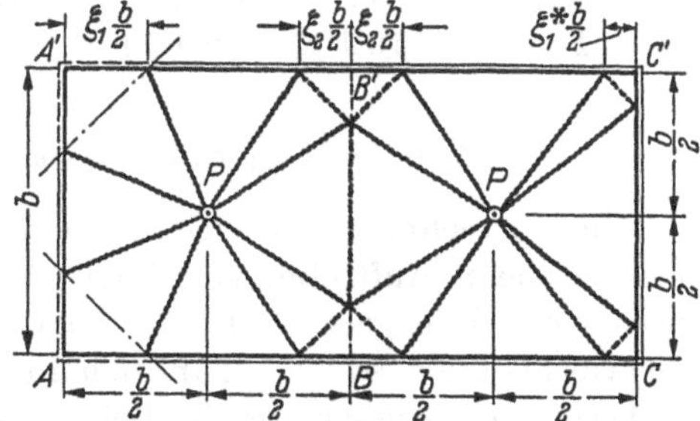

Abb. 7.1/14 Fließgelenklinienfigur für eine frei drehbar gestützte durchlaufende Platte mit zwei quadratischen Feldern unter mittigen Einzellasten

$$P = 2M_0\Big[2\Big(1 - \xi_1 + \frac{\xi_1}{2 - \xi_1}\Big) + $$
$$+ (2 + \Lambda_0')\Big(1 - \xi_2 + \frac{\xi_2}{2 - \xi_2}\Big) + \Lambda_0'\frac{\xi_2}{2 - \xi_2}\Big]. \tag{7.1.5/11}$$

Aus den Minimalbedingungen $\partial P/\partial \xi_1 = 0$, $\partial P/\partial \xi_2 = 0$, folgen für die Parameter der Fließgelenklinienfigur die Werte

$$\xi_1 = 2 - \sqrt{2}, \qquad \xi_2 = 2\left(1 - \sqrt{\frac{1 + \Lambda_0'}{2 + \Lambda_0'}}\right). \tag{7.1.5/12}$$

Im Falle $\Lambda_0' = 0$ erhält man $\xi_1 = \xi_2 = 0{,}586$ und $P = 6{,}63\,M_0$ wie in Gl. (7.1.3/5), und für $\Lambda_0' = 1$ resultiert $\xi_1 = 0{,}586$, $\xi_2 = 0{,}368$, und $P = 8{,}91\,M_0$.

Die Beziehung für die Grenzlastintensität bei festgehaltenen Plattenecken lautet:

$$P = 2M_0\left[2\left(1 - \xi_1^* + \frac{\xi_1^*}{2 - \xi_1^*}\right) + 2\Lambda_0' \frac{\xi_1^*}{2 - \xi_1^*} + \right.$$

$$\left. + (2 + \Lambda_0')\left(1 - \xi_2^* + \frac{\xi_2^*}{2 - \xi_2^*}\right) + \Lambda_0' \frac{\xi_2^*}{2 - \xi_2^*}\right], \tag{7.1.5/13}$$

und die Parameter der Fließgelenklinienfigur ergeben sich zu:

$$\xi_1^* = 2 - \sqrt{4 + 2(\Lambda_0' - 1)}, \quad (\Lambda_0' \leqq 1); \quad \xi_1^* = 0, \quad (\Lambda_0' > 1), \quad \xi_2^* = \xi_2. \tag{7.1.5/14}$$

Im Falle $\Lambda_0' = 0$ erhält man wie oben $\xi_1^* = \xi_2^* = 0{,}586$ und $P = 6{,}63\,M_0$, und für $\Lambda_0' = 1$ resultiert $\xi_1^* = 0$, $\xi_2^* = 0{,}368$ und $P = 9{,}6\,M_0$. (Bei Zugrundelegung einer vereinfachten Fließgelenklinienfigur mit $\xi_1 = \xi_1^* = \xi_2 = 0$ ergeben sich für die obere Eingrenzung der Grenzlastintensität folgende Werte: für $\Lambda_0' = 0$ ist $P = 8\,M_0 > 6{,}63\,M_0$ und für $\Lambda_0' = 1$ ist $P = 10\,M_0 > 9{,}6\,M_0$.)

7.1.5.5 Polygonale Näherungen für Fließgelenklinienfelder

Die Berechnung der Grenztragfähigkeit von Plattentragwerken bereitet beim Auftreten von Fließgelenklinienfeldern mit gekrümmter peripherer Fließgelenklinie — außer in einfachen Sonderfällen — Schwierigkeiten, so daß man sich in der Praxis oft mit polygonalen Näherungen begnügen muß. Bei der polygonalen Näherungsmethode werden die Integrationen durch Summierungen ersetzt. Der auf der unsicheren Seite liegende Fehler in der oberen Eingrenzung der Grenzlastintensität beträgt beispielsweise bei Ersatz einer frei drehbar gestützten Kreisplatte durch ein entsprechendes regelmäßiges Vieleck mit der Seitenzahl n für $n = 4$: 22%, für $n = 6$: 9%, für $n = 8$: 5% und für $n = 12$: 2% (vgl. Tab. 6.3, Abschn. 6.6.2.3). Zur weiteren Beurteilung der Genauigkeit der Näherung wird ein Fall, dessen Fließgelenklinienlösung bei Zugrundelegung eines Fließgelenklinienfeldes mit gekrümmter peripherer Fließgelenklinie in Abschn. 7.3 hergeleitet wird, nach der Polygonmethode behandelt. Für den zweiten angeführten Fall wird die Differentialgleichung, für die jedoch noch keine analytische Lösung gefunden ist, in [6] angegeben; hierbei ist man also für die Bestimmung einer oberen Eingrenzung für die Grenzlastintensität auf die Polygonmethode oder auf die Durchführung einer numerischen Integration [14] angewiesen. Die Beispiele sind von JOHANSEN [6] übernommen.

Im Falle einer auf dem freien Rand eines eingespannten Plattenstreifens angreifenden Einzellast ist nach Abschnitt 7.3.3.9, Gl. (7.3.3/73), mit $\gamma = \pi$ (Abb. 7.1/15c) für $M_0 = 0 : P = \pi M_0'$ und für $M_0 = M_0' : P = 5{,}14 M_0$. Für die einfachste polygonale Näherung, Abb. 7.1/15a, folgt aus der Momentengleichung um x:

$$(M_0 + M_0')\, x = M_0' \tan\alpha\, x \tan\alpha$$

die Beziehung

$$\tan^2\alpha = 1 + \frac{M_0}{M_0'}. \qquad (7.1.5/15)$$

a
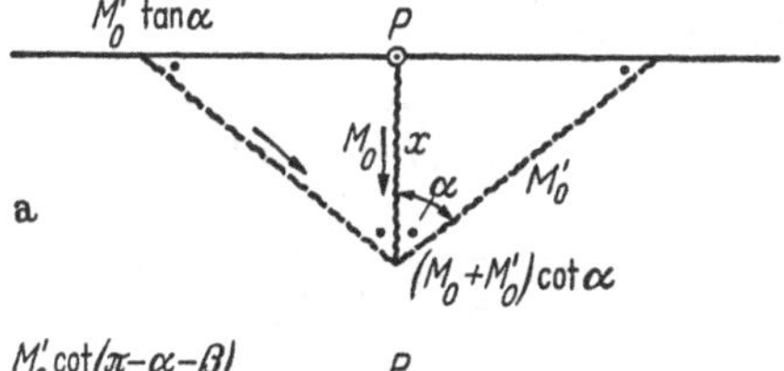

b
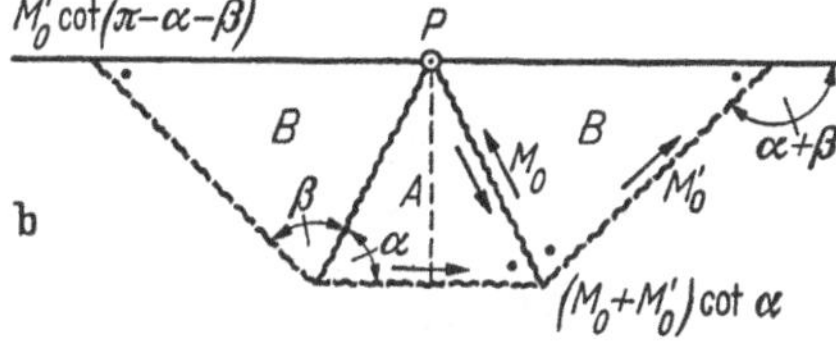

c
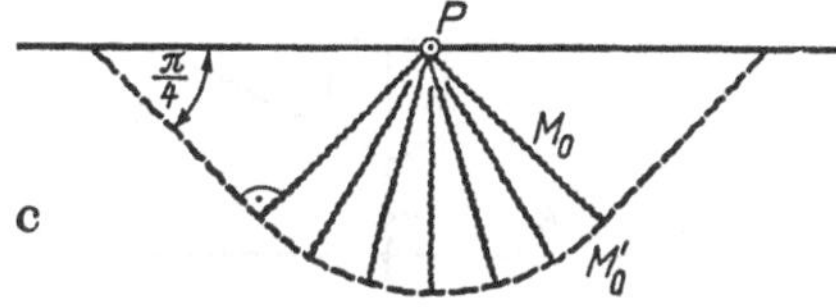

Abb. 7.1/15
a) Einparametrische und b) zweiparametrische polygonale Näherung für das Fließgelenklinienfeld c)

Das Gleichgewicht der vertikalen Kräfte ergibt für die Grenzlastintensität den Ausdruck

$$P = 2M_0' \tan\alpha + 2(M_0 + M_0') \cot\alpha = 4\sqrt{M_0'(M_0 + M_0')}, \qquad (7.1.5/16)$$

was für $M_0 = 0$ und $M_0 = M_0'$ um 22% bzw. 9% zu große Werte liefert. Bei Einführung einer weiteren Polygonseite ergibt sich die in Abb. 7.1/15b dargestellte Bruchfigur. Aus der Momentengleichung für den Plattenteil A in bezug auf den Plattenrand

$$(M_0 + M_0')\, 2x \cot\alpha = 2(M_0 + M_0') \cot\beta \cdot x$$

folgt $\alpha = \beta$, und aus der entsprechenden Momentengleichung für den Plattenteil B

$$M_0'\, x \cot(\pi - \alpha - \beta) = M_0\, x \cot\alpha + (M_0 + M_0') \cot\alpha \cdot x$$

erhält man

$$\cot^2\alpha = \frac{M_0'}{3M_0' + 4M_0}. \qquad (7.1.5/17)$$

Das Gleichgewicht der vertikalen Kräfte ergibt bei Einführung von $\alpha = \beta$

$$P = -2M_0' \cot 2\alpha + 2(M_0 + M_0')\, 2\cot\alpha = 2\sqrt{M_0'(3M_0' + 4M_0)}, \tag{7.1.5/18}$$

was für $M_0 = 0$ und $M_0 = M_0'$ nur noch um 9% bzw. 3% zu große Werte liefert.

Die Abb. 7.1/16a zeigt einen frei drehbar gestützten, mit einer Streckenlast $\bar{p}$ quer belasteten Plattenstreifen. Dieser Fall wäre nach einer in [6] und in [14] abgeleiteten Differentialgleichung zu behandeln, wobei sich die schematisch strichliert eingezeichnete gekrümmte periphere Fließgelenklinie ergibt. Bei der Polygonmethode wird die Kurve in erster Näherung durch eine gerade Linie ersetzt. Die Momentengleichung für den Plattenteil A in bezug auf den Rand lautet:

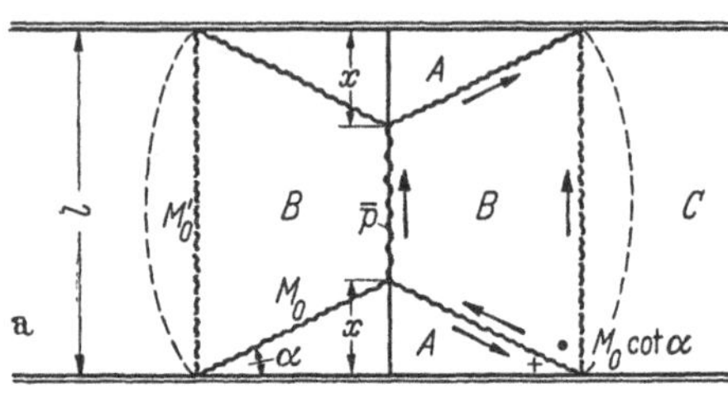

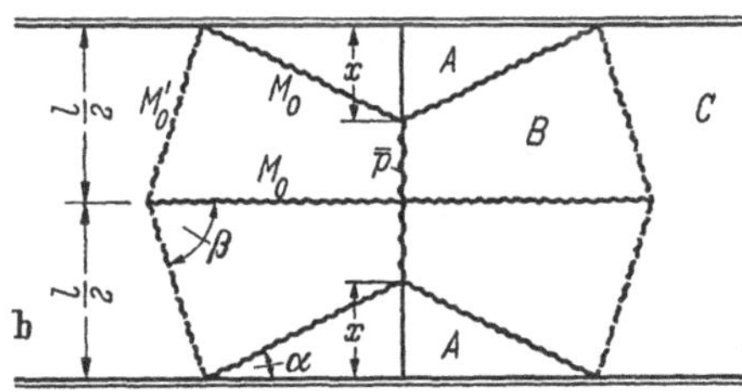

Abb. 7.1/16 Polygonale Annäherungen an ein Fließgelenklinienfeld mit gekrümmter peripherer Fließgelenklinie

$$2M_0\, x \cot\alpha = \frac{1}{2}\bar{p}\, x^2,$$

$$M_0 = \frac{1}{4}\bar{p}\, x \tan\alpha. \tag{7.1.5/19}$$

Da die negative Fließgelenklinie rechtwinklig auf den Plattenrand trifft, sind die am Plattenteil C auftretenden Knotenkräfte gleich Null, und für A und B ist $Q_D = \pm M_0 \cot\alpha$. Das Gleichgewicht der am Plattenteil B angreifenden vertikalen Kräfte ergibt

$$\frac{1}{2}\bar{p}(l - 2x) = 2M_0 \cot\alpha = \frac{1}{2}\bar{p}\, x, \qquad x = \frac{1}{3}l, \tag{7.1.5/20}$$

und aus dem Moment um die Belastungslinie

$$(M_0 + M_0')l = 2M_0 \cot\alpha\, x \cot\alpha = \frac{2}{3}M_0\, l \cot^2\alpha \tag{7.1.5/21}$$

folgt der Wert für $\tan\alpha$, der eingesetzt in Gl. (7.1.5/19) ergibt:

$$P = \bar{p}\, l = 6M_0\sqrt{6(1 + \Lambda_0')}. \tag{7.1.5/22}$$

Für $0 \leqq \Lambda_0' \leqq 1$ liegt die Grenzlast innerhalb von $14{,}7\, M_0 \leqq \bar{p}\, l \leqq 20{,}8\, M_0$.

Die nächste Annäherung mit der in Abb. 7.1/16b dargestellten zweiparametrischen Bruchfigur ergibt aus den Gleichgewichtsbedingungen:

$$M_0 = \frac{1}{4} \bar{p}\, x \tan\alpha, \qquad (7.1.5/23)$$

wobei

$$x = \frac{l}{2}\left[3(1 + \Lambda_0') - \sqrt{6 + 14\Lambda_0' + 9\Lambda_0'^2}\right] \qquad (7.1.5/24)$$

und

$$\tan^2\alpha = \frac{l - 3x}{x^2}\,\frac{l^2 - l\,x + 2x^2}{l + 2x}. \qquad (7.1.5/25)$$

Für $M_0' = 0$ erhält man $x = 0{,}275\, l$ und $P = 12{,}7 M_0$, und für $M_0' = M_0 : x = 0{,}307\, l$ und $P = 19{,}2 M_0$, also um 14% und um 8% niedrigere Werte für die Grenzlastintensität als bei der ersten Annäherung.

7.1.6 Frei drehbar randgestützte inhomogene und orthotrope Vieleckplatte

Die Grenztragfähigkeit von inhomogenen und orthotropen Platten unter der Einwirkung von Einzellasten ist von Nieporstyn [9] unter

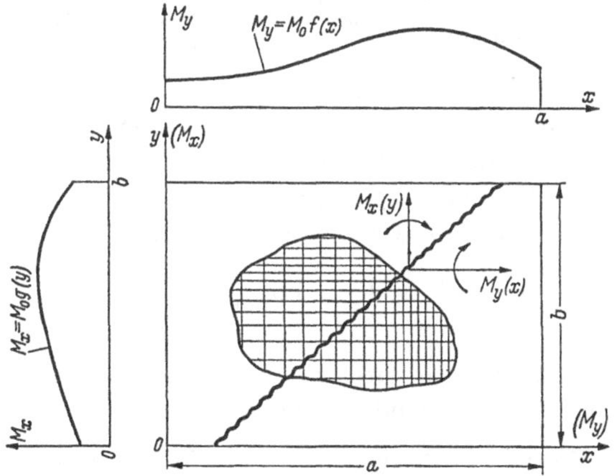

Abb. 7.1/17 Stahlbetonplatte mit inhomogener Bewehrung

der Voraussetzung der gleichen Fließgelenklinienfiguren, wie sie für isotrope Platten auftreten, untersucht worden. Da die plastische Inhomogenität von bedeutendem Einfluß auf die Form der Bruchfigur ist, bedeutet diese Voraussetzung eine wesentliche Einschränkung. — Entsprechend Abb. 7.1/17 wird das Grenzmoment in zur x-Achse parallelen Schnitten bezogen auf die Längeneinheit des Plattenquerschnittes durch die Gleichung

$$M_y = M_0 f(x) \qquad (7.1.6/1\,\mathrm{a})$$

beschrieben, und für einen zur y-Achse parallelen Schnitt gilt

$$M_x = M_0\, g(y). \tag{7.1.6/1 b}$$

Im Falle orthotroper Platten mit in den Orthotropierichtungen konstanten positiven und negativen Grenzmomenten $M_y = M_0$, M_x, und M'_y, M'_x, sind die als Orthotropiekoeffizienten bezeichneten Grenzmomentenverhältnisse:

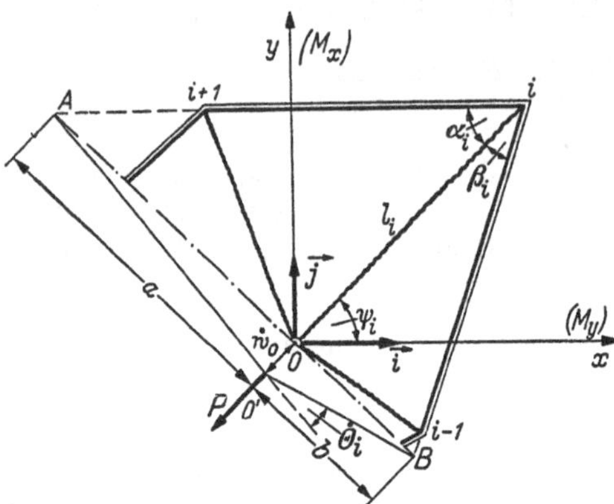

Abb. 7.1/18 Fließgelenklinienfigur und Durchbiegungsgeschwindigkeitsfeld für eine plastisch inhomogene Vieleckplatte

$$\frac{M_x}{M_y} = \Lambda, \quad \frac{M'_x}{M'_y} = \Lambda', \quad \frac{|M'_y|}{M_y} = \Lambda'_y, \quad \frac{|M'_x|}{M_y} = \Lambda' \Lambda'_y, \tag{7.1.6/2}$$

wobei $\Lambda = \Lambda(x, y)$. Betrachtet wird eine frei drehbar randgestützte Vieleckplatte, deren plastische Struktur durch die Gln. (7.1.6/1) beschrieben wird. Die Belastung besteht aus einer im Koordinatenursprung O angreifenden Einzellast P (Abb. 7.1/18). Bei Annahme einer virtuellen Geschwindigkeit des Lastangriffspunktes im Zustand der Grenztragfähigkeit vom Betrage $\dot{w}_0 = 1$ gilt für die Verdrehungsgeschwindigkeit von zwei benachbarten Plattenteilen die Gleichung

$$\dot{\Theta}_i = \frac{1}{a} + \frac{1}{b} = \frac{1}{l_i}(\cot\alpha_i + \cot\beta_i).$$

Der Drehwinkel kann auch durch einen in der Achse l_i liegenden Vektor mit der durch die vorstehende Gleichung gegebenen Größe bezeichnet werden. Bei Verwendung der Einheitsvektoren $\vec{i}$ und $\vec{j}$ lautet die analytische Formel für diesen Vektor:

$$\vec{\dot{\Theta}}_i = \frac{1}{l_i}(\cot\alpha_i + \cot\beta_i)\,(\vec{i}\cos\psi_i + \vec{j}\sin\psi_i). \tag{7.1.6/3}$$

Da die Fließgelenklinie unter dem Winkel $\psi_i \neq 0$ zur x-Achse verläuft, sind in ihr die Grenzmomente M_y und M_x wirksam. Der Vektor des in den Fließgelenklinien wirkenden differentialen Grenzmomentes wird durch die folgende Beziehung ausgedrückt:

$$d\vec{M} = M_0 f(x)\, dx\, \vec{i} + M_0\, g(y)\, dy\, \vec{j}. \tag{7.1.6/4}$$

Die Dissipationsleistung wird durch das Integral des skalaren Produktes dieser Vektoren längs der Fließgelenklinie $\overline{Oi}$ in der Form eines Linienintegrals

$$D_{l_i} = \frac{1}{l_i}(\cot\alpha_i + \cot\beta_i)\int_0^i [M_0 f(x)\cos\psi_i\,dx + M_0 g(y)\sin\psi_i\,dy] \tag{7.1.6/5}$$

angegeben. Nach Einsetzen der Integrationsgrenzen und Summierung über alle Fließgelenklinien erhält man für die Leistung der inneren Kräfte in einer inhomogenen Platte den Ausdruck

$$D = \sum D_{l_i} = M_0 \sum_{i=1}^{n} \frac{\cot\alpha_i + \cot\beta_i}{l_i}\left[\cos\psi_i \int_0^{l_i\cos\psi_i} f(x)\,dx + \sin\psi_i \int_0^{l_i\sin\psi_i} g(y)\,dy\right]. \tag{7.1.6/6}$$

Substitution von $f(x) = 1$, $g(y) = \Lambda$ und $M_y = M_0$ liefert für die Leistung der inneren Kräfte in einer homogenen orthotropen Platte den Ausdruck

$$D = M_0 \sum_{i=1}^{n} (\cot\alpha_i + \cot\beta_i)(\cos^2\psi_i + \Lambda\sin^2\psi_i). \tag{7.1.6/7}$$

Im Falle $\Lambda = 1$ und Anwendung des Prinzips der virtuellen Geschwindigkeiten reduziert sich diese Gleichung auf Gl. (6.6.2/23).

Betrachtet wird der einfache Fall eines in einen Kreis einbeschriebenen regelmäßigen Vielecks unter der Belastung durch eine zentrische Einzellast P; in diesem Falle ist $\alpha_i = \beta_i$. Bei Einführung der Bezeichnung r für den Radius des Umkreises und der Bezeichnung $a_n = 2r\tan\frac{\pi}{n}$ für eine Seite des regelmäßigen Vielecks mit der Seitenzahl n erhält man für die Dissipationsleistung:

$$D = \frac{M_0}{r} a_n \sum_{i=1}^{n} (\cos^2\psi_i + \Lambda\sin^2\psi_i). \tag{7.1.6/8}$$

Die in diesem Ausdruck erhaltenen Summen können ausgerechnet werden:

$$\sum_{i=1}^{n}\cos^2\psi_i = \sum_{i=1}^{n}\cos^2\left(\frac{2\pi}{n}i\right) = \frac{n}{2} + \frac{\cos\left[(n+1)\frac{2\pi}{n}\right]\sin\left(n\frac{2\pi}{n}\right)}{2\sin\frac{2\pi}{n}} = \frac{n}{2},$$

$$\sum_{i=1}^{n}\sin^2\psi_i = \sum_{i=1}^{n}\sin^2\left(\frac{2\pi}{n}i\right) = \frac{n}{2} - \frac{\cos\left[(n+1)\frac{2\pi}{n}\right]\sin\left(n\frac{2\pi}{n}\right)}{2\sin\frac{2\pi}{n}} = \frac{n}{2}.$$

Durch Einsetzen der Werte dieser Summen vereinfacht sich der Ausdruck für die Dissipationsleistung zu der Form

$$D = \frac{M_0}{r} a_n \frac{n}{2} (1 + \Lambda) = M_0 (1 + \Lambda) n \tan \frac{\pi}{n}. \qquad (7.1.6/9)$$

7.2 Einfache Fließgelenklinienfelder

7.2.1 Allgemeine Lösung

Eine Platte mit frei drehbar gestützter krummliniger Berandung kann als Grenzfall einer frei drehbar gestützten polygonal berandeten Platte angesehen werden.

Zur Ableitung der allgemeinen Grenztragfähigkeitsbeziehungen für Platten mit krummlinigem, frei drehbar gestütztem Rand $r = r(\vartheta)$ unter der Einwirkung einer Einzellast P im Pol O wird der gekrümmte Plattenrand durch ein Polygon mit der Seitenzahl $n \to \infty$ ersetzt, für das bei der Berechnung der Dissipationsleistung die Gl. (6.6.2/23) angewendet werden kann. Für den differentialen Sektor mit dem Pol O im Punkt der Eintragung der Last P und dem Zentriwinkel $\Delta\vartheta$ (Abbildung 7.2/1) gilt die Winkelbeziehung:

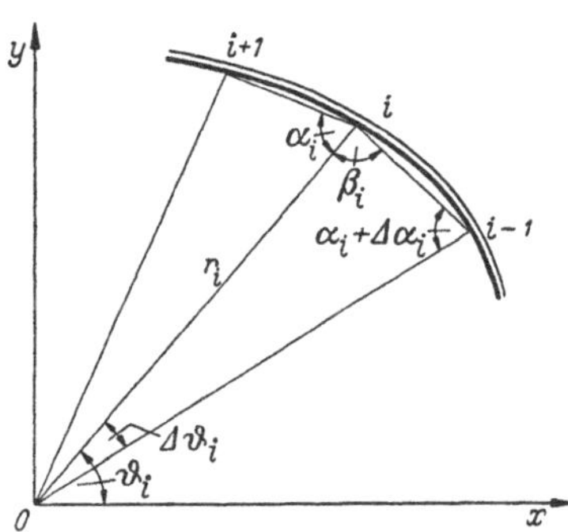

Abb. 7.2/1
Geometrische Beziehungen der polygonalen Näherung für das Fließgelenklinienfeld einer Platte mit frei drehbar gestütztem gekrümmtem Rand

$$\beta = \pi - \alpha - \Delta\alpha - \Delta\vartheta, \qquad (7.2.1/1)$$

und daher

$$\cot\alpha + \cot\beta = \cot\alpha - \cot(\alpha + \Delta\alpha + \Delta\vartheta). \qquad (7.2.1/2)$$

Nach Gl. (6.6.2/23) gilt für die auf den Zentriwinkel $\Delta\vartheta$ bezogene Dissipationsleistung des entlang der Fließgelenklinie $\overline{Oi}$ wirkenden Grenzmomentes für eine vertikale Einsenkungsgeschwindigkeit des Punktes O um den Betrag $\dot{w}_0 = 1$:

$$\Delta D = \frac{D}{\Delta\vartheta} = M_0 \frac{\cot\alpha + \cot\beta}{\Delta\vartheta} = M_0 \frac{\cot\alpha - \cot(\alpha + \Delta\alpha + \Delta\vartheta)}{\Delta\alpha + \Delta\vartheta} \frac{\Delta\alpha + \Delta\vartheta}{\Delta\vartheta}. \qquad (7.2.1/3)$$

Für $\Delta\vartheta \to 0$ strebt ebenfalls $\Delta\alpha \to 0$, und für $(\Delta\alpha + \Delta\vartheta) \to 0$ ist

$$dD = -M_0 \frac{d(\cot\alpha)}{d\alpha + d\vartheta} \frac{d\alpha + d\vartheta}{d\vartheta} = \frac{M_0}{\sin^2\alpha}\left(1 + \frac{d\alpha}{d\vartheta}\right). \qquad (7.2.1/4)$$

Da $\tan\alpha = \frac{r\,d\vartheta}{dr}$, erhält man in der Bezeichnungsweise $\frac{d}{d\vartheta}(r) = (r)'$:

$$\alpha = \arctan\frac{r}{r'},$$

$$\alpha' = \frac{r'^2 - r r''}{r^2 + r'^2}, \quad 1 + \alpha' = \frac{r^2 + 2r'^2 - r r''}{r^2 + r'^2}, \quad \frac{1}{\sin^2\alpha} = 1 + \frac{r'^2}{r^2}. \qquad (7.2.1/5)$$

Einsetzen dieser Beziehungen in Gl. (7.2.1/4) ergibt

$$dD = M_0\left(1 + \frac{r'^2}{r^2}\right)\left(\frac{r^2 + 2r'^2 - r\,r''}{r^2 + r'^2}\right) d\vartheta = M_0\left(1 + \frac{2r'^2}{r^2} - \frac{r''}{r}\right) d\vartheta. \tag{7.2.1/6}$$

Gleichsetzung der virtuellen Leistung der äußeren und inneren Kräfte ergibt die Grenzlastintensität:

$$\boxed{P = \int_S dD = D_S = M_0 \int_0^{2\pi} \left(1 + \frac{2r'^2}{r^2} - \frac{r''}{r}\right) d\vartheta.} \tag{7.2.1/7}$$

Für die Dissipationsleistung in einer frei drehbar randgestützten, krummlinig berandeten, *inhomogenen* Platte ergibt sich bei Einsetzen der Werte von Gl. (7.2.1/5) in Gl. (7.1.6/6) der Ausdruck [*9*]:

$$D_S = M_0 \int_0^{2\pi} \frac{1}{r}\left[\cos\vartheta \int_0^{r\cos\vartheta} f(x)\,dx + \sin\vartheta \int_0^{r\sin\vartheta} g(y)\,dy\right]\left(1 + \frac{2r'^2}{r^2} - \frac{r''}{r}\right) d\vartheta. \tag{7.2.1/8}$$

Für eine orthotrope Platte ist $f(x) = 1$, $g(y) = \Lambda$ und $M_0 = M_y$:

$$D_S = M_y \int_0^{2\pi} (\cos^2\vartheta + \Lambda \sin^2\vartheta)\left(1 + 2\frac{r'^2}{r^2} - \frac{r''}{r}\right) d\vartheta. \tag{7.2.1/9}$$

Der Integrand in Gl. (7.2.1/7) kann auch in Termen der Krümmung des Plattenrandes

$$\varkappa = \frac{1}{R} = \frac{r^2 + 2r'^2 - r\,r''}{(r'^2 + r^2)^{3/2}} \tag{7.2.1/10}$$

geschrieben werden, so daß

$$D_S = M_0 \int_0^{2\pi} \frac{\varkappa}{r^2}\,(r^2 + r'^2)^{3/2}\, d\vartheta. \tag{7.2.1/11}$$

Aus Gl. (7.2.1/11) geht hervor, daß die Dissipationsleistung der inneren Momente in den Plattenbereichen, wo $\varkappa = 0$ ist, d. h. wo der Rand gerade bleibt, Null ist. Wenn die Verformung des Randes einen Wendepunkt aufweist, wechselt $\varkappa$ und somit der Integrand in Gl. (7.2.1/11) das Vorzeichen. Das steht im Gegensatz zu der Bedingung, daß die von den inneren Kräften geleistete Arbeit stets positiv sein muß. Deshalb hat Gl. (7.2.1/7) nur für Plattenränder, deren Krümmung bei der Verformung nicht das Vorzeichen wechselt, strenge Gültigkeit; das sind insbesondere Platten mit geschlossener konvexer Berandung. Vorzeichenwechsel der Krümmung teilen einen Plattenrand an den Krümmungswendepunkten in Abschnitte, für die das Integral Gl. (7.2.1/7) getrennt zu berechnen ist, wobei das Vorzeichen in jedem Falle positiv gewählt wird.

Im Falle von Platten, die entlang einer geschlossenen Berandung gestützt werden, läßt sich, wie LWIN [10] gezeigt hat, Gl. (7.2.1/7) vereinfachen zu

$$P = M_0 \int_0^{2\pi} \left(1 + \frac{r'^2}{r^2}\right) d\vartheta, \tag{7.2.1/12}$$

da die Differenz der Integrale Gl. (7.2.1/7) und Gl. (7.2.1/12) bei Integration über eine geschlossene Kurve Null ist:

$$\int_0^{2\pi} \left(1 + \frac{2r'^2}{r^2} - \frac{r''}{r}\right) d\vartheta - \int_0^{2\pi} \left(1 + \frac{r'^2}{r^2}\right) d\vartheta$$
$$= \int_0^{2\pi} \frac{r'^2 - r r''}{r^2} d\vartheta = -\int_0^{2\pi} d\left(\frac{r'}{r}\right) = 0. \tag{7.2.1/13}$$

Die Gln. (7.2.1/7), (7.2.1/8) und (7.2.1/9) sind nur in dem Falle zutreffend, wenn die Einzelkraft P im Pol des Koordinatensystems angreift. Im folgenden wird eine von NIEPOSTYN [9] abgeleitete Transformationsformel angegeben, die es gestattet, die Dissipationsleistung bei einer beliebigen, in Polarkoordinaten ausgedrückten Lage des Lastangriffspunktes (t, β) zu berechnen. Zwischen den Polarkoordinaten des ursprünglichen und eines parallel verschobenen Systems bestehen die Beziehungen (Abb. 7.2/2):

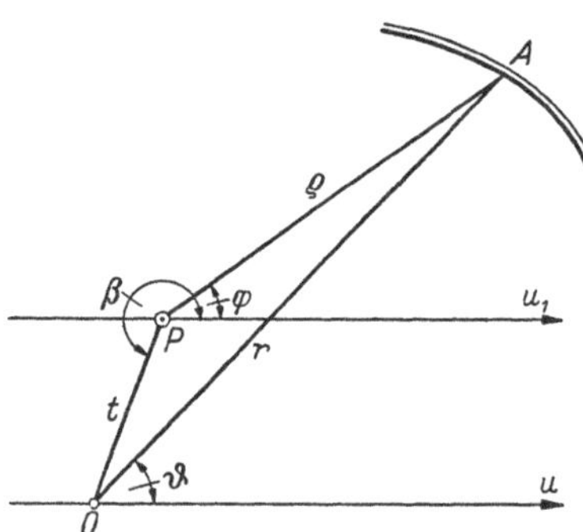

Abb. 7.2/2 Geometrische Beziehungen für eine außerhalb des Polarkoordinatenursprunges belastete Platte

$$\varrho \cos\varphi = r \cos\vartheta + t \cos\beta,$$
$$\varrho \sin\varphi = r \sin\vartheta + t \sin\beta,$$
$$\tan\vartheta = \frac{\varrho \sin\varphi - t \sin\beta}{\varrho \cos\varphi - t \cos\beta},$$

woraus nach Quadrieren und Addieren beider Seiten folgt:

$$r^2 = \varrho^2 - 2t\,\varrho \cos(\varphi - \beta) + t^2. \tag{7.2.1/14}$$

Das Bogendifferential ds und der Krümmungsradius R werden im ursprünglichen und im transformierten Koordinatensystem durch folgende Gleichungen ausgedrückt:

$$ds^2 = [r^2 + (r')^2]\, d\vartheta^2 = [\varrho^2 + (\varrho')^2]\, d\varphi^2,$$
$$R = \frac{r^2 - r r'' + 2r'^2}{(r^2 + r'^2)^{3/2}} = \frac{\varrho^2 - \varrho \varrho'' + 2\varrho'^2}{(\varrho^2 + \varrho'^2)^{3/2}}.$$

Bei Verwendung der Umformung

$$1 + 2\frac{r'^2}{r^2} - \frac{r''}{r} = \left(\frac{ds}{d\vartheta}\right)^3 \frac{R}{r^2}$$

wird ds, R und r in den neuen Koordinaten ausgedrückt, $d\vartheta$ wird berechnet, und das Ganze wird in Gl. (7.2.1/8) eingesetzt; man erhält für die Dissipationsleistung den Ausdruck:

$$D = M_0 \int_0^{2\pi} [(\varrho\cos\varphi - t\cos\beta) \int_{t\cos\beta}^{\varrho\cos\varphi} f(x)\,dx + (\varrho\sin\varphi - t\sin\beta) \int_{t\sin\beta}^{\varrho\sin\varphi} g(y)\,dy]\,\Phi\,d\varphi, \qquad (7.2.1/15)$$

wobei die Bezeichnung Φ bedeutet:

$$\Phi = \frac{1 + 2\frac{\varrho'^2}{\varrho^2} - \frac{\varrho''}{\varrho}}{\left[\varrho - t\cos(\varphi - \beta) - t\frac{\varrho}{\varrho'}\sin(\varphi - \beta)\right]^2}. \qquad (7.2.1/16)$$

Für eine homogene orthotrope Platte ist

$$D = M_0 \int_0^{2\pi} [\varrho^2(\cos^2\varphi + \Lambda\sin^2\varphi) - 2t\,\varrho(\cos\varphi\cos\beta + \Lambda\sin\varphi\sin\beta) + t^2(\cos^2\beta + \Lambda\sin^2\beta)]\,\Phi\,d\varphi. \qquad (7.2.1/17)$$

7.2.2 Frei drehbar randgestützte elliptische und Kreisplatten

7.2.2.1 Elliptische Platte mit Einzellast im Mittelpunkt

Zur Bestimmung der Grenzlastintensität einer durch eine Einzellast P im Mittelpunkt O belasteten frei drehbar randgestützten elliptischen Platte (Abb. 7.2/3) wird die kartesische Ellipsengleichung

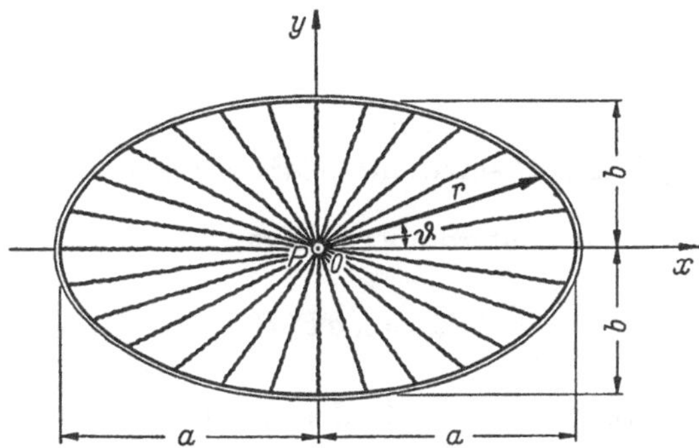

Abb. 7.2/3 Fließgelenklinienfigur für eine frei drehbar randgestützte elliptische Platte mit Einzellast im Mittelpunkt

$\frac{x^2}{a^2} + \frac{y^2}{b^2} = 1$ mit Hilfe der Beziehungen $x = r\cos\vartheta$, $y = r\sin\vartheta$, in die polare Mittelpunktsgleichung

$$r = a\,b\,(a^2 \sin^2\vartheta + b^2 \cos^2\vartheta)^{-\frac{1}{2}} \tag{7.2.2/1}$$

transformiert. Zur Bestimmung der Grenzlast nach Gl. (7.2.1/7) werden die Ableitungen r' und r'' benötigt:

$$r' = a\,b\,(b^2 - a^2)\sin\vartheta\cos\vartheta\,(a^2 \sin^2\vartheta + b^2\cos^2\vartheta)^{-\frac{3}{2}}, \tag{7.2.2/2}$$

$$r'' = a\,b\,(b^2 - a^2)\,[b^2\cos^4\vartheta + 2\,(b^2 - a^2)\sin^2\vartheta\cos^2\vartheta - a^2\sin^4\vartheta] \times$$
$$\times\,(a^2\sin^2\vartheta + b^2\cos^2\vartheta)^{-\frac{5}{2}}. \tag{7.2.2/3}$$

Einsetzen der Gln. (7.2.2/1 bis 3) in Gl. (7.2.1/7) ergibt nach einigen Umformungen:

$$P = M_0 \int_0^{2\pi} \frac{a^2\,b^2\,d\vartheta}{(a^2\sin^2\vartheta + b^2\cos^2\vartheta)^2} = \frac{M_0}{a^2\,b^2}\int_0^{2\pi} r^4\,d\vartheta. \tag{7.2.2/4}$$

Die Lösung dieses Integrals erfolgt auf dem Wege einer Aufspaltung durch Transformation in kartesische Koordinaten und Einführung der Parameterschreibweise. Mit

$$\vartheta = \arctan\frac{y}{x}, \qquad d\vartheta = -\frac{y}{x^2 + y^2}\,d\,x + \frac{x}{x^2 + y^2}\,d\,y, \tag{7.2.2/5}$$

$$r^2 = x^2 + y^2 \tag{7.2.2/6}$$

lautet das Integral:

$$\int_0^{2\pi} r^4\,d\vartheta = -\int (x^2 + y^2)\,y\,d\,x + \int (x^2 + y^2)\,x\,d\,y. \tag{7.2.2/7}$$

Bei Einführung der Parameterdarstellung $x = a\cos t$, $y = b\sin t$, ergibt sich

$$\int_0^{2\pi} r^4\,d\,\vartheta$$

$$= \int [(a^2\cos^2 t + b^2\sin^2 t)\,b\sin t\,a\sin t + (a^2\cos^2 t + b^2\sin^2 t)\,a\cos t\,b\cos t]\,d\,t,$$

woraus nach einigen Umformungen folgt

$$\int_0^{2\pi} r^4\,d\vartheta = \pi\,a\,b\,(a^2 + b^2). \tag{7.2.2/8}$$

Somit hat die Grenzlastintensität den Wert

$$P = M_0\,\frac{\pi}{a\,b}\,(a^2 + b^2). \tag{7.2.2/9}$$

Dieser Ausdruck ist jedoch nur für einen Bereich von Achsenverhältnissen $\frac{a}{b} < 2{,}414$ gültig, da sich — wie in Abschn. 7.3.3.8 gezeigt wird — bei größeren Achsenverhältnissen zusätzlich periphere Fließgelenklinien ausbilden.

7.2.2.2 Elliptische Platte mit Einzellast im Brennpunkt

Bei Eintragung einer Einzellast P im Brennpunkt einer frei drehbar randgestützten elliptischen Platte ergibt sich die in Abb. 7.2/4 dar-

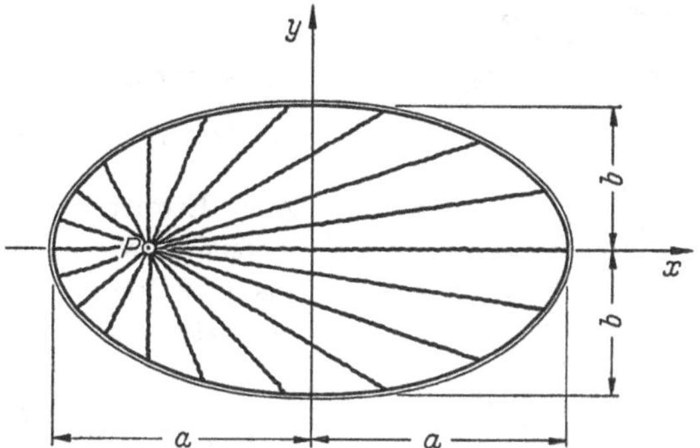

Abb. 7.2/4 Fließgelenklinienfigur für eine frei drehbar randgestützte elliptische Platte mit Einzellast im Brennpunkt

gestellte Bruchfigur. Die Brennpunktsgleichung der Ellipse lautet

$$r = \frac{b^2}{a} \frac{1}{1 + \varepsilon \cos\vartheta}, \tag{7.2.2/10}$$

wobei $\varepsilon = \sqrt{\frac{a^2 - b^2}{a^2}}$ die Exzentrizität der Ellipse ist. Einsetzen dieser Beziehung und der Ableitungen

$$r' = \frac{b^2}{a} \frac{\varepsilon \sin\vartheta}{(1 + \varepsilon \cos\vartheta)^2}, \qquad r'' = \frac{b^2}{a} \frac{\varepsilon(2\varepsilon - \varepsilon \cos^2\vartheta + \cos\vartheta)}{(1 + \varepsilon \cos\vartheta)^3}, \tag{7.2.2/11}$$

in Gl. (7.2.1/7) liefert für die Grenzlastintensität [*3*]:

$$P = 2M_0 \int_0^{\pi} \frac{d\vartheta}{1 + \varepsilon \cos\vartheta} = \frac{2\pi M_0}{\sqrt{1 - \varepsilon^2}} = \frac{2\pi a}{b} M_0. \tag{7.2.2/12}$$

7.2.2.3 Kreisplatte mit außermittiger Einzellast

Betrachtet wird eine Kreisplatte mit frei drehbar gestütztem Rand, die durch eine außermittig angreifende Einzellast P im Punkte C belastet wird. Umformung der kartesischen Mittelpunktsgleichung des Kreises, $R^2 = x^2 + y^2$, in die Polarkoordinatengleichung mit dem Pol im Punkte C im Abstand c vom Kreismittelpunkt O

$$R^2 = (r \cos\vartheta - c)^2 + (r \sin\vartheta)^2 \tag{7.2.2/13}$$

ergibt bei Auflösung nach r und Einführung von $(R - c) = t$

$$r = c\cos\vartheta + (c^2\cos^2\vartheta + t^2)^{\frac{1}{2}}. \qquad (7.2.2/14)$$

Differentiation nach $d\vartheta$ ergibt:

$$r' = -c\sin\vartheta - c^2\sin\vartheta\cos\vartheta\,(c^2\cos^2\vartheta + t^2)^{-\frac{1}{2}}, \qquad (7.2.2/15)$$

nochmalige Differentiation:

$$r'' = -c\cos\vartheta - (c^2\cos^2\vartheta + t^2)^{-\frac{3}{2}}\,[c^4\cos^4\vartheta + c^2t^2(\cos^2\vartheta - \sin^2\vartheta)]. \qquad (7.2.2/16)$$

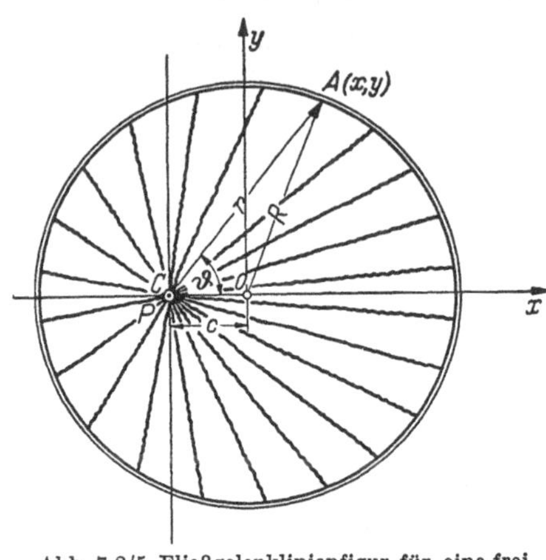

Abb. 7.2/5 Fließgelenklinienfigur für eine frei drehbar randgestützte Kreisplatte mit außermittiger Einzellast

Zur Ermittlung der Grenzlastintensität werden die Gln. (7.2.2/14) bis (7.2.2/16) in Gl. (7.2.1/7) eingesetzt, was ergibt [3]:

$$P = 2M_0\int_0^{\pi}\frac{R^2\,d\vartheta}{R^2 - c^2\sin^2\vartheta} = 2\pi M_0\frac{R}{\sqrt{R^2 - c^2}}. \qquad (7.2.2/17)$$

Grenzen für die Anwendbarkeit dieser Gleichung werden in Abschnitt 7.3.3.8 abgeleitet.

7.2.2.4 Orthotrope elliptische Platte mit auf der großen Achse angreifender Einzellast

Die in den drei vorhergehenden Abschnitten abgeleiteten Grenzlastbeziehungen sind Sonderfälle der von Niepostyn [9] für die orthotrope elliptische Platte unter einer im Abstand c vom Mittelpunkt O auf der großen Achse, $a > b$, angreifenden Einzellast P angegebenen Gleichung:

$$P = \frac{2\pi a}{b}M_0\frac{a^4 - \Lambda^2b^4 - a^2c^2}{\sqrt{a^2 - c^2}\,[(a^2 - \Lambda b^2)\sqrt{a^2 - c^2} - a(c^2 - a^2 + \Lambda b^2)]}. \qquad (7.2.2/18)$$

Die Grenzlastformel gilt nur für Außermittigkeitswerte c, bei denen eine Erschöpfung der Tragfähigkeit durch teilweise Zerstörung der Platte nicht eintritt (vgl. Abschn. 7.3.3.8). Bei Lastangriff im Mittelpunkt der Ellipse reduziert sich Gl. (7.2.2/18) auf

$$P = M_0\frac{\pi}{a\,b}(a^2 + \Lambda b^2), \qquad (7.2.2/19)$$

und bei Lastangriff im Brennpunkt erhält man:

$$P = \frac{2\pi a}{b} M_0 \frac{a + \Lambda b}{a + b}. \qquad (7.2.2/20)$$

Im Sonderfall $a = b = R$ und $\Lambda = 1$ ergibt sich Gl. (7.2.2/17) für $c = 0$.

7.2.2.5 Inhomogene Kreisplatte

Im folgenden wird nach NIEPOSTYN [9] der Ausdruck Gl. (7.2.1/8), der die Dissipationsleistung bei Belastung einer nichteinheitlichen Platte durch eine im Ursprung des Koordinatensystems angreifende Einzellast beschreibt, in Anwendung auf die Kreisplatte analysiert. Dieser Ausdruck vereinfacht sich zu der Formel:

$$D_S = \frac{M_0}{R} \int_0^{2\pi} \left[\cos\vartheta \int_0^{R\cos\vartheta} f(x)\, dx + \sin\vartheta \int_0^{R\sin\vartheta} g(y)\, dy\right] d\vartheta. \qquad (7.2.2/21)$$

Wie aus Abb. 7.2/6 zu ersehen ist, haben die Integrale in Gl. (7.2.2/21) eine geometrische Bedeutung: Sie stellen das Volumen der durch die Flächen $z = 0$, $z = f(x)$, $x^2 + y^2 = R^2$ und $z = 0$, $z = g(y)$, $x^2 + y^2 = R^2$ begrenzten Räume dar.

Bei Berücksichtigung der Beziehung $dy = R\cos\vartheta\, d\vartheta$ können die Rauminhalte V_f, V_g in der Form doppelter Integrale ausgedrückt werden:

$$V_f = \int_0^{2\pi} \left[\int_0^{R\cos\vartheta} f(x)\, dx\right] R\cos\vartheta\, d\vartheta,$$

$$V_g = \int_0^{2\pi} \left[\int_0^{R\sin\vartheta} g(y)\, dy\right] R\sin\vartheta\, d\vartheta.$$

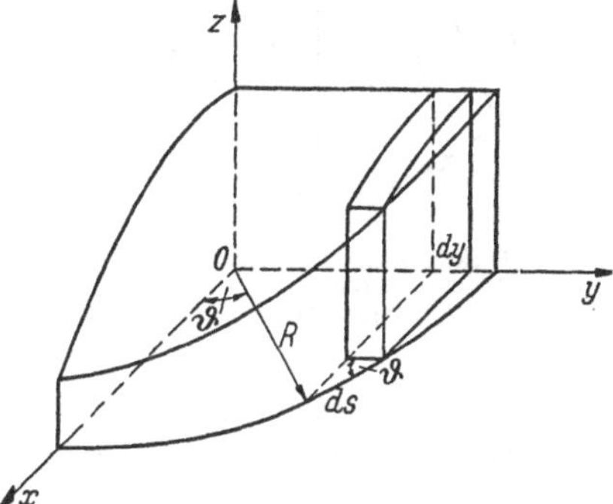

Abb. 7.2/6
Inhomogenitätsfunktion für eine Kreisplatte

Damit kann für die gesamte Dissipationsleistung geschrieben werden:

$$D_S = \frac{M_0}{R^2}(V_f + V_g). \qquad (7.2.2/22)$$

Aus der Gleichsetzung der virtuellen Leistungen der äußeren und inneren Kräfte ergibt sich:

$$M_0 = \frac{P R^2}{V_f + V_g}, \quad M_y = \frac{P R^2}{V_f + V_g} f(x), \quad M_x = \frac{P R^2}{V_f + V_g} g(y).$$

Bei Einführung der Bezeichnung $V = \pi M_0(V_f + V_g)$ erhält man:

$$P = \frac{V}{\pi R^2}. \qquad (7.2.2/23)$$

Das letzte Ergebnis zeigt, daß bei der kinematischen Lösung die Grenztragfähigkeit einer Kreisplatte ausschließlich von der Höhe eines über der Platte stehenden Zylinders abhängig ist, der durch die Flächen $z=0$, $z=M_0\pi(f(x)+g(y))$ und $x^2+y^2=R^2$ beschrieben wird, und daß die inhomogene Funktionsform keinen Einfluß auf die Grenztragfähigkeit hat. Im Falle einer Stahlbetonplatte würde dies bedeuten, daß die Bewehrungsmenge und nicht die Art der Verteilung der Bewehrung die Tragfähigkeit der Platte bestimmt. Das gilt aber nur unter der Voraussetzung, daß die Bruchfigur der Abb. 6.6/5 entspricht und daß die plastische Inhomogenität schwach ist, da die statische Zulässigkeit des Biegemomentenfeldes diesem rein kinematischen Ergebnis starke Einschränkungen auferlegt.

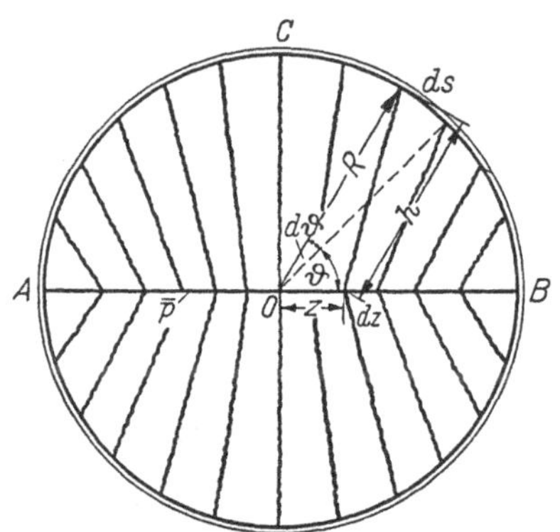

Abb. 7.2/7
Fließgelenklinienfigur für eine frei drehbar randgestützte Kreisplatte unter einer Streckenlast längs eines Durchmessers

7.2.2.6 *Kreisplatte unter Streckenlasten*

Die folgenden Lösungen für die Grenztragfähigkeit frei drehbar randgestützter Kreisplatten unter der Einwirkung von Streckenlasten sind von JOHANSEN [*6*] angegeben worden[1].

Bei einer frei drehbar randgestützten Kreisplatte unter Einwirkung einer Streckenlast längs eines Durchmessers $2R$ bildet sich ein Geschwindigkeitsfeld mit einer gratartigen Fließgelenklinie am belasteten Durchmesser aus (Abb. 7.2/7). Das Moment um $ds = R\,d\vartheta$ gibt, indem sich $\bar{p}$ zur Hälfte auf beide Seiten verteilt:

$$M_0\,ds = M_0\,R\,d\vartheta = \frac{1}{2}\bar{p}\,dz\,h, \tag{7.2.2/24}$$

wobei $h = R - z\cos\vartheta$. Zur Bestimmung von z erhält man

$$2M_0 R = \bar{p}(R - z\cos\vartheta)\frac{dz}{d\vartheta}. \tag{7.2.2/25}$$

Die Integrationskonstante wird bei $z=0$ für $\vartheta = \pi/2$ bestimmt. Da die Differentialgleichung (7.2.2/25) nicht in geschlossener Form gelöst werden kann, muß z gewählt und daraus $\bar{p}$ gefunden werden. Mit $z = R\left(1-\sqrt{\frac{2\vartheta}{\pi}}\right)$ für $0 \leqq \vartheta \leqq \pi/2$ erhält man

$$M_0 = \frac{\bar{p}R}{\pi}\left(\cos\vartheta + (1-\cos\vartheta)\sqrt{\frac{\pi}{2\vartheta}}\right). \tag{7.2.2/26}$$

[1] Siehe auch NIELSEN [*14*].

Damit ergeben sich für den Parameter z und die Grenzlastintensität folgende Werte:

ϑ	0	$\frac{\pi}{12}$	$\frac{\pi}{6}$	$\frac{\pi}{4}$	$\frac{\pi}{3}$	$\frac{5\pi}{12}$	$\frac{\pi}{2}$
z/R	1	0,591	0,424	0,293	0,184	0,087	0
$\frac{\bar{p}R}{2\pi M_0}$	1	0,95	0,91	0,89	0,90	0,93	1

also praktisch ein konstantes $\bar{p}$. Die Grenzlastintensität der Gesamtbelastung ist

$$P = 2\bar{p}\,R \cong 1{,}885 \cdot 2\pi M_0 = 11{,}8 M_0. \qquad (7.2.2/27)$$

Bei eingespanntem Rand ist M_0 durch $(M_0 + M_0')$ zu ersetzen.

Für eine entlang des kreisförmigen Randes frei drehbar gestützte, längs des geraden freien Randes AB durch eine Streckenlast belastete Halbkreisplatte kann ein ähnliches Bruchbild angenommen werden. Nach [6] ist

$$z = R\,\frac{1 - \sin\vartheta}{\cos\vartheta}, \qquad (7.2.2/28)$$

woraus zu ersehen ist, daß sich die verlängerten Fließgelenklinien in dem zu C diametralen Punkte schneiden. Für die Grenzlastintensität ergibt sich

$$P = 2\bar{p}R = 4M_0. \qquad (7.2.2/29)$$

7.2.3 Kontinuierlich frei drehbar gestützte Platten mit auskragendem Rand

7.2.3.1 Allgemeiner Fall

Kontinuierlich frei drehbar gestützte Platten mit auskragendem Rand besitzen bei Belastung durch eine Einzellast innerhalb der Stützungskurve eine größere Tragfähigkeit als kontinuierlich frei drehbar gestützte Platten ohne auskragenden Rand, da die Länge der radialen plastischen Gelenklinien bei ersteren größer ist. Bei nicht zu großem Überhang bildet sich eine kegelförmige Bruchfigur mit der Spitze im Punkt der Lasteintragung und der Grundlinie am Plattenrand. Verschiedene Fälle dieser Art sind von Rzhanitsyn [3] behandelt worden.

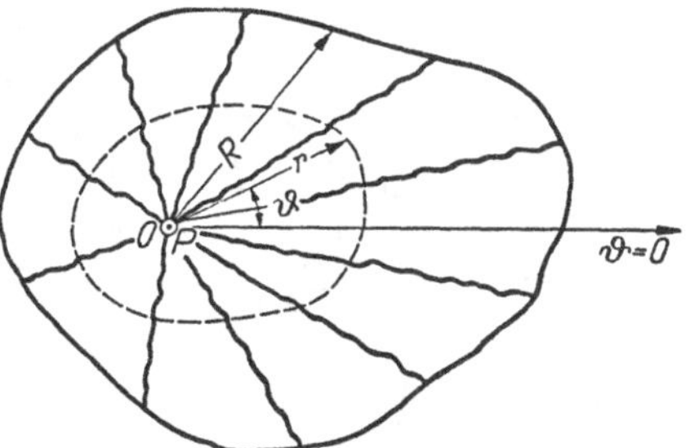

Abb. 7.2/8 Fließgelenklinienfigur für eine über die Stützungslinie auskragende Platte unter einer Einzellast

Wenn die Gleichung der geschlossenen Stützungslinie durch $r = r(\vartheta)$ und die Gleichung des Plattenrandes durch $R = R(\vartheta)$ gegeben wird, $R/r > 1$, (Abb. 7.2/8) erhält man für die Größe der Grenzlastintensität ähnlich Gl. (7.2.1/7) den Ausdruck

$$P = M_0 \int_0^{2\pi} \frac{R}{r}\left(1 + \frac{2r'^2}{r^2} - \frac{r''}{r}\right) d\vartheta . \qquad (7.2.3/1)$$

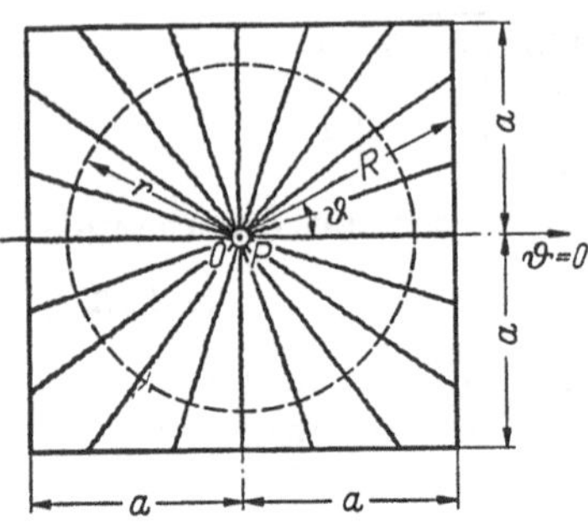

Abb. 7.2/9 Fließgelenklinienfigur für eine auf einem Ring gestützte quadratische Platte

7.2.3.2 Auf kreisförmiger Stützungslinie frei drehbar gestützte quadratische Platte

Abb. 7.2/9 zeigt die Bruchfigur einer quadratischen Platte mit der Seitenlänge $2a$, die auf einer kreisförmigen Stützungslinie vom Radius r frei drehbar auflagert, unter einer mittig eingetragenen Einzellast P. Die Gleichungen von Stützungslinie und Plattenrand lauten:

$$r = \text{const},$$

$$R = \frac{a}{\cos\vartheta}, \quad -\frac{\pi}{4} \leqq \vartheta \leqq \frac{\pi}{4}. \qquad (7.2.3/2)$$

Einsetzen dieser Werte in Gl. (7.2.3/1) liefert:

$$P = 4M_0 \int_{-\frac{\pi}{4}}^{\frac{\pi}{4}} \frac{a\,d\vartheta}{r\cos\vartheta} = 8M_0 \frac{a}{r}\left[\ln\tan\left(\frac{\pi}{4} + \frac{\vartheta}{2}\right)\right]_0^{\frac{\pi}{4}} = 7{,}05\,\frac{a}{r} M_0 . \qquad (7.2.3/3)$$

7.2.3.3 Auf vieleckiger Stützungslinie frei drehbar gestützte auskragende vieleckige Platte

Der Fall einer durch eine Einzellast P belasteten unregelmäßig vieleckigen Platte, die mit auskragendem Rand frei drehbar auf einer anderen unregelmäßig vieleckigen Stützungslinie auflagert, ist in Abb. 7.2/10 dargestellt. Die Fließgelenklinien verlaufen von der Eintragungsstelle der Einzellast ausgehend radial durch die Eckpunkte des Stützungsvielecks und teilen im Grenztragfähigkeitszustand die Platte in eine Anzahl von Sektoren gleich der Anzahl der Seiten des Stützungsvielecks. Für die Grenzlastintensität ergibt sich entsprechend Gl. (6.6.2/23) der Ausdruck

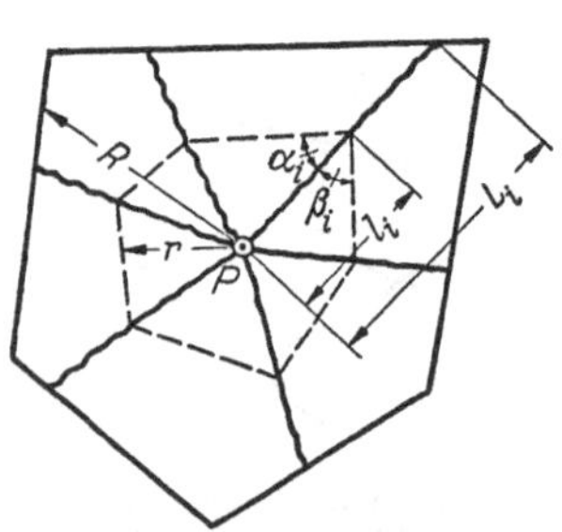

Abb. 7.2/10 Fließgelenklinienfigur für eine auskragende vieleckige Platte

$$P = M_0 \sum_{i=1}^{n} \frac{L_i}{l_i}(\cot\alpha_i + \cot\beta_i) . \qquad (7.2.3/4)$$

Wenn die Plattenseiten parallel den Seiten des Stützungsvielecks verlaufen, und beide Vielecke konzentrisch in bezug auf die Eintragungsstelle der Einzellast P sind, dann gilt die Beziehung:

$$\frac{L_i}{l_i} = \frac{R_i}{r_i} = \lambda = \text{const} \tag{7.2.3/5}$$

und Gl. (7.2.3/4) erhält die Form

$$P = \lambda M_0 \sum_{i=1}^{n} (\cot\alpha_i + \cot\beta_i) \tag{7.2.3/6}$$

und befindet sich bis auf den Faktor λ in Übereinstimmung mit der Gl. (6.6.2/23) für die Vieleckplatte mit frei drehbar gestütztem Rand.

7.2.3.4 *Auf vieleckiger Stützungslinie frei drehbar gestützte auskragende Kreisplatte*

Für eine regelmäßig vieleckige Platte, die mit auskragendem Rand frei drehbar auf einer vieleckigen Stützungslinie auflagert (Abb. 7.2/11), erhält man bei Einführung des Faktors $\lambda = R/r$ in Gl. (6.6.2/25) den Grenzlastausdruck

$$P = 2\lambda n M_0 \tan\frac{\pi}{n}. \tag{7.2.3/7}$$

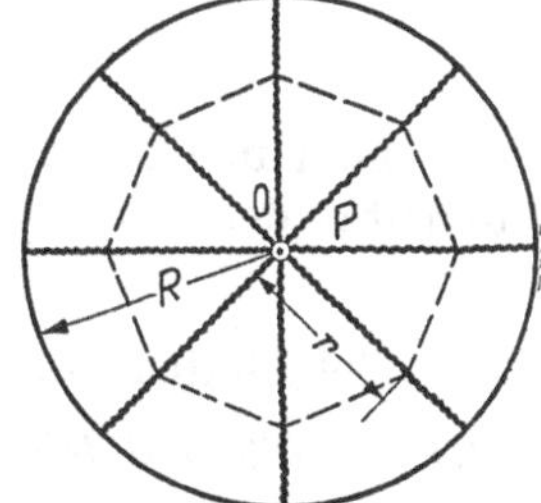

Abb. 7.2/11 Fließgelenklinienfigur für eine auf einem regelmäßigen Vieleck gestützte Kreisplatte

Für $n \to \infty$ ergibt sich entsprechend Gl. (6.6.2/26)

$$P = 2\pi\lambda M_0. \tag{7.2.3/8}$$

7.2.3.5 *Auf kreisförmiger Stützungslinie frei drehbar gestützte auskragende vieleckige Platte*

Für eine regelmäßig vieleckige Platte, die mit auskragendem Rand frei drehbar auf einer kreisförmigen Stützungslinie auflagert (Abb. 7.2/12), ist $R = \frac{\varrho}{\cos\vartheta}$, wobei ϱ den Radius eines in das Vieleck einbeschriebenen Kreises bedeutet, und $r = \text{const}$, so daß Gl. (7.2.1/7) in folgender Form geschrieben wird [2]:

$$P = 2n M_0 \int_0^{\frac{\pi}{n}} \frac{R}{r}\left(1 + \frac{2r'^2}{r^2} - \frac{r''}{r}\right) d\vartheta. \tag{7.2.3/9}$$

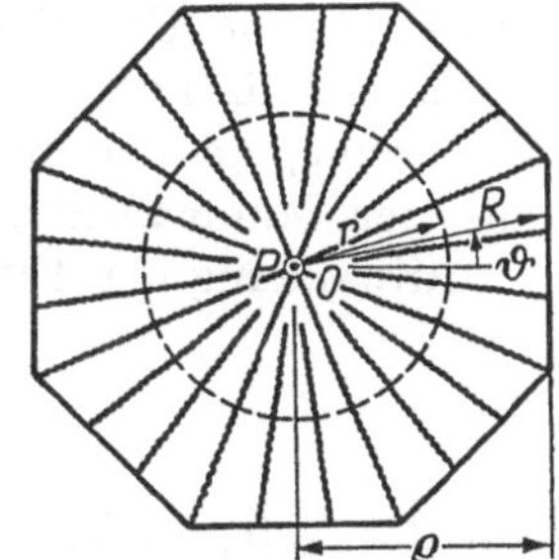

Abb. 7.2/12 Fließgelenklinienfigur für eine auf einem Ring gestützte vieleckige Platte

Einsetzen der obigen Ausdrücke ergibt für die Grenzlastintensität den Wert:

$$P = 2n\,M_0 \int\limits_0^{\frac{\pi}{n}} \frac{\varrho}{r\cos\vartheta}\,d\vartheta = 2n\,M_0 \frac{\varrho}{r}\left[\ln\tan\left(\frac{\pi}{4} + \frac{\vartheta}{2}\right)\right]_0^{\frac{\pi}{n}}$$

$$P = 2n\,M_0 \frac{\varrho}{r} \ln\tan\frac{\pi(n+2)}{4n}. \qquad (7.2.3/10)$$

Für $n \to \infty$ wird Gl. (7.2.3/10) zu einem Grenzwert unbestimmter Formung, dessen Größe mit Hilfe der BERNOULLI-L'HOSPITALschen Regel bestimmt wird:

$$\left.\begin{aligned} P &= 2M_0 \frac{\varrho}{r} \lim_{n\to\infty} \frac{\ln\tan\dfrac{\pi(n+2)}{4n}}{\dfrac{1}{n}} \\ &= 2M_0 \frac{\varrho}{r} \lim_{n\to\infty} \frac{\pi}{\sin\left(\dfrac{\pi}{2} + \dfrac{\pi}{n}\right)} = 2\pi M_0 \frac{\varrho}{r}. \end{aligned}\right\} \qquad (7.2.3/11)$$

Setzt man in Gl. (7.2.3/11) $\lambda = \varrho/r$, so ergibt sich für die Grenzlastintensität der gleiche Wert wie in Gl. (7.2.3/8): $P = 2\pi\,\lambda\,M_0$.

7.2.4 Platten mit frei drehbarer unterbrochener Randstützung

7.2.4.1 Platte mit teils frei drehbar gestütztem, teils freiem Rand unter einer Einzellast — Allgemeiner Fall

Im Falle einer Platte mit teils frei drehbar gestütztem, teils freiem Rand unter einer Einzellast bildet sich die Bruchfigur am freien Rand in einer Form aus, als ob in einer gewissen Entfernung außerhalb des freien Randes ein frei drehbar gestützter Rand vorhanden wäre. Die Gleichung dieses fiktiven frei drehbar gestützten Randes wird mit $r(\vartheta)$ bezeichnet und die Gleichung des tatsächlichen freien Plattenrandes mit $R(\vartheta)$, $r \geqq R$ für jeden Wert von ϑ. Dann hat der Ausdruck für die Grenzlastintensität P die Form Gl. (7.2.3/1), wobei r die Form der fiktiven frei drehbar gestützten Teile des Plattenrandes beschreibt; an den freien Teilen des Plattenrandes jedoch muß $r(\vartheta)$ aus der Minimalbedingung für P gefunden werden.

Anwendung der EULERschen Extremalbedingung

$$\frac{\partial F}{\partial r} - \frac{d}{d\vartheta}\frac{\partial F}{\partial r'} + \frac{d^2}{d\vartheta}\frac{\partial F}{\partial r''} = 0 \qquad (7.2.4/1)$$

auf den Integranden von Gl. (7.2.3/1), nämlich

$$F = \frac{R}{r}\left(1 + 2\frac{r'^2}{r^2} - \frac{r''}{r}\right), \qquad (7.2.4/2)$$

ergibt:

$$(-R r^{-2} - 6 R r'^2 r^{-4} + 2 R r'' r^{-3}) - \frac{d}{d\vartheta}(4 R r' r^{-3}) + \frac{d^2}{d\vartheta^2}(-R r^{-2}) = 0,$$

$$- R r^{-2} - 6 R r'^2 r^{-4} + 2 R r'' r^{-3} - 4 R r'' r^{-3} + 12 R r'^2 r^{-4} -$$
$$- 6 R r^{-4} r' r' + 2 R r^{-3} r'' = 0,$$

$$R r^{-2} = 0; \quad \text{daher:} \quad r = \infty . \qquad (7.2.4/3)$$

Das bedeutet, daß das Minimum von P auftritt, wenn der fiktive Rand gegen ∞ gerückt wird. Da jedoch $r(\vartheta)$ eine konvexe Form haben muß, wird für die Lage des fiktiven Randes die extremste, vom Ur-

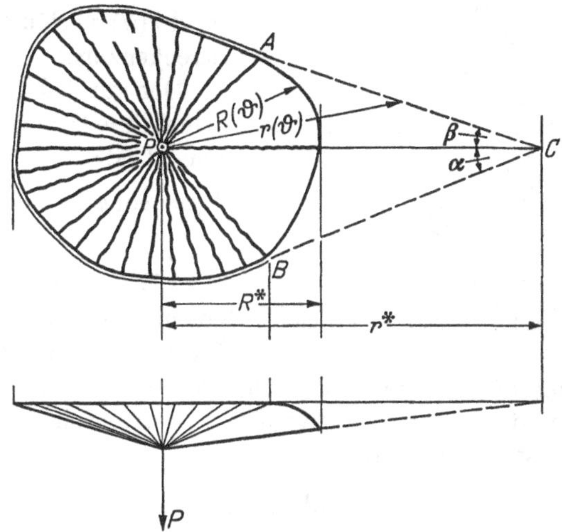

Abb. 7.2/13 Fließgelenklinienfigur und Geschwindigkeitsfeld einer Platte mit wechselnden kinematischen Randbedingungen

sprung am weitesten entfernte mögliche Lage gewählt, die den Tangenten an den Plattenrand an der Stelle des Überganges vom gestützten zum freien Teil entspricht (Abb. 7.2/13) oder einem Tangentenzug an eine fiktive Teilplatte wie in Abb. 7.2/14.

Im Tangentenschnittpunkt tritt ein Knick in der Begrenzungslinie $r(\vartheta)$ auf, dessen Spitze zu dem Punkt hin gerichtet ist, wo der Ausdruck Gl. (7.2.3/1) ein Minimum hat.

Der Teil von P, der zur Bildung dieser radialen Fließgelenklinie erforderlich ist, wird gemäß Gl. (6.6.2/23) gegeben durch

$$P_1 = M_0 \frac{R^*}{r^*} (\cot\alpha + \cot\beta), \qquad (7.2.4/4)$$

wobei α und β die Winkel zwischen Fließgelenklinie und Tangenten sind, r^* und R^* sind die in Richtung der Gelenklinie gemessenen Entfernungen von der Lasteintragungsstelle zu den Randkurven r und R.

7.2.4.2 Platte mit teils kreisförmigem, teils geradlinigem Rand unter einer Einzellast

Die Bruchfigur für die in Abb. 7.2/14 dargestellte Platte mit frei drehbar gestütztem kreisförmigem Randteil und einem freien dreieckigen Randabschnitt AED, der durch sich schneidende Tangenten begrenzt wird, ist von Rzhanitsyn [3] bestimmt worden.

Es können Fließgelenklinien, und damit Knickwinkel in der Bruchfigur, entlang der Linien OA und OB auftreten (auf der anderen Plattenhälfte symmetrisch dazu), und der fiktive Plattenrand $r(\vartheta)$ verläuft entlang des Streckenzuges $ABCD$.

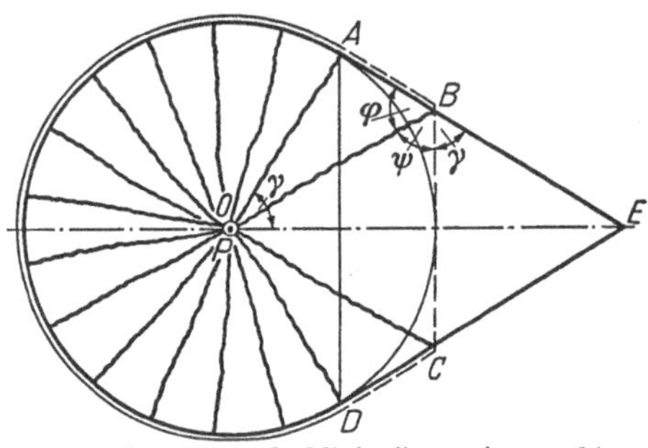

Abb. 7.2/14 Fließgelenklinienfigur einer sektorförmigen Platte mit dreieckigem Überhang

Der zur Bildung der Fließgelenklinie OB erforderliche Teil von P ist:

$$P_1 = \cot\varphi + \cot(\pi - \gamma - \varphi). \tag{7.2.4/5}$$

Der Winkel φ, den die Fließgelenklinie mit dem freien Plattenrand bildet, wird aus der Bedingung $dP_1/d\varphi = 0$ gefunden, da der Grenzlastanteil P_1 unabhängig von dem vom kreisförmigen Plattenteil aufgenommenen Lastanteil P_2 ist. Man erhält

$$\varphi = \psi, \quad \text{und daraus} \quad \varphi = \gamma; \tag{7.2.4/6}$$

die Linien BC, AB und CD sind also Tangenten an den gleichen Kreis mit dem Mittelpunkt O. Für die Grenzlastintensität ergibt sich nach Gl. (7.2.1/7) und Gl. (6.6.2/23)

$$P = 2M_0(\pi - \gamma + \cot\gamma - \cot 2\gamma). \tag{7.2.4/7}$$

7.2.4.3 Kreisplatte mit teils frei drehbar gestütztem, teils freiem Rand mit Einzellast im Mittelpunkt

Abb. 7.2/15a zeigt eine durch eine Einzellast mittig belastete Kreisplatte mit frei drehbar gestütztem Rand im Bereiche des Zentriwinkels $2(\pi - \gamma)$ und freiem Rand in dem übrigen Abschnitt entsprechend dem Zentriwinkel 2γ. Für $\gamma < \gamma^*$ verformt sich der frei drehbar gestützte Plattensektor im Grenzzustand zu kegelförmiger Gestalt und der frei hängende Sektor zu zwei zueinander geneigten Ebenen mit dem Knickwinkel in der Symmetrieachse.

Zur Ableitung der Formel für die Grenzlast wird diese in zwei Anteile zerlegt. Ein Anteil ist dem am Rande frei drehbar gestützten

Plattenteil zugehörig, und nach Gl. (7.2.1/7) ist:

$$P_1 = M_0 \int_{\gamma}^{2\pi-\gamma} d\vartheta = 2M_0(\pi - \gamma). \qquad (7.2.4/8)$$

Der Plattensektor mit dem freien Rand nimmt den Lastanteil

$$P_2 = M_0 \frac{\dot{R}}{r_{\max}} 2\cot\alpha = 2M_0 \sin\gamma \qquad (7.2.4/9)$$

auf, da $r_{\max} = R/\cos\gamma$ und $\cot\alpha = \cot\gamma$, so daß die Grenzlastintensität folgenden Wert hat:

$$P = 2M_0(\pi - \gamma + \sin\gamma), \quad 0 \leqq \gamma \leqq \gamma^*. \qquad (7.2.4/10)$$

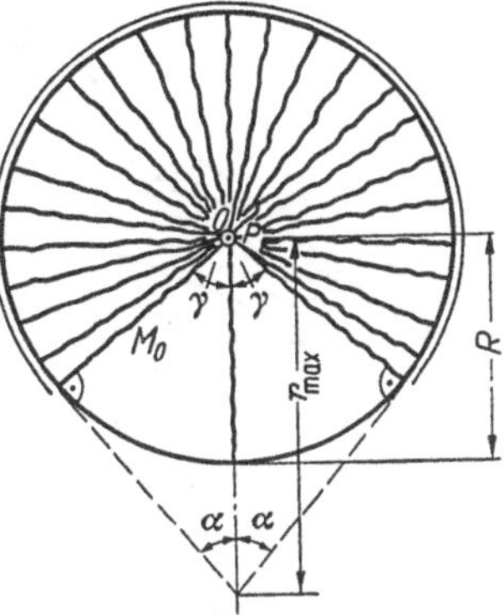

Abb. 7.2/15a Fließgelenklinienfigur für eine entlang eines Randabschnittes mit großem Zentriwinkel gestützte Kreisplatte

Im Falle $\gamma = 0$ reduziert sich die Gl. (7.2.4/10) auf Gl. (6.6.2/26). Für $\gamma = \pi/2$ ist

$$P = 2M_0\left(\frac{\pi}{2} + 1\right). \qquad (7.2.4/11)$$

Für $\gamma > \gamma^*$ und eine auf der Stützung frei drehbar festgehaltenen Platte kann sich eine andere Bruchfigur ausbilden. Für die Fließgelenklinie AB in Abbildung 7.2/15b ergibt sich bei $|M_0'| = M_0$

$$P = 2M_0 \frac{l}{a} = 2M_0 \tan\gamma, \quad \gamma \geqq \gamma^*. \qquad (7.2.4/12)$$

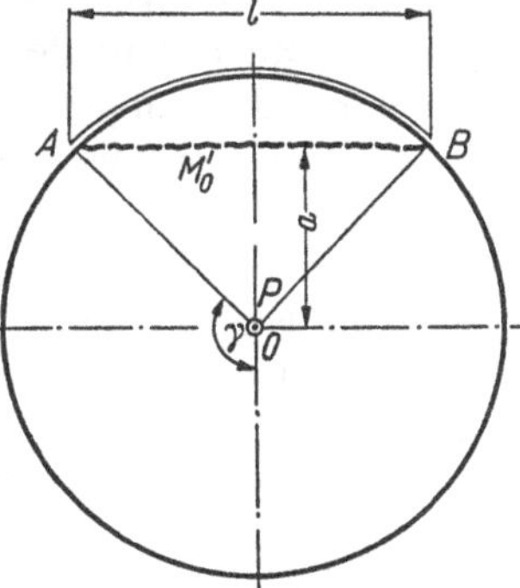

Abb. 7.2/15b Fließgelenklinienfigur für eine entlang eines Randabschnittes mit kleinem Zentriwinkel gestützte Kreisplatte

Aus dem Vergleich der Ergebnisse folgt $\gamma^* = 116°$.

7.3 Allgemeine Fließgelenklinienfelder

7.3.1 Einführung

In am Rande eingespannten Platten entstehen positive und negative Momente, und im Grenzzustand der Tragfähigkeit müssen sich positive und negative Fließgelenklinien ausbilden. Bei durch eine Einzellast P belasteten eingespannten Platten bildet sich außer dem von der Eintragungsstelle von P ausgehenden radialen Fließgelenkfeld auch eine Umfangsfließgelenklinie aus, die mit dem eingespannten Plattenrand zusammenfallen kann oder aber nach innen abweicht (Abb. 7.3/1). Die Tragfähigkeit einer durch eine Einzelkraft belasteten Platte ist erschöpft, wenn sich die negative Fließgelenklinie schließt, da dann das Tragwerk einen Freiheitsgrad erhält.

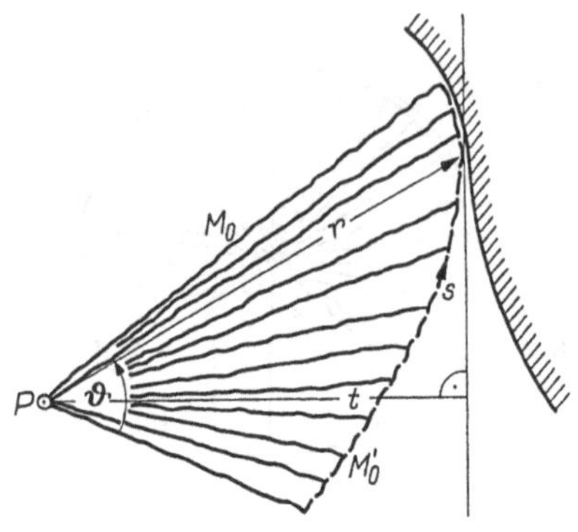

Abb. 7.3/1
Sektorförmiger Teil eines Fließgelenklinienfeldes einer eingespannten Platte

Die plastische Dissipationsleistung in dem radialen Fließgelenkfeld D_S wird durch Gl. (7.2.1/7) in der gleichen Weise wie für die frei drehbar gestützte Platte ausgedrückt. Der einzige Unterschied besteht darin, daß die Funktion $r(\vartheta)$ die Gleichung der das positive Fließgelenkfeld begrenzenden negativen peripheren Fließgelenklinie wiedergeben muß und nicht die des Plattenrandes. Aus den möglichen Umfangsfließgelenklinien muß diejenige herausgesucht werden, der der kleinste Wert für die Leistung der inneren Kräfte entspricht, also der niedrigste Wert der Grenzlastintensität bei konstantem Grenzmoment. Zu der in dem radialen Fließgelenkfeld von den plastischen Momenten M_0 aufgezehrten Energie ist die in den peripheren Fließgelenklinien von den plastischen Momenten M_0' aufgezehrte Energie zu addieren.

Im Interesse besserer Übersichtlichkeit werden die Grenztragfähigkeitsbeziehungen für den Fall schichtweiser Isotropie und schichtweiser Orthotropie getrennt abgeleitet, und der isotrope Fall wird vorangestellt.

7.3.2 Allgemeine Lösung

7.3.2.1 Schichtweise isotrope Platte

Betrachtet wird eine am Rande eingespannte schichtweise isotrope Platte unter der Einwirkung einer Einzellast P. Die Winkelverdrehungsgeschwindigkeit eines Elementes der Umfangsfließgelenklinie (Abb. 7.3/1) ist bei einer Einsenkungsgeschwindigkeit $\dot{w}_0 = 1$ des Angriffspunktes der Einzellast P gleich $1/t$, wobei t den senkrechten Abstand vom Pol zu einer Tangente an die periphere Fließgelenklinie bedeutet. Damit wird die Dissipationsleistung in dieser negativen Fließgelenklinie

$$D_l' = M_0' \int \frac{ds}{t}. \qquad (7.3.2/1)$$

Aus ähnlichen Dreiecken folgt die Beziehung $t = \dfrac{r^2\, d\vartheta}{ds}$, damit ist

$$\frac{ds}{t} = \frac{(ds)^2}{r^2\, d\vartheta}.$$

Unter Verwendung von $(ds)^2 = (dr)^2 + (r\,d\vartheta)^2$ ergibt sich

$$\frac{ds}{l} = \frac{(dr)^2}{r^2\,d\vartheta} + \frac{(r\,d\vartheta)^2}{r^2\,d\vartheta} = \left[\frac{1}{r^2}\left(\frac{dr}{d\vartheta}\right)^2 + 1\right] d\vartheta,$$

und für die plastische Dissipationsleistung in der Umfangsfließgelenklinie erhält man:

$$D_l' = M_0' \int\limits_{\vartheta_1}^{\vartheta_2} \left(1 + \frac{r'^2}{r^2}\right) d\vartheta. \qquad (7.3.2/2)$$

Der Wert der Grenzlastintensität für einen durch $\vartheta_1 \leqq \vartheta \leqq \vartheta_2$ begrenzten Plattensektor ergibt sich aus der Summe der Dissipationsleistungen in Fließgelenkfeld, Gl. (7.2.1/7), und Umfangsfließgelenklinie:

$$P = D_S + D_l' = M_0 \int\limits_{\vartheta_1}^{\vartheta_2} \left(1 + \frac{2r'^2}{r^2} - \frac{r''}{r}\right) d\vartheta + M_0' \int\limits_{\vartheta_1}^{\vartheta_2} \left(1 + \frac{r'^2}{r^2}\right) d\vartheta. \qquad (7.3.2/3)$$

Im folgenden werden der Einfachheit halber an Unter- und Oberseite gleich bewehrte Platten betrachtet, so daß $M_0 = |M_0'|$.

Für diesen Fall vereinfacht sich der Ausdruck Gl. (7.3.2/3) zu

$$\boxed{P = M_0 \int\limits_{\vartheta_1}^{\vartheta_2} F\,d\vartheta = M_0 \int\limits_{\vartheta_1}^{\vartheta_2} \left(2 + 3\frac{r'^2}{r^2} - \frac{r''}{r}\right) d\vartheta.} \qquad (7.3.2/4)$$

Für den Fall von Platten, die entlang einer geschlossenen Berandung eingespannt sind, folgt aus Gl. (7.2.1/12), daß anstelle von Gl. (7.3.2/3) geschrieben werden kann:

$$P = (M_0 + M_0') \int\limits_{0}^{2\pi} \left(1 + \frac{r'^2}{r^2}\right) d\vartheta. \qquad (7.3.2/5)$$

Für $M_0 = |M_0'|$ ist die Dissipationsleistung in der Umfangsfließgelenklinie D_l' gleich der im Fließgelenkfeld D_S.

Um die Gleichung der peripheren Fließgelenklinie für den Fall $M_0 = |M_0'|$ zu finden, ist mit Hilfe der Variationsrechnung eine Funktion $r(\vartheta)$ aus der Bedingung zu bestimmen, daß die durch Gl. (7.3.2/4) ausgedrückte Grenzlast P ein Minimum sein muß.

Wenn es sich um ein Variationsproblem für das Integral

$$J = \int\limits_{x_0}^{x_1} F(x, y, y', y'', \ldots y^{(n)})\,dx$$

handelt, so stellt die Differentialgleichung $2n$-ter Ordnung

$$[F]_y = F_y - \frac{d}{dx} F_{y'} + \frac{d^2}{dx^2} F_{y''} - \cdots + (-1)^n \frac{d^n}{dx^n} F_{y^{(n)}} = 0,$$

die als EULERsche Differentialgleichung bezeichnet wird, die notwendige Bedingung für das Extremum dar. Im vorliegenden Falle, für

$$P = M_0 \int_{\vartheta_1}^{\vartheta_2} F(\vartheta, r, r', r'')\, d\vartheta\,, \tag{7.3.2/6}$$

wird die EULERsche Extremalbedingung durch Gl. (7.2.4/1) gegeben, und ihre Anwendung auf die Funktion $F = 2 + 3\frac{r'^2}{r^2} - \frac{r''}{r}$ aus Gl. (7.3.2/4) ergibt:

$$(-6r'^2 r^{-3} + r'' r^{-2}) - \frac{d}{d\vartheta}(6r' r^{-2}) + \frac{d^2}{d\vartheta^2}(-r^{-1}) = 0\,,$$

$$4r'^2 r^{-3} - 4r'' r^{-2} = \frac{4}{r^3}(r'^2 - r'' r) = 0\,,$$

$$r'^2 - r r'' = 0\,. \tag{7.3.2/7}$$

Die Differentialgleichung (7.3.2/7) wird in die Form $r'/r = r''/r'$ gebracht und integriert:

$$\ln r = \ln r' + C_1\,, \quad \text{also} \quad r = r' e^{C_1}.$$

Bei Einführung einer neuen Integrationskonstante $C = -C_1$ folgt durch nochmalige Integration

$$\vartheta e^C + \ln r_0 = \ln r\,,$$

wobei $\ln r_0$ eine zweckmäßig gewählte Integrationskonstante ist.

Für e^C wird $\tan\varphi$ oder $\cot\psi$, $\psi = \varphi + \frac{\pi}{2}$, gesetzt, und es ergibt sich

$$r = r_0 e^{\vartheta \tan\varphi} \quad \text{oder} \quad r = r_0 e^{\vartheta \cot\psi}\,, \tag{7.3.2/8}$$

wobei r_0 und $\tan\varphi$ bzw. $\cot\psi$ Integrationskonstanten sind, die aus den Randbedingungen bestimmt werden.

Die Lösung, Gl. (7.3.2/8), stellt eine Schar logarithmischer Spiralen mit dem Pol im Angriffspunkte der Last P dar, bei der φ der konstante Winkel ist, den die Spirale mit einer Normalen zum Radius bildet (Abb. 7.3/2). Für den Sonderfall $\varphi = 0$ ergibt sich eine Schar konzentrischer Kreise. Diese Kurven stellen die Extremalen des gegebenen Problems dar, und die dem Grenztragfähigkeitszustand einer Platte unter einer Einzellast P entsprechende periphere Fließgelenklinie muß aus Bogen dieser Extremalen bestehen.

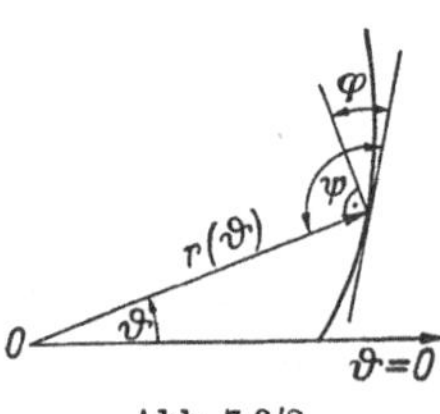

Abb. 7.3/2 Logarithmische Spirale

Einsetzen von Gl. (7.3.2/8) in die Gl. (7.3.2/4) ergibt

$$P = M_0 \int_{\vartheta_1}^{\vartheta_2} \left[2 + 3\frac{(r_0 e^{\vartheta\tan\varphi}\tan\varphi)^2}{(r_0 e^{\vartheta\tan\varphi})^2} - \frac{r_0 e^{\vartheta\tan\varphi}\tan^2\varphi}{r_0 e^{\vartheta\tan\varphi}}\right] d\vartheta\,,$$

$$P = 2M_0 \int_{\vartheta_1}^{\vartheta_2} (1 + \tan^2\varphi)\, d\vartheta$$

$$= 2M_0(\vartheta_2 - \vartheta_1)(1 + \tan^2\varphi) = 2M_0(\vartheta_2 - \vartheta_1)\sec^2\varphi\,. \tag{7.3.2/9}$$

Damit kann nun die Form der Fließgelenklinienfigur und somit die Grenzlastintensität für eine an beliebiger Stelle in eine Platte eingetragene Einzellast bestimmt werden.

Eine geschlossene periphere Fließgelenklinie kann nur die Form eines Kreises haben, für den

$$\varphi = 0; \quad r = r_0 \quad \text{und} \quad F = 2$$

ist, woraus sich für die Grenzlastintensität ergibt:

$$P = M_0 \int_0^{2\pi} 2\,d\vartheta = 4\pi M_0. \qquad (7.3.2/10)$$

Daraus folgt, daß für den Fall einer entlang ihrer gesamten Berandung eingespannten Platte der Bruch nur innerhalb eines kreisförmigen Bereiches mit dem Mittelpunkt an der Stelle der Eintragung der Einzellast P eintreten kann, der vollständig innerhalb der Plattenberandung liegt (Abb. 7.3/3). Plattenbereiche, die von der Lasteintragungsstelle weiter entfernt liegen als der Punkt des eingespannten Plattenrandes mit der geringsten Entfernung von dieser Stelle, können nicht in die Bruchfigur einbezogen werden. Die Grenztragfähigkeit der durch eine Einzellast P belasteten eingespannten Platte ist nicht von ihrer Form und ihren Abmessungen abhängig. Also ist der Wert der Grenzlastintensität für jede entlang ihrer gesamten Berandung eingespannte Platte $P = 4\pi M_0$. Es ist offensichtlich, daß für jegliche anderen Stützungsverhältnisse gilt:

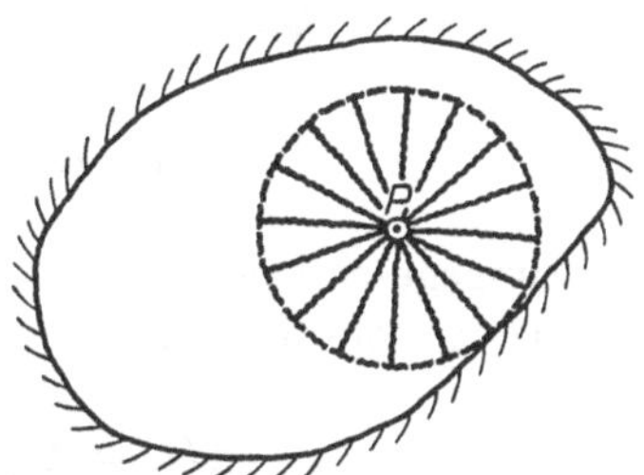

Abb. 7.3/3
Fließgelenklinienfigur für eine eingespannte Platte mit einer Einzellast

$$P \leqq 4\pi M_0 = \max P. \qquad (7.3.2/11)$$

Wenn ein Teil des Plattenrandes frei drehbar gestützt oder frei ist, kann ein Knick in der peripheren Fließgelenklinie auftreten. Die Dissipationsleistung in dem durch die Knickwinkel der peripheren Fließgelenklinie (die die Form einer logarithmischen Spirale hat oder dem Plattenrand folgt) gebildeten Plattensektor ist gemäß Gl. (7.3.2/9) zu berechnen.

7.3.2.2 Schichtweise orthotrope Platte

Die vorstehenden Ableitungen sind von Niepostyn [*9*] für orthogonal anisotrope Platten mit in allen zueinander parallelen Schnitten gleichbleibenden Grenzmomenten verallgemeinert worden. Bei Annäherung der gekrümmten negativen Fließgelenklinie durch einen Sekantenzug (Abb. 7.3/4) wird die Dissipationsleistung für einen Abschnitt von der Länge Δs_i bei Verwendung der in Gl. (7.1.6/2) definierten Bezeichnungen für die Grenzmomenten-Verhältniswerte für eine vertikale Ein-

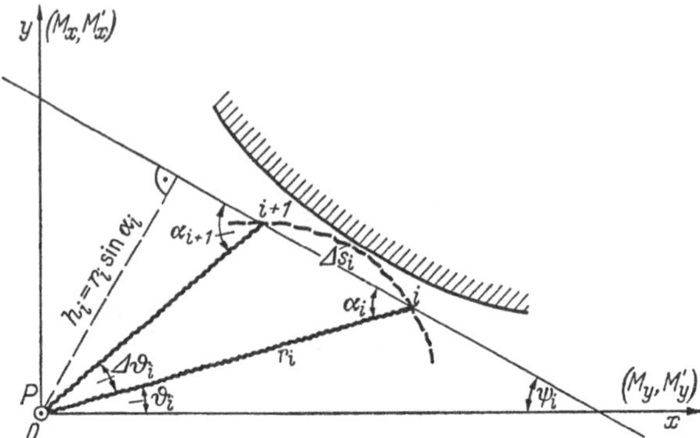

Abb. 7.3/4 Geometrische Beziehungen der polygonalen Näherung für das Fließgelenklinienfeld einer eingespannten orthotropen Platte

senkungsgeschwindigkeit der Lasteintragungsstelle im Koordinatenursprung vom Betrage $\dot{w}_0 = 1$ durch die Gleichung

$$\Delta D_l' = M_y \Lambda_y' \frac{\cos^2\psi_i + \Lambda' \sin^2\psi_i}{r_i \sin\alpha_i} \Delta s_i$$

gegeben [vgl. Gl. (6.4.2/1)]. Beim Grenzübergang $\Delta s_i \to ds = r\,d\vartheta/\sin\alpha$ erhält man für die differentiale Dissipationsleistung:

$$d D_l' = M_y \Lambda_y' \frac{\cos^2\psi + \Lambda' \sin^2\psi}{\sin^2\alpha} d\vartheta, \tag{7.3.2/12}$$

woraus sich unter Verwendung der Beziehung $\frac{1}{\sin^2\alpha} = 1 + \frac{r'^2}{r^2}$, Gl. (7.2.1/5), und bei Formulierung der Termen mit ψ als Funktion von ϑ der folgende Ausdruck für die Dissipationsleistung längs der peripheren Fließgelenklinie ableitet:

$$D_l' = M_y \int_{\vartheta_1}^{\vartheta_2} \Lambda_y' \times$$
$$\times \left[\frac{r'^2}{r^2}(\cos^2\vartheta + \Lambda' \sin^2\vartheta) - \frac{r'}{r}(1 - \Lambda')\sin 2\vartheta + \Lambda' \cos^2\vartheta + \sin^2\vartheta\right] d\vartheta. \tag{7.3.2/13}$$

Für die eingespannte schichtweise orthotrope Platte wird die gesamte Dissipationsleistung, die sich aus dem längs der negativen Umfangsfließgelenklinie wirkenden Anteil, Gl. (7.3.2/13), und dem in dem positiven radialen Fließgelenkfeld wirksamen Anteil, Gl. (7.2.1/9), zusammensetzt, durch das Integral

$$D = D_l' + D_S = M_0 \int_{\vartheta_1}^{\vartheta_2} \left\{ \Lambda_y' \left[\frac{r'^2}{r^2} (\cos^2\vartheta + \Lambda' \sin^2\vartheta) - \frac{r'}{r} (1 - \Lambda') \sin 2\vartheta + \right.\right.$$

$$\left.\left. + \Lambda' \cos^2\vartheta + \sin^2\vartheta \right] + (\cos^2\vartheta + \Lambda \sin^2\vartheta) \left(1 + 2\frac{r'^2}{r^2} - \frac{r''}{r}\right) \right\} d\vartheta \tag{7.3.2/14}$$

gegeben. Das Auffinden des Minimums der Funktion Gl. (7.3.2/14) entspricht der Lösung der Eulerschen Gleichung (7.2.4/1).

Nach der Berechnung der Ableitungen des Integranden F aus Gl. (7.3.2/14) und Einsetzen in die Extremalbedingung erhält man eine Differentialgleichung 2. Ordnung

$$r'^2 - r'' r + \frac{(1 - \Lambda')\Lambda_y' + (1 - \Lambda)}{(1 + \Lambda_y')\cos^2\vartheta + (\Lambda_y' \Lambda' + \Lambda)\sin^2\vartheta} (r' r \sin 2\vartheta + r^2 \cos 2\vartheta) = 0, \tag{7.3.2/15}$$

deren allgemeines Integral die Funktion

$$r = \frac{1}{\sqrt{(1 + \Lambda_y')\cos^2\vartheta + (\Lambda_y' \Lambda' + \Lambda)\sin^2\vartheta}} \exp \frac{C_1}{\sqrt{(1 + \Lambda_y')(\Lambda_y' \Lambda' + \Lambda)}} \times$$

$$\times \arctan\left(\sqrt{\frac{\Lambda_y' \Lambda' + \Lambda}{\Lambda_y' + 1}} \tan\vartheta\right) + C_2 \tag{7.3.2/16}$$

ist. Im Falle gleicher Orthotropie in beiden Schichten, $\Lambda' = \Lambda$, vereinfacht sich das allgemeine Integral zu

$$r = \frac{1}{\sqrt{\cos^2\vartheta + \Lambda \sin^2\vartheta}} \, e^{\frac{C_1}{\sqrt{\Lambda}} \arctan(\sqrt{\Lambda} \tan\vartheta) + C_2} \tag{7.3.2/17}$$

Das allgemeine Integral stellt eine zweiparametrische Spiralenfamilie dar. Wenn sich die periphere Fließgelenklinie schließen kann, ist $C_1 = 0$, und die Gl. (7.3.2/16) stellt eine geschlossene Fließgelenklinie von der Form einer Ellipse dar:

$$r = \frac{A}{\sqrt{(1 + \Lambda_y')\cos^2\vartheta + (\Lambda_y' \Lambda' + \Lambda)\sin^2\vartheta}}. \tag{7.3.2/18}$$

Die Größen der Ellipsenhalbachsen werden durch die folgenden Gleichungen bestimmt:

$$a = \frac{A}{\sqrt{1 + \Lambda_y'}}; \qquad b = \frac{A}{\sqrt{\Lambda_y' \Lambda' + \Lambda}}; \qquad \frac{b}{a} = \sqrt{\frac{1 + \Lambda_y'}{\Lambda_y' \Lambda' + \Lambda}}. \tag{7.3.2/19}$$

Für den Sonderfall $\Lambda' = \Lambda$ (gleiche Orthotropie in beiden Schichten) ist

$$r = \frac{A}{\sqrt{\cos^2\vartheta + \Lambda \sin^2\vartheta}}, \qquad \frac{b}{a} = \frac{1}{\sqrt{\Lambda}}. \tag{7.3.2/20}$$

Einsetzen von Gl. (7.3.2/18) in die Gleichung für die Dissipationsleistung längs der negativen Fließgelenklinie, Gl. (7.3.2/13), ergibt bei Verwendung der Beziehung $z = \cot\vartheta$, und für $\dot{w}_0 = 1$:

$$D_l' = M_y' \left[\frac{(a^2 - \Lambda' b^2)\, z}{2(a^2 + b^2 z^2)} - \frac{a^2 + \Lambda' b^2}{2ab} \operatorname{arc\,cot} \frac{b\,z}{a} \right]_{\cot\vartheta_2}^{\cot\vartheta_1}. \tag{7.3.2/21}$$

Im Falle einer vollständig geschlossenen Ellipse ist

$$D_l' = M_y' \pi \frac{a^2 + \Lambda' b^2}{a\,b} = \pi M_y' \frac{\Lambda + \Lambda' + 2\Lambda' \Lambda_y'}{\sqrt{(1 + \Lambda_y')(\Lambda' \Lambda_y' + \Lambda)}}. \tag{7.3.2/22}$$

Außer der Leistung der inneren Kräfte längs der negativen Fließgelenklinie ist auch die Leistung längs der positiven radialen Fließgelenklinien zu berücksichtigen. Einsetzen der Gl. (7.3.2/18) in Gleichung (7.2.1/9) liefert die Gleichung

$$D_S = M_0 \left[\frac{(\Lambda b^2 - a^2)\, z}{2(a^2 + b^2 z^2)} - \frac{a^2 + \Lambda b^2}{2ab} \operatorname{arc\,cot} \frac{b\,z}{a} \right]_{\cot\vartheta_2}^{\cot\vartheta_1}. \tag{7.3.2/23}$$

Addition der Gln. (7.3.2/21) und (7.3.2/23) ergibt die vollständige Dissipationsleistung längs der negativen und positiven Fließgelenklinien für orthotrope Platten, deren Orthotropiekoeffizienten durch die Beziehungen Gl. (7.1.6/2) angegeben werden, für den Fall, daß die negative Fließgelenklinie eine geschlossene Kurve, d. h. eine Ellipse ist:

$$D = D_l' + D_S = M_0 \left[\frac{A\,z}{\frac{a^2}{b^2} + z^2} - B \operatorname{arc\,cot} \frac{b\,z}{a} \right]_{\cot\vartheta_2}^{\cot\vartheta_1}. \tag{7.3.2/24}$$

In diese Gleichung sind die folgenden Bezeichnungen eingeführt:

$$\left.\begin{aligned} A &= \frac{\Lambda_y' a^2 - \Lambda_y' \Lambda' b^2}{2b^2} + \frac{\Lambda b^2 - a^2}{2b^2} = \frac{\Lambda_y'(\Lambda - \Lambda')}{1 + \Lambda_y'}, \\ B &= \frac{\Lambda_y'(a^2 + \Lambda' b^2)}{2ab} + \frac{a^2 + \Lambda b^2}{2ab} = \sqrt{(1 + \Lambda_y')(\Lambda + \Lambda_y' \Lambda')}. \\ \frac{a^2}{b^2} &= \frac{\Lambda + \Lambda_y' \Lambda'}{1 + \Lambda_y'}. \end{aligned}\right\} \tag{7.3.2/25}$$

Im Falle $\Lambda' = \Lambda$ ist

$$D = M_0 (1 + \Lambda_y') \sqrt{\Lambda} \operatorname{arc\,cot} \frac{z}{\sqrt{\Lambda}} \Bigg|_{\cot\vartheta_1}^{\cot\vartheta_2}. \tag{7.3.2/26}$$

Gleichsetzung der virtuellen Leistung der inneren und äußeren Kräfte für ein von einer Umfangsfließgelenklinie in Form einer geschlossenen Ellipse umschlossenes Fließgelenkfeld ergibt für die Grenzlastintensität den Wert:

$$P = 2\pi M_0 \sqrt{(1 + \Lambda_y')(\Lambda + \Lambda_y' \Lambda')}; \tag{7.3.2/27}$$

bei Isotropie $\Lambda = \Lambda' = \Lambda_y' = 1$ reduziert sich dieser Ausdruck auf Gl. (7.3.2/10). Für die durch Gl. (7.3.2/14) ausgedrückte Dissipationsleistung im Falle der für schichtweise gleiche Orthotropie, $\Lambda' = \Lambda$, durch Gl. (7.3.2/17) beschriebenen Spirale erhält man

$$D = M_0 \frac{(1 + \Lambda'_\psi)(\Lambda + C_1^2)}{\sqrt{\Lambda}} \operatorname{arc\,cot} \frac{\cot\vartheta}{\sqrt{\Lambda}} \Big|_{\vartheta_1}^{\vartheta_2}. \qquad (7.3.2/28)$$

Setzt man für die in der allgemeinen Gl. (7.3.2/17) auftretende Integrationskonstante den Wert $C_1 = 0$, so ergibt sich die Ellipsengleichung (7.3.2/20), und die Gl. (7.3.2/28) für die Dissipationsleistung reduziert sich auf Gl. (7.3.2/26).

Im Falle schichtweiser Isotropie, d. h. $\Lambda = \Lambda' = 1$, erhält man

$$D = M_0(1 + \Lambda'_\psi)(1 + C_1^2)(\vartheta_2 - \vartheta_1) \qquad (7.3.2/29)$$

als Ausdruck der Dissipationsleistung für eine logarithmische Spirale, die entsprechend Gl. (7.3.2/8) beschrieben wird.

7.3.3 Unterbrochene periphere Fließgelenklinien

Wenn eine periphere Fließgelenklinie auf einen frei drehbar gestützten Plattenrand auftrifft, so wird sie dort unterbrochen. Im folgenden wird eine Anzahl von Fällen behandelt, bei denen sich Bruchfiguren mit unterbrochenen peripheren Fließgelenklinien ausbilden. Derartige Fälle sind zuerst von Rzhanitsyn [3, 11] untersucht worden.

7.3.3.1 Einzellast nahe eines frei drehbar gestützten geraden Plattenrandes

Abb. 7.3/5 zeigt die Bruchfigur einer isotropen Platte, die sich unter der Grenzlastintensität einer dicht an einem frei drehbar gestützten, geraden Plattenrande wirkenden Einzellast P ausbildet. Die Art der Stützung der entfernteren Abschnitte der Plattenberandung ist dabei ohne Einfluß auf die Form der Bruchfigur.

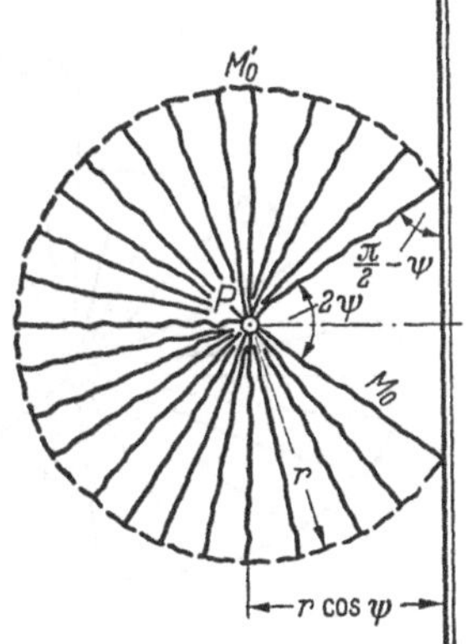

Abb. 7.3/5 Partielles Versagen einer isotropen Platte mit einer nahe eines frei drehbar gestützten geraden Randes angreifenden Einzellast

Da ein symmetrischer Belastungsfall vorliegt, muß die entstehende periphere Fließgelenklinie ebenfalls symmetrische Form haben. Das bedeutet, daß die Umfangsfließgelenklinie ein Kreisbogen ist. Der Untersuchung wird der einfachste Fall: $|M'_0| = M_0$, zugrunde gelegt.

Der halbe Zentriwinkel des zum Plattenrand hin entstehenden Sektors wird mit ψ bezeichnet. Die Gleichung der virtuellen Geschwindigkeiten für die beiden unter dem Winkel 2ψ zum Plattenrand laufenden

Fließgelenklinien lautet

$$P_1 r \cos\psi = 2 M_0 r \sin\psi, \qquad (7.3.3/1)$$

für Fließgelenkfeld und periphere Fließgelenklinie gilt die Gleichung

$$P_2 r = 2 M_0 r (2\pi - 2\psi). \qquad (7.3.3/2)$$

Der Wert der Grenzlast P folgt aus der Addition der Ausdrücke für P_1 und P_2:

$$P = 4 M_0 (\pi - \psi) + 2 M_0 \tan\psi. \qquad (7.3.3/3)$$

Der Winkel ψ ergibt sich aus der Minimalbedingung für die Grenzlastintensität:

$$\frac{dP}{d\psi} = -4 M_0 + \frac{2 M_0}{\cos^2\psi} = 0; \qquad (7.3.3/4)$$

es folgt

$$2\cos^2\psi = 1, \qquad \psi = \frac{\pi}{4}. \qquad (7.3.3/5)$$

Somit trifft die periphere Fließgelenklinie bei einer isotropen Platte unter einem Winkel von 45° auf einen frei drehbar gestützten Rand auf.

Einsetzen dieses Wertes $\psi = \pi/4$ in Gl. (7.3.3/3) liefert für die Grenzlastintensität den Wert:

$$P = M_0 (3\pi + 2) = 11{,}42 M_0. \qquad (7.3.3/6)$$

Bei einer nahe eines frei drehbar gestützten geraden Randes in eine orthotrope Platte eingetragenen Last P ist die Form der peripheren Fließgelenklinie von der Richtung des gelenkig gelagerten Randes in bezug auf die Orthotropieachsen abhängig.

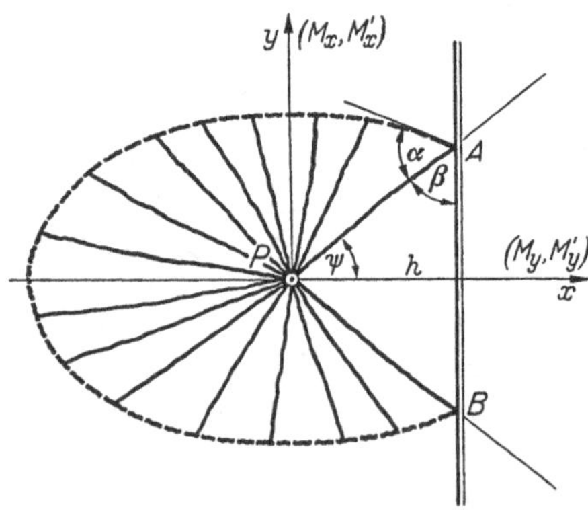

Abb. 7.3/6 Partielles Versagen einer orthotropen Platte mit einer nahe eines frei drehbar gestützten geraden Randes angreifenden Einzellast

Betrachtet wird der folgende Fall: Die Einzellast wird in der Nähe des frei drehbar gestützten Randes eingetragen, der in Richtung der y-Achse (Hauptachse der Orthotropie) verläuft (Abb. 7.3/6). Die negative Fließgelenklinie trifft unter einem bestimmten Winkel auf diesen Rand auf, der von dem Orthotropieverhältnis abhängt. Die Dissipationsleistung längs der negativen Fließgelenklinie sowie längs der radialen Fließgelenklinien wird bei einer Einsenkungsgeschwindigkeit $\dot{w}_0 = 1$ aus Gl. (7.3.2/24) berechnet. Dazu ist noch die Dissipationsleistung in den Fließgelenklinien OA und OB zu addieren, für die die Gleichung

$$D_l = 2 M_x \frac{h}{\cot\psi} \frac{1}{h} \qquad (7.3.3/7)$$

gilt. Nach Einsetzen von $\vartheta_1 = \psi$ und $\vartheta_2 = \pi$ in Gl. (7.3.2/24), Verdopplung und Addition von D_l, ergibt sich der Wert der Gesamtdissipationsleistung für den betrachteten Fall [9]:

$$D = 2M_y\left[\frac{A z}{\frac{a^2}{b^2} + z^2} + B\left(\pi - \operatorname{arc\,cot}\frac{b z}{a}\right) + \frac{\Lambda}{z}\right]; \qquad (7.3.3/8)$$

dabei bedeutet: $z = \cot\psi$; A und B werden durch Gl. (7.3.2/25) gegeben. Die Minimalbedingung für die Grenzlastintensität P führt zu der Gleichung:

$$b^2(a^2 - \Lambda b^2 + \Lambda'_y \Lambda' b^2) z^4 + a^2(\Lambda'_y a^2 - \Lambda b^2) z^2 - \Lambda a^4 = 0, \qquad (7.3.3/9)$$

in der die Orthotropiekoeffizienten die in Gl. (7.1.6/2) definierte Bedeutung haben.

Im Falle gleicher Orthotropie in der oberen und unteren Schicht, $\Lambda' = \Lambda$, erhält man nach Einsetzen der Werte a und b gemäß Gleichung (7.3.2/19) die Gleichung

$$\Lambda'_y z^4 - \Lambda(1 - \Lambda'_y) z^2 - \Lambda^2 = 0, \qquad (7.3.3/10)$$

deren Wurzeln die Werte

$$z = \cot\psi = \pm\sqrt{\frac{\Lambda}{\Lambda'_y}} \qquad (7.3.3/11)$$

sind. Der Winkel zwischen Radiusstrahl und peripherer Fließgelenklinie am Plattenrand, $\alpha = \operatorname{arc\,tan}\frac{r}{r'}$, ist aus Gl. (7.3.2/18) mit $\vartheta = \psi$ zu berechnen. Einsetzen des Wertes für z in Gl. (7.3.3/8) und Gleichsetzung mit der Leistung der äußeren Kräfte ergibt:

$$P = 2M_y\sqrt{\Lambda}\left[(1 + \Lambda'_y)\left(\pi - \operatorname{arc\,cot}\frac{1}{\sqrt{\Lambda'_y}}\right) + \sqrt{\Lambda'_y}\right]. \qquad (7.3.3/12)$$

Bei der weiteren Einschränkung $\Lambda'_y = 1$ erhält man mit $M_y = M_0$:

$$P = M_0\sqrt{\Lambda}\,(3\pi + 2). \qquad (7.3.3/13)$$

7.3.3.2 Einzellast nahe eines frei drehbar gestützten gekrümmten Plattenrandes

Betrachtet wird eine isotrope Platte mit frei drehbar gestützter Berandung, die symmetrisch zu einer Achse $\vartheta = 0$ ist und die Polarkoordinatengleichung $r = r(\vartheta)$ hat. Der Eintragungspunkt der Einzellast P befindet sich im Koordinatenursprung O (Abb. 7.3/7). Die kreisförmige periphere Fließgelenklinie beginnt am Punkte A, ihr Pol fällt mit dem Punkt O zusammen. Die Grenzlastintensität folgt aus Gl. (7.3.2/9) mit $\tan\varphi = 0$ in Verbindung mit Gl. (6.6.2/23) mit $\cot\beta + \cot\frac{\pi}{2} = \cot\beta = \frac{r'(\vartheta_0)}{r(\vartheta_0)}$, wobei β der Winkel ist, den die Tangente an die periphere Fließgelenklinie im Punkte A mit dem Radiusstrahl einschließt, und aus Gl. (7.2.1/7):

$$P = 2M_0\left[2\pi - 2\vartheta_0 + \frac{r'(\vartheta_0)}{r(\vartheta_0)} + \int\limits_0^{\vartheta_0}\left(1 + 2\frac{r'^2}{r^2} - \frac{r''}{r}\right)d\vartheta\right]. \qquad (7.3.3/14)$$

Die Größe des Winkels β ergibt sich aus der Minimalbedingung für P:

$$\frac{dP}{d\vartheta_0} = 2M_0\left[-2 + \frac{r(\vartheta_0)\,r''(\vartheta_0) - r'^2(\vartheta_0)}{r^2(\vartheta_0)} + 1 + 2\frac{r'^2(\vartheta_0)}{r^2(\vartheta_0)} - \frac{r''(\vartheta_0)}{r(\vartheta_0)}\right] = 0, \qquad (7.3.3/15)$$

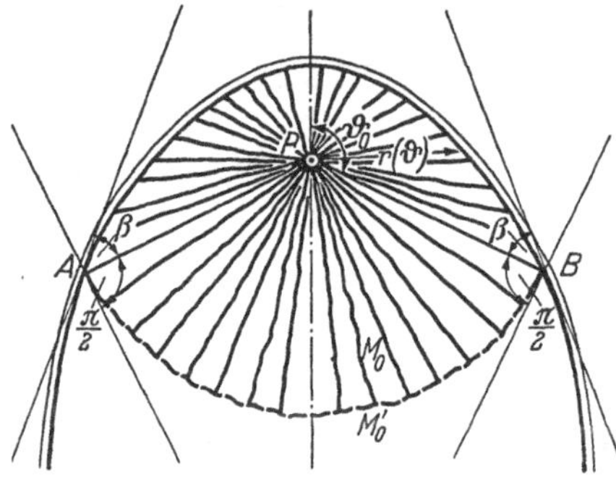

Abb. 7.3/7 Partielles Versagen einer isotropen Platte mit einer nahe eines frei drehbar gestützten gekrümmten Randes auf der Symmetrieachse angreifenden Einzellast

die sich zu

$$-1 + \frac{r'^2(\vartheta_0)}{r^2(\vartheta_0)} = 0$$

vereinfacht. Mit $\frac{r'(\vartheta_0)}{r(\vartheta_0)} = \cot\beta$ erhält man:

$$\beta = \frac{\pi}{4}. \qquad (7.3.3/16)$$

Somit schließen Radiusvektor und Tangente an den Plattenrand am Punkte A ähnlich wie im Falle des geraden Plattenrandes einen Winkel von $\frac{\pi}{4}$ ein, und die kreisförmige periphere Fließgelenklinie trifft den Plattenrand unter einem Winkel von $\frac{3}{4}\pi$ bzw. $\frac{\pi}{4}$.

7.3.3.3 Einzellast nahe einer frei drehbar gestützten isotropen Plattenecke

Bei Belastung einer frei drehbar gestützten spitzwinkligen isotropen Platte durch eine auf der Winkelhalbierenden in der Nähe des Schnittpunktes der Plattenränder angreifende Einzellast bildet sich das in Abb. 7.3/8a dargestellte Geschwindigkeitsfeld aus. Die Grenzlastintensität P setzt sich aus drei Anteilen P_1, P_2 und P_3 zusammen, für die die folgenden Gleichungen der virtuellen Leistung bzw. des Grenzgleichgewichtes gelten: Für Fließgelenksektorfeld und Umfangsfließgelenklinie mit dem Zentriwinkel φ_1:

$$P_1 = 2M_0\,\varphi_1, \qquad (7.3.3/17\,\mathrm{a})$$

für Fließgelenkfeld und Umfangsfließgelenklinie mit dem Zentriwinkel φ_2:

$$P_2 = 2M_0\,\varphi_2, \qquad (7.3.3/17\,\mathrm{b})$$

und für die vier radialen Fließgelenklinien, die die beiden Sektoren der Bruchfigur begrenzen:

$$2P_3 r\cos\psi = 4M_0 r\sin\psi. \qquad (7.3.3/17\,\mathrm{c})$$

Addition dieser drei Gleichungen liefert die Beziehung für die Grenzlastintensität:

$$P = 2M_0(\varphi_1 + \varphi_2 + 2\tan\psi) = 2M_0(2\pi - 4\psi + 2\tan\psi). \qquad (7.3.3/18)$$

Die Größe des Winkels ψ folgt aus der Minimalbedingung für die Grenzlastintensität zu $\psi = \frac{\pi}{4}$. Einsetzen dieses Wertes für ψ in Gl. (7.3.3/18) ergibt für die Grenzlastintensität den Wert

$$P = 2M_0(\pi + 2) = 10{,}28 M_0, \quad \gamma \leqq \frac{\pi}{2}. \qquad (7.3.3/19)$$

Dies ist der gleiche Wert wie im Falle des in Abschn. 7.3.3.4 behandelten, durch eine Einzellast auf der Mittellinie belasteten Plattenstreifens. Das bedeutet, daß P im Bereich $\gamma \leqq \pi/2$ unabhängig vom Winkel γ ist.

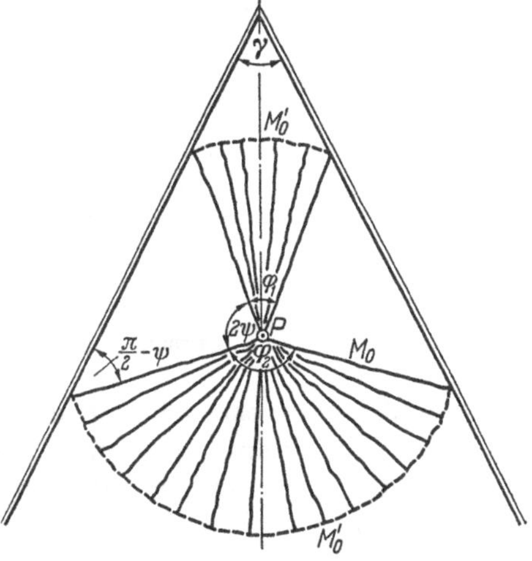

Abb. 7.3/8a Fließgelenklinienfigur für eine auf der Winkelhalbierenden belastete, frei drehbar gestützte spitzwinklige Plattenecke

Bei einer rechtwinkligen Plattenecke schrumpft das innere sektorförmige Fließgelenkfeld zu einer zum Winkelscheitel verlaufenden Fließgelenklinie zusammen; für die Grenzlastintensität gilt Gl. (7.3.3/19). Die Bruchfigur einer Platte mit $\gamma > \pi/2$ entspricht der für $\gamma = \pi/2$ (Abb. 7.3/8b). Die Gleichungen der virtuellen Leistung für Fließgelenksektorfeld und -linie lauten:

$$P_1 = 2M_0\left(\frac{\pi}{2} + \gamma\right), \qquad (7.3.3/20\,\mathrm{a})$$

$$P_2 = 2M_0\left(\cot\frac{\gamma}{2} + \cot\frac{\pi}{4}\right). \qquad (7.3.3/20\,\mathrm{b})$$

Durch Addition dieser beiden Gleichungen ergibt sich der Wert der Grenzlastintensität:

$$P = 2M_0\left(1 + \frac{\pi}{2} + \gamma + \cot\frac{\gamma}{2}\right), \quad \gamma > \frac{\pi}{2}. \qquad (7.3.3/21)$$

Für $\gamma = \pi$ reduziert sich dieser Ausdruck auf Gl. (7.3.3/6).

Die Grenzlastintensität für eine im Schwerpunkt durch eine Einzellast belastete gleichseitige Dreieckplatte ergibt sich nach Gl. (6.6.2/25) zu

$$P = M_0\left(2 \cdot 3 \tan\frac{\pi}{3}\right) = 6\sqrt{3}\,M_0 = 10{,}39\,M_0 .$$

Abb. 7.3/9a zeigt die dieser Grenzlastintensität zugehörige Fließgelenklinienfigur. Diese Bruchfigur tritt jedoch nicht ein; denn es läßt sich ein

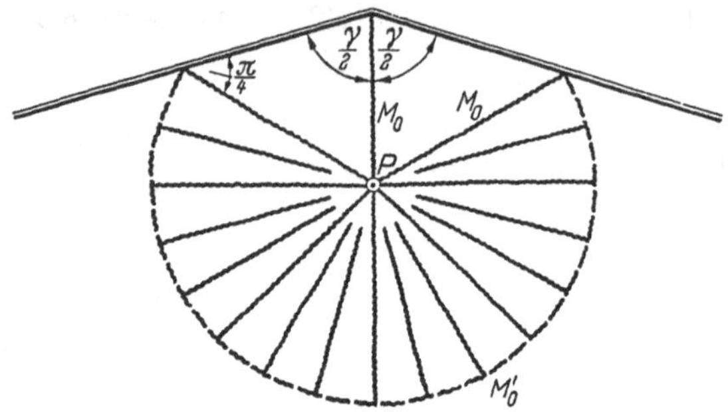

Abb. 7.3/8b Fließgelenklinienfigur für eine auf der Winkelhalbierenden belastete, frei drehbar gestützte stumpfwinklige Plattenecke

noch niedrigerer Lastwert bestimmen, der sich aus der in Abb. 7.3/9b dargestellten Bruchfigur herleitet. Der Anteil der Grenzlast, den die sektorförmigen Fließgelenkfelder mit der Umfangsfließgelenklinie aufnehmen, ist

$$P_1 = M_0\left(3 \cdot 2\,\frac{\pi}{6}\right); \tag{7.3.3/22a}$$

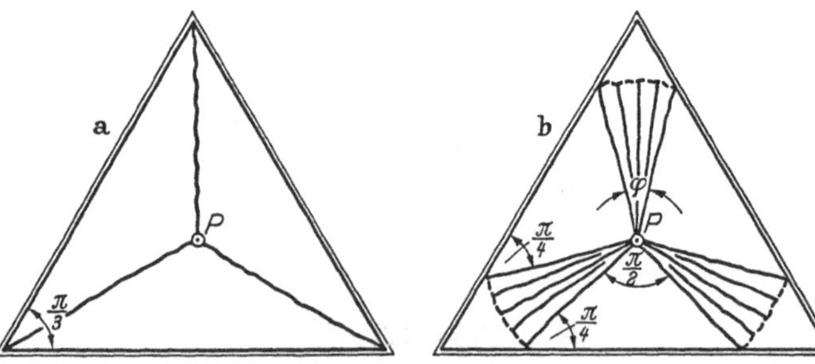

Abb. 7.3/9 Mögliche Fließgelenklinienfiguren für eine frei drehbar gestützte gleichseitige Dreieckplatte unter mittiger Einzellast

die gleichseitig rechtwinkligen Plattenteile nehmen den Anteil

$$P_2 = 6\,M_0 \cot\frac{\pi}{4} = 6\,M_0 \tag{7.3.3/22b}$$

auf. Addition dieser beiden Anteile ergibt den Wert der Grenzlastintensität:

$$P = M_0(\pi + 6) = 9{,}14\,M_0 . \tag{7.3.3/23}$$

Im Falle einer durch eine unsymmetrisch eingetragene Einzellast belasteten rechtwinkligen Plattenecke bilden sich ein von einer logarithmischen Spirale begrenztes Fließgelenklinienfeld und drei vom Lasteintragungspunkt zur Plattenecke und zu den Punkten A und B verlaufende Fließgelenklinien aus (Abb. 7.3/10) [*11*]. Wie in Abschn. 7.3.3.1 abgeleitet, schneidet die periphere Fließgelenklinie die frei drehbar gestützten Plattenseiten unter $\pi/4$. Die Gleichung der Umfangsfließgelenklinie im Polarkoordinatensystem mit dem Ursprung im Punkte der Lasteintragung wird durch Gl. (7.3.2/8) gegeben. Der Winkel ψ zwischen der Tangente an die logarithmische Spirale und dem Radiusvektor hat an allen Punkten den gleichen Wert, der aus der Beziehung

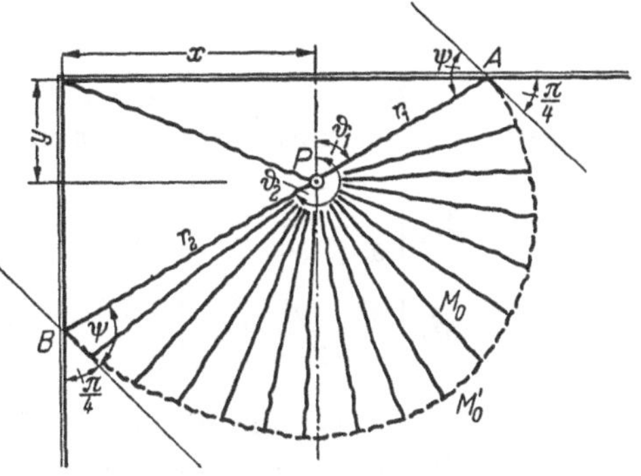

Abb. 7.3/10 Fließgelenklinienfigur für eine asymmetrisch belastete Plattenecke

$$\tan\psi = \frac{r}{r'} = \frac{1}{C} \tag{7.3.3/24}$$

hervorgeht. Im Punkte A gilt für die Variable ϑ:

$$\vartheta_1 = \frac{\pi}{2} - \left(\psi - \frac{\pi}{4}\right) = \frac{3}{4}\pi - \psi, \tag{7.3.3/25}$$

im Punkte B gilt entsprechend

$$\vartheta_2 = 2\pi - \left(\psi + \frac{\pi}{4}\right) = \frac{7}{4}\pi - \psi = \vartheta_1 + \pi. \tag{7.3.3/26}$$

Es folgt, daß $\vartheta_2 - \vartheta_1 = \pi$, d. h., die Richtungen der Radiusvektoren $r_1 = \overrightarrow{OA}$ und $r_2 = \overrightarrow{OB}$ stimmen mit entgegengesetztem Vorzeichen überein. Es ergibt sich

$$\frac{r_2}{r_1} = e^{C(\vartheta_2 - \vartheta_1)} = e^{\pi C}, \tag{7.3.3/27}$$

und mit $r_1 = y/\cos\vartheta_1$, $r_2 = x/\sin(\vartheta_2 - \pi)$ folgt

$$\frac{x}{y}\cot\left(\frac{3}{4}\pi - \psi\right) = e^{\pi\cot\psi}. \tag{7.3.3/28}$$

Unter Berücksichtigung, daß

$$\cot\left(\frac{3}{4}\pi - \psi\right) = \frac{1 - \cot\psi}{1 + \cot\psi} = \frac{1 - C}{1 + C},$$

erhält man anstelle von Gl. (7.3.3/28):

$$\frac{x}{y}\,\frac{1-C}{1+C} = e^{\pi C}. \tag{7.3.3/29}$$

Aus dieser transzendenten Gleichung kann $C < 1$ ermittelt werden. Für die Grenzlastintensität ergibt sich im betrachteten Falle mit $\Lambda_0' = 1$:

$$P = M_0\left[\frac{x}{y} + \frac{y}{x} + \cot\left(\frac{\pi}{2} - \vartheta_1\right) + \cot(\vartheta_2 - \pi) + 2\pi(1 + C^2)\right]$$

$$P = M_0\left[\frac{x^2+y^2}{x\,y} + 2\,\frac{1+C^2}{1-C^2} + 2\pi(1 + C^2)\right]. \tag{7.3.3/30}$$

Austausch von x/y für y/x in Gl. (7.3.3/29) ergibt die gleiche Wurzel der Gleichung, jedoch mit entgegengesetztem Vorzeichen. Im Falle $x = y$ nimmt Gl. (7.3.3/29) die Form

$$\frac{1-C}{1+C} = e^{\pi C} \tag{7.3.3/31}$$

an. Die Wurzel dieser Gleichung ist $C = 0$, so daß die logarithmische Spirale sich auf einen Kreisbogen reduziert und für die Grenzlastintensität, infolge $\cot\psi = 0$, $\psi = \pi/2$, der durch Gleichung (7.3.3/19) gegebene Ausdruck resultiert.

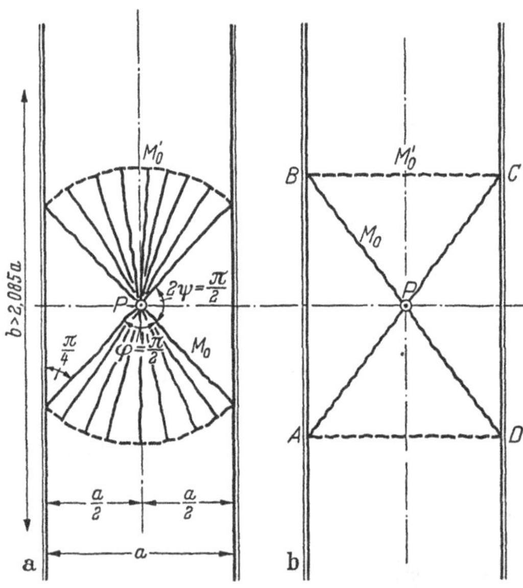

Abb. 7.3/11 Mögliche Fließgelenkfiguren für einen auf der Mittelachse belasteten isotropen Plattenstreifen

7.3.3.4 Symmetrisch belastete Platten mit großem Seitenverhältnis

Bei Belastung eines an den beiden parallelen Seiten frei drehbar gestützten isotropen Plattenstreifens durch eine in der Mittellinie angreifende Einzellast bildet sich im Zustand der Grenztragfähigkeit die in Abb. 7.3/11 a dargestellte, aus zwei Sektoren bestehende Bruchfigur aus. Die von den peripheren Fließgelenklinien begrenzten sektorförmigen Geschwindigkeitsfelder haben die Zentriwinkel $\varphi = \pi/2$. Die Gleichung der virtuellen Leistung ergibt für die Grenzlastintensität:

$$P = M_0\left(4\cot\frac{\pi}{4} + 4\,\frac{\pi}{2}\right) = 2M_0(2+\pi) = 10{,}28M_0. \quad (7.3.3/32)$$

Bei geradlinigen Begrenzungen des Geschwindigkeitsfeldes, wie in Abb. 7.3/11b dargestellt, ergibt sich der Minimalwert der Grenzlastintensität für das Verhältnis $AB/AD = \sqrt{2}$ zu $P = 11{,}31\,M_0$, was den durch Gl. (7.3.3/32) gegebenen Wert übersteigt. Die linke Bruchfigur ergibt also die niedrigere obere Eingrenzung für die Grenzlastintensität.

Die Gültigkeitsgrenze der Ausdrücke Gl. (6.6.2/28) und Gl. (7.3.3/32) für die Grenzlastintensität von frei drehbar gestützten Rechteckplatten bei Belastung durch eine mittige Einzellast folgt aus der Gleichsetzung dieser beiden Ausdrücke:

$$4\left(\frac{a}{b} + \frac{b}{a}\right) = 10{,}28. \quad (7.3.3/33)$$

Für das kritische Seitenverhältnis b/a ergibt sich daraus die Beziehung

$$\left(\frac{b}{a}\right)^2 - 2{,}565\,\frac{b}{a} + 1 = 0, \quad (7.3.3/34)$$

woraus folgt:

$$\frac{b}{a} = 1{,}283 \pm 0{,}802. \quad (7.3.3/35)$$

Die beiden Lösungen sind einander reziproke Werte. Bei Seitenverhältnissen

$$b > 2{,}085a \quad \text{oder} \quad a < 0{,}481b$$

bildet sich die Gl. (7.3.3/32) entsprechende Bruchfigur aus; im umgekehrten Falle entsteht die Gl. (6.6.2/28) zugehörige Bruchfigur mit von der Lasteintragungsstelle zu den Plattenecken verlaufenden geradlinigen Fließgelenklinien.

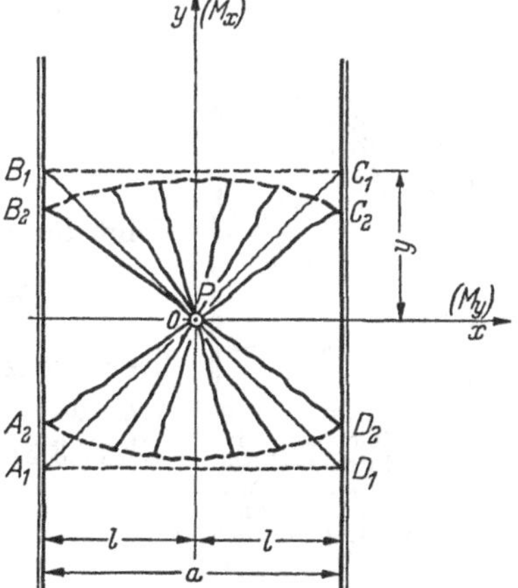

Abb. 7.3/12 Mögliche Fließgelenklinienfiguren für einen auf der Mittelachse belasteten orthotropen Plattenstreifen

Im folgenden wird der allgemeinere Fall eines orthotropen Plattenstreifens (Abb. 7.3/12) mit der plastischen Struktur $\Lambda = M_x/M_y > 1$ und $\Lambda = \Lambda'$ untersucht. Betrachtet werden zwei Fließgelenklinienfiguren: Die erste wird von dem Diagonalenviereck $A_1B_1C_1D_1$ gebildet, die zweite von den elliptischen Abschnitten A_2D_2, B_2C_2, sowie von den Linien A_2C_2 und B_2D_2. Für den ersten Fall des Vierecks $A_1B_1C_1D_1$ ergibt sich für die Dissipationsleistung auf Grund der Gl. (7.1.6/7):

$$
{}_1D = 4M_0\left(\frac{y}{l} + \frac{l}{y}\right)\frac{l^2 + \Lambda\, y^2}{l^2 + y^2} + 4\Lambda_y' M_0 \frac{l}{y} = 4M_0\left(\frac{l}{y} + \Lambda\frac{y}{l} + \Lambda_y'\frac{l}{y}\right). \tag{7.3.3/36}
$$

Der Ausdruck ${}_1D$ erreicht das Minimum bei $y = l\sqrt{\frac{1+\Lambda_y'}{\Lambda}}$ und ist dann gleich

$$
{}_{\min\,1}D = 8M_0\sqrt{\Lambda(1+\Lambda_y')}. \tag{7.3.3/37}
$$

Im Falle negativer ellipsenförmiger Fließgelenklinien wird die Dissipationsleistung nach Gl. (7.3.3/8) unter Berücksichtigung von Gl. (7.3.3/11) berechnet:

$$
{}_{\min\,2}D = 4M_0\sqrt{\Lambda}\left[(1+\Lambda_y')\left(\frac{\pi}{2} - \operatorname{arc\,cot}\frac{1}{\sqrt{\Lambda_y'}}\right) + \sqrt{\Lambda_y'}\right]. \tag{7.3.3/38}
$$

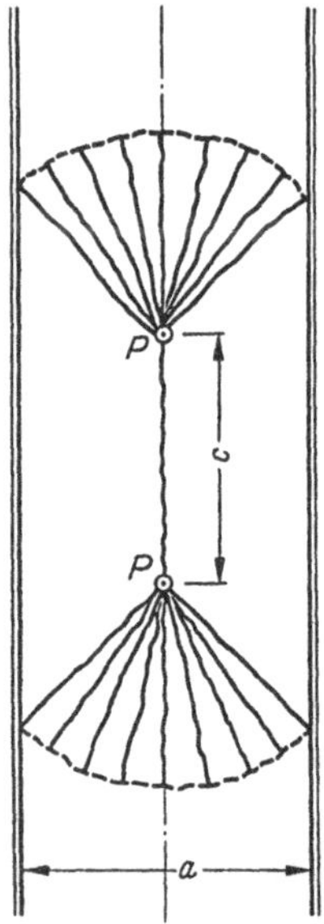

Abb. 7.3/13 Fließgelenklinienfigur für einen durch zwei Einzellasten auf der Mittelachse belasteten isotropen Plattenstreifen

Es ist leicht festzustellen, daß ${}_2D < {}_1D$, d. h., daß die Grenzlastintensität aus der Gleichung ${}_2D = L$ zu berechnen ist.

Wenn der Abstand zweier auf der Mittellinie eines frei drehbar gestützten Plattenstreifens angreifender gleich großer Einzellasten P einen Grenzwert c_0 nicht übersteigt, bildet sich das in Abb. 7.3/13 dargestellte Geschwindigkeitsfeld aus. Aus der Gleichung der virtuellen Leistung für eine virtuelle Einsenkungsgeschwindigkeit der Strecke c um den Betrag $\dot{w}_0 = 1$

$$
2P = M_0\left[\left(4\cot\frac{\pi}{4} + 2\cdot 2\frac{\pi}{2}\right) + c\,2\frac{1}{\frac{a}{2}}\right] \tag{7.3.3/39}
$$

folgt für die Grenzlastintensität der Ausdruck

$$
P = M_0\left(2 + \pi + 2\frac{c}{a}\right), \qquad c \geqq c_0. \tag{7.3.3/40}
$$

Der Grenzwert c_0, oberhalb dessen beide Lasten getrennt wirken, wird aus der Gleichsetzung von Gl. (7.3.3/32) und Gl. (7.3.3/40) erhalten [*8*]:

$$
c_0 = a\left(1 + \frac{\pi}{2}\right). \tag{7.3.3/41}
$$

7.3.3.5 Isotroper Plattenstreifen unter außermittiger Einzellast

Wenn die Last P nicht auf der Mittellinie eines isotropen Plattenstreifens, sondern außermittig eingetragen wird, bildet sich das in Abb. 7.3/14 dargestellte Geschwindigkeitsfeld aus [*11*]. Die Fließgelenklinienfelder werden von peripheren Fließgelenklinien von der Form logarithmischer Spiralen begrenzt, die durch Gl. (7.3.2/8) beschrieben werden. Der Winkel zwischen peripherer und radialer Fließgelenklinie ist an jedem Punkte $\psi = \text{const}$, und es ist $\cot\psi = C$. Aus Abb. 7.3/14 geht hervor:

$$\vartheta_1 = \frac{3}{4}\pi - \psi, \qquad \vartheta_2 = \frac{5}{4}\pi - \psi, \qquad \vartheta_2 - \vartheta_1 = \frac{\pi}{2}, \tag{7.3.3/42}$$

und es ist

$$r_1 = A e^{C\vartheta_1}, \qquad r_2 = A e^{C\vartheta_2}, \qquad \frac{r_2}{r_1} = e^{\frac{\pi}{2}C}. \tag{7.3.3/43}$$

Mit

$$r_1 = \frac{x}{\cos\vartheta_1} = \frac{x}{\cos\left(\frac{3}{4}\pi - \psi\right)}, \qquad r_2 = \frac{a-x}{\cos\vartheta_2} = \frac{a-x}{\sin\left(\frac{3}{4}\pi - \psi\right)},$$

$$\frac{r_2}{r_1} = \frac{a-x}{x}\cot\left(\frac{3}{4}\pi - \psi\right) \tag{7.3.3/44}$$

folgt aus Gl. (7.3.3/43) und Gl. (7.3.3/44)

$$\frac{a-x}{x}\cdot\frac{1-C}{1+C} = e^{\frac{\pi}{2}C}. \tag{7.3.3/45}$$

Der Wert der Grenzlastintensität ergibt sich zu

$$P = 2M_0\left[\cot\left(\psi - \frac{\pi}{4}\right) + \cot\left(\frac{3}{4}\pi - \psi\right) + \pi(1 + C^2)\right]$$

$$P = 2M_0(1 + C^2)\left(\frac{2}{1 - C^2} + \pi\right),$$

$$0{,}27a \leqq x \leqq 0{,}73a. \tag{7.3.3/46}$$

Für $x = a/2$ reduziert sich dieser Ausdruck auf Gl. (7.3.3/32), da $C = 0$. Der Gültigkeitsbereich von Gl. (7.3.3/46) ergibt sich aus der Gleichsetzung mit Gl. (7.3.3/6).

Bei der Eintragung einer Einzellast P nahe der kurzen Seite einer frei drehbar randgestützten langen schichtweise isotropen Rechteckplatte (Abb. 7.3/15) wird für den Sonderfall $\Lambda_0' = 1$ die Grenzlastintensität als Summe aus zwei Anteilen dargestellt, nämlich aus je der Hälfte der durch Gl. (6.6.2/27) und Gl. (7.3.3/46) gegebenen Werte, wobei in der ersteren Formel $a = 2x$ anstelle der tatsächlichen Länge

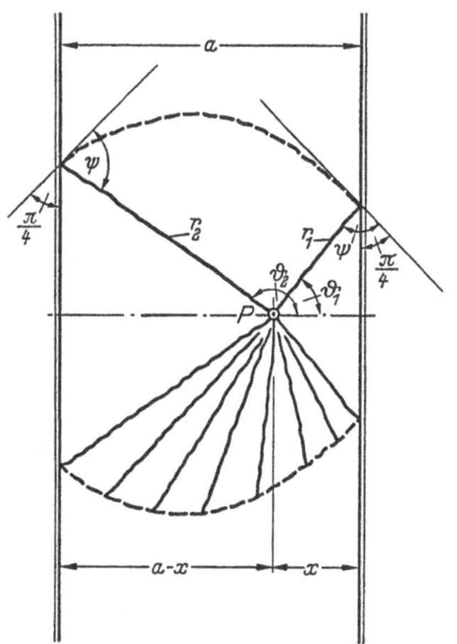

Abb. 7.3/14
Fließgelenklinienfigur für einen außermittig belasteten isotropen Plattenstreifen

der Platte einzusetzen ist:

$$P = M_0 \left\{ x\, b \left[\frac{1}{y(b-y)} + \frac{1}{x^2} \right] + (1 + C^2) \left(\frac{2}{1 - C^2} + \pi \right) \right\}, \qquad (7.3.3/47)$$

wobei C aus Gl. (7.3.3/45) zu ermitteln ist. Für $y = b/2$ reduziert sich diese Gleichung auf

$$P = M_0 \left(\frac{4x}{b} + \frac{b}{x} + 5{,}14 \right), \qquad 0{,}180 b \leqq x \leqq 1{,}043 b. \qquad (7.3.3/48)$$

Der Gültigkeitsbereich von Gl. (7.3.3/48) ergibt sich aus der Gleichsetzung mit Gl. (7.3.3/6) und Gl. (7.3.3/32).

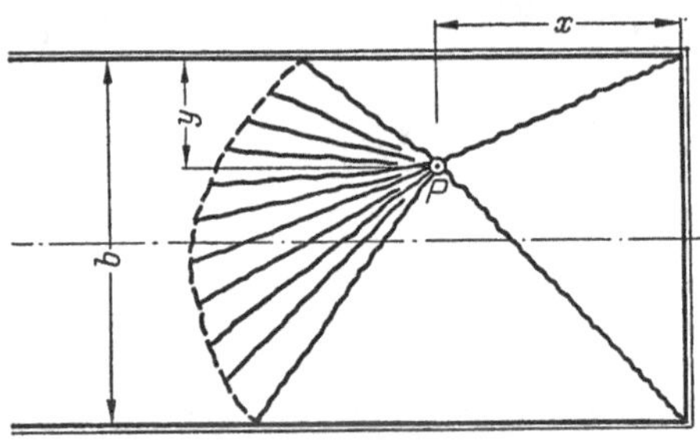

Abb. 7.3/15 Fließgelenklinienfigur für einen nahe des Randes belasteten semi-infiniten isotropen Plattenstreifen

7.3.3.6 Einflußbereiche für die allseitig frei drehbar randgestützte isotrope kurze Rechteckplatte

In verschiedenen Bereichen einer Rechteckplatte mit einem Seitenverhältnis $\bar{\beta} = a/b < 2{,}085$ ergibt jeweils eine der Formeln I: Gleichung (6.6.2/27), II: Gl. (7.3.3/6) oder III: Gl. (7.3.3/30) die niedrigste obere Eingrenzung der Grenzlastintensität; diese Bereiche sind in Abb. 7.3/16 dargestellt. Ihre analytische Beschreibung ist von RZHANITSYN [*11*] abgeleitet worden.

Die Gleichung der Grenzlinie zwischen den Zonen I und II wird aus der Gleichsetzung der Gln. (6.6.2/27) und (7.3.3/6) erhalten:

$$\frac{a\, b}{y(b-y)} + \frac{a\, b}{x(a-x)} = 11{,}42, \qquad (7.3.3/49)$$

wobei x, y die Koordinaten des Lasteintragungspunktes mit dem Nullpunkt in der Plattenecke sind. Bei Einführung der dimensionslosen Parameter

$$\frac{x}{a} = \xi, \qquad \frac{y}{b} = \eta, \qquad \frac{a}{b} = \bar{\beta} \qquad (7.3.3/50)$$

nimmt Gl. (7.3.3/49) die Form

$$\frac{\bar{\beta}}{\eta(1-\eta)} + \frac{1}{\bar{\beta}\, \xi(1-\xi)} = 11{,}42 \qquad (7.3.3/51)$$

an. Für die auf den Symmetrieachsen liegenden Grenzpunkte A, B ergeben sich daraus die Koordinaten:

$$\xi = 0{,}5\,, \quad \eta = \frac{1}{2} \pm \sqrt{\frac{1}{4} - \frac{\bar{\beta}^2}{11{,}42\bar{\beta} - 4}}\,; \tag{7.3.3/52}$$

$$\eta = 0{,}5\,, \quad \xi = \frac{1}{2} \pm \sqrt{\frac{1}{4} - \frac{1}{11{,}42\bar{\beta} - 4\bar{\beta}^2}}\,. \tag{7.3.3/53}$$

Für eine quadratische Platte, $\bar{\beta} = 1$, sind die dimensionslosen Koordinaten der Grenzpunkte (0,5; 0,161) und umgekehrt.

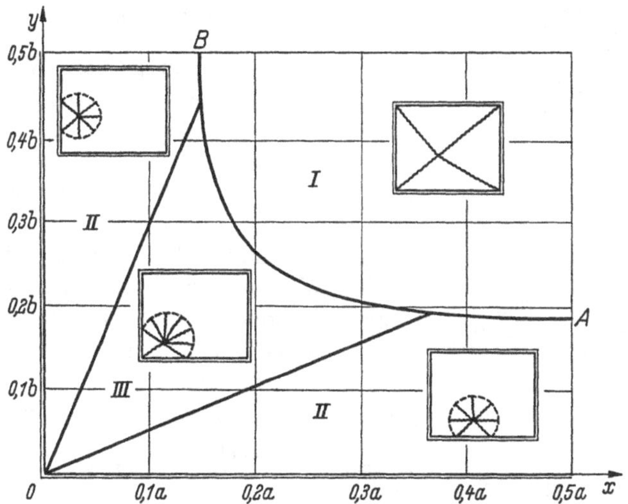

Abb. 7.3/16 Beziehung zwischen Laststellung und Fließgelenklinienfigur für einen Quadranten einer frei drehbar randgestützten kurzen rechteckigen Platte

Für ein bestimmtes Verhältnis der Plattenabmessungen $\bar{\beta} = a/b$ tritt der zentrale Bereich I nicht auf. Das ist der Fall, wenn die Gln. (7.3.3/52) und (7.3.3/53) imaginär werden, wobei die Grenzlastintensität in Plattenmitte ($\xi = 0{,}5$, $\eta = 0{,}5$) den Wert $P = 11{,}42$ annimmt. Der Grenzwert des Plattenseitenverhältnisses $\bar{\beta}$, bei dem die zentrale Zone zu einem Punkt wird, folgt aus Gl. (7.3.3/51) mit $\xi = \eta = 0{,}5$: $\bar{\beta}_1 = 2{,}45$, $\bar{\beta}_2 = 0{,}41$. Somit kann der zentrale Bereich I auftreten, wenn

$$0{,}41 < \bar{\beta} < 2{,}45\,. \tag{7.3.3/54}$$

Im folgenden wird die Begrenzung der Werte $\bar{\beta}$ durch eine weniger einschränkende Bedingung ersetzt werden.

Die Grenzlinie zwischen den Zonen II und III ist eine Gerade:

$$\frac{x}{y} = k = \text{const.}$$

Der in dieser Gleichung auftretende Verhältniswert k kann aus der Gleichsetzung von Gl. (7.3.3/30) und Gl. (7.3.3/6) in Verbindung mit Gl. (7.3.3/29) ermittelt werden:

$$\frac{1+C}{1-C} e^{\pi C} + \frac{1-C}{1+C} e^{-\pi C} + 2\frac{1+C^2}{1-C^2} + 2\pi(1 + C^2) = 11{,}42. \quad (7.3.3/55)$$

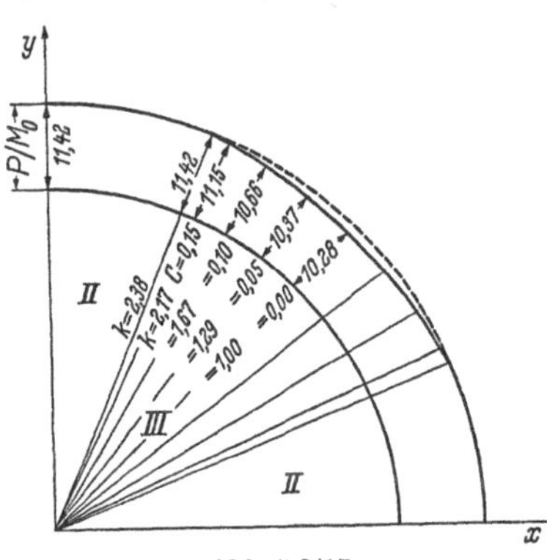

Abb. 7.3/17
Grenzlastwerte in Abhängigkeit von der Laststellung im Bereich III einer frei drehbar randgestützten Rechteckplatte

Lösung der Geichung mittels einer numerischen Methode liefert

$$C = 0{,}168, \quad k = \frac{x}{y} = 2{,}38.$$

Die Berechnung von Werten für die Grenzlastintensität P für verschiedene Werte von k in dem Bereich III, nach den Gln. (7.3.3/29) und (7.3.3/30), ergibt die in Abbildung 7.3/17 aufgetragenen Werte. Die maximale Differenz zwischen den Werten für die Grenzlastintensität in Zone II und III beträgt 11%.

Die Gleichung für die Grenzlinie zwischen den Zonen I und III wird durch Gleichsetzung von Gl. (6.6.2/27) und Gl. (7.3.3/30) erhalten:

$$\frac{a\,b}{y(b-y)} + \frac{a\,b}{x(a-x)} = \frac{x^2+y^2}{x\,y} + 2\frac{1+C^2}{1-C^2} + 2\pi(1 + C^2). \quad (7.3.3/56)$$

Bei einer quadratischen Platte schneidet die Grenzlinie zwischen den Bereichen I und III die Diagonale im Punkt $x = y = 0{,}266a$.

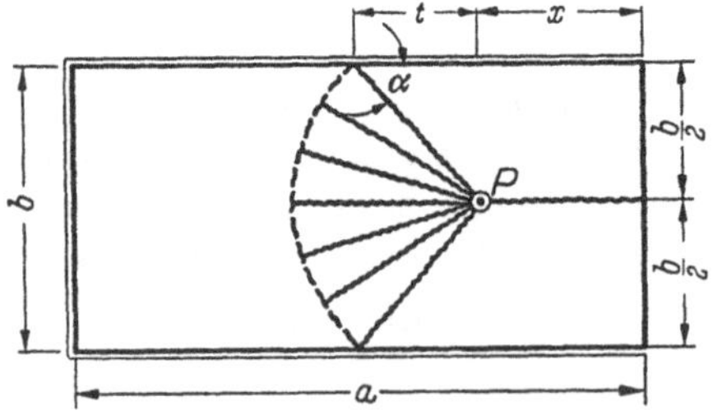

Abb. 7.3/18
Fließgelenklinienfigur für eine dreiseitig gestützte Rechteckplatte unter einer auf der Mittellinie nahe des freien Randes angreifenden Einzellast

7.3.3.7 Dreiseitig gestützte Rechteckplatte unter einer Einzellast nahe des freien Randes

Abb. 7.3/18 zeigt eine rechteckige, schichtweise isotrope Platte, die an drei Rändern gelenkig gelagert und am vierten Rand frei ist, unter einer in der Nähe des freien Randes auf der Plattenmittellinie angreifenden Einzellast P. Gesucht wird der Wert von t, bei dem sich das Minimum der Belastung P ergibt [*8*]. Bei

Anwendung des Prinzips der virtuellen Geschwindigkeiten erhält man:

$$P = 2M_0\left(\frac{2x}{b} + \cot\alpha\right) + (M_0 + M_0')\,2\alpha. \qquad (7.3.3/57)$$

Daraus ergibt sich aus der Bedingung $\frac{dP}{d\alpha} = 0$:

$$\alpha = \arcsin(1 + \Lambda_0')^{-\frac{1}{2}}. \qquad (7.3.3/58)$$

Das ergibt für den Sonderfall $\Lambda_0' = 1: \alpha = \pi/4,\ t = b/2$, und für die Grenzlastintensität folgt

$$P = M_0\left(4\frac{x}{b} + 5{,}14\right), \quad x \leqq 1{,}283b, \quad (a - x) \geqq 1{,}043b. \qquad (7.3.3/59)$$

Der Gültigkeitsbereich dieser Lösung folgt aus der Gleichsetzung von Gl. (7.3.3/32) und Gl. (7.3.3/59) sowie aus Gl. (7.3.3/35).

7.3.3.8 Partielles Versagen elliptischer Platten

Die Gleichung für die Grenzlastintensität einer elliptischen Platte mit frei drehbar gestütztem Rand unter mittiger Einzellast P, Gl. (7.2.2/9), wurde unter der Annahme abgeleitet, daß periphere Fließgelenklinien

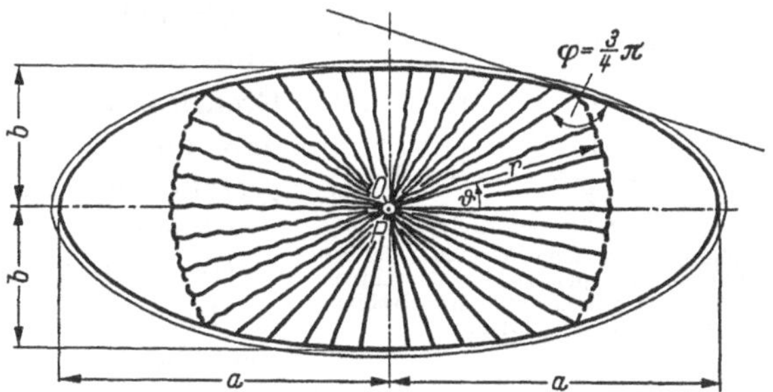

Abb. 7.3/19 Partielles Versagen einer frei drehbar gestützten elliptischen Platte

nicht vorhanden sind. Das Auftreten peripherer Fließgelenklinien wird jedoch — wie in Abschn. 7.3.3.2 gezeigt worden ist — möglich, wenn der Winkel zwischen Radiusvektor und Tangente an einem Punkte des Plattenrandes einen Wert $\varphi > \frac{3}{4}\pi$ annimmt (Abb. 7.3/19), d. h. für den Fall

$$0 > \tan\varphi = \frac{r(\vartheta)}{r'(\vartheta)} > -1. \qquad (7.3.3/60)$$

Einsetzen der Ausdrücke Gl. (7.2.2/1) und Gl. (7.2.2/2) in diese Ungleichung ergibt

$$a^2\tan\vartheta + b^2\cot\vartheta > a^2 - b^2. \qquad (7.3.3/61)$$

Die Größe auf der linken Seite nimmt ihren minimalen Wert an für

$$\tan\vartheta = \frac{b}{a},$$

womit die Bedingung Gl. (7.3.3/61) lautet: $2ab > a^2 - b^2$. Daraus folgt:

$$\frac{a}{b} < 1 + \sqrt{2} = 2{,}414, \tag{7.3.3/62}$$

was einer Exzentrizität der Ellipse von

$$\varepsilon = \frac{\sqrt{a^2 - b^2}}{a} = \frac{\sqrt{2{,}414^2 - 1}}{2{,}414} = 0{,}91 \tag{7.3.3/63}$$

entspricht. Für Exzentrizitäten $\varepsilon > 0{,}91$ verliert Gl. (7.2.2/9) ihre Gültigkeit, und es bilden sich periphere Fließgelenklinien aus, wie in Abb. 7.3/19 dargestellt.

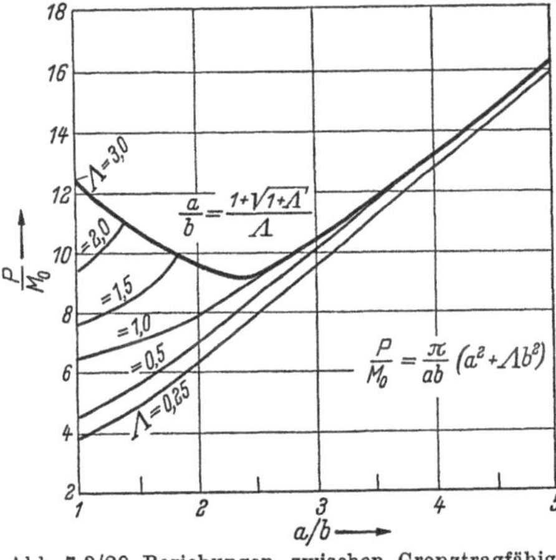

Abb. 7.3/20 Beziehungen zwischen Grenztragfähigkeit, Achsenverhältnis und plastischem Orthotropiekoeffizienten für mittig belastete, frei drehbar gestützte elliptische Platten

Der Gültigkeitsbereich der Grenzlastgleichung für die mittig belastete orthotrope elliptische Platte, Gl. (7.2.2/19), wird durch die Bedingung

$$\frac{a}{b} \leqq \frac{1 + \sqrt{1 + \Lambda}}{\Lambda} \tag{7.3.3/64}$$

gegeben [12, 13]. Aus den in Abb. 7.3/20 aufgetragenen Grenzlastkurven geht hervor, daß die in Abb. 7.2/3 dargestellte Bruchfigur für $\Lambda > 1$ auf kleine Achsen-Verhältniswerte a/b beschränkt ist.

In gleicher Weise findet man die Gültigkeitsgrenze für Gl. (7.2.2/12) für eine im Brennpunkt durch eine Einzellast P belastete, frei drehbar gestützte elliptische Platte:

$$\frac{r}{r'} = \frac{1 + \varepsilon\cos\vartheta}{\varepsilon\sin\vartheta} > -1,$$

$$1 + \varepsilon\cos\vartheta > -\varepsilon\sin\vartheta,$$

$$\varepsilon < \frac{1}{\max(\sin\vartheta + \cos\vartheta)} = \frac{1}{2\cdot 0{,}707} = 0{,}707. \tag{7.3.3/65}$$

Für den Fall der außermittig belasteten Kreisplatte ergibt sich für den Gültigkeitsbereich der Grenzlastgleichung (7.2.2/17) aus der Bedingung Gl. (7.3.3/60) die Ungleichung

$$\frac{r}{r'} = \frac{c\cos\vartheta - r}{c\sin\vartheta} > -1 \tag{7.3.3/66}$$

und damit

$$c < \frac{R}{\sqrt{2}\max(\sin\vartheta)} = 0{,}707\,R. \tag{7.3.3/67}$$

7.3.3.9 Dreieckige Kragplatte mit Einzellast an der Spitze

Für den Grenzzustand einer an der Basis eingespannten, schichtweise isotropen Dreieckplatte mit zwei freien, den Winkel γ einschließenden gleichseitigen Rändern, die durch eine an der freien Spitze angreifende Einzellast P belastet wird, sind verschiedene Fließgelenklinienfiguren in Betracht zu ziehen. Bei Annahme einer im Abstand z von der Spitze normal zur Symmetrieachse verlaufenden Fließgelenklinie folgt aus dem Prinzip der virtuellen Geschwindigkeiten:

$$P = 2M_0' z \tan\frac{\gamma}{2}\,\frac{1}{z} = 2M_0' \tan\frac{\gamma}{2}; \qquad (7.3.3/68)$$

für $\gamma = \pi/2$ erhält man $P = 2M_0'$ wie in Gl. (7.1.1/3). — Ein alternatives kinematisch zulässiges Geschwindigkeitsfeld wird von einer kreissektorförmigen Fließgelenklinienfigur mit dem Zentriwinkel γ gebildet. Für die Grenzlastintensität gilt hierbei nach Gl. (7.3.2/9):

$$P = (M_0 + M_0')\,\gamma. \qquad (7.3.3/69)$$

Im Sonderfalle $\gamma = \pi/2$ erhält man aus dieser Beziehung für $M_0 = 0$ den Grenzlastwert $P = 1{,}57\,M_0'$; für $M_0 < 0{,}273\,M_0'$ liefert Gl. (7.3.3/69) niedrigere Werte für die Grenzlastintensität als Gl. (7.3.3/68). Aus offensichtlichen statischen Gründen ist das Auftreten eines kreissektorförmigen Fließgelenklinienfeldes mit dem Zentriwinkel γ jedoch nur für $M_0 = 0$ möglich.

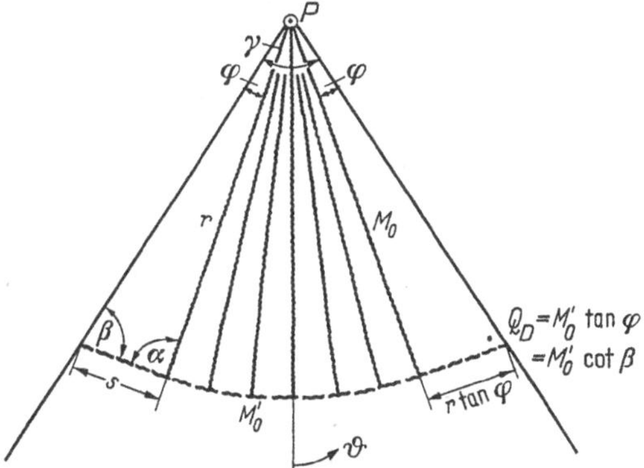

Abb. 7.3/21
Fließgelenklinienfigur für eine auskragende Plattenecke mit an der Spitze angreifender Einzellast

Beide Fließgelenklinienfiguren sind als Sonderfälle der in Abb. 7.3/21 dargestellten Bruchfigur anzusehen, bei der sich an das sektorförmige Fließgelenklinienfeld dreieckförmige starre Bereiche anschließen. Die zu den Plattenrändern verlaufenden geradlinigen negativen Fließgelenklinien schließen sich, wie im folgenden abgeleitet wird, tangential an die kreisförmige periphere Fließgelenklinie an. (Dieser tangentiale Verlauf ist jedoch durch die Bedingung, daß die Fließgelenklinienfigur ein kinematisch zulässiges Geschwindigkeitsfeld darstellen muß, bereits von vornherein festgelegt.)

Die Momentengleichung um eine rechtwinklig zu r durch P laufende Achse

$$M_0' s \sin\alpha = M_0' \cot\beta\, s \sin\alpha \cot\varphi \qquad (7.3.3/70)$$

ergibt die Beziehung $\tan\varphi = \cot\beta = \tan\left(\frac{\pi}{2} - \beta\right)$, also $\alpha = \frac{\pi}{2}$. Die Momentengleichung um r, $M_0 r = M_0' \tan\varphi\, r \tan\varphi$, liefert

$$\tan\varphi = \sqrt{\frac{M_0}{M_0'}}. \tag{7.3.3/71}$$

Mit diesen Beziehungen folgt aus der Gleichung der virtuellen Leistungen

$$P = (M_0 + M_0') \int\limits_{\frac{-\gamma}{2}+\varphi}^{\frac{\gamma}{2}-\varphi} d\vartheta + 2M_0' \tan\varphi \tag{7.3.3/72}$$

für die Grenzlastintensität

$$P = (M_0 + M_0')(\gamma - 2\varphi) + 2M_0' \sqrt{\frac{M_0}{M_0'}}, \quad \gamma \geqq 2\varphi. \tag{7.3.3/73}$$

Für $M_0 = 0$ ist $\tan\varphi = 0$ und damit $\varphi = 0$, d. h., die negative Fließgelenklinie ist auf ihrer ganzen Länge ein Kreisbogen, und für die Grenzlastintensität gilt $P = M_0' \gamma$. Für $M_0 = |M_0'|$ und $\gamma > \pi/2$ ist $\tan\varphi = 1$, also $\varphi = \frac{\pi}{4}$, und $P = 2M_0'\left(\gamma - \frac{\pi}{2} + 1\right)$; für die rechtwinklige Plattenecke, $\gamma = \pi/2$, verschwindet das sektorförmige Fließgelenklinienfeld, und es ist $P = 2M_0'$ entsprechend Gl. (7.1.1/3), und für den einseitig eingespannten Plattenstreifen mit Einzellast auf dem freien Rand, $\gamma = \pi$ (Abbildung 7.1/15c), erhält man $P = M_0'(\pi + 2) = 5{,}14 M_0'$. Die entsprechenden Werte sind in Abbildung 7.3/22 als Funktion des Parameters $\bar{\Lambda}_0 = M_0/M_0'$ aufgetragen.

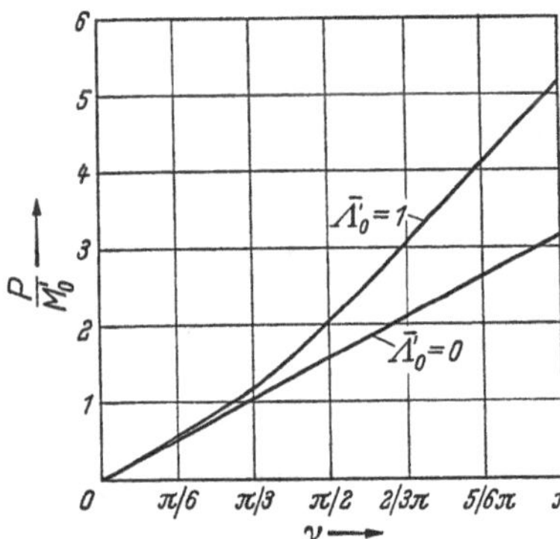

Abb. 7.3/22 Grenzlastwerte für auskragende Plattenecken

7.3.4 Bruchfiguren in Plattenecken unter nahe der Ecke eingetragener Einzellast

7.3.4.1 Bruchfigur zwischen zwei sich schneidenden, geradlinigen, frei drehbar gestützten Plattenrändern

Mansfield [*1*] hat Formeln für die Bestimmung der Parameter der Bruchfigur zwischen zwei sich schneidenden, geradlinigen, frei drehbar gestützten oder eingespannten Plattenrändern bei Belastung durch eine Einzellast P nahe der Plattenecke für den Sonderfall isotroper Plattenstruktur, $\Lambda_0' = 1$, angegeben, die im folgenden abgeleitet werden. Die kinematische Grenzzustandsuntersuchung beschränkt sich auf eine isolierte Betrachtung der Bruchfigur in der Plattenecke entsprechend der Behandlung der „Wippen" in Abschn. 7.1.4, die eine für praktische Zwecke genügend genaue Vereinfachung der hier erhaltenen Fließgelenklinienfiguren darstellen. Die Ränder schneiden sich unter einem Winkel γ, und die Einzellast P ist im Punkte O in den Entfernungen l und $k\,l$ von den Rändern eingetragen.

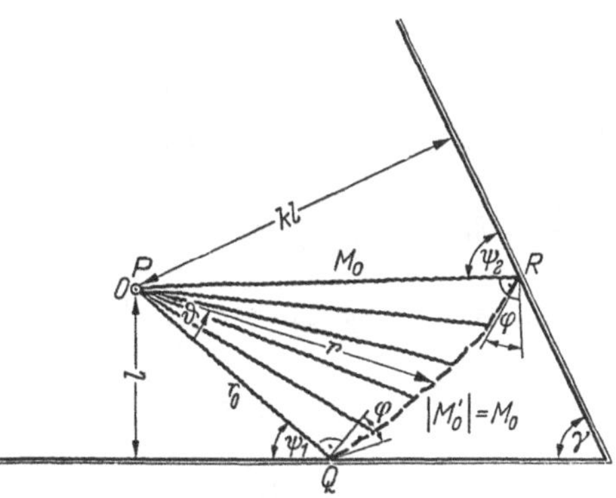

Abb. 7.3/23 Fließgelenklinienfigur für eine frei drehbar gestützte Plattenecke mit an beliebiger Stelle eingetragener Einzellast

Bei Verwendung der Bezeichnungen der Abb. 7.3/23 ist es bequemer, das virtuelle Geschwindigkeitsfeld in Termen der Winkel ψ_1 und ψ_2 anstatt in Termen von r_0 und φ zu bestimmen. Die r_0 und φ mit ψ_1 und ψ_2 verknüpfenden Gleichungen ergeben sich aus geometrischen Betrachtungen zu

$$r_0 = \frac{l}{\sin\psi_1}, \tag{7.3.4/1}$$

$$\vartheta_0 = \vartheta_2 - \vartheta_1 = 2\pi - (\pi - \psi_1) - (\pi - \psi_2) - \gamma = \psi_1 + \psi_2 - \gamma,$$

aus Gl. (7.3.2/8) folgt

$$\tan\varphi = \frac{1}{\psi_1 + \psi_2 - \gamma} \ln\frac{r}{r_0} = \frac{1}{\psi_1 + \psi_2 - \gamma} \ln\left(\frac{k \sin\psi_1}{\sin\psi_2}\right). \tag{7.3.4/2}$$

Wenn die Einsenkungsgeschwindigkeit des Punktes O den Betrag $\dot{w}_0 = 1$ hat, ist die Verdrehungsgeschwindigkeit der Fließgelenklinie $O\,Q$

$$\dot{\Theta}_{OQ} = \frac{1}{r_0}(\cot\psi_1 - \tan\varphi),$$

und die Dissipationsleistung in der Fließgelenklinie $O\,Q$ ist demgemäß

$$D_{OQ} = M_0(\cot\psi_1 - \tan\varphi). \tag{7.3.4/3}$$

Entsprechend ist die Dissipationsleistung in der Fließgelenklinie $O\,R$

$$D_{OR} = M_0(\cot\psi_2 + \tan\varphi). \tag{7.3.4/4}$$

Die Dissipationsleistung in der gekrümmten Umfangsfließgelenklinie und im Fließgelenkfeld S ergibt sich aus Gl. (7.3.2/9) zu

$$D_{(QR+S)} = 2M_0(\psi_1 + \psi_2 - \gamma)(1 + \tan^2\varphi). \tag{7.3.4/5}$$

Die gesamte Dissipationsleistung in dem plastischen Geschwindigkeitsfeld ist:

$$D = M_0 \left\{ \cot \psi_1 + \cot \psi_2 + 2(\psi_1 + \psi_2 - \gamma) + \frac{2}{\psi_1 + \psi_2 - \gamma} \left[\ln \left(\frac{k \sin \psi_1}{\sin \psi_2} \right) \right]^2 \right\}. \tag{7.3.4/6}$$

Die Winkel ψ_1 und ψ_2 sind aus den Bedingungen $\frac{\partial D}{\partial \psi_1} = 0$, $\frac{\partial D}{\partial \psi_2} = 0$ für das Extremum von D zu bestimmen:

$$\frac{\partial D}{\partial \psi_1} = M_0 \left[-\frac{1}{\sin^2 \psi_1} + 2 - 2(\psi_1 + \psi_2 - \gamma)^{-2} \left(\ln \frac{k \sin \psi_1}{\sin \psi_2} \right)^2 + \right.$$

$$\left. + 2(\psi_1 + \psi_2 - \gamma)^{-1} 2 \left(\ln \frac{k \sin \psi_1}{\sin \psi_2} \right) \frac{\sin \psi_2}{k \sin \psi_1} \frac{k \cos \psi_1}{\sin \psi_2} \right] = 0, \tag{7.3.4/7a}$$

$$\frac{\partial D}{\partial \psi_2} = M_0 \left[-\frac{1}{\sin^2 \psi_2} + 2 - 2(\psi_1 + \psi_2 - \gamma)^{-2} \left(\ln \frac{k \sin \psi_1}{\sin \psi_2} \right)^2 + \right.$$

$$\left. + 2(\psi_1 + \psi_2 - \gamma)^{-1} 2 \left(\ln \frac{k \sin \psi_1}{\sin \psi_2} \right) \frac{\sin \psi}{k \sin \psi_1} [-k \sin \psi_1 (\sin \psi_2)^{-2} \cos \psi_2] \right] = 0. \tag{7.3.4/7b}$$

Diese Gleichungen werden miteinander kombiniert, indem Gl. (7.3.4/7b) von Gl. (7.3.4/7a) subtrahiert wird, und es wird nach k aufgelöst:

$$-1 - \cot^2 \psi_1 + 1 + \cot^2 \psi_2 + 4(\psi_1 + \psi_2 - \gamma)^{-1} \ln \left(\frac{k \sin \psi_1}{\sin \psi_2} \right) (\cot \psi_1 + \cot \psi_2) = 0,$$

$$k = \frac{\sin \psi_2}{\sin \psi_1} e^{\frac{1}{4}(\cot \psi_1 - \cot \psi_2)(\psi_1 + \psi_2 - \gamma)}. \tag{7.3.4/8}$$

Einsetzen von Gl. (7.3.4/8) in Gl. (7.3.4/7a) liefert folgende Gleichung, die nach ψ aufgelöst wird:

$$\frac{\partial D}{\partial \psi_1} = M_0 \left[-\frac{1}{\sin^2 \psi_1} + 2 - \frac{1}{8} (\cot \psi_1 - \cot \psi_2)^2 + (\cot \psi_1 - \cot \psi_2) \cot \psi_1 \right] = 0,$$

$$\cot^2 \psi_1 + 6 \cot \psi_1 \cot \psi_2 + \cot^2 \psi_2 - 8 = 0, \tag{7.3.4/9}$$

$$\cot \psi_1 = -3 \cot \psi_2 \pm \sqrt{8 \cot^2 \psi_2 + 8} = \frac{-3 \cos \psi_2 \pm 2\sqrt{2}}{\sin \psi_2}$$

$$\psi_1 = \arctan \left(\frac{\sin \psi_2}{\pm 2\sqrt{2} - 3 \cos \psi_2} \right). \tag{7.3.4/10}$$

Gl. (7.3.4/10) ist eine reziproke Gleichung und bleibt daher ungeändert, wenn die Fußzeiger vertauscht werden. Einsetzen von Gl. (7.3.4/8) in Gl. (7.3.4/2) liefert unter Berücksichtigung von Gl. (7.3.4/10):

$$\tan \varphi = \frac{\pm\sqrt{2} - 2 \cos \psi_2}{2 \sin \psi_2} = \frac{\mp\sqrt{2} + 2 \cos \psi_1}{2 \sin \psi_1}. \tag{7.3.4/11}$$

Diese Beziehungen sind für die Bestimmung der Bruchfigur mit graphischen Methoden von Nutzen. Dabei wird eine Fließgelenklinie OQ_1 (Abb. 7.3/24) eingetragen, wodurch der Winkel ψ_1^0 festgelegt ist. Der Wert von φ wird dann aus Gl. (7.3.4/11) bestimmt, und die entsprechende spiralige Fließgelenklinie kann gezeichnet werden, so daß der Punkt R_1 festgelegt wird, von dem aus ein Fließgelenkstrahl unter dem Winkel ψ_2^0 gezogen wird. Wenn dieser Wert von ψ_2 nicht das Erfordernis befriedigt, daß die von R_1 ausgehende Fließgelenklinie in den Ursprung O läuft, ist das Verfahren mit einem geänderten Anfangswinkel ψ_1^1 zu wiederholen.

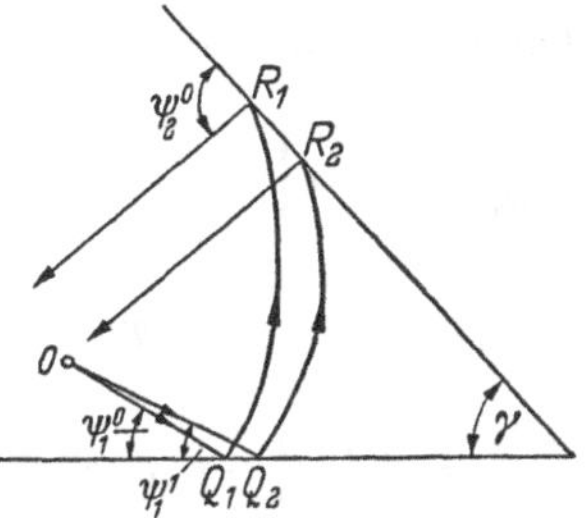

Abb. 7.3/24 Illustrierung einer graphischen Methode zur Bestimmung der Parameter der fächerförmigen Fließgelenklinienfigur

Bei einer Lage des Angriffspunktes der Einzellast auf der Winkelhalbierenden ist aus Symmetriegründen $\psi_1 = \psi_2$ und man erhält aus Gl. (7.3.4/10) $\psi_1 = \pi/4$. Für den Zentriwinkel des sektorförmigen Fließgelenklinienfeldes ergibt sich damit nach Gl. (7.3.4/1): $\vartheta_0 = \pi/2 - \gamma$. Im betrachteten Falle $\Lambda_0' = 1$ schrumpft also für die rechtwinklige Plattenecke, $\gamma = \pi/2$, das Fließgelenklinienfeld zu einer in die Plattenecke verlaufenden Fließgelenklinie zusammen (vgl. Abschn. 7.3.3.3). Das gleiche Ergebnis wurde in Abschn. 7.1.4.2 auch für die dort behandelte lineare Vereinfachung der Fließgelenklinienfigur in der Plattenecke, die „Wippe", erhalten.

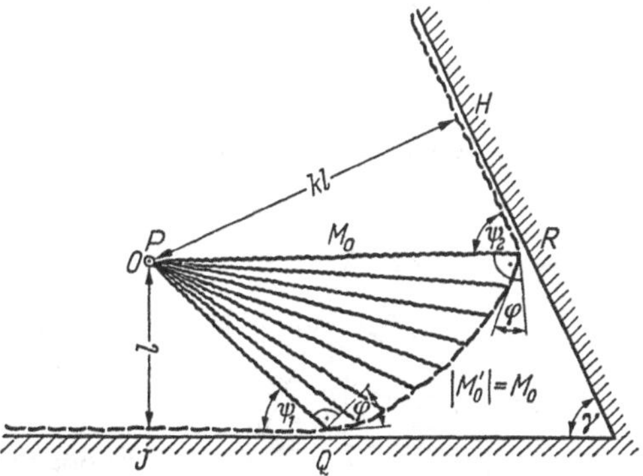

Abb. 7.3/25a Geometrische Beziehungen für eine Fließgelenklinienfigur für eine eingespannte Plattenecke mit an beliebiger Stelle eingetragener Einzellast

7.3.4.2 *Bruchfigur zwischen zwei sich schneidenden, geradlinigen, eingespannten Plattenrändern*

Wenn Plattenform und Randbedingungen so sind, daß Fließgelenklinien entlang der Plattenränder auftreten, besteht das Problem wiederum in der Bestimmung der Winkel ψ_1 und ψ_2, die die Punkte Q und R festlegen, an denen die Fließgelenklinien sich von den eingespannten Plattenrändern ablösen (Abb. 7.3/25a).

Bei einer Einsenkungsgeschwindigkeit des Punktes O vom Betrag $\dot{w}_0 = 1$, wird die Dissipationsleistung gegeben durch:

$$D = D_{OQ} + D_{OR} + D_{(QR+S)} + D_{JQ} + D_{HR}:$$

$$D = 2M_0\left\{\cot\psi_1 + \cot\psi_2 + (\psi_1 + \psi_2 - \gamma) + \frac{1}{\psi_1 + \psi_2 - \gamma}\left[\ln\left(\frac{k\sin\psi_1}{\sin\psi_2}\right)\right]^2\right\}. \tag{7.3.4/12}$$

Diese Leistung ist zu einem Minimum zu machen:

$$\frac{\partial D}{\partial\psi_1} = 2M_0\left\{-\cot^2\psi_1 - (\psi_1 + \psi_2 - \gamma)^{-2}\left[\ln\left(\frac{k\sin\psi_1}{\sin\psi_2}\right)\right]^2 + \right.$$
$$\left. + 2(\psi_1 + \psi_2 - \gamma)^{-1}\ln\left(\frac{k\sin\psi_1}{\sin\psi_2}\right)\cot\psi_1\right\} = 0, \tag{7.3.4/13 a}$$

$$\frac{\partial D}{\partial\psi_2} = 2M_0\left\{-\cot^2\psi_2 - (\psi_1 + \psi_2 - \gamma)^{-2}\left[\ln\left(\frac{k\sin\psi_1}{\sin\psi_2}\right)\right]^2 + \right.$$
$$\left. + 2(\psi_1 + \psi_2 - \gamma)^{-1}\ln\left(\frac{k\sin\psi_1}{\sin\psi_2}\right)(-\cot\psi_2)\right\} = 0; \tag{7.3.4/13 b}$$

man erhält aus diesen beiden Gleichungen bei Auflösung nach k

$$k = \frac{\sin\psi_2}{\sin\psi_1}\, e^{\frac{1}{2}(\cot\psi_1 - \cot\psi_2)(\psi_1 + \psi_2 - \gamma)}. \tag{7.3.4/14}$$

Einsetzen dieses Wertes in Gl. (7.3.4/13a) ergibt:

$$\frac{\partial D}{\partial\psi_1} = 2M_0\left[-\cot^2\psi_1 - \frac{1}{4}(\cot\psi_1 - \cot\psi_2)^2 + (\cot\psi_1 - \cot\psi_2)\cot\psi_1\right] = 0$$

$$\cot\psi_1 = -\cot\psi_2, \qquad \psi_2 = \pi - \psi_1. \tag{7.3.4/15}$$

Weiterhin folgt aus den Gln. (7.3.4/13) bei Substitution von $\tan\varphi$:

$$\psi_1 = \frac{\pi}{2} - \varphi, \qquad \psi_2 = \frac{\pi}{2} + \varphi; \tag{7.3.4/16}$$

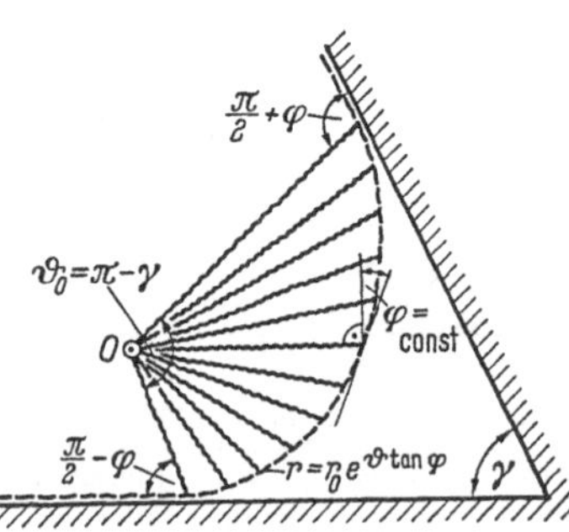

Abb. 7.3/25b Fließgelenklinienfigur für eine eingespannte Plattenecke mit an beliebiger Stelle eingetragener Einzellast

was bedeutet, daß die periphere Fließgelenklinie die eingespannten Ränder tangential verläßt und damit das Fließgelenklinienfeld die in Abb. 7.3/23b dargestellte Form annimmt. Nach Gl. (7.3.4/1) ist mit diesen Beziehungen

$$\vartheta_0 = \pi - \gamma, \tag{7.3.4/17}$$

und Einsetzen von Gl. (7.3.4/15) in Gl. (7.3.4/2) liefert für den Parameter der logarithmischen Spirale:

$$\varphi = \text{arc}\tan\frac{\ln k}{\pi - \gamma}. \tag{7.3.4/18}$$

Die plastische Dissipationsleistung in der Umfangsfließgelenklinie und im Fließgelenklinienfeld ergibt sich nach Gl. (7.3.2/9) zu

$$D = 2M_0(\pi - \gamma)\sec^2\varphi. \tag{7.3.4/19}$$

7.3.4.3 Bruchfigur zwischen einem eingespannten Plattenrand und einem diesen schneidenden frei drehbar gestützten Plattenrand

Für den Fall einer Plattenecke, die von einem eingespannten Rand JQ (vgl. Abb. 7.3/25a) und einem frei drehbar gestützten Rand HR gebildet wird, gibt MANSFIELD [*1*] die folgenden Gleichungen an. Die Gesamtdissipationsleistung ist: $D = D_{OQ} + D_{OR} + D_{(QR+S)} + D_{JQ}$:

$$D = M_0\left\{2\cot\psi_1 + \cot\psi_2 + 2(\psi_1 + \psi_2 - \gamma) + \frac{2}{(\psi_1 + \psi_2 - \gamma)}\left[\ln\left(\frac{k\sin\psi_1}{\sin\psi_2}\right)\right]^2\right\}, \tag{7.3.4/20}$$

und der minimale Wert tritt auf für

$$\psi_1 = \operatorname{arc\,tan}\left(\frac{2\sin\psi_2}{\sqrt{2} - 2\cos\psi_2}\right), \tag{7.3.4/21}$$

$$k = \frac{\sin\psi_2}{\sin\psi_1}\,e^{(\psi_1 + \psi_2 - \gamma)\cot\psi_1}. \tag{7.3.4/22}$$

Aus den Gln. (7.3.4/2), (7.3.4/21) und (7.3.4/22) folgt:

$$\psi_1 = \frac{\pi}{2} - \varphi, \tag{7.3.4/23}$$

$$\tan\varphi = \frac{\pm\sqrt{2} - 2\cos\psi_2}{2\sin\psi_2}, \tag{7.3.4/24}$$

was mit den Gln. (7.3.4/11) und (7.3.4/16) verglichen werden kann. Die periphere Fließgelenklinie verläßt den eingespannten Rand tangential, und die (ψ_2, φ)-Beziehung am frei drehbar gestützten Plattenrand ist dieselbe wie in dem in Abschn. 7.3.4.1 behandelten Falle.

Literatur zu 7

[*1*] MANSFIELD, E. H.: Studies in Collapse Analysis of Rigid-Plastic Plates with a Square Yield Diagram. Proc. Roy. Soc., London (A) 241 (1957) Nr. 1226, S. 311—338.

[*2*] SOBOTKA, Z.: Theorie Plasticity a meznich stavu stavebnich konstrukci. Bd. 2, Nakladatelstvi Československé Akad. Věd, Praha 1955.

[*3*] RZHANITSYN, A. R.: Berechnung von Tragwerken unter Berücksichtigung der plastischen Materialeigenschaften (russisch). Kap. VII. Moskau: Stroiwoenmorizdat 1949.

[*3*a] RZHANITSYN, A. R.: The Shape at Collapse of Elastic-Plastic Plates Simply Supported along the Edges. Division of Applied Mathematics, Brown University, Providence, R. I., Technical Report Nr. 19, Jan. 1957.

[*4*] DUBINSKY, A. M.: Berechnung der Grenztragfähigkeit von Stahlbetonplatten (russisch). Kiew: Gosstrojizdat USSR 1961.

[5] OLSZAK, W., u. A. SAWCZUK: Teoria nośności granicznej płyt w świetle weryficacji doświadczalnej. Rozprawy Inżynierkskie XXVIII (1955) S. 181 bis 253.
[5a] OLSZAK, W., u. A. SAWCZUK: Experimental Verification of the Limit Analysis of Plates, Part. I. Bull. Acad. Pol. Sci., Cl. IV, III (1955) Nr. 4.
[6] JOHANSEN, K. W.: Brudlinieteorier. Kopenhagen: Jul. Gjellerups Forlag 1943.
[7] OLSZAK, W.: Teoria nośności granicznej płyt ortotropowych. Budownictwó Przemysłowe 2 (1953) Nr. 7/8, S. 254—265.
[8] SAWCZUK, A.: Teoria stanów granicznych płyt plastycznie ortotropowych i niejednorodnych oraz jej zastosowania techniczne. Dissertation Politechn. Warszawska, Warszawa 1958.
[9] NIEPOSTYN, D.: Nośność graniczna niejednorodnych płyt ortotropowych i walca ortotropowego. Dissertation Politechn. Warszawska, Warszawa 1958.
[10] LWIN, J. B.: Über die Abhängigkeit zwischen Zerstörungslasten der eingespannten und frei aufliegenden Platten (russisch). Trudy Woroneschskowo Ingenernowo Stroitelnowo Inst. 1956, Nr. 2.
[11] RZHANITSYN, A. R.: Grenzgleichgewicht einer rechteckigen Platte unter einer in einem beliebigen Punkte eingetragenen Einzellast. In: Forschung auf dem Gebiete der Plastizität und Tragfähigkeit von Baukonstruktionen (russisch). Moskau: Gostroiizdat 1958, S. 50—61.
[12] OLSZAK, W.: Zagadnienie ortotropii w teorii nośności granicznej płyt. Archivum Mechaniki Stosowanej 5 (1953) S. 329—350.
[13] SAWCZUK, A.: Grenztragfähigkeit der Platten. Bauplanung-Bautechnik 11 (1957) S. 315—320, 359—364.
[14] NIELSEN, M. P.: Plasticitetsteorien for Jernbetonplader. Dissertation Technische Hochschule Kopenhagen 1962.

8. Fließgelenklinienlösungen für Platten unter verteilter Belastung[1]

8.1 Isotrope Platten mit polygonalem und gekrümmtem Rand

8.1.1 Periodisch punktweise randgestützte Platten

8.1.1.1 An den Eckpunkten gestützte regelmäßig vieleckige Platte

Der Fall einer regelmäßig vieleckigen isotropen Platte mit punktweiser Stützung der n Ecken unter gleichförmig verteilter Belastung ist von SOBOTKA [4] untersucht worden. Die Bruchfigur entspricht der des in Abschn. 7.1.2.3 behandelten Falles. Die Fließgelenklinien verlaufen radial von der Mitte der Platte zu den Mitten der Randabschnitte zwischen den Punktstützen (Abb. 8.1/1a).

Die entlang der Fließgelenklinien wirkenden Grenzmomente werden vektoriell zu Resultierenden addiert, die ein dem Plattenumfang einbeschriebenes Vieleck bilden, dessen Eckpunkte mit den Schnittpunkten von radialen Fließgelenklinien und Plattenrand zusammenfallen. Diese resultierenden Grenzmomentenvektoren sind in der Abbildung durch Pfeile bezeichnet.

[1] Zahlreiche weitere Lösungen finden sich in [1, 2, 3].

Wegen der regelmäßigen Form von Platte und Fließgelenklinienfigur kann die Aufstellung der Grenzgleichgewichtsbedingungen für einen symmetrischen dreieckförmigen Plattensektor erfolgen, dessen Eckpunkte zwei Punktstützen und der Plattenmittelpunkt sind. Die Hälfte eines solchen Plattenteiles ist in Abb. 8.1/1b dargestellt.

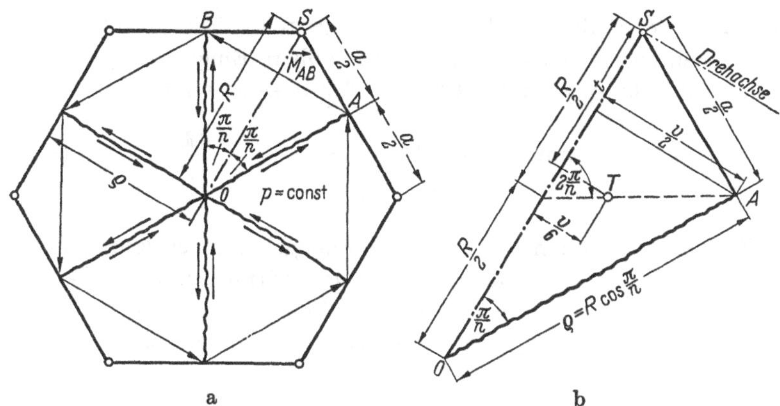

a b

Abb. 8.1/1 a) Fließgelenklinienfigur und Grenzmomentenvektoren für eine an den Ecken punktgestützte regelmäßig vieleckige Platte; b) geometrische Beziehungen für einen Plattensektor

Die Resultierende der im Grenzzustand der Tragfähigkeit an einem Plattensektor wirkenden inneren Momente hat die Größe

$$\vec{M}_{AB} = 2M_0\,\varrho \sin\frac{\pi}{n} = 2M_0 R \sin\frac{\pi}{n}\cos\frac{\pi}{n}. \qquad (8.1.1/1)$$

Das Moment der gleichförmig verteilten Last p in bezug auf die Drehachse hat die Größe

$$M = pR^2 \sin\frac{\pi}{n}\cos\frac{\pi}{n}\,t, \qquad (8.1.1/2)$$

wobei t den Hebelarm der resultierenden Belastung bedeutet, dessen Länge

$$t = \frac{2}{3}R\left(1 - \frac{1}{2}\cos^2\frac{\pi}{n}\right) \qquad (8.1.1/3)$$

ist. Einsetzen dieser Beziehung für t in Gl. (8.1.1/2) und Gleichsetzung von Last- und Spannmomenten ergibt für den Wert der Grenzlastintensität:

$$p = \frac{6M_0}{R^2\left(2 - \cos^2\frac{\pi}{n}\right)}. \qquad (8.1.1/4)$$

Bei Verwendung der geometrischen Beziehungen

$$\varrho = R\cos\frac{\pi}{n} \quad \text{und} \quad a = 2R\sin\frac{\pi}{n}$$

kann Gl. (8.1.1/4) alternativ geschrieben werden:

$$p = \frac{6M_0 \cos^2 \frac{\pi}{n}}{\varrho^2 \left(2 - \cos^2 \frac{\pi}{n}\right)} = \frac{24 M_0 \sin^2 \frac{\pi}{n}}{a^2 \left(2 - \cos^2 \frac{\pi}{n}\right)}. \qquad (8.1.1/4\text{a})$$

Für $n = 3$ liefert die in Abb. 8.1/3b dargestellte Fließgelenklinienfigur einen bedeutend niedrigeren Wert für die obere Eingrenzung der Grenzlastintensität (s. Abschn. 8.1.1.3). — Für $n \to \infty$ ergibt sich

$$p = \lim_{n \to \infty} \frac{6M_0}{R^2 \left(2 - \cos^2 \frac{\pi}{n}\right)} = \frac{6M_0}{R^2} = \frac{6M_0}{\varrho^2}. \qquad (8.1.1/5)$$

Wegen der Übereinstimmung der Fließgelenklinienfiguren für mittige Einzellast (Abb. 7.1/5) und für gleichförmig verteilte Belastung (Abb. 8.1/1) ist eine lineare Superposition der Grenztragfähigkeitsbeziehungen möglich [5]. Bei Einführung des Verhältniswertes

$$\eta = \frac{P^*}{p^*} \qquad (8.1.1/6)$$

erhält man aus den Grenzgleichgewichtsgleichungen

$$P^* = \frac{2n M_0 \sin \frac{\pi}{n} \cos \frac{\pi}{n}}{1 + \frac{2n}{3\eta} R^2 \sin \frac{\pi}{n} \cos \frac{\pi}{n} \left(1 - \frac{1}{2} \cos^2 \frac{\pi}{n}\right)} = \frac{P}{1 + \frac{P}{3\eta M_0} R^2 \zeta_1}, \qquad (8.1.1/7)$$

$$p^* = \frac{6n M_0 \sin \frac{\pi}{n} \cos \frac{\pi}{n}}{3\eta + 2n R^2 \sin \frac{\pi}{n} \cos \frac{\pi}{n} \left(1 - \frac{1}{2} \cos^2 \frac{\pi}{n}\right)} = \frac{3 P M_0}{3\eta M_0 + P R^2 \zeta_1}, \qquad (8.1.1/8)$$

wobei $\zeta_1 = \left(1 - \frac{1}{2} \cos^2 \frac{\pi}{n}\right)$ und P durch Gl. (7.1.2/5) gegeben wird. Für allein wirkende Einzellast, $\eta \to \infty$, reduziert sich Gl. (8.1.1/7) auf Gl. (7.1.2/5), und für allein wirkende gleichförmig verteilte Belastung, $\eta = 0$, reduziert sich Gl. (8.1.1/8) auf Gl. (8.1.1/4). — Werte für die

Tabelle 8.1

Grenzlastwerte für an den Eckpunkten gestützte regelmäßig vieleckige Platten

n	3	4	5	6	8	10	12	16	24	∞
P/M_0	2,60	4,00	4,76	5,20	5,66	5,87	6,00	6,12	6,21	6,28
ζ_1	0,875	0,750	0,673	0,625	0,573	0,518	0,533	0,520	0,509	0,500
pR^2/M_0	3,43	4,00	4,46	4,80	5,24	5,48	5,63	5,77	5,88	6,00

Grenztragfähigkeitskoeffizienten einiger regelmäßig vieleckiger Platten mit Eckpunktstützung sind in Tab. 8.1 zusammengestellt.

8.1.1.2 Periodisch gestützte Kreisplatte

Bei einer in n Randpunkten periodisch gestützten Kreisplatte unter gleichförmig verteilter Belastung verlaufen die Fließgelenklinien radial von der Mitte der Platte zu den Mitten der Randbogen zwischen den Punktstützen (Abb. 8.1/2). Die Resultierende der im Grenzzustand der Tragfähigkeit an einem Plattensektor wirkenden inneren Momente hat die Größe

$$\vec{M}_{AB} = 2 M_0 R \sin\frac{\pi}{n}. \qquad (8.1.1/9)$$

Das Moment der gleichförmig verteilten Last p für einen Plattensektor mit dem Zentriwinkel $2\pi/n$ ist in bezug auf die durch die Punktstütze verlaufende Drehachse

$$M = p\frac{\pi}{n} R^3\left(1 - \frac{2\sin\frac{\pi}{n}}{3\frac{\pi}{n}}\right). \qquad (8.1.1/10)$$

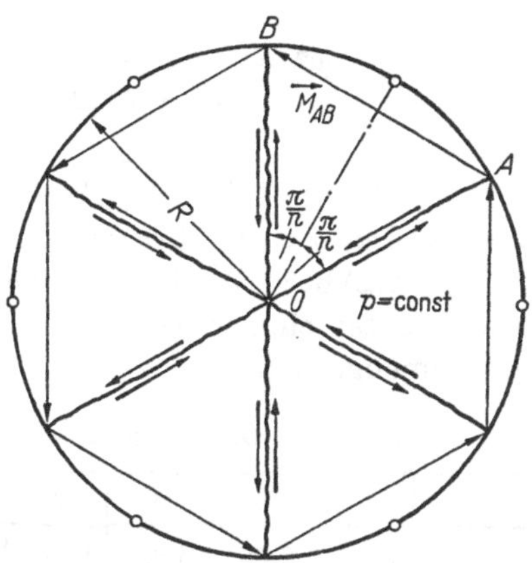

Abb. 8.1/2 Fließgelenklinienfigur und Grenzmomentenvektoren für eine periodisch punktgestützte Kreisplatte

Aus der Gleichsetzung von Last- und Spannmomenten folgt der Wert der Grenzlastintensität

$$p = \frac{6 M_0 n \sin\frac{\pi}{n}}{R^2\left(3\pi - 2n\sin\frac{\pi}{n}\right)}. \qquad (8.1.1/11)$$

Für $n \to \infty$ ist

$$p = \frac{6M_0}{R^2} \lim_{n\to\infty} \frac{1}{\frac{3\pi}{n\sin\frac{\pi}{n}} - 2},$$

und da

$$\lim_{n\to\infty} \frac{1}{\frac{1}{n}} \sin\frac{\pi}{n} = \lim_{n\to\infty} \frac{1}{-\frac{1}{n^2}}\left(-\frac{\pi}{n^2}\cos\frac{\pi}{n}\right) = \pi,$$

ergibt sich für die Grenzlastintensität der Ausdruck

$$p = \frac{6M_0}{R^2}. \qquad (8.1.1/12)$$

Für kombinierte mittige Einzellast und gleichförmig verteilte Belastung erhält man [5]:

$$P^* = \frac{2M_0 n \sin\frac{\pi}{n}}{1 + \frac{\pi R^2}{\eta}\left(1 - \frac{2\sin\frac{\pi}{n}}{3\frac{\pi}{n}}\right)} = \frac{3P}{3 + \frac{R^2}{\eta}\zeta_2}, \qquad (8.1.1/13)$$

$$p^* = \frac{6M_0 n \sin\frac{\pi}{n}}{3\eta + R^2\left(3\pi - 2n\sin\frac{\pi}{n}\right)} = \frac{3P}{3\eta + R^2\zeta_2}, \qquad (8.1.1/14)$$

wobei $\zeta_2 = 3\pi - 2n\sin\frac{\pi}{n}$ und P durch Gl. (7.1.2/2) gegeben wird. Für $\eta \to \infty$ und $\eta = 0$ reduzieren sich die Gln. (8.1.1/13) und (8.1.1/14) auf Gl. (7.1.2/2) bzw. auf Gl. (8.1.1/11). — Werte für die Grenztragfähigkeitskoeffizienten einiger periodisch gestützter Kreisplatten sind in Tab. 8.2 zusammengestellt.

Tabelle 8.2 *Grenzlastwerte für periodisch punktgestützte Kreisplatten*

n	3	4	5	6	8	10	12	16	24	∞
P/M_0	5,20	5,56	5,88	6,00	6,12	6,18	6,21	6,24	6,27	6,28
ζ_2	4,225	3,764	3,547	3,425	3,302	3,245	3,214	3,185	3,165	3,142
pR^2/M_0	3,68	4,51	4,97	5,26	5,56	5,71	5,80	5,86	5,94	6,00

8.1.1.3 *Innerhalb der Ecken gestützte gleichseitige Dreieckplatte*

Bei einer innerhalb der Ecken gestützten[1], gleichförmig belasteten gleichseitigen Dreieckplatte können — wie JOHANSEN [1] gezeigt hat — in Abhängigkeit vom Eckabstand c der Punktstützen zwei verschiedene

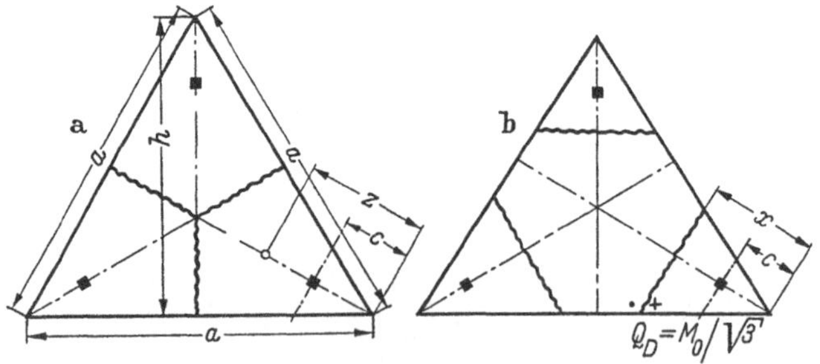

Abb. 8.1/3 Mögliche Fließgelenklinienfiguren für eine innerhalb der Ecken punktförmig gestützte gleichseitige Dreieckplatte unter gleichförmig verteilter Belastung

[1] Die Ausbildung von „Wippen" bei Platten mit innerhalb der Ecken auf der Winkelhalbierenden angeordneten Punktstützen ist von JOHANSEN [6] behandelt worden.

Bruchfiguren auftreten. Bei der in Abb. 8.1/3a dargestellten Fließgelenklinienfigur treten keine Knotenkräfte auf, und die Momentengleichung für einen Plattenteil in bezug auf die angegebene Drehachse lautet

$$M_0 \frac{a}{2} = \frac{1}{6} p\, a\, h(z - c), \qquad (8.1.1/15)$$

woraus mit $h = \frac{a\sqrt{3}}{2}$ und $z = \frac{1}{3}\left(\frac{2h}{3} + \frac{h}{2}\right) = \frac{7}{18} a \frac{\sqrt{3}}{2}$ folgt:

$$p = \frac{4 M_0}{a^2 \left(\frac{7}{18} - \frac{c}{h}\right)}, \qquad \frac{c}{h} \geqq 0{,}125. \qquad (8.1.1/16)$$

Für $c = 0$ liefert diese Formel in Übereinstimmung mit Gl. (8.1.1/4): $p = \frac{10{,}3 M_0}{a^2} = 3{,}43 \frac{M_0}{R^2}$, wobei $R = a/\sqrt{3}$ wie im Abschn. 8.1.1.1 den Radius des Umkreises bedeutet. Abb. 8.1/3b zeigt die alternative Fließgelenklinienfigur, aus der sich mit $x = h \sqrt[3]{\frac{c}{2h}}$ für die Grenzlastintensität der Ausdruck

$$p = \frac{8 M_0}{a^2 \left[1 - 3\left(\frac{c}{2h}\right)^{2/3}\right]}, \qquad \frac{c}{h} \leqq 0{,}125, \qquad (8.1.1/17)$$

ableiten läßt, was für den Sonderfall $c = 0$ den Wert $p = \frac{8 M_0}{a^2} = 2{,}67 \frac{M_0}{R^2}$, also einen bedeutend niedrigeren Wert für die obere Eingrenzung der Grenzlastintensität als Gl. (8.1.1/16) ergibt.

8.1.2 Platten mit frei drehbar gestütztem Rand

8.1.2.1 Einem Kreis umschriebene vieleckige Platten

Abb. 8.1/4 zeigt die Bruchfigur einer einem Kreis vom Radius ϱ umschriebenen Vieleckplatte mit frei drehbar gestütztem Rand unter gleichförmig verteilter Belastung p. Die entlang der Fließgelenklinien wirkenden Grenzmomente werden vektoriell zu Resultierenden addiert, die entlang des Plattenumfanges wirken und sich im Gleichgewicht mit den Momenten der äußeren Kräfte für die zugehörigen Sektoren befinden. Die Grenzmomentengleichung für die einzelnen Plattensektoren in bezug auf den Rand lautet

$$\frac{1}{6} p\, a_i\, \varrho^2 = M_0\, a_i \qquad (i = 1,2 \ldots . n). \qquad (8.1.2/1)$$

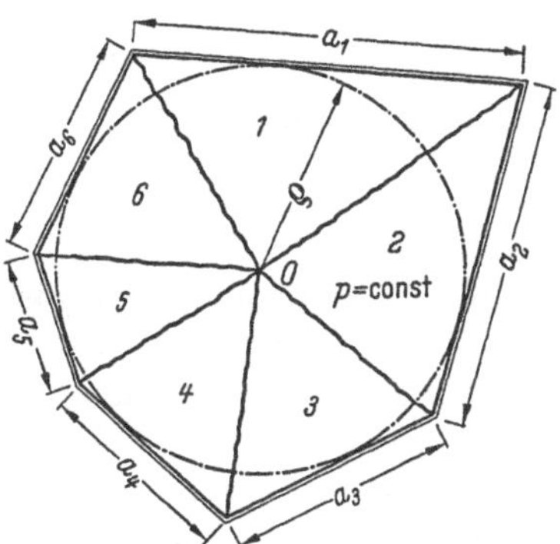

Abb. 8.1/4 Fließgelenklinienfigur für eine einem Kreis umschriebene, frei drehbar gestützte vieleckige Platte

Die Grenzlastintensität für eine gleichförmig belastete, einem Kreis umschriebene Vieleckplatte ist daher

$$p = \frac{6M_0}{\varrho^2}. \qquad (8.1.2/2)$$

Demnach ist die Grenzlastintensität lediglich von dem Radius des einbeschriebenen Kreises abhängig, und die besondere Plattenform hat keinen Einfluß. — Diese Tatsache wurde von GWOSDEW [7] entdeckt.

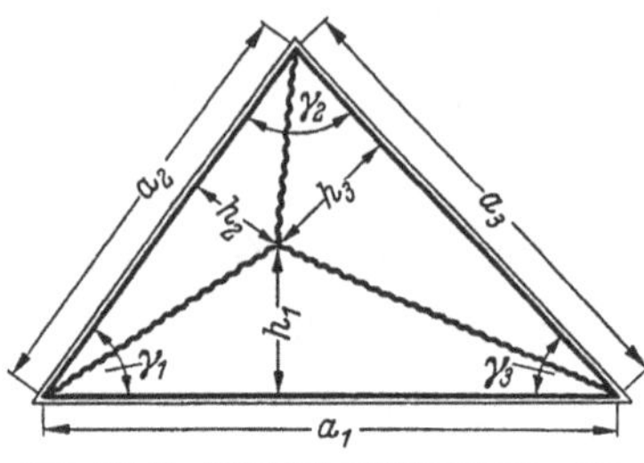

Abb. 8.1/5 Fließgelenklinienfigur für eine frei drehbar gestützte Dreieckplatte

In der vorstehenden Ableitung ist die Voraussetzung enthalten, daß der Schnittpunkt der Fließgelenklinien bei einer gleichförmig belasteten, einem Kreis umschriebenen Vieleckplatte in den Kreismittelpunkt fällt. Die Gültigkeit dieser Voraussetzung soll nun für den speziellen Fall einer Dreieckplatte mit frei drehbar gestütztem Rand nachgewiesen werden (Abb. 8.1/5). Aus dem Prinzip der virtuellen Geschwindigkeiten

$$\frac{pF}{3} = M_0\left(\frac{a_1}{h_1} + \frac{a_2}{h_2} + \frac{a_3}{h_3}\right), \qquad (8.1.2/3)$$

wobei F die Dreiecksfläche bedeutet, ergibt sich unter Verwendung der Beziehung $a_1 h_1 + a_2 h_2 + a_3 h_3 = 2F$ für die Grenzlastintensität

$$p = \frac{3M_0}{F}\left(\frac{a_1}{h_1} + \frac{a_2}{h_2} + \frac{a_3^2}{2F - a_1 h_1 - a_2 h_2}\right). \qquad (8.1.2/4)$$

Aus der Symmetrie der Funktion p hinsichtlich ihrer Argumente h_1 und h_2 folgt unmittelbar $h_1 = h_2 = h$, und in ähnlicher Weise $h_3 = h$. Substitution von

$$h = \frac{2F}{a_1 + a_2 + a_3} = \varrho \qquad (8.1.2/5)$$

in Gl. (8.1.2/4) liefert

$$p = \frac{3M_0}{F\varrho}(a_1 + a_2 + a_3) = \frac{6M_0}{\varrho^2}, \qquad (8.1.2/6)$$

was zu beweisen war.

8.1.2.2 Trapezförmige Platten

Die Bruchfigur einer gleichförmig belasteten, frei drehbar randgestützten isotropen trapezförmigen Platte kann in Abhängigkeit von den geometrischen Verhältniswerten $\alpha = a_1/a$ und $\beta = h/a$ drei verschiedene Formen annehmen, wie sie in Abb. 8.1/6 dargestellt sind. Die Grenztragfähigkeitsbeziehungen für diesen Plattentyp sind von DUBINSKY [3] abgeleitet und für verschiedene Werte α, β ausgewertet worden. Werte für die Bruchfigurparameter ξ und η sowie für den in der Grenzlastgleichung

$$p = \frac{24M_0}{h^2 \varepsilon_0} \qquad (8.1.2/7)$$

auftretenden Parameter ε_0 sind in Abhängigkeit von α und β in Tab. 8.3 zusammengestellt. Für den oberhalb der Treppenlinie liegenden Tabellen-

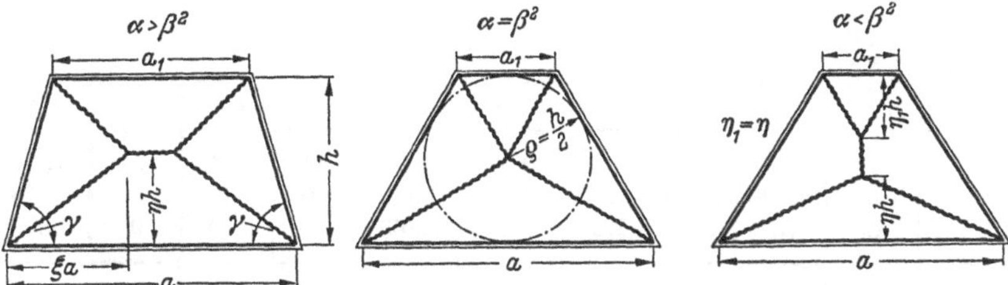

Abb. 8.1/6 Fließgelenklinienfiguren für frei drehbar gestützte trapezförmige Platten in Abhängigkeit von den geometrischen Verhältniswerten $\alpha = a_1/a$ und $\beta = h/a$

teil ist die dem Bereich $\alpha > \beta^2$ zugehörige Bruchfigur maßgebend. Für den Sonderfall $\alpha = \beta^2$ erhält man bei Einführung von $\varrho = h/2$ die Gl. (8.1.2/2).

8.1.2.3 Quadratische Platte mit abhebbaren Rändern

Die Fließgelenklinienfigur einer frei drehbar randgestützten quadratischen Platte, deren Ränder sich von der Stützung frei abheben können, unter gleichförmig verteilter Belastung $p = \text{const}$ kann ähnlich der in Abb. 7.1/6 dargestellten Fließgelenklinienfigur für die entsprechende Platte unter mittiger Einzellast P angenommen werden (Abb. 8.1/7). Mit $\cot\varphi = (1 - \xi)$ und $\cot\psi = \xi/(2 - \xi)$ erhält man für die Dissipationsleistung den Ausdruck

$$D = 8M_0(\cot\varphi + \cot\psi) = 8M_0 \frac{2 - 2\xi + \xi^2}{2 - \xi}. \qquad (8.1.2/8)$$

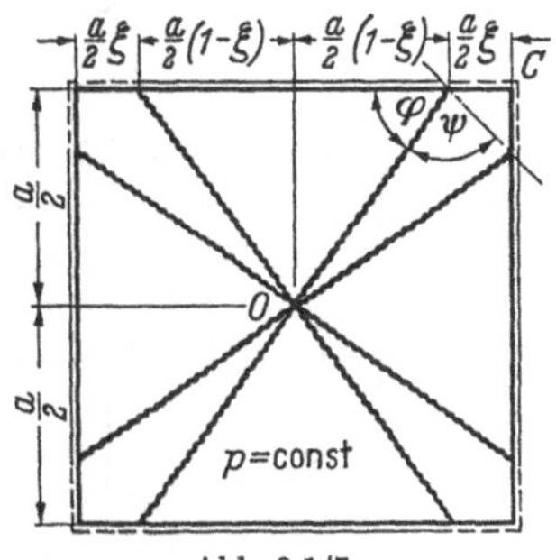

Abb. 8.1/7 Fließgelenklinienfigur für eine quadratische Platte mit von der Stützung abhebbaren Rändern

Bei einer virtuellen Einsenkungsgeschwindigkeit der Plattenmitte vom Betrage $\dot{w}_0 = 1$ beträgt die Geschwindigkeit der Plattenecken $\dot{w}_C = -\xi/(2 - \xi)$, so daß die Leistung der äußeren Belastung p gegeben wird durch

$$L = 4p\left[\frac{1}{6}a(1 - \xi)\frac{a}{2} + \frac{1}{6}\xi\frac{a}{2}\sqrt{2}\,\frac{a}{2}\left(\sqrt{2} - \frac{\xi}{\sqrt{2}}\right) - \frac{1}{6}\xi^2\frac{a^2}{4}\,\frac{\xi}{2 - \xi}\right],$$

$$L = \frac{p\,a^2}{3(2 - \xi)}(2 - \xi - \xi^2). \qquad (8.1.2/9)$$

Gleichsetzung der Leistungen der inneren und äußeren Kräfte liefert für die Grenzlastintensität die Beziehung

$$p = \frac{24M_0}{a^2}\,\frac{2 - 2\xi + \xi^2}{2 - \xi - \xi^2}, \qquad (8.1.2/10)$$

Tabelle 8.3 *Fließgelenklinienfigurparameter und Grenztragfähigkeitskoeffizienten für frei drehbar gestützte trapezförmige Platten*

$\alpha = \frac{a_1}{a}$	Parameter und Koeffizienten	$\beta = \frac{h}{a}$								
		0,3	0,4	0,5	0,6	0,7	0,8	0,9	1,0	1,2
1,0	ξ	0,219	0,276	0,326	0,370	0,409	0,443	0,473	0,500	0,500
	η	0,500	0,500	0,500	0,500	0,500	0,500	0,500	0,500	0,453
	ε_0	2,125	1,898	1,698	1,520	1,365	1,227	1,107	1,000	0,820
0,9	ξ	0,240	0,299	0,347	0,389	0,426	0,458	0,487	0,500	0,500
	η	0,507	0,506	0,505	0,504	0,503	0,502	0,501	0,487	0,440
	ε_0	2,080	1,847	1,646	1,468	1,312	1,177	0,949	0,948	0,774
0,8	ξ	0,274	0,325	0,370	0,410	0,444	0,474	0,500	0,500	0,500
	η	0,514	0,512	0,510	0,508	0,506	0,503	0,498	0,472	0,425
	ε_0	2,012	1,782	1,578	1,404	1,251	1,117	0,992	0,891	0,722
0,7	ξ	0,310	0,355	0,397	0,434	0,466	0,490	0,500	0,500	0,500
	η	0,521	0,518	0,515	0,510	0,506	0,502	0,481	0,456	0,410
	ε_0	1,910	1,704	1,500	1,316	1,164	1,048	0,928	0,832	0,672
0,6	ξ	0,350	0,387	0,422	0,451	0,481	0,500	0,500	0,500	0,500
	η	0,528	0,524	0,518	0,513	0,506	0,492	0,479	0,438	0,393
	ε_0	1,784	1,594	1,411	1,259	1,102	0,968	0,917	0,767	0,617
0,5	ξ	0,386	0,420	0,450	0,475	0,500	0,500	0,500	0,500	0,500
	η	0,534	0,527	0,520	0,512	0,500	0,472	0,444	0,419	0,375
	ε_0	1,660	1,464	1,300	1,152	1,000	0,892	0,784	0,704	0,562
0,4	ξ	0,424	0,449	0,473	0,494	0,500	0,500	0,500	0,500	0,500
	η	0,538	0,528	0,518	0,505	0,479	0,449	0,423	0,399	0,356
	ε_0	1,509	1,343	1,187	1,044	0,918	0,806	0,716	0,637	0,508
0,3	ξ	0,457	0,476	0,495	0,500	0,500	0,500	0,500	0,500	0,500
	η	0,536	0,524	0,506	0,483	0,453	0,425	0,398	0,373	0,337
	ε_0	1,346	1,208	1,044	0,932	0,820	0,724	0,632	0,568	0,456
0,2	ξ	0,484	0,494	0,500	0,500	0,500	0,500	0,500	0,500	0,500
	η	0,527	0,512	0,483	0,454	0,426	0,400	0,376	0,354	0,317
	ε_0	1,182	1,072	0,932	0,824	0,724	0,640	0,564	0,501	0,402
0,1	ξ	0,490	0,500	0,500	0,500	0,500	0,500	0,500	0,500	0,500
	η	0,504	0,491	0,450	0,422	0,397	0,373	0,351	0,332	0,297
	ε_0	1,016	0,964	0,808	0,712	0,630	0,556	0,493	0,441	0,352
0,0	ξ	0,500	0,500	0,500	0,500	0,500	0,500	0,500	0,500	0,500
	η	0,462	0,440	0,414	0,391	0,368	0,346	0,327	0,309	0,279
	ε_0	0,854	0,770	0,686	0,611	0,542	0,479	0,428	0,382	0,311

in der der Parameter ξ aus der Minimalbedingung

$$\frac{dp}{d\xi} = \frac{24M_0}{a^2} \frac{(-2+2\xi)(2-\xi-\xi^2)+(1+2\xi)(2-2\xi+\xi^2)}{(2-\xi-\xi^2)^2} = 0 \quad (8.1.2/11)$$

zu bestimmen ist; es folgt

$$\xi = 0{,}28, \quad (8.1.2/12)$$

und damit ergibt sich für die Grenzlastintensität der Wert

$$p = \frac{22{,}2M_0}{a^2}, \quad (8.1.2/13)$$

der den für den Fall frei drehbar gestützter festgehaltener Ränder erhaltenen Grenzlastwert, Gl. (6.6.2/16), um fast 8% unterschreitet. — Bei Zugrundelegung einer zweiparametrischen Fließgelenklinienfigur mit nicht mit dem Mittelpunkt der Platte zusammenfallenden Gabelungspunkten der Fließgelenklinien würde sich für die Grenzlastintensität ein Wert $p < 22M_0/a^2$ ergeben, der nach Gl. (8.9.3/4) für die quadratische Platte mit festgehaltenen Ecken und $\Lambda_0' = 0$ gilt.

8.2 Dreiseitig frei drehbar gestützte rechteckige Platten

8.2.1 Vollbelastete isotrope Platten

8.2.1.1 Frei drehbar gestützte Platte mit kurzem freien Rand[1]

Abb. 8.2/1 stellt eine Bruchfigur einer mit $p = \text{const}$ belasteten rechteckigen isotropen Platte dar, bei der ein kurzer Rand frei ist und die übrigen Ränder frei drehbar gestützt sind[2]. Die Dissipationsleistung im Zustand der Grenztragfähigkeit ist bei einer Einsenkungsgeschwindigkeit der Mitte des freien Randes vom Betrage $\dot{w}_0 = 1$:

$$D = 2\left(\frac{a}{2y} + \frac{2y}{a}\right)M_0 + (b-y)\frac{4}{a}M_0. \quad (8.2.1/1)$$

Die virtuelle Leistung der Belastung auf dem Geschwindigkeitsfeld ist:

$$L = \frac{p}{6}ay + \frac{p}{6}ya + \frac{p}{2}(b-y)a. \quad (8.2.1/2)$$

Aus der Gleichung der virtuellen Leistungen folgt die Beziehung für die Grenzlastintensität:

$$p = \frac{6M_0}{a^2} \frac{(a^2+4by)}{y(3b-y)}. \quad (8.2.1/3)$$

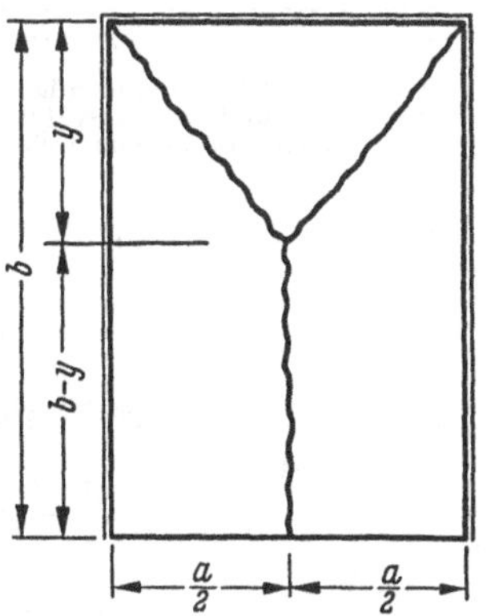

Abb. 8.2/1 Fließgelenklinienfigur für eine dreiseitig frei drehbar gestützte rechteckige Platte mit kurzem freien Rand

[1] Der Fall der dreiseitig eingespannten rechteckigen Platte wird in [*1, 8, 9*] behandelt.

[2] Vgl. die in Abb. 9.2/14 und 9.3/7 wiedergegebenen Bruchbilder.

Der Abstand y ergibt sich aus der Minimalbedingung für die Grenzlastintensität:

$$\frac{dp}{dy} = \frac{6M_0}{a^2} \frac{4b\,y^2 + 2a^2\,y - 3b\,a^2}{y^2(3b-y)^2} = 0, \tag{8.2.1/4}$$

$$y^2 + \frac{a^2}{2b}\,y - \frac{3a^2}{4} = 0,$$

$$y = \frac{a}{2}\left(-\frac{a}{2b} \pm \sqrt{\frac{a^2}{4b^2} + 3}\right), \tag{8.2.1/5}$$

was bei Substitution in Gl. (8.2.1/3) ergibt:

$$p = \frac{6M_0}{y^2}. \tag{8.2.1/6}$$

8.2.1.2 Frei drehbar gestützte Platte mit langem freien Rand[1]

Für eine gleichförmig belastete rechteckige isotrope Platte, bei der ein langer Rand frei ist und die übrigen Ränder frei drehbar gestützt sind[2] (Abb. 8.2/2), ist die virtuelle Dissipationsleistung der inneren Momente im Zustand der Grenztragfähigkeit bei einer Einsenkungsgeschwindigkeit des Mittelabschnittes des Plattenrandes vom Betrage $\dot{w}_0 = 1$:

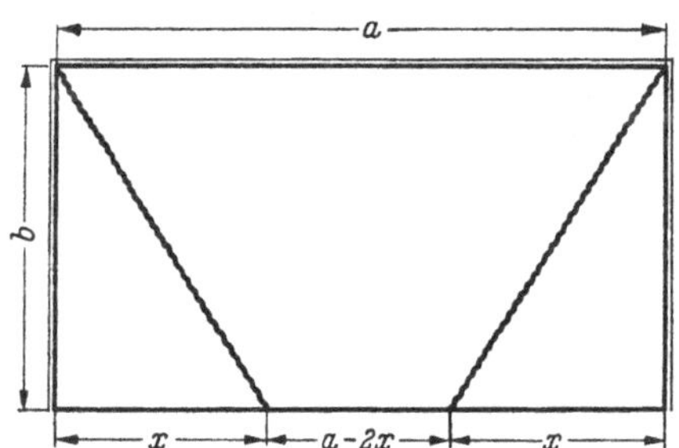

Abb. 8.2/2 Fließgelenklinienfigur für eine dreiseitig frei drehbar gestützte rechteckige Platte mit langem freien Rand

$$D = 2M_0\left(\frac{b}{x} + \frac{x}{b}\right), \tag{8.2.1/7}$$

und die virtuelle Leistung der Belastung ist:

$$L = \frac{2}{3}\,b\,x\,p + \frac{1}{2}\,b(a - 2x)p. \tag{8.2.1/8}$$

Aus der Gleichung der virtuellen Leistungen folgt

$$p = \frac{12M_0}{b^2} \frac{b^2 + x^2}{3a\,x - 2x^2}. \tag{8.2.1/9}$$

Der Abstand x ergibt sich aus der Minimalbedingung für die Grenzlastintensität:

$$\frac{dp}{dx} = \frac{12M_0}{b^2} \frac{3a\,x^2 + 4b^2\,x - 3a\,b^2}{(3a\,x - 2x^2)^2} = 0, \tag{8.2.1/10}$$

$$x^2 + \frac{4b^2}{3a}\,x - b^2 = 0,$$

$$x = b\left(-\frac{2b}{3a} \pm \sqrt{\frac{4b^2}{9a^2} + 1}\right), \tag{8.2.1/11}$$

[1] Der Fall der dreiseitig eingespannten rechteckigen Platte wird in [*1, 8, 9*] behandelt.

[2] Vgl. das in Abb. 9.2/9 wiedergegebene Bruchbild.

was bei Substitution in Gl. (8.2.1/9) ergibt:

$$p = \frac{8 M_0}{a x}. \qquad (8.2.1/12)$$

Im Sonderfall $x = a/2$ treffen sich beide Fließgelenklinien in der Mitte des freien Randes; Einsetzen dieses Wertes in Gl. (8.2.1/11) liefert das dieser Bedingung entsprechende Seitenverhältnis:

$$\frac{a}{b} = \frac{2}{\sqrt{3}}. \qquad (8.2.1/13)$$

8.2.2 Orthotrope Platten unter Teilbelastung[1]

Die geometrischen Beziehungen für den Fall der dreiseitig frei drehbar gestützten, am vierten Rande freien Rechteckplatte unter gleichförmig verteilter Teilbelastung sind aus Abb. 8.2/3 zu ersehen. $\beta = b/a$ ist das Plattenseitenverhältnis, γb bezeichnet das Ausmaß der belasteten Fläche, $\Lambda = M_x/M_y$ drückt das Orthotropieverhältnis der Platte aus, und der kombinierte Koeffizient der Plattenabmessungen und der Orthotropie ist durch $A^2 = \beta^2 \Lambda$ definiert. In Abhängigkeit vom Ausmaß γ der belasteten Plattenfläche und von A^2 können drei verschiedene Fälle der Bruchfigur für die Randbedingungen $\dot{w}(x, 0) = 0$, $\dot{w}\left(\pm \frac{a}{2}, y\right) = 0$, entstehen, die durch das Verhältnis des Bruchfigurparameters η zum Parameter der belasteten Fläche γ definiert sind (vgl. Sawczuk et al. [*10*]).

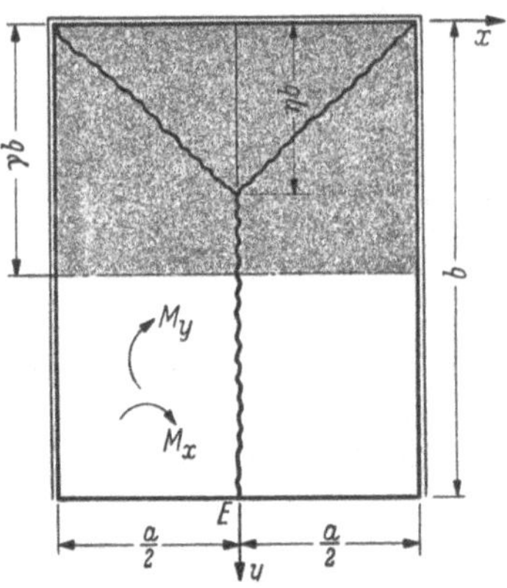

Abb. 8.2/3 Fließgelenklinienfigur einer dreiseitig frei drehbar gestützten rechteckigen Platte unter Teilbelastung; Fall $\eta < \gamma$

8.2.2.1 *Der Fall $\eta \leqq \gamma$*

Wenn der Schnittpunkt der drei positiven Fließgelenklinien innerhalb des belasteten Bereiches liegt, wird das Durchbiegungsgeschwindigkeitsfeld bei einer virtuellen Einsenkungsgeschwindigkeit des Punktes E vom Betrage $\dot{w}_0 = 1$ durch die Gleichungen

$$\dot{w} = \left(1 - \frac{2x}{a}\right), \quad 0 \leqq x \leqq \frac{a}{2}, \quad \eta \beta (a - 2x) \leqq y \leqq b, \qquad (8.2.2/1\,\text{a})$$

$$\dot{w} = \frac{y}{\eta b}, \quad 0 \leqq x \leqq \frac{a}{2}, \quad 0 \leqq y \leqq \eta \beta (a - 2x), \qquad (8.2.2/1\,\text{b})$$

[1] Beitrag von Dr. techn. habil. A. Sawczuk.

für die trapezförmigen bzw. dreieckigen Plattenteile gegeben. Die virtuelle Leistung der äußeren Kräfte ist

$$L = \frac{p\,a^2\beta}{2}\left(\gamma - \frac{1}{3}\eta\right), \tag{8.2.2/2}$$

die gesamte Dissipationsleistung wird gegeben durch

$$D = \frac{M_0}{\beta}\,\frac{4A^2\eta + 1}{\eta}, \tag{8.2.2/3}$$

und aus der Gleichsetzung der virtuellen Leistungen folgt

$$\frac{p\,b^2}{M_0} = 6\,\frac{4A^2\eta + 1}{3\gamma\,\eta - \eta^2}. \tag{8.2.2/4}$$

Die niedrigste obere Eingrenzung für das angenommene Geschwindigkeitsfeld erhält man bei

$$\eta_1 = \frac{\sqrt{1 + 12A^2\gamma} - 1}{4A^2}. \tag{8.2.2/5}$$

Einsetzen dieses Ausdrucks in Gl. (8.2.2/4) ergibt

$$\frac{p\,b^2}{M_0} = \frac{96A^4}{(\sqrt{1 + 12A^2\gamma} - 1)^2} = \frac{6}{\eta_1^2}. \tag{8.2.2/6}$$

Bei Verwendung von Gl. (8.2.2/5) nimmt die Bedingung $\eta \leqq \gamma$ die Form

$$A^2 \geqq \frac{1}{4\gamma} \tag{8.2.2/7}$$

an, die den Gültigkeitsbereich von Gl. (8.2.2/6) beschreibt. Wenn beispielsweise $\Lambda = 1$, $A = \beta$, dann erhält man für die Größe des Belastungsbereiches $\gamma \leqq (2\beta)^{-2}$.

8.2.2.2 Der Fall $\gamma \leqq \eta \leqq 1$

In diesem Falle schneiden sich die Fließgelenklinien $y = \eta\,\beta(a - 2x)$ und $y = \eta\,\beta(a + 2x)$ innerhalb des unbelasteten Bereiches. Die Durchbiegungsgeschwindigkeitsfelder Gl. (8.2.2/1a und /1b) sind gültig und daher auch Gl. (8.2.2/3). Die virtuelle Leistung der äußeren Kräfte ist für die Einsenkungsgeschwindigkeit des Punktes E vom Betrage $\dot{w}_0 = 1$:

$$L = p\,a^2\,\beta\,\gamma^2\,\frac{3\eta - \gamma}{6\eta^2}, \tag{8.2.2/8}$$

was in Verbindung mit Gl. (8.2.2/3) und der entsprechenden Extremalbedingung für die Grenzlastintensität den Ausdruck

$$\frac{p\,b^2}{M_0} = \frac{6}{\gamma^2}\,\frac{4A^2\eta^2 + \eta}{3\eta - \gamma} \tag{8.2.2/9}$$

ergibt. Der Parameter der Fließgelenklinienfigur ist

$$\eta_2 = \frac{\gamma}{3} + \frac{\sqrt{4A^4\gamma^2 + 3A^2\gamma}}{6A^2}. \tag{8.2.2/10}$$

Einsetzen von Gl. (8.2.2/10) in Gl. (8.2.2/9) liefert das Resultat

$$\frac{p\,b^2}{M_0} = 24\,\frac{A^2}{\gamma^3}\,\eta_2^2, \tag{8.2.2/11}$$

das gültig ist für $\gamma \leqq \eta \leqq 1$; somit ist

$$\frac{\gamma}{4(3-2\gamma)} \leqq A^2 \leqq \frac{1}{4\gamma}. \tag{8.2.2/12}$$

8.2.2.3 Der Fall $\eta \geqq 1$

Die in Abb. 8.2/4 dargestellte Fließgelenklinienfigur erfüllt die vorgeschriebenen Randbedingungen des Durchbiegungsgeschwindigkeitsfeldes, dessen Gleichungen für $\dot{w}_0 = \dot{w}(0, \eta b) = 1$ sind (für $x > 0$):

$$\dot{w} = \left(1 - \frac{2x}{a}\right), \quad \frac{1}{2}\left(a - \frac{y}{\eta\beta}\right) \leqq x \leqq \frac{a}{2}, \quad \eta\beta(a-2x) \leqq y \leqq b, \tag{8.2.2/13a}$$

$$\dot{w} = \frac{y}{\eta b}, \quad 0 \leqq x \leqq \frac{1}{2}\left(a - \frac{y}{\eta\beta}\right), \quad 0 \leqq y \leqq \eta\beta(a-2x). \tag{8.2.2/13b}$$

Entlang der Linien $y = \eta\beta\,(a \pm 2x)$ sind die Komponenten der Verdrehungsgeschwindigkeit

$$\left.\begin{aligned} \dot{\Theta}_x &= \left.\frac{\partial \dot{W}}{\partial x}\right] = \frac{2}{a}, \\ \dot{\Theta}_y &= \left.\frac{\partial \dot{W}}{\partial y}\right] = \frac{1}{\eta b}. \end{aligned}\right\} \tag{8.2.2/14}$$

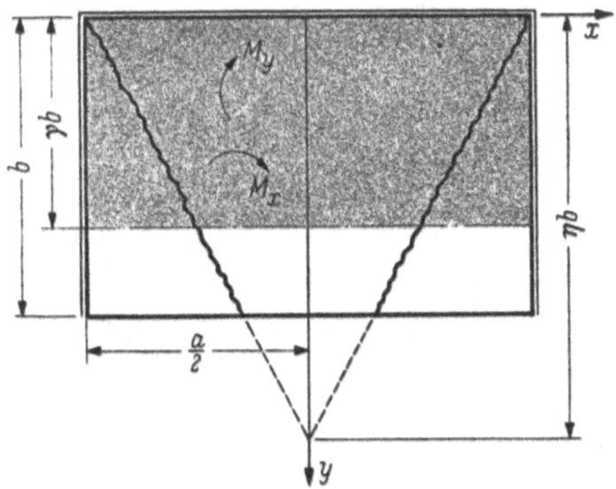

Abb. 8.2/4 Fließgelenklinienfigur einer dreiseitig frei drehbar gestützten rechteckigen Platte unter Teilbelastung; Fall $\eta > 1$

Somit lauten die Ausdrücke für die Leistung der äußeren Kräfte und die Dissipationsleistung:

$$L = \frac{p\,\beta\,a^2}{6}\,\gamma^2\,\frac{3\eta - \gamma}{\eta^2}, \tag{8.2.2/15}$$

$$D = M_0\,\frac{1 + 4A^2\eta^2}{\beta\,\eta^2}, \tag{8.2.2/16}$$

und aus diesen ergibt sich für die Grenzlastintensität

$$\frac{p\,b^2}{M_0} = 6\,\frac{4A^2\eta^2 + 1}{\gamma^2(3\eta - \gamma)}. \tag{8.2.2/17}$$

Der die Extremalbedingung $dp/d\eta = 0$ befriedigende Wert von η ist

$$\eta_3 = \frac{\gamma}{3} + \frac{\sqrt{4A^4\gamma^2 + 9A^2}}{6A^2}. \tag{8.2.2/18}$$

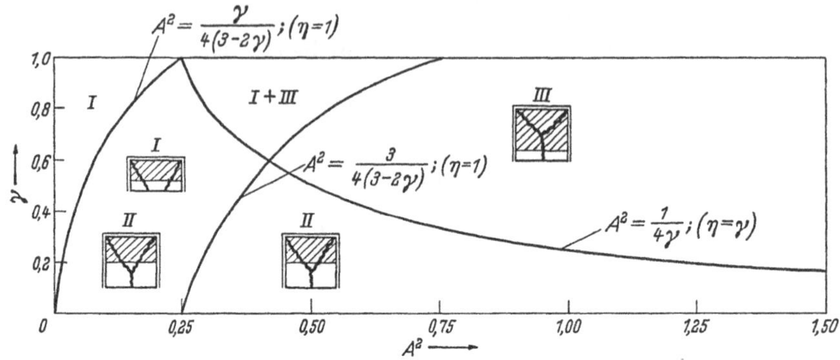

Abb. 8.2/5 Fließgelenklinienfigur-Bereiche

Einsetzen von Gl. (8.2.2/18) in Gl. (8.2.2/17) liefert den Ausdruck

$$\frac{p\,b^2}{M_0} = 16\,\frac{A^2}{\gamma^2}\,\eta_3, \tag{8.2.2/19}$$

der gültig ist für

$$A^2 \leqq \frac{3}{4(3-2\gamma)}. \tag{8.2.2/20}$$

Der Gültigkeitsbereich der entsprechenden Grenzlastformeln ist in Abb. 8.2/5 graphisch dargestellt. Es ist zu ersehen, daß für einen be-

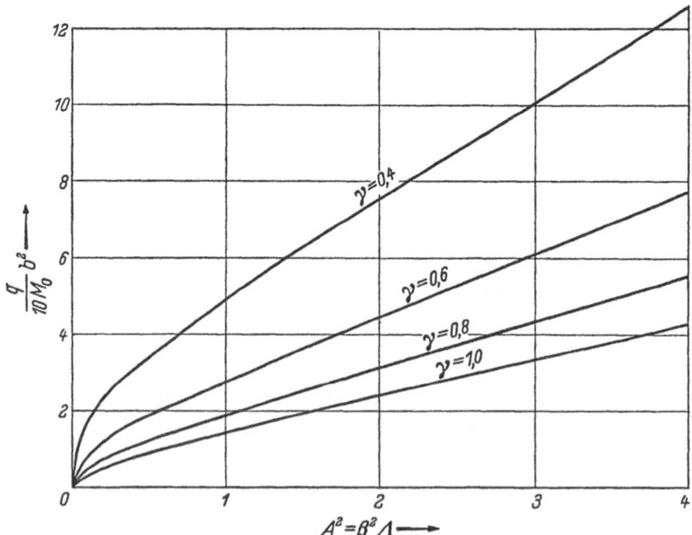

Abb. 8.2/6 Grenzlastkoeffizienten für die dreiseitig frei drehbar gestützte rechteckige Platte als Funktion des Plattenparameters A^2 für verschiedene Werte des Belastungsparameters γ

stimmten Bereich von A^2 zwei Fließgelenklinienfiguren zulässig sind. Das Kriterium für die richtige Fließgelenklinienfigur ist die Grenzlast; somit ist aus zwei möglichen Fließgelenklinienfiguren diejenige auszuwählen, die die niedrigste Grenzlastintensität ergibt. Praktisch sind die Unterschiede in den Grenzlastwerten sehr gering.

Die resultierenden Kurven für die Grenzlast für die analysierten Fließgelenklinienfiguren sind in Abb. 8.2/6 als Funktion von A^2 in Abhängigkeit von dem Parameter γ aufgetragen. *Für kleine Werte η kann ein teilweises Versagen eintreten, wobei der Plattenteil in der Nähe des freien Randes nicht versagt*[1]. Da die Beziehungen für $A^2 > 1$ nahezu linear sind, wird die folgende Näherungsformel für die Grenzlast vorgeschlagen

$$\frac{p\,b^2}{M_0} = m\,A^2 + n\,, \qquad A^2 > 1\,, \qquad (8.2.2/21)$$

deren Koeffizienten m und n für verschiedene Werte γ in nebenstehender Tabelle angegeben sind.

γ	m	n
0,4	22,98	25,43
0,6	14,97	12,67
0,8	11,07	7,80
1,0	8,76	5,38

Innerhalb des Bereiches $1 < A^2 < 25$ führt die Näherungsformel Gl. (8.2.2/21) äußerstenfalls zu um etwa 7% geringeren Werten als die zutreffenden Gleichungen, sie liegt also auf der sicheren Seite.

8.2.3 Frei drehbar gestützte orthotrope Platte mit Punktstütze in der Mitte des freien Randes[2]

Abb. 8.2/7 zeigt die Bruchfigur einer dreiseitig frei drehbar gestützten Rechteckplatte mit einer Punktstütze in der Mitte des freien Randes unter gleichförmig verteilter Belastung. Bei $x = 0$ bildet sich innerhalb des Bereiches $(1 - \zeta)\,b \leqq y \leqq b$ eine negative Fließgelenklinie aus, in der jedoch keine Dissipation innerer Energie erfolgt, da $M'_x = 0$. Aus diesem Grunde gilt folgende Beziehung zwischen ξ und ζ:

$$\xi = \zeta\,A\,, \qquad (8.2.3/1)$$

wobei $A = \beta\sqrt{\Lambda}$ ist; die Fließgelenklinienfigur wird durch die Parameter ξ und η vollständig beschrieben.

Die Leistung der äußeren Kräfte ist bei einer vertikalen Durchbiegungsgeschwindigkeit $\dot{w}_0 = 1$ bei $x = 0$ innerhalb $\eta\,b \leqq y \leqq (1 - \zeta)\,b$

$$L = \frac{p\,a^2\beta}{6A}\,(3A - A\,\eta - 2\xi^2)\,. \qquad (8.2.3/2)$$

[1] Vgl. das in Abb. 9.2/18 wiedergegebene Bruchbild, das die Überlagerung von zwei Fließgelenklinienfiguren zeigt.

[2] Beitrag von Dr. techn. habil. A. Sawczuk.

Die entsprechenden Neigungsgeschwindigkeits-Diskontinuitäten sind

$$\dot{\Theta}_x = \frac{1}{\eta\,\beta\,a}, \quad \dot{\Theta}_y = \frac{2}{a}, \quad y = \eta\,\beta(a \pm 2x), \tag{8.2.3/3}$$

$$\dot{\Theta}_x = 0, \quad \dot{\Theta}_y = \frac{4}{a}, \quad x = 0, \tag{8.2.3/4}$$

$$\dot{\Theta}_x = \frac{\sqrt{A}}{\xi\,a}, \quad \dot{\Theta}_y = \frac{1}{\xi\,a}, \quad y = \mp\frac{\zeta\,a}{\xi}x + (1-\zeta)\,b. \tag{8.2.3/5}$$

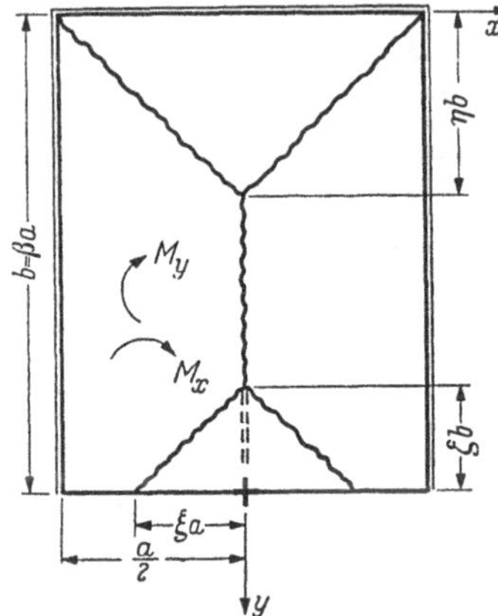

Abb. 8.2/7 Fließgelenklinienfigur für eine dreiseitig frei drehbar gestützte rechteckige Platte mit Punktstütze in der Mitte des freien Randes

Die gesamte Dissipationsleistung ist

$$D = \frac{M_0}{\beta\,\eta}\,[1 + 4A\,(A+1)\,\eta - 4A\,\xi\,\eta], \tag{8.2.3/6}$$

und für die Grenzlast wird die folgende Beziehung erhalten

$$\frac{p\,b^2}{M_0} = 6A\,\frac{1 + 4A(1+A)\,\eta - 4A\,\xi\,\eta}{3A\,\eta - A\,\eta^2 - 2\xi^2\,\eta}. \tag{8.2.3/7}$$

Die Minimalbedingung für die Grenzlastintensität führt zu den Gleichungen

$$A^2\eta^2 - 3A^2\eta - 2A\,\xi^2\eta + 4A\,(1+A)\,\xi\,\eta + \xi = 0, \tag{8.2.3/8}$$

$$4A^2(1+A)\,\eta^2 - 4A^2\eta^2\xi + 2A\,\eta + 2\xi^2 - 3A = 0. \tag{8.2.3/9}$$

Durch geeignete Umordnungen wird der angegebene Gleichungssatz auf die folgende Form reduziert

$$\sqrt{\xi} = \eta\,A, \tag{8.2.3/10}$$

$$2\xi^2 - 4(1+A)\,\xi + 3A = 2\sqrt{\xi}. \tag{8.2.3/11}$$

Die Grenzlast kann nun neu geschrieben werden als

$$\frac{p\,b^2}{M_0} = \frac{6A^2}{\xi}. \tag{8.2.3/12}$$

Gl. (8.2.3/12) gilt für $\eta + \zeta = 1$, und der kritische Wert des Plattenparameters A ist

$$A_{\min} = \sqrt{\xi}\,(1 + \sqrt{\xi}). \tag{8.2.3/13}$$

Zusammen mit Gl. (8.2.3/11) gestattet diese Gleichung die Bestimmung des Wertes von A, für den die in Abb. 8.2/7 dargestellte Fließgelenklinienfigur kinematisch zulässig ist. Die Berechnung ergibt

$$A_{\min} = 0{,}5, \quad \xi_{\min} = 0{,}134, \quad \eta = 0{,}732. \tag{8.2.3/14}$$

Auf ähnliche Weise kann die obere Eingrenzung für A aus der Bedingung $\xi = 0{,}5$ erhalten werden:

$$A_{\max} = \frac{3}{2} + \sqrt{2} = 2{,}914, \quad \eta = 0{,}243, \quad \zeta = 0{,}293. \tag{8.2.3/15}$$

Jedoch ist bei Werten $A \geqq 1{,}5$ die aus Gl. (8.2.3/12) erhaltene Grenzlast nahezu identisch (Differenz $<0{,}8\%$) mit der für allseitig frei dreh-

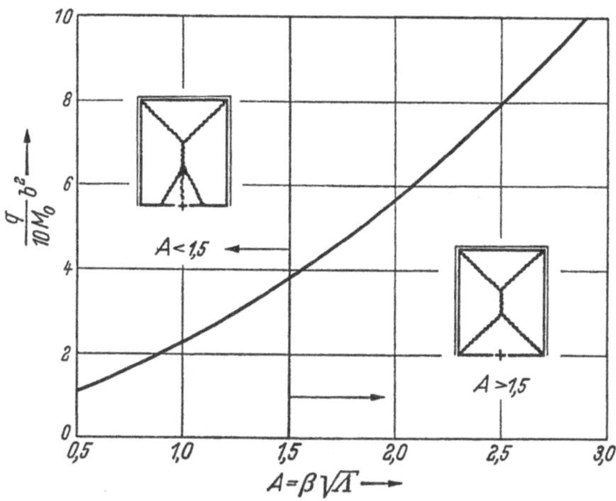

Abb. 8.2/8 Grenzlastwerte für die dreiseitig frei drehbar randgestützte rechteckige Platte mit Punktstütze in der Mitte des freien Randes als Funktion des Plattenparameters A

bar randgestützte rechteckige Platten. Somit wird der folgende Gültigkeitsbereich von Gl. (8.2.3/12) vorgeschlagen:

$$0{,}5 \leqq A \leqq 1{,}5. \tag{8.2.3/16}$$

Die berechneten Werte der dimensionslosen Grenzlast sind in Abb. 8.2/8 aufgetragen [*10*].

8.3 Rechteckige Platten mit Eckpunktstützung[1]

8.3.1 Platte mit einem frei drehbar gestützten Rand und zwei Eckstützungen

8.3.1.1 Punktstützen in den Ecken

Abb. 8.3/1 zeigt eine kinematisch zulässige Fließgelenklinienfigur für eine rechteckige Platte mit einem frei drehbar gestützten Rand und zwei Punktstützen in den gegenüberliegenden Ecken unter gleichförmig verteilter Belastung. Dieser Fall ist für die isotrope Rechteck-

[1] Beitrag von Dr. techn. habil. A. Sawczuk.

platte von JOHANSEN [1] untersucht worden, er wird hier für die orthotrope Rechteckplatte behandelt (vgl. SAWCZUK et al. [10]).

Wird dem Rande $y = b$ für $-(1-\xi)\,a \leqq x \leqq (1-\xi)\,a$ die vertikale Verschiebungsgeschwindigkeit $\dot{w}_0 = 1$ erteilt, dann ist das Durchbiegungsgeschwindigkeitsfeld durch die Gleichungen

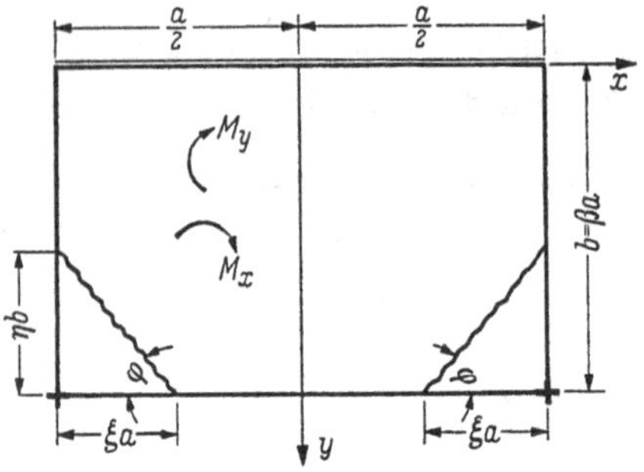

$$\dot{w} = \frac{y}{b}, \qquad 0 \leqq x \leqq \frac{a}{2},$$

$$0 \leqq y \leqq \frac{\eta}{\xi}\left(\frac{b}{2} - \beta x\right) + b(1-\eta), \tag{8.3.1/1}$$

$$\dot{w} = -\frac{x}{\xi a} - \frac{1-\eta}{\eta b}\,y + \frac{\eta + 2\xi}{2\eta\xi} - 1 \tag{8.3.1/2}$$

Abb. 8.3/1 Fließgelenklinienfigur für eine rechteckige Platte mit frei drehbar gestütztem Rand und zwei Eckstützungen

definiert, wobei Gl. (8.3.1/2) für die dreieckigen Plattenteile gilt. Die Fließgelenklinienfigur wird durch die beiden Parameter η und ξ festgelegt. Die Verdrehungsgeschwindigkeiten der starren Plattenteile sind

$$\dot{\Theta}_x = \frac{1-\eta}{b(1-\eta)} + \frac{1-\eta}{b\,\eta} = \frac{1}{b\,\eta}, \qquad \dot{\Theta}_y = \frac{1}{a\,\xi}. \tag{8.3.1/3}$$

Das auf das vorliegende Problem angewandte Prinzip der virtuellen Geschwindigkeiten ergibt für die Leistung der äußeren Kräfte

$$L = \frac{p\,a^2\beta}{6}(3 - 2\xi\eta) \tag{8.3.1/4}$$

und für die Dissipationsleistung in den Fließgelenklinien

$$D = \frac{2M_0}{\beta}\,\frac{\xi^2 + \eta^2 A^2}{\xi\eta}, \tag{8.3.1/5}$$

wobei $A = \beta\sqrt{\Lambda}$, $M_0 = M_y$, $M_x = \Lambda\,M_0$. Die Grenzlastintensität wird daher in der Form

$$\frac{p\,b^2}{M_0} = 12\,\frac{\xi^2 + A^2\eta^2}{3\xi\eta - 2\xi^2\eta^2} \tag{8.3.1/6}$$

erhalten. Da die beiden Parameter η und ξ unabhängig voneinander gewählt werden können, bestehen zwei Extremalbedingungen, die zu den folgenden Gleichungen für die unbekannten Parameter führen:

$$3\xi^2\eta^2 + 4A^2\eta^4\xi - 3A^2\eta^3 = 0, \tag{8.3.1/7}$$

$$3A^2\eta^2\xi + 4\xi^4\eta - 3\xi^3 = 0. \tag{8.3.1/8}$$

Die entsprechenden algebraischen Operationen liefern für reelle Wurzeln die Beziehung

$$\xi = A\,\eta = \eta\,\beta\sqrt{\Lambda}. \tag{8.3.1/9}$$

Durch Einsetzen von Gl. (8.3.1/9) in Gl. (8.3.1/6) erhält man für die Grenzlastintensität die Gleichung

$$\frac{p\,b^2}{M_0} = \frac{24A}{3 - 2A\,\eta^2}, \tag{8.3.1/10}$$

die ihren minimalen Wert für

$$\eta = 0, \qquad \xi = 0 \tag{8.3.1/11}$$

annimmt. Somit ist nur die triviale Lösung von Gl. (8.3.1/7) und Gl. (8.3.1/8) möglich. Einsetzen von Gl. (8.3.1/9) in Gl. (8.3.1/6) und Vornahme der Grenzübergänge $\xi \to 0$, $\eta \to 0$, ergibt für die Grenzlastintensität

$$\frac{p\,b^2}{M_0} = 8A = 8\beta\sqrt{\Lambda}, \qquad A \leqq 1. \tag{8.3.1/12}$$

Damit ist die Grenzlast für den Fall der Punktstützung an den Schnittpunkten der Plattenseiten gegenüber des frei drehbar gestützten Randes erhalten (unter Vernachlässigung der Querkraft in der Fließbedingung).

Es ist zu erwähnen, daß die Gl. (8.3.1/9) den Winkel definiert, den die Fließgelenklinie mit dem Plattenrande bildet. Dieser Winkel hängt von der plastischen Orthotropie ab und nimmt den Wert

$$\varphi = \arctan \Lambda^{-\frac{1}{2}} \tag{8.3.1/13}$$

an. Diese Beziehung erweist sich im nächsten Abschnitt als sehr nützlich, um die Anzahl der unabhängigen Parameter der Fließgelenklinienfigur einzuschränken.

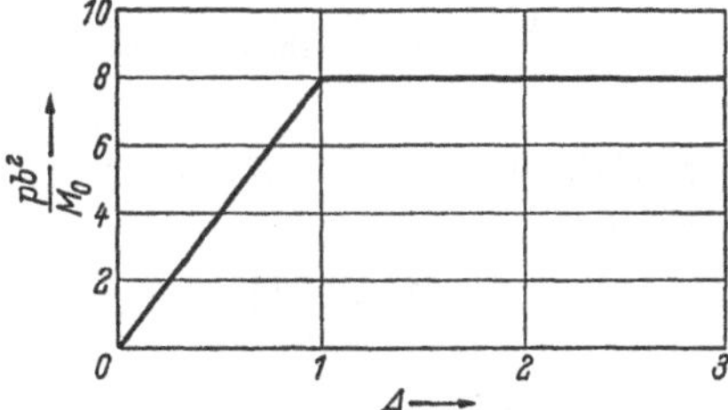

Abb. 8.3/2 Grenzlastkurve als Funktion des Plattenparameters $A = \beta\sqrt{\Lambda}$

Die zweite mögliche Art des Versagens der betrachteten Platte ist das Versagen in Form eines Trägers auf zwei Stützen. Die Fließgelenklinie verläuft in diesem Falle parallel zu dem frei drehbar gestützten Rande, und für die Grenzlastintensität ergibt sich

$$\frac{p\,b^2}{M_0} = 8, \qquad A \geqq 1. \tag{8.3.1/14}$$

In Abb. 8.3/2 ist die Grenzlast als Funktion des Parameters A aufgetragen.

8.3.1.2 Punktstützen in der Nähe der Ecken

Im Falle der Punktstützung innerhalb der Platte hat Gl. (8.3.1/12) keine Gültigkeit. Da die in der Praxis einzig mögliche Art der Punktstützung wie in Abb. 8.3/3 dargestellt ist, wird das Problem im folgenden für kleine Werte ϱ_a und ϱ_b behandelt[1]. Der Einfachheit halber wird $\varrho \ll 1$ angenommen und daher nur der Bereich

$$-\frac{a}{2} \leqq x \leqq \frac{a}{2}, \qquad 0 \leqq y \leqq b$$

unter gleichförmig verteilter Belastung betrachtet. Somit ist Gl. (8.3.1/4) gültig. Bei Annahme, daß ξ und η durch Gl. (8.3.1/9) aufeinander bezogen sind, erhält man für die Dissipationsleistung den Ausdruck

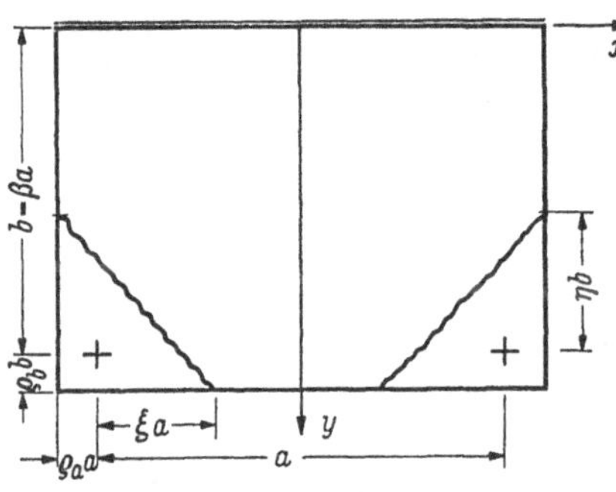

Abb. 8.3/3
Fließgelenklinienfigur für eine rechteckige Platte mit frei drehbar gestütztem Rand und zwei Punktstützen innerhalb der Ecken

$$D = \frac{4 M_0 A}{\beta}\left(1 + A\frac{\varrho_b}{\xi} + \frac{\varrho_a}{\xi}\right). \tag{8.3.1/15}$$

Die Grenzlastintensität ergibt sich zu

$$\frac{p\, b^2}{M_0} = 24 A^2 \frac{\xi + (A\,\varrho_b + \varrho_a)}{3 A\,\xi - 2\,\xi^3}, \tag{8.3.1/16}$$

und die Minimallastbedingung hat die Form

$$4\xi^3 + 6(A\,\varrho_b + \varrho_a)\,\xi^2 - 3A(A\,\varrho_b + \varrho_a) = 0. \tag{8.3.1/17}$$

Im Falle $\varrho_a = \beta\,\varrho_b = \beta\,\varrho$ wird die folgende Beziehung zwischen ϱ und ξ erhalten:

$$\xi^3 + \frac{3}{2}\left(1 + \sqrt{A}\right)\varrho\,\xi^2 - \frac{3}{4} A\left(1 + \sqrt{A}\right)\varrho = 0. \tag{8.3.1/18}$$

Diese Gleichung hat nur eine reelle Wurzel für

$$\varrho \leqq \frac{1}{\sqrt{2}}\,\frac{\sqrt{3A}}{1 + \sqrt{A}} \tag{8.3.1/19}$$

und ist sonst bedeutungslos. Für die besonderen Fälle $0{,}5 \leqq A \leqq 1$ und $\varrho \leqq 0{,}1$ wird die Ungleichung (8.3.1/19) nicht verletzt. Für $\varrho = 0{,}05$, $\beta = 1{,}0$ und $0{,}61 \leqq A \leqq 1{,}22$ ist $0{,}322 \leqq \xi \leqq 0{,}377$. Einsetzen der ξ-Werte aus der Lösung der Gl. (8.3.1/18) in Gl. (8.3.1/16) liefert die Grenzlastintensität [*10*].

[1] Vgl. das in Abb. 9.2/13 wiedergegebene Bruchbild.

8.3.2 Platte mit zwei frei drehbar gestützten Rändern und einer Eckstützung

Für die in Abb. 8.3/4 dargestellte Platte mit zwei frei drehbar gestützten Rändern und einer Eckstützung unter gleichförmig verteilter Belastung wird die Fließgelenklinienfigur im einfachsten Falle durch drei Parameter definiert[1]. Dieser Fall ist für die isotrope Rechteckplatte (auch für den Fall eingespannter Ränder) von Johansen [*1*] untersucht worden und wird hier für die orthotrope Rechteckplatte behandelt (für orthotrope Platten vgl. [*10*]).

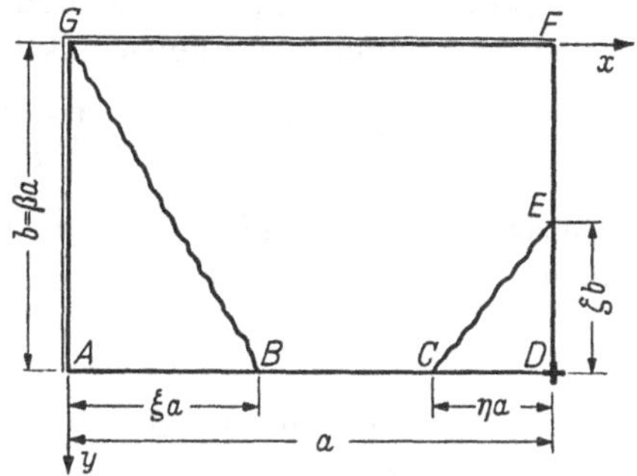

Abb. 8.3/4 Fließgelenklinienfigur für eine rechteckige Platte mit zwei frei drehbar gestützten Rändern und einer Eckstützung

Die Leistung der äußeren Kräfte ist bei einer vertikalen Verschiebungsgeschwindigkeit $\dot{w}_0 = 1$ der Seite $y = b$ für $-\xi\, a \leqq x \leqq (1-\eta)\, a$:

$$L = \frac{p\, a^2 \beta}{6} (3 - \xi - \eta\,\zeta). \quad (8.3.2/1)$$

Die Neigungsgeschwindigkeits-Diskontinuitäten entlang der Fließgelenklinien sind:

$$\dot{\Theta}_x = \frac{1}{\beta\, a}, \qquad \dot{\Theta}_y = \frac{1}{\xi\, a}, \qquad x = \frac{\xi\, y}{\beta}, \tag{8.3.2/2}$$

$$\dot{\Theta}_x = \frac{1}{\xi\,\beta\, a}, \qquad \dot{\Theta}_y = \frac{1}{\eta\, a}, \qquad y = \frac{\zeta}{\eta}\beta(a - x) + \beta\, a(1 - \zeta). \tag{8.3.2/3}$$

Unter Berücksichtigung der tatsächlichen Länge der entsprechenden Fließgelenklinien (vgl. Abb. 8.3/4)

$$l_x = \xi\, a, \qquad l_y = \beta\, a, \qquad \text{(links)} \tag{8.3.2/4}$$

$$l_x = \eta\, a, \qquad l_y = \zeta\,\beta\, a, \qquad \text{(rechts)} \tag{8.3.2/5}$$

ergibt sich für die Dissipationsleistung

$$D = \frac{M_0}{\beta}\, \frac{A^2(\eta\,\zeta + \xi\,\zeta^2) + \xi^2\,\eta\,\zeta + \xi\,\eta^2}{\xi\,\eta\,\zeta}, \tag{8.3.2/6}$$

wobei $M_0 = M_y$ und $A = \beta\sqrt{\Lambda}$. Bei Einführung der Beziehung

$$\eta = \zeta\, A \tag{8.3.2/7}$$

wird der folgende Wert für die Grenzlastintensität erhalten:

$$\frac{p\, b^2}{M_0} = 6\,\frac{A^3 + 2A^2\,\xi + A\,\xi^2}{3A\,\xi - A\,\xi^2 - \xi\,\eta^2}. \tag{8.3.2/8}$$

---

[1] Vgl. das in Abb. 9.2/12 wiedergegebene Bruchbild.

Die Bedingung $dp/d\eta = 0$ führt zu der Gleichung

$$(A^2 + 2A\,\xi + \xi^2)\,\xi\,\eta = 0; \tag{8.3.2/9}$$

da weder $\xi = -A$, noch $\xi = 0$ sein kann, folgt, daß

$$\eta = 0. \tag{8.3.2/10}$$

Für $\eta = \zeta\,\beta\,\sqrt{A} = 0$ hat jedoch die innere Energiedissipationsleistung an dieser singulären Fließgelenklinie den endlichen Wert

$$D_p = M_0 \lim_{\eta \to 0} \left(\eta\, a\, \frac{1-\zeta}{\zeta\, b} + \frac{A\,\zeta\, b}{\eta\, a}\right) = 2 M_0 \sqrt{A}. \tag{8.3.2/11}$$

Einsetzen von Gl. (8.3.2/10) in Gl. (8.3.2/8) zeigt, daß die niedrigste obere Eingrenzung bei

$$\xi = \frac{3A}{3+2A}, \qquad \eta \to 0, \qquad A \leqq 1 \tag{8.3.2/12}$$

liegt. Damit nimmt die Gleichung für die Grenzlastintensität die endgültige Form

$$\frac{p\, b^2}{M_0} = 8A\left(1 + \frac{A}{3}\right), \qquad A \leqq 1 \tag{8.3.2/13}$$

an. In dem Sonderfall $A = 1$ wird $\xi = 0{,}6$, und für die Grenzlastintensität ergibt sich

$$\frac{p\, b^2}{M_0} = \frac{32}{3}. \tag{8.3.2/14}$$

Tatsächlich erfaßt der Fall $A \leqq 1$ auch die Fälle $A > 1$, da es lediglich erforderlich ist, den Bezugsrahmen um $\pi/2$ zu drehen. Im speziellen Falle einer quadratischen isotropen Platte kann sich auch die in Abb. 8.3/5 dargestellte symmetrische Fließgelenklinienfigur ausbilden[1]. Die zugehörige Grenzlastintensität in Termen von ξ ist

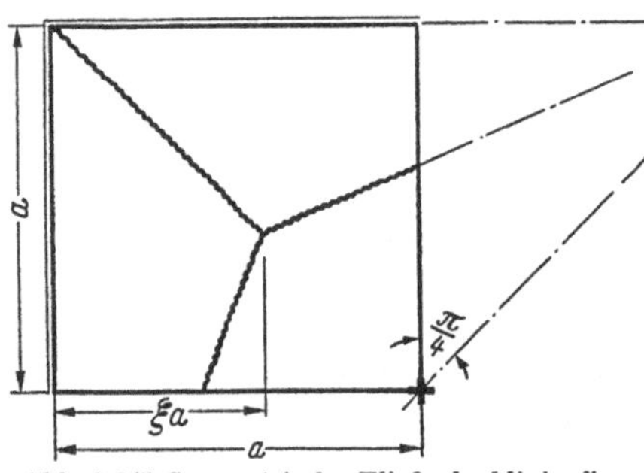

Abb. 8.3/5 Symmetrische Fließgelenklinienfigur für eine quadratische Platte mit zwei frei drehbar gestützten Rändern und einer Eckstützung

$$\frac{p\, a^2}{M_0} = \frac{12}{3\xi - 2\xi^2}. \tag{8.3.2/15}$$

Das Minimum liegt bei $\xi = \frac{3}{4}$ vor. Einsetzen dieses Wertes in Gleichung (8.3.2/15) liefert den gleichen Wert wie Gl. (8.3.2/14). Aus diesem Beispiel geht hervor, daß zwei verschiedene Fließgelenklinienfiguren den gleichen Wert für das Versagen der Platte ergeben. Somit ist die Anzahl der Fließgelenklinienfiguren für die gegebene Grenz-

[1] Vgl. die in Abb. 9.3/8 wiedergegebenen Bruchbilder.

lastintensität unbegrenzt, da jede lineare Kombination der beiden Fließgelenklinienfiguren zu dem gleichen Ergebnis führt.

8.4 Durch Säulen gestützte Platten

8.4.1 Frei drehbar randgestützte Kreisplatte mit zentrischer Säule[1]

Abb. 8.4/1a zeigt die Geometrie und Belastung einer längs ihres äußeren Randes R frei drehbar gestützten und entlang des inneren Randes ξR eingespannten schichtweise isotropen Kreisringplatte (Kreisplatte mit zentraler Pilzkopfsäule), in b) ist die Fließgelenklinienfigur und in c) ein Profil des zugehörigen kinematisch zulässigen Geschwindigkeitsfeldes dargestellt. Das bedeutet jedoch nicht, daß das Durchbiegungsgeschwindigkeitsfeld in der vollständigen Lösung die in Abb. 8.4/1 dargestellte Form haben muß. Tatsächlich weist die vollständige Lösung einen sich als starrer Körper bewegenden ringförmigen Teil auf, ähnlich wie es für die COULOMB-TRESCA-Fließbedingung gezeigt worden ist (vgl. Abb. 3.19 bis 3.21). Somit stellen die im folgenden angegebenen Resultate obere Eingrenzungen für die Grenzlast dar. Die exakte Lösung enthält zwei Parameter des Durchbiegungsgeschwindigkeitsfeldes, während die hier angegebene Lösung nur ϱ_0 enthält. Bei einer virtuellen Geschwindigkeit des inneren positiven Fließgelenkkreises $\varrho_0 R$ vom Betrag $\dot{w}_0 = 1$ ergibt sich für die virtuelle Leistung der äußeren Belastung:

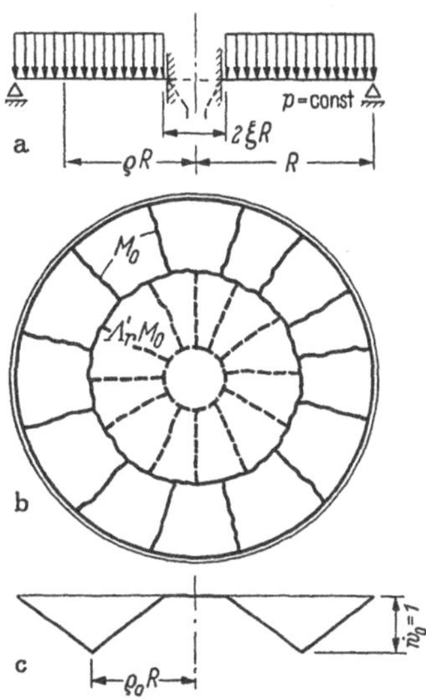

Abb. 8.4/1 Belastungsschema, Fließgelenklinienfigur und Durchbiegungsgeschwindigkeitsfeld für eine Kreisplatte mit zentraler Pilzkopfsäule

$$L = \frac{p\pi R^2}{3}(1 + \varrho_0 - \varrho_0\xi - \xi^2). \qquad (8.4.1/1)$$

Die gesamte Dissipationsleistung setzt sich aus dem Anteil der Dissipationsleistung für den äußeren Kegel

$$D_a = 2\pi M_0 R(1 - \varrho_0)\frac{1}{R(1-\varrho_0)} + 2\pi M_0 R\varrho_0 \frac{1}{R(1-\varrho_0)}$$

$$= 2\pi M_0\left(1 - \frac{\varrho_0}{1-\varrho_0}\right)$$

[1] Beitrag von Dr. techn. habil. A. SAWCZUK.

und dem Anteil der Dissipationsleistung für den inneren Kegel

$$D_i = 2\pi M_0' \xi R \frac{1}{R(\varrho_0 - \xi)} + 2\pi M_0' R(\varrho_0 - \xi) \frac{1}{\varrho_0 - \xi} + 2\pi M_0 \varrho_0 \frac{1}{\varrho_0 - \xi}$$

$$= 2\pi M_0 \left(\frac{\Lambda_r' \xi}{\varrho_0 - \xi} + \Lambda_r' + \frac{\varrho_0}{\varrho_0 - \xi} \right)$$

zusammen, wobei M_0 das positive Grenzmoment bezeichnet und $M_0' = \Lambda_r' M_0$ das negative Grenzmoment. Die gesamte Dissipationsleistung wird gegeben durch

$$D = \frac{2\pi M_0}{(1-\varrho)(\varrho_0 - \xi)} (2\varrho - \varrho_0^2 - \xi - \Lambda_r' \varrho_0^2 + \Lambda_r' \varrho_0) . \quad (8.4.1/2)$$

Gleichsetzung der virtuellen Leistungen der inneren und äußeren Kräfte liefert für die Beziehung zwischen Grenzmoment und Grenzlastintensität den Ausdruck:

$$\frac{6 M_0}{p R^2} = \frac{\varrho_0^3 (1 - \xi) - \varrho_0 (1 - \xi^3) + \xi (1 - \xi^2)}{\varrho_0^2 (1 + \Lambda_r') - \varrho_0 (2 + \Lambda_r') + \xi} . \quad (8.4.1/3)$$

Der in dieser Gleichung auftretende Parameter ϱ_0 wird aus der Extremalbedingung für die Grenzlastintensität bestimmt. Für den Durchmesser der Stützung (Pilzkopf) ist das Maximum des Ausdruckes Gl. (8.4.1/3) in Abhängigkeit von ϱ_0 zu suchen.

$$\frac{d M_0}{d \varrho_0} = 0: \quad \varrho_0^4 (1 - \xi)(1 + \Lambda_r') - 2\varrho_0^3 (1 - \xi)(2 + \Lambda_r') +$$
$$+ \varrho_0^2 [3\xi (1 - \xi) + (1 - \xi^3)(1 + \Lambda_r')] - 2\varrho_0 \xi (1 - \xi^2)(1 + \Lambda_r') +$$
$$+ \xi [(1 - \xi^2)(\Lambda_r' + 2) - (1 - \xi^3)] = 0 . \quad (8.4.1/4)$$

Für den Sonderfall $\xi = 0$, d. h. Punktstützung, erhält man bei Ausschluß der Möglichkeit des Durchstanzens die Formel

$$\varrho_0 = \frac{\Lambda_r' + 2 - \sqrt{2\Lambda_r' + 3}}{1 + \Lambda_r'} . \quad (8.4.1/5)$$

Einsetzen der Gl. (8.4.1/5) in Gl. (8.4.1/3) ergibt nach einer Reihe von Umformungen:

$$\frac{6 M_0}{p R^2} = \frac{\varrho_0^3 - 1}{\varrho_0 (1 + \Lambda_r') - (\Lambda_r' + 2)} = \frac{2}{\Lambda_r' + 1} \varrho_0 . \quad (8.4.1/6)$$

Für den Fall $\xi = 0{,}1$ ergibt die auf Gl. (8.4.1/3) angewandte Bedingung $d M_0 / d \varrho_0 = 0$:

$$\varrho_0^4 - \varrho_0^3 \frac{2(2 + \Lambda_r')}{1 + \Lambda_r'} + \varrho_0^2 \left(1{,}11 + \frac{0{,}3}{1 + \Lambda_r'} \right) -$$
$$- \varrho_0 \cdot 0{,}22 + 0{,}11 \left[1 - \frac{1}{90(1 + \Lambda_r')} \right] = 0 , \quad (8.4.1/7)$$

woraus für die Grenzlastintensität die Beziehung folgt:

$$\frac{6M_0}{pR^2} = \frac{0{,}9\varrho_0^3 - 0{,}999\varrho_0 + 0{,}099}{\varrho_0^3(1+\Lambda_r') - \varrho_0(2+\Lambda_r') + 0{,}10}. \tag{8.4.1/8}$$

In Abb. 8.4/2 sind Werte für ϱ_0 und für die Grenzlastintensität für die Parameter $\xi = 0$ und $\xi = 0{,}1$ als Funktion des plastischen Ein-

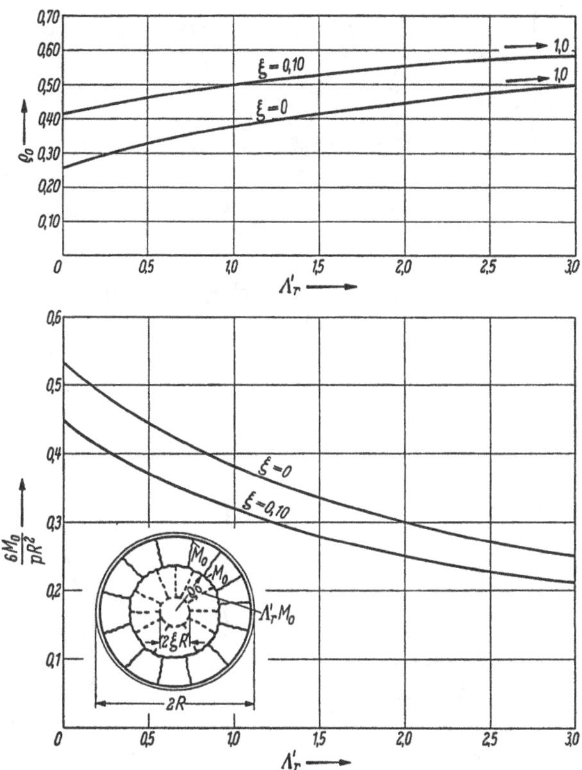

Abb. 8.4/2 Abhängigkeit des Halbmessers des positiven Fließgelenkkreises und der Grenzlast von dem Schichtenkoeffizienten Λ_r' für punktförmige Mittelstützung, $\xi = 0$, und für $\xi = 0{,}1$

spannungsgrades der Platte am Pilzkopf dargestellt (vgl. SAWCZUK [11]).

Ableitungen und Kurventafeln für die Grenztragfähigkeit rechteckiger Platten mit Innensäulen und frei drehbar gestützten oder eingespannten Rändern werden von NYLANDER [12] angegeben.

8.4.2 Pilzdecke mit quadratischen Feldern

Durch Analyse der Hauptmomententrajektorien und Biegeflächen von Pilzdecken mit quadratischen Feldern unter gleichförmig verteilter Belastung hat SAWCZUK [11] drei verschiedene Möglichkeiten für die

Entstehung von Bruchfiguren ermittelt, die in Abb. 8.4/3a bis c dargestellt sind[1]. Die strichlierten Linien bezeichnen negative Fließgelenk-

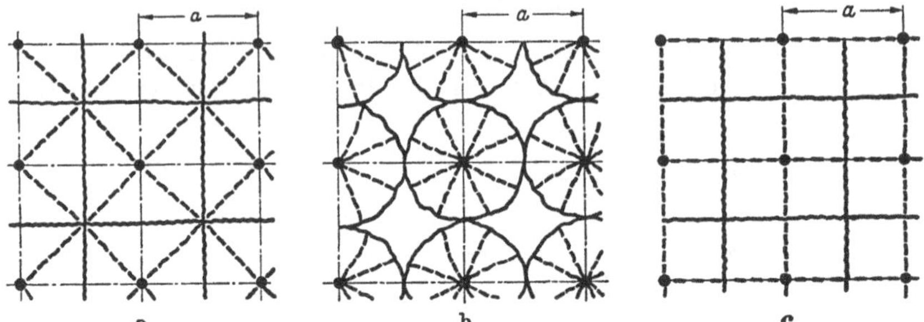

Abb. 8.4/3 Drei verschiedene kinematisch zulässige Fließgelenklinienfiguren für Pilzdecken mit im Quadratnetz angeordneten Säulen

linien (Zugspannung an der oberen Fläche), die durchlaufenden Linien bezeichnen positive Fließgelenklinien.

Aus dem in Abb. 8.8/3a dargestellten System wird eine quadratische Einzelplatte ausgesondert, die in der Mitte auf einer bestimmten

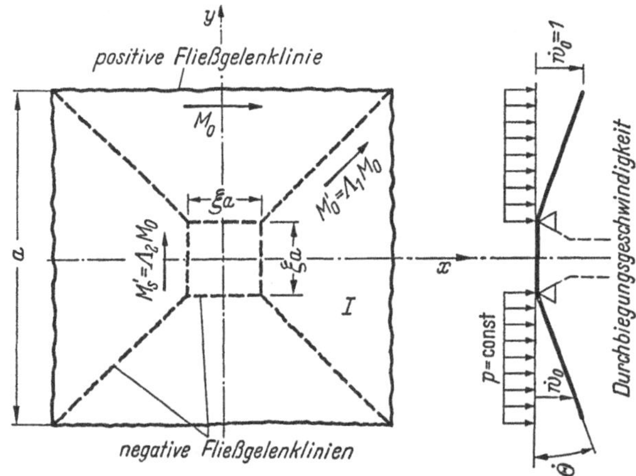

Abb. 8.4/4a Teilabschnitt aus der Fließgelenklinienfigur nach Abb. 8.4/3a und zugehöriges Durchbiegungsgeschwindigkeitsfeld

geschlossenen Linie gestützt wird. Die geometrischen Verhältnisse und die in der Berechnung verwendeten Beziehungen sind in Abb. 8.4/4a angegeben. Bei Annahme einer virtuellen Geschwindigkeit des Randes des aus dem Schema der Abb. 8.4/3a ausgesonderten Plattenteiles

[1] Eine entsprechende Untersuchung für eine über im hexagonalen Netz angeordnete punktförmige Stützen durchlaufende Platte findet sich in [*15*].

vom Betrag $\dot{w}_0 = 1$ ergibt sich für die virtuelle Leistung der gleichförmig verteilten Belastung p:

$$L = 4p\,\xi\,a\frac{(a-\xi\,a)}{2}\,\frac{1}{2} + 8p\frac{(a-\xi\,a)^2}{4}\,\frac{1}{3} = \frac{p\,a^2}{3}(2-\xi-\xi^2). \qquad (8.4.2/1)$$

Als Voraussetzung für die Ermittlung der Dissipationsleistung sind zunächst die Verdrehungsgeschwindigkeiten der Plattenteile längs der Fließgelenklinien zu ermitteln. Mit dem Moment M_0 ist die Verdrehungsgeschwindigkeit

$$\dot{\Theta} = \frac{2}{a(1-\xi)} \qquad (8.4.2/2)$$

verbunden; der entsprechende Wert ist auch dem Moment M_s' zugehörig. Die Verdrehungsgeschwindigkeit längs der diagonalen Fließgelenklinien kann in zwei Komponenten zerlegt werden, da die Verdrehungen um diese Linien aus der Drehbewegung um die Plattenränder zusammengesetzt werden können. In diesem Falle betragen die Komponenten der Verdrehung für den Plattenteil I:

$$\dot{\Theta}_x = \frac{2}{a(1-\xi)}; \qquad \dot{\Theta}_y = 0. \qquad (8.4.2/3)$$

Mit diesen Werten ergibt sich für die Dissipationsleistung der plastischen Momente in den Fließgelenklinien der Ausdruck:

$$D = 4[M_0\,\dot{\Theta}\,a + M_s'\,\dot{\Theta}\,a\,\xi + M_x'\,\dot{\Theta}_x\,a(1-\xi)]$$

$$D = \frac{8M_0}{1-\xi}[1 + \Lambda_1(1-\xi) + \Lambda_2\,\xi], \qquad (8.4.2/4)$$

mit den Bezeichnungen

$$\frac{|M_y'|}{M_0} = \frac{|M_x'|}{M_0} = \frac{|M_0'|}{M_0} = \Lambda_1, \qquad \frac{|M_s'|}{M_0} = \Lambda_2.$$

Somit erhält man für die Grenzlastintensität die Beziehung:

$$p = \frac{24M_0}{a^2}\,\frac{[1 + \Lambda_1(1-\xi) + \Lambda_2\,\xi]}{2 - 3\xi + \xi^3}. \qquad (8.4.2/5)$$

Für den Sonderfall einer schichtweise isotropen Platte mit $\Lambda_1 = \Lambda_2 = \Lambda_0' = 1$ und bei der zusätzlichen Annahme $\xi \to 0$ erhält man

$$p = \frac{12M_0}{a^2}(1 + \Lambda_0') = \frac{6M_0}{R^2}, \qquad (8.4.2/6)$$

wobei $R = a/2$ der Radius des in die Platte einbeschriebenen Kreises ist.

Eine entsprechende Berechnung wird für die in Abb. 8.4/3b dargestellte Bruchfigur angestellt; sämtliche Bezeichnungen sind aus Abb. 8.4/4b zu ersehen.

Bei diesem Geschwindigkeitsfeld wird angenommen, daß sich die Plattenecken ABC als starre Teile mit der konstanten Geschwindig-

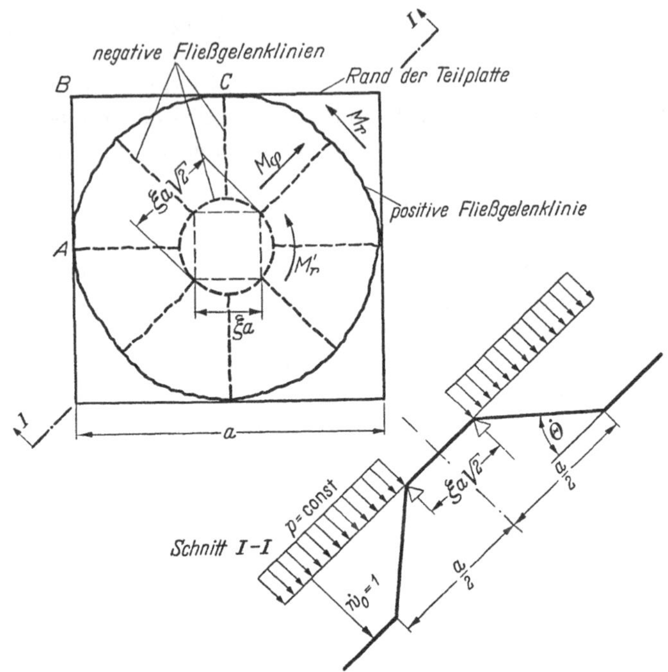

Abb. 8.4/4b Teilabschnitt aus der Fließgelenklinienfigur nach Abb. 8.4/3b und zugehöriges Durchbiegungsgeschwindigkeitsfeld

keit $\dot{w}_0 = 1$ verschieben. Für die virtuelle Leistung der äußeren gleichförmig verteilten Belastung p ergibt sich:

$$L = \frac{p \pi a^2}{12(1 - \xi\sqrt{2})}(2 - 3\sqrt{2}\,\xi + 2\sqrt{2}\,\xi^3) + p a^2\left(1 - \frac{\pi}{4}\right)$$

$$L = \frac{p a^2}{6(1 - \xi\sqrt{2})}\left(6 - \frac{\pi}{2} - 6\sqrt{2}\,\xi + \pi\sqrt{2}\,\xi^3\right). \qquad (8.4.2/7)$$

Die Verdrehungsgeschwindigkeit in den Fließgelenkkreisen ist:

$$\dot{\Theta} = \frac{2}{a(1 - \xi\sqrt{2})}. \qquad (8.4.2/8)$$

Damit ergibt sich für die Dissipationsleistung der Grenzmomente:

$$D = M_r \pi a \frac{2}{a(1 - \xi\sqrt{2})} + M_r' \pi \xi a \sqrt{2} \frac{2}{a(1 - \xi\sqrt{2})} + M_\varphi 2\pi,$$

$$D = \frac{M_0}{1 - \xi\sqrt{2}} 2\pi[1 + \Lambda_1(1 - \xi\sqrt{2}) + \Lambda_2 \xi\sqrt{2}], \qquad (8.4.2/9)$$

wobei

$$M_r = M_0, \quad \frac{M_\varphi}{M_0} = \Lambda_1, \quad \frac{|M_r'|}{M_0} = \Lambda_2.$$

Aus der Gleichsetzung der Gln. (8.4.2/7) und (8.4.2/9) erhält man für die Grenzlastintensität den Ausdruck

$$p = \frac{12 M_0}{a^2} \pi \frac{[1 + \Lambda_1 (1 - \xi \sqrt{2}) + \Lambda_2 \xi \sqrt{2}]}{4{,}43 - 8{,}48 \xi + 4{,}44 \xi^3}. \qquad (8.4.2/10)$$

Für den Sonderfall $\Lambda_1 = \Lambda_2 = \Lambda_0' = 1$ und $\xi \to 0$ vereinfacht sich dieser Ausdruck zu:

$$p = \frac{12 M_0}{a^2} \pi \frac{1 + \Lambda_0'}{4{,}43} = 8{,}52 (1 + \Lambda_0') \frac{M_0}{a^2} = 4{,}26 \frac{M_0}{R^2}. \qquad (8.4.2/11)$$

Daraus folgt, daß das Geschwindigkeitsfeld der Abb. 8.4/3b den tatsächlichen Verhältnissen näherkommt, da es zumindest für kleine Werte von ξ niedrigere Werte für die Grenzlastintensität liefert.

Schließlich wird die in Abb. 8.4/3c gezeigte Bruchfigur untersucht, bei der negative Fließgelenklinien längs der Säulenachsen und positive Fließgelenklinien in den Feldmitten verlaufen [11, 13, 14]. In Abbildung 8.4/4c ist das Schema einer aus diesem System herausgelösten Einzelplatte dargestellt[1]. Erteilt man dem Punkt A eine virtuelle Geschwindigkeit $\dot{w}_A = 1$, so ist die Geschwindigkeit des Schwerpunktes des Plattenteils $BABCC$:

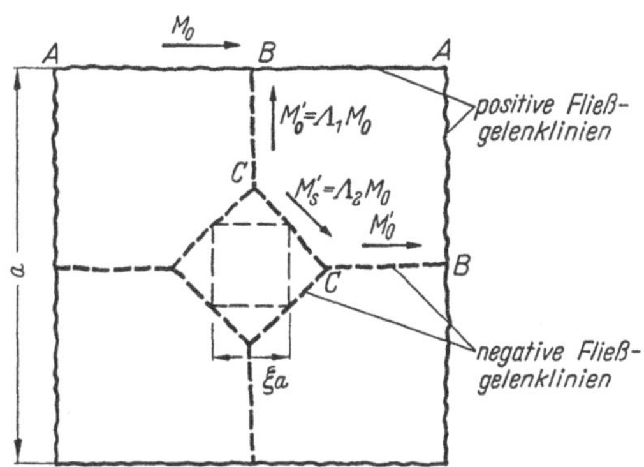

Abb. 8.4/4c Teilabschnitt aus der Fließgelenklinienfigur nach Abb. 8.4/3c und zugehöriges Durchbiegungsgeschwindigkeitsfeld

$$\dot{w}_S = \frac{3 - 6\xi + 4\xi^3}{6(1 - \xi)(1 - 2\xi^2)},$$

und die virtuelle Leistung der äußeren Belastung ergibt sich zu:

$$L = \frac{p a^2}{6} \frac{3 - 6\xi + 4\xi^3}{1 - \xi}. \qquad (8.4.2/12)$$

Behandelt man die Achse CC als Drehachse, so ergibt sich

$$\dot{\Theta} = \frac{2}{a\sqrt{2}(1 - \xi)}, \qquad (8.4.2/13)$$

[1] Vgl. das in Abb. 9.3/6 wiedergegebene Bruchbild.

und für die Dissipationsleistung folgt:

$$D = 4\left[M_0 \frac{a\sqrt{2}}{2} + M_0' \frac{a\sqrt{2}}{2}(1 - 2\xi) + M_s' \xi a \sqrt{2}\right]\dot{\Theta},$$

$$D = \frac{4M_0}{1-\xi}[1 + \Lambda_1(1 - 2\xi) + 2\Lambda_2 \xi]. \qquad (8.4.2/14)$$

Aus der Gleichung der virtuellen Leistungen erhält man für die Grenzlastintensität die Beziehung

$$p = \frac{24M_0}{a^2} \frac{1 + \Lambda_1(1 - 2\xi) + 2\Lambda_2 \xi}{3 - 6\xi + 4\xi^3}, \qquad (8.4.2/15)$$

wobei wie vorher $M_s'/M_0 = \Lambda_2$, $M_0'/M_0 = \Lambda_1$ ist.

Um einen einfachen Vergleich mit den aus den Gln. (8.4.2/5) und (8.4.2/10) erhaltenen Werten durchführen zu können, wird auch hierbei der Sonderfall der isotropen Platte betrachtet, d. h. $\Lambda_1 = \Lambda_2 = \Lambda_0' = 1$, und $\xi \to 0$ gesetzt. Damit reduziert sich Gl. (8.4.3/15) auf

$$p = \frac{24M_0}{a^2} \frac{1 + \Lambda_0'}{3}$$

$$= 8(1 + \Lambda_0') \frac{M_0}{a^2}$$

$$= \frac{4M_0}{R^2}. \qquad (8.4.2/16)$$

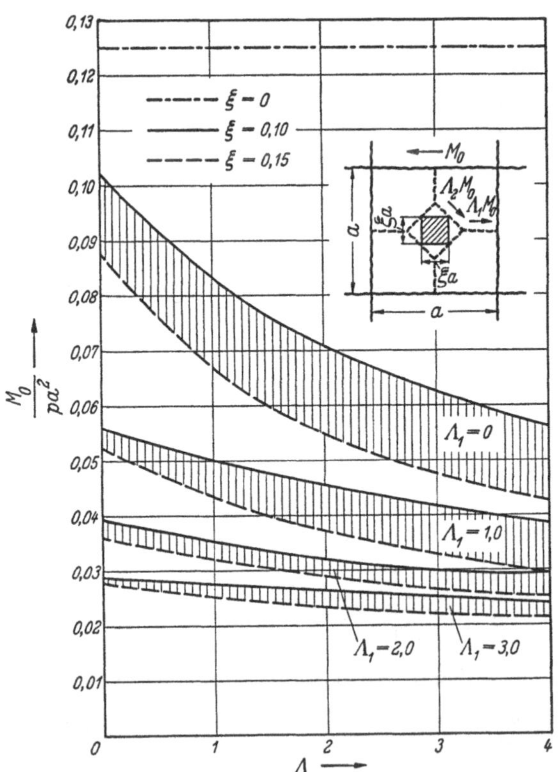

Abb. 8.4/5 Einfluß der Schichtenkoeffizienten auf die Grenztragfähigkeit einer Pilzdecke

Das zuletzt betrachtete Geschwindigkeitsfeld ergibt, wie der Vergleich mit Gl. (8.4.2/6) und Gleichung (8.4.2/11) zeigt, für den Spezialfall $\Lambda_1 = \Lambda = 1$ und $\xi \to 0$ den kleinsten Wert für die Grenzlastintensität und kommt damit den tatsächlichen Verhältnissen am nächsten.

Die Gleichungen für den allgemeinen Fall, Gleichung (8.4.2/10) und Gleichung (8.4.2/15), enthalten auch die Stützungsbreite ξ und die Schichtenkoeffizienten Λ_1, Λ_2. Sawczuk [11] hat gezeigt, daß in einem bestimmten Bereich von Λ_1, Λ_2 Stützungsbreiten existieren, für die beide Formeln identische Werte für die Grenzlastintensität liefern, so daß in einem bestimmten Bereich die in Abb. 8.4/3b und 8.4/3c dargestellten Geschwindigkeitsfelder gleichberechtigt sind. Für Werte von Λ_1, Λ_2, die von praktischer Bedeutung sind, $0 \leqq \Lambda_1 \leqq 5$, $0 \leqq \Lambda_2 \leqq 5$, gilt für die im Bereich der Gleichberechtigung der beiden Geschwindigkeitsfelder liegenden Stützungsbreiten $0{,}227 < \xi < 0{,}338$. Das bedeutet,

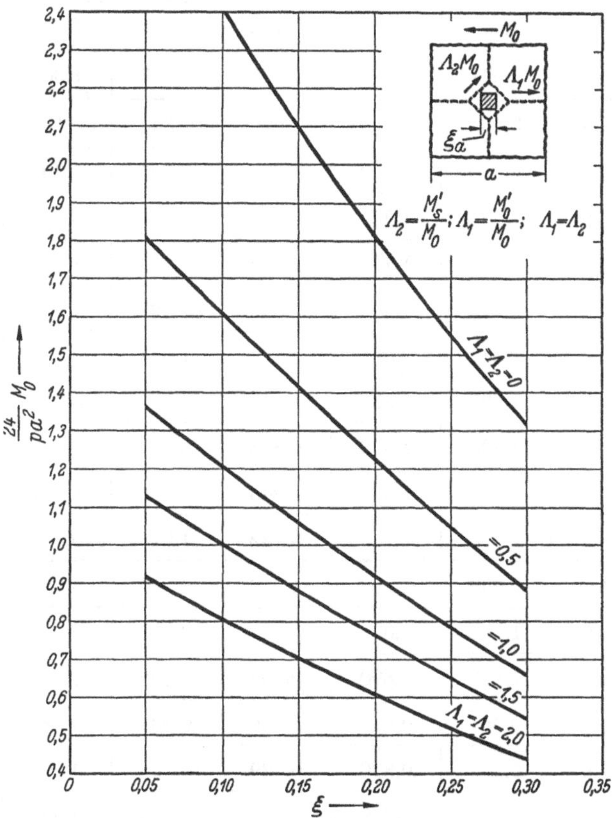

Abb. 8.4/6 Grenzlastintensität als Funktion der Stützungsbreite in Abhängigkeit von verschiedenen Werten des Schichtenkoeffizienten bei schichtweise isotroper Plattenstruktur

daß für Werte $\xi < 0{,}227$ allein die in Abb. 8.4/3c dargestellte Bruchfigur eintreten kann, und für Werte $\xi > 0{,}338$ allein die in Abb. 8.4/3b gezeigte Bruchfigur.

In Tab. 8.4 sind auf der Grundlage der vorstehend abgeleiteten Formeln berechnete Grenzlastkoeffizienten zusammengestellt [*11*]. Die angegebenen Werte sind entweder aus Gl. (8.4.2/10) oder aus Gl. (8.4.2/15) berechnet, je nachdem, welche der beiden Formeln den kleineren Wert für die Grenzlastintensität ergibt. Auf der Grundlage dieser Gleichun-

Tabelle 8.4 *Zusammenstellung der Funktionswerte* $m = \dfrac{24 M_0}{p\, a^2}$ *für Pilzdecken mit quadratischen Feldern*

Koeffizienten der schichtweisen Anisotropie		Breite des Pilzkopfes					
Λ_1	Λ_2	$\xi = 0{,}05$	0,10	0,15	0,20	0,25	0,30
0	0	2,700	2,404	2,113	1,832	1,562	1,308
	0,5	2,571	2,185	1,837	1,687	1,300	1,006
	1,0	2,454	2,003	1,665	1,369	1,130	0,896
	2,0	2,250	1,779	1,418	1,125	0,891	0,704
	5,0	1,885	1,337	0,980	0,729	0,551	0,451
0,5	0	1,861	1,717	1,565	1,409	1,250	1,090
	0,5	1,800	1,603	1,409	1,221	1,041	0,872
	1,0	1,742	1,502	1,281	1,074	0,903	0,745
	2,0	1,637	1,335	1,111	0,916	0,746	0,597
	5,0	1,403	1,069	0,823	0,635	0,490	0,395
1,0	0	1,421	1,335	1,243	1,145	1,041	0,934
	0,5	1,385	1,265	0,142	1,018	0,892	0,749
	1,0	1,350	1,202	1,056	0,916	0,781	0,654
	2,0	1,286	1,093	0,919	0,772	0,643	0,526
	5,0	1,125	0,890	0,709	0,563	0,443	0,352
2,0	0	0,964	0,925	0,880	0,833	0,781	0,727
	0,5	0,947	0,890	0,829	0,763	0,694	0,623
	1,0	0,931	0,858	0,762	0,705	0,625	0,545
	2,0	0,900	0,801	0,704	0,611	0,521	0,436
	5,0	0,818	0,668	0,555	0,458	0,373	0,299
5,0	0	0,491	0,481	0,469	0,458	0,446	0,436
	0,5	0,486	0,471	0,454	0,436	0,416	0,396
	1,0	0,482	0,462	0,440	0,416	0,390	0,363
	2,0	0,474	0,445	0,414	0,382	0,347	0,311
	5,0	0,450	0,401	0,352	0,305	0,260	0,218

gen für die obere Eingrenzung der Grenzlastintensität kann der Einfluß einiger Parameter der Grenztragfähigkeit des Tragwerkes untersucht werden, was zu einigen praktischen Hinweisen führt.

Der Einfluß der Schichtenkoeffizienten auf die Grenztragfähigkeit einer Pilzdecke für verschiedene Parameter ξ geht aus Abb. 8.4/5 hervor. Für die praktisch bedeutenden Fälle $\xi > 0{,}1$ ist, wie in [11] gezeigt wird, der Einfluß der Ringbewehrung auf die Grenztragfähigkeit größer als der Einfluß der radialen Bewehrung. Aus den in Abb. 8.4/6 dargestellten Kurven können bei gegebener schichtweiser isotroper Plattenstruktur und gegebener Stützungsbreite die Werte der Grenzlastintensität abgelesen werden.

8.5 Allseitig randgestützte orthotrope rechteckige Platten unter gleichförmig verteilter Belastung

Die Grenzmomente schichtweise orthogonal anisotroper Platten werden für mit den rechtwinkligen Koordinatenachsen zusammenfallende Orthotropierichtungen entsprechend Gl. (7.1.6/2) durch die folgenden Verhältniswerte mit dem Bezugswert $M_y = M_0$ verknüpft:

$$\frac{M_x}{M_y} = \Lambda, \quad \frac{M_x'}{M_y'} = \Lambda', \quad \frac{|M_y'|}{M_y} = \Lambda_y', \quad \frac{|M_x'|}{M_x} = \Lambda_x', \quad \frac{|M_x'|}{M_y} = \Lambda'\Lambda_y' = \Lambda_x'\Lambda.$$

Λ und Λ' werden als Orthotropiekoeffizienten, Λ_y' und Λ_x' als Schichtenkoeffizienten bezeichnet. In Abb. 8.5/1 sind die entsprechenden Fließgelenklinienparameter und Grenzmomentenvektoren einer an zwei Seiten eingespannten oder durchlaufenden Rechteckplatte dargestellt. Den folgenden Ableitungen wird der Fall einfacher oder schichtenweiser Orthotropie zugrunde gelegt. Das bedeutet bei einer allseitig eingespannten Platte an einander gegenüberliegenden Seiten gleich große negative Einspannmomente. Das Seitenverhältnis wird mit $\beta = b/a$ und $\bar{\beta} = a/b$ bezeichnet. — Systematische Untersuchungen der Grenztragfähigkeit orthotroper und schichtenweise orthotroper Rechteckplatten für verschiedene Rand-

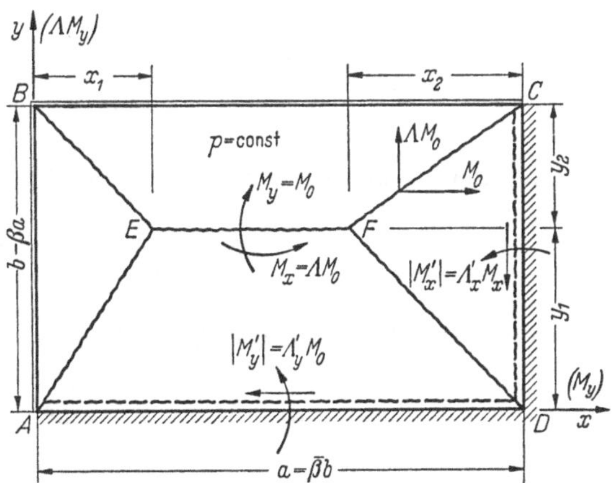

Abb. 8.5/1 Schema der Bezeichnung von Fließgelenklinienparametern und Grenzmomentenvektoren für eine dreiparametrische Fließgelenklinienfigur einer rechteckigen Platte mit schichtweiser Orthotropie

bedingungen und gleichförmig verteilte Belastung finden sich in erster Linie in [*5, 10, 11, 13, 15* bis *20*] und in Veröffentlichungen verschiedener anderer Autoren.

8.5.1 Allseitig frei drehbar gestützte Platte

Die Fließgelenklinienfigur einer allseitig frei drehbar randgestützten Rechteckplatte unter gleichförmig verteilter Belastung hat wegen der Symmetrie von Stützung und Belastung symmetrische Form, wie in Abb. 8.5/2 dargestellt[1]. Bei einer virtuellen Einsenkungsgeschwindigkeit der Strecke EF vom Betrage $\dot{w}_0 = 1$ ergeben sich entsprechend Gl. (6.6.2/11) aus dem Prinzip der virtuellen Geschwindigkeiten die Grenztragfähigkeitsbeziehungen

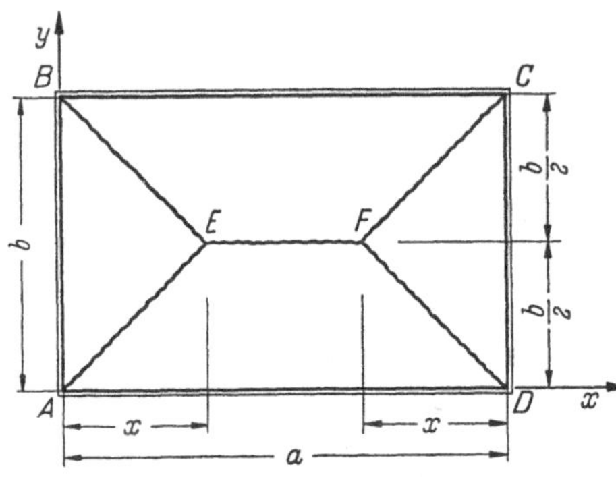

Abb. 8.5/2
Einparametrische Fließgelenklinienfigur für eine allseitig frei drehbar gestützte rechteckige Platte

$$M_y = M_0 = \frac{p b^2}{12} \frac{x(3a - 2x)}{2ax + \Lambda b^2},$$

$$p = M_0 \frac{12(2ax + \Lambda b^2)}{b^2 x(3a - 2x)}. \qquad (8.5.1/1)$$

Der Parameter x wird aus der Minimalbedingung für die Grenzlastintensität ermittelt:

$$\frac{dp}{dx} = \frac{12 M_0}{b^2} \frac{2ax(3a - 2x) - (3a - 4x)(2ax + \Lambda b^2)}{x^2(3a - 2x)^2} = 0. \qquad (8.5.1/2)$$

Aus der daraus hervorgehenden quadratischen Gleichung

$$x^2 + \frac{\Lambda b^2}{a} x - \frac{3\Lambda b^2}{4} = 0 \qquad (8.5.1/3)$$

ergibt sich bei Einführung des Seitenverhältnisses $\beta = b/a$:

$$x = \frac{b}{2}\Lambda\left(-\beta \pm \sqrt{\beta^2 + \frac{3}{\Lambda}}\right) = \frac{b}{2}\mathfrak{A}, \qquad (8.5.1/4)$$

wobei $\mathfrak{A}$ zur Abkürzung des Ausdruckes dient, und Gl. (8.5.1/1) nimmt folgende Form an:

$$M_y = M_0 = \frac{p b^2}{24} \frac{\mathfrak{A}^2}{\Lambda} \quad \text{und} \quad M_x = \Lambda M_0 = \frac{p b^2}{24} \mathfrak{A}^2. \qquad (8.5.1/5)$$

[1] Vgl. das in Abb. 9.2/3 wiedergegebene Bruchbild.

Bei Orientierung der langen Seite der Rechteckplatte in Richtung der Achse des Vektors $M_x = \Lambda M_0$ ist der Wert der Grenzlastintensität als Funktion eines einzigen Parameters $A = \beta \sqrt{\Lambda}$, der das Plattenseiten-

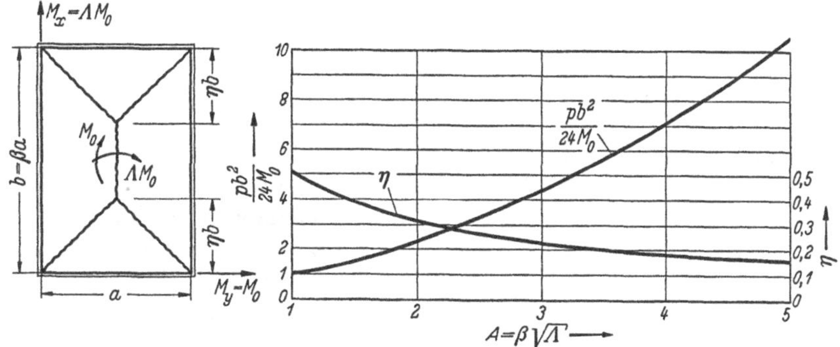

Abb. 8.5/3 Kurven für Grenzlastkoeffizienten und Fließgelenklinienparameter für allseitig frei drehbar gestützte rechteckige Platten unter gleichförmig verteilter Belastung

verhältnis und den Orthotropiekoeffizienten gemeinsam erfaßt, darstellbar. Die Transformation von Gl. (8.5.1/4) ergibt für $\eta = x/b$:

$$\eta = \frac{1}{2A^2}\left(\sqrt{1 + 3A^2} - 1\right), \qquad A > 1, \tag{8.5.1/6}$$

und für die Beziehung zwischen Grenzlastintensität und Grenzmoment erhält man

$$\frac{p\,b^2}{M_0} = \frac{6}{\eta^2}. \tag{8.5.1/7}$$

In Abb. 8.5/3 sind die entsprechenden Kurven für Grenzlastkoeffizienten und Fließgelenklinienparameter als Funktion des Plattenparameters A aufgetragen [*10*].

8.5.2 Dreiseitig frei drehbar gestützte, an der vierten Seite eingespannte Platte

Die Fließgelenklinienfigur einer an drei Seiten frei drehbar gestützten, an der vierten Seite eingespannten (oder frei drehbar über eine Stützung durchlaufenden) orthotropen Rechteckplatte (Abb. 8.5/4a) wird durch zwei Parameter, x_1 und x_2, definiert; wegen der identischen Randbedingungen entlang AD und BC ist $y_1 = y_2 = b/2$. Bei einer virtuellen Einsenkungsgeschwindigkeit der Geraden EF vom Betrage $\dot{w}_0 = 1$, ist die virtuelle Leistung der gleichförmig verteilten Belastung p:

$$L = L_I + 2L_{II} + L_{III} = \frac{p\,b}{6}(3a - x_1 - x_2). \tag{8.5.2/1}$$

Die Dissipationsleistung der inneren Momente ergibt sich zu:

$$D = D_I + 2D_{II} + D_{III} = M_0 \frac{b^2 \Lambda x_1 + b^2 \Lambda x_2 + b^2 \Lambda \Lambda'_x x_1 + 4a x_1 x_2}{b x_1 x_2}. \quad (8.5.2/2)$$

Aus der Gleichsetzung der virtuellen Leistungen folgt:

$$M_0 = \frac{p b^2 x_1 x_2}{6} \frac{3a - x_1 - x_2}{b^2 \Lambda x_1 + b^2 \Lambda x_2 + b^2 \Lambda \Lambda'_x x_1 + 4a x_1 x_2}. \quad (8.5.2/3)$$

Zwischen den Parametern x_1 und x_2 besteht eine Abhängigkeit, die eine Funktion des negativen Grenzmomentes M'_x ist. Die Momentengleichung für den Plattenteil I in bezug auf seine Stützungslinie AB lautet:

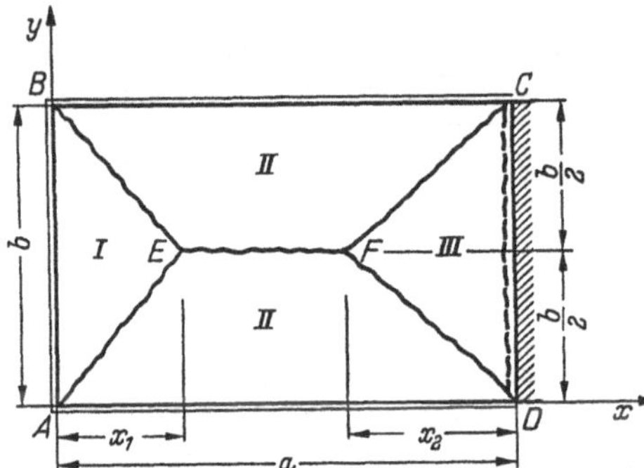

Abb. 8.5/4a
Zweiparametrische Fließgelenklinienfigur für eine dreiseitig frei drehbar gestützte, an der vierten Seite eingespannte rechteckige Platte für $\beta < \beta_{gr}$.

$$M_x b = \frac{p b x_1}{2} \frac{x_1}{3}, \quad (8.5.2/4)$$

und für den Plattenteil III in bezug auf die Linie CD:

$$(M_x + M'_x) b = \frac{p b x_2}{2} \frac{x_2}{3}. \quad (8.5.2/5)$$

Aus der Kombination von Gl. (8.5.2/4) und Gl. (8.5.2/5) ergibt sich bei Einführung von Λ'_x die Beziehung:

$$x_2 = x_1 \sqrt{1 + \Lambda'_x}. \quad (8.5.2/6)$$

Einsetzen von Gl. (8.5.2/6) in Gl. (8.5.2/3) bringt die Grenztragfähigkeitsgleichung in die einparametrische Form, und bei Verwendung der Beziehung

$$\lambda_1 = \frac{1 + \sqrt{1 + \Lambda'_x}}{2} \quad (8.5.2/7)$$

lautet Gl. (8.5.2/3):

$$M_0 = \frac{p b^2}{12} \frac{3a x_1 - 2\lambda_1 x_1^2}{\Lambda b^2 \lambda_1 + 2a x_1}. \quad (8.5.2/8)$$

Für den Parameter x_1 ergibt sich aus der Extremumbedingung

$$\frac{dM_0}{dx_1} = \frac{p b^2}{12} \frac{(3a - 4\lambda_1 x_1)(\Lambda b^2 \lambda_1 + 2a x_1) - 2a(3a x_1 - 2\lambda_1 x_1^2)}{(\Lambda b^2 \lambda_1 + 2a x_1)^2} = 0 \quad (8.5.2/9)$$

die Beziehung

$$x_1 = \frac{b}{2} \lambda_1 \Lambda \left(-\beta + \sqrt{\beta^2 + \frac{3}{\lambda_1^2 \Lambda}} \right) = \frac{b}{2} \mathfrak{C}, \quad (8.5.2/10)$$

und Gl. (8.5.2/8) nimmt folgende Form an:

$$M_0 = M_y = \frac{p\,b^2}{24}\,\frac{\mathfrak{C}^2}{\Lambda}; \tag{8.5.2/11}$$

daraus ergeben sich unter Verwendung der Orthotropie- und Schichtenkoeffizienten die übrigen Grenzmomentenwerte:

$$M_x = \frac{p\,b^2}{24}\,\mathfrak{C}^2, \qquad M'_x = \frac{p\,b^2}{24}\,\mathfrak{C}^2 \Lambda'_x. \tag{8.5.2/12}$$

Die Gültigkeit dieser Ausdrücke für die Einheitsgrenzmomente ist auf die in Abb. 8.5/4a dargestellte Bruchfigur bis zum Grenzfall $x_1 + x_2 = a$ beschränkt (Abb. 8.5/4b). Diesem Grenzfall des Geschwindigkeitsfeldes ist ein Grenzwert für das Verhältnis der Plattenseiten zugehörig, der

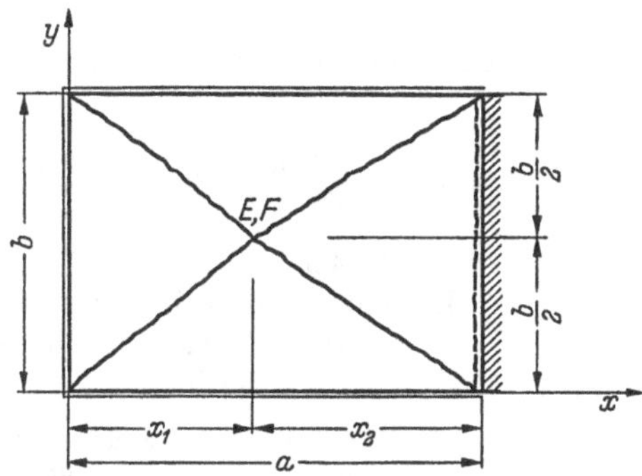

Abb. 8.5/4b
Fließgelenklinienfigur für den Sonderfall $\beta = \beta_{gr.}$

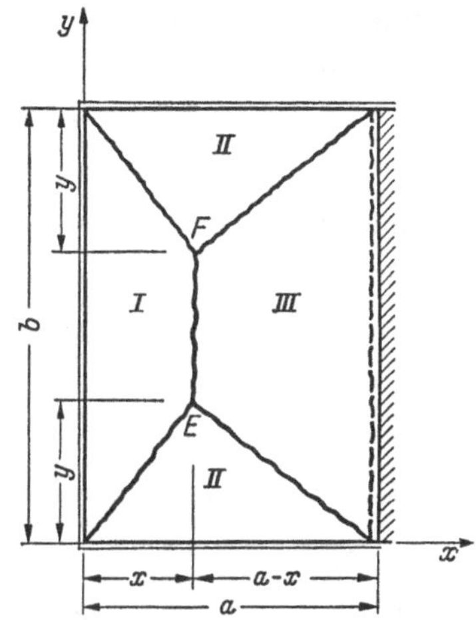

Abb. 8.5/4c
Fließgelenklinienfigur für $\beta > \beta_{gr.}$

unter Verwendung von Gl. (8.5.2/6) und Gl. (8.5.2/10) bestimmt wird:

$$\beta_{gr.} = \frac{b}{x_1 + x_2} = \frac{2}{(1 + \sqrt{1 + \Lambda'_x})\,\mathfrak{C}} = \frac{1}{\lambda_1 \sqrt{\Lambda}}. \tag{8.5.2/13}$$

Für $\beta > \beta_{gr.}$ ändert sich die Richtung der Fließgelenklinie EF in eine Parallele zur Plattenseite b, wie in Abb. 8.5/4c dargestellt[1]. Der Parameter x wird aus den Gleichgewichtsbedingungen der Plattenteile I und III bestimmt:

$$M_x\, b = \frac{p\,x^2}{6}\,(3b - 4y), \tag{8.5.2/14}$$

$$(M_x + M'_x)\,b = \frac{p\,(a - x)^2}{6}\,(3b - 4y), \tag{8.5.2/15}$$

---

[1] Vgl. das in Abb. 9.2/24 wiedergegebene Bruchbild.

woraus folgt

$$x = \frac{a}{1 + \sqrt{1 + \Lambda'_x}} = \frac{a}{2\lambda_1}. \qquad (8.5.2/16)$$

Die Anwendung des Prinzips der virtuellen Geschwindigkeiten führt in entsprechender Weise wie im Falle $\beta \leqq \beta_{\text{gr.}}$ zu der Gleichung:

$$M_0 = \frac{p a^2 y}{6} \frac{3b - 2y}{b\Lambda y(1 + \sqrt{1 + \Lambda'_x}) + b\Lambda y\sqrt{1 + \Lambda'_x}(1 + \sqrt{1 + \Lambda'_x}) + 2a^2}. \qquad (8.5.2/17)$$

Bei Verwendung der Beziehung Gl. (8.5.2/7) vereinfacht sich dieser Ausdruck zu

$$M_0 = \frac{p a^2}{12} \frac{3b\,y + 2y^2}{2b\Lambda\, y\, \lambda_1^2 + a^2}. \qquad (8.5.2/18)$$

Für den Parameter y ergibt sich aus der Extremumbedingung $dM_0/dx = 0$ nach Einführung des Seitenverhältnisses $\bar{\beta} = a/b$ die Beziehung:

$$y = \frac{a}{2} \frac{1}{\Lambda \lambda_1^2}\left(-\bar{\beta} + \sqrt{\bar{\beta}^2 + 3\Lambda\lambda_1^2}\right) = \frac{a}{2}\bar{\mathfrak{C}}. \qquad (8.5.2/19)$$

Damit nehmen die Ausdrücke für die Grenzmomentenwerte folgende Form an:

$$M_y = M_0 = \frac{p a^2}{24}\bar{\mathfrak{C}}^2, \quad M_x = \frac{p a^2}{24}\bar{\mathfrak{C}}^2 \Lambda, \quad M'_x = \frac{p a^2}{24}\bar{\mathfrak{C}}^2 \Lambda \Lambda'_x. \qquad (8.5.2/20)$$

8.5.3 An zwei gegenüberliegenden Seiten eingespannte bzw. frei drehbar gestützte Platte

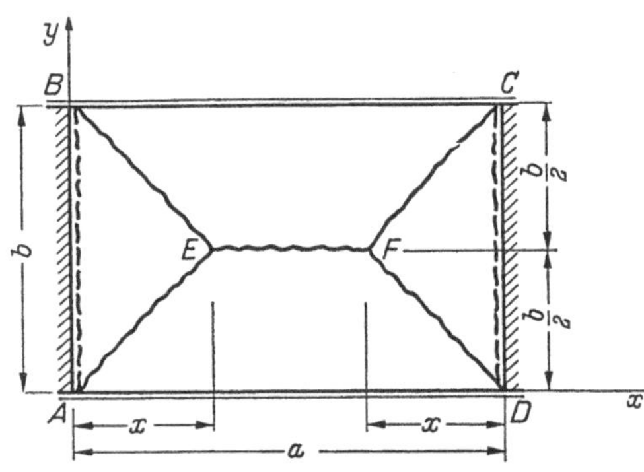

Abb. 8.5/5a
Einparametrische Fließgelenklinienfigur für eine an zwei gegenüberliegenden Seiten eingespannte bzw. frei drehbar gestützte rechteckige Platte für $\beta < \beta_{\text{gr.}}$

Abb. 8.5/5a zeigt die doppelt symmetrische Fließgelenklinienfigur einer an zwei gegenüberliegenden Seiten frei drehbar gestützten, an den beiden anderen Seiten eingespannten orthotropen Rechteckplatte. Bei einer virtuellen Einsenkungsgeschwindigkeit der Geraden EF vom Betrag $\dot{w}_0 = 1$ ist die virtuelle Leistung der gleichförmig verteilten Belastung p für die gesamte Platte:

$$L = \frac{p\,b}{6}[2a + (a - 2x)]. \qquad (8.5.3/1)$$

Aus der Gleichsetzung mit der Dissipationsleistung

$$D = M_0 \frac{2b\Lambda}{x}(1 + \Lambda'_x) + M_0 \frac{4a}{b} \qquad (8.5.3/2)$$

folgt:

$$M_0 = \frac{p\,b^2}{12}\,\frac{x(3a-2x)}{b^2\Lambda(1+\Lambda_x')+2ax}. \tag{8.5.3/3}$$

Für den Parameter x ergibt sich aus der Extremumbedingung

$$\frac{dM_0}{dx} = \frac{p\,b^2}{12}\,\frac{(3a-4x)[b^2\Lambda(1+\Lambda_x')+2ax]-2a(3ax-2x^2)}{[b^2\Lambda(1+\Lambda_x')+2ax]^2} = 0 \tag{8.5.3/4}$$

durch Lösung der quadratischen Gleichung

$$x^2 + \frac{b^2}{a}\Lambda(1+\Lambda_x')\,x - \frac{3b^2}{4}\Lambda(1+\Lambda_x') = 0 \tag{8.5.3/4a}$$

$$x = \frac{b}{2}\Lambda(1+\Lambda_x')\left[-\beta+\sqrt{\beta^2+\frac{3}{\Lambda(1+\Lambda_x')}}\right] = \frac{b}{2}\mathfrak{F}, \tag{8.5.3/5}$$

und Gl. (8.5.3/3) nimmt folgende Form an:

$$M_y = M_0 = \frac{p\,b^2\mathfrak{F}}{24}\,\frac{3a-b\mathfrak{F}}{b\Lambda(1+\Lambda_x')+a\mathfrak{F}} = \frac{p\,b^2}{24}\,\frac{\mathfrak{F}^2}{\Lambda(1+\Lambda_x')}; \tag{8.5.3/6}$$

daraus folgen bei Verwendung der Orthotropie- und Schichtenkoeffizienten die beiden anderen Grenzmomentenwerte:

$$M_x = \frac{p\,b^2}{24}\,\frac{\mathfrak{F}^2}{(1+\Lambda_x')},$$

$$M_x' = \frac{p\,b^2}{24}\,\frac{\mathfrak{F}^2\Lambda_x'}{(1+\Lambda_x')}. \tag{8.5.3/7}$$

Die Gültigkeit dieser Ausdrücke für die Einheitsgrenzmomente ist auf die in Abb. 8.5/5a dargestellte Bruchfigur bis zum Grenzfall $x = a/2$ beschränkt. Diesem Grenzfall der Bruchfigur ist ein Grenzwert für das Verhältnis der Plattenseiten zugehörig, dessen Wert sich aus Gl. (8.5.3/5) ergibt:

$$\beta_{\text{gr.}} = \frac{1}{\sqrt{\Lambda(1+\Lambda_x')}}. \tag{8.5.3/8}$$

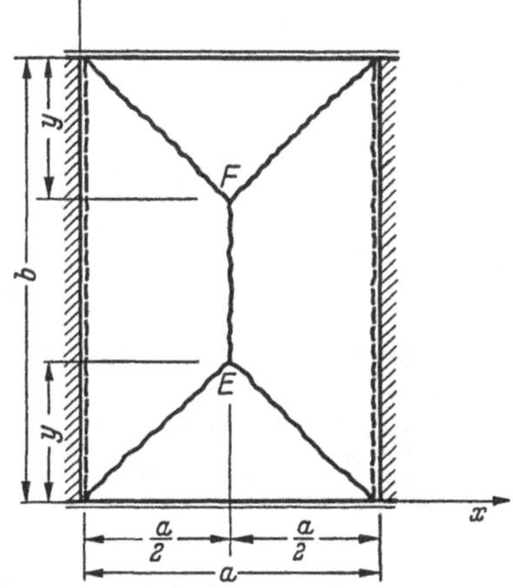

Abb. 8.5/5b
Fließgelenklinienfigur für $\beta > \beta_{\text{gr.}}$

Für $\beta > \beta_{\text{gr.}}$ ändert sich die Richtung der Fließgelenklinie EF in eine Parallele zur Plattenseite b wie in Abb. 8.5/5b dargestellt[1]. Für das Grenzmoment ergibt sich:

$$M_0 = \frac{p\,a^2 y}{12}\,\frac{3b-2y}{a^2+2by\Lambda(1+\Lambda_x')}. \tag{8.5.3/9}$$

[1] Vgl. die in den Abb. 9.2/21 und 9.2/23 wiedergegebenen Bruchbilder.

Die Beziehung für den Parameter y folgt aus der Extremumbedingung $dM_0/dy = 0$ über die Lösung der quadratischen Gleichung

$$y^2 + \frac{a^2}{b\Lambda(1+\Lambda'_x)}\,y - \frac{3a^2}{4\Lambda(1+\Lambda'_x)} = 0 \qquad (8.5.3/10)$$

$$y = \frac{a}{2}\,\frac{1}{\Lambda(1+\Lambda'_x)}\left[-\bar{\beta} + \sqrt{\bar{\beta}^2 + 3\Lambda(1+\Lambda'_x)}\right] = \frac{a}{2}\,\bar{\mathfrak{F}}. \qquad (8.5.3/11)$$

Damit nehmen die Ausdrücke für die Grenzmomentenwerte folgende Form an:

$$M_y = M_0 = \frac{p\,a^2}{24}\,\bar{\mathfrak{F}}^2, \quad M_x = \frac{p\,a^2}{24}\,\bar{\mathfrak{F}}^2\Lambda, \quad M'_x = \frac{p\,a^2}{24}\,\bar{\mathfrak{F}}^2\Lambda\Lambda'_x. \qquad (8.5.3/12)$$

Für $\beta = \beta_{\text{gr.}}$ stimmen die Gln. (8.5.3/12) mit den Gleichungen (8.5.3/6) und (8.5.3/7) überein.

8.5.4 An zwei angrenzenden Seiten eingespannte, an den gegenüberliegenden Seiten frei drehbar gestützte Platte

Die dreiparametrische Fließgelenklinienfigur einer an zwei angrenzenden Seiten eingespannten, an den gegenüberliegenden Seiten frei drehbar gestützten schichtweise orthotropen Rechteckplatte unter gleichförmig verteilter Belastung p ist in Abb. 8.5/6 dargestellt (abweichende Orientierung in Tab. 8.5).

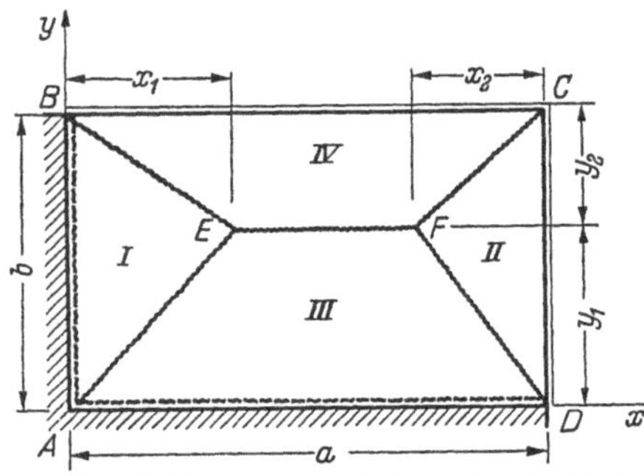

Abb. 8.5/6 Dreiparametrische Fließgelenklinienfigur für eine an zwei angrenzenden Seiten eingespannte, an den gegenüberliegenden Seiten frei drehbar gestützte Platte für $\beta < \beta_{\text{gr.}}$

Die Ermittlung der Grenztragfähigkeit bzw. der Grenzlastintensität einer derartigen Platte unter Verwendung des Prinzips der virtuellen Geschwindigkeiten bereitet einige rechentechnische Schwierigkeiten, die bei Verwendung der Gleichgewichtsbedingungen für den Zustand der Grenztragfähigkeit vermieden werden. Die Aufstellung der Gleichgewichtsbedingungen erfolgt für die einzelnen durch die Fließgelenklinien gebildeten Plattenteile.

Die Momentengleichung für den Plattenteil I bezogen auf die Stützungslinie AB lautet:

$$M_x(1+\Lambda'_x) = \frac{p\,x_1^2}{6}. \qquad (8.5.4/1)$$

Für den Plattenteil II ergibt sich:

$$M_x = \Lambda M_y = \frac{p\,x_2^2}{6}. \qquad (8.5.4/2)$$

Aus Gl. (8.5.4/1) und Gl. (8.5.4/2) folgt entsprechend Gl. (8.5.2/6) die Beziehung:

$$x_1 = x_2 \sqrt{1 + \Lambda'_x}. \tag{8.5.4/3}$$

Die Momentengleichungen für die Plattenteile III und IV lauten:

$$M_y (1 + \Lambda'_y)\, a = \frac{p\, x_1\, y_1^2}{6} + \frac{p\, x_2\, y_1^2}{6} + \frac{p(a - x_1 - x_2)}{2}\, y_1^2, \tag{8.5.4/4}$$

$$M_y\, a = \frac{p\, x_1\, y_2^2}{6} + \frac{p\, x_2\, y_2^2}{6} + \frac{p(a - x_1 - x_2)}{2}\, y_2^2. \tag{8.5.4/5}$$

Aus Gl. (8.5.4/4) und Gl. (8.5.4/5) ergibt sich die Beziehung:

$$y_1 = y_2 \sqrt{1 + \Lambda'_y}, \tag{8.5.4/6}$$

und bei Einführung von $y_1 + y_2 = b$:

$$y_2 = \frac{b}{1 + \sqrt{1 + \Lambda'_y}}; \tag{8.5.4/7}$$

für $\Lambda'_y = 0$ ist $y_2 = b/2$. Einsetzen der Gln. (8.5.4/3) und (8.5.4/7) in die Gln. (8.5.4/4) oder (8.5.4/5) liefert:

$$M_y = \frac{p\, b^2}{6 a\, \lambda_y^2} (3a - 2\lambda_x\, x_2), \tag{8.5.4/8}$$

wobei

$$\lambda_x = 1 + \sqrt{1 + \Lambda'_x}, \qquad \lambda_y = 1 + \sqrt{1 + \Lambda'_y} \tag{8.5.4/9}$$

bedeuten. Aus Gl. (8.5.4/2) und Gl. (8.5.4/8) ergibt sich folgende quadratische Gleichung für die Bestimmung des Parameters x_2:

$$x_2^2\, a\, \lambda_y^2 + 2\Lambda\, \lambda_x\, b^2\, x_2 - 3\Lambda\, a\, b^2 = 0, \tag{8.5.4/10}$$

deren Lösung bei Einführung des Plattenseitenverhältnisses $\beta = b/a$ lautet:

$$x_2 = \frac{b}{2} \Lambda \frac{2\lambda_x}{\lambda_y^2} \left(\sqrt{\beta^2 + \frac{3\lambda_y^2}{\Lambda\, \lambda_x^2}} - \beta \right) = \frac{b}{2} \mathfrak{G}. \tag{8.5.4/11}$$

Einsetzen der Gl. (8.5.4/11) in Gl. (8.5.4/2) liefert

$$M_y = M_0 = \frac{p\, b^2}{24} \frac{\mathfrak{G}^2}{\Lambda}. \tag{8.5.4/12}$$

Die Beziehungen für die übrigen Grenzmomente lauten:

$$M_x = \frac{p\, b^2}{24} \mathfrak{G}^2, \qquad M'_y = \frac{p\, b^2}{24} \frac{\mathfrak{G}^2}{\Lambda} \Lambda'_y, \qquad M'_x = \frac{p\, b^2}{24} \mathfrak{G}^2 \Lambda'_x. \tag{8.5.4/13}$$

Die Gleichungen für die Grenzmomente sind unter der Voraussetzung der Gültigkeit des in Abb. 8.5/6 dargestellten Geschwindigkeitsfeldes

Tabelle 8.5 *Zusammenstellung von Formeln zur Berechnung von Grenzmoment bzw. Grenzlast und Fließgelenklinienfigur für orthotrope rechteckige Platten unter gleichförmig verteilter Belastung*

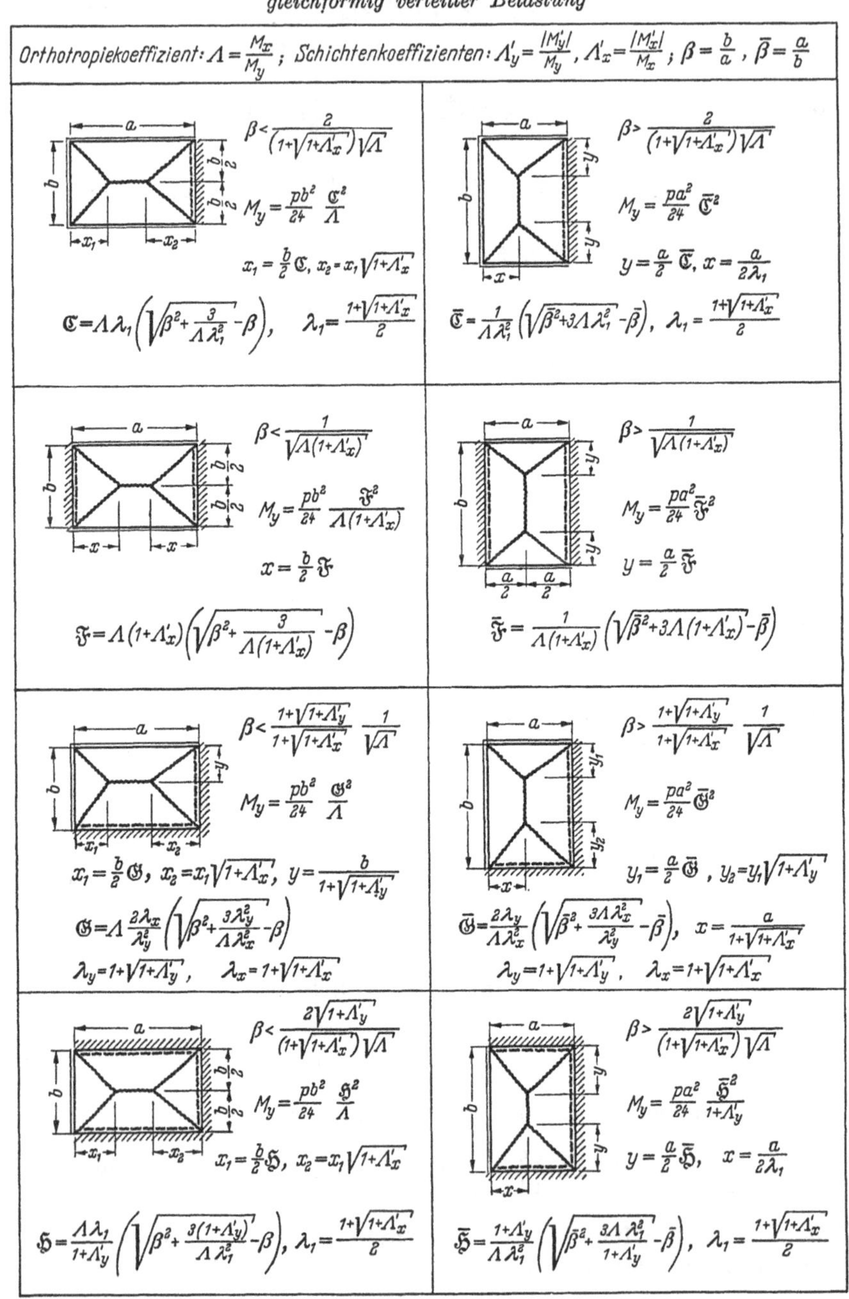

zutreffend. Der Gültigkeitsbereich dieser Fließgelenklinienfigur läßt sich als Funktion des Seitenverhältnisses β angeben. Der Grenzfall wird durch

$$x_1 + x_2 = a \tag{8.5.4/14}$$

gegeben. Aus

$$\frac{b}{2}\mathfrak{S} + \frac{b}{2}\mathfrak{S}\sqrt{1+\Lambda'_x} = a \tag{8.5.4/15}$$

folgt

$$\beta_{\text{gr.}} = \frac{2}{\mathfrak{S}\lambda_x}. \tag{8.5.4/16}$$

Einsetzen von Gl. (8.5.4/11) in Gl. (8.5.4/16) ergibt:

$$\beta_{\text{gr.}} = \frac{\lambda_y}{\lambda_x}\frac{1}{\sqrt{\Lambda}} = \frac{1+\sqrt{1+\Lambda'_y}}{1+\sqrt{1+\Lambda'_x}}\frac{1}{\sqrt{\Lambda}}. \tag{8.5.4/17}$$

Die Gln. (8.5.4/12) und (8.5.4/13) besitzen für $\beta \leqq \beta_{\text{gr.}}$ Gültigkeit; für $\beta > \beta_{\text{gr.}}$ sind in diesen Gleichungen Vertauschungen vorzunehmen.

Eine Zusammenstellung von Formeln zur Berechnung von Grenzmoment bzw. Grenzlastintensität und Fließgelenklinienfigur für orthotrope rechteckige Platten mit gemischten Randstützungsbedingungen unter gleichförmig verteilter Belastung wird in Tab. 8.5 gegeben.

8.5.5 Allseitig eingespannte Platte

Die Fließgelenklinienfigur einer allseitig eingespannten orthotropen Platte mit an einander gegenüberliegenden Seiten gleich großen Einspanngrenzmomenten ist symmetrisch[1] (Abb. 8.5/7). Bei einer virtuellen Verschiebungsgeschwindigkeit der Geraden EF vom Betrag $\dot{w}_0 = 1$ ergibt sich für die virtuelle Leistung der gleichförmig verteilten Belastung:

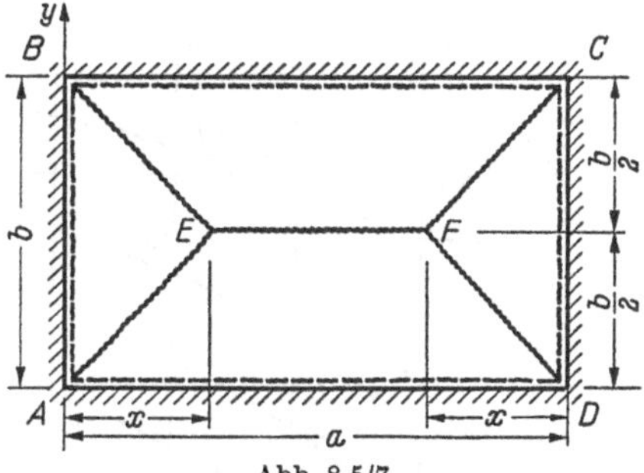

Abb. 8.5/7
Einparametrische Fließgelenklinienfigur für eine allseitig eingespannte rechteckige Platte

$$L = \frac{p\,b}{6}(3a - 2x), \tag{8.5.5/1}$$

und für die Dissipationsleistung:

$$D = 2\left[b\,\Lambda\,M_y\frac{1}{x} + a\,M_y\frac{2}{b} + \Lambda\,\Lambda'_x M_y\frac{b}{x} + \Lambda'_y M_y\,a\frac{2}{b}\right] =$$

$$= 2M_0\frac{b^2\Lambda(1+\Lambda'_x) + 2a\,x(1+\Lambda'_y)}{b\,x}, \tag{8.5.5/2}$$

[1] Vgl. das in Abb. 9.2/25 wiedergegebene Bruchbild (s. auch Abschn. 8.10.3.2).

woraus für die Beziehung zwischen Grenzmoment und Grenzlastintensität folgt:

$$M_0 = \frac{p\,b^2}{12}\,\frac{x(3a - 2x)}{b^2 \Lambda(1 + \Lambda_x') + 2a\,x(1 + \Lambda_y')}. \tag{8.5.5/3}$$

Für den Parameter x folgt aus der Extremumbedingung $dM_0/dx = 0$ bei Einführung von

$$\lambda = \frac{1 + \Lambda_x'}{1 + \Lambda_y'} \tag{8.5.5/4}$$

und des Seitenverhältnisses $\beta = b/a$ die Beziehung:

$$x = \frac{b}{2}\Lambda\lambda\left(-\beta + \sqrt{\beta^2 + \frac{3}{\Lambda\lambda}}\right) = \frac{b}{2}\,\mathfrak{B}. \tag{8.5.5/5}$$

Einsetzen von Gl. (8.5.5/5) in Gl. (8.5.5/3) liefert:

$$M_y = M_0 = \frac{p\,b^2}{24}\,\frac{\mathfrak{B}^2}{\Lambda(1 + \Lambda_x')}, \tag{8.5.5/6}$$

woraus unter Verwendung der Orthotropie- und Schichtenkoeffizienten die Werte der übrigen Grenzmomente erhalten werden können. Abb. 8.5/8

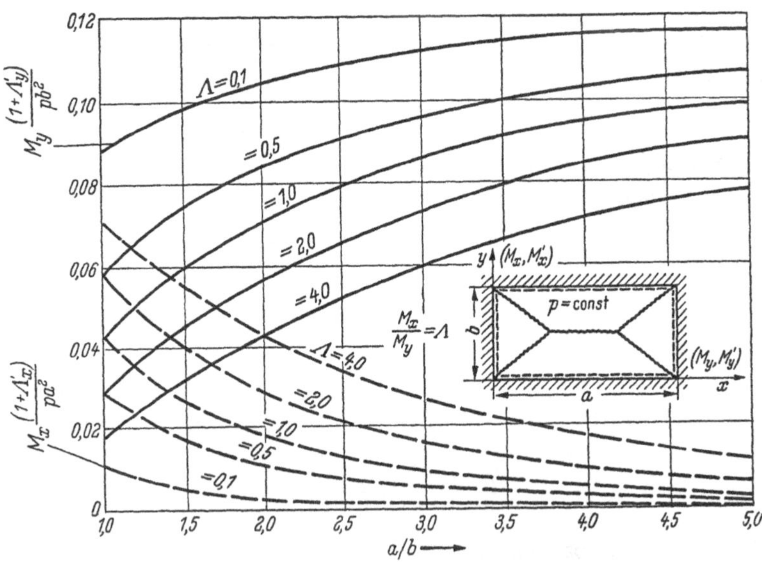

Abb. 8.5/8 Abhängigkeit der Grenzmomentenkoeffizienten für eingespannte orthotrope Platten von Plattenseitenverhältnis und Orthotropiekoeffizienten

zeigt ein Diagramm der Abhängigkeit der Grenzmomentenkoeffizienten für eingespannte orthotrope Platten von Plattenseitenverhältnis und Orthotropiekoeffizienten [*11*].

8.5.6 Wirtschaftliche Orthotropie

8.5.6.1 Allgemeine Beziehungen[1]

Wenn die Bewehrungsstäbe bei rechteckigen Stahlbetonplatten parallel zu den Seiten gleichförmig verteilt sind, ist es möglich, einen wirtschaftlichen Orthotropiekoeffizienten zu finden. Eine gegebene Grenztragfähigkeit wird dann bei einer geringstmöglichen Bewehrungsmenge erreicht.

Die Grenzmomente können als lineare Funktionen der Bewehrungsmenge angesehen werden

$$M_x = F_x \sigma_0 z_x, \qquad M_y = F_y \sigma_0 z_y, \tag{8.5.6/1}$$

wobei F_x, F_y die Querschnittsflächen der Bewehrungsstäbe in den betreffenden Richtungen bedeuten und z_x, z_y die Abstände zwischen den Zug- und Druckresultierenden des Querschnitts (s. Abb. 6.1/1). Die Gesamtmenge der Bewehrung wird durch Integration der Einheitsbewehrung über die Plattenfläche erhalten. Für eine homogene rechteckige Platte ergibt sich bei Verwendung des Orthotropiekoeffizienten $\Lambda = M_x/M_y$:

$$V = (F_x + F_y)\, a\, b = \frac{M_0\, a\, b}{\sigma_0 z_x}\left(\Lambda + \frac{z_x}{z_y}\right). \tag{8.5.6/2}$$

Der Einfachheit halber wird angenommen, daß $z_x = z_y$; (das ist eine reale Näherungsannahme für Stahlbeton, und bei einem anderen Wert für das Verhältnis z_x/z_y braucht dieses nur in die folgenden Ableitungen eingesetzt zu werden). Für die Gesamtmenge der Bewehrung ergibt sich somit

$$V = \frac{M_0\, a\, b}{\sigma_0 z}(1 + \Lambda). \tag{8.5.6/3}$$

Das Grenzmoment ist in allgemeiner Weise auf die Grenzlast durch die Beziehung

$$M_0 = p\, b^2 F(\beta, \Lambda) \tag{8.5.6/4}$$

bezogen, wobei $\beta = b/a$ ist und F eine Funktion der Plattenabmessungen und der Orthotropie bedeutet. Es ist offensichtlich, daß das Grenzmoment bzw. die Grenzlast nur von den Plattenabmessungen und dem Orthotropieverhältnis abhängen. Somit wird durch Substitution von Gl. (8.5.6/4) in Gl. (8.5.6/3) das folgende Funktional erhalten

$$\frac{I}{p\, b^2} = (1 + \Lambda)\, F(\beta, \Lambda). \tag{8.5.6/5}$$

Das Minimum des Funktionals Gl. (8.5.6/5) wird durch Variation von Λ ermittelt. Da Λ eine unabhängige Variable ist, wird das Variations-

[1] Beitrag von Dr. techn. habil. A. SAWCZUK.

problem einfach auf die folgende Gleichung reduziert

$$\frac{dI}{d\Lambda} = F(\beta, \Lambda) + (1 + \Lambda)\frac{dF(\beta, \Lambda)}{d\Lambda} = 0. \qquad (8.5.6/6)$$

Unter der Voraussetzung, daß $\frac{d^2F}{d\Lambda^2} > 0$, liefert Gl. (8.5.6/6) das absolute Minimum. Das muß in jedem Falle nachgeprüft werden.

Damit kann für die gegebene Gl. (8.5.6/4) als Lösung eines speziellen Plattenproblems die wirtschaftliche Orthotropie ausgewertet werden. Als Anwendungsbeispiel für das Verfahren wird das in Abschnitt 8.3.2 erörterte Plattenproblem behandelt. Aus Gl. (8.3.2/13) ergibt sich

$$M_0 = p\,b^2 \frac{3}{8A(3 + A)} = \frac{3}{8} p\,b^2 \frac{1}{3\beta\sqrt{\Lambda} + \beta^2\Lambda}. \qquad (8.5.6/7)$$

Die rechte Seite der Gl. (8.5.6/5) wird zu

$$\frac{I}{p\,b^2} = \frac{3}{8\beta}\,\frac{1 + \Lambda}{3\sqrt{\Lambda} + \beta\Lambda}. \qquad (8.5.6/8)$$

Die Extremalbedingung Gl. (8.5.6/6) ergibt schließlich die folgende Beziehung

$$3\Lambda - 2\beta\sqrt{\Lambda} - 3 = 0. \qquad (8.5.6/9)$$

Aus ihrer Lösung für Λ erhält man den wirtschaftlichen Orthotropiekoeffizienten für den betrachteten Fall:

$$\Lambda_{\text{opt.}} = \left(\frac{\beta + \sqrt{\beta^2 + 9}}{3}\right)^2. \qquad (8.5.6/10)$$

Im Hinblick auf die der Lösung Gl. (8.5.6/7) auferlegten Einschränkungen, nämlich $A = \beta\sqrt{\Lambda} \leqq 1$, hat das Ergebnis Gültigkeit für $\beta < \sqrt{\frac{3}{5}} \approx 0{,}775$. Für $\beta > 0{,}775$ ergibt sich die wirtschaftliche Orthotropie zu $\Lambda_{\text{opt.}} = 1/\beta^2$. Es ist leicht zu prüfen, daß Gl. (8.5.6/10) ein Minimum darstellt, wenn $\Lambda_{\text{opt.}} > \frac{4}{9}\beta^2$, und das wird innerhalb des Gültigkeitsbereiches von Gl. (8.5.6/10) befriedigt.

8.5.6.2 Wirtschaftliche Orthotropie einer allseitig eingespannten rechteckigen Platte[1]

Nach dem im vorhergehenden Abschnitt erläuterten Verfahren erhält man für die allseitig eingespannte rechteckige Platte aus der Beziehung Gl. (8.5.5/3) unter der Bedingung Gl. (8.5.6/6) den folgenden Ausdruck für die optimale Orthotropie:

$$\Lambda_{\text{opt.}} = \lambda \frac{b^2}{3a^2 - 2b^2}, \qquad (8.5.6/11)$$

---

[1] Beitrag von Dr. techn. habil. A. SAWCZUK.

wobei λ durch Gl. (8.5.5/4) definiert wird. Einsetzen dieser Beziehung in die entsprechenden Formeln für die Biegemomente ergibt die Gleichungen:

$$M_x + M_x' = \frac{p\,b^4}{24\,a^2}, \tag{8.5.6/12}$$

$$M_y + M_y' = \frac{p\,b^2}{24}\left(3 - 2\frac{b^2}{a^2}\right), \tag{8.5.6/13}$$

unter der Voraussetzung, daß sich die „negative" Bewehrung über die ganze Platte erstreckt.

Da für eine frei drehbar gestützte Platte $\lambda = 1$ ist, gelten die Formeln auch für diesen Fall, wenn $M_x' = M_y' = 0$ gesetzt wird. In Tab. 8.6 sind Werte für die wirtschaftliche Orthotropie, Grenzlastkoeffizienten und Fließgelenklinienfigurparameter in Abhängigkeit vom Plattenseitenverhältnis für den Sonderfall $\lambda = 1$ angegeben, d. h. für gleiche Orthotropie in beiden Schichten.

Tabelle 8.6 *Grenzmomente für die „wirtschaftlich" orthotrope, allseitig eingespannte, rechteckige Platte*

$\frac{a}{b}$	$\Lambda_{\text{opt.}}$	$\frac{M_x + M_x'}{p\,a^2}$	$\frac{M_y + M_y'}{p\,b^2}$	$\mathfrak{B}$
1,00	1,0000	0,04167	0,04167	1,000
1,10	0,6134	0,02845	0,05613	0,909
1,20	0,4310	0,02009	0,06713	0,833
1,30	0,3257	0,01459	0,07569	0,769
1,40	0,2576	0,01084	0,08249	0,714
1,50	0,2105	0,00823	0,08796	0,667
1,60	0,1760	0,00636	0,09245	0,625
1,70	0,1499	0,00499	0,09617	0,588
1,80	0,1295	0,00397	0,09928	0,556
1,90	0,1133	0,00320	0,10192	0,526
2,00	0,1000	0,00260	0,10417	0,500
2,50	0,0597	0,00107	0,11167	0,400
5,00	0,0137	0,00007	0,12167	0,200

8.5.6.3 *Wirtschaftliche Orthotropie einer an zwei gegenüberliegenden Seiten eingespannten rechteckigen Platte*

Bei der in Abschn. 8.5.6.1 vorausgesetzten Proportionalität zwischen dem Bewehrungsquerschnitt einer Stahlbetonplatte von konstanter Dicke und dem Grenzmoment je Breiteneinheit des Plattenquerschnittes wird das Gesamtvolumen der Bewehrung einer an zwei gegenüberliegenden Seiten eingespannten (oder durchlaufenden), an den beiden anderen Seiten frei drehbar gestützten rechteckigen Platte durch folgende Gleichung bestimmt:

$$V = k \sum M_i\,a\,b = k(M_y\,a\,b + M_x\,a\,b + 2M_x'\,a\,b\,\xi). \tag{8.5.6/14}$$

In dieser Gleichung bedeutet k einen Proportionalitätskoeffizienten und das Produkt $a\,\xi$ die von Stützenmitte gemessene Länge der in das Plattenfeld hineinreichenden negativen Bewehrung (Abbildung 8.5/9).

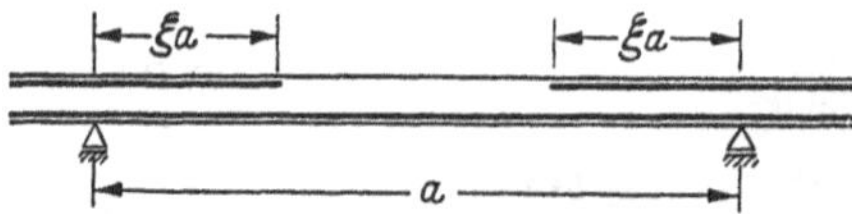

Abb. 8.5/9 Länge der Stützenbewehrung bei durchlaufenden Platten

Der Orthotropieparameter Λ ist so zu wählen, daß die erforderliche Tragfähigkeit des Plattenfeldes mit einem Minimum an Bewehrung erreicht wird. Einsetzen der Gl. (8.5.3/3) in Gl. (8.5.6/14) und Verwendung der Orthotropie- und Schichtenkoeffizienten ergibt:

$$V = k\,\frac{p\,b^2}{12}\,a\,b\,(3\,a\,x - 2\,x^2)\,\frac{1 + \Lambda + 2\,\Lambda\,\Lambda_x'\,\xi}{b^2\Lambda(1 + \Lambda_x') + 2\,a\,x}. \qquad (8.5.6/15)$$

Aus der Minimalbedingung

$$\frac{dV}{d\Lambda} = k\,\frac{p\,b^2}{12}\,a\,b\,(3\,a\,x - 2\,x^2)\,\times$$

$$\times\,\frac{(1 + 2\Lambda_x'\,\xi)\,[b^2\Lambda(1 + \Lambda_x') + 2\,a\,x] - b^2(1 + \Lambda_x')\,(1 + \Lambda + 2\,\Lambda\,\Lambda_x'\,\xi)}{[b^2\Lambda(1 + \Lambda_x') + 2\,a\,x]^2} = 0, \qquad (8.5.6/16)$$

folgt:

$$x = \frac{b^2(1 + \Lambda_x')}{2a(1 + 2\Lambda_x'\,\xi)}. \qquad (8.5.6/17)$$

Einsetzen von Gl. (8.5.6/17) in die Extremumbedingung Gl. (8.5.3/4a) ergibt das optimale Orthotropieverhältnis:

$$\Lambda_{\mathrm{opt.}} = \frac{\beta^2(1 + \Lambda_x')}{(1 + 2\Lambda_x'\,\xi)\,[3\,(1 + 2\Lambda_x'\,\xi) - 2\beta^2(1 + \Lambda_x')]}. \qquad (8.5.6/18)$$

Die Beziehung Gl. (8.5.6/18) für den wirtschaftlichen Orthotropiekoeffizienten gilt für $x \leqq a/2$ (Abb. 8.5/5a). Einsetzen von $x \leqq a/2$ in Gl. (8.5.6/17) führt zu der Ungleichung

$$\beta \leqq \sqrt{\frac{1 + 2\Lambda_x'\,\xi}{1 + \Lambda_x'}}, \qquad (8.5.6/19\text{a})$$

die den Gültigkeitsbereich von Gl. (8.5.6/18) definiert. Für den Fall

$$\beta \geqq \sqrt{\frac{1 + 2\Lambda_x'\,\xi}{1 + \Lambda_x'}} \qquad (8.5.6/19\text{b})$$

bildet sich eine Bruchfigur gemäß Abb. 8.5/5b aus, für die $y \leqq b/2$ sein muß.

Einsetzen der Gl. (8.5.3/9) in Gl. (8.5.6/14) und Verwendung der Strukturkoeffizienten ergibt:

$$V = k\,\frac{p\,a^2}{12}\,a\,b\,(3\,b\,y - 2\,y^2)\,\frac{1 + \Lambda + 2\,\Lambda\,\Lambda_x'\,\xi}{a^2 + 2\,b\,y\,\Lambda(1 + \Lambda_x')}. \qquad (8.5.6/20)$$

Aus der Minimalbedingung $dV/d\Lambda = 0$ folgt in entsprechender Weise:

$$y = \frac{a^2(1 + 2\Lambda_x' \xi)}{2b(1 + \Lambda_x')}. \qquad (8.5.6/21)$$

Einsetzen von Gl. (8.5.6/21) in die Extremumbedingung Gl. (8.5.3/10) ergibt das optimale Orthotropieverhältnis:

$$\Lambda_{\text{opt.}} = \frac{3(1 + \Lambda_x') - 2\bar{\beta}^2(1 + 2\Lambda_x' \xi)}{\bar{\beta}^2(1 + 2\Lambda_x' \xi)^2}. \qquad (8.5.6/22)$$

Für den kritischen Wert

$$\beta_{\text{gr.}} = \sqrt{\frac{1 + 2\Lambda_x' \xi}{1 + \Lambda_x'}} \qquad (8.5.6/23)$$

liefern Gl. (8.5.6/18) und Gl. (8.5.6/22) für das wirtschaftliche Orthotropieverhältnis den identischen Wert:

$$\Lambda_{\text{opt.}} = \frac{1}{1 + 2\Lambda_x' \xi}. \qquad (8.5.6/24)$$

Kwieciński [*18*] hat das wirtschaftliche Orthotropieverhältnis als Funktion des Plattenseitenverhältnisses $\bar{\beta}$ für die beiden besonderen Fälle $\Lambda_x' = 1$, $\xi = 1/5$ und $\Lambda_x' = 2$, $\xi = 1/4$, in einer Kurventafel dargestellt (Abb. 8.5/10). Die Größe des Koeffizienten ξ, d. h., die erforderliche Länge der negativen Stützenbewehrung ist von dem Verhältnis von Nutzlast zu Gesamtlast abhängig.

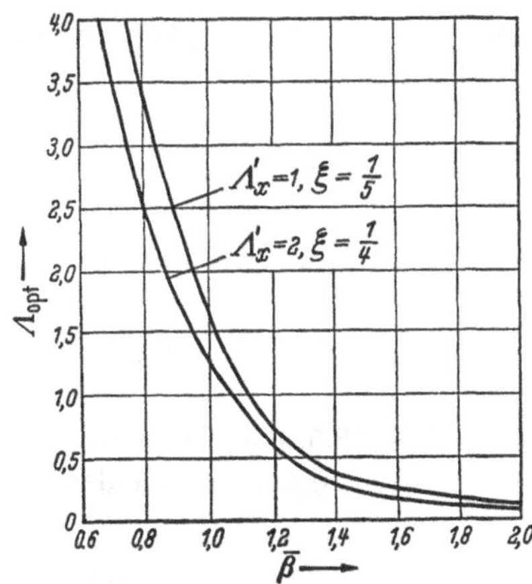

Abb. 8.5/10 Kurven für die wirtschaftlichen Orthotropiekoeffizienten von an zwei gegenüberliegenden Seiten eingespannten rechteckigen Platten als Funktion des Plattenseitenverhältnisses

Bei Festlegung des Orthotropiekoeffizienten Λ und des Längenkoeffizienten der negativen Bewehrung ξ kann der Wert des Koeffizienten Λ_x', der das wirtschaftliche Verhältnis von negativem Stützenmoment zu dem Feldmoment in der gleichen Richtung angibt, in entsprechender Weise bestimmt werden [*18*].

Aus der Minimalbedingung für die Funktion Gl. (8.5.6/15)

$$\frac{dV}{d\Lambda_x'} = k\frac{p b^2}{12} a b (3ax - 2x^2) \times \times \frac{2\Lambda \xi[b^2\Lambda(1 + \Lambda_x') + 2ax] - b^2\Lambda(1 + \Lambda + 2\Lambda\Lambda_x' \xi)}{[b^2\Lambda(1 + \Lambda_x') + 2ax]^2} = 0 \qquad (8.5.6/25)$$

folgt:

$$x = \frac{b^2[1 + \Lambda(1 - 2\xi)]}{4a\,\xi}. \tag{8.5.6/26}$$

Für den Fall $x \leqq a/2$

$$\beta \leqq \sqrt{\frac{2\xi}{1 + \Lambda(1 - 2\xi)}} \tag{8.5.6/27}$$

ergibt Substitution von Gl. (8.5.6/26) in die Extremumbedingung Gl. (8.5.3/4a) das optimale Verhältnis der Bewehrungsschichten:

$$\Lambda'_{x\,\text{opt.}} = \frac{\beta^2[1 + \Lambda(1 - 2\xi)]^2}{4\Lambda\,\xi\{3\xi - \beta^2[1 + \Lambda(1 - 2\xi)]\}} - 1. \tag{8.5.6/28}$$

Für den Fall

$$\beta \geqq \sqrt{\frac{2\xi}{1 + \Lambda(1 - 2\xi)}} \tag{8.5.6/29}$$

erhält man in entsprechender Weise aus der Minimalbedingung $dV/d\Lambda'_x = 0$ für die Funktion Gl. (8.5.6/20)

$$y = \frac{a^2\,\xi}{b(1 + \Lambda - 2\Lambda\,\xi)}. \tag{8.5.6/30}$$

Substitution von Gl. (8.5.6/30) in die Extremumbedingung Gl. (8.5.3/10) ergibt das optimale Verhältnis der Bewehrungsschichten:

$$\Lambda'_{x\,\text{opt.}} = \frac{\{3[1 + \Lambda(1 - 2\xi)] - 4\beta^2\,\xi\}[1 + \Lambda(1 - 2\xi)]}{4\beta^2\Lambda\,\xi^2} - 1. \tag{8.5.6/31}$$

Für das Grenzverhältnis der Plattenseiten

$$\beta_{\text{gr.}} = \sqrt{\frac{2\xi}{1 + \Lambda(1 - 2\xi)}}, \tag{8.5.6/32}$$

liefern Gl. (8.5.6/28) und Gl. (8.5.6/32) für das wirtschaftlichste Verhältnis der Bewehrungsschichten den identischen Wert:

$$\Lambda'_{x\,\text{opt.}} = \frac{1 + \Lambda(1 - 4\xi)}{2\Lambda\,\xi}. \tag{8.5.6/33}$$

8.5.7 Erforderliche Länge der oberen Bewehrung bei durchlaufenden Platten

Die erforderliche Länge des Hineinreichens der oberen Stützenbewehrung in ein Feld einer in den einzelnen Feldern gleichförmig belasteten, in zwei Richtungen durchlaufenden Rechteckplatte kann durch Untersuchung der Bruchfigur eines Plattenfeldes für den Fall der Erzeugung der maximalen negativen Feldmomente in dem betreffenden Plattenfeld ermittelt werden. Die maximalen negativen Feldmomente in einem Plattenfeld werden bei Belastung des betreffenden Plattenfeldes nur mit der ständigen Last g und Belastung der an den Seiten angrenzenden oder aller benachbarten Felder mit der Gesamtlast $q = p + g$ erhalten.

Ist die obere Bewehrung über den Linienstützungen lang genug, so werden sich in dem mit g belasteten Feld keine Fließgelenklinien bilden, sondern die negativen Fließgelenklinien werden entlang der Stützlinien verlaufen. Ist die obere Bewehrung dagegen nicht lang genug, so bildet sich in dem mit g belasteten Plattenfeld eine Bruchfigur mit nach oben gerichteten Verschiebungsgeschwindigkeitsvektoren aus. Abb. 8.5/11 zeigt die Fließgelenklinienfigur einer in zwei Richtungen durchlaufenden, schachbrettartig mit g und q belasteten Platte, die im mittleren Feld eine zu kurze obere Bewehrung hat.

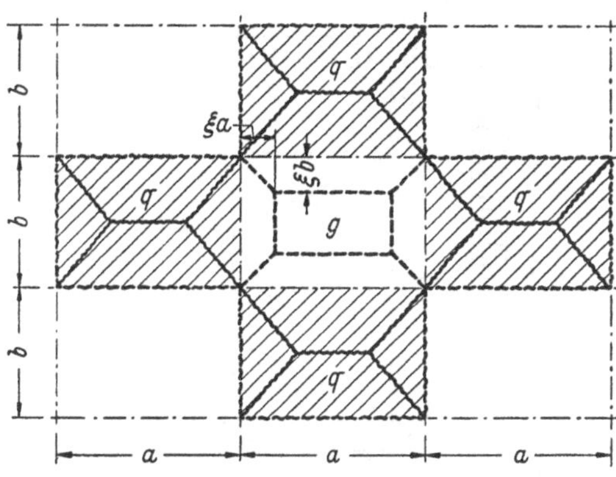

Abb. 8.5/11 Positive und negative Fließgelenklinien in einer durchlaufenden Stahlbetonplatte; schachbrettartige Lastverteilung

Bei ungestaffelter Durchführung der oberen Bewehrung im negativen Momentenbereich des nur mit g belasteten Plattenfeldes tritt der Bruch am Ende der oberen Bewehrung ein. Auf Grund der vorliegenden Symmetrie von System und Belastung wird die Gleichheit der negativen Grenzmomente auf den gegenüberliegenden Seiten der Plattenfelder vorausgesetzt (Abb. 8.5/12):

$$\left.\begin{aligned} M_1 &= M_3 = M'_y = \Lambda'_y M_y \\ M_2 &= M_4 = M'_x = \Lambda \Lambda'_x M_y . \end{aligned}\right\} \qquad (8.5.7/1)$$

Bei Einführung der vereinfachenden Annahme, daß das Verhältnis ξ zwischen der Länge der Bewehrung und der zugehörigen Seitenlänge des Plattenfeldes für beide Richtungen gleich ist, können die Längen der Stützenbewehrung durch einen einzigen Koeffizienten beschrieben werden. Die Ableitung der Gleichung für den Parameter ξ, der eine Funktion des Belastungsverhältnisses q/g, des Seitenverhältnisses $\beta = b/a$ und der Bewehrungskoeffizienten ist, ist von CRAEMER [*21*] auf statischem Wege und von SAWCZUK [*20*] auf kinematischem Wege durchgeführt worden.

Die Fließgelenklinienfigur und das virtuelle Geschwindigkeitsfeld eines mit g belasteten Plattenfeldes mit den in den folgenden Berechnungen verwendeten Bezeichnungen ist in Abb. 8.5/12 dargestellt. Die virtuelle Leistung der äußeren Kräfte bei einer virtuellen Geschwindigkeit des mittleren rechteckigen Plattenteiles vom

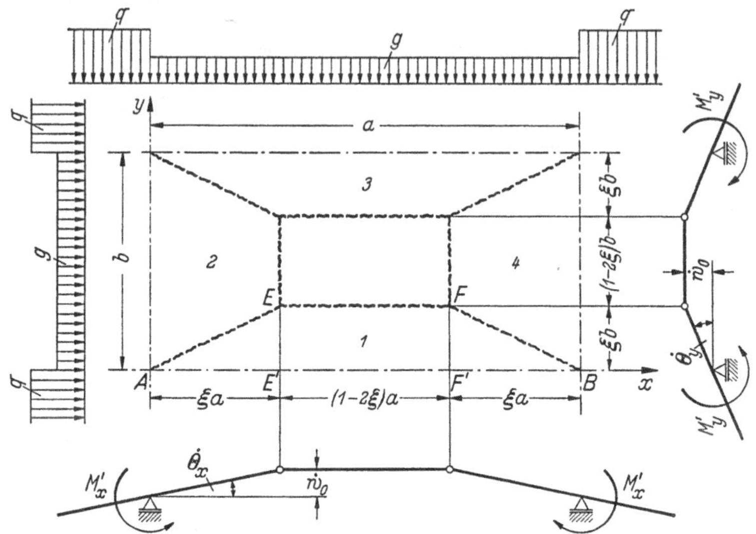

Abb. 8.5/12 Fließgelenklinienfigur und Durchbiegungsgeschwindigkeitsprofile für ein unbelastetes Feld einer schachbrettartig belasteten durchlaufenden Platte

Betrage $\dot{w}_0 = 1$ setzt sich aus der virtuellen Leistung der an den Stützungslinien angreifenden Momente L_M und der Leistung der ständigen Last L_g zusammen, d. h. $L = L_M + L_g$. Für die Leistung der äußeren Momente ergibt sich der Ausdruck

$$L_M = 2a\,M'_y\,\dot{\Theta}_y + 2b\,M'_x\,\dot{\Theta}_x = \frac{2M_y}{\xi\,a\,b}\,(\Lambda'_y\,a^2 + \Lambda\,\Lambda'_x\,b^2)\,, \qquad (8.5.7/2)$$

und für die Leistung der ständigen Last g, deren Wirkungsrichtung dem Vektor der virtuellen Geschwindigkeit entgegengerichtet ist, ergibt sich:

$$L_g = -g\left[(1-2\xi)^2\,a\,b + 2(1-2\xi)\,\xi\,a\,b + \frac{4}{3}\,\xi^2\,a\,b\right],$$

$$L_g = -\frac{g\,a\,b}{3}\,(3 - 6\,\xi + 4\,\xi^2)\,. \qquad (8.5.7/3)$$

Da entlang der inneren Fließgelenklinien das Grenzmoment gleich Null ist, weil die Bewehrung dort endet, ist die Dissipationsleistung dort ebenfalls Null. Für die Dissipationsleistung in dem mittleren

Plattenteil ergibt sich:

$$D = 4 M'_y \dot{\Theta}_y \xi a + 4 M'_x \dot{\Theta}_x \xi b = \frac{4 M_y}{a b} (\Lambda'_y a^2 + \Lambda \Lambda'_x b^2). \quad (8.5.7/4)$$

Aus der Gleichung der virtuellen Geschwindigkeiten für den Zustand der Grenztragfähigkeit folgt

$$\frac{2 M_y}{\xi a b} (1 - 2\xi) (\Lambda'_y a^2 + \Lambda \Lambda'_x b^2) - \frac{g a b}{3} (3 - 6\xi + 4\xi^2) = 0. \quad (8.5.7/5)$$

Der Ausdruck für M_y wird durch Gl. (8.5.5/6) gegeben. Einsetzen von Gl. (8.5.5/6) in Gl. (8.5.7/5) liefert:

$$4\xi^3 - 6\xi^2 + 3\xi + 2 \frac{q}{g} \frac{\mathfrak{B}^2 (\Lambda'_y + \Lambda \Lambda'_x \beta^2)}{4\Lambda (1 + \Lambda'_x)} \xi - \frac{q}{g} \frac{\mathfrak{B}^2 (\Lambda'_y + \Lambda \Lambda'_x \beta^2)}{4\Lambda (1 + \Lambda'_x)} = 0; \quad (8.5.7/6)$$

führt man in Gl. (8.5.7/6) den Parameter

$$\eta = \frac{\mathfrak{B}^2 (\Lambda'_y + \Lambda \Lambda'_x \beta^2)}{4\Lambda (1 + \Lambda'_x)}, \quad (8.5.7/7)$$

der bei gegebenen Abmessungsverhältnissen und Bewehrungskoeffizienten eine Konstante ist, ein, so lautet die Beziehung zwischen ξ und dem Belastungsverhältnis:

$$4\xi^3 - 6\xi^2 + \left(3 + 2\frac{q}{g}\eta\right)\xi - \frac{q}{g}\eta = 0. \quad (8.5.7/8)$$

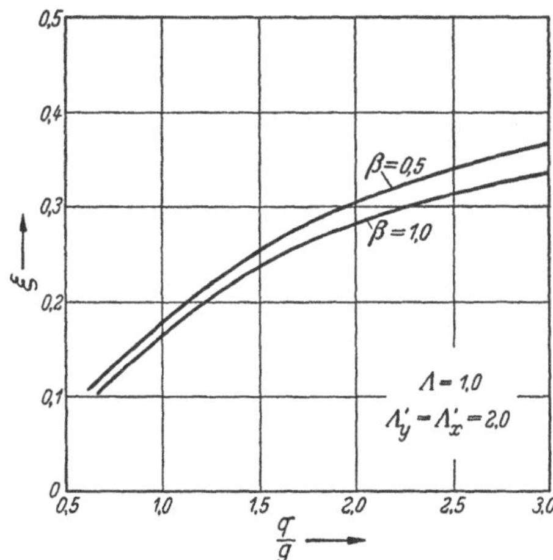

Abb. 8.5/13 Erforderliche Länge der Stützenbewehrung einer durchlaufenden Platte als Funktion des Belastungsverhältnisses

In Abb. 8.5/13 sind für Seitenverhältnisse $b/a = 1$, $b/a = 0{,}5$, die den Bereich der praktisch wichtigen Feldweitenverhältnisse von durchlaufenden Platten erfassen, für den Fall $\Lambda = 1$, $\Lambda'_x = \Lambda'_y = 2$, die Parameterwerte für die erforderliche Länge der oberen Bewehrung als Funktion des Belastungsverhältnisses q/g aufgetragen [20]. Es ist zu ersehen, daß sich diese Werte in ziemlich engen Grenzen bewegen.

Für praktische Berechnungen ist es zweckmäßiger, eine von CRAEMER [21] abgeleitete Formel zu verwenden, in der das Belastungsverhältnis indirekt durch den Koeffizienten

$$\delta = \frac{M_1 + M_3}{g b^2} + \frac{M_2 + M_4}{g a^2} \quad (8.5.7/9)$$

ausgedrückt wird, der unterschiedliche Stützenbewehrungen an den gegenüberliegenden Seiten erfaßt. Die Ableitung geht von dem statischen Gleichgewicht der einzelnen Plattenteile im Zustand der Grenztragfähigkeit der Platte aus. Die Belastung des inneren rechteckigen Plattenbruchstückes (Abb. 8.5/12)

$$G = g(1 - 2\xi)^2 a b \tag{8.5.7/10}$$

steht mit den Querkräften im Gleichgewicht, die in den angrenzenden Fließgelenklinien der Plattenbruchstücke 1 bis 4 übertragen werden:

$$G = \sum_{i=1}^{4} Q_i . \tag{8.5.7/11}$$

Das Moment der äußeren Belastung in bezug auf die Stützlinie ist für den Plattenteil 1

$$\bar{M}_1 = Q_1 \xi b + g b^2 a \xi^2 \left[\frac{1}{2}(1 - 2\xi) + \frac{1}{3}\xi\right]. \tag{8.5.7/12}$$

Diesem Moment der Belastung müssen die inneren Momente der Platte das Gleichgewicht halten. In der Linie EF wird kein Moment übertragen, da dort die Bewehrung endet. Die in den Strecken AE und AE' übertragenen Momente sind dem Betrage nach gleich, aber haben entgegengesetztes Vorzeichen, desgleichen die in den Strecken BF und BF' übertragenen Momente. Damit ist

$$M_1^* = M_1 (1 - 2\xi) a . \tag{8.5.7/13}$$

Die Gleichgewichtsbedingungen für die einzelnen Plattenteile lauten:

$$\frac{M_{1,3}}{g b^2}(1 - 2\xi) = \frac{Q_{1,3}\,\xi}{g a b} + \xi^2\left[\frac{1}{2}(1 - 2\xi) + \frac{1}{3}\xi\right], \tag{8.5.7/14a}$$

$$\frac{M_{2,4}}{g a^2}(1 - 2\xi) = \frac{Q_{2,4}\,\xi}{g a b} + \xi^2\left[\frac{1}{2}(1 - 2\xi) + \frac{1}{3}\xi\right]. \tag{8.5.7/14b}$$

Addition der Gln. (8.5.7/14) ergibt bei Verwendung des Parameters Gl. (8.5.7/9) und der Beziehung Gl. (8.5.7/10) und Gl. (8.5.7/11):

$$\delta(1 - 2\xi) = (1 - 2\xi)^2 \xi + 4\xi^2\left[\frac{1}{2}(1 - 2\xi) + \frac{1}{3}\xi\right],$$

und bei Auflösung nach ξ:

$$\xi = \frac{\delta}{1 + \frac{4}{3}\,\frac{\xi^2}{1 - 2\xi}} . \tag{8.5.7/15}$$

Gl. (8.5.7/15) kann als Gleichung 3. Grades geschrieben werden

$$4\xi^3 - 6\xi^2 + 3(1 + 2\delta)\xi - 3\delta = 0, \tag{8.5.7/15a}$$

die für angenommene Werte δ zu lösen ist. Für die Voraussetzung von Gl. (8.5.7/1) ist diese Gleichung identisch mit Gl. (8.5.7/8). In Tab. 8.7 sind die zu verschiedenen δ-Werten gehörigen Werte von ξ zusammengestellt.

Tabelle 8.7 *Erforderliche Länge der oberen Bewehrung bei durchlaufenden Platten in Abhängigkeit von der Größe der Stützengrenzmomente*

δ	ξ	δ	ξ	δ	ξ
0,00	0,000	0,40	0,303	1,20	0,431
0,05	0,050	0,45	0,322	1,50	0,445
0,10	0,098	0,50	0,339	2,00	0,459
0,15	0,144	0,60	0,364	2,50	0,466
0,20	0,186	0,70	0,382	3,00	0,472
0,25	0,223	0,80	0,396	5,00	0,483
0,30	0,254	0,90	0,408	10,00	0,493
0,35	0,280	1,00	0,417	∞	0,500

8.5.8 An zwei angrenzenden Seiten eingespannte rechteckige Kragplatte

Eine Fließgelenklinienfigur einer an zwei angrenzenden Seiten eingespannten, an den gegenüberliegenden Seiten freien isotropen Rechteckplatte, $\Lambda = \Lambda'_y = \Lambda'_x = 1$, unter gleichförmig verteilter Belastung $p = \text{const}$ ist in Abb. 8.5/14 dargestellt. Bei einer virtuellen Einsenkungsgeschwindigkeit des Punktes K vom Betrag $\dot{w}_0 = 1$ ist die virtuelle Leistung der verteilten Belastung p für die gesamte Platte:

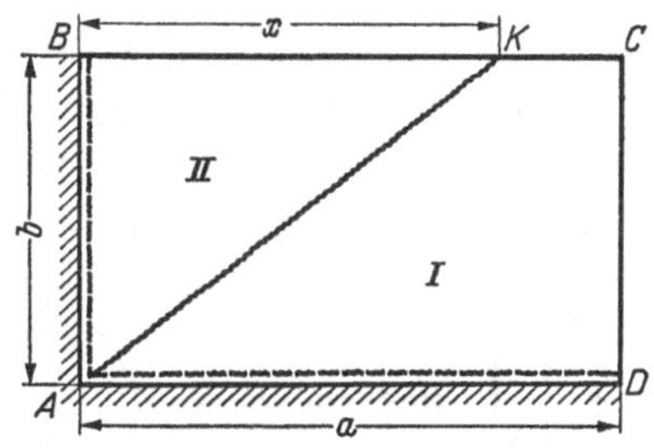

Abb. 8.5/14 Fließgelenklinienfigur für eine an zwei angrenzenden Seiten eingespannte rechteckige Kragplatte

$$L = 2p\frac{b\,x}{2}\,\frac{1}{3} + \frac{p(a-x)\,b}{2} = \frac{p\,b}{2}\left(a - \frac{x}{3}\right). \qquad (8.5.8/1)$$

Die Drehwinkel der beiden Plattenteile sind $\dot{\Theta}_I = 1/b$, $\dot{\Theta}_{II} = 1/x$; damit lautet der Ausdruck für die Dissipationsleistung

$$D = M_0\left(\frac{x}{b} + \frac{a}{b} + \frac{b}{x} + \frac{b}{x}\right) = \frac{M_0}{b\,x}(x^2 + a\,x + 2b^2). \quad (8.5.8/2)$$

Auflösung der Gleichung der virtuellen Leistungen nach dem Grenzmoment liefert:

$$M_0 = \frac{p\,b^2}{2}\,\frac{a\,x - \frac{x^2}{3}}{x^2 + a\,x + 2b^2}. \qquad (8.5.8/3)$$

Der Abstand x ergibt sich aus der Bedingung

$$\frac{dM_0}{dx} = \frac{(3a - 2x)(3x^2 + 3ax + 6b^2) - (6x - 3a)(3ax - x^2)}{(3x^2 + 3ax + 6b^2)^2} = 0, \quad (8.5.8/4)$$

$$x^2 + \frac{b^2}{a}x - \frac{3}{2}b^2 = 0,$$

$$x = \frac{b}{2a}\left(-b \pm \sqrt{b^2 + 6a^2}\right). \quad (8.5.8/5)$$

Eine alternative Möglichkeit des Versagens ist die Ausbildung einer negativen Fließgelenklinie $\overline{BD}$ (Abbrechen der Ecke BCD), die für die obere Eingrenzung der Grenztragfähigkeit die Beziehung

$$M_0' = \frac{p}{6}\frac{a^2 b^2}{a^2 + b^2} \quad (8.5.8/6)$$

liefert. Um ein partielles Versagen der Platte zu vermeiden, muß demnach die negative Einspannungsbewehrung in hinreichender Stärke genügend weit in das Feld hineinreichen. Das Problem der Grenztragfähigkeit der in Abb. 8.5/14 dargestellten „Balkonplatte" wird in [9] ausführlich behandelt.

8.6 Allseitig randgestützte orthotrope rechteckige Platten unter linear variierender Flächenlast

8.6.1 Allgemeine Beziehungen

Die Fließgelenklinienfigur einer frei drehbar randgestützten Rechteckplatte, $a \geqq b$, mit den in den folgenden Abschnitten verwendeten Bezeichnungen ist in Abb. 8.6/1 dargestellt. Bei einer allseitig eingespannten Rechteckplatte ergeben sich zusätzliche negative Fließgelenklinien entlang der Plattenränder; neue geometrische Bezeichnungen brauchen jedoch nicht eingeführt zu werden. Die senkrecht auf die Platte wirkende, linear variierende Flächenlast wird durch die Gleichung

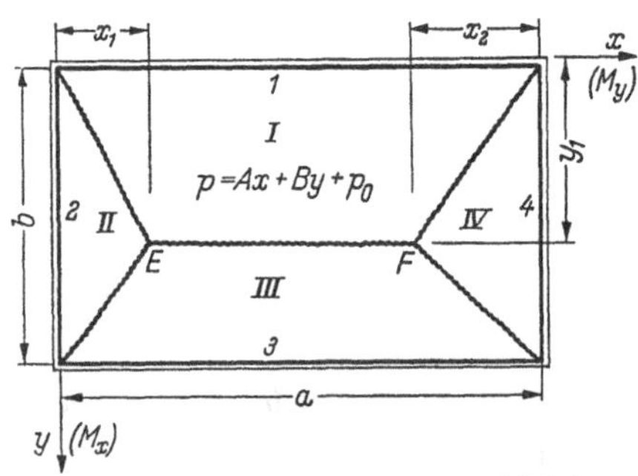

Abb. 8.6/1 Koordinatensystem und Schema der Bezeichnung von Fließgelenklinienparametern für eine frei drehbar gestützte rechteckige Platte; (für eingespannte Platten wird das gleiche Schema verwendet)

$$p = Ax + By + p_0 \qquad \begin{matrix} 0 \leqq x \leqq a \\ 0 \leqq y \leqq b \end{matrix} \quad (8.6.1/1)$$

beschrieben. Diese Beziehung stellt eine in zwei Richtungen trapezförmig verteilte Belastung dar; als Sonderfälle ergeben sich die trapezförmige Belastung mit einer Symmetrieebene, die dreieckförmige Belastung und die gleichförmig verteilte Belastung. Den Sonderfall der dreieckförmigen Belastung haben JOHANSEN [1] und CRAEMER [24] behandelt; die allgemeineren Fälle sind von NIEPOSTYN [22, 23, 23a] und DUBINSKY [3, 26] unter Verwendung des Prinzips der virtuellen Leistungen untersucht worden.

Die Grenztragfähigkeitsuntersuchung wird zweckmäßig mit einer Betrachtung über die optimale Plattenstruktur verknüpft. Die Gesamtmenge der Bewehrung einer frei drehbar randgestützten orthotropen Rechteckplatte wird durch Gl. (8.5.6/3) ausgedrückt. Da der Term $a\,b/\sigma_0\,z$ eine Konstante darstellt, kann das Minimum des Bewehrungsvolumens als Minimum der Funktion

$$V = M_y + M_x = M_0(1 + \Lambda) \tag{8.6.1/2}$$

ermittelt werden.

Für das Volumen der Bewehrung der eingespannten Rechteckplatte erhält man bei Annahme der Länge der Stahleinlagen der oberen Bewehrung zu $a/2$ bzw. $b/2$:

$$V = a\,b\left[f_x + f_y + \frac{1}{2}(f_1 + f_2 + f_3 + f_4)\right].$$

Bei entsprechender Vereinfachung wie im Falle der frei drehbar gestützten Platte und Verwendung der Parameter [22]

$$\left.\begin{aligned} \lambda_1 &= \frac{M_y + M_1}{M_x + M_4} = \frac{1 + \Lambda_1}{\Lambda + \Lambda_4} \\ \lambda_2 &= \frac{M_x + M_2}{M_x + M_4} = \frac{\Lambda + \Lambda_2}{\Lambda + \Lambda_4} \\ \lambda_3 &= \frac{M_y + M_3}{M_x + M_4} = \frac{1 + \Lambda_3}{\Lambda + \Lambda_4} \end{aligned}\right\} \tag{8.6.1/3}$$

ergibt sich die Funktion

$$V = (M_x + M_4)(\lambda_1 + \lambda_2 + \lambda_3 + 1), \tag{8.6.1/4}$$

aus der das Minimum des Bewehrungsvolumens ermittelt werden kann.

Die Gleichung für die virtuelle Leistung der äußeren Kräfte auf den Verschiebungsgeschwindigkeiten lautet in allgemeiner Form:

$$L = \iint p(x, y)\,\dot{w}(x, y)\,dx\,dy. \tag{8.6.1/5}$$

Da das senkrechte Verschiebungsgeschwindigkeitsfeld für jeden Plattenteil durch eine ebene Fläche ausgedrückt wird:

$$\dot{w}_1 = \frac{y}{y_1}\dot{w}_0, \quad \dot{w}_2 = \frac{x}{x_1}\dot{w}_0, \quad \dot{w}_3 = \frac{b - y}{b - y_1}\dot{w}_0, \quad \dot{w}_4 = \frac{a - x}{x_2}\dot{w}_0, \tag{8.6.1/6}$$

wobei $\dot{w}_0 = 1$ die Verschiebungsgeschwindigkeit der Linie EF ist, muß auch die Integration in Gl. (8.6.1/5) für jeden Plattenteil getrennt ausgeführt werden. Bei Verwendung von Gl. (8.6.1/1) als Belastungsfunktion erhält man für die Leistung der äußeren Kräfte im Grenzzustand der Tragfähigkeit den Ausdruck [*22, 23*]:

$$L = \frac{b}{24}\{A(6a^2 - 4a\,x_2 + x_2^2 - x_1^2) + B[(a - x_1 - x_2)(b + 2y_1) + \\ + 3a\,b + 2a\,y_1)] + 4p_0(3a - x_1 - x_2)\}. \qquad (8.6.1/7)$$

Für die Dissipationsleistung in den Fließgelenklinien ergibt sich im Falle der frei drehbar gestützten orthotropen Platte:

$$D = M_0\left[\frac{a}{y_1} + \frac{a}{b - y_1} + \Lambda\left(\frac{b}{x_1} + \frac{b}{x_2}\right)\right], \qquad (8.6.1/8)$$

und im Falle der eingespannten schichtweise orthotropen Platte mit an allen vier Rändern unterschiedlichem negativem Grenzmoment:

$$D^* = M_0(\Lambda + \Lambda_4)\left(\lambda_1\frac{a}{y_1} + \lambda_2\frac{b}{x_1} + \lambda_3\frac{a}{b - y_1} + \frac{b}{x_2}\right). \qquad (8.6.1/9)$$

Die Grenzlastintensität für gegebenes Grenzmoment bzw. das erforderliche Grenzmoment für eine gegebene Belastungsintensität, wird aus der Gleichsetzung der virtuellen Leistungen der äußeren und inneren Kräfte und den Extremumbedingungen $\partial M_0/\partial x_1 = 0$, $\partial M_0/\partial y_1 = 0$ und $\partial M_0/\partial x_2 = 0$ ermittelt. Da die allgemeinen Ausdrücke fünf Parameter der Plattenstruktur enthalten, wird die Berechnung in der Regel auf den Fall der wirtschaftlichen Orthotropie beschränkt.

8.6.2 Frei drehbar gestützte Platte unter dreieckförmiger Belastung in Richtung der kurzen Plattenseite

Bei einer in Richtung der Plattenbreite dreieckförmig verteilten Flächenlast ist in Gl. (8.6.1/1) $A = 0$ und $p_0 = 0$; die Gleichung reduziert sich auf

$$p = B\,y = \frac{p_1}{b}y. \qquad (8.6.2/1)$$

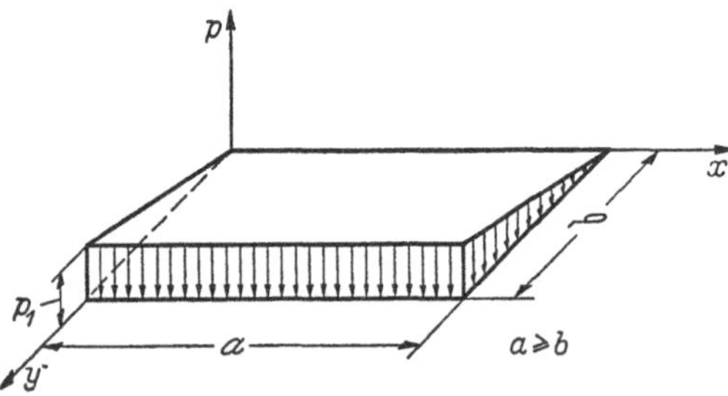

Abb. 8.6/2
In y-Richtung (kurze Plattenseite b) dreieckförmig verteilte Belastung einer rechteckigen Platte

Auf Grund der Symmetrie von Platte und Belastung in bezug auf die Ebene $x = a/2$ ist $x_1 = x_2$.

Aus der Gleichsetzung der Leistung der inneren und äußeren Kräfte, Gl. (8.6.1/8) und Gl. (8.6.1/7), folgt mit $x_1 = x_2$:

$$M_y b\left(\frac{a}{y_1(b - y_1)} + \frac{2\Lambda}{x_1}\right) = \frac{p_1}{12}(2a\,b + 2a\,y_1 - b\,x_1 - 2x_1\,y_1). \qquad (8.6.2/2)$$

Die Extremumbedingungen $\partial M_y/\partial x_1 = 0$ und $\partial M_y/\partial y_1 = 0$ führen zu den Gleichungen:

$$M_y b \frac{2\Lambda}{x_1^2} = \frac{p_1}{12}(b + 2y_1), \tag{8.6.2/3a}$$

$$M_y b \frac{a(2y_1 - b)}{y_1^2(b - y_1)^2} = \frac{p_1}{6}(a - x_1). \tag{8.6.2/3b}$$

Die Gln. (8.6.2/2) und (8.6.2/3) enthalten die drei Unbekannten M_y bzw. p_1, x_1 und y_1. Wenn nur der Grenzmomentenwert M_y festliegt und der günstigste Wert von M_x zu bestimmen ist, so ist auch das Momentenverhältnis Λ ein unbekannter Parameter. Der Wert von Λ kann durch Elimination von p_1 aus den Gln. (8.6.2/3) als Funktion der Variablen x_1 und y_1 bestimmt werden:

$$\Lambda = \frac{a x_1^2(4y_1^2 - b^2)}{4y_1^2(a - x_1)(b - y_1)^2}. \tag{8.6.2/4}$$

Die Größe x_1 läßt sich in Termen der Variablen y_1 bestimmen, und umgekehrt läßt sich die Größe y_1 in Termen der Variablen x_1 bestimmen. Man erhält aus dem obigen Gleichungssystem folgende Beziehungen:

$$x_1 = \frac{a(3y_1^2 - b^2)}{5y_1^2 - b y_1 - b^2}, \tag{8.6.2/5}$$

$$y_1 = b \frac{-x_1 \pm \sqrt{21x_1^2 - 32a x_1 + 12a^2}}{2(3a - 5x_1)}. \tag{8.6.2/6}$$

Der minimale Wert für die obere Eingrenzung der Grenzlastintensität wird in einem Probierverfahren ermittelt. Man geht von einem angenommenen Wert für die Größe x_1 aus und berechnet y_1 aus Gl. (8.6.2/6), oder man geht in umgekehrter Weise vor. Die Parameterwerte x_1 und y_1 liegen in den Grenzen:

$$0 \leqq x_1 \leqq \frac{a}{2}, \qquad \frac{b}{\sqrt{3}} \leqq y_1 \leqq \frac{b}{2}(\sqrt{5} - 1). \tag{8.6.2/7}$$

Für einen unendlichen Plattenstreifen ist $x_1 = 0$, $y_1 = b/\sqrt{3}$.

Zur Berücksichtigung der Bedingung der wirtschaftlichen Orthotropie löst man Gl. (8.6.2/3b) nach M_y und Gl. (8.6.3/3a) nach ΛM_y und setzt die erhaltenen Beziehungen in Gl. (8.6.1/2) ein; man erhält

$$V = \frac{p_1}{24ab} \frac{4y_1^2(a - x_1)(b - y_1)^2 + a x_1^2(4y_1^2 - b^2)}{(2y_1 - b)}. \tag{8.6.2/8}$$

Die Extremumbedingung

$$\frac{dV}{dx_1} = \frac{\partial V}{\partial x_1} + \frac{\partial V}{\partial y_1}\frac{\partial y_1}{\partial x_1} = 0 \tag{8.6.2/9}$$

führt zu einem Gleichungssystem 7. Grades, dessen Lösung Schwierigkeiten bereitet. NIEPOSTYN [22] hat eine Kurventafel (Abb. 8.6/3) aufgestellt, in der $\dfrac{M_y + M_x}{p_1 a^2} = f\left(\dfrac{x_1}{a}\right)$ für verschiedene Verhältniswerte $\beta = b/a$ aufgetragen ist. In Abb. 8.6/3 sind Kurven für sechs ver-

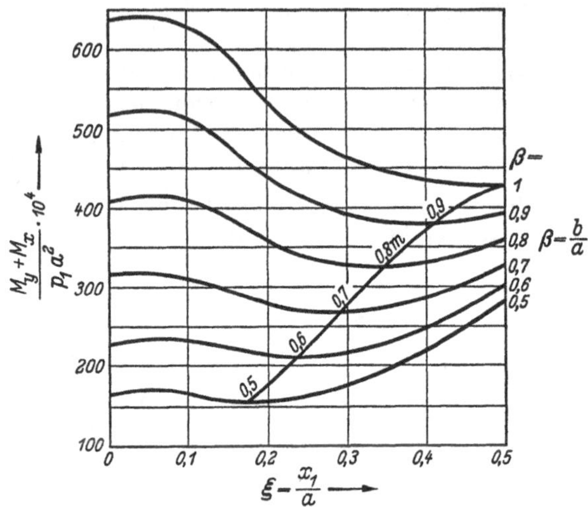

Abb. 8.6/3 Diagramm der Grenztragfähigkeitskoeffizienten für eine frei drehbar gestützte rechteckige Platte unter in Richtung der kurzen Plattenseite dreieckförmig verteilter Belastung

schiedene Werte β angegeben sowie eine Kurve „m“, die die Minima der einzelnen Kurven verbindet. Um den günstigsten Wert x_1 für eine Platte mit einem bestimmten Seitenverhältnis β zu finden, muß man auf der Kurve „m“ den Punkt aufsuchen, der dieser Größe β entspricht und die Abszisse $\xi = x_1/a$ des Punktes ablesen. Darauf ist der Wert y_1 durch Einsetzen des für x_1 gefundenen Wertes in Gl. (8.6.2/6) zu bestimmen, und mit diesen Werten können die Grenzmomente aus den Gln. (8.6.2/3) berechnet werden.

8.6.3 Frei drehbar gestützte Platte unter dreieckförmiger Belastung in Richtung der langen Plattenseite

Bei einer in Richtung der Plattenlänge dreieckförmig verteilten Flächenlast ist in Gl. (8.6.1/1) $B = 0$ und $p_0 = 0$; die Gleichung reduziert sich auf

$$p = A\,x = \frac{p_1}{a}\,x. \qquad (8.6.3/1)$$

Auf Grund der Symmetrie von Platte und Belastung in bezug auf die Ebene $y = b/2$ ist $y_1 = b/2$. Aus der Gleichsetzung der Leistung der inneren und äußeren Kräfte, Gl. (8.6.1/8) und Gl. (8.6.1/7), folgt:

$$M_y\left[\frac{4a}{b}+\Lambda b\left(\frac{1}{x_1}+\frac{1}{x_2}\right)\right]=\frac{p_1 b}{24a}(6a^2-4a\,x_2+x_2^2-x_1^2). \quad (8.6.3/2)$$

Die Minimalbedingungen $\partial M_y/\partial x_1 = 0$ und $\partial M_y/\partial x_2 = 0$ führen zu den Gleichungen

$$\frac{2x_1^3}{\Lambda b}\left[\frac{4a}{b}+\Lambda b\left(\frac{1}{x_1}+\frac{1}{x_2}\right)\right]=6a^2-4a\,x_2+x_2^2-x_1^2, \quad (8.6.3/3)$$

$$\frac{x_2^2}{\Lambda b}(4a-2x_2)\left[\frac{4a}{b}+\Lambda b\left(\frac{1}{x_1}+\frac{1}{x_2}\right)\right]=6a^2-4a\,x_2+x_2^2-x_1^2. \quad (8.6.3/4)$$

Zur Bestimmung der fünf Unbekannten x_1, x_2, M_y, M_x und Λ stehen einschließlich der Beziehung $M_x = \Lambda M_y$ nur vier Gleichungen zur Verfügung. Zur Lösung dieses unbestimmten Systems ist es erforderlich, den Wert einer der Unbekannten anzunehmen und die übrigen auf der Grundlage dieser Annahme abzuleiten.

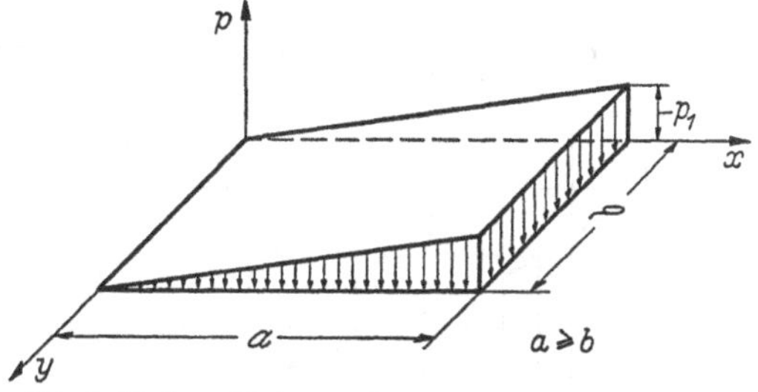

Abb. 8.6/4 In x-Richtung (lange Plattenseite a) dreieckförmig verteilte Belastung einer rechteckigen Platte

Gleichsetzung der linken Seiten der Gln. (8.6.3/3) und (8.6.3/4) liefert die Beziehung

$$x_1^3 + x_2^3 = 2a\,x_2^2. \quad (8.6.3/5)$$

Auflösung von Gl. (8.6.3/3) und Gl. (8.6.3/5) nach dem Orthotropiekoeffizienten ergibt

$$\Lambda = \frac{8x_1^3\,a}{b^2[6a^2-8a\,x_2+3(x_2^2-x_1^2)]}. \quad (8.6.3/6)$$

Für die Grenzmomente ergeben sich aus vorstehenden Gleichungen die Beziehungen:

$$M_y = M_0 = \frac{p_1}{96}\frac{b^2}{a^2}[6\,a^2-8\,a\,x_2+3\,(x_2^2-x_1^2)], \quad (8.6.3/7)$$

$$M_x = \Lambda M_0 = \frac{p_1\,x_1^3}{12\,a}. \quad (8.6.3/8)$$

Bei Annahme eines der Parameter x_1 oder x_2 kann der zweite aus Gl. (8.6.3/5) gefunden werden, M_y kann dann aus Gl. (8.6.3/2) und Gl. (8.6.3/6) ermittelt werden, und M_x folgt aus $M_x = \Lambda M_y$. Die Parameterwerte sind so anzunehmen, daß das Minimum der Funktion Gl. (8.6.1/2), das aus der Extremumbedingung für die wirtschaftliche

Plattenstruktur

$$\frac{dV}{dx_1} = \frac{\partial V}{\partial x_1} + \frac{\partial V}{\partial x_2}\frac{\partial x_2}{\partial x_1} = 0 \qquad (8.6.3/9)$$

folgt, erhalten wird. Gl. (8.6.3/9) wird nach NIEPOSTYN [*22*, *23*, *23a*] durch das Gleichungssystem

$$4\xi\zeta = \xi + \zeta, \qquad \xi^3 + \zeta^3 = 2\left(\frac{a}{b}\right)^2 \zeta^2 \qquad (8.6.3/10)$$

ersetzt, wobei

$$\xi = \frac{x_1 a}{b^2}, \qquad \zeta = \frac{x_2 a}{b^2}. \qquad (8.6.3/11)$$

In Abb. 8.6/5 ist ein Nomogramm für die Lösung der Gln. (8.6.3/10) angegeben, in dem man für ein bestimmtes Plattenseitenverhältnis

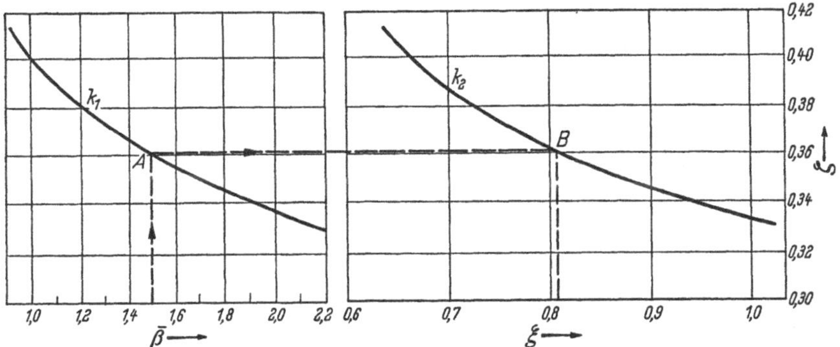

Abb. 8.6/5 Nomogramm zur Ablesung der Werte ξ und ζ als Funktion des Plattenseitenverhältnisses (Beispiel: für $\bar{\beta} = 1{,}5$ kann man $\xi = 0{,}810$ und $\zeta = 0{,}361$ ablesen)

$\bar{\beta} = a/b$ auf der Kurve k_1 einen Punkt A erhält, von dem aus über eine Parallele zur Abszisse auf der Kurve k_2 ein Punkt B gefunden wird, dessen Koordinaten die Wurzeln des Gleichungssystems darstellen.

8.6.4 Frei drehbar gestützte Platte unter symmetrischer trapezförmiger Belastung

Die Grenzzustandsbeziehungen einer allseitig frei drehbar randgestützten orthotropen Rechteckplatte unter trapezförmiger Belastung sind für den symmetrischen Fall von DUBINSKY [*3*, *26*] und NIEPOSTYN [*22*, *23*, *23a*] und für den allgemeinen Fall von NIEPOSTYN aufgestellt worden. Im folgenden werden die auf das Prinzip der virtuellen Leistungen gegründeten Ableitungen in der von DUBINSKY verwendeten Form wiedergegeben. Die Belastung wird durch die Gleichung

$$p(x, y) = p_0 + \frac{p_1 - p_0}{b} y \qquad (8.6.4/1)$$

beschrieben (Abb. 8.6/6); als Sonderfälle ergeben sich die dreieckförmig verteilte Belastung mit $p_0 = 0$ und die gleichförmig verteilte Belastung mit $p_1 = p_0$. Als Belastungsverhältniswert wird

$$\gamma = \frac{p_0}{p_1} \quad (8.6.4/1\,\mathrm{a})$$

eingeführt.

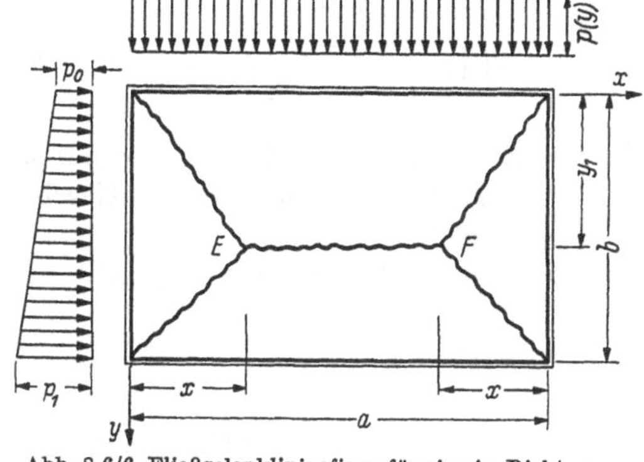

Abb. 8.6/6 Fließgelenklinienfigur für eine in Richtung der kurzen Plattenseite trapezförmig belastete, frei drehbar gestützte rechteckige Platte

Fall 1: Bei den in Abb. 8.6/6 dargestellten Abmessungs- und Belastungsverhältnissen bildet sich im Grenzzustand der Tragfähigkeit ein virtuelles Geschwindigkeitsfeld mit der Firstlinie EF parallel zur x-Achse aus. Die dreieckigen Plattenteile sind einander gleich, die trapezförmigen Teile haben unterschiedliche Höhen. Bei einer virtuellen Einsenkungsgeschwindigkeit der Geraden EF vom Betrage $\dot{w}_0 = 1$ ergibt sich für die Dissipationsleistung die Beziehung [vgl. Gl. (8.6.1/8)]:

$$D_1 = M_0 \frac{\bar{\beta}^2 \nu + 4\Lambda\,\zeta(1-\zeta)}{\bar{\beta}\,\nu\,\zeta(1-\zeta)}, \quad (8.6.4/2)$$

wobei $\bar{\beta} = a/b$, $\nu = 2x_1/a$ und $\zeta = y_1/b$ bedeuten, und $M_0 = M_y$.

Fall 2: Die Firstlinie des Geschwindigkeitsfeldes fällt in die Richtung der y-Achse (Abb. 8.6/7). Die dreieckigen Plattenteile haben verschiedene Höhen, die trapezförmigen Plattenteile sind einander gleich. Bei einer Einsenkungsgeschwindigkeit der Geraden $E'F'$ vom Betrage $\dot{w}_0 = 1$ ergibt sich für die Dissipationsleistung:

$$D_2 = M_0 \frac{\bar{\beta}^2(\zeta_1 + \zeta_2) + 4\Lambda\,\zeta_1\zeta_2}{\bar{\beta}\,\zeta_1\zeta_2}, \quad (8.6.4/3)$$

wobei $\zeta_1 = y_1/b$ und $\zeta_2 = y_2/b$.

Abb. 8.6/7 Fließgelenklinienfigur für eine in Richtung der langen Plattenseite trapezförmig belastete, frei drehbar gestützte rechteckige Platte

Fall 3: Die Fließgelenklinien schneiden sich in einem Punkt. Zwei dreieckige Plattenteile sind einander gleich, die beiden anderen haben unterschiedliche Höhen. Dieser Fall stellt den Grenzfall zwischen den Fällen 1 und 2 dar. Einsetzen der durch Gl. (8.6.4/1) beschriebenen Belastung in Gl. (8.6.1/5) ergibt

$$L = \iint_S \left(p_0 + \frac{p_1 - p_0}{b}\, y\right) \dot{w}(x, y)\, dx\, dy = p_0 V + \frac{p_1 - p_0}{b} S_y, \quad (8.6.4/4)$$

wobei V das Volumen des Geschwindigkeitsfeldes der Platte bedeutet und S_y das Volumenmoment des Geschwindigkeitsfeldes in bezug auf die x, z-Ebene.

Für den *Fall 1* ergibt sich [vgl. Gl. (8.6.1/7)]

$$V = \frac{a\,b}{6}(3 - \nu), \qquad S_y = \frac{a\,b^2}{24}[2 + (2 - \nu)\,(1 + 2\,\zeta)],$$

$$L = \frac{a\,b\,p_0}{6}(3 - \nu) + \frac{a\,b(p_1 - p_0)}{24}[4(1 + \zeta) - \nu(1 + 2\,\zeta)]. \quad (8.6.4/5)$$

Aus der Gleichsetzung von Gl. (8.6.4/2) und Gl. (8.6.4/5)

$$M_0\,[\bar{\beta}^2 \nu + 4\Lambda\,\zeta(1 - \zeta)]$$
$$= \frac{p_1\,a\,b}{24}\,\{4\gamma(3 - \nu) + (1 - \gamma)\,[4(1 + \zeta) - \nu\,(1 + 2\zeta)]\}\,\bar{\beta}\,\nu\,\zeta(1 - \zeta), \quad (8.6.4/6)$$

folgt für die Beziehung zwischen Grenzlastintensität und Grenzmoment:

$$p_1 = \frac{24 M_0}{a\,b}\,\frac{\bar{\beta}^2 \nu + 4\Lambda\,\zeta(1 - \zeta)}{\{4\gamma(3 - \nu) + (1 - \gamma)\,[4(1 + \zeta) - \nu(1 + 2\,\zeta)]\}\,\bar{\beta}\,\nu\,\zeta(1 - \zeta)}. \quad (8.6.4/7)$$

Die Parameter der Fließgelenklinienfigur ν und ζ werden aus der Minimalbedingung für die Grenzlastintensität ermittelt. Die partiellen Ableitungen der Funktion Gl. (8.6.4/7) nach den Argumenten ν und ζ werden gleich Null gesetzt und ergeben einen Satz von zwei Gleichungen, die nach Umordnung wie folgt geschrieben werden:

$$\left.\begin{aligned} &\bar{\beta}^2 \nu^2 + 8\Lambda B\,\nu - 16\Lambda B\,\frac{(1 - \gamma)\,C + 3\gamma}{(1 - \gamma)\,A + 4\gamma} = 0, \\ &[(1 - \gamma)\,(2B + A\,D) + 4D\gamma]\,\bar{\beta}^2 \nu^2 - \{4\bar{\beta}^2\,[(1 - \gamma)\,(B + C\,D) + \\ &\quad + 3\gamma D] - 8\Lambda(1 - \gamma)\,B^2\}\,\nu - 16\Lambda(1 - \gamma)\,B^2 = 0, \end{aligned}\right\} \quad (8.6.4/8)$$

wobei

$$A = 1 + 2\zeta, \qquad B = \zeta(1 - \zeta), \qquad C = 1 + \zeta, \qquad D = 1 - 2\zeta.$$

Die reellen positiven Wurzeln der Gln. (8.6.4/8) legen das tatsächliche Geschwindigkeitsfeld der Platte im Grenzzustand fest.

Für den *Fall 2* ergibt sich

$$V = \frac{a\,b}{6}(3 - \zeta_1 - \zeta_2), \qquad S_y = \frac{a\,b}{24}(6 - 4\,\zeta_2 + \zeta_2^2 - \zeta_1^2),$$

$$L = \frac{p_1\,a\,b}{24}[4\gamma(3 - \zeta_1 - \zeta_2) + (1-\gamma)(6 - 4\zeta_2 + \zeta_2^2 - \zeta_1^2)]. \tag{8.6.4/9}$$

Aus der Gleichsetzung von Gl. (8.6.4/3) und Gl. (8.6.4/9)

$$M_0[\bar{\beta}^2(\zeta_1 + \zeta_2) + 4\Lambda\,\zeta_1\zeta_2] = \frac{p_1\,a\,b}{24}\{(2-\zeta_2)^2 + 2 - \zeta_1^2 + \gamma[(2-\zeta_1)^2 + 2 - \zeta_2^2]\}\,\bar{\beta}\,\zeta_1\,\zeta_2, \tag{8.6.4/10}$$

folgt für die Beziehung zwischen Grenlastintensität und Grenzmoment:

$$p_1 = \frac{24 M_0}{a\,b}\,\frac{\bar{\beta}^2(\zeta_1 + \zeta_2) + 4\Lambda\,\zeta_1\,\zeta_2}{\{(2-\zeta_2)^2 + 2 - \zeta_1^2 + \gamma[(2-\zeta_1)^2 + 2 - \zeta_2^2]\}\,\bar{\beta}\,\zeta_1\,\zeta_2}. \tag{8.6.4/11}$$

Die Minimalbedingungen der Funktion Gl. (8.6.4/11): $\partial p_1/\partial\zeta_1 = 0$ und $\partial p_1/\partial\zeta_2 = 0$, liefern die Gleichungen

$$\left.\begin{aligned} &2\zeta_1[2\gamma + \zeta_1(1-\gamma)][\bar{\beta}^2(\zeta_1+\zeta_2) + 4\Lambda\,\zeta_1\zeta_2] - \bar{\beta}^2\zeta_2 \times \\ &\quad\times\{(2-\zeta_2)^2 + 2 - \zeta_1^2 + \gamma[(2-\zeta_1)^2 + 2 - \zeta_2^2]\} = 0, \\ &2\zeta_2[2 - \zeta_2(1-\gamma)][\bar{\beta}^2(\zeta_1+\zeta_2) + 4\Lambda\,\zeta_1\zeta_2] - \bar{\beta}^2\zeta_1 \times \\ &\quad\times\{(2-\zeta_2)^2 + 2 - \zeta_1^2 + \gamma[(2-\zeta_1)^2 + 2 - \zeta_2^2]\} = 0. \end{aligned}\right\} \tag{8.6.4/12}$$

Die Lösung der Gln. (8.6.4/8) und (8.6.4/12) ist von Dubinsky [*3*, *26*] für einen speziellen Wert des Orthotropieverhältnisses Λ in dem in Abb. 8.6/8 wiedergegebenen Nomogramm dargestellt worden, das die Ermittlung der Parameter der Fließgelenklinienfigur in Abhängigkeit von dem Verhältnis der Plattenseiten $\bar{\beta}$ und dem Verhältnis der Lastintensitäten an den zur x-Richtung parallelen Stützungen $\gamma = p_0/p_1$ gestattet. Da zur Erzielung einer möglichst wirtschaftlichen Bemessung eine Angleichung des Grenzmomentenverhältnisses an das aus der Elastizitätstheorie folgende Momentenverhältnis angezeigt ist, wurde bei der Aufstellung des Nomogramms das plastische Orthotropieverhältnis Λ gleich dem aus einer vereinfachten elastischen Berechnung folgenden Verhältnis der Feldmomente für eine gleichförmig belastete rechteckige Platte angenommen:

$$\Lambda = \frac{M_x}{M_y} = \frac{1}{\bar{\beta}^2} = \beta^2. \tag{8.6.4/13}$$

Die Gültigkeit des Nomogramms ist also auf einen sehr speziellen Fall begrenzt, der nicht mit dem in den Abschn. 8.6.2, 3 und 5 zugrunde gelegten Fall der wirtschaftlichen plastischen Orthotropie übereinstimmt. Als Parameter für das Nomogramm wurden die den Gln. (8.6.4/8) und (8.6.4/12) gemeinsamen Argumente, d. h. $\bar{\beta}$ und γ, genommen. Das ermöglicht den Einschluß aller drei Fälle des Grenzzustandes in einer Tafel.

Bei der Auftragung des unterhalb $\bar{\beta} = 1$ liegenden Teiles des Nomogramms wurde ein regulärer Maßstab verwendet, jedoch erwies sich für $\bar{\beta} > 1$ der logarithmische Maßstab als zweckmäßiger. Der oberhalb

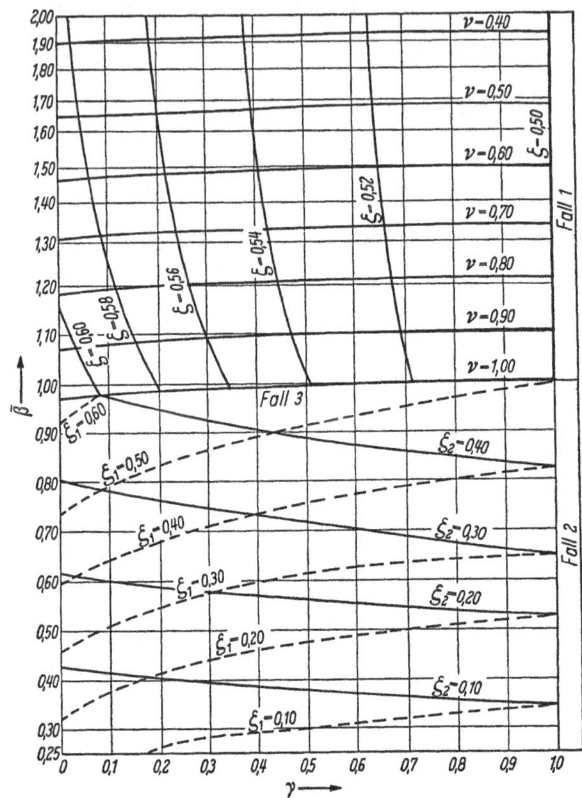

Abb. 8.6/8 Nomogramm zur Bestimmung der Grenzzustandsparameter für frei drehbar gestützte rechteckige Platten unter trapezförmiger Belastung

$\nu = 1$ gelegene Teil des Nomogramms entspricht dem 1. Fall des Grenzzustandes, der daruntergelegene dem 2. Fall. Die Grenzkurve für $\nu = 1$ entspricht den für den 3. Fall des Grenzzustandes geltenden Werten von $\bar{\beta}$ und γ.

8.6.5 Allseitig eingespannte Platte unter in zwei Richtungen trapezförmiger Belastung

Im allgemeinen Falle einer allseitig eingespannten rechteckigen Platte unter in zwei Richtungen trapezförmig verteilter Flächenlast nehmen die Parameter A und B in Gl. (8.6.1/1) folgende Werte an:

$$A = \frac{p_x - p_0}{a} \quad \text{und} \quad B = \frac{p_y - p_0}{b}. \tag{8.6.5/1}$$

Die Lösung dieses Falles ist von NIEPOSTYN [*22, 23, 23a*] angegeben worden. Aus der Gleichsetzung von innerer und äußerer Leistung, Gl. (8.6.1/9) und Gl. (8.6.1/7), und aus den Extremumbedingungen werden der Wert des Bezugsgrenzmomentes und die Verhältnisse der Grenzmomentensummen bestimmt:

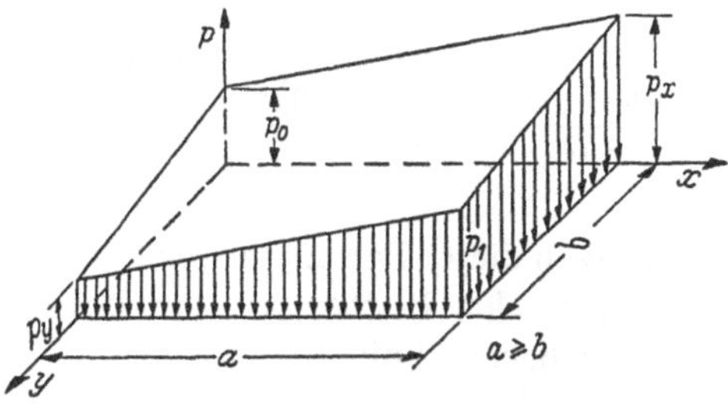

Abb. 8.6/9 Allgemeine Form einer linear variierenden Lastverteilung auf einer rechteckigen Platte

$$M_y = \frac{b}{24(\Lambda + \Lambda_4)} \times$$

$$\times \frac{A\,(6a^2 - 4a x_2 + x_2^2 - x_1^2) + B[(a - x_1 - x_2)(b + 2y_1) + 3ab + 2a y_1] + 4p_0(3a - x_1 - x_2)}{\left(\lambda_1 \frac{a}{y_1} + \lambda_2 \frac{b}{x_1} + \lambda_3 \frac{a}{b - y_1} + \frac{b}{x_2}\right)},$$

$$M_y = \frac{b}{24(\Lambda + \Lambda_4)} \frac{Z}{N}, \tag{8.6.5/2}$$

$$\frac{\partial M_y}{\partial x_1} = 0: \quad (2A\,x_1 + Bb + 2B\,y_1 + 4p_0)\,N = Z\left(\lambda_2 \frac{b}{x_1^2}\right), \tag{8.6.5/3a}$$

$$\frac{\partial M_y}{\partial y_1} = 0: \quad (4B\,a - 2B\,x_1 - 2B\,x_2)\,N = Z\left[-\lambda_1 \frac{a}{y_1^2} + \lambda_3 \frac{a}{(b - y_1)^2}\right], \tag{8.6.5/3b}$$

$$\frac{\partial M_y}{\partial x_2} = 0: \quad (4A\,a - 2A\,x_2 + Bb + 2B\,y_1 + 4p_0)\,N = Z\frac{b}{x_2^2}. \tag{8.6.5/3c}$$

Aus Gl. (8.6.5/3c) ergibt sich

$$\frac{Z}{N} = \frac{x_2^2}{b}(4A\,a - 2A\,x_2 + Bb + 2B\,y_1 + 4p_0);$$

Einsetzen dieses Wertes in Gl. (8.6.5/2) liefert den den Extremumbedingungen genügenden Ausdruck für das Bezugsgrenzmoment:

$$M_y = \frac{x_2^2}{24(\Lambda + \Lambda_4)}(4A\,a - 2A\,x_2 + Bb + 2B\,y_1 + 4p_0). \tag{8.6.5/4}$$

Division von Gl. (8.6.5/3a) durch Gl. (8.6.5/3c) liefert:

$$\lambda_2 = \frac{x_1^2}{x_2^2}\,\frac{2A\,x_1 + Bb + 2B\,y_1 + 4p_0}{4A\,a - 2A\,x_2 + Bb + 2B\,y_1 + 4p_0}. \tag{8.6.5/5a}$$

Ferner ergeben sich aus den obigen Gleichungen die Werte:

$$\lambda_1 = \frac{y_1^2}{a\,x_2^2} \times$$
$$\times \frac{3A(x_2^2 - x_1^2) - 6B\,y_1 x_1 - 6B\,y_1 x_2 - 8p_0 x_1 + 8B\,a\,y_1 - 8(A\,a + p_0)\,x_2 + 6A\,a^2 + 12p_0 a}{4A\,a - 2A\,x_2 + B\,b + 2B\,y_1 + 4p_0}, \tag{8.6.5/5b}$$

$$\lambda_3 = \frac{(b - y_1)^2}{a\,x_2^2}\;\frac{\begin{array}{c}3A(x_2^2 - x_1^2) - 6B\,y_1 x_1 - 6B\,y_1 x_2 - 2(B\,b + 4p_0)\,x_1 + \\ + 8B\,a\,y_1 - 2(4A\,a + B\,b + 4p_0)\,x_2 + 6A\,a^2 + 4B\,a b + 12p_0 a\end{array}}{4A\,a - 2A\,x_2 + B\,b + 2B\,y_1 + 4p_0}. \tag{8.6.5/5c}$$

Einsetzen dieser Parameterwerte in Gl. (8.6.1/4) liefert für die Bedingung der optimalen Plattenstruktur die folgenden Werte für die Parameter der Fließgelenklinienfigur:

$$y_1 = \frac{b}{2}, \qquad x_1 = x_2 = \frac{b^2}{2a}. \tag{8.6.5/6}$$

Einsetzen der Werte aus Gl. (8.6.5/6) in die Gln. (8.6.5/4) und (8.6.5/5) liefert unter Verwendung der Gln. (8.6.1/3) die wirtschaftlichsten Werte für die Summen der Einheitsgrenzmomente:

$$\left.\begin{aligned}
M_y + M_1 &= \frac{A\,a}{48}\,b^2\left(3 - 2\,\frac{b^2}{a^2}\right) + \frac{B\,b}{96}\,b^2\left(4 - 3\,\frac{b^2}{a^2}\right) + \frac{p_0}{24}\,b^2\left(3 - 2\,\frac{b^2}{a^2}\right),\\
M_y + M_3 &= \frac{A\,a}{48}\,b^2\left(3 - 2\,\frac{b^2}{a^2}\right) + \frac{B\,b}{96}\,b^2\left(8 - 5\,\frac{b^2}{a^2}\right) + \frac{p_0}{24}\,b^2\left(3 - 2\,\frac{b^2}{a^2}\right),\\
M_x + M_2 &= \frac{A\,a}{96}\,b^2\,\frac{b^4}{a^4} + \frac{B\,b}{48}\,b^2\,\frac{b^2}{a^2} + \frac{p_0}{24}\,b^2\,\frac{b^2}{a^2},\\
M_x + M_4 &= \frac{A\,a}{96}\,b^2\,\frac{b^2}{a^2}\left(4 - \frac{b^2}{a^2}\right) + \frac{B\,b}{48}\,b^2\,\frac{b^2}{a^2} + \frac{p_0}{24}\,b^2\,\frac{b^2}{a^2}.
\end{aligned}\right\} \tag{8.6.5/7}$$

Zur Vereinfachung wird die mittlere Belastung

$$p_m = A\,\frac{a}{2} + B\,\frac{b}{2} + p_0 = \frac{p_0 + p_1}{2} = \frac{p_x + p_y}{2} \tag{8.6.5/8}$$

in die Gln. (8.6.5/7) eingeführt; damit lassen sich die folgenden linearen Gleichungskombinationen angeben:

$$\left.\begin{aligned}
M_y + \frac{1}{2}(M_1 + M_3) &= \frac{p_m\,b^2}{24}\left(3 - 2\,\frac{b^2}{a^2}\right),\\
M_x + \frac{1}{2}(M_2 + M_4) &= \frac{p_m\,b^2}{24}\,\frac{b^2}{a^2},
\end{aligned}\right\} \tag{8.6.5/9}$$

die sich im Sonderfalle $M_1 = M_3 = M_y'$, $M_2 = M_4 = M_x'$ und $p = p_0 = \text{const}$ auf die Gln. (8.5.6/12 u. 13) reduzieren. Die erhaltenen Ergebnisse zeigen, daß die Summe von Feldgrenzmomenten und mittlerem Grenzmoment an den eingespannten Rändern in jeder der beiden Plattenrichtungen nicht von dem Wert der Parameter A und B abhängig ist, sondern lediglich eine Funktion der Plattenabmessungen und der mittleren Belastung ist. Bei Einführung der mittleren Belastung und der mittleren Stützungsgrenzmomente erhält man dieselben Resultate wie für die wirtschaftlichsten Werte der Summen der Grenzmomente $(M_y + M'_y)$, $(M_x + M'_x)$ für die eingespannte Platte unter gleichförmig verteilter Belastung p_0.

8.7 Rechteckige Platten unter Einzellast-Gleichlast-Kombinationen

8.7.1 Vorherrschende gleichförmig verteilte Belastung

Der Fall einer allseitig frei drehbar randgestützten orthotropen Rechteckplatte unter kombinierter gleichförmig verteilter Belastung p und einer im Schnittpunkt der Diagonalen der Platte angreifenden Einzellast P ist von Sawczuk [27] behandelt worden. In der Untersuchung wird die Grenze der Gültigkeit der jeweiligen Bruchfiguren als Funktion des Verhältnisses der Intensität der Einzellast zur Intensität der gleichförmig verteilten Belastung ermittelt.

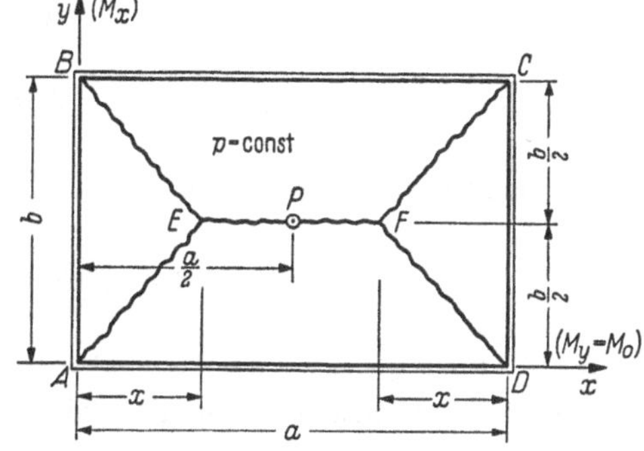

Abb. 8.7/1
Fließgelenklinienfigur für eine frei drehbar gestützte rechteckige Platte unter kombinierter gleichförmig verteilter Belastung und mittiger Einzellast für kleine Werte von k

Dem Studium des Verhaltens der Platte im Zustand der Grenztragfähigkeit unter der kombinierten Belastung wird zunächst die in Abb. 8.7/1 dargestellte Bruchfigur zugrunde gelegt, die sich bei vorherrschender gleichförmig verteilter Belastung realisiert[1]. Das Grenzmomentenverhältnis ist $M_x/M_y = \Lambda$. Für die Ableitung der Grenztragfähigkeitsbeziehungen wird das Prinzip der virtuellen Geschwindigkeiten verwendet. Die virtuelle Leistung der gesamten Belastung für eine Einsenkungsgeschwindigkeit der Geraden EF von der Größe $\dot{w}_0 = 1$

$$L = \left[\frac{p\,b}{6}(3a - 2x) + P\right] \tag{8.7.1/1}$$

kann bei Einführung des Verhältniswertes

$$k = \frac{P}{p\,a\,b} \tag{8.7.1/2}$$

geschrieben werden:

$$L = \frac{p\,b}{6}(3a - 2x + 6a\,k)\,. \tag{8.7.1/3}$$

[1] Vgl. das in Abb. 9.2/10 wiedergegebene Bruchbild.

Die Dissipationsleistung der inneren Momente ist:

$$D_l = 2M_0\left(\Lambda \frac{b}{x} + \frac{2a}{b}\right). \tag{8.7.1/4}$$

Aus dem Prinzip der virtuellen Geschwindigkeiten folgt:

$$M_0 = \frac{p\,b^2}{12}\,\frac{x(3a - 2x + 6a\,k)}{b^2\Lambda + 2a\,x}. \tag{8.7.1/5}$$

Der Parameter x ergibt sich aus der Extremumbedingung:

$$\frac{dM_0}{dx} = \frac{p\,b^2}{12}\,\frac{(3a - 4x + 6a\,k)(b^2\Lambda + 2a\,x) - 2a(3a\,x - 2x^2 + 6a\,k\,x)}{(b^2\Lambda + 2a\,x)^2} = 0. \tag{8.7.1/6}$$

Auflösung der quadratischen Gleichung

$$x + \frac{b^2\Lambda}{a}x - \frac{3}{4}b^2\Lambda - \frac{3}{2}b^2 k\Lambda = 0$$

und Einführung des Seitenverhältnisses $\beta = b/a$ liefert die Beziehung:

$$x = \frac{b}{2}\Lambda\left[-\beta + \sqrt{\beta^2 + \frac{3}{\Lambda} + \frac{6k}{\Lambda}}\right] = \frac{b}{2}\mathfrak{M}. \tag{8.7.1/7}$$

Bei Fehlen einer Einzellast wird $k = 0$, und Gl. (8.7.1/7) reduziert sich auf den Ausdruck für die gleichförmig belastete orthotrope Rechteckplatte Gl. (8.5.1/4).

Einsetzen der Gl. (8.7.1/7) in Gl. (8.7.1/5) liefert den Ausdruck

$$M_0^{(1)} = \frac{p\,b^2}{24}\,\frac{\mathfrak{M}^2}{\Lambda}. \tag{8.7.1/8}$$

Der Gültigkeitsbereich der Gl. (8.7.1/8) wird durch die Ungleichung

$$x \leqq \frac{a}{2} \tag{8.7.1/9}$$

definiert. Diese Bedingung kann unter Verwendung von Gl. (8.7.1/7) in der Form

$$\beta\,\mathfrak{M} \leqq 1 \tag{8.7.1/10}$$

ausgedrückt werden, womit das Grenzverhältnis der Belastungen k_I, das den Bereich der in Abb. 8.7/1 dargestellten Bruchfigur nach oben begrenzt, $k \leqq k_I$, in die Definition des Gültigkeitsbereiches von Gl. (8.7.1/8) einbezogen wird:

$$\beta\Lambda\left[-\beta + \sqrt{\beta^2 + \frac{3}{\Lambda} + \frac{6k_I}{\Lambda}}\right] = 1,$$

$$k_I = \frac{1}{6}\,\frac{1 - \beta^2\Lambda}{\beta^2\Lambda}. \tag{8.7.1/11}$$

8.7.2 Vorherrschende Einzellast

Für Verhältniswerte

$$k > k_I \tag{8.7.2/1}$$

entstehen Bruchfiguren, die von der Einzellast bestimmt werden; Gl. (8.7.1/8) ist nicht mehr gültig. Die Bruchfigur einer frei drehbar

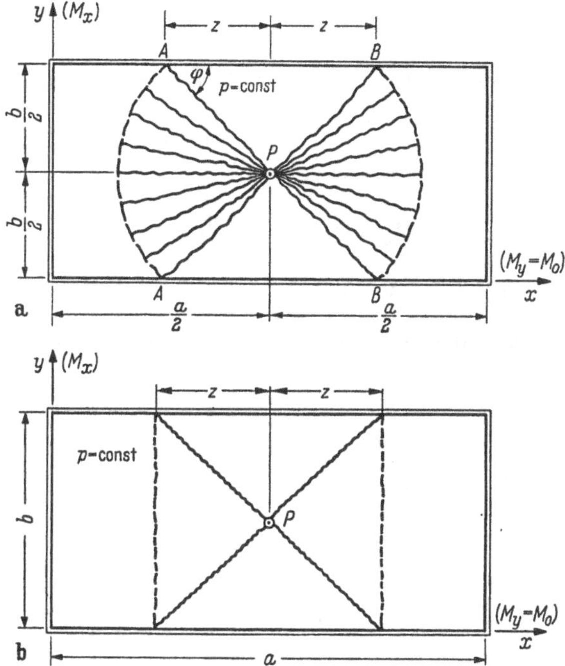

Abb. 8.7/2 Fließgelenklinienfiguren für eine frei drehbar gestützte rechteckige Platte unter kombinierter gleichförmig verteilter Belastung und mittiger Einzellast für große Werte von k
a) „fächerförmige" Fließgelenklinienfigur, b) geradlinige, vereinfachte Fließgelenklinienfigur (exakt gültig nur für $M_x' = 0$)

randgestützten Rechteckplatte unter mittiger Einzellast ist in Abb. 8.7/2a dargestellt. Bei isotroper Bewehrung schneiden die Fließgelenklinien PA und PB die Plattenränder unter einem Winkel $\varphi = \pi/4$ (s. Abschn. 7.3.3). Bei orthotroper Bewehrung besteht die Beziehung $\cot\varphi = \sqrt{\Lambda}$. Die bei isotroper Bewehrung kreisförmigen Umfangsfließgelenklinien der Fließgelenklinienfelder werden bei orthotroper Bewehrung in der x-Richtung im Verhältnis $1/\sqrt{\Lambda}$ verzerrt. Lösungen für kombinierte Belastung bei Zugrundelegung der „fächerförmigen" Fließgelenklinienfigur nach Abbildung 8.7/2a finden sich in [*5*, *6*, *32*].

Der Einfachheit halber wird den weiteren Untersuchungen die in Abb. 8.7/2b dargestellte lineare Bruchfigur zugrunde gelegt [27]. Die Berechnung gründet sich auf die Voraussetzung $M_x' = 0$.

Bei einer Einsenkungsgeschwindigkeit des Angriffspunktes der Einzellast P vom Betrag $\dot{w}_0 = 1$ ist die virtuelle Leistung der gesamten Belastung:

$$L = P + p\frac{2zb}{3}. \tag{8.7.2/2}$$

Die Dissipationsleistung ist

$$D_l = 2M_0\left(\frac{4z}{b} + \frac{\Lambda b}{z}\right) = 2M_0\frac{4z^2 + \Lambda b^2}{bz}. \tag{8.7.2/3}$$

Aus der Gleichsetzung von Gl. (8.7.2/2) und Gl. (8.7.2/3), und bei Einführung des Verhältniswertes k, Gl. (8.7.1/2), folgt:

$$M_0 = \frac{pb^2}{6}\frac{3azk + 2z^2}{4z^2 + \Lambda b^2}. \tag{8.7.2/4}$$

Der Parameter z ergibt sich aus der Extremumbedingung

$$\frac{dM_0}{dz} = \frac{pb^2}{6}\frac{(3ak + 4z)(4z^2 + \Lambda b^2) - 8z(3azk + 2z^2)}{(4z^2 + \Lambda b^2)^2} = 0. \tag{8.7.2/5}$$

Auflösung der quadratischen Gleichung

$$z^2 - \frac{b^2\Lambda}{3ak}z - \frac{b^2\Lambda}{4} = 0$$

und Einführung des Seitenverhältnisses $\beta = b/a$ liefert die Beziehung

$$z = \frac{a\beta^2\Lambda}{6k}\left[1 + \sqrt{1 + 9\frac{k^2}{\beta^2\Lambda}}\right] = \frac{a}{2}\mathfrak{N}. \tag{8.7.2/6}$$

Einsetzen von Gl. (8.7.2/6) in Gl. (8.7.2/4) liefert:

$$M_0^{(2)} = \frac{pb^2\mathfrak{N}}{12}\frac{3k + \mathfrak{N}}{\mathfrak{N}^2 + \beta^2\Lambda}. \tag{8.7.2/7}$$

Der Gültigkeitsbereich der Gl. (8.7.2/7) wird durch die Ungleichung

$$z \leqq \frac{a}{2} \tag{8.7.1/8}$$

definiert. Diese Bedingung kann unter Verwendung von Gl. (8.7.2/6) in der Form

$$\mathfrak{N} \leqq 1 \tag{8.7.2/9}$$

ausgedrückt werden. Im Grenzfall $z = a/2$ oder $\mathfrak{N} = 1$ verlaufen die Fließgelenklinien zu den Plattenecken. Für das zugehörige Grenzverhältnis der Belastungen k_{II}, das den Bereich der in Abb. 8.7/2b dargestellten Bruchfigur nach unten einschränkt, $k \geqq k_{II}$, ergibt sich:

$$\frac{\beta^2 \Lambda}{3 k_{II}} \left[1 + \sqrt{1 + 9 \frac{k_{II}^2}{\beta^2 \Lambda}}\right] = 1,$$

$$k_{II} = \frac{2}{3} \frac{\beta^2 \Lambda}{1 - \beta^2 \Lambda}. \qquad (8.7.2/10)$$

8.7.3 Grenzfälle und Überschneidungen

Ein Zusammenfallen der beiden Belastungsverhältnisgrenzwerte k_I und k_{II} kann nur bei Erfüllung der Gleichung

$$\frac{1}{6} \frac{1 - \beta^2 \Lambda}{\beta^2 \Lambda} = \frac{2}{3} \frac{\beta^2 \Lambda}{1 - \beta^2 \Lambda} \qquad (8.7.3/1)$$

vorkommen; woraus folgt, daß Gl. (8.7.3/1) nur dann erfüllt ist, wenn zwischen Orthotropiekoeffizienten und Seitenverhältnis die Beziehung

$$\Lambda = \frac{1}{3\beta^2} \qquad (8.7.3/2)$$

besteht.

Im allgemeinen fallen die beiden Belastungsverhältnisgrenzwerte k_I und k_{II} nicht zusammen, so daß die beiden Fälle $k_I > k_{II}$ und $k_I < k_{II}$ zu untersuchen sind. Der Fall $k_I > k_{II}$ wird durch die Ungleichung

$$\frac{1}{6} \frac{1 - \beta^2 \Lambda}{\beta^2 \Lambda} > \frac{2}{3} \frac{\beta^2 \Lambda}{1 - \beta^2 \Lambda} \qquad (8.7.3/3)$$

dargestellt. Da der Bereich der Bruchfigur für kleine Werte k durch die fortgesetzte Ungleichung

$$k < k_{II} < k_I \qquad (8.7.3/4)$$

und der Bereich der Bruchfigur für große Werte k durch die fortgesetzte Ungleichung

$$k > k_I > k_{II} \qquad (8.7.3/5)$$

wiedergegeben wird, bedeutet diese Ungleichung die Existenz eines Bereiches der Überschneidung

$$k_{II} < k < k_I, \qquad (8.7.3/6)$$

in dem beide Fließgelenklinienfiguren gleichberechtigt auftreten können.

Der Fall $k_I < k_{II}$ wird durch die Ungleichung

$$\frac{1}{6} \frac{1 - \beta^2 \Lambda}{\beta^2 \Lambda} < \frac{2}{3} \frac{\beta^2 \Lambda}{1 - \beta^2 \Lambda} \qquad (8.7.3/7)$$

ausgedrückt. Diese Ungleichung bedeutet die Existenz eines Zwischenbereiches

$$k_I < k < k_{II} \qquad (8.7.3/8)$$

für die Bruchfigur mit den diagonalen Fließgelenklinien, aus der sich der folgende Ausdruck für die Größe des Grenzmomentes herleitet

$$M_0^{(3)} = \frac{p\,b^2}{12}\left[\frac{3k+1}{1+\beta^2 \Lambda}\right]. \tag{8.7.3/9}$$

Es ergeben sich also in diesem Falle für die Grenzmomente drei verschiedene Zonen; das Kriterium für die Entstehung der verschiedenen

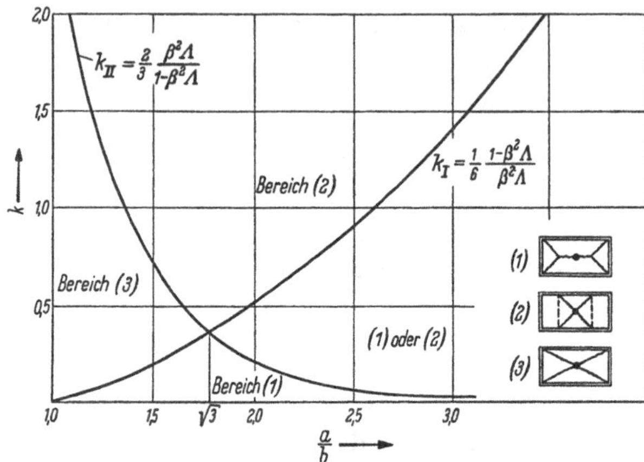

Abb. 8.7/3 Diagramm der verschiedenen Fließgelenklinienfigurbereiche in Abhängigkeit von Belastungs- und Plattenseitenverhältnis

Fließgelenklinienfiguren wird in Abb. 8.7/3 für den Fall der isotropen Platte veranschaulicht.

8.8 Rechteckige Platten mit Randträgern

Die Grenztragfähigkeit einer Platte mit Randträgern wird aus der Betrachtung des Tragsystems in seiner Gesamtheit ermittelt. Den folgenden kinematischen Untersuchungen liegt ein Plattentragwerk zugrunde, bei dem die Platte auf den Randträgern längs der Trägerachse frei drehbar gestützt oder eingespannt ist[1]. Die Tragwerksecken werden punktförmig unterstützt; es wird eine nicht abhebbare gelenkige Lagerung der Randträgerenden vorausgesetzt, wobei zwei Fälle unterschieden werden: 1. Die Trägerenden können sich nur in

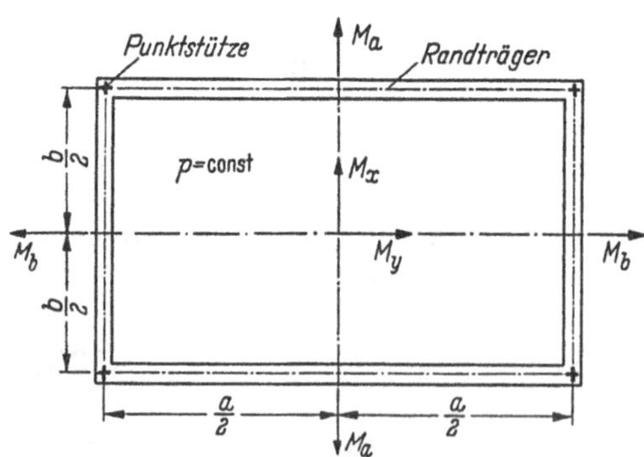

Abb. 8.8/1 Schema einer auf Randträgern frei drehbar gestützten rechteckigen Platte

[1] Entsprechende statische Lösungen finden sich in [*29, 30, 31*].

der Biegungsebene frei verdrehen, da die Verbindung von Trägern und Stützung eine Übertragung von Drillmomenten gestattet; 2. die Lagerung gestattet sowohl in der Biegungsebene als auch senkrecht dazu die freie Verdrehbarkeit der Trägerenden. Bei frei drehbarer Stützung der Platte auf den Randträgern ist diese Unterscheidung ohne Belang. Das Schema einer auf Randträgern frei drehbar gestützten rechteckigen Platte ist in Abb. 8.8/1 dargestellt.

8.8.1 Auf vier Randträgern frei drehbar gelagerte quadratische isotrope Platte

Die Bestimmung oberer Eingrenzungen für die Grenzlastintensität rechteckiger Platten-Randträger-Tragwerke wird mit dem einfachsten Fall, der auf vier Randträgern von gleicher Grenztragfähigkeit frei drehbar gelagerten quadratischen isotropen Platte begonnen. Bei Erreichen der Grenztragfähigkeit des aus einer quadratischen isotropen Platte und vier unterstützenden Randträgern gleicher Tragfähigkeit bestehenden Tragsystems können sich bei Einwirkung gleichförmig verteilter Belastung, in Abhängigkeit von dem Verhältnis der Grenztragfähigkeit von Platte und Trägern, verschiedene Bruchfiguren ausbilden, die von Wood [*28, 29, 30*] und Sawczuk und Kwieciński [*31*] untersucht worden sind.

Bei einer an den Eckpunkten gestützten quadratischen isotropen Platte ohne Randträger (freier Plattenrand) unter gleichförmig verteilter Belastung (Abschn. 6.5.2.1) können im Grenzzustand der Tragfähigkeit drei verschiedene Bruchfiguren entstehen, denen die gleiche Grenzlastintensität $p = 8\,M_0/a^2$ entspricht: Fließgelenklinie entlang der x-Mittellinie, Fließgelenklinie entlang der y-Mittellinie oder Kombination dieser Fälle. Diese Bruchfiguren können auch bei auf Randträgern gleicher Tragfähigkeit aufgelagerten Platten auftreten, wenn die Grenztragfähigkeit der Randträger einen gewissen Wert nicht übersteigt, so daß sich auch in der Mitte der Träger Fließgelenke ausbilden.

Betrachtet wird der Fall sich kreuzender Fließgelenklinien entlang der Plattenmittellinien (Abb. 8.8/2b). Die Dissipationsleistung der plastischen Momente bei einer virtuellen Verschiebungsgeschwindigkeit des Plattenmittelpunktes vom Betrag $\dot{w}_0 = 1$ ist:

$$D = 2M_0\,a\,\frac{2}{a} + 4M_a\,\frac{2}{a} = 4M_0 + 8\,\frac{M_a}{a}, \qquad (8.8.1/1)$$

und mit der virtuellen Leistung der gleichförmig verteilten Belastung

$$L = p\,\frac{a^2}{2} \qquad (8.8.1/2)$$

erhält man für die Grenzlastintensität bei Einführung des Verhältniswertes $\varphi = M_a/M_0\,a$:

$$p_{a,b} = \frac{8M_0}{a^2}(1 + 2\varphi)\,. \tag{8.8.1/3}$$

Für das Geschwindigkeitsfeld mit nur einer Fließgelenklinie (Abb. 8.8/2a) ergibt sich der gleiche Wert der Grenzlastintensität.

Wenn die Grenzlastintensität für die Platte nicht für die Erzeugung von plastischen Gelenken in den Randträgern ausreichend ist, bilden sich wie im Falle einer vierseitig auf starren Lagern frei drehbar gestützten quadratischen isotropen Platte diagonale Fließgelenklinien aus (Abb. 8.8/2c). Für die Grenzlastintensität ergibt sich der gleiche Wert wie für die auf starren Lagern frei drehbar randgestützte Platte Gl. (6.6.2/16):

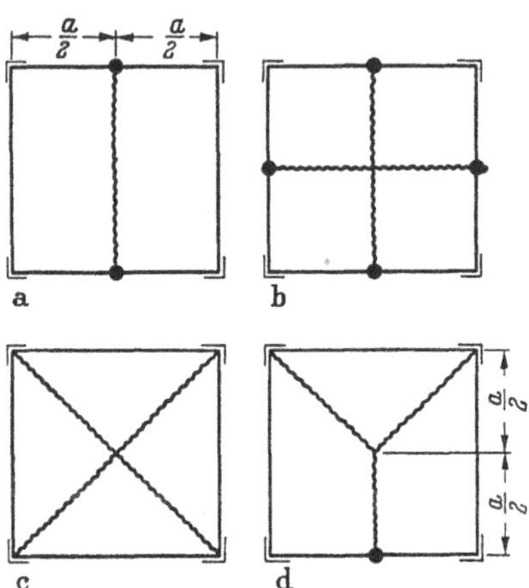

Abb. 8.8/2 Vier mögliche Bruchfiguren für ein Platten-Randträger-System (schematisch) mit frei drehbarer Auflagerung einer quadratischen isotropen Platte

$$p_c = \frac{24M_0}{a^2}\,. \tag{8.8.1/4}$$

Die für das Eintreten der diagonalen Bruchfigur erforderliche Bedingung

$$24M_0 \leqq 8\left(M_0 + \frac{2M_a}{a}\right)$$

lautet bei Einführung des Verhältniswertes $\varphi = M_a/M_0\,a$:

$$\varphi \geqq 1\,. \tag{8.8.1/5}$$

Bei Entstehung der in Abb. 8.8/2d dargestellten Y-förmigen Bruchfigur ist die virtuelle Leistung der gleichförmig verteilten Belastung p:

$$L = \frac{5}{12}p\,a^2, \tag{8.8.1/6}$$

und die Dissipationsleistung ist:

$$D = M_0\,a\frac{2}{a} + 2M_0\,a\frac{2}{a} + M_a\frac{4}{a} = 6M_0 + 4\frac{M_a}{a}. \tag{8.8.1/7}$$

Aus der Gleichung der virtuellen Geschwindigkeiten ergibt sich für die Grenzlastintensität bei Einführung des Verhältniswertes φ:

$$p_d = \frac{24M_0}{5a^2}(3 + 2\varphi)\,. \tag{8.8.1/8}$$

Die Bildung der Y-förmigen Bruchfigur kann nur in dem Falle $\varphi = 1$ erfolgen. Andere Bruchfiguren[1] ergeben keine niedrigeren Werte der Grenzlastintensität und können daher nicht eintreten.

[1] In [31] werden drei weitere kinematisch zulässige Bruchfiguren untersucht.

Bei einem Tragfähigkeitsverhältniswert $\varphi < 1$, d. h. bei schwachen Randträgern, sind die Randträger für die Tragfähigkeit des Gesamttragwerkes entscheidend, und eine Vergrößerung des plastischen Grenzmomentes der Randträger bis zu einem Wert $\varphi = 1$ führt zu einer Steigerung der Grenzlastintensität des Systems. Bei $\varphi > 1$ ist die Tragfähigkeit der Platte maßgebend für die Grenzlastintensität für das Gesamtsystem, und eine weitere Verstärkung der Randträger hat keine Erhöhung der Grenzlastintensität zur Folge. Der Fall $\varphi = 1$, bei dem eine gleichzeitige Erschöpfung der Tragfähigkeit von Platte und Randträgern eintritt, bedeutet eine besonders wirtschaftliche Bemessung.

Bei auf Randträgern mit paarweise verschiedenem plastischem Grenzmoment frei drehbar gelagerten quadratischen isotropen Platten geht das Verhältnis der Grenzmomente

$$\omega = \frac{M_a}{M_b} \leqq 1 \tag{8.8.1/9}$$

zusätzlich in die Gleichungen für die Grenzlastintensität ein. Bezieht man nach [31] das Randträger/Platte-Tragfähigkeitsverhältnis auf den Randträger mit dem größeren Grenzmoment, d. h., $\varphi = M_b/M_0\,a$, so ergeben sich für die Grenzlastintensitäten für die in Abb. 8.8/2 dargestellten Bruchfiguren folgende Gleichungen (Bruchfigur b kann nicht eintreten):

Bruchfigur a:

$$p_a = \frac{8M_0}{a^2}\,(1 + 2\omega\,\varphi), \tag{8.8.1/10}$$

Bruchfigur c:

$$p_c = \frac{24M_0}{a^2}, \tag{8.8.1/11}$$

Bruchfigur d:

$$p_d = \frac{24M_0}{5a^2}\,(3 + 2\omega\,\varphi). \tag{8.8.1/12}$$

Im Falle

$$\omega\,\varphi = \frac{M_a}{M_0\,a} = 1 \tag{8.8.1/13}$$

sind die drei verschiedenen Formen des Versagens gleichberechtigt.

8.8.2 Auf vier Randträgern frei drehbar gelagerte orthotrope Rechteckplatte

Der Fall der Grenztragfähigkeit einer auf vier Randträgern mit paarweise verschiedenem Grenzmoment frei drehbar gelagerten orthotropen Rechteckplatte unter gleichförmig verteilter Belastung (Abb. 8.8/1) ist in [31] untersucht worden. In den Ableitungen werden die Beziehungen

$$\frac{b}{a} = \beta, \quad \frac{M_x}{M_y} = \frac{M_x}{M_0} = \Lambda, \quad \frac{M_b}{M_0 a} = \varphi, \quad \frac{M_a}{M_b} = \omega \qquad (8.8.2/1)$$

verwendet. Bei bekanntem Orthotropiekoeffizienten Λ besteht die Bemessung des Gesamtsystems vom Standpunkt der Grenztragfähigkeit in der Bestimmung der Parameter φ und ω. Die wirtschaftlichste

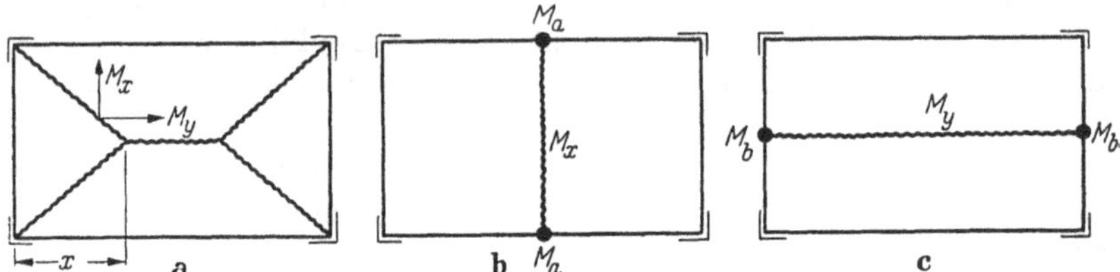

Abb. 8.8/3 Drei mögliche Bruchfiguren für ein Platten-Randträger-System (schematisch) mit frei drehbarer Auflagerung einer rechteckigen orthotropen Platte

Bemessung liegt vor, wenn eine gleichzeitige Tragfähigkeitserschöpfung von Platte und Randträger eintritt.

Die Werte der Grenzlastintensität für die in Abb. 8.8/3 dargestellten drei möglichen Bruchfiguren ergeben sich zu:

$$p_a = \frac{24 M_0 \Lambda}{b^2 \mathfrak{A}^2}, \quad \mathfrak{A} = \Lambda\left(\sqrt{\frac{3}{\Lambda} + \beta^2} - \beta\right), \qquad (8.8.2/2)$$

$$p_b = \frac{8 M_0}{b^2} (\Lambda \beta^2 + 2 \varphi \omega \beta), \qquad (8.8.2/3)$$

$$p_c = \frac{8 M_0}{b^2} (1 + 2\varphi). \qquad (8.8.2/4)$$

Das Problem der Bestimmung der wirtschaftlichsten Werte der Parameter φ und ω besteht in der Lösung des aus den Gln. (8.8.2/2 bis 4) bestehenden linearen Gleichungssystems mit den drei Unbekannten φ, ω und p unter der Bedingung $p_a = p_b = p_c$. Aus den Gln. (8.8.2/2) und (8.8.2/4) ergibt sich

$$\varphi = \frac{3\Lambda - \mathfrak{A}^2}{2\mathfrak{A}^2}. \qquad (8.8.2/5)$$

Entsprechend wird aus den Gln. (8.8.2/2), (8.8.2/3) und (8.8.2/5) der Wert des Grenzmomentenverhältnisses der angrenzenden Randträger erhalten:

$$\omega = \frac{\Lambda(3 - \beta^2 \mathfrak{A}^2)}{\beta(3\Lambda - \mathfrak{A}^2)}. \qquad (8.8.2/6)$$

Einsetzen von Gl. (8.8.2/5) und Gl. (8.8.2/6) in die Gl. (8.8.2/2) liefert die Grenzlastintensität für den Fall der gleichzeitigen Tragfähigkeitserschöpfung von Platte und Randträgern, bei dem die drei verschiedenen Bruchfiguren gleichberechtigt sind.

Für das wirtschaftliche Orthotropieverhältnis $\Lambda = \Lambda_{\text{opt}}$ gilt nach Gl. (8.5.6/11) die Beziehung

$$\Lambda_{\text{opt}} = \frac{\beta^2}{3 - 2\beta^2}. \tag{8.8.2/7}$$

Einsetzen von Gl. (8.8.2/7) in die das Geschwindigkeitsfeld a) betreffende Gl. (8.8.2/2) ergibt:

$$\mathfrak{A} = \frac{\beta^2}{3 - 2\beta^2}\left(\pm\sqrt{\frac{3(3 - 2\beta^2)}{\beta^2} + \beta^2} - \beta\right) = \beta. \tag{8.8.2/8}$$

Mit $\Lambda = \Lambda_{\text{opt}}$ und $\mathfrak{A} = \beta$ ergeben sich die endgültigen Werte der Parameter φ und ω, die eine optimale Tragfähigkeit des Platten-Randträger-Systems bestimmen:

$$\varphi = \frac{\beta^2}{3 - 2\beta^2} = \Lambda_{\text{opt}}, \tag{8.8.2/9}$$

$$\omega = \frac{3 - \beta^4}{2\beta^3}. \tag{8.8.2/10}$$

8.8.3 In die Randträger eingespannte Platten

Eine Einspannung der Platte in die Randträger bedingt die Möglichkeit der Übertragung negativer Momente entlang der Randträger (Abb. 8.8/5). Die Grenztragfähigkeit eines Platten-Randträger-Tragwerkes mit Einspannung der Platte ist von den eingangs erwähnten zwei Fällen der gelenkigen Lagerung der Randträger auf den Stützen abhängig: 1. Verdrehbarkeit der Trägerenden nur in der Biegungsebene und 2. Verdrehbarkeit der Trägerenden sowohl in der Biegungsebene als auch senkrecht dazu. Im folgenden wird zunächst der einfache Fall einer in Randträger von gleicher Tragfähigkeit eingespannten schichtweise isotropen quadratischen Platte behandelt und darauf der allgemeinere Fall der in Randträger mit paarweise verschiedenem Grenzmoment eingespannten schichtweise orthotropen rechteckigen Platte. Auf der Grundlage der Annahme verschiedener Fließgelenklinienfiguren werden obere Eingrenzungen für die Grenzlastintensität ermittelt, deren Gegenüberstellung jedoch nicht dieselbe Vergleichsbasis hat, sondern gemischt für die zwei verschiedenen Lagerungsbedingungen der Randträger erfolgt. Die Darstellung soll lediglich ein Beispiel für die Grenztragfähigkeitsuntersuchung verschiedener Kombinationen von Fließgelenklinienfiguren und Randträger-Lagerungsbedingungen bieten.

Für die obere Eingrenzung der Grenztragfähigkeit einer in Randträger gleicher Tragfähigkeit eingespannten quadratischen schichtweise isotropen Platte mit dem Einspannungsgrenzmoment $|M_0'| = \Lambda_0' M_0$

unter gleichförmig verteilter Belastung erhält man die den in Abb. 8.8/4 dargestellten Bruchfiguren zugeordneten folgenden Beziehungen [31]:

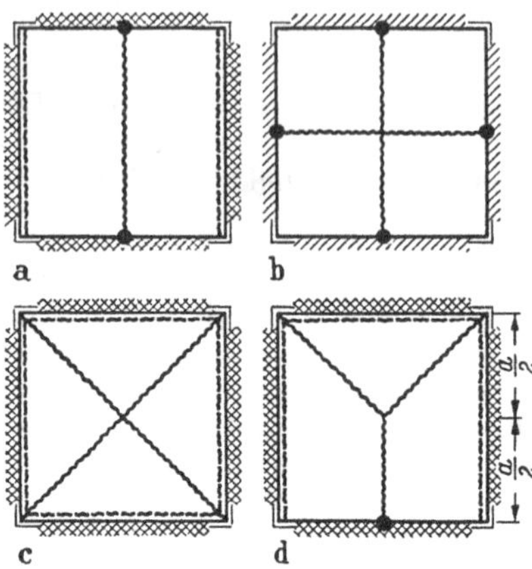

Abb. 8.8/4 Vier mögliche Bruchfiguren für ein Platten-Randträger-System (schematisch) mit eingespannter quadratischer schichtweise isotroper Platte, wobei die Träger-Stützungsbedingungen im Falle b) verschieden von denen für a, c, d) sind. Kreuzscharaffur bedeutet Einspannung der Platte in Träger, deren Enden sich nur in der Biegungsebene verdrehen können; einfache Schraffur bedeutet Einspannung der Platte in Träger, bei denen auch seitliches Verkippen eintreten kann

$$p_a = \frac{8M_0}{a^2}(1 + \Lambda_0' + 2\varphi), \tag{8.8.3/1}$$

$$p_b = \frac{8M_0}{a^2}(1 + 2\varphi), \tag{8.8.3/2}$$

$$p_c = \frac{24M_0}{a^2}(1 + \Lambda_0'), \tag{8.8.3/3}$$

$$p_d = \frac{24M_0}{5a^2}(3 + 3\Lambda_0' + 2\varphi). \tag{8.8.3/4}$$

Der für die gleichzeitige Tragfähigkeitserschöpfung von Platte und Randträgern geltende Wert des Grenzmomentenverhältnisses $\varphi = M_a/M_0 a$ wird aus der Bedingung $p_b = p_c = p$ ermittelt:

$$\varphi = 1 + \frac{3}{2}\Lambda_0', \tag{8.8.3/5}$$

woraus folgt:

$$p_b = \frac{24M_0}{a^2}(1 + \Lambda_0'), \tag{8.8.3/6}$$

also ist $p_b = p_c$, weiterhin ergibt sich $p_a \geqq p_b$ und $p_d \geqq p_b$.

Im allgemeinen Fall einer in vier Randträger mit paarweise verschiedenem Grenzmoment eingespannten schichtweise orthotropen

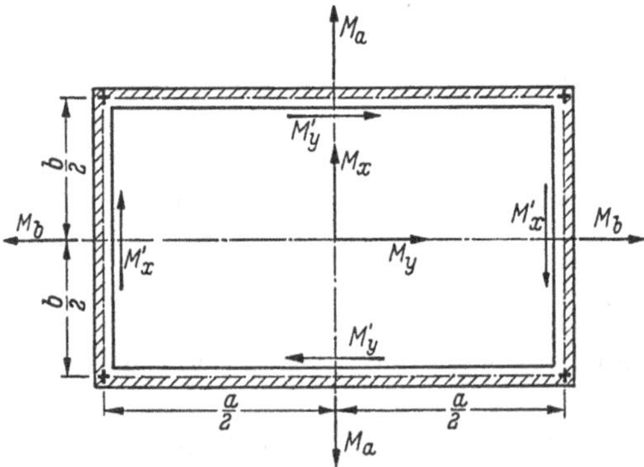

Abb. 8.8/5 Schema einer in Randträger eingespannten rechteckigen Platte

Rechteckplatte unter gleichförmig verteilter Belastung (Abb. 8.8/5), wobei die positiven und negativen Grenzmomente der Platte durch die Schichtenkoeffizienten $\Lambda_y' = M_y'/M_y$, $\Lambda_x' = M_x'/M_x$ miteinander verknüpft sind, ergeben sich für die in Abb. 8.8/6 dargestellten Bruchfiguren folgende zugehörige Grenzlastintensitäten [31]:

$$p_a = \frac{24 M_0}{b^2} \frac{(1 + \Lambda'_y)\Lambda}{\mathfrak{B}^2}, \tag{8.8.3/7}$$

wobei

$$\mathfrak{B} = \Lambda\left(\sqrt{\frac{3\lambda}{\Lambda} + (\beta\lambda)^2} - \beta\lambda\right), \qquad \lambda = \frac{1 + \Lambda'_x}{1 + \Lambda'_y},$$

$$p_b = \frac{8 M_0}{b^2} (\Lambda \beta^2 + 2 \varphi \omega \beta), \tag{8.8.3/8}$$

$$p_c = \frac{8 M_0}{b^2} (1 + 2\varphi). \tag{8.8.3/9}$$

Die Bedingung für das gleichzeitige Erreichen der Grenztragfähigkeit aller Elemente des Tragwerkes lautet: $p_a = p_b = p_c = p$. Auflösung

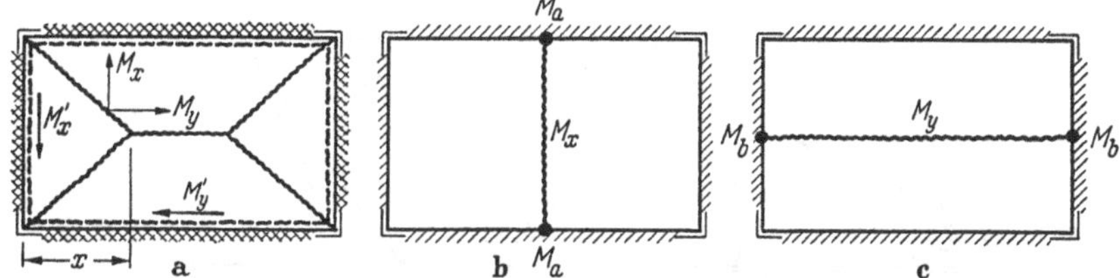

Abb. 8.8/6 Drei mögliche Bruchfiguren für ein Platten-Randträger-System (schematisch) mit eingespannter rechteckiger orthotroper Platte, wobei die Träger-Stützungsbedingungen in den Fällen b, c) verschieden von denen für a) sind (vgl. Abbildungsunterschrift 8.8/4)

des aus den Gln. (8.8.3/7 bis 9) bestehenden Gleichungssystems nach φ und ω ergibt:

$$\varphi = \frac{3(1 + \Lambda'_y)\Lambda - \mathfrak{B}^2}{2\mathfrak{B}^2}, \tag{8.8.3/10}$$

$$\omega = \frac{\Lambda[3(1 + \Lambda'_y) - \beta^2 \mathfrak{B}^2]}{\beta[3(1 + \Lambda'_y)\Lambda - \mathfrak{B}^2]}. \tag{8.8.3/11}$$

Bei Einführung des wirtschaftlichen Orthotropiekoeffizienten für die allseitig eingespannte Rechteckplatte (s. Abschn. 8.5.6.2)

$$\bar{\Lambda}_{\text{opt.}} = \lambda \frac{\beta^2}{3 - 2\beta^2} \tag{8.8.3/12}$$

erhält man:

$$\varphi = \frac{1}{2}\left[\frac{3(1 + \Lambda'_y)\lambda\beta^2}{\mathfrak{B}^2(3 - 2\beta^2)} - 1\right], \tag{8.8.3/13}$$

$$\omega = \frac{\lambda\beta[3(1 + \Lambda'_y) - \beta^2\mathfrak{B}^2]}{3(1 + \Lambda'_y)\lambda\beta^2 - 3\mathfrak{B}^2 + 2\beta^2\mathfrak{B}^2}. \tag{8.8.3/14}$$

8.9 Einfluß von Wippen auf die Grenztragfähigkeit

8.9.1 Plattenecke mit zwei frei drehbar gestützten Rändern und Fließgelenklinie in der Winkelhalbierenden

Die Berücksichtigung der sich in den Plattenecken bildenden Fließgelenkfelder wird durch die Annahme der Ausbildung von durch geradlinige Fließgelenklinien begrenzte „Wippen" in den Plattenecken wesentlich vereinfacht. Wie in Abschn. 7.1.4.1 ausgeführt, ist es für praktische Berechnungen zweckmäßig, die Gleichung der virtuellen Leistungen für eine Platte zunächst ohne Berücksichtigung von Wippen in den Plattenecken auf-

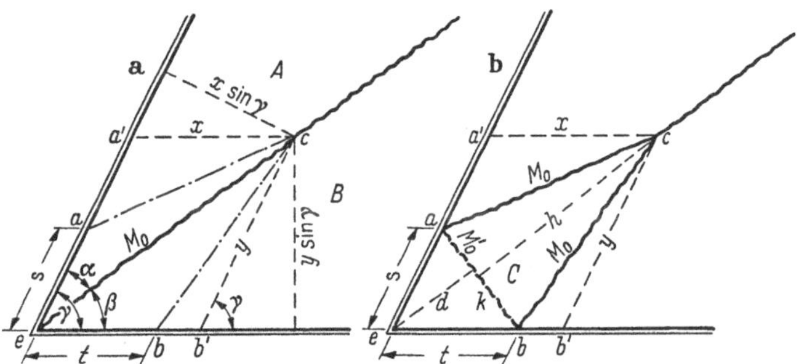

Abb. 8.9/1 Geometrische Beziehungen für eine linearisierte Fließgelenklinienfigur („Wippe") in einer frei drehbar gestützten Plattenecke

zustellen und danach Korrekturglieder einzuführen, die die Abminderung der Grenztragfähigkeit infolge des Einflusses der Wippen erfassen. Grenztragfähigkeitsuntersuchungen in analytischer Form, denen die Fließgelenklinienfigur mit Wippen von vornherein zugrunde gelegt wird (wie in Abschn. 8.9.4), führen meist zu komplizierten Gleichungen (siehe Dubinsky [3]).

Die Ableitung des Wertes für das Korrekturglied erfolgt auf der Grundlage von Abb. 8.9/1. Es werden Gleichungen für die Differenz der Leistungen der äußeren gleichförmig verteilten Belastung und der inneren Kräfte im Bereich der Wippe ohne und mit Berücksichtigung der Gabelung der Fließgelenklinie in der Plattenecke aufgestellt [6].

Bei einer virtuellen Einsenkungsgeschwindigkeit des Punktes c vom Betrage $\dot{w}_c = 1$ ergibt sich für die Differenz der virtuellen Leistungen der gleichförmig verteilten Belastung p ohne Wippe L_0 und mit Wippe L_m entsprechend der Abb. 8.9/1 und bei Verwendung der Beziehung $h\,k = (s\,x + t\,y - s\,t)\sin\gamma$:

$$L_0 = \frac{p}{2}\,s\,x\sin\gamma\,\frac{1}{3} + \frac{p}{2}\,t\,y\sin\gamma\,\frac{1}{3} = \frac{1}{6}\,p\sin\gamma(s\,x + t\,y),$$

$$L_m = \frac{1}{6}\,p\,h\,k,$$

$$\Delta L = L_m - L_0 = \frac{p}{6}\sin\gamma(s\,x + t\,y - s\,t) - \frac{p}{6}\sin\gamma(s\,x + t\,y)$$

$$= -\frac{p}{6}\,s\,t\sin\gamma. \qquad (8.9.1/1)$$

Da die Differenz der Dissipationsleistung ΔD durch Gl. (7.1.4/2) gegeben wird, erhält man für das Korrekturglied

$$\Delta A = \Delta L + \Delta D = -\frac{p}{6}\,s\,t\sin\gamma - (M_0 + M_0')\,k\,\dot{\Theta}_C + M_0(s\,\dot{\Theta}_A + t\,\dot{\Theta}_B). \qquad (8.9.1/2)$$

Die Einsenkungsgeschwindigkeit $\dot{w}_c = 1$ und die Drehungsgeschwindigkeit $\dot{\Theta}_C$ werden durch die bekannten Drehungsgeschwindigkeiten $\dot{\Theta}_A$ und $\dot{\Theta}_B$ ausgedrückt:

$$\dot{w}_c = h\,\dot{\Theta}_C = \dot{\Theta}_A\,x\sin\gamma = \dot{\Theta}_B\,y\sin\gamma. \qquad (8.9.1/3)$$

Es ist also $s\,x\sin\gamma = h\,s\,\dfrac{\dot{\Theta}_C}{\dot{\Theta}_A}$ und $t\,y\sin\gamma = h\,t\,\dfrac{\dot{\Theta}_C}{\dot{\Theta}_B}$, und Addition ergibt

$$(s\,x + t\,y)\sin\gamma = h\,\dot{\Theta}_C\left(\frac{s}{\dot{\Theta}_A} + \frac{t}{\dot{\Theta}_B}\right) = h\,k + s\,t\sin\gamma,$$

wobei die rechte Seite eine Gleichsetzung auf Grund der o. a. Beziehung für $h\,k$ darstellt. Somit ergibt sich

$$h\,\dot{\Theta}_C = \frac{h\,k + s\,t\sin\gamma}{s\,\dot{\Theta}_B + t\,\dot{\Theta}_A}\,\dot{\Theta}_A\,\dot{\Theta}_B, \qquad (8.9.1/4)$$

und der Ausdruck für die Verdrehungsgeschwindigkeit des Plattenteiles C lautet

$$\dot{\Theta}_C = \left(k + \frac{s\,t\sin\gamma}{h}\right)\frac{\dot{\Theta}_A\,\dot{\Theta}_B}{s\,\dot{\Theta}_B + t\,\dot{\Theta}_A}. \qquad (8.9.1/5)$$

In dieser Gleichung sind die Größen s, t und k unbekannt; für h ergibt sich aus der Momentengleichung des Plattenteiles C um die Achse $a\,b$:

$$M_0 + M_0' = \frac{1}{6}\,p\,h^2, \qquad h = \sqrt{\frac{6}{p}\,(M_0 + M_0')}. \qquad (8.9.1/6)$$

Einsetzen dieser Beziehung und des für $\dot{\Theta}_C$ gefundenen Ausdruckes in Gl. (8.9.1/2) liefert

$$\varDelta A = M_0(s\,\dot{\Theta}_A + t\,\dot{\Theta}_B) - (M_0 + M_0')\,\frac{\dot{\Theta}_A\,\dot{\Theta}_B}{t\,\dot{\Theta}_A + s\,\dot{\Theta}_B}\left(k + \frac{s\,t}{h}\sin\gamma\right)^2, \tag{8.9.1/7}$$

worin s und t aus der Extremumbedingung zu bestimmen ist.

In dem Sonderfalle $s = t$, das bedeutet $\dot{\Theta}_A = \dot{\Theta}_B = \dot{\Theta}$, wird $d = s\cos\frac{\gamma}{2}$ und $k = \frac{d\sin\gamma}{\cos^2\frac{\gamma}{2}}$, so daß Gl. (8.9.1/7) sich vereinfacht zu:

$$\varDelta A = M_0\,\frac{d}{\cos\frac{\gamma}{2}}\,2\,\dot{\Theta} - (M_0 + M_0')\,\frac{\dot{\Theta}\cos\frac{\gamma}{2}}{2d}\left(\frac{d\sin\gamma}{\cos^2\frac{\gamma}{2}} + \frac{d^2\sin\gamma}{h\cos^2\frac{\gamma}{2}}\right)^2,$$

$$\varDelta A = M_0\,h\,2\,\dot{\Theta}\sec\frac{\gamma}{2}\left[\frac{d}{h} - \frac{1}{K}\left(1 + \frac{d}{h}\right)^2\frac{d}{h}\right], \tag{8.9.1/8}$$

wobei

$$K = \frac{M_0}{M_0 + M_0'}\,\frac{2}{1 - \cos\gamma}. \tag{8.9.1/9}$$

Der Verhältniswert d/h ist so zu bestimmen, daß $\varDelta A$ ein Maximum wird, da dann die Grenzlastintensität für die angenommene Form der Bruchfigur ihren niedrigsten Wert annimmt:

$$\frac{d\,\varDelta A}{d\left(\frac{d}{h}\right)} = M_0\,h\,2\,\dot{\Theta}\sec\frac{\gamma}{2}\,\frac{1}{K}\left(K - 1 + 4\,\frac{d}{h} - 3\,\frac{d^2}{h^2}\right) = 0, \tag{8.9.1/10}$$

woraus folgt

$$\frac{d}{h} = \frac{K - 1}{2 + \sqrt{3K + 1}}. \tag{8.9.1/11}$$

Aus Gl. (8.9.1/11) ist zu ersehen, daß $K \geqq 1$ und daß die Wippe bei $K = 1$ verschwindet. Da die Größe K nur eine Funktion der Grenzmomente M_0 und M_0' und des Winkels der Plattenecke ist, kann d ohne weiteres bestimmt werden, und die Koordinaten des Verzweigungspunktes sind durch $(d + h)$ festgelegt. Einsetzen von Gl. (8.9.1/11) in Gl. (8.9.1/8) ergibt nach einigen Umformungen

$$\varDelta A = M_0\,h\,2\,\dot{\Theta}\sec\frac{\gamma}{2}\,\frac{2(K - 1)^2}{(\sqrt{3K + 1})^3 + 9K - 1}. \tag{8.9.1/12}$$

Diese Gleichung ist von Johansen [*6*] tabellarisch ausgewertet und von Haase [*32*] in Form einer Kurventafel dargestellt worden. Für den Sonderfall $\gamma = \pi/2$ erhält man die Werte der Tab. 8.8 (d_0 und h_0 werden im folgenden Abschnitt definiert).

Bei einer Plattenecke mit zwei eingespannten Rändern und einer, ohne Berücksichtigung der Wippe in der Ecke, in Richtung der Winkel-

Tabelle 8.8 *Wippenparameter für die frei drehbar gestützte rechtwinklige Plattenecke*

$\frac{M_0'}{M_0}$	1	0,5	0,33	0,25	0
$\frac{d}{h}$	0	0,079	0,115	0,136	0,215
$\frac{\Delta A}{2M_0h\dot{\Theta}}$	0	0,014	0,026	0,037	0,079
$\frac{d_0}{h_0}$	0,41	0,40	0,38	0,36	—

halbierenden verlaufenden Fließgelenklinie ergibt sich analog

$$\Delta A = (M_0 + M_0')\, h\, 2\dot{\Theta} \sec\frac{\gamma}{2}\, \frac{2(K-1)^2}{(\sqrt{3K}+1)^3 + 9K - 1}. \qquad (8.9.1/13)$$

Die Ableitung für einen eingespannten und einen freien Rand wird von Johansen [*6*] angegeben mit dem Ergebnis

$$\Delta A = (M_0 + M_0')\, h\, \dot{\Theta}\,(1+\lambda^2)\,\frac{\sqrt{1+\lambda^2-2\lambda\cos\gamma}}{\lambda\sin\gamma}\,\frac{2}{K_1}\,(1+z)\,z^2, \qquad (8.9.1/14)$$

wobei

$$\lambda = \frac{M_0}{M_0 + M_0'}, \quad K_1 = \frac{(1+\lambda)(1+\lambda^2)}{1+\lambda^2-2\lambda\cos\gamma}, \quad z = \frac{s}{h}\,\frac{\lambda\sin\gamma}{\sqrt{1+\lambda^2-2\lambda\cos\gamma}} = \frac{d}{h}.$$

Entsprechende Werte für den Sonderfall $\gamma = \pi/2$, und damit $K_1 = 1 + \lambda$, sind in Tab. 8.9 angegeben.

Tabelle 8.9 *Wippenparameter für die rechtwinklige Plattenecke mit einem eingespannten und einem frei drehbar gestützten Rand*

$\frac{M_0'}{M_0}$	1,0	0,67	0,5	0,33	0,25	0
z	0,115	0,136	0,150	0,167	0,177	0,215
$\frac{\Delta A}{2M_0h\dot{\Theta}}$	0,052	0,058	0,061	0,065	0,067	0,079

8.9.2 Bestimmung von Stärke und Länge der oberen Eckbewehrung

Um die Grenztragfähigkeit der Platte nicht durch $\Delta A > 0$ zu vermindern, muß eine Eckbewehrung an der Plattenoberseite vorgesehen werden, deren Stärke aus der Bedingung $\Delta A = 0$ oder $d = 0$ ermittelt wird. Aus Gl. (8.9.1/9) ergibt sich dafür der Wert

$$K = \frac{M_0}{M_0 + M_0'} \frac{2}{1 - \cos\gamma} = 1, \quad \boxed{\Lambda_0' = \frac{M_0'}{M_0} = \frac{1 + \cos\gamma}{1 - \cos\gamma} = \cot^2\frac{\gamma}{2}.} \tag{8.9.2/1}$$

Für $\gamma \gtrless \pi/2$ ist $M_0' \lesseqgtr M_0$, für $\gamma = \pi/2$ ist $M_0' = M_0$.

Am Ende der Eckbewehrung kann sich eine Fließgelenklinie, für die $M_0' = 0$ ist, ausbilden. Die Bewehrung soll bis zu einem solchen Abstand vom Platteneckpunkt $d = d_0$ geführt werden, daß $\Delta A = 0$. Wenn in Gl. (8.9.1/6) und Gl. (8.9.1/9) $M_0' = 0$ gesetzt wird, erhält man

$$h_0 = \sqrt{\frac{6M_0}{p}} \quad \text{und} \quad K_0 = \frac{2}{1 - \cos\gamma}. \tag{8.9.2/2}$$

Mit diesen Werten ergibt sich aus der Bedingung $\Delta A = 0$,

$$\frac{d_0^2}{h_0^2} + 2\frac{d_0}{h_0} + (1 - K_0) = 0, \tag{8.9.2/3}$$

für das Verhältnis d_0/h_0 der Wert

$$\frac{d_0}{h_0} = \sqrt{K_0} - 1 = \sqrt{1 + \cot^2\frac{\gamma}{2}} - 1. \tag{8.9.2/4}$$

Die Ableitungen zeigen, daß eine um so stärkere und längere obere Eckbewehrung einzulegen ist, je spitzer der Winkel der Plattenecke wird, wenn eine Herabsetzung der Grenztragfähigkeit der Platte infolge der Verzweigung der Fließgelenklinien in den Plattenecken vermieden werden soll.

8.9.3 Beispiele

Im Grenzzustand einer allseitig frei drehbar gestützten quadratischen isotropen Platte mit der Seitenlänge a unter gleichförmig verteilter Belastung fallen die Fließgelenklinien in die Diagonalen, und die Gleichung der virtuellen Leistungen lautet für einen Plattenteil

$$A = \frac{1}{6} p a \frac{a^2}{4} - M_0 a = 0, \quad M_0 = \frac{p a^2}{24}. \tag{8.9.3/1}$$

Aus Gl. (8.9.2/2) folgt $h_0 = a/2$, und nach Gl. (8.9.2/1) entsteht für $M_0' = M_0$ keine Wippe, wenn nach Tab. 8.8 die obere Bewehrung bis zum Abstand $d_0 = 0{,}41\frac{a}{2}$ geführt wird [6]. Für $M_0' = 0$ sind aus der gleichen Tabelle die Werte $d = 0{,}215\frac{a}{2}$ und $\Delta A = 2M_0\frac{a}{2}0{,}079$ zu entnehmen. Dafür lautet die Gleichung der virtuellen Leistungen mit

Korrekturglied

$$A + \Delta A = \frac{1}{6} p a \frac{a^2}{4} - M_0 a + 0{,}079 M_0 a = 0, \quad M_0 = \frac{p a^2}{22{,}1}. \tag{8.9.3/2}$$

Mit diesem Werte von M_0 wird

$$h_0 = \frac{a}{2} \sqrt{\frac{24}{22{,}1}} = \frac{a}{2} \cdot 1{,}04, \tag{8.9.3/3}$$

und die Gleichung der virtuellen Leistungen ergibt

$$A + \Delta A = \frac{1}{6} p a \frac{a^2}{4} - M_0 a + 1{,}04 \cdot 0{,}079 M_0 a = 0, \quad M_0 = \frac{p a^2}{22}. \tag{8.9.3/4}$$

(Für die quadratische Platte mit von der Stützung abhebbaren Ecken, Abschn. 8.1.2.3, ergibt sich der gleiche Wert für die obere Eingrenzung der Grenzlastintensität.) In entsprechender Weise erhält man für zwei Fälle von $\Lambda_0' < 1$:

$$\left.\begin{aligned} \Lambda_0' &= \frac{1}{4}: \quad h = 0{,}56\,a, \quad d = 0{,}076\,a, \quad M_0 = \frac{p a^2}{23}; \\ \Lambda_0' &= \frac{1}{2}: \quad h = 0{,}61\,a, \quad d = 0{,}048\,a, \quad M_0 = \frac{p a^2}{23{,}6}. \end{aligned}\right\} \tag{8.9.3/5}$$

Es ist zu ersehen, daß bereits eine geringe Bewehrung der oberen Seite der Ecken eine wesentliche Erhöhung der Grenztragfähigkeit bewirkt.

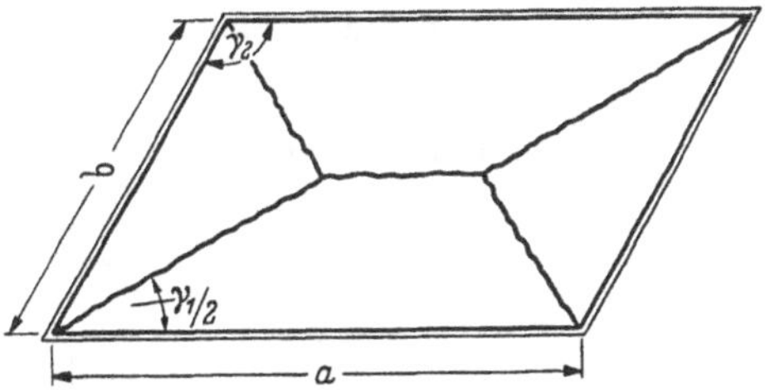

Der Einfluß der Wippe auf die Grenztragfähigkeit einer gleichförmig belasteten isotropen parallelogrammförmigen Platte bei verschiedenen Seitenverhältnissen und Eckwinkeln ist von HAASE [32] unter der vereinfachenden Annahme, daß die Fließgelenklinien ohne Berücksichtigung der Wippe die Eckwinkel halbieren, untersucht worden (Abb. 8.9/2). Diese Annahme trifft um so weniger zu, je schiefer eine solche Platte ist. Aus der Gleichung der virtuellen Leistungen ohne Berücksichtigung der Wippen, folgt die Grenzlastintensität

Abb. 8.9/2
Vereinfachte Fließgelenklinienfigur für eine frei drehbar gestützte parallelogrammförmige Platte

$$p_0 = \frac{24 M_0}{b^2 \sin^2 \gamma_1} \frac{\frac{b}{a} + 1}{3 - \frac{b}{a}}, \tag{8.9.3/6}$$

und die Gleichung der virtuellen Leistungen mit Berücksichtigung der Wippen ergibt

$$p = \frac{24 M_0}{b^2 \sin^2\gamma_1} \frac{1}{3 - \frac{b}{a}} \left(\frac{b}{a} + 1 - \frac{b}{a} \sqrt{\frac{3 - \frac{b}{a}}{\frac{b}{a} + 1}} (K_1 + K_2) \sin\gamma_1 \right). \tag{8.9.3/7}$$

Für den Fall $M_0' = 0$ geben die in Tab. 8.10 zusammengestellten Werte an, mit welchem Faktor $\varepsilon = p/p_0$ die Grenzlastwerte ohne Berücksichtigung der Wippe p_0 zu multiplizieren sind, um ihren Einfluß zu berücksichtigen.

Tabelle 8.10 *Wippen-Abminderungsfaktoren für die parallelogrammförmige Platte*

γ_1 \ b/a	1,0	0,8	0,6	0,4	0,2
30°	0,744	0,769	0,786	0,823	0,883
45°	0,820	0,821	0,833	0,861	0,909
60°	0,882	0,881	0,891	0,907	0,940
90°	0,922	0,922	0,928	0,941	0,961

Es ist ersichtlich, daß der Einfluß der Wippen besonders bei spitzen Winkeln und gleichen Seitenlängen der Parallelogrammplatten groß ist.

8.9.4 Einfluß von Wippen auf die Grenztragfähigkeit von frei drehbar gestützten Rechteckplatten[1]

Abb. 8.9/3 zeigt für einen Quadranten einer Rechteckplatte mit den Seitenlängen a und b die allgemeine Form der Bruchfigur bei Gabelung der Fließgelenklinie in der Plattenecke. Die Randbedingungen des Durchbiegungsgeschwindigkeitsfeldes sind $\dot{w}(x, 0) = \dot{w}(0, y) = 0$, und die Bruchfigur wird durch vier Parameter, x, s, t und $\varkappa = b/2x_0$, definiert.

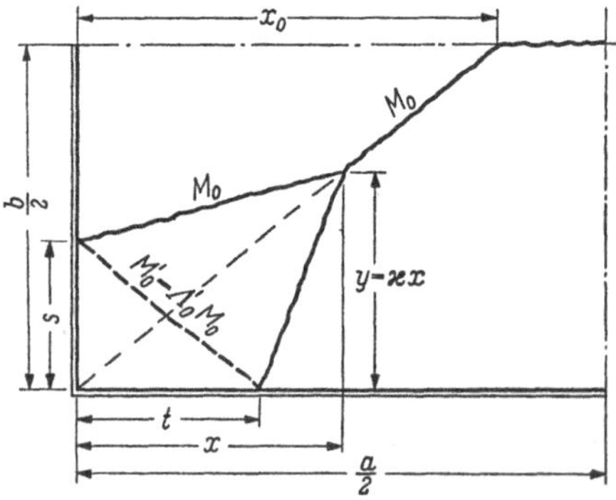

Abb. 8.9/3 Fließgelenklinienfigur mit „Wippe" für einen Quadranten einer frei drehbar gestützten rechteckigen Platte

Für die frei drehbar randgestützte, gleichförmig belastete isotrope Rechteckplatte mit in die Plattenecken verlaufenden Fließgelenklinien ist der Parameter x_0 aus Gl. (6.6.2/13) be-

[1] Beitrag von Dr. techn. habil. A. Sawczuk.

kannt und die Grenztragfähigkeit für ein solches Durchbiegungsgeschwindigkeitsfeld ist p_0, wie durch Gl. (6.6.2/14) gegeben. Der Einfluß der Wippe auf die Grenztragfähigkeit von allseitig frei drehbar gestützten Rechteckplatten ist in [*33*, *10*] untersucht worden. Bei Einführung des Schichtenkoeffizienten $\Lambda_0' > 0$, $|M_0'| = \Lambda_0' M_0$, ergibt sich aus der Gleichung der virtuellen Leistungen für die in Abb. 8.9/3 dargestellte Bruchfigur der folgende Ausdruck für die Grenzlastintensität:

$$p = 24 M_0 \times$$
$$\times \frac{2[\Lambda_0' \varkappa x (t^2 + s^2) + \varkappa t s^2 + t^2 s - (\varkappa^2 + 1) x t s] + (b\varkappa + a)(\varkappa x t + x s - t s)}{(\varkappa x t + x s - t s)\left(3b^2 a - \frac{b^3}{\varkappa} - 8\varkappa x t s\right)}. \tag{8.9.4/1}$$

Da $\varkappa$ durch Gl. (6.6.2/13) bekannt ist, wird die Grenzlastintensität durch nur drei unbekannte Parameter ausgedrückt, die aus den Extremumbedingungen $\partial p/\partial x = 0$, $\partial p/\partial t = 0$, $\partial p/\partial s = 0$ bestimmt werden können. Die erhaltenen Gleichungen sind jedoch sehr unbequem. Deshalb wird der Einfluß der Wippen auf die Grenztragfähigkeit auf eine indirekte Methode untersucht. Subtraktion der Gl. (6.6.2/14) von Gleichung (8.9.4/1) liefert

$$p - p_0 = 24 M_0 \frac{2 W_1 \left(3b^2 a - \frac{b^3}{\varkappa}\right) + (b\varkappa + a) W_2 W_3}{W_2 \left(3b^2 a - \frac{b^3}{\varkappa} - W_3\right) b^2 \left(3a - \frac{b}{\varkappa}\right)}, \tag{8.9.4/2}$$

wobei

$$W_1 = \Lambda_0' \varkappa x (t^2 + s^2) + \varkappa t s^2 + t^2 s - (\varkappa^2 + 1) x t s,$$

$$W_2 = \varkappa x t + x s - t s, \qquad W_3 = 8\varkappa x t s.$$

Nun ist für $a > b$ nach Gl. (6.6.2/15) und Gl. (6.6.2/17): $1 \leqq \varkappa \leqq 1/\sqrt{3}$, und der Nenner von Gl. (8.9.4/2) ist stets positiv. Daher kann der Fall $p < p_0$ nur eintreten, wenn $2 W_1 < -\frac{p_0}{24 M_0} W_2 W_3$, was in Termen von x, t und s in folgender Form geschrieben werden kann:

$$(\varkappa^2 + 1) x > \frac{p_0}{6 M_0} x (\varkappa x t + x s - t s) + \Lambda_0' \varkappa x \left(\frac{t}{s} + \frac{s}{t}\right) + \varkappa s + t. \tag{8.9.4/3}$$

Es ist zu ersehen, daß diese Ungleichung für kleine Werte Λ_0' oder $\Lambda_0' = 0$ und für Werte von t und s, die klein sind im Vergleich mit x, nicht verletzt wird. Wenn aber Λ_0' genügend groß angenommen wird, ergibt sich, daß die Ungleichung für keinen Wert von x, t und s erfüllt werden kann. Für eine quadratische Platte, $\varkappa = 1$, findet man bei Vernachlässigung von Termen mit t und s aus Gl. (8.9.4/3)

$$2x > 2\Lambda_0' x. \tag{8.9.4/4}$$

Somit bildet sich für $\Lambda_0' \geqq 1$ eine Bruchfigur mit in die Plattenecken verlaufenden Fließgelenklinien aus. Für einen unendlichen Plattenstreifen, $\varkappa = 1/\sqrt{3}$, erhält man

$$\frac{4}{3}\,x > \frac{\Lambda_0'}{\sqrt{3}}\,x\left(\frac{t}{s} + \frac{s}{t}\right). \tag{8.9.4/5}$$

Da $\left(\frac{t}{s} + \frac{s}{t}\right) \geqq 2$, kann aus der Ungleichung (8.9.4/5) gefolgert werden, daß sich für $\Lambda_0' \geqq 2/\sqrt{3}$ eine Bruchfigur ohne Wippen aus-

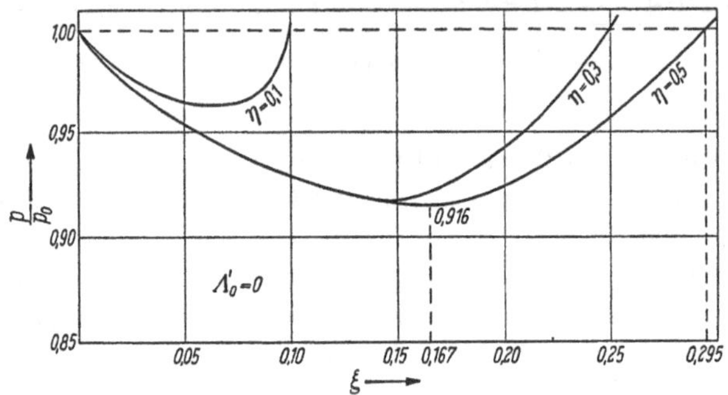

Abb. 8.9/4 Diagramm für den durch die „Wippe“ bedingten Grenzlast-Abminderungsfaktor als Funktion der Wippenparameter für den Sonderfall $\Lambda_0' = 0$

bildet. Für jeden Wert von a/b, $1 \leqq a \leqq \infty$, existiert ein entsprechender Wert von Λ_0', für den die Wippe verschwindet.

Für eine quadratische Platte, $s = t$, $\varkappa = 1$, nimmt der Ausdruck für die Grenztragfähigkeit bei Verwendung der Beziehungen $\eta = x/b$, $\xi = t/b$, $p_0 = 24\,M_0/b^2$, die folgende Form an:

$$p = p_0 \frac{2\,\xi(\Lambda_0'\,\eta - \eta + \xi) + 2\,\eta - \xi}{(2\,\eta - \xi)\,(1 - 4\,\eta\,\xi^2)}. \tag{8.9.4/6}$$

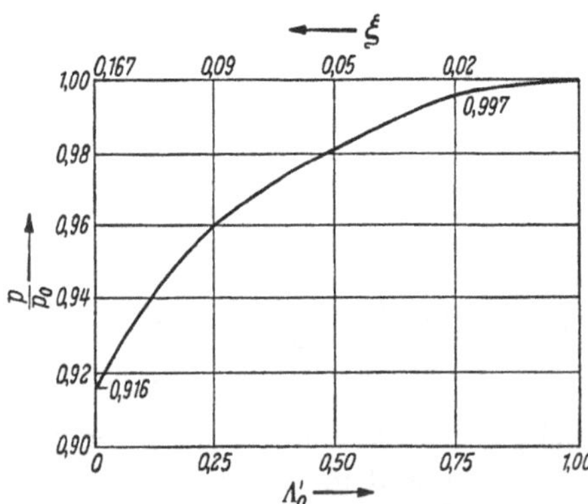

Abb. 8.9/5 Diagramm des Grenzlast-Abminderungsfaktors als Funktion des Schichtenkoeffizienten Λ_0'

Für den Fall $\Lambda_0' = 0$ ergeben sich die auf das Minimum von p bezogenen entsprechenden Werte $\eta = 0{,}5$ und $\xi = 0{,}167$, was mit dem Ergebnis von Abschn. 8.9.3 ungefähr übereinstimmt (der Wert $\eta = 0{,}5$ liefert nicht den absoluten Minimalwert). Die ermittelte Grenzlastintensität ist $p = 0{,}916 p_0$; der Minimalwert von p ist nur in geringfügigem Maße empfindlich gegenüber der Variation des Parameters η, die auf ξ einen etwas größeren Einfluß nimmt. In Abb. 8.9/4 sind Kurven für Gl. (8.9.4/6) zum Auffinden der die Minimallast $p \approx 0{,}916\, p_0$ ergebenden Werte von ξ und η aufgetragen. Aus dem Diagramm geht hervor, daß der Gabelungspunkt der Fließgelenklinien im Bereich $0{,}3 \leqq \eta \leqq 0{,}5$ nicht scharf definiert ist. Das entsprechende gilt für den Fall $\Lambda_0' = 0{,}5$; man findet $\eta = 0{,}5$, $\xi = 0{,}05$ und $p/p_0 = 0{,}98$. Abb. 8.9/5 zeigt die Variation von p/p_0 und ξ als Funktion von Λ_0'.

Für eine Rechteckplatte mit dem Seitenverhältnis $a/b = 2$ ist $\varkappa = 0{,}77$ und $p_0 = \frac{14{,}2}{b^2} M_0$. Die Bedingung der oberen Eckbewehrung und des Verschwindens der Fließgelenkliniengabelung in der Plattenecke, Gl. (8.9.4/3), nimmt die folgende Form an:

$$1{,}59\, x > x \left[1{,}82 \eta \frac{t}{b} + \eta \frac{s}{b} - \right.$$
$$\left. - \frac{t}{b} \frac{s}{b} + 0{,}77 \Lambda_0' \left(\frac{t}{s} + \frac{s}{t}\right)\right] +$$
$$+ 0{,}77 s + t. \qquad (8.9.4/7)$$

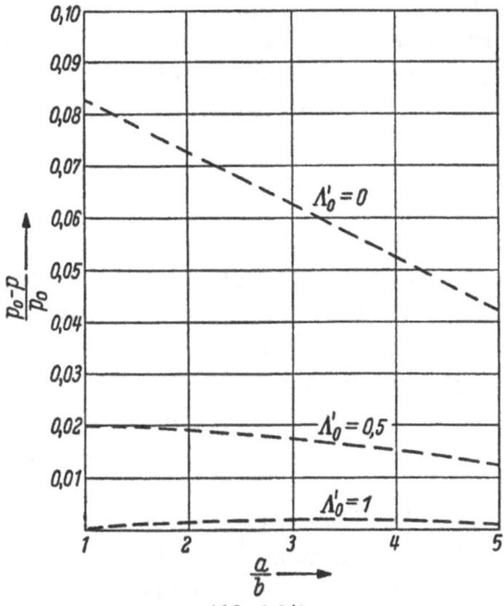

Abb. 8.9/6
Durch die Ausbildung von „Wippen" in den Plattenecken bedingte Verminderung der Grenzlastintensität für frei drehbar gestützte Rechteckplatten als Funktion des Plattenseitenverhältnisses für verschiedene Schichtenkoeffizienten

Für den Fall $\Lambda_0' = 0$ wird diese Bedingung befriedigt, wenn $\Lambda_0' \geqq 1{,}035$, d. h., für diesen Wert von Λ_0' tritt die Bruchfigur mit in die Plattenecken laufenden Fließgelenklinien auf. Es ist $s \approx t$ und $\xi = 0{,}20$, $\eta = 0{,}65$, $p/p_0 = 0{,}925$. Die Gabelung beginnt bei $x = x_0$. Für den Fall $\Lambda_0' = 0{,}5$ erhält man $\xi = 0{,}05$, $\eta = 0{,}65$ und $p/p_0 = 0{,}98$.

Bei einer Rechteckplatte mit dem Seitenverhältnis $b/a = 5$ ergeben sich die folgenden Resultate, für $\Lambda_0' = 0$: $\xi = 0{,}20$, $\eta = 0{,}77$, $p/p_0 = 0{,}957$ und für $\Lambda_0' = 0{,}5$: $\xi = 0{,}10$, $\eta = 0{,}77$, $p/p_0 = 0{,}987$. Die Ergebnisse für die Verminderung der Grenzlastintensität für frei drehbar gestützte Rechteckplatten sind in Abb. 8.9/6 als Funktion des Plattenseitenverhältnisses aufgetragen.

8.10 Variationslösungen für eingespannte Platten

8.10.1 Allgemeiner Fall der eingespannten Platte unter gleichförmig verteilter Belastung

Bei eingespannten Platten bildet sich im Grenzzustand der Tragfähigkeit nicht nur ein inneres System von Fließgelenklinien aus, sondern auch eine geschlossene periphere Fließgelenklinie, die nicht in jedem Falle entlang des eingespannten Plattenrandes verläuft, sondern insbesondere an Ecken von diesem abweicht. Wenn im Falle gleichförmig verteilter Belastung $p = \text{const}$ angenommen wird, daß sich die Platte in eine kegelförmige Gestalt verformt[1], wird die Dissipationsleistung der plastischen Grenzmomente im Falle $M_0 = |M_0'|$ in dem radialen Fließgelenkfeld und der peripheren Fließgelenklinie wie bei einer virtuellen Einsenkungsgeschwindigkeit eines Lastangriffspunktes vom Betrage $\dot{w}_0 = 1$ durch Gl. (7.3.2/4) wiedergegeben:

$$D = M_0 \int_0^{2\pi} \left(2 + 3\frac{r'^2}{r^2} - \frac{r''}{r}\right) d\vartheta .$$

Die Leistung der gleichförmig verteilten Belastung p wird dann gleich dem Produkt aus Grenzlastintensität und dem von der sich kegelförmig verformenden Plattenoberfläche erzeugten virtuellen Geschwindigkeitsvolumen:

$$L = \frac{p}{3} \int_0^{2\pi} \frac{r^2}{2} d\vartheta = \frac{p}{6} \int_0^{2\pi} r^2 d\vartheta . \qquad (8.10.1/1)$$

Aus der Gleichsetzung der durch Gl. (7.3.2/4) und Gl. (8.10.1/1) gegebenen virtuellen Leistung der inneren und äußeren Kräfte folgt der Ausdruck der Grenzlastintensität

$$p = \frac{6 M_0 \int_0^{2\pi} \left(2 + 3\frac{r'^2}{r^2} - \frac{r''}{r}\right) d\vartheta}{\int_0^{2\pi} r^2 d\vartheta} = \frac{S_1}{S_2} = S , \qquad (8.10.1/2)$$

dessen Minimum mittels der Variation von p mit der Kurve $r(\vartheta)$ der Umfangsfließgelenklinie gefunden wird. Da für die Variation des Bruches $S = \frac{S_1}{S_2}$ gilt

$$\delta \frac{S_1}{S_2} = \frac{1}{S_2^2} \left(S_2 \frac{\partial S_1}{\partial r} - S_1 \frac{\partial S_2}{\partial r}\right), \qquad (8.10.1/3)$$

so ist

$$\delta p = \frac{1}{\left(\int_0^{2\pi} r^2 d\vartheta\right)^2} \times \qquad (8.10.1/4)$$

$$\times \left[\int_0^{2\pi} r^2 d\vartheta \int_0^{2\pi} \frac{4}{r^3} (r'^2 - r r'') \, \delta r \, d\vartheta - \int_0^{2\pi} \left(2 + 3\frac{r'^2}{r^2} - \frac{r''}{r}\right) d\vartheta \int_0^{2\pi} 2 r \, \delta r \, d\vartheta\right] = 0 .$$

[1] Ein solches Geschwindigkeitsfeld liefert jedoch in der Regel nicht den kleinsten Wert für die Grenzlastintensität der gleichförmig verteilten Belastung.

Diese Bedingung muß für jede beliebige Variation δr erfüllt sein. Da $\int_0^{2\pi} r^2\, d\vartheta$ nicht verschwinden kann, läßt sich die Extremalbedingung in der Form

$$\int_0^{2\pi} \left\{ \frac{r'^2 - r r''}{r^3} - \frac{\left[\int_0^{2\pi} \left(2 + 3\frac{r'^2}{r^2} - \frac{r''}{r}\right) d\vartheta\right] r}{2\int_0^{2\pi} r^2\, d\vartheta} \right\} \delta r\, d\vartheta = 0 \qquad (8.10.1/5)$$

ausdrücken, deren Integrand verschwinden muß. Bei Division durch r und unter Verwendung von Gl. (8.10.1/2) lautet die Bedingung:

$$\frac{r'^2 - r r''}{r^4} = \frac{\int_0^{2\pi} \left(2 + 3\frac{r'^2}{r^2} - \frac{r''}{r}\right) d\vartheta}{2\int_0^{2\pi} r^2\, d\vartheta} = \frac{p}{12 M_0},$$

so daß die Differentialgleichung der peripheren Fließgelenklinie geschrieben werden kann:

$$r'^2 - r r'' - \frac{p\, r^4}{12 M_0} = 0. \qquad (8.10.1/6)$$

Diese Differentialgleichung wird durch Erniedrigung der Ordnung und Substitution $r' z = 1$, $z = z(r)$ zu einer Differentialgleichung vom Bernoullischen Typ umgeformt:

$$\frac{r z'}{z^3} + \frac{1}{z^{3-1}} = \frac{p}{12 M_0} r^4. \qquad (8.10.1/7)$$

Zwecks Überführung von Gl. (8.10.1/7) in eine lineare Form wird die Substitution $t = z^{-2}$ durchgeführt:

$$-\frac{r}{2} t' + t = \frac{p}{12 M_0} r^4. \qquad (8.10.1/8)$$

Die allgemeine Lösung der Differentialgleichung (8.10.1/8) lautet:

$$t = \left(C_1 + \int \frac{\frac{p}{12 M_0} r^4\, dr}{-\frac{r}{2}\, \eta(r)} \right) \eta(r); \qquad (8.10.1/9)$$

dabei ist:

$$\eta(r) = e^{-\int \frac{1}{-\frac{r}{2}} dr} = e^{2 \ln r} = r^2,$$

so daß:

$$t = \left(C_1 - \frac{p}{12 M_0} r^2\right) r^2 . \tag{8.10.1/10}$$

Rückkehr zu den ursprünglichen Variablen führt zu:

$$\frac{dr}{d\vartheta} = r \sqrt{C_1 - \frac{p}{12 M_0} r^2} . \tag{8.10.1/11}$$

Trennung der Variablen und Integration ergibt:

$$\vartheta = \int \frac{dr}{r \sqrt{C_1 - \frac{p}{12 M_0} r^2}} = \frac{1}{\sqrt{C_1}} \operatorname{ar\,cosh} \frac{1}{r} \sqrt{\frac{12 M_0 C_1}{p}} + C_2 . \tag{8.10.1/12}$$

Auflösung dieser Gleichung nach r liefert

$$r = \frac{\sqrt{\frac{12 M_0 C_1}{p}}}{\cosh\left[(\vartheta - C_2)\sqrt{C_1}\right]} ,$$

wird nun $C = \sqrt{C_1}$ und $\alpha = -C_2$ gesetzt, so erhält man

$$r = \sqrt{\frac{12 M_0}{p}} \, \frac{C}{\cosh C(\vartheta + \alpha)} , \tag{8.10.1/13}$$

wobei C und α Integrationskonstanten bedeuten, die aus den Randbedingungen des Problems zu bestimmen sind [*34*]. Bei Verwendung der Integrationskonstanten $r_0 = C\sqrt{12 M_0/p}$ kann diese Lösung auch geschrieben werden [*6*, *35*]:

$$\boxed{r = \frac{r_0}{\cosh\left[r_0 \sqrt{\frac{p}{12 M_0}} (\vartheta + \alpha)\right]} .} \tag{8.10.1/13a}$$

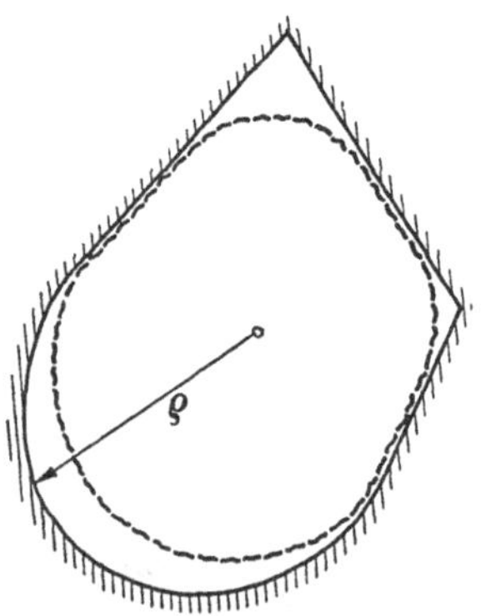

Abb. 8.10/1 Schematische Darstellung einer peripheren Fließgelenklinie für eine eingespannte Platte unter verteilter Belastung

Wenn angenommen wird, daß bei zunehmendem r der Zähler des Ausdruckes Gl. (8.10.1/2) konstant bleibt und der Nenner proportional dem Quadrat des Radiusvektors anwächst, dann folgt, daß die Umfangsfließgelenklinie danach streben muß, die maximale Fläche einzuschließen, um die Grenzlastintensität p zu einem Minimum zu machen. Die Form der Berandungskurve einer eingespannten Platte $\varrho(\vartheta)$ ist dafür entscheidend, ob die plastische Umfangsfließgelenklinie dem ganzen eingespannten Plattenrande folgt oder ob sie zum Platteninneren hin abweicht (Abb. 8.10/1).

Wenn der der Gl. (8.10.1/6) ähnliche Ausdruck

$$f(\varrho) = \varrho'^2 - \varrho\,\varrho'' - \frac{p\,\varrho^4}{12 M_0} \tag{8.10.1/14}$$

an einem Teil des Plattenrandes einen Wert

$$\varrho'^2 - \varrho\,\varrho'' - \frac{p\,\varrho^4}{12 M_0} < 0 \tag{8.10.1/15}$$

annimmt, dann bedeutet das, daß die Grenzlastintensität der Belastung mit wachsendem ϱ abnimmt. Die Umfangsfließgelenklinie strebt daher danach, sich in möglichst großer Entfernung vom Punkte $\varrho = 0$ zu bilden, so daß sie die maximal mögliche periphere Lage entlang des Plattenrandes einnehmen wird.

Die notwendige Bedingung für das Abweichen der Umfangsfließgelenklinie vom eingespannten Plattenrand nach innen wird durch die Ungleichung

$$\varrho'^2 - \varrho\,\varrho'' - \frac{p\,\varrho^4}{12 M_0} > 0 \tag{8.10.1/16}$$

gegeben; denn diese Bedingung bedeutet, daß die Grenzintensität der Belastung mit wachsendem ϱ zunimmt. In diesem Falle des Abweichens vom Plattenrande folgt die periphere Fließgelenklinie der Extremale Gl. (8.10.1/13), um den Wert der Grenzlastintensität zu einem Minimum zu machen.

Bei Platten, entlang deren Rand der Ausdruck Gl. (8.10.1/14) das Vorzeichen wechselt, verläuft die Umfangsfließgelenklinie im Gültigkeitsbereich der Ungleichung (8.10.1/15) entlang des Plattenrandes, an der Stelle des Vorzeichenwechsels erfolgt das Abweichen vom Plattenrand, und im Gültigkeitsbereich der Ungleichung (8.10.1/16) folgt die Umfangsgelenklinie der durch die Extremale Gl. (8.10.1/13) gekennzeichneten Kurve.

Als Beispiel wird der Fall einer gleichförmig belasteten, eingespannten Kreisplatte betrachtet. Für die kreisförmige Berandung gilt $\varrho = R = \text{const}$, und es ist $\varrho' = 0$ und $\varrho'' = 0$, so daß sich bei Einsetzen dieser Werte in Gl. (8.10.1/14) ergibt:

$$f(R) = -\frac{p\,R^4}{12 M_0} < 0.$$

Die Umfangsfließgelenklinie folgt daher dem eingespannten Plattenrand: $r = R$. Aus Gl. (8.10.1/2) erhält man für die Grenzlastintensität:

$$p = \frac{6 M_0 \cdot 2 \cdot 2\pi}{R^2 \cdot 2\pi} = \frac{12 M_0}{R^2}. \tag{8.10.1/17}$$

8.10.2 Eingespannte regelmäßig vieleckige Platte

Bei der Aufstellung der Grenzzustandsgleichungen für die eingespannte, regelmäßig vieleckige, schichtweise isotrope Platte braucht nur die Bruchfigur eines Plattensektors betrachtet zu werden (Abb. 8.10/2).

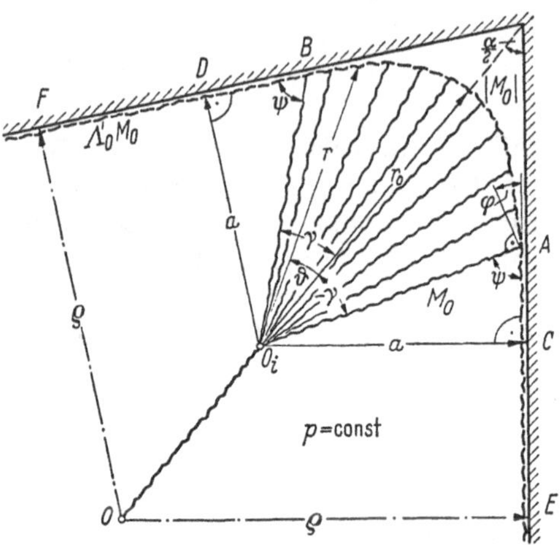

Abb. 8.10/2 Fließgelenklinienfeld in einer Ecke einer gleichförmig belasteten eingespannten Platte

Bei einer n-seitigen regelmäßigen Vieleckplatte wird der Eckwinkel gegeben durch

$$\alpha = \frac{(n-2)\pi}{n}, \quad (8.10.2/1)$$

und es ist $\psi = \gamma + \frac{\alpha}{2}$. Der plastische Einspannungsgrad am Plattenrande ist $|M_0'| = \Lambda_0' M_0$, $(0 \leq \Lambda_0' \leq 1)$[1]. Die Bruchfigur ist symmetrisch zur Winkelhalbierenden des Eckwinkels und wird durch den Winkel ψ, durch die Form der peripheren Fließgelenklinie $r(\vartheta)$ und die Länge der Strecke $\overline{OO_i}$ bestimmt. Zur Reduzierung der Anzahl der Variablen wird die vereinfachende Annahme getroffen, daß O_i mit O zusammenfällt, und daher auch $a = \varrho$ ist.

Die Dissipationsleistung in einem Plattensektor wird aus Symmetriegründen gegeben durch:

$$D = D_S + D'_{AB} + 2(D_{O_iA} + D_{AC}).$$

Die entsprechenden Beziehungen sind von Mansfield [35] aufgestellt worden und werden im folgenden in größerer Ausführlichkeit abgeleitet.

Aus den Gln. (7.3.1/4) und (7.3.4/3) folgt mit $dr_0/d\vartheta = (r')_0 = 0$:

$$D = 2M_0\left\{\int_{-\gamma}^{0}\left(2 + 3\frac{r'^2}{r^2} - \frac{r''}{r}\right)d\vartheta + [(\cot\psi - \tan\varphi) + \Lambda_0'\cot\psi]\right\}. \quad (8.10.2/2)$$

Durch Ausführung der partiellen Integration

$$\int_{-\gamma}^{0}\frac{r''}{r}\,d\vartheta = \left[\frac{r'}{r}\right]_{-\gamma}^{0} + \int_{-\gamma}^{0}\frac{r'^2}{r^2}\,d\vartheta = -\tan\varphi + \int_{-\gamma}^{0}\frac{r'^2}{r^2}\,d\vartheta \quad (8.10.2/3)$$

---

[1] Λ_0' bezeichnet hier das Verhältnis von Einspannungsgrenzmoment zu Plattengrenzmoment; der Schichtenkoeffizient ist im betrachteten Falle gleich Eins.

mit

$$\left(\frac{r'}{r}\right)_{-\gamma} = \tan\varphi \tag{8.10.2/4}$$

aus Gl. (7.3.2/8) reduziert sich Gl. (8.10.2/2) entsprechend Gl. (7.3.2/5) auf

$$D = 2M_0\left\{(1 + \Lambda_0')\cot\psi + 2\int\limits_{-\gamma}^{0}\left(1 + \frac{r'^2}{r^2}\right)d\vartheta\right\}. \tag{8.10.2/5}$$

Die Leistung der eingetragenen Belastung auf dem bezeichneten Plattensektor mit den Randpunkten C und D ist:

$$L = \frac{p}{3}\left\{a^2\cot\psi + \int\limits_{-\gamma}^{0} r^2\,d\vartheta\right\}, \tag{8.10.2/6}$$

wobei a der Radius des einbeschriebenen Kreisbogens mit dem Mittelpunkt in O_i (mit O zusammenfallend) ist, der mit der Seitenlänge l in der Beziehung $l = 2a\cot\frac{\alpha}{2}$ steht.

Gleichsetzung von Gl. (8.10.2/5) und Gl. (8.10.2/6) ergibt

$$\frac{p}{12M_0} = \frac{\left(\frac{1+\Lambda_0'}{2}\right)\cot\psi + \int\limits_{-\gamma}^{0}\left(1+\frac{r'^2}{r^2}\right)d\vartheta}{a^2\cot\psi + \int\limits_{-\gamma}^{0} r^2\,d\vartheta} = \frac{S_1}{S_2} = S\,. \tag{8.10.2/7}$$

Das Problem ist nun, ψ, und somit $\gamma = \psi - \frac{\alpha}{2}$, und die Funktion r so zu wählen, daß das Verhältnis S zu einem Minimum wird. Die Extremalbedingung wird durch Gl. (8.10.1/3) gegeben, die auch in der Form

$$\delta S_1 - S\,\delta S_2 = 0 \tag{8.10.2/8}$$

geschrieben werden kann, und die Variation eines Integrals $\int F\,d\vartheta$, dessen Grenzen variieren können, wird nach [*36*] gegeben durch:

$$\delta\int\limits_{\vartheta_1}^{\vartheta_2} F\{r(\vartheta),\, r'(\vartheta)\}\,d\vartheta =$$

$$= \left[\left(F - r'\frac{\partial F}{\partial r'}\right)\delta\vartheta + \frac{\partial F}{\partial r'}\,\delta r\right]_{\vartheta_1}^{\vartheta_2} + \int\limits_{\vartheta_1}^{\vartheta_2}\left\{\frac{\partial F}{\partial r} - \frac{d}{d\vartheta}\left(\frac{\partial F}{\partial r'}\right)\right\}\delta r\,d\vartheta. \tag{8.10.2/9}$$

Mit

$$\frac{\partial F}{\partial r'} = \frac{2r'}{r^2}, \qquad \frac{\partial F}{\partial r} = -\frac{2r'^2}{r^3}, \qquad \frac{d}{d\vartheta}\left(\frac{\partial F}{\partial r'}\right) = -4r^{-3}r'r' + 2r''r^{-2}$$

ergibt sich für die Variation δS_1:

$$\delta S_1 = -\frac{1+\Lambda_0'}{2}\frac{1}{\sin^2\psi}\delta\psi + \left[\left(1-\frac{r'^2}{r^2}\right)\delta\vartheta + \frac{2r'}{r^2}\delta r\right]_{-\gamma}^{0} + \\ + 2\int\limits_{-\gamma}^{0}\left(\frac{r'^2}{r^3}-\frac{r''}{r^2}\right)\delta r\,d\vartheta. \quad (8.10.2/10)$$

Bei Einführung der Funktionswerte an den Stellen $\vartheta = 0$ und $\vartheta = -\gamma$:

$$(r')_0 = 0, \quad (\delta\vartheta)_0 = 0 \quad \text{und} \quad (\delta\vartheta)_{-\gamma} = -\delta\psi, \quad (8.10.2/11)$$

$$(r)_{-\gamma} = \frac{a}{\sin\psi}, \quad (r')_{-\gamma} = -\frac{a\cos\psi}{\sin^2\psi}, \quad (8.10.2/12)$$

$$(\delta r)_{-\gamma} = -\frac{a\cos\psi}{\sin^2\psi}\delta\psi, \quad (8.10.2/13)$$

sowie Gl. (8.10.2/4), nimmt Gl. (8.10.2/10) die folgende Form an:

$$dS_1 = -\left(\tan^2\varphi - 2\tan\varphi\cot\psi - 1 + \frac{1+\Lambda_0'}{2}\frac{1}{\sin^2\psi}\right)\delta\psi + \\ + 2\int\limits_{-\gamma}^{0}\left(\frac{r'^2}{r^3}-\frac{r''}{r^2}\right)\delta r\,d\vartheta. \quad (8.10.2/14)$$

In entsprechender Weise ergibt sich bei Verwendung obiger Beziehungen:

$$\delta S_2 = -a^2\frac{1}{\sin^2\psi}\delta\psi - [r^2\delta\vartheta]_{-\gamma} + 2\int\limits_{-\gamma}^{0} r\,\delta r\,d\vartheta = 2\int\limits_{-\gamma}^{0} r\,\delta r\,d\vartheta. \quad (8.10.2/15)$$

Die Extremalbedingung Gl. (8.10.2/8) muß für beliebige Variationen $\delta\psi$ und δr erfüllt werden, so daß die Koeffizientenausdrücke von $\delta\psi$ und δr verschwinden müssen.

Setzt man den Koeffizientenausdruck der Variation $\delta\psi$ in Gleichung (8.10.2/14) gleich Null:

$$\tan^2\varphi - 2\tan\varphi\cot\psi - 1 + \frac{1+\Lambda_0'}{2}\frac{1}{\sin^2\psi} = 0, \quad (8.10.2/16)$$

so folgt als Randbedingung

$$\tan\varphi = \frac{\cos\psi - \sqrt{\frac{1}{2}(1-\Lambda_0')}}{\sin\psi}. \quad (8.10.2/17)$$

Dieser Ausdruck zeigt, daß die abgeleiteten Beziehungen voraussetzungsgemäß $\Lambda_0' \leq 1$ erfordern. Nullsetzen des Koeffizientenausdruckes der Variation δr gemäß Gl. (8.10.2/8) ergibt die der Gl. (8.10.1/6) entsprechende Differentialgleichung

$$r'^2 - r\,r'' - S\,r^4 = 0\,, \tag{8.10.2/18}$$

wobei nach Gl. (8.10.2/7): $S = p/12 M_0$. Nach Gl. (8.10.1/13a) lautet die Lösung

$$r = \frac{r_0}{\cosh(r_0 S^{\frac{1}{2}} \vartheta)}\,, \tag{8.10.2/19}$$

wobei r_0 gegenwärtig noch unbekannt ist; in der vollständigen Integration wird ϑ durch $(\vartheta + \vartheta_0)$ ersetzt, aber ϑ_0 ist hier aus Symmetriegründen gleich Null.

Substitution von Gl. (8.10.2/19) in Gl. (8.10.2/4) ergibt mit $\gamma = \psi - \frac{\alpha}{2}$ und $\omega = r_0 S^{\frac{1}{2}}$:

$$\tan\varphi = \omega \tanh\left[\omega\left(\psi - \frac{\alpha}{2}\right)\right], \tag{8.10.2/20}$$

was mit Gl. (8.10.2/17) gleichgesetzt werden kann:

$$\omega \tanh\left[\omega\left(\psi - \frac{\alpha}{2}\right)\right] = \frac{\cos\psi - \sqrt{\frac{1}{2}(1 - A_0')}}{\sin\psi} = A\,. \tag{8.10.2/21}$$

Nun gilt nach Gl. (8.10.2/12)

$$(r)_{-\gamma} = \frac{r_0}{\cosh\left[\omega\left(\psi - \frac{\alpha}{2}\right)\right]} = \frac{a}{\sin\psi}\,,$$

und da $r_0 = \omega/S^{\frac{1}{2}}$ und nach Gl. (8.10.2/7) $S = p/12 M_0$, folgt

$$\frac{p\,a^2}{12 M_0} = \left\{\frac{\omega \sin\psi}{\cosh\left[\omega\left(\psi - \frac{\alpha}{2}\right)\right]}\right\}^2. \tag{8.10.2/22}$$

Einsetzen von Gl. (8.10.2/19) in Gl. (8.10.2/7) ergibt für das Integral im Zähler

$$\int_{-\gamma}^{0} \left(1 + \frac{r'^2}{r^2}\right) d\vartheta = -\gamma + \int_{-\gamma}^{0} \omega^2 \tanh^2(\omega\vartheta)\, d\vartheta = \gamma - \omega \tanh(\omega\gamma) + \omega^2 \gamma\,, \tag{8.10.2/23}$$

woraus mit $\gamma = \psi - \frac{\alpha}{2}$ folgt

$$\int_{-\gamma}^{0} \left(1 + \frac{r'^2}{r^2}\right) d\vartheta = \left(\psi - \frac{\alpha}{2}\right)(1 + \omega^2) - \omega \tanh\left[\omega\left(\psi - \frac{\alpha}{2}\right)\right]. \tag{8.10.2/24}$$

In entsprechender Weise erhält man für das Integral im Nenner von Gl. (8.10.2/7):

$$\int_{-\gamma}^{0} r^2 d\vartheta = r_0^2 \int_{-\gamma}^{0} \frac{d\vartheta}{\cosh^2(\omega\vartheta)} = \frac{r_0^2}{\omega} \tanh\left[\omega\left(\psi - \frac{\alpha}{2}\right)\right]. \tag{8.10.2/25}$$

Mit diesen Ergebnissen nimmt Gl. (8.10.2/7) folgende Form an:

$$\frac{p\,a^2}{12 M_0} = \frac{\frac{1}{2}(1 + \Lambda_0') \cot\psi + (1 + \omega^2)\left(\psi - \frac{\alpha}{2}\right) - \omega \tanh\left[\omega\left(\psi - \frac{\alpha}{2}\right)\right]}{\cot\psi + \frac{\sinh 2\left[\omega\left(\psi - \frac{\alpha}{2}\right)\right]}{2\omega \sin^2\psi}}. \qquad (8.10.2/26)$$

Gleichsetzung von Gl. (8.10.2/22) und Gl. (8.10.2/26) ergibt bei Verwendung von Gl. (8.10.2/21) nach einigen Umformungen

$$\frac{\omega^2 \cot\psi \sin^2\psi}{\cosh^2\left[\omega\left(\psi - \frac{\alpha}{2}\right)\right]} - (1 + \omega^2)\left(\psi - \frac{\alpha}{2}\right) =$$

$$= \frac{1}{2}(1 + \Lambda_0') \cot\psi - 2\,\frac{\cos\psi - \sqrt{\frac{1}{2}(1 - \Lambda_0')}}{\sin\psi},$$

woraus unter Verwendung der hyperbolischen Beziehung

$$\cosh^2\left[\omega\left(\psi - \frac{\alpha}{2}\right)\right] = \frac{1}{2}\left(\frac{1 + \frac{1}{\omega^2}A^2}{1 - \frac{1}{\omega^2}A^2} + 1\right) = \frac{1}{1 - \frac{1}{\omega^2}A^2},$$

wobei A durch Gl. (8.10.2/21) gegeben wird, folgt

$$\omega^2 \cot\psi \sin^2\psi\left(1 - \frac{1}{\omega^2}A^2\right) - (1 + \omega^2)\left(\psi - \frac{\alpha}{2}\right) = \frac{1}{2}(1 + \Lambda_0') \cot\psi - 2A,$$

und nach weiteren Umformungen

$$\omega^2 = \frac{-2\cot\psi\cos\psi\sqrt{\frac{1}{2}(1 - \Lambda_0')} + \frac{2\sqrt{\frac{1}{2}(1 - \Lambda_0')}}{\sin\psi}}{\frac{1}{2}\sin 2\psi - \psi + \frac{\alpha}{2}} - 1,$$

$$\omega = \left[\frac{\sqrt{8(1 - \Lambda_0')}\sin\psi}{\sin 2\psi - 2\psi + \alpha} - 1\right]^{\frac{1}{2}} = r_0\sqrt{\frac{p}{12 M_0}}, \qquad (8.10.2/27)$$

woraus die Grenzlastintensität berechnet werden kann. Für den Grenzfall der Gültigkeit der Beziehung, $\Lambda_0 = 1$, ergibt sich

$$(\omega^2 + 1)(\sin 2\psi - 2\psi + \alpha) = 0,$$

$$2\psi - \sin 2\psi = \alpha. \qquad (8.10.2/28)$$

Aus $r_0 = \omega/S^{\frac{1}{2}}$ und Gl. (8.10.2/19) folgt für die periphere Fließgelenkkurve

$$r = \frac{a \cosh\left[\omega\left(\psi - \frac{\alpha}{2}\right)\right]}{\sin\psi \cosh(\omega\,\vartheta)}. \qquad (8.10.2/29)$$

In den Tab. 8.11 und 8.12 werden von MANSFIELD [35] erhaltene numerische Ergebnisse für quadratische und gleichseitige dreieckige

Tabelle 8.11 *Grenztragfähigkeitswerte für quadratische Platten*

Λ_0'	ψ	ω	ε	$\frac{p\varrho^2}{M_0}$
0	45°	—	1	6
0,5	52,1°	1,088	0,980	8,68
1,0	66,2°	1,124	0,936	10,72

Platten für die dieser Ableitung zugrunde liegende Annahme, daß die Punkte O_i mit dem Plattenmittelpunkt O zusammenfallen, so daß $a = \varrho$ der Radius des eingeschriebenen Kreises ist, für verschiedene

Tabelle 8.12 *Grenztragfähigkeitswerte für gleichseitige dreieckige Platten*

Λ_0'	ψ	ω	ε	$\frac{p\varrho^2}{M_0}$
0	36,8°	1,158	0,965	5,65
1,0	56,4°	1,265	0,860	9,65

Einspannungsmomente wiedergegeben; dabei bedeutet ε den Flächenanteil des Verschiebungsgeschwindigkeitsfeldes der Platte; Λ_0' ist der plastische Einspannungsgrad.

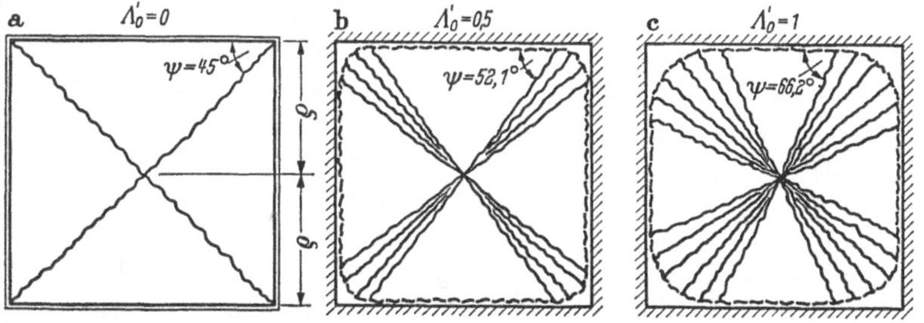

Abb. 8.10/3 Fließgelenklinienfiguren für die gleichförmig belastete quadratische isotrope Platte mit gleichem Grenzmoment in beiden Schichten;
a) für die frei drehbare Stützung, b) für ein Einspannungsgrenzmoment/Plattengrenzmoment-Verhältnis $\Lambda_0' = 0,5$, c) für volle Einspannung

Die Fließgelenklinienfiguren für die drei berechneten Fälle der quadratischen Platte sind in Abb. 8.10/3 und für die beiden Fälle der gleichseitigen dreieckigen Platte in Abb. 8.10/4 gezeigt.

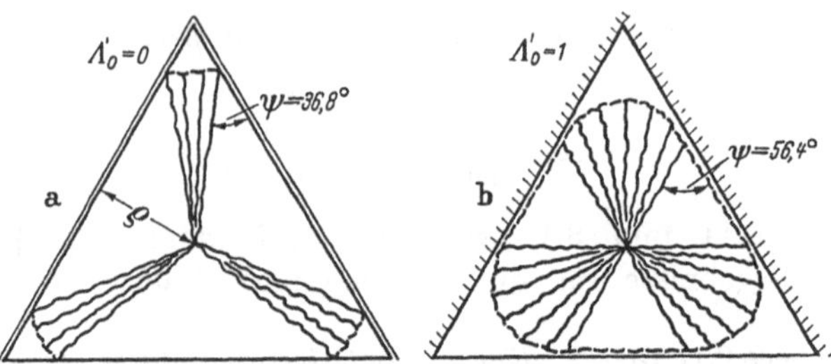

Abb. 8.10/4 Fließgelenklinienfiguren für die gleichförmig belastete gleichseitige isotrope Dreieckplatte mit gleichem Grenzmoment in beiden Schichten
a) für frei drehbare Stützung, b) für volle Einspannung

8.10.3 Näherungslösungen für allseitig eingespannte Platten

Näherungslösungen für die Grenztragfähigkeit eingespannter Platten unter gleichförmig verteilter Belastung sind von Sobotka [*4, 5, 37*] auf der Grundlage der Ersetzung der dem eingespannten Plattenrand einbeschriebenen transzendenten Umfangsfließgelenklinie durch Kreis- oder Ellipsenbogen abgeleitet worden. Dafür wird jedoch die den vorhergehenden Ableitungen zugrunde liegende vereinfachende Annahme einer kegelförmigen Gestalt des virtuellen Geschwindigkeitsfeldes (Zusammenfallen der Punkte O_i und O in Abb. 8.10/2) fallengelassen.

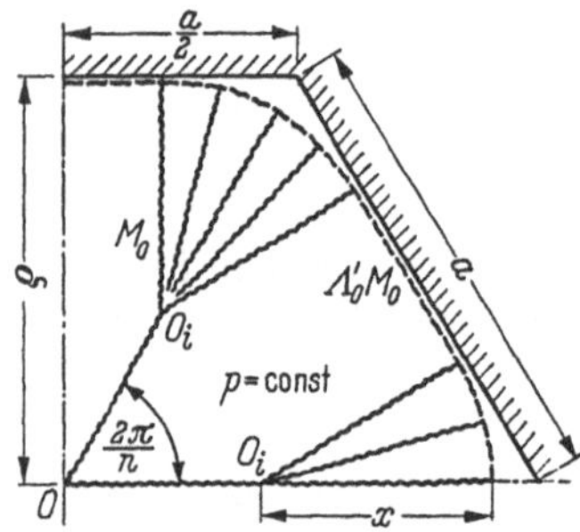

Abb. 8.10/5 Ein Quadrant einer Fließgelenklinienfigur für eine schichtweise isotrope eingespannte regelmäßig vieleckige Platte mit kreissektorförmigen Fließgelenkfeldern in den Plattenecken

8.10.3.1 Schichtweise isotrope regelmäßig vieleckige Platten

Die der Fließgelenklinienlösung für die Grenzlastintensität einer eingespannten n-seitigen regelmäßig vieleckigen Platte unter gleichförmig verteilter Belastung zugrunde gelegte Bruchfigur ist ausschnittsweise in Abb. 8.10/5 dargestellt. Bei Einsenkung des Plattenmittelpunktes mit der virtuellen Geschwindigkeit $\dot{w}_0 = 1$ beträgt die virtuelle Einsenkungsgeschwindigkeit der Mittelpunkte der sektorförmigen Fließgelenkfelder in den Plattenecken: $\dot{w}_i = x/\varrho$. Für schichtweise isotrope Plattenstruktur mit $|M_0'| = \Lambda_0' M_0$ lautet die Gleichung der virtuellen Leistung im Zustand der Grenztragfähigkeit:

$$\frac{1}{3} n p \left[\varrho^2 - \frac{x^3}{\varrho}\left(1 - \frac{\pi}{n \tan\frac{\pi}{n}}\right)\right] \tan\frac{\pi}{n} = 2 M_0 (1 + \Lambda_0') \left(\frac{\varrho - x}{\varrho} n \tan\frac{\pi}{n} + \frac{\pi x}{\varrho}\right); \quad (8.10.3/1)$$

daraus folgt für die Grenzlastintensität im Sonderfalle $\Lambda_0' = 1$ der Ausdruck:

$$p = M_0 \frac{12\left[\varrho - x\left(1 - \dfrac{\pi}{n \tan \dfrac{\pi}{n}}\right)\right]}{\varrho^3 - x^3\left(1 - \dfrac{\pi}{n \tan \dfrac{\pi}{n}}\right)}. \tag{8.10.3/2}$$

Aus der Minimalbedingung für die Grenzlastintensität

$$\frac{dp}{dx} = 12 M_0 \frac{-\varrho^3\left(1 - \dfrac{\pi}{n \tan \dfrac{\pi}{n}}\right) + x^3\left(1 - \dfrac{\pi}{n \tan \dfrac{\pi}{n}}\right)^2 + 3\varrho x^2\left(1 - \dfrac{\pi}{n \tan \dfrac{\pi}{n}}\right) - 3x^3\left(1 - \dfrac{\pi}{n \tan \dfrac{\pi}{n}}\right)^2}{\left[\varrho^3 - x^3\left(1 - \dfrac{\pi}{n \tan \dfrac{\pi}{n}}\right)\right]^2} = 0 \tag{8.10.3/3}$$

ergibt sich für den Parameter x die kubische Gleichung

$$2x^3\left(1 - \frac{\pi}{n \tan \dfrac{\pi}{n}}\right) - 3\varrho x^2 + \varrho^3 = 0, \tag{8.10.3/4}$$

deren Lösungen in Tab. 8.13 für einige Werte von n angegeben sind. Abb. 8.10/6 zeigt die Fließgelenklinienfigur für eine quadratische Platte. Für $n \to \infty$ ergibt sich für den ersten Term in Gl. (8.10.3/4) der Wert

$$2x^3 \lim_{n\to\infty}\left(1 - \frac{\dfrac{1}{n}\pi}{\tan \dfrac{\pi}{n}}\right) = 2x^3 \lim_{n\to\infty}\left(1 - \frac{-\dfrac{1}{n^2}\pi}{-\dfrac{\pi}{n^2}\dfrac{1}{\cos^2 \dfrac{\pi}{n}}}\right) = 0, \tag{8.10.3/5}$$

woraus folgt:

$$x = 0 \quad \text{oder} \quad x = \frac{\varrho}{\sqrt{3}}; \tag{8.10.3/6}$$

letzterem Wert kommt keine Bedeutung zu. Die Grenzlastintensität für eine gleichförmig belastete Vieleckplatte ergibt sich

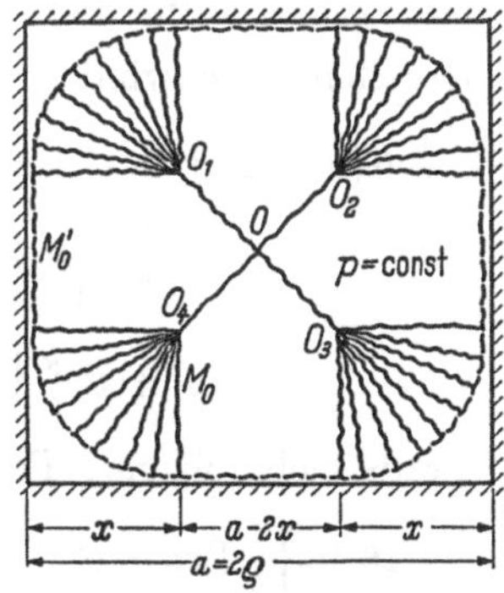

Abb. 8.10/6
Fließgelenklinienfigur für eine eingespannte quadratische Platte mit kreissektorförmigen Fließgelenkfeldern in den Plattenecken. Für $\Lambda_0' = 1$ ergibt sich $x = 0{,}604\,\varrho = 0{,}302\,a$ und $p = 43{,}85\,M_0/a^2$, während eine Fließgelenklinienfigur ohne „Fächer" in den Plattenecken den Wert $p = 48\,M_0/a^2$ als obere Eingrenzung für die Grenzlastintensität liefert

durch Einsetzen des Wertes für x in Gl. (8.10.3/2); einige Angaben finden sich in Tab. 8.13. Im allgemeinen Falle $\Lambda_0' \neq 1$ gelten für $\frac{2p\,\varrho^2}{M_0(1+\Lambda_0')}$ die gleichen Grenzlastkoeffizienten. Aus dem Vergleich mit den entsprechenden Werten aus den Tab. 8.11 und 8.12 ist zu ersehen, daß die Lösungen von MANSFIELD [*35*] geringfügig niedrigere obere Eingrenzungen für die Grenzlastintensität ergeben.

Tabelle 8.13 *Fließgelenkfächerparameter und Grenzlastkoeffizienten für regelmäßig vieleckige Platten*

n	3	4	5	6	8	10	12	20	∞
x/ϱ	0,632	0,604	0,593	0,588	0,583	0,581	0,580	0,578	0,577
$p\varrho^2/M_0$	10,000	10,962	11,334	11,562	11,758	11,846	11,894	11,964	12,000

8.10.3.2 Schichtweise orthotrope rechteckige Platte

Der Fließgelenklinienlösung für die allseitig eingespannte, schichtweise orthotrope rechteckige Platte wird eine durch zwei unabhängige Parameter definierte Fließgelenklinienfigur mit Fließgelenkfeldern in der Form von Ellipsenquadranten in den Plattenecken zugrunde gelegt, wie sie in Abb. 8.10/7 dargestellt ist[1]. Bei einer virtuellen Einsenkungsgeschwindigkeit der Linie EF vom Betrage $\dot{w}_0 = 1$ wird die Geschwindigkeit der Punkte O_i durch $\dot{w}_i = \frac{y}{x} = \frac{2z}{b}$ gegeben; für den dritten Parameter gilt also die Beziehung $z = \frac{by}{2x}$. Damit lautet die Gleichung der virtuellen Geschwindigkeiten (mit $M_y = M_0$):

$$p\left[\frac{1}{2}b(a-2x) + \frac{2}{3}bx - \frac{4}{3}yz\frac{y}{x} + \frac{1}{3}\pi yz\frac{y}{x}\right] = M_0\left\{\frac{4}{b}(a-2y)(1+\Lambda_y') + \frac{2}{x}(b-2z)\Lambda(1+\Lambda_x') + \right.$$
$$\left. + \pi\frac{y}{x}\left[\frac{y}{z}(1+\Lambda_y') + \frac{z}{y}\Lambda(1+\Lambda_x')\right]\right\}, \qquad (8.10.3/7)$$

woraus sich folgende Beziehung für die Grenzlastintensität ergibt:

$$p = \frac{12M_0\left\{\frac{1}{b}[2a-(4-\pi)y](1+\Lambda_y') + \frac{b}{x}\left[1-(4-\pi)\frac{y}{4x}\right]\Lambda(1+\Lambda_x')\right\}}{b\left[3a-2x-(4-\pi)\frac{y^3}{x^2}\right]}. \qquad (8.10.3/8)$$

Die Minimalbedingungen für die Grenzlastintensität, $\partial p/\partial x = 0$ und $\partial p/\partial y = 0$, liefern zwei komplizierte Gleichungen für die Bestimmung der beiden unabhängigen Parameter x und y [*5*]. Man kann nun annehmen,

[1] Vgl. die in den Abb. 9.2/25 und 9.3/15 wiedergegebenen Bruchbilder.

daß die Bestimmung des Parameters x aus der für die einfache Fließgelenklinienfigur ohne Fließgelenkfelder in den Plattenecken (Abb. 8.5/7) geltenden Gleichung (8.5.5/5) und die Übernahme der aus Gl. (8.10.3/4)

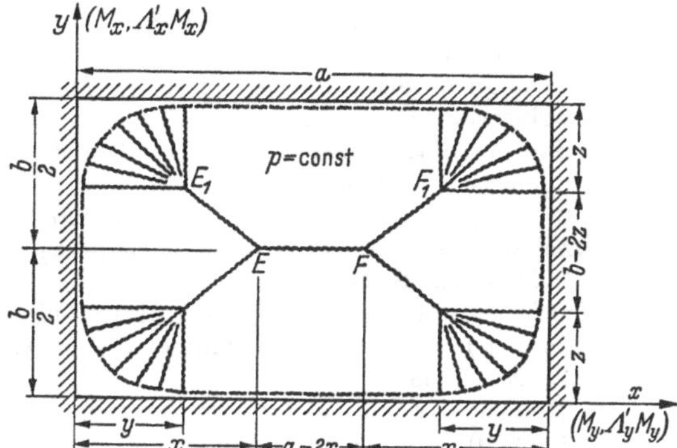

Abb. 8.10/7 Fließgelenklinienfigur für eine schichtweise orthotrope eingespannte rechteckige Platte mit Fließgelenkfeldern in Form von Ellipsenquadranten in den Plattenecken

für die quadratische Platte ($n = 4$) ermittelten Beziehung für den Fächerparameter

$$y = 0{,}604\,x \qquad (8.10.3/9)$$

zu einem nur geringfügig über dem Minimalwert liegenden Wert für die Grenzlastintensität führt. Mit dieser vereinfachenden Annahme nimmt Gl. (8.10.3/8) die folgende Form an:

$$p = \frac{12\,M_0\left[\frac{1}{b}(2\,a - 0{,}518\,x)\,(1 + \Lambda_y') + 0{,}870\,\frac{b}{x}\,\Lambda(1 + \Lambda_x')\right]}{b\,(3\,a - 2{,}189\,x)}. \qquad (8.10.3/10)$$

Beispielsweise erhält man für isotrope Plattenstruktur und ein Plattenseitenverhältnis von $\beta = 0{,}5$ aus Gl. (8.5.5/5) $x = 0{,}651\,b$ und aus Gl. (8.10.3/10)

$$p = \frac{26{,}20\,M_0}{b^2} < \frac{28{,}28\,M_0}{b^2};$$

der letztere Wert entspricht der einfachen Fließgelenklinienfigur ohne „Fächer" in den Plattenecken.

Literatur zu 8

[1] Johansen, K. W.: Pladeformler. 2. Udgave, Kopenhagen: Polyteknisk Forening 1949, Genoptrykt 1956.

[2] Johansen, K. W.: Pladeformler, Formelsamling. 2. Udgave, Kopenhagen: Polyteknisk Forening 1949, Genoptrykt 1958.

[3] Dubinsky, A. M.: Berechnung der Grenztragfähigkeit von Stahlbetonplatten (russisch). Kiew: Gosstrojizdat USSR 1961.

[4] Sobotka, Z.: Theorie Plasticity a meznich stavu stavebnich konstrukci Bd. 2, Nakladatelstvi Československé Akad. Věd, Prag 1955.

[5] Kolář, V., J. Beneš u. Z. Sobotka: Nosné Stěny a Desky. SNTL—SVTL, Prag 1961.

[6] Johansen, K. W.: Brudlinieteorier. Kopenhagen: Jul. Gjellerup 1943.

[7] Gwosdew, A. A.: Berechnung der Tragfähigkeit von Konstruktionen auf Grund der Grenzgleichgewichtstheorie (russisch). Moskau: Staatsverlag für Bauliteratur (Strojizdat) 1949.

[8] Ashdown, A. J.: Design of Slabs by the Yield-line Method. Concrete and Constructional Engineering 55 (1960) S. 271—278.

[9] Müller, L. S.: Balcony Slabs Spanning in Two Directions. Concrete and Constructional Engineering 56 (1961) S. 239—244.

[10] Sawczuk, A., M. Janas u. J. Zawidzki: Z zagadnień technicznej teorii nośności granicznej płyt o mieszanych warunkach brzegowych. Rozprawy Inżynierskie 10 (1962) Nr. 2, S. 243—278.

[11] Sawczuk, A.: Teoria stanów granicznych płyt plastycznie ortotropowych i niejednorodnych oraz jej zastosowania techniczne. Dissertation, Politechnika Warszawska, Warszawa 1958.

[12] Nylander, H.: Rectangulär betongplatta understödd av pelare i fältet. Nordisk Betong 3 (1959) Nr. 2, S. 155—176.

[13] Sawczuk, A.: Grenztragfähigkeit der Platten. Bauplanung-Bautechnik 11 (1957) Nr. 7, S. 315—320; Nr. 8, S. 359—364.

[14] Palotas, L.: Stahlbetonplattenversuche und die Bruchtheorie. Zement und Beton (1961) Nr. 22, S. 1—16.

[15] Smyth, W. J. R.: Designing a Slab Using the Fracture Line Theory. Civil Engineering and Public Works Review 53 (1958) S. 163—167.

[16] Olszak, W.: Teoria nośności granicznej płyt ortotropowych. Budownictwo Przemysłowe 2 (1953) Nr. 7/8, S. 254—265.

[17] Sobotka, Z.: Plastická únosnost desek. Silnice 5 (1956) S. 88—93, 109—115.

[18] Kwieciński, M.: Rozwiazanie jednokierunkowo ciagłej płyty ortotropowej w oparciu o teorie nośności granicznej. Zeszyty Nauk. Politechn. Warszawskiej, Nr. 23, Budownictwo, Nr. 6, 1956, S. 93—110.

[19] Kwieciński, M.: O zagadnieniach teorii nośności granicznej płyt ortotropowych. Inżynieria i Budownictwo 13 (1956) Nr. 6, S. 235—237.

[20] Sawczuk, A.: O możliwościach praktycznego korzystania z rozwiazań teorii nośności granicznej płyt. Arch. Inzynierii Ladowej 2 (1956) Nr. 1—2, S. 139—183.

[21] Craemer, H.: Berechnung kreuzweise bewehrter Rechteckplatten nach der Plastizitätstheorie. Nachr. Öst. Betonvereins XIV (1954) Folge 4, S. 17—21; Beilage zu Öst. Bau-Z. 9 (1954) Nr. 4.

[22] Niepostyn, D.: Nośność graniczna prostokatnych płyt ortotropowych. Zeszyty Nauk. Politechn. Warszawskiej, Nr. 23, Budownictwo, Nr. 6, S. 61 bis 92.

[23] Niepostyn, D.: Nośność graniczna niejednorodnych płyt ortotropowych i walca ortotropowego. Dissertation, Politechnika Warszawska, Warszawa 1958.

[23a] Niepostyn, D.: Nośność graniczna płyt prostokątnych. Biblioteka Inżynierii i Budownictwa, Vol. 1, Wydawnictwa Czasopism Technicznych NOT, Warszawa 1962.

[24] Craemer, H.: Kreuzweise bewehrte rechteckige Platten mit hydrostatischer Belastung nach der Plastizitätstheorie. Öst. Bau-Z. 10 (1955) Nr. 8/9, S. 167 bis 170.

[25] Dubinsky, A. M.: Berechnung der kreuzweise bewehrten Stahlbetonplatten nach dem Zerstörungszustand (russisch). Sbornik trudow Ukrainskowo Nautschnoisledowatelskowo Inst. Sooruschenij, Kiew 1948.

[26] Dubinsky, A. M.: Berechnung von rechteckigen Stahlbetonplatten unter linear variierender verteilter Belastung (ukrainisch). Prikladnaja Mechanika, Tom I, 3 (1955) S. 335—343.

[27] Sawczuk, A.: Z zagadnień jednoczesnego działania sił skupionych o obciażeń ciagłych w teorii nośności granicznej płyt. Zeszyty Nauk. Politechn. Warszawskiej, Nr. 23, Budownictwo, Nr. 6, 1956, S. 41—59.

[28] Wood, R. H.: Studies in Composite Construction. Part II. The Interaction of Floors and Beams in Multi-Storey Buildings. National Building Studies, Research Paper No. 22, Her Majesty's Stationery Office, London 1955.

[29] Wood, R. H.: A Preliminary Study of Composite Action in Framed Buildings. Abh. Int. Verein. Brückenbau u. Hochbau, Zürich, 15 (1955) S. 247 bis 265.

[30] Wood, R.H.: Plastic and Elastic Design of Slabs and Plates. London: Thames and Hudson 1961.

[31] Sawczuk, A., u. M. Kwieciński: Nośność graniczna ustrojów płytowo-żebrowych. Arch. Inzynierii Ladowej 3 (1957) Nr. 3, S. 335—370.

[32] Haase, H.: Über die Bruchlinientheorie von Platten, zusammenfassende Darstellung und Erweiterung. Dissertation Technische Universität Berlin 1956. Bruchlinientheorie von Platten; Grundlagen und Anwendungen. Düsseldorf: Werner-Verlag 1962.

[33] Stępień, A. (Konsultant A. Sawczuk): Zagadnienie płyt w stanie plastycznym. Diplomarbeit, Politechnika Warszawska, Warszawa 1956.

[34] Rzhanitsyn, A. R.: Berechnung von Tragwerken unter Berücksichtigung der plastischen Materialeigenschaften (russisch). Kap. VII. Moskau: Stroiwoenmorizdat 1949.

[34a] Rzhanitsyn, A. R.: The Shape at Collapse of Elastic-Plastic Plates Simply Supported along the Edges. Div. Appl. Math., Brown University, Providence, R. I., Techn. Report Nr. 19, Jan. 1957.

[35] Mansfield, E. H.: Studies in Collapse Analysis of Rigid-plastic Plates with a Square Yield Diagram. Proc. Roy. Soc., Lond., (A) 241 (1957) Nr. 1226, S. 311—338.

[36] Beckenbach, E. F. (Hrsgb.): Modern Mathematics for the Engineer. New York/Toronto/London: Mc Graw-Hill 1956, S. 85.

[37] Sobotka, Z.: Tragfähigkeiten eingespannter Platten (slowakisch). Stavebnicky Časopis 9 (1961) S. 322—333.

III. Versuchsergebnisse für Stahlbetonplatten

Von Dipl.-Ing. **Thomas Jaeger**

9. Experimentelle Untersuchungen zur Grenztragfähigkeit von Stahlbetonplatten

9.1 Allgemeine Übersicht

9.1.1 Vorausgegangene Grenztragfähigkeitsversuche mit Stahlbetonplatten

Die Ergebnisse von Versuchen zur Ermittlung des Grenzmoments von zweiseitig frei drehbar gestützten Platten mit unter verschiedenen Winkeln zur Biegerichtung eingelegter Bewehrung werden in [*1*] und [*2*] angegeben. Versuche mit in einer Richtung durchlaufenden zweifeldrigen Stahlbetonplatten werden in [*3*] beschrieben und nach der Fließgelenklinientheorie analysiert. Über Bruchversuche an zweiseitig frei drehbar gestützten Stahlbetonplatten mit Bewehrung aus geschweißtem hochfestem Stahlgewebe wird in [*4*] berichtet.

Die umfangreichen Tragfähigkeitsversuche mit Stahlbetonplatten, die vom Deutschen Ausschuß für Stahlbeton in den Materialprüfungsanstalten der Technischen Hochschulen Stuttgart [*5* bis *9*] und Dresden [*10*] durchgeführt worden sind, haben gezeigt, daß bei Belastungssteigerung in den plastischen Bereich hinein entlang bestimmter kritischer Linien Konzentrationen der Krümmung und Rißbildung eintreten, die als Fließgelenklinien idealisiert der Grenztragfähigkeitstheorie der Platten zugrunde gelegt werden. Die Formänderungen der zwischen den Bereichen konzentrierter Krümmung im elastischen Zustand verbleibenden Plattenteile sind dabei, verglichen mit den plastischen Formänderungen, klein von höherer Ordnung, so daß eine idealisierte Betrachtung von Stahlbetonplatten als Platten aus starrplastischem Material für die Grenztragfähigkeitsberechnung genügend genau ist.

Die in [*5, 6, 9, 10*] beschriebenen Versuche wurden an vierseitig frei drehbar gestützten ein- und zweifeldrigen quadratischen und einfeldrigen rechteckigen Stahlbetonplatten durchgeführt. Die planmäßig gleichförmig verteilte Belastung wurde durch 16, 32 oder 64 auf je einer kleinen Fläche angreifende Einzellasten eingetragen. Zu jeder kreuzweise bewehrten Platte wurden ein oder mehrere Vergleichsträger mit gleicher Dicke und Bewehrungsdichte aus den gleichen Werkstoffen hergestellt. Diese Vergleichsträger dienten der Ermittlung des Querschnittsgrenzmoments. Die in [*7*] und [*8*] beschriebenen Versuche befaßten sich mit dem Tragverhalten von zweiseitig frei drehbar gestützten rechteckigen Stahlbetonplatten unter Einzellasten.

In den Versuchsberichten [*5* bis *10*] liegen überaus reichhaltige Meßergebnisse vor, die bisher am sorgfältigsten und umfassendsten von JOHANSEN [*11*] im Hinblick auf die Fließgelenklinientheorie ausgewertet worden sind. Weitere Ausweitungen stammen von CHAMECKI [*12*] und WALLNER [*13*]. An diese Versuchsauswertungen hat CRAEMER [*14*] statistische Betrachtungen angeknüpft, in denen er u. a. zeigt, daß die tatsächliche Grenztragfähigkeit der Stahlbetonplatten im Durchschnitt um 5,5% höher liegt als von der Fließgelenklinientheorie vorausgesagt. Diese zusätzliche Festigkeitsreserve ist einer gewissen Membranwirkung zuzuschreiben.

Die gleiche Beobachtung wurde bei Versuchen mit vierseitig frei drehbar gestützten Stahlbetonplatten gemacht, die durch Wasserdruck belastet wurden [*15*]. Pneumatische Kissen zur Eintragung exakt gleichförmig verteilter Belastung wurden zuerst bei den in [*16*, *17*, *18*] beschriebenen Belastungsversuchen an zwei Spannbetonplatten verwendet.

Versuche an kleinen gleichförmig und ungleichförmig bewehrten, zweiseitig frei drehbar gestützten langen rechteckigen Zementmörtelplatten unter Einzelkraftwirkung werden in [*19*, *20*, *21*] erläutert, und die Ergebnisse werden nach der Fließgelenklinientheorie analysiert. In [*22*, *23*] werden Versuche an kleinen drei- und vierseitig frei drehbar gestützten quadratischen, mittig durch eine Einzellast belasteten Zementmörtelplatten beschrieben und ausgewertet. Versuche mit eingespannten Platten werden in [*24*] beschrieben. Über eine größere Anzahl von Bruchversuchen an kleinen Zementmörtelmodellplatten mit verschiedenartigen Stützungsverhältnissen (frei drehbar) unter durch zahlreiche Einzellasten simulierter gleichförmig verteilter Belastung wird in [*25*] berichtet. Die Ergebnisse von Grenztragfähigkeitsversuchen an ein- und mehrfeldrigen Stahlbetonplatten mit Rand- und Innenträgern werden in [*26* bis *31*] angegeben. Die Ergebnisse von an Pilzdeckenmodellplatten durchgeführten Grenztragfähigkeitsversuchen werden in [*32* bis *37*] mitgeteilt[1]; in [*37*] wird über Versuche an mit hochfestem Stahlgewebe bewehrten Platten berichtet.

---

[1] In einigen der letzteren dieser Quellen ist auch Material über Plattenträgersysteme enthalten.

In [*38* bis *43*] wird die Durchführung von Grenztragfähigkeitsversuchen an elastisch gebetteten Platten unter der Einwirkung von Einzellasten beschrieben, und die Ergebnisse werden mit Hilfe einer entsprechend erweiterten Bruchlinientheorie gedeutet; in [*44*] werden die akkumulierten Versuchsergebnisse zusammengestellt und mit einer theoretischen Grenztragfähigkeitslösung verglichen. Eine wesentliche Erhöhung der Grenztragfähigkeit von horizontal unverschieblich eingespannten Platten (z. B. Innenfelder von Plattenbalkensystemen) infolge „Gewölbewirkung" wird in den Untersuchungen [*45* bis *49*] sowie in [*27*] festgestellt. Versuchsergebnisse betreffend den Einfluß der bei größeren Durchbiegungen auftretenden Membranzugkräfte auf die Tragfähigkeit werden in [*27*] behandelt.

Der Anwendbarkeit der Fließgelenklinientheorie auf Stahlbetonplatten sind im Falle von Querkraftkonzentrationen unter Einzellasten und bei Stützung der Platte durch Säulen Einschränkungen auferlegt, die getrennt ausgewertet werden müssen. Versuche zur Ermittlung des Formänderungsverhaltens und der Grenztragfähigkeit von Stahlbetonplatten und Plattenfundamenten unter kombinierter hoher Querkraft und Biegebeanspruchung werden in [*50* bis *64*] beschrieben und gedeutet.

9.1.2 Zielsetzung für die an der Technischen Universität Berlin durchgeführten Grenztragfähigkeitsversuche

Aus der Sichtung der auf dem Gebiete der Grenztragfähigkeit von Stahlbetonplatten bereits geleisteten experimentellen Arbeit wurde eine die bisherigen Forschungen ergänzende Konzeption für das eigene Versuchsprogramm formuliert, das in den Jahren 1960/61 im Institut für Baukonstruktionen und Festigkeit der Technischen Universität Berlin durchgeführt wurde. Diese experimentelle Arbeit verfolgt die nachstehenden hauptsächlichen Ziele:

a) Quantitative Nachprüfung der auf theoretischem Wege nach der Fließgelenklinientheorie ermittelten Lösungen für die Kinematik der Grenzzustände und der zugehörigen Grenzlastintensitäten von quadratischen und rechteckigen, mit Stahl mit großem Dehnvermögen bewehrten einfeldrigen Stahlbetonplatten mit verschiedenartigen Stützungsverhältnissen[1], sowie isotroper und orthotroper Bewehrung unter Voll- und Teilbelastung durch gleichförmig verteilte Last bei Verwendung der pneumatischen Belastungsmethode. Die pneumatische Lasteintragung soll die für die Ausprägung eines klaren Rißbildes sehr störenden Querkraftkonzentrationen und die Schwierigkeiten der Gewährleistung

[1] Über eine entsprechende, an kleinen Zementmörtel-Modellplatten durchgeführte Untersuchung wird in [*25*] berichtet, bei diesen Versuchen wurde jedoch die gleichförmig verteilte Belastung durch zahlreiche Einzellasten simuliert.

einer gleichmäßigen Lasteintragung, die bei Simulation der planmäßig gleichförmig verteilten Belastung durch zahlreiche Einzellasten bei größeren Formänderungen auftreten, eliminieren.

b) Feststellung der oberhalb des nach der elementaren Fließgelenklinientheorie bestimmten Fließbeginns bei größeren Deformationen noch vorhandenen zusätzlichen Tragfähigkeitsreserve, die in erster Linie aus der Umlagerung des Spannungsfeldes in den Membranspannungszustand herrührt und dementsprechend von den Randbedingungen abhängt.

c) Untersuchungen wie unter a) und b) für zwei- und vierfeldrige Stahlbetonplatten mit verschiedenen Stützungs- und Belastungsbedingungen.

d) Prüfung der Möglichkeit einer Anwendung der Fließgelenklinientheorie auf Stahlbetonplatten, die mit hochfestem Stahl mit geringem Dehnvermögen bewehrt sind. (Bei derartigen Platten ist eine wesentliche Voraussetzung der Fließgelenklinientheorie, das Fließen der Bewehrung, nicht erfüllt.)

e) Ermittlung des Einflusses eines kontinuierlichen Scherverbundes auf das Tragfähigkeitsverhalten von mit Stahl mit großem plastischen Dehnvermögen bewehrten Platten.

f) Nachprüfung der Gültigkeit linearer Modellgesetze im Bereich plastischer Formänderungen.

9.1.3 Versuchsprogramm

Das Versuchsprogramm „Experimentelle Untersuchungen zur Grenztragfähigkeit von Stahlbetonplatten“ gliedert sich in die folgenden Versuchsreihen:

Reihe P: 40 rechteckige Stahlbetonplatten ($224 \times 150 \times 6$ cm) mit annähernd isotroper Bewehrung aus Stahl von großem plastischen Dehnvermögen unter verschiedenartigen Stützungs- und Belastungsbedingungen.

Reihe O: 6 vierseitig frei drehbar gestützte rechteckige Stahlbetonplatten ($224 \times 150 \times 6$ cm) mit verschiedenartigen Orthotropieverhältnissen der Bewehrung aus Stahl von großem plastischen Dehnvermögen unter gleichförmig verteilter Vollbelastung.

Reihe Q: 17 quadratische Stahlbetonplatten ($150 \times 150 \times 6$ cm) mit isotroper und mit orthotroper Bewehrung aus Stahl von großem plastischen Dehnvermögen bei verschiedenartigen Stützungsbedingungen unter gleichförmig verteilter Vollbelastung oder unter mittiger Einzellast.

Reihe Z: 44 quadratische Zementmörtelplatten ($80 \times 80 \times 3$ cm) mit isotroper und mit orthotroper Bewehrung aus Stahl von großem plastischen Dehnvermögen mit verschiedenen Verbundeigenschaften unter Stützungs- und Belastungsbedingungen, die denen der Versuchsreihe Q entsprechen.

Reihe A: 9 zweifeldrige rechteckige Stahlbetonplatten (Gesamtabmessungen: 224 × 150 × 4 cm) mit annähernd isotroper Bewehrung aus Stahl von großem plastischen Dehnvermögen unter verschiedenartigen Stützungs- und Belastungsbedingungen.

Reihe B: 7 vierfeldrige rechteckige Zementmörtelplatten (Gesamtabmessungen: 224 × 150 × 3 cm) mit annähernd isotroper Bewehrung aus Stahl von großem plastischen Dehnvermögen unter verschiedenartigen Stützungs- und Belastungsbedingungen.

Reihe S: 11 vierseitig frei drehbar gestützte rechteckige Stahlbetonplatten (224 × 150 × 6 cm) mit annähernd isotroper Bewehrung aus hochfestem gezogenem glatten oder geprägten Stahl von geringem plastischen Dehnvermögen unter gleichförmig verteilter Vollbelastung.

9.1.4 Herstellung und Prüfung der Platten und Vergleichsträger

Die Herstellung der Stahlbetonplatten erfolgt in einer Stahlschalung mit Bewehrungsspannvorrichtung (s. Abb. 9.1/1 auf S. 473), durch die eine vollkommen gerade Führung der Drähte gewährleistet wird. Die Spannung wird gerade so hoch gewählt, daß die Drähte ihre vorgeschriebene Lage beim Einbringen und Rütteln des Betons exakt beibehalten. Die geringe Spannung der Drähte wird im Anfangsstadium des Erhärtungsprozesses gelöst. Herstellung, Einbringen, Verdichten und Nachbehandlung des Betons sowie die anschließende Wasserlagerung der Platten erfolgt nach einem ständig gleichbleibenden Schema. Die feuchte Nachbehandlung wurde im Durchschnitt zwei Tage lang und die Wasserlagerung der Platten sieben Tage lang durchgeführt, die Versuchsdurchführung erfolgte in einem durchschnittlichen Alter von 34 Tagen. (Wie die experimentellen Ergebnisse zeigen, treten dank dieses Vorgehens nur geringe Streuungen der Versuchswerte auf.)

Für die Durchführung der Belastungsversuche wurde ein versatiles Plattenbelastungsgerät (Abb. 9.1/2 u. 9.1/2a, S. 474) konstruiert, das mit Hilfe pneumatischer Kissen aus geschweißter PVC-Folie[1] die Eintragung exakt gleichförmiger Belastungen über die Gesamtfläche oder eine beliebige Teilfläche der Platte gestattet; außerdem können Einzellasten allein oder kombiniert mit Gleichlasten eingetragen werden. Es können

[1] Die Zerreißfestigkeit der von der Fa. Ing. Viktor Vorreiter-Plastic, Fabrik für Kunststoffartikel, Berlin 30, aus doppelt oder dreifach gelegter 0,4 mm dicker PVC-Folie (weich, glasklar) mit angeschrägter Elektrode geschweißten pneumatischen Kissen wurde bei einer Reihe von in einem Lichtraum von 5 cm durchgeführten Eignungsprüfungen zwischen 3,5 und 5,2 atü ermittelt.

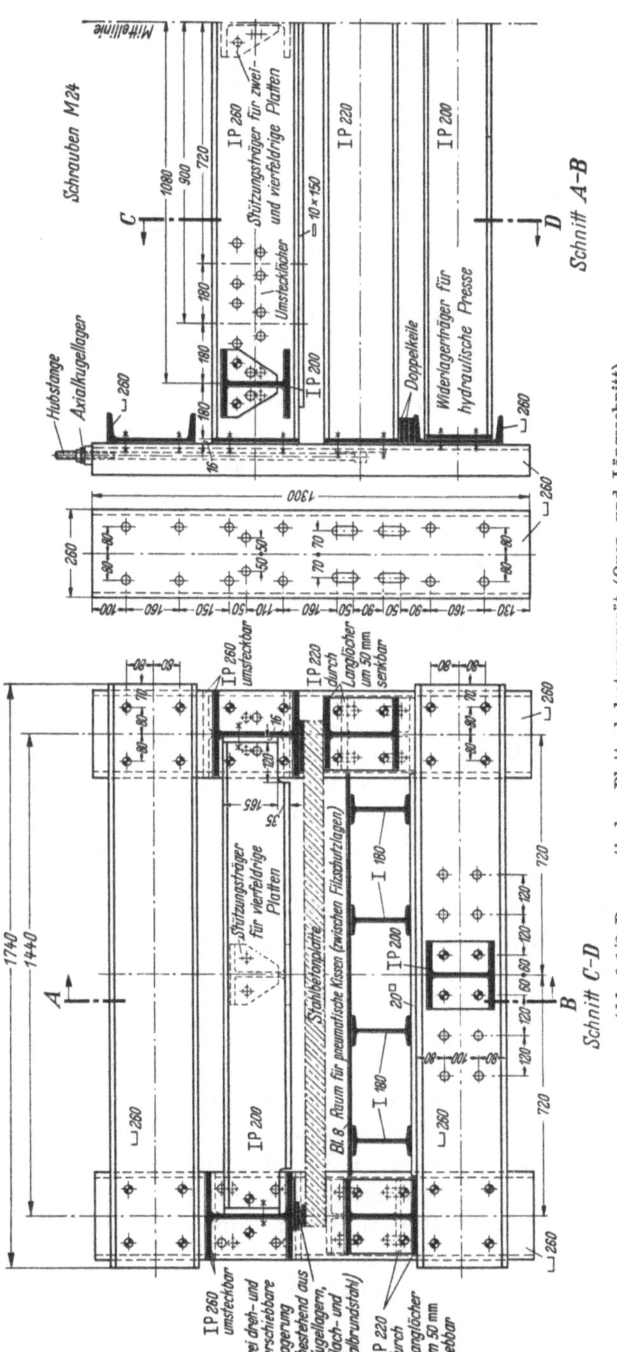

Abb. 9.1/2 Pneumatisches Plattenbelastungsgerät (Quer- und Längsschnitt)

einfeldrige und durchlaufende zwei- und vierfeldrige Platten verschiedener Abmessungsverhältnisse bei an jedem Rand für sich beliebigen Stützungsbedingungen (eingespannt; frei drehbar unverschieblich; frei drehbar verschieblich; frei) geprüft werden.

Das Plattenbelastungsgerät und die pneumatische Belastungsmethode haben sich ausgezeichnet bewährt. Der Betrieb der Vorrichtung ist bequem und sicher, die Ablesegenauigkeit am Flüssigkeitsmanometer ist hinreichend, und alle notwendigen Messungen an den Platten können in sehr zufriedenstellender Weise ausgeführt werden (s. auch [*65*]). Die Laststeigerung wurde überwiegend in Stufen von 0,01 und 0,02 kp/cm^2 vorgenommen; dabei erfolgte das Fortschreiten von einer Laststufe zur nächsthöheren in Anpassung an die vier Stadien des Tragverhaltens — ungerissenes, gerissenes elastisches, elastisch-plastisches und plastisches Stadium — in wachsenden Zeitabständen. Innerhalb der vier Bereiche waren die Intervalle der Laststeigerung etwa konstant. Die durchschnittliche Laststeigerungsgeschwindigkeit bei den Belastungsversuchen variierte je nach den besonderen Bedingungen des Versuchsablaufes zwischen 0,1 und 0,2 $kp\ cm^{-2}/h$.

Für die Herstellung der Zementmörtel-Modellplatten wurde eine Stahlschalung mit einer Bewehrungsspannvorrichtung verwendet, deren Prinzip der Saitenspannvorrichtung des Klaviers entspricht (Abb. 9.1/3, S. 474). Die Bewehrungsdrähte werden nur so weit gespannt, daß sie ihre vorgesehene Lage beim Einbringen und Verdichten des Zement-Sand-Mörtels beibehalten. Die Gleichförmigkeit der Anspannung der Drähte wird durch Abstimmung auf den gleichen tiefen Ton gewährleistet. — Die Belastungsversuche werden bei Eintragung gleichförmig verteilter Belastung mittels pneumatischer Kissen zwischen zwei miteinander verbundenen versteiften Stahlplatten durchgeführt. Die Eintragung von Einzellasten erfolgt durch eine hydraulische Belastungspresse.

Zur Ermittlung des der y- oder x-Richtung der Platten entsprechenden Bruchmoments, das — auf die Breiteneinheit des Querschnittes bezogen — als plastisches Grenzmoment in die Grenztragfähigkeitsberechnung der Platten nach der Fließgelenklinientheorie eingeht, wurden Vergleichsträger verwendet. Bewehrung, Beton sowie Behandlungs- und Prüftermine eines Vergleichsträgers entsprechen denen der jeweils zugehörigen Platte. Die den Stahlbetonplatten zugeordneten Vergleichsträger haben die Abmessungen $108 \times 16 \times 6$ cm, in einigen Fällen $108 \times 15 \times 6$ cm. Eine Querbewehrung ist nicht eingelegt. Der Abstand der Stützungslinien beträgt 100 cm, die Lasteintragung erfolgt in Form von Linienlasten in den Drittelspunkten.

Die verhältnismäßig geringe Breite der Vergleichsträger ergab sich aus den, durch die im maßgebenden Lastbereich am genauesten arbeitende Prüfmaschine des Instituts, vorgeschriebenen Versuchsbedingungen. Eine größere Breite der Versuchsträger hätte zwar infolge der größeren Anzahl der enthaltenen Bewehrungsstäbe bessere Durchschnittswerte ergeben (der Einfluß der Querdehnung des Betons ist bei den verwendeten Bewehrungsprozentsätzen vernachlässigbar), jedoch ist die Genauigkeit der Lastanzeige bei den übrigen zur Verfügung stehenden Pressen im benötigten Lastbereich wesentlich geringer.

9.2 Vergleich von Versuchsergebnissen für mit weichem Stahl bewehrte rechteckige Stahlbetonplatten mit den Lösungen der Fließgelenklinientheorie

9.2.1 Bezugswerte für mit weichem Stahl bewehrte Stahlbetonplatten (Reihe P, O und Q)

Für die Bewehrung der Plattenserien P und O wurde geglühter Eisendraht von 4 mm Dmr. verwendet und für die Serie Q von 4 mm und 4,2 mm Dmr. Die Anlieferung des Materials erfolgte in Rollen, und der Draht wurde vor dem Einbau gerade gezogen. Die Probenentnahme für die Zugversuche erfolgte von dem gestreckten Material (Vergleichsversuche mit direkt den Rollen entnommenem Material zeigten keine systematisch abweichenden Festigkeitswerte). Ein aus Versuchen an

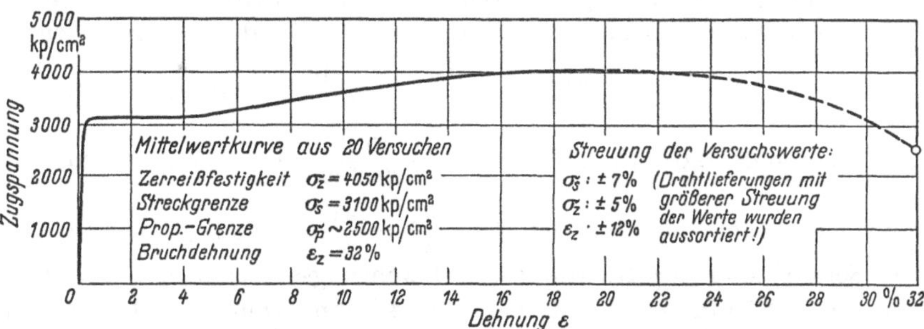

Abb. 9.2/1 Spannungs-Dehnungs-Diagramm für den als Bewehrung der Plattenserien P, Q und O verwendeten geglühten Eisendraht von 4 mm Dmr., dessen Festigkeitsmerkmale etwa denen von Betonstahl I entsprechen

20 Prüfdrähten von 4 mm Dmr. (langer Proportionalstab) bestimmtes durchschnittliches Spannungs-Dehnungs-Diagramm ist in Abb. 9.2/1 dargestellt. Die Hauptkennwerte des Eisendrahtes sind in der Abbildung angegeben. Bei sämtlichen Versuchen bildete sich eine Brucheinschnürung bis zu einem Durchmesser von etwa 2,3 mm aus. Periodisch mit Gruppen von fünf Prüfstäben durchgeführte Zugversuche bestätigten die Gültigkeit des angegebenen Spannungs-Dehnungs-Diagramms für die überwiegende Anzahl der Lieferungen. Drahtlieferungen mit abweichenden Festigkeitscharakteristiken wurden aussortiert und für die Bewehrung der Platten nicht verwendet. Somit kann die Fließgrenze des

Eisendrahtes bei der Berechnung des Querschnittsgrenzmoments mit $\sigma_s = 3100\,\mathrm{kp/cm^2}$ angesetzt werden.

Die Ermittlung der Bruchmomente erfolgte nach der Grenzmomentenformel für rechteckige Stahlbetonträger mit schwacher Bewehrung für eine in Form einer kubischen Parabel angenommene Spannungsverteilung in der Betondruckzone [vgl. Gl. (6.1.1/3)]:

$$\frac{M_0}{b} = h^2\,\varphi\,\sigma_s\left(1 - \frac{\varphi\,\sigma_s}{1{,}89\,\sigma_{bd}}\right); \tag{9.2.2/1}$$

dabei bedeutet

- M_0 Grenzmoment [kpcm],
- b Trägerbreite [cm]; hier $b = 1$ gesetzt,
- h Abstand der extremen Druckfaser von dem Schwerpunkt der Bewehrung [cm],
- φ Bewehrungsprozentsatz $\dfrac{F_e}{b\,h}$,
- σ_s Streckgrenze des Stahles,
- σ_{bd} maximale Biegedruckspannung im Beton; in diesem Falle als 85% der an Würfeln mit 10 cm Kantenlänge ermittelten Betondruckfestigkeit angesetzt.

Der Abstand der Bewehrungsstäbe von 4 mm Dmr. beträgt bei den meisten Platten der Serie P in beiden Richtungen 4 cm. Die Abstände des Schwerpunktes der Bewehrung von der extremen Druckfaser betragen in y-Richtung $h_y = 4{,}8$ cm und in x-Richtung $h_x = 4{,}4$ cm (s. jedoch Abschn. 9.2.5). Damit ergibt sich für die Grenzmomente:

$$M_y^R = 4{,}8^2 \cdot 0{,}00655 \cdot 3100\left(1 - \frac{0{,}00655 \cdot 3100}{1{,}89 \cdot 380}\right) = 455\,\mathrm{kpcm/cm},$$

$$M_x^R = 4{,}4^2 \cdot 0{,}00715 \cdot 3100\left(1 - \frac{0{,}00715 \cdot 3100}{1{,}89 \cdot 380}\right) = 417\,\mathrm{kpcm/cm},$$

und der Orthotropiefaktor ist $\Lambda = \dfrac{M_x}{M_y} = \dfrac{417}{455} = 0{,}92$. — Die Platten der Serie Q sind in y-Richtung mit Bewehrungsstäben von 4 mm Dmr. und in x-Richtung mit Stäben von 4,2 mm Dmr. bewehrt, es ist $h_y = 4{,}8$ cm und $h_x = 4{,}38$ cm; damit ergibt sich

$$M_x^R = 4{,}38^2 \cdot 0{,}00790 \cdot 3100\left(1 - \frac{0{,}00790 \cdot 3100}{1{,}89 \cdot 380}\right) = 454\,\mathrm{kpcm/cm},$$

so daß diese Platten als plastisch isotrop bezeichnet werden können.

Bei den Belastungsversuchen an den mit Stahl mit ausgeprägter Streckgrenze und großem plastischen Dehnvermögen bewehrten, den Platten der Versuchsreihen P, Q und O entsprechenden Vergleichsbetonträgern bilden sich bei Anwachsen der Drittelspunktlasten im konstanten Momentenbereich nur wenige Risse, von denen sich bei Erreichen der Streckgrenze des Stahles ein Riß schnell öffnet und unter sehr geringer Laststeigerung (durchschnittlich 3%) den Bruch durch sekundäre Zerstörung der sich rapide verkleinernden Betondruckzone herbeiführt, ohne daß die Bewehrung reißt. Die beobachtete geringe

Laststeigerung über die Fließgrenzenlast ist offenbar dem Eintreten des Stahles in den Verfestigungsbereich zuzuschreiben.

Bruchversuche an 34 Vergleichsträgern zur Serie P ergaben einen mittleres Grenzmoment (Fließgrenze) von $M_y^V = \frac{1}{\Lambda} M_x^V = 456$ kpcm/cm mit maximalen Abweichungen von -5% und $+6\%$.[1] Bruchversuche an 15 Vergleichsträgern der Serie Q ergaben ein mittleres Grenzmoment von $M_y^V = M_x^V = 458$ kpcm/cm mit maximalen Abweichungen von -5% und $+3\%$. Die Versuche zeigen, daß bei dem vorliegenden flachen, schwach bewehrten Querschnitt die Streckgrenze des Stahles als der für das Grenzmoment maßgebende Wert verwendet und das Querschnittsgrenzmoment mit sehr guter Genauigkeit unter Zugrundelegung der parabolischen Spannungsverteilung in der Betondruckzone berechnet werden kann. Die Streuung der Versuchswerte für die Grenzmomente der Vergleichsträger ist geringer als die Streuung der Streckgrenzenwerte aus den Zugversuchen am Bewehrungsdraht. Ein Bruchversuch mit einer zweiseitig frei drehbar gelagerten Platte von 144 cm Stützweite und 224 cm Breite (P 37) mit Bewehrung von 4 mm Dmr. bei $h_y = 4{,}8$ cm in 4 cm Abstand unter gleichförmig verteilter Belastung ergab $M_y^V = 456$ kpcm/cm, was dem Durchschnittswert für das Grenzmoment der Vergleichsträger der P-Serie genau entspricht. Da keine Aussage darüber gegeben werden kann, ob das Grenzmoment des jeweils zugehörigen Vergleichsträgers oder das durchschnittliche Grenzmoment den zutreffenderen Bezugswert für eine Platte darstellen, werden bei der Auswertung der Platten-Grenztragfähigkeitsversuche beide Grenzmomentenwerte als Bezugswerte verwendet.

Die experimentell am Vergleichsträger ermittelten Grenzmomente werden im folgenden mit M_y^V und M_x^V bezeichnet. Im Falle der Berechnung des Wertes von M_y aus dem Wert M_x^V mittels Λ steht auch M_y^V. Mit p^V wird die experimentell ermittelte Grenzlastintensität der Platte bezeichnet, d. h. diejenige Lastintensität, bei der eine rapide Plastizierung einsetzt. Der aus der Fließgelenklinientheorie folgende Wert der Grenzlastintensität wird mit p^R bezeichnet, wenn er auf das Grenzmoment des zugehörigen Vergleichsträgers gegründet ist, und mit p^{Rm}, wenn er sich auf das mittlere Grenzmoment der Vergleichsträger bezieht. Das Verhältnis zwischen experimentellem und theoretischem Wert der

[1] Das allein aus der Biegezugfestigkeit des Betons herrührende Grenzmoment des unbewehrten Betonquerschnitts wurde in sechs Versuchen mit durchschnittlich 270 kpcm/cm ermittelt (Abweichungen $< \pm 10\%$). Für die Versuche, die in erster Linie die Nachprüfung von Lösungen der Fließgelenklinientheorie zum Ziel hatten, erschien es zweckmäßig, ein das „Sprödbruch"-Grenzmoment des unbewehrten Betonquerschnitts wesentlich übersteigendes plastisches Grenzmoment vorzusehen. Daraus erklären sich die vom praktischen Standpunkt aus gesehen hohen Bewehrungsprozentsatz-Werte von etwa 0,7%.

Grenzlastintensität wird durch $\nu = p^V/p^R$ bzw. $\nu^m = p^V/p^{Rm}$ ausgedrückt. (Dem Einfluß des Eigengewichts der Platten wurde in allen Fällen Rechnung getragen.)

Die Ableitungen der verwendeten Grenztragfähigkeitsformeln finden sich in Kap. 6 bis 8. Die in den Formeln auftretenden Strukturkoeffizienten sind auf S. 343 definiert. Gegenüberstellungen von Stahlbetonplatten-Bruchbildern mit den entsprechenden theoretischen Fließgelenklinienfiguren befinden sich auf den Seiten 475 bis 497.

9.2.2 Frei drehbar gestützte, nahezu isotrop bewehrte Platten

Die Stützungsbedingungen für die rechteckigen Platten der Versuchsreihe P (s. Abschn. 9.1.3) werden in der Mehrzahl der Fälle von verschiedenen Arten der frei drehbar verschieblichen Stützung (s. Abb. 9.2/2) gebildet. Die Bezeichnung „frei drehbare Stützung" steht im folgenden stets für „frei drehbar verschiebliche Stützung".

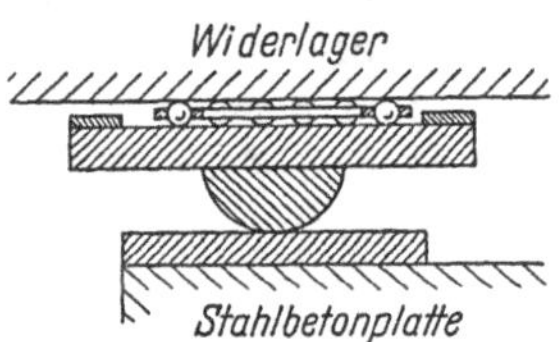

Abb. 9.2/2
Schema der frei drehbar verschieblichen Lagerung (Lagerabschnitte von 30 bis 50 cm Länge)

In Abb. 9.2/3a, S. 475, ist die theoretische Fließgelenklinienfigur einer allseitig frei drehbar gestützten, nahezu isotrop bewehrten rechteckigen Platte ($\beta = 0{,}667$, $\Lambda = 0{,}92$) mit Drillbewehrung in den festgehaltenen Ecken unter gleichförmig verteilter Belastung dargestellt. Die Abb. 9.2/3b u. c zeigen die Bruchbilder der Zug- bzw. Druckseite der entsprechenden Platte P 3, die bis zu einer Mittendurchbiegung $w_0 = 8{,}7$ cm belastet wurde. Die vertikal verlaufenden Risse 8, 9 und 10 sind Membranrisse.[1] Das Last-Durchbiegungsdiagramm für die Plattenmitte ist in Abb. 9.2/3d wiedergegeben. Der Parameter der Fließgelenklinienfigur und die theoretischen Werte der Grenzlastintensität sind nach Abschn. 8.5.1:

$$\mathfrak{A} = \Lambda\left(\sqrt{\beta^2 + \frac{3}{\Lambda}} - \beta\right) = 0{,}92\left(\sqrt{0{,}667^2 + \frac{3}{0{,}92}} - 0{,}667\right) = 1{,}16,$$

$$x = \frac{b}{2}\mathfrak{A} = 72 \cdot 1{,}16 = 83{,}5\,\text{cm},$$

$$p = \frac{24\Lambda}{b^2\mathfrak{A}^2} M_y = \frac{24 \cdot 0{,}92}{144^2 \cdot 1{,}16^2} M_y = 0{,}000795 M_y,$$

$$p^R = 0{,}000795 \cdot 470 = 0{,}374\,\text{kp/cm}^2,$$

$$p^{Rm} = 0{,}000795 \cdot 456 = 0{,}364\,\text{kp/cm}^2.$$

[1] Die Numerierung der Risse bezeichnet die Reihenfolge ihres Entstehens; bei den ersten Versuchen erfolgte die Numerierung für kleine Lastintervalle, später wurden diese größer gewählt.

Experimentell ermittelt wurde[1] $p^V = 0{,}386$ kp/cm²; somit ist $\nu = 1{,}03$, $\nu^m = 1{,}06$. Eine Wiederholung des Versuches (P 3a) ergab $\nu = 1{,}02$, $\nu^m = 1{,}01$.

Wie das in Abb. 9.2/3d aufgetragene Last-Durchbiegungsdiagramm zeigt, verfügt die Platte jenseits des durch die elementare Fließgelenklinientheorie bestimmten Fließbeginns über eine bedeutende Tragfähigkeitsreserve. Diese resultiert in erster Linie aus der Entstehung eines Membranspannungszustandes, dessen Einfluß durch die in Abschn. 5.2.3 dargelegte erweiterte Fließgelenklinientheorie (dehnbare Fließgelenke) erfaßt werden kann. Die zu Abb. 5.8b gehörige Gl. (5.2/54), in der die Wechselwirkung zwischen Moment und Membrankraft in der Fließbedingung nicht berücksichtigt wird, liefert mit $\frac{N_0}{M_0} = \frac{4}{3h_m}$, $h_m = \frac{1}{2}(h_x + h_y) = 4{,}6$ cm:

$$\Pi = 1 + \frac{1}{2}\frac{N_0}{M_0} W_0\left(1 + \frac{2x}{a}\,\frac{b^2 - 2ax}{b^2 + 2ax}\right)$$

$$= 1 + \frac{4}{2\cdot 3\cdot 4{,}6} W_0\left(1 + \frac{2\cdot 83{,}5}{216}\,\frac{144^2 - 2\cdot 216\cdot 83{,}5}{144^2 + 2\cdot 216\cdot 83{,}5}\right)$$

$\Pi = 1 + 0{,}115\, W_0$

$p^M = p^R\, \Pi$

W_0 [cm]	2	4	6	8
Π	1,23	1,46	1,69	1,92
p^M [kp/cm²] .	0,447	0,530	0,615	0,698

Die für p^M erhaltenen Werte liegen in diesem Falle um durchschnittlich 12% über den in Abb. 9.2/3d aufgetragenen Ergebnissen; eine Berücksichtigung der Wechselwirkung zwischen Moment und Membrankraft würde jedoch niedrigere obere Eingrenzungswerte liefern. — Wie das Bruchbild zeigt, tritt die auf rein kinematischer Grundlage angenommene Fließgelenklinienfigur nicht ein, da die in den Diagonalen wirksamen starken Biegedruck- und Druckspannungen erst abgebaut werden müssen.

Während sich — wie eine Gruppe von vergleichbaren Versuchen mit allseitig frei drehbar gestützten, gleichförmig belasteten rechteckigen und quadratischen Stahlbetonplatten ergab — die Last-Durchbiegungskurven bis zum Beginn des Eintretens größerer plastischer Formänderungen in guter Übereinstimmung miteinander befinden, treten im weiteren Kurvenverlauf ziemlich große Abweichungen auf. Die Werte streuen auch über die nach Abschn. 5.2.3 für ideal-plastisches Material erhaltenen oberen Eingrenzungswerte hinaus. Diese Streuung kann mit Unterschieden in der Verbundwirkung erklärt werden: Der

[1] Bei einer Manometeranzeige von $p^* = 0{,}400$ kp/cm² Beginn rapider Plastizierung. Da die Lasteintragung der Schwerkraftwirkung entgegengesetzt ist, gilt: $p^V = p^* - g = 0{,}400 - 0{,}014 = 0{,}386$ kp/cm².

jeweilige Anstieg der Last-Durchbiegungskurve jenseits des „Fließpunktes" wird von dem von der Bewehrung in der Fließgelenklinie erreichten Verfestigungsgrad mitbestimmt, und dieser ist unter anderem von der Länge der Strecke abhängig, auf welcher sich der Stahl in der Nachbarschaft der Fließgelenklinie von der Haftung mit dem Beton löst. (Bei Verwendung eines weichen Stahles mit kontinuierlichem Scherverbund wird eine bessere Übereinstimmung der Last-Durchbiegungskurven verschiedener vergleichbarer Plattenexperimente im plastischen Bereich erzielt. Systematische Versuche, die eine getrennte Analyse von Membrankraft- und Verfestigungseinflüssen gestatten würden, waren jedoch im Versuchsprogramm nicht vorgesehen.)

In Abb. 9.2/4a ist die theoretische Fließgelenklinienfigur einer allseitig frei drehbar gestützten, nahezu isotrop bewehrten rechteckigen Platte ($\beta = 0{,}667$, $\Lambda = 0{,}92$) ohne Drillbewehrung in den festgehaltenen Ecken unter gleichförmig verteilter Belastung dargestellt. Die Abb. 9.2/4b u. c zeigen die Bruchbilder der entsprechenden Platte P 8, die bis zu einer Mittendurchbiegung von 7,8 cm belastet wurde. Der in vertikaler Richtung verlaufende Riß 7 ist ein Membranriß. Die Parameter der Fließgelenklinienfigur und die theoretischen Werte der Grenzlastintensität werden bei einer Annahme von $\Lambda'_x = \Lambda'_y = 0$, da in der negativen Bruchlinie der Wippen in den Plattenecken keine plastische Arbeit geleistet wird, nach Abschn. 8.5.1 und Abschn. 8.9 berechnet. Wie im vorigen Falle erhält man:

$$\mathfrak{A} = 1{,}16, \qquad x = 83{,}5\,\text{cm}, \qquad p_0 = 0{,}000795\,M_y.$$

Die Berücksichtigung der Wippen in den Plattenecken ergibt für $\Lambda'_x = \Lambda'_y = 0$ anstelle von Abb. 9.2/3a' die in Abb. 9.2/4a gezeigte Fließgelenklinienfigur und einen Grenzlastabminderungsfaktor von 0,92, so daß

$$p^R = 0{,}92 \cdot 0{,}000795 \cdot 460 = 0{,}336\,\text{kp/cm}^2,$$

$$p^{Rm} = 0{,}92 \cdot 0{,}000795 \cdot 456 = 0{,}334\,\text{kp/cm}^2.$$

Experimentell ermittelt wurde $p^V = 0{,}356\,\text{kp/cm}^2$; somit ist $\nu \approx \nu^m = 1{,}06$. Eine Wiederholung des Versuches mit extrem langsamer Lasteintragung (P 16, Lasteintragung innerhalb von 22 Stunden gegenüber der Normaldauer von 3 Stunden bei P 8) ergab $\nu = 1{,}08$, $\nu^m = 1{,}03$; der Anstieg der Last-Durchbiegungskurve im plastischen Bereich ist für P 16 nur geringfügig flacher als im Falle P 8.

Aus dem im Durchschnitt verhältnismäßig hohen Wert von $\nu = p^V/p^R$, der für die frei drehbar gestützten Rechteckplatten ohne Drillbewehrung in den festgehaltenen Ecken erhalten wurde, kann geschlossen werden, daß die Biegezugfestigkeit des Betons nicht ohne Einfluß auf die Grenztragfähigkeit (Fließbeginn) der Platte ist. Die Berücksichtigung des Grenzmoments des unbewehrten Plattenquerschnitts in voller Höhe, $\Lambda_0'^* \approx 0{,}5$, liefert in den vorliegenden Fällen $\nu \approx 1{,}00$.

Im Falle abhebbarer Plattenecken (P 0, P 1) ergab ein Grenzlastabminderungsfaktor von 0,92 gute Übereinstimmung mit den experimentellen Werten: durchschnittlich $\nu = 1{,}02$. Die Bruchbilder wiesen hierbei eine wesentlich breitere Ausfächerung der Fließgelenklinien in den Plattenecken auf als im Falle von P 8 (Abb. 9.2/4b) und P 16. Bei der den Platten P 8 und P 16 entsprechenden Platte P 17 wurde die Belastung „dynamisch" innerhalb einer Zeit von 20 Sekunden eingetragen. Anstelle einer Konzentration der Krümmung in wenigen Fließgelenklinien bildet sich hier in Plattenmitte ein plastizierter Bereich — diffuses Fließgelenklinienfeld — aus (Abb. 9.2/4d). Das Bruchbild tendiert zu dem Bruchbild von Platten, die durch Stoßwellenbelastung zu Bruch gebracht wurden (vgl. auch [66]). Kraftmessungen konnten nicht angestellt werden.

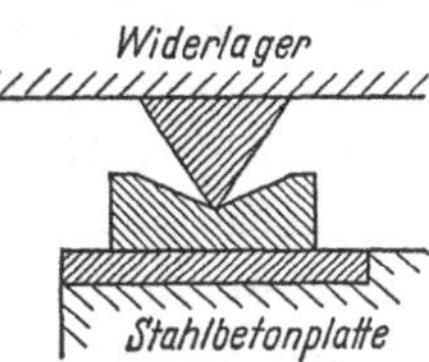

Abb. 9.2/5 Schema der frei drehbar unverschieblichen Lagerung (Schneide mit Widerlager verdübelt, desgleichen Kerbprofil mit Flachstahl und dieser mit Betonplatte)

In Abb. 9.2/6a ist die theoretische Fließgelenklinienfigur einer allseitig frei drehbar *unverschieblich* gestützten (vgl. Abb. 9.2/5), nahezu isotrop bewehrten rechteckigen Platte ($\beta = 0{,}667$, $\Lambda = 0{,}92$) mit Drillbewehrung in den festgehaltenen Ecken unter gleichförmig verteilter Belastung dargestellt, wie sie sich bei Berücksichtigung der Membraneffekte für endliche Durchbiegung ergibt (vgl. Abschn. 5.2.3). Abb. 9.2/6b zeigt das Bruchbild der entsprechenden Platte P 11, die bis zu einer Mittendurchbiegung von 9,0 cm belastet wurde. Der Parameter der Fließgelenklinienfigur und die theoretischen Werte der Grenzlastintensität (ohne Berücksichtigung der Membraneffekte) sind nach Abschn. 8.5.1:

$$\mathfrak{A} = 1{,}16, \quad x = 83{,}5 \text{ cm}, \quad p = 0{,}000795 M_y,$$

$$p^R = 0{,}000795 \cdot 461 = 0{,}367 \text{ kp/cm}^2,$$

$$p^{Rm} = 0{,}000795 \cdot 456 = 0{,}364 \text{ kp/cm}^2.$$

Experimentell ermittelt wurde $p^V = 0{,}376$ kp/cm²; somit ist $\nu = 1{,}02$, $\nu^m = 1{,}03$.

Wie aus dem Bruchbild zu entnehmen ist, stimmte die Rißverteilung zunächst gut mit Fließgelenklinienfigur und Bruchbild nach Abb. 9.2/3 überein. Bei wachsender Durchbiegung bildeten sich um die „First-Fließgelenklinie" nach außen fortschreitende Rißzüge von etwa rechteckiger Form aus (diese wurden bei dem entsprechenden, jedoch mit abhebbaren Plattenecken durchgeführten Versuch P 10 in klarerer Ausprägung erhalten). Die in vertikaler Richtung durch die trapezförmigen Plattenteile verlaufenden Membranrisse sind bei gleichen Durchbiegungen bedeutend stärker ausgeprägt als bei der Platte P 3 (Abb. 9.2/3b, c). Da die bei der Prüfkörperherstellung erzielten Maßtoleranzen nicht ausreichten, um die Unverschieblichkeit der Lagerung in Plattenebene zu gewährleisten, ergab sich kein wesentlich steilerer Anstieg der Last-Durchbiegungskurve im plastischen Bereich als im Falle von P 3 (Abb. 9.2/3d), wie er Gl. (5.2.53) zufolge zu erwarten gewesen wäre.[1] Immerhin lassen die Versuche P 11 und P 10 trotz unzureichender Versuchsbedingungen erkennen, daß — abweichend von der nach Abb. 5.8a angenommenen Fließgelenklinienfigur — senkrecht zur langen Plattenseite, also in Bereichen mit verhältnismäßig geringer Biegebeanspruchung verlaufende Fließgelenklinien auftreten.

In Abb. 9.2/7a ist eine nach Abschn. 6.7.3 auf iterativem Wege ermittelte Fließgelenklinienfigur einer vierseitig frei drehbar gestützten, jedoch an einem halben Rande freien, nahezu isotrop bewehrten rechteckigen Platte ($\beta = 0{,}667$, $\Lambda = 0{,}92$) mit Drillbewehrung in den festgehaltenen Ecken unter gleichförmig verteilter Belastung dargestellt. Abb. 9.2/7b zeigt das Bruchbild der entsprechenden Platte P 34, die bis zu einer Mittendurchbiegung von 5,3 cm belastet wurde. Der theoretische Wert der Grenzlastintensität ist:

$$p^{Rm} = 0{,}000746 \cdot 456 = 0{,}342 \text{ kp/cm}^2.$$

Experimentell ermittelt wurde $p^V = 0{,}346$ kp/cm²; somit ist $\nu^m = 1{,}01$.

In Abb. 9.2/8a ist die theoretische Fließgelenklinienfigur einer allseitig frei drehbar gestützten, nahezu isotrop bewehrten rechteckigen Platte ($\beta = 0{,}667$, $\Lambda = 0{,}92$) mit Drillbewehrung in den festgehaltenen Ecken unter mittiger Einzellast (Durchmesser der Lastverteilungsplatte: 24 cm) dargestellt. Abb. 9.2/8b zeigt das Bruchbild der entsprechenden Platte P 26, die bis zu einer Mittendurchbiegung von 7,0 cm belastet wurde. Der theoretische Wert der Grenzlastintensität wird für die nach Abschn. 6.7.2 affin verzerrte Platte, $a' = \frac{a}{\sqrt{\Lambda}} = \frac{216}{\sqrt{0{,}92}} = 225$ cm, mit folgender Retransformation des ermittelten Lastwertes, $P = P'\sqrt{\Lambda}$, bei Berücksichtigung der Leistung des entgegenwirkenden Eigengewichtes aus der in Abschn. 6.6.2.3 angegebenen Formel

$$P' = 4M_0\left(\frac{a'}{b} + \frac{b}{a'}\right) = 4\left(\frac{225}{144} + \frac{144}{225}\right)M_y = 8{,}80\,M_y$$

zu

$$P^R \approx P^{Rm} = 8{,}80 \cdot 0{,}96 \cdot 456 + 140 = 4000 \text{ kp}$$

[1] Für zukünftige Versuche zur Ermittlung des Membranzugeinflusses bei frei drehbar unverschieblicher Lagerung von rechteckigen Platten empfiehlt sich die Verwendung von Platten mit in hinreichend steife Randträger eingreifender Bewehrung mit einer Trennfuge im Beton zur Vermeidung der „Gewölbewirkung".

bestimmt. Experimentell ermittelt wurde $P^V = 4200\,\text{kp}$; somit ist $\nu \approx \nu^m = 1{,}05$.

In Abb. 9.2/9a ist die theoretische Fließgelenklinienfigur einer dreiseitig frei drehbar gestützten, an einem langen Rande freien, nahezu isotrop bewehrten rechteckigen Platte ($\Lambda = 0{,}92$) mit Drillbewehrung in den festgehaltenen Ecken unter gleichförmig verteilter Belastung dargestellt. Abb. 9.2/9b zeigt das Bruchbild der entsprechenden Platte P 6, die bis zu einer maximalen Durchbiegung von 5,2 cm belastet wurde. Der Parameter der Fließgelenklinienfigur und der theoretische Wert der Grenzlastintensität ergeben sich nach Abschn. 8.2.1 (bei affiner Verzerrung der Plattendimensionen: $a' = \frac{a}{\sqrt{\Lambda}} = \frac{216}{\sqrt{0{,}92}} = 225\,\text{cm}$, $\beta' = \frac{b}{a'} = \frac{147}{225} = 0{,}65$) zu[1]:

$$x' = b\left(-\frac{2}{3}\beta' + \sqrt{\frac{4}{9}\beta'^2 + 1}\right)$$

$$= 147\left(-\frac{2}{3}\cdot 0{,}65 + \sqrt{\frac{4}{9}\cdot 0{,}65^2 + 1}\right) = 96{,}6\,\text{cm},$$

$$x = x'\sqrt{\Lambda} = 96{,}6\cdot\sqrt{0{,}92} = 92{,}7\,\text{cm},$$

$$p = \frac{8}{a'\,x'}M_y = \frac{8}{225\cdot 96{,}6}M_y = 0{,}000368\,M_y,$$

$$p^{Rm} = 0{,}000368\cdot 456 = 0{,}168\,\text{kp/cm}^2.$$

Der Beginn rapider Plastizierung konnte wegen einer versehentlich zu groß gewählten Laststufe nicht genau ermittelt werden, er lag zwischen 0,166 und 0,186 kp/cm². Aus dem Kurvenverlauf kann man auf $p^V = 0{,}176$ schließen; somit ist $\nu^m = 1{,}05$. (Es ist keine nennenswerte plastische Tragfähigkeitsreserve vorhanden[2].)

Bei diesem Plattentyp ergeben sich elastische Durchbiegungen, die gegenüber den plastischen nicht mehr vernachlässigbar klein sind, so daß die Fließgelenklinien infolge der großen elastischen Verformungen nicht mehr einen geradlinigen, sondern einen gekrümmten Verlauf haben. Die dadurch bedingte Änderung der Grenztragfähigkeit ist offenbar unwesentlich.

In Abb. 9.2/10a ist die theoretische Fließgelenklinienfigur einer allseitig frei drehbar gestützten, nahezu isotrop bewehrten rechteckigen Platte ($\beta = 0{,}667$, $\Lambda = 0{,}92$) mit Drillbewehrung in den festgehaltenen Ecken unter kombinierter gleichförmig verteilter Belastung p und mittiger Einzellast P (Durchmesser der Lastverteilungsplatte: 24 cm)

[1] Die Verwendung der in Abschn. 8.2.2.3 abgeleiteten Formeln liefert natürlich die gleichen Werte.

[2] Derartige Fälle sind in den Abbildungsbeschriftungen durch * gekennzeichnet.

dargestellt. Die gewählte Belastungskombination liegt mit $k = \frac{P}{p\,a\,b} = 0{,}20$ im Bereich der vorherrschenden gleichförmig verteilten Belastung, jedoch nahe am Grenzverhältnis (s. Abschn. 8.7.1): $k_I = \frac{1}{6} \times \times \frac{1-\beta^2 \Lambda}{\beta^2 \Lambda} = \frac{1}{6}\,\frac{1-0{,}667^2 \cdot 0{,}92}{0{,}667^2 \cdot 0{,}92} = 0{,}24$. Die Abb. 9.2/10b u. c zeigen die Bruchbilder der entsprechenden Platte P 27, die bis zu einer Mittendurchbiegung von 8,3 cm belastet wurde. Auf der Druckseite der Platte erscheinen Bruchlinien in Form logarithmischer Spiralen mit dem Pol im Angriffspunkt der Einzellast. Der Parameter der Fließgelenklinienfigur und die theoretischen Werte der Grenzlastintensität sind nach Abschn. 8.7.1:

$$\mathfrak{M} = \Lambda\left(\sqrt{\beta^2 + \frac{3}{\Lambda} + \frac{6k}{\Lambda}} - \beta\right)$$

$$= 0{,}92\left(\sqrt{0{,}667^2 + \frac{3}{0{,}92} + \frac{6 \cdot 0{,}2}{0{,}92}} - 0{,}667\right) = 1{,}445,$$

$$x = \frac{b}{2}\,\mathfrak{M} = 72 \cdot 1{,}445 = 104\ \text{cm},$$

$$p = \frac{24\Lambda}{b^2\,\mathfrak{M}^2}\,M_y = \frac{24 \cdot 0{,}92}{144^2 \cdot 1{,}445^2}\,M_y = 0{,}00051\,M_y,$$

$$\left.\begin{aligned} p^R &= 0{,}00051 \cdot 460 = 0{,}235\ \text{kp/cm}^2 \\ p^{Rm} &= 0{,}00051 \cdot 456 = 0{,}233\ \text{kp/cm}^2 \end{aligned}\right\} P^R = 1470\ \text{kp}.$$

Experimentell ermittelt wurde $p^V = 0{,}250$ kp/cm², $P^V = 1560$ kp; somit ist $\nu = 1{,}06$, $\nu^m = 1{,}07$. Die verhältnismäßig hohen ν-Werte resultieren daraus, daß die Einzellast P nicht punktförmig, wie in der Rechnung angenommen, sondern auf einer Kreisfläche von 24 cm Dmr. verteilt eingetragen wurde.

In Abb. 9.2/11a ist die theoretische Fließgelenklinienfigur einer an den beiden Schmalseiten über die Stützungslinien auskragenden, vierseitig frei drehbar gestützten, in zwei Schichten bewehrten rechteckigen Platte $\left(\Lambda = 0{,}92,\ \Lambda'_x = 1{,}0,\ \bar{\beta} = \frac{a}{b} = 1{,}07\right)$ unter gleichförmig verteilter Belastung dargestellt. Die Stützungsverhältnisse wurden so gewählt, daß die theoretische Grenztragfähigkeit der auskragenden Plattenteile etwas über der Grenztragfähigkeit des inneren Plattenteiles liegt. (Damit sollte der bis zum Beginn der Plastizierung des inneren Plattenteiles wirksam werdende, die Tragfähigkeit erhöhende Membraneffekt so kompensiert werden, daß kein vorzeitiges Versagen der auskragenden Plattenteile eintritt.) Die Abb. 9.2/11b u. c zeigen die Bruchbilder beider Seiten der entsprechenden Platte P 31, die bis zu einer Mittendurchbiegung von 7,5 cm belastet wurde. Der Parameter der Fließgelenklinienfigur und die theoretischen Werte der Grenztragfähigkeit sind nach Abschn. 8.5.3:

$$\bar{\mathfrak{F}} = \frac{1}{\Lambda(1+\Lambda_x')}\left[\sqrt{\bar{\beta}^2 + 3\Lambda(1+\Lambda_x')} - \bar{\beta}\right]$$

$$= \frac{1}{0{,}92(1+1)}\left[\sqrt{1{,}07^2 + 3\cdot 0{,}92(1+1)} - 1{,}07\right] = 0{,}82,$$

$$y = \frac{a}{2}\bar{\mathfrak{F}} = 77\cdot 0{,}82 = 63\,\text{cm},$$

$$p_i = \frac{24}{a^2\bar{\mathfrak{F}}^2} M_y = \frac{24}{154^2\cdot 0{,}82^2} M_y = 0{,}001\,51\,M_y,$$

$p_i^R = 0{,}001\,51\cdot 447 = 0{,}674\,\text{kp/cm}^2$, $p_i^{Rm} = 0{,}001\,51\cdot 456 = 0{,}686\,\text{kp/cm}^2$;

auskragender Plattenteil: $t = 35$ cm

$$p_a^{Rm} = \frac{2}{t^2} M_x' = \frac{2}{35^2}\cdot 0{,}92\cdot 456 = 0{,}690\,\text{kp/cm}^2.$$

Experimentell ermittelt wurde $p^V = 0{,}686\,\text{kp/cm}^2$; somit ist $\nu = 1{,}02$, $\nu^m = 1{,}00$.

In Abb. 9.2/12a ist die theoretische Fließgelenklinienfigur einer entlang zweier angrenzender Ränder frei drehbar gelagerten, in der drillbewehrten Ecke festgehaltenen und in der gegenüberliegenden Ecke punktförmig gestützten, nahezu isotrop bewehrten rechteckigen Platte ($\beta = 0{,}667$, $\Lambda = 0{,}92$) unter gleichförmig verteilter Belastung dargestellt. Dabei ist die Lage der Fließgelenklinie an der punktgestützten Ecke unbestimmt. Abb. 9.2/12b zeigt das Bruchbild der entsprechenden Platte P 32, die bis zu einer maximalen Durchbiegung von 2,7 cm belastet wurde. Der Parameter der Fließgelenklinienfigur und der theoretische Wert der Grenzlastintensität sind nach Abschn. 8.3.2:

$$A = \beta\sqrt{\Lambda} = 0{,}667\cdot\sqrt{0{,}92} = 0{,}64, \qquad \xi = \frac{3A}{3+2A} = \frac{3\cdot 0{,}64}{3+2\cdot 0{,}64} = 0{,}45,$$

$$x = \xi a = 0{,}45\cdot 216 = 97\,\text{cm},$$

$$p = \frac{8A\left(1+\frac{A}{3}\right)}{b^2} M_y = \frac{8\cdot 0{,}64\left(1+\frac{0{,}64}{3}\right)}{144^2} M_y = 0{,}0003\,M_y,$$

$$p^{Rm} = 0{,}0003\cdot 456 = 0{,}137\,\text{kp/cm}^2.$$

Experimentell ermittelt wurde $p^V = 0{,}142\,\text{kp/cm}^2$; somit ist $\nu^m = 1{,}03$. (Es ist keine nennenswerte plastische Tragfähigkeitsreserve vorhanden.[1])

In Abb. 9.2/13a ist die theoretische Fließgelenklinienfigur einer an einer langen Seite frei drehbar gelagerten, innerhalb der beiden gegenüberliegenden Ecken punktförmig gestützten, nahezu isotrop bewehrten

[1] Derartige Fälle sind in den Abbildungsbeschriftungen durch * gekennzeichnet.

rechteckigen Platte ($\beta = 0{,}675$, $\Lambda = 0{,}92$) unter gleichförmig verteilter Belastung dargestellt. Abb. 9.2/13b zeigt das Bruchbild der entsprechenden Platte P 15. Die Parameter der Fließgelenklinienfigur und der theoretische Wert der Grenzlastintensität sind nach Abschn. 8.3.1.2:

$$\varrho_a = \varrho_b = \varrho, \quad \varrho = \frac{4}{143} = \frac{6}{212} = 0{,}028, \quad A = \beta\sqrt{\Lambda} = 0{,}675 \cdot \sqrt{0{,}92} = 0{,}65,$$

$$\xi^3 + \frac{3}{2}(1 + \sqrt{\Lambda})\,\varrho\,\xi^2 - \frac{3}{4}A\,(1 + \sqrt{\Lambda})\,\varrho = 0 \qquad \text{Lösung: } \xi \approx 0{,}27,$$

$$\xi\,a = 0{,}27 \cdot 212 = 57\text{ cm}, \quad \eta = \frac{\xi}{A} = \frac{0{,}27}{0{,}65} = 0{,}415,$$

$$\eta\,b = 0{,}415 \cdot 143 = 59{,}5\text{ cm},$$

$$p = \frac{24A^2}{b^2}\,\frac{\xi + (A\,\varrho_b + \varrho_a)}{3A\,\xi - 2\xi^3}\,M_y$$

$$= \frac{24 \cdot 0{,}65^2}{143^2}\,\frac{0{,}27 + 0{,}65 \cdot 0{,}028 + 0{,}028}{3 \cdot 0{,}65 \cdot 0{,}27 - 2 \cdot 0{,}27^3} = 0{,}000322\,M_y,$$

$$p^R \approx p^{Rm} = 0{,}000322 \cdot 456 = 0{,}147\text{ kp/cm}^2.$$

Experimentell ermittelt wurde $p^V = 0{,}136$ kp/cm²; somit ist $\nu \approx \nu^m = 0{,}93$. (Es ist keine plastische Tragfähigkeitsreserve vorhanden.) Die Minusabweichung kann verschiedene Ursachen haben: a) Die obere Eingrenzungslösung nach Abschn. 8.3.1.2 liefert keine hinreichend dichte Annäherung an die tatsächliche Grenzlastintensität, b) Lasteintragung auf der gesamten Plattenfläche anstatt nur innerhalb der Stützungsachsen, c) Abweichungen der Angriffspunkte der Punktstützungsreaktions-Resultierenden von der vorgeschriebenen Lage und d) Querkrafteinflüsse. — Für den Fall der Punktstützung an den Schnittpunkten der Plattenseiten gegenüber des frei drehbar gestützten Randes erhält man nach Abschn. 8.3.1.1 für die Grenzlastintensität den Wert:

$$p^R \approx p^{Rm} = \frac{8A}{b^2}\,M_y = \frac{8 \cdot 0{,}63}{147^2}\,M_y = 0{,}000234 \cdot 456 = 0{,}107\text{ kp/cm}^2,$$

der aus dem Vergleich mit dem experimentellen Grenzlastwert $\nu \approx \nu^m = 1{,}27$ ergibt.

In Abb. 9.2/14a ist die theoretische Fließgelenklinienfigur einer dreiseitig frei drehbar gestützten, an einem kurzen Rande freien, nahezu isotrop bewehrten rechteckigen Platte ($\Lambda = 0{,}92$) mit abhebbaren Ecken unter gleichförmig verteilter Belastung dargestellt. Abb. 9.2/14b zeigt das Bruchbild der entsprechenden Platte P 2, die bis zu einer maximalen Durchbiegung von 6,6 cm belastet wurde. Der Parameter der Fließgelenklinienfigur und der theoretische Wert der Grenzlastintensität sind nach Abschn. 8.2.1 (oder nach Abschn. 8.2.2):

$$a' = \frac{a}{\sqrt{\Lambda}} = \frac{220}{\sqrt{0{,}92}} = 230\,\text{cm}, \qquad \beta' = \frac{b}{a'} = \frac{144}{230} = 0{,}626,$$

$$x' = \frac{b}{2}\left(\sqrt{\frac{\beta'^2}{4} + 3} - \frac{\beta'}{2}\right) = 72\left(\sqrt{\frac{0{,}626^2}{4} + 3} - \frac{0{,}626}{2}\right) = 104\,\text{cm},$$

$$x = x'\sqrt{\Lambda} = 104 \cdot \sqrt{0{,}92} = 100\,\text{cm},$$

$$p = \frac{6}{x'^2} M_y = \frac{6}{104^2} M_y = 0{,}00055 M_y.$$

Bei Berücksichtigung der Wippen in den zwei abhebbaren Plattenecken ergibt sich ein Abminderungsfaktor, der etwas kleiner als 0,96 ist.

$$p^R = 0{,}96 \cdot 0{,}00055 \cdot 473 = 0{,}250\,\text{kp/cm}^2,$$

$$p^{Rm} = 0{,}96 \cdot 0{,}00055 \cdot 456 = 0{,}241\,\text{kp/cm}^2.$$

Experimentell ermittelt wurde $p^V = 0{,}241$ kp/cm²; somit ist $\nu = 0{,}97$, $\nu^m = 1{,}00$.

In Abb. 9.2/15a ist eine nach Abschn. 6.7.3 auf iterativem Wege unter Berücksichtigung des Eigengewichtseinflusses (wie in allen Fällen) ermittelte Fließgelenklinienfigur einer dreiseitig frei drehbar gestützten, an einem kurzen Rande freien, nahezu isotrop bewehrten rechteckigen Platte ($\Lambda = 0{,}92$) mit Drillbewehrung in den festgehaltenen Ecken unter in Längsrichtung *halbseitig* gleichförmig verteilter Belastung dargestellt. Abb. 9.2/15b zeigt das Bruchbild der entsprechenden Platte P 18, die bis zu einer maximalen Durchbiegung von 4,6 cm belastet wurde. Die theoretischen Werte der Grenzlastintensität sind:

$$p^R = 0{,}468\,\text{kp/cm}^2, \qquad p^{Rm} = 0{,}478\,\text{kp/cm}^2.$$

Experimentell ermittelt wurde $p^V = 0{,}480$ kp/cm²; somit ist $\nu = 1{,}02$, $\nu^m = 1{,}00$.

In Abb. 9.2/16a ist eine nach Abschn. 6.7.3 auf iterativem Wege ermittelte näherungsweise Fließgelenklinienfigur einer vierseitig frei drehbar gestützten, nahezu isotrop bewehrten rechteckigen Platte ($\Lambda = 0{,}92$) mit Drillbewehrung in den festgehaltenen Ecken unter in Längsrichtung *halbseitig* gleichförmig verteilter Belastung dargestellt. Abb. 9.2/16b zeigt das Bruchbild der entsprechenden Platte P 19, die bis zu einer maximalen Durchbiegung von 5,2 cm belastet wurde. Der theoretische Wert der Grenzlastintensität ist:

$$p^R \approx p^{Rm} = 0{,}685\,\text{kp/cm}^2.$$

Experimentell ermittelt wurde $p^V = 0{,}685$ kp/cm²; somit ist $\nu \approx \nu^m = 1{,}00$.

In Abb. 9.2/17a ist eine nach Abschn. 6.7.3 auf iterativem Wege ermittelte näherungsweise Fließgelenklinienfigur einer vierseitig frei drehbar gestützten, nahezu isotrop bewehrten rechteckigen Platte ($\Lambda = 0{,}92$) mit Drillbewehrung in den festgehaltenen Ecken auf der Lastseite (keine Festhaltung der anderen Plattenecken) unter in Querrichtung *halbseitig* gleichförmig verteilter Belastung dargestellt. Das in diesem Falle verhältnismäßig große entlastende Eigengewichtsmoment des rechten Plattenteiles nimmt einen bedeutenden Einfluß auf die Fließgelenklinienfigur. Abb. 9.2/17b zeigt das Bruchbild der entsprechenden Platte P 39. Die theoretischen Werte der Grenzlastintensität sind:

$$p^R = 0{,}589\ \text{kp/cm}^2, \qquad p^{Rm} = 0{,}596\ \text{kp/cm}^2.$$

Experimentell ermittelt wurde $p^V = 0{,}600\ \text{kp/cm}^2$; somit ist $\nu = 1{,}02$, $\nu^m = 1{,}01$.

In Abb. 9.2/18a sind zwei verschiedene Fließgelenklinienfiguren für eine dreiseitig frei drehbar gestützte rechteckige Platte ($\Lambda = 0{,}92$) mit Drillbewehrung in den beiden linksseitigen festgehaltenen Ecken unter in Querrichtung *halbseitig* gleichförmig verteilter Belastung überlagert dargestellt. Die Abb. 9.2/18b u. c zeigen das Bruchbild auf beiden Seiten der entsprechenden Platte P 33, die bis zu einer maximalen Durchbiegung von 5,9 cm belastet wurde. Die Überlagerung der beiden Fließgelenklinienfiguren ist klar ausgeprägt. Der zur freien Plattenseite verlaufende Riß 3 ist zuletzt aufgetreten. Für die Y-förmige Fließgelenklinienfigur erhält man nach Abschn. 8.2.2.1 bei entsprechenden Vertauschungen mit $\gamma b = 108$ cm, $\gamma = 0{,}492$, $\bar\beta = 1{,}53$, $\bar\Lambda = \frac{1}{0{,}92} = 1{,}085$, $\bar A^2 = \bar\beta^2 \bar\Lambda = 2{,}53$ folgenden Parameter und Grenzlastwert:

$$\bar\eta_1 = \frac{\sqrt{1 + 12\bar A^2\gamma} - 1}{4\bar A^2} = \frac{\sqrt{1 + 12 \cdot 2{,}53 \cdot 0{,}492} - 1}{4 \cdot 2{,}53} = 0{,}296,$$

$$x = \bar\eta_1 a = 0{,}296 \cdot 220 = 65{,}0\ \text{cm},$$

$$p = \frac{6}{\bar\eta_1^2 a^2} M_0 = \frac{6}{65^2} M_0 = 0{,}00142 \cdot M_0,$$

$$p^{Rm} = 0{,}00142 \cdot 456 = 0{,}646\ \text{kp/cm}^2.$$

Obwohl in der in y-Richtung verlaufenden gekrümmten „negativen“ Bruchlinie keine plastische Arbeit geleistet wird, kann der bei dem Belastungsversuch zuerst aufgetretenen Bruchfigur nur entsprochen werden, wenn das Bruchmoment des unbewehrten Betonquerschnittes M_x' mit in Ansatz gebracht wird. Entsprechend den Versuchswerten für das durch die Biegezugfestigkeit des Betons gegebene Grenzmoment des unbewehrten Betonquerschnittes wird $\Lambda_x' = 0{,}5$ gesetzt. Bei der näherungsweisen Berechnung wird die in y-Richtung verlaufende gekrümmte Bruchlinie durch einen aus drei Abschnitten bestehenden geknickten Streckenzug ersetzt. Diese Fließgelenklinienfigur liefert einen niedrigeren Grenzlastwert von $p^{Rm} = 0{,}615$ kp/cm². Experimentell ermittelt wurde $p^V = 0{,}616$ kp/cm²; somit ist $\nu^m = 1{,}00$.

In Abb. 9.2/19a sind zwei verschiedene auf iterativem Wege ermittelte näherungsweise Fließgelenklinienfiguren für eine vierseitig frei drehbar gestützte, nahezu isotrop bewehrte rechteckige Platte ($\Lambda = 0{,}92$) mit Drillbewehrung in den festgehaltenen Ecken unter in Querrichtung *halbseitig* gleichförmig verteilter Belastung überlagert dargestellt. Die Abb. 9.2/19b u. c zeigen das Bruchbild auf beiden Seiten der entsprechenden Platte P 22, die bis zu einer maximalen Durchbiegung von 6,8 cm belastet wurde. Die Überlagerung der beiden Fließgelenklinienfiguren ist deutlich zu erkennen. Für die in dünnen Linien gezeichnete Fließgelenklinienfigur (in die rechten Plattenecken verlaufende Fließgelenklinien) erhält man: $p^R = 0{,}664$ kp/cm². Die dicker ausgezogene Fließgelenklinienfigur liefert jedoch einen niedrigeren Wert für die Grenzlastintensität, selbst wenn das Grenzmoment des unbewehrten Betonquerschnittes M_x, das keine plastische Arbeit leisten kann, mit in Ansatz gebracht wird. Entsprechend den Versuchswerten für das durch die Biegezugfestigkeit des Betons gegebene Grenzmoment wird $\Lambda'_x = 0{,}5$ gesetzt. Diese Fließgelenklinienfigur liefert einen Grenzlastwert von $p^{Rm} = 0{,}615$ kp/cm². Experimentell ermittelt wurde $p^V = 0{,}626$ kp/cm²; somit ist $\nu^m = 1{,}02$.

9.2.3 Platten mit eingespannten Rändern

Bei den Versuchen an Stahlbetonplatten mit eingespannten Rändern war die innerhalb der Einspannbacken liegende Fläche so gewählt, daß eine für die volle Wirksamkeit der an der Einspannstelle entstehenden plastischen Gelenke theoretisch hinreichende Haftlänge der Bewehrung zur Verfügung stand. Die durchschnittliche Haftspannung bei einer Haftlänge von 14 cm beträgt bei Erreichen der Fließgrenze des Stahles $\tau_1 = 22$ kp/cm² $< \tau_{1\,\mathrm{Grenz.}}$. Vom theoretischen Standpunkt aus gesehen war die Haftlänge zwar ausreichend gewählt, — dadurch, daß sich die anfangs vorgesehene Lagerung der Plattenränder in einem Gipsbett später als praktisch nicht ausführbar erwies, ergaben sich jedoch ungünstigere Verhältnisse. Die Einspannung wurde durch Zusammenspannen (Verkeilung gegen Widerlager) des oberen und unteren Auflageträgers des Plattenbelastungsgerätes erzielt, wobei Fehlstellen durch dünne Stahlplättchen und -streifen sorgfältig ausgefüttert wurden. Trotz größter Sorgfalt ließ sich aber die Herausbildung örtlicher Konzentrationen der Einspannungspressung nicht vermeiden. Diese örtlichen Spannungskonzentrationen am Plattenrande führten bei höheren Laststufen zur Entstehung örtlicher Zermürbungsbereiche im Beton, an denen sich die „negative" Bewehrung vom Verbund löste. Dieser Effekt hat sicherlich zu einer Abminderung der plastischen Grenzmomente geführt und damit zu einer Verringerung der Tragfähigkeitswerte der Platte (flachere Neigung der Last-Durchbiegungskurve im elastisch-plastischen und im plastischen Bereich). — Im Unterschied zu den Versuchen von WOOD [*27*], und anderen, handelte es sich bei den Versuchen des Verfassers lediglich um eine Einspannung gegen Verschiebung quer zur Plattenebene und nicht gleichzeitig auch um eine Einspannung gegen Verschiebung in Richtung der Plattenebene.

In Abb. 9.2/20a ist eine auf iterativem Wege ermittelte näherungsweise Fließgelenklinienfigur einer an zwei gegenüberliegenden Seiten eingespannten, an den beiden anderen Seiten frei drehbar gestützten, in zwei Schichten bewehrten rechteckigen Platte ($\Lambda = 0{,}92$, $\Lambda_y' = 1{,}0$) unter in Querrichtung *halbseitig* gleichförmig verteilter Belastung dargestellt. Obwohl in der in y-Richtung verlaufenden „negativen" Bruchlinie keine *plastische* Arbeit geleistet wird, kann der experimentellen Bruchfigur nur entsprochen werden, wenn das Bruchmoment des unbewehrten Betonquerschnittes M_x mit in Ansatz gebracht wird. Entsprechend den Versuchswerten für das Grenzmoment des unbewehrten Querschnittes wird $\Lambda_x' = 0{,}5$ gesetzt. Die in y-Richtung verlaufende gekrümmte Bruchlinie, deren komplizierte Differentialgleichung in [*11*] angegeben ist, wird in der Berechnung in vereinfachender Weise als aus drei geradlinigen Abschnitten bestehend angenommen. Die Abb. 9.2/20b u. c zeigen das Bruchbild auf beiden Seiten der entsprechenden Platte P 23, die bis zu einer maximalen Durchbiegung von 8,6 cm belastet wurde. Die theoretischen Werte der Grenzlastintensität sind

$$p^R = 0{,}00248 \cdot 450 = 1{,}12\,\text{kp/cm}^2,$$

$$p^{Rm} = 0{,}00248 \cdot 456 = 1{,}13\,\text{kp/cm}^2.$$

Experimentell ermittelt wurde $p^V = 1{,}186\,\text{kp/cm}^2$; somit ist $\nu = 1{,}06$, $\nu^m = 1{,}05$. Die Übereinstimmung der experimentellen und theoretischen Grenzlastwerte scheint eine gewisse Rechtfertigung für den Ansatz des Bruchmoments des unbewehrten Betonquerschnittes in den Grenztragfähigkeitsgleichungen zu bieten. Jedoch würde sich bei einer diesem Bruchmoment entsprechenden Bewehrung eine über den theoretischen Grenztragfähigkeitswert für infinitesimale Biegung bedeutend hinausgehende plastische Tragfähigkeitsreserve ergeben, vgl. P 12, P 28a und P 40.

In Abb. 9.2/21a ist die theoretische Fließgelenklinienfigur einer an zwei gegenüberliegenden Seiten eingespannten, an den beiden anderen Seiten frei drehbar gestützten, in zwei Schichten bewehrten rechteckigen Platte ($\beta = 0{,}565$, $\Lambda = 0{,}92$, $\Lambda_y' = 1{,}0$) unter gleichförmig verteilter Belastung dargestellt, — jedoch ohne Berücksichtigung der „Fließgelenkfächer" in den Plattenecken. Die Abb. 9.2/21b und c zeigen das Bruchbild auf beiden Seiten der entsprechenden Platte P 12, die bis zu einer Mittendurchbiegung von 9,0 cm belastet wurde. Die zu den „Fließgelenklinienfächern“ in den Plattenecken gehörenden, vom Plattenrand abweichenden peripheren Fließgelenklinien sind deutlich ausgeprägt. Das Last-Durchbiegungsdiagramm für die Plattenmitte ist in Abb. 9.2/21d wiedergegeben. Der Parameter der ohne Berücksichtigung von Fließgelenklinienfächern angenommenen Fließgelenklinienfigur und der theoretische Wert der Grenzlastintensität sind nach Abschn. 8.5.3 bzw. Tab. 8.5 mit $\lambda_1 = \frac{1+\sqrt{1+\Lambda_x'}}{2} = 1$:

$$\mathfrak{H} = \frac{\Lambda\lambda_1}{1+\Lambda_y'}\left(\sqrt{\beta^2 + \frac{3(1+\Lambda_y')}{\Lambda\lambda_1^2}} - \beta\right)$$

$$= \frac{0{,}92}{1+1}\left(\sqrt{0{,}565^2 + \frac{3(1+1)}{0{,}92}} - 0{,}565\right) = 0{,}94,$$

$$x_1 = \frac{b}{2}\mathfrak{H} = 61 \cdot 0{,}94 = 57{,}4\ \text{cm},$$

$$p = \frac{24\Lambda}{b^2\mathfrak{H}^2} M_y = \frac{24 \cdot 0{,}92}{122^2 \cdot 0{,}94^2} M_y = 0{,}001\,68\, M_y.$$

Der Einfluß der Fließgelenklinienfächer in den Plattenecken wird durch einen geschätzten Grenzlastabminderungsfaktor von 0,95 berücksichtigt:

$$p^R = p^{Rm} = 0{,}95 \cdot 0{,}00168 \cdot 456 = 0{,}727\ \text{kp/cm}^2.$$

Den experimentellen Biegegrenzlastwert kann man aus dem Last-Durchbiegungsdiagramm zu etwa $p^V = 0{,}826$ kp/cm² entnehmen; dafür ist $\nu = \nu^m = 1{,}14$. (Nimmt man den Grenzlastpunkt als am Ende der Übergangskurve zu dem flacher geneigten Kurvenstück liegend an, so erhält man $p^V = 0{,}860$ kp/cm² und somit $\nu = \nu^m = 1{,}19$.) — Eine dem gezeigten Last-Durchbiegungsdiagramm von P 12 sehr ähnliche Kurve und der gleiche ν-Wert ergab sich im Falle der Platte P 38, die durch die Parameter ($\beta = 0{,}565$, $\Lambda = 0{,}92$, $\Lambda_y' = 3{,}0$) gekennzeichnet wird.

In Abb. 9.2/22a ist die theoretische Fließgelenklinienfigur einer an zwei gegenüberliegenden Seiten eingespannten, an den beiden anderen Seiten frei drehbar gestützten, in zwei Schichten bewehrten rechteckigen Platte mit unterschiedlicher Größe der plastischen Grenzmomente an den Einspannungen ($\beta = 0{,}565$, $\Lambda = 0{,}92$, $\Lambda_{y_1}' = 1{,}33$, $\Lambda_{y_2}' = 0{,}67$) unter gleichförmig verteilter Belastung dargestellt. Die Abb. 9.2/22b und c zeigen das Bruchbild auf beiden Seiten der entsprechenden Platte P 29, die bis zu einer Mittendurchbiegung von 7,0 cm belastet wurde. Die unterschiedliche Höhe der trapezförmigen Plattenteile, die $\dot{\Theta}_2 > \dot{\Theta}_1$ bedingt, ist, fast noch deutlicher als aus dem „positiven“ Rißbild, aus der unterschiedlichen Breite der Rißöffnungen im „negativen" Rißbild zu erkennen. Auch in diesem Falle sind die zu den „Fließgelenklinienfächern" in den Plattenecken gehörenden, vom Plattenrand abweichenden peripheren Fließgelenklinien deutlich ausgeprägt. Aus dem in Abb. 9.2/22d wiedergegebenen Last-Durchbiegungsdiagramm ist keine als Biegegrenzlast definierbare Lastintensität ablesbar. Die Parameter der ohne Berücksichtigung von Fließgelenklinienfächern angenommenen Fließgelenklinienfigur und der theoretische Wert der Grenzlastintensität sind nach Abschn. 6.5.2.5:

$$a_r = \frac{2a}{\sqrt{1+\Lambda_l'} + \sqrt{1+\Lambda_r'}} = \frac{2\cdot 216}{1+1} = 216\,\text{cm},$$

$$b_r = \frac{2b}{\sqrt{1+\Lambda_{y_2}'} + \sqrt{1+\Lambda_{y_1}'}} = \frac{2\cdot 122}{\sqrt{1+0{,}67}+\sqrt{1+1{,}33}} = 86{,}5\,\text{cm},$$

$$\beta_r = \frac{b_r}{a_r} = \frac{86{,}5}{216} = 0{,}40,$$

$$\mathfrak{A}_r = \Lambda\left(\sqrt{\beta_r^2 + \frac{3}{\Lambda}} - \beta_r\right) = 0{,}92\left(\sqrt{0{,}40^2 + \frac{3}{0{,}92}} - 0{,}40\right) = 1{,}34,$$

$$x = \frac{b_r}{2}\mathfrak{A}_r = 43{,}25\cdot 1{,}34 = 58\,\text{cm},$$

$$y = \frac{b}{1+\sqrt{\dfrac{1+\Lambda_{y_1}'}{1+\Lambda_{y_2}'}}} = \frac{122}{1+\sqrt{\dfrac{1+1{,}33}{1+0{,}67}}} = 56\,\text{cm},$$

$$p = \frac{24}{b_r^2\mathfrak{A}_r^2}M_y = \frac{24\cdot 0{,}92}{86{,}5^2\cdot 1{,}34^2} = 0{,}001\,65 M_y.$$

Der Einfluß der Fließgelenklinienfächer in den Plattenecken wird durch einen geschätzten Grenzlastabminderungsfaktor von 0,95 berücksichtigt:

$$p^{Rm} = 0{,}95\cdot 0{,}001\,65\cdot 456 = 0{,}715\,\text{kp/cm}^2.$$

In Abb. 9.2/23a ist die theoretische Fließgelenklinienfigur einer an zwei gegenüberliegenden Seiten eingespannten, an den beiden anderen Seiten frei drehbar gestützten, in zwei Schichten bewehrten rechteckigen Platte ($\beta = 0{,}565$, $\Lambda = 0{,}92$, $\Lambda_y' = 2{,}0$) unter gleichförmig verteilter Belastung dargestellt. Abb. 9.2/23b zeigt das Bruchbild der entsprechenden Platte P 30, die bis zu einer Mittendurchbiegung von 9,6 cm belastet wurde. Der in y-Richtung verlaufende Riß ist ein Membranriß. In diesem Falle waren die zu den „Fließgelenklinienfächern" in den Plattenecken gehörenden peripheren Fließgelenklinien sehr klar ausgeprägt („negatives" Bruchbild nicht wiedergegeben). Der Parameter der ohne Berücksichtigung von Fließgelenklinienfächern angenommenen Fließgelenklinienfigur und der theoretische Wert der Grenzlastintensität sind nach Abschn. 8.5.3 bzw. Tab. 8.5 mit

$$\lambda_1 = \frac{1 + \sqrt{1 + \Lambda_x'}}{2} = 1:$$

$$\mathfrak{H} = \frac{\Lambda\,\lambda_1}{1 + \Lambda_y'}\left(\sqrt{\beta^2 + \frac{3(1 + \Lambda_y')}{\Lambda\,\lambda_1^2}} - \beta\right)$$

$$= \frac{0{,}92}{1 + 2}\left(\sqrt{0{,}565^2 + \frac{3(1 + 2)}{0{,}92}} - 0{,}565\right) = 0{,}805,$$

$$x_1 = \frac{b}{2}\,\mathfrak{H} = 61 \cdot 0{,}805 = 49\,\text{cm},$$

$$p = \frac{24\Lambda}{b^2\,\mathfrak{H}^2}\,M_y = \frac{24 \cdot 0{,}92}{122^2 \cdot 0{,}805^2}\,M_y = 0{,}00230\,M_y.$$

Der Einfluß der Fließgelenklinienfächer in den Plattenecken wird durch einen geschätzten Grenzlastabminderungsfaktor von 0,95 berücksichtigt:

$$p^R = 0{,}95 \cdot 0{,}00230 \cdot 302 = 0{,}660\,\text{kp/cm}^2.$$

Den experimentellen Biegegrenzlastwert kann man aus dem Last-Durchbiegungsdiagramm zu etwa $p^V = 0{,}746\,\text{kp/cm}^2$ entnehmen; dafür ist $\nu = 1{,}13$.

In Abb. 9.2/24a ist die theoretische Fließgelenklinienfigur einer dreiseitig frei drehbar gestützten, an einem Rande eingespannten, in zwei Schichten bewehrten rechteckigen Platte ($\beta = 0{,}616$, $\Lambda = 0{,}92$, $\Lambda_y' = 1{,}0$) unter gleichförmig verteilter Belastung dargestellt — jedoch ohne Berücksichtigung der Fließgelenklinienfächer in den vom eingespannten Rand und den angrenzenden frei drehbar gestützten Rändern gebildeten Plattenecken. Abb. 9.2/24b zeigt das Bruchbild der entsprechenden Platte P 28a, die bis zu einer Mittendurchbiegung von 7,8 cm belastet wurde. Die in y-Richtung verlaufenden Risse sind Membranrisse. Die Parameter der ohne Berücksichtigung von Fließgelenklinienfächern angenommenen Fließgelenklinienfigur und der theoretische Wert der Grenzlastintensität sind nach Abschn. 8.5.2 bzw. Tab. 8.5:

$$\lambda_y = 1 + \sqrt{1 + \Lambda_y'} = 1 + \sqrt{1 + 1} = 2{,}414, \quad \lambda_x = 1 + \sqrt{1 + \Lambda_x'} = 2,$$

$$\mathfrak{G} = \Lambda\,\frac{2\,\lambda_x}{\lambda_y^2}\left(\sqrt{\beta^2 + \frac{3\,\lambda_y^2}{\Lambda\,\lambda_x^2}} - \beta\right)$$

$$= 0{,}92 \cdot \frac{2 \cdot 2}{2{,}414^2}\left(\sqrt{0{,}616^2 + \frac{3 \cdot 2{,}414^2}{0{,}92 \cdot 2^2}} - 0{,}616\right) = 1{,}04,$$

$$x = \frac{b}{2}\,\mathfrak{G} = 66{,}5 \cdot 1{,}04 = 69{,}2\,\text{cm},$$

$$y = \frac{b}{1 + \sqrt{1 + \Lambda_y'}} = \frac{133}{1 + \sqrt{1 + 1}} = 55\,\text{cm},$$

$$p = \frac{24\Lambda}{b^2\,\mathfrak{G}^2}\,M_y = \frac{24 \cdot 0{,}92}{133^2 \cdot 1{,}04^2}\,M_y = 0{,}00116\,M_y.$$

Der Einfluß der Fließgelenklinienfächer in den Plattenecken wird durch einen geschätzten Grenzlastabminderungsfaktor von 0,97 berücksichtigt:

$$p^R = 0{,}97 \cdot 0{,}00116 \cdot 440 = 0{,}495 \text{ kp/cm}^2,$$

$$p^{Rm} = 0{,}97 \cdot 0{,}00116 \cdot 456 = 0{,}514 \text{ kp/cm}^2.$$

Den experimentellen Biegegrenzlastwert kann man aus dem Last-Durchbiegungsdiagramm zu etwa $p^V = 0{,}566 \text{ kp/cm}^2$ entnehmen; dafür ist $\nu = 1{,}15$, $\nu^m = 1{,}10$.

In Abb. 9.2/25a ist die theoretische Fließgelenklinienfigur einer vierseitig eingespannten, in zwei Schichten bewehrten rechteckigen Platte ($\beta = 0{,}625$, $\Lambda = 0{,}92$, $\Lambda'_x = \Lambda'_y = 1{,}0$) unter gleichförmig verteilter Belastung bei Berücksichtigung der „Fließgelenklinienfächer" in den Plattenecken dargestellt. Die Abb. 9.2/25b und c zeigen das Bruchbild auf beiden Seiten der entsprechenden Platte P 40, die bis zu einer Mittendurchbiegung von 7,1 cm belastet wurde. Das Last-Durchbiegungsdiagramm für die Plattenmitte ist in Abb. 9.2/25d wiedergegeben. Die Parameter der Fließgelenklinienfigur und die theoretischen Werte der Grenzlastintensität sind nach Abschn. 8.5.5 und Abschn. 8.10.3.2 mit $\lambda = \dfrac{1+\Lambda'_x}{1+\Lambda'_y} = 1$:

$$\mathfrak{B} = \Lambda\lambda\left(\sqrt{\beta^2 + \frac{3}{\Lambda\lambda}} - \beta\right) = 0{,}92\left(\sqrt{0{,}625^2 + \frac{3}{0{,}92}} - 0{,}625\right) = 1{,}18,$$

$$x = \frac{b}{2}\mathfrak{B} = 61 \cdot 1{,}18 = 72{,}0 \text{ cm}, \quad y = 0{,}604x = 0{,}604 \cdot 72{,}0 = 43{,}5 \text{ cm},$$

$$p = \frac{12M_y\left[\frac{1}{b}(2a - 0{,}518x)(1+\Lambda'_y) + 0{,}870\frac{b}{x}\Lambda(1+\Lambda'_x)\right]}{b(3a - 2{,}189x)}$$

$$p = \frac{12M_y\left[\frac{1}{122}(2\cdot 196 - 0{,}518\cdot 72)\cdot 2 + 0{,}870\frac{122}{72}\cdot 0{,}92\cdot 2\right]}{122(3\cdot 196 - 2{,}189\cdot 72)} = 0{,}00195 M_y,$$

$$p^R = 0{,}00195 \cdot 445 = 0{,}867 \text{ kp/cm}^2,$$

$$p^{Rm} = 0{,}00195 \cdot 456 = 0{,}890 \text{ kp/cm}^2.$$

Den experimentellen Grenzlastwert kann man aus dem Last-Durchbiegungsdiagramm zu etwa $p^V = 1{,}186 \text{ kp/cm}^2$ entnehmen; dafür ist $\nu = 1{,}37$, $\nu^m = 1{,}34$.

Die Versuche zeigen, daß bei teilweise oder vollständig eingespannten, schichtenweise bewehrten Platten die negativen peripheren Fließgelenklinien den Einspannungs- bzw. Stützungslinien nicht vollständig folgen — wie in den auf vereinfachte Fließgelenklinienfiguren gestützten Berechnungen angenommen wurde —, sondern daß sie an den Ecken nach innen abweichen. Die Gestalt der peripheren Fließgelenklinien ist aus den Extremalbedingungen für die Grenztragfähigkeit mit Hilfe der

Variationsrechnung zu bestimmen. Spezielle Lösungen für die hier behandelten Fälle liegen bisher noch nicht vor.

9.2.4 Allseitig frei drehbar gestützte, orthotrop bewehrte Platten

Ein Versuch mit einer allseitig frei drehbar gestützten, nur in y-Richtung bewehrten rechteckigen Platte unter gleichförmig verteilter Belastung zeigt, daß die Grenztragfähigkeit einer im ungerissenen elastischen Zustand zweiachsig tragenden, jedoch nur in einer Tragrichtung bewehrten Stahlbetonplatte wegen des in der unbewehrten Richtung erfolgenden Trennbruches nicht nach der Fließgelenklinientheorie berechnet werden kann. Weder die Vernachlässigung noch die Berücksichtigung der Biegezugfestigkeit des Betons liefert einen annähernd richtigen Wert für die Grenzlastintensität. Das Bruchbild der Platte O 1 zeigt eine gute Übereinstimmung mit der nach der Fließgelenklinientheorie für den Fall der isotropen Platte ermittelten Fließgelenklinienfigur.

In Abb. 9.2/26a ist die theoretische Fließgelenklinienfigur einer allseitig frei drehbar gestützten, orthotrop bewehrten rechteckigen Platte ($\beta = 0{,}667$, $\Lambda = 0{,}465$) mit Drillbewehrung in den festgehaltenen Ecken unter gleichförmig verteilter Belastung dargestellt. Abb. 9.2/26b zeigt das Bruchbild der entsprechenden Platte O 2, die bis zu einer Mittendurchbiegung von 9,9 cm belastet wurde. Der in y-Richtung verlaufende Riß 3 ist ein Membranriß. Der Parameter der Fließgelenklinienfigur und der theoretische Wert der Grenzlastintensität sind nach Abschn. 8.5.1:

$$\mathfrak{A} = \Lambda\left(\sqrt{\beta^2 + \frac{3}{\Lambda}} - \beta\right) = 0{,}465\left(\sqrt{0{,}667^2 + \frac{3}{0{,}465}} - 0{,}667\right) = 0{,}91,$$

$$x = \frac{b}{2}\mathfrak{A} = 72 \cdot 0{,}91 = 65{,}5\,\text{cm},$$

$$p = \frac{24\Lambda}{b^2\mathfrak{A}^2} M_y = \frac{24 \cdot 0{,}465}{144^2 \cdot 0{,}91^2} M_y = 0{,}00065 M_y,$$

$$p^R = 0{,}00065 \cdot 635 = 0{,}413\,\text{kp/cm}^2.$$

Experimentell ermittelt wurde $p^V = 0{,}426\,\text{kp/cm}^2$; somit ist $\nu = 1{,}03$.

In Abb. 9.2/27a ist die theoretische Fließgelenklinienfigur einer allseitig frei drehbar gestützten, orthotrop bewehrten rechteckigen Platte ($\beta = 0{,}667$, $\Lambda = 1{,}79$) mit Drillbewehrung in den festgehaltenen Ecken unter gleichförmig verteilter Belastung dargestellt. Abb. 9.2/27b zeigt das Bruchbild der entsprechenden Platte O 3, die bis zu einer Mittendurchbiegung von 9,2 cm belastet wurde. Der in y-Richtung verlaufende Riß 3 ist ein Membranriß, die in x-Richtung verlaufenden unbezeichneten feinen Risse sind gleichfalls Membranrisse. Der Parameter der Fließgelenklinienfigur und der theoretische Wert der Grenzlastintensität sind nach Abschn. 8.5.1:

$$\mathfrak{A} = \Lambda\left(\sqrt{\beta^2 + \frac{3}{\Lambda}} - \beta\right) = 1{,}79\left(\sqrt{0{,}667^2 + \frac{3}{1{,}79}} - 0{,}667\right) = 1{,}41,$$

$$x = \frac{b}{2}\mathfrak{A} = 72 \cdot 1{,}41 = 101\,\text{cm},$$

$$p = \frac{24\Lambda}{b^2\mathfrak{A}^2} M_y = \frac{24 \cdot 1{,}79}{144^2 \cdot 1{,}41^2} M_y = 0{,}00104 M_y,$$

$$p^R = 0{,}00104 \cdot 305 = 0{,}318\,\text{kp/cm}^2.$$

Experimentell ermittelt wurde $p^V = 0{,}336$ kp/cm²; somit ist $\nu = 1{,}06$.

In Abb. 9.2/28a ist die theoretische Fließgelenklinienfigur einer allseitig frei drehbar gestützten, orthotrop bewehrten rechteckigen Platte ($\beta = 0{,}667$, $\Lambda = 2{,}62$) mit Drillbewehrung in den festgehaltenen Ecken unter gleichförmig verteilter Belastung dargestellt. Die Abb. 9.2/28b zeigt das Bruchbild der entsprechenden Platte O 4, die bis zu einer Mittendurchbiegung von 9,6 cm belastet wurde. Bei dieser starken Orthotropie ist die Haupttragrichtung umgekehrt, und die in x-Richtung verlaufenden Risse sind Membranrisse. Der Parameter der Fließgelenklinienfigur und der theoretische Wert der Grenzlastintensität sind mit den Bezeichnungen $\bar{\Lambda} = 1/\Lambda$ und $\bar{\beta} = 1/\beta$:

$$\bar{\mathfrak{A}} = \bar{\Lambda}\left(\sqrt{\bar{\beta}^2 + \frac{3}{\bar{\Lambda}}} - \bar{\beta}\right) = 0{,}382\left(\sqrt{1{,}5^2 + \frac{3}{0{,}382}} - 1{,}5\right) = 0{,}64,$$

$$y = \frac{a}{2}\bar{\mathfrak{A}} = 108 \cdot 0{,}64 = 69{,}2\,\text{cm},$$

$$p = \frac{24\bar{\Lambda}}{a^2\bar{\mathfrak{A}}^2} M_x = \frac{24 \cdot 0{,}382}{216^2 \cdot 0{,}64^2} M_x = 0{,}00048 M_x,$$

$$p^R = 0{,}00048 \cdot 802 = 0{,}385\,\text{kp/cm}^2.$$

Experimentell ermittelt wurde $p^V = 0{,}366$ kp/cm²; somit ist $\nu = 0{,}95$. Die Wiederholung des Versuches (Platte O 4a) erbrachte $\nu = 0{,}98$. Eine Erklärung für dieses Resultat: $\nu < 1$, kann nicht gegeben werden. Die Notwendigkeit einer Nachprüfung durch weitere Versuche erscheint angezeigt.

Abb. 9.2/29 zeigt die Bruchfigur einer allseitig frei drehbar gestützten rechteckigen Platte, deren Bewehrung in der linken Hälfte das Orthotropieverhältnis $\Lambda_l = 0{,}465$ und in der rechten Hälfte $\Lambda_r = 1{,}79$ hat. Obwohl bei dieser Platte ein sehr stark ausgeprägter elastisch-plastischer Momentenredistributionsbereich auftrat und die theoretischen Werte der Grenzlastintensität für beide (getrennt betrachteten) Plattenhälften um 25% voneinander abweichen: $p_l^R = 0{,}388$ kp/cm², $p_r^R = 0{,}311$ kp/cm², entspricht das Bruchbild der beiden Plattenhälften separat nahezu vollkommen den Bruchbildern der Platten O 2 bzw. O 3, deren Bewehrung das jeweils gleiche Orthotropieverhältnis hat. Experimentell wurde eine Grenzlastintensität von $p^V = 0{,}346\ \mathrm{kp/cm^2}$ ermittelt, so daß sich bei Annahme eines mittleren theoretischen Grenzlastwertes von $p^R_{\mathrm{mittel}} = 0{,}350\ \mathrm{kp/cm^2}$ ein Verhältniswert $\nu = 0{,}99$ ergibt.

Bei allen orthotrop bewehrten Rechteckplatten der Reihe O bildet sich zunächst ein Rißbild aus, dessen Charakter durch das Verhalten in der ungerissenen Phase I bestimmt wird, das nahezu unabhängig von der Anisotropie der Bewehrung ist. Der auf die gerissene elastische Phase II folgende elastisch-plastische Formänderungsbereich, Phase III, ist um so größer, je mehr sich das Momentenfeld des elastischen Zustandes von dem des plastischen Grenzzustandes unterscheidet. Wegen des Vorhandenseins eines größeren elastisch-plastischen Übergangsbereiches ist der Übergang in den vollplastischen Grenzzustand weniger scharf ausgeprägt. Abb. 9.2/28c zeigt als Beispiel das Last-Durchbiegungsdiagramm für die Mitte der Platte O 4a, das sich deutlich von dem Last-Durchbiegungsdiagramm für eine nahezu isotrope Platte (vgl. Abb. 9.2/3d) unterscheidet.

Bedingt durch das erste Rißbild und die vorangehenden Zustände der nichthomogenen Orthotropie bildet sich bei den Platten der Reihe O die Fließgelenklinienfigur nicht klar gemäß der Fließgelenklinientheorie aus, sondern weist Überlagerungen aus den vorhergehenden Zuständen der Rißbildung auf, oder es entspricht bei der nur in einer Richtung bewehrten Platte vollständig dem ersten Rißbild für den nahezu isotropen Zustand.

Die Orthotropie der Bewehrung hat einen starken Einfluß auf die Momentenwerte im gerissenen Zustand der Stahlbetonplatte. Bei einer dem elastischen Momentenfeld der ungerissenen Phase I angepaßten Bewehrungsanordnung ist die resultierende Kraft der Bewehrung an den Rissen (der Rißverlauf entspricht der Richtung der in Phase I auftretenden Hauptmomente) jeweils senkrecht zu diesen gerichtet und ruft somit keine Drillmomente hervor, so daß sich die Momentenfelder der Phasen I und II in diesem Falle einzig durch den Parameter der Intensität unterscheiden. Wenn jedoch, bei einer abweichenden Bewehrungsanordnung, entlang der Risse durch die Bewehrung hervorgerufene Drillmomente auftreten, dann paßt sich das Tragverhalten der Platte der Bewehrungsanordnung an: es erfolgt eine Redistribution der Momentenverteilung (s. auch [*68*]).

9.2.5 Zusammenfassung

Sämtliche Experimente der Versuchsreihen P und O — von denen hier eine Auswahl wiedergegeben ist — ergeben, daß die analytischen oder in wenigen Berechnungsschritten gewonnenen iterativen Lösungen der elementaren Fließgelenklinientheorie der Platten sich in ausgezeichneter Übereinstimmung mit dem Belastungs- und Formänderungszustand (Bruchbild) der Stahlbetonplatten im Augenblick des Eintretens großer plastischer Formänderungen befinden. Obgleich die elementare Fließgelenklinientheorie obere Eingrenzungen für den plastischen Grenzzustand bei infinitesimalen Formänderungen liefert, ist umgekehrt bei nahezu allen Versuchen ein kleiner Tragfähigkeitsspielraum oberhalb der theoretischen Biegegrenztragfähigkeit zu verzeichnen, der auf das Vorhandensein einer Membranwirkung im elastischen Zustand der gerissenen Platte zurückgeführt werden kann (s. auch Abschn. 9.5.1).[1]

Nach Abschluß des experimentellen Programms wurde an einer großen Anzahl von Platten durch Dickenmessungen entlang von Bruchstellen in den inneren Plattenbereichen gefunden, daß der Abstand der extremen Druckfaser vom Schwerpunkt der Bewehrung bei sämtlichen untersuchten Platten Minustoleranzen von 1 bis 2 mm aufwies.[2] Das bedingt eine etwa 5 %ige Verringerung des tatsächlichen Grenzmomentenwertes der Platte gegenüber dem Vergleichsträger-Grenzmomentenwert, und bedeutet damit, daß bei genauer Einhaltung der vorgeschriebenen Plattendicke die experimentell ermittelten Plattengrenztragfähigkeiten um durchschnittlich 5% über den tatsächlich festgestellten Werten gelegen hätten. Die Versuchsergebnisse liegen also auf der „sicheren Seite".

Diese aus dem elastischen Tragverhalten herrührende Tragfähigkeitsreserve dürfte in der Regel ausreichend sein, um die etwas zu hohe Schätzung der theoretischen Grenztragfähigkeit bei kleinen Formänderungen in komplizierteren Fällen auszugleichen, bei denen ein Bruchbild angenommen und nach dem Iterationsverfahren mit mäßigem Arbeitsaufwand verbessert wird. Wegen der die Lösungen der Fließgelenklinientheorie kennzeichnenden flachen Minima und der oben angegebenen Tragfähigkeitsreserve ist es fraglich, ob der tatsächliche Fehler bei der Bestimmung der Grenztragfähigkeit mittels der Iterationsmethode von wesentlicher Bedeutung ist.

Bei den dreiseitig frei drehbar randgestützten Platten mit freiem langem Rand und bei den zweiseitig randgestützten Platten mit Eckpunktstütze ergeben sich elastische Durchbiegungen, die gegenüber den

---

[1] Einen gewissen kleinen Beitrag liefert jedoch auch der überstehende Plattenrand, in dem Energie dissipiert wird, die bei den Berechnungen unberücksichtigt geblieben ist.

[2] Die Minustoleranzen erklären sich aus dem Herstellungsverfahren, bei dem zur Beschleunigung des Arbeitsvorganges die noch frische Betonoberfläche mit einer Schicht Späne eingestreut wurde, die eine Wassersprühung erhielt. Diese Späne drückten sich etwas in die Betonoberfläche ein, und beim Abkehren wurde dann die oberste Zementschicht mit entfernt.

plastischen nicht mehr vernachlässigbar klein sind, so daß die Fließgelenklinien infolge der großen elastischen Verformungen nicht mehr einen geradlinigen, sondern einen *gekrümmten* Verlauf haben. Die dadurch bedingte Änderung der Grenztragfähigkeit ist offenbar unwesentlich.

Bei den an einzelnen Rändern eingespannten Platten bildet sich bei Abweichungen der Bewehrungsverhältnisse von den Erfordernissen des elastischen Spannungsfeldes durch Spannungsumlagerung ein elastisch-plastischer Formänderungsbereich aus, der um so größer ist, je mehr sich das Momentenfeld des elastischen Zustandes von dem des plastischen Grenzzustandes unterscheidet. Die relativ großen Formänderungen im elastisch-plastischen Bereich bewirken eine weniger scharfe Ausprägung des Überganges in den vollplastischen Grenzzustand, und der Übergangspunkt ist bedingt durch das im elastisch-plastischen Stadium entstandene Membranspannungsfeld gegenüber der Fließgelenklinienlösung wesentlich erhöht. Da die Fließgelenklinientheorie zwar Aussagen über die für den Grenzzustand der Tragfähigkeit wirtschaftlichsten Bewehrungsverhältnisse gibt, jedoch keine Aussagen über die Plattensteifigkeit in den vorhergehenden Tragfähigkeitsbereichen beinhaltet, folgt, daß eine Kombination der Betrachtungsweise mit den Ergebnissen der Elastizitätstheorie notwendig ist, um den Grenzzustand der Betriebsnutzungsbeeinträchtigung eines Plattentragwerkes möglichst weit gegen den Grenzzustand der Tragfähigkeit hinausschieben zu können.

Prinzipiell das gleiche gilt für die orthotrop bewehrten Rechteckplatten. Hier bildet sich zunächst ein Rißbild aus, dessen Charakter durch das elastische Verhalten im ungerissenen Zustand bestimmt wird, der nahezu unabhängig von der Anisotropie der Plattenbewehrung ist. (Dieses Ergebnis der Entstehung des ersten Rißbildes wie bei einer isotropen Platte wurde auch in dem Extremfall einer nur in Richtung der kurzen Seite bewehrten Rechteckplatte erhalten.) Bedingt durch das erste Rißbild und die dem Versagen vorangehenden Zustände der nichthomogenen Orthotropie bildet sich die Fließgelenklinienfigur nicht klar gemäß der Fließgelenklinientheorie aus, sondern weist Überlagerungen aus den vorhergehenden Zuständen der ersten Rißbildung auf.

Die Belastungsversuche an Platten, bei denen sich „Wippen" oder „Fließgelenklinienfächer" in festgehaltenen Plattenecken ausbilden können, zeigen, daß den die Grenzlast abmindernden Eckeffekten in Wirklichkeit keine so große Bedeutung zukommt, wie aus der Fließgelenklinientheorie hervorgeht. Die tatsächlichen Beanspruchungsverhältnisse sind verwickelt und könnten nur durch eine den einzelnen Laststufen folgende sukzessive Berechnung erfaßt werden. Aus den entsprechenden Versuchen kann man die Folgerung ziehen, daß eine obere Drillbewehrung in den festgehaltenen Plattenecken nur von fragwürdigem Wert ist. In baupraktischen Fällen dürfte der Nutzen der Eckdrillbewehrung für das Tragverhalten der Platte noch geringer sein als bei den Versuchen, da die Bewehrungsprozentsätze in der Praxis im allgemeinen niedriger gewählt werden als bei diesen Experimenten.

Die experimentellen Ergebnisse rechtfertigen den Gesichtspunkt, daß die auf einfache Hypothesen über die Grenztragfähigkeit von Stahlbetonquerschnitten in Biegung gegründete elementare Fließgelenklinientheorie sich als *Grundlage* für die praktische Anwendung für die Berechnung der Grenztragfähigkeit von Stahlbetonplatten eignet. Ihrer Anwendbarkeit sind nur im Falle von Querkraftkonzentrationen unter Einzellasten und bei Stützung der Platte durch Säulen Einschränkungen auferlegt, die getrennt ausgewertet werden müssen.

Die Versuchsergebnisse zeigen aber auch, daß aus der elementaren infinitesimalen Fließgelenklinientheorie keine Schlüsse auf die tatsächliche Grenztragfähigkeit von Stahlbetonplatten bei großen plastischen Durchbiegungen hergeleitet werden können. Oberhalb des nach der infinitesimalen Theorie bestimmten Fließbeginns besitzen die Platten eine zusätzliche Tragfähigkeitsreserve, die in erster Linie aus der Umlagerung der inneren Kräfte in den Membranspannungszustand herrührt und dementsprechend von den Randbedingungen abhängt. Dem Membranspannungszustand kommt in den Fällen, bei denen die Fließgelenklinien in die Plattenecken laufen, so daß die Plattenrandbereiche einen geschlossenen „Rahmen" bilden, bereits im Anfangsstadium der plastischen Verformung eine große Bedeutung zu. Eine weitere Quelle zusätzlicher Tragfähigkeit ist die Verfestigung der Bewehrung bei großen Dehnungen. Die Entstehung der Membranrisse war aus den Versuchen anderer Forscher nicht in einer so klaren Form zu ersehen wie bei den vorliegenden Fällen, da die Querkraftkonzentrationen, die bei der üblichen Methode der Simulation planmäßig gleichförmig verteilter Belastungen durch zahlreiche Einzellasten auftreten, die Ausbildung eines klaren Biegerißbildes sehr stören.

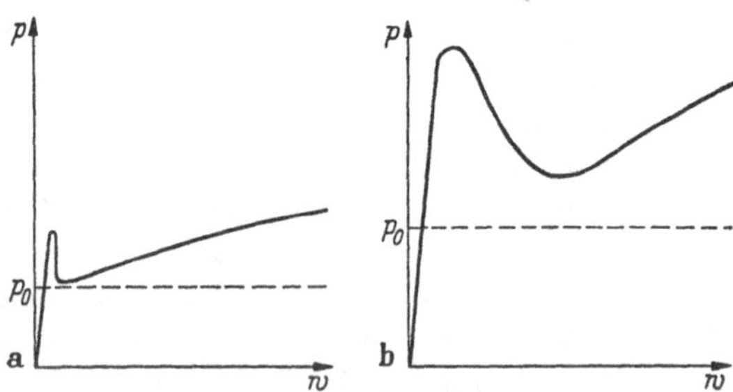

Abb. 9.2/30 Schematische Last-Durchbiegungskurven
a) Instabilitätseffekt bei sehr schwacher Bewehrung; b) Instabilitätseffekt bei Auftreten von „Gewölbewirkung"

Bei sehr schwach bewehrten frei drehbar verschieblich gestützten Platten, bei denen das aus der Biegezugfestigkeit herrührende Grenzmoment des ungerissenen Betonquerschnittes größer ist als das plastische Grenzmoment des bewehrten Querschnittes, tritt ein Instabilitätseffekt von der in der schematischen Last-Durchbiegungskurve von Abb. 9.2/30a dargestellten Art auf. Mit p_0 wird die Grenzbelastungsintensität für infinitesimale Plattendurchbiegung (kein Membranzugeinfluß) bezeichnet. Bei Platten mit unverschieblich gelagerten Rändern erhält man eine Last-Durchbiegungskurve, die etwa dem in Abb. 9.2/30b gezeigten Schema entspricht (vgl. hierzu Abschn. 9.5.3.2 und [27]). Versuche der letzteren Art waren jedoch in dem Programm nicht enthalten.

9.3 Vergleich von Versuchsergebnissen für mit weichem Stahl isotrop bewehrte quadratische Stahlbetonplatten und Zementmörtel-Modellplatten mit den Lösungen der Fließgelenklinientheorie

9.3.1 Modellbeziehungen und Charakteristiken

Die Zementmörtel-Modellplatten der *Versuchsreihe Z, Gruppe L,* mit den Abmessungen $80 \times 80 \times 3$ cm, sind mit glattem Eisendraht von 2,05 mm Dmr. mit ausgeprägter Streckgrenze von einem durchschnittlichen Wert $\sigma_s = 3400$ kp/cm² und großem plastischen Dehnvermögen, $\varepsilon_z \approx 28\,\%$, bewehrt. Die Abstände der extremen Druckfaser von dem Schwerpunkt der Bewehrung betragen $h_y = 2{,}5$ cm und $h_x = 2{,}3$ cm. Bei einem Achsabstand der Bewehrungsdrähte von 2,0 cm sind die Bewehrungsprozentsätze $\varphi_y = 0{,}66\,\%$ und $\varphi_x = 0{,}72\,\%$. Bei Vernachlässigung der geringfügigen Orthotropie und Verwendung der mittleren Werte $h_m = 2{,}4$ cm und $\varphi_m = 0{,}69\,\%$ ergibt sich aus Gl. (9.2.2/1) ein mittleres plastisches Grenzmoment von $M^R = 129$ kpcm/cm. Bruchversuche an 18 Vergleichsträgern zur Gruppe L ergaben ein durchschnittliches Grenzmoment von $M^V = 131$ kpcm/cm. — Die $150 \times 150 \times 6$ cm großen Stahlbetonplatten der *Versuchsreihe Q* sind im isotropen Falle mit glatten Bewehrungsstäben mit $\sigma_s = 3100$ kp/cm² von 4,0 mm Dmr. in y-Richtung und 4,2 mm Dmr. in x-Richtung in Abständen von 4 cm bewehrt. Mit $h_y = 4{,}80$ cm und $h_x = 4{,}38$ cm ergibt sich $M_y^R \approx M_x^R = 454$ kpcm/cm (s. Abschn. 9.2.1). Bruchversuche an 15 Vergleichsträgern zu den isotropen Platten der Versuchsreihe Q ergaben ein durchschnittliches Grenzmoment von $M^V = 458$ kpcm/cm.

Zementmörtel-Modellplatten der *Reihe Z, Gruppe L,* und die entsprechend bewehrten Prototypbetonplatten der Reihe Q, dienen in erster Linie der vergleichenden Untersuchung der Formänderungsmerkmale der Platten im plastischen Bereich bis zu großen plastischen

Deformationen. Für das Grenztragfähigkeitsverhalten der Platten ergaben sich die gleichen allgemeinen Ergebnisse wie aus der Versuchsreihe P (s. Abschn. 9.2.5). Die Spannungs-Dehnungs-Diagramme des verwendeten Stahles mit großem plastischen Dehnvermögen weisen nur geringfügige Abweichungen als Funktion des Durchmessers auf. Der obere Korngrößendurchmesser des für die Prototypplatte verwendeten Betons wurde bei den Zementmörtel-Modellplatten im Verhältnis des Maßstabes reduziert und die Druckfestigkeiten wurden durch geeignete Abstimmung von Zementgehalt und Wasserzementfaktor aufeinander abgestimmt. Hinsichtlich der Verbundeigenschaften entspricht die dem Maßstabsfaktor nicht unterliegende Oberflächenrauhigkeit des Stahles den vom Maßstabsfaktor nicht wesentlich betroffenen Feinstanteilen des Mörtels.

Die Last-Durchbiegungskurven im plastischen Bereich der geometrisch ähnlichen und in Bewehrungsprozentsatz, mechanischen Materialeigenschaften und offenbar auch in der Verbundwirkung übereinstimmenden Platten der Modellreihe Z, Gruppe L, und der Prototypreihe Q zeigen nach Reduktion auf die Parameter der nach der Fließgelenklinientheorie ermittelten Biegegrenzlastintensität p_0 und des Abstandes der Bewehrung von der äußersten Betondruckfaser, h, im Bereich plastischer Formänderungen bis zu Deformationen von der Größenordnung der Plattendicke eine ziemlich enge Übereinstimmung. Die von allen Versuchen beste Übereinstimmung zwischen den Last-Formänderungskurven der Versuchsreihen Q und Z, Gruppe L, im plastischen Bereich wurde für den Fall der vierseitig frei drehbar gestützten quadratischen Platte mit abhebbaren Ecken unter gleichförmig verteilter Belastung (Vergleichsserie I a) erzielt, was wahrscheinlich darauf zurückgeführt werden kann, daß die Reproduzierung der Stützungsbedingungen in diesem Fall mit den praktisch geringsten Abweichungen ohne Schwierigkeit möglich ist. In Abb. 9.3/1 a sind die reduzierten Last-Mittendurchbiegungskurven für die entsprechenden Platten Q 1, Q 2 und Nr. 24, 25 aufgetragen. Die Grenzlastintensität ergibt sich nach Abschnitt 8.1.2.3 zu $p = \frac{22{,}2\,M_0}{a^2}$. Bei den übrigen Versuchen mit komplizierteren Randbedingungen traten zwar etwas größere Abweichungen im Verlauf der Last-Durchbiegungskurven auf, jedoch keine Unterschiede in den allgemeinen Charakteristiken des Kurvenverlaufes.

Die linearen Relationen zwischen den Modellplatten im Maßstab 1:2 und den Prototypplatten im plastischen Bereich lassen darauf schließen, daß zwischen dem Prototyp, der sich zur Großausführung etwa im Maßstab 1 : 2 befindet, und der Großausführung ebenfalls lineare Relationen bestehen. Als gut geeigneter und für die Versuchsdurchführung wirtschaftlicher Maßstab für Grenztragfähigkeits-Modellversuche an Plattentragwerken erscheint eine Verkleinerung von 1 : 4 gegenüber der tatsächlichen Tragwerksgröße. In diesem Maßstab lassen sich noch alle Einzelheiten der Großausführung befriedigend nachbilden.

Die durch Versuche erwiesene Tatsache, daß Stahlbetonplatten-Modelle mit geometrischer und mechanischer Ähnlichkeit (einschließlich Verbundwirkung) zum Prototyp eine annähernd lineare Übertragbarkeit der Deformationsmerkmale im plastischen Bereich zulassen, ist von größter Bedeutung für die experimentelle Nachprüfung der gegen-

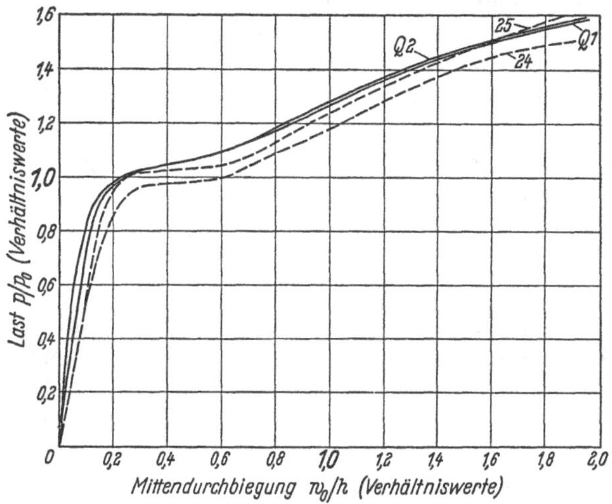

Abb. 9.3/1a Reduzierte Last-Mittendurchbiegungskurven für gleichförmig belastete, allseitig randgestützte quadratische Platten mit abhebbaren Ecken im Maßstab 1 : 2

wärtig im Entwicklungsstadium begriffenen Erweiterung der Grenztragfähigkeitstheorie der Platten zur Erfassung der plastischen Tragfähigkeitsreserve infolge Umlagerung der inneren Kräfte in den Membranspannungszustand.

Die Zementmörtel-Modellplatten der *Versuchsreihe Z*, *Gruppe K*, sind in Abständen von 2,0 cm mit glattem Eisendraht von 1,65 mm Dmr. mit ausgeprägter Streckgrenze von einem durchschnittlichen Wert von $\sigma_s = 3400$ kp/cm² und großem plastischen Dehnvermögen, $\varepsilon_z \approx 28\%$, bewehrt. Für diese Verhältnisse liefert Gl. (9.2.2/1) ein mittleres plastisches Grenzmoment von $M^R = 84$ kpcm/cm. Bruchversuche an neun Vergleichsträgern der Gruppe K ergaben ein durchschnittliches Grenzmoment von $M^V = 80$ kpcm/cm. (Die Unterschreitung des theoretischen Wertes kann mit der Vermutung erklärt werden, daß der Drahtdurchmesser im allgemeinen näher an dem Nennwert von 1,60 mm gelegen hat, als an den Proben ermittelt wurde.) Die Stärke der Bewehrung ist so gewählt, daß das plastische Grenzmoment des bewehrten

Betonquerschnittes dem allein aus der Biegezugfestigkeit des Betons herrührenden Grenzmoment des unbewehrten Betonquerschnittes etwa entspricht.

Die bei einigen Versuchen erfolgte unregelmäßige und auch von der theoretischen Fließgelenklinienfigur abweichende Ausbildung des Bruchbildes läßt in diesen Fällen auf einen das plastische Grenzmoment übersteigenden Wert des Rißmomentes schließen. In diesem Falle ist die elastische Spannungsverteilung, die bei den relativ steifen Platten bereits durch geringfügige ungewollte Abweichungen der Stützungsbedingungen von der idealen Form wesentlich beeinflußt wird, von maßgebendem Einfluß auf die Ausprägung des Rißbildes, für das zunächst die Gesetze der Rißfortpflanzung in sprödem Material gelten. Das Rißbild „korrigiert" sich dann in gewissem Ausmaß in den Fällen, in denen sich eine größere plastische Tragfähigkeitsreserve aus dem Membranspannungszustand realisieren kann.

Die auf die Parameterwerte[1] p_0 und h reduzierten Last-Durchbiegungskurven der schwächer bewehrten Modellplatten der Gruppe K weisen nach Erreichen der Grenzlastintensität eine sich von den Modellplatten der Gruppe L deutlich unterscheidende Charakteristik auf, die hauptsächlich durch einen größeren und schärfer ausgeprägten Fließbereich gekennzeichnet ist. Die Versuche zeigen, daß bei Grenztragfähigkeitsversuchen im Bereich großer Deformationen der Bewehrungsprozentsatz des Prototyps unbedingt eingehalten werden muß, um linear übertragbare Ergebnisse zu erhalten.

Die Zementmörtel-Modellplatten der *Versuchsreihe Z, Gruppe J*, sind in entsprechender Weise mit dreidrähtig verdrillten Eisendrähten von je 1,03 mm Dmr. mit ausgeprägter Streckgrenze von einem durchschnittlichen Wert von $\sigma_s = 3500\,\text{kp/cm}^2$, einer durchschnittlichen Zerreißgrenze von $\sigma_z = 4350\,\text{kp/cm}^2$ und einer Bruchdehnung von $\varepsilon_z \approx 26\,\%$ bewehrt. Die Zerreißspannung der dreidrähtigen Litzen entspricht ungefähr der der Einzeldrähte. Die Spannungs-Dehnungs-Kurve der Litzen hat wegen des Schlupfeffektes eine von der der Einzeldrähte etwas abweichende Form, die Streckgrenze der Litzen ist jedoch gut ausgeprägt.

Die Versuche mit den Modellplatten und Vergleichsträgern der Gruppe J führten zu einem praktisch bedeutsamen Ergebnis. Die Verdrillung liefert einen über die ganze Länge kontinuierlichen Scherverbund, der einen großen Einfluß auf die Rißbildung und das gesamte Formänderungsverhalten im plastischen Bereich nimmt. Es ergibt sich

[1] p_0 = theoretische Biegegrenzlastintensität gemäß der elementaren Fließgelenklinientheorie, bezogen auf den experimentell ermittelten durchschnittlichen Wert des plastischen Grenzmomentes für eine Prüfkörpergruppe; h = Abstand der extremen Druckfaser von dem Schwerpunkt der Bewehrung.

eine bedeutend größere Anzahl von Rissen als bei Platten und Vergleichsträgern mit glatter Bewehrung (Haftverbund), die Rißweiten sind entsprechend gering; der Bereich der diffusen Rißverteilung verbreitert sich bei Laststeigerung fortlaufend. *Das dem Eintreten größerer plastischer Deformationen entsprechende Grenzmoment ist nicht auf die Streckgrenze zu beziehen, wie bei glatter Bewehrung, sondern unter Berücksichtigung der vollen Verfestigung des Stahles zu errechnen.* Gl. (9.2.2/1) liefert damit für das mittlere plastische Grenzmoment den Wert $M^R = 126$ kpcm/cm. Bruchversuche an neun Vergleichsträgern der Gruppe J ergaben ein durchschnittliches Grenzmoment von $M^V = 131$ kpcm/cm.

Der Fließbereich ist kleiner und weniger scharf ausgeprägt als bei den Platten der Gruppe K und L. Die Tragfähigkeitsreserve infolge Umlagerung des Spannungsfeldes in den Membranspannungszustand als Funktion der Durchbiegung ist selbst bei Beziehung der Werte der Last-Durchbiegungskurve auf den Wert der Grenzlastintensität, der dem unter Berücksichtigung der vollen Verfestigung des Stahles berechneten Grenzmomentenwert entspricht, größer als bei den auf die Grenzlastintensität, die dem Streckgrenzmoment entspricht, bezogenen Durchbiegungskurven der anderen Platten der Reihe Q und der Gruppen L und K der Reihe Z. Eine befriedigende Erklärung für diese Erscheinung konnte bisher nicht gefunden werden. Sie überrascht, da die Platten der Gruppe J sich zu „Schalen“ (anstatt zu „Faltwerken“) verformen, so daß das Volumen V des „Durchbiegungskörpers“ größer ist als in der Fließgelenklinientheorie angenommen wird. Hier sind nicht nur

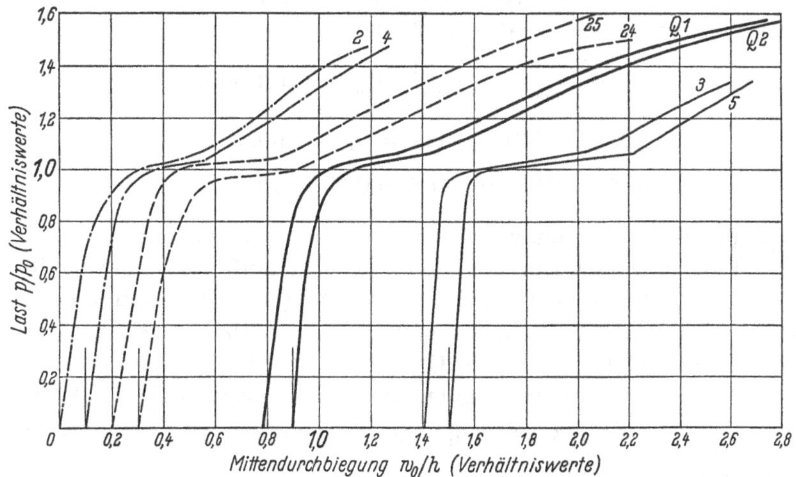

Abb. 9.3/1b **Reduzierte Last-Mittendurchbiegungskurven für gleichförmig belastete, allseitig randgestützte quadratische Platten mit abhebbaren Ecken. Vergleichsserie Ia: Nr. 2 und 4 aus der Versuchsreihe Z, Gruppe J; Nr. 24 und 25 aus der Versuchsreihe Z, Gruppe L; Nr. 3 und 5 aus der Versuchsreihe Z, Gruppe K**

weitere Versuche angeraten, sondern vor allem grundsätzliche theoretische Untersuchungen über die Grenztragfähigkeit von Platten aus verfestigendem Material bei endlichen Durchbiegungen. Auf jeden Fall kann als gesichert angenommen werden, daß *bei Verwendung von Bewehrungsstahl mit großem plastischen Dehnvermögen eine Rippung der Stäbe nicht nur hinsichtlich der Rißbildung, sondern auch hinsichtlich der Grenztragfähigkeit von bedeutendem Vorteil ist.* Das ist ein starkes Argument für die Rippung von Bewehrungsstäben auch kleineren Durchmessers.

In Abb. 9.3/1b sind die auf die Parameterwerte p_0 und h reduzierten Last-Durchbiegungskurven der Vergleichsserie Ia: vierseitig frei drehbar gestützte quadratische Platten mit abhebbaren Ecken unter gleichförmig verteilter Belastung, dargestellt. Das Diagramm illustriert die im Vorhergehenden besprochenen besonderen Merkmale des Kurvenverlaufes im plastischen Bereich.

9.3.2 Gleichförmig verteilte Belastung

In Abb. 9.3/2a ist die theoretische Fließgelenklinienfigur einer allseitig frei drehbar gestützten, isotrop bewehrten quadratischen Platte mit Drillbewehrung in den festgehaltenen Ecken unter gleichförmig verteilter Belastung dargestellt. Abb. 9.3/2b zeigt das Bruchbild der entsprechenden Platte Q 5, die bis zu einer Mittendurchbiegung von 7,8 cm belastet wurde. Das Last-Durchbiegungsdiagramm für die Plattenmitte ist in Abb. 9.3/2c wiedergegeben. Die theoretischen Werte der Grenzlastintensität sind nach Abschn. 6.6.2.2:

$$p = \frac{24}{a^2} M_0 = \frac{24}{144^2} M_0 = 0{,}00116 \cdot M_0,$$

$$p^R = 0{,}00116 \cdot 444 = 0{,}515 \text{ kp/cm}^2,$$

$$p^{Rm} = 0{,}00116 \cdot 458 = 0{,}530 \text{ kp/cm}^2.$$

Experimentell ermittelt wurde $p^V = 0{,}526$ kp/cm²; somit ist $\nu = 1{,}02$, $\nu^m = 1{,}00$. Die Last-Durchbiegungskurve verläuft etwas unterhalb der durch Tab. 5.2 (S. 179) gegebenen Werte (bedingt durch einen fast waagerechten Abschnitt am Anfang des Plastizierungsbereiches). — Für die entsprechende Platte Q 9 wurde $\nu = 1{,}05$ und $\nu^m = 1{,}00$ erhalten. Die Modellplattenergebnisse der Vergleichsserie Ic sind mit $p^{Rm} = \frac{24}{76^2} \cdot 131 = 0{,}544$ kp/cm² für ZMP 39 (L)[1]: $\nu^m = 0{,}99$, und für ZMP 40 (L): $\nu^m = 1{,}01$

[1] Abkürzung für: Zementmörtel-Modellplatte, Versuchsreihe Z, Gruppe L, Nr. 39.

In Abb. 9.3/3a ist die theoretische Fließgelenklinienfigur einer allseitig frei drehbar gestützten, isotrop bewehrten quadratischen Platte ohne Drillbewehrung in den festgehaltenen Ecken unter gleichförmig verteilter Belastung dargestellt. Abb. 9.3/3b zeigt das Bruchbild der entsprechenden Platte Q 4, die bis zu einer Mittendurchbiegung von 6,1 cm belastet wurde. Bei der Ermittlung der Parameter der Fließgelenklinienfigur und der Werte der Grenzlastintensität ist $\Lambda_x' = \Lambda_y' = 0$ angenommen, da in der negativen Bruchlinie der Wippen in den Plattenecken keine plastische Arbeit geleistet wird; somit ist nach Abschn. 8.9.3:

$$p = \frac{22}{a^2} M_0 ,$$

$$p^R = \frac{22}{144^2} \cdot 465 = 0.00106 \cdot 465 = 0{,}494 \text{ kp/cm}^2,$$

$$p^{Rm} = 0{,}00106 \cdot 458 = 0{,}486 \text{ kp/cm}^2.$$

Experimentell ermittelt wurde $p^V = 0{,}506$ kp/cm²; somit ist $\nu = 1{,}03$, $\nu^m = 1{,}04$. Die Abb. 9.3/3c u. d zeigen die Bruchbilder der Zug- bzw. Druckseite der gleichartigen Platte Q 3, die bis zu einer Mittendurchbiegung von 12,0 cm belastet wurde, um ein ausgeprägtes Rißbild auf der Druckseite zu erhalten. Im zentralen Plattenbereich ist eine Schar unregelmäßig verlaufender Membranrisse erkennbar. Der experimentelle Biegegrenzlastwert ist bei dieser Platte $p^V = 0{,}506$ kp/cm²; hierfür ist $\nu = 1{,}06$, $\nu^m = 1{,}04$. Die zugeordneten Modellplattenversuche ZMP 26 (L) und ZMP 27 (L) ergaben mit $p^{Rm} = \frac{22}{76^2} \cdot 131 = 0{,}498$ kp/cm² beide: $\nu^m = 1{,}06$. Diese Ergebnisse bestätigen das von verschiedenen anderen Forschern gefundene Ergebnis, daß den die Grenzlast abmindernden Eckeffekten bei festgehaltenen Plattenecken in Wirklichkeit keine so große Bedeutung zukommt, wie aus der Fließgelenklinientheorie hervorgeht.

Abb. 9.3/4 zeigt das Bruchbild der Druckseite einer mit verdrillten Drahtlitzen isotrop bewehrten, frei drehbar gestützten, bis zur Zerstörung belasteten (2,4 kp/cm²) quadratischen Gipsplatte (80 × 80 × 5 cm), bei dem der radiale und tangentiale Hauptspannungsverlauf, sowie der Vorzeichenwechsel des Radialmomentes in den Ecken beim Radius $r = a/2$, in außerordentlich deutlicher Weise manifestiert ist. Dieses Bruchbild rechtfertigt die in Abschn. 6.2.1 angenommene „Kreislösung" für das statisch zulässige Spannungsfeld einer allseitig frei drehbar gestützten quadratischen Platte (allerdings hat hier auch in größerem Maße eine Umlagerung der inneren Kräfte in den Membranspannungszustand stattgefunden).

In Abb. 9.3/5a ist die theoretische Fließgelenklinienfigur einer allseitig frei drehbar gestützten, orthotrop bewehrten quadratischen Platte

($\Lambda = 0{,}33$) mit Drillbewehrung in den festgehaltenen Ecken unter gleichförmig verteilter Belastung dargestellt. Abb. 9.3/5b zeigt das Bruchbild der entsprechenden Platte Q 15, die bis zu einer Mittendurchbiegung von 7,8 cm belastet wurde. Der vertikal verlaufende Riß 3 ist ein Membranriß. Der Parameter der Fließgelenklinienfigur und die theoretischen Werte der Grenzlastintensität sind nach Abschn. 8.5.1:

$$\mathfrak{A} = \Lambda\left(\sqrt{\frac{3}{\Lambda} + \beta^2} - \beta\right) = 0{,}33\left(\sqrt{\frac{3}{0{,}33} + 1} - 1\right) = 0{,}72,$$

$$x = \frac{b}{2}\mathfrak{A} = 72 \cdot 0{,}72 = 51{,}8\ \text{cm},$$

$$p = \frac{24\Lambda}{b^2\mathfrak{A}^2} M_y = \frac{24 \cdot 0{,}33}{144^2 \cdot 0{,}72^2} = 0{,}000736\, M_y,$$

$$p^R = 0{,}000736 \cdot 924 = 0{,}680\ \text{kp/cm}^2,$$

$$p^{Rm} = 0{,}000736 \cdot 2 \cdot 458 = 0{,}675\ \text{kp/cm}^2.$$

Experimentell ermittelt wurde $p^V = 0{,}666$ kp/cm²; somit ist $\nu = 0{,}98$, $\nu^m = 0{,}99$. Die Modellplattenergebnisse der Vergleichsserie Vb sind mit $p^{Rm} = \frac{24 \cdot 0{,}33}{76^2 \cdot 0{,}72^2} M_y = 0{,}00264 \cdot 2 \cdot 131 = 0{,}690$ kp/cm² für ZMP 35 (L_0): $\nu^m = 1{,}02$, und für ZMP 36 (L_0): $\nu^m = 1{,}02$.

In Abb. 9.3/6a ist die theoretische Fließgelenklinienfigur einer auf einer zentralen Fläche von 24 cm Dmr. gestützten, an den Rändern freien, isotrop bewehrten quadratischen Platte unter gleichförmig verteilter Belastung dargestellt. Abb. 9.3/6b zeigt das Bruchbild der entsprechenden Platte Q 14. Die theoretischen Werte der Grenzlastintensität sind entsprechend Abschn. 8.4.2 nach der Gleichung $p = \frac{8}{a^2} M_0$:

$$p^R = \frac{8}{150^2} 448 = 0{,}159\ \text{kp/cm}^2,$$

$$p^{Rm} = 0{,}000356 \cdot 458 = 0{,}163\ \text{kp/cm}^2.$$

Experimentell ermittelt wurde $p^V = 0{,}186$ kp/cm²; somit ist $\nu = 1{,}17$, $\nu^m = 1{,}14$. Der zugeordnete Modellplattenversuch ZMP 34 (L) mit einer zentralen Stützungsfläche von 12 cm Dmr. ergab mit $p^{Rm} = \frac{8}{80^2} \times 131 = 0{,}164$ kp/cm²: $\nu^m = 1{,}10$. — Die verhältnismäßig große Abweichung zwischen theoretischen und experimentellen Werten resultiert aus der zu ungünstigen Annahme einer punktförmigen Stützung in der Berechnung. (Eine plastische Membranzustands-Tragfähigkeitsreserve ist nicht vorhanden.)

In Abb. 9.3/7a ist die theoretische Fließgelenklinienfigur einer dreiseitig frei drehbar gestützten, am vierten Rande freien, isotrop bewehrten quadratischen Platte mit Drillbewehrung in den festgehaltenen Ecken unter gleichförmig verteilter Belastung dargestellt. Abb. 9.3/7b zeigt das Bruchbild der entsprechenden Platte Q 10, die bis zu einer maximalen Randdurchbiegung von 7,8 cm belastet wurde. Die Abweichungen des Rißbildes der Platte Q 10 von der theoretischen Fließgelenklinienfigur lassen eine Spannungsumlagerung erkennen, die bei den zugeordneten Modellplatten jedoch nicht sichtbar aufgetreten ist. Die Bruchbilder der Modellplatten befinden sich in guter Übereinstimmung mit der Fließgelenklinienfigur. Die Ursachen des beobachteten unterschiedlichen Verhaltens sind ungeklärt. Der Parameter der Fließgelenklinienfigur und die theoretischen Werte der Grenzlastintensität sind nach Abschn. 8.2.1.1:

$$y = \frac{a}{2}\left(-\frac{a}{2b} + \sqrt{\frac{a^2}{4b^2} + 3}\right) = 72\left(-\frac{144}{2\cdot 147}\sqrt{\frac{144^2}{4\cdot 147^2} + 3}\right) = 94\,\text{cm},$$

$$p = \frac{6}{y^2} M_0, \qquad p^R \approx p^{Rm} = \frac{6}{94^2}\cdot 460 = 0{,}313\,\text{kp/cm}^2.$$

Experimentell ermittelt wurde $p^V = 0{,}316\,\text{kp/cm}^2$; somit ist $\nu \approx \nu^m = 1{,}01$. Der zugeordnete Modellplattenversuch ZMP 44 (L) ergab mit

$$p^{Rm} = \frac{6}{50^2}\cdot 131 = 0{,}317\,\text{kp/cm}^2: \qquad \nu^m = 1{,}03.$$

In Abb. 9.3/8a ist die theoretische Fließgelenklinienfigur einer entlang zweier angrenzender Ränder frei drehbar gelagerten, in der drillbewehrten Ecke festgehaltenen und in der gegenüberliegenden Ecke punktförmig gestützten, isotrop bewehrten quadratischen Platte unter gleichförmig verteilter Belastung dargestellt. Abb. 9.3/8b zeigt das Bruchbild der entsprechenden Platte Q 16, die bis zu einer maximalen Durchbiegung von 3,8 cm belastet wurde. Der Parameter der Fließgelenklinienfigur und die theoretischen Werte der Grenzlastintensität sind nach Abschn. 8.3.2:

$$x = 0{,}75a = 0{,}75\cdot 144 = 108\,\text{cm}, \qquad p = \frac{32}{3a^2} M_0 = 0{,}000515 M_0,$$

$$p^R = 0{,}000515\cdot 472 = 0{,}243\,\text{kp/cm}^2,$$

$$p^{Rm} = 0{,}000515\cdot 458 = 0{,}236\,\text{kp/cm}^2.$$

Experimentell ermittelt wurde $p^V = 0{,}246\,\text{kp/cm}^2$; somit ist: $\nu = 1{,}01$, $\nu^m = 1{,}04$. (Es ist keine nennenswerte plastische Membranzustands-Tragfähigkeitsreserve vorhanden.) — Die Bruchbilder der Modellplatten ZMP 17 (K) und ZMP 16 (J) der Vergleichsserie IIb sind in Abb. 9.3/8c u. d wiedergegeben. Die Grenzbelastungsversuche an fünf Modellplatten der Gruppen L, K und J ergaben $\nu^m = 1{,}00$ bis $1{,}03$.

9.3.3 Mittige Einzellast

In Abb. 9.3/9a ist die theoretische Fließgelenklinienfigur einer entlang zweier angrenzender Ränder frei drehbar gelagerten, in der drillbewehrten Ecke festgehaltenen und in der gegenüberliegenden Ecke punktförmig gestützten, isotrop bewehrten quadratischen Platte unter mittiger Einzellast dargestellt. Abb. 9.3/9b zeigt das Bruchbild der entsprechenden Platte Q 13 (Durchmesser der Lastverteilungsplatte: $d = 20$ cm), die bis zu einer Mittendurchbiegung von 5,8 cm belastet wurde. Aus dem Rißbild ist eine während der Plastizierung eintretende Momentenumlagerung zu ersehen. Der theoretische Wert der Grenzlastintensität ist nach Abschn. 7.1.5.3:

$$P = \frac{16}{3} M_0; \qquad P^R \approx P^{Rm} = \frac{16}{3} \cdot 458 = 2440 \text{ kp}.$$

Experimentell ermittelt wurde $P^V = 2500$ kp; somit ist $\nu \approx \nu^m = 1{,}03$. Der zugeordnete Modellplattenversuch ZMP 45 (L) ergab für $P^{Rm} = \frac{16}{3} \times \times 131 = 700$ kp ebenfalls $\nu^m = 1{,}03$. (Es ist keine nennenswerte plastische Membranzustands-Tragfähigkeitsreserve vorhanden.)

In Abb. 9.3/10a ist die theoretische Fließgelenklinienfigur einer vierseitig frei drehbar gestützten, isotrop bewehrten quadratischen Platte mit abhebbaren Ecken unter mittiger Einzellast dargestellt. Die Abb. 9.3/10b u. c zeigen die Bruchbilder der Zug- bzw. Druckseite der entsprechenden Platte Q 8, die bis zu einer Mittendurchbiegung von 8,0 cm belastet wurde (Durchmesser der Lastverteilungsplatte: $d = 20$ cm). Auf der Druckseite der Platte erscheinen Bruchlinien in Form logarithmischer Spiralen mit dem Pol im Lastangriffspunkt, die mit Ausnahme des innersten Kurvenstückes außerhalb des Bereiches der zentralen Lastverteilungsbewehrung auf der Druckseite liegen. Der Parameter der Fließgelenklinienfigur und die theoretischen Werte der Grenzlastintensität sind nach Abschn. 7.1.3.1:

$$x = \frac{a}{2}(2 - \sqrt{2}) = 72 \cdot 0{,}586 = 42 \text{ cm},$$

$$P = 6{,}63 M_0, \qquad P^R \approx P^{Rm} = 6{,}63 \cdot 458 = 3040 \text{ kp}.$$

Experimentell ermittelt wurde $P^V = 3100$ kp; somit ist $\nu \approx \nu^m = 1{,}02$. Die Modellplattenergebnisse der Vergleichsserie IIIa sind für ZMP 28 (L): $P^{Rm} = 6{,}63 \cdot 131 = 870$ kp, $\nu^m = 1{,}07$, für ZMP 9 (K): $P^{Rm} = 6{,}63 \times \times 80 = 530$ kp, $\nu^m = 1{,}09$, und für ZMP 8 (J), s. das in Abb. 9.3/10d wiedergegebene Bruchbild: $P^{Rm} = 6{,}63 \cdot 131 = 870$ kp, $\nu^m = 1{,}04$. (Der Durchmesser des Lasteintragungsstempels war in diesen Fällen $d = 12$ cm.) Die verhältnismäßig hohen ν-Werte resultieren aus der Annahme einer punktförmig eingetragenen Einzellast in der Berechnung.

In dem Bruchbild der Platte Q 8 ist die in Abb. 9.3/10a dargestellte Fließgelenklinienfigur durch eine Bruchlinienfigur für örtliches Biegeversagen gemäß Abschn. 7.3.2.1 überlagert. Bei Verwendung des allein aus der Biegezugfestigkeit des Betons herrührenden Grenzmomentes von durchschnittlich $M_0' = 270$ kpcm/cm erhält man $P = 4\pi \cdot 270 = 3400$ kp, — ein Lastwert, der bei einer Mittendurchbiegung von 1,5 cm durchlaufen worden ist. Die Last-Mittendurchbiegungskurve weist einen schwach gekrümmten Verlauf mit abnehmender Neigung bis zum Punkte (8 cm; 5000 kp) auf, ohne ein aus dem Kurvenverlauf ablesbares Anzeichen für Querkraftversagen zu haben. Wenn auch die Kurve die Verbindung von in verhältnismäßig weiten Lastintervallen von 500 kp gemessenen Durchbiegungen ist, so hätte sich dennoch ein dem Biegeversagen überlagertes Querkraftversagen deutlich abzeichnen müssen. Das Bruchbild der zugeordneten Modellplatte ZMP 28 (L) zeigt auf der Druckseite eine gleichmäßiger gekrümmte und weniger verzerrte Bruchspirale als die Platte Q 5, und der Verlauf der in Lastintervallen von 60 kp festgelegten Last-Mittendurchbiegungskurve weist ebenfalls keine Unstetigkeiten auf, die auf beginnendes Durchstanzen schließen lassen könnten. Das Einsetzen der Durchstanzwirkung wurde hierbei im Intervall zwischen 1200 und 1260 kp beobachtet. Die Querkraftstanzrisse sind dabei klar von den spiraligen Bruchlinien des örtlichen Biegeversagens zu unterscheiden. Es kann angenommen werden, daß sich wegen der bei Stahlbetonplatten unvermeidlichen Inhomogenitäten, auch bei momentenfreier Lasteintragung, die ideale Kreisform der Bruchfigur für örtliches Biegeversagen nicht realisieren kann. Bei dem Fortschreiten der Spirale nach außen spielt die elastische Plattenbiegung eine Rolle.

In Abb. 9.3/11a ist die theoretische Fließgelenklinienfigur einer allseitig frei drehbar gestützten, isotrop bewehrten quadratischen Platte mit Drillbewehrung in den festgehaltenen Ecken unter mittiger Einzellast dargestellt. Abb. 9.3/11b zeigt das Bruchbild der entsprechenden Platte Q 6, die bis zu einer Mittendurchbiegung von 5,4 cm belastet wurde. Im Endstadium der Belastung begannen sich Durchstanzeffekte abzuzeichnen, die auf dem Photo deutlich zu erkennen sind. Die theoretischen Werte der Grenzlastintensität sind nach Abschn. 6.6.2.3:

$$P = 8M_0, \quad P^R = 8 \cdot 464 = 3700 \text{ kp}, \quad P^{Rm} = 8 \cdot 458 = 3660 \text{ kp}.$$

Experimentell ermittelt wurde $P^V = 3900$ kp; somit ist $\nu = 1{,}05$, $\nu^m = 1{,}06$. Der zugeordnete Modellplattenversuch ZMP 41 (L) ergab für $P^{Rm} = 8 \cdot 131 = 1050$ kp: $\nu^m = 1{,}08$. Die verhältnismäßig hohen ν-Werte resultieren aus der Annahme einer punktförmig eingetragenen Einzellast in der Berechnung, wogegen die Lastverteilungsplatte im Falle von Q 6 einen Durchmesser von $d = 20$ cm und im Falle von ZMP 41 (L) von $d = 12$ cm hatte. Bei beiden Platten sind auf der Druckseite dem vorhergehend erörterten Falle entsprechende spiralige Bruchlinien aufgetreten.

In Abb. 9.3/12a ist die theoretische Fließgelenklinienfigur einer dreiseitig frei drehbar gestützten, am vierten Rande freien, isotrop bewehrten quadratischen Platte mit Drillbewehrung in den festgehaltenen Ecken unter mittiger Einzellast dargestellt. Abb. 9.3/11b zeigt das Bruchbild der entsprechenden Platte Q 11, die bis zu einer Mittendurchbiegung von 5,1 cm belastet wurde. Die theoretischen Werte der Grenzlastintensität ergeben sich bei Verwendung des Dissipationsausdruckes aus Abschn. 8.2.1.1 zu:

$$P = \left[2\left(\frac{a}{2y} + \frac{2y}{a}\right) + (b - y)\frac{4}{a}\right] M_0$$

$$= \left[2\left(\frac{144}{147} + \frac{147}{144}\right) + 2 \cdot \frac{147}{144}\right] M_0 = 6{,}04 M_0,$$

$$P^R = 6{,}04 \cdot 464 = 2800 \text{ kp}, \qquad P^{Rm} = 6{,}04 \cdot 458 = 2750 \text{ kp}.$$

Experimentell ermittelt wurde $P^V = 2750$ kp; somit ist $\nu = 0{,}98$, $\nu^m = 1{,}00$. Der zugeordnete Modellplattenversuch ZMP 43 (L) ergab für $P^{Rm} = 6{,}07 \cdot 131 = 795$ kp: $\nu^m = 1{,}06$. (Für die Diskrepanz der ν-Werte könnten Minustoleranzen der Platte Q 11 verantwortlich sein.)

In Abb. 9.3/13a ist die theoretische Fließgelenklinienfigur einer dreiseitig frei drehbar gestützten, am vierten Rande freien, isotrop bewehrten quadratischen Platte mit abhebbaren Ecken unter mittiger Einzellast dargestellt. Abb. 9.3/13b zeigt das Bruchbild der entsprechenden Zementmörtelplatte ZMP 32 (L), die bis zu einer Mittendurchbiegung von 2,1 cm belastet wurde (Durchmesser der Lastverteilungsplatte: $d = 12$ cm). Der Parameter der Fließgelenklinienfigur und der theoretische Wert der Grenzlastintensität sind nach Abschn. 7.1.3.3:

$$x = \frac{a}{2}\left(2 - \sqrt{2}\right) = 38 \cdot \left(2 - \sqrt{2}\right) = 22{,}3 \text{ cm},$$

$$P = 2 \cdot \left(4\sqrt{2} - 3\right) M_0, \qquad P^{Rm} = 5{,}31 \cdot 131 = 695 \text{ kp}.$$

Experimentell ermittelt wurde $P^V = 720$ kp; somit ist $\nu^m = 1{,}04$. Die übrigen Ergebnisse der Vergleichsserie IVa sind für ZMP 15 (K): $P^{Rm} = 5{,}31 \cdot 80 = 425$ kp, $\nu^m = 1{,}13$, und für ZMP 14 (J): $P^{Rm} = 5{,}31 \times \times 131 = 695$ kp, $\nu^m = 1{,}06$. Die verhältnismäßig hohen ν-Werte resultieren aus der Annahme einer punktförmig eingetragenen Einzellast in der Berechnung.

9.3.4 Mehrfeldrige Platten

Die Abb. 9.3/14a u. b zeigen zwei alternative Fließgelenklinienfiguren für eine vierseitig frei drehbar gestützte, nahezu isotrop bewehrte rechteckige Platte ($\bar{\beta} = 0{,}756$, $\Lambda = 1{,}10$, $\Lambda'_x = 1{,}0$) mit mittiger Punktstützung (Durchmesser der Lastverteilungsplatte: $d = 24$ cm) unter gleichförmig verteilter Belastung (s. auch [67]). Aus der auf iterativem Wege ermittelten oberen Fließgelenklinienfigur (Abb. 9.3/14a) erhält man

$$p_1^{Rm} = 0{,}00218 \cdot 248 = 0{,}540 \text{ kp/cm}^2.$$

Alternativ stellt sich nach Abschn. 8.5.2 die in Abb. 9.3/14b dargestellte Fließgelenklinienfigur ein, deren Parameterwerte und zugehörige Grenzlastintensität sind:

$$\lambda_1 = \frac{1 + \sqrt{1 + \Lambda_x'}}{2} = \frac{1 + \sqrt{1 + 1}}{2} = 1{,}207, \quad x = \frac{a}{2\lambda_1} = \frac{109}{2 \cdot 1{,}207} = 45 \text{ cm},$$

$$\overline{\mathfrak{C}} = \frac{1}{\Lambda \lambda_1^2}\left(-\overline{\beta} + \sqrt{\overline{\beta}^2 + 3\Lambda \lambda_1^2}\right)$$

$$= \frac{1}{1{,}10 \cdot 1{,}207^2}\left(-0{,}756 + \sqrt{0{,}756^2 + 3 \cdot 1{,}10 \cdot 1{,}207^2}\right) = 0{,}975,$$

$$y = \frac{a}{2}\overline{\mathfrak{C}} = 54{,}5 \cdot 0{,}975 = 53 \text{ cm},$$

$$p = \frac{24}{a^2 \overline{\mathfrak{C}}^2} M_y = \frac{24}{109^2 \cdot 0{,}975^2} M_y = 0{,}00213 M_y,$$

$$p_2^{Rm} = 0{,}00213 \cdot 248 = 0{,}530 \text{ kp/cm}^2.$$

Die untere Fließgelenklinienfigur liefert also einen um 2% niedrigeren Wert für die obere Eingrenzung der Grenzlastintensität. Das Bruchbild der entsprechenden Platte A 7 ist in Abb. 9.3/14c wiedergegeben. Der Versuch ergab eine Überlagerung der beiden Bruchlinienfiguren. Obwohl die obere Fließgelenklinienfigur den höheren Wert der Grenzlastintensität p_1^{Rm} ergibt, trat sie primär auf. Die für die linke und rechte Plattenhälfte getrennt ermittelten experimentellen Grenzlastwerte sind $p_l^V = 0{,}530 \text{ kp/cm}^2$ und $p_r^V = 0{,}510 \text{ kp/cm}^2$, somit ist $\nu_l^m = 1{,}00$, $\nu_r^m = 0{,}96$. Bemerkenswert ist auch der verhältnismäßig niedrige Wert der Lastintensität, bei dem rapide Plastizierung eintritt: $\nu \lesssim 1$. — Weitere Versuche mit Platten dieses Typs mit verschiedenen Seitenverhältnissen sind notwendig.

Die Abb. 9.3/15a u. b zeigen die Bruchbilder auf beiden Plattenseiten der an den Rändern eingespannten, über Linienstützungen durchlaufenden Platte B 6 mit vier rechteckigen Feldern und nahezu isotroper schichtenweiser Bewehrung ($\beta = 0{,}645$, $\Lambda = 0{,}915$, $\Lambda_x' = 1{,}0$, $\Lambda_y' = 1{,}0$). In Abb. 9.3/15c ist die zugehörige theoretische Fließgelenklinienfigur für ein Plattenfeld unter Berücksichtigung der „Fließgelenklinienfächer" in den Plattenecken dargestellt. Die Last-Durchbiegungskurve für das rechte untere Plattenfeld ist in Abb. 9.3/15d aufgetragen; für die übrigen Felder ergab sich ein ähnlicher Verlauf mit etwas geringeren Durchbiegungen bei jeweils gleicher Laststufe. (Das Diagramm ist mit Abb. 9.2/25d zu vergleichen.) Die Parameter der Fließgelenklinienfigur und die theoretischen Werte der Grenzlastintensität sind nach Abschnitt 8.5.5 und Abschn. 8.10.3.2 mit $\lambda = \frac{1 + \Lambda'_x}{1 + \Lambda'_y} = 1$:

$$\mathfrak{B} = \Lambda \lambda \left(\sqrt{\beta^2 + \frac{3}{\Lambda \lambda}} - \beta \right) = 0{,}915 \left(\sqrt{0{,}645^2 + \frac{3}{0{,}915}} - 0{,}645 \right) = 1{,}17,$$

$$x = \frac{b}{2} \mathfrak{B} = 33{,}5 \cdot 1{,}17 = 39{,}2\,\text{cm}, \quad y = 0{,}604 x = 0{,}604 \cdot 39{,}2 = 23{,}6\,\text{cm},$$

$$p = \frac{12 M_y \left[\frac{1}{b} (2a - 0{,}518 x)(1 + \Lambda'_y) + 0{,}870 \frac{b}{x} \Lambda (1 + \Lambda'_x) \right]}{b(3a - 2{,}189 x)}$$

$$p = \frac{12 M_y \left[\frac{1}{67} (2 \cdot 104 - 0{,}518 \cdot 39{,}2) \cdot 2 + 0{,}870 \cdot \frac{67}{39{,}2} \cdot 0{,}915 \cdot 2 \right]}{67 \cdot (3 \cdot 104 - 2{,}189 \cdot 39{,}2)} = 0{,}00663 M_y,$$

$$p^{Rm} = 0{,}00663 \cdot 158 = 1{,}05\,\text{kp/cm}^2.$$

Aus den Last-Durchbiegungskurven der einzelnen Plattenfelder ist wie im Falle des Diagramms von P 40 (Abb. 9.2/25d) eine wirkliche Biegegrenzlast nicht definierbar, jedoch setzt bei $p^V = 1{,}27\,\text{kp/cm}^2$ eine stärkere Neigung der Last-Durchbiegungskurven ein (die bei Streckung der Abszisse besser erkennbar wird). Legt man diesen Wert zugrunde, so ist $\nu^m \approx 1{,}21$.

9.4 Versuchsergebnisse für mit hochfestem Stahl bewehrte rechteckige Stahlbetonplatten

9.4.1 Charakteristik der Versuchsreihe S

Die Versuchsreihe S dient der Untersuchung des Tragverhaltens von rechteckigen, vierseitig frei drehbar randgestützten Stahlbetonplatten mit den Abmessungen 224 × 150 × 6 cm und den Stützweiten 216 × 144 cm, die mit gezogenem *hochwertigem Stahl* ohne ausgeprägte Streckgrenze (*Baustahlgewebe*-Stäbe)[1] nahezu isotrop bewehrt sind, unter gleichförmig über die ganze Platte verteilter Belastung. Die Plattenecken, in denen eine Drillbewehrung eingelegt ist, werden gegen Abheben gesichert. Für diese Stützungs- und Belastungsart realisiert sich gemäß der Fließgelenklinientheorie die einfache dachförmige Bruchfigur ohne Verzweigung der in die Ecken laufenden Fließgelenklinien.

In der Reihe S besteht die Bewehrung wie bei den übrigen Versuchsreihen aus Stäben mit verhältnismäßig geringem Durchmesser in verhältnismäßig engem Abstand (verglichen mit den Verhältnissen der Praxis), da hierbei erfahrungsgemäß eine geringere Streuung der Versuchsergebnisse zu erwarten ist als im Falle von Bewehrungen mit in

[1] Das Material wurde in dankenswerter Weise von der Fa. Baustahlgewebe GmbH, Düsseldorf-Oberkassel, zur Verfügung gestellt.

entsprechend weiteren Abständen angeordneten Stäben größeren Durchmessers.

Die *Prüfkörpergruppe M* dient der vergleichenden Untersuchung des Tragverhaltens von Platten, die mit nicht miteinander verbundenen glatten und gerippten *Baustahlgewebe*-Stäben von 2,5 mm Nenndurchmesser bewehrt sind. Dieser unterhalb des für statische Bewehrung geltenden Mindestdurchmessers von 4,0 mm liegende Wert wurde gewählt, da bei sehr kleinem Stabdurchmesser ein besonders ausgeprägter Einfluß der Prägung auf die Eigenschaften des (aus Material von 4,6 mm Dmr. gezogenen) Stabes, und damit auf das Tragverhalten der Platten, zu erwarten ist. Es handelt sich um Orientierungsversuche über den Einfluß einer erheblichen Reduzierung der Bruchdehnung des Bewehrungsstahles auf das Tragverhalten von Platten. *Die Versuche liegen außerhalb des direkten baupraktischen Interesses.* Die Gruppe M umfaßt die Prüfkörper S 1 bis S 4 mit der in Tab. 9.1 angegebenen Bewehrungscharakteristik.

Tabelle 9.1 *Bewehrung der Stahlbetonplatten der Prüfkörpergruppe M*

Prüfkörper Nr.	Art der Bewehrungsstäbe	Stabdurchmesser		Stababstand	Kreuzungs-Verbindung
		Nennwert [mm]	effektiver Wert [mm]	[cm]	
S 1	geprägt	2,5	2,3	3,0	—
S 2	glatt	2,5	2,5	3,0	—
S 3	geprägt	2,5	2,3	2,0	—
S 4	glatt	2,5	2,5	2,0	—

Die *Prüfkörpergruppe N* dient der vergleichenden Untersuchung des Tragverhaltens von Platten, die a) mit nicht miteinander verbundenen glatten *Baustahlgewebe*-Stäben, b) mit nicht miteinander verbundenen geprägten *Baustahlgewebe*-Stäben und c) mit durch Punktschweißung nach dem Impulsschweißverfahren an sämtlichen Stabkreuzungsstellen miteinander verbundenen geprägten *Baustahlgewebe*-Stäben bewehrt sind. Der Nenndurchmesser der Bewehrungsstäbe wurde innerhalb des für statische Bewehrung zugelassenen Durchmesserbereiches zu 4,6 mm gewählt. Der Bewehrungsprozentsatz ist verhältnismäßig hoch, jedoch genügend weit unterhalb des kritischen Wertes gewählt, um ausgeprägte und dabei auf die Praxis beziehbare Ergebnisse zu erhalten. Die Gruppe N umfaßt die Prüfkörper S 5 bis 7a mit der in Tab. 9.2 angegebenen Bewehrungscharakteristik.

Die den Prüfkörpern S 1 und S 2 zugeordneten Vergleichsträger haben die Abmessungen $108 \times 15 \times 6$ cm, und die den Prüfkörpern S 3 und S 4 zugeordneten Vergleichsträger haben die Abmessungen $108 \times 16 \times 6$ cm.

Tabelle 9.2 *Bewehrung der Stahlbetonplatten der Prüfkörpergruppe N*

Prüfkörper Nr.	Art der Bewehrungsstäbe	Durchmesser		Stababstand	Kreuzungs-Verbindung
		Nennwert [mm]	effektiver Wert [mm]	[cm]	
S 5	glatt	4,6	4,6	5	—
S 5a	glatt	4,6	4,6	5	—
S 6	geprägt	4,6	4,45	5	—
S 6a	geprägt	4,6	4,45	5	—
S 6b	geprägt	4,6	4,45	5	—
S 7	geprägt	4,6	4,45	5	Punkt-schweißung
S 7a	geprägt	4,6	4,45	5	Punkt-schweißung

Eine Querbewehrung ist nicht eingelegt. Der Abstand der Stützungslinien beträgt 100 cm, die Lasteintragung erfolgt in Form von Linienlasten in den Drittelspunkten.

Die den Prüfkörpern der Gruppe N zugeordneten Vergleichsträger haben die Abmessungen 108 × 15 × 6 cm, die Stützung und Lasteintragung entspricht der Gruppe M. In die den Prüfkörpern S 5 bis S 6b zugeordneten Vergleichsträger ist keine Querbewehrung eingelegt. Die den Prüfkörpern S 7 und S 7a zugeordneten Vergleichsträger sind mit aus den punktverschweißten Matten entnommenen Bewehrungsabschnitten (also Längsbewehrung mit aufgeschweißten Querstäben), bewehrt.

Zusätzlich zu den Vergleichsträgern werden zweiseitig frei drehbar randgestützte Platten unter gleichförmig verteilter Belastung für die Ermittlung des jeweiligen Grenzmomentes in y-Richtung verwendet. Die den Prüfkörpern S 5, S 6 und S 7 zugeordneten Platten haben die Abmessungen 150 × 150 × 6 m, der Abstand der Stützungslinien beträgt 144 cm.

9.4.2 Versuchsergebnisse der Gruppe M

9.4.2.1 Bewehrungsstäbe

Glatte *Baustahlgewebe*-Stäbe von 2,5 mm Dmr. (Probestab III). — Das aus Versuchen an zwölf Prüfkörpern (langer Proportionalstab) bestimmte durchschnittliche Spannungs-Dehnungs-Diagramm ist in Abb. 9.4/1 dargestellt. Bei sämtlichen Bewehrungsstäben bildete sich eine ausgeprägte Brucheinschnürung. Die 0,4%-Grenze der Gesamtdehnung, die der 0,2%-Grenze der bleibenden Dehnung entspricht, liegt etwa bei 5600 kp/cm², ist also größer als der vorgeschriebene Mindestwert von 5000 kp/cm².

$$\sigma_z = 7050\ \text{kp/cm}^2, \qquad \varepsilon_z = 11 > 8\,\%.$$

Geprägte *Baustahlgewebe*-Stäbe von 2,5 mm Nenndurchmesser (2,3 mm effektiver Durchmesser) Probestab IV. — Bei 4 von 20 Zerreißversuchen am langen Proportionalstab erfolgte der Bruch ohne nennenswerte Brucheinschnürung. Die Ergebnisse der 20 Versuche liegen mit jeweils geringer Streuung in zwei getrennten Bereichen: Die Werte für die mit deutlicher Brucheinschnürung gerissenen Stäbe (a) liegen in dem einen und die für die ohne nennenswerte Brucheinschnürung gerissenen Stäbe (b) liegen in dem anderen Bereich. Aus diesem

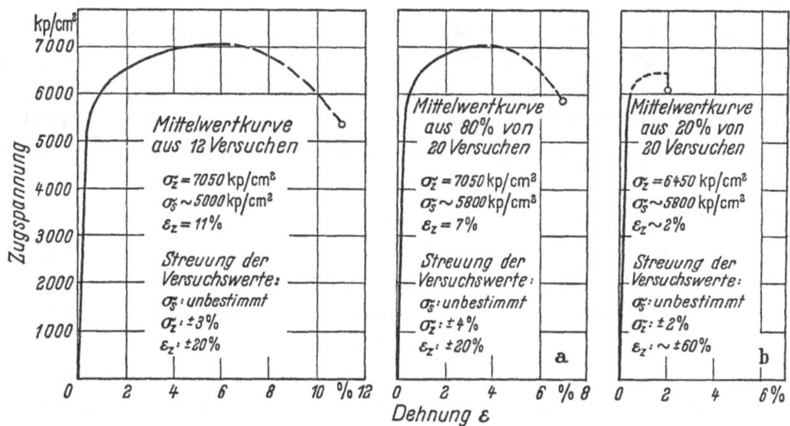

Probestab III: gezogener Draht, Dmr. $d = 2{,}5$ mm

Probestab IV: gezogener und geprägter Draht, *Sonderanfertigung*, $d = 2{,}5$ mm, $d_{\text{eff}} = 2{,}3$ mm

Abb. 9.4/1 Spannungs-Dehnungs-Diagramme für in der Plattenserie S, Gruppe M, verwendete *Baustahlgewebe*-Bewehrungsdrähte (Betonstahlgruppe IVb)

Grunde sind die durchschnittlichen Spannungs-Dehnungs-Diagramme in Abb. 9.4/1 für die beiden Prüfstabgruppen getrennt aufgestellt. Die Hauptkennwerte des Stahles sind (bezogen auf den effektiven Durchmesser):

$$\text{(a)}: \quad \sigma_s \approx 5800\ \text{kp/cm}^2, \quad \sigma_z = 7050\ \text{kp/cm}^2, \quad \varepsilon_z = 7 > 6\,\%;$$

$$\text{(b)}: \quad \sigma_s \approx 5800\ \text{kp/cm}^2, \quad \sigma_z = 6450\ \text{kp/cm}^2, \quad \varepsilon_z = 2 < 6\,\%.$$

Die Versuche zeigen, daß die Prägung der *Baustahlgewebe*-Stäbe von 2,5 mm Nenndurchmesser bei einer Anzahl von Stäben der Lieferung einen versprödenden Einfluß auf das Material hatte. Über den Prozentsatz der versprödeten Stäbe der Lieferung kann aus der geringen Anzahl der entnommenen Probestäbe keine Aussage gemacht werden.

9.4.2.2 Platten und Vergleichsträger

Die Belastungsversuche an den Stahlbeton-Vergleichsträgern der Gruppe M ergaben folgendes Resultat: Bei Anwachsen der Drittelspunktlasten bilden sich im mittleren Trägerabschnitt fast gleichzeitig mehrere Haarrisse aus, die sich bei weiterer Laststeigerung alle in ungefähr gleicher Weise zu feinen Rissen erweitern, so daß eine stärkere parabelförmige Durchbiegung des mittleren Trägerdrittels resultiert.

Der Bruch tritt in einem der Rißquerschnitte, dessen Lage an irgendeiner Stelle im mittleren Trägerdrittel sein kann, durch Zerreißen der Bewehrung ein, ehe der Widerstand des Betons in der sich verkleinernden Druckzone maßgebend wird. Die Haftung der gerippten und der glatten Bewehrungsstäbe ist ausreichend. Die Last-Durchbiegungs-Kurven der Vergleichsträger haben eine zum Spannungs-Dehnungs-Diagramm des Stahles ungefähr affine Form. (Ein Momenten-Krümmungs-Diagramm wurde nicht aufgenommen.) Die Verformung nimmt bis zum Bruch stetig zu. Das Verhalten steht im Gegensatz zu dem Verhalten von mit Stahl mit ausgeprägter Streckgrenze und großem Dehnvermögen schwach bewehrten flachen Betonträgern.

In dem unter konstanter Biegebeanspruchung stehenden Abschnitt der mit gezogenem hochwertigem Stahl ohne ausgeprägte Streckgrenze und mit geringem plastischen Dehnvermögen (*Baustahlgewebe*-Stäbe) bewehrten, den Platten der Versuchsreihe S entsprechenden Vergleichsbetonträgern summiert sich bei ausreichendem Verbund die Längung der Bewehrungsstäbe nicht an einer Stelle. Kurz vor dem Eintreten des Bruches sind mehrere, aber nur verhältnismäßig enge Risse vorhanden. Da der Bruch plötzlich durch Zerreißen der Bewehrung eintritt, kann die Zugfestigkeit des Stahles σ_z als der für das Trägergrenzmoment maßgebende Wert verwendet werden. Die mit σ_z anstelle von σ_S in Gl. (9.2.2/1) berechneten Bruchmomentenwerte befinden sich in guter Übereinstimmung mit den experimentellen Werten, wie aus Tab. 9.3 zu ersehen ist. (Für die Ermittlung der Bruchmomente der mit geprägtem Stahl bewehrten Vergleichsträger zu S 1 und zu S 3 wurde die durchschnittliche Stahlfestigkeit der Probestäbe IVa zugrunde gelegt.) Um einen Vergleich der in Spalte 3 von Tab. 9.3 angegebenen experimentellen Bruchmomentenwerte untereinander zu ermöglichen, werden sie auf ${}_2M_y^V$ bezogen, z. B.:

$${}_3M_y^V(\text{reduziert}) = {}_3M_y^v \frac{d^2}{d_{\text{eff}}^2} \frac{{}_2M_y^R}{{}_3M_y^R} = 690 \cdot 1{,}18 \cdot 0{,}667 = 543\,\text{kpcm/cm}.$$

Der Vergleich der bezogenen, reduzierten Werte ergibt eine befriedigende Übereinstimmung, nämlich in normalisierter Form: für S 1: 1,03, für S 2 = 1,00, für S 3 = 0,99 und für S 4 = 0,96.

Der Bruch der Platten erfolgt bei verhältnismäßig geringer Durchbiegung durch unter absinkender Last fortschreitendem Reißen der Bewehrung. Diese Erscheinung nimmt bei den mit geprägtem *Baustahlgewebe*-Stäben bewehrten Platten einen besonders rapiden Verlauf. Das Reißen der Bewehrung nimmt vom inneren Teil einer in eine Ecke verlaufenden Bruchlinie seinen Ausgang. Dabei kann ein Abweichen des

Bruchbildes von der ursprünglichen Form des klaffenden Rißbildes eintreten (Abb. 9.4/3c). Diese Abweichung erklärt sich daraus, daß die Platte nach dem Reißen einzelner Bewehrungsstäbe als eine Platte mit Öffnungen anzusehen ist, deren Bruchbild sich natürlich von dem Bruchbild einer homogenen Platte unterscheiden muß.

Tabelle 9.3 *Vergleich von Versuchsergebnissen für mit hochfestem Stahl bewehrte, vierseitig frei drehbar gestützte, gleichförmig belastete rechteckige Stahlbetonplatten (und zugehörige Vergleichsträger) mit theoretischen Werten*

Prüfkörper Nr.	Art der Bewehrungsstäbe	Bruchmoment des Vergleichsträgers [kpcm/cm]		Grenzlastwerte für die Platte [kp/cm²]			Verhältniswert $v = p^V/p^R$		Mittendurchbiegung bei Grenzbelastung	Membranrisse
		exp.	theor.	exp.	theor. bezogen auf 3	theor. bezogen auf 4				
1	2	3	4	5	6	7	5/6	5/7	[mm]	
S 1	geprägt	478	466	0,366	0,384	0,374	0,95	0,98	26,2	—
S 2	glatt	548	550	0,466	0,440	0,440	1,06	1,06	44,2	ja
S 3	geprägt	690	699	0,530	0,555	0,561	0,96	0,95	34,8	—
S 4	glatt	785	825	0,666*	0,630	0,660	1,06	1,01	47,6	ja

* Auf das Reißen eines einzelnen Bewehrungsstabes hin möglicherweise verfrüht abgebrochener Versuch.

Obwohl bei den mit Stahl ohne ausgeprägte Streckgrenze bewehrten Betonplatten das Fließen der Bewehrung als wesentliche Voraussetzung der Fließgelenklinientheorie nicht erfüllt ist, können für frei drehbar gestützte Platten bei ausreichendem Verbund das klaffende Rißbild und der Wert der Grenzlastintensität mit einer für praktische Zwecke annehmbaren Genauigkeit bestimmt werden, wenn die Zugfestigkeit (anstelle der Streckgrenze) des Stahles als der für das Grenzmoment maßgebende Wert verwendet wird[1], vgl. Tab. 9.3. Abb. 9.4/3a gibt die theoretische Fließgelenklinienfigur und Abb. 9.4/3b das Bruchbild der Platte S 2 wieder. Die Ausbildung des klaffenden Rißbildes zeigt keine feststellbare systematische Abweichung von der Form des Biegebruchbildes von entsprechenden Platten der Versuchsreihe P, die mit Stahl mit ausgeprägter Streckgrenze und großem Dehnvermögen bewehrt sind (vgl. Abb. 9.4/3a, b und Abb. 9.2/3a, b). Die allgemeine Form des Rißbildes weist eine diffuse Rißverteilung in der Umgebung des klaffenden Rißbildes auf, deren Bereich sich bei Laststeigerung fortlaufend verbreitert. Bei den mit geprägten *Baustahlgewebe*-Stäben bewehrten Platten S 1

[1] Dieses Ergebnis darf wegen der eingeschränkten Verdrehungsfähigkeit der Fließgelenke auf keinen Fall ohne ausreichende experimentelle Nachprüfung auf eingespannte Platten ausgedehnt werden.

und S 3 treten jedoch keine in y-Richtung verlaufenden Membranrisse auf.

Die Plattendurchbiegung bei Erreichen der Grenzbelastung ist um so größer, je größer die Bruchdehnung des Bewehrungsstahles ist. Der Wert der der Membranwirkung zuzuschreibenden Tragfähigkeitsreserve ist um so größer, je größer die Bruchdehnung des Bewehrungsstahles ist. (Quantitative Relationen können aus der nur zweimal zwei Versuche umfassenden Gruppe M nicht hergeleitet werden.)

Die Minusabweichungen der für die mit geprägtem Stahl bewehrten Platten S 1 und S 3 ermittelten experimentellen Grenzlastwerte von den unter Zugrundelegung des Vergleichsträger-Bruchmomentes theoretisch ermittelten Grenzlastwerten können daraus erklärt werden, daß *bei Stahl mit geringem Dehnvermögen* ($\varepsilon_z < \approx 8\%$) *offenbar nicht die durchschnittliche Festigkeit der Bewehrungsstäbe, sondern die (innerhalb gewisser Grenzen) geringste Stabfestigkeit maßgebend für die Grenztragfähigkeit der Platte ist.* Wenn sich in einer solchen, mit Stahl mit geringem Dehnvermögen bewehrten Platte einzelne Stäbe mit innerhalb des Maximalmomentenbereiches liegenden versprödeten Stellen befinden, in denen der Bruch bei einer unterhalb des durchschnittlichen Grenzlastwertes liegenden Laststufe eintritt, so läßt das geringe Dehnvermögen der Bewehrung eine Verteilung der nun aufzunehmenden Zusatzlast nur in sehr beschränktem Maße zu. Das hat ein von der geschwächten Stelle ausgehendes rapides Fortschreiten des Zerreißens der Bewehrung zur Folge. Diese Erscheinung ist mit einem Kerbspannungseinfluß vergleichbar.

Bei Zugrundelegung der Festigkeit der Probestäbe IVb ergeben sich für S 1 und S 3 die Grenzmomente 426 bzw. 640 kpcm/cm. Daraus folgen die Grenzlastwerte

$$\text{S 1:} \quad p^R = 0{,}342\,\text{kp/cm}^2, \quad \nu = 1{,}07;$$

$$\text{S 3:} \quad p^R = 0{,}514\,\text{kp/cm}^2, \quad \nu = 1{,}03.$$

9.4.3 Versuchsergebnisse der Gruppe N

9.4.3.1 Bewehrungsstäbe

Dehnungsmessungen an fünf glatten *Baustahlgewebe*-Stäben von 4,63 mm Dmr. ergaben die folgenden mittleren Werte: $\sigma_s \approx 5900\,\text{kp/cm}^2$, $\sigma_z = 6900\,\text{kp/cm}^2$, $\varepsilon_z = 11{,}3 > 8\%$. Dehnungsmessungen an neun geprägten *Baustahlgewebe*-Stäben von 4,6 mm Nenndurchmesser und 4,45 mm effektivem Durchmesser ergaben die folgenden, auf den effektiven Querschnitt bezogenen mittleren Werte: $\sigma_s \approx 5900\,\text{kp/cm}^2$, $\sigma_z = 6800\,\text{kp/cm}^2$, $\varepsilon_z = 8{,}8 > 6\%$. Dehnungsmessungen an zwölf aus punktgeschweißten Matten entnommenen geprägten *Baustahlgewebe*-Stäben von 4,6 mm Nenndurchmesser und 4,45 mm effektivem Durchmesser ergaben die folgenden, auf den effektiven Querschnitt bezogenen mittleren Werte: $\sigma_s \approx 5800$ kp/cm², $\sigma_z = 6600$ kp/cm², $\varepsilon_z = 6{,}8 > 6\%$. Der Bruch erfolgte bei acht von zwölf Stäben an der Schweißstelle. Bei den verwendeten Bewehrungen nehmen die auf den ursprünglichen effektiven Stabdurchmesser bezogenen Zugfestigkeitswerte und Bruch

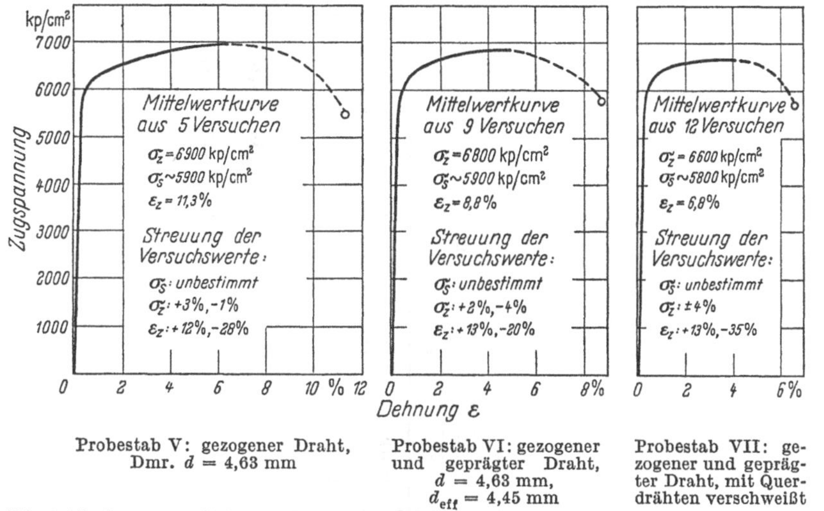

Probestab V: gezogener Draht, Dmr. $d = 4{,}63$ mm

Probestab VI: gezogener und geprägter Draht, $d = 4{,}63$ mm, $d_{eff} = 4{,}45$ mm

Probestab VII: gezogener und geprägter Draht, mit Querdrähten verschweißt

Abb. 9.4/2 Spannungs-Dehnungs-Diagramme für in der Plattenserie S, Gruppe N, verwendete *Baustahlgewebe*-Bewehrungsstäbe (Betonstahlgruppe IVb)

dehnungen bei geprägtem Stahl gegenüber glattem Stahl um 1 bis 2% ab, sie reduzieren sich bei punktgeschweißten Matten aus geripptem Stahl um einige weitere Prozente.

9.4.3.2 Platten und Vergleichsträger

Die Belastungsversuche an den zweiseitig gestützten Vergleichsplatten und Vergleichsträgern der Gruppe N ergaben bei den den Platten S 6 bis S 7a zugeordneten Prüfkörpern das entsprechende Verhalten wie in Abschn. 9.4.2.2 beschrieben. Die experimentell ermittelten Werte der Grenzmomente befinden sich in diesen Fällen in enger Übereinstimmung mit den auf theoretischem Wege aus den Materialeigenschaften bestimmten Grenzmomentenwerten (s. Tab. 9.4). Bei den den Platten S 5 und S 5a zugeordneten Vergleichsprüfkörpern erfolgte ein vorzeitiges Versagen (im Vergleich mit dem errechneten Grenzmoment) infolge Lösung des Verbundes der glatten *Baustahlgewebe*-Stäbe.

Bei den mit geprägten unverschweißten und bei den mit geprägten verschweißten *Baustahlgewebe*-Stäben bewehrten Platten S 6, S 6a,

Tabelle 9.4 *Vergleich von Versuchsergebnissen für mit hochfestem Stahl bewehrte, vierseitig frei drehbar gestützte, gleichförmig belastete rechteckige Stahlbetonplatten (und zugehörige Vergleichsprüfkörper) mit theoretischen Werten. Die Last-Durchbiegungskurven für die Platten der Gruppe N sind in Abb. 9.4/6 aufgetragen*

Prüfkörper Nr.	Art der Bewehrungsstäbe	Bruchmoment der Vergleichsplatte [kpcm/cm]	Bruchmoment des Vergleichsträgers [kpcm/cm]		Grenzlastwerte für die Platten [kp/cm²]				Verhältniswert $\nu = P^V/P^B$			Mittendurchbiegung bei Grenzbelastung	Membranrisse
			exp.	theor.	exp.	theor. bezogen auf 3	theor. bezogen auf 4	theor. bezogen auf 5					
1	2	3	4	5	6	7	8	9	6/7	6/8	6/9	[mm]	
5	glatt	890	870	1030	0,666	0,700	0,690	0,815	0,95	0,97	0,82	91,2	—*
5a	glatt		845	1030	0,666	—	0,670	0,815	—	0,99	0,82	70,1	—*
6	geprägt	970	940	950	0,876	0,765	0,740	0,750	1,15	1,18	1,17	69,8	ja
6a	geprägt		960	950	0,846	—	0,760	0,750	—	1,11	1,13	69,0	ja
6b	geprägt		945	950	0,856	—	0,745	0,750	—	1,15	1,14	67,2	ja
7	geprägt verschweißt	915	905	920	0,826	0,725	0,715	0,730	1,14	1,15	1,13	53,7	ja
7a	geprägt verschweißt		935	920	0,856	—	0,740	0,730	—	1,16	1,17	56,8	ja

* Lösung des Verbundes.

S 6b und S 7, S 7a war die Verbundwirkung zur Ausschöpfung der vollen Tragfähigkeit ausreichend. Es zeigte sich auch hier, daß das Bruchbild der Fließgelenklinientheorie entspricht (vgl. Abb. 9.4/3a und Abb. 9.4/4). Die Platten verfügen über eine beträchtliche Membranzustands-Tragfähigkeitsreserve ($\sim$15%) jenseits des auf das Trägerbruchmoment bezogenen, nach der Fließgelenklinientheorie ermittelten Grenzlastwertes (s. Tab. 9.4). Die Versuche ergeben Grenzdurchbiegungen von der Größenordnung der Plattendicke, die eine proportionale Abhängigkeit von den Bruchdehnungswerten der geprägten unverschweißten und der geprägten verschweißten Bewehrungsstäbe aufweisen. (Die Streuung der Versuchsergebnisse überdeckt aber offenbar eine höhere Membranzustands-Tragfähigkeitsreserve der Platten S 6, S 6a, S 6b gegenüber den Platten S 7, S 7a, die auf Grund der erzielten größeren Durchbiegung erwartet werden könnte.) Bei Durchbiegungswerten, die den Grenzdurchbiegungen der Platten S 2 und S 4 entsprechen, ist ein ungefähr gleicher Membranzustands-Tragfähigkeitszuwachs wie bei diesen Platten zu verzeichnen.

Bei den mit glatten *Baustahlgewebe*-Stäben bewehrten Platten S 5 und S 5a erfolgte das Versagen durch Lösung des Verbundes zwischen Stahl und Beton vor dem Erreichen der nach der Fließgelenklinientheorie ermittelten theoretischen Grenztragfähigkeit. Der Bruch trat ein, als die von der ursprünglichen Rißfigur nach außen fortschreitenden Risse den der Haftfestigkeit entsprechenden kritischen Randabstand erreichten. Abb. 9.4/5 zeigt das typische Bruchbild einer vierseitig frei drehbar gestützten Platte mit Drillbewehrung in den festgehaltenen Ecken, bei der das Versagen durch Zerstörung der Verbundwirkung eintrat. Die Ergebnisse, die in den beiden ersten Zeilen von Tab. 9.4 angegeben sind, können von seiten der Fließgelenklinientheorie natürlich nicht erfaßt werden.

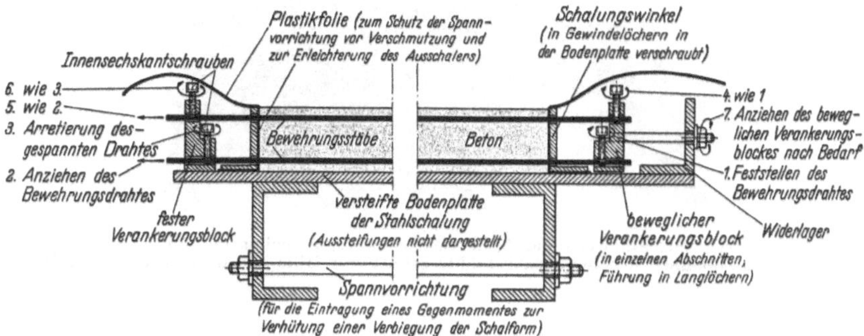

Abb. 9.1/1 Schematische Schnittdarstellung der Stahlschalung für die Stahlbetonplatten. Die nach einer Idee von Herrn Prof. Dr.-Ing. F. PILNY entwickelte Konstruktion der Bewehrungsspannvorrichtung ermöglichte bei Einhaltung enger Maßtoleranzen für die Lage der Bewehrung eine überaus rationelle Plattenherstellung

Abb. 9.1/2a Ansicht des pneumatischen Plattenbelastungsgerätes mit Kompressor, Druckkessel, Flüssigkeitsmanometer und auf eine 150 × 224 cm große Stahlbetonplatte aufgesetzten Meßuhren. [Auf dem Bild sind drei Druckluftanschlüsse zu sehen, da anfänglich ein 125 cm breites mittleres Kissen (entsprechend der Breite der Folienbahn) zusammen mit zwei schmalen überlappenden Randkissen verwendet wurde. Die späteren Versuche konnten mit einem einzigen über die volle Breite reichenden Druckkissen durchgeführt werden, da der Fa. Viktor Vorreiter bald die Ausführung von Überlappungsschweißungen mit hervorragenden Dichtigkeits- und Festigkeitseigenschaften gelang.]

Abb. 9.1/3 Ansicht der Stahlschalung für die Zementmörtel-Modellplatten mit fertiggestellter Bewehrung. Das Spannen der Bewehrungsdrähte erfolgt mit Hilfe von durchbohrten Kegelstiften

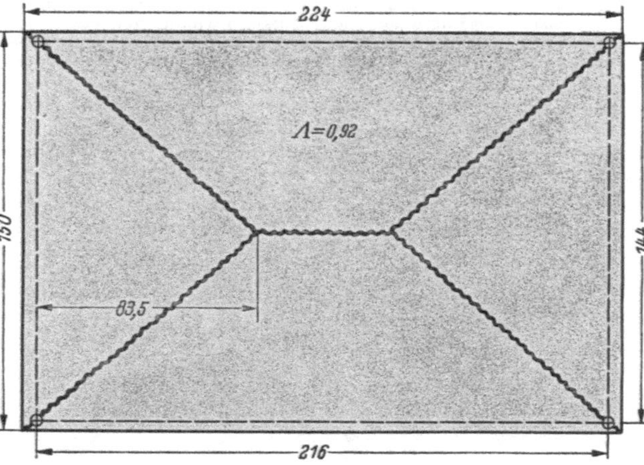

a

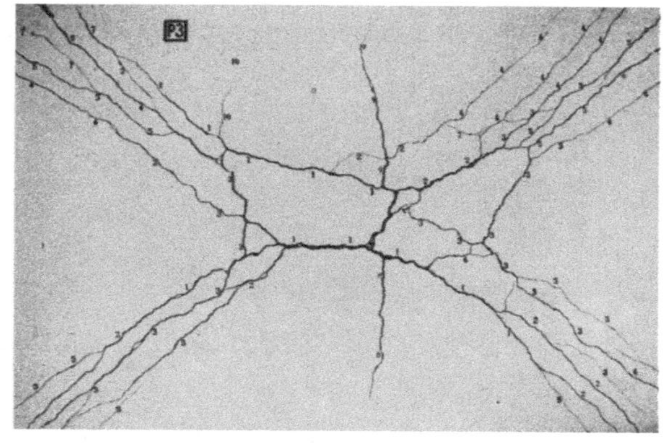

b

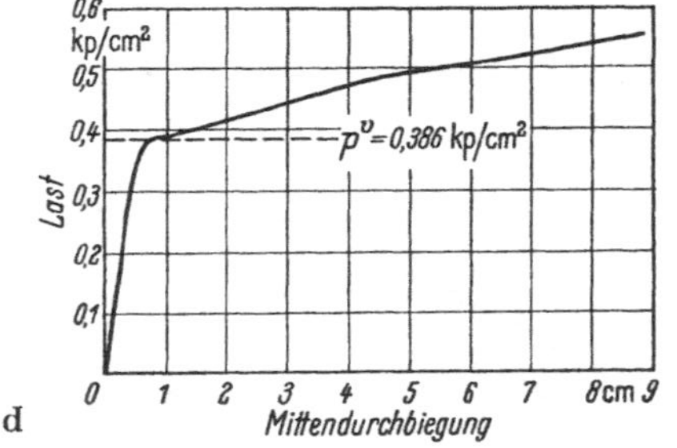

d

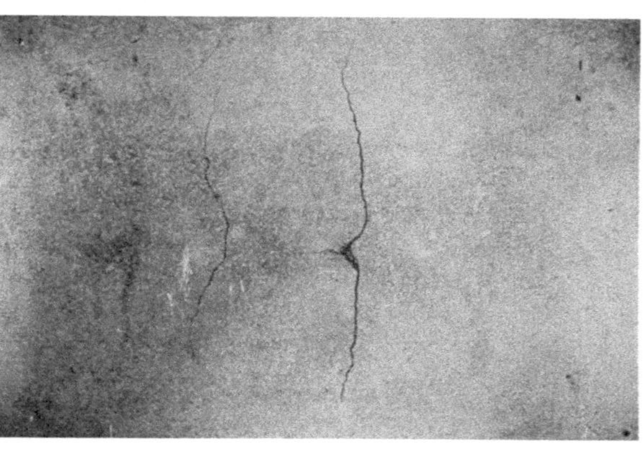

c

Abb. 9.2/3 **Vierseitig frei drehbar gestützte rechteckige Platte mit Drillbewehrung in den festgehaltenen Ecken unter gleichförmig verteilter Belastung: a) theoretische Fließgelenklinienfigur (vgl. auch Abb. 5.8b); b) und c) Bruchbilder; d) Last-Durchbiegungskurve. $\nu = 1{,}03$, $\nu^m = 1{,}06$**

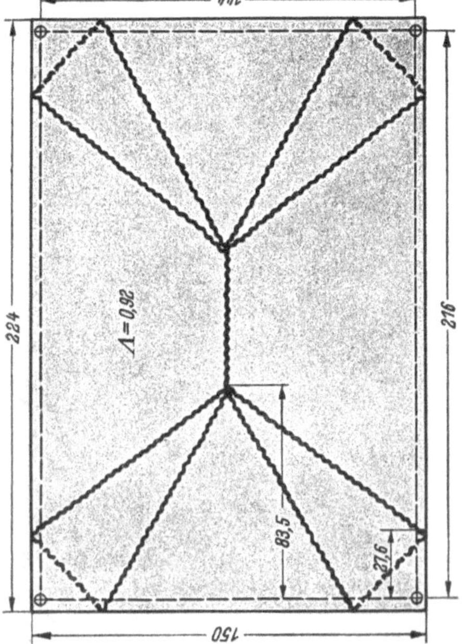

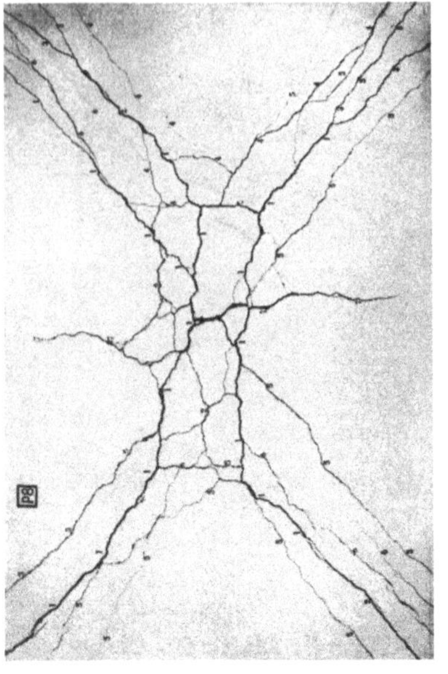

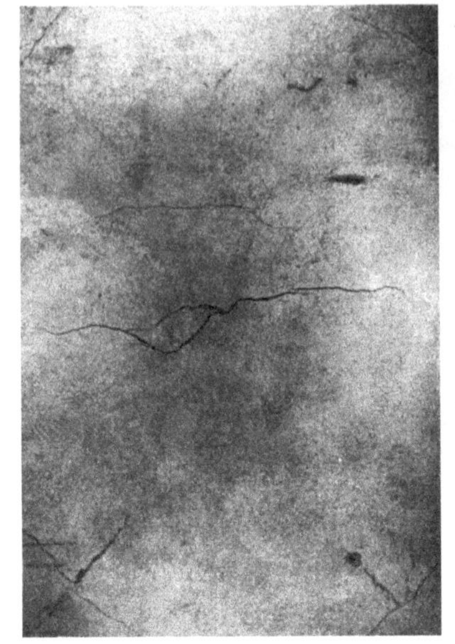

Abb. 9.2/4 Vierseitig frei drehbar gestützte rechteckige Platte ohne Drillbewehrung in den festgehaltenen Ecken unter gleichförmig verteilter Belastung: a) theoretische Fließgelenklinienfigur (vgl. auch Abb. 5.8b); b) und c) Bruchbilder. $\nu \approx \nu^m = 1{,}06$

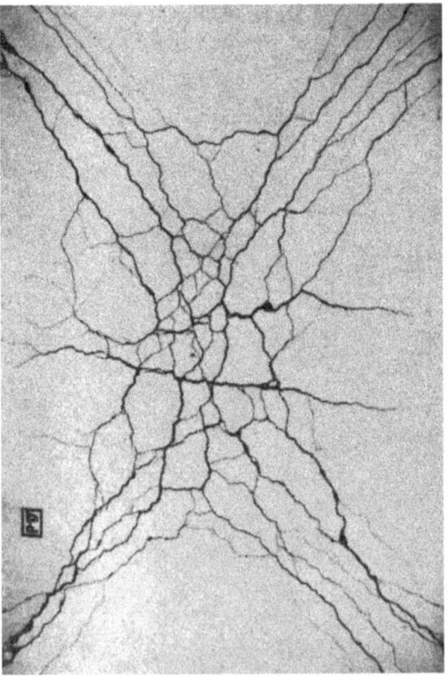

Abb. 9.2/4d Bruchbild einer vierseitig frei drehbar gestützten rechteckigen Platte ohne Drillbewehrung in den festgehaltenen Ecken, die durch mit rapider Laststeigerungsgeschwindigkeit eingetragene gleichförmig verteilte Belastung zum Fließen gebracht wurde

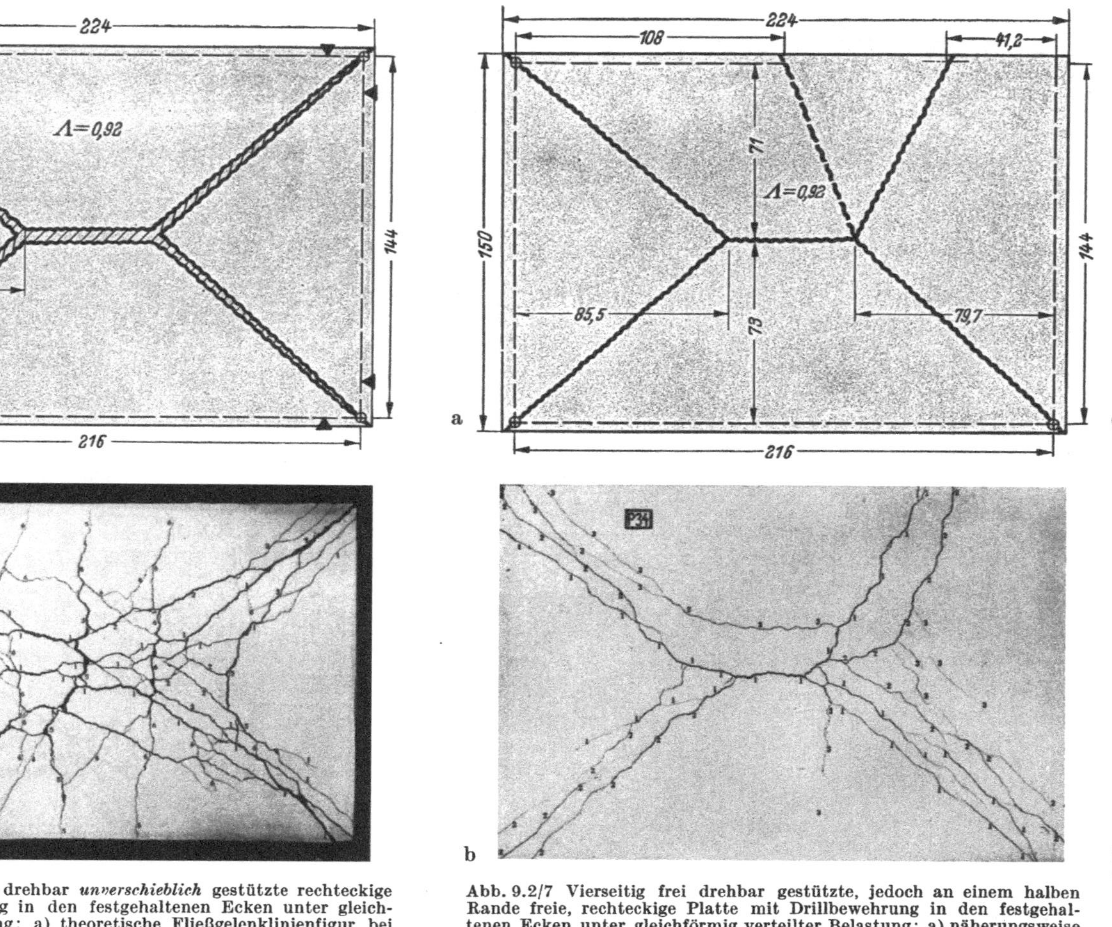

Abb. 9.2/6 Vierseitig frei drehbar *unverschieblich* gestützte rechteckige Platte mit Drillbewehrung in den festgehaltenen Ecken unter gleichförmig verteilter Belastung: a) theoretische Fließgelenklinienfigur bei Berücksichtigung der Membraneffekte für endliche Durchbiegung; b) Bruchbild (die in der Platte verankerten Flacheisen, vgl. Abb. 9.2/5, erscheinen als schwarzer Rahmen). $\nu = 1{,}02$, $\nu^m = 1{,}03$

Abb. 9.2/7 Vierseitig frei drehbar gestützte, jedoch an einem halben Rande freie, rechteckige Platte mit Drillbewehrung in den festgehaltenen Ecken unter gleichförmig verteilter Belastung: a) näherungsweise theoretische Fließgelenklinienfigur; b) Bruchbild. $\nu^m = 1{,}01$

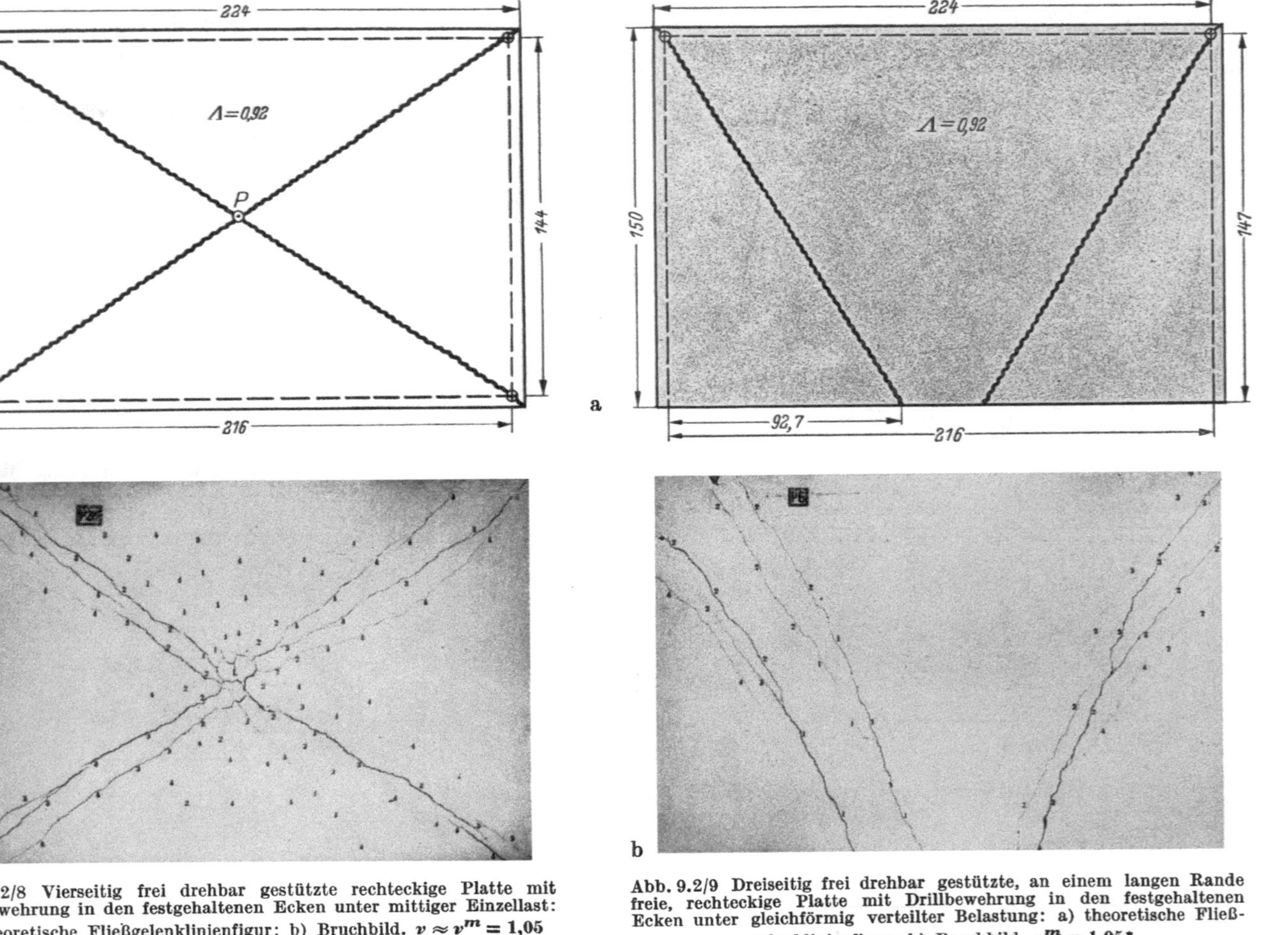

Abb. 9.2/8 Vierseitig frei drehbar gestützte rechteckige Platte mit Drillbewehrung in den festgehaltenen Ecken unter mittiger Einzellast: a) theoretische Fließgelenklinienfigur; b) Bruchbild. $v \approx v^m = 1{,}05$

Abb. 9.2/9 Dreiseitig frei drehbar gestützte, an einem langen Rande freie, rechteckige Platte mit Drillbewehrung in den festgehaltenen Ecken unter gleichförmig verteilter Belastung: a) theoretische Fließgelenklinienfigur; b) Bruchbild. $v^m = 1{,}05$*

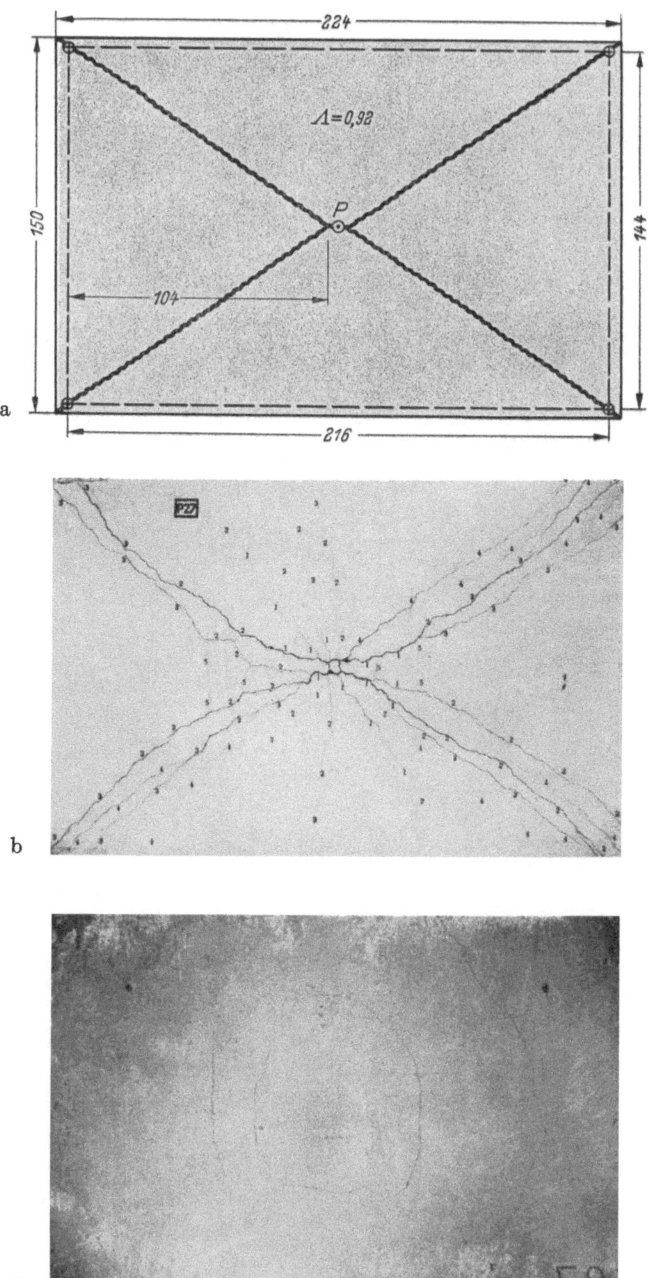

Abb. 9.2/10 Vierseitig frei drehbar gestützte rechteckige Platte mit Drillbewehrung in den festgehaltenen Ecken unter mit mittiger Einzellast kombinierter, gleichförmig verteilter Belastung: a) theoretische Fließgelenklinienfigur; b) und c) Bruchbilder. $\nu = 1{,}06$, $\nu^m = 1{,}07$

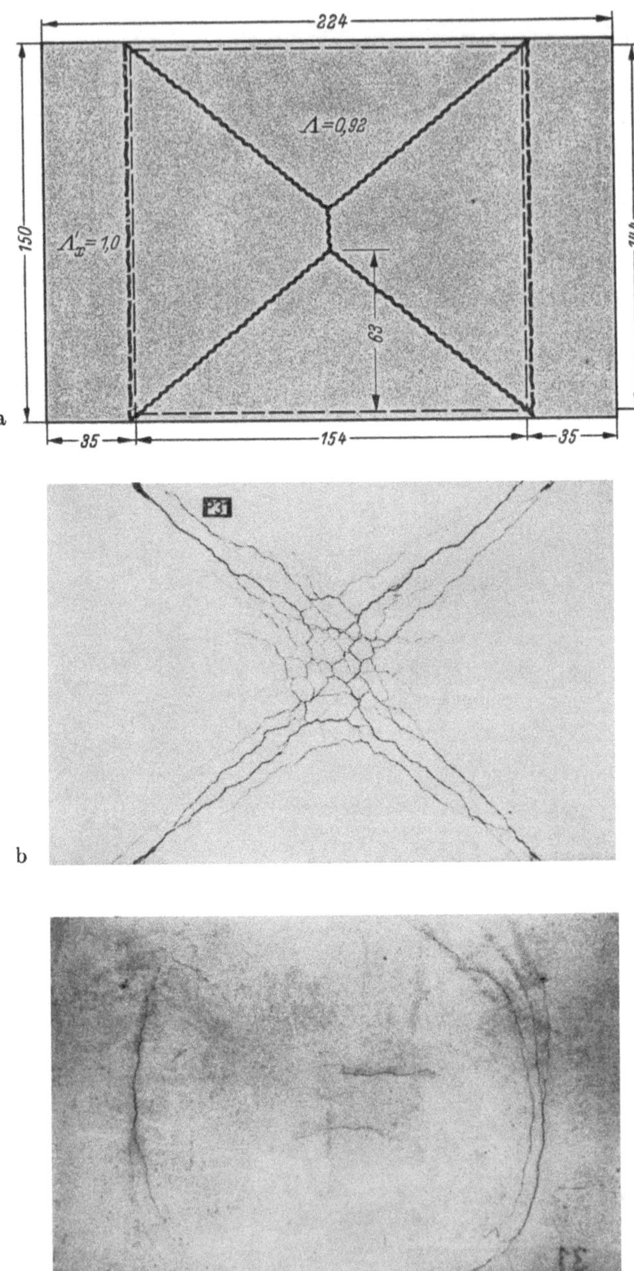

Abb. 9.2/11 Vierseitig frei drehbar gestützte, über den Schmalseiten auskragende, in zwei Schichten bewehrte rechteckige Platte unter über die gesamte Plattenfläche gleichförmig verteilter Belastung: a) theoretische Fließgelenklinienfigur; b) und c) Bruchbilder. $\nu = 1.02$, $\nu^m = 1.00$

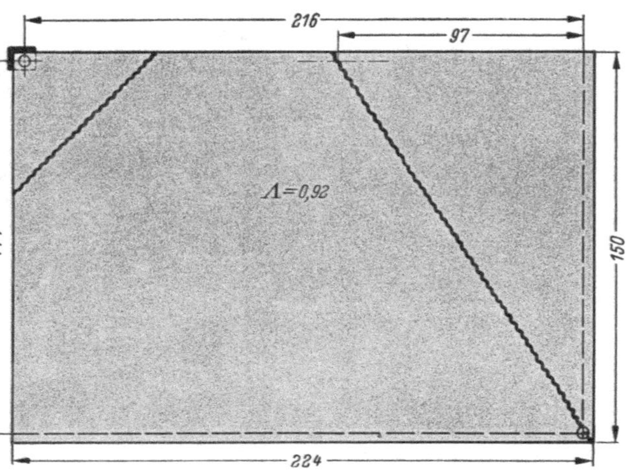

a

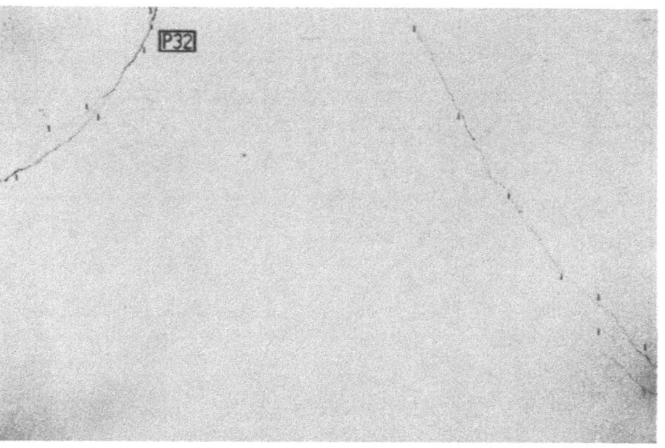

b

Abb. 9.2/12 Entlang zweier angrenzender Ränder frei drehbar gelagerte, in der drillbewehrten Ecke festgehaltene und in der gegenüberliegenden Ecke punktförmig gestützte rechteckige Platte unter gleichförmig verteilter Belastung: a) theoretische Fließgelenklinienfigur; b) Bruchbild. $\nu^m = 1{,}03$*

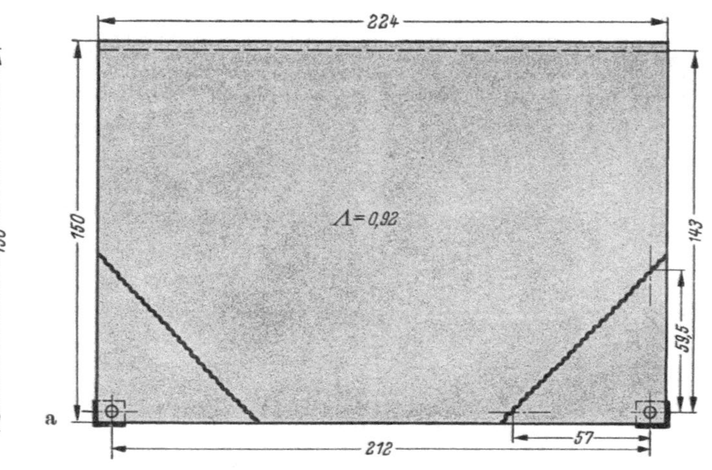

a

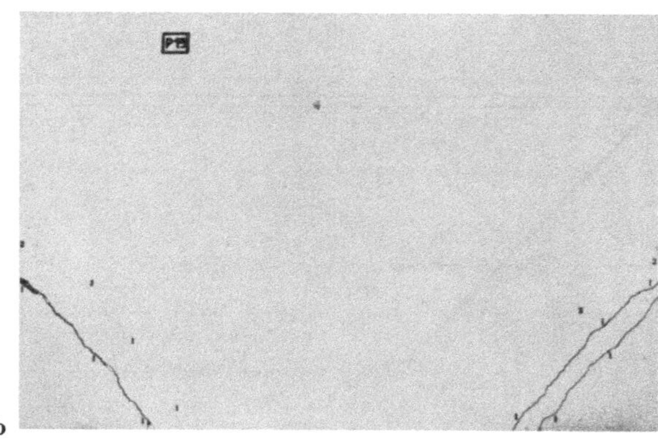

b

Abb. 9.2/13 An einem langen Rande frei drehbar gelagerte, innerhalb der beiden gegenüberliegenden Ecken punktförmig gestützte rechteckige Platte unter gleichförmig verteilter Belastung: a) theoretische Fließgelenklinienfigur; b) Bruchbild. $\nu^m = 0{,}93$*

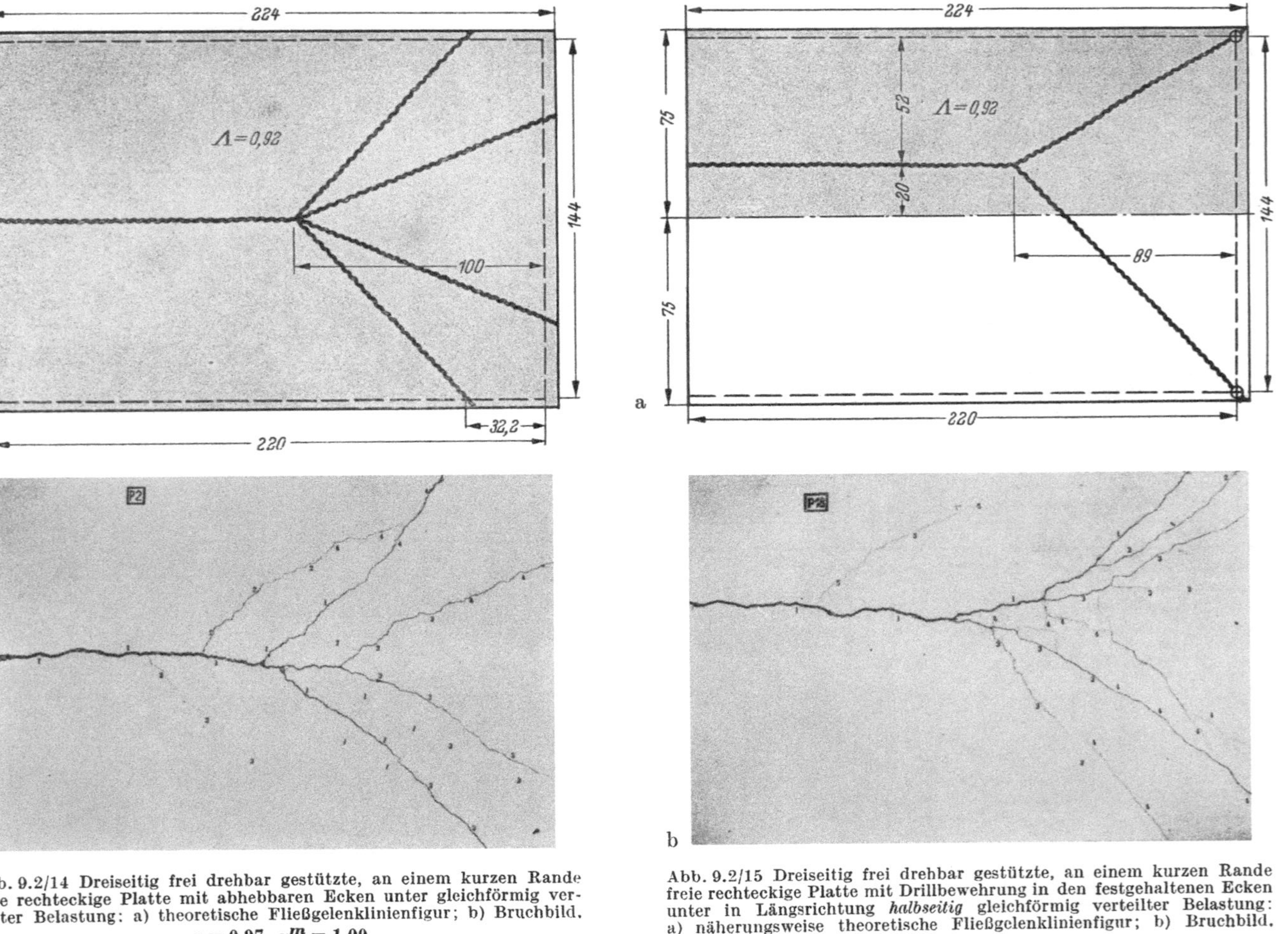

Abb. 9.2/14 Dreiseitig frei drehbar gestützte, an einem kurzen Rande freie rechteckige Platte mit abhebbaren Ecken unter gleichförmig verteilter Belastung: a) theoretische Fließgelenklinienfigur; b) Bruchbild.

$\nu = 0,97, \ \nu^m = 1,00$

Abb. 9.2/15 Dreiseitig frei drehbar gestützte, an einem kurzen Rande freie rechteckige Platte mit Drillbewehrung in den festgehaltenen Ecken unter in Längsrichtung *halbseitig* gleichförmig verteilter Belastung: a) näherungsweise theoretische Fließgelenklinienfigur; b) Bruchbild.

$\nu = 1,02, \ \nu^m = 1,00$

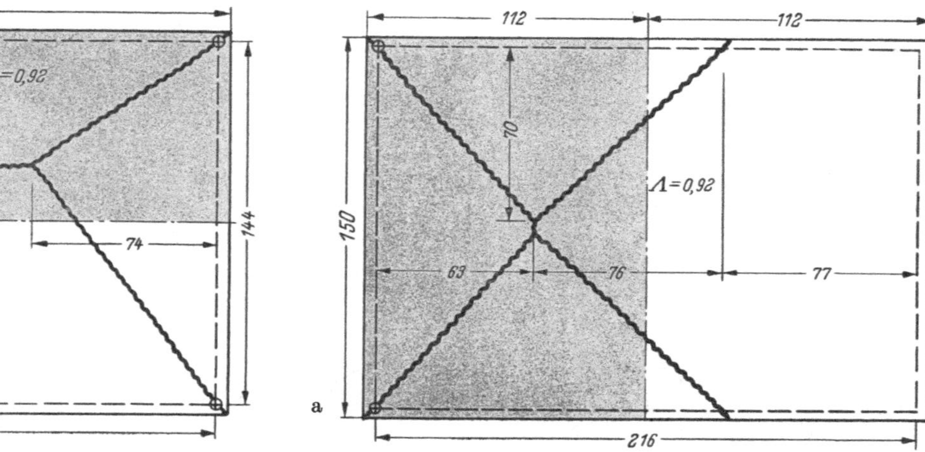

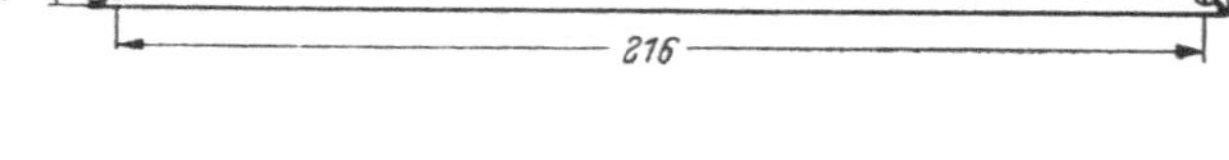

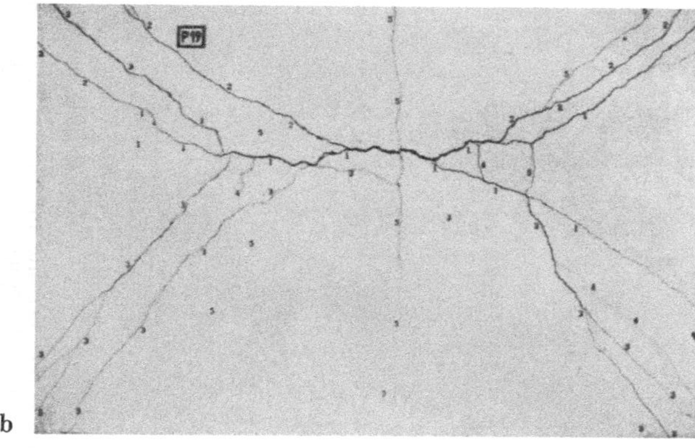

Abb. 9.2/16 Vierseitig frei drehbar gestützte rechteckige Platte mit Drillbewehrung in den festgehaltenen Ecken unter in Längsrichtung *halbseitig* gleichförmig verteilter Belastung: a) näherungsweise theoretische Fließgelenklinienfigur; b) Bruchbild. $\nu \approx \nu^m = 1{,}00$

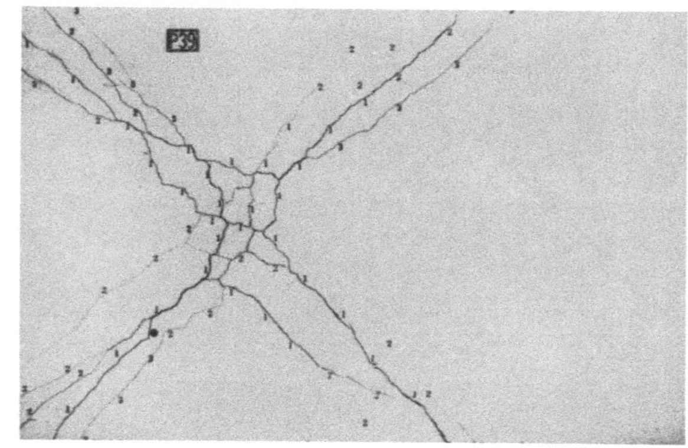

Abb. 9.2/17 Vierseitig frei drehbar gestützte rechteckige Platte mit Drillbewehrung in den belasteten festgehaltenen Ecken unter in Querrichtung *halbseitig* gleichförmig verteilter Belastung; die unbelastete Plattenhälfte ist frei abhebbar: a) näherungsweise theoretische Fließgelenklinienfigur; b) Bruchbild. $\nu = 1{,}02$, $\nu^m = 1{,}01$

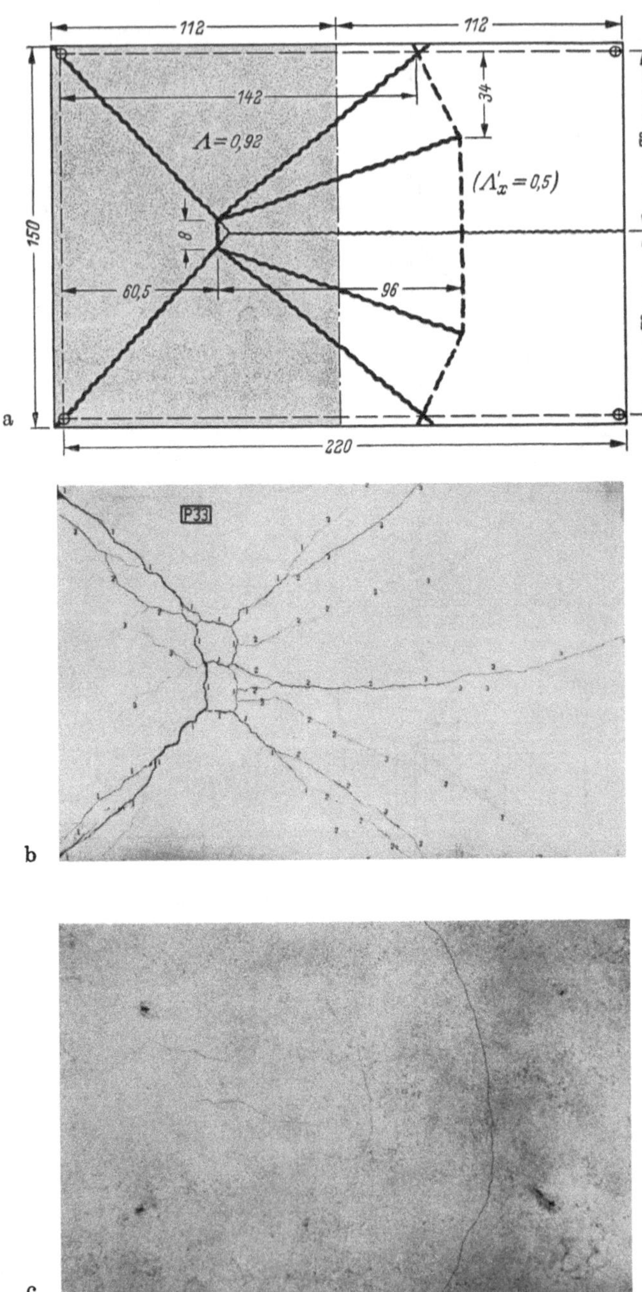

Abb. 9.2/18 Dreiseitig frei drehbar gestützte rechteckige Platte mit Drillbewehrung in den linksseitigen festgehaltenen Ecken unter in Querrichtung *halbseitig* gleichförmig verteilter Belastung: a) zwei überlagerte theoretische Fließgelenklinienfiguren, von denen die in dickeren Linien gezeichnete bei der niedrigeren Lastintensität eintritt; b) und c) Bruchbilder. **ν^m = 1,00**

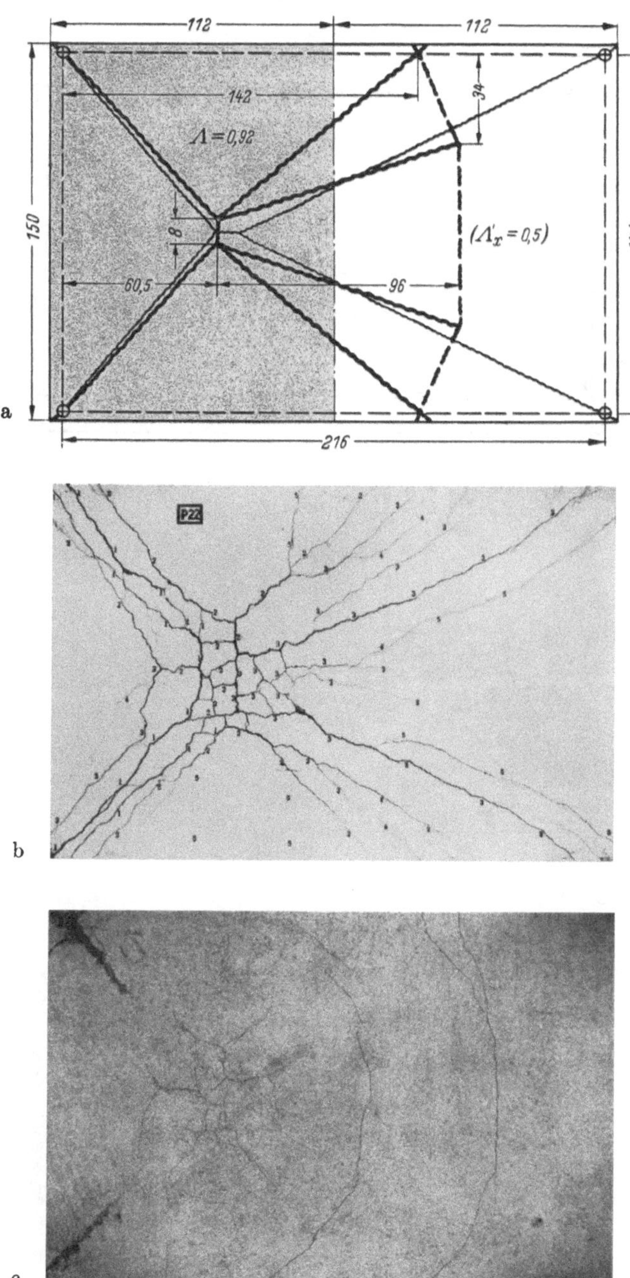

Abb. 9.2/19 Vierseitig frei drehbar gestützte rechteckige Platte mit Drillbewehrung in den festgehaltenen Ecken unter in Querrichtung *halbseitig* gleichförmig verteilter Belastung: a) zwei überlagerte theoretische Fließgelenklinienfiguren, von denen die in dickeren Linien gezeichnete bei der niedrigeren Lastintensität eintritt; b) und c) Bruchbilder. $\nu = 1{,}02$

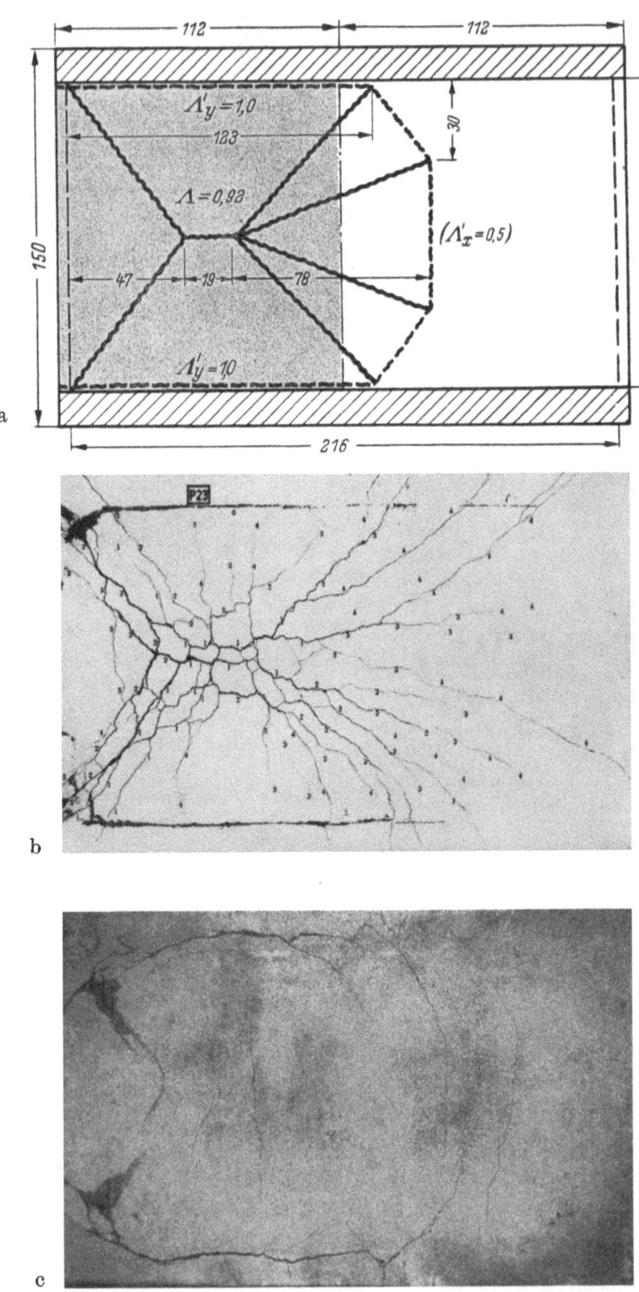

Abb. 9.2/20 An zwei gegenüberliegenden Seiten eingespannte, an den beiden anderen Seiten frei drehbar gestützte, in zwei Schichten bewehrte rechteckige Platte ($\Lambda_y' = 1{,}0$) unter in Querrichtung *halbseitig* gleichförmig verteilter Belastung: a) näherungsweise theoretische Fließgelenklinienfigur; b) und c) Bruchbilder. $\boldsymbol{\nu = 1{,}06}$, $\boldsymbol{\nu^m = 1{,}05}$

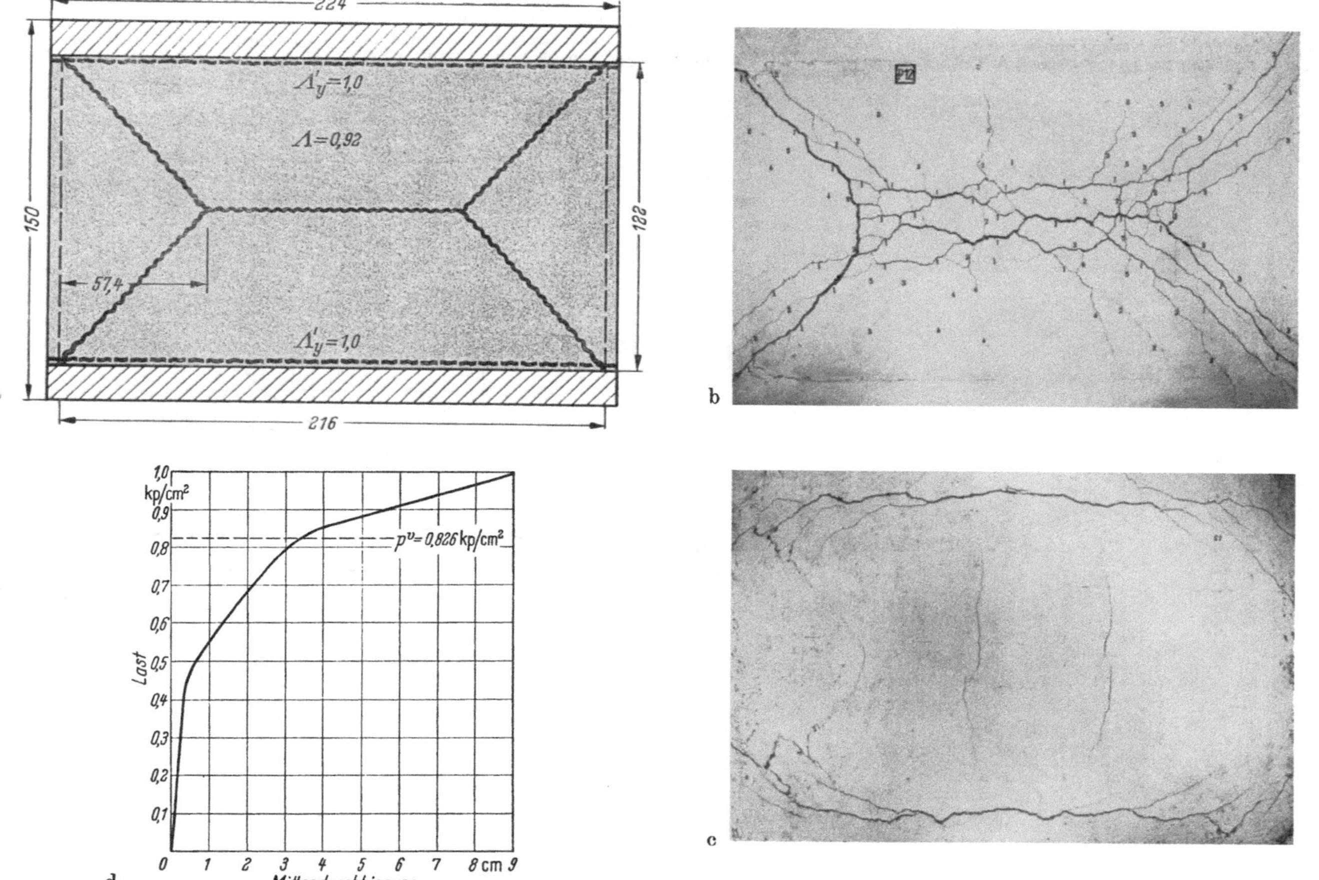

Abb. 9.2/21 An zwei gegenüberliegenden Seiten eingespannte, an den beiden anderen Seiten frei drehbar gestützte, in zwei Schichten bewehrte rechteckige Platte ($\Lambda'_y = 1{,}0$) unter gleichförmig verteilter Belastung: a) theoretische Fließgelenklinienfigur; b) und c) Bruchbilder; d) Last-Durchbiegungskurve. $\nu = \nu^m = 1{,}14$

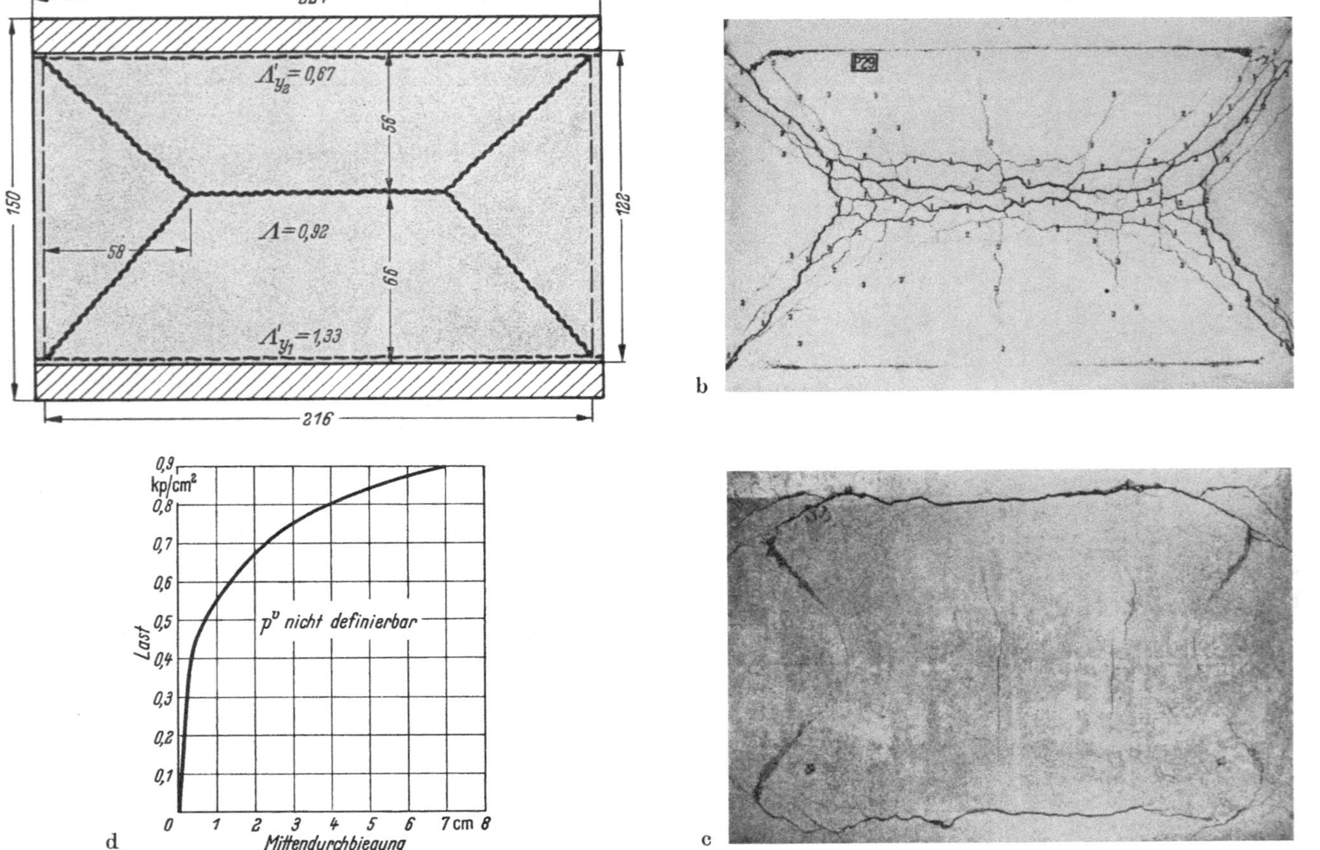

Abb. 9.2/22 An zwei gegenüberliegenden Seiten eingespannte, an den beiden anderen Seiten frei drehbar gestützte, in zwei Schichten bewehrte rechteckige Platte mit unterschiedlicher Größe der plastischen Grenzmomente ($\Lambda'_{y_1} = 1{,}33$, $\Lambda'_{y_2} = 0{,}67$) unter gleichförmig verteilter Belastung: a) theoretische Fließgelenklinienfigur; b) und c) Bruchbilder; d) Last-Durchbiegungskurve

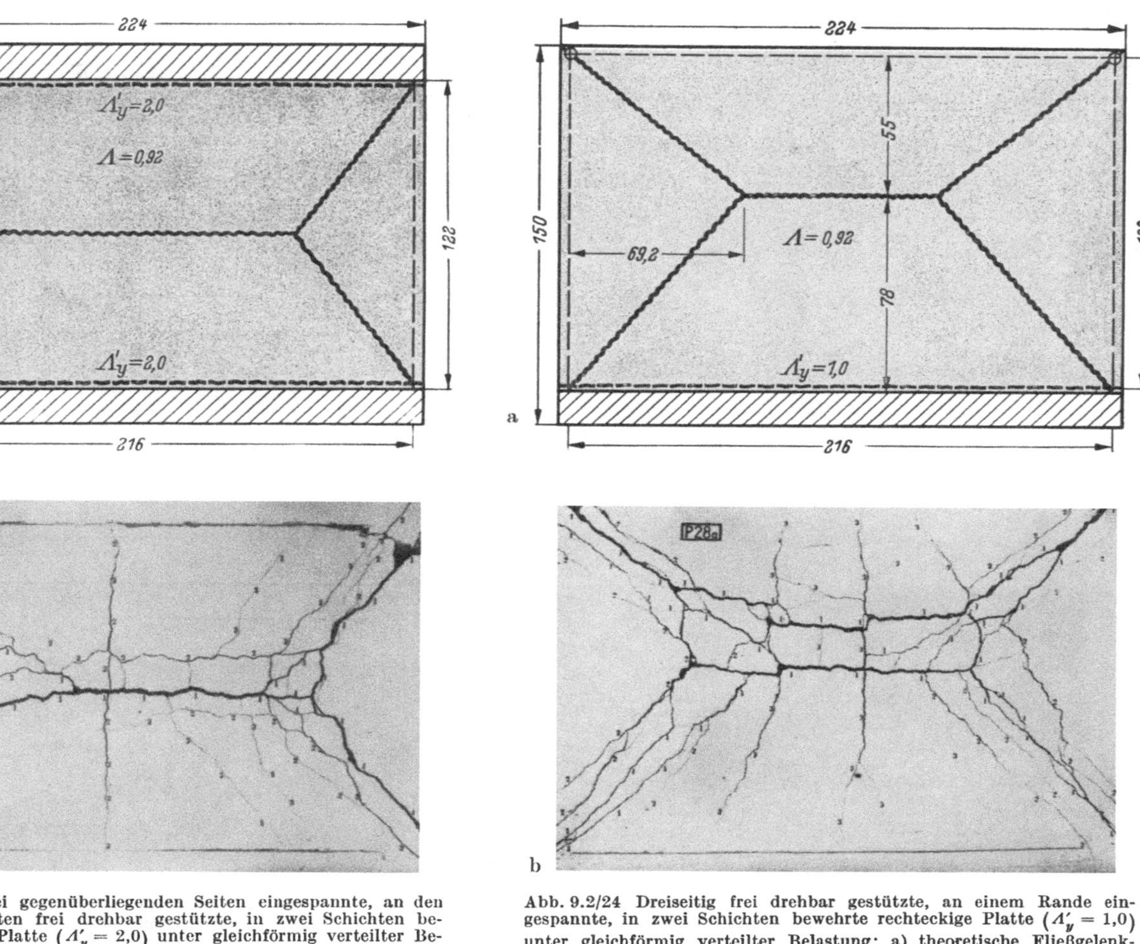

Abb. 9.2/23 An zwei gegenüberliegenden Seiten eingespannte, an den beiden anderen Seiten frei drehbar gestützte, in zwei Schichten bewehrte rechteckige Platte ($\Lambda'_y = 2,0$) unter gleichförmig verteilter Belastung: a) theoretische Fließgelenklinienfigur; b) Bruchbild. $\boldsymbol{\nu = 1,13}$

Abb. 9.2/24 Dreiseitig frei drehbar gestützte, an einem Rande eingespannte, in zwei Schichten bewehrte rechteckige Platte ($\Lambda'_y = 1,0$) unter gleichförmig verteilter Belastung: a) theoretische Fließgelenklinienfigur; b) Bruchbild. $\boldsymbol{\nu = 1,15,\ \nu^m = 1,10}$

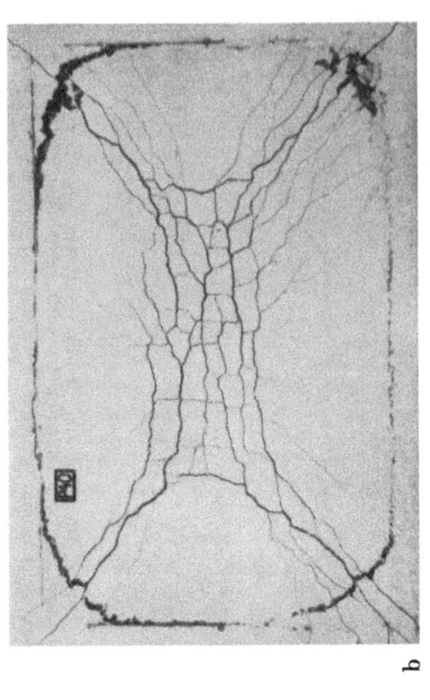

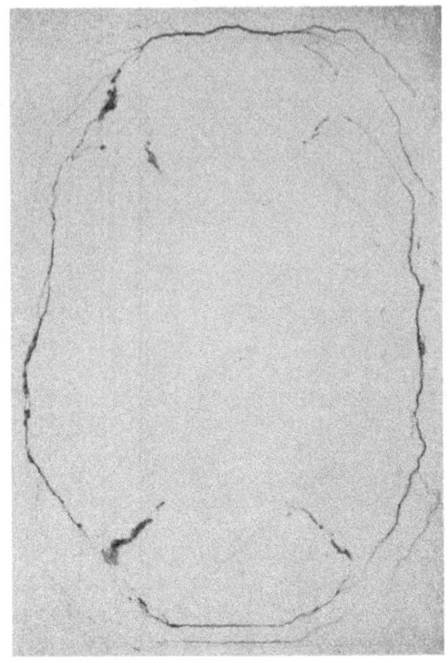

c

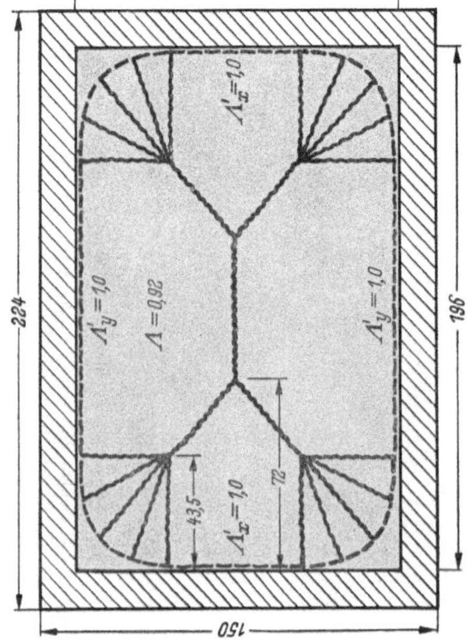

Abb. 9.2/25 Vierseitig eingespannte, in zwei Schichten bewehrte rechteckige Platte ($\Lambda'_x = \Lambda'_y = 1{,}0$) unter gleichförmig verteilter Belastung: a) theoretische Fließgelenklinienfigur; b) und c) Bruchbilder; d) Last-Durchbiegungskurve. $\boldsymbol{\nu = 1{,}37,\ \nu^m = 1{,}34}$

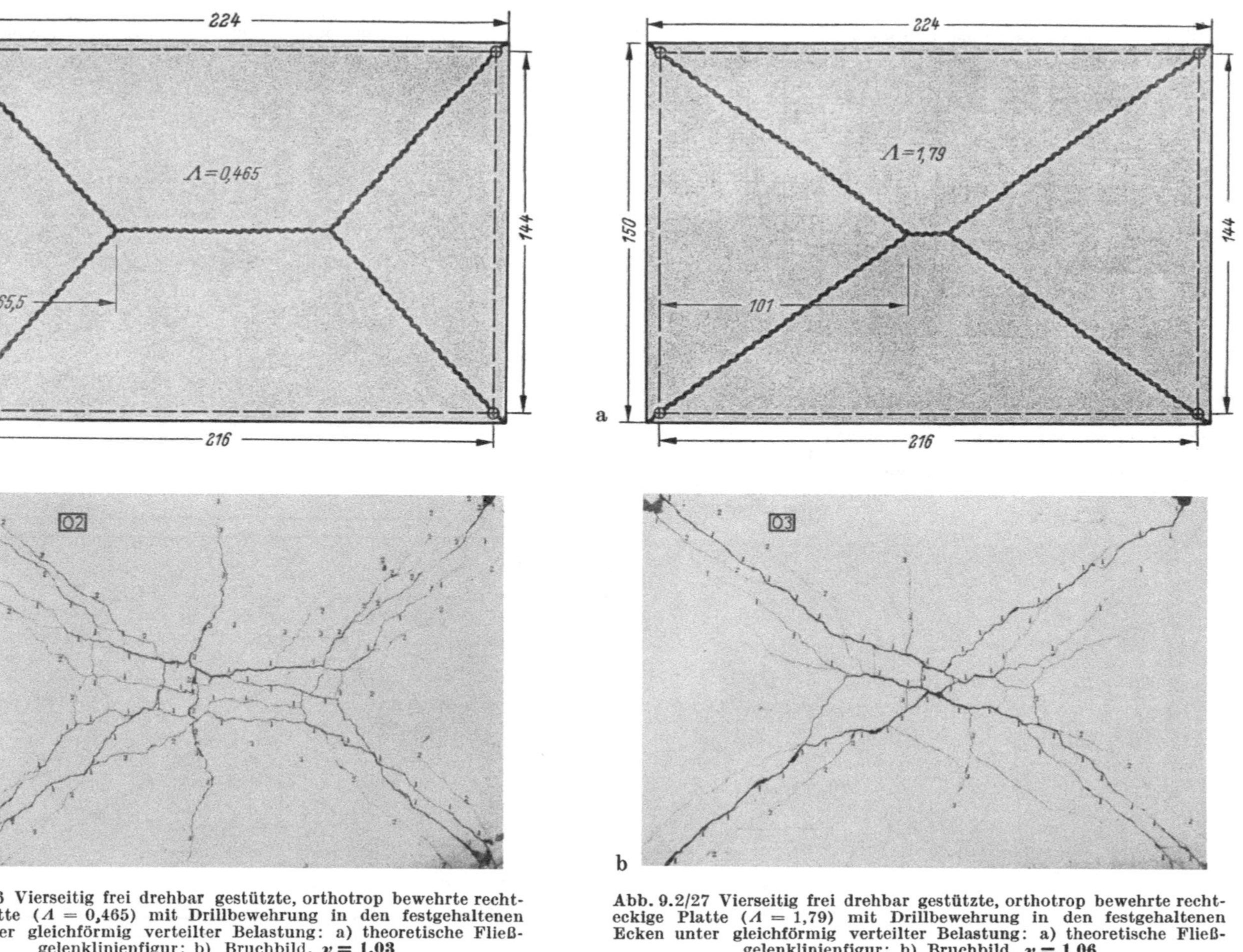

Abb. 9.2/26 Vierseitig frei drehbar gestützte, orthotrop bewehrte rechteckige Platte ($\Lambda = 0{,}465$) mit Drillbewehrung in den festgehaltenen Ecken unter gleichförmig verteilter Belastung: a) theoretische Fließgelenklinienfigur; b) Bruchbild. $\boldsymbol{\nu} = \mathbf{1{,}03}$

Abb. 9.2/27 Vierseitig frei drehbar gestützte, orthotrop bewehrte rechteckige Platte ($\Lambda = 1{,}79$) mit Drillbewehrung in den festgehaltenen Ecken unter gleichförmig verteilter Belastung: a) theoretische Fließgelenklinienfigur; b) Bruchbild. $\boldsymbol{\nu} = \mathbf{1{,}06}$

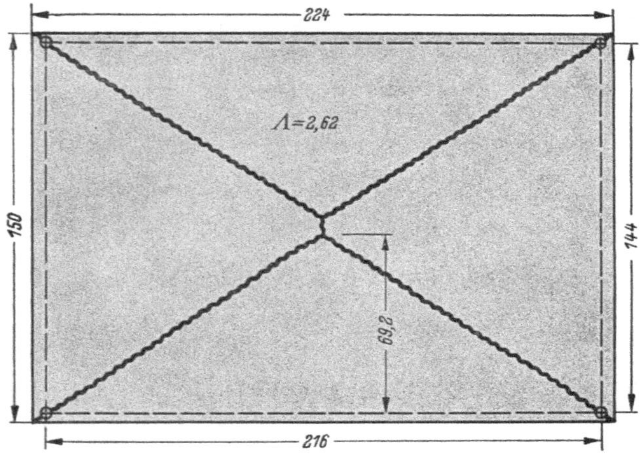

a

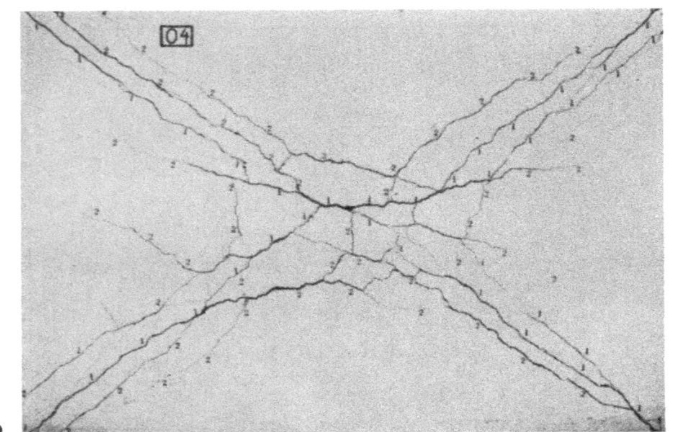

b

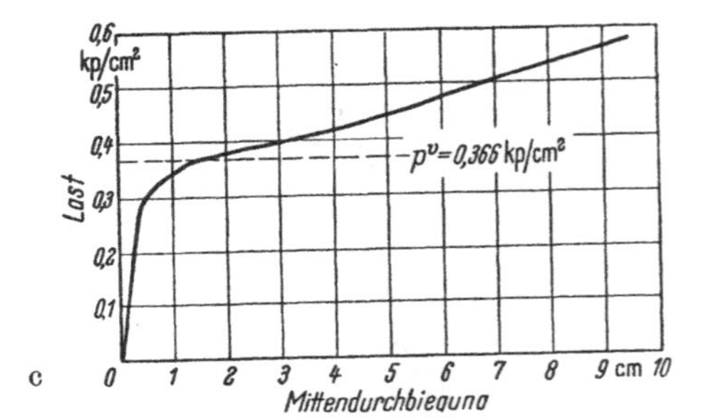

c

Abb. 9.2/28 Vierseitig frei drehbar gestützte, orthotrop bewehrte rechteckige Platte ($\Lambda = 2{,}62$) mit Drillbewehrung in den festgehaltenen Ecken unter gleichförmig verteilter Belastung: a) theoretische Fließgelenklinienfigur; b) Bruchbild; c) Last-Durchbiegungskurve. $\boldsymbol{\nu = 0{,}95}$, für O 4a: $\boldsymbol{\nu = 0{,}98}$

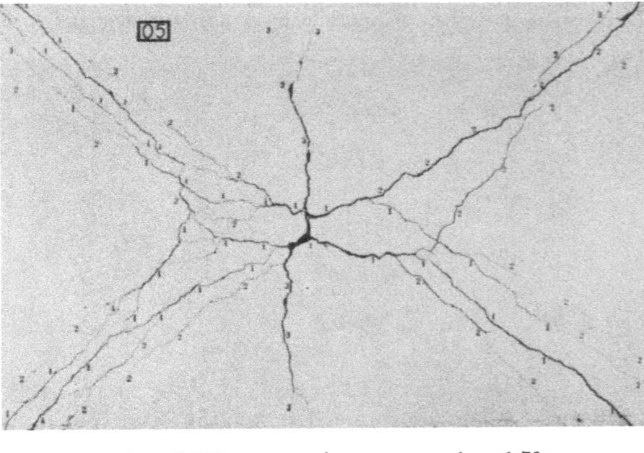

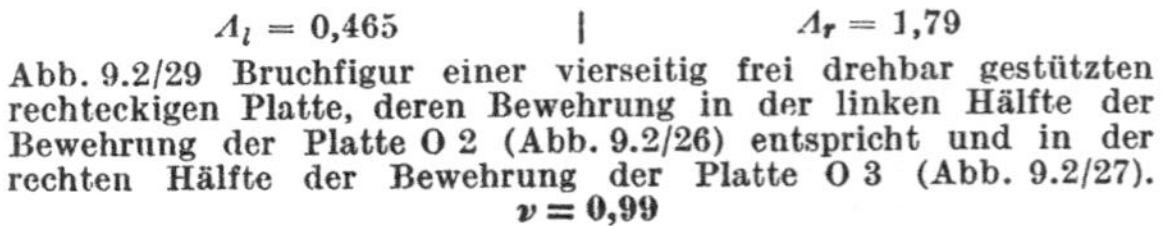

$\Lambda_l = 0{,}465$ | $\Lambda_r = 1{,}79$

Abb. 9.2/29 Bruchfigur einer vierseitig frei drehbar gestützten rechteckigen Platte, deren Bewehrung in der linken Hälfte der Bewehrung der Platte O 2 (Abb. 9.2/26) entspricht und in der rechten Hälfte der Bewehrung der Platte O 3 (Abb. 9.2/27). $\boldsymbol{\nu = 0{,}99}$

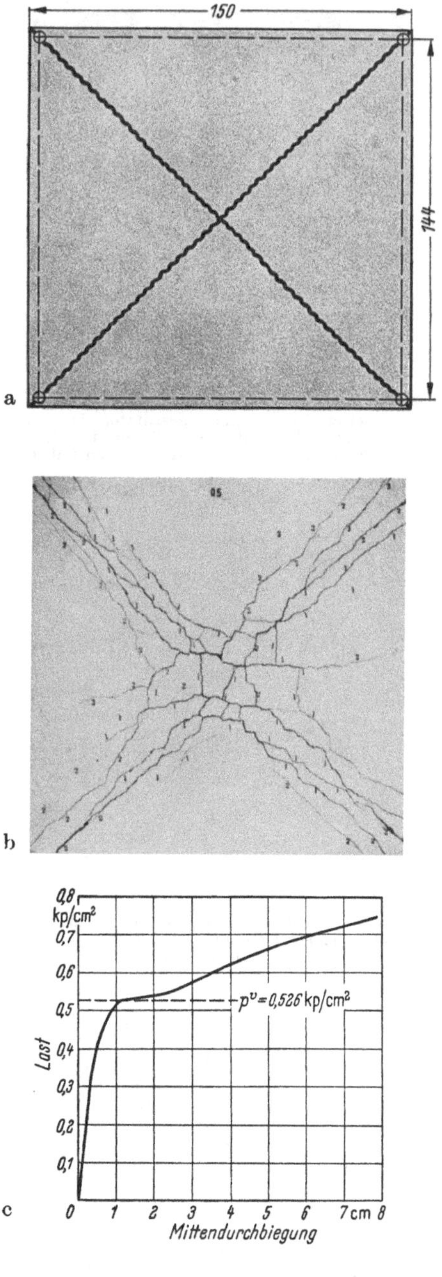

Abb. 9.3/2 Vierseitig frei drehbar gestützte quadratische Platte mit Drillbewehrung in den festgehaltenen Ecken unter gleichförmig verteilter Belastung: a) theoretische Fließgelenklinienfigur; b) Bruchbild; c) Last-Durchbiegungskurve. $\nu = 1{,}02$, $\nu^m = 1{,}00$

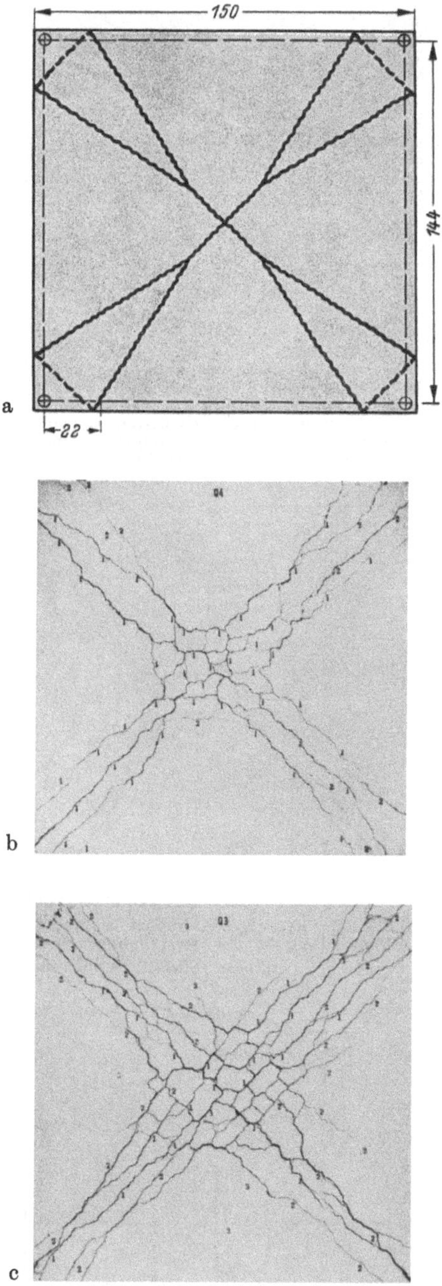

Abb. 9.3/3 Vierseitig frei drehbar gestützte quadratische Platte ohne Drillbewehrung in den festgehaltenen Ecken unter gleichförmig verteilter Belastung: a) theoretische Fließgelenklinienfigur; b) Bruchbild, $\nu = 1{,}03$, $\nu^m = 1{,}04$; c) Bruchbild bei sehr starker Durchbiegung. $\nu = 1{,}06$, $\nu^m = 1{,}04$

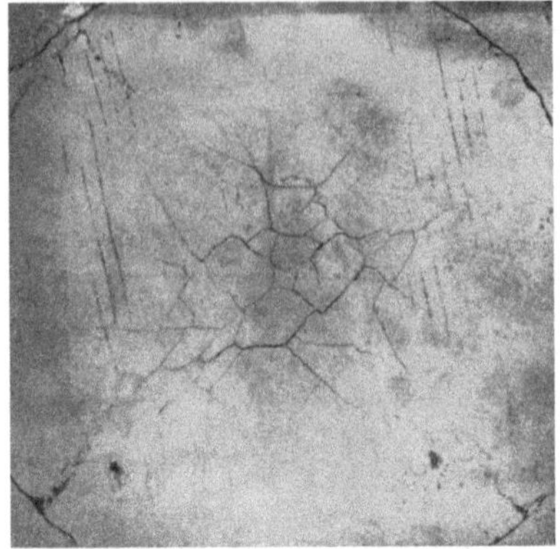

Abb. 9.3/3d Bruchbild der Druckseite einer vierseitig frei drehbar gestützten isotrop bewehrten quadratischen Betonplatte ohne Drillbewehrung in den festgehaltenen Ecken

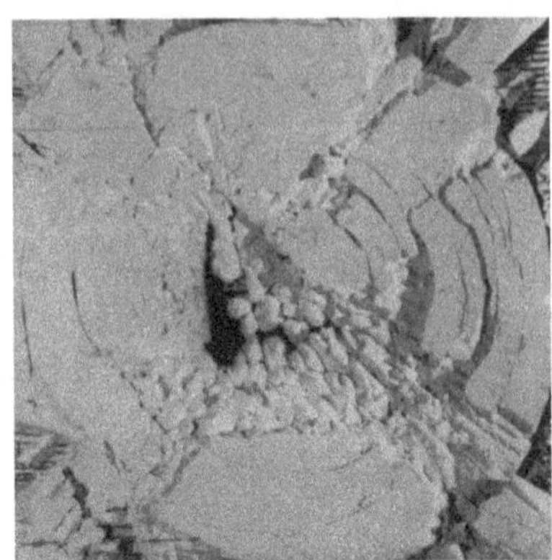

Abb. 9.3/4 Bruchbild der Druckseite einer vierseitig frei drehbar gestützten isotrop bewehrten quadratischen Gipsplatte ohne Drillbewehrung in den festgehaltenen Ecken

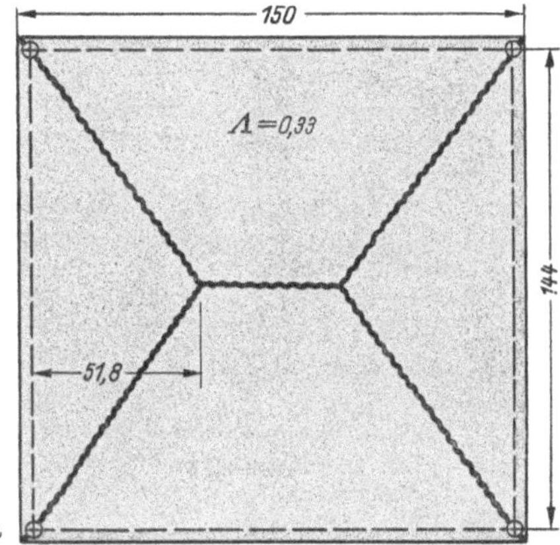

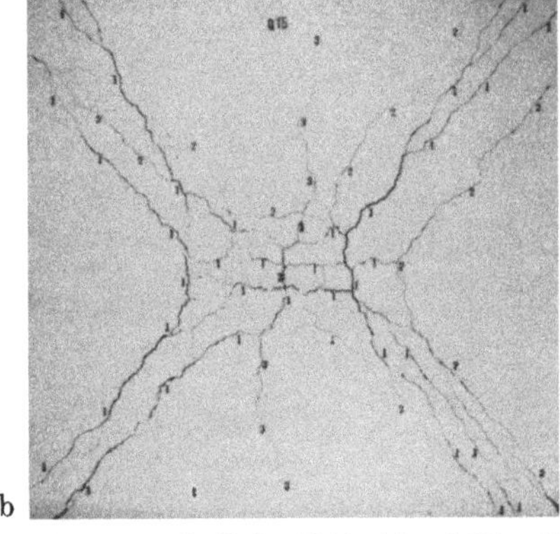

Abb. 9.3/5 Vierseitig frei drehbar gestützte, *orthotrop* bewehrte quadratische Platte ($\Lambda = 0{,}33$) mit Drillbewehrung in den festgehaltenen Ecken unter gleichförmig verteilter Belastung: a) theoretische Fließgelenklinienfigur; b) Bruchbild. $\boldsymbol{\nu = 0{,}98}$, $\boldsymbol{\nu^m = 0{,}99}$

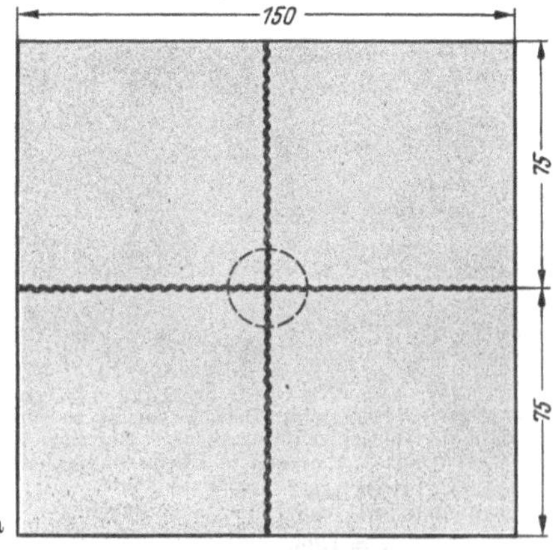

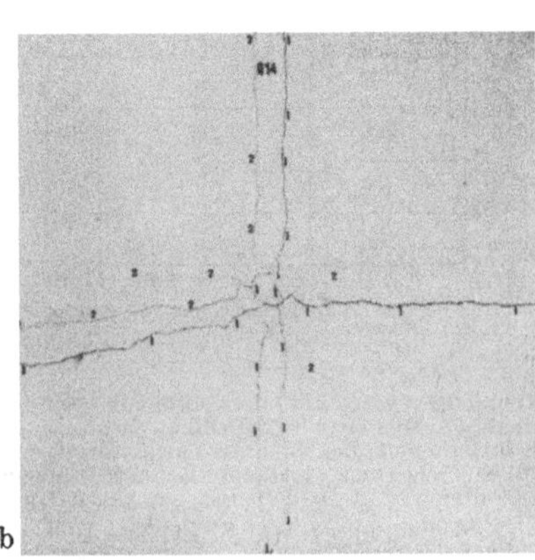

Abb. 9.3/6 Auf einer zentralen Fläche von 24 cm Dmr. gestützte, an den Rändern freie quadratische Platte unter gleichförmig verteilter Belastung: a) theoretische Fließgelenklinienfigur; b) Bruchbild. $\boldsymbol{\nu = 1{,}17}$, $\boldsymbol{\nu^m = 1{,}14}$

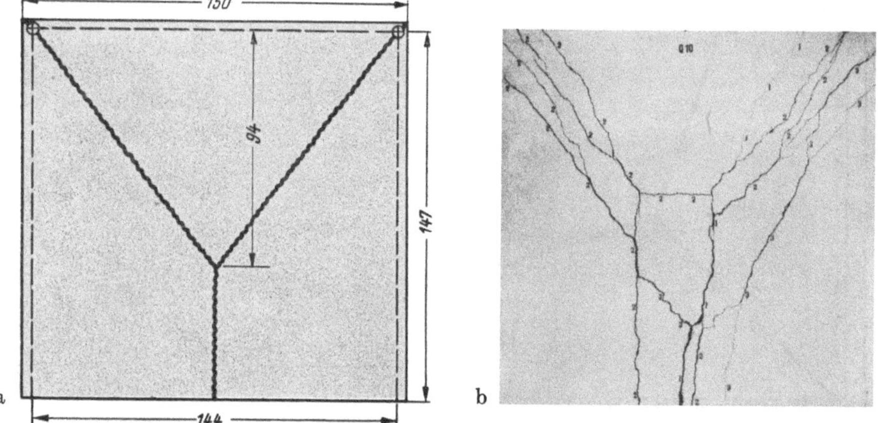

Abb. 9.3/7 Dreiseitig frei drehbar gestützte, am vierten Rande freie quadratische Platte unter gleichförmig verteilter Belastung: a) theoretische Fließgelenklinienfigur; b) Bruchbild. $\nu \approx \nu^m \approx 1{,}01$

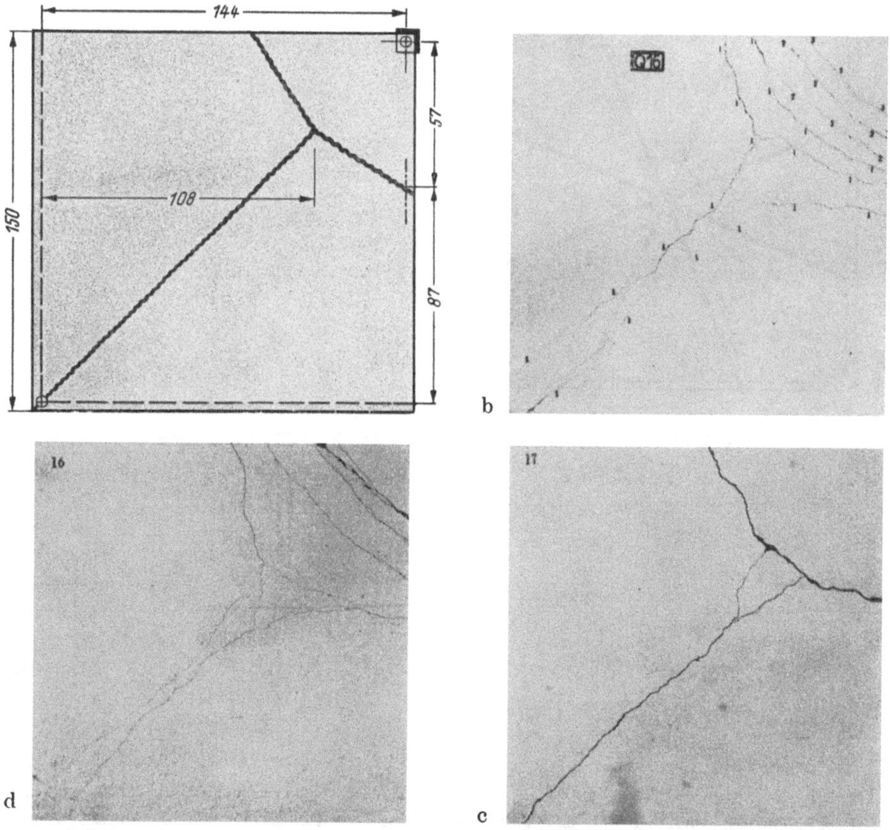

Abb. 9.3/8 Entlang zweier angrenzender Ränder frei drehbar gelagerte, in der drillbewehrten Ecke festgehaltene und in der gegenüberliegenden Ecke punktförmig gestützte quadratische Platte unter gleichförmig verteilter Belastung: a) theoretische Fließgelenklinienfigur; b) Bruchbild der Stahlbetonplatte, $\nu = 1{,}01$, $\nu^m = 1{,}04^*$; c) Bruchbild einer Modellplatte der Gruppe K, $\nu^m = 1{,}01^*$; d) Bruchbild einer Modellplatte der Gruppe J, $\nu^m = 1{,}00^*$

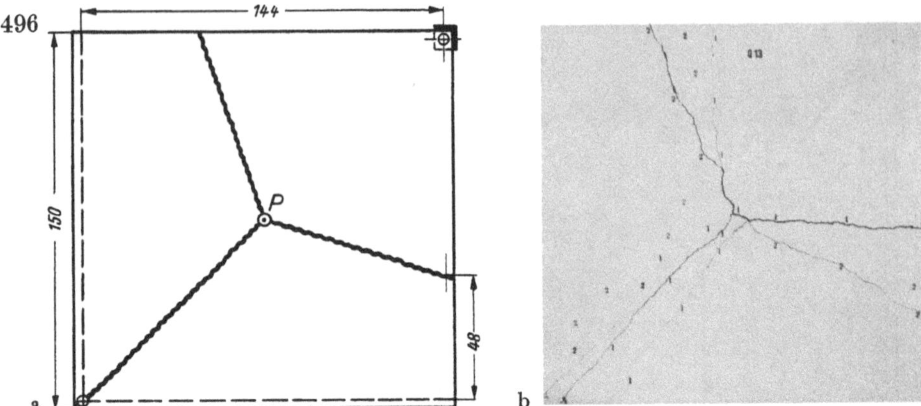

Abb. 9.3/9 Entlang zweier angrenzender Ränder frei drehbar gelagerte, in der drillbewehrten Ecke festgehaltene und in der gegenüberliegenden Ecke punktförmig gestützte quadratische Platte unter mittiger Einzellast: a) theoretische Fließgelenklinienfigur; b) Bruchbild. $\nu = 1{,}03$*

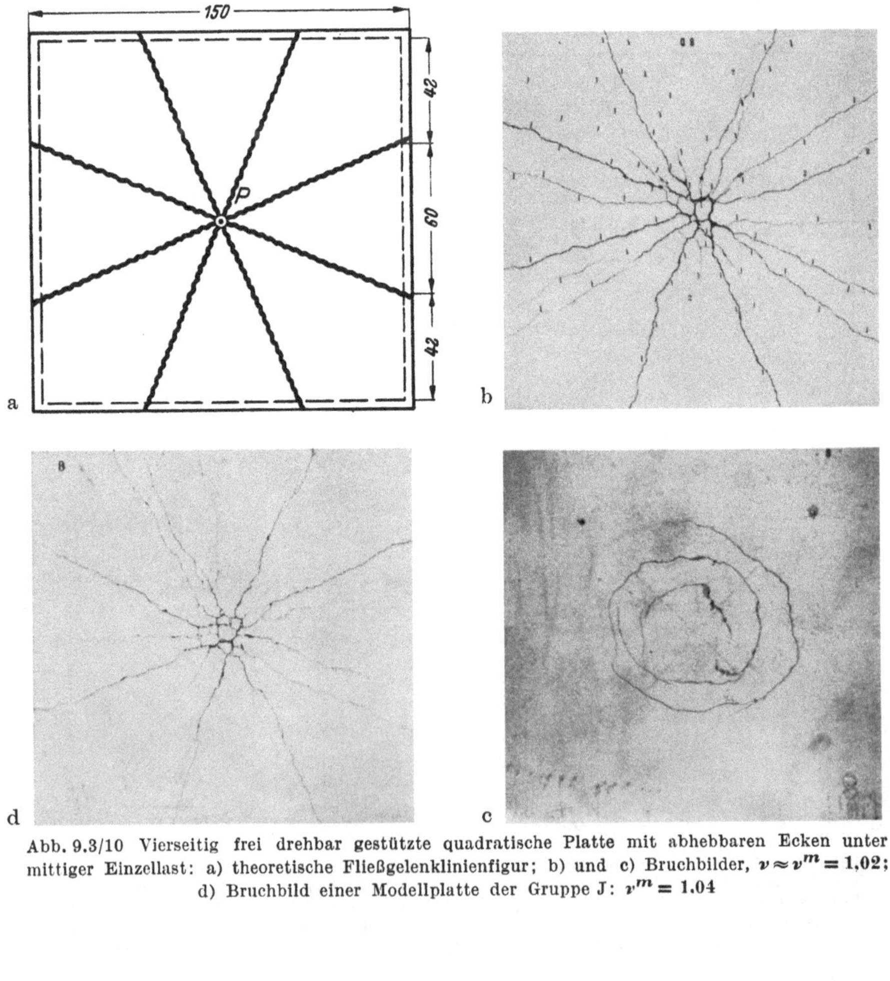

Abb. 9.3/10 Vierseitig frei drehbar gestützte quadratische Platte mit abhebbaren Ecken unter mittiger Einzellast: a) theoretische Fließgelenklinienfigur; b) und c) Bruchbilder, $\nu \approx \nu^m = 1{,}02$; d) Bruchbild einer Modellplatte der Gruppe J: $\nu^m = 1.04$

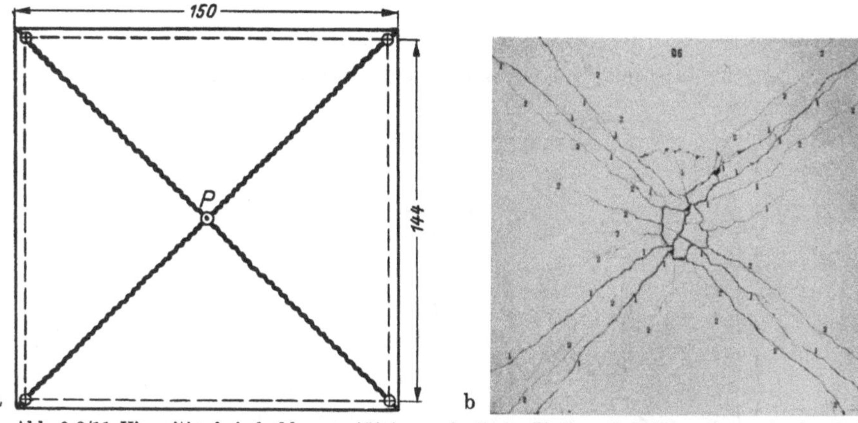

Abb. 9.3/11 Vierseitig frei drehbar gestützte quadratische Platte mit Drillbewehrung in den festgehaltenen Ecken unter mittiger Einzellast: a) theoretische Fließgelenklinienfigur; b) Bruchbild. $\nu = 1{,}05$, $\nu^m = 1{,}06$

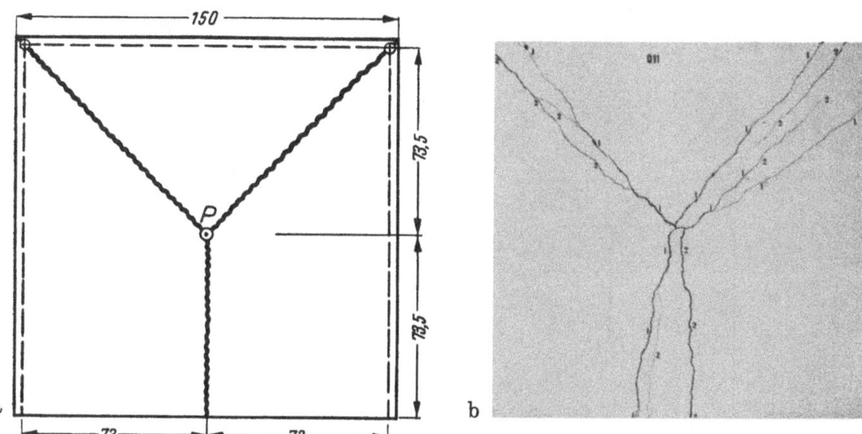

Abb. 9.3/12 Dreiseitig frei drehbar gestützte, am vierten Rande freie quadratische Platte mit Drillbewehrung in den festgehaltenen Ecken unter mittiger Einzellast: a) theoretische Fließgelenklinienfigur; b) Bruchbild. $\nu = 0{,}98$, $\nu^m = 1{,}00$

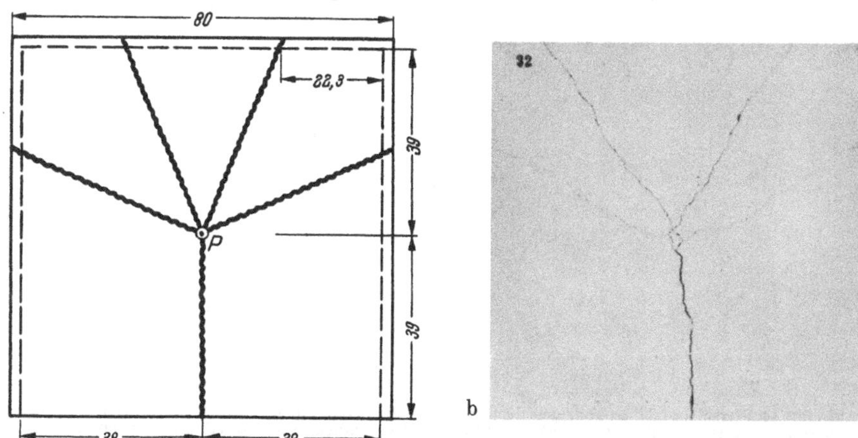

Abb. 9.3/13 Dreiseitig frei drehbar gestützte, am vierten Rande freie quadratische Modellplatte mit abhebbaren Ecken unter mittiger Einzellast: a) theoretische Fließgelenklinienfigur; b) Bruchbild. $\nu^m = 1{,}04$

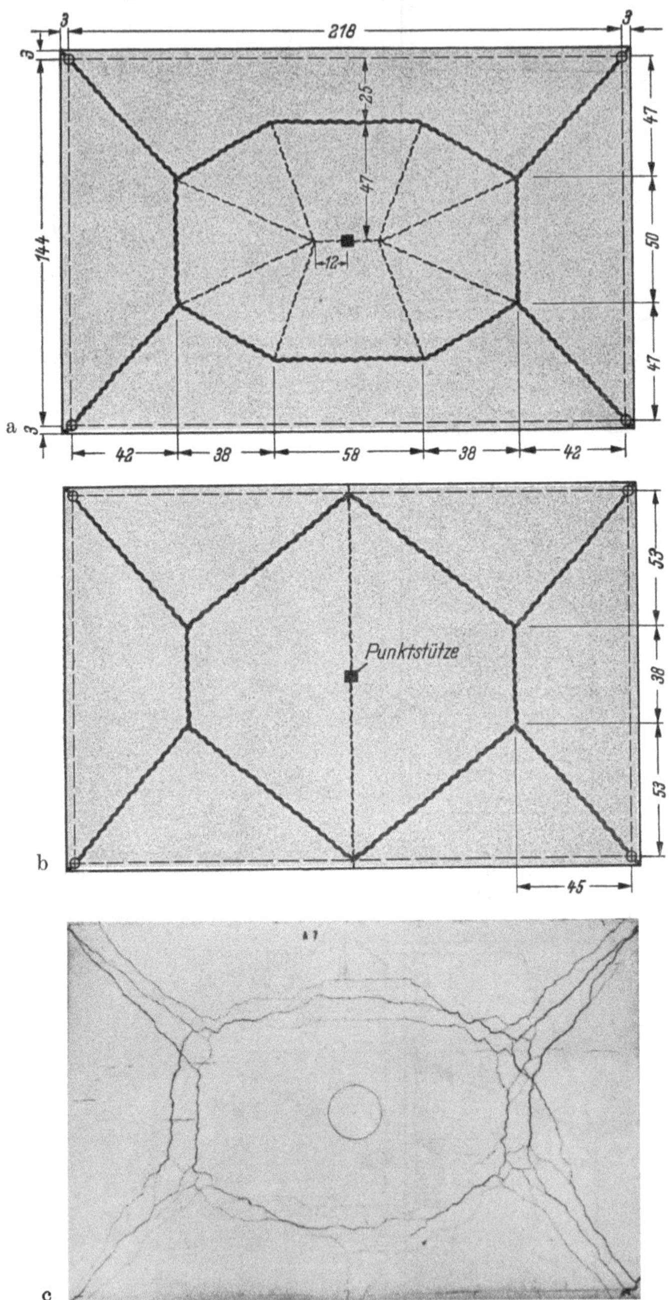

a

b

c

Abb. 9.3/14 Vierseitig frei drehbar gestützte rechteckige Platte mit mittiger Punktstützung unter gleichförmig verteilter Belastung: a) und b) alternative, nahezu gleichwertige Fließgelenklinienfiguren; c) Bruchbild (Randkreis der Lastverteilungsplatte $d = 20$ cm). $\nu_l^m = 1{,}00$, $\nu_r^m = 0{,}96$

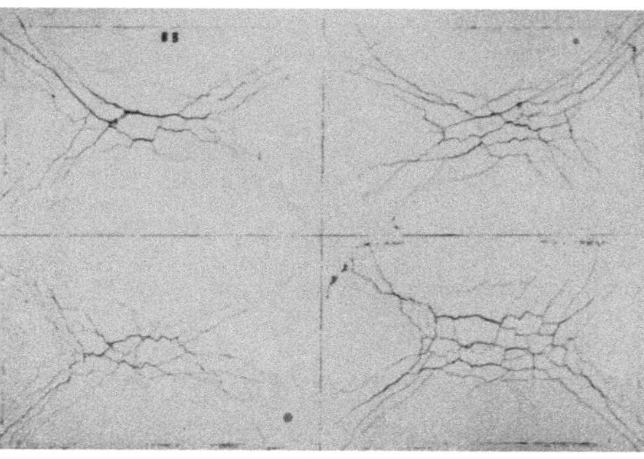

a

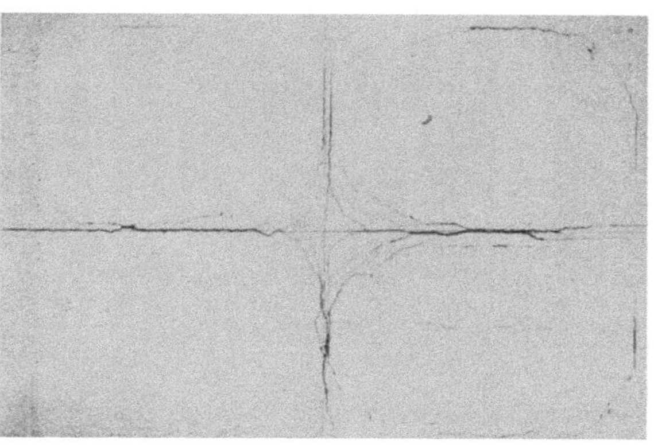

b

Abb. 9.3/15 Allseitig eingespannte, in zwei Schichten bewehrte vierfeldrige durchlaufende Rechteckplatte ($\Lambda'_x = \Lambda'_y = 1{,}0$) unter gleichförmig verteilter Belastung: a) und b) Bruchbilder; c) theoretische Fließgelenklinienfigur für ein Plattenfeld; d) Last-Durchbiegungskurve für das rechte untere Plattenfeld

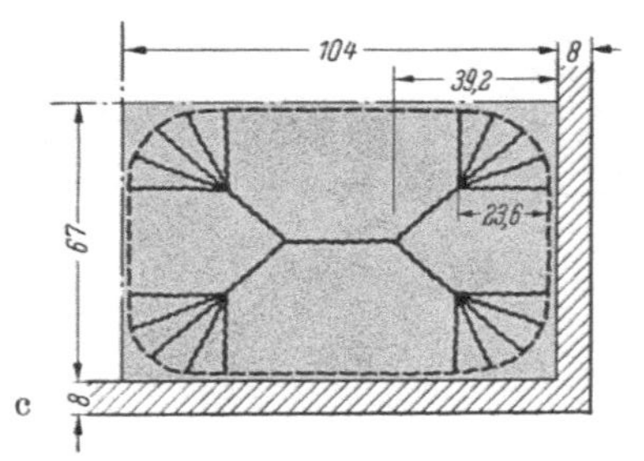

c

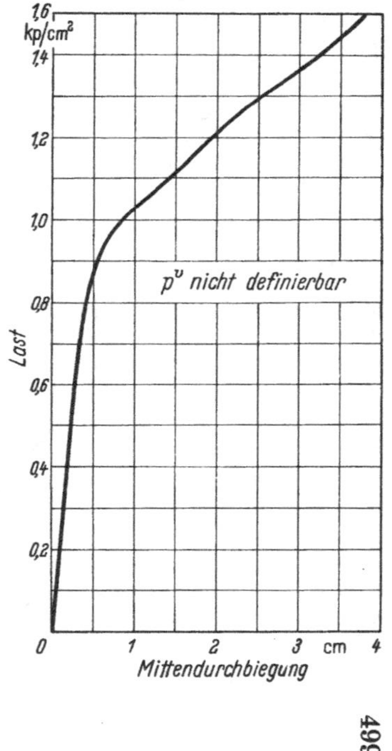

d

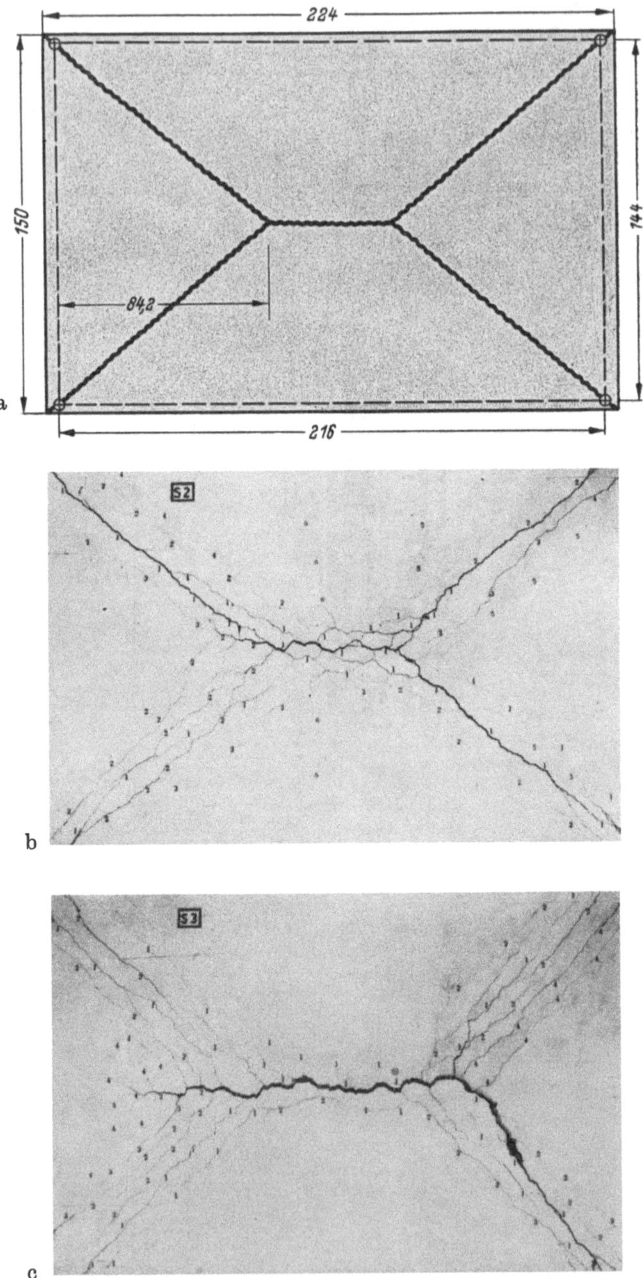

Abb. 9.4/3 Vierseitig frei drehbar gestützte, nahezu isotrop bewehrte rechteckige Platte ($\Lambda = 0{,}95$) mit Drillbewehrung in den festgehaltenen Ecken unter gleichförmig verteilter Belastung: a) theoretische Fließgelenklinienfigur; b) Bruchbild einer mit *gezogenem glattem hochfestem Stahl* bewehrten Platte; c) Bruchbild einer mit *gezogenem und geprägtem hochfestem Stahl* bewehrten Platte

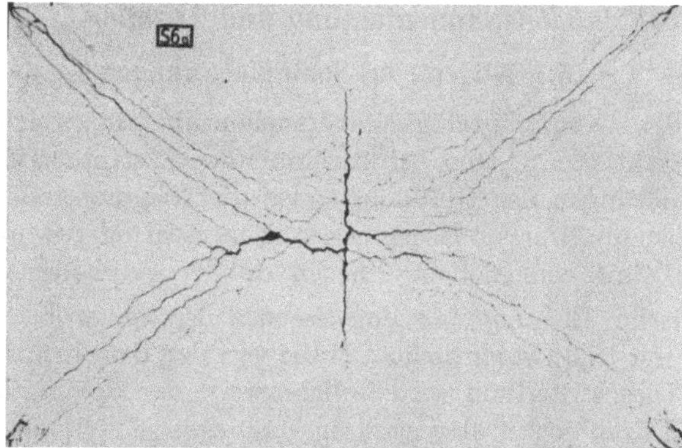

Abb. 9.4/4 Bruchbild einer vierseitig frei drehbar gestützten, mit *hochfestem Stahl* bewehrten Platte ($\Lambda = 0{,}90$) mit Drillbewehrung in den festgehaltenen Ecken unter gleichförmig verteilter Belastung. Der Parameter der in Abb. 9.4/3a dargestellten Fließgelenklinienfigur ist in diesem Falle $x = 82{,}8$ cm

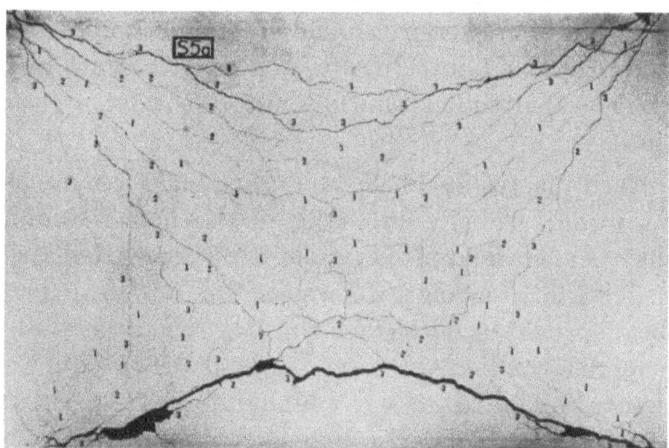

Abb. 9.4/5 Bruchbild für Versagen des Verbundes der Bewehrung bei einer vierseitig frei drehbar gestützten, mit *hochfestem Stahl* bewehrten Platte ($\Lambda = 0{,}90$) mit Drillbewehrung in den festgehaltenen Ecken unter gleichförmig verteilter Belastung

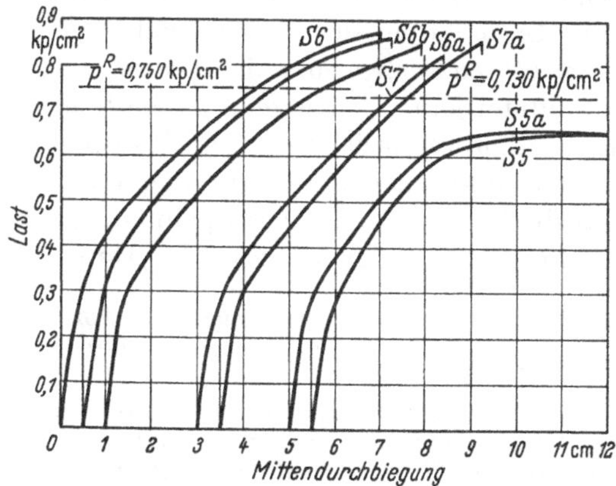

Abb. 9.4/6 Last-Durchbiegungskurven der Platten der Versuchsreihe S, Gruppe N

9.5 Zusammenfassung und Ausblick

9.5.1 Allgemeine Schlußfolgerungen

Die bei den Grenztragfähigkeitsversuchen an mit „weichem" Stahl bewehrten Stahlbetonplatten bei zunehmender Lastintensität beobachteten Veränderungen der Rißbilder sowie die Neigungsänderungen der Last-Durchbiegungskurven lassen generell, in mehr oder weniger starker Ausprägung, fünf verschiedene Phasen des Tragverhaltens erkennen:

I. Elastische Biegung der ungerissenen Platte, wobei die Formänderungen nur in unwesentlichem Maße von der Bewehrungsverteilung abhängen. (Dieses Stadium wird üblicherweise der Spanngrößenermittlung und Durchbiegungsberechnung für den Gebrauchslastzustand zugrunde gelegt, obwohl bei der Festigkeitsberechnung mit der Annahme der gerissenen Zugzone operiert wird.)

II. Elastische Biegung bei örtlicher Reduzierung der Plattensteifigkeit durch Rißbildung, wodurch sich eine nichthomogene anisotrope Plattenstruktur herausbildet. In dieser Phase nimmt die Anordnung der Bewehrung bedeutenden Einfluß auf die Momentenverteilung in der Platte [*68*].

III. Elastisch-plastische Phase der Biegung[1] (eingeschränkte plastische Verformung), wobei neben dem plastischen Spannungsausgleich in den höchst beanspruchten Querschnitten eine Redistribution der Momente in der Platte erfolgt. Je weiter die Bewehrungsverteilung in den höchst beanspruchten Bereichen von dem elastischen Momentenfeld der vorhergehenden Stadien abweicht, desto krasser ist die Neuverteilung der Spannmomente. Die Ursache der Momentenredistribution liegt nicht nur in der beginnenden Plastizierung, sondern auch in der durch die Rißbildung bewirkten unstetigen Variation der elastischen Steifigkeit.

IV. Plastische Verformung unter nahezu konstanter Lastintensität entsprechend der Erschöpfung der Biegetragfähigkeit in Übereinstimmung mit der elementaren Fließgelenklinientheorie. Das Beanspruchungsbild in diesem Stadium kann sich wegen der im Stadium III erfolgten Momentenredistribution wesentlich von dem Beanspruchungsbild in den elastischen Phasen unterscheiden. Wenn die Randbedingungen der Platte die Herausbildung eines Membranspannungszustandes nicht zulassen, tritt die Zerstörung nach bedeutender Durchbiegungszunahme

---

[1] Allgemeine Gleichungen für die Spannungs- und Formänderungsfelder für elastisch-plastische Biegung von nichthomogenen orthotropen Platten [*69, 70*]; Lösungen für Kreis- und Kreisringplatten mit radialer Variation der elastischen und plastischen Moduli [*69, 71*]; Behandlung des elastisch-plastischen Verhaltens von allseitig gestützten rechteckigen Stahlbetonplatten und Trägerrosten mit rechtwinkliger Orthotropie [*72*]; Übersicht über Arbeiten auf dem Gebiete der plastischen Inhomogenität [*73*].

ohne nennenswerte Laststeigerung ein. Im Falle wirksam werdender Membraneffekte ist der diese Phase charakterisierende annähernd horizontale Abschnitt der Last-Durchbiegungskurve nur sehr kurz, oder er verschwindet völlig.

V. Plastische Verformung unter weiterhin ansteigender Lastintensität infolge fortschreitender Umlagerung der inneren Kräfte in den Membranspannungszustand. (Das Ende dieser Phase wird durch die Zerstörung der Platte bei sehr großen Formänderungen infolge Zerreißens der Bewehrung, Lösung des Verbundes oder evtl. Bruch des in der Platte entstehenden ,,Druckrahmens" gegeben.)

Die aus analytischen Lösungen oder auf iterativem Wege ermittelten Fließgelenklinienfiguren befinden sich in ausgezeichneter Übereinstimmung mit dem Formänderungszustand (Bruchbild) der Stahlbetonplatten im Augenblick des Eintretens großer plastischer Durchbiegungen (Phase IV). Obgleich die Fließgelenklinientheorie obere Eingrenzungen für die Biegegrenztragfähigkeit für mit Stahl mit ausgeprägter Streckgrenze bewehrte Betonplatten liefert, liegen bei nahezu allen Versuchen die experimentell ermittelten Lastintensitäten, bei denen der Eintritt in die plastische Phase IV oder V erfolgt, oberhalb der theoretischen Grenzlastintensität. Diese auf der sicheren Seite liegende Abweichung ist auf die Ausbildung einer Membranwirkung bereits in den Phasen II und III zurückzuführen. Der Tragfähigkeitsspielraum oberhalb der theoretischen Grenztragfähigkeit wächst mit der Spanne der elastisch-plastischen Phase III, d. h. mit den dem Eintritt der Platte in die Phase IV oder V vorangehenden Durchbiegungen. In einigen Fällen eingespannter Platten ergibt sich vom Beginn der Phase III an ein stetig gekrümmter Verlauf der Last-Durchbiegungskurve, so daß eine ,,Grenzlastintensität", die den Eintritt der Platte in die Phase V anzeigt, nicht definierbar ist.[1]

Bei vierseitig frei drehbar gestützten rechteckigen Betonplatten, die mit Stahl ohne ausgeprägte Streckgrenze mit einem über dem vorgeschriebenen Mindestwert liegenden Dehnvermögen bewehrt sind, befindet sich bei ausreichendem Verbund das klaffende Rißbild in guter Übereinstimmung mit der Fließgelenklinienlösung. Obwohl bei diesen Platten das Fließen der Bewehrung als wesentliche Voraussetzung der Fließgelenklinientheorie nicht erfüllt ist, ergibt sie für die Grenzlastintensität, die hierbei mit der Zerstörungslast gleichzusetzen ist, — selbst bei Verwendung der Zugfestigkeit (anstelle der Streckgrenze)

[1] In Fällen, bei denen der nach der Fließgelenklinientheorie ermittelten starrplastischen Biegegrenztragfähigkeit wegen einer mit der Phase III beginnenden stetigen Krümmung der Last-Durchbiegungskurve keine tatsächliche Bedeutung zukommt, ist man auf die Definition einer der Erschöpfung der Tragfähigkeit gleichzusetzenden Durchbiegung der Platte angewiesen.

des Stahles als für das Grenzmoment maßgebendem Parameter —, bedingt durch den Membraneffekt, auf der sicheren Seite liegende Werte. Eine Extrapolation dieses Ergebnisses auf rechteckige Platten mit anderen Seitenverhältnissen und anderen Anordnungen der frei drehbaren Stützungen erscheint nicht ungerechtfertigt, sofern die Orthotropie der Bewehrung nicht in extremer Weise von dem Momentenfeld der Phase I abweicht.

Da die Anwendung der Fließgelenklinientheorie voraussetzt, daß die Bildung von Fließgelenklinien nicht nur möglich ist, sondern daß diese (negativen oder positiven) Fließgelenklinien darüber hinaus eine Verdrehungsfähigkeit besitzen, die bei zumindest näherungsweise konstant bleibendem Wert des Grenzmomentes die Bildung weiterer (positiver oder negativer) Fließgelenklinien gestattet, ist die Anwendung der Fließgelenklinientheorie auf mit hochfestem Stahl bewehrte eingespannte oder durchlaufende Platten nicht ohne weiteres zulässig. Die erforderliche Verdrehungsfähigkeit der Fließgelenke hängt außer von Plattenform und Belastung auch noch jeweils vom Einspannungsgrad und dem Verhältnis von Stützweite zu Plattendicke ab. In welchem Grade in einem besonderem Falle eine Momentenredistribution erfolgen kann, wird von dem Verhältnis von praktisch möglicher zu erforderlicher Verdrehungsfähigkeit bestimmt. Die Verdrehungsfähigkeit einer Fließgelenklinie ist im wesentlichen eine Funktion der Spannungs-Dehnungs-Kurve der Bewehrung [*74*], des Bewehrungsprozentsatzes sowie der Plattendicke, und hängt vermutlich darüber hinaus in bedeutendem Maße von der Oberflächenstruktur der Bewehrung (Art der Prägung) ab.[1] Diese Schwierigkeiten sind eine natürliche Folge der Tatsache, daß sich im Falle einer Bewehrung von Stahlbetonplatten mit hochfestem Stahl ohne ausgeprägte Streckgrenze die physikalische Realität von den einfachen Hypothesen der Fließgelenklinientheorie in unzulässigem Maße entfernt.

Die Ergebnisse der vom Verfasser durchgeführten experimentellen Untersuchungen zur Grenztragfähigkeit von Stahlbetonplatten — von denen vorstehend eine kleine Auswahl unter Beschränkung auf die wesentlichen Werte wiedergegeben ist —, *rechtfertigen demnach den Gesichtspunkt, daß die auf einfache Hypothesen über die Grenztragfähigkeit von Stahlbetonquerschnitten in Biegung gegründete elementare Fließgelenklinientheorie sich als Grundlage für die praktische Anwendung für die Berechnung der Grenztragfähigkeit von Stahlbetonplatten eignet.* Das Versuchsprogramm ergab also auf breiter Basis die Bestätigung

[1] Ein abgewandeltes Fließgelenkverfahren mit kontrollierter Verdrehungsfähigkeit der unvollkommenen Fließgelenke ist von A. L. L. BAKER [*75, 76*] für die Grenztragfähigkeitsberechnung von Stahlbeton-Rahmen-Tragwerken entwickelt worden.

einer Folgerung, zu der andere Forscher vorher auf Grund experimenteller Nachprüfungen mit engerem Versuchsprogramm gelangt sind. In einigen Ländern (Sowjetunion, Polen, Schweden, Dänemark, Großbritannien, Brasilien) hat die Fließgelenklinientheorie bereits Eingang in die Ingenieurpraxis gefunden.

Es gibt aber zahlreiche Fragen, deren Klärung noch weitere theoretische Überlegungen und experimentelle Untersuchungen erfordert.[1] Diese Aufgaben resultieren a) aus der Forderung nach Wirtschaftlichkeit der Bemessung und b) aus der folgenden allgemeinen Definition der Grenzzustände von Tragwerken:

1. Grenzzustand der Erschöpfung der Tragfähigkeit (Zerstörungszustand) oder das Eintreten einer der Erschöpfung der Tragfähigkeit gleichwertig erachteten übermäßig großen bleibenden Verformung.

2. Grenzzustand der Beeinträchtigung der normalen Betriebsnutzung vor dem Erreichen des Grenzzustandes (1) *durch das Auftreten unzulässig großer Formänderungen oder unzulässig großer Schwingungen.*

Beide Grenzzustände können allgemeingültig nur als Funktion kritischer Intensitäten eines gegebenen charakteristischen Lastsystems ausgedrückt werden (s. [*77*, *78*]). Es dürfte offenbar sein, daß jedes Tragwerk sowohl für das Tragverhalten im elastischen Bereich als auch gegen Erschöpfung der Tragfähigkeit adäquat bemessen sein muß. Einige Erwägungen, die bei der Festsetzung von auf die Grenzzustände von Stahlbetonplatten bezogenen, nach Unsicherheits- und Gefahrenmomenten aufgeschlüsselten Lastfaktoren mitsprechen, werden in Abschn. 9.5.6 berührt (wobei der Gesichtspunkt der Korrosionssicherheit unberücksichtigt gelassen wird).

9.5.2 Wirtschaftlichkeit der Bewehrungsanordnung

Der praktische Aufgabenbereich der plastischen Grenzzustandsberechnung für einfache proportionale Belastung wird in zwei Gebiete unterteilt: Die Grenztragfähigkeitsberechnung und die Grenztragfähigkeitsbemessung. — Für die Durchführung der *Grenztragfähigkeitsberechnung*, d. h. der direkten Ermittlung der Intensität der ungünstigsten Lastkombination eines gegebenen Lastsystems (Lastfaktor ${}_{\text{vorh.}}\mu_G$), bei der das Versagen einer gegebenen, bereits auf andere Weise bemessenen Stahlbetonplatte gerade eintritt, stellt die Fließgelenklinientheorie — wie in Abschn. 9.5.1 festgestellt — eine geeignete Methode dar. Unter der Voraussetzung der Zugrundelegung einer mit dem tatsächlichen

[1] Auf das Problem des Einflusses hoher Querkraftkonzentrationen (Durchstanzwirkung, Reduzierung der Grenzmomente durch starke Querkrafteinflüsse) wird hier nicht eingegangen. Die theoretische Lösung erfordert das Operieren mit einem dreidimensionalen Fließ- oder Bruchkriterium; die bisher vorliegenden Resultate sind von empirischer Art.

Bruchbild annähernd übereinstimmenden Fließgelenklinienfigur ergibt diese Theorie, bedingt durch günstige Geometrieänderungseinflüsse, erfahrungsgemäß auf der sicheren Seite liegende Grenztragfähigkeitswerte, obwohl sie nur obere Eingrenzungen ($\mu_k > \mu_G$) liefert.

In der Praxis ist die *Grenztragfähigkeitsbemessung* die Aufgabe, der die größere Bedeutung zukommt. Sie besteht in einer den Wirtschaftlichkeitsanforderungen genügenden direkten Festsetzung von Tragfähigkeitswerten für die verschiedenen Bereiche eines in seiner Geometrie gegebenen Tragwerkes, so daß das Versagen unter der ungünstigsten Lastkombination der μ_G-fachen Belastung gerade noch nicht eintritt. Die wirtschaftliche Tragfähigkeitsbemessung eines Tragwerkes zielt — innerhalb der durch praktische Erwägungen und die durch die Herstellungsverfahren gegebenen Einschränkungen — darauf hin, die Bemessung mit dem geringsten Materialvolumen zu finden. Bei Stahlbetonplatten von konstanter Dicke und bei Verwendung von durchweg gleichartigem Bewehrungsmaterial ist dieses Problem gleichbedeutend mit dem Auffinden einer Bewehrungsverteilung, die zu einem minimalen Bewehrungsgewicht tendiert. Für gegebene Geometrie und Belastung eines Tragwerkes besteht eine Vielzahl von Bemessungsmöglichkeiten, und es ergibt sich die Aufgabe, herauszufinden, welche der Bemessungen das Optimum, die *plastische Minimalgewichtsbemessung*, darstellt. Das absolute Minimum wird erreicht, wenn bei Übereinstimmung der statischen und der kinematischen Grenzzustandslösungen die zusätzliche Bedingung erfüllt wird, daß die Form des Geschwindigkeitsfeldes eine im gesamten Tragwerksvolumen konstante spezifische Energiedissipation bewirkt.[1]

In begrenztem Maße kann die Ermittlung wirtschaftlicher Grenztragfähigkeitsbemessungen von Stahlbetonplatten durch Einführung von zusätzlichen Bedingungen in die Gleichungen der Fließgelenklinientheorie erfolgen, mit denen sich eine wirtschaftliche Auswahl der Bewehrungsverhältnisse analytisch erfassen läßt. Hierbei werden für eine angenommene Fließgelenklinienfigur lediglich wirtschaftliche Orthotropiekoeffizienten und keine Aussagen über die günstigste Bewehrungsverteilung in den starr bleibenden Bereichen erhalten. Durch Betrachtung von simultan eintretenden verschiedenen Fließgelenklinienfiguren können darüber hinaus Abstufungen der Bewehrungslängen und streifenweise Variationen der Bewehrung ermittelt werden, die zu einer wirtschaftlicheren Bemessung führen [*87*, *27*]. Eine solche Reduzierung der

[1] Die Erforschung der Probleme der Minimalgewichtsbemessung wurde für biegesteife Stabwerke (s. [*78*]) begonnen. Die Untersuchung der Minimalgewichtsbemessung von Platten erfolgte anfangs durch intuitive Übertragung der für biegesteife Stabwerke gewonnenen Erkenntnisse und später auf der Grundlage allgemeiner Prinzipe [*79* bis *86*].

Bewehrung unter Verwendung von oberen Eingrenzungslösungen (kinematisch zulässige Geschwindigkeitsfelder) ist jedoch mit einem wachsenden Risiko verbunden, wenn nicht entsprechende untere Eingrenzungslösungen (statisch zulässige Spannungsfelder) als Anhaltspunkt zur Verfügung stehen.

Die Anpassung der Bewehrung einer Stahlbetonplatte an das statisch zulässige Spannungsfeld einer guten unteren Eingrenzungslösung für den Grenzzustand führt zu einer wirtschaftlichen variablen Bewehrung, deren Bemessung stets auf der sicheren Seite liegt. Somit stellt die von unteren Eingrenzungslösungen abgeleitete Annäherung an die plastische Minimalgewichtsbemessung eine wesentlich befriedigendere Methode als der vorstehend besprochene Weg dar. Gegenwärtig sind zwar nur für wenige einfache Fälle statisch zulässige Lösungen bekannt, die mit den zugehörigen kinematisch zulässigen Lösungen zusammenfallende Grenztragfähigkeitswerte ergeben bzw. diese zwischen engen Schranken eingrenzen; das bedeutet jedoch für die Bemessungspraxis kein Handicap, da eine Anlehnung an die elastische Plattentheorie zu einer guten Annäherung an die Minimalgewichtsbemessung führen kann.

Die Lösungen der elastischen Plattentheorie ergeben stets sichere statisch zulässige Spannungsfelder und damit untere Eingrenzungslösungen für die Grenztragfähigkeit von Platten. Bei gleichförmig bewehrten Platten ist die nach der Elastizitätstheorie erhaltene Eingrenzungslösung jedoch weit von dem tatsächlichen Grenztragfähigkeitswert entfernt. Dagegen kann im Falle einer an das elastische Spannungsfeld angepaßten variablen Bewehrung bei Interpretation des berechneten elastischen Biegemomentenfeldes als plastisches Grenzmomentenfeld eine sehr gute untere Eingrenzungslösung für die Grenztragfähigkeit erhalten werden; denn die Bedingung des simultanen Fließens im gesamten Bereich einer Platte kommt der Bedingung der gleichförmigen plastischen Energiedissipation der plastischen Minimalgewichtsbemessung praktisch sehr nahe.

Experimentelle Grenztragfähigkeitsuntersuchungen an Stahlbetonplatten mit an die Minimalgewichtsbemessung angenäherten variablen Bewehrungen sind bisher noch nicht durchgeführt worden, obgleich derartigen Versuchen ein außerordentlich großes praktisches Interesse zukommt. Auf einige damit zusammenhängende Fragen wird in Abschnitt 9.5.4 näher eingegangen.

9.5.3 Grenzzustand der Erschöpfung der Tragfähigkeit

9.5.3.1 Membranzugeinfluß

Wie die Ergebnisse der experimentellen Untersuchungen zur Grenztragfähigkeit von Stahlbetonplatten zeigen, kann die elementare Fließgelenklinientheorie (reine Biegetheorie) die tatsächliche Tragfähigkeit von Stahlbetonplatten bei großen plastischen Durchbiegungen nicht erfassen. Oberhalb des nach der elementaren Theorie bestimmten Fließbeginns besitzen die Platten eine zusätzliche Tragfähigkeitsreserve, die in erster Linie von der Herausbildung eines stabilen Membranspannungszustandes herrührt und dementsprechend von den Randbedingungen abhängt (daneben spielt auch der Verfestigungseinfluß der Bewehrung eine Rolle). Dem die Tragfähigkeit erhöhenden Membranspannungszustand kommt in den Fällen, bei denen die Fließgelenklinien in die Plattenecken laufen, so daß die Plattenrandbereiche einen geschlossenen, unter Druckspannung stehenden Rahmen bilden, eine große Bedeutung zu. Die relative Erhöhung der Tragfähigkeit infolge Membranzugwirkung ist um so größer, je schwächer die Bewehrung ist. Platten mit freien Rändern verfügen dagegen meist über nur geringfügige oder gar keine plastischen Membranzustands-Tragfähigkeitsreserven.

Außer den in Abschn. 5.2.3 dargelegten Näherungslösungen für den Membranzugeinfluß bei allseitig gestützten rechteckigen Platten stehen auch von Wood [*27*] für kreisförmige Stahlbetonplatten aufgestellte Lösungen zur Verfügung. Die Versuche des Verfassers mit Platten mit eingespannten Rändern liefern aus den in Abschn. 9.2.3 angeführten Gründen auf der sicheren Seite liegende Werte für die Grenztragfähigkeit. Für eine hinreichend genaue experimentelle Erfassung des Membraneinflusses können sie jedoch nicht als zulänglich angesehen werden, so daß weitere Versuche erforderlich sind.

9.5.3.2 Membrandruckeinfluß

An horizontal eingespannten Stahlbetonplatten durchgeführte Belastungsversuche haben Grenzlastintensitäten ergeben, die die nach der Fließgelenklinientheorie ermittelten Werte um das Mehrfache übertreffen. Diese Tragfähigkeitsreserve wird im elastischen Bereich durch eine Art selbstinduzierter Druckvorspannung (günstige Änderung der Grenzzustandsbedingung des Stahlbetonplatten-Querschnittes) hervorgerufen, die in nicht ganz zutreffender Weise als „Gewölbeeffekt" bezeichnet wird [*48*]. Dieser „Gewölbeeffekt" bewirkt ein instabiles Versagen der Platte: nach Erreichen der Maximallast tritt der Bruch unter rapide absinkender Last ein (Abb. 9.2/30). Der simultan einsetzende Membranzugeffekt führt jedoch bei größeren Durchbiegungen wieder zu einem Ansteigen der Last-Durchbiegungskurve. Der Membrandruckeffekt ist bei Einspannung der Platte durch Wände, anstatt durch angrenzende Platten, von nur geringem oder evtl. praktisch verschwindendem Einfluß auf die Grenztragfähigkeit; das gleiche gilt für Platten mit Randträgern mit in Richtung der Plattenebene geringer Steifigkeit.

Eine theoretische Interpretation dieses Tragverhaltens ist von WOOD [27] für den Fall einer eingespannten Kreisplatte gegeben worden. Die Klärung der Einflüsse verschiedener Faktoren auf das Phänomen der selbstinduzierten Vorspannung — z. B. Kriechen, horizontale Trägersteifigkeit bei Platten mit Randträgern — erfordert ein umfangreiches Versuchsprogramm. „Lösungen für die elastischen kritischen Lasten von eingespannten Platten mit unterschiedlichem Einspannungsgrad in der Plattenebene, auf der Grundlage der zugspannungsfreien Theorie, werden dringend benötigt“ [27]. Es ergeben sich Fragen von bedeutendem praktischem Interesse, — beispielsweise nach dem Nutzen einer Vorspannung durchlaufender Platten, nach dem Einfluß der Stützenbewehrung auf die Tragfähigkeit der Innenfelder durchlaufender Platten, nach dem zweckmäßigen Vorspannungsgrad bei frei drehbar gestützten Spannbetonplatten.

9.5.4 Grenzzustand der Betriebsnutzungsbeeinträchtigung

Der Eintritt in das Stadium einer unzulässigen Beeinträchtigung der Betriebsnutzungsfähigkeit dürfte bei Stahlbetonplatten in der Mehrzahl der Fälle der Praxis in die Phase der elastischen Biegung bei in örtlich begrenzten Plattenbereichen gerissener Zugzone (Phase II) fallen. Da der Fließgelenklinientheorie keine Aussagen über die Plattensteifigkeit in den Tragfähigkeitsbereichen I und II beinhaltet, folgt, daß eine Abstimmung der Grenztragfähigkeitsbemessung mit den Ergebnissen der Elastizitätstheorie notwendig ist, um den Grenzzustand der Betriebsnutzungsbeeinträchtigung eines Plattentragwerkes möglichst weit gegen den Grenzzustand der Tragfähigkeit hinausschieben zu können.

Untersuchungen in dieser Richtung, deren Ergebnisse in Form von Bemessungstabellen verfügbar sind, wurden von NYLANDER [87, 88] für rechteckige, an einem Rand oder mehreren Rändern eingespannte Stahlbetonplatten unter gleichförmig verteilter Belastung durchgeführt. Die Aufstellung derartiger Tabellen für im Hinblick auf beide Grenzzustände vorteilhafte Bewehrungsanordnungen für verschiedene in der Praxis häufig vorkommende Platten- und Belastungstypen wäre eine sehr dankenswerte Aufgabe. In komplizierteren Fällen wird die Durchführung getrennter Berechnungen für den Grenzzustand der Tragfähigkeit und für den Grenzzustand der Betriebsnutzungsbeeinträchtigung unumgänglich sein. Die anscheinend recht verbreitete Hoffnung, allgemeingültige zuverlässige Zusammenhänge zur Bestimmung von Rißsicherheit sowie Formänderungen im gerissenen elastischen Zustand für auf Grund der Fließgelenklinientheorie bemessene Stahlbetonplatten finden zu können, die eine Durchführung gesonderter elastischer Berechnungen erübrigen würden, dürfte sich wegen der von der Fließgelenklinientheorie zugelassenen großen Freiheit in der Bewehrungsanordnung nicht erfüllen. Weitere Disproportionalitäten ergeben sich aus der Tatsache, daß erzwungene Formänderungen einer Platte, wie Stützensenkungen oder die Flexibilität von Trägern, einen bedeutenden Einfluß auf das elastische Spannungsfeld nehmen, während sie keinen Einfluß auf die Grenztragfähigkeit haben, vorausgesetzt, daß die Geometrie des Tragsystems nicht wesentlich verändert wird.

Vom Standpunkt der Grenztragfähigkeit aus gesehen führen plastische Minimalgewichtslösungen zu gleichwertigen alternativen Bewehrungsanordnungen in Stahlbetonplatten. Da diese aber bedeutend von der aus der elastischen Lösung angezeigten Bewehrungsverteilung abweichen können, kann sich bereits bei verhältnismäßig niedriger Lastintensität infolge übermäßiger Rißbildung eine unzulässige Beeinträchtigung der Betriebsnutzungsfähigkeit ergeben. Beispielsweise liefert die Fließgelenklinientheorie im Falle von eingespannten rechteckigen Platten unter verteilter Belastung wirtschaftliche Verhältniswerte für die *Summen* der positiven und negativen Grenzmomente in zwei zueinander senkrechten Richtungen (vgl. Abschn. 8.5.6 u. 8.6.5); in der Festsetzung des Verhältnisses von positivem und negativem Grenzmoment innerhalb der Summen besteht jedoch vollständige Freiheit. In ähnlicher Weise wurde in Abschn. 7.2.2.5 für die durch eine Einzelkraft belastete Kreisplatte dargelegt, daß lediglich die Menge der Bewehrung und nicht die Art ihrer Verteilung die Grenztragfähigkeit der Platte bestimmt (vorausgesetzt, daß die Art der Bewehrungsverteilung kein örtliches Versagen hervorruft). Wood [27] demonstriert ausgehend von statisch zulässigen Spannungsfeldern für eine quadratische Platte die große Verschiedenheit, die an die Minimalgewichtsbemessung angenäherte, vom Standpunkt der Grenztragfähigkeit aus gesehen gleichwertige Bewehrungsanordnungen haben können.

Leider sind bisher noch keine Versuche über das Formänderungsverhalten von Stahlbetonplatten von konstanter Dicke in den Phasen II und III, mit verschiedenartigen an die Minimalgewichtsbemessung angenäherten variablen Bewehrungen durchgeführt worden. Bei einer Anpassung der Bewehrung an das elastische Spannungsfeld kann mit einem unmittelbaren Übergang aus der Phase II in die Phase IV gerechnet werden. — *Auf Grund der vorstehenden Betrachtungen erscheint es als zweckmäßiges Vorgehen bei der Bemessung von Stahlbetonplatten, dem Formänderungskriterium den Vorrang vor dem Grenztragfähigkeitskriterium zu geben und dann die auch unter Berücksichtigung baupraktischer Erwägungen ermittelte Bemessung mit Hilfe der Fließgelenklinientheorie auf ihre Tragsicherheit zu überprüfen. Darauf kann eine im Hinblick auf beide Grenzzustandskriterien vorteilhafte Abstimmung der Bemessung erfolgen* (s. Abschn. 9.5.6).

9.5.5 Variable wiederholte Belastung

Bei vielen Tragwerksarten variiert die Belastung während der „Lebenszeit“ des Tragwerkes beträchtlich. Die Grenzwerte der Betriebslasten, die sich aus Nutzlasten (ruhend oder bewegt) und evtl. meteorologischen Lasten u. a. zusammensetzen, sind in den Vorschriften festgelegt, aber über die tatsächlich eintretenden Belastungsfolgen und -kombinationen ist von vornherein nichts bekannt.

In der plastischen Grenztragfähigkeitstheorie unterscheidet man daher zwei extreme Belastungsbedingungen, zwischen denen — abgesehen von der Zeit- und Dauerschwingbeanspruchung — jedes beliebige Lasteintragungsprogramm eines Lastsystems liegt:

Bei der einen extremen Belastungsbedingung, der *einfachen proportionalen Belastung*, die in diesem Buch behandelt worden ist, werden alle Lasten eines Lastsystems mit einem von Null stetig und monoton wachsenden Faktor multipliziert angesehen, so daß die gegebenen gegenseitigen Größenverhältnisse der einzelnen Lasten stets dieselben bleiben. Bei der anderen kann jeder Lastwert beliebig oft — in begrenztem Maße, so daß nicht Materialermüdung zum maßgebenden Kriterium wird — zwischen den Grenzen vorgeschriebener Minimal- und Maximalwerte unabhängig von allen anderen gleichzeitig eingetragenen Lastgrößen eingetragen werden. Diese Belastungsbedingung wird *variable wiederholte Belastung* genannt.

Wenn im Falle variabler wiederholter Belastung genügend große Lasten eingetragen werden, um einzelne Stellen des elastisch-plastischen Tragwerkes in den plastischen Bereich zu bringen, kann einer von drei möglichen Fällen eintreten:

I. In gewissen Querschnittsfasern wird abwechselnd die Streck- und Stauchgrenze erreicht: *wechselnde Plastizität.* Die Wiederholung eines Belastungszyklus kann sehr bald zur Zermürbung des Baustoffes und damit zum Bruch führen. (Diese Bruchart ist kein Ermüdungsbruch im üblichen Sinne!)

II. Bestimmte kleine Beträge plastischer Formänderung treten an einzelnen Stellen des Tragwerkes bei einer besonderen Reihenfolge der Eintragung extremer Lasten stets im gleichen Sinne auf und summieren sich, so daß die wiederholte Eintragung einer derartigen Lastfolge zum Versagen des Tragwerkes führt: *fortschreitendes Versagen.*

III. Nach einer anfänglichen Periode begrenzter plastischer Verformung hört das plastische Fließen schließlich auf. Das Tragwerk erreicht einen Restspannungszustand, der alle weiteren Eintragungen der zwischen ihren vorgeschriebenen Grenzen veränderlichen Lasten in rein elastischer Weise zu tragen gestattet — gleichgültig in welchen Kombinationen und wie oft (in begrenztem Maße!) die verschiedenen

Lasten ihre Extremwerte erreichen: Das Tragwerk spielt sich ein („the structure shakes down“). — Erste „Einspiel“-Theorie von GRÜNING 1926 für Fachwerke [93]; exakte mathematische Basis von SYMONDS 1951 [89].

Die Einspielberechnung fußt auf folgendem Satz: Wenn sich irgendein sicheres statisch zulässiges System von Restspannungen finden läßt (d. h. ein System von Spannungen im Gleichgewicht mit der äußeren Belastung Null, das nirgends die Fließbedingung verletzt), welches alle weiteren Variationen der eingetragenen Lasten zwischen ihren vorgeschriebenen Extremwerten in rein elastischer Weise zu tragen gestattet, dann spielt sich das Tragwerk ein. Jedoch wird das nach dem Einspielen des Tragwerkes tatsächlich vorhandene Restspannungssystem nicht notwendig mit dem gefundenen möglichen System übereinstimmen. Der Beweis des Satzes besteht darin, daß gezeigt wird, daß sich ein Restspannungszustand ϱ_{ij} entsprechend einem beliebigen Belastungsprogramm einen Restspannungszustand $\bar{\varrho}_{ij}$, der die Bedingungen eines eingespielten Zustandes befriedigt, in dem Sinne nähert, daß ein Ausdruck $F = \int (\varrho_{ij} - \bar{\varrho}_{ij})^2$ stets abnimmt (wenn Fließen eintritt), oder konstant bleibt (wenn kein Fließen stattfindet). Da aber F positiv definit ist, kann es höchstens so weit abnehmen, bis es den Wert Null erreicht, wo keine weitere Änderung eintreten kann. In der Regel erreicht F jedoch einen konstanten Wert >0, da der eingespielte Zustand, der erreicht wird, im allgemeinen nicht einzig ist, sondern von Belastungsprogramm und Vorgeschichte des Tragwerkes abhängt.

In den meisten Fällen können durch Eintragung der Lasten in verschiedenen Folgen viele verschiedene gleichwertige Restspannungszustände erreicht werden. Der Wert des Einspielsatzes liegt darin, daß es für den Zweck der Einspielberechnung lediglich erforderlich ist, zu zeigen, daß wenigstens ein hypothetisches Spannungssystem im Gleichgewicht mit der äußeren Belastung Null existiert, das, wenn es erreicht wird, das Tragwerk in den eingespielten Zustand bringt. — Die Feststellung, daß das Einspielen in einem gegebenen Tragwerk unter den S-fachen Extremwerten der gegebenen Lasten eintreten kann, bedeutet auch, daß es keine Kombination der S-fachen Lasten gibt, die das Versagen bewirkt. Eine „sichere Intensität der variablen wiederholten Belastung“ wird als die Lastintensität definiert, unter der das plastische Fließen schließlich aufhört — gleichgültig wie die einzelnen statischen Lasten eingetragen werden.

Bei Platten aus dem Verbundwerkstoff Stahlbeton können Einspielvorgänge, wie sie vorstehend definiert worden sind, der Anschauung nach eigentlich nicht eintreten (ein Beweis hierfür existiert jedoch nicht). Bisher ist das Gebiet der variablen wiederholten Belastung von Stahlbeton- und Spannbetonplatten[1] noch weitgehend unerforscht. Lediglich MOORE [*90*] hat eine scharfsinnig instrumentierte Versuchsreihe über das *fortschreitende Versagen* von Stahlbetonplatten auf elastischer Bettung infolge progressivem Haftungsversagen von Riß zu Riß bei repetitiver Lasteintragung angestellt. — Hier besteht ein weites Feld für experimentelle Untersuchungen.

Es sei noch einmal hervorgehoben, daß die variable wiederholte Belastung sich dadurch von der Zeit- oder Dauerschwingbeanspruchung unterscheidet, daß eine im Vergleich mit dieser relativ geringe Anzahl von Eintragungen extremer, örtliche Plastizierung bewirkender Lastwerte in der Größenordnung von 10^2 oder 10^3 (im Vergleich mit etwa 10^6 bei Ermüdungsbeanspruchung) zum Bruch infolge „wechselnder Plastizität" oder durch „fortschreitendes Versagen" zu einer dem Bruch gleichzusetzenden übermäßigen bleibenden Verformung führt, wenn nicht ein Einspielen des Tragwerkes erfolgt.

Im Falle der Dauer- oder Zeitschwingbeanspruchung eines Tragwerkes wird meist ein zweifacher Tragfähigkeitsnachweis zu erbringen sein: Neben dem Nachweis einer angemessenen Sicherheitsspanne gegen Materialermüdung (nach der Elastizitätstheorie) ist für hohe Intensitäten des Standard-Lastsystems, deren Eintreten während der angesetzten Betriebszeit des Tragwerkes relativ wenige Male oder nur einmalig erwartet wird, der Tragfähigkeitsnachweis nach der plastischen Grenztragfähigkeitstheorie zu erbringen.

Eine Entscheidung, ob in einem besonderen Falle für den Grenztragfähigkeitsnachweis die „plastische" Grenzlast oder aber die „elastisch-plastische" kritische Einspiellast eines Tragwerkes zum maßgebenden Bemessungskriterium wird — wenn nicht andere Kriterien, wie Formänderung, Instabilität, Ermüdung, maßgebend sind, — kann nur im Zusammenhang mit einer Untersuchung der Wahrscheinlichkeit des Eintretens verschiedener Intensitäten des Standard-Lastsystems während der angesetzten Betriebszeit des Tragwerkes gefällt werden.

9.5.6 Sicherheitsbetrachtungen

Abgesehen von dem Streben nach Wirtschaftlichkeit erscheint ein Verfahren der direkten Tragwerksberechnung nach Grenzzuständen logisch befriedigender als das herkömmliche mittelbare Vorgehen, da es die Möglichkeit bietet, den Sicherheitsbegriff klar zu formulieren und zu analysieren. Während für die Bestimmung des Grenzzustandes der *Betriebsnutzungsbeeinträchtigung* bei Tragsystemen aus elastisch-plasti-

[1] Hiermit sind Untersuchungen mit einer relativ geringen Anzahl von Lastfluktuationen im elastisch-plastischen Bereich und nicht Ermüdungsuntersuchungen im rein elastischen Bereich gemeint.

schen Materialien mit vernachlässigbarer zeitabhängiger Komponente der Formänderung die Berechnung nach der Elastizitätstheorie in der Regel adäquat ist, kann die derzeit übliche elastische Tragwerksberechnung nach „zulässigen Spannungen", bei der — außer bei Problemen der elastischen Stabilität — der Sicherheitsgrad (präziser: der „Unsicherheitsspielraum") der einzelnen Bauteile durch Vergleich der maximalen Nennspannungen infolge der Lastannahme mit der Fließgrenze ermittelt wird, die *Grenztragfähigkeit* eines Gesamttragwerkes aus elastisch-plastischem Material im allgemeinen nicht erfaßt werden. Die der Grenzzustandsberechnung zugrunde liegende strenge Auffassung definiert in gleicher Weise für beide Grenzzustände die Sicherheit *nicht in bezug auf die Spanngrößen*, die infolge der Lastgrößen auftreten, sondern *in bezug auf die Lastgrößen selbst.*[1]

Da praktisch alle derzeitigen Erfahrungen mit der Berechnung der elastischen Spanngrößen und der Bemessung nach zulässigen Spannungen verknüpft sind, führt diese notwendig zum Entwurf von Tragwerken, deren Sicherheit gegen Erschöpfung der Tragfähigkeit zwar oft unausgeglichen und unterschiedlich, dabei jedoch in der außerordentlich großen Mehrzahl der Fälle mindestens ausreichend ist und sehr oft übermäßig groß sein dürfte. Die Beachtung, die folgend auf die Arbeiten von von Kazinczy [*91*], Kist [*92*], Grüning [*93*] und Mayer [*94*] in den letzten Jahrzehnten in ständig steigendem Maße den Problemen der *Sicherheit* und *Grenztragfähigkeit* von Baukonstruktionen geschenkt worden ist, ist ein Zeichen der wachsenden Erkenntnis, daß bedeutende Fortschritte auf dem Wege zu *wirtschaftlicheren* Tragwerken in wesentlichem Maße von einer präziseren Erfassung dieser Probleme abhängen. Eine weitere Heraufsetzung zulässiger Spannungen beim Verfolgen dieses Zieles würde Gefahren in sich bergen, wenn nicht die tatsächliche Tragfähigkeit von elastisch-plastischen Tragsystemen besser bekannt wird, als es bisher der Fall war. *Es folgt, daß für einen weiteren Fortschritt zu einer vorteilhafteren Ausnutzung der Baustoffe — neben einer wissenschaftlich begründeten Berücksichtigung der verschiedenen Unsicherheits- und Gefahrenmomente — der Entwicklung von Verfahren für die Grenztragfähigkeitsberechnung große Bedeutung zukommt, durch die das wirkliche Verhalten von Tragsystemen im Stadium des Versagens rational erfaßt werden kann.*

Die in den letzten Jahren in den Stahlbetonbau eingeführte hybride Methode der Bestimmung der Spanngrößenverteilung für die elastische (ungerissene) Phase des Tragwerksverhaltens, um dann die Querschnitts-

[1] Die „elastische" Tragwerksberechnung stellt in den Fällen der elastischen Instabilität und der Materialermüdung infolge einer sehr großen Anzahl von Spannungsänderungen unterhalb der Fließgrenze eine echte Grenztragfähigkeitsberechnung dar.

bemessung der Tragwerksteile entsprechend den ermittelten elastischen Spanngrößen auf Grund der plastischen Querschnitts-Grenztragfähigkeit vorzunehmen, bedeutet zwar einen gewissen Fortschritt auf diesem Wege, kann jedoch wegen der Inkohärenz des Verfahrens in keiner Weise zufriedenstellen. Wie in Abschn. 9.5.1 ausgeführt wurde, stellt die sogenannte elementare Fließgelenklinientheorie (Bruchlinientheorie) erwiesenermaßen ein Verfahren zur näherungsweisen Grenztragfähigkeitsberechnung von mit „weichem" Stahl bewehrten Stahlbetonplatten (und unter gewissen Einschränkungen auch von mit hochfestem Stahl bewehrten Platten) dar, das in der Praxis auf der sicheren Seite liegende Ergebnisse für die Grenztragfähigkeit liefert, obwohl dies seinem theoretischen Charakter als starr-plastische Berechnungsmethode für die obere Eingrenzung der Biegegrenztragfähigkeit widerspricht.

Wegen ihres verhältnismäßig geringen mathematischen Aufwandes erscheint die Fli ßgelenklinientheorie als ein für die Verwendung in der Ingenieurpraxis besonders prädestiniertes Verfahren. Die „Instabilitätshypothek", die eine der einschneidendsten Beschränkungen für eine allgemeine praktische Anwendbarkeit der elementaren Fließgelenkmethoden für die Grenztragfähigkeitsberechnung biegesteifer Stahlstabwerke (s. [*96*, *97*, *98*]) darstellt, belastet die Fließgelenklinientheorie hingegen in keiner Weise, so daß ihre bestechende Einfachheit nicht durch den Zwang zur Verwendung einer Vielzahl von Gebrauchsformeln und Bemessungskriterien wesentliche Einbußen zu erleiden braucht. Im Gegensatz zu den bei einer praktischen Anwendung der Fließgelenktheorie für Stahlstabwerke zu berücksichtigenden, die theoretische starrplastische Biegegrenztragfähigkeit abmindernden Faktoren (siehe z. B. [*78*]) sind bei der Berechnung von Stahlbetonplatten nach der Fließgelenklinientheorie solche Faktoren in Betracht zu ziehen, die in vielen Fällen einen bedeutenden Tragfähigkeitszuschlag zu der theoretischen starr-plastischen Biegegrenztragfähigkeit bewirken. Die Ergebnisse der Stahlbetonplatten-Grenztragfähigkeitsversuche des Verfassers und anderer Forscher, insbesondere Wood [*27*], zeigen augenfällig, daß *die Einführung der elementaren Fließgelenklinientheorie in die Ingenieurpraxis eine Differenzierung des den Unsicherheitsspielraum bedeckenden Grenztragfähigkeits-Lastfaktors nach „Gefahrenklassen" notwendig macht, um ein rationales Verfahren der Grenztragfähigkeitsberechnung zu erhalten.* Durch einen solchen Kunstgriff könnte die Einführung komplizierterer Grenztragfähigkeits-Berechnungsmethoden für die Praxis umgangen werden.

Außer als Funktion des Bewehrungsmaterials und evtl. einer Beziehung zwischen Bewehrungsprozentsatz und Biegezugfestigkeit des Betons, sind die Gefahrenklassen in Abhängigkeit von den Plattenrandbedingungen und der Belastungsart zu definieren. Diese Parameter sind für die Tragfähigkeitsreserve oberhalb der nach der starr-plastischen Fließgelenklinientheorie ermittelten Biegegrenztragfähigkeit maßgebend. Es ist jedoch klar, daß die zusätzliche Tragfähigkeitsreserve bei der Festlegung von Gefahrenklassen nicht einfach dem relativen Betrage nach zu berücksichtigen ist, sondern nach Unsicherheits- und Gefahrenmomenten aufgeschlüsselte Bewertungsfaktoren erhalten muß. Beispielsweise verlangt eine instabile Tragfähigkeitsreserve infolge selbstinduzierter Vorspannung (Membrandruckeinfluß) natürlich einen ganz anderen Bewertungsfaktor als die stabile Tragfähigkeitsreserve infolge Membranzugeinfluß; eine durch die tatsächliche Zerstörung einer Platte begrenzte Tragfähigkeitsreserve ist anders zu bewerten als eine, durch die Definition einer der Erschöpfung der Tragfähigkeit gleichzusetzenden Durchbiegung einer Platte, willkürlich begrenzte Tragfähigkeitsreserve; und ebenso erfordert ein ohne „Vorwarnung" plötzlich eintretender Bruch einen anderen Bewertungsfaktor als ein Versagen, das sich bereits bei niedrigeren Laststufen unübersehbar ankündigt. Die für eine zuverlässige und dabei nicht allzu detaillierte Festsetzung von Gefahrenklassen erforderlichen theoretischen und experimentellen Untersuchungen zur Grenztragfähigkeit von Stahlbetonplatten stellen der Forschung große Aufgaben.

Eine rationale Grenzzustands-Tragwerksberechnung auf der Basis eines für das jeweilige Tragwerk festgelegten, in einer bestimmten Relation zu den tatsächlichen Belastungsbedingungen stehenden spezifischen Standardlastsystems erfordert eine auf die beiden in Abschn. 9.5.1 definierten Grenzzustände bezogene Sicherheitsanalyse, d. h. die Bestimmung der Intensitäten der Standardlast, die mit annehmbaren Wahrscheinlichkeiten sowohl des Versagens als auch der Beeinträchtigung der normalen Betriebsnutzung verknüpft sind. Die in diesem Sinne niedrigere dieser beiden Intensitäten stellt die als Bemessungskriterium maßgebende Grenzintensität der Standardlast dar, für die das Tragwerk mit der festgelegten jeweiligen Wahrscheinlichkeit des Versagens oder der Beeinträchtigung der normalen Betriebsnutzung zu bemessen ist. Das Verhältnis dieser Grenzintensität der Standardlast zu den nach vernünftiger Voraussicht ungünstigsten möglichen tatsächlichen Belastungsbedingungen stellt den *Lastfaktor* für das Tragwerk dar.

Keinesfalls darf die durch die bisherigen Grenztragfähigkeitsversuche mit Stahlbetonplatten in so überzeugender Weise demonstrierte Zuverlässigkeit der Fließgelenklinientheorie dazu verleiten, über den derzeitigen Stand der gesicherten Erkenntnis hinaus zu extrapolieren. Ein Abgehen von der Tradition in der Bemessungspraxis kann nur erfolgen, wenn dem eingehenden Studium aller grundlegenden Grenztragfähigkeitsfaktoren eine klare Analyse sämtlicher Aspekte des Sicherheitsproblems folgt. Dieses gründliche Studium und klare Verständnis des ganzen Problemkomplexes ist absolut notwendig, bevor die herkömmlichen Praktiken aufgegeben werden können.

Auf der anderen Seite sollte nicht übersehen werden, daß „die Tatsache, daß die gegenwärtig in der Praxis üblichen Verfahren der Tragwerksberechnung in der Mehrzahl der Fälle glücklicherweise zu Tragwerken von exzessiver, wenn auch unausgeglichener Sicherheit führen anstatt zu unsicheren Tragwerken, eher ein Anzeichen der von Ingenieuren und den für die Abfassung von Bemessungsvorschriften verantwortlichen Behörden geübten Vorsicht ist, als eine Bestätigung der Zuverlässigkeit und Genauigkeit der Entwurfsmethoden" [*77*]. Da Stahlbetonplatten, wie von verschiedenen Wissenschaftlern geschätzt worden ist, „fast zwei Drittel (der Materialmengen) aller Elemente im konstruktiven Ingenieurbau darstellen" [*95*], ist der wirtschaftliche Gewinn, der aus einer präzisen Erfassung der Probleme der Plattengrenztragfähigkeit resultieren kann, möglicherweise bedeutend.

Literatur zu 9

[*1*] Suenson, E.: Eisenbetonbewehrung unter einem Winkel mit der Richtung der Normalkraft. Beton und Eisen 21 (1922) No. 10, S. 145–149.

[*2*] Slater, W. A., u. F. B. Seely: Tests of Heavily Reinforced Concrete Slab Beams: Effect of Direction of Reinforcement on Strength and Deformation. National Bureau of Standards, Technological Paper No. 233, Washington, D. C., 1923, S. 297–344.

[*3*] v. Kazinczy, G.: Die Plastizität des Eisenbetons. Beton und Eisen 32 (1933) No. 5, S. 74–80.

[*4*] Schütte, W.: Bruchversuche an Betonplatten mit neuartiger Armierung aus geschweißten Stahlgeweben. Das Betonwerk 18 (1930) No. 30.

[*5*] Bach, C., u. O. Graf: Versuche mit allseitig aufliegenden, quadratischen und rechteckigen Eisenbetonplatten. Deutscher Ausschuß für Eisenbeton, H. 30, Berlin: Ernst & Sohn 1915.

[*6*] Mörsch, E.: Versuche mit allseitig aufliegenden, quadratischen und rechteckigen Eisenbetonplatten. Dtsch. Bauztg.; Mitt. über Zement, Beton- und Eisenbetonbau 13 (1916) No. 3, S. 17–24.

[*7*] Bach, C., u. O. Graf: Versuche mit zweiseitig aufliegenden Eisenbetonplatten bei konzentrierter Belastung; Erster Teil. Deutscher Ausschuß für Eisenbeton, H. 44, Berlin: Ernst & Sohn 1920.

[*8*] Bach, C., u. O. Graf: Versuche mit zweiseitig aufliegenden Eisenbetonplatten bei konzentrierter Belastung; Zweiter Teil. Deutscher Ausschuß für Eisenbeton, H. 52, Berlin: Ernst & Sohn 1923.

[*9*] Graf, O.: Versuche mit allseitig aufliegenden rechteckigen Eisenbetonplatten unter gleichmäßig verteilter Belastung. Deutscher Ausschuß für Eisenbeton, H. 56, Berlin: Ernst & Sohn 1926.

[*10*] Gehler, W., u. H. Amos: Versuche mit kreuzweise bewehrten Platten. Deutscher Ausschuß für Eisenbeton, H. 70, Berlin: Ernst & Sohn 1932.

[*11*] Johansen, K. W.: Brudlinieteorier. Kopenhagen: Jul. Gjellerup 1943 (s. auch H. Haase: Bruchlinientheorie von Platten. Düsseldorf: Werner-Verlag 1962).

[12] Chamecki, S.: Cálculo, no regime de ruptura, das lajes de concreto, armadas em cruz. Curitiba, Paraná: Editôra Guaira 1948.

[13] Wallner, E.: Die Tragfähigkeit kreuzweise bewehrter Platten beim Bruch. Dissertation Graz 1950.

[14] Craemer, H.: Versuche an Stahlbetonplatten, ausgewertet nach der Plastizitätstheorie. Beton- und Stahlbetonbau 50 (1955) No. 2, S. 58—61.

[15] Nylander, H.: Korsarmerade betonplattor. Institutionen för Byggnadsstatik, Kungl. Tekniska Högskolan, Stockholm, Meddelanden No. 5, 1950.

[16] Scordelis, A. C., K. S. Pister u. T. Y. Lin: Strength of a Concrete Slab Prestressed in Two-Directions. J. Amer. Concrete Inst. 28 (Sept. 1956) No. 3, Proc. 53, S. 241—256.

[17] Lin, T. Y., A. Scordelis u. R. Itaya: Behavior of a Continuous Concrete Slab Prestressed in Two Directions. Structures and Materials Research, Series 100, Issue No. 5, Division of Civil Engineering, University of California, Berkeley, August 1958.

[18] Scordelis, A. C., T. Y. Lin u. R. Itaya: Behavior of a Continuous Slab Prestressed in Two Directions. J. Amer. Concrete Inst. 31 (Dez. 1959) No. 6, Part 1, Proc. 56, S. 441—459.

[19] Morice, P. B., u. G. C. Reynolds: The Strength of Simply Supported Slab Bridges Subjected to Concentrated Loads. Symposium on the Strength of Concrete Structures, Session D, Paper No. 3, London 1957.

[20] Palotás, L.: Die Ergebnisse einiger Plattenversuche. Budapest 1960 (unveröffentlicht).

[21] Palotás, L.: Stahlbetonplattenversuche und die Bruchtheorie. Zement und Beton (Sept. 1961) Nr. 22.

[22] Olszak, W., u. A. Sawczuk: Teoria nośności granicznej płyt w świetle weryfikacji doświadczalnej. Rozprawy Inżynierskie XXVIII (1955) S. 181—253.

[23] Olszak, W., u. A. Sawczuk: Experimental Verification of the Limit Analysis of Plates, Part I. Bull. Acad. Pol. Sci. Cl. IV, 3 (1955) No. 4.

[24] Simms, L. G.: Some Tests on Reinforced Concrete Slabs with Fixed Edges and Uniformly Loaded. The Structural Engineer 18 (April 1940).

[25] Metz, G. A.: Verification of the Yield-Line Theory by Small Scale Tests. Dissertation Washington University 1961.

[26] Wood, R. H.: Studies in Composite Construction. Part II. The Interaction of Floors and Beams in Multi-Storey Buildings. National Building Studies, Research Paper No. 22, Her Majesty's Stationery Office, London 1955.

[27] Wood, R. H.: Plastic and Elastic Design of Slabs and Plates. London: Thames and Hudson 1961.

[28] Gamble, W. L., M. A. Sozen u. C. P. Siess: An Experimental Study of a Two-Way Floor Slab. Civil Engineering Studies, Structural Research Series No. 211, University of Illinois, Urbana, Illinois, Juni 1961.

[29] Vanderbilt, M. D., M. A. Sozen u. C. P. Siess: An Experimental Study of a Reinforced Concrete Two-Way Floor Slab with Flexible Beams. Civil Engineering Studies, Structural Research Series No. 228, University of Illinois, Urbana, Illinois, November 1961.

[30] Appleton, J. H.: Reinforced Concrete Floor Slabs on Flexible Beams. Civil Engineering Studies, Structural Research Series No. 223, University of Illinois, Urbana, Illinois, Dezember 1961.

[31] Gamble, W. L., M. A. Sozen u. C. P. Siess: Measured and Theoretical Bending Moments in Reinforced Concrete Floor Slabs. Civil Engineering Studies, Structural Research Series No. 246, University of Illinois, Urbana, Illinois, Juni 1962.

[32] STAJERMAN, M. J., u. A. M. IWJANSKY: Pilzdecken (russisch). Gos. Izd. Lit. po Str. i Arch., Moskau 1953.

[33] SZMODITS: Gombafödém törési kismintakisérlet. Schlußbericht vom Institut für Bauwissenschaft (ETI), Budapest 1959.

[34] MAYES, G. T., M. A. SOZEN u. C. P. SIESS: Tests on a Quarter-Scale Model of a Multiple-Panel Reinforced Concrete Flat Plate Floor. Civil Engineering Studies, Structural Research Series No. 181, University of Illinois, Urbana, Illinois, September 1959.

[35] HATCHER, D. S., M. A. SOZEN u. C. P. SIESS: An Experimental Study of a Quarter-Scale Reinforced Concrete Flat Slab Floor. Civil Engineering Studies, Structural Research Series No. 200, University of Illinois, Urbana, Illinois, Juni 1960.

[36] HATCHER, D. S., M. A. SOZEN u. C. P. SIESS: A Study of Tests on a Flat Plate and a Flat Slab. Civil Engineering Studies, Structural Research Series No. 217, University of Illinois, Urbana, Illinois, Juli 1961.

[36a] HATCHER, D. S.: A Study of Tests on a Flat Plate and a Flat Slab. Dissertation University of Illinois 1961.

[37] JIRSA, J. O., M. A. SOZEN u. C. P. SIESS: An Experimental Study of a Flat Slab Floor Reinforced with Welded Wire Fabric. Civil Engineering Studies, Structural Research Series No. 249, University of Illinois, Urbana, Illinois, Juni 1962.

[38] BERGSTRÖM, S. G.: Stämpelbelastade cirkulära plattor på elastiskt underlag. Betong 31 (1946) No. 1, S. 17.

[39] FORSSELL, C., u. A. HOLMBERG: Stämpellast på plattor av betong. Betong 31 (1946) No. 2, S. 95—123.

[40] JOHANSSON, A.: Försök med armerade betongplattor på elastiskt underlag. Betong 32 (1947) No. 3, S. 187—209.

[41] BERNELL, L.: Brottförloppet i statiskt armerade betongbeläggningar. Betong 37 (1952) No. 2, S. 119—145.

[42] JOHANSEN, K. W.: Slabs on Soil: Correlation between crack load and ultimate load. Danmarks Tekniske Højskole Laboratoriet for Bygningsteknik, Meddelelse No. 4, Kopenhagen 1955.

[43] LOSBERG, A.: Structurally Reinforced Concrete Pavements. Dissertation Chalmers Technische Hochschule, Göteburg 1960.

[44] MEYERHOF, G. G.: Load Carrying Capacity of Concrete Pavements. Proc. ASCE 88 (1962) No. SM 3, Paper No. 3174, S. 89—116.

[45] THOMAS, F. G.: Studies in Reinforced Concrete VIII. The Strength and Deformation of Some Reinforced Concrete Slabs Subjected to Concentrated Loading. Technical Paper No. 25. H.M.S.O. London 1939.

[46] LEBELLE, P.: Calculs „à rupture" des hourdis et plaques en béton armé. Supplement aux Annales de l'Institut Technique du Batiment et des Travaux Publics, No. 85, Januar 1955, S. 1—12.

[47] OCKLESTON, A. J.: Load Tests on a Three Storey Reinforced Concrete Building in Johannesburg. The Structural Engineer 33 (1955) No. 10, S. 304 bis 322.

[48] OCKLESTON, A. J.: Arching Action in Reinforced Concrete Slabs. The Structural Engineer 36 (1958) No. 6, S. 197—201.

[49] POWELL, D. S.: The Ultimate Strength of Concrete Panels Subjected to Uniformly Distributed Loads. Cambridge University Thesis 1956.

[50] TALBOT, A. N.: Reinforced Concrete Wall Footings and Column Footings. University of Illinois, Engineering Experiment Station, Bulletin Series No. 67, 1913.

[51] RICHART, F. E., u. R. W. KLUGE: Tests of Reinforced Concrete Slabs Subjected to Concentrated Loads. University of Illinois, Engineering Experiment Station, Bulletin Series No. 314, 20. Juni 1939.

[52] RICHART, F. E.: Reinforced Concrete Wall and Column Footings. J. Amer. Concrete Inst. 20, No. 2, Oktober und No. 3, November 1948, Proc. 45, S. 97–127 u. S. 237–260.

[53] GRAF, O.: Versuche über die Widerstandsfähigkeit von allseitig aufliegenden dicken Eisenbetonplatten unter Einzellasten. Deutscher Ausschuß für Stahlbeton, H. 88, Berlin: Ernst & Sohn 1938.

[54] HOGNESTAD, E.: Shearing Strength of Reinforced Concrete Column Footings. J. Amer. Concrete Inst. 25 (Nov. 1953) No. 3, Proc. 50, S. 189–208.

[55] ELSTNER, R. C., u. E. HOGNESTAD: Shearing Strength of Reinforced Concrete Slabs. J. Amer. Concrete Inst. 28 (Juli 1956) No. 1, Proc. 53, S. 29–58.

[56] WHITNEY, C. S.: Ultimate Shear Strength of Reinforced Concrete Flat Slabs, Footings, Beams, and Frame Members without Shear Reinforcement. J. Amer. Concrete Inst. 29 (Okt. 1957) No. 4, Proc. 54, S. 265–298.

[57] NAN-SZE-SIH: Shearing Strength of Reinforced Concrete Slabs. Proceedings of the American Society of Civil Engineers 83 (1957), J. Structural Div., No. STI, Paper No. 1149.

[58] KIST, H. J., u. A. L. BOUMA: An Experimental Investigation of Slabs Subjected to Concentrated Loads. Internat. Assoc. Bridge and Structural Engng., Publ. 14, Zürich 1954, S. 85–110.

[59] MORICE, P. B.: Local Effects of Concentrated Loads on Bridge Deck Slab Panels. Cement and Concrete Association, Techn. Rep. TRA/193, Juli 1955.

[60] MEISEL, D. D., C. D. JENSEN u. W. H. WHEELER: Load Test on Flat Slab Floor with Embedded Steel Grillage Caps. J. Amer. Concrete Inst. 30 (Juli 1958) No. 1, Proc. 55, S. 123–132.

[61] LIN, T. Y., A. C. SCORDELIS u. H. R. MAY: Shearing Strength of Reinforced and Prestressed Concrete Lift Slabs. Series 100, Issue No. 4 of Structural and Materials Research, Division of Civil Engineering, University of California, Berkeley, Oktober 1957.

[62] SCORDELIS, A. C., T. Y. LIN u. H. R. MAY: Shearing Strength of Prestressed Lift Slabs. J. Amer. Concrete Inst. 30 (Okt. 1958) No. 4, Proc. 55, S. 485–506.

[63] ROSENTHAL, I.: Experimental Investigation of Flat Plate Floors. J. Amer. Concrete Inst. 31 (Aug. 1959) No. 2, Proc. 56, S. 153–166.

[64] KINNUNEN, S., u. H. NYLANDER: Punching of Concrete Slabs without Shear Reinforcement. Transactions, Royal Institute of Technology, Stockholm, No. 158, 1960.

[65] JAEGER, TH.: Experimentelle Untersuchungen zur Grenztragfähigkeit von Stahlbetonplatten. Bauingenieur 37 (1962) S. 262–269.

[66] COX, A. D., u. L. W. MORLAND: Dynamic Plastic Deformations of Simply Supported Square Plates. J. Mech. Phys. Solids 7 (1959) No. 4.

[67] NYLANDER, H.: Rektangulär betongplatta understött av pelare i fältet. Institutionen för Byggnadsstatik, Kungl. Tekniska Högskolan, Stockholm, Meddelanden No. 34, 1959.

[68] BORCZ, A.: On the Non-homogeneous Anisotropy of Reinforced Concrete Plates. Arch. Inżynierii Ladowej 5 (1959) No. 3, S. 241–266.

[69] OLSZAK, W., u. J. MURZEWSKI: Elastic-Plastic Bending of Non-homogeneous Orthotropic Circular Plates. Arch. Mechaniki Stosowanej 9 (1957) No. 4, S. 467–485; No. 5, S. 605–630. — [69a] Bull. Acad. Pol. Sci. Cl. IV, 6 (1958) S. 211–218.

[70] OLSZAK, W., u. J. MURZEWSKI: Z. angew. Math. Mech. 37 (1957) No. 7/8, S. 277–278.

[71] OLSZAK, W., u. J. MURZEWSKI: The General Case of Axisymmetric Bending of Elastic-plastic Plates. Bull. Acad. Pol. Sci. Cl. IV, 6 (1958) S. 219–228.

[72] MURZEWSKI, J.: Żelbetowe płyty krzyżowo zbrojone i ruszty w stanie sprężysto-plastycznym. Czasop. Techn. 62 (1957) S. 21–29.

[73] OLSZAK, W., u. J. URBANOWSKI: Plastic Non-homogeneity: A Survey of Theoretical and Experimental Research. Symposium on Non-homogeneity in Elasticity and Plasticity, Warsaw, September 1958, International Union of Theoretical and Applied Mechanics.

[74] JORGENSEN, I. F.: Influence of Reinforcement Stress-Strain Curve on a Concrete Flexural Member at Ultimate Load. J. Amer. Concrete Inst., Proc. 59 (1962) No. 3, S. 453–462.

[75] BAKER, A. L. L.: The Ultimate Load Theory Applied to the Design of Reinforced and Prestressed Concrete Frames. London: Concrete Publications Ltd. 1956.

[76] BAKER, A. L. L.: Tragberechnung von Stahlbeton- und Spannbeton-Rahmentragwerken. Bauplanung — Bautechnik 11 (1957) S. 475–480 u. S. 521 bis 525.

[77] FREUDENTHAL, A. M.: Safety and the Probability of Structural Failure. Proc. ASCE 80 (1954) Separate No. 468.

[78] JAEGER, TH.: Grundzüge der Tragberechnung. Bauingenieur 31 (1956) S. 273 bis 291.

[79] DRUCKER, D. C., u. R. T. SHIELD: Design for Minimum Weight. Proceedings, 9th International Congress of Applied Mechanics. Brüssel 1956, S. 212–222.

[80] DRUCKER, D. C., u. R. T. SHIELD: Bounds on Minimum Weight Design. Quart. Appl. Math. 15 (Okt. 1957) No. 3, S. 269–281.

[81] HOPKINS, H. G., u. W. PRAGER: Limits of Economy of Material in Plates. J. appl. Mech. 22 (1955) No. 3, S. 372–374.

[82] PRAGER, W.: Minimum Weight Design of Plates. De Ingenieur, Sect. O, 67 (Dez. 1955) S. O. 141–O. 142.

[83] CRAEMER, H.: Idealplastische isotrope und orthotrope Platten bei Vollausnutzung aller Elemente. Ingenieur-Archiv 23 (1955) H. 3, S. 151–158.

[84] FREIBERGER, W., u. B. TEKINALP: Minimum Weight Design of Circular Plates. J. Mech. Phys. Solids 4 (Aug. 1956) No. 4, S. 294–299.

[85] ONAT, E. T., W. SCHUMANN u. R. SHIELD: Design of Circular Plates for Minimum Weight. Z. angew. Math. Physik 8 (25. Nov. 1957) Fasc. 6, S. 485 bis 499.

[86] PRAGER, W., u. R. T. SHIELD: Minimum Weight Design of Circular Plates under Arbitrary Loading. Z. angew. Math. Physik 10 (25. Juli 1959) Fasc. 4, S. 421–426.

[87] Statens Betonkommitté: Massiva Betongplattor. Stockholm: SVR's Förlags AB.

[88] NYLANDER, H.: Dimensionering av korsarmerade betongplattor. Betong 40 (1955) No. 3.

[89] SYMONDS, P. S.: Shakedown in Continuous Media. J. appl. Mech. 18 (1951) No. 1, S. 85–89.

[90] MOORE, J. H.: Dynamic Response of Reinforced Concrete Slabs. Dissertation Purdue University 1961.

[91] VON KAZINCZY, G.: Kisérletek befalazott tartokkal. Betonszemle 1 (1914) No. 4, 5, 6.

[92] KIST, N. C.: Leidt een Sterkeberekening, die uitgaat van de Evenredigheid van Kracht en Vormverandering, tot een doede Constructie van Ijzeren Bruggen en Gebouwen? Inaugural Dissertation Polytechnic Institute Delft 1917.
[93] GRÜNING, M.: Die Tragfähigkeit statisch unbestimmter Tragwerke aus Stahl bei beliebig häufig wiederholter Belastung. Berlin: Springer 1926.
[94] MAYER, M.: Die Sicherheit der Bauwerke und ihre Berechnung nach Grenzkräften anstatt nach zulässigen Spannungen. Berlin: Springer 1926.
[95] OLSZAK, W.: Probleme der Grenzlasttheorie der orthotropen Platten. Acta Technica, Academiae Scientiarum Hungaricae, 14 (1956) Fasc. 1—2, S. 1—37.
[96] JAEGER, TH.: Tragfähigkeitsforschung und Verfahren der Tragberechnung auf dem Gebiete der Stabwerke aus Baustahl. Bauplanung — Bautechnik 10 (1956) S. 266—279, 315—324 u. 361—371.
[97] BAKER, J. F., M. R. HORNE u. J. HEYMAN: The Steel Skeleton, II. Cambridge University Press 1956.
[98] NEAL, B. G.: Die Verfahren der plastischen Berechnung biegesteifer Stahlstabwerke (Übersetzung aus dem Englischen von TH. JAEGER). Berlin/Göttingen/Heidelberg: Springer 1958.

721/19/63 — III/18/203

Zeitfracht Medien GmbH
Ferdinand-Jühlke-Straße 7
99095 Erfurt, Deutschland
produktsicherheit@kolibri360.de